Quanguo Zhuce Yantu Gongchengshi Zhuanye Kaoshi Peixun Jiaocai

全国注册岩土工程师专业考试
培训教材

于海峰　孙　超　主编

人民交通出版社股份有限公司
China Communications Press Co.,Ltd.

内 容 提 要

本书是为配合全国注册土木工程师(岩土)执业资格考试编写的。本书的编写以考试大纲为依据,以现行规范为基础,结合编者多年来举办注册岩土工程师执业资格考试考前培训班的经验,采用了“从基础出发,内容全面,重点突出,侧重规范理解,兼顾工程实践,照顾相关专业考生,主要利于考前复习,注意指导实际工作”的编写原则。全书共分十一篇。

2017 年的修订情况为:①改正了 2016 版中的文字及印刷错误;②修订了第一篇第一章地质学基础知识中的部分内容;③修改了第五篇第十章土工合成材料及其应用中的部分内容;④改写了第九篇第三章土的液化和震陷及第四章抗震验算中的部分内容。

本书包括岩土工程学的基础知识、专业基础知识和专业知识,既可作为参加全国注册土木工程师(岩土)执业资格考试考生的考前复习教材,也可作为土木工程师及大专院校相关专业师生的参考资料。

图书在版编目(CIP)数据

全国注册岩土工程师专业考试培训教材/于海峰,孙超主编.—北京:人民交通出版社股份有限公司,2017.4

ISBN 978-7-114-13744-0

Ⅰ.①全… Ⅱ.①于… ②孙… Ⅲ.①岩土工程—资格考试—自学参考资料 Ⅳ.①TU4

中国版本图书馆 CIP 数据核字(2017)第 069001 号

许可证号:京朝工商广字第 8195 号(1-1)

书　　名:全国注册岩土工程师专业考试培训教材
著 作 者:于海峰　孙　超
责任编辑:刘彩云　李　坤
出版发行:人民交通出版社股份有限公司
地　　址:(100011)北京市朝阳区安定门外外馆斜街 3 号
网　　址:http://www.ccpress.com.cn
销售电话:(010)59757973
总 经 销:人民交通出版社股份有限公司发行部
经　　销:各地新华书店
印　　刷:北京盈盛恒通印刷有限公司
开　　本:787×1092　1/16
印　　张:103.25
字　　数:2570 千
版　　次:2017 年 4 月　第 1 版
印　　次:2017 年 4 月　第 1 次印刷
书　　号:ISBN 978-7-114-13744-0
定　　价:188.00 元(含上、下两册)

全国注册岩土工程师专业考试培训教材

编委会名单

主　　编：

于海峰　孙　超

副 主 编：

孟凡超　吴景华　孙法德
吕兆庆　杜兆成　尹洪峰
孙有为　佟德生　周璟宏

编写委员：

邱道文　高　涛　吴　奭　邵艳红
史迪菲　郭浩天　孟祥博　姜洪峰
许成杰　史日磊　单喜垒　李成军
杨云鸿　段邦鹏　贾彦奇

Preface 前言

全国注册土木工程师(岩土)执业资格考试,自 2002 年首次举办以来已经进行了十四次,历次考试均以《注册岩土工程师专业考试大纲》为基础,考试题的类型、题量经小幅调整后均已比较成熟。为了使广大参考的技术人员全面掌握大纲要求的知识点,并能够在较短时间内抓住重要知识点及考点,特编写本书。本书共分十一篇,内容包括岩土工程勘察、岩土工程设计的基本原则、浅基础、深基础、地基处理、土工结构与边坡结构、基坑工程与地下工程、特殊条件下的岩土工程、地震工程、岩土工程检测与监测、工程经济与管理。根据先达注册岩土工程师培训教研组十余年的培训经验,本书在以往的同类辅导教材基础上重点增加了地质基础知识、专业基础知识及专业知识,如地质学基础知识、土工试验技术、原位测试技术、水文地质学基础知识、土力学与地基基础中的重要知识点、复合地基计算、土压力理论及计算、工程地震基础知识等。同时,此次本书再版也按新修订的 2017 年考试用各类规程、规范进行了修改,吸收了新版规范及相关的理论知识,是广大工程师们参加"专业考试"的理论宝库。

本书以最新修订的《注册岩土工程师专业考试大纲》为基础编写,内容全面,重点突出,覆盖了考试大纲中的绝大部分知识点及历年考试中经常出现的考点,能使广大考生达到"一书在手,别无他求"的效果。本书与《全国注册岩土工程师专业考试模拟训练题集及历年真题新解》配合使用,可获得更好的复习效果。

本书是注册岩土工程师专业考试考前复习的工具书,可供各类注册岩土工程师专业考试考前培训班作为培训教材,也可作为考生的自学教材,还可供大专院校相关专业的师生及工程技术人员参考。

本书编写过程中得到了许多专家学者的支持和帮助,在此表示衷心的感谢。

因作者水平有限及编写时间仓促,书中难免存在诸多不足,恳请读者批评指正。

本次修订的分工为:第一篇、第二篇由孙法德、杜兆成、佟德生修编;第三篇、第四篇由孙超、司璟宏、吴景华(长春工程学院)修编;第五篇由孟凡超、尹洪峰、杨云鸿、段邦鹏、贾彦奇(中国水利水电第十四工程局有限公司)修编;第六篇、第七篇由吕兆庆、孙有为修编;第八篇、第九篇由孙超、吴爽、邱道文、李成军(哈尔滨市勘察测绘研究院)修编;第十篇、第十一篇由于海峰编写。全书由于海峰、孙超统稿。

于海峰

2017 年于长春

目　　录

第一篇　岩土工程勘察

第二篇 岩土工程设计的基本原则

第三篇 浅基础

第四篇　深基础

第一篇
岩土工程勘察

第一章　地质学基础知识
第二章　岩土工程勘察知识
第三章　室内试验
第四章　原位测试
第五章　水文地质

考试大纲

(一)勘察工作的布置

熟悉场地条件、工程特点和设计要求,合理布置勘察工作。

(二)岩土的分类和鉴定

掌握岩土的工程分类和鉴别,熟悉岩土工程性质指标的物理意义及其工程应用。

(三)工程地质测绘和调查

掌握工程地质测绘和调查的要求和方法;掌握各类工程地质图件的编制。

(四)勘探与取样

了解工程地质钻探的工艺和操作技术;熟悉岩土工程勘察对钻探、井探、槽探和洞探的要求,熟悉岩石钻进中的RQD方法;熟悉各级土样的用途和取样技术;熟悉取土器的规格、性能和适用范围;熟悉取岩石试样和水试样的技术要求;了解主要物探方法的适用范围和工程应用。

(五)室内试验

了解岩土试验的方法;熟悉岩土试验指标间的关系;熟悉根据岩土特点和工程特点提出对岩土试验和水分析的要求;熟悉岩土试验和水分析成果的应用;熟悉水和土对工程材料腐蚀性的评价方法。

(六)原位测试

了解原位测试的方法和技术要求,熟悉其适用范围和成果的应用。

(七)地下水

熟悉地下水的类型和运动规律;熟悉地下水对工程的影响;了解抽水试验、注水试验和压水试验的方法,掌握以上试验成果的应用。

(八)岩土工程评价

掌握岩土力学基本概念在岩土工程评价中的应用;掌握岩土工程特性指标的数据处理和选用;熟悉场地稳定性的分析评价方法;熟悉地基承载力、变形和稳定性的分析评价方法;掌握勘察资料的分析整理和勘察报告的编写方法。

第一章　地质学基础知识

第一节　地质作用

一、地球的一般特征

(一)地球的形状

19 世纪后,人们认识到地球是一个两极扁平、赤道突出的椭球体。20 世纪 60 年代,英国两名大地测量学者根据 27 颗人造地球卫星速度变化资料,精确计算出地球的形状,表明地球实际上是一个梨状体(图 1.1.1),其北极外凸 18.9 m,南极内凹 25.8 m,赤道也不是圆形,长半径较短半径长 215 m。

按 1975 年第 16 届国际大地测量和地球物理协会的修订,有关地球的主要数据为:

赤道半径(a)　6 378.160 km

扁平率$(a-c)/a$　1/298.257

两极半径(c)　6 356.755 km

表面积　$5.100\,7\times10^{8}$ km^2

平均半径$(a^2c)^{1/3}$　6 371.017 km

体积　$1.083\,2\times10^{12}$ km^3

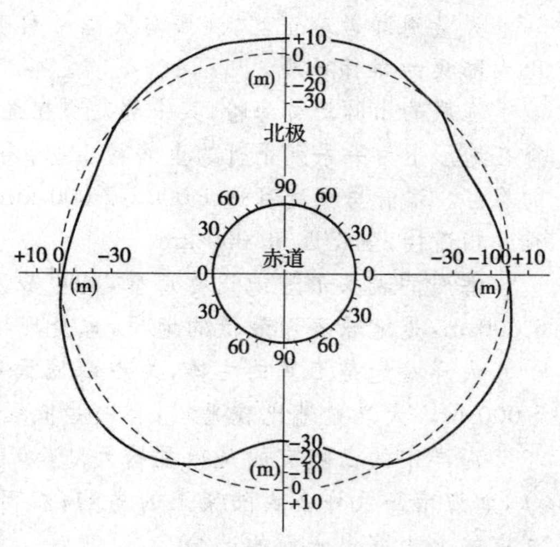

图 1.1.1　地球梨状体剖面(实线)与旋转椭球体剖面(虚线)的关系示意

地球的外形是内部状况的反映。地球为旋转椭球体(扁球体),显然是在地球的自转离心力作用下,物质从两极向赤道缓慢移动的结果。这一事实的存在,表明组成地球的物质具有一定的塑性。地球又与理想的旋转椭球体不符,质量增亏产生的应力,必须由内部某种不均匀性所平衡,或者表明地球内部存在大范围的物质对流。因此,目前还没有证据说明地球将保持梨形不变。

(二)地球表面的形态特征

地球表面明显地分为海洋和大陆两部分,其中海洋占地球表面的 70.8%。大陆平均高出海平面0.86 km,海底平均低于海平面 3.9 km。地壳表面起伏不平,有高山、丘陵、平原、湖盆地和海盆地等。世界上最高的山峰为珠穆朗玛峰,高 8 848 m;最深的海沟为马里亚纳海沟(Mariana Trench),深11 022 m。它们两者高差在 19 km 以上。

1. 大陆的地势特征

大陆上典型的地形单元为线状延伸的山脉和面状展布的平原、高原等。

海拔高于 500 m、地形起伏大于 200 m 的地区称为山地。一般海拔在 500～1 000 m 之间者为低山,1 000～3 500 m 者为中山,大于 3 500 m 者为高山。除个别孤立的火山外,绝大多数山地呈线状延展，称为山脉。山脉的成因主要是地壳运动使地表隆起的结果，是地壳活动性较大的地带。现代活动性较强，具有全球意义的山脉有两条：一是安第斯山脉—科迪勒拉山系；二是阿尔卑斯山脉—喜马拉雅山脉—横断山脉。

平原是较大的平坦地区，一般海拔小于600 m，地形起伏小于50 m。大面积平坦地形的出现表示这一地区内部是比较稳定的。

高原是海拔高于600 m，表面较平坦或有一定起伏的广阔地区。它是近期地壳大面积整体上升的结果。

大陆上有一些宏伟的线状低地，这些地带是地球表面的巨型裂隙，地壳在这些地方被拉张而裂开，称为裂谷或大陆裂谷系。最著名的东非大裂谷由一系列的湖泊和峡谷组成，全长约6 500 km。

丘陵为有一定起伏的低矮地区，一般海拔在500 m以下，相对高差在50～200 m之间。丘陵的特点介于山地和平原之间。

四周是高原或山地，中央低平的地区称为盆地。大陆上有些盆地很低，高程在海平面以下，这样的盆地称为洼地，如我国吐鲁番盆地中的艾丁湖湖水面在海平面以下150 m，称为克鲁沁洼地。

2. 海底的地势特征

大量海洋考察证实，海底与大陆一样具有广阔的平原、高峻的山脉和深陡的裂谷，而且比大陆更为雄伟壮观。

海底的山脉泛称海岭，其中那些现在经常有地震，正在活动的海岭称为洋脊或洋中脊。洋脊在地形上为一系列平行的鱼鳍状山脉，两侧较低，中间较高，而且在中心部位常有一条巨大的裂谷。洋脊总宽度可达1 000～2 000 km，高出深海底2 000～4 000 m，各大洋都有分布，而且互相连接，全长近65 000 km。

海底的长条形洼地泛称海槽，其中较深且边坡较陡者称海沟。海沟的深度一般都超过6 000 m，是地球表面最低的地段，也是规模仅次于洋脊的地形和地质单元。

大洋盆地是海底的主体，约占海底面积的45%，由洋脊两侧向外展布，一般深4 000～5 000 m。大洋盆地比较平坦，有一些低缓起伏，分深海丘陵和深海平原两种单元。

海洋中的岛屿有的是微型的大陆，如日本列岛；有的是被海水淹没的大陆露出水面的部分，如海南岛及许多大陆架上的岛屿；然而为数众多的还是大洋盆地中的火山岛，它们是大洋中的火山露出水面的部分。

大洋中还有许多比较孤立的水下山丘，称为海山。海山一般高度大于1 000 m，多呈圆锥状，边坡较陡，峰顶区较小。有的海山顶部为较宽的平台，称平顶海山或盖约特，一般认为是被海水冲刷夷平的岛屿，因区域性海底下沉，没入水下而成的。

海洋边部的浅海是被海水覆盖的大陆，这一部分海底称为大陆边缘。大陆边缘占海洋总面积的15.3%，包括大陆架、大陆坡和大陆基。大陆架是围绕大陆分布的浅水台地，是大陆在水下自然延伸的部分，平均坡度仅为0°07′，平均宽度为50～70 km。大陆架以外较陡的斜坡称大陆坡，平均坡度为4°3′，平均宽度为28 km。大陆坡与大洋盆地的过渡地带称大陆基或大陆麓。

(三)地球的圈层构造

1. 地球的内圈层

了解地球的内部构造是一个非常困难的问题，因为人们对地球内部无法进行直接观察。世界上采掘最深的矿山——南非兰德矿山，深度为3 600 m；世界上最深的钻井——前苏联科拉半岛超深钻井钻至 13 000 m 以下。即使这样，与地球的半径相比，这也是微不足道的。因此，关于地球内部物质与构造的判断只有依靠间接信息。最重要的间接信息是地震波在地球内部的传播速度。它不仅是划分地球内部圈层的基础，也是判断地球内部物质的密度、温度、熔点、压力等物理性质的重要依据。此外，还可依靠陨石、地幔岩石学以及高温高压实验等提供的间接信息，这些信息对于推断地球内部的物质成分也是至关重要的。

图 1.1.2 显示了地震波在地球内部不同深度处的传播速度。波速的突变面称为波速不连续面或界面。从图上可以看出，在 33 km 和 2 900 km 处存在两个一级界面。第一个界面叫莫霍洛维奇面，简称莫霍面或 M 面，它是南斯拉夫学者莫霍洛维奇于 1909 年首先发现的。在此界面附近，地震纵波速 V_P 由7.6 km/s突然增至 8.1 km/s。第二个界面是美国学者古登堡(B. Gutenberg)于 1914 年发现的，称为古登堡面。在此界面处，S 波(横波)消失，P 波(纵波)速度突然由 13.64 km/s 下降至 8.1 km/s。这两个界面把地球内部分为三个主要圈层，即地壳、地幔和地核。

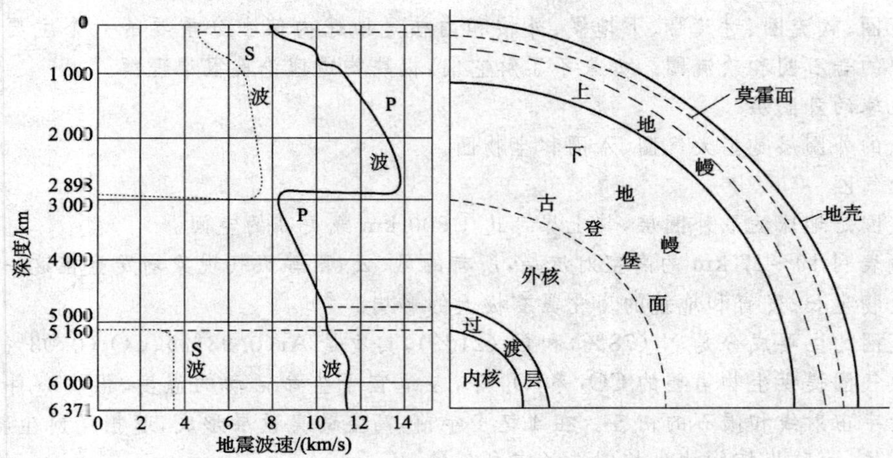

图 1.1.2 地球内部结构及地震波速分布

1)地壳

地壳是莫霍面以上部分，由固体岩石组成，厚度变化很大。大洋地壳较薄，仅有 5～10 km；大陆地壳的平均厚度是 35 km，在造山带和西藏高原处，其厚度达 50～70 km；整个地壳平均厚度为 6 km。地壳分上、下两层，上层为花岗岩层，又称硅铝层，是富含硅的岩浆岩。下层为玄武岩层，又称硅镁层，是富含铁、镁的岩浆岩。地壳与地球半径厚度比仅为 1/400，它是地球表层极薄的一层硬壳，只占地球体积的 0.8%。

2)地幔

地幔是介于莫霍面与古登堡面之间的部分，厚度约 2 800 km。根据地震波的变化情况，以地下1 000 km 激增带为界面，又可把地幔分为上、下两层。上地幔从莫霍面至地下 1 000 km，厚度 900 多 km，主要由超基性岩组成，平均密度为 3.5 g/cm^3，温度达 1 200～2 000 ℃，压力达 0.4 GPa(即 4 000 个大气压)。下地幔从地下 1 000 km 至古登堡面，厚度 1 900 km，主要成分为硅酸盐、金属氧化物和硫化物，铁、镍量增加，平均密度为 5.1 g/cm^3，温度达 2 000～2 700 ℃，压力达 150 GPa(150 万个大气压)。

3)地核

自古登堡面至地心部分称为地核。地核又分内核、过渡层和外核，厚度为 3 471 km。地核主要是由含铁、镍量很高且成分很复杂的液体和固体物质组成，密度约为 13.0 g/cm^3，温度达 3 500～4 000 ℃，中心压力达 360 GPa(360 万个大气压)。

根据次一级界面，还可以把上地幔再分为几个圈层。

在上地幔中 60～400 km 处，地震波波速不仅未随深度而增加，反而迅速降低，尤其在100～150 km 处最为明显。这个波速降低的地带称为低速带。波速为什么会降低？按地热增温率估计，在 60～400 km 深度区间，温度可达 700～1 300 ℃，已接近岩石的熔点，因而发生物质的部分熔融，使波速下降，并导致岩石塑性增大、变软。这个与低速带一致的软弱圈层称为软流圈(Asthenosphere)。软流圈是上地幔中一个十分重要而又发现较晚的圈层，它是在 1960 年智利大地震后才被确认普遍存在的一个圈层。由于软流圈的存在，才给其上岩石圈板块的运动创造了条件。软流圈也是玄武岩岩浆重要的源区。

软流圈以上的上地幔，其波速比地壳大，这表明它具有比地壳更大的刚性。软流圈以下的上地幔，称为过渡带或相变带，该深度内有一些因相变而引起波速梯度增大的地带。地壳及软流圈以上的上地幔合称岩石圈。岩石圈才是固体地球真正的外壳。

岩石圈、软流圈、过渡带、下地幔、外核和内核是地球内部十分重要的六个主要圈层，特别是其中的岩石圈和软流圈。如果不了解它们，板块构造理论就很难理解。

2. 地球的外圈层

地球的外圈层是指大气圈、水圈和生物圈。

1)大气圈

大气圈是地球的最外圈层，其上界可达 1 800 km 或更高的空间。

自地表到 10～17 km 的高空对流层，所有的风、云、雨等天气现象均发生在这一层，它对地球上生物生长、发育和地貌的变化具有极大的影响。

大气圈的主要成分是 N_2(78%)和 O_2(21%)，其次是 Ar(0.93%)、CO_2(0.03%)和水蒸气等。大气圈提供生物需要的 CO_2 和 O_2 等，在适宜于生命活动的温度、湿度条件下，保护生物免受宇宙射线和陨石的伤害。在 4 亿多年前，高空的臭氧层形成，遮挡了对生物有害的大量紫外线，为陆生植物的生长创造了有利条件。

2)水圈

水圈主要由海水构成，其次分别为陆地河流、湖泊及地下水等。地球表面水圈的存在，对生命的起源，生物界的演化、发展曾起过十分重要的作用。水与大气及地表岩石中的各种物质相互作用，产生各种沉积物、矿物及可溶性盐。水还作为最活跃的营力之一促进各种地质地貌的发育，并对土和岩石的工程性质产生极为重要的影响。

3)生物圈

地球生物存在于水圈、大气圈下层和地壳表层之中。生物圈的质量很小，有人估计相当于大气圈的 1/300、水圈的 1/7 000，或上部岩石圈的 1/1 000 000。但是，生物圈对于改变地球的地理环境却起着重要的作用。生物所生产的物质是人类的重要财富。生物富集的化学元素主要是 H、O、C、N、Ca、K、Si、Mg、P、S、Al 等。有机界在地表的相互作用下还形成一个独特的土壤层。

(四)地质作用的概念

地球自形成以来，一直处于不断的运动和变化之中。今日的地球，只是它运动和发展过程中的一个阶段。就地壳而言，虽然它只能代表地球演变的一部分，但它的表面形态、内部结构和物质组成也时刻在变化着。“沧海变桑田”已成为古人之见。坚硬的岩石破裂粉碎成为松软泥土，而松软泥土又可不断沉积形成新的岩石。由自然动力引起地球和地壳物质组成、内部结构和地壳形态不断变化和发展的过程，称为地质作用。

有些地质作用进行得十分迅速，在短时间内就发生急剧的变化，如地震和火山爆发；有些地质作用却进行得非常缓慢，往往不易被察觉，如华北大平原，据钻探资料证实从第四纪(距今 200 万年)以来，已下沉达 1 000 多米。许多自然现象证明，各种地质作用既有破坏性，又有建设性。在破坏中进行新的建设，在建设中又同时遭到破坏。地质作用是靠自然动力引起的，这种动力可来自地球外部，也可来自地球本身。按照自然动力的来源不同，地质作用可分为内力地质作用和外力地质作用。内力地质作用的能源，主要是地球的公转及自转产生的旋转能、重力作用形成的重力能及放射性元素蜕变产生的辐射热能。此外，也有各种岩石生成时的结晶能和化学能等。外力地质作用是来自地球以外的能源所造成的，其中主要是太阳的辐射能。因为有了太阳的辐射能，才产生大气环流，才有水的循环，才有动植物的生长和演变，冰川才能运动，海洋才能产生波涛。大气圈、水圈和生物圈的运动，必然引起岩石圈，特别是引起地壳矿物和岩石的破坏、搬运和堆积作用，使高山夷为平原，并不断向海洋发展。此外，日月引力也能产生外力地质作用，如由于月球对地球的吸引而产生的潮汐作用等。

二、内力地质作用

由地球内部能源所引起的岩石圈物质成分、内部构造、地表形态发生变化的作用称为内力地质作用。它包括地壳运动、岩浆作用、变质作用和地震作用。

(一)地壳运动

地壳运动是指地壳的隆起和凹陷，海、陆轮廓的变化，山脉、海沟的形成，以及褶皱、断裂等各种地质构造的形成和发展，即在自然力作用下地壳产生的变形和相互移动。地壳运动按其运动方向可以分为水平运动和升降运动。

1. 水平运动

水平运动是地壳大致沿地球表面切线方向的运动。水平运动表现为岩石圈的水平挤压或引张，以及由此形成巨大的褶皱山系和地堑、裂谷等。现代化水平运动的典型例子是美国西部的圣安德列斯断层。地质学家经过多年研究，一致认为它在大约 1 000 万年时间里，断层西盘向西北方向移动了 400～500 km，现仍在继续变形和位移。我国的郯—庐大断裂也有过巨大的水平错动。

2. 升降运动

升降运动是指地壳运动垂直于地表，即沿地球半径方向的运动。表现为大面积的上升运动和下降运动，形成大型的隆起和凹陷，产生海退和海侵现象。一般来说，升降运动比水平运动更为缓慢。在同一个地区不同时期内，上升运动和下降运动常交替进行。最明显的例子是意大利那不勒斯湾的地狱神庙废墟。在其残留的三根大理石柱(高 12 m)上记录了自公元前 105 年至公元 1955 年的地质遗迹，反映了 2 000 多年的沧桑变更(火山活动、海陆变迁)，见图 1.1.3。

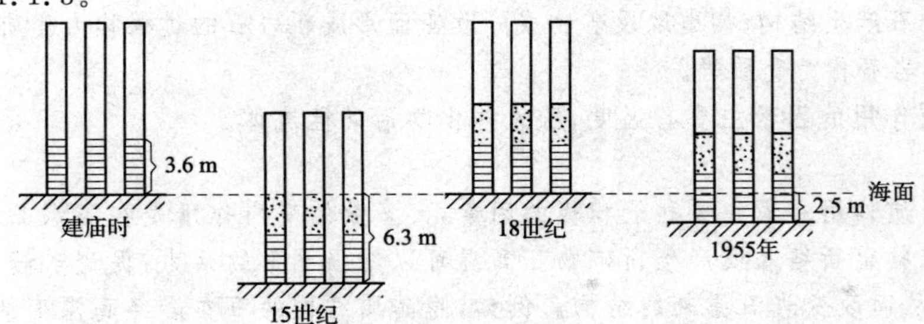

图 1.1.3　三根大理石柱的升降变化示意

石柱上横线代表被火山灰覆盖部分，小点代表被海生动物钻孔部分。升降或水平运动在各地质时期是不同的，板块运动理论认为地壳以水平运动为主导，升降运动是伴生现象。

(二)岩浆作用

岩浆是地下形成的、含有大量挥发组分的、高温黏稠的硅酸盐熔融体。

岩浆的成分主要是硅酸盐。若以氧化物的形式来表示，则主要由 SiO_2、Al_2O_3、MgO、FeO、Fe_2O_3、CaO、Na_2O、K_2O 等组成，其中含量最多的是 SiO_2。由于岩浆中 SiO_2 含量多，同时它的多少也使其他氧化物发生有规律的变化，因此它对岩浆及其冷凝的火成岩性质影响极大。一般根据 SiO_2 的相对含量将岩浆分为酸性岩浆（SiO_2 含量＞65%）、中性岩浆（52%＜SiO_2 含量＜65%）、基性岩浆（45%＜SiO_2 含量＜52%）和超基性岩浆（SiO_2 含量＜45%）四类。此外，岩浆中还含有挥发组分，其含量一般不超过6%。根据对现代火山的观测，挥发组分中主要为水蒸气，占挥发组分总量的75%～90%，其次是 CO_2、CO、N_2、SO_2、H_2S、HCl、HF、Cl_2、NH_3 等。

根据现代熔岩流的直接观测以及火成岩的重熔和再结晶实验，岩浆的温度范围一般为900～1 200 ℃。酸性岩浆的温度较低，为700～900 ℃；基性岩浆的温度较高，为1 000～1 300 ℃。

黏稠性也是岩浆重要特性之一。黏度的大小主要取决于岩浆中 SiO_2 的含量。SiO_2 含量高，黏度较大，且不易流动。所以，基性岩浆的黏度较小，而酸性岩浆的黏度较大。此外，黏度也与岩浆的温度、压力、挥发组分含量等有关。

岩浆在地下的某个地方形成后，由于是液态，温度高又富含挥发组分，所以具有很高的内压力，在上覆地壳质量的挤压下，很容易沿构造软弱带上升。在上升过程中，由于温度、压力的下降，岩浆便会发生一系列物理化学性质的变化，并与围岩发生反应，最后冷凝成火成岩。这种岩浆从形成、运动、演化直至冷凝成岩的全过程，称为岩浆作用。

岩浆上升一段距离后，若无力继续上升而停留在地壳中，就冷凝成岩。岩浆由地下深处侵入地壳中冷凝成岩的全过程，称为侵入作用。由此形成的岩石称为侵入岩。侵入岩又可根据岩浆凝结时所处部位距地表的深浅分成深成岩和浅成岩。深成岩侵入深度大于3 km，浅成岩侵入深度小于3 km。

有时岩浆可以一直上升穿透上覆岩石，喷出地表形成火山。岩浆喷出地表的全过程称为火山作用或喷出作用。由此凝结而成的岩石称为喷出岩。喷出岩有两种类型：一种是溢出的熔浆在地面直接凝结成的岩石，称为喷出岩；另一种是岩浆和其他碎屑物质被猛烈的火山喷发抛到空中，然后降落到地面形成的岩石，称为火山碎屑岩。

(三)变质作用

组成地壳的岩石，在地壳演化过程中，其所处的物质环境也在不断地改变着。为了适应新的地质环境和物理化学条件，岩石的结构、构造和矿物成分也将产生一系列的改变，这种由地球内力引起岩石产生结构、构造以及矿物成分改变而形成新岩石的过程称为变质作用，在变质作用下形成的岩石称为变质岩。

影响变质作用的因素主要有温度、压力和化学活动性流体。

1. 温度

高温是变质作用中最主要和最积极的因素，大多数的变质作用是在高温条件下进行的。高温可以使矿物重新结晶或产生新矿物。高温可以增强元素的活力，促进矿物间的反应，加大结晶程度，从而改变岩石原来的结构。例如，隐晶质结构的石灰岩经高温变质后可以转变成显晶质结构的大理岩。高温也可以改造矿物的结晶格架构造形成新矿物。例如黏土矿物高岭石,经高温脱水后变质成红柱石和石英。

$$\underset{\text{高岭石}}{Al_4[Si_4O_{10}](OH)_8} \underset{\text{放热}}{\overset{\text{吸热}}{\rightleftharpoons}} \underset{\text{红柱石}}{2Al_2[SiO_4]O} + \underset{\text{石英}}{2SiO_2} + \underset{\text{水}}{4H_2O} \qquad (1.1.1)$$

2.压力

压力作用往往伴随温度同时进行,根据作用在岩体上的压力性质,可以分为静压力和动压力两种形式。

1)静压力

静压力即均向压力。均压是各个方向相等的围压,是由上面覆盖岩体的重量引起的,所以均压随深度的增加而增大。地壳深处的巨大压力能压缩岩体,使之变得密实坚硬,也可以使矿物中的原子、离子、分子间的距离缩小,改变矿物的结晶格架,形成体积小、密度大的新矿物。例如,钠长石在高压下能形成硬玉和石英。

$$NaAlSi_3O_8 \xrightarrow{\text{压力}} NaAlSi_2O_6 + SiO_2 \qquad (1.1.2)$$

	钠长石	硬玉	石英
密　度	2.61	3.24～3.43	2.65
分子体积	100	61.7	22.7

2)动压力

动压力即作用于岩体的定向压力。动压力的大小与区域性构造作用和岩浆活动强度有关,所以动压力的性质和强度是有区域性的,并且在地壳垂直方向上对岩石变质的影响随深度也有不同。靠近地壳表层,由于温度低、均压小,岩石基本上呈脆性状态,所以矿物在动压力作用下常产生晶格、晶体歪曲变形或机械破碎现象;地壳较深部位,由于均压大、温度高,岩石处于塑性状态,所以破碎现象不明显,变质作用主要表现在岩石的结构和构造变化上。

矿物在动压力作用下,在与压力平行的方向上,晶体停止生长或出现溶解现象;在与压力垂直的方向上,晶体继续生长。结果在岩体中就出现了鳞片状绿泥石、云母、长柱状角闪石、阳起石等矿物的定向生长、排列现象。就是刚性较大的石英、长石等粒状矿物,有时也出现晶体歪曲、拉裂、移动及或多或少的定向拉长等变形现象。

3.化学活动性流体

化学活动性流体在岩石变质过程中起着溶剂的作用,它们能促进岩石中某些成分的溶解和迁移。流体的主要成分是H_2O、O_2、CO_2等,有时还含有一定数量的B、S等更活泼的组成成分。这些物质很多是岩浆分化的后期产物,它们与围岩或同期岩浆已经凝结的矿物接触后,由于交替分解,使得全部或一部分原来的矿物被新形成的矿物所代替,这个变化过程称为交代作用。如方解石受含有硫酸的水作用后被石膏所交代。

$$\underset{\text{方解石}}{CaCO_3} + H_2O + H_2SO_4 \longrightarrow \underset{\text{石膏}}{CaSO_4 \cdot 2H_2O} + CO_2 \qquad (1.1.3)$$

根据不同的变质因素,可将变质作用划分为接触变质作用、热液变质作用和动力变质作用三种类型。

1)接触变质作用

围岩受岩浆侵入体高温影响产生的变质作用称为接触变质作用。由于接触变质的主要变质因素是高温,所以又称为热力变质作用。接触变质的主要作用是促使矿物重结晶,从而改变岩石的结构和性质。例如隐晶结构的纯石灰岩,经接触变质后形成显晶结构的大理岩,大理岩就是典型的接触变质岩石。接触变质作用根据条件也可以产生新的矿物。例如:当石灰岩中含有 MgO、FeO、Al_2O_3 等杂质时，变质后将变成含有石榴石、硅灰石、橄榄石等接触变质矿物的深色大理岩。

2)热液变质作用

化学性质活泼并含有挥发组分的高热流体与围岩发生交代作用而产生的变质，称为接触热液变质或接触交代变质。热液变质的特征是新产生的矿物取代原来的矿物。例如花岗岩浆与石灰岩接触交代后能产生含 Ca、Fe、Al 等硅酸盐的硅卡岩。如果汽化热液物质来自地壳深处，并广泛与各种岩石进行交代作用，则称为交代蚀变作用。交代蚀变不但能产生新矿物，而且也能改变岩石的结构、构造及化学成分。例如花岗岩被交代蚀变后，石英和白云母取代长石，成为细粒云英岩。

3)动力变质作用

动力变质作用是指在地壳构造运动中定向压力作用下产生的变质作用。动力变质过程中，不同性质的岩石会产生不同的效应。刚性岩石往往产生晶格变形、歪曲或滑动以致破碎等现象。柔性岩石或在高温下的刚性岩石易发生流塑性变形或产生流劈理、片理以及复杂的小型褶曲。动力变质的分布往往与地区的断裂破碎带有一定关系。它们可能是大断裂带的局部，这些地区往往是工程地质条件恶劣地段。

接触变质、热液变质和动力变质都是在某一种变质因素起主导作用的情况下发生的地质作用。它们的平面分布和涉及的深度都局限在一定范围内。岩体在强大压力和高温并伴有化学成分加入的情况下发生的变质称为区域变质。区域变质不但涉及范围广，而且是在地下较深的部位产生的，所以也叫深成变质。深成变质的岩石结晶度高，片理发育，岩石类型复杂。深部变质带中往往有混合岩化现象。

(四)地震作用

大地的快速颤动或振动称为地震。地震是一种极为常见的地质现象。据统计，全世界平均每年发生地震约500万次。其中，绝大多数的地震小于3级，不易为人们察觉；6级以上地震就会对地面建筑物造成相当大的破坏，大约每年有100次；8级以上的特大地震每5～10年才有一次。

世界上90%以上的大地震都是构造地震。为了解释这类地震的成因，1911年美国学者李德(H. F. Reid)提出了弹性回跳理论。该理论认为，由于构造应力的影响，在岩石圈的一定地区内，岩石发生弹性弯曲，并因此产生了弹性应变能的积累。当应变能超过弹性极限时，岩石发生错断并弹回原来的正常位置，同时使积累的能量得到突然释放。这种过程有如折断一个钢片，钢片在外力作用下变弯，在弯曲处产生应变能的积累；钢片折断时，钢片变直并释放出积累的能量。岩石错断时，能量主要以地震波的形式释放。地震波从断裂处向四周传播，当其到达地表时便引起地表的振动。简言之，地震是断层错动引起的，即由板块活动特别是板块边缘带的活动引起的。它既可能是新断层引起的，也可能是沿着老断层重新活动的结果。

除构造地震外，还有岩浆活动引起的火山地震和溶洞塌陷引起的陷落地震。

地震波最初产生的地方称震源。震源在地面上的垂直投影称震中。震中到震源的距离称震源深度。震源深度从几千米到700 km不等。通常将震源深度小于70 km的地震称浅源地震，70～300 km的称中源地震，大于300 km的称深源地震。

断裂活动仅限于具脆性的岩石圈内，岩石圈的厚度一般不超过100 km，所以世界上约95%的地震属浅源地震。软流圈的塑性流动性较大，很难发生脆性断裂。但在板块碰撞带，俯冲板块可以下插到700 km，因此仍然可以产生中、深源地震。目前已知的最大震源深度为 720 km。

地震主要是由断层引起的，而板块边界皆为深大断裂，所以地震比较集中地分布在板块边缘地带。世界上的地震集中分布在环太平洋地震带、阿尔卑斯—喜马拉雅地震带、洋脊和裂谷地震带及转换断层地震带上。我国的地震分布主要与前两个地震带有关。

三、外力地质作用

由地球外部能源所引起的地质作用称为外力地质作用。包括风化作用、地面流水的地质作用、地下水的地质作用、湖泊和沼泽的地质作用、海洋的地质作用、风的地质作用、冰川的地质作用及负荷地质作用。

（一）风化作用

地壳表层的岩石，在太阳辐射，大气、水和生物等风化营力的作用下，发生物理和化学变化，使岩石崩解破碎以至逐渐分解而在原地形成松散堆积物的过程，称为风化作用。

风化作用是最普遍的一种外力地质作用，在地表最显著，随着深度的增加，其影响逐渐减弱以至消失。风化作用改变了岩石原有的矿物组成和化学成分，使岩石的强度和稳定性大为降低。滑坡、崩塌、岩堆及泥石流等不良地质现象，大部分都与风化作用有关。

1. 风化作用的类型

风化作用按占优势的营力及岩石变化的性质分为物理风化、化学风化及生物风化三种。

1）物理风化作用

在地表或接近地表条件下，岩石、矿物在原地发生机械破碎的过程叫物理风化作用。引起物理风化作用的主要因素是岩石释重和温度的变化。此外，岩石裂隙中水的冻结与融化、盐类的结晶与潮解等，也能促使岩石发生物理风化作用。

（1）岩石释重

无论是岩浆岩、变质岩还是沉积岩，在其形成以后，都可能因为上覆巨厚的岩层而承受巨大的静压力。一旦上覆岩层遭受剥蚀而卸荷，岩石释重，随之产生向上或向外的膨胀作用，形成一系列与地表平行的节理。处于地下深处，承受巨大静压力的岩石，其潜在的膨胀力是十分惊人的。在一些矿山，当岩石初次露在掌子面时，膨胀是非常迅速的，以致碎片炸裂飞出。岩石释重所形成的节理，为水和空气的活动提供了通路，使它们的风化作用更有效。

（2）温度变化

白天岩石在阳光照射下，表层首先升温，由于岩石是热的不良导体，热向岩石内部传递很慢，遂使岩石内外之间出现温差，各部分膨胀不同，形成与表面平行的风化裂隙。到了夜晚，白天吸收的太阳辐射热继续以缓慢速度向岩石内部传递，内部仍在缓慢地升温膨胀，而岩石表面却迅速散热降温、体积收缩，于是形成与表面垂直的径向裂隙。久而久之，这些风化裂隙日益扩大、增多，导致岩石层层剥落，最后崩解成碎块。

不同矿物有不同的体胀系数，在常温常压下，石英体胀系数的平均值为 31×10^{-6}，普通角闪石为 28.4×10^{-6}，长石为 17×10^{-6}。当温度反复变化时，复矿岩中不同的矿物有不同的膨胀与收缩，本来联结在一起的矿物颗粒就会彼此分离，使完整的岩石破裂松散。即使是单矿岩，由于晶体的非均匀性，晶体在各个方向上的线膨胀系数也不相同，受冷受热时也会造成收缩与膨胀的不一致，从而导致晶体的破裂。

温度变化的速度和幅度，特别是变化速度，对物理风化作用的强度有很大的影响。温度变化速度越快，收缩与膨胀交替越快，岩石破裂越迅速，因而温度日变化对物理风化的影响最大，年变化影响较小。在昼夜温度变化剧烈的干旱沙漠地区，昼夜温差可达50～60℃。由于岩石热容量远小于水，因此在缺少植被和水的沙漠地区，地表岩石温度日变化就远大于气温的日变化。所以在这些地区，物理风化作用最为强烈。

(3)水的冻结与融化

在一些高寒地带，如雨水或融雪水侵入岩石裂隙，当岩石温度低到0℃以下时，液态的水就变为固态的冰，体积膨胀约9%。这对裂隙将产生很大的膨胀压力，使原有裂隙进一步扩大，同时产生更多的新裂隙。当温度升高至冰点以上时，冰又融化成水，体积减小，扩大的空隙中又有水渗入。年复一年，就会使岩体逐渐崩解成碎块。这种物理风化作用又称为冰劈作用或冰冻风化作用。冰冻风化作用主要发生在严寒的高纬度地区和低纬度的高寒山岳地区。

(4)可溶盐的结晶与潮解

在干旱及半干旱地区，广泛地分布着各种可溶盐类。有些盐类具有很大的吸湿性，能从空气中吸收大量的水分而潮解，最后成为溶液。温度升高，水分蒸发，盐分又结晶析出，体积显著增大。由于可溶盐溶液在岩石的空隙和裂隙中结晶时的撑裂作用，使得裂隙逐渐扩大，导致岩石松散破坏。可溶盐的结晶撑裂作用，在干旱的内陆盆地是十分引人注目的。盐类结晶对岩石所起的物理破坏作用，主要决定于可溶盐的性质，同时与岩石空隙度的大小和构造特征也有很大关系。

可以看出，物理风化的结果，依次是岩石的整体性遭到破坏，随着风化程度的增加，逐渐成为岩石碎屑和松散的矿物颗粒；碎屑逐渐变细，使热力方面的矛盾逐渐缓和，因而物理风化随之相对削弱，但同时随着碎屑与大气、水、生物等营力接触的自由表面不断增大，使得风化作用的性质向化学风化转化。在一定的条件下，化学作用将在风化过程中起主要作用。

2)化学风化作用

在地表或接近地表条件下，岩石、矿物在原地发生化学变化并产生新矿物的过程叫化学风化作用。引起化学风化作用的主要因素是水和氧。自然界的水，不论是雨水、地面水或地下水，都溶解有多种气体(如O_2、CO_2等)和化合物(如酸、碱、盐等)，因此自然界的水都是水溶液。水溶液可通过溶解、水化、水解、碳酸化等方式促使岩石产生化学风化。氧的作用方式是氧化作用。

(1)溶解作用

水能直接溶解组成岩石的矿物，使岩石遭到破坏。最容易溶解的是卤化盐类(岩盐、钾盐)，其次是硫酸盐(石膏、硬石膏)，再次是碳酸盐类(石灰岩、白云岩等)。其他岩石虽然也溶解于水，但溶解度低得多。岩石与水长期接触，其中的可溶性矿物就逐渐地被水溶解。水对岩石的溶解作用一般进行得十分缓慢，但是在有利条件下，比如当水的温度增高以及压力增大时，水的溶解作用就比较活跃。特别当水中含有侵蚀性的CO_2而发生碳酸化合作用时，水的溶解作用就会显著增强。在可溶岩分布地区，由于水对岩石的溶解作用，常形成溶洞、溶穴等溶蚀地貌。

(2)水化作用

有些矿物与水接触后发生化学反应，吸收一定量的水到矿物中形成含水矿物，这种作用称为水化作用。如硬石膏经过水化作用变为石膏就是很好的例子。

$$\underset{\text{硬石膏}}{CaSO_4} + 2H_2O \longrightarrow \underset{\text{石膏}}{CaSO_4 \cdot 2H_2O} \tag{1.1.4}$$

水化作用的结果产生了含水矿物。含水矿物的硬度一般低于无水矿物，同时由于在水化过程中结合了一定数量的水分子进入物质的成分之中，改变了原有矿物的成分，引起体积膨胀，对岩石也具有一定的破坏作用。

若岩层中含有硬石膏层，当石膏发生水化作用而使体积膨胀后，对围岩会产生很大的压力，促使岩层破碎。在隧道施工中，这种压力甚至能引起支撑倾斜，衬砌开裂，应引起足够注意。

(3)水解作用

有些矿物遇水后离解，与水中的 H^+ 和 OH^- 离子起化学作用形成新的化合物，这种作用称为水解作用。无论是强酸弱碱盐或弱酸强碱盐，遇水后都要起离解作用，并与水的两种离子之一结合形成新的化合物。造岩矿物大部分是硅酸盐类，都是弱酸强碱盐，所以经水解作用而分解的现象是很普遍的。例如正长石经过水解作用变成高岭石就是一种水解现象。

$$\underset{\text{正长石}}{4K(AlSi_3O_8)}+6H_2O \longrightarrow 4KOH+\underset{\text{高岭石}}{Al_4(Si_4O_{10})(OH)_8}+8SiO_2 \quad (1.1.5)$$

其中易溶的 KOH 成为真正的溶液被带走。分解出来的 SiO_2 在有强碱钾盐的碱性溶液中不能凝聚下来，而成胶体溶液被带走，结果只有高岭石被残留下来。如果在炎热、潮湿的气候下，高岭石将进一步分解，形成铝土矿($Al_2O_3 \cdot nH_2O$)。

(4)碳酸化作用

当水中溶有 CO_2 时，水溶液中除 H^+ 和 OH^- 离子外，还有 CO_3^{2-} 和 HCO_3^- 离子，碱金属及碱土金属与之相遇会形成碳酸盐，这种作用称为碳酸化作用。硅酸盐矿物经碳酸化作用，其中碱金属变成碳酸盐随水流失。如花岗岩中的正长石受到长期碳酸化作用时，则会发生如下反应

$$\underset{\text{正长石}}{4K(AlSi_3O_8)}+2CO_2+4H_2O \longrightarrow \underset{\text{高岭石}}{Al_4(Si_4O_{10})(OH)_8}+8SiO_2+2K_2CO_3 \quad (1.1.6)$$

此外，碳酸盐类的岩石，如石灰岩、白云岩等，经碳酸化作用后能够将比较难溶于水的碳酸盐转变为易溶解的重碳酸盐，因而加强了水对岩石的溶解作用。例如

$$\underset{\text{碳酸钙}}{CaCO_3}+H_2O+CO_2 \longrightarrow \underset{\text{重碳酸钙}}{Ca(HCO_3)_2} \quad (1.1.7)$$

(5)氧化作用

氧化是地表的一种普遍自然现象；氧化作用是化学风化作用的主要方式之一。干燥空气中的氧化作用不强，潮湿空气中的氧化作用显著增强。水可大大加快氧化的速度。

自然界的有机化合物、低价氧化物和硫化物是最易遭受氧化的物质，尤其是低价铁最易氧化成高价铁。如自然界中常见的黄铁矿(FeS_2)在水的参与下，经氧化作用形成褐铁矿($Fe_2O_3 \cdot nH_2O$)，其化学反应方程式如下

$$2FeS_2+7O_2+2H_2O \longrightarrow 2FeSO_4+2H_2SO_4 \quad (1.1.8)$$

$$12FeSO_4+3O_2+6H_2O \longrightarrow 4Fe_2(SO_4)_3+4Fe(OH)_3 \quad (1.1.9)$$

$$2Fe_2(SO_4)_3+9H_2O \longrightarrow 2Fe_2O_3 \cdot 3H_2O+6H_2SO_4 \quad (1.1.10)$$

黄铁矿经氧化形成褐铁矿。颜色由铜黄色变为褐黄色，硬度、比重都变小。同时产生的硫酸对岩石腐蚀性极强，可使岩石中某些矿物分解形成洞穴和斑点，并产生一些新矿物。因此，岩石中含有较多黄铁矿时，用作建筑材料是不适宜的。

从以上化学风化作用的主要方式可以清楚地看出，化学风化作用在温暖、潮湿的地区最为活跃，进行得也比较彻底。

3)生物风化作用

岩石在动植物及微生物影响下发生的破坏作用,称为生物风化作用。生物风化作用主要发生在岩石的表层和土中。生物风化作用既有机械的,也有化学的。

(1)生物机械风化作用

生物的机械风化作用主要是通过生物的生命活动来进行的。如植物根系在岩石裂隙中生长,不断楔裂岩石,使裂隙扩大,从而引起岩石崩解。又如穴居动物田鼠、蚂蚁和蚯蚓等不停地挖掘洞穴,使岩石破碎、土粒变细。

(2)生物化学风化作用

生物的化学风化作用是通过生物的新陈代谢和生物死亡后的遗体腐烂分解来进行的。植物和细菌在新陈代谢过程中能析出有机酸、硝酸、亚硝酸、碳酸和氢氧化铵等溶液而腐蚀岩石。生物死亡后遗体聚集,逐渐形成腐殖质,它一方面可供给植物生长所必需的钾盐、磷盐、氮化合物和各种碳水化合物;另一方面因含有有机酸,对岩石、矿物也有腐蚀作用。生物,特别是微生物的化学风化作用是很强烈的。

岩石、矿物经过物理、化学风化作用以后,再经过生物的化学风化作用,就不再是单纯的由无机物组成的松散物质了,因为它还具有植物生长必不可少的腐殖质。这种具有腐殖质、矿物质、水和空气的松散物质称为土壤。不同地区的土壤具有不同的结构及物理、化学性质。据此全世界可以划分出许多土壤类型,而每一种土壤类别都是在其特有的气候条件下形成的。例如,在热带气候下,强烈的化学风化和生物风化作用,使易溶性物质淋湿殆尽,形成富含铁、铝的红壤。

2.岩石的风化程度

1)岩石风化程度的判断

岩石受到风化以后,不论其外观特征或物理力学性质,都会发生一系列的变化,根据这些变化,我们可以概略地判断岩石的风化程度。

(1)岩石的颜色

岩石受到风化后即引起岩石的颜色和光泽发生变化。未经风化的岩石,其造岩矿物保持着固有的颜色和光泽。受到风化后,具有玻璃光泽的正长石变成土状光泽的白色粉末;而黑云母的色泽也变得深暗,因而使整个岩石失去原有色泽。观察时,一方面要注意岩石整体的颜色,同时,也要注意岩石的干湿情况以及颜色由表及里的变化情况。

(2)岩石的矿物成分

岩石受到风化后,首先会引起其中某些易风化的矿物发生次生变化,例如花岗岩中的正长石,当发生风化后就逐渐变为高岭石,黑云母最后将变为蛭石。至于沉积岩,特别是黏土岩,受到风化后成分的改变并不显著,但风化部分常有可溶盐类结晶析出及含水氧化铁的产生。

(3)岩石的破碎程度

岩石风化后产生风化裂隙。风化程度越深,风化裂隙越发育,则岩体被裂隙切割得越破碎。所以,岩石的风化破碎程度,也是岩石风化程度的一个具体反映。

(4)岩石强度的变化

岩石遭受风化后,整体性破坏,矿物颗粒间的联结力减弱,矿物成分发生次生变化,力学强度降低。某些岩石受到严重风化后,用手即可折断,有的用手可捏碎。

2)岩石风化程度分级

为了对岩石的风化程度进行评价,表1.1.1给出了岩石风化程度级别划分以供参考。

岩石风化程度分级 表 1.1.1

风化程度分级	主要特征				
	颜色与光泽	结构与构造	矿物成分	破碎程度	强度
未经风化	所有矿物及其胶结物的颜色都是新鲜的	保持原有结构、构造	矿物成分未变	除构造裂隙外，肉眼见不到其他裂隙	岩石原有的强度
风化轻微	岩石颜色稍比新鲜岩石暗淡，仅裂隙面附近部分矿物变色	结构、构造未变	沿裂隙面稍有风化现象或有水锈	发生少数风化裂隙，但不易与新鲜岩石区别	比新鲜岩石略低，但不易区别
风化中等	表面和裂隙面大部分变色，但断口仍保持新鲜岩石特点	结构、构造大部分完好	沿裂隙面出现次生矿物	风化裂隙发育，完整性较差	抗压强度仅为新鲜岩石的 1/3～2/3
风化严重	岩石颜色改变，仅岩块断口中心仍保持原有颜色	结构、构造大部分破坏	易风化矿物均已风化变质，形成次生矿物	岩体呈干砌块石状，岩块上裂纹密布，疏松易碎，完整性很差	抗压强度仅为新鲜岩石的 1/3 左右
风化极严重	岩石完全变色，光泽消失，黑云母变为蛭石	结构、构造完全破坏。仅外观保持原岩的状态，矿物晶粒失去了胶结联系，石英松散成砂粒	除石英晶粒外，其余矿物大部分风化变质，形成次生矿物	用手可折断、捏碎	很低

3）岩石风化程度分带

岩石的风化由表及里，地表部分受风化作用的影响最显著，由地表往下风化作用的影响逐渐减弱以至消失，因此在风化剖面的不同深度上，岩石的物理力学性质也会有明显的差异。从工程地质的角度分析，一般把风化岩层自下而上相应于风化程度分级划分为五个带：未经风化带、轻微风化带、中等风化带、严重风化带、极严重风化带。

岩石风化带的界线，在工程实践中是一项重要的工程地质资料。在许多地方都需要运用风化带的概念来划分地表岩体不同风化带的分界线，作为拟定挖方边坡坡度、基坑开挖深度以及采取相应的加固与补强措施的参考。但是，到目前为止，我国还没有一个比较确切的定量指标作为分界的依据，通常只是根据当地的地质条件并结合实践经验予以确定。另一方面，虽然岩石的风化是由表及里的，但往往由于各地的岩性、地质构造、地形和水文地质条件不同，岩体风化带的分布情况变化很大，不一定都能清楚地划分出上述五个风化带；或者由于受到其他外力作用，部分风化层已被剥蚀，因而看不到完整的风化带的情况也是相当普遍的。据有关资料记载，以物理风化为主的地区风化深度一般不超过 10～30 m，最厚 60 m；以化学风化为主的地区风化深度一般为 30～50 m，最厚可达 100 m。

4）残积物

风化作用形成的残留于原地的松散堆积物称为残积物，它包括物理风化形成的碎屑物、化学风化形成的难溶物和生物风化形成的土壤。由于风化作用的复杂性，各地残积物的特点有所不同，但其共同的特点是：原地堆积形成；残积物中的碎屑物质大小不均、棱角明显；堆积物无分选、无层理；由表往里与基岩是逐渐过渡关系，上部风化程度深，下部风化程度浅;残积物在成分上与基岩有密切联系。

残积物不连续地覆盖在地壳基岩上形成的一层薄的外壳,称为风化壳。风化壳由上往下由于风化程度的不同,往往具有分层现象,但层与层之间是逐渐过渡的。一个发育完全的风化壳从上往下依次为土壤、黏土矿物、角砾状碎屑残积物(半风化岩石)和基岩,见图1.1.4。风化壳被上覆沉积层掩埋后形成古风化壳,通过研究古风化壳可以推断古地理、古气候及确定沉积间断等。

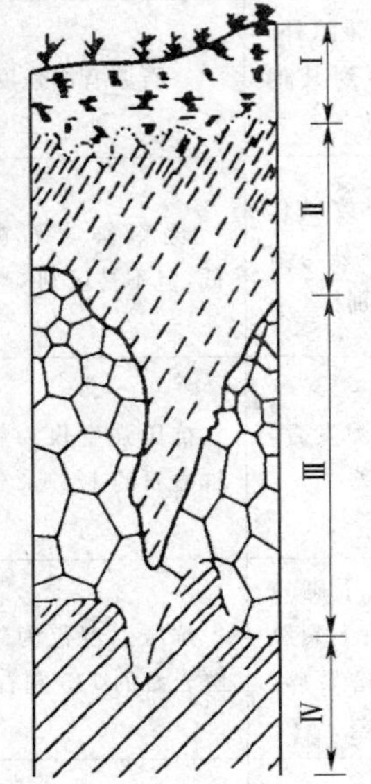

图1.1.4 风化壳剖面示意

Ⅰ-土壤;Ⅱ-黏土矿物;Ⅲ-半风化岩石;Ⅳ-基岩

由于残积物孔隙多,成分和厚度很不均匀,用作建筑物地基时,应考虑其承载力和可能产生的不均匀沉降。由于残积物结构松散,用作路堑边坡时,应考虑可能出现的坍塌和冲刷等问题。

3.风化作用的影响因素

风化作用虽然是地表普遍存在的地质现象,但是各处风化作用的类型和速度却有很大的差异。在影响风化作用的类型和速度的因素中,岩性是内在的依据,气候是最重要的外因。此外,地质构造、地形和时间等也有一定的影响。

1)岩石性质

岩石性质包括岩石的成分、结构和构造,其中岩石的矿物成分对风化作用的影响尤其重要,岩石在风化带中的稳定性主要是由其中所含矿物的抗风化能力决定的。超基性岩和基性岩一般最容易风化,而酸性岩则比较稳定。所以,红色花岗岩常被选做装饰材料,当然,含角闪石、黑云母多的花岗岩例外。此外,粗粒的岩石比细粒的岩石易于风化;层理和片理发育的岩石较易风化;疏松多孔的岩石比致密坚硬的岩石较易风化。

在一个地区如果有不同岩性的岩石出露,例如砂岩与页岩互层,往往因风化速度不同,造成其表面凹凸不平形成差异风化。所以,在野外常见到坚硬的砂岩形成山脊,而柔软的页岩成为低地。因而,人们常在野外利用差异风化现象认识地层、判断岩层产状、了解地质构造。

2)气候

控制气候的主要因素是降雨量和气温。水是风化作用中最积极、最活跃的因素,大多数风化作用都离不开水的参与。而气温则对化学反应的速度影响最大,在地表条件下,温度每增加10℃,则化学反应速度增加一倍。因此,气候是影响岩石风化最重要的因素;不同的气候带,风化作用的类型和速度也不同。

在极地和高山地区,气候寒冷,冰雪终年不化,风化作用进行得缓慢而微弱,主要表现为冰冻风化,岩石破碎后形成的碎屑很少;在温带,气候有季节变化,夏暖冬寒,降雨量较少,蒸发量较大,物理风化和化学风化作用都有,但风化深度较浅;在气候干燥的沙漠地区,雨量稀少而集中,蒸发量大,植被缺乏,物理风化作用强烈,一些易溶的矿物也难溶解,岩石风化后多为棱角状的碎屑和砂粒;在湿热气候区,雨量充沛,气温高、植被繁茂,化学风化作用强烈,岩石常被彻底破坏,风化深度可达100 m以上。

3)地质构造

地质构造对风化作用的影响主要是节理对风化作用的影响。几乎所有的岩石都为节理所切割,节理不仅为化学溶液的渗入提供了通道,而且增大了产生化学反应的表面积。所以，在节理发育的断层带以及背斜构造轴部，风化作用速度很快，在地表常形成低洼的沟谷。自然界中的厚层或块状岩石在节理切割影响下形成的球状风化是一种较常出现的现象。所谓球状风化，就是经风化作用后，岩石表面形成球形或椭球形的现象。

球状风化的形成过程如图1.1.5所示，岩石被几组节理切割，从而使风化作用得以从几个方向同时进行。水溶液沿裂缝渗入并对岩石进行分解，由于棱角处最易破坏，久而久之，岩石表面便被圆化了。最典型的是出现像卷心菜一样的层状剥离现象。据研究，单纯的释重等引起的张应力尚不足以使岩石裂开，而是在化学风化作用下，岩石降低了抗张强度，物理风化才得以进行。显然，球状风化是在地质构造影响下化学风化和物理风化联合作用的结果。

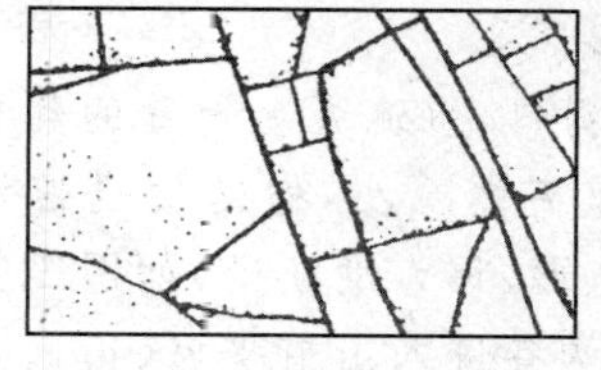

a)岩石被几组节理所切割

b)球状风化

c)球状风化晚期

图1.1.5 球状风化的演变

（W.K.汉布林，1975）

4)地形

地形对风化作用也有一定的影响，在陡坡上物理风化进行得较强烈，有时能在春暖化冻的季节或雨后，在地下水的帮助下，造成大规模的山崩。20世纪60年代，川藏公路沿线就曾多次发生山崩，严重堵塞了交通。

(二)地面流水的地质作用

地面流水系指沿陆地表面流动的水体。根据流动的特点，地面流水可分为片流、洪流和河流三种类型。沿地面斜坡呈无数股、无固定流路的网状细流称为片流，片流汇集于沟谷中形成有固定流路的急速流动的水流称为洪流。

片流与洪流仅出现在雨后或冰雪融化时短暂的一段时间，时有时无，称为暂时性流水。河流是指沿沟谷流动的经常性流水。河流可以是洪流下切谷底至地下水面以下并得到地下水补给形成的，也可以是冰川消融或湖水补给形成的。地面流水的运动有层流、紊流、环流和涡流几种方式。

1.暂时性流水的地质作用

1)洗刷作用及坡积层

片流比较均匀地冲洗破坏斜坡表层的过程称为洗刷作用。由于片流水流分散、水量小、流动慢、动能小，一般只能冲走细小的碎屑物质，但它作用面积大，对地表的剥蚀作用显著。洗刷作用的强度与气候、地面坡度、岩性和植被有关。一般在降水量比较集中、坡度较陡、松散物多、植被稀少的山坡，洗刷作用强烈；对荒芜的秃山坡或坡耕地，可造成大量的水土流失。但如果植被发育好，能有效地吸收片流的能量，洗刷作用就大为降低。

洗刷作用冲走的碎屑物质，一部分经沟谷进入河流，成为河流中搬运的泥沙的主要来源，其余部分随片流向山下搬运。当片流达到缓坡或坡脚处，因流速变慢、水流挟沙能力减弱所形成的沉积物叫坡积物。坡积物由于搬运距离短，分选性差，层理不明显，碎屑颗粒呈棱角状；坡积物厚度变化较大，一般是坡脚处最厚，向山坡上及远离坡脚方向逐渐变薄尖灭；坡积物多由碎石和黏土组成，其成分与山坡上的基岩有关；坡积物松散、富水，作为建筑物地基强度较差；坡积物与下伏基岩接触带有水渗入而变得软弱湿润时，坡积物与基岩间的摩阻力显著降低，容易发生滑动。

2)冲刷作用及洪积层

在雨季或冰雪融化时，特别是在暴雨之后，片流汇聚到沟谷中，常常形成汹涌的洪流。因水量和流速大增，剥蚀力量增强，洪流以本身的水体动力连同携带的泥沙和石块不断冲击沟底和沟壁，使沟谷加深变宽的过程，称为冲刷作用。由冲刷作用形成的沟底深窄、沟壁陡峭的沟谷，叫冲沟。在干旱和半干旱地区，雨量比较集中，缺少植被保护，由松散覆盖层组成的地面，冲沟发展迅速，造成大量水土流失，危害农业与交通。有的冲沟发展到一定程度后，沟底被碎屑填塞，沟壁变缓，沟里长满了植物，冲沟也就可能停止发展而成为死冲沟，或称山坳。

图 1.1.6 洪积扇

洪流一旦冲出沟口，水流失去沟壁的约束而散开，由于坡度和流速突然减小，搬运物迅速沉积下来，形成扇状堆积地形，称为洪积扇，如图 1.1.6 所示。洪积扇多位于沟谷进入山前平原、山间盆地及河流入口处。洪积扇堆积物的成分复杂，由沟谷上游汇水区内岩石种类决定。洪积扇的堆积物呈一定的规律性分布，从平面上看，扇顶洪积物粗大，多为砾石、卵石，向扇缘方向越来越细，由砂到黏砂土、砂黏土直至黏土。从剖面上看，地表洪积物颗粒较细，向下越来越粗；由于洪积物未经长途搬运而且是突然沉积下来的，故磨圆度和分选性较差，层理不很发育。

在洪积扇上进行工程建设，要注意洪积扇的活动性。正在活动的洪积扇，每当暴雨季节，仍将发生新的洪积物沉积。在干旱地区，洪积扇具有一定的供水意义。由于洪积扇中砂、砾层从扇顶向扇缘倾斜，具水头压力，在洪积扇的扇缘打井，往往可获自流井。洪积扇也是油、气储存场所，如克拉玛依油田的储油层就与扇顶部分的砾石有关。

2. 河流的地质作用

河谷的横断面形态可分为谷底和谷坡。河谷底部较平坦的部分称谷底，高出谷底的两侧斜坡称谷坡。谷底中经常有水流动的部分称河床，谷底中洪水期被淹没、枯水期露出水面的部分称河漫滩。

1)河流的侵蚀作用

河流在运动过程中对岩石的破坏作用称为侵蚀作用。河水沿河谷流动时，不仅以自身的冲力破坏岩石，更主要的是河水中还携带着大量的泥沙和砾石等碎屑物，河流以它们为工具对河床进行磨蚀。此外，河水对岩石还有一定的溶解能力。河流就是通过冲蚀、磨蚀和溶蚀三种方式对河底及两岸进行侵蚀的。

河流侵蚀作用的能力由流量和流速决定。以 Q 表示河水流量(m^3/s)，v 为流速(m/s)，则河水动能 E 由下式表示

$$E=\frac{1}{2}Qv^2 \tag{1.1.11}$$

由上式可知，河水动能与流量一次方成正比，与流速二次方成正比。显然，流速对动能的影响比流量更大。

按侵蚀作用的方向，河流的侵蚀作用可分为两种类型，沿垂直方向进行的下蚀作用和沿水平方向进行的侧蚀作用。这两种作用在任一河段中都是同时进行的，只不过对不同的河段有主、次之分而已。

(1)下蚀作用

河流下蚀切割河底,使河床变深。下蚀的强弱取决于流速、流量的大小,也与组成河床的物质有关。流速、流量越大,下蚀作用越强;组成河床的物质越坚硬,裂隙越少,下蚀作用越弱。

下蚀作用在加深河谷的同时,又使河流向源头方向伸长。这是因为在沟头以上,流水顺地面斜坡呈片流流动,当其在沟头汇聚于沟谷里时,流速和流量骤然增大,在这里下蚀作用特别强烈,结果使河谷向着源头方向的斜坡上方延伸。一条河流下蚀作用最强地段由河口开始逐渐向河源方向发展的现象称为向源侵蚀。由于每条河流的水量、河床纵向比降、岩石性质及地质构造等因素的不同,它们的向源侵蚀速度亦不同。当某一向源侵蚀较快的河流向上伸长并中途切断另一条河流时,就把另一条河流上游的河水夺过来,这种现象称为河流袭夺。

河流下蚀作用不是无止境的。当下蚀作用达到一定深度,即当河面标高趋近于河口水面标高时,河水不再具有势能差,流动趋于停止,河流的下蚀作用也就趋近于零了。因此,从理论上讲,河口的水面标高就是河流下蚀作用的极限,这个极限称为河流的侵蚀基准面。海平面为所有入海河流的侵蚀基准面。湖面或干流河面因其自身是变化的,对注入的河流只能起到暂时性的控制作用,故称地区性或暂时性的侵蚀基准面,而海平面为最终侵蚀基准面。

河流下蚀作用的结果,使河床高度降低,坡度变缓,阶梯状高差逐渐消失,整个河谷纵剖面成为一条光滑的曲线,这时河床坡度与流速、流量与搬运物完全达到平衡。河流的动能与所携带的物质和克服摩擦阻力的能耗相平衡时,整条河流达到既无侵蚀又无大量沉积状态,这种达到平衡状态的河谷纵剖面称为平衡剖面。平衡剖面虽然是一个永远也达不到的理想剖面,但它对于了解河流改造地表的演化过程及研究工程建设所引起的河流变化具有十分重要的意义。

(2)侧蚀作用

河流侧蚀冲刷河岸,使河床变弯、变宽。河流产生侧蚀的原因,一是因为原始河床不可能完全笔直,一处微小的弯曲都将使河水主流线不再平行河岸而引起冲刷,致使弯曲程度越来越大;二是河流中的各种障碍物,如浅滩,也能使主流线改变方向冲刷河岸(图 1.1.7)。

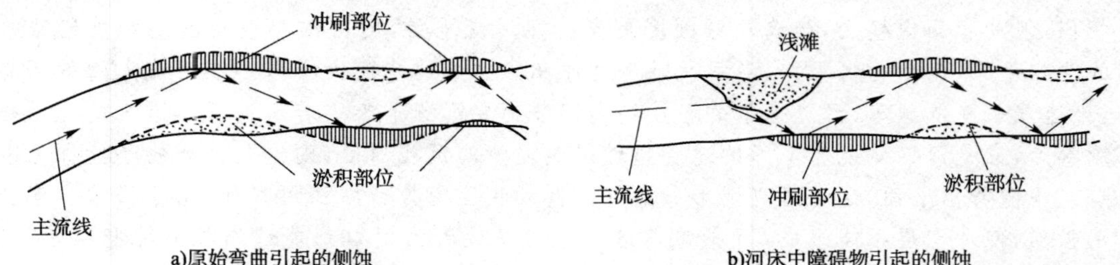

图 1.1.7 河流侧蚀示意

侧蚀不断进行,受冲刷的河岸逐渐变陡、坍塌,使河岸向外凸出,相对一岸向内凹进,使河流形成连续的左右交替的弯曲,称河曲。由于河水主流线不是垂直而是斜向冲刷河岸,故这种弯曲向河流前进方向凸出,随着侧蚀不断发展,这些弯曲逐渐向下游方向推进。河曲进一步发展,河流弯曲程度越来越大,河流也越来越长,导致河床底坡变缓,流速降低。当流速减小到一定程度,河流只能携带泥沙克服阻力流动,而无力进行侧蚀的时候,河曲不再发展,此时的河曲可称为蛇曲。河流的蛇曲地段,弯曲程度很大,某些河湾之间非常接近,只隔一条狭窄地段,到了洪水季节,洪水可能冲决这一狭窄地段,河水经由新冲出的距离短、流速大的河道流动，残余的河曲两端逐渐淤塞，脱离河床而形成特殊形状的牛轭湖。湖中水分逐渐蒸发，可进一步发展成为沼泽。长江中下游沙市、汉口等地段，被遗弃的古河道所形成的湖泊、洼地和沼泽星罗密布。

2)河流的搬运作用

河流具有一定的搬运能力，它能把侵蚀作用生成的各种物质以不同方式向下游搬运，直至搬运到湖海盆地中。河流搬运能力与流速关系最大，当流速增加1倍时，被搬运物质的直径可增大到原来的4倍，被搬运物质的重量可增大到原来的64倍。当流速减小时，就有大量泥沙石块沉积下来。

流水搬运的方式可分为物理搬运和化学搬运两大类。物理搬运的物质主要是泥沙石块，化学搬运的物质则是可溶解的盐类和胶体物质。根据流速、流量和泥沙石块的大小不同，物理搬运又可分为悬浮式、跳跃式和滚动式三种方式。悬浮式搬运的主要是颗粒细小的砂和黏性土，这些物质悬浮于水中或水面，顺流而下。例如黄河中大量黄土颗粒主要是悬浮式搬运。悬浮式搬运是河流搬运的重要方式之一，它搬运的物质数量最大，例如黄河每年的悬浮搬运量可达6.72×10^{8} t，长江每年的悬浮搬运量达2.58×10^{8} t。跳跃式搬运的物质一般为块石、卵石和粗砂，它们有时被急流、涡流卷入水中向前搬运，有时则被缓流推着沿河底滚动。滚动式搬运的主要是巨大的块石、砾石，它们只能在水流强烈冲击下，沿河底缓慢向下游滚动。

化学搬运的距离最远，水中各种离子和胶体颗粒多被搬运到湖、海盆地中，当条件适合时，在湖、海盆地中产生沉积。

3)河流的沉积作用

当流速和流量降低，特别是流速降低时，河流的搬运能力亦随之降低，多余的碎屑物质就会发生沉积。河流搬运物从水中沉积下来的过程称为沉积作用。由河流沉积作用形成的堆积物称冲积物。

由于河流在不同地段流速降低的情况不同，各处形成的沉积层就有不同特点。在山区，河底陡、流速大，沉积作用较弱，河床中冲积层多为巨砾、卵石和粗砂。当河流由山区进入平原时，流速有很大降低，大量物质沉积下来，形成冲积扇。冲积扇的形状和特征与前述洪积扇相似，但冲积扇规模大，分选及磨圆度更高。在河流下游，则由细小颗粒的沉积物组成广大的冲积平原，例如黄河下游、海河及淮河的冲积层构成的华北大平原。在河流入海的河口处，流速几乎降低到零，河流携带的泥沙绝大部分都要沉积下来。若河流沉积下来的泥沙被海流卷走，或是河口处地壳下降的速度超过河流泥沙的沉积速度，则这些沉积物不能保留在河口或不能露出水面，这种河口则形成港湾。例如我国南方钱塘江河口处，由于海浪和潮汐作用强烈，使冲积层不能形成，而成为港湾。但大多数大河河口都能逐渐积累冲积层，它们在水面以下呈扇形分布，扇顶位于河口，扇缘则伸入海中。冲积层露出水面的部分形如一个其顶角指向河口的倒三角形，故称河口冲积层为三角洲。三角洲的内部构造与洪积扇、冲积扇相似：下粗上细，近河口处较粗，距河口越远越细。

冲积物具有以下特征：

①分选性好。碎屑物质经过搬运，在流速减小的地方，便按颗粒的大小、重度依次从水中沉积下来，就像经过筛子筛选一样，大小和重度相似的沉积物便聚集在一起。这种作用叫分选作用。分选性越好，粒度越均一。

②磨圆度高。磨圆度是指颗粒棱角被磨蚀的程度。按韦德尔(Wadell，1932)的定义，磨圆度等于角的平均曲率半径与最大内接圆半径之比。比值越接近于1，磨圆度越好。显然，

磨圆度与搬运方式和搬运距离有关。冲积物通常经过长距离和多次搬运，故磨圆度较高。但粒径小于0.05 mm的颗粒，因呈悬浮搬运，其磨圆度差。

③层理清晰。层理就是由于矿物成分、粒度、颜色等的不同而在纵向上显示出来的层状沉积界面。这是由于水动力条件发生改变而造成上、下层的沉积物质不同所致。

④冲积层分布在河谷、冲积扇、冲积平原或三角洲中，冲积层的成分非常复杂，河流汇水面积内的所有岩石和土都能成为该河流冲积层的物质来源。

⑤作为工程建筑物的地基，砂、卵石的承载力较高，黏性土较低。特别应当注意冲积层中的两种不良沉积物：一种是软弱土层，例如牛轭湖、沼泽地中的淤泥、泥炭等；另一种是容易发生液化现象的粉砂层。

⑥冲积层中的砂、卵石、砾石层常被选用为建筑材料的重要源地。厚度稳定、延续性好的砂、卵石层是丰富的含水层，可以作为良好的供水水源。

4)河流阶地

河谷内河流侵蚀或沉积作用形成的阶梯状地形称阶地或台地。若阶地延伸方向与河流方向垂直则称横向阶地；若阶地延伸方向与河流方向平行则称纵向阶地。

横向阶地是由于河流经过各种悬崖、陡坎，或经过各种软硬不同的岩石下切程度不同而造成的。河流在经过横向阶地时常呈现为跌水或瀑布，故横向阶地上较难保存冲积物，并且随着强烈下蚀作用的继续进行，这些横向阶地将向河源方向不断后退。

纵向阶地是地壳升降运动与河流地质作用的结果。地壳每一次剧烈上升，都使河流侵蚀基准面相对下降，大大增加了下蚀的强度，河床底被迅速向下切割，河水面随之下降，以致再到洪水期时也淹没不到原来的河漫滩了。这样，原来的老河漫滩就变成了最新的Ⅰ级阶地，原来的Ⅰ级阶地变为Ⅱ级……依此类推，在最下面则形成新的河漫滩。

一条河流有多少级阶地是由该地区地壳上升次数决定的，每剧烈上升一次就应当有相应的一级阶地，例如兰州地区的黄河就有六级阶地。但是，由于河流地质作用的复杂性，使河流两岸生成的阶地级数及同级阶地的大小范围并不完全对称相同，例如左岸有Ⅰ、Ⅱ、Ⅲ共三级阶地，右岸可能只有Ⅱ、Ⅲ两级阶地；左岸的Ⅲ级阶地可能比较宽广、完整，右岸的Ⅲ级阶地则可能支离破碎，残余面积很小。阶地编号越大，生成年代越久，则可能被侵蚀破坏得越严重，而且不易完整保存下来。

根据河流阶地组成物质的不同，可把阶地分为三种基本类型(图1.1.8)。

(1)侵蚀阶地

侵蚀阶地也称基岩阶地，阶地表面由河流侵蚀而成，表面只有很少的冲积物，主要由被侵蚀的岩石构成。侵蚀阶地多位于山区，是地壳上升快、河流强烈下切造成的。

(2)基座阶地

基座阶地表面有较厚的冲积层，因地壳上升，河流下切较深，以致切穿了冲积层，切入了下部基岩一定深度，从阶地斜坡上可明显地看出，阶地由上部冲积层和下部基岩两部分构成。

(3)冲积阶地

冲积阶地也称堆积阶地或沉积阶地，整个阶地在阶地斜坡上出露的部分均由冲积层构成，表明该地区

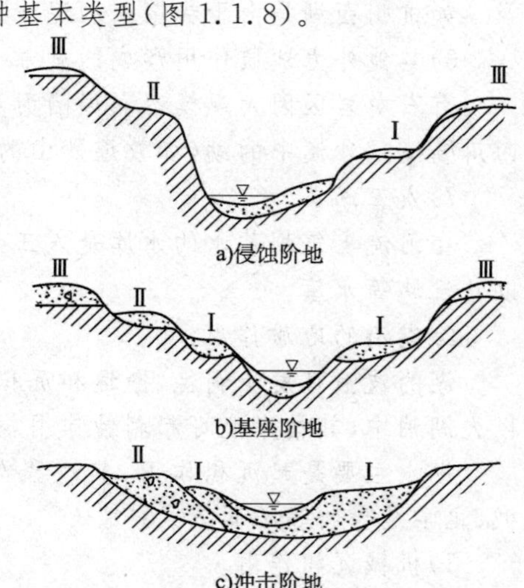

图1.1.8 河流阶地的三种类型

冲积层很厚，地壳上升引起的河流下切未能把冲积层切透。

根据阶地的形成过程，在野外辨认河流阶地时应注意下述两方面特征：形态特征和物质组成特征。从形态上看，阶地表面一般均较平缓，纵向微向下游倾斜，倾斜度与本段河床底坡接近，横向微向河中心倾斜。河床两侧同一级阶地，其阶地表面距河水面高差应相近。某些较老的阶地，由于长时间受到地表水的侵蚀作用，平整的阶地表面被破坏，形成高度大致相等的小山包。应当指出，不能只从形态上辨认阶地，以免与人工梯田、台坎混淆，还必须从物质组成上去研究。因为阶地是由老的河漫滩形成的，它应当由黏性土、砂、卵石等冲积层组成。就侵蚀阶地而言，在基岩表面上也应或多或少地保留有冲积物。因此，冲积物是阶地物质组成中最重要的物质特征。

(三)湖泊和沼泽的地质作用

陆上洼地蓄水就会形成湖泊，湖泊由大气降水、地面水和地下水补给，当水源枯竭时，就成为干湖泊，如新疆的罗布泊。

地球上湖泊面积占陆地面积的1.8%。芬兰有55 000多个湖泊，占该国总面积的12%。我国的湖泊也很多，总计有40 000 km^2，以青藏高原(如青海湖)和长江中下游(如洞庭湖、鄱阳湖、巢湖、太湖)，淮河下游(如洪泽湖)最为集中。

1.湖泊的成因类型

1)构造湖

构造湖是由于地壳运动产生的凹陷或断裂造成的湖盆形成的。其形状长而深，如我国的兴凯湖、滇池、洱海、艾丁湖等；俄罗斯的贝加尔湖深达1 620 m。

2)火山湖

火山口成为湖盆，如长白山的天池、云南腾冲的大龙潭湖。火山喷出物堵塞的湖有东北的镜泊湖及五大连池。

3)河成湖

如河流蛇曲取直而形成的牛轭湖及三角洲上因泥沙淤塞而成的三角洲湖。

4)冰川湖

冰川刨蚀形成洼地，冰川后退后积水可成湖，如青藏高原上的湖泊。

5)海成湖

如杭州西湖是由于钱塘江的泥沙将海湾淤塞而形成的泻湖。

6)其他外力地质作用形成的湖泊

有石灰岩区因大规模溶洞塌陷而形成的溶蚀湖，山崩堆积物阻塞河谷形成的堰塞湖(如四川叠溪)，沙漠中的湖(如敦煌沙山的月牙湖，四周由风成沙丘围成)。

7)人工湖

在河流上筑坝蓄水的水库是人工形成的湖泊，如三门峡、葛洲坝、松花湖、密云、新安江以及三峡等水库。

2.湖泊的地质作用

湖的波浪可发生剥蚀、搬运和沉积作用。但其水流缓慢，剥蚀、搬运能力均较弱，只有在巨大湖泊中，其拍岸浪可起剥蚀作用，剥蚀的物质向湖心搬运。

湖水主要是起沉积作用，其过程与湖泊的发展、消亡过程密切相关。沉积作用包括机械、化学及生物等不同方式。

1)机械沉积作用

雨量充沛季节，地表流水挟带大量泥沙汇集到湖泊中，当其注入湖泊时，流速骤减，泥沙就逐渐沉积，粗的颗粒靠近湖岸沉积，细的颗粒向湖心沉积，日积月累，湖泊将逐渐淤浅。在潮湿气候区，入湖河流多，水量大，如水流挟沙量高，在湖滨可形成三角洲。三角洲逐年扩大后，湖泊淤浅变小以至消亡，出现湖积三角洲平原或沼泽。洞庭湖每年接受湘、资、沅、澧四水所挟带的泥沙达 $2.4\times10^{8}\ m^{3}$，使湖泊缩小、淤浅。据统计，1941 年前洞庭湖面积为 5 000 km^2，是全国第一大淡水湖，至 1980 年面积减为 2 820 km^2。洪泽湖接受淮河水系泥沙，逐年抬高湖床，以致加高堤防，成为地上湖，湖水高出附近地面，对城镇、农田构成威胁。

2）化学沉积作用

在温湿地区，水量充足，不仅由较易溶解的 K、Na、Ca、Mg 等组成的盐类，甚至连较难溶解的 Fe、Mn、Al、Si、P 等组成的盐类，也可呈离子态或胶体溶液被搬运入湖，在一定条件下沉积下来。在干旱气候区，当湖水的蒸发量大于补给量时，湖水的含盐度就增大；当浓度超过饱和溶解度时，多余的盐分就从水中结晶析出。因盐类的溶解度不同，其结晶作用按顺序进行。其中，方解石、白云石结晶在先，其后为石膏、芒硝，最后是氯化钠、氯化钾。

3）生物沉积作用

潮湿气候区的湖泊，湖中繁殖了大量的生物，其遗体与泥沙一起形成腐泥。其后堆积物增厚，压力加大，在还原条件下，腐泥经细菌发酵分解作用后形成含油岩石，油经运移，聚集于多孔岩石中，构成油田。松辽平原、江汉平原等地的石油就是古代湖泊生物作用的结果。

3. 沼泽的地质作用

在陆地上的过湿洼地，常生长菖蒲类等沼泽植物，形成湿地、草地。

沼泽可由湖泊的淤塞形成，或是滨海浅滩、洪积扇缘、河漫滩以及泄水不畅的低地因水的储积而成，还可由某些水生植物、喜水植物吸水抬高潜水面使地表过湿而形成。

沼泽中的水体小，几乎处于静止状态，在沼泽地主要是生物沉积作用。植物不断生长、死亡，其遗体被泥沙掩埋，在缺氧条件下，细菌作用发生分解、霉烂等复杂过程，可形成多孔的泥炭、褐煤、肥料和其他化复原料。

(四)海洋的地质作用

海洋接受陆地上泄出的水和物质，由于海水的蒸发、降雨，形成地球上水的大循环。在海洋中除沉积有大陆泄出的泥沙以外，还有很多化学物质，在海洋中沉积形成矿藏。

海水的运动（洋流、波浪）可产生剥蚀、搬运、沉积作用。

1. 海水的剥蚀作用

巨大的拍岸浪可冲击海岸（压力有时达 70 kPa），大风暴时其冲击压力可达 3 000 kPa，使岸边岩石破坏；潮汐产生的作用有时也很强烈。因海浪侵蚀，可形成各种海蚀地形（海蚀阶地、海蚀崖、海蚀洞等）。地震引起的海啸涌浪破坏力更大。

2. 海水的搬运作用

波浪可以推动几百甚至千余吨重的巨石；波浪可对岸边物质淘洗，在洋流的作用下不断将细小颗粒和溶解的物质自浅海带至深海。钱塘江口由于潮流的作用，退潮时将泥沙搬往海洋，没有形成河口三角洲。

3. 海洋的沉积作用

海洋不但接受大陆来的物质，也接受海底火山喷发的物质，以及海洋生物遗体。其沉积物因沉积地貌、环境而异。

海洋沉积物可分为 4 个带：滨海带沉积是高潮线和低潮线之间的水域；浅海带沉积是大陆架（低潮线至 200 m 深水域）沉积；半深海带沉积是大陆坡（深 200～2 500 m 水域）沉积；深海带沉积是深海盆地（水深大于 2 500 m 水域）的沉积。

远离大陆的沉积物颗粒越来越细小，至远洋底沉积为生物软泥或化学物质的沉积。但现代沉积学表明，碳酸盐多沉积在滨海和浅海。

(五)风的地质作用

在沙漠地区，雨水少，植物稀，岩石裸露，物理风化剧烈，使地表岩石分崩离析；沙漠上气温、气压变化剧烈，有时风暴强烈，由于风的作用，产生对岩屑的剥蚀、搬运和沉积。

1. 风的剥蚀作用

大风可飞沙走石，将地面的尘土吹扬飞到远处，细小的沙粒也可吹扬。飞行中的沙粒碰撞岩石又发生磨蚀，形成风蚀地貌，如石蘑菇、蜂窝石、石檐地形等。

2. 风的搬运作用

风的搬运能力取决于风的强弱和物质的大小、密度。在风的作用下粗的砂粒可离开地面跳跃式前进，细颗粒可飞扬至很远。

3. 风的沉积作用

风沙停积后可形成沙堆，在开阔地形处可形成新月形沙丘，其高度可从几米至几十米，甚至 200 m 以上。更细小的粉砂和尘土可由大风带到远方，降落均匀，日积月累可形成很厚的黄土沉积(主要颗粒是 0.05～0.005 mm)。黄土沉积在我国西北地区分布甚广(河南郑州以西)，在东海的岛屿上也发现有黄土的堆积物。在昆仑山—祁连山—秦岭一线以北，阿尔泰山—阴山—大兴安岭一线以南的广大地区黄土分布于440 000 km^2 的土地上，约占我国陆地面积的 4.4%，厚度一般为 30～80 m，较厚地区有 200～400 m。据观测，目前黄土平均年沉积约 1 mm，其形成的时间在 20 万年至 40 万年之间，是第四纪更新世以来的沉积。世界各地黄土沉积也很广泛，如东欧和美国。除了风成黄土以外，还有残坡积黄土和水成黄土。

(六)冰川的地质作用

陆地上的冰川是在重力作用下由雪源向外终年缓慢移动的巨大冰体，是水圈的重要组成部分，也是丰富干净的淡水资源。现代冰川覆盖面积占陆地面积的 10%；我国冰川面积达 44 000 km^2，在天山、祁连山、昆仑山、喜马拉雅山均有分布；欧洲的阿尔卑斯山也有冰川分布。冰川活动时的巨大能量，能改变一些地区的地貌(高纬度地区及中、低纬度的高山区)。

1. 冰川类型

由于所处的地形、气候不同，冰川的规模、形态也各异。

1) 大陆冰川

大陆冰川在两极和严寒的高纬度地区，地面均被冰雪覆盖，这种冰川占现代冰川的 99%。大陆冰川不受地形的影响，起伏的地形均埋于冰层之下。

2) 山岳冰川

山岳冰川也称阿尔卑斯式冰川，常见于高山地区，多分布于中低纬度的高山，我国的冰川多是这种类型。按其发育情况和形态又分为冰斗冰川、悬冰川、山谷冰川、山麓冰川等，如瑞士的冰川，最大冰层厚度为 700 m。

2. 冰川的地质作用

1) 冰川的刨蚀作用

厚的冰层在移动过程中将床底和两侧岩石刨掘、摩擦，形成各种冰川地形，如冰蚀谷、冰斗、角峰、羊背石等地形，在岩壁上常有冰川擦痕、冰溜面等。

2) 冰川的搬运作用

冰川携带着岩石碎屑、巨石移动，克服前进的阻力向前推进，被破坏的岩块、碎屑不能像水流搬运那样转移、位移。冰川的搬运能力十分巨大，可将巨大的漂砾推移到很远的地方。

3)冰川的沉积作用

冰载物在搬运过程中,由于冰体融化而从冰体内卸下,称为冰川的沉积作用。冰体直接融化沉积的堆积物称冰碛。冰川可形成侧碛堤、终碛堤和鼓丘等冰碛地貌,其中的巨大石块称冰川漂砾,冰川形成的堆积物一般分选性差,磨圆度稍差。冰川融化后形成的水流使原有的冰碛受到水流的分选和重新沉积,称冰水沉积,其碎屑物的分选性和磨圆度均较好,并有层理,其中细颗粒沉积形成纹泥。冰水沉积地形有冰积扇、冰河丘、蛇形丘、冰川湖等。第四纪冰川遗迹(地形及堆积物)在我国东部地区(浙江天目山)可以见到,但对庐山的冰川遗迹在国内还有争议。

(七)负荷地质作用

组成斜坡的岩土由于自重以及各种外营力(振动、地下水、地震、爆破等)激发而引起的变形、破坏、移动的过程称负荷地质作用。这是一种固体或半固体物质的运动,可以是快速的,如意大利 Vajont 滑坡的 2.5×10^8 m^3 岩石于 20 s 内滑下,其最大滑速达到 25 m/s;而很多边坡处于蠕动状态,要用精密测量才能觉察到。

根据物质运动的特点可分为 4 种类型。

1.崩落

在陡峻的斜坡上,岩土失去平衡突然坍落、滚动、碰击,一般发生在大于 45°的斜坡上。在高山地区及峡谷地段都易发生这种现象。

2.蠕动

岩土体在山坡上发生缓慢的移动,上部岩层甚至发生褶曲(点头哈腰),但这是在长时间内形成的,特别是在一些岩石的风化带,这种现象比较普遍。在一些不利的条件下也会发生急剧的移动或滑动。

3.滑动

岩土体在山坡上顺着某些软弱面或某一曲面开始缓慢而后快速地整体下滑,如1967 年四川雅砻江某地发生崩塌性滑坡,$6\ 800\times10^4$ m^3 的土石顷刻间滑入河谷,形成高达175～355 m 的天然坝,河流被堵,断流 9 d,随后溢流溃坝,造成一定的损失。

4.泥石流

在一定条件下,水流挟带泥、石等固体物质在重力作用下形成的特殊洪流称泥石流。泥石流有时来势凶猛,几十万甚至几百万立方米泥石顺着山势猛泄,造成地质灾害。

第二节 矿物和岩石

组成地壳的化学元素最主要的有 10 种,它们占地壳总质量的 99.96%。这 10 种元素及其质量百分比如表 1.2.1 所示。其余是磷(P)、锰(Mn)、氮(N)、硫(S)、钡(Ba)、氯(Cl)等近百种元素,仅占 0.04%。

地壳中主要元素及含量　　表 1.2.1

元素名称	百分含量	元素名称	百分含量	元素名称	百分含量	元素名称	百分含量
氧(O)	46.95	硅(Si)	27.88	铝(Al)	8.13	镁(Mg)	2.06
钙(Ca)	3.65	钠(Na)	2.78	钾(K)	2.58		
钛(Ti)	0.62	氢(H)	0.14	铁(Fe)	5.17		

地壳中的化学元素少数是以自然单质的形式存在,如金刚石(C)、硫黄(S)、石墨(C)等,绝大多数是以化合物的形式存在,如石英(SiO_2)、石膏($CaSO_4\cdot2H_2O$)及黄铁矿(FeS_2)等。

这些由地质作用形成的具有一定物理性质与化学成分的自然单质或化合物,称为矿物。由一种矿物、多种矿物或岩屑组成的自然集合体称为岩石,它是各种地质作用的产物,是构成地壳的物质基础。

岩石按成因可分为岩浆岩(火成岩)、沉积岩和变质岩三大类。从三大类岩石在地表出露的状况来看,沉积岩分布最广,约占陆地表面积的75%,岩浆岩和变质岩约占25%。从地表往下,沉积岩所占比例逐渐缩小,到地表以下16~20 km,沉积岩仅占5%,岩浆岩和变质岩占95%。由于岩石的形成条件、矿物成分、结构和构造等因素的差异,不同岩石具有不同的物理力学性质,它直接关系到地基、边坡及围岩稳定和石料质量的好坏。因此,在工程建设中,有必要对组成地壳的主要矿物和常见岩石以及它们的工程地质性质等进行研究。

一、主要造岩矿物

目前,人们已发现的矿物有3 000多种,而组成岩石的主要矿物30多种。这些组成岩石的主要矿物称为造岩矿物,如石英、长石、云母等。

(一)矿物的特征

固体矿物按其组成元素(原子或离子)的质点排列有无规则,可分为结晶质矿物和非晶质矿物。如石盐(NaCl)中钠离子和氯离子呈立方形交替排列,形成结晶格子构造,其外形如图1.2.1所示。这种结晶质矿物,因为内部质点有规律地排列,所以在适宜的生长条件下,外表呈现出由一些天然平面(晶面)所包围而成的几何形态,叫做晶体。但是,岩石中大多数矿物在结晶时,因受到许多条件和因素的控制,形成不规则的形态,只要其内部质点是有规律的排列,就仍不失其结晶的实质。因此,在结晶质矿物中,习惯上还根据肉眼能否分辨而分为显晶质和隐晶质两类。

非晶质矿物内部质点排列没有一定的规律性,所以外表就不具有固定的几何形态,例如蛋白石($SiO_2 \cdot nH_2O$)、褐铁矿($Fe_2O_3 \cdot nH_2O$)等。非晶质可分玻璃质和胶质两类。

1.矿物的形态

矿物的成分、构造和生成环境决定了矿物的晶体有一定的规则几何外形。这种晶体外表形态是鉴定矿物的重要特征之一。

1)矿物晶体的形态

矿物的晶形众多,但就其发育的规律,可按晶体在三度空间生长的程度,分为下列几种晶体形态。

①一向延长形。晶体沿一个方向发育,成柱状、针状、纤维状、放射状,如石英、角闪石和辉石(图1.2.2)、绿帘石等。

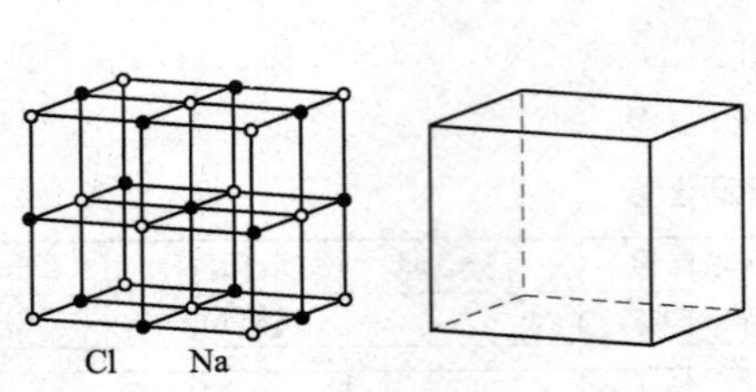

图1.2.1 石盐的晶体构造

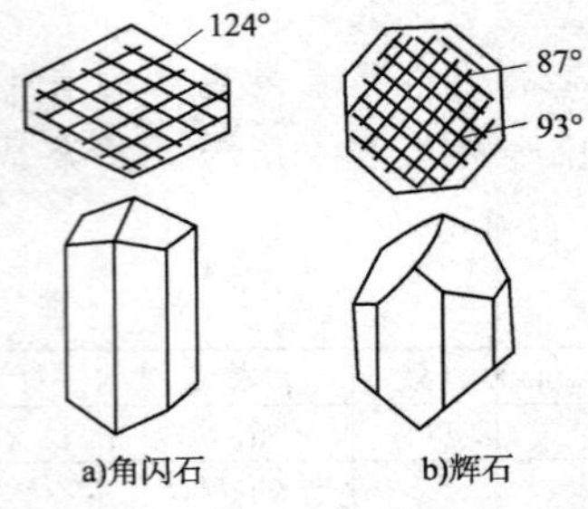

图1.2.2 角闪石与辉石的晶体及横断面

②二向延长形。晶体沿两个方向发育,成片状、板状、鳞片状,如云母、石膏、绿泥石等。

③三向延长形。晶体在空间的三个方向上发育,成粒状、球状,如石盐(图1.2.1)、黄铁

矿、石榴石等。

2)矿物集合体的形态

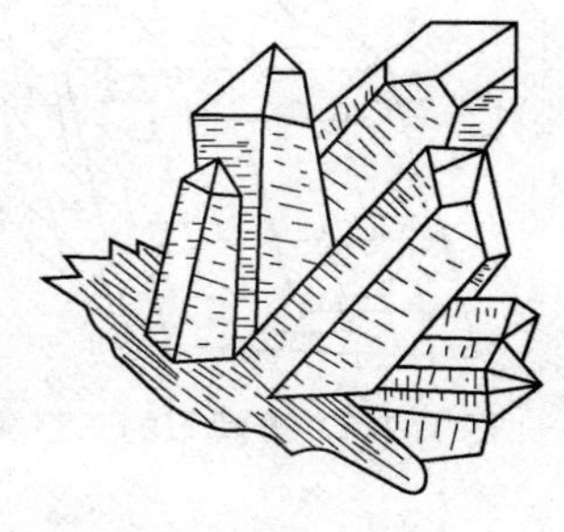

图 1.2.3 石英晶簇

在自然界中生长较好的单晶是很少见的,常见到的多是同类矿物集聚在一起而呈集合体状态产出的。矿物的集合体形态有。

①晶簇。在一个共同的基底面上,许多相同的晶体丛生在一起,这个晶体群称为晶簇,如石英晶簇(图 1.2.3)、方解石晶簇等。

②纤维状。由很多针状矿物或柱状矿物平行排列而成,如石棉、纤维状石膏等。

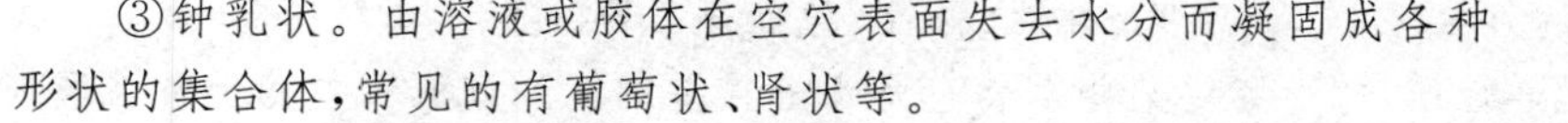

③钟乳状。由溶液或胶体在空穴表面失去水分而凝固成各种形状的集合体,常见的有葡萄状、肾状等。

④土状。集合体疏松如土,由岩石或矿物风化而成,如高岭石、蒙脱石等。

2. 矿物的物理性质

1)颜色

矿物的颜色是矿物对光波吸收后的补色,它取决于矿物的化学成分和内部结晶构造,是矿物最明显的标志之一。颜色可分自色和它色两种:自色是矿物本身的固有颜色,如黄铜矿呈金黄色;它色是矿物中含有杂质而呈现的颜色,如石英是无色透明晶体,但因混入不同的杂质就可能使石英呈现出紫色、烟色等。也有些矿物由于氧化或风化而引起颜色的变化,因此在观察矿物时,应以新鲜面为标准确定它的颜色。矿物可分为浅色矿物和深色矿物,浅色矿物如石英、长石、白云母、方解石、蛋白石、石膏等;深色矿物如角闪石、辉石、绿泥石等。

2)条痕

矿物粉末的颜色称为条痕。通常指矿物在无釉瓷板(条痕板)上刻划后留下的色痕。矿物粉末颜色是比较固定的,也是鉴定矿物的一种重要标志。

3)光泽

矿物表面反光的性质称为光泽。根据矿物表面反光程度的强弱,用类比的方法可分为金属光泽、半金属光泽、非金属光泽(如金刚光泽、玻璃光泽、珍珠光泽、丝绢光泽、油脂光泽等)。

4)透明度

矿物透光的能力不同,表现出不同的明暗程度,这种性质称为透明度。根据矿物的透明度,可将矿物分为透明的(如无色不含杂质的水晶、冰洲石)、半透明的(如石膏)、不透明的(如石墨、磁铁矿)等。

3. 矿物的力学性质

1)硬度

硬度是指矿物抵抗机械刻划及摩擦的能力,是矿物软硬程度的标志。

通常选用十种矿物的硬度作为标准(硬度等级分为十级),用来对其他矿物进行刻划比较,以确定矿物的相对硬度。十种矿物硬度等级见表 1.2.2。

矿物硬度等级　　表 1.2.2

硬度	1	2	3	4	5	6	7	8	9	10
矿物	滑石	石膏	方解石	萤石	磷灰石	长石	石英	黄玉	刚玉	金刚石

在野外工作时,常用一些随身携带的小工具鉴定矿物的硬度,如指甲为 2.5,小刀为5～5.5,瓷器碎片为 6～6.5。

2)解理和断口

矿物受敲击后,常沿一定结晶方向裂开成光滑平面,这种特性称为解理,裂开的光滑平

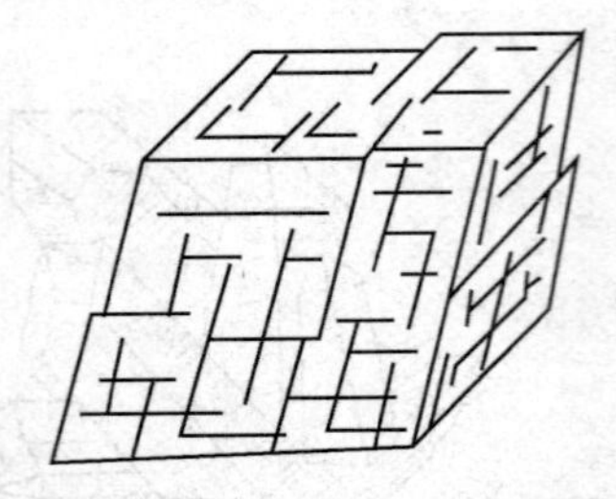

图 1.2.4 方解石的三组解理

面称为解理面。根据解理面方向的数目，分为一组解理（如云母）、二组解理（如长石）、三组解理（如方解石，图 1.2.4）及多组解理。根据解理面发育的完善程度，解理又可分为：极完全解理、完全解理、中等解理、不完全解理。矿物受敲击后，若裂开面无一定方向，呈各种凹凸不平的形状，如锯齿状、贝壳状等，则称为断口。

4. 其他性质

除上述的矿物性质外，还有一些矿物具有独特的性质，这些性质同样是鉴定矿物的可靠依据，如密度、磁性、弹性、脆性等。

矿物的一些简单化学性质，对于鉴定某些矿物也是十分重要的。如方解石被滴上稀盐酸能剧烈起泡，白云石被滴上浓盐酸或热盐酸可以起泡，其他矿物不具备这种性质，所以常以此作为鉴定方解石、白云石的依据。

(二)常见矿物的鉴别

正确地识别和鉴定矿物，对于岩石命名和研究其性质，是一项不可缺少而且非常重要的工作。鉴定矿物的方法很多，而且随着现代科学技术的发展，还在不断地完善和创新。总的来说是借助于各种仪器，采用物理和化学的方法，通过对矿物的化学成分、晶体形态、构造及物理特性的测定，以达到鉴定矿物的目的。这些方法有：差热分析法，光谱分析法和偏、反光显微镜鉴定法等。

但是，一般在野外无条件采用高度精密仪器和良好的实验室设备鉴定矿物，多数采用肉眼鉴定法。肉眼鉴定法主要是凭借肉眼和一些简单工具（如小刀、钢针、放大镜、条痕板等）来区别矿物的物理性质特征，从而对矿物进行粗略的鉴定。为了便于系统地鉴定常见矿物，根据矿物的鉴定特征，列出常见矿物的简易鉴定表（表 1.2.3）以供参考。

主要造岩矿物鉴定

表 1.2.3

序号	矿物名称	形状	颜色	光泽、透明度	解理、断口	硬度	相对密度	物理、化学及工程特性	分布
1	石英 SiO_2	完整晶形为六棱柱或双锥体，但呈粒状的居多	纯者无色，乳白色，含杂质时呈紫红、烟色	玻璃光泽，断口呈油脂光泽，透明	贝壳状断口	7	2.6	化学性质稳定，不溶于水，抗风化能力和抗腐蚀性强，性质坚硬。含石英颗粒越多的岩石，岩性越坚硬	呈单晶、晶簇及脉状产出或产于岩浆岩、沉积岩和变质岩中，特别是酸性岩浆岩中最多
2	正长石 $KAlSi_3O_8$	柱状或板状，粒状	肉红、浅玫瑰或近于白色	玻璃光泽，半透明或不透明	两组完全解理正交	6	2.5～2.7	较易风化，风化后光泽变暗，硬度降低，完全风化后形成高岭石、方解石等次生矿物。长石含量较多的岩石，性质软弱，易风化	分布于花岗岩、正长岩、伟晶岩等岩浆岩和片麻岩中最多
3	斜长石 $(Na,Ca)AlSi_3O_8$	外形为板状	白色或灰白色	玻璃光泽，半透明或不透明	两组完全解理斜交，断口平坦	6	2.5～2.7	特性同正长石	含 Na 多者只产于酸性或中性岩浆岩中；含 Ca 多者只产于中性或基性岩浆岩中

续上表

序号	矿物名称	形状	颜色	光泽、透明度	解理、断口	硬度	相对密度	物理、化学及工程特性	分布
4	角闪石 $Ca_2Na(Mg,Fe)_4(Al,Fe)[(Si,Al)_4O_{11}]_2[OH]_2$	长柱或纤维状，断面呈六边形	深绿、暗黑色	玻璃光泽，不透明	两组解理交角56°	5.5～6	3.2	受水热作用后，可变成绿泥石或蛇纹石。含角闪石多的岩石，易于风化，岩石强度降低	多产于中性岩浆岩中，如闪长岩、安山岩，也可单独组成超基性的角闪岩
5	辉石 $(Na,Ca)(Mg,Fe,Al)[(Si,Al)_2O_6]$	短柱状，断面呈八边形，在岩石中常呈粒状	深黑、褐黑、紫黑及棕黑色	玻璃光泽，半透明或不透明	具有两组完全或中等解理，两组解理交角呈87°和93°	5～6	3.4～3.6	受水热作用后，可变成绿泥石或蛇纹石，性脆，易风化	多产于基性岩浆岩和变质岩中，如辉长岩、玄武岩，也能单独组成超基性辉岩
6	黑云母 $K(Mg,Fe)_3(OH)\cdot AlSi_3O_{10}$	薄片状	黑色	珍珠光泽，透明	一组极完全解理	2.5～3	2.3	具有弹性，但含铁质较多时易风化。风化后失去弹性，呈疏松状态，岩石力学强度降低。当岩石含云母较多且成定向排列时，沿层状方向易产生滑动，影响岩体稳定	广泛分布在岩浆岩和变质岩中
7	白云母 $KAl_2(OH)_2\cdot AlSi_3O_{10}$	片状	无色，有时呈灰白、淡黄、淡红等色	玻璃或珍珠光泽，透明	一组极完全解理	2.5～3	2.3	具有弹性，其他性质同黑云母	广泛分布在岩浆岩和变质岩中
8	橄榄石 $(Mg,Fe)_2[SiO_4]$	常呈粒状集合体	橄榄绿、淡黄绿色	油脂光泽或玻璃光泽，透明或不透明	通常无解理，贝壳状断口	6.5～7	3.21～4.14	溶于硫酸时急剧分解，析出SiO_2胶体	只产于基性岩浆岩中，也可单独组成橄榄岩
9	方解石 $CaCO_3$	菱面体或粒状	白色，灰白色，含铁时呈褐红色，含锰时呈棕黑色	玻璃光泽，透明或半透明	三组完全解理	3	2.0～2.8	与稀盐酸作用后，剧烈起泡，是石灰岩、大理岩中的主要矿物成分。这类岩石在水流的作用下易产生岩溶现象	广泛存在于石灰岩中，大理岩中也有，某些岩浆岩中也有少量出现，也可呈方解石脉出现
10	白云石 $(Mg,Ca)CO_3$	常为菱面体块状，晶面常弯曲成鞍状	灰白、淡黄或淡红色	玻璃光泽，透明或不透明	三组完全解理	3.5～4	2.8～2.9	遇稀盐酸起泡少，以此区别于方解石。白云石组成的岩石，长期在水的作用下，易产生岩溶现象	主要存在于白云岩中，有时在大理岩、石灰岩中也可出现

续上表

序号	矿物名称	形状	颜色	光泽、透明度	解理、断口	硬度	相对密度	物理、化学及工程特性	分布
11	石膏 $CaSO_4 \cdot 2H_2O$	板状、条状或呈纤维状集合体	无色、白色或呈灰白色	玻璃光泽，纤维状者呈丝绢光泽，透明或半透明	一组解理发育	1.5～2	2.2	溶于盐酸，具有滑感，挠性，硬度小，与水作用后，强度降低，体积膨胀，特别是夹于坚硬岩层之间，形成软弱夹层，在水的作用下会丧失稳定，产生沉陷、渗漏、滑动	为泻湖相及海湾相沉积物，分石膏和硬石膏两种矿物
12	高岭石 $Al_4[Si_4O_{10}](OH)_8$	鳞片状或致密细粒状集合体	鳞片无色，致密块体呈白色	无光泽或呈土状光泽，不透明	一组完全解理	1	2.58～2.6	高岭石、蒙脱石（胶岭石）、水云母等通称为黏土矿物，其性软弱，硬度小，吸水性强，遇水后易膨胀，易软化，具有可塑性。黏土质岩石强度低，压缩性大，易产生沉陷，作为边坡或地基时，应特别注意稳定问题	为长石、辉石等风化后形成的黏土类矿物，分布广泛
13	滑石 $Mg_3[Si_4O_{10}](OH)_2$	片状、块状	白色、淡红或浅灰等色	脂肪或珍珠光泽，半透明或不透明	一组完全解理	1	2.7～2.8	具有高度滑感，性质软弱，由于摩擦系数很小，故抗滑力很低。此类矿物组成的岩石地基，应注意滑动问题	为橄榄石、辉石、角闪石等变质后形成的主要变质矿物
14	绿泥石 $(Mg,Al,Fe)_6[(Si,Al)_4O_{10}](OH)_8$	片状或板状集合体	深绿色	珍珠光泽，半透明或不透明	一组完全解理	2～2.5	2.6～2.85	是长石、辉石、角闪石、橄榄石等矿物的次生矿物，其性质具有挠性，无弹性，是变质岩中常见矿物，岩性软弱	在变质岩中分布最多，往往构成绿泥石片岩
15	蛇纹石 $Mg_6[Si_4O_{10}](OH)_8$	致密块状或呈片状、纤维状	浅黄绿或深暗绿色	块状为蜡状光泽，纤维状为绢丝光泽，半透明或不透明	无	3～3.5	2.6～2.9	由橄榄石、辉石交代反应变化而成，并能溶于盐酸	常与石棉相伴产出，多为超基性岩的变质矿物
16	红柱石 $Al_2[SiO_4]O$	柱状、放射状	粉红色或灰白色	玻璃或油脂光泽，半透明或不透明	一组解理，不平坦断口	7～7.5	3.1～3.2	表面风化后具有滑感	常分布于变质岩中，为接触变质矿物
17	石榴石 $Fe_3Al_2(SiO_4)_3$	菱形十二面体、二十四或八面体	深褐或紫红、黑等色	玻璃光泽，不透明	不平坦断口	6.5～7	3.5～4.2	较稳定，如风化则变为褐铁矿等	产于变质岩中，为标准变质矿物

续上表

序号	矿物名称	形状	颜色	光泽、透明度	解理、断口	硬度	相对密度	物理、化学及工程特性	分布
18	黄铁矿 FeS_2	立方体块状	浅黄铜色	金属光泽，不透明	贝壳断口或不规则断口	6～6.5	5	氧化或水的作用下会生成硫酸及褐铁矿，晶面有条纹	常见于岩浆岩或沉积岩的砂岩和石灰岩中
19	黄铜矿 $CuFeS_2$	致密块状	铜黄色	金属光泽，不透明	无	3～4	4.1～4.3	经风化作用，易溶于水，性脆	常见于基性岩浆岩中，有时在变质岩和沉积岩中也出现
20	褐铁矿 $Fe_2O_3 \cdot nH_2O$	块状、土状或结核状	黄褐或棕褐色	半金属光泽，不透明	粒状断口	4～5.5	4	胶体状块体，在盐酸内缓慢溶解，易风化，土状者硬度低	为含 Fe 矿物风化后的产物，也可由沉积形成
21	磁铁矿 Fe_3O_4	呈八面体，但常以块状出现	金属黑色	金属或半金属光泽，不透明	无	5.5～6	4.9～5.2	较难风化，风化后可变为褐铁矿，性脆，具有强磁性	分布在岩浆岩和部分变质岩中

二、岩浆岩

(一)岩浆岩的产状

岩浆岩的产状是指岩浆岩体产出的形态、规模，与围岩的接触关系，分布特点及其产出的地质构造环境等。

按照岩浆活动和冷凝成岩的情况，岩浆岩体的产状一般分为侵入岩体产状和喷出岩体产状两大类(图 1.2.5)。

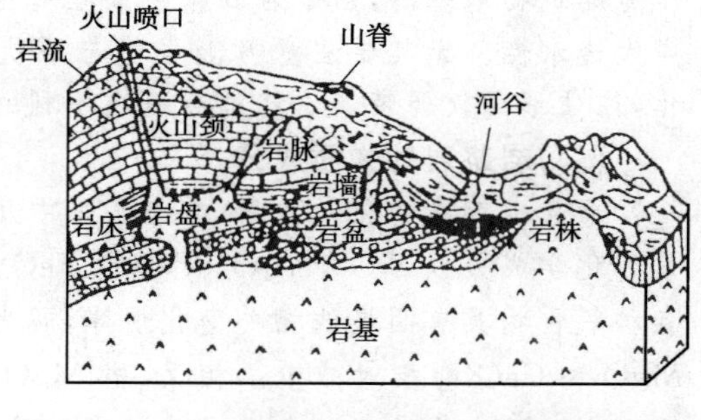

图 1.2.5 岩浆岩体的产状

1. 侵入岩体产状

1)岩基

岩基是大规模的深成侵入岩体，其露出地表面积一般大于 100 km^2。由于岩体范围大，同围岩的接触面不规则，如我国秦岭、祁连山及南岭等地，主要为花岗岩的岩基。岩基在形成过程中埋藏较深，岩浆冷凝的速度慢，结晶程度好，性质均一，强度较高，因而常被选为适宜的建筑物地基。

2)岩株

岩株规模较岩基小，一般平面上常呈圆形或不规则形状，面积小于 100 km^2，和围岩接触较陡直，有时是岩基的一部分，其特点与岩基相近。北京周口店花岗闪长岩体就是一个小岩株，其面积约为 50 km^2，平面上近圆形，与围岩接触陡直。

3)岩盘

当岩浆侵入上部岩层后，使上覆岩层隆起。岩浆冷凝形成的面包状岩体，称为岩盘(岩盖)。岩盘分布范围可达数千米，如花岗斑岩、闪长岩等。

4)岩床

岩床是岩浆沿岩层层面侵入而形成的板状岩体。产状和围岩的层面一致，厚度较小，但延伸很广，多为基性岩，如辉绿岩。

5)岩脉

岩浆沿着围岩的裂隙侵入而成的厚度较小的脉状岩体称为岩脉。其产状近于直立的脉状岩称为岩墙。岩脉、岩墙与围岩的接触带，常有较多的裂隙，易于风化破碎，会使岩石强度降低，透水性增大，给工程建筑和施工带来困难。

2.喷出岩体产状

1)熔岩流

岩浆喷出地表后，沿着地表面流动经冷凝固结而成熔岩流。

2)火山锥

岩浆沿着火山颈喷出地表，形成圆锥状的岩体称为火山锥，其物质由火山喷发的碎屑及熔岩组成。

在我国，火山喷出岩体出露面积较大，如山西省大同地区的第四纪火山锥。河北省张家口北部的汉诺坝，在第三纪时有大量的玄武岩岩浆溢出，分布面积约 1 000 km^2，厚度约 300 m，从而构成了蒙古高原的一部分。

喷出地表或侵入围岩的岩浆冷凝时，由于体积收缩，会产生一些裂缝，这种裂缝称为岩浆岩的原生节理。有的节理形状呈多边形的柱状体，如玄武岩的原生柱状节理；也有沿三组相互近垂直方向的节理，形成块状的六面体，如花岗岩的原生枕状节理。

在岩浆岩地区开采石料时，节理的存在会大大地减轻工作量，对开采石料有利。但是，作为建筑物地基时，由于岩石原生节理发育，会加速岩石的风化，降低岩体的物理力学性质，增大透水性。尤其要注意喷出岩体与下伏岩层和围岩接触带处，岩层软硬相间，沿裂隙风化，往往形成软弱带。这些都会造成不利的工程地质条件，影响建筑物的稳定。

(二)岩浆岩的物质成分

地壳中存在的化学元素，在岩浆岩中几乎都能见到，但它们之间含量却相差很大。岩浆岩的化学成分以 SiO_2、Al_2O_3、Fe_2O_3、FeO、MgO、CaO、K_2O 和 Na_2O 等氧化物的形式存在。各种氧化物具有明显的相关变化规律，即当 SiO_2 含量增多时，Na_2O 和 K_2O 的含量也高，而 MgO 和 CaO 则相对减少。相反，当 MgO 和 CaO 的含量增高时，SiO_2 和 Na_2O、K_2O 就减少。由此看出岩浆岩的化学成分随着 SiO_2 含量增加而有规律地变化。因此，根据 SiO_2 含量的多少，可将岩浆岩分为四大类，见表 1.2.4。

岩浆岩分类 表 1.2.4

岩浆岩类别	SiO_2 含量	岩浆岩类别	SiO_2 含量
超基性岩	<45%	中性岩	52%～65%
基性岩	45%～52%	酸性岩	>65%

矿物是岩石构成的基础。岩浆岩的矿物成分既可以反映岩石的化学成分，又可以反映岩石的生成条件和成因，而且矿物成分还是岩浆岩分类的基础之一，所以在研究岩石时，要重视对矿物成分的鉴定。组成岩浆岩的矿物有 30 多种，其中主要矿物如表 1.2.5 所示。

岩浆岩的平均矿物成分 表 1.2.5

矿　物	含　量	矿　物	含　量
石英	12.4%	白云母	1.4%
正长石	31.0%	橄榄石	2.6%
斜长石	29.2%	霞石	0.3%
辉石	12.0%	不透明矿物	4.1%
角闪石	1.7%	磷灰石及其他	1.5%
黑云母	3.8%	总计	100.0%

组成岩浆岩的主要造岩矿物，按其颜色可分为浅色矿物和暗色矿物两类。从化学特征上看，浅色矿物富含硅、铝成分，如正长石、斜长石、石英、白云母等；暗色矿物富含铁、镁物质，如黑云母、辉石、角闪石、橄榄石等。但是，对具体岩石来讲，并不是这些矿物都同时存在，而通常是仅由两三种主要矿物组成，例如辉长石主要是由斜长石和辉石组成；花岗岩主要是由石英、正长石和黑云母组成。

岩石中矿物的种类及其相对含量，是岩石分类和定名的主要依据，也是直接影响岩石强度和稳定性质的重要因素之一。

(三)岩浆岩的结构和构造

在研究岩浆岩时，除了要鉴定其矿物成分外，还必须了解这些矿物是以什么样的方式组合构成岩石的。成分相同的岩浆，在不同的冷凝条件下，可以形成结构、构造不同的岩浆岩。例如，在同一花岗岩体的不同部位，虽然它们的矿物成分相似，但它们的外表特征是有区别的，因而形成的岩石也就不同。在岩体中心部位颗粒较粗大，形成中、粗粒花岗岩，而岩体边部矿物颗粒细小，形成细粒花岗岩。

岩浆岩的结构和构造，反映了岩石形成环境和物质成分变化的规律性，是区分和鉴定岩浆岩的重要标志，也是岩石分类和定名的重要依据之一，还是直接影响岩石强度高低的主要因素。

1. 岩浆岩的结构

岩浆岩的结构是指岩石中矿物的结晶程度、晶粒大小(相对大小和绝对大小)、晶体形状以及它们彼此间相互组合的关系。结构决定了岩石内部连接的情况，直接影响着岩石的工程地质性质。

1)按岩石中矿物的结晶程度划分

①全晶质结构岩石全部由结晶矿物组成(图 1.2.6 中的 a)，多见于深成岩和浅成岩中，如花岗岩、花岗斑岩等。

②半晶质结构岩石中部分为矿物结晶，部分为玻璃质(图 1.2.6 中的 b)，多见于喷出岩中，如流纹岩。

③玻璃质结构岩石全部为非晶质所组成，均匀致密似玻璃，是由于岩浆急剧喷出地表，骤然冷凝，所有矿物来不及结晶，即行凝固而成的(图 1.2.6 中的 c)，为喷出岩所特有的结构，如黑曜岩。

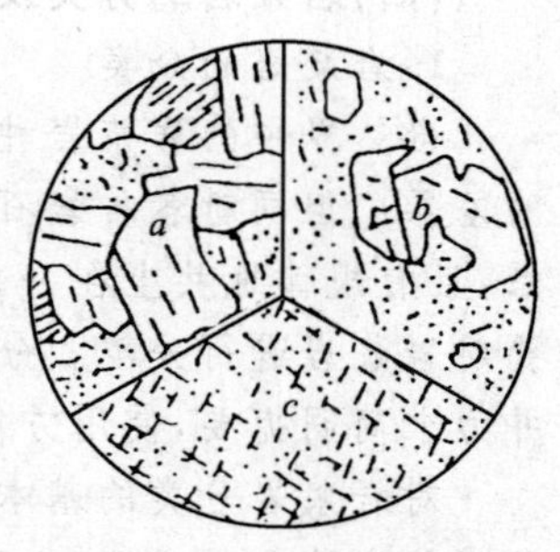

图 1.2.6 岩浆岩结构

a-全晶质结构；b-半晶质结构；c-玻璃质结构

2)按晶粒大小划分

①等粒结构：指岩石中的矿物全部是显晶质(肉眼或放大镜可辨别的)颗粒，主要矿物颗粒大小大致相等的结构。按矿物颗粒大小又可进一步划分为粗粒结构(＞5 mm)、中粒结构(5～1 mm)、细粒结构(＜1 mm)。等粒结构还可以结合矿物颗粒的形状细分为自形等粒状结构、半自形等粒状结构和它形等粒状结构，这些结构多见于侵入岩中。

②不等粒结构：指岩石中同种主要矿物颗粒大小不等，这种结构多见于深成侵入岩边部或浅成侵入岩中。

③隐晶质结构：即颗粒非常细小，用肉眼或放大镜都不能分辨，需在较高倍显微镜下才能辨认出结晶颗粒的结构。这种结构多见于浅成侵入岩和一些熔岩中，结构致密，抗风化能力较强。

④斑状结构：指岩石中较大的矿物晶体被细小晶粒或隐晶质、玻璃质矿物所包围的一种结构。较大的晶体矿物称为斑晶，细小的晶粒或隐晶质、玻璃质称为基质。基质为显晶质时则称似斑状结构，基质为隐晶质或玻璃质时则称斑状结构。斑状结构为浅成岩及部分喷出岩所特有的结构。典型的岩石如花岗斑岩，是岩浆侵入地壳浅部，冷凝很快，在不利于结晶的条件下形成的。具有斑状结构的岩石，结构不均一，一般抗风化的能力较差，易于剥落。

2. 岩浆岩的构造

岩浆岩的构造是指岩石中不同矿物与其他组成部分之间的排列与充填方式，常可表示岩石的外貌形态及成岩过程的变化。一般常见的构造有下列几种。

1)块状构造

块状构造指岩石中矿物分布比较均匀，无定向排列的现象。这种构造在深成岩中分布最广，如花岗岩。

2)流纹构造

流纹构造指岩石中不同颜色的条纹、拉长的气孔和长条形矿物，按一定方向排列形成的构造。它反映岩浆喷出地表后流动的痕迹，如流纹岩即因具有流纹构造而得名。

3)气孔构造

岩浆喷出地表后，由于压力急剧降低，岩浆中的挥发性成分呈气体状态析出，并聚集成气泡分散在岩浆中；当温度降低、岩浆凝固、气体逸出时，则形成孔洞，构成气孔构造，如浮岩。

4)杏仁构造

具有气孔构造的岩石，气孔被次生矿物，如方解石、蛋白石等所充填，形似杏仁，故称为杏仁构造。杏仁构造多见于喷出岩中，如北京三家店一带的辉绿岩就具有典型的杏仁状构造。

(四)岩浆岩的分类及鉴定

1. 岩浆岩的分类

自然界中的岩浆岩种类繁多，它们之间存在着矿物成分、结构、构造、产状及成因等方面的差异。但同时各种岩石之间又有一系列的过渡种属关系，显示彼此间十分密切的内在联系，且有规律地共生在一起。为了掌握各种岩石的共性、特性及彼此之间的共生关系，有必要对岩浆岩进行分类。分类时，首先要符合客观实际，减少人为因素；其次要有统一的依据，并力求简明扼要，使用方便。

对岩浆岩分类的基本根据是岩石的化学成分、矿物组成、结构构造、形成条件和产状等。按岩浆岩的化学成分(主要是 SiO_2 的含量)和矿物组成，划分为酸性岩、中性岩、基性岩及超基性岩四大类。进一步综合考虑岩石的结构、构造及其成因产状等因素，对每一大类又分为深成、浅成和喷出三种不同的岩石(表 1.2.6)。

岩浆岩分类 表 1.2.6

岩石类型			酸性	中性		基性	超基性
化学成分 SiO_2 含量			富含 Si、Al			富含 Fe、Mg	
			>65%	52%~65%		45%~52%	<45%
颜色			浅色→深色				
成因结构构造			含正长石为主		含斜长石为主		不含长石
			石英	黑云母	角闪石	辉石	橄榄石
			黑云母	角闪石	辉石	角闪石	辉石
			角闪石	辉石	黑云母	橄榄石	
喷出岩	玻璃质 火山碎屑 斑状 隐晶质	气孔 流纹 杏仁 块状	黑曜岩、浮岩、火山凝灰岩、火山角砾岩、火山集块岩				
			流纹岩	粗面岩	安山岩	玄武岩	
浅成岩	半晶质 全晶质 粒状	块状	伟晶岩、细晶岩		煌斑岩		
			花岗斑岩	正长斑岩	闪长玢岩	辉绿岩	
深成岩	全晶质 粒状	块状	花岗岩	正长岩	闪长岩	辉长岩	橄榄岩 辉岩

2. 岩浆岩的鉴定

野外鉴定岩浆岩时首先应根据岩体的产状等，判定是不是岩浆岩，以区别于沉积岩和变质岩。然后可根据颜色来初步判断岩石的类型，识别主要的矿物组成并估计其含量，可初步确定岩石的名称，进一步结合岩石的结构和构造特征，综合分析查表，最后定出岩石的具体名称。鉴定步骤通常有以下几个方面。

1)观察岩石的颜色

决定岩石颜色的主要因素是其中所含暗色矿物的含量。含暗色矿物多，颜色较深，一般为超基性或基性岩。含暗色矿物少，颜色较浅，一般为酸性或中性岩。此外，岩石的颜色还与岩石结晶程度有关，一般隐晶质结构的岩石要比具有相同成分的粒度较粗的结晶岩石颜色要深一些。

在观察岩石的颜色时，不但要注意标本总的颜色，还应尽量观察新鲜岩石的本色或标本新鲜面的颜色。

2)观察岩石的矿物成分

按鉴定矿物的方法，确定岩石中矿物的成分、组合及特征，并估计每种矿物的含量，确定哪些是主要矿物，哪些是次要矿物。例如，花岗岩的主要矿物石英含量约占25%、长石约占70%，次要矿物黑云母和角闪石约占5%。

3)观察岩石的结构和构造

根据岩石的结构和构造特点，区别是喷出岩还是侵入岩。一般侵入岩为全晶质的粒状结构，块状构造；而喷出岩大多数是隐晶质或玻璃质结构，具有气孔构造。但也应当特别注意结构相似而成因不同的岩石的区别。例如具有细粒结构的岩石，它们可以产在喷出岩中，也可以产在侵入岩体的边缘部位。因此在鉴定岩石时，应考虑岩石的野外产状、分布规律等特征。

4)查表确定岩石的名称

根据岩石的颜色、结构、构造和矿物的主要成分，通过查表确定岩石的名称(表1.2.6)。如岩石是肉红色、全晶质的中粒结构、块状构造，主要由石英、正长石组成，并含有少量的黑云母和角闪石矿物。根据这些特征在表中就可以确定该岩石应属于酸性岩类中的花岗岩。

应该指出，野外对岩石的鉴定只是初步的鉴定，要准确地定出岩石的名称，必须结合实验室的物理化学分析，借助精密仪器进行鉴定。只有经室内外综合研究，才能最后作出正确的分类和定名。

(五)常见岩浆岩的特征

1. 花岗岩

花岗岩属酸性深成侵入岩体，分布非常广泛，多呈肉红色，风化面呈黄色。主要矿物成分为石英、正长石，含有少量的黑云母、角闪石和其他矿物。块状构造，全晶质等粒结构，产状多为岩基、岩株和岩盘等，岩性比较均一，多具有三组原生节理，将岩石切割成块状或枕状。

由于花岗岩具有质地坚硬、性质均一的特点，所以岩块的抗压强度可达120～200 MPa，可作良好的建筑物地基和天然建筑石料。但是，在花岗岩地区进行工程建设时，要特别注意其风化程度和节理发育情况。尤其是粗粒结构的花岗岩，更易风化，有时沿断裂破碎带风化，风化深度可达50～100 m，风化后物理力学性质降低，含水率、透水性都会增大。因此，以花岗岩为地基修建工程建筑物时，须查明风化层厚度和断裂破碎带发育等情况。

2. 花岗斑岩

花岗斑岩成分与花岗岩相同，为酸性浅成岩。斑状结构，斑晶由长石、石英组成，基质多由细小的长石、石英及其他矿物构成，块状构造。若斑晶以石英为主时则称为石英斑岩。

3. 流纹岩

流纹岩属酸性喷出岩，呈岩流状产出。颜色一般较浅，大多是灰、灰白、浅红、浅黄褐色，常具有流纹构造，斑状结构，细小的斑晶由长石和石英等矿物组成，基质多由隐晶质和玻璃质矿物组成。流纹岩性质坚硬，强度较高，可作为良好的建筑材料，但若作为建筑物地基时需要注意下伏岩层和接触带的性质。

4. 正长岩

正长岩多呈微红色、浅黄或灰白色。中粒、等粒结构，块状构造。主要矿物成分为正长石，其次为黑云母和角闪石等；有时含少量的斜长石和辉石，一般石英含量极少。其物理力学性质与花岗岩类似，但不如花岗岩坚硬，且易风化，常呈岩株产出。

5. 粗面岩

粗面岩颜色呈淡红、浅褐黄或浅灰等色。斑状结构，斑晶为正长石，一般石英含量极少，基质很细，多为隐晶质，具有细小孔隙，表面粗糙。若岩石中有石英斑晶时，可称为石英粗面岩。

6. 闪长岩

闪长岩属中性深成岩体。浅灰至深灰色，也有黑灰色。主要矿物成分为斜长石、角闪石，其次有辉石、云母等，暗色矿物在岩石中占35%。含石英时称为石英闪长岩，常呈细粒的等粒状结构。分布广泛，多为小型侵入体产出。岩石坚硬，不易风化，岩块抗压强度可达130～200 MPa，可作为各种建筑物的地基和建筑材料。

7. 安山岩

安山岩是岩浆岩中分布较广的中性喷出岩。岩石呈灰、浅黄或浅褐红色。多呈斑状结构，斑晶主要为斜长石，有时为角闪石或辉石。基质为隐晶质或玻璃质，可具有气孔状或杏仁状构造，有不规则的板状或柱状原生节理，常呈岩流产状。

斑晶以中性斜长石为主的中性浅成岩，称为闪长玢岩，呈灰色、深灰或绿色。岩石中常含有绿泥石、高岭石和方解石等次生矿物。

8. 辉长岩

辉长岩属基性深成岩体。岩石多呈黑色或灰黑色。矿物成分以斜长石、辉石为主，也含有少量的黑云母及角闪石矿物。具有中粒或粗粒结构，块状构造，常呈岩盘或岩基产出。岩石坚硬，抗风化能力强，具有很高的强度，岩块抗压强度可达200～250 MPa。

9. 辉绿岩

辉绿岩石多为暗绿色、黑绿色或暗紫色。其矿物成分与辉长岩相当，常含有一些次生矿物，如方解石、绿泥石、绿帘石及蛇纹石等。隐晶质致密结构，常具有杏仁状构造，多呈岩床或岩脉产出。辉绿岩具有良好的物理力学性质，抗压强度也很高，但节理往往较发育，易风化破碎，因而强度大为降低。

10. 玄武岩

玄武岩是岩浆岩中广泛分布的基性喷出岩。岩石呈黑色、褐色或深灰色。主要矿物成分与辉长岩相同，但常含有橄榄石颗粒，呈隐晶质细粒或斑状结构，具有气孔构造；当气孔被方解石、绿泥石等充填时，即构成杏仁构造。岩石致密坚硬、性脆，岩块抗压强度为200～290 MPa，具有抗磨损、耐酸性强的特点。

11. 火山碎屑岩

在火山活动时，除溢出熔岩流，形成前述各类喷出岩外，还喷出大量的火山弹、火山砾、火山砂及火山灰等碎屑物质。这些物质堆积在火山口周围，形成成分复杂的火山碎屑岩。如火山凝灰岩、火山角砾岩、火山集块岩等，其中火山凝灰岩最常见，分布最广泛。

火山凝灰岩一般由小于2 mm的火山灰和碎屑堆积而成。碎屑物质由岩屑、晶屑、玻璃质碎屑等组成，胶结物由火山灰等物质组成，具有火山碎屑结构，块状构造。这种岩石孔隙率大，容重小，易风化，风化后形成斑脱土，抗压强度为8～75 MPa。由于火山凝灰岩含玻璃质矿物较多，常用来作为水泥原料。

三、沉积岩

沉积岩是在地表或接近地表的常温常压环境下，各种既有岩石遭受外力地质作用，经过风化剥蚀、搬运、沉积和硬结成岩过程而形成的岩石。沉积岩广泛分布于地表，覆盖面积约占陆地面积的75%。因此，研究沉积岩的形成条件及其性质特征，对工程建设具有重要意义。

(一)沉积岩的形成及物质组成

1. 沉积岩的形成

沉积岩的形成是一个长期而复杂的地质作用过程，一般可分为4个阶段。

1)风化、剥蚀阶段

地壳表面原来的各种岩石，由于长期遭受自然界的风化、剥蚀作用，例如风吹、雨淋、冰冻、日晒、水流或波浪的冲刷、淋蚀作用以及生物机械作用和化学作用，使得原来坚硬的岩石逐渐破碎，形成大小不同的松散物质，甚至改变原来的物质成分和化学成分，形成一种新风化产物。

2)搬运阶段

岩石经风化、剥蚀后的产物，除一部分残积在原地外，大多数破碎物质在流水、风、冰川、海水和重力等作用下，被搬运到其他地方。流水的机械搬运作用，使具有棱角的碎屑物不断磨蚀，颗粒逐渐变细、磨圆。溶解物则随水溶液带到河口和湖海中。

3)沉积阶段

当搬运能力减弱或物理化学环境改变时，携带的物质逐渐沉积下来。一般可分为机械沉积、化学沉积和生物化学沉积。沉积物具有明显的分选性，因此在同一地区便沉积着直径大小相近似的颗粒。河流由山区流向平原时，随着河床坡度的减小，水流速度不断减慢，因而上游沉积颗粒粗，下游沉积颗粒细，海洋中沉积的颗粒更细。碎屑物是碎屑岩的物质来源，黏土矿物是泥质岩的主要物质来源，溶解物则是化学岩的物质来源，这些呈松散状态的物质，称为松散沉积物。

4)硬结成岩阶段

最初沉积的松散物质被后继沉积物覆盖，在上覆沉积物压力和胶结物质(如胶体颗粒、硅质、钙质、铁质等)的作用下，逐渐把原物质压密，孔隙减小，经脱水固结或重结晶作用而形成较坚硬的岩层。这种作用称为硬结成岩作用或石化作用。

2. 沉积岩的物质组成

沉积岩的矿物组成主要来自各种地表岩石。由于风化作用，使得原岩在新的地质环境下形成新的矿物和胶结物质。这些矿物与原岩物质组成既有相同之处，也有不同之处。目前发现的矿物种类很多，而组成沉积岩的90%以上的矿物仅有20余种，按成因类型可分为以下4类。

1)碎屑矿物

碎屑矿物主要来自原岩的原生矿物碎屑,如石英、长石、白云母等一些耐磨且抗风化性较强的、稳定的矿物。

2)黏土矿物

黏土矿物是原岩经风化分解后生成的次生矿物,如高岭石、蒙脱石、水云母等。

3)化学沉积矿物

化学沉积矿物是经化学沉积或生物化学沉积作用而形成的矿物,如方解石、白云石、石膏、石盐、铁和锰氧化物或氢氧化物等。

4)有机质及生物残骸

有机质及生物残骸是由生物残骸或经有机化学变化而形成的矿物,如贝壳、硅藻土、泥炭、石油等。

在沉积岩矿物颗粒之间还有胶结物质,如硅质、钙质、铁质、泥质和石膏质等。胶结物对沉积岩的颜色、坚硬程度有很大影响,一般有以下几种胶结物质。

①硅质胶结。胶结成分为 SiO_2,岩石呈灰、灰白、黄色等,岩性坚固,抗压强度高,抗水性及抗风化性强。

②铁质胶结。胶结成分为 Fe_2O_3 或 FeO,多呈红色或棕色,岩石强度高。当含 FeO 时,岩石呈黄色或黄褐色,岩石软弱,易于风化。

③钙质胶结。胶结成分是 Ca、Mg 的碳酸盐,呈白灰、青灰等色,岩石较坚固,强度较大。但性脆,具有可溶性,遇盐酸作用起泡。

④泥质胶结。胶结成分为黏土,多呈黄褐色,性质松软易破碎,遇水后易软化松散。

⑤石膏质胶结。胶结成分为 $CaSO_4$,硬度小,强度低,具有很大的可溶性。

同一种胶结物胶结的岩石,若胶结方式不同,岩石强度差异也很大。所谓胶结方式是指胶结物与碎屑颗粒之间的联结形式。常见的胶结方式有基底式胶结、孔隙式胶结和接触式胶结三种(图 1.2.7)。碎屑颗粒互不接触,散布于胶结物中,称基底式胶结。它胶结紧密,岩石强度高。颗粒之间互相接触,胶结物充满颗粒间孔隙,称孔隙式胶结。它是最常见的胶结方式,其工程性质与碎屑颗粒成分、形状及胶结物成分有关,变化较大。颗粒之间相互接触,胶结物只在颗粒接触处才有,其余颗粒间孔隙未被胶结物充满,称接触式胶结。这种方式胶结程度最差,孔隙度大,透水性强,强度低。

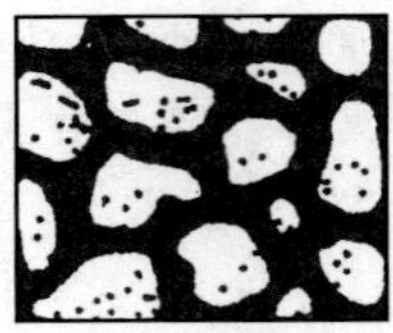

a)基底式胶结

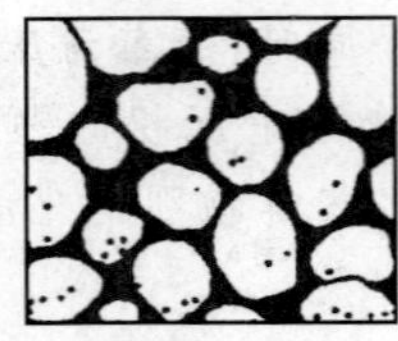

b)孔隙式胶结

c)接触式胶结

图 1.2.7 沉积岩的胶结类型

(二)沉积岩的结构和构造

1.沉积岩的结构

沉积岩的结构是指沉积岩的组成物质的颗粒大小、形状及结晶程度。它不仅决定了沉积岩的岩性特征,也反映了沉积岩的形成条件。沉积岩的结构类型可分为以下几种。

1)碎屑结构

碎屑结构指碎屑物质被胶结物黏结而形成的一种结构。按碎屑粒度大小不同可分砾状结构(>2.0 mm)、砂状结构(2.0~0.05 mm)和粉砂状结构(0.05~0.005 mm)。

2)泥状结构

泥状结构一般是由颗粒粒径小于 0.005 mm 的黏土等胶结物质组成的矿物颗粒显示定向排列的结构。

3)化学结构

化学结构指由化学沉淀或胶体重结晶所形成的结构,其中又可分为鲕状、结核状、纤维状、致密块状和粒状结构等。

4)生物结构

生物结构指岩石中几乎全部由生物遗体所组成的结构,如生物碎屑结构、贝壳结构等。

2.沉积岩的构造

沉积岩的构造是指沉积岩各个组成部分的空间分布和排列方式。层理构造和层面构造是沉积岩最重要的特征,是区别于岩浆岩和某些变质岩的主要标志,对了解沉积岩的生成及古地理环境有着重要的意义。

1)层理构造

层理是沉积岩在形成过程中,由于沉积环境的改变所引起沉积物质的成分、颗粒大小、形状或颜色沿垂直方向发生变化而显示出的成层现象。

沉积物在一个基本稳定的地质环境条件下,连续不断地沉积所形成的单元岩层简称为层。相邻两个层之间的界面叫做层面,层面是由于上下层之间产生较短的沉积间断而造成的。一个单元岩层上下层面之间的垂直距离称为岩层厚度。根据单元岩层的厚度可分为巨厚层(>1 m)、厚层(1~0.5 m)、中厚层(0.5~0.1 m)和薄层(<0.1 m)。

层理和层面的方向有时不一致,根据两者的关系,可对层理形态进行分类。当层理与层面延长方向相互平行时,称为平行层理,其中当层理面平直时称水平层理,当层理面波状起伏时称波状层理。当层理与层面斜交时,称为斜层理。若是多组不同方向的斜交层理相互交错时,则称为交错层理。有些岩层一端较厚,而另一端逐渐变薄以至消失,这种现象称为尖灭层。若在不大的距离内两端都尖灭,而中间较厚则称为透镜体(图 1.2.8)。

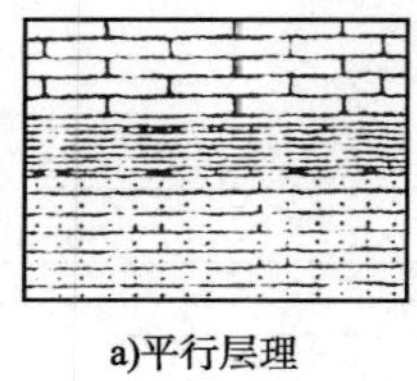

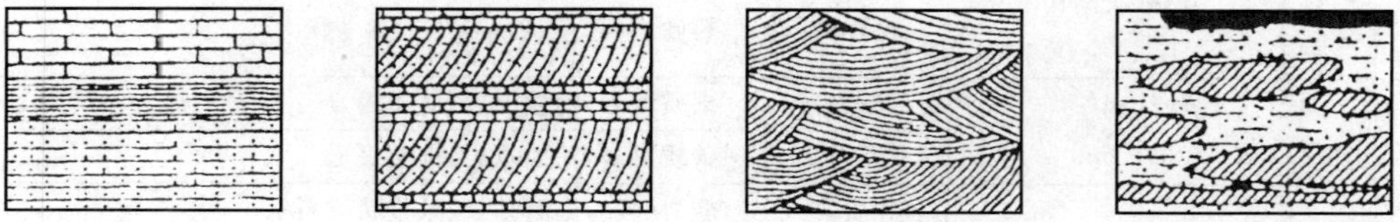

a)平行层理

b)斜层理

c)交错层理

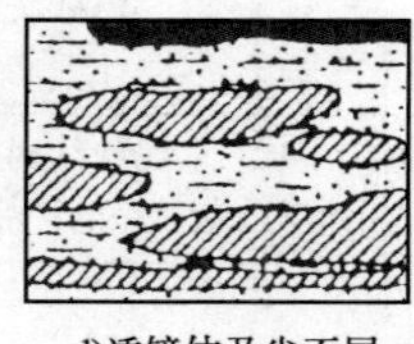

d)透镜体及尖灭层

图 1.2.8 沉积岩的层理类型

2)层面构造

层面构造指岩层层面上的构造特征,常见的有波痕、泥裂、雨痕等。

①波痕。沉积过程中,沉积物由于受风力或水流的波浪作用,在沉积岩层面上遗留下来的波浪的痕迹。

②泥裂。黏土沉积物表面由于失水收缩而形成不规则的多边形裂缝,称为泥裂(见图 1.2.9),裂缝内常被泥沙、石膏等物质充填。

③雨痕。沉积物表面经受雨点、冰雹打击后遗留下来的痕迹。

3)化石

在沉积岩中常可见到古代动植物的遗骸和痕迹,它们经过石化交替作用保存下化石,如三叶虫(图 1.2.10)、鳞木等。化石是沉积岩的重要特征。根据化石的种类可以确定岩石形成的环境和地质时代。

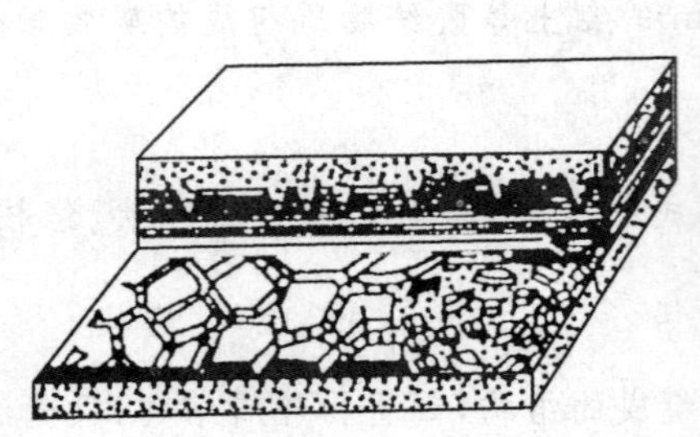

图 1.2.9 泥裂的生成、掩埋示意

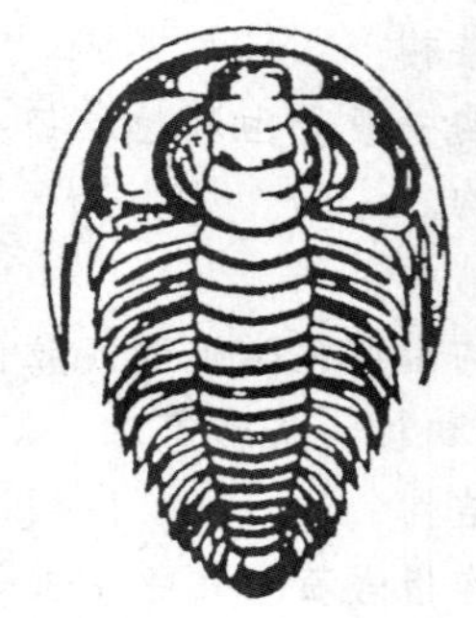

图 1.2.10 三叶虫化石

4)结核

沉积岩中常有圆形或不规则的,与周围岩石成分、颜色、结构不同,大小不一的无机物包裹体,这个包裹体称为结核。结核是由于胶体物质聚集而呈凝块状析出的,也可以是胶体物质围绕某些质点中心聚集,形成具有同心圆结构的团块。如石灰岩中的燧石结核,黏土岩中的石膏结核、磷质结核及黄土中的钙质结核等。

(三)沉积岩的分类及鉴定

1.沉积岩的分类

根据沉积岩的组成成分、结构、构造和形成条件,可将沉积岩分为碎屑岩、黏土岩、化学及生物化学岩等,如表 1.2.7 所示。

沉积岩分类 表 1.2.7

分类	结构特征		岩石名称	岩石亚类
碎屑岩类	碎屑结构	砾状结构 $d>2.0$ mm	砾岩	砾岩(磨圆度高,浑圆状);角砾岩(磨圆度低,棱角状)
		砂状结构 $d=2.0\sim0.05$ mm	砂岩	石英砂岩(颗粒成分中石英>90%)
				长石砂岩(颗粒成分中长石>25%)
				杂砂岩(石英 25%~50%),长石(15%~25%)及暗色碎屑
		粉砂状结构 $d=0.05\sim0.005$ mm	粉砂岩	粉砂岩(石英、长石及黏土矿物)
黏土岩类	泥状结构 $d=0.005$ mm		泥岩	碳质泥岩,钙质泥岩,硅质泥岩
			页岩	碳质页岩,钙质页岩,硅质页岩
化学及生物化学岩类	化学结构或生物结构		硅质岩	燧岩(岩),燧石结核,条带状燧石层
			碳酸盐岩	石灰岩(方解石 90%~100%)
				白云岩(白云石 90%~100%)
				泥灰岩(黏土 25%~50%),泥质白云岩(黏土 25%~50%)

2.沉积岩的鉴定

各类沉积岩由于形成条件不同,其颜色、结构、构造和矿物成分亦不同,因此反映出的特征也不相同,这些特征是鉴定沉积岩的主要标志。

1)碎屑岩类

碎屑岩类具有碎屑结构,即岩石由粗粒的碎屑和细粒的胶结物两部分组成。鉴定时要求对碎屑的大小、形状、成分、数量、胶结物的性质及胶结方式进行研究。

碎屑按其大小可区分为砾状结构、砂状结构等。砂状结构又可进一步分为粗砂结构、中砂结构和细砂结构。

碎屑形状一般是指颗粒的圆滑程度,可分为磨圆度良好、磨圆度中等及磨圆度差(带棱角)。肉眼鉴定时,只要求对砾岩中砾石的形状进行观察。砂岩、粉砂岩中的砂粒、粉砂粒形状则要在显微镜下进行观察。

碎屑的成分在砂岩、粉砂岩中多为单一矿物组成，如石英、长石等。而在砾岩中的砾石成分比较复杂，除矿物组成外，还常由岩石碎屑组成，如石灰岩碎屑、石英岩碎屑等。

碎屑岩类的岩石物理力学性质好坏，一般与胶结物的性质及胶结形式有密切关系。

肉眼鉴定岩石时，胶结方式只对砾岩才具有意义，而对砂岩、粉砂岩不易区别，须在显微镜下鉴定。

2)黏土岩类

黏土岩类为黏土质结构(泥状结构)，质地均匀细腻，主要由黏土矿物组成。黏土岩是由松软的黏土经过脱水、固结作用而形成的。由于颗粒细小，其成分用肉眼难以辨别，须利用精密仪器如电子显微镜、X射线仪或通过化学分析来鉴定。一般黏土岩吸水性强，遇水后易于软化，具有可塑性和膨胀性。根据其层理清晰与否又可分为页岩和泥岩。页岩层理清晰，能沿层理分成薄片，结构较泥岩紧密，风化后多呈碎片状；泥岩则层理不清晰，结构较疏松，风化后多呈碎块状。

3)化学及生物化学岩类

化学及生物化学岩类颜色单一，往往反映所含杂质的颜色。如杂质为碳质时呈黑色，泥质时呈褐黄色，铁质时呈褐红色。常见有致密结构、结晶结构、鲕状结构及竹叶状结构等。致密结构用肉眼难以辨认矿物颗粒的粗细；结晶结构多在岩石表面有闪闪发亮的矿物颗粒；竹叶状结构是在岩石表面上有竹叶的形状；鲕状结构是在岩石表面上有直径小于2 mm的圆形粒状物，大者称豆状结构。

化学及生物化学岩主要由碳酸盐类组成，用肉眼鉴定矿物成分时主要是借助它的某些化学性质，如方解石遇酸起泡剧烈，白云石则较微弱，而硅质矿物遇酸则不起作用。

(四)常见沉积岩的特征

1.砾岩和角砾岩

砾岩和角砾岩由50%以上直径大于2 mm的碎屑颗粒组成，其中由磨圆度较好的砾石、卵石胶结而成的称为砾岩，由带棱角的角砾石、碎石胶结而成的称为角砾岩。角砾岩大多数都是由带棱角的岩块和碎石，搬运距离不远即沉积胶结而成。砾岩则多是经过较长距离搬运后再沉积胶结而成的。两者的颗粒可由矿物或岩石碎块组成，胶结物多为泥质、钙质、硅质和铁质。硅质砾岩抗压强度高，泥质砾岩胶结不牢固，铁质砾岩易风化。胶结物的成分与胶结类型对砾岩的物理力学性质有很大影响，如基底胶结，胶结物为硅质或铁质的砾岩，其抗压强度在200 MPa以上，是良好的建筑物地基。

2.砂岩

砂岩指由50%以上的砂粒胶结而成的岩石。根据颗粒大小、含量不同可分为粗粒、中粒、细粒及粉粒砂岩。按颗粒主要矿物成分可分为石英砂岩、长石砂岩、杂砂岩和粉砂岩等。石英砂岩中石英的含量大于95%，一般为硅质胶结，呈白色，颗粒分选性好、磨圆度高，质地坚硬。长石砂岩中长石的含量大于25%，故岩石呈浅红色或浅灰色，颗粒分选、磨圆度中等，中粗粒居多，透镜体、斜层理或交错层理较发育。杂砂岩成分复杂，色暗，表面粗糙，颗粒的磨圆度及分选性较差。粉砂岩中颗粒粒径在0.05～0.005 mm之间的含量大于50%，成分以石英为主，常含有云母，颗粒磨圆度差，泥质含量高，常有水平层理。

砂岩中胶结物成分和胶结类型不同，抗压强度也不同。硅质砂岩抗压强度为80～200 MPa，泥质砂岩抗压强度较低，为40～50 MPa或更小。由于多数砂岩岩性坚硬、性脆，在地质构造作用下张性裂隙发育。

3. 泥岩

一般具有泥状结构,成分以高岭石、蒙脱石和水云母等次生黏土矿物为主。高岭石黏土岩呈灰白或黄白色,干燥时吸水性大,吸水后可塑性增大。蒙脱石黏土岩呈白色、玫瑰红色或浅绿色,表面有滑感,可塑性小,干燥时表面有裂缝,能被酸溶解,有强吸水能力,吸水后体积急剧膨胀。水云母黏土岩是介于上述两种岩石之间的过渡类型。在自然界中单一矿物成分的黏土岩很少,一般是由几种矿物组成,常为薄层至厚层状,多为水平层理,层面上留有泥裂、雨痕、虫迹等构造。应特别指出,黏土岩夹于坚硬岩层之间时,即形成软弱夹层,浸水后极易泥化。

4. 页岩

页岩由黏土脱水胶结而成,以黏土矿物为主,大部分有明显的薄层理,呈页片状。可分硅质页岩、黏土质页岩、砂质页岩、钙质页岩及碳质页岩,只有硅质页岩强度稍高,其余的易风化成碎片,性质软弱,抗压强度一般为20～70 MPa或更低。浸水后强度显著降低,但透水性一般很小,常作为不透水层(隔水层)。分布广泛,由于强度低,变形模量小,抗滑稳定性差。

5. 石灰岩

简称灰岩,主要化学成分为碳酸钙,矿物成分以结晶的细粒方解石为主,其次含少量白云石等矿物。颜色多为深灰、浅灰,纯灰岩呈白色。有致密状、鲕状、竹叶状等结构。石灰岩一般遇酸起泡剧烈,但硅质、泥质灰岩遇酸起泡较差。含硅质、白云质和纯石灰的灰岩强度高,含泥质、碳质和贝壳的灰岩强度低。抗压强度一般为40～80 MPa。石灰岩具有可溶性,易被地下水溶蚀,形成宽大的裂隙和溶洞,是地下水的良好通道,对工程建筑地基渗漏和稳定影响较大。因此,在石灰岩地区进行工程建设时,必须进行详细的地质勘探。

6. 白云岩

矿物成分中主要是白云石,其次含有少量方解石,常混有石膏和硬石膏,有时夹有石英和蛋白石等矿物。含有石膏时,强度明显降低。白云岩特征与石灰岩相似,在野外难于区别,可用盐酸点滴看起泡程度辨认。纯白云岩可作耐火材料。

7. 泥灰岩

石灰岩中均含有一定数量的黏土矿物,当含量达30%～50%时,则称为泥灰岩。颜色有灰色、黄色、褐色、红色等。与石灰岩的区别是,滴盐酸起泡后留有泥质斑点。致密结构,易风化,抗压强度低,为6～30 MPa。较好的泥灰岩可作水泥原料。

四、变质岩

地壳中的岩浆岩、沉积岩或既有变质岩,由于地壳运动和岩浆活动等造成物理化学环境的改变,在高温、高压条件及其他化学因素作用下,原来岩石的成分、结构和构造发生一系列变化而形成的新岩石,统称为变质岩。这种改变岩石的作用称为变质作用。

(一)变质岩的矿物成分

组成变质岩的矿物,一部分是与岩浆岩或沉积岩所共有的,如石英、长石、云母、角闪石、方解石、白云石等,另一部分是变质作用后产生的新的特有变质矿物,以此将变质岩与其他岩石区别开来。常见的变质矿物有红柱石、硅线石、蓝晶石、黄玉、石榴石、硅灰石、绿泥石、绿帘石、绢云母、滑石、蛇纹石、石墨等。这些矿物具有变质分带指示作用,如绿泥石、绢云母多出现在浅变质带,故代表浅变质带,蓝晶石代表中变质带,而硅线石则代表深变质带。这类矿物称为标准变质矿物。

(二)变质岩的结构和构造

1. 变质岩的结构

岩石在变质过程中,由于矿物的重结晶和新矿物的生成,相应的也要出现一些新的结构。变质岩的结构是指变质岩的变质程度、颗粒大小和连接方式，按变质作用的成因及变质程度不同，可分为下列主要结构。

1)变余结构(残余结构)

有些岩石经过变质以后，重结晶作用不完全，原岩的矿物成分和结构特征一部分被保留下来，形成所谓的变余结构。如泥质砂岩变质以后，泥质胶结物变质成绢云母和绿泥石，而其中碎屑矿物如石英不发生变化，被保留下来，形成变余砂状结构。

2)变晶结构

变晶结构指岩石在变质作用过程中重结晶所形成的结构，它是变质岩中最主要的结构。变晶结构和岩浆岩中的结晶结构有些相似，但因重结晶是在固态条件下进行的，因此变晶结构与岩浆岩结晶结构相比，有些不同之处。如变晶结构的岩石均为全晶质，没有玻璃质和非晶质成分；矿物结晶没有先后顺序，矿物颗粒紧密排列；变质成因的斑晶中，常有大量基质矿物包裹体，表明其结晶生长时间与基质同时或更晚，这与岩浆岩中的斑晶形成较早的情况相反。

根据变质矿物的形态又可分为3种。

①粒状变晶结构(分等粒、不等粒、斑状)，如大理岩、石英岩常具有这种结构。

②鳞片状变晶结构，常见于结晶片岩、片麻岩。

③纤维状变晶结构，多见于角闪片岩中。

3)碎裂结构

碎裂结构指由于岩石受挤压应力作用，矿物发生弯曲、破裂，甚至成碎块或粉末状后，又被黏结在一起形成的结构。碎裂结构具有明显的条带和片理，是动力变质中常见的结构，如糜棱结构、碎斑结构等。

2.变质岩的构造

变质岩的构造是鉴定变质岩的主要特征，也是区别于其他岩石的特有标志。变质岩的构造是指变晶矿物集合体之间的分布与充填方式。一般变质岩的构造可分为下列几种。

1)板状构造

岩石结构致密，沿一定方向极易分裂成厚度近于均一的薄板状，如各种板岩。

2)千枚状构造

岩石中重结晶的矿物颗粒细小，多为隐晶质片状或柱状矿物，呈定向排列。片理为薄层状，呈绢丝光泽，这是千枚岩特有的构造。

3)片状构造

在定向挤压应力的长期作用下，岩石中含有大量片状、板状、纤维状矿物互相平行排列形成的构造，如各种片岩。有此种构造的岩石，具有各向异性特征，沿片理面易于裂开，其强度、透水性、抗风化能力等也因方向不同而异。

4)片麻状构造

岩石中晶粒较粗的浅色矿物(石英、长石等)和片柱状深色矿物(黑云母、角闪石等)大致相间平行排列，呈条带状分布的构造。这是片麻岩所特有的构造。

5)块状构造

岩石呈坚硬块体，颗粒分布较均匀，是粒状矿物重结晶的岩石所特有的构造，如大理岩、石英岩等。

6)条带状和眼球状构造

条带状构造是指岩石中的矿物成分、颜色、颗粒或其他特征不同的组分，形成彼此相间、近于平行排列成条带的现象。眼球状构造是指在定向排列的片柱状矿物中，局部夹杂有刚性较大的凸镜状或扁豆状的矿物团块的现象。

(三)变质岩的分类及鉴定

1. 变质岩的分类

变质岩与其他种类岩石最明显的区别是具有特殊的构造、结构和变质矿物。变质岩的分类命名较复杂，一般可采用以下原则：区域变质岩主要根据岩石的构造命名分类，块状构造的变质岩主要根据矿物成分命名分类，动力变质岩主要根据反映破碎程度的结构来命名分类，如表1.2.8所示。

变质岩分类　　表1.2.8

变质作用	结构构造		定　名	主要矿物成分
区域变质	板状构造		板岩	黏土矿物、云母、绿泥石、石英、长石等
	千枚状构造		千枚岩	绢云母、石英、长石、绿泥石、方解石等
	片状构造		片岩	云母、绿泥石、滑石、角闪石、石榴石等
	片麻状构造		片麻岩	石英、长石、云母、角闪石、辉石等
区域变质 接触变质	变晶结构 块状构造	石英为主	石英岩	石英
		方解石为主	大理岩	方解石、白云石
动力变质	碎裂结构	块状构造	碎裂岩	岩石碎屑、矿物碎屑
	糜棱结构		糜棱岩	长石、石英、绢云母、绿泥石

2. 变质岩的鉴定

变质岩的成因类型多种多样，鉴定时必须重视野外地质产状和分布范围，以及产出的地质环境，确定成因类型。根据岩石本身的特点，仔细观察它的矿物成分、结构和构造，应尽可能地描述用肉眼或放大镜可见到的矿物成分，应特别注意具有变质特征矿物的含量、粒度、晶形及相互排列关系。然后，依据构造特点确定类别的名称，例如具有片麻状构造的岩石称为片麻岩，具有片状构造的岩石称为片岩。再根据矿物成分可进一步命名，如片麻岩中有花岗片麻岩(矿物成分以长石、石英、云母为主)、角闪石片麻岩(矿物成分以角闪石为主)；板岩中有泥质板岩、硅质板岩等。单一矿物组成的变质岩可考虑根据结构特征命名，如大理岩可分粗晶大理岩、细晶大理岩等。

(四)常见变质岩的特征

对于常见变质岩的特征，分别进行如下描述。

1. 板岩

板岩是页岩经浅变质而成的，多为深灰至黑灰色，也有绿色及紫色的。其主要成分为硅质和泥质矿物，肉眼不易辨别，结构致密均匀，具有板状构造，沿板状构造易于裂开成薄板状；击打时发出的清脆声可作为与页岩的区别，能加工成各种尺寸的石板；板岩透水性弱，可作隔水层加以利用，但在水的长期作用下易软化、泥化，形成软弱夹层。

2. 千枚岩

千枚岩是变质程度介于板岩与片岩之间的一种岩石，多由黏土质岩石变质而成。其矿物成分主要为石英、绢云母、绿泥石等，但结晶程度差，晶粒极细小、致密，肉眼不能直接辨别；外表呈黄绿、褐红、灰黑等色。由于含有较多的绢云母矿物，片理面上常具有微弱的丝绢光泽，这是千枚岩的特有特征，可作为鉴定千枚岩的标志。千枚岩性质软弱，易风化破碎，在荷载作用下容易产生蠕动变形和滑动破坏。

3. 片岩

片岩具有典型的片状构造，主要由云母和石英矿物组成，其次为角闪石、绿泥石、滑石、石榴石等，以不含长石区别于片麻岩。片岩按所含矿物成分不同可分为云母片岩、绿泥石片岩、角闪石片岩、滑石片岩等。片岩强度较低，且易风化，由于片理发育，易沿片理裂开。

4. 片麻岩

原岩是岩浆岩变质而成的称正片麻岩，原岩是沉积岩变质而成的称副片麻岩。正片麻岩的矿物成分与其相应的岩浆岩相似，最常见的是与花岗岩成分一致的片麻岩，主要含有正长石、石英、云母等矿物。与闪长岩、辉长岩及其喷出岩相应的片麻岩，其主要成分为斜长石、石英、角闪石、黑云母、辉石等。在正片麻岩中副矿物成分有磁铁矿、石榴石、绢云母等。副片麻岩除含有石英、长石、云母外，常与沉积岩不同，富含有硅铝的变质矿物，如硅线石、蓝晶石、石墨等。

片麻岩可按成分进一步分类和命名，例如花岗片麻岩、角闪石片麻岩、黑云母片麻岩等。

片麻岩具有典型的变晶结构、片麻状构造。岩石的物理力学性质视含有矿物成分不同而异，一般抗压强度达 120～200 MPa，若云母含量增多，而且富集在一起，则岩石强度大为降低。由于片理发育，故较易风化。片麻岩在我国华北、东北、内蒙古等地广泛分布，为古老的太古界地层。

5. 石英岩

石英岩由石英砂岩和硅质岩变质而成，矿物成分以石英为主，其次为云母、磁铁矿和角闪石，一般呈白色，含铁质氧化物时呈红褐色或紫褐色。它具有油脂光泽、变余粒状结构、块状构造，是一种非常坚硬、抗风化能力很强的岩石，岩块抗压强度在 300 MPa 以上，可作为良好的建筑物地基，但因性脆，较易产生密集性裂隙，形成渗漏通道，应采取必要的防渗措施。

6. 大理岩

大理岩为石灰岩重结晶而成，具有细粒、中粒和粗粒结构。其主要矿物为方解石和白云石，纯大理岩是白色，含有杂质时带有灰色、黄色、蔷薇色，具有美丽花纹，是贵重的雕刻和建筑石料。

大理岩硬度较小，与盐酸作用起泡，所以很容易鉴别。它具有可溶性，强度因其颗粒胶结性质及颗粒大小而异，抗压强度一般为 50～120 MPa。

第三节 地质构造

一、地壳运动

由于上地幔顶部附近(70～250 km 深度)软流圈的存在，固体地球最外层的岩石圈是活动的。岩石圈的活动在地壳中造成挤压拉伸或水平错动。这种使地壳内岩体发生位移变形的作用，称为地壳运动。

我们生活在一个活动的大地上。人们可以从一些自然现象中认识到，大地不是固定不变的。地壳运动按运动方向可分为升降(垂直)运动和水平运动。

(一)地壳升降运动

世界各地有好多现象能直接说明地壳发生过升降运动。其中最有名的一个例子是意大利那不勒斯海岸的地狱神庙废墟上留下的遗迹。这座神庙建于公元 105 年的古罗马帝国时代，如今只存留 3 根 12m 高的大理石柱(图 1.3.1)。

石柱上遗留的特征表明，2 000 多年来这些石柱曾因地壳下沉而没入海水中至少 6 m。

18 世纪中期(1742 年)，这处古遗址刚挖出来时，全柱都在海面以上。柱子下部 3.6 m 被火山灰(1979 年维苏威火山、1533 年努渥火山)掩埋。火山灰清理掉后，柱面光滑；其上 2.7 m 因地壳下沉曾淹没在海水中，上面长满了各种海生附着动物的贝壳，被海生瓣腮类动物

图 1.3.1 意大利那不勒斯海岸的地狱神庙废墟
(Charles Lyell, Principles of Geology, 1867)

(石蜊和石蛏)凿了许多小孔;再向上 5.7 m 一直未被水淹没,但在空气中遭受风化,不甚光滑。

现今地壳的垂直运动可以通过大地测量来识别。地质历史中的垂直运动则依靠地质学家对岩石中的地质记录的分析来完成,如研究地层剖面、鉴别不整合面、确定沉积相与古水深的关系等,不过这种分析基本上是定性的。

珊瑚的生活环境是温暖的浅海(<70 m),但现在发现有的珊瑚礁沉没于数百米深的海底,而有的高出海面(西沙群岛的珊瑚礁高出海面15 m),这是地壳升降造成的。现在海拔数千米的高山上,经常可以找到含有海洋生物化石的沉积地层。这说明,在地质历史上这里曾经位于海平面之下,是地壳运动使之被抬升到了现在的高度,如青藏高原上就有2 500万年前的海相沉积地层。

(二)地壳水平运动

水平运动现象不像升降运动那样可以直观简明地看到。

现代化水平运动同样可以通过大地测量来识别。当今全球卫星定位系统的技术对水平分量的观测已经达到 0.5 cm 的精度,可以满足大部分研究工作的需要。对地质历史中大规模水平运动的研究,通常采用古地层对比、生物群落与古地理之间的关系或古地磁研究等方法。

现代化水平运动最典型的例子就是美国加利福尼亚的圣安德烈斯断裂带。它形成于1.5亿年前的侏罗纪。19 世纪末有人对它做了长时间的大地位移监测,在 1906 年旧金山大地震前的 16 年中,测量到的断层两侧最大相对位移达 7 m 之多。

古地层和古地磁研究表明,2 亿年之前全球曾有一个统一的大陆,后来这个大陆分裂成为几块。其中印度板块自从泛大陆中分裂出来后,从南半球漂移数千千米到北半球。大西洋也是大陆分裂后形成的,两侧的北美和欧洲之间及南美和非洲之间,有很多古地层、古生物和古构造可以吻合。

水平挤压或拉伸,会造成一个地区隆起或沉陷。因此有些地壳升降现象是水平运动派生的结果。

(三)构造运动的速率和幅度

地壳无时不在运动,但在大部分情况下地壳运动速度缓慢,不易为人感觉。在特殊情况下,地壳运动可表现得快速而激烈,人们可以感觉到,如地震。

地壳运动的速率一般都在每年几厘米幅度以下,但这种人类难以察觉的构造运动却是岩石圈运动的主流,正是这种缓慢的构造运动,在数百万年乃至上亿年的累积作用中,使地球表面发生了翻天覆地的变化。如喜马拉雅山,在距今 4 000 万年之前还是一片汪洋大海,到 2 500 万年前才开始升出海面,如今已成为世界最高山脉。大地测量表明,珠穆朗玛峰地区的平均上升速度为 3.6 mm/年(1966—1992 年),水平运动速度为 51 mm/年(1975—1992 年);珠穆朗玛峰本身的上升和水平运动速度比这还要大得多(陈俊勇论点,1996)。洋底古地磁研究及现代GPS测量都表明，洋脊两侧的海底扩张运动速度可达10～15 cm/年。

构造运动的幅度也有大有小，如果一个地区的构造运动方向保持长时间不变，则构造运动的幅度就会相当大。如珠穆朗玛峰的上升幅度已经超过万米，如今依然在上升；我国东部的郯庐断裂错动距离在150～200 km；对比圣安德烈斯断裂两侧的古地层可以发现，1.5亿年来，其断层总的水平错距达480 km。规模最大的水平运动是大陆漂移，大西洋两侧的大陆漂移距离在数千千米以上。

(四)地壳运动的空间分布

由于地壳运动主要与板块间的相对运动(挤压、拉伸和相对错动)有关，因此全球地壳运动的分布是很不均匀的，主要集中在以下几个板块边界带上。

1.环太平洋带

从西太平洋的新西兰向北新喀里多尼亚、伊里安、菲律宾、中国台湾、日本、千岛群岛，到阿留申群岛，再沿北美西侧的海岸山脉到南美的安第斯山脉。

2.地中海—印度尼西亚带

从地中海诸山脉(阿尔卑斯山脉、喀尔巴阡山脉、阿特拉斯山脉)往东经高加索山脉、兴都库什山脉、喜马拉雅山脉、横断山脉，在马来群岛和巽他群岛与环太平洋带相连。

3.大洋洋脊及大陆裂谷带

太平洋、印度洋和大西洋洋中脊，以及大陆裂谷，如东非裂谷和红海裂谷。

中国的西部在地中海—印度尼西亚带上，中国东部沿海、中国台湾位于环太平洋带上。这些地区地壳运动剧烈，表现为地震活动比较发育。

(五)地壳运动的周期性

古生代(6亿年前)以来，地球出现过3次全球性的剧烈地壳运动(以水平运动为主的造山运动，形成巨大的褶皱山系)，以2亿年为周期。这正巧和太阳绕银河一周的时间一致。

二、板块构造学说

(一)活动论和固定论的争论

20世纪前，人们对地壳活动的认识仅限于地壳的升降运动，没有认识到地壳会发生大规模长距离的水平运动。但到了20世纪初，活动观点逐渐萌发。1912年德国科学家魏格纳根据大西洋两岸弯曲形状的相似性，提出了大陆漂移的假说。活动论与固定论展开了20多年的激烈论战。大陆漂移学说的主要证据不只是大西洋两岸的海岸线相互对应，大西洋两岸的美洲和非洲、欧洲在古生物地层、岩石、构造上，也有非常好的对应关系，表明地质历史上大西洋两侧的大陆曾相连接。固定论反对大陆漂移的主要论据，是对地壳发生漂移的地球物理学机制的质疑：长距离漂移的大陆，其轮廓保持不变，表明大陆是在近于刚性的条件下发生漂移的，而刚性岩石之间的摩擦力之大是难于克服的。到1936年魏格纳在地质考察中以身殉职后，活动论沉寂了20多年。

但这期间及其后地球物理和地质学的一些重大发现，逐渐给人们重新认识地壳运动提供了事实。

(二)活动论的再兴起——板块构造学说的提出

软流圈的确认使地质学家对地球的圈层结构有了一些新的认识。在70～250 km深度的位置上有一个横波S波的低速层，科学家们因此推测该层物质的塑性程度较高，在动力的作用下可以发生缓慢流动，并称之为软流圈。软流圈之上的上地幔的坚硬部分和地壳则合称为岩石圈。软流圈的存在使得大陆以岩石圈板块的形式在软流圈上的漂移成为可能，原来的难以克服的摩阻力问题得到了解决。

洋底地形测量发现了分布于世界各大洋洋中脊体系，这里火山和地震活动频繁。通过对洋底玄武岩年代的鉴定和古地磁研究发现，洋脊在不停地向两侧扩张。在太平洋四周远离洋脊的大陆边缘，同样发现一些剧烈的火山地震活动带。地震研究表明，在这里，大洋地壳俯冲到大陆地壳之下，从而形成一个倾向大陆、深入地幔的发震带。岩石圈的大规模水平运动是客观存在的，这一事实在20世纪60年代已经得到了地质学家的普遍认同。

如果把环太平洋构造带、特提斯构造带、大洋中脊带这些全球规模的，也是地球上最活跃的火山、地震带表示到地图上，再辅以合适的转换断层，地球表面便被自然地划分为若干块体，即板块。岩石圈板块是刚性的，板块内部是相对稳定的。板块之间的相互作用主要集中在板块边界上，这里经常发生火山喷发、地震、岩层的挤压褶皱和断裂，是地壳运动剧烈的地带。

(三)板块的边界类型

板块的边界有三种类型，即离散型边界、汇聚型边界和转换型边界(图1.3.2)。

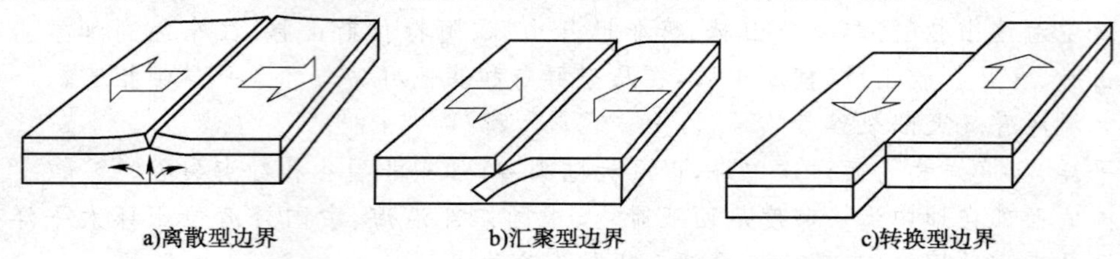

图1.3.2 板块边界的三种不同类型

1.离散型边界

在洋中脊和大陆裂谷地区，板块在这里向两侧分离，以拉张作用为特征，地幔的玄武质岩浆从这里上升，沿着拉张裂隙侵入或喷出。这些岩浆冷却之后成为岩石圈板块的一部分，所以这里也是岩石圈新生(增生)的地方。

东非裂谷被认为是沿初期离散型板块边界形成的，以裂谷和火山活动为特点，进一步发展就会成为红海裂谷那样，红海裂谷几乎使沙特阿拉伯完全从非洲分离出去。

2.汇聚型边界

汇聚型边界两侧的板块相向运动，形成强烈的挤压，它以岩浆作用和构造变形变质作用为特征，相向运动的结果表现为两种形式：俯冲型边界和碰撞型边界。

当大洋板块和大陆板块相遇时，通常密度较大的大洋板块会俯冲到密度较小的大陆板块之下，消减融入软流圈。俯冲作用通常会形成海沟、岛弧、弧后盆地的地貌组合。环太平洋构造带是俯冲型边界的典型代表。

当两块大陆板块相遇时，二者相互挤压，以变形缩短和岩浆作用为主，并最终"焊接"在一起，在板块的结合处形成一系列的山脉。这里是原来分离的两块大陆缝合起来的地方，所以也叫地缝合线。以喜马拉雅山为代表的特提斯构造带是碰撞型边界的代表。

3.转换型边界

转换型边界位于相邻板块相互错动的地方，表现为转换断层。转换型边界两侧板块相对运动的方向与边界平行，这里没有物质的增生和消减。

(四)板块划分方案

根据全球规模的构造带分布所构成的自然边界，岩石圈主要由六大板块(图1.3.3)构成：亚欧板块、非洲板块、印度洋板块、美洲板块、南极板块、太平洋板块。这六大板块中，太平洋板块完全由大洋岩石圈组成。其他板块都是由大洋岩石圈和大陆岩石圈组成，包含了海洋与大陆：大西洋由洋中央海底山脉分开，一半属于亚欧板块和非洲板块，一半属于美洲板块。印度洋也由“人”字形的海底山脉分开，使印度洋洋底分别属于非洲板块、印度洋板块和南极板块。

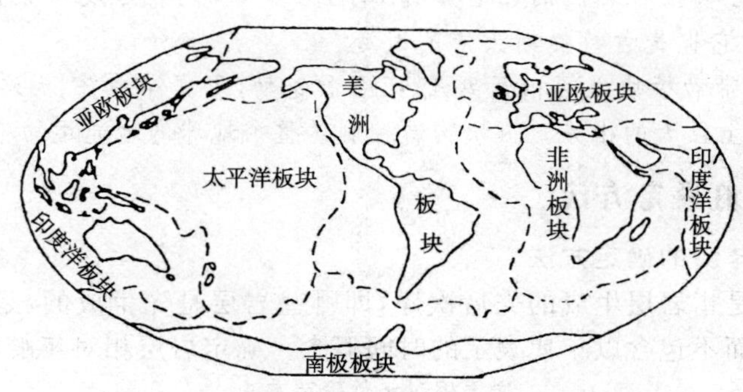

图 1.3.3 全球板块划分方案

(五)板块的驱动机制

大多数学者认为板块运动的基本能量来自于地球内部，地幔对流是引起板块运动的根本原因。地幔内的高温物质上升到岩石圈底部，然后开始水平运动，而后冷却下沉到地幔深处再加热上升，形成一个物质循环，这一循环周而复始。有学者认为，地幔对流主要发生在地幔上部；也有学者持全地幔对流的观点，认为地幔对流涉及整个地幔，其热源来自地球外核。

地幔对流引起岩石圈裂解，地幔热物质在洋中脊处上升。由于地幔的对流运动，使得漂浮在它上面的板块也被带动向洋中脊两侧各自做分离的运动。岩石圈板块被一直传送到地幔对流环下沉的海沟岛弧处，进而沿海沟带俯冲下沉，又回到高温的地幔层中消失。

(六)威尔逊旋回

板块活动的动力来自地幔，表露于洋底。加拿大人威尔逊按照大洋盆的生命周期顺序，把大洋从张开到闭合的演化过程分成六个阶段，称为威尔逊旋回。

1. 东非裂谷阶段

大陆地壳发生破裂，两侧的大陆板块相背运动。以东非大裂谷系统为代表。大陆板块在下部地幔对流的作用下发生解体，形成一个长轴状的线性裂谷，其中央部分多发育河流，两侧部分通常是由拉张应力产生的巨大下降断块。

2. 红海阶段

由大陆裂谷发展为陆间裂谷，出现了新生洋壳和扩张增生的洋中脊，中脊发育有中央裂谷和转换断层，以红海、亚丁湾为代表。现在的阿拉伯半岛已经完全与非洲分离，并且正在产生一个新的线性洋盆。

3. 大西洋阶段

此时大洋已经发育成熟，形成包括中脊和洋盆的完整大洋，以大西洋为代表。此时仍以洋壳增生为主，未出现俯冲消减作用。

4. 太平洋阶段

大洋发育成熟之后就逐渐地进入衰退期。这一阶段最典型的特点是大洋的增生和消减并存，但俯冲消减的速度要大于增生的速度。太平洋就是处于衰退期的典型大洋。虽然太平洋目前仍然是世界上最大的大洋，但比起中生代它所具有的规模已经小很多了。

5. 地中海阶段

这一阶段大洋已不再增生，在俯冲作用下，大洋的规模缩小，不久将要完全闭合。地中海是大洋演化终了期的典型。今天的地中海只有很少的古特提斯大洋壳的残余。

6.喜马拉雅阶段

大洋演化的最后阶段就是完全闭合，两侧的大陆发生碰撞，留下一条古大洋的遗迹，结束了大洋的演化。喜马拉雅北侧的雅鲁藏布江蛇绿岩带，代表印度次大陆块与亚洲大陆块之间的碰撞缝合带，它也是古特提斯大洋的遗迹。

大洋底的运动，带动板块之间相互离开、汇合和错动，形成洋中脊、大洋边缘岛弧海沟复杂的地貌，也造成大陆上巨大的山系。板块构造控制了整个地球的地壳运动格局和地表形态。

三、地层年代的确定方法

(一)岩层相对年龄的确定方法

岩层相对年龄是指岩层生成的先后次序，即哪些岩层是先生成的，是老的；哪些岩层是后生成的，是新的；而不包含以年代表示的时间概念。确定岩层相对年龄的方法见表1.3.1。

岩层相对年龄确定方法 表1.3.1

<table>
<tr><th colspan="2">岩相类型</th><th colspan="2">方法内容摘要</th></tr>
<tr><td colspan="2" rowspan="3">沉积岩相</td><td>地层学方法</td><td>根据地层上新下老的顺序确定</td></tr>
<tr><td>构造学方法</td><td>根据地层之间接触关系确定。例如，不整合接触面以下的岩层是年代老的岩层</td></tr>
<tr><td>古生物学方法</td><td>利用地层中所含的标准化石和生物群对比确定岩层相对年代</td></tr>
<tr><td rowspan="5">岩浆岩相</td><td rowspan="2">喷出岩岩层</td><td colspan="2">根据其中所夹的沉积岩年代，以及其上、下所接触的沉积岩层的年代确定</td></tr>
<tr><td>侵入接触</td><td>沉积岩形成后，岩浆岩侵入到沉积岩中，则沉积岩年代为老</td></tr>
<tr><td rowspan="3">侵入岩岩层</td><td>沉积接触</td><td>岩浆岩形成后，又经沉积而形成的沉积岩年代为新</td></tr>
<tr><td>岩浆岩的穿插关系</td><td>被岩脉穿插的岩浆岩年代比岩脉年代老</td></tr>
<tr><td>岩浆岩中的捕虏体</td><td>岩浆岩侵入围岩中，将碎块卷入其中成捕虏体，捕虏体年代早于岩浆岩年代</td></tr>
<tr><td rowspan="2">变质岩相</td><td>接触变质岩层</td><td colspan="2">对比和追索未变质的岩层，或根据邻近沉积岩和岩浆岩年代确定</td></tr>
<tr><td>区域变质岩层</td><td colspan="2">根据变质程度确定。变质深则年代老，变质浅则年代新；根据区域性不整合关系来确定。一般不整合面以下的变质岩层年代要老</td></tr>
</table>

(二)岩层绝对年龄的确定方法

岩层的绝对年龄一般是利用岩石中所含放射性元素的蜕变规律来测定的。例如，岩石中有某种放射性元素，开始有 N_0 个原子，经 t 时间后衰变为 N 个原子，产生了 D 个新原子 $(D=N_0-N)$，在测定了岩石中所含有的放射性元素含量 N、D 后，根据放射性元素恒定的蜕变速度，即可计算出岩层的绝对年龄。

四、地层与地质年代

(一)各级地层单位对比

各级地层单位对比见表1.3.2。

地层单位和地质年代单位对照表 表1.3.2

使用范围	地层划分单位	地质年代划分单位	使用范围	地层划分单位	地质年代划分单位	使用范围	地层划分单位	地质年代划分单位
国际性的	宇界 系统	宙代 世纪	全国性的或大区域性的	(统) 阶带	(世)期	地方性的	群组 段层	时(时代、时期)

(二)地层与地质年代

地层与地质年代见表1.3.3。

地层与地质年代 表 1.3.3

<table>
<tr><th>界(代)</th><th colspan="2">系(纪)</th><th colspan="2">统(世)</th></tr>
<tr><td rowspan="9">新生界(代)K_z</td><td colspan="2" rowspan="4">第四系(纪)Q</td><td colspan="2">全新统(世)Q_4 或 Q_h</td></tr>
<tr><td rowspan="3">更新统(世)Q_p</td><td>上(晚)更新统(世)Q_3</td></tr>
<tr><td>中更新统(世)Q_2</td></tr>
<tr><td>下(早)更新统(世)Q_1</td></tr>
<tr><td rowspan="5">第三系(纪)R</td><td rowspan="2">上(晚)第三系(纪)N</td><td colspan="2">上新统(世)N_2</td></tr>
<tr><td colspan="2">中新统(世)N_1</td></tr>
<tr><td rowspan="3">下(早)第三系(纪)E</td><td colspan="2">渐新统(世)E_3</td></tr>
<tr><td colspan="2">始新统(世)E_2</td></tr>
<tr><td colspan="2">古新统(世)E_1</td></tr>
<tr><td rowspan="8">中生界(代)M_z</td><td colspan="2" rowspan="2">白垩系(纪)K</td><td colspan="2">上(晚)白垩统(世)K_2</td></tr>
<tr><td colspan="2">下(早)白垩统(世)K_1</td></tr>
<tr><td colspan="2" rowspan="3">侏罗系(纪)J</td><td colspan="2">上(晚)侏罗统(世)J_3</td></tr>
<tr><td colspan="2">中侏罗统(世)J_2</td></tr>
<tr><td colspan="2">下(早)侏罗统(世)J_1</td></tr>
<tr><td colspan="2" rowspan="3">三叠系(纪)T</td><td colspan="2">上(晚)三叠统(世)T_3</td></tr>
<tr><td colspan="2">中三叠统(世)T_2</td></tr>
<tr><td colspan="2">下(早)三叠统(世)T_1</td></tr>
</table>

<table>
<tr><th colspan="2">界(代)</th><th>系(纪)</th><th>统(世)</th></tr>
<tr><td rowspan="17">古生界(代)P_z</td><td rowspan="8">上古生界(晚古生代)P_{z2}</td><td rowspan="2">二叠系(纪)P</td><td>上(晚)二叠统(世)P_2</td></tr>
<tr><td>下(早)二叠统(世)P_1</td></tr>
<tr><td rowspan="3">石炭系(纪)C</td><td>上(晚)石炭统(世)C_3</td></tr>
<tr><td>中石炭统(世)C_2</td></tr>
<tr><td>下(早)石炭统(世)C_1</td></tr>
<tr><td rowspan="3">泥盆系(纪)D</td><td>上(晚)泥盆统(世)D_3</td></tr>
<tr><td>中泥盆统(世)D_2</td></tr>
<tr><td>下(早)泥盆统(世)D_1</td></tr>
<tr><td rowspan="9">下古生界(早古生代)P_{z1}</td><td rowspan="3">志留系(纪)S</td><td>上(晚)志留统(世)S_3</td></tr>
<tr><td>中志留统(世)S_2</td></tr>
<tr><td>下(早)志留统(世)S_1</td></tr>
<tr><td rowspan="3">奥陶系(纪)O</td><td>上(晚)奥陶统(世)O_3</td></tr>
<tr><td>中奥陶统(世)O_2</td></tr>
<tr><td>下(早)奥陶统(世)O_1</td></tr>
<tr><td rowspan="3">寒武系(纪)t</td><td>上(晚)寒武统(世)t_3</td></tr>
<tr><td>中寒武统(世)t_2</td></tr>
<tr><td>下(早)寒武统(世)t_1</td></tr>
<tr><td rowspan="4">元古界(代)P_t</td><td rowspan="3">上元古界(晚元古代)P_{t2}</td><td rowspan="3">震旦系(纪)Z</td><td>上(晚)震旦统(世)Z_3 或 Z_b</td></tr>
<tr><td>中震旦统(世)Z_2</td></tr>
<tr><td>下(早)震旦统(世)Z_1 或 Z_a</td></tr>
<tr><td colspan="3">下元古界(早元古代)P_{t1}</td></tr>
<tr><td colspan="4">太古界(代)A_r</td></tr>
<tr><td colspan="4">远太古界(代)</td></tr>
</table>

(三)地质年代的划分

地质年代的划分见表 1.3.4。

地质年代划分 表 1.3.4

<table>
<tr><th colspan="4" rowspan="2">地质时代</th><th colspan="2">距今年数/百万年</th><th rowspan="2">我国地史特征</th><th rowspan="2">生物</th></tr>
<tr><th>中国</th><th>世界</th></tr>
<tr><td rowspan="3">新生代(K_z)</td><td colspan="2">第四纪</td><td>Q</td><td>3</td><td>2</td><td>地球发展成现代形势,冰川广泛、岩层多为疏松砂、砾、黄土</td><td>人类</td></tr>
<tr><td rowspan="2">第三纪R</td><td>新第三纪</td><td>N</td><td rowspan="2">70</td><td rowspan="2">67</td><td rowspan="2">地球表面具现代轮廓,喜马拉雅山系形成,岩层多为陆相沉积和火山岩,常见砂砾、红土、砂页岩、褐煤、玄武岩、流纹岩等</td><td rowspan="2">高等哺乳动物,如马、象、类人猿等,显花植物繁盛</td></tr>
<tr><td>老第三纪</td><td>E</td></tr>
</table>

续上表

地质时代				距今年数/百万年 中国	世界	我国地史特征	生物
中生代(M_z)		白垩纪	K	140	137	岩浆活动强烈，岩层为火山喷出岩及砂砾岩	恐龙，植物茂盛
		侏罗纪	J	195	195	除西藏等地外，其他地区上升为陆地，以砂页岩、煤层为主	
		三叠纪	T	250	230	华北为陆地、沉积砂页岩，华南为浅海、沉积石灰岩	
古生代(P_z)	晚古生代	二叠纪	P	285	285	地壳运动强烈，海陆变迁频繁。华北为海陆交互相沉积，夹煤层；华南以灰岩为主，有煤层	植物，两栖动物
		石炭纪	C	330	350		
		泥盆纪	D	400	405	华北为陆地，受风化剥蚀、极少沉积；华南为浅海，有砂页岩、灰岩	鱼类
	早古生代	志留纪	S	440	440	地壳运动强烈，华北上升为陆地，华南为浅海，沉积砂页岩	
		奥陶纪	O	520	500	地势低平，海水入侵广泛，以海相沉积灰岩为主，有页岩，华北在中奥陶纪后上升为陆地	无脊椎动物
		寒武纪	t	615	570		
元古代P_t	晚元古代	震旦纪	Z	1 700±		开始有沉积岩覆盖，下部为砂砾岩、中部有冰碛层，上部为海相石灰岩；后期地壳运动强烈，岩石轻微变质	低等植物
	早元古代		P_{t1}	2 050±			
太古代			A_r	>2 500		地壳运动普遍强烈，变质作用显著	无生物
远太古代							

(四)我国主要构造运动时期的划分

我国主要构造运动时期的划分见表1.3.5。

我国主要构造运动时期划分 表1.3.5

时代		沿用构造运动名称（绝对年龄/百万年）		构造运动阶段	遗迹分布	运动特点
新生代	第四纪	喜马拉雅		第四阶段	喜马拉雅、中国台湾最明显	海水退出中国陆地，奠定现代地貌
	第三纪	燕山 (80~130)晚期			全国东部最强	奠定中国现代构造轮廓。岩浆广泛活动、构造的东西差异明显
中生代	白垩纪	(150~190)早期				
	侏罗纪	印支(190~230)		第三阶段	华南	华南隆起，中国南北再次连成一体
	三叠纪					
晚古生代	二叠纪	华力西—(230~260)晚期 (300)中期			秦岭—昆仑 阴山—天山	北部、东南部褶皱隆起，岩浆岩广泛活动
	石炭纪	(350)早期	主幕			
	泥盆纪	加里东 (380~410)晚期			祁连山、南岭（造陆运动遍及中国东部）	华北、四川盆地——地壳整体隆起或沉降； 祁连山、天山、大兴安岭——地层强烈褶皱、岩浆岩侵入喷发； 东南地区——早古生代地层强烈褶皱变质，混合岩化岩浆侵入
早古生代	志留纪	(430~460)中期	主幕			
	奥陶纪	(490~520)早期				
	寒武纪					

续上表

时代			沿用构造运动名称（绝对年龄/百万年）	构造运动阶段	遗迹分布	运动特点
晚元古代	震旦纪	上统	兴凯	第二阶段	华南	中朝古陆再次上升，华南昆阳群、板溪群及西北几个主要山系褶皱隆起，中国南北连成一体
		下统	少林 —澄江 —杨子 晋宁 —雪峰—			
	青白口纪		芹峪 —晋宁—			
	蓟县纪		东川—武陵— 东安 —四堡			
	长城纪					
早元古代	上部		吕梁 —中岳 —中条	第一阶段	阳山、天山及秦岭昆仑两构造带间	运动频繁、强烈，形成三套变质岩群，吕梁运动形成中朝古陆
	下部		五台 —麻山—嵩阳			
太古代			阜平 —鞍山 —泰山			

（五）我国侵入岩的分期

我国侵入岩的分期见表1.3.6。

我国侵入岩分期　　表1.3.6

时代			年龄/百万年	主要分布地区	侵入岩类别
中新生代	喜马拉雅期		<80	喜马拉雅、台湾、帕米尔、秦岭、东南沿海	伟晶岩、花岗岩、浅成岩类、超基性岩
	燕山	晚期	80～130	东部地区、滇西、西藏、喀喇昆仑山	黑云母花岗岩、花岗闪长岩、碱性岩类、浅成岩类
		早期	150～190	东部地区（滇西、西藏）	黑云母花岗岩、花岗闪长岩、基性岩、超基性岩
	印支期		190～230	青藏高原东部、南岭、海南岛、秦岭	黑云母花岗岩、石英闪长岩、辉长岩、部分地区有超基性碱性岩
古生代	华力西	晚	230～260	东北部、内蒙古、祁连山、滇西、台湾	花岗岩、白岗质花岗岩、基性岩、超基性岩
		中	300±	天山、阿尔泰山、北山、大小兴安岭、川滇地区	黑云母花岗岩、花岗闪长岩、基性岩、超基性岩
		早	350±	天山、滇西、川滇地区	基性岩、超基性岩、花岗岩、花岗闪长岩
	加里东	晚	380～410	东南地区、祁连山、天山、内蒙古北部、秦岭	黑云母花岗岩、花岗闪长岩、混合花岗岩
		中 早	430～460 490～520	祁连山、北山、贺兰山、大兴安岭、秦岭	花岗岩、基性岩、超基性岩、伟晶岩
晚元古代	第三期（澄江期）		700±	鄂西、雪峰山、九岭山、怀玉山、大巴山、龙门山	花岗岩、花岗闪长岩
	第二期（晋宁期）		800～1 000	川滇地区、滇西、东北东部	花岗岩、闪长岩、伟晶岩、辉绿岩、超基性岩
	第一期（四堡期）		1 400±50	北京密云、五台山、吕梁山、辽吉地区、桂北	奥长环斑花岗岩、斑状花岗岩、伟晶岩、闪长岩、基性岩、超基性岩
早元古代	第三期（吕梁）		1 700～1 900	五台山、太行山、大青山、燕山、辽吉地区、祁连山	伟晶岩、花岗岩、混合花岗岩
	第二期（五台）		2 000～2 100	阴山、五台山、吕梁山、辽东、鲁中	花岗岩、花岗闪长岩、闪长岩、伟晶岩、基性岩
	第一期（阜平）		2 500±	鲁中、燕山、辽东、嵩山、太行山	花岗岩、伟晶岩、混合花岗岩、基性岩、超基性岩

五、地层接触关系

上、下地层接触关系反映了不同地质时代地层在空间上的接触形式和时间上的发展状况，是地壳构造运动的证据。它反映了岩石生成和构造变动的特征。

1. 沉积岩层间的接触关系

1）整合接触

整合接触指同一地区上下两套沉积地层在沉积层序上是连续的，产状一致，在时间和空间上无间断。它反映岩层形成时期地壳相对稳定，无显著的构造运动，是在地壳均匀下沉、连续沉积条件下形成的。在地质图上地层分界线平行重合一致，如图 1.3.4a）所示。

2）假整合接触

假整合接触也称平行不整合接触，指两套地层产状基本一致，但有明显的沉积间断，缺失某些地质时代的地层；这是地壳交替升降的结果，接触面起伏不平，有古风化壳和底砾岩，如图 1.3.4b）所示。如我国北方地区奥陶系与中石炭系地层相接触，中间缺失志留系、泥盆系和下石炭系地层。

3）不整合接触

不整合接触也称角度不整合接触，是指上下地层间有明显的沉积间断，且上、下地层产状不同，以一定角度相交。表明是不连续接触，并有古风化壳和底砾岩。角度不整合表明地壳发生过强烈运动，先形成的地层隆起褶皱，然后下沉接受新的沉积，如图 1.3.4c）所示。

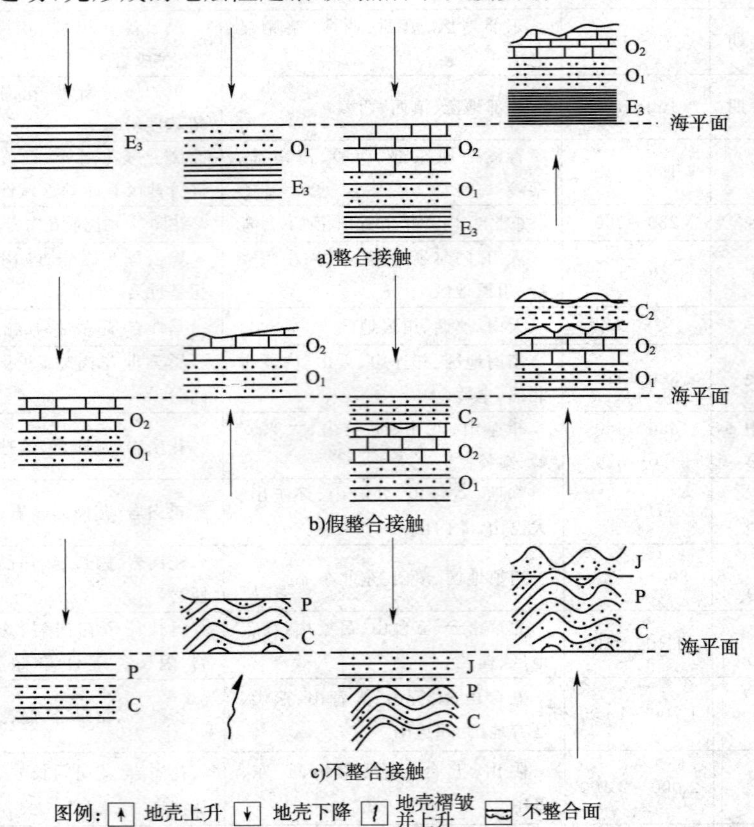

图 1.3.4 沉积岩层间的接触关系及其形成过程

2. 岩浆岩与沉积岩层间的接触关系

1)侵入接触

侵入接触指沉积层形成在先,后来火成岩侵入其中,如图 1.3.5a)所示。

2)沉积接触

沉积接触指侵入岩先形成,之后地壳上升受风化剥蚀,然后地壳又下降接受新的沉积,如图 1.3.5b)所示。

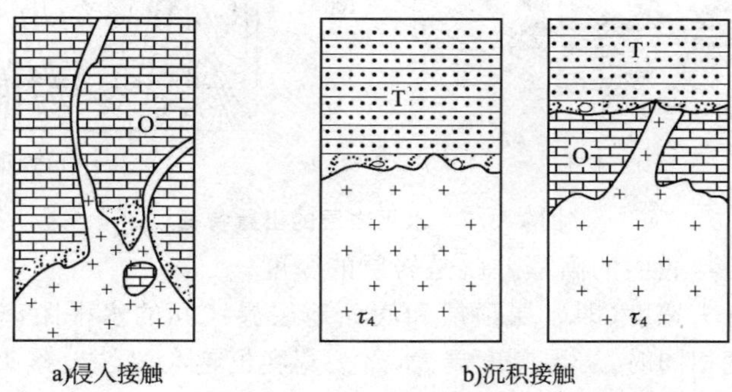

图 1.3.5　岩浆岩与沉积岩层间的接触关系

总之,地层的接触关系综合反映了地壳运动、剥蚀和沉积的历史。

六、倾斜构造

岩层是指被两个平行或近于平行的界面所限制的,同一岩性组成的层状岩石。岩层的上、下界面叫层面,上层面又称顶面,下层面为底面。

岩层顶、底面之间的垂直距离是岩层的厚度。有的岩层厚度比较稳定,在较大范围内变化不大,有的岩层受形成环境和形成方式的影响,岩层原始厚度变化较大,向一个方向变薄以致尖灭,形成楔形体,如向两个方向尖灭,则成为透镜体,如图 1.3.6 所示。

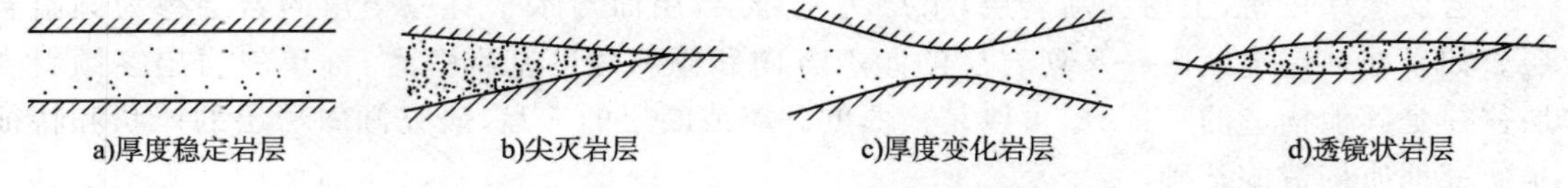

图 1.3.6　岩层的厚度及其形态

沉积岩是在比较广阔而平坦的沉积盆地(如海洋、湖泊)中一层一层堆积起来的,它们原始产状大都是水平的,在盆地边缘才稍有倾斜,仅是局部现象。

岩层形成后,受到构造运动的影响,原始水平产状会发生变化,基本保持不变的仍呈水平产状,有的与水平面呈不同角度的交角,形成倾斜岩层,或者形成直立甚至倒转岩层。

(一)水平岩层

岩层形成后,受构造运动影响轻微,仍保持原始水平产状的岩层称为水平岩层。一般倾斜角度不超过 5°的岩层,均可视为水平岩层。

水平岩层具有以下特征。

①新岩层盖在老岩层之上。地形平坦地区,地表只见到同一岩层。地形起伏很大的地区,新岩层分布在山顶或分水岭上,低洼的河谷、沟底才见到老岩层,即岩层时代越老出露位置越低,越新则出露位置越高。

②水平岩层的地层界线(即岩层面与地面的交线)与地形等高线平行或重合,呈不规则的同心圈状或条带状,在沟、谷中呈锯齿状条带延伸,地层界线的转折尖端指向上游。水平

岩层的分布形态完全受地形控制，如图1.3.7所示。

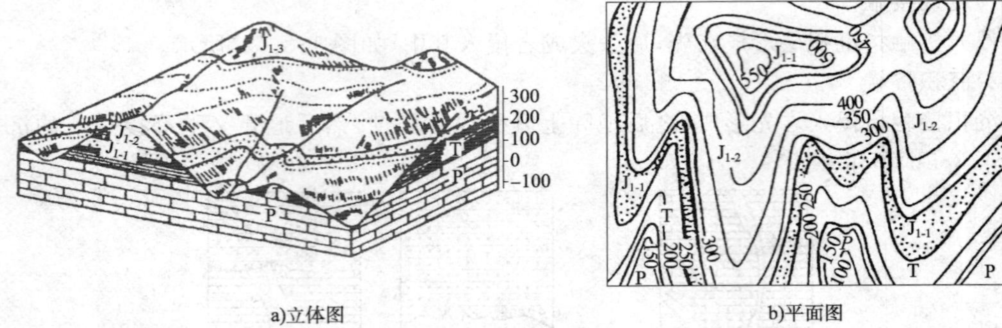

图1.3.7 水平岩层的出露特征

③水平岩层顶面与底面的高程差就是岩层的厚度。

④水平岩层的露头宽度（即岩层顶层和底面地层界线间的水平距离）与地面坡度、岩层厚度有关。地面坡度相同时，岩层厚度越大，露头宽度也越大；反之，露头宽度就越小。而当岩层厚度一样时，地面坡度越缓，露头宽度越大；反之，露头宽度就越小（图1.3.8）。

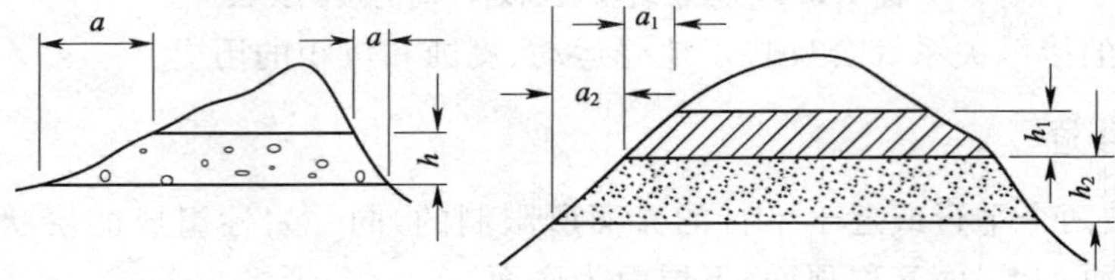

图1.3.8 水平岩层的露头宽度

a、a_1a_2-露头宽度；h、h_1、h_2-岩层厚度

（二）倾斜岩层

岩层层序正常，上层为新岩层，下层为老岩层，层面与水平有一交角的岩层称为倾斜岩层。如果在一定地区内一系列岩层的倾斜方向和倾斜角度基本一致，称单斜岩层。倾斜岩层往往是其他构造的一部分，可以是褶曲的一翼或断层的一盘，研究倾斜岩层的产状和特征是研究地质构造的基础。

1.岩层的产状要素

岩层的产状是指岩层面在三维空间的延伸方位及其倾斜程度。岩层的产状可以用走向、倾向、倾角三个数据定量地表示。走向、倾向、倾角称为岩层的产状要素，如图1.3.9所示。

1)走向

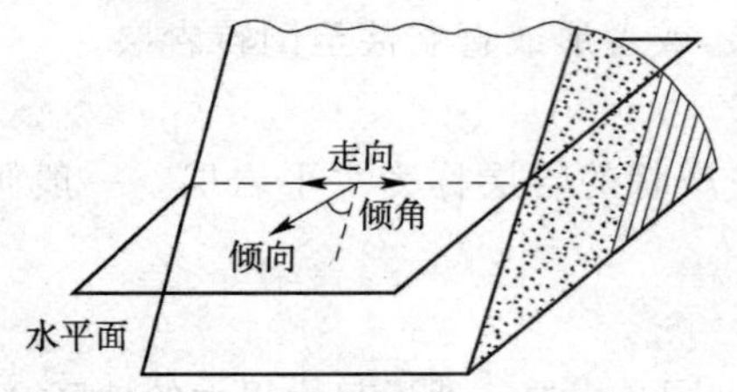

图1.3.9 岩层的产状要素

岩层面与水平面的交线叫走向线，走向线两端延伸的方向就是岩层的走向。它表示岩层在空间的水平延伸方向。岩层走向可以由走向线的任意一端的方向来表示，彼此相差180°。因此，一个岩层的走向可有两个数值。

2)倾向

垂直走向线、沿岩层面向下倾斜的直线叫倾斜线（又称真倾斜线），它在水平面上的投影线称为倾向线，倾向线所指的方向为倾向（又称真倾向）。沿着岩层面但不垂直走向线的向下倾斜的直线为视倾斜线，其在水平面上的投影线称为视倾向线，视倾向线所指的方向为视倾向。

3)倾角

真倾斜线与其在水平面上的投影线(倾向线)的夹角叫倾角,又称真倾角。视倾斜线与其在水平面上的投影线(视倾向线)的夹角叫视倾角。

岩层真倾角与视倾角之间的关系,由图 1.3.10 可以说明。图中直角三角形 oab 中$\angle\alpha$为真倾角,直角三角形 ocb 中$\angle\beta$为视倾角,$\angle\theta$是视倾向与真倾向的夹角。由几何关系可知

$$\tan\beta=\tan\alpha\cos\theta \tag{1.3.1}$$

从岩层面上任一点都可以引出许多条视倾斜线,因而也就有许多视倾角,这些视倾角都比该点的真倾角值小。

上述关系式表明,视倾向越接近真倾向,视倾角值越大,最后趋近于真倾角值;视倾向偏离真倾向越远,即越靠近岩层走向,则视倾角越小,以至趋近于零。

野外测定岩层产状,通常是测量其真倾向和真倾角,但有时要用视倾角。例如,绘制地质剖面或做槽探、坑道编录时,如剖面方向或槽、坑的方向与岩层或矿层的走向不直交,这时剖面图或素描图上的岩层、矿层的倾角就要用作图方向的视倾角来表示。

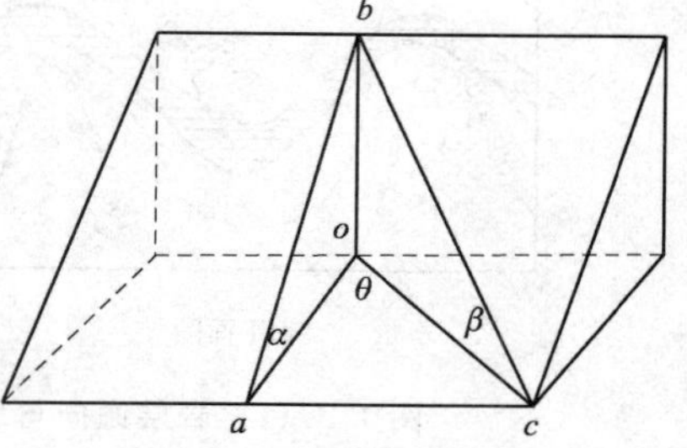

图 1.3.10 真倾角与视倾角间的关系

2. 岩层产状要素的测定与表示方法

岩层的产状要素通常是用地质罗盘直接在岩层面上测量的。在有些情况下,用地质罗盘不容易找准确时,可根据钻孔资料、地形地质图上的表现和视倾角值,再用几何作图法或赤平投影等方法,求出岩层的产状要素。

岩层的产状素可用文字和符号两种方法表示。由于地质罗盘上方位标记有的用象限角表示,有的用 360°的方位角表示。因此,文字表示方法也有方位角和象限角两种。方位角是以北为 0°,顺时针转动测量角度,角度范围从 0°到 360°。象限角是以北或南为 0°,向东或向西测量角度,角度范围可为N0°~90°E、N0°~90°W、S0°~90°E 或 S0°~90°W。

1)方位角表示法

方位角表示法一般用倾向和倾角表示。如 205°∠25°,前面是倾向方位角,后面是倾角,即倾向 205°,倾角 25°。

2)象限角表示法

象限角表示法一般用走向、倾角和倾向象限表示。如 N65°W ∠25°SW,即走向为北偏西 65°,倾角为 25°,向南西倾斜;又如 N30°E ∠27°SE,即走向北偏东 30°,倾角 27°,倾向南东。

在地质图上,岩层产状要素是用符号来表示的,常用符号有以下几种。

┬——30°长线表示走向,短线表示倾向,数字表示倾角;长、短线必须按实际方位标绘在图上。

┼——表示岩层产状是水平的。

⫛——表示岩层直立,箭头指向新岩层。

⫛——70°表示岩层倒转,箭头指向倒转后的倾向,即指向老岩层,数字是倾角度数。

岩层产状要素的符号和书写方式,在国内外的地质书刊和地质图上并不完全相同,参阅文献资料时应予以注意。

3. 倾斜岩层地层界线的分布特征

倾斜岩层的地质层线一般是弯曲的,穿越不同的高程,在地质图上表现为与地形等高线相交。产状不同,地形迥异,其形态也不一样。倾斜岩层的倾角越小,地层界线受地形影响

越大,越弯曲;倾角越大,受地形影响越小,地质界线越趋于直线。但是,地层界线的弯曲方向有一定规律可循,这个规律又称"V"字形法则。

①当岩层倾向与地面坡向相反时,岩层界线与地形等高线弯曲方向相同,但岩层界线弯曲程度较小,等高线弯曲程度较大,如图1.3.11所示。岩层界线的"V"字形尖端在沟谷中指向上游,在山脊上指向山脊下坡。

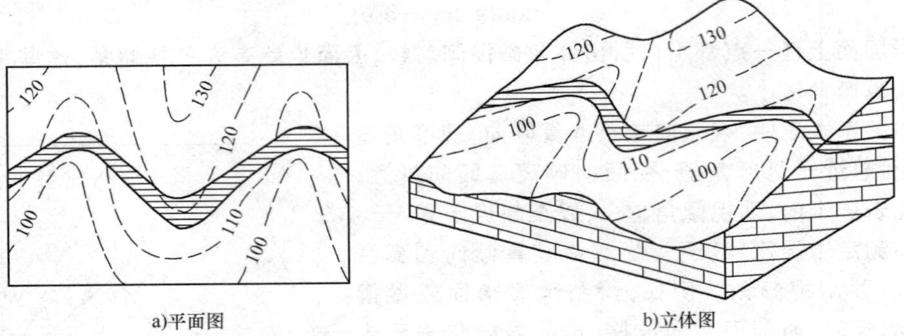

a)平面图　　b)立体图

图1.3.11　岩层倾向与地面坡向相反时,岩层界线"V"字形与地形的关系

②当岩层倾向与地面坡向相同,且岩层倾角大于地面坡角时,岩层界线与地形等高线弯曲方向相反,岩层界线的"V"字形尖端在沟谷中指向下游,在山脊上指向山脊上坡,如图1.3.12所示。

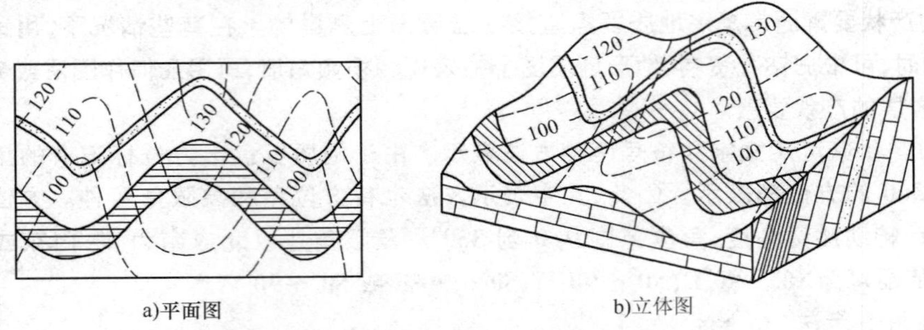

a)平面图　　b)立体图

图1.3.12　岩层倾向与地面坡向相同,岩层倾角大于地面坡角时,岩层界线"V"字形与地形的关系

③当岩层倾向与地面坡向相同,但岩层倾角小于地面坡角时,岩层界线与地形等高线弯曲方向相同,但弯曲程度较等高线大,如图1.3.13所示。

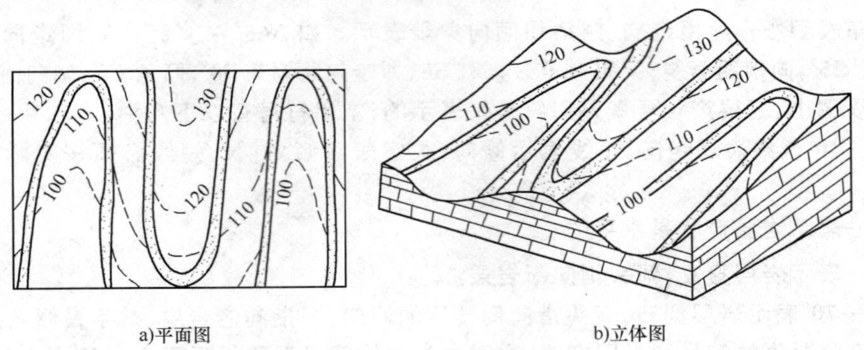

a)平面图　　b)立体图

图1.3.13　岩层倾向与地面坡向相同,岩层倾角小于地面坡角时,岩层界线"V"字形与地形的关系

(三)直立岩层

直立岩层地质界线在空间是一条沿走向延伸的直线,不受地形影响。直立岩层地质界线间的水平距离就是岩层的厚度。直立岩层的露头宽度只与岩层厚度有关,岩层厚度越大,露头宽度也越大；反之，露头宽度就越小，如图1.3.14 所示。

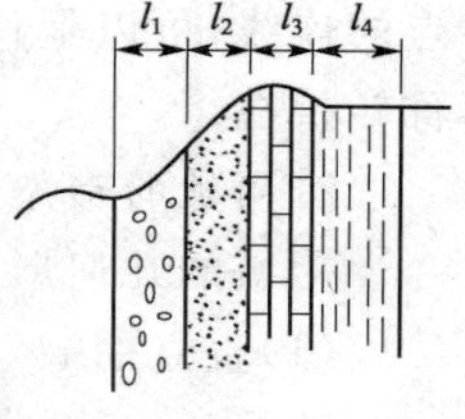

图 1.3.14　直立岩层

七、褶皱构造

岩层受到构造运动作用后，在保持连续性的情况下产生的弯曲变形称为褶皱构造。褶皱构造规模可大可小，大型褶皱可延伸几十甚至几百千米，小型褶皱可出现在一块手标本上。通常把褶皱构造中的一个单独的弯曲称为褶曲。

如图 1.3.15 所示，绝大多数褶皱是在水平挤压力作用下形成的；有的褶皱是在垂向力作用下形成的；还有一些褶皱是在力偶的作用下形成的，此种褶皱多发育在夹于两个坚硬岩层间的较弱岩层中或断层带附近。褶皱是地壳上广泛分布、最常见的地质构造形态，它在沉积岩层中最为明显，在块状岩体中则很难见到。研究褶皱的产状、形态、类型、成因和分布特点，对于查明区域地质构造和工程地质条件具有重要意义。

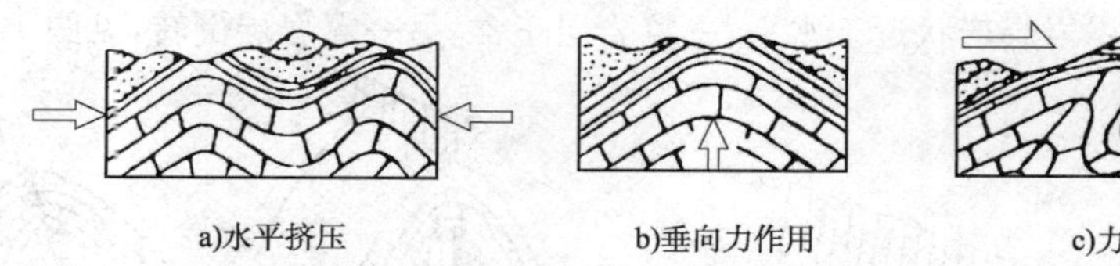

图 1.3.15　褶皱力学成因

(一)褶皱的基本形态

褶皱构造有背斜和向斜两种基本形态(图 1.3.16)。

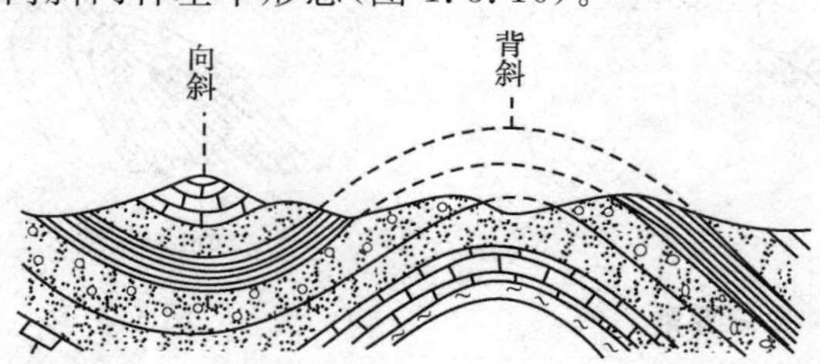

图 1.3.16　褶皱构造的背斜和向斜

1. 背斜

中部岩层向上拱起的弯曲，正常情况下，两侧岩层向外倾斜。在同一水平面上，中心部分岩层时代较老，两侧岩层依次变新，并且两边对称出现。

2. 向斜

中部岩层向下凹陷的弯曲，正常情况下，两侧岩层向内倾斜。在同一水平面上，中心部分岩层时代较新，两侧岩层依次变老，两边也对称分布。

如岩层形成褶皱后未经风化剥蚀，则背斜成山，向斜为谷；但野外背斜常遭受强烈风化剥蚀而夷为谷地，向斜反而成为山脊的现象也是普遍的。

(二)褶皱要素和形态分类

1. 褶皱要素

褶皱构造的各个组成部分称为褶皱要素(图 1.3.17)。褶皱的中心称核；褶皱核部两侧的岩层称翼；大致平分两翼的假想面称轴面，轴面可以是直立的、倾斜的甚至是水平的平面，也可以是曲面；轴面与水平面的交线称轴线(轴)，可以是直线，也可以是曲线；褶皱轴线的方向就是褶皱的延伸方向；轴面与岩层面的交线称枢纽，是指褶皱的同一岩层面上各最大弯曲点的连线，可以是直线，也可以是曲线；连接两翼的部分或从一翼向另一翼过渡的弯曲部分称转折端。

2. 褶皱的形态分类

褶皱的几何形态分类方法很多，通常根据褶皱轴面的产状划分。

(1)直立褶皱

轴面直立，两翼岩层倾向相反，倾角大致相等，见图 1.3.18a)。

(2)倾斜褶皱

轴面倾斜，两翼岩层倾向相反，倾角不相等，见图 1.3.18b)。

(3)倒转褶皱

轴面倾斜，两翼岩层倾向相同，一翼岩层正常，另一翼岩层倒转，即新岩层位于老岩层之下，见图 1.3.18c)。

(4)平卧褶皱

轴面近于水平，两翼岩层产状近于水平，一翼岩层正常，另一翼岩层倒转，见图 1.3.18d)。

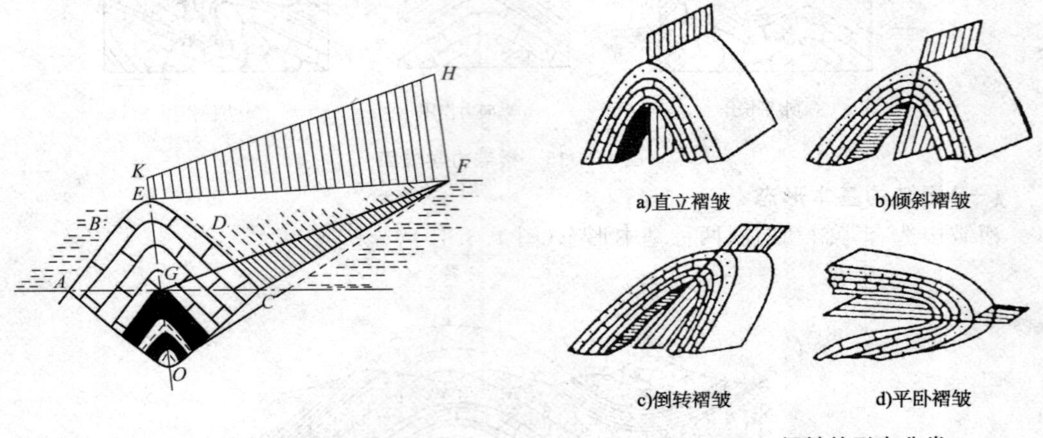

图 1.3.17 褶皱要素

O-核；*AB*、*CD*-翼；*KGFH*-轴面；
GF-轴线；*EF*-枢纽；*BED*-转折端

a)直立褶皱 b)倾斜褶皱 c)倒转褶皱 d)平卧褶皱

图 1.3.18 褶皱的形态分类

(5)水平褶皱

枢纽水平，两翼岩层的走向基本平行，见图 1.3.19a)。

(6)倾伏褶皱

枢纽倾斜，两翼岩层的走向不平行，见图 1.3.19b)。

a)水平褶皱

b)倾伏褶皱

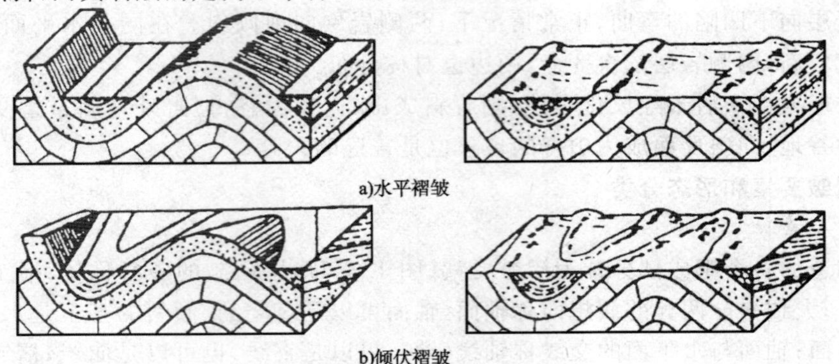

图 1.3.19 水平褶皱和倾伏褶皱

当褶皱枢纽向两端倾伏或扬起，形成长宽之比小于3：1的背斜时称穹隆，若为向斜则称构造盆地(图1.3.20)。当在褶皱的翼部有许多一级褶皱时，则分别称复背斜或复向斜(图1.3.21)。

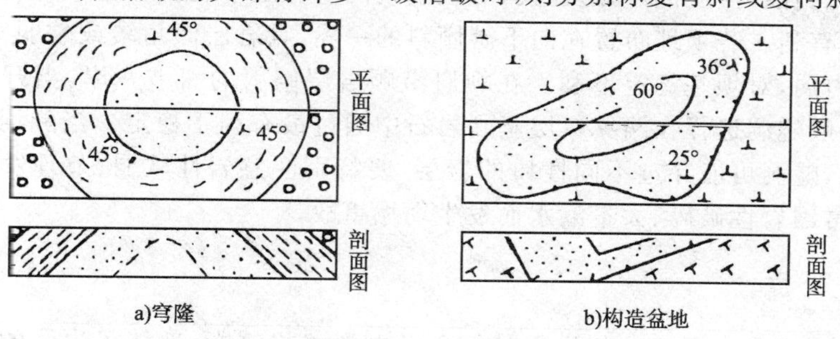

图1.3.20　穹隆和构造盆地

(三)褶皱构造的识别

褶皱形成以后，一般遭受风化剥蚀作用，背斜核部由于节理发育，易于风化破坏。因此，这里可能形成河谷低地，而向斜核部则可能形成高山(图1.3.22)。因此，不能把现代地形与褶皱形态混同起来。在野外，除一些岩层出露良好的小型背斜和向斜，可以直接观察到褶皱的完整形态外，大部分褶皱均遭剥蚀、破坏或露头情况不好，不能直接观察到它的形态，这时应按下述方法进行观察分析。

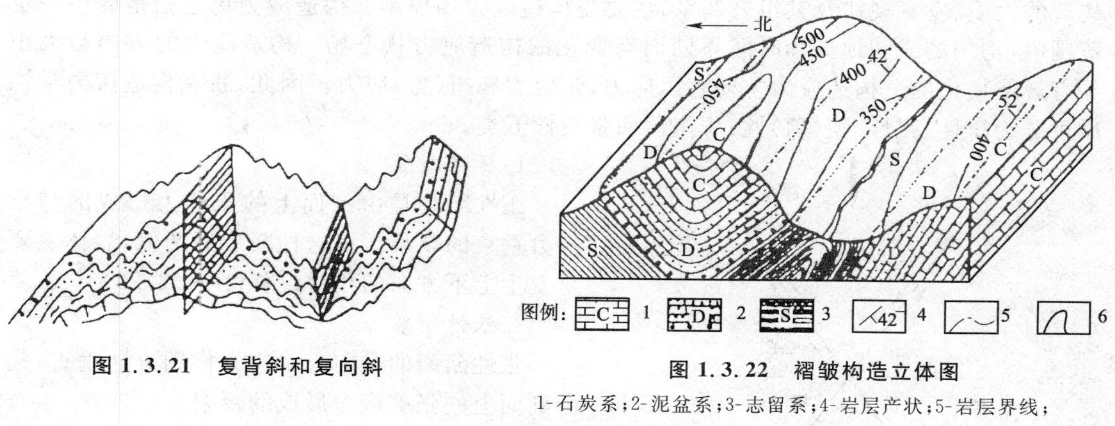

图1.3.21　复背斜和复向斜

图1.3.22　褶皱构造立体图

1-石炭系；2-泥盆系；3-志留系；4-岩层产状；5-岩层界线；6-地形等高线

首先，应垂直岩层走向进行观察，当岩层重复出现对称分布时，便可肯定有褶皱构造，否则就没有褶皱构造。图1.3.22是一个地区的地质构造立体示意图，区内岩层走向近东西，如果从南北方向观察，就会发现志留系和石炭系地层两个对称中线，其两侧地层分布重复出现。所以，这一地区有两个褶皱构造。其次，分析岩层新老组合关系，如果老岩层在中间，新岩层在两边，那是背斜。如果新岩层在中间，老岩层在两边，则是向斜。上述地区中南部的褶皱构造，中间是老岩层(S)，两边是新岩层(C、D)，因此是背斜；北部的褶皱构造，中间是新岩层(C)，两边对称分布的是老岩层(D、S)，所以是向斜。然后分析岩层产状，如果两翼岩层均向外倾斜或向内倾斜，倾角大体相等者，为直立背斜或向斜；倾角不等者，则为倾斜背斜或向斜。上述地区中的向斜，两翼岩层向内倾斜，倾角相近，所以是一个直立向斜；背斜中两翼岩层产状均向北倾斜，因此是一个倒转背斜。最后还要分析枢纽产状，若岩层界线沿褶皱轴平行延伸，且与枢纽平行，则为水平褶皱；若两翼岩层走向不平行，在某一方向或两个方向上由一翼产状变为另一翼产状，背斜沿此方向倾伏，向斜沿此方向仰起，称为倾伏褶皱。上述地区中的向斜和背斜两翼岩层界线均大致延伸，在图区没有交汇，均为水平褶皱。

在褶皱地区选择坝址或隧洞位置时，应尽量避开褶皱的核部，因核部岩层节理发育、岩石破碎，易风化剥蚀，强度低，渗透性大，对坝基或洞室稳定不利。坝址布置在倾向上游的一翼对坝基稳定有利。若坝址布置在向下游倾斜的一翼，且岩层倾角缓或软弱夹层，顺层节理发育时，抗滑力弱，对坝基稳定不利。在坝肩沿顺岩层倾斜的斜坡一岸，当开挖时就易产生顺层滑坡。一般隧洞选择在两翼厚层坚硬岩石中通过最有利于稳定。当隧洞轴线与岩层走向近于垂直时，隧洞可能穿过不同性质的岩层，要特别注意岩性软弱、节理发育及含水层地段，这些地段常因岩性破碎、大量漏水而发生坍塌事故。

八、断裂构造

岩体受构造应力作用超过其强度时就会发生裂缝或错断，破坏了岩体的完整性而形成断裂构造。断裂构造主要分为节理和断层两大类。凡岩体沿破裂面没有明显位移或仅有微量位移的称为节理；岩体沿破裂面两侧发生了明显位移或较大错动的称为断层。

断裂构造是主要的地质构造类型，在地壳中广泛分布，对岩体的稳定和渗漏影响很大，常对建筑物地基的工程地质评价和规划选址、设计施工方案的选择起控制作用。

(一)断裂构造的力学性质

断裂构造是在构造应力作用下生成的破裂面，主要有断层面、节理面和劈理面等。断裂构造的性质、发育规律及其组合关系，主要受构造应力场控制。构造应力场是指地壳中一定范围内，均匀的或随地点和时间不同而有变化的构造应力状态场。构造应力的方向与大小是有规律变化的。构造应力主要有压应力、张应力和扭(剪)应力。因此，断裂构造按力学性质可分为压性、张性、扭(剪)性、压扭性和张扭性五类。

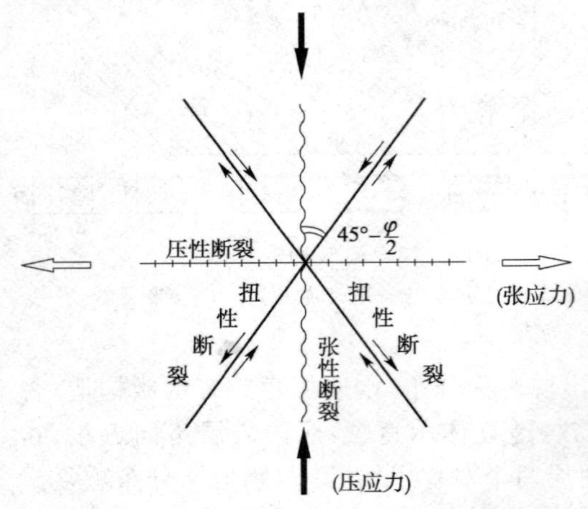

图 1.3.23 断裂面与构造应力场间的关系

1. 压性断裂

压性断裂是由剖面上的压应力形成的与压应力垂直的断裂。在这种断裂面两侧，岩体主要是发生上下方向的相对位移(图 1.3.23)。

2. 张性断裂

张性断裂的走向与张应力作用方向垂直，是由剖面上的张剪应力形成的断裂。

3. 扭性断裂

扭性断裂是由平面上的剪应力形成的断裂。扭性断裂的走向与压应力或与张应力作用方向斜交。扭性断裂一般是两组断裂共生，在平面上呈 X 形交叉分布，扭性断裂的走向和压应力方向的夹角一般呈 $45°-\varphi/2$ 的交角，φ 是岩石的内摩擦角，即两组扭性断裂夹角的锐角等分线和压应力方向一致。一般塑性岩石中的 φ 值比脆性岩石的 φ 值小，因此两组扭性断裂和压应力的夹角，在塑性岩石中的要比脆性岩石中的大，但都小于 45°。扭性断裂可以两组都为节理或断层，也可以一组为断层，另一组为节理。

断裂构造的形成过程，如图 1.3.24 所示。水平岩层受到水平挤压力作用之后，当岩层内部所产生的剪应力超过岩石的抗剪强度时，首先在岩层面上产生 X 形剪节理(SJ)[图 1.3.24a)]，两组剪节理间所夹锐角等分线指向受压的方向，这种现象在近水平岩层地区较为常见。当挤压继续增大时，由于岩层内部所产生的张应力超过岩石的抗拉强度，则在岩层面上产生张节理(TJ)[图 1.3.24b)]，这种张节理常沿着已有的剪节理(SJ)发育，呈锯齿状。随着岩层继续受压弯曲形成褶皱，在褶皱顶部产生次一级张应力。当这种张应力超过岩层抗拉强度时，产生同褶皱轴向一致的张节理（TJ′）；由于上、下岩层面间的错动而产生剪应力，当这种剪应力超过岩层抗剪强度时，在岩层弯曲剖面上产生X形剪节理（SJ′），其走向同褶皱轴向一致。当挤压继续增大，被节理切割的岩块发生错动位移，从而产生各种断层［图1.3.24c)］。沿着剖面X节理（SJ′），在挤力作用下形成压性的逆断层（CF）；沿着岩层面上X节理（SJ），在剪切力作用下形成扭性的平移断层（SF）；沿着岩层面上张节理（TJ），在重力作用下形成张性的正断层（TF）。

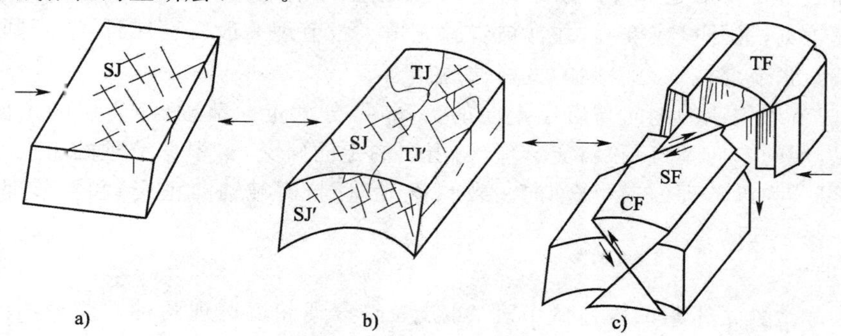

图1.3.24 断裂构造的形成过程

SJ-剪节理；TJ-张节理；TF-正断层；CF-逆断层；SF-平移断层

（二）节理

1.节理的分类

节理又称为裂隙，它普遍存在于岩体或岩层中。节理可按成因、力学性质和几何形态等进行分类。

1）节理的成因分类

按成因可将节理分为以下几种。

（1）风化节理

风化节理由风化作用造成，多分布在近地表处，向下延伸不深，无一定方向性。

（2）原生节理

原生节理是在成岩过程中形成的，如岩浆冷凝过程中形成的收缩节理、玄武岩中的柱状节理等。

（3）构造节理

构造节理是构造应力作用形成的，其特点是分布广，具有明显的方向性和规律性，常常成组出现。

2）节理的力学性质分类

按力学性质可将节理分为以下几种。

（1）剪节理

剪节理是岩石受剪（扭）应力作用形成的破裂面，其两组剪切面一般形成X形的节理（图1.3.24），故又称文节理。剪节理常与褶皱、断层伴生。当岩层受到水平挤压时，初期在岩层面产生两组平面X节理；然后水平压力继续作用，岩层弯曲形成褶皱时，在其核部附近的剖面上产生一对剖面节理。

剪节理的主要特征是节理产状稳定，沿走向和倾向延伸较远。节理面平直光滑，常有剪切滑动留下的擦痕，可用来判断节理两侧岩石相对移动方向。剪节理面两壁间的裂缝小，一般呈闭合状态。剪节理常成对呈X形出现，一般发育较密，节理之间距离较小，特别是在软弱薄层岩石中，常密集成带。由于剪节理交叉互相切割岩层成碎块体，破坏了岩体的完整性，所以剪节理面常是易于滑动的软弱面。

(2)张节理

张节理是岩层受张力作用而形成的破裂面。当岩层受挤压时，初期是在岩层面上沿先发生的剪节理追踪发育形成锯齿状的张节理。在褶皱岩层中，多在弯曲顶部产生与褶皱轴走向一致的张节理(图 1.3.24)。

张节理的主要特征是节理产状不稳定，延伸不远即消失。节理面弯曲且粗糙，张节理两壁间的裂缝较宽，呈开口或楔形，并常被岩脉充填。张节理一般发育较稀，节理间距较大，很少密集成带。张节理往往是渗漏的良好通道。

此外，按节理构造的走向与岩层走向的关系，可分为走向节理(与岩层的走向平行)、倾向节理(与岩层的走向垂直)和斜交节理(与岩层的走向斜交)。根据节理的走向与褶皱轴向的关系，还可分为纵节理(与褶皱轴向一致)、横节理(与褶皱轴向正交)和斜节理(与褶皱轴向斜交)。

(3)劈理

劈理实际上就是密集的构造微节理，可分为破劈理和流劈理两种。劈理面的间距一般为几毫米至几厘米，常将岩石切割成薄片或薄板状，它容易和岩石中的层状或片状结构相混淆，但多数劈理面和岩层层面是不一致的。破劈理只是在构造运动强烈、应力集中的地段才出现，如褶皱翼部、大断层两侧等。在褶皱形成过程中，由于层间滑动或断层两侧岩体位移引起的扭应力产生的破裂面也可形成破劈理。流劈理是由于压应力的作用，岩石中的矿物发生塑性流动、拉长、压扁和重结晶，使矿物平行排列形成密集裂面。破劈理多发育在脆性较大的岩层，如石灰岩、石英岩等岩层中；流劈理多发育在塑性较大的岩层，如泥质岩、板岩等岩层中。劈理发育使岩石强度降低，透水性增大，易风化成碎片脱落，野外调查时，还可以利用劈理分析褶皱类型和断层性质等。

2. 节理的调查

1)观察点的选择

观察点的选定决定于任务，一般不要求均匀布点，而是根据地质情况和节理发育情况布点，做到疏密适度。选择观察点时还要考虑以下几点。

①露头要好，最好能在三度空间观测，其露头面积一般不小于 10 m^2，便于大量测量。

②构造特征清楚，岩层产状稳定。

③节理比较发育，组系及其相互关系比较明确。

④观测点应选在构造的重要部位，并且在不同构造层、不同岩系和不同岩性岩层中都应布点。

2)节理调查的内容

节理调查主要包括以下几个方面。

①测量节理产状。测量方法与测岩层产状相同。

②观察节理面张开程度和充填情况。节理面两壁宽度大于 5 mm 为宽张节理，宽度 3～5 mm 为张开节理，1～3 mm 为微张节理，小于 1 mm 为密闭节理。张开节理其中有充填物的，应观察描述充填物的成分、特征、数量、胶结情况和性质等。对后期重新胶结的节理，应描述胶结物成分、胶结程度等。

③描述节理壁的粗糙程度。节理壁粗糙程度影响节理面两侧岩块的滑移，与岩石稳定性评价有很大的关系。粗糙程度包含起伏度和粗糙度两层意义。起伏度指节理面较大范围内的凹凸程度，可分为平面形、波浪形、台阶形等数种类型，如图 1.3.25 所示。粗糙度是指

节理表面的光滑程度，分光滑、平坦和粗糙几种不同情况。

④观察节理充水情况。如干燥的、滴水的、流水的、饱水的等，水在节理面中犹如润滑剂，使岩块更易滑动。

⑤根据节理发育特征，确定节理成因。

⑥统计节理的密度、间距、数量，确定节理发育程度和节理的主导方向。最简单统计节理密度的方法是在垂直节理走向方向上取单位长度计算节理条数，以"条/m"表示。间距等于密度的倒数。根据岩层中节理发育特征，按表 1.3.7 确定节理的发育程度。

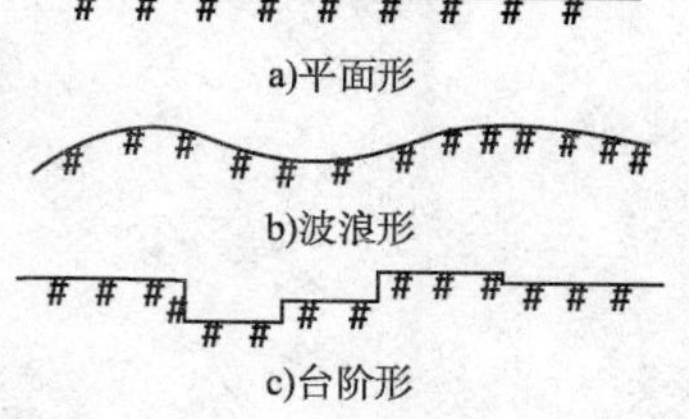

图 1.3.25　节理面起伏形态

节理发育程度分级　　表 1.3.7

发育程度等级	基本特征
节理不发育	节理 1、2 组，规则，为构造型。间距大于 1 m，多为密闭节理。切割岩体呈巨块状
节理较发育	节理 2、3 组，呈 X 形，较规则，以构造型为主，多数间距大于 0.4 m，多为密闭节理，部分为微张节理，少有充填物。切割岩体呈大块状
节理发育	节理 3 组以上，呈 X 形或"米"字形，不规则，以构造或风化型为主，多数间距小于0.4 m，大部分为张开节理，部分有充填物。切割岩体呈块石、碎石状
节理很发育	节理 3 组以上，杂乱，以风化和构造型为主，多数间距小于 0.2 m，以张开节理为主，一般均有充填物。切割岩体呈碎石状

3. 节理调查资料的整理

为了查明节理的发育规律，确定节理的密集程度和主导方向，需对节理调查资料进行统计分析，节理统计采用的图表形式主要有节理玫瑰花图、节理极点图和节理等密图。

1）节理玫瑰花图及其编制方法

玫瑰花图有走向玫瑰花图和倾向玫瑰花图两种，前者表示走向变化，后者反映倾向变化，两者编制方法不尽相同。下面以常用的走向玫瑰花图为例说明编制方法。

①整理野外实测的节理产状、条数，见表 1.3.8。

节理走向数据分组　　表 1.3.8

走向区间	平均走向	条　数	走向区间	平均走向	条　数
1°～10°	7°	2	271°～280°	—	0
11°～20°	15°	1	281°～290°	284°	1
21°～30°	—	0	291°～300°	297°	2
31°～40°	33°	4	301°～310°	307°	2
41°～50°	45°	2	311°～320°	—	0
51°～60°	52°	4	321°～330°	325°	3
61°～70°	68°	1	331°～340°	335°	5
71°～80°	73°	1	341°～350°	344°	4
81°～90°	86°	2	351°～360°	353°	2

②取一定北例的直线为半径作半圆，沿圆周标出北、东、西三个方向，并按方位角划分出刻度。为什么只画半圆，不画整圆，稍加思考即可明白。

③以一定线段长度代表节理条数，根据整理所得资料，由平均走向方位自半圆中心向圆周引径向线。

④连接各径向线端点即得节理走向玫瑰花图，如图 1.3.26 所示。连线时若某区间节理条数为 0，线段就折回圆心。此外，花瓣的起点和终点均向圆心连线。

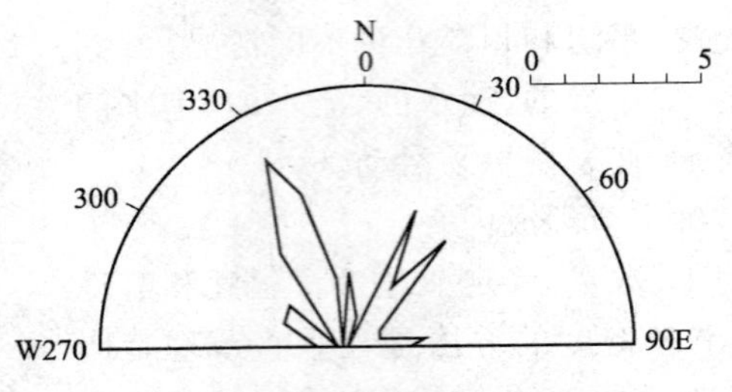

图 1.3.26 节理走向

由图上可看出，花瓣越宽表明该方向上节理走向范围越大，花瓣越长表示该方向上的节理数量越多。

2)绘制节理极点图

设想一个球体，把节理按产状平移至球体中心，过球心作节理面法线，交球面于两点。将上半球的交点(或下半球交点)投影到球体的赤道平面上得一点，此点即为节理的极点。图 1.3.27 表示一个倾向东的节理面的极点。用预先制好的投影网绘制极点十分方便。如图 1.3.28 所示，网中放射线的方向表示倾向(0°～360°)，同心圆的半径长度表示倾角(圆心到圆周 0°～90°)。例如节理产状 50°∠30°，则以北为 0°，顺时针找到 50°，再自圆心向外找到 30°倾角，这一点就是该节理的极点。将一个露头上所有节理绘在一起即构成节理极点图，如图 1.3.29 所示。

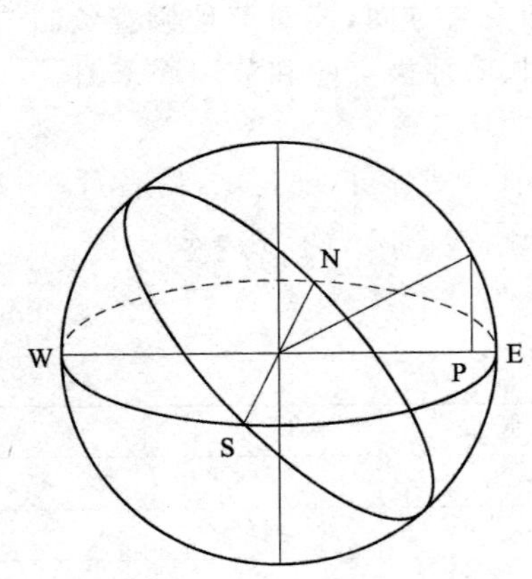

图 1.3.27 极点投影原理

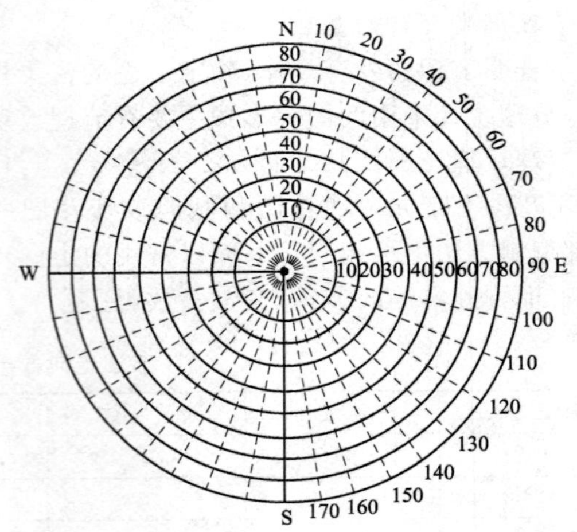

图 1.3.28 施密特投影网

3)绘制节理等密图

等密图是在极点图的基础上编制而成的。把画有投影圆周(又称大圆)、方位和边长为大圆半径1/10的正方形网格透明纸蒙在制好的极点图上(图 1.3.30)，然后用中心密度计和边缘密度计统计节理极点数。密度计的小圆直径为大圆直径的 1/10。中心密度计统计大圆内极点，自左至右每次移动一个小圆半径的距离，在十字中心记下小圆中的极点数。统计完一行后，向上或向下移动一个半径距离，再依次统计。边缘密度计统计位于大圆周边的极点，每次统计时把两个小圆内的极点数加在一起记在这两个圆心上，同样每次移动一个半径距离，直到绕一圆周为止。统计完后，根据极点多少决定等密度线距，将极点数相同的点用等密线连起来，即得极点等密图。

有时等密图用百分数表示，这时需要计算出每次统计的节理极点数占总极点数的百分比，然后选定等密线的百分数据，做出用百分数表示的等密度图，如图 1.3.31 所示。

等密度图能反映节理的倾向、倾角、发育程度和极点密集区的位置和特点，便于分析，但作图麻烦。

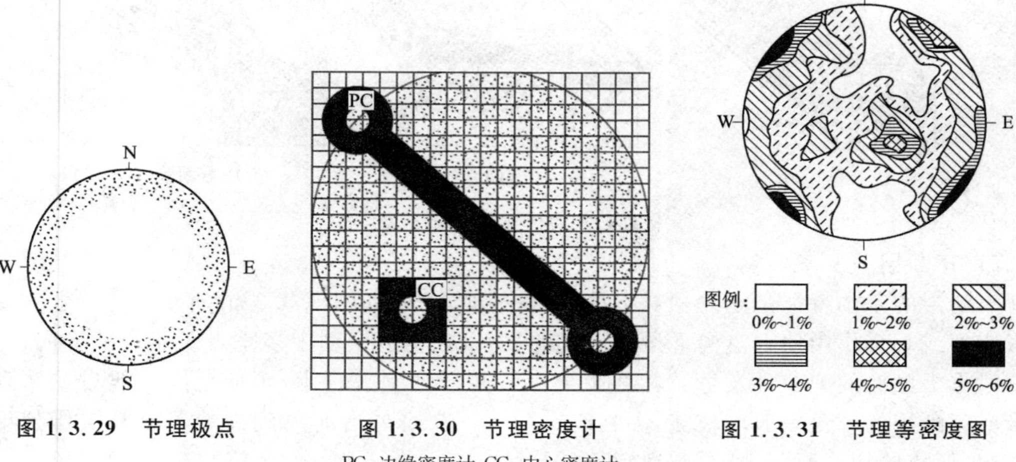

图 1.3.29 节理极点　　图 1.3.30 节理密度计　　图 1.3.31 节理等密度图

PC-边缘密度计；CC-中心密度计

(三)断层

断层是构造应力作用形成的主要地质构造类型，在地壳中广泛分布。断层种类很多，形态各异，规模大小不一，小断层在岩石标本上就可见到，大断层延伸很远，可达数百千米以上，影响范围很广。

1. 断层要素

断层的基本组成部分叫断层要素，主要有断层面、断层线、断层带、断盘和断距等（图 1.3.32）。

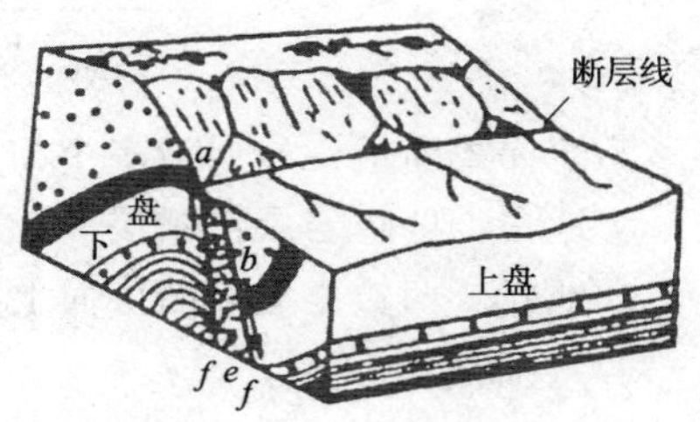

图 1.3.32 断层要素

ab-断距；e-断层破碎带；f-断层影响带

1)断层面

断层面指岩层发生位移的错动面。它可以是平面或曲面，断层面的产状可用走向、倾向和倾角来表示。

2)断层线

断层线指断层面与地面的交线。它反映断层在地表的延伸方向，可以是直线或曲线。

3)断层带

较大的断层错动常形成一个带，包括断层破碎带与影响带。破碎带是指因断层错动而破裂搓碎的岩石碎块、碎屑部分；影响带指受断层影响、节理发育或岩层产生牵引弯曲的部分。

4)断盘

断层面两侧相对位移的岩块称为断盘。在断层面上部的岩块称为上盘，下部的岩块称为下盘。若断层面直立则无上下盘之分。

5)断距

断距指断层两盘相对错开的距离。岩层原来相连的两点，沿断层面错开的距离称为总断距，总断距的水平分量称为水平断距，铅直分量称为铅直断距。

2. 断层的基本类型及其特征

最常用的断层分类方法有两种，一种是按形态划分，一种是按力学性质划分。

1)按断层的形态分类

断层的形态分类主要是按断层的两盘相对位移情况，将断层分为正断层、逆断层和平移断层(图 1.3.33)。

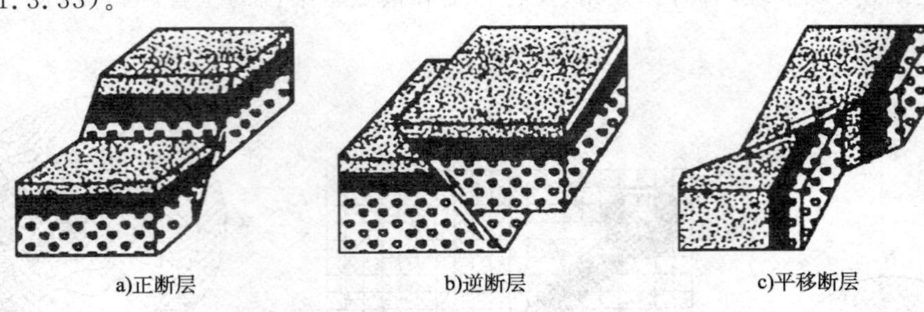

图 1.3.33 断层类型示意

(1)正断层

正断层的基本特征是上盘相对下移,下盘相对上移,如图 1.3.33a)所示。它一般是受水平张应力或垂直作用使上盘向下滑动形成的,所以在构造变动中多垂直于张力的方向发生,但有时也沿已有的剪节理发生。其断距可以从几厘米到数百米,延伸范围一般自几米到数千米。正断层的倾角一般均较陡,多在 50°～60°。在野外有时见到由数条正断层排列组合在一起,形成阶梯式断层、地垒和地堑等(图 1.3.34)。

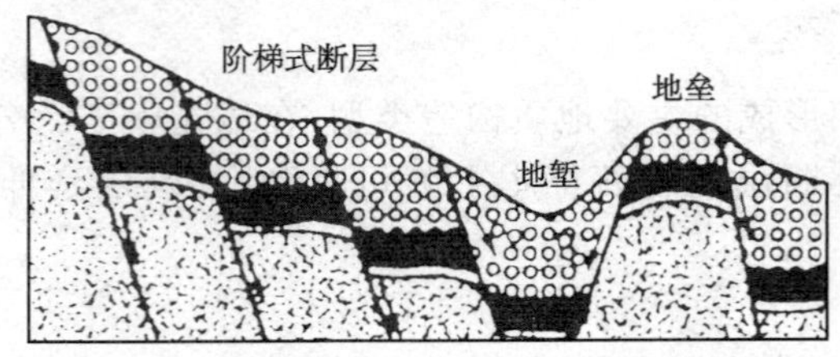

图 1.3.34 阶梯式断层、地垒和地堑

①阶梯式断层。岩层沿多个相互平行的断层面向同一方向依次下降形成。

②地垒。两边岩层沿断层面下降,中间岩层相对上升形成。

③地堑。两边岩层沿断层面上升,中间岩层相对下降形成。

(2)逆断层

逆断层的基本特征是上盘相对上移,下盘相对下移,如图 1.3.33b)所示。

逆断层一般是受水平压力沿剪切破裂面形成的,所以常与褶皱同时伴生,并多在一个翼上平行于褶皱轴发育。断层带中往往夹有大量的角砾和岩粉。根据断层面的倾角大小,又可将逆断层分为以下几种。

①冲断层。断层面倾角大于 45°的高度角逆断层。

②逆掩断层。断层面的倾角在 45°～25°之间,往往是由倒转褶皱发展而成的,它的走向与褶皱轴大致平行,逆掩断层的规模一般都较大。

③辗掩断层。倾角小于 25°的逆断层,常为区域性的巨型断层。断层一盘地层较老,沿着平缓的断层面推覆在另一盘较新岩层之上,断距可达数千米,破碎带的宽度亦可达几十米。

④叠瓦式断层。一系列冲断层或逆掩断层,使岩层依次向上冲掩,形成叠瓦式断层(图 1.3.35)。

(3)平移断层

平移断层是断层两盘产生相对水平位移的断层[图 1.3.33c)]。一般受扭应力作用形成,因此大多数与褶皱轴斜交,与 X 节理平行或沿该节理发育,断层的倾角常常近于直立。这种断层的破碎带一般较窄,沿断层面常有近水平的擦痕。

对于兼具正、逆和平移的过渡性质的断层，一般采用组合命名，称之为平移—逆断层、逆—平移断层、平移—正断层和正—平移断层。根据习惯，组合命名的后者表示主要运动分量。

图 1.3.36 是一断层下盘，两条虚线分别表示断层的走向线和倾斜线，M、N 分别代表与断层走向线和倾斜线呈 45°交角的斜线，箭头指示上盘滑动方向。凡断层滑动线的侧伏角大于 80°的断层，属正（逆）断层，如图中 OA 至 OB 范围内的断层。凡侧伏角小于 10°的断层，属平移断层，如图中 OE 至 OF 范围内的断层。凡侧伏角在 45°～80°之间的断层，属平移—正（逆）断层，如图中 OB 至 OM 或 OA 至 ON 范围内的断层。凡侧伏角在10°～45°之间的断层，属正（逆）一平移断层，如图中 OE 至 OM 或 OF 至 ON 范围内的断层。

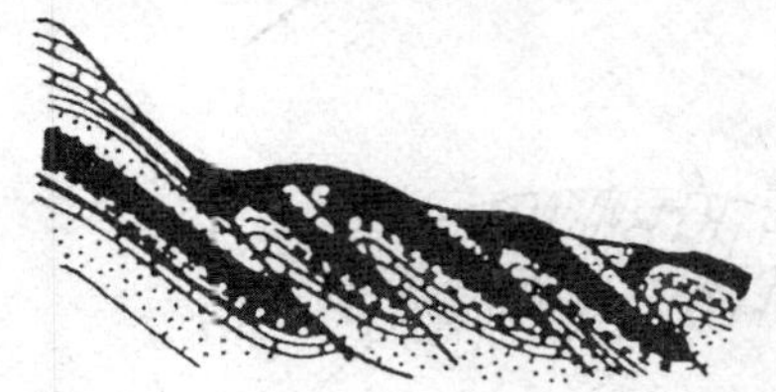

图 1.3.35 叠瓦式断层

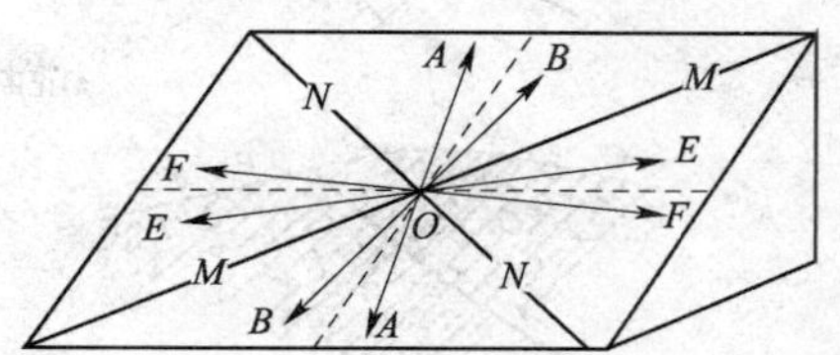

图 1.3.36 按滑动线侧伏角的断层命名

根据断层走向与岩层走向的关系，可分为走向断层（与岩层的走向平行）、倾向断层（与岩层的走向垂直）和斜交断层（与岩层的走向斜交）。又根据断层走向与褶皱轴向的关系，还可分纵断层（与褶皱轴向一致）、横断层（与褶皱轴向正交）和斜断层（与褶皱轴向斜交）。

2）按断层力学成因性质分类

断层是在地壳运动中受构造应力作用，由岩体内部产生的压应力、张应力或扭应力（剪应力）作用形成的。因此，按力学性质划分，断层有以下几种类型。

（1）压性断层

压性断裂由压应力作用形成。压性断层的走向与压应力方向垂直，在断层面两侧，主要是上盘岩体受挤压相对向上位移，如逆断层等。压性断层常成群出现构成挤压构造带。断层带往往有断层角砾岩、糜棱岩和断层泥，形成软弱破碎带。在较硬脆的岩石中，断层面上常有反映错动方向的擦痕。

（2）张性断层

张性断裂由张（拉）应力作用形成。张性断层的走向垂直于张应力方向，断层上盘岩体因拉张相对向下位移，如正断层等。张性断层面较粗糙，形状不规则，有时呈锯齿状。断层破碎带宽度变化大，断层带中常有较疏松的断层角砾岩和破碎岩块。

（3）扭性断层

扭性断裂由扭（剪）应力作用产生。扭性断层一般是两组共生，呈 X 形交叉分布，往往一组发育，另一组不发育，如平移断层等。扭性断层面平直光滑，产状稳定，延伸很远，断层面上有时见到近水平的擦痕，断层带内伴有角砾岩或糜棱岩。

（4）压扭性断层

压扭性断层具有压性断层兼扭性断层的力学特性，如平移逆断层。

（5）张扭性断层

张扭性断层具有张性断层兼扭性断层的力学特性，如平移正断层。

3. 断层的野外识别标志

当岩层发生破裂错动形成断层后，改变了原地层的分布规律，断层带产生各种构造现象，形成各种不同的地貌和水文地质特征。

1)地层的重复或缺失

在倾斜岩层中地层出现重复或缺失现象,是断层存在的重要识别标志(图 1.3.37)。重复或缺失一般出现在走向断层(断层走向与岩层走向一致)的断层面两侧。断层造成的地层重复是不对称的,称为顺序重复;而褶皱两翼地层重复是对称的,称为对称重复。断层造成的地层缺失局限于断层面两侧,与区域性的不整合接触所造成的地层缺失也不相同。

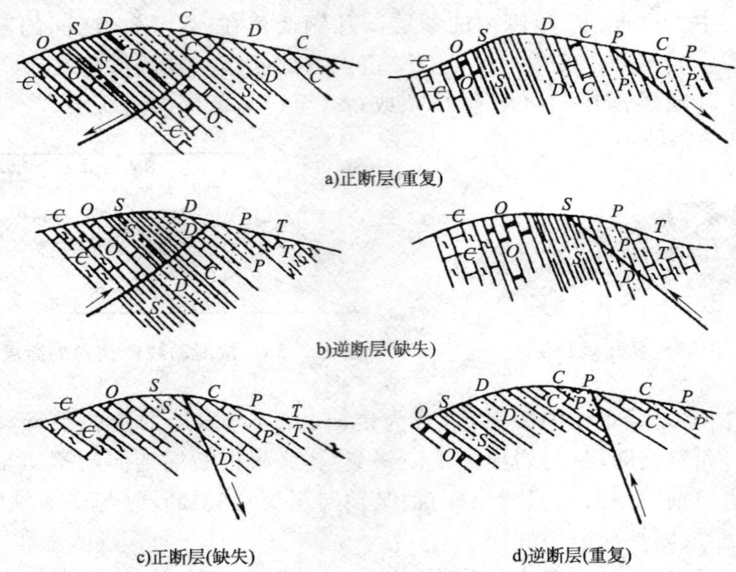

a)正断层(重复)　b)逆断层(缺失)　c)正断层(缺失)　d)逆断层(重复)

图 1.3.37　断层造成的地层重复或缺失

2)构造不连续现象

当断层横切岩层走向时,岩层沿走向延伸方向突然错断,岩脉被错断,早期形成的断层被后期断层切断(图 1.3.38)。断层横切褶皱轴时,表现为断层两侧褶皱核部宽度突然变化,背斜核部相对变宽一侧为上升盘,而向斜核部相对变宽一侧为下降盘(图1.3.39)。

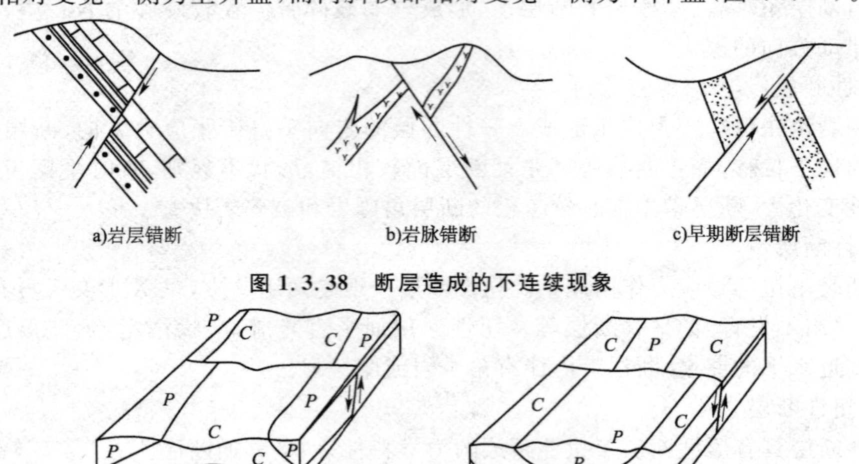

a)岩层错断　b)岩脉错断　c)早期断层错断

图 1.3.38　断层造成的不连续现象

a)背斜核部上升盘变宽　b)向斜核部下降盘变宽

图 1.3.39　断层造成的褶皱核部宽度变化

3)断层破碎带和构造岩

规模较大的断层常形成断层破碎带,其宽窄可自几厘米至数十米,与岩性、断距和断层性质有关。断层两盘岩石相互错动、摩擦、搓碎，使断层带或夹在两盘间的岩石碎成角砾、细粉或泥，这种由断层错动所形成的岩石称为构造岩(图 1.3.40)。

破碎带内常见的构造岩有断层角砾岩、糜棱岩和断层泥。凡由较坚硬的岩石碎块和岩屑经岩粉胶结而成的岩石叫断层角砾岩，而岩石搓碎成很细的带棱角的小颗粒，只在显微镜下才能识别其成分的岩石叫糜棱岩；被磨成极细的岩粉或黏土颗粒未经胶结的破碎物质叫断层泥。

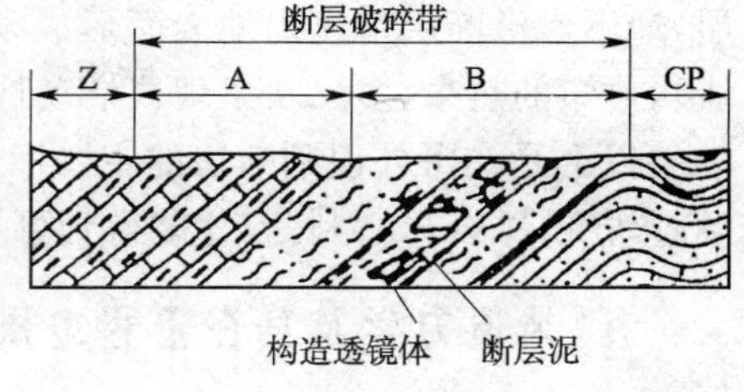

图 1.3.40 构造岩

A-碎裂硅质白云岩；B-断层角砾岩和构造岩；Z-震旦系白云岩；CP-石炭、二叠系地层

4)断层擦痕和阶步

在断层面上，由于岩块相互滑动和摩擦，常留下具有一定方向的密集的微细刻槽，称为擦痕。顺擦痕方向用手摸，感觉光滑的方向即表示另一盘滑动方向。在擦痕的滑面上有许多小陡坎，称为阶步，其陡的一侧常指示另一盘滑动的方向。根据擦痕和阶步可判别断层两盘相对位移方向和断层性质(图 1.3.41)。

5)牵引现象和伴生节理

当断层两盘相对错动时，断层两侧岩层受到拖拉而形成弧形弯曲现象，称为牵引现象，弧形突出的方向指示本盘相对错动的方向，据此可判别断层的性质(图 1.3.42)。断层两侧的岩层由于断层剪切滑动而诱导的局部应力所产生的节理，称为伴生节理(图 1.3.43)。伴生张节理与断层面相交的锐角指示本盘的错动方向。伴生剪节理常为两组，多与断层斜交，一组剪节理与断层呈大角度斜交，其方位不稳定；另一组剪节理与断层呈小角度斜交，方位比较稳定，其与断层面相交的锐角指示对盘的错动方向。这些伴生节理分布在断层两侧多呈雁行排列，形似羽毛，故又称羽状节理。

图 1.3.41 断层擦痕和阶步

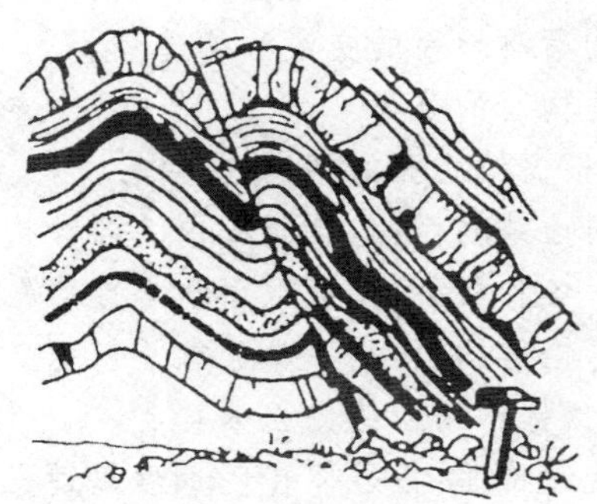

图 1.3.42 断层的牵引现象

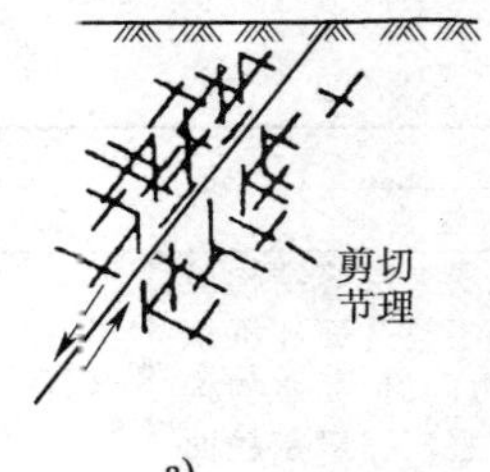

a)

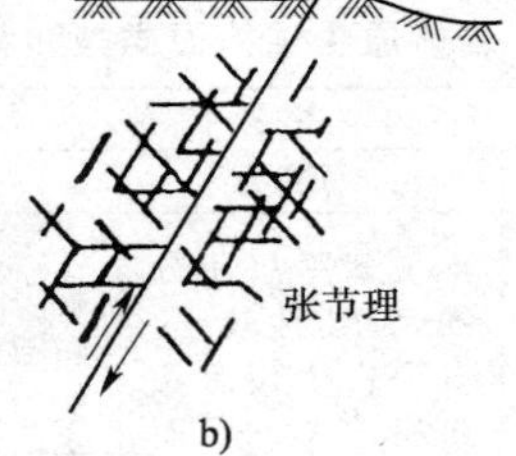

b)

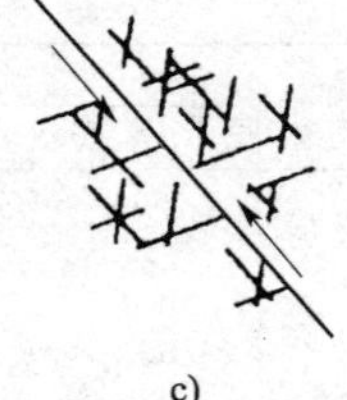

c)

图 1.3.43 断层的伴生节理

6)地貌和地下水特征

巨大断层反映在地貌上的突然变化，如山区与平原的分界处形成三角形山的坡面，称断层

三角面，所成陡崖称断层崖。在山区因断层带岩石破碎，容易被风化冲刷成为深沟峡谷，河谷常沿断层带发育，有些河流沿断层冲刷侵蚀而突然急剧转弯改变流向。断层切断地下含水岩层，地下水沿断层带流出地表面形成泉水；在野外常可见到一系列泉沿断层带露出，尤其是呈线状分布的热泉，多反映了现代活动性断层的存在。

以上是在野外识别断层的主要标志，但不能孤立地根据一种标志进行分析，应详细地进行调查研究，综合分析判断，才能得到可靠的结论。

九、地质力学及其在工程地质方面的应用

(一)地质力学基础知识

1.基本概念

地质力学是运用力学的观点研究地壳构造与地壳运动规律的一门科学。

地质力学野外工作的基本步骤是：首先对各种结构面进行野外勘察，然后鉴别结构面和构造形迹的力学性质，辨别结构面和构造形迹的生成序次和等级，确定构造体系及其类型，分析构造体系的复合体系。

地质力学的基本工作方法是：根据对不同类型的结构面、构造形迹和构造体系的研究，分析地壳各部分地应力的活动方式，从而推断地壳运动的方式和方向，更普遍性地掌握各种结构面的力学性质，进而掌握地层的受力特点和对工程的影响。

2.结构面的力学特征及其序次和等级

1)结构面的概念

各种岩石在地壳运动的影响和地应力长期作用下，形成的各式各样永久形变和踪迹，称为地质构造形迹。如褶皱、断层、节理和劈理等。为了描述和制图的方便，将各种构造形迹用平面或曲面表示在三度空间方位内，称为结构面。

结构面与地面的交线称构造线。

2)结构面的分类

(1)根据结构面的形态分类

分划性结构面：包括岩石中的各种构造破裂面；在岩石组成上或多或少不相连续的接触面等。如各种断裂面、劈理面和岩层的结合面等。

标志性结构面：是一类具有几何意义的结构面，如褶皱轴面等。

(2)根据结构面的成因分类

原生结构面：指岩体在逐步形成过程中所遗留下来的各种结构面。如地层层面、不整合面、间断面和侵入岩的各种原生构造面等，又称组合面。岩体原生结构面的类型和特征如表1.3.9所示。

岩体原生结构面类型和特征 表1.3.9

成因类型	地质类型	主要特征			工程地质评价
		产状	分布	性质	
沉积结构面	①层理层面；②软弱夹层；③不整合面，假整合面；④沉积间断面	一般与岩层产状一致，为层间结构面	一般呈层状分布，延续性较强。其中古生代海相沉积分布稳定，而在中生代陆相地层中分布较不稳定，呈交错状，易尖灭	层面、软弱夹层等结构面较为平整；不整合面和沉积间断面多由碎屑、泥质物构成，且不平整。一般接触面物质软弱，易受构造和次生影响恶化。尤其陆相沉积中软弱夹层和古风化夹层中含泥质物较多，易软化或泥化，强度较低	容易造成滑动

续上表

成因类型	地质类型	主要特征			工程地质评价
		产状	分布	性质	
岩浆岩结构面	①侵入体与围岩接触面；②岩脉、岩墙接触面；③原生冷凝节理	岩脉受构造结构面控制，而原生节理受岩体接触面控制。岩流接触面和部分原生节理，常具平缓产状	接触面延伸较远，比较稳定，而原生节理往往短小密集	接触面可具熔合和破裂两种不同的特征；原生节理一般为张裂面，较粗糙。岩浆岩流间古风化夹层充填物松散，原生节理可受泥质充填，不利于稳定	一般不造成大规模的岩体破坏；但有时与构造断裂配合，也可形成岩体滑移
变质结构面	①片理；②片岩软弱夹层	产状与岩层一致，或受其控制，非沉积变质岩片理只反映区域构造应力场特点	片理短小，分布极密，片岩软弱夹层延展较远，具固定层次	结构面光滑平直，片理在岩体深部往往闭合成隐闭结构面；片岩软弱夹层含片状矿物，呈鳞片状	在变质较浅的沉积变质岩中，常见坍塌。片岩中的软弱夹层，对稳定性影响大

次生结构面：指岩层或岩体形成以后，受构造运动影响，发生永久形变和相对位移的一切有形迹的或几何的平面、曲面。如断层面、节理、卸荷裂隙等，又称变形面。它可分以下两个亚类。

①岩体次生构造结构面类型和特征，如表 1.3.10 所示。

岩体次生构造结构面类型和特征 表 1.3.10

地质类型	力学成因	主要特征	工程地质评价
劈理	扭性	一般短小密集	对岩体稳定性影响很大，在许多岩体破坏过程中，大都有构造结构面的配合作用
节理	张节理、扭节理（平面 X 形）、扭节理（侧面 X 形）	①张节理一般具陡立或陡倾产状，其走向垂直岩层走向。扭节理斜交岩层走向。当岩层越陡，则与岩层夹角越大。扭节理倾角随岩层倾角变陡而变小，当岩层陡立时，其倾角为 40°～60°，走向近于垂直岩层。 ②张节理一般短小，延续性不强，而扭节理延伸较长。 ③张节理不平整、粗糙、宽窄不一，而扭节理平直光滑	
断层	张断层、扭断层、压性断层、压扭性断层	①张性断层倾角甚陡，垂直岩层走向，它有时追踪X形扭断裂。扭性断层产状同扭节理。压性断层走向平行岩层，可切层亦可反岩层倾向，在陡立岩层内，其倾角仅为 20°～30°。 ②为延续性较强的结构面，但有时被错断而失去连续性。 ③结构及充填情况视岩体物质组成而异，一般为：压性断层以断层泥、糜棱岩、片岩为主，呈带状分布。扭性断层宽度较为稳定，以糜棱岩、角砾岩为主，两侧羽状节理发育。张性断层以破碎岩、角砾岩为主，破碎程度参差不齐，常见次生充填	
层间破碎夹层	压扭性	①在层状岩体中沿软弱夹层发育，产状与岩层一致。 ②一般呈层状分布，延续性较强，但由于切层构造错动结果，时呈透镜状分布，夹层自身尖灭，仅呈破碎面出现。 ③结构面物质破碎，呈鳞片状，往往含泥质物，呈条带分布	

②岩体次生其他结构面类型和特征，如表 1.3.11 所示。

岩体次生其他结构面类型和特征 表 1.3.11

主要地质作用	地质类型	主要特征	工程地质评价
卸荷作用	卸荷裂隙	①产状平行于岸坡； ②延续性一般不强，常在地表 20～40 m 内发育； ③结构面属张裂面，粗糙不平，常张开，为黏土和风化碎屑物质充填	在天然和人工边坡上易造成危害

续上表

主要地质作用	地质类型		主要特征	工程地质评价
风化作用	风化裂隙		无一定产状，短小密集，结构面参差不齐	在天然和人工边坡上易造成危害
	风化夹层	夹层风化	①产状与岩层一致； ②至岩体深部风化减弱，在风化带内延续性强； ③充填物质松散、破碎，含泥质物	
		断裂风化	①可沿原生节理、构造断裂、岩脉接触面发育，产状受其控制； ②延续性一般不强，仅限于地表部分； ③充填物松散、破碎，含泥质物	
充填作用	泥质夹层		①产状与岩层一致，沿软弱岩层表部发育； ②延续性较强，但各段泥化程度可能不一，视地下水作用条件而异； ③结构面泥化，呈塑性状态，颗粒较均匀，面完整	在天然和人工边坡上易造成危害
	次生夹层	层面夹泥	①产状受岩层控制； ②延续性较差，近地表和河槽两侧较为发育，常呈透镜体； ③结构面物质细腻，呈塑性状，甚至流态，强度甚低	
		裂隙夹泥	①产状受原结构面控制，常见较陡倾角； ②延续性差； ③结构面物质细腻，结构单一，物理状态不良	

3)对次生构造结构面的力学性质分类

①压性结构面(简称挤压面)：反映岩层、岩体压缩形变的面，其走向垂直于挤压方向。如褶皱面、逆断层面、片理面等，如图 1.3.44 所示。

②张性结构面(简称张裂面)：为各种规模的张性破裂面，如正断层、张节理、追踪裂隙等，如图 1.3.45 所示。

图 1.3.44 压性结构面示意　　图 1.3.45 张性结构面示意

③扭性结构面(简称扭裂面)：为各种规模的剪切破裂面，包括平移断层、X 节理、一部分劈理等，如图 1.3.46 所示。

④压性兼扭性结构面：既具有压性特征，又具有扭性特征的破裂面，如上盘斜冲的逆平移断层等，如图 1.3.47 所示。

⑤张性兼扭性结构面：既具有张性特征，又具有扭性特征的破裂面，如平推断层等(图 1.3.47)。

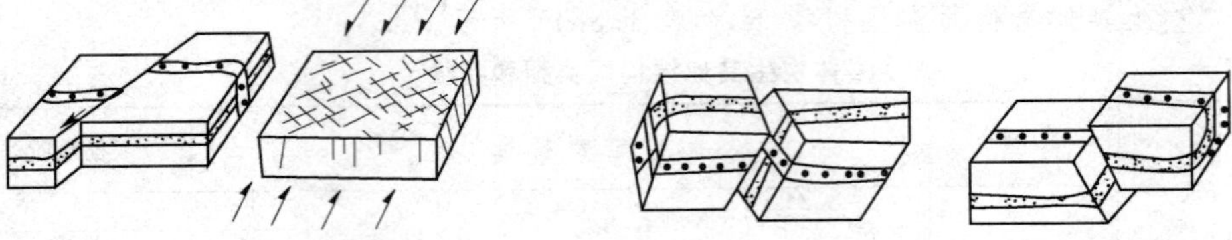

图 1.3.46 扭性结构面示意　　图 1.3.47 压性兼扭性和张性兼扭性结构面示意

不同次生构造结构面的特征和鉴别如表 1.3.12 所示。

不同结构面性质特征 表 1.3.12

鉴定特征	压性	张性	扭性	压扭性	张扭性
断盘位移	上盘仰冲,下盘俯冲或两盘压紧	上盘滑落,下盘抬升或两盘拉开	两盘相对平移	上盘相对斜冲,或两盘压紧平移	上盘相对斜向滑落或两盘拉开平移
断裂面形态	呈舒缓波状	断面粗糙或呈锯齿状,上宽下窄	平直或呈曲度均匀的弧形	断面一般较平滑,呈舒缓波状	断面平整光滑,有时呈锯齿状
断裂带形态	断裂成群出现,走向一致,形成挤压断裂或冲断带,剖面形态为叠瓦状对冲、反冲	成群出现,走向大体一致,形成张裂带。张裂面常呈交错排列,剖面形态有阶梯式、地垒、地堑等	成群出现,走向一致,形成扭裂带或共轭成网格状,有时呈雁行状	同压性、常呈雁行分布	同张性,常呈雁行分布
构造岩	压扁角砾岩、碎裂岩和糜棱岩等,一般呈定向排列,片理化	角砾岩、碎裂岩,无定向排列	网化角砾岩,碎裂岩和糜棱岩	片状岩与糜棱岩同时出现,定向排列,多与断裂走向斜交	角砾岩,有时定向排列,常见小型扭裂面
擦痕和阶步	擦痕垂直走向,阶步平行走向,手摸可以感觉出。上盘是逆冲盘。不同级别和方向的滑动面发育	单纯拉开的张裂,没有擦痕和阶步。正断层可以有垂直擦痕和水平阶步,手摸可以感觉出上盘是滑落盘	大量擦痕水平,阶步与之垂直,有镜面	斜冲擦痕发育,有阶步	斜落擦痕,表面较光滑
拖曳和揉皱	逆冲式拖曳,断裂带内揉皱显著,地层直立倒转	滑落式拖曳,无揉皱倒转等现象	水平拖曳,一般揉皱倒转现象不显著	斜冲式拖曳,地层常褶皱、直立或倒转	局部斜滑式拖曳
派生羽裂及小型旋扭构造	羽裂与主断面交线,大致水平,锐角指上盘逆冲,有时可见旋轴近水平,指示主断层逆冲的旋扭(帚状)构造	羽裂与主断面交线近水平。锐角指上盘滑落,小型旋扭构造旋轴水平,指上盘滑落。单纯拉开的张裂很少派生	羽裂与主断裂面的交线平行于主断裂面的倾斜线,锐角指本盘扭动方向,小型旋扭构造旋轴近直立,指水平扭动方向	羽裂与主断裂面交线同主断裂面走向斜交,指示上盘斜冲,小型旋扭构造的旋轴倾斜	羽裂与主断裂面交线同主断裂面走向斜交,指示上盘斜滑,小型旋扭构造旋轴倾斜
派生劈理和片理	劈理和片理走向与主面走向平行,剖面上可以有不大的交角	一般不派生劈理、片理	劈理、片理走向与主断面走向斜交	劈理、片理与主断面斜交	很少产生劈理、片理
变质和重结晶矿物	常见片状、柱状动力变质矿物,有时见石英、方解石的不规则晶片或团块矿物压扁拉长	一般无动力变质矿物产生,仅在部分正断层面上可以有方解石、石英、绢云母、滑石等重结晶矿物	常有石英、方解石等重结晶矿物,其他片状、柱状、动力变质矿物也有时见到	同压性	同张性
脉体充填	脉体的厚度变化较大,常呈扁豆状,时而尖灭,时又再现,缓处变厚,陡处变窄,脉壁呈舒缓波状	脉状体交错分布,常急剧增厚或尖灭,呈树枝状或追踪状,脉壁参差不齐	脉体斜列,呈雁行状排布或成网格状。脉壁一般平直	同压性或扭性	同张性或扭性

3. 构造形迹的序次和等级

1)构造形迹的序次

在同一岩块和地块,同一方式的动力作用期间所产生的各种构造形迹的依次控制关系称为构造形迹的序次。序次也叫世序,是对构造形迹成生顺序的描述。

2)构造形迹的等级

构造形迹的等级,是指在同一个地区出现的各种构造形迹,按其规模大小进行的分级。

在一个地区占有主导地位的构造形迹，在所属的构造体系中通常列为第一级构造，规模次之的列为第二级构造，规模更次之的列为第三级构造，依此类推。

序次和等级是两个不同的概念，前者是指具有生成联系的构造形迹在同一次运动中生成的顺序，后者是指构造形迹的相对规模和大小。

4. 构造形迹的配套

1)同一序次构造形迹的配套方法

地层或岩体在单向挤压作用下产生的压性、张性和扭性三组结构面虽然力学性质不同，空间分布方位也不一致，但反映的都是同一次水平挤压力作用的结果。即压性结构面与张性结构面互相垂直，一对共轭扭性结构面的两个夹角分别为张性与压性二结构面所平分，且一般是锐角的平分线与压性结构面的方位一致，钝角的平分线与张性结构面的方位一致。因此，配套时根据主压性结构面的方向，即可确定构造应力场的主压应力方向。当压性结构面不明显时，也可根据共轭扭裂面的错动方向进行同序次的构造配套。

2)不同序次构造形迹的配套方法

不同序次的构造形迹存在着控制成生关系，第一序次控制着第二序次，第二序次控制第三序次，依此类推。配套时，即可对初序次结构面的力学性质及其产生的局部应力场加以分析，确定再次结构面的位置、力学性质。如果符合这种局部应力作用时，即可进行再次构造的配套。也可以从低序次构造的应力关系依次进行前一序次构造的配套，直接找出初次构造的应力场及其不同力学性质的构造形迹，进行初次构造的配套。

(二)构造体系

1. 构造体系的概念

构造体系就是在同一地区、同一动力作用方式下形成的许多不同形态、不同性质、不同等级和不同序次的，但却都有成生联系的结构要素组成的构造带，以及它们之间所夹的岩块或地块组合的总体。简言之，构造体系就是有成生联系的各种结构面的总体。

成生联系就是各构造形迹间的内在联系。它包括成生的原因、过程和形式。

2. 构造体系的类型

主要构造形式如图 1.3.48 和表 1.3.13 所示。

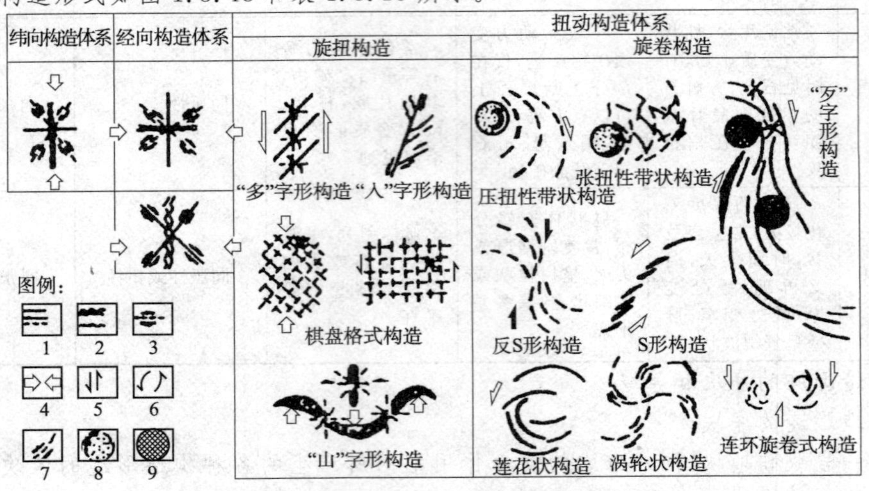

图 1.3.48 构造体系类型

1-压性结构面；2-张性结构面；3-扭性结构面及扭动方向；4-外力方向；5-直线扭动外力矩；6-曲线扭动外力矩；7-含扭动结构面的扭动方向；8-漩涡或砥柱；9-相对稳定的地块

主要构造形式类型及特点 表 1.3.13

构造形式			规模	基本特征	实例
纬向(东西向)构造			全球性	主体走向呈东西,为强烈褶皱的挤压带和压性断裂构造带,伴随有走向东西的岩浆岩分布。展布有一定规律,出现在一定的纬度上,它们的发生、发展与地球自转的关系十分密切	阴山-天山构造带 秦岭-昆仑山构造带 南岭构造带
经向(南北向)构造			全球性,也有区域性	由若干走向南北的强烈挤压构造和张性构造组成。展布的经度规律性不很明显。形成时间有的长,有的短。它们的发生、发展与地球自转的关系较为密切	川滇南北构造带;滇缅构造带;南太行山构造带
扭动构造	直线扭动构造	"多"字形构造	区域性	由一些走向大致平行的压性构造带和其近于直交的张性断裂带所组成。其分布和组合形态像一个"多"字	华夏系构造,新华夏系构造,河西系构造
		"山"字形构造	区域性	由前弧、反射弧、脊柱、马蹄形盾地组成。前弧又分为弧顶和弧翼,由褶皱、仰冲断层、平行的片理组成。弧顶横张断裂发育。反射弧弯度较小,分散在较宽广地区。脊柱为直线状的隆起挤压带。马蹄形盾地在脊柱与前弧之间,呈马蹄形的平缓褶皱地带,形成辽阔平坦的盾地	祁吕贺"山"字形构造,淮阳"山"字形构造
		棋盘格式构造	区域性	由一对共轭剪切裂隙、一扭性结构面组成网状构造。两组结构面所夹锐角等分线方向与压应力作用的方向一致。两组结构面产状大多为高角度,说明主要受水平作用力形成,一组发育,另一组不甚发育,一般扭错距离不大,构成网状方块和菱形地块。分布在平坦古老和脆性地块地区	辽东半岛,山西河北交界处,山东半岛东部、江浙东部、金门岛等地区
		"入"字形构造	区域性	由主干断裂,分支构造组成。主干断裂呈直线状或弧状,具扭性。分支构造为断裂或褶皱,是主干断裂所派生的低序次构造形迹,分布于主干断裂一侧或两侧,与主干断裂呈锐角相交,但不切穿主干断裂。"入"字形构造多发育于平移断层两侧	—
		帚状构造	区域性	高序次的是区域应力场直接形成的,低序次的是由局部应力场形成的。分压扭性及张扭性两种	—
	曲线扭动构造	莲花状或环状构造	区域性	在莲花状或环状构造靠近某一半径的方向上,往往有一条宽窄不一,从外向内,直达旋扭中心的岩石埂子存在。砥柱常不在正中心,而偏歪一些,整体呈圆形或椭圆形。岩性较软的沉积岩区,环状构造亦可由弧形褶皱群组成	大连白云山的莲花状构造;四川巴中莲花状构造
		辐射状或涡轮状构造	区域性	由若干褶皱或压扭性、张扭性断裂,以砥柱为核心向四周呈放射状排列。如果是一系列向同一侧凸出的弧形构造,称涡轮状构造。如果是放射状向外展开的直线形构造称辐射状构造,这是一种发育最好的旋扭构造	内蒙古大青山地区的那林沟在侏罗纪煤系与太古界片麻岩接触出现了一个较完整的涡轮构造
		S形或反S形构造	区域性	各项构造形迹,大都呈现雁行排列或,其中间一段褶皱或压性断裂群错开,步调往往和两头雁行褶皱或压性断裂群错开,步调相反,而且两头的褶皱或断裂的生成也往往晚于中间一段,规模较小	青海冷湖地区水鸭子墩反S形旋扭构造
		"歹"字形构造	区域性	分头、中、尾三部分。头部:呈强烈的旋扭现象,由许多弯度较大的弧形褶皱带和断裂带组成,在它凹侧有一构造形迹微弱的隆起或沉降地块是砥柱或漩涡。中部:由一系列走向大致南北的近于平行的褶皱断裂带组成;弯度小,略向西凸出,这一部分与经向构造带复合。尾部:由一系列弧形褶皱和断裂带组成,形状与头部相似,曲度较头部稍缓,呈反向,并撒开	藏滇"歹"字形构造
		连环式构造	区域性	相邻两个莲花状构造运动方向相反,则构成连环状旋扭构造	地球上规模最大的一个是位于澳洲的西南太平洋地区

3. 构造体系的复合与联合

1)构造体系的复合

构造体系的复合指两个或几个构造体系在同一地区同时存在时，它们都基本上保持了自己的组成部分和固有的特征，按照它们在自己所属的构造体系中应有的方位和方式排列，仅在它们相遇的局部地段发生干扰，表现为重合或是切割的形式，如图 1.3.49 所示。

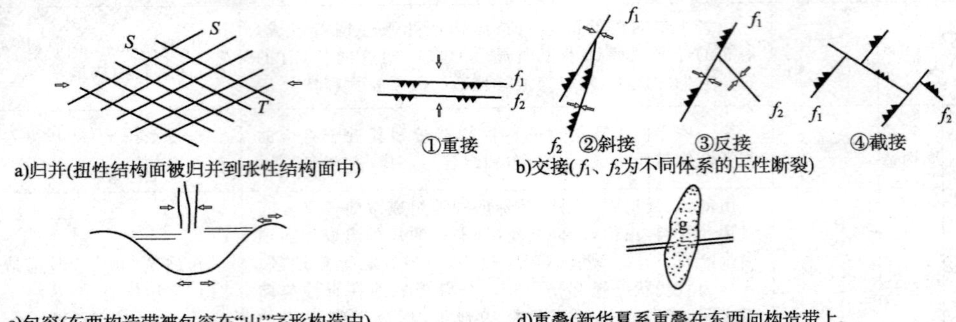

a)归并(扭性结构面被归并到张性结构面中)

b)交接(f_1、f_2为不同体系的压性断裂)

c)包容(东西构造带被包容在“山”字形构造中)

d)重叠(新华夏系重叠在东西向构造带上，g为东西构造带的隐伏部分)

图 1.3.49　构造体系的简单复合关系

构造体系的复合主要有四种形式。

(1)归并

归并指较新的构造形迹迁就、利用已有构造形迹，使较老的构造体系的组成成分略受改造，归入新的体系中的复合现象，如图 1.3.49a)所示。

(2)交接

两个构造体系的构造成分出现于同一地区，互相穿插，而又很少改变各自的面貌，彼此既不加强也不削弱的现象叫交接，如图 1.3.49b)所示。它又可分为四种类型。

①重接。两组构造带或压性构造形迹的走向完全一致且互相重合，称重接。

②斜接。两组构造带或压性构造形迹的形成有先后，老的构造形迹被新的构造形迹所切割，但其形迹的走向相近，成小角度的斜交，往往只有经过长距离的追索，才能发现它们各自的构造成分。

③反接。两组构造带或压性构造形迹相互显著的交叉，交角较大，一般在 45°以上，甚至相互垂直，是一种比较明显的交接现象。若一组形成较晚，一组形成较早，则可见到较新的一组明显切错老构造成分的现象。

④截接。两组构造带或压性构造形迹切错，以致二者都或多或少地改变自己应有的正常形态和排列展布方位的现象。

(3)包容

在一个一定类型的构造体系内，如果包含着和它没有成生联系的其他构造体系或它们的一部分，这种复合形式叫包容，如图 1.3.49c)所示。一般情况被包容的是一些片段较老的构造体系。

(4)重叠

已经形成的一个完整的构造体系的一部分或全部，可以由于大面积隆起而部分或全部得到“加强”，也可由于沉降而“减弱”。这种“加强”和“减弱”并不意味着原有构造的强弱，只是一种重叠作用所反映出来的现象，如图 1.3.49d)所示。

2)构造体系的联合

构造体系的联合指两个或两个以上的构造体系在同一地区同时出现，其中每一构造体系的组成部分都或多或少显示它们固有的特征,但同时由于它们互相干扰,互相迁就,又互相结合,从而形成一个统一体系的现象。也就是说,当两个构造体系发生联合时,它们各自的组成部分都具有两个体系的某些特点,但又不能明确地划归其中的任何一个体系。因此,构造联合现象产生的必要前提是:

①有两个或两个以上不同方式的构造运动;

②这些构造运动要同时发生;

③这种同时发生的不同方式的构造运动,要主要地或部分地作用于同一地区。

以上三点缺一不可,如图1.3.50所示。

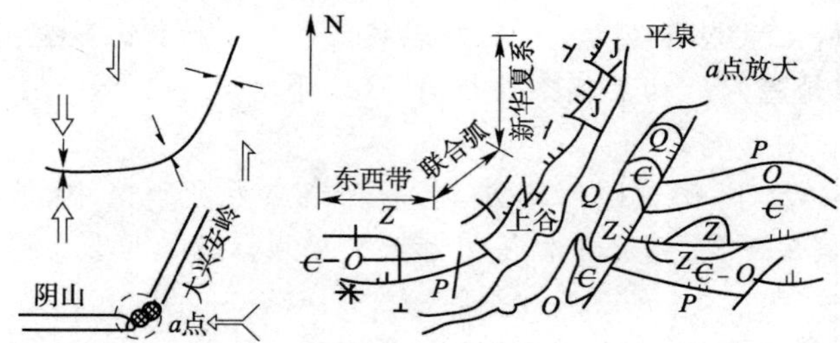

图1.3.50 构造体系的联合

(三)地质力学在工程地质方面的应用

1.区域稳定性的评价

区域稳定性问题是指活动和非活动的构造对与工程有关的区域稳定性的影响。通过调查研究分析,对区域的稳定程度可进行区划(划分为最危险区、次危险区、稳定区等),为工程的规划、部署和设计提供依据。

为了进行区域稳定性的评价,必须弄清区域地质结构及其发育过程,这就需要了解构造体系的分布、性质、活动历史和不同构造体系的复合关系,特别要查清新近构造体系的活动趋势,了解现今构造应力场的活动状态。在调查鞭近构造体系的活动趋势时,除了了解近期内发生的地形变化之外,还要重点了解活动构造体系,特别是活动断裂及其与地震活动的关系,这是进行区域稳定性评价的基础。例如该区处于活动的"山"字形构造体系,就可将其划作最危险区。活动构造体系的复合部位,往往是地震经常活动的地区,也应划作危险区。活动断裂的端点、转折点,也常常是应密切加以注意的最危险区。应当指出的是,在任何最危险地区、地带、地段中,都可能存在相对稳定的地带、地段。

2.岩体稳定性分析

岩体稳定性分析是指考虑岩体在工程荷载和工程作用力及仍在活动着的地应力共同作用下是否稳定。岩体稳定性分析的内容主要包括研究确定岩体的结构形式、分析研究不同性质的结构面或断裂、不同构造体系对岩体稳定性的影响。

1)岩体结构形式的确定

在确定岩体结构形式时,首先要找出地区的压性结构面,而与其斜交的就是扭性结构面,与其正交的是张性结构面。再与岩体中存在的其他界面(如沉积岩中的软弱岩层,岩浆岩中原生裂隙)相配合,即可以确定岩体的结构形式。若遇到构造体系的复合,便形成了复杂的岩体结构形式。不同结构形式的岩体,在外力作用下其稳定性也不同。

2)不同性质的结构面或断裂对岩体稳定性的影响

(1)不同性质的结构面对岩体抗剪强度的影响

扭性结构面形成时,产生块状构造岩、角砾岩等,岩体内部形成极为发育的隐蔽剪切裂隙，故承受压力时，很容易沿微剪切裂隙破坏，因此强度和抗滑能力较小；而张性结构面形成时，一般微裂隙很少，故强度较高，抗滑能力中等；压性结构面的糜棱岩要比扭性结构面的强度更低，且具片状结构，各向异性，因此结构面本身或其伴生的构造岩的抗剪强度是张性大于扭性、扭性大于压性。

(2)不同性质的断裂对岩体水理性质和岩体压力的影响

张性断裂富水，扭性断裂次之，压性断裂更次之。一般张、压性断裂的上盘是主动盘(滑动盘)，低序次裂隙发育，所以张裂面本身富水，上盘比下盘更富水，压性断裂阻水。由于张性、张扭性断裂富水的现象，形成洞室的充水，加大了岩体压力。

张性、压性断裂的上盘裂隙发育，产生的岩体压力大，下盘比较完整，产生的岩体压力小，所以选择洞室(或地基)时，如其他条件相同，应选下盘。

(3)断裂复合部位的影响

断裂复合部位是岩体比较破碎的地方，也是后期应力易于集中、地下水易于汇集的地方，若此复合部位在洞室顶部，则是山体压力加大易于塌落的部位。

(4)其他断裂影响

斜接—反接—截接的断裂，如位于洞室顶部、洞壁、边坡或地基上时，对岩体稳定不利，特别是与洞轴线近平行的断裂最不利于岩体稳定。

3)不同的构造体系对岩体稳定性的影响

①“入”字形构造或棋盘格式构造在边坡上或洞顶形成不稳定岩体；

②“山”字形构造或棋盘格式构造与平缓倾斜的层面配合组成了边坡上的不稳定岩体。

3. 应用示例

1)层状岩体的断裂发育特征

其具体内容如表 1.3.14 所示。

层状岩体的断裂发育特征 表 1.3.14

岩　层	断层发育特征	扭性断裂产状		
		走向夹角	倾角	与岩层走向夹角
缓倾岩层 ($\alpha<30°$)	X形扭性断裂最发育，并互相切错，压性和张性断裂很少	60°～90°	70°～90°	$\alpha<20°$时关系不明显；$20°<\alpha<30°$时，夹角 45°～75°
陡倾岩层 ($\alpha=30°\sim60°$)	X形扭性断裂发育，张性断裂次之，压性断层为层间错动和切岩层断层	30°～60°	60°～70°	60°<75°
陡立岩层 ($\alpha=60°\sim90°$)	压性、张性、扭性断裂基本上均等发育，扭性断裂与张性断裂走向接近平行，层间错动和反岩层倾向断层甚发育	0°～30°	40°～60°	75°<90°
倒转岩层 ($\alpha>90°$)	压性断层最发育，常作迭瓦式构造和交叉构造，张性和扭性断裂也多	与相应倾角的正常层序岩层相似		

2)纵谷(河谷走向与主要构造线平行)地质结构和岩体滑动条件

其具体内容如表 1.3.15 所示。

纵谷(河谷走向与主要构造线平行)地质结构和岩体滑移条件 表 1.3.15

岩层类型	断 裂 分 布	岩体滑移条件		
		边坡	基础	隧洞
缓倾岩层	两组扭性断裂均与河谷斜交，与河谷夹角为 40°～50°，一般不存在顺河断层	顺岩层倾向的边坡稳定性较差，层面为滑移面，反岩层倾向的边坡稳定性较好	坝基岩体不具有软弱夹层时，稳定性良好，若其存在层面为滑移面，稳定性较差	顶板稳定条件较好，顺岩层倾向的侧壁沿层面有滑动可能

续上表

岩层类型	断裂分布	岩体滑移条件		
		边坡	基础	隧洞
陡倾岩层	垂直河谷方向为张性断裂，斜交方向为扭性断裂，顺河方向为压性断裂	顺岩层走向的边坡，稳定性甚差，滑移面为层面，平行边坡的切割面为反岩层倾向的压性断裂，横向切割面为张性或扭性断裂	坝基稳定条件较好，扭性断裂与层面组合起来构成滑动岩体	隧洞顶板及顺岩层倾向的洞壁稳定性差
陡立岩层	垂直河谷为张性断裂和扭性断裂，顺河向可能存在压性断层	稳定条件良好，顺坡若有缓倾角断裂时，可能为滑移面，张性及扭性断裂为横向切割面	层面不控制坝基滑动，滑移面可能为缓倾斜的扭性断裂	顶板可能产生由层面及缓倾角断裂切割的块体坍塌
倒转岩层	垂直河谷方向为张性断裂，斜交方向为扭性断裂，顺河向为压性断裂	层面及顺坡倾向的缓倾角压性断裂均可能成为滑移面	岩层倾角为0°～30°时，层面为滑移面，断裂为切割面；岩层倾角大于30°时，情况同上	顶板可能产生由层面及缓倾角断裂切割的块体坍塌

3)横谷(河谷走向与主要构造线垂直)地质结构和岩体滑移条件

其具体内容如表1.3.16所示。

横谷(河谷走向与主要构造线垂直)地质结构和岩体滑移条件 表1.3.16

岩层类型	断裂分布	岩体滑移条件		
		边坡	基础	隧洞
缓倾岩层	两组扭性断裂均与河谷斜交，其中一组与河谷夹角较小，断裂发育时，顺河向可能存在张性断裂	两岸稳定性均较好，可能存在沿扭性断裂的崩塌	当岩体存在软弱夹层时，岩体稳定条件最差，层面为滑移面	当扭性断裂发育时，易形成顶板坍塌，洞壁稳定条件良好
陡倾岩层	垂直河谷方向的断层为压性的，扭性断层与河谷斜交，河床内可能存在顺河向的张性断层	边坡滑移面为倾向河谷的扭性断裂面，层面对河谷边坡稳定性影响甚小	岩层倾角为30°～40°时，条件同上，所区别者压性断层可能成为滑移面	顶板坍塌体为两组扭性断裂所切割的楔形体
陡立岩层	顺河向常存在张性及扭性断层，前者陡倾角，后者倾角较缓，压性断裂垂直河谷	边坡滑移面为40°～60°倾角的扭性断裂，层面不起控制作用	稳定条件良好，缓倾角压性断裂发育时，可能为滑移面	顶板坍塌体为三角柱体，沿张性断裂可能产生岩体破坏
倒转岩层	顺河向常存在张性断层，岩层倾角大于60°时，扭性、张性断层均顺河向，压性断裂垂直河谷	与以上三种类型的相似，但其断裂面发育，稳定性较差	缓倾的倒转岩层稳定条件极差，层面层间错动，压性断裂均为滑移面，岩层倾角较大时，条件稍好	与以上三类型相似

4)斜谷(河谷走向与主要构造线斜交)地质结构和岩体滑移条件

其具体内容如表1.3.17所示。

斜谷(河谷走向与主要构造线斜交)地质结构和岩体滑移条件 表1.3.17

岩层类型	断裂分布	岩体滑移条件		
		边坡	基础	隧洞
缓倾岩层	顺河方向存在一组扭性断裂，另一组与河谷近正交	顺岩层倾向边坡稳定性较差，层面为滑动面	与横谷相似	与横谷相似

续上表

岩层类型	断裂分布	岩体滑移条件		
		边坡	基础	隧洞
陡倾岩层	顺河向可能存在扭性断层，张性及压性断层均与河谷斜交	与纵谷相似	与纵谷相似	与纵谷相似
陡立岩层	压、张、扭性断裂均与河谷斜交，顺河断层存在性较少	稳定条件较好，若存在缓倾角顺坡压性断层时，可能为滑移面	缓倾角的压性断层为可能的滑移面	同纵谷
倒转岩层	顺河向常存在扭性断裂	与纵谷相似	与纵谷相似	与纵谷相似

十、中国区域地质构造

(一)地块形态

1.地块形态特点

地块形态即地壳上部的结构形态。其特点：第一，不是均匀发展的，而是有区域性的；第二，互相毗连的、不同结构形态的地区之间，有比较明显的界线；第三，常由于地块结构形态的差异而导致地貌的差别。

2.大地构造名词对照

目前，对大地构造名词的建立还很不统一。但无论哪种方案都是用稳定程度（或活动程度）作为划分构造单元的标准。现将常见的名词列于表1.3.18，供对照参考。

大地构造名词对照　　表1.3.18

项目	稳定程度	Ⅰ　级	Ⅱ　级		Ⅲ　级
经常采用的	稳定	地台	地盾（地轴）、台背斜、台向斜、沉降带		隆起、凹陷
	活动	地槽区	地槽	正地槽	地背斜、地向斜
				准地槽	准地背斜、准地向斜
			中间地块	中间地块	隆起
				活动地块	凹陷
李四光	稳定	地垒地（地块）	盾地、台地		地垒、地堑、盆地、槽地、复向斜、复背斜
	活动	褶皱地带（褶带）	陆梁、陆槽（地槽）		
张文佑	稳定	稳定地台	稳定台块		台背斜、台向斜
		活动地台	活化台块		活化台背斜、活化台向斜
	活动	准地槽区	准地槽系		准槽背斜、准槽向斜
		正地槽区	正地槽系		槽背斜、槽向斜
黄汲清	稳定	正地台	隆起区、凹陷区		隆起、凹陷
		准地台	隆起区（带）、凹陷区（带）		
	活动	准地槽	隆起带、凹陷带		隆起、凹陷
		正地槽	隆起带、凹陷带		

3.稳定地块特点

构成这一类地块的岩石大都包括相当厚的岩层，起伏平缓，断层较少，褶皱极小，侵入岩体不常见。如中朝地台、华南地台等。

4.活动地带的特点

构成这一类型地块的岩石全部或较老的一部分普遍呈现高度被搅乱的状态，特别是遭受了挤压的迹象,例如极紧密甚至倒转的褶皱、重叠反复的冲折、复杂岩体的侵入或喷出。一般延伸很远,宽度不大,形成一狭长隆起地带或狭长沉降地带。如祁连山地槽区,天山地槽区,康藏中生代、新生代地槽区等。

(二)中国区域地质的主要特点

1.中国地槽的特点

中国地槽除与一般地槽具有共同性外,还有如下特点:

①褶皱作用不如一般地槽强烈,没有明显的逆掩断层带,更没有推覆带;

②没有或几乎没有山前凹陷带;

③岩浆活动的范围程度不及一般地槽,超基性侵入岩一般少见;

④地壳硬化程度低,旋回现象明显;

⑤中国地槽间存在着大面积的相对稳定的块体。

我国地槽区以古生代的最为发育,分布于西部、北部和东南部。中、新生代地槽发育于西藏南部、台湾和乌苏里江中游。这些不同时代的地槽褶皱带一方面包围着古老地台区,另一方面彼此交织,并穿插于地台和地块之间。从地槽发展的时间来看,大致有自北向南(如大兴安岭北段到南段)、自东北向西南(如西藏南部到喜马拉雅山)、自西北向东南(如东南沿海到台湾)逐渐变新的特点。

2.中国地台的特点

我国主要地台区分布于东部,如华北地台、华南地台,在西部也有范围较小的具有地台性质的地块,如塔里木地块、藏北地块。总的特点是:面积小,后期,特别在中、新生代以来,构造活动较强(或称有明显的活化),表现为基底的块状断裂显著,在凹陷区常出现褶皱,在隆起区常出现断裂和大量岩浆活动。

3.中国区域地质的其他特点

中国区域地区的地槽区和地台区常以断裂为界,典型的过渡带或边缘凹陷多不发育;而在华北地台和华南地台的边缘却有凹陷很深的地带,长期下降,沉积盖层很厚,褶皱明显。

中国区域地区的主要构造断裂线可分为四组:东西向;北北东和北北西向;南北向;北东东和北西西向。东部以北东和北北东向为主;西部以北东东和北西西向为主。两者之间有一迁就北北东和北北西而成的近南北的构造带。它们控制着地槽分布、岩浆活动,以及地台、地块、凹陷盆地的外形。从力学观点和模拟试验结果推测,东西向和南北向断裂具有张力破裂性质。前者迁就北东东和北西西 X 形扭力破裂而成;后者迁就北北东和北北西X形扭力破裂而成。它们主要是长期在地球自转及由内部物质分异所产生的收缩和膨胀作用的应力场内产生的。

十一、地质图

(一)地质图的内容

地质图是反映各种地质现象和地质条件的图件。它是由野外地质勘探的实际资料编制而成的,是地质勘测工作的主要成果之一。地质图的基本内容一般用规定的图例符号来表示。

工程建设的规划、设计、施工阶段,都需要以地质勘测资料作为依据,而地质图件是可直接利用和使用方便的主要图表资料。因此,初步学会编制、分析、阅读地质图件的基本方法是很重要的。

1.地质图的类型

地质图的种类很多,因经济建设的目的不同而有所侧重。一般常用的基本图件有以下几种。

1)普通地质图

普通地质图主要是表示某地区地层岩性和地质构造条件的基本图件,它是把出露在地表的不同地质时代的地层分界线和主要构造线,测绘在地形图上编制而成的,并附以典型地质剖面图和地层柱状图。

2)地貌和第四纪地质图

地貌和第四纪地质图主要是根据第四系沉积物的成因类型、岩性和形成时代,以及地貌成因类型和形态特征综合编制而成的图件。

3)水文地质图

水文地质图是表示地下水赋存条件、循环特征和有关参数的平面图件。有综合水文地质图或为某项工程建设需要而编制的专门水文地质图,如岩溶区水文地质图等。

4)工程地质图

工程地质图是根据工程地质条件,在相应比例尺的地形图上表示各种工程地质勘察工作成果的图件。为某项工程建筑的需要而编制的工程地质图称为专门问题工程地质图。

5)剖面图及柱状图

剖面图及柱状图包括地质剖面图、水文地质剖面图、工程地质剖面图、综合地层柱状图、钻孔柱状图等。

2. 地质图的规格

①地质图应有图名、图例、比例尺、编制单位和编制日期等。

②地质图图例中,地层图例严格地要求自上而下或自左而右,从新地层到老地层排列。

③比例尺的大小反映了图的精度,比例尺越大,图的精度越高,对地质条件的反映也越详细、越准确。一般地质图比例尺的大小,是由工程的类型、规模、设计阶段和地质条件的复杂程度决定的。

(二)地质图的表示方法

地质图上一般反映地层岩性和地质构造等地质条件。这些条件需要采用不同的符号和方法才能综合在一幅图中表现出来。

1. 地层岩性

地层岩性是通过地层分界线、年代符号或岩性代号,再配合图例说明来反映的。地层分界线表示在地质图上有以下几种情况。

1)层状岩层

层状岩层在地质图上出现最多,其分界线规律性强,它的形状是由岩层产状和地形之间的关系决定的,具体情况可参见本章第二节。

2)第四系沉积物

第四系松散沉积物和基岩分界线较不规则,但也有一定规律性,其分界线常在河谷斜坡、盆地边缘、平原和山区交界处分布,大体沿山脚等高线延伸。在冲沟发育、厚度大的松散沉积物分布区,基岩常在冲沟底部出露。

3)岩浆岩体

岩浆岩类岩体的形状不规则,在地质图上表现为不规则的分界线。

2. 地质构造

岩层产状、褶皱、断层和岩层接触关系,在地质图上的表示方法如下。

1)岩层产状

岩层产状如前所述,在地质平面图上岩层的产状主要是用符号表示的。由平面图中的产状符号确定岩层走向和倾向时，可用量角器在图上直接测量产状符号得到。

2)褶皱

褶皱在地质平面图上主要通过对地层分布、年代新老和岩层产状来分析，具体符号为背斜用⤡、向斜用⤧来表示。

3)断层

断层在地质平面图上是通过地层分布特征用规定的符号来表示的。在地质平面图中用地层特征来分析断层和野外识别断层相同。一般断层符号是：正断层为 $_{50°}$，逆断层为  $_{30°}$，平移断层为 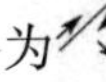 $_{80°}$，符号中的长线表示断层的出露位置和断层面走向；垂直于长线且带箭头的短线表示断层面的倾向；数值表示断层面的倾角。正断层和逆断层中两条短线表示上盘的运动方向。平移断层中平行于长线且带箭头的短线表示断层两盘的相对运动方向。

3. 岩层接触关系

1)整合接触

整合接触在地质图上岩层分界线平行分布。

2)假整合接触

假整合接触是指剖面图上岩层分界线起伏不平，平面图上地层不连续，有缺失。

3)不整合接触

不整合接触是指平面图上沉积间断前后的地层界线斜交。剖面图中上覆新地层与下伏不同时代的老地层以一定的角度直接接触。

4)沉积接触

沉积接触是在沉积接触面附近，围岩中常有岩浆风化碎块，但没有蚀变变质现象。在平面图上可见到岩浆岩的边界线被沉积岩界线截断。

5)侵入接触

侵入接触是在接触带，围岩常因浆岩影响而产生蚀变变质现象，并因围岩常被岩浆岩侵入穿插而分布零乱，并使岩石破碎。在平面图上为沉积岩被穿插，沉积岩界线被岩浆岩界线突然截断。

(三)地质剖面图和综合地层柱状图的编制

1. 地质剖面图

根据地质平面图绘制剖面图时，首先要在平面图中确定剖面线的位置。剖面线方向的选取应当尽量垂直岩层走向、褶皱轴向或断层线方向，这样才能更清楚、全面地反映地质构造形态。但为满足工程需要，剖面图常沿建筑物轴线方向绘制，如沿坝轴线、隧洞和渠道中心线等。

其次，应根据剖面线的长度和通过的地形，按比例画地形剖面线。一般剖面图的水平比例尺和垂直比例尺应与平面图的比例尺一致。有时，因平面图比例尺过小，或地形平缓时，也可将剖面图的垂直比例尺适当放大，但此时剖面图中所采用的岩层倾角需进行换算，而且此时的剖面图对构造形态的反映有一定程度的失真。换算公式为

$$\tan\beta' = n\tan\beta \qquad (1.3.2)$$

式中，β 为垂直、水平比例尺相同时的视倾角；β' 为垂直、水平比例尺不同时的视倾角；n 为垂直比例尺放大的倍数。

画完地形剖面线后，就可将岩层界线、断层线等投影到地形剖面线上，然后再根据岩层倾向、倾角、断层面产状等画出岩性和断层符号，并加注代号。最后再标出剖面线方向，写上图名、图例、比例尺等，这样就全部完成了地质剖面图的绘制工作。

下面以图 1.3.51 为例，具体说明剖面图中地形剖面和地质界线的绘制方法。

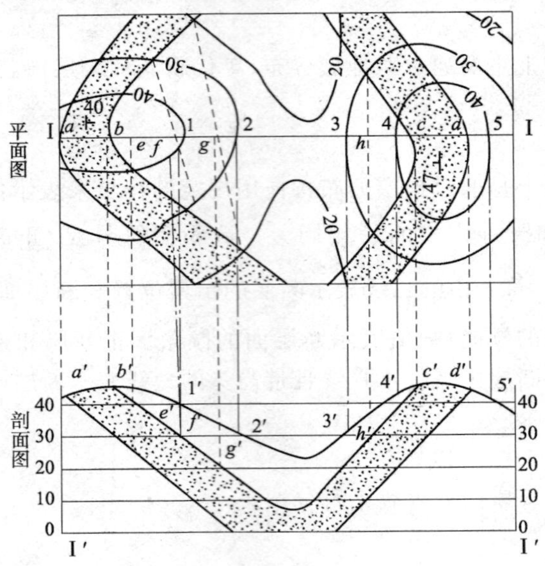

图 1.3.51 地质剖面图的绘制

图 1.3.51 上部是一幅简略的地质平面图。Ⅰ-Ⅰ是剖面线的位置。作地形剖面时，首先作平行于Ⅰ-Ⅰ的直线Ⅰ′-Ⅰ′，并使两者长度相等，Ⅰ′-Ⅰ′，称为基线。其次，在基线两端点向上引垂线，并按一定间距作平行于基线的直线，以代表剖面的不同高程。剖面线Ⅰ-Ⅰ和平面中的地形等高线的交点分别为 1、2、3、4、5，可自基线左端点起量取和剖面线上Ⅰ-Ⅰ线段相等的距离，并投影到相应高程线上，或通过点 1 作剖面线Ⅰ-Ⅰ的垂线到剖面的相应高程线上，都可得到点 1 的投影点 1′。同理，可得到点 2、3、4、5 的投影点 2′、3′、4′、5′。最后，将 1′、2′、3′、4′、5′各点连接为圆滑的曲线，即代表地形剖面线。

地质界线在地形剖面线上的投影方法与等高线相似。该平面中，仅表示了一个弯曲的岩层出露在图的左半部和右半部，这个岩层的界线和剖面线Ⅰ-Ⅰ的交点为 a、b、c、d，投影到地形线上则分别为 a'、b'、c'、d'，根据平面图中岩层界线画剖面图中岩层分界时，有两种情况。

当图中已标出岩层产状，若剖面线与岩层走向垂直时，可直接根据岩层产状在剖面图上绘出岩层界线和岩性符号，如图的右半部岩层走向与剖面线垂直，岩层倾向西，倾角为 47°，剖面图中的岩层界线应朝左下方画线，斜线与水平线夹角为 47°；若剖面线与岩层走向不垂直时，需根据岩层倾角及剖面线和岩层走向间的夹角，把岩层倾角换算成视倾角。

当图上未标出岩层产状时，可根据地形等高线与岩层界线的交点，求出岩层不同高度的走向线，如图 1.3.51 中岩层顶面的走向线与剖面线的交点为 e、f、g、h，它们分别投影到剖面图中相应高程线上，可得 e'、f'、g'、h'，分别连接各部分投影点，就得剖面图中的岩层界线。

2. 综合地层柱状图

综合地层柱状图是把一个地区从老到新出露的地层岩性、最大厚度、接触关系等，自下而上按原始形成次序用柱状图的形式表示出来，但不反映褶皱和断裂条件（图 1.3.52）。有时，按比例尺无法表示出对工程具有重要意义的软弱夹层时，可用扩大比例尺或用特定符号的方法把它表示出来。在为满足工程用的综合地层柱状图中，除一般性描述外，还应该描述岩层的工程地质性质。

综合地层柱状图，对了解一个地区的地层特征和地质发展史等很有帮助。因此，常将它和地质平面图、剖面图放在一起，相互对照，相互补充，共同说明一个地区的地质条件。

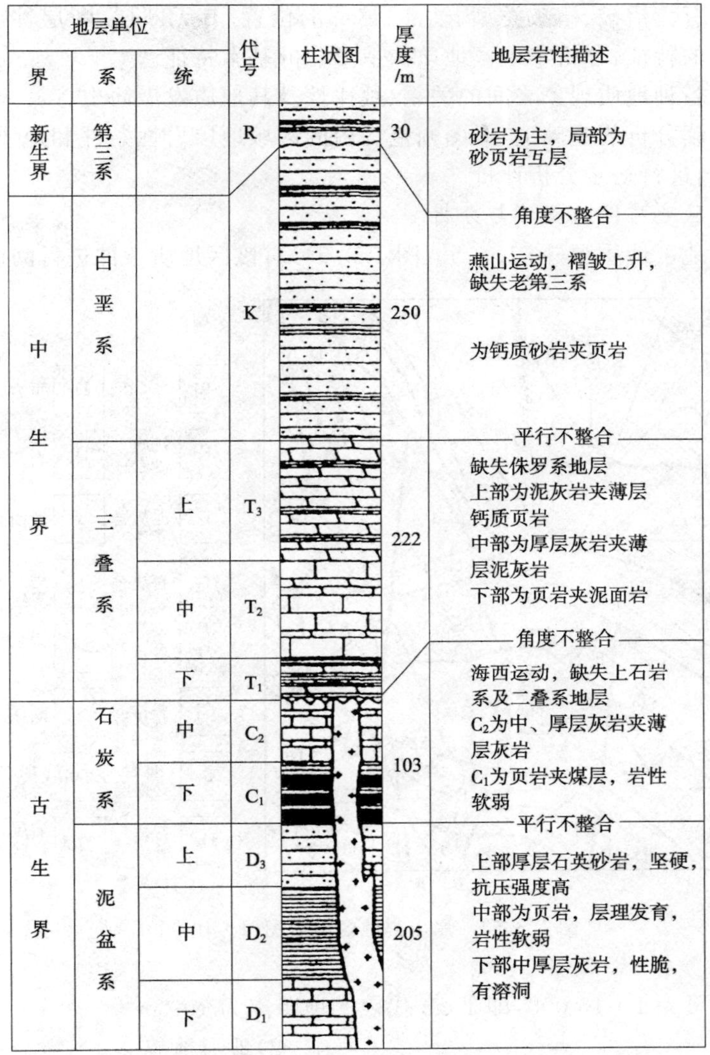

图 1.3.52 黑山寨地区综合地层柱状图

(四)地质图的阅读和分析

在学习地质图基本知识的基础上进行阅读和分析，了解工程建筑地区的区域地层岩性分布和地质构造特征，对分析有利与不利地质条件对建筑物的影响有重要意义。

1. 阅读地质图的方法

阅读地质图一般按下列步骤进行。

①查看图名和比例尺，以了解地质图所表示的内容、图幅的位置、地点范围及其精度。如图的比例尺是 1：5 000，即图上 1 cm 相当于实地距离 50 m。

②阅读图例，了解图中有哪些地质时代的岩层及其新老关系，熟悉图例的颜色和符号。在附有地层柱状图时，可与图例配合阅读。综合地层柱状图可以较完整、清楚地表示地层的新老次序、分布程度、岩性特征和接触关系。

③分析地形地貌，了解本区的地形起伏、相对高差、山川形势和地貌特征等。

④阅读地层的分布、产状及其和地形的关系，分析不同地质时代的分布规律、岩性特征和新老接触关系，了解区域地层的基本特点。

⑤阅读图上有无褶皱、褶皱类型、轴部、翼部的位置；有无断层、断层性质、分布情况，以及断层两侧地层的特征，分析本地区地质构造形态的基本特征。

⑥综合分析各种地质现象之间的关系、规律性及其地质发展简史。

⑦在上述阅读分析的基础上，对图幅范围内的区域地层岩性条件和地质构造特征，结合工程建设的要求，进行初步分析评价。

2. 黑山寨地区地质图的阅读与分析

根据黑山寨地区地质图(图 1.3.53、图 1.3.54)对该区地质条件进行阅读分析。

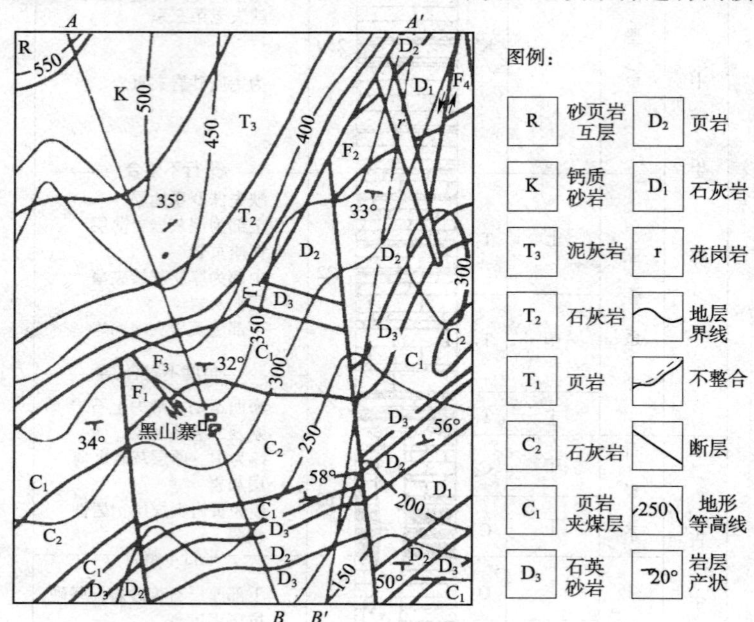

图 1.3.53 黑山寨地区地质图(1∶10 000)

1)比例尺

地质图比例尺为 1∶10 000，即 1 cm 代表实地距离为 100 m。

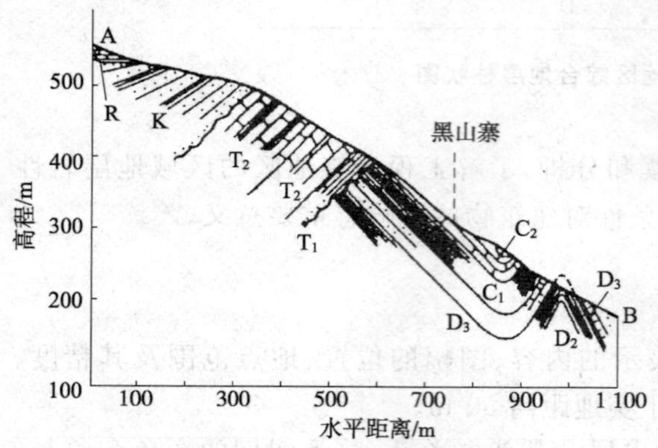

图 1.3.54 黑山寨地区地质剖面图(1∶10 000)

2)地形地貌

本区西北部最高，高程约为 570 m；东南较低，约 100 m；相对高差约达 470 m。地势为西北高、东南低，东部有一山冈，高程约为 300 m。顺地形坡向有两条较大沟谷，是由于 F_1、F_2 断层错动使得岩石破碎，经风化侵蚀所形成的。

3)地层岩性

本区出露地层从老到新有古生界—下泥盆统(D_1)石灰岩、中泥盆统 (D_2)页岩、上泥盆统(D_3)石英砂岩，下石炭统(C_1)页岩夹煤层、中石炭统 (C_2)石灰岩；中生界—下三叠统(T_1)页岩、中三叠统(T_2)石灰岩、上三叠统(T_3)泥灰岩，白垩系(K)钙质砂岩；新生界—第三系(R)砂页岩互层。古生界地层分布面积较大，中生界、新生界地层出露在北、西北部。

除沉积岩层外，还有细晶花岗岩脉(F)侵入，出露在东北部。

4)地质构造

(1)岩层产状

R 为水平岩层;T、K 为单斜岩层,其产状为 330°∠35°(即岩层倾向 330°,倾角 35°,以下同),D、C 地层大致近东西至北东东向延伸。

(2)褶皱

古生界地层从 D_1 到 D_2 由北部到南部形成三个褶皱,依次为背斜、向斜、背斜。褶皱轴向为 75°~80°。

东北部背斜核部较老地层为 D_1,北翼为 D_2,产状 345°∠33°;南翼由老到新为 D_2、D_3、C_1、C_2,岩层产状 165°∠33°,两翼岩层产状对称,为直立褶皱。

中部向斜核部较新地层为 C_2,北翼地层由新到老为 C_1、D_3、D_2、D_1,产状 165°∠33°;南翼出露地层也为 C_1、D_3、D_2、D_1,产状 345°∠56°;由于两翼岩层倾角不同,北翼倾角小、南翼倾角大,故为倾斜褶皱。中部背斜近东西向延伸远,出露面积较大,为本区主要褶皱。

南部背斜核部较老地层为 D_1,北翼地层为 D_2、D_3、C_1、C_2,产状 345°∠56°;南翼地层为 D_2、D_3、C_1,产状 165°∠50°;为倾斜褶皱。

褶皱发生在中石炭世(C_2)之后下三叠世(T_1)以前,因为 T_1 以前从 D_1 至 C_2 的地层全部发生褶皱变形。

(3)断层

本区有 F_1、F_2 两条较大断层,因岩层沿走向延伸方向不连续,断层走向 345°,断层面倾角较陡,微向中间倾斜(F_1,75°∠65°;F_2,255°∠65°),两断层都为横切向斜轴和背斜轴的正断层。根据断层两侧向斜核部 C_2 地层出露宽度分析,说明 F_1 与 F_2 间岩体相对下移为下降盘,所以 F_1 与 F_2 断层的组合关系为地堑。

此外还有 F_3、F_4 两条断层,F_3 走向 300°,F_4 走向 20°,为规模较小的平移断层。

断层也形成于中石炭世(C_2)之后,下三叠世(T_1)以前,因为断层没有截断 T_1 以后的岩层。

从该区褶皱和断层分布的时间和空间来分析,它们是形成于中石炭世(C_2)之后,下三叠世(T_1)以前,处于同一构造应力场,是经同一次构造运动所形成的。压应力主要来自近南北向(NNW—SSE 方向),故褶皱轴向近东西向(NEE—SWW 方向)。F_1、F_2 两断层为主要受张应力作用形成的正断层,故断层走向与张应力垂直,大致与压应力方向平行;而 F_3、F_4 则为剪应力所形成的扭性断层。

5)接触关系

第三系(R)与其下伏白垩系(K)为角度不整合接触。

白垩系(K)与下伏上三叠统(T_3)之间,缺失侏罗系(J),但 T_3 与 K 岩层产状基本一致,故为平行不整合接触。

下三叠统(T_1)与下伏石炭统(C_1、C_2)和泥盆系(D_1、D_2、D_3)地层直接接触,中间缺失二叠统(P)和上石炭统(C_3),且产状呈角度相交,故为角度不整合接触。

细晶花岗岩脉(r)切穿泥盆系(D_1、D_2、D_3)和下石炭统(C_1)地层并侵入其中,故为侵入接触;因未切穿上覆下三叠世(T_1)地层,故 r 与 T_1 为沉积接触。说明细晶花岗岩脉(r)形成于中石炭世(C_2)以后;下三叠世(T_1)以前,但规模较小,其岩脉产状大致为 NNW—SSE 向的条状分布的直立岩墙。

6)地质发展简史

在地质发展历史过程中,整个泥盆纪直至中石炭世期间,地壳缓慢下降,且幅度甚小,本地区一直接受沉积。中石炭世以后,受海西运动的影响,地壳发生剧烈变动,岩层褶皱，产生断裂，并伴随有岩浆侵入，本地区上升为陆地，遭受风化剥蚀。直到早三叠世时，又沉降至海平面以下，重新接受海相沉积。到晚三叠世后期，地壳大面积平缓持续上升成为陆地，侏罗纪期间，地壳遭受风化剥蚀。直到白垩纪，又缓慢下降，处于浅海沉积环境。到白垩纪后期，再次受到燕山运动的影响，本区东南部大幅度上升，西北部上升幅度较小，三叠系及白垩系地层受构造作用产生倾斜。中生代后期至今，地壳无剧烈构造变动，所以新生界第三系地层产状平缓。

第四节　第四纪地质

一、第四纪地层

(一)第四纪地层的划分标准

第四纪地层的划分，如表 1.4.1 所示。

第四纪地层的划分标准　　表 1.4.1

<table>
<tr><td rowspan="3">年　代</td><td colspan="5" rowspan="2">考古与古人类</td><td colspan="2">构造与地貌</td><td rowspan="3">古气候
(南方冰期)</td><td rowspan="3">距今年代/
万年</td></tr>
<tr><td colspan="2">华北地文期</td></tr>
<tr><td colspan="3">文化期</td><td colspan="2">古人类</td><td>侵蚀期</td><td>堆积期</td></tr>
<tr><td>全新世</td><td colspan="3">新石器时代
中石器时代</td><td></td><td rowspan="2">新人</td><td rowspan="3">板桥期</td><td>皋兰期</td><td></td><td>1.2</td></tr>
<tr><td rowspan="3">晚更新世</td><td rowspan="9">旧石器时代</td><td>晚期</td><td>山顶洞文化期</td><td>山顶洞人
资阳人</td><td rowspan="3">马兰期</td><td>大理冰期</td><td>10</td></tr>
<tr><td rowspan="2">中期</td><td>河套文化期</td><td>河套人
长阳人</td><td rowspan="2">古人</td><td>庐山—大理间冰期</td><td>20</td></tr>
<tr><td>丁村文化期</td><td>丁村人
马坝人</td><td rowspan="4">清水期</td><td>庐山冰期</td><td>30</td></tr>
<tr><td rowspan="4">中更新世</td><td rowspan="6">早期</td><td>中国猿人文化期</td><td>中国猿人</td><td rowspan="4">猿人</td><td rowspan="4">周口店期</td><td>大姑—庐山间冰期</td><td>40～60</td></tr>
<tr><td></td><td></td><td>大姑冰期</td><td>70</td></tr>
<tr><td>蓝田猿人文化期</td><td>蓝田猿人</td><td>鄱阳—大姑间冰期</td><td>80～90</td></tr>
<tr><td></td><td></td><td rowspan="2">湟水期</td><td>鄱阳冰期</td><td>100～110</td></tr>
<tr><td rowspan="2">早更新世</td><td>元谋猿人文化期</td><td>元谋猿人
柳城巨猿</td><td rowspan="2">古猿</td><td rowspan="2">泥河湾期</td><td>红崖—鄱阳间冰期</td><td>120～130</td></tr>
<tr><td></td><td></td><td>汾河期</td><td>红崖冰期</td><td>140～190</td></tr>
</table>

(二)第四纪地层的特征

在地球表面内外营力相互作用过程中，岩石圈发生破坏—搬运—堆积，便形成了第四纪沉积地层。第四纪沉积物就是指这些处于搬运、堆积和厚度加大过程中的沉积盖层。

1. 陆相沉积物的成因类型和特征

1)陆相沉积物的基本特点

(1)松散性

第四纪沉积层时代较新，一般都是呈松散状态，胶结成岩作用较低，仅在个别情况下才有比较坚硬的。如第四纪当中所形成的喷出岩流、温泉堆积、洞穴堆积等。

(2)岩相的多变性

第四纪沉积物的沉积环境极为复杂，因此沉积物的性质、结构和厚度在水平方向或垂直方向都具有很大的差异性，甚至属于同一时代的沉积物，在较短距离内可以变为另一岩性，厚度可由几米变为几十米或突变缺失。

(3)沉积物的移动性

第四纪沉积物的沉积时间较短也较晚，来不及胶结成岩，又受到各种内外营力的作用，使沉积物经常处于再搬运堆积过程，物质成分上也不断发生变化，大多数难以找到其原始产状。

(4)地貌形态的多样性

第四纪沉积物常构成各种堆积地貌形态，并在各地貌单元中呈现规律性的分布。第四纪沉积物的成因类型、分布、产状、厚度等与地貌是紧密联系的。如山地地区的残积物经常分布在起伏平缓的山顶面、剥蚀面或较平坦的地段；坡积物多形成于山坡至坡麓地段；洪积物多以洪积扇形态分布于山麓、沟口地段，甚至可由几个洪积扇联结而成洪积裙或洪积平原；冲积物分布在河谷地带和山前冲积平原；湖积物多分布在现代湖泊和古代湖盆中。

2)陆相沉积物成因类型和特征

陆相沉积物成因类型和特征如表1.4.2所示。

第四纪主要陆相沉积物成因类型 表1.4.2

成因组	成因亚组	成因类型	沉积物的特征
残积组	风化壳亚组	残积物	陆地地面的基岩受到物理、生物风化作用而残留在原地的风化堆积物。 ①岩性与下伏的基岩有直接关系，上部物质较细，下部物质为粗粒岩屑，再下为具有裂隙的基岩，最后为基岩，整个剖面具有分带结构。 ②碎屑物具有明显棱角，无分选和磨圆。 ③厚度无一定规律，由几米到几十米。易风化岩石较厚，反之较薄。分布于构造裂隙带中的残积物，向下延伸较深。 ④残积物的表面经常是凸形坡面，底部却常常是起伏不平的，这主要取决于岩性和基底的原始地形。一般情况下是中央部分厚而边缘部分薄，经常为层状、透镜状、鸡窝状、柱状、帽状和漏斗状
斜坡组	重力亚组	崩塌堆积物	由粗大碎屑和块石组成。发生于片状岩和层状沉积岩组成的山坡，则夹有细粒黏土物质，无分选
		撒落堆积物	山坡斜坡地带岩体在重力作用下发生崩塌，在作用缓慢而又均匀的过程中形成的堆积。 ①较大岩块沿山坡滚动较远，堆积于坡脚地带；较小物质以滑动形式进行，多分布于山坡上部；结构上呈现某种程度的分选。 ②物质组成与山坡上部的基岩岩性相同，一般由较坚硬的岩石组成。 ③厚度由几米到几十米、几百米不等，一般在陡坡和缓坡相接的转折地区厚度最大。 ④常与崩塌堆积物、坡积物相伴生
		滑坡堆积物	除滑动带发生了扰动外，堆积物一般保存原有的结构和构造
		土溜堆积物	斜坡物质由于融水和雨水、温度等因素的影响，在重力作用下，沿斜坡发生移动所形成的堆积物。 ①整个堆积物中岩屑和风化细粒物质占50%～60%，机械组成相差悬殊，主要取决于山坡的岩性和风化程度。 ②堆积物无分选和层理，但局部有带状构造或在流动中形成叠瓦状构造。 ③厚度随地形起伏而变化，一般在较低洼处厚度大
	坡积亚组	坡积物	风化产物在片状流水的冲蚀作用下，沿山坡形成的堆积物。 ①坡积物与下伏的岩层没有任何联系，两者关系是突变的，但它的成分、颜色与上方基岩性质有密切关系。 ②粒度由山坡向坡脚逐渐变细，由坡积物的底部至表面粒度也逐渐变小。 ③颗粒成分混杂，由圆棱状岩块到砂黏土都存在。 ④构造上具有与斜坡相平行的不明显层理，粗粒沉积往往以透镜体和夹层的形式出现 ⑤堆积物常有风化作用和成土作用的改造痕迹，有时表现有大的管状裂隙

续上表

成因组	成因亚组	成因类型	沉积物的特征
水成组	河床水流亚组	冲积物	水流所塑造的沟谷范围内形成的水流沉积物，包括永久性水流或暂时性水流的形成物。 ①山地河流只发育单层砾石结构的沟床相堆积，山间盆地和宽谷中有河漫滩相堆积，冲积物分选较差，具透镜状或不规则的带状构造。有斜层理出现。冲积物厚度不大，一般不超过 10～15 m，多与崩塌堆积物相混合交错。 ②平原河流具河床相、河漫滩相和牛轭湖相堆积。正常的河床相沉积的结构是：底部河槽冲刷，上面是由厚度不大的石块、粗砾组成的蚀余堆积，再上面是由粗砂、卵石土组成的透镜体（为近流线堆积）；再上为分选较好的具斜层理与交错层理的滨河床浅滩堆积。河漫滩堆积的主要成分是细砂和黏土，与下伏河床相堆积，呈二元结构，具斜层理与交错层理构造。牛轭湖堆积是由淤泥质和少量黏砂土组成的，含有机质，呈暗灰色、黑色、灰蓝色并带有铁锈斑，具水平层理和斜层理结构
		洪积物	山地受到暂时性水流冲蚀，把岩石碎屑物质带到沟口或出山口的堆积。 ①物质大小混杂，分选差，颗粒多且带有棱角，洪积扇顶以粗大砾石为多。中部地带与扇缘地带颗粒变小，以粉砂和黏土为主。 ②具极粗糙的斜交层理，有时夹有透镜体和条带状的细粒碎屑和黏土混合体。扇缘地带物质变细，磨圆较好，具微倾斜层理。 ③厚度相差悬殊，在上升强烈的山前地带，厚度可达几百米，面积可达数万平方米。洪积平原最大的达数百平方千米
	湖泊沉积亚组	湖积物	由各种类型湖泊所形成的沉积物，包括淡水湖和咸水湖沉积。 ①淡水湖包括三种沉积：以黏土为主并含有粗的砂砾的堆积；碳酸盐、铁锰、硅酸、铝土质和磷质的化学沉积；泥灰岩、硅藻土、腐泥、泥炭、褐煤、油页岩等有机物质。上述三种堆积物由湖岸至湖心呈规律性分布，边缘为粗碎屑组成的湖岸堆积；再向湖心为小砾石、砂粒组成的湖滨堆积；最中心为 0.01 mm 以下的粉砂、黏土，以及各种有机物组成的湖心堆积。 ②咸水湖堆积包括碳酸盐、硫酸盐和氯化物三种化学成分的沉积物
地下水组		洞穴堆积物	充填于可溶性岩类所形成的洞穴内的沉积物。 ①洞穴堆积物主要是块状石块、碎屑石块、砾石、砂类土、黏土、角砾土等相互混杂的机械堆积物和钟乳石、石笋等化学堆积物。 ②黏土成分往往受风化作用而多呈红色或砖红色。 ③厚度可由几米、几十米到几百米
冰川组	冰川沉积亚组	冰川沉积物	由黏土、粉砂并夹有砂、角砾、漂石组成的沉积。没有分选和层理，漂石具“丁”字形擦痕。沉积层常被挤压，呈现褶皱和断裂
	冰水沉积亚组	冰水沉积物	以砂粒物质为主并夹有少量分选差的砾石，具斜层理构造
		冰湖沉积物	由粗大漂石、砾石组成，湖中心为细粒黏土组成，具平缓斜层理结构
风成组		风成砂	①厚度由几米到几十米，最大厚度不超过百米。 ②以砂粒为主并含有不等量的粉粒。磨圆度较高，表面为毛玻璃状并形成小麻坑。 ③分选较好的砂中，一般不具层理，只有沉积条件发生变化时才发生层理和斜层理；斜层理的倾角在 0°～40°之间，极少情况下达到 30°，斜层理表现为波状曲线
		风成黄土	以粉粒为主，一般不具有层次，具有大孔隙和垂直节理
火山组		火山堆积物	①包括玄武岩、火山集块岩、火山弹、火山灰等堆积物。 ②基性玄武岩，多沿裂隙带流出，每次流出呈成层构造，并具气孔状结构和多边形柱状节理。 ③火山弹多堆积于喷发中心的附近，与火山砂或熔岩流多呈互层。 ④火山灰离喷发点较远，有分选，偶尔有层状结构

2. 海相沉积物的成因类型和特征

第四纪海相沉积可分为近岸沉积、大陆架沉积和深海沉积。

1)近岸沉积

近岸沉积分布于从海岸到海底受波浪作用显著的水下岸坡部分。岩岸沉积带宽数十米,泥岸可达几十千米。由于形成此带的动力具多样性,因而所形成的沉积物也具复杂性。有砾石、砂、淤泥和生物贝壳堆积等。碎屑物主要来自陆源。砂质沉积是近岸沉积中分布最广泛的一种。泥炭是海侵沿岸地区沼泽和泻湖地段常有的堆积。由于第四纪气候波动的影响,常见泥炭与海岸砂层、泥炭与河流冲积物交互成层的情况。

2)大陆架沉积

大陆架沉积有粗粒沉积、砂质沉积、淤泥质沉积等。

①粗粒碎屑沉积主要来源于水下岸坡破坏和河流或冰川搬运物质,通常分布于远离海岸几十千米,水深几十米处。

②砂质沉积主要是河流挟入物,部分为海岸带砂质延伸部分。

③淤泥质沉积分布极广,通常在离岸 200～300 km 内都有陆源碎屑淤泥分布,而在江河入海口则可分布到 400～600 km 远。

3)深海沉积

海水深、温度低、压力大,大型软体生物很少,河流挟入物到达不了,故以浮游性动植物钙质或硅质沉积为主,其次为火山灰沉积、化学沉积(锰结核等)和局部的浮冰碎屑沉积。深海第四纪沉积厚度不大,一般为几米或十几米。

3. 第四系地层对比

第四系地层对比如表 1.4.3 所示。

二、新构造运动和活动断裂

(一)新构造运动

1. 新构造运动和现代构造的概念

新构造运动是指发生在新地质时期的构造运动。一般认为新构造运动就是从晚第三纪到现代所出现的构造运动。由新构造运动所控制的、在地层和地貌上明显或隐蔽地表现出来的地质构造叫新构造。

所谓现代构造运动,是指发生在有人类历史记载以来的构造运动。对于现代构造运动,除大地测量所获得的地面升降速度资料可作为依据外,历史上记载的和仪器记录的地震资料等亦可作为证据。

2. 新构造运动的特点

①新构造运动的第一个特点是,在运动的方向上既有垂直升降运动又有水平运动,而且水平运动的幅度和速度甚至比垂直升降运动的速度和幅度还大得多。新构造运动的垂直升降运动和老构造运动一样,具有明显的振荡和节奏性。新构造运动在垂直升降的方向、性质和强度等方面,不同地区有明显差异。

②新构造运动既有断裂变动也有褶皱变形。断裂变动的活跃性及其分布的普遍性,是新构造运动的又一特点。

③具有继承性和新生性是新构造运动的第三个特点。新构造运动一般是在老构造运动的背景下发生的。新构造运动一方面继承了老构造运动的特点,具有继承性,同时又对老构造进行改造,或形成新的构造,使之具有新的特点,即新生性。

第四系地层地比

表 1.4.3

时代	吉林	松辽平原	华北	黄河中游	河西走廊	滇东北	川西	粤西	江西	长江三角洲
全新统	冲积	近代冲积物湖积 温泉河组	冲积层	次生黄土和砂砾层，北部有风成砂	①河床冲积层风成砂丘。 ②山前坡积沉积层	冲积层：厚 28～45m	冲积层：含砂金，厚数米至十余米	冲积层	河流沉积黏性土，砂砾	残积、坡积、洪积及冲积物等
晚更新统	顾乡屯组：新黄土 吉舒冰碛层	诺敏河组 哈尔滨组五大连池玄武岩组	马兰组	马兰黄土：厚 20～40 m	①黄土状土：厚度小于 10 m，具垂直节理和大孔隙。 ②湖沼相和化学沉积；厚 80m。 ③戈壁砾石层	①龙街粉砂层：底部具砂砾，厚 35 m。 ②棕黄色土、黏砂土、砂黏土互层，厚 5～10m。 ③湖积层。 ④黑龙江胶结砾石层：胶结物为泥灰质或黏土质，下部具厚 1.5 m 的泥炭层	①成都黏土：具胶结性、含钙质结核。 ②江北砾石层：卵石与砂粒组成，无层次，胶结坚固	田洋组 石壁组	庐山冰期堆积：松散的泥砾	下蜀黄土：黏性土中部富含钙质结核，下部有铁质胶膜与锈斑，有石灰结核，呈棱柱状，块状结核，底部常夹砾石，厚 13～18 m
中更新统	上老黄土 小丰满玄武岩 东富冰碛层 下老黄土 朝阳冰碛层	荒山组	周口店洞穴堆积 陕县组：土和砂砾，厚 17～50 m	①离石黄土：红色土厚 90～100 m。 ②陕县组：砂和砾石互层厚 10～20 m	酒泉砾石层，钙质胶结、松散，有时夹条带状黏土和砂层，厚 5～105 m	①石灰华：河上有洞组，钙华盖层，角砾岩、棕色黏土，黄色砂类土，厚 2 m。 ②红土和砾石层：质松散，底部常有砂砾层	①石灰华：厚 2～20 m。 ②雅安砾石层：松散砂黏土与胶结的砾岩，厚 20～50 m	湖光岩组：砾石层夹砾及黏土 火山岩	大姑冰期堆积	网纹红土：上部铁锰结核富集，无网纹，厚度小于 3 m。 中部白条网纹红土，厚 30 m。 下部泥砾，厚 1～2 m
早更新统	青杨木沟组 白土山组	罗家窝棚组	泥河湾：砂、泥灰岩、玄武岩、砾石，厚 125 m 三门组：砾、砂夹土，厚 30 m	①午城黄土：厚 15～20 m。 ②三门组：黏砂土、砂层，泥土夹透镜状砂砾，厚 60～80 m	玉门砾石层：夹有透镜状砂层，厚 100～650 m	元谋组：黏土、砂岩和砾石层，厚 57～156 m		北海组	鄱阳冰期堆积：泥砾、网纹状黏土	雨花台组：砾石磨圆度好，成分为石英砂岩、斑岩、玉髓、玛瑙、碧石，厚 20～40 m

3. 我国新构造运动的特点和发展历史

我国新构造运动在运动方向上的特点是在大陆部分以垂直升降运动为主，上升地区的面积约占我国陆地领域的80%，而且越到后期隆起范围越扩大。

我国新构造运动在运动幅度上是西部大于东部。西部最大上升幅度可达7 000 m，深凹陷相应的也可达4 000～5 000 m；中部上升一般为1 000～2 000 m，下降一般不超过1 000 m；东部上升幅度一般在500 m以内，局部达1 000 m以上，下降幅度可大于1 000 m。

我国新构造运动发展历史大致可划分为以下几个阶段。

①中新世至上新世，是新构造运动开始发生时期。广泛的夷平的地面开始抬高，遭受侵蚀切割。开始出现断裂垂直运动，凹陷或断陷逐渐形成或加深。东部地区还有第一期火山活动。

②上新世末至更新世初，是新构造运动普遍出现的强烈时期，地壳上差异运动达到最剧烈阶段，火山活动强烈。这个时期隆起地区的范围开始扩大，我国西部内陆盆地的边缘大部分由下降转变为隆起，东部也有少数下降地区转变为隆起。

③更新世至全新世时期，振荡性、间歇性的运动非常普遍，大陆部分总的趋势是隆起地区不断扩大。下更新世末和中更新世的后期在我国西部和中部的若干盆地，又出现了一次由下降到隆起的转变。到近期，上升的范围更加扩大，影响到我国东部盆地和平原的边缘部分。

4. 我国新构造的基本类型和主要特征

我国新构造的基本类型和主要特征如表1.4.4所示。

我国新构造的基本类型和主要特征　　表1.4.4

基本类型	主要特征
大面积的拱形构造	是一种在广大范围内由升降运动所形成的构造，面积可达数百平方千米或更大，构造内差异很小，但核部运动幅度最大。各部分运动幅度不同，可通过年轻地层或夷平面及其他地形有规律地逐渐倾斜变形表现出来。这类构造常伴有断裂构造，或在核部或在翼部形成补偿性地堑。有的则形成单斜隆起。大面积的拱形构造，既可以是上升运动形成的正向构造，也可以表现为下降运动造成的负向构造，这类构造广泛分布于我国中部
断块构造	有两种不同表现形式：第一种是大幅度具有强烈分异运动的差异性断块构造，相邻两断块的断距很大，在地形上表现为高耸的断块山与断陷盆地相间，我国西部大部分地区属于这种构造类型；第二种是分异很小的"破裂构造"，这种构造断块间差异性不大，运动幅度较小，但仍然具有强烈的活动性，表现为沿断裂带有强烈的地震、火山活动及温泉等，我国东部沿海地区很多构造具有这种特点
挤压褶皱构造	规模一般较小，在地形上表现不明显，是由断裂错动派生的次一级构造，常与大幅度差异性断块构造伴生。由于断块的升降使年轻沉积物遭受挤压形成一系列平行排列的长垣，短轴背斜构造或凹曲。这些表层褶曲在深部往往转变为断层。这类构造常见于我国西部内陆盆地边缘的年轻沉积物中
断褶构造	是"封闭"阶段的新生代地槽及其边缘凹陷中特有的构造形态。地槽活动历史结束，并过渡为地台。整个构造可划分为三带：①新生代地槽回返后的褶皱带，到新构造期发展成为强烈的断块隆起；②边缘凹陷回返形成一系列强烈的褶皱及逆断层；③最外缘为新的近期凹陷，伴之有平缓轻微的褶皱。这类构造见于我国的喜马拉雅山和台湾地区

5. 新构造运动的研究方法

新构造运动不仅决定了现代地形的基本特征，而且也对地壳发育给予了全面影响。因此，研究新构造运动就显得十分迫切和必要。研究的方法可以概括为两大类型，即定量的仪器法、定性的地质法和地貌法。

1)仪器法(定量法)

①天文法。重复测量经度和纬度的坐标,确切提供各点在地表的水平位移数值。

②大地测量法。重复进行精确的三角测量和水准测量。三角测量研究水平运动,水准测量研究垂直升降运动。

③地球物理法。通过地震测量、重力测量、倾斜仪测量、地应力测量、热流测量和地磁测量等手段获得现代构造运动的资料。其中地震观测最为宝贵的是它能直接获得构造运动资料。

④水文学方法。通过观测海面、湖面的升降来研究现代构造运动。

2)地质法

地质法是通过分析地质构造、第四纪沉积物剖面和沉积物的厚度来研究新构造的方法。

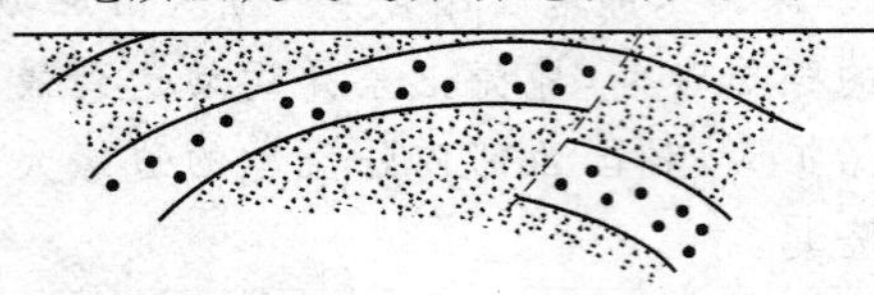

图 1.4.1 酒泉地区碎石砂子岩层内带逆掩断层的年轻褶曲

①构造形态与构造关系的研究。第四纪沉积物构造的研究是新构造运动的最好见证。在某些地区山麓和山间盆地及平原的第三纪、第四纪地层中,褶皱和逆掩断层构造发育得非常广泛,例如在三门峡、甘肃河西和我国其他地区都可见到出露很好的新构造,如图 1.4.1 所示。但在研究沉积物构造时,必须与一些非构造作用(如冰川、滑坡、泥石流等)所引起的假构造变动加以区别。

②第四纪沉积物剖面的研究。沉积物是沉积环境的标志,研究第四纪沉积物的剖面可以确定它们形成时期的地壳运动性质。在山区洪积扇的垂直剖面中沉积物成分(自下而上)从粗粒向细粒和微粒更换,则说明山岭的下降或隆起带的收缩;而垂直剖面中沉积物向相反顺序更换,则表明隆起区的扩大。但必须与物质搬运时的季节变化、气候条件的改变所引起的更换加以区别。

③第四纪沉积物厚度的研究。研究沉积厚度能够确定物质的搬运区和堆积区。巨厚的物质堆积一般表示地壳的下降和供给这些物质地带的上升。因此厚度很小的沉积物或沉积物的缺失,就表示地壳上升。巨大厚度的激烈变化及其向小厚度的过渡,同样表示新构造运动的存在。第四纪断层活动也可能使沉积物厚度发生变化。

3)地貌法

新构造运动是决定现代地貌基本形态的主要动力之一,通过分析地貌的特点、形态及其组合关系,也可以研究新构造运动。这里仅介绍几种常用的方法。

①河谷阶地的研究。它是确定新构造运动的一个基本方法。在一条长大河流中,由于沿河地壳活动性的差异,出现的阶地类型也不一样。侵蚀阶地、基座阶地等说明地壳上升;而掩埋阶地等说明地壳下降;无阶地的地段说明地壳相对稳定。

②河道纵横断面的研究。河道上、下游纵横断面经常由于新构造运动而发生变化。河面河谷宽阔处,相应的第四纪沉积层变厚,即代表沉降区;相反河面河谷狭窄处第四纪沉积变薄,即代表隆起区。

③研究水文网的变化。一条河流袭夺另一条河流支流的各种现象或者袭夺整条河流,则是上升区和下降区重新分布的特有标志。在河流的上升地区,侵蚀作用重新活跃起来,产生急速地向源侵蚀,重新活动的河流袭夺较为发育的河流的支流和主流。

地壳的上升或下降也引起河床侧向的迁移(即河流改道),有时迁移的距离很大。如果上升规模小于河流长度,河流中游水流则移向一旁而绕过上升地区,在平面上形成河流弯曲。但必须注意将新构造引起的河流袭夺和改造与岩性成分的改变和其他因素引起的变化严加区别。

④洪积扇和洪积阶地的研究。在山区常常见到老洪积扇前有发育较完整的新洪积扇，洪积扇的叠置或洪积阶地的形成，说明山区上升。新洪积扇总是向上升地区的另一旁移动。

⑤海岸地形的研究。在海浪的进流、退流长期作用下，海岸地带能形成一系列如海蚀穴、海蚀台、海积台等海岸地形。这些地形都代表了当时的海面高度。如果陆地地壳上升，这些海岸地形就会被抬高。如果古海岸地形沉于水下，则代表了陆地地壳的下降。

(二)活动断裂(活断层)

1.活动断裂的概念

近几十年来，由于工程建设的需要，活动断裂被各方面关注起来。活动断裂一般是指现今仍在活动着的断裂；但中外学者在对"现今"的上限时间的理解上有所差别。综合各方面的意见，活动断裂一般是指晚第三纪以来，特别是第四纪以来有过一次或多次活动，有过小震活动或多次历史地震记载，有过地面破裂证据或发生过蠕动的断裂。

2.活动断裂的一些标志

活动断裂的标志很多，常见的有以下几种。

①横穿断裂带布设的精密测量系统和水文网，常发现有升降变动或错动迹象。

②沿断裂带有历史地震的震中分布。地震台站可记录到小震活动。常见有古地震活动造成的地面倾斜或错开的痕迹。

③断裂带的断层泥和断层破碎物质多未胶结。沿断层带崩塌、滑坡发育，地下水线状出露，常见温泉。

④沿断层带的地电、地磁、地温或各种气体数值一般偏高，且不同地段差异显著。

⑤沿断裂带上有植物突然枯死，或生长特殊罕见植物的现象。

⑥常见有"山从平地起"的陡坎山，断层三角面显著，山前的第四纪堆积物厚度大，常见有小褶曲和小断层，高或特别低与山体不相称。

3.内陆活动断裂的活动方式

因地震作用发生突然滑动和缓慢蠕动是内陆活断层活动的两种基本方式。

4.中国活断层的基本特征

中国是构造活动强烈的地区之一。新生代以来曾发生过多次中强震活动，在地形、地貌上留下了大量活断层痕迹。

中国各活动断裂在特征上有很多不同之处，其主要差别是主要活动断裂在方向上各有所不同。西部地区以北西西和近东西为主；东部以北北东和北东向和断陷盆地为主；在东西之间的中部地区，由于不同地段的结构和应力状态不同，发育了一条复杂的构造带。与之相对应的区域应力场也不同。

5.活断层的滑动速率分类和工程地质评价

1)活断层的滑动速率分类

活断层滑动速率分类如表1.4.5所示。

活断层滑动速率分类表 表1.4.5

分　类	第四纪(或其中一段)平均滑移速率/(mm/年)
Ⅰ(高速的)	$S\geqslant 10$
Ⅱ(中速的)	$10>S\geqslant 1$
Ⅲ(低速的)	$1>S\geqslant 0.1$
Ⅳ(微速的)	$S<0.1$

2)工程地质评价

铁路选线时,应尽量绕避活断层(特别是Ⅰ、Ⅱ类),必须通过时,也应修建一般低路基,避免采用隧道、桥梁。越岭地段的线路,应避免沿活断层及其影响带展线,应以最短的距离垂直通过为宜。各种建筑场地的选择,宜尽量避开活断层及其影响带。

三、中国第四纪地层

(一)中国第四纪地层的类型与分布

1.岩相——沉积类型的复杂性

第四纪岩相的基本类型可分为海相和陆相(有时又分出海陆交互相)。中国第四纪海相沉积的分布地区,在我国东部,在大多数情况下是继承了第三纪的沉积地区,如台湾、海南岛。

中国第四纪的陆相沉积,在岩相类型及其分布地区上,与第三纪沉积也有极密切的关系。但与海相层相比,在类型划分上是比较复杂而又详尽的。

中国第四纪的陆相沉积类型除受构造性质和古地理条件影响外,古气候因素对它们的影响也显得特别重要。我国第四纪陆相沉积可分为下列几种类型。

①湖相沉积分布范围相当广泛。在更新世,湖泊比现在的大,在山西、河北、内蒙古、云南,皆有早更新世湖相地层。有许多是新第三纪湖泊堆积的继续。

②洞穴—裂隙堆积在华南、华北皆有分布。在华南,更新世各时期皆有这种堆积,而在华北则主要分布在太行山和北京西山地区,且其时代主要是中更新世的,也有少数是早、晚更新世的。它们在分布地区上也常与第三纪的有一定联系。

③河流及洪流堆积主要分布在南方及西北各省区。在南方,长江流域一带,早、中更新世的河流相砾石堆积分布很广,从四川向东直到江浙皆有存在。在西北,各大山如祁连山和天山山麓地带,洪积相砾石堆积也很广,且厚度很大,一般在数百米甚至达千余米。

④“土状堆积”指黄土和红色土堆积,分布在黄河流域的广大地区内。其成因十分复杂,就现在所知,有洪积的、坡—洪积的、坡积的、冲积的、风积的、残积的、残—坡积的等。在山麓地带,土状堆积的底部常有冲积砂砾层。

⑤冰川及冰水堆积是更新世的冰川冰水堆积,在长江中下游(如庐山等)和中国其他各地的高山地区皆有分布;近代的冰川堆积主要分布在西部的高山高原地区。

⑥火山喷发堆积分布在华北和东北,为更新世初期和晚期火山喷出的玄武岩;在台湾和云南更新世较新火山喷出的玄武岩和安山岩,都属于这一类型。

2.堆积作用的继承性

第四纪陆相沉积类型常与新第三纪的类型是一致的,这说明它们之间堆积作用的继承性;而这种继承性在第四纪各时期之间也是明显的,因而同类型的沉积物,在不同时期常重复出现。

我国北部自新第三纪以来,“土状堆积”作用的继承性最为明显,因而形成了早上新世的保德红土(蓬蒂期),晚上新世—中更新世的红色土(静乐期—周口店期)和晚更新世的马兰黄土(马兰期)。

我国北部的第二个例子是河湖相堆积作用,如山西榆社盆地,自早上新世至早更新世分别沉积了下榆社组、中榆社组和上榆社组。

在我国南部,不同风化壳形成时期出现了几次网纹红土堆积。

我国南部另一堆积作用继承性的例子是河流相砾石堆积,如早更新世的雨花台砾石、之江砾石和白砂井砾石，中更新世的雅安砾石和重庆砾石，晚更新世或全新世的江北砾石。

南部灰岩地区不同时期不同高度的洞穴堆积作用也表现出明显的继承性，如广西早更新世的巨猿堆积，中更新世的黄色和红色土堆积，晚更新世的浅灰色和浅红色土堆积，以及近代的灰色土堆积。

在我国西北部干旱地区，山麓洪流及其他作用的砾石堆积表现的继承性更为明显，如河西走廊的早更新世的玉门砾石，中更新世的酒泉砾石和晚更新世的戈壁砾石，天山山麓的早更新世的下西域砾石和上西域砾石，中更新世的高阶地砾石，晚更新世的新疆砾石，皆是很好的例子。

3. 冰川冰水堆积的旋回性(波动性)

第四纪时期，由于地球两极冰盖的形成和扩大，气候分带现象比以前各地质时期更加明显。同时这种冰盖的扩大和缩小，引起了全球性的气候的强烈波动，而产生了冰期和间冰期的更迭和其冰川冰水堆积的旋回性。

4. 人类发展的阶段性

人类化石的存在，无疑是我国第四纪地层的一大特征。生物的不断演化，终于导致了人类的出现。这是第四纪生物发展历史上的一个重大飞跃。在我国，基本上已发现各阶段的人类化石。如我国广西柳城、大新黑洞和湖北建始(巨猿牙齿)等地发现的巨猿(巨人)化石，可能就是南方古猿的一个旁支。猿人的代表有北京周口店中国猿人，稍早的陕西蓝田猿人和在云南元谋发现的更早的元谋猿人牙齿。古人化石，有广东韶关的马坝人，湖北长阳的长阳人，山西襄汾的丁村人。新人化石发现于我国周口店山顶洞、广西柳江、四川资阳、内蒙古乌审旗等地。

以上人类发展的四个阶段表明，每一阶段都具有一定的地质时代。因此，人类化石在确定地质年代上也具有意义。

5. 堆积物分布的分带性

这里包括双重意义，即空间上的(横向的、水平方向的)带状分布与时间上的(纵向的，垂直方向的)带状分布。这种堆积物的带状分布又因受到气候条件和地貌条件影响的不同而有所差别。

在我国西北部，第四纪堆积物在空间上的分布，表现出很严格的地带性。在山地主要为冰碛物和冰缘沉积，在山麓则长期分布着冰水沉积和洪积，并向内陆盆地方向逐渐过渡为洪积—冲积物、黄土状沉积物。在内陆盆地中心则以风成分布最为广泛，并有局部的盐湖、盐沼化学沉积。比如塔里木盆地及其周围的山地，自山地到盆地中心大致可分为四个带：山地冰碛及冰缘沉积带，山麓坡积和洪积带，洪积冲积带，盆地内风砂、湖泊和盐类化学沉积带。

在我国南部，如广西，洞穴—裂隙堆积物在时间上的分带性十分明显。如早更新世的巨猿洞穴堆积高出地面约 90 m，中晚更新世的洞穴堆积高 35～40 m (广西兴安的仅高 7 m)，近代洞穴堆积在地面以下。在广东高要、罗定、开封等地，自老至新也有高出河水面 80～100 m、40～60 m 和右河水面下20 m的不同时代的洞穴堆积。

随着气候带的不同，我国自北向南堆积物成纬向的带状分布：寒温带的冻土，温带的黑土，暖温带的黄土和红色土、亚热带热带的红土。

随着距海的远近和气候自西向东由干变湿，堆积物成经向(或西北东南向)的带状分布，这在我国北方地区表现明显。如干旱区的戈壁和风沙，半干旱区的黄土，潮湿区的冲积物和沿海的海相堆积。

(二)早更新世地层

在我国绝大多数地区,更新统与第三系或其他地层之间有一个剥蚀面,它也常是不整合面。特别在我国北部和西部,这个面很清楚。它代表了一次地壳运动,在滇西北称为喜马拉雅运动第四幕。这个运动对第四纪沉积产生了积极的影响。

在我国北部,这时造成了许多小型断陷盆地和断陷谷地,如河北北部桑干河谷中的泥河湾盆地、怀来盆地、阳原盆地,山陕的汾渭地堑谷地及其以东的三门峡盆地等。在这些盆地和谷地中发育了早更新世(或称泥河湾期)地层,它以泥河湾组和三门组河湖相沉积为代表。在北部西缘的青海东部的斜列构造盆地中,如贵德、民和、天峻,也发育早更新世地层。其中,三门峡地区和汾渭谷地有较大面积的分布。三门峡盆地自新第三纪就开始形成,因此三门峡直覆于上第三系之上。在太行山大断裂以东,华北平原从上新世即整体下降,第四纪时继续下降,沉积了数百米厚的松散沉积。

在北部,与河湖相堆积相应的地层,即红色土A带,在山西西南部称午城黄土。红色土B带分布于谷地两侧或盆地四周,如在三门湖盆南缘秦岭北麓分布着由红色土B带组成的洪积扇。不过它形成时间较晚,位置较高,破坏较烈,其原始面已远不如由红色土C带组成的沉积面那样完整。从红色土B带堆积顺山坡向上就是剥蚀带(二者之间常为晚期坡积所隔开);从红色土A带向盆地中心就是三门组。它们不仅是同时形成的,而且都是剥蚀地形的相关沉积,从山顶到盆地中心具有明显的分带性。

红色土B带是继上新世三趾马红土(保德组)和红色土A带(静乐组)之后的第三代“土状堆积”,这说明更新世与上新世在沉积环境和沉积性质上的一致性。

在我国西北部,则是另一种情况。天山南北麓和祁连山北麓皆分布着巨厚的山麓砾石,如西域砾石、玉门砾石。这是由于在早更新世时山前大断裂复活,山脉上升,盆地下降而造成的。不过西域砾石在准噶尔南缘厚2 000 m处,而在北部则缺失,这就说明准噶尔盆地是一个向南倾斜的盆地,不是一个中心下降、四周上升的一般盆地。

在我国南部,早更新世继承了上新世的剥蚀作用,广大地区遭受剥蚀而堆积很少,这是由于喜马拉雅运动的影响,大面积上升的结果。除了长江流域的雨花台砾石和白砂井砾石从层序关系上可能属于早更新世外,在广大地区内发育着红土,它是红土化(湿热化)作用的产物。

在我国南方,这种红土自上新世时已开始形成,在长时期内由于受红土化作用的程度不同,可将红土分为深红土和浅红土两种。地质时代较肯定的有云南元谋盆地的元谋组和广西富贺钟区的锡砂矿组,前者有云南马(Eguns Yunnanensis),后者有前东方剑齿象(Stegodon—Praseorientalis)化石。在广西,还有早更新世的巨猿洞穴堆积,它含有柳城动物群。这是与北部泥河湾动物群相对应的南部动物群。

随着构造运动的发生也引起了火山活动,在华北平原和太行山东麓有玄武岩和火山碎屑堆积;在东北长白山继第三纪末形成了高位玄武岩;在西北塔里木、天山、昆仑山有玄武岩流的溢出;在我国南部、海南岛北部、雷州半岛和台湾地区,这时继上新世都有火山岩的形成。但它们的分布都是受构造带控制的。

在早更新世中间发生了一次强烈的地壳运动,致使我国北部和西部的泥河湾组下部、下三门组、西域组下部和玉门组下部发生了倾斜、褶曲和断裂;在南部则表现为大面积上升,使得剥蚀作用加强,而很少沉积。由上新世至早更新世,地壳上升和气候变冷,可在古生物和沉积地层中观察到。从全球气候曲线来看,到了上新世末温度已开始下降,这预示着进入第四纪时气候将有大幅度的波动。

在北部，蓬蒂期的地中海区系三趾马动物群为古北区系的动物群所代替。

我国西部高山区发生了冰川，东部的若干山地里也有山谷冰川的发生，形成我国冰川历史的第一阶段。这次冰川在庐山称为鄱阳冰期，它以绛色(深红色)泥砾为代表。

在冰川外围地区，由于大气环流的增强，气候转为湿润多雨，湖泊大量发育，形成泥河湾期的河湖相沉积，在山前地带普遍堆积了冰川、洪积成因的砾石层。在南部河谷和盆地中，也造成了大量的河湖及砾石堆积。这说明这是一个气候上升的寒冷湿润期。

在沿海地带发生了海退，海岸线向海移动，陆地面积扩大，黄海、东海、南海面积缩小，台湾海峡可能不存在，台湾岛、海南岛等岛屿可能与大陆相连。

冰川过后，气候转为温暖而干旱，高山地区发生冰退，进入间冰期。

在北部，湖泊缩小而逐渐为河流所代替。山前地带坡积—洪积成因的红色土逐渐扩大，其中所含数层红色埋藏土壤是气候暂时转暖的一个标志。

在南部，在热带亚热带气候条件下，普遍发育了红土。鄱阳冰期的泥砾遭受深度的湿热化，构成了网纹状结构。这时在北部太行山以东发育了红土砾石层，在北京周口店第12点洞穴堆积和军庄灰峪洼地堆积中含有红土，东北辽东半岛也沉积了带赤色黏土层。

沿海地带由于海面上升发生海侵，并在若干地区发育海相地层。台湾和琉球群岛的厚层琉球灰岩，含有丰富的珊瑚和有孔虫化石，说明当时的海水也较现在温暖。

矿产的形成是这个时期沉积的一个重要方面。比如广西富贺钟地区的砂锡矿就是突出的例子。在西北部早更新世山前巨厚砾石层中含有丰富的地下水资源，为生活、生产提供了极为重要的条件。

(三)中更新世地层

在早更新世沉积之后又发生了一次构造运动，它在我国西北部和西南部表现得最为剧烈。在天山南麓，西域砾石层上部发生倾斜；该区发生的逆掩断层，使得第三纪疏勒河组逆掩在玉门砾石层之上。在西北，中更新统角度不整合，覆盖在下更新统之上，如高阶地砾石层与西域砾石层之间的不整合，酒泉砾石层与玉门砾石层之间的不整合，它代表了这次运动的存在。这时在塔里木、天山、昆仑山一带，伴随地壳运动，火山继续活动，仍有玄武岩流的溢出和喷发。

在西南，这次运动称为元谋运动，由于元谋—红格大断裂再次活动，元谋盆地东山逆掩大断层使侏罗—白垩系向西覆盖于元谋组之上，同时，在元谋组本身也发生了相反方向的次一级的高角度逆断层。在西南(云、贵、川)与元谋组相当的地层，皆受到类似的构造变动。元谋运动使云贵高原面抬高，喜马拉雅山和青藏高原大幅度上升。

这次构造运动使得我国广大地区地壳上升，地面遭受侵蚀，在北部各大山前造成巨厚的洪积扇和红色土带状堆积(在山西西南部称离石黄土)。它们的分布是北起鄂尔多斯，南达秦岭，西至青海东部湟水流域，向东到太行山东麓和山东北部和西部，甚至直到东北南部。在这广大的地区发育着的红色土表明，这是一个造“土状堆积”的时期，它在地质发展史和地层发育上占有极其重要的位置。

与此同时，在北京周口店形成猿人洞穴等洞穴堆积。

这时华北平原及松辽平原仍在继续下降接受沉积，同时在太行山东麓发生了第四纪的第二次火山活动，在长白山地区造成了低位玄武岩。

在南部，地壳仍在继续上升，早更新世的洞穴被抬高，而同时又造成了许许多多的中更新世洞穴—裂隙堆积，西起川、滇，东到江、浙，北自湖北，南达两广，比比皆是。这时在南部普遍发育浅红土化的网纹红土。另外，在四川分布有雅安砾石层和重庆砾石层。在滇西北发育含有哺乳类化石的同期地层。

上述表明，在中更新世时代，我国南、北部发育着不同的沉积，北部以红色土为主，而南部则是洞穴堆积和网纹红土占重要位置。此外，在西部和南部四川境内砾石分布较多。中更新世和早更新世的沉积也有很大不同。如果说早更新世我国是一个发育河湖相（北部、南部）、山麓相（西部）和砾石相（南部）时期的话，那么中更新世时则是一个造红色土（北部）和洞穴堆积、网纹红土（南部）的时期。

中更新世动物群在我国北部为周口店动物群，具有明显的古北区系特征；在南部则为万县动物群（狭义的剑齿象—大熊猫动物群），具有中国—马来亚动物群的特征。早更新世时，我国南、北两个动物群的关系还很密切，而到了中更新世就有明显的不同了。

中更新世时，我国气候上也有不同的变化。中更新世早期，地壳上升和气温变冷，形成我国已知的最大一个冰期。在西部山地和高原发育了广大的冰川，而在东部的局部山地也有山谷冰川。在庐山的冰积物为赭色（棕红色）泥砾，称为大姑冰期。在冰川外围地区这时还发育了融冰岩屑、融冻泥流等冰缘堆积物。

在我国冰期时发生了第四纪以来的第二个湿润期。在盆地和谷地中形成了河湖相或河流相沉积物，如山西的丁村组和四川的雅安砾石和重庆砾石，在山麓地带由于冰水参与而形成了酒泉砾石层、奇台砾石层和高阶地砾石层。不过，除西部砾石层外，在北部和南部这个时期的河湖相沉积发现的并不多。

中更新世晚期，转为间冰期时期。西部地区的冰川向后退缩，东部的山谷冰川融化而消失。在南部，广泛发育了经过湿热化作用的网纹红土，大姑冰期的泥砾也遭受强烈风化而呈红色，且具网纹结构。红土分布范围广大向北延伸，从周口店、牛心山、昌图、盘石等地的灰岩上的红土和洞穴—裂隙堆积推测，比早更新世的红土北界还向北。

在北部，广大地区内继续堆积了厚几十至百余米的红色土带，它含有十几层红色的埋藏土壤和埋藏风化层。根据其中的动植物化石和埋藏土壤的发育，说明当时的气候是比较温暖而干旱的。分析胶体矿物的结果，也证明气候比较干热。

冰期时发生海退，间冰期时发生海进并形成沉积，我国东部沿海地带有这个时期的海相地层分布。

中更新世的矿产是该期地层的一个重要组成部分。在西部柴达木盆地中形成了岩盐、石膏和芒硝；在雅安砾石层底部产砂金。我国湖南、山东的金刚石砂矿有一部分也是在这个时期形成的。

（四）晚更新世地层

在我国，中、晚更新世之间又有一次构造运动发生。在滇西称为喜马拉雅构造阶段的第五幕。这次运动使得我国广大面积地壳上升，遭受剥蚀，断裂再度活动，我国东部近岸大平原继续沉降，许多大小构造盆地和谷地沿断层下降，接受沉积，以致造成地层间的整合、假整合或不整合关系。由于地壳振荡升降，在河谷中形成二、三级阶地。在大同盆地和东北地区引起火山喷发，形成玄武岩流和火山碎屑堆积。

晚更新世时，我国北部广大地区内发育了马兰黄土，南部发育了长江中下游的下蜀亚黏土和四川成都亚黏土。

我国晚更新世的堆积物在颜色上有其一致性。北部的马兰黄土是黄色，南部的下蜀亚黏土也是红黄色和灰黄色。这可能是由于气候比较干冷的缘故。

除土状堆积外，在北部和南部又广泛形成了河湖组的堆积，如萨拉乌苏组、迁安组、咸嘴组、资阳组，以及东北地区的一些含猛犸象—披毛犀动物群的地层。

晚更新世的地壳可能是很不稳定的，特别是常有周期性的垂直振荡运动，以致在河谷内形成了多级阶地。这表明这一时期的地壳活动与早、中更新世的有所不同。

在南部，红土化作用逐渐减弱，并向南移动。下蜀亚黏土并不具网纹结构。

无论在北部和南部，以黄色为主的洞穴堆积继续形成，但也有逐渐减弱的趋势。这时在东北这种堆积却发展了。

晚更新世的动物群，在北部以萨拉乌苏动物群、东北动物群和稍晚的山顶洞动物群为代表。在南部则有长阳、资阳等地含真人化石的剑齿象—大熊猫动物群(广义的)。

晚更新世的气候也是有变化的。此时，我国东部有庐山冰期、庐山—大理间冰期和大理冰期。西部天山也划分为冰期、间冰期若干阶段。这说明气候的波动性是很大的，也可能与地壳的振荡运动有关。

气候转为寒冷，在动物化石上也得到反映。如代表寒冷气候条件的猛犸象和披毛犀在东北被大量发现。这说明西伯利亚的冷空气向南侵入很远。但是，就庐山地区的庐山冰期堆积只分布在山上而未达山麓来看，此次冰期较小。在冰川外围广大地区，由于气候寒冷，也发育了冰缘堆积，这在长江中、下游，东北和华北皆有分布。

气候转为湿润时期，在北部堆积了以萨拉乌苏组为代表的河湖相堆积，在西部山麓地带继续堆积了洪积砾石层；在沿海平原和南部河谷中发育了冲积物。

沿海地区发生海退，外围岛屿与大陆相连。

间冰期时气候转暖，西部高山地区冰川后退，东部地区冰川融化而消失。南部红土化作用比起早、中更新世来要微弱得多，红土很少发育。其北界大致在长江沿岸，这比早、中更新世的要向南得多。

在北部，普遍发育了代表干旱气候的马兰黄土。它分布在秦岭—淮河一线以北的华北、东北南部广大地区，以及西北的山前一些地带。

间冰期时发生海侵，我国东部沿海一带特别是华北和苏北地区继续沉积了海相地层。

那时海水也温暖些，珊瑚礁分布在北纬35°左右，而现在只分布在琉球群岛北端，纬度约向北推移了5°。

晚更新世形成的矿产仍是一个重要方面，如我国西部的盐湖堆积和南部的砂矿堆积，都占主要地位。

(五)全新世地层

我国大冰期时，海水面下降，日本、印尼和加里曼丹等地都曾与大陆部分相连，海峡也不存在，黄海大部为陆地。冰后期(全新世)，海面相对上升100～140 m。广泛的海侵，使全新世继晚更新世再次沉积了海相地层。

同时，由于地壳上升，地面遭受剥蚀，黄河、海河、长江等大量泥沙堆积在我国东部沿岸一带，海水退去，海岸线逐渐外移，形成与现在相近的海陆轮廓。全新世地层覆盖在老地层之上，其接触关系有整合、假整合等。

全新世堆积物以冲积砂砾和亚砂土为主，并在河谷中造成10 m左右一级阶地和宽广的河漫滩；松辽平原、华北平原、苏北平原、江汉平原等继续发展，并生成大量泥炭沼泽。在西北干旱地区发育了风沙堆积和盐湖堆积。在南部，洞穴堆积继续发育，并含文化层，其中有石器、骨器、陶器和灰烬等。在东北和新疆于田，有火山活动和火山堆积。

全新世的气候与现在相近，但也有不同。根据辽宁和北京资料，可将全新世划分早、中、晚三期，每期也发育有相应的植物。我国北部和南部，在不同的气候带发育各种类型的土壤。西部高山地区仍存在有冰川。纬度较高的东北北部和海拔较高的西藏高原有冻土发育。

在人类历史时期特别是科学发展的现在，人类的活动影响并改变了自然面貌，引起一系列地质作用的加强和削弱。由各种因素促成的各种地质作用及其结果，应当特别予以重视和研究。

当前，地质作用十分活跃，对人类的生活和生产带来极大的危害。第四纪地壳运动的性质如何，构造变动与地震的具体关系怎样，对于我们不能不说是一个具有极大吸引力的研究领域。

第五节 地 貌

一、地貌的成因及分类

(一)地貌的概念及分级

地貌是指地球表面在内、外地质营力的相互作用下产生的大小不等、千姿百态、成因复杂的地表形态。

地貌的规模极为悬殊，通常按其相对大小，并结合地质构造基础及塑造地貌的营力进行分级，称为地貌相对分级，见表1.5.1。

地貌相对分级　　表1.5.1

相对等级	形态举例	塑造地貌的营力
巨型地貌	大陆和洋盆	由内力作用形成
大型地貌	陆地上的山岳、平原、大型盆地；洋盆中的海底山脉、洋脊、海底平原	基本上由内力作用形成，是地壳长期发展的结果
中型地貌	山岳地形中的分水岭、山地、山间盆地；平原中的分水区、河谷区等	是内力地质作用与外力塑造作用综合作用的结果
小型地貌	山脊、谷坡、阶地、残丘等	主要取决于外力地质作用

(二)内、外地质营力对地貌的影响

内、外地质营力对地貌的影响，如表1.5.2所示。

内、外地质营力对地貌的影响　　表1.5.2

地质作用	对地貌形成的影响	地质作用的种类	特征或亚类
内力地质作用	形成地貌基本起伏形态的动力	地壳运动	是由于地球自转等因素，引起地壳产生水平挤压、垂直升降，使岩层变形，形成不同类型、序次、级别的地质构造和不同方位的构造体系，从而形成不同形态的山脉、高原、平原、盆地等地貌
		变质作用	对地貌形成有一定影响
		岩浆作用	由于岩浆活动，可以造成地表隆起，引起地形改变。喷发物也能构成特殊地貌
		地震作用	对地貌的影响表现为对地形的破坏和改造

续上表

地质作用	对地貌形成的影响	地质作用的种类	特征或亚类	
外力地质作用	对地壳外表进行加工、雕塑，从而改变原来的地貌形态	风化作用	物理的风化作用	因膨胀、收缩不平衡而产生的分裂剥离作用
				裂隙中结冰而产生的扩大作用
				盐分潮解再结晶而产生的撑胀作用
			化学的风化作用	氧化作用、碳酸化作用、水化作用、溶解作用、水解作用
			生物的风化作用	植物根生长而产生的劈裂作用
				穴居动物的钻凿作用
				动植物新陈代谢的产物与岩石的化学作用
				动植物遗体腐败产物与岩石的化学作用
		剥蚀作用	风蚀作用	
			磨蚀作用：砂和小石块在风力搬运途中所产生的磨、刷、擦、刮等作用	
			侵蚀作用	地面水冲刷作用
				地下水潜蚀作用
			冲蚀作用	风浪对海岸的冲击磨刷作用
				潮汐对海岸和海底的摧毁作用
				海流对海岸和海底的冲蚀作用
			刨刮作用：冰川运动时与接触的岩石相互挤压摩擦、接触的作用	
		搬运作用	风力搬运作用	
			河流的搬运作用	
			海洋的搬运作用	
			冰川的搬运作用	
		堆积作用	机械的堆积作用	大陆的堆积作用和海洋的堆积作用
			化学的堆积作用	
			生物的堆积作用	

(三)地貌的成因类型

地貌的成因类型划分，如表 1.5.3 所示。

地貌成因类型划分 表 1.5.3

项目	成因	地貌单元		主导地质作用
内营力为主	构造、剥蚀	山地	高山	构造作用为主，强烈的冰川刨蚀作用
			中山	构造作用为主，强烈的剥蚀切割作用和部分的冰川刨蚀作用
			低山	构造作用为主，长期强烈的剥蚀切割作用
		丘陵		中等强度的构造作用，长期剥蚀切割
		剥蚀残山		构造作用微弱，长期剥蚀切割作用
		剥蚀准平原		构造作用微弱，长期剥蚀和堆积作用
	构造、堆积	火山锥		构造作用为主
		岩熔流		构造作用为主

续上表

项目	成因	地貌单元		主导地质作用
外营力为主	山麓斜坡堆积	洪积扇		山谷洪流洪积作用
		坡积裙		山坡面流坡积作用
		山前平原		山谷洪流洪积作用为主,夹有山坡面流坡积作用
		山间凹地		周围的山谷洪流洪积作用和山坡面流坡积作用
	河流侵蚀堆积	河谷	河床	河流的侵蚀切割作用或冲积作用
			河漫滩	河流的冲积作用
			牛轭湖	河流的冲积作用或转变为沼泽堆积作用
			阶地	河流的侵蚀切割作用或冲积作用
		河间地块		河流的侵蚀作用
	河流堆积	冲积平原		河流的冲积作用
		河口三角洲		河流的冲积作用,间有滨海堆积或湖泊堆积
	大陆停滞水堆积	湖泊平原		湖泊堆积作用
		沼泽地		沼泽堆积作用
	大陆构造—侵蚀	构造平原		中等构造作用,长期堆积和侵蚀作用
		黄大塬、梁、峁		中等构造作用,长期黄土堆积和侵蚀作用
	海成	海岸		海水冲蚀或堆积作用
		海岸阶地		海水冲蚀或堆积作用
		海岸平原		海水堆积作用
	岩溶	岸溶盆地		地表水、地下水强烈的溶蚀作用
		峰林地形		地表水强烈的溶蚀作用
		石芽残丘		地表水的溶蚀作用
		溶蚀准平原		地表水的长期溶蚀作用和河流的堆积作用
	冰川作用	冰斗		冰川刨蚀作用
		幽谷		冰川刨蚀作用
		冰蚀凹地		冰川刨蚀作用
		冰碛丘陵、冰碛平原		冰川堆积作用
		终碛堤		冰川堆积作用
		冰前扇地		冰川堆积作用
		冰水阶地		冰川侵蚀作用
		蛇堤		冰川接触堆积作用
		冰碛阜		冰川接触堆积作用
	风成	沙漠	石漠	风的吹蚀作用
			沙漠	风的吹蚀和堆积作用
			泥漠	风的堆积作用和水的再次堆积作用
		风蚀盆地		风的吹蚀作用
		沙丘		风的堆积作用

二、山岳与平原地貌

(一)山岳地貌

1. 山岳的测高分类

山岳的测高分类如表 1.5.4 所示。

山岳测高分类　　表 1.5.4

名称			绝对高度/m	相对高度/m	坡度角	备注
山地	极高山		>5 000	>1 000	>25°	其界线大致与现代化冰川和雪线相等
山地	高山	高山	3 500～5 000	>1 000	>25°	高山与中山的界线(3 500 m),主要考虑到剥蚀作用的性质差别。在此线以上寒冻风化作用强烈,因此形成陡峭的山坡和粗大的堆积物。此外,在我国西北地区,此线也为森林的上限
山地	高山	中高山		500～1 500		
山地	高山	低高山		200～500		
山地	中山	高中山	1 000～3 500	>1000	10°～25°	—
山地	中山	中山		500～1 000		
山地	中山	低中山		200～500		
山地	低山	中低山	500～1 000	500～1 000	5°～10°	低山与中山的界线(1 000 m),主要考虑到我国东部的山地多在 1 000 m 上下,受强烈的流水侵蚀切割,地表零乱破碎
山地	低山	低山		200～500		
丘陵			<500	50～200	—	丘陵与低山的差别不在于绝对高度的大小,而在于相对高度和形态上的不同

2. 山岳的形态要素及其类型

山岳的形态要素包括山顶,类型如图 1.5.1 所示;山脊山顶呈长条状延伸时,称为山脊;各种形态的山坡、山麓如图 1.5.2 所示。山岳形态和特征如表 1.5.5 所示。

a)尖顶山

b)圆顶山　c)平顶山

图 1.5.1　山顶的类型

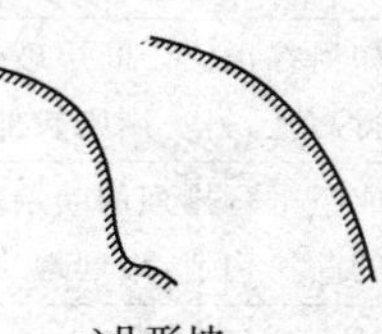

a)凸形坡

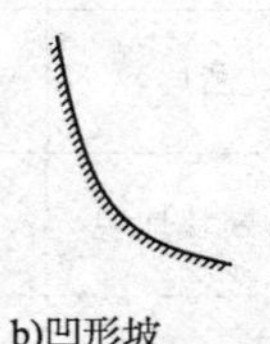

b)凹形坡

c)阶梯形坡

图 1.5.2　各种形态的山坡

山岳形态和特征　　表 1.5.5

形态要素	类型	基本特征
山顶	尖顶山	山坡面呈锐角相交所构成的山顶形态。若为单一岩性,则为角锥形、圆锥形;若为多种岩性,则山脊似锯齿状,如图 1.5.1a)所示
山顶	圆顶山	在湿热地区及侵蚀剥蚀地区较常见,有时也与花岗岩密切相关。这种山顶多半是由于长期风化的结果,如图 1.5.1b)所示
山顶	平顶山	多因构造上升,将古代风化面抬高而形成,或系水平岩层在地貌上的反映,如图 1.5.1c)所示
山坡	直形坡	表明山坡经过强烈冲刷,岩性单一。依坡度大小可分为微坡(0°～15°)、缓坡(16°～30°)、陡坡(31°～70°)、垂直坡(大于 70°)
山坡	凸形坡	上缓,至下部坡度渐增,往往可达垂直状态。坡脚暴露明显,表明岩层的风化产物堆积很少,受到强烈搬运和冲刷的结果,如图 1.5.2a)所示
山坡	凹形坡	上陡,至下部坡度急剧降低,坡脚不明显。表明岩性很软,或山坡上部的风化产物大量都在山坡下堆积,如图 1.5.2b)所示
山坡	阶梯形坡	在横断面上有一个或数个变坡点,表明山坡由软硬相间的水平层或微倾斜的岩层,经强烈剥蚀而形成,如图 1.5.2c)所示
山麓	山麓地带	山坡与周围地面的分界线。由于山岳是逐渐平缓转为平原,故此线较难明确划分。一般将转变地带称为山麓地带

3. 山岳的地质构造类型

山岳地质构造类型和特征如表 1.5.6 所示。

山岳的地质构造类型和特征 表 1.5.6

类型		基本特征
水平岩层构造		在水平岩层地区，若岩层是软硬相间交互出现，顶部是硬岩，经侵蚀剥露后，水平岩层构造地貌表现为不同形态：山坡可形成似塔状地形；河谷形成构造阶梯（假阶地）；分水岭形成桌状台地和方山。岩层皆为硬质岩，经侵蚀、溶蚀和重力崩塌综合作用形成陡崖和深谷，峡谷与峡谷间则是平坦的分水高地，形成峰林地形，在广东北部特名丹霞地貌
单斜构造		单斜构造由软硬岩层交互组成时，经侵蚀、剥蚀后就会出现外形对称或不对称的山岳地形，如猪背脊和单面山
褶曲构造		褶皱山的分布往往和褶皱构造一致，背斜山和向斜谷是顺构造的通常称顺地形；向斜山和背斜谷是逆构造的通常称逆地形
穹隆构造		规模巨大的穹隆构造通常由岩浆侵入或由于方向直交的褶皱运动互相干扰而造成的。当穹隆外部沉积岩被剥开后，周围则形成各种单斜地形，穹隆中心的变质结晶岩，则形成复杂的结晶岩山丛
底辟构造		底辟构造是由于塑性岩层穿刺到上方刚性强的岩层中，将后者拱曲抬升在近地表表现为穹隆状的隆起。规模较小的底辟构造以岩盐、石膏或黏土等塑性沉积岩为核心。盐丘构造是由于水和天然气向盐丘顶部流动向上喷出，把软化了的岩石碎块带到地面，堆积而形成泥火山
断层构造	断层崖	断层活动造成的陡崖称为断层崖。断层崖常被河谷切割成不连续的断层三角面
	断层谷	如河谷正位于断层破碎带，则发育成断层谷。断层谷两侧地层不能对应，在地形上一岸显得高陡，另一岸则较低缓，河谷在平面上也较顺直
	断块地貌	成组平行排列的断层使地壳断裂成块，产生梯级构造，或形成地垒和地堑。对于规模较大的断块构造，隆起地块成为断块山地，沉降地块成为断陷盆地
岩浆岩构造	侵入岩体地貌	较大的侵入体有岩盘、岩株和岩基。被剥露以前，表现为正地形，被剥露以后可仍突起为高地或变成剥蚀低地。岩浆侵入裂隙或层间较小侵入体有岩脉和岩床，在山坡或山岭突出成高脊或高坎或形成壕堑
	火山地貌与熔岩流地貌	熔岩为中性或酸性的火山喷发形成火山凝灰岩和熔岩层交替成层结构的锥状外形。玄武岩岩流含有少量的气体，流动性大，造成基部较大的盾形，称为盾状火山。火山锥的顶部，被破坏造成锅盆底状凹地，为破火山口。原先的火山口周壁被后期的喷发冲破一个缺口，造成一种马蹄形的火山。松散火山物质组成的火山斜坡上，发育辐射状密集的冲沟，被称为火山濑

（二）平原地貌

面积广阔，地面起伏不大，在构造变动（上升或下降）幅度不大的情况下，通过外力的夷平和充填作用形成的地貌形态，称为平原。

1. 平原按测高及构造特征分类

平原测高分类和特征如表 1.5.7 所示。

平原测高分类和特征 表 1.5.7

分类	高程/m	地质构造	外力作用	地貌特征	代表性平原名称
洼地	海平面以下	新生代凹陷带	干燥剥蚀作用	地面切割微弱的内陆盆地或面积较小的山间盆地	吐鲁番盆地

续上表

<table>
<tr><th colspan="2">分 类</th><th>高程/m</th><th>地质构造</th><th>外力作用</th><th>地貌特征</th><th>代表性平原名称</th></tr>
<tr><td rowspan="2">低平原</td><td>沉积平原</td><td rowspan="2">0～200</td><td>较稳定的陆台区，第四纪以来轻微下沉</td><td>河流堆积作用</td><td>冲积平原和三角洲</td><td>华北平原</td></tr>
<tr><td>剥蚀平原</td><td>较稳定的陆台区，第四纪以来轻微上升</td><td>剥蚀作用</td><td>剥蚀平原</td><td>—</td></tr>
<tr><td colspan="2">高平原</td><td>200～600</td><td>陆台地区，第四纪以来缓慢隆起</td><td>剥蚀作用</td><td>残丘、准平原及高度不大的蚀余山</td><td>关中平原
宁夏平原</td></tr>
<tr><td colspan="2">高原</td><td>>600</td><td>古生代褶皱带，新生代以来剧烈隆起</td><td>冰川及寒冻风化作用及强烈的干燥剥蚀作用</td><td>冰川和寒冻风化作用的丘陵和低山</td><td>青藏高原
云贵高原</td></tr>
</table>

2. 平原按其地质构造和形成动力关系分类

平原地质构造类型和特征如表 1.5.8 所示。

平原地质构造类型和特征 表 1.5.8

<table>
<tr><th colspan="3">平原类型</th><th>基本特征</th></tr>
<tr><td colspan="3">构造平原</td><td>其表面与组成平原的岩层层面是一致的。一般是指海成平原，是由于地壳上升，海水以下的原始倾斜面出露水面形成的。可以是倾角较大的，甚至是凹状或凸状平原，主要取决于原始构造特征</td></tr>
<tr><td rowspan="7">非构造形成的平原</td><td colspan="2">剥蚀平原</td><td>在地壳上升比较缓慢的情况下形成的。因为处于这种条件下，外力剥蚀作用可以充分地进行，形成准平原、山麓剥蚀平原等。还分布着起伏不平的残丘和颗粒较粗的薄层堆积</td></tr>
<tr><td colspan="2">侵蚀堆积平原</td><td>是剥蚀平原和堆积平原之间的过渡类型。当剥蚀平原形成之后，地壳发生轻微、不均匀的下降，使地面堆积一定厚度的细粒松散堆积层。在局部较高的地方，仍然继续其剥蚀作用，但就整个地面而言，仍近于平坦</td></tr>
<tr><td colspan="2">侵蚀平原</td><td>是由各种类型的外力侵蚀作用形成的平原。例如由冰川侵蚀、风力吹蚀等所形成的平原</td></tr>
<tr><td rowspan="4">堆积平原</td><td>河流冲积平原</td><td>是由河流堆积形成的。大多分布于河流的中、下游地带，其面积大小主要取决于构造活动的性质，以及挟带物质的多少</td></tr>
<tr><td>海积平原</td><td>在近海地区，当海平面上升时，海蚀作用不断向大陆方向推移，海面以下形成平原。随后，当地壳发生上升，该平原露出海面，就形成由海相堆积组成的堆积平原，其表面有时呈波状起伏。某种意义上，它又属于构造平原类型</td></tr>
<tr><td>湖积平原</td><td>当河流注入湖泊且挟带大量疏松物质时，使湖底逐渐积高，湖水溢出，逐渐干涸，形成了面积不大的平原，称为湖积平原。平原的表面常分布着沼泽和积水洼地</td></tr>
<tr><td>冰积平原</td><td>在较平坦的地区，由冰川或者冰水挟带的疏松碎屑物质堆积而成的平原，称为冰积平原。上面分布着各种冰碛和冰水沉积地貌</td></tr>
</table>

三、流水地貌

凡由地表水的侵蚀、搬运和堆积作用而形成的地貌，统称为流水地貌。

地表水包括面状水流和线状水流两大类。线状水流又有暂时性水流和经常性水流之分。

(一)暂时性流水地貌

暂时性流水地貌如表 1.5.9 所示。

暂时性流水地貌类型 表1.5.9

分类		基本特征
侵蚀地貌	纹沟	由斜坡上片状水流汇聚成的细流对坡面侵蚀而成，纹沟相互穿插，呈网状
	细沟	规模不大，宽度小于0.5 m。深度0.1～0.4 m，长度数米至数十米，坡度平缓，在平面上呈大致平行的线状，纵剖面与所在坡地表面的坡度一致
	切沟	宽度、深度可达1～2 m，有明显的谷缘，横剖面在上游呈V字形，下游呈U字形，纵剖面多呈阶梯状，有明显的跌水陡坎、纵坡已与所在坡面不一致
	冲沟	沟谷加深，向源侵蚀作用明显。沟头出现陡坎，同时，旁蚀作用加强，使沟谷两侧发生崩塌，沟谷加宽、沟坡较陡
	坳沟	纵剖面上陡坎被展平，呈上凹形曲线，向源侵蚀和下蚀作用逐渐减弱，仅侧向侵蚀使沟谷继续加宽，沟底平坦，甚至生长植物，又称干沟
堆积地貌	坡积裙	位于山坡坡麓的堆积物，组成物质决定于山坡上岩石的成分，以砂土夹碎石为主，分选性较差，磨圆度极差，略具层理，倾向谷地
	洪积扇	体积较大，表面弯曲不显著，曲率半径大，组成圆锥体的角度小，沉积物扇顶较粗，至扇缘变细，磨圆度和分选性大部分较好，孔隙大，透水强
	冲积锥	体积不太大，表面弯曲相当大、曲率半径小，组成圆锥体的角度大；沉积物顶部由角砾、砾石、砂等粗碎屑组成，分选性差，下部和边缘由砂壤土和壤土等组成。小冲积锥有时大小混杂无分选性。一般透水性较弱，地下水面高，有泉水出露
	山前洪积平原	山麓地带由于山区地壳不断上升，许多洪积扇、冲积锥逐渐发展扩大，彼此相连汇合而成

(二)河流地貌

1. 基本概念

1)河段地貌特征

不同河段的地貌特征如表1.5.10所示。

河段地貌特征 表1.5.10

河段名称	区域地貌特征	河床坡度	河道形态	断面形态	阶地特征	主要地质作用
上游	多在山区	大	较直	V字形	只断续有	下切作用
中游	地形较宽广	中等	—	梯形	阶地和河漫滩阶地发育	侧蚀作用和搬运作用
下游	地形更加宽广	小	形成曲流	河口形成三角洲	有不同级数的阶地	沉积作用

2)侵蚀基准面

水流的下切作用并不是无止境的，当河流下切到某一个面后，河流的垂直侵蚀作用便停止了，这个面称为该河流的侵蚀基准面。例如：注入海洋的河流，海水面即为该河流的侵蚀基准面；注入湖泊的河流，湖水面即为该河流的侵蚀基准面。

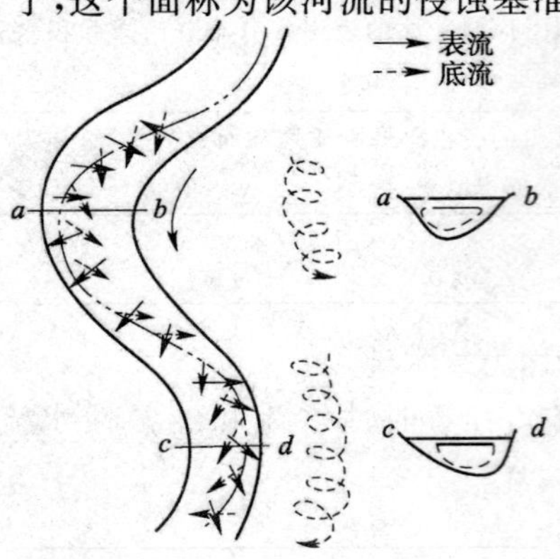

图1.5.3 横向环流示意

3)侧向侵蚀作用和横向环流

水流对两岸的侵蚀作用，称为侧向侵蚀作用(旁蚀)。在河曲处，河水呈紊流状态，并同时出现环流。在河曲河道中表现为两种水流：①由河底从凹岸流向凸岸的水流，称为底流；②由水面从凸岸流向凹岸的水流，称为表流。表流和底流构成一个个连续的螺旋形水流向前移动，称为横向环流，如图1.5.3所示。横向环流对凹岸进行侵蚀，并将破坏产物带到凸岸沉积下来。所以，凹岸成为深水区，凸岸成为浅水区。

2.河谷地貌

1)河谷地貌类型

河谷的地貌类型划分见表1.5.11。

河谷地貌类型 表1.5.11

分类原则	河谷类型		基本特征
按发育阶段	未成形河谷	隘谷	具垂直或陡峭的崖壁,河谷上部宽度和谷底大致相同,谷底极窄,且全被水所淹没
		嶂谷	两侧谷坡较隘谷分得开,但仍为陡壁,谷底较隘谷为宽,坡麓具有陡壁或缓坡,谷底部分被水淹没
		峡谷	横剖面呈V字形,两壁较陡峭,常有阶梯状陡坎,谷底有洪积冲积物,大多数峡谷的谷底被水淹没
	河漫滩河谷		横剖面成浅U字形或槽形,河床只占谷底一小部分,河曲显著
	成形河谷		河谷宽阔,结构复杂,有阶地、蛇曲、牛轭湖,两岸谷坡常不对称,堆积作用特别显著
按地质构造	横向谷(横谷)		河谷延伸方向与岩层走向正交(60°~90°)
	斜向谷(斜谷)		河谷延伸方向与岩层走向斜交(30°~60°)
	纵向谷(河谷与岩层走向一致)	背斜谷	沿着背斜褶皱轴的方向延伸的河谷
		向斜谷	沿着向斜褶皱轴的方向延伸的河谷
		单斜谷	沿着单斜构造的地层走向发育的河谷
	断层谷		沿断层发育的河谷
	地堑谷		沿地堑构造发育的河谷
按基准面变化	复活谷(河)		由于地壳上升,侵蚀基面下降等原因,使得河流侵蚀作用加强,呈现谷中谷,深切河曲
	沉溺谷(河)		大陆下降或海面上升,河流下游被海水淹没,成为漏斗形的三角港

2)河谷横断面特征

河谷横断面各部位的名称和特征,见表1.5.12。

河谷横断面特征 表1.5.12

名称	基本特征
河床	河谷中为河流平水期流水所占据的最低部分,称为河床
河漫滩	河谷中为洪水期流水所淹没的河床以外的谷底平坦地带,称为河漫滩。每年洪水都能淹没的河漫滩,叫低河漫滩;周期性多年一遇最高洪水能淹没的河漫滩,叫高河漫滩
阶地	过去不同时期的河谷底部,由于河流下切侵蚀而被抬升超出一般洪水面以上,呈阶梯状分布在河谷谷坡上的地貌形态,称为河流阶地

3)河流阶地形态要素和特征

河流阶地形态要素,见图1.5.4、表1.5.13。

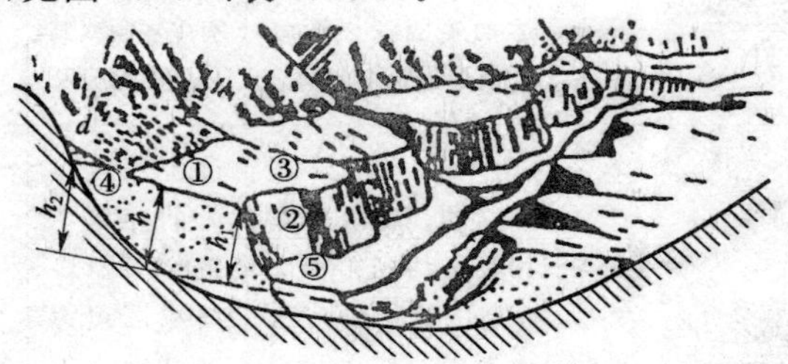

图1.5.4 河流阶地形态要素示意图

①-阶地面;②-阶坡(陡坎);③-前缘;④-后缘;⑤-坡脚;

h_1-前缘高度;h_2-后缘高度;h-阶地平均高度;d-坡积裙

河流阶地形态要素和特征 表 1.5.13

要素名称	基本特征
阶地面	即原来的河漫滩面。在正常情况下，微向河床和下游倾斜
阶地陡坎	又称阶坡，是河流下切形成的侵蚀坡
阶地前缘	又称眉峰，是阶地陡坎和阶地面的交线
阶地后缘	是阶地面与谷城或高一级阶地坡的交线，常被坡积物所覆盖
阶地坡脚	又称阶地外缘，是高阶地陡坎与低阶地面(或河漫滩面)的交线

4)河流阶地的高度、宽度和级数的含义

①阶地高度是指阶地面与河床平水期水面的垂直距离，也可用前缘的平均高度代表阶地高度。通常还要测定前缘和后缘的相对高度。

②阶地宽度是指横断面上前缘至后缘的水平距离。

③阶地级数一般是由新到老进行计数。即高出河漫滩的阶地，称为一级阶地，然后依次向上推算。在正常情况下，阶地越高，则时间越老。

5)河流阶地类型和分类依据

河流阶地的类型和分类依据，见表 1.5.14。

河流阶地类型和分类依据 表 1.5.14

类型		分类依据			
		图示	成因	物质结构	形态特征
侵蚀阶地		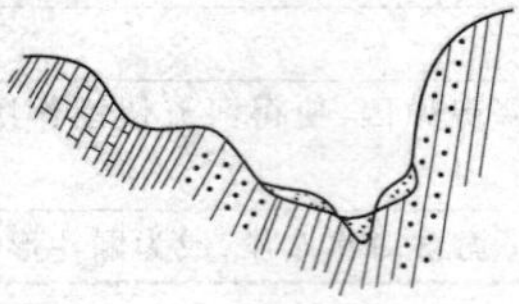	由于山区河流湍急，易侵蚀削平，破坏的岩石被带走，以后地壳上升河流下切而形成	阶地陡坎全部由基岩(三大岩类的任何一种岩石)组成	阶地面上没有或很少有冲积层，常呈不宽的小平台。阶地面常切割岩层的构造面。这种类型阶地常断续分布于河流两侧，沿河相对高度较稳定
基座阶地		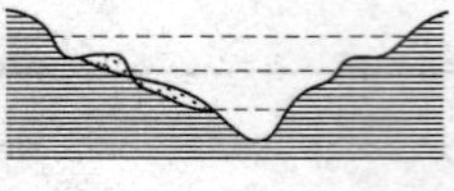	当河流侵蚀具有堆积冲积物后，地壳上升河流下切深度大大超过原有冲积层厚度而形成，它是一种显著新构造运动上升的证据	阶地斜坡由两层物质组成，上部为冲积物，下部为基岩	这是从侵蚀阶地到堆积阶地的过渡类型。阶地面上冲积物可以很厚，但在陡坎底部仍然出露基岩。这种阶地在河流中比较常见
堆积阶地	上叠阶地	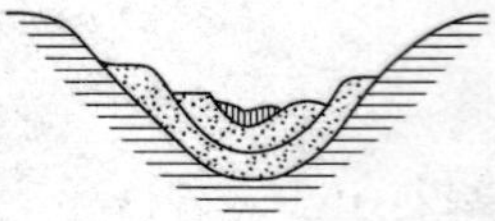	河流的几次下切都不能达到基岩，堆积作用的规模也一次一次地减小，升降运动幅度在逐渐减小而形成	由厚度很大的冲积物组成，以细粒沉积为主，并夹有牛轭湖或其他湖泊相沉积	新的阶地坐在老的阶地之上
	内叠阶地	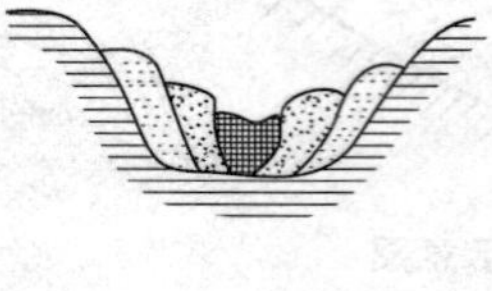	新的一次侵蚀作用都只切到第一次基岩所形成的谷底，而地壳每次上升幅度基本一致	由厚度很大的冲积物组成，而且以细粒沉积为主，并夹有牛轭湖或其他湖泊相沉积	新的阶地套在老的阶地之内。新堆积的阶地范围和厚度一次比一次小

续上表

类型		分类依据			
		图示	成因	物质结构	形态特征
堆积阶地	嵌入阶地		后期河床比前一期下切要深,而使后期的冲积物嵌入到前期的冲积物中,说明地壳上升幅度仍然是一次比一次剧烈	结构复杂,有时由冲积物和坡积物及重力堆积物交互沉积组成	新的阶地分布在老阶地之内,但各级阶地具有不同高度的底座,其基座也未在陡坎上出露
	掩埋阶地		早期形成的阶地,由于河流近期沉积,而被新冲积物或新阶地掩盖	此阶地结构有时很复杂。主要由冲积物和坡积物交互组成	老阶地被新阶地所掩埋

3. 冲积平原

在大河的中下游发生大量堆积,即可形成广阔的冲积平原。如我国的华北平原、长江中下游的江汉平原、江淮平原、东北的松辽平原等。这些平原都处在长期新构造沉降的条件下,因而堆积了巨厚的第四纪沉积物。

冲积平原可分为山前平原、中部平原和滨海平原,见表1.5.15。

冲积平原类型和地貌特征 表1.5.15

类型	分布部位	成因	沉积物和地貌特征
山前平原	山区到平原的过渡带	冲积—洪积型	河流流出山口到平原,河床坡降急剧减小,水流呈扇形散开,形成冲、洪积扇形平原。沉积物以粗砂、圆砾为主
中部平原	冲积平原的主要部分	冲积为主,但也夹有湖积和风成堆积	位于中部平原的河流,以汉道式的游荡型河流为主,众多的河流甚至几个水系组成一个冲积平原。河床相以砂为主,泛滥相近河床为粉砂,远河床为砂黏土、黏土,河间洼地相为湖泊沉积、沼泽沉积和湖积—冲积
滨海平原	沿海地带	冲积—海积	有典型的海岸带的沉积和残留地貌。如海岸砂堤及泻湖海湾,沉积物颗粒更细,滨海浅海沉积与冲积层交替出现

四、海成地貌

(一)海岸地貌

1. 一般概念

广义的海岸是指海洋与陆地交界处,受海洋与陆上各种地质作用交互影响所形成的带状地带。一般最大宽度可达数十千米,垂直方向上的高差十余米。

现代海岸带由海岸、潮间带和水下岸坡三部分组成(图1.5.5),其含义如下。

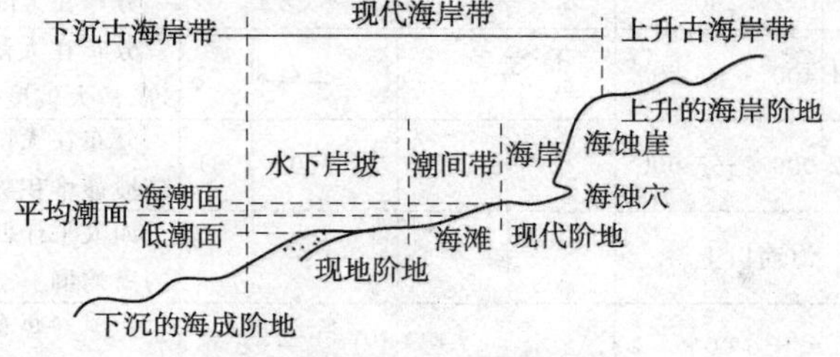

图1.5.5 海岸带地形结构

①海岸系指高潮线以上到海蚀崖上缘之间的狭窄的陆上地带。这里激浪极其活跃，是波浪作用的上限。它塑造了现代海岸地形：海蚀阶地、海蚀穴、海蚀崖等。

②潮间带即为高低潮海面之间的地带。高潮时为海水所淹没；低潮时则露为陆地，为现代海滩区。

③水下岸坡即为低潮线以下，至波浪对海底仍能起作用的海底斜坡地带。其下界约相当于1/2波长的水深处。这里可发育现代海蚀阶地和海积阶地。

海岸带是地球表面现代地质作用最积极、最活跃的场所。发生在海岸带的海洋水体的动力作用，主要有波浪、潮汐和海流三种形式，其中波浪的作用最为明显。

2.海岸地貌的类型

海岸地貌类型和基本特征见表1.5.16。

海岸地貌类型和基本特征　　表1.5.16

名称		基本特征
海蚀地貌	海蚀崖	海浪冲蚀坚硬岩石而形成的高而险峻的陡壁
	海蚀穴（海蚀壁龛）	海蚀崖底部，由于击浪和巨砾冲蚀磨蚀而形成的凹槽或洞穴
	海蚀窗	海蚀洞(穴)后端上部的岩石裂隙崩塌，形成与海崖上部沟通的窗
	海蚀拱桥	两个方向相反的海蚀穴，被蚀穿相连，成为拱桥状地形
	海蚀柱	海蚀拱桥继续受冲蚀，其拱顶受重力而崩坍，残留下的柱状地形，海蚀崖后退过程中遗留下来的蚀余岩石，再受侵蚀亦可形成
	海蚀平台	海蚀崖后退，其底面受磨蚀的平台；平台面微向海面倾斜，其上可以覆盖部分砂砾石，当海岸上升，平台高出于海面时，蚀成为海蚀阶地
海积地貌	海滩	平行于海岸线伸展的平缓堆积地形，微微倾向大海，可分为砾质海滩、砂质海滩、淤泥质海滩
	沿岸堤	海滩上条带状垄岗地形，与海岸线平行。砾石的岸堤高度大、宽度小、坡度大；砂质岸堤高度小、坡度小、宽度大
	水下砂堤	砂在水下堆积而成方向不规则的长条形砂堤
	离岸坝	水下砂堤向岸移动，堆积体加大，逐渐露出水面而成。当远离海岸成岛状者，则称为岛状坝(堆积砂岛)
	泻湖	部分海面因海岸堆积地形发展而与大海相隔离，封闭而成。当泻湖被水草填满时，就成为海滨沼泽
	砂嘴	在海岸拐角处，岸流流速降低，携带的泥沙堆积成一端连接陆地，另一端伸入海中的堆积地形
	拦湾砂坝	在海湾地段，砂嘴继续发展，最后可伸展到对岸而形成的封闭地形
	连岛砂坝	岛屿靠海岸一方，泥沙堆积而成的，可使海岛同海岸连接起来的堆积地形
	海积阶地	由海水的堆积作用和海岸的上升而形成的海边平坦宽阔台阶状堆积地形

(二)海洋地貌

海洋地貌分类见表1.5.17。

海洋地貌分类　　表1.5.17

类型	名称	绝对高度/m	相对高度/m	坡度角	备注
海洋边缘	大陆架	0～－200	—	<0.1°	分布在大陆边缘浅海区海底平原
	大陆坡	－1 400～－3 200	—	±4.3°	分布在大陆架外缘，宽20～90 km不等，最大坡度角有达20°以上者
	大陆基	－2 000～－5 000	—	1/(700～100)	分布在大陆坡与大洋盆地之间，为大陆坡麓堆积物所覆盖
	岛弧	海面以上	—	—	如太平洋西部边缘所见的呈弧形分布的岛屿群
	海沟	<－6 000	—	—	一般分布在岛弧靠大洋一侧，为长条状的巨型洋底洼地

续上表

类型	名称		绝对高度/m	相对高度/m	坡度角	备注
海底地貌	大洋盆地	深海盆地	−4 000 ～−5 000	—	—	山形开宽，其中最平坦部分称深海平原
		海山、海峰、平顶山和海底高地	海面以下	—	—	分布于深海盆地或深海平原中的高地，其中孤立的锥形海山称海峰，部分海山顶部被波浪削平，称海底平顶山（盖约特），比较开阔隆起区称海底高地
	洋中脊	洋中脊	—	高出海底 2 000～4 000	—	大洋底部巨大线状的隆起，连绵数万千米，宽 1 000 km 以上
		中央裂谷	—	—	—	洋中脊中间的裂谷深 1 000～2 000 m

五、常见特殊环境下的地貌

(一)黄土地貌

黄土地区经堆积、侵蚀、潜蚀、重力等地质作用所形成的地貌，统称黄土地貌。黄土地貌的类型和基本特征见表 1.5.18。

黄土地貌类型和基本特征 表 1.5.18

地貌形态		亚类	基本特征
堆积地貌	黄土高原	黄土塬	是黄土高原受现代沟谷切割后保存下来的大型平坦地面，周边为沟谷环绕
		黄土梁	梁是长条状的黄土丘陵，长可达几百米、几千米到十几千米，宽仅几十米到几百米
		黄土峁	是孤立的黄土丘，顶面平坦，或微石起伏，呈圆弯状。大多数是由黄土梁进一步被切割而成的
	黄土平原		分布于新构造下降区，由黄土堆积形成的低平原，局部发育沟谷，无梁峁，如渭河平原
侵蚀地貌		大型河谷	形成发展与一般侵蚀河谷发展相似，但其形成发展过程伴之以风积黄土堆积
		冲沟	因黄土土质疏松，常伴以重力、潜蚀作用，因此发展快
潜蚀地貌		黄土碟	是流水聚结，黄土在重力影响下，沉陷形成的一种直径数米到数十米的碟形凹地
		黄土陷穴	是地表水集中，沿黄土裂隙下渗潜蚀作用形成的。若成串分布，称串珠状陷穴
		黄土井	黄土陷穴向下发展，形成深度大于宽度若干倍的陷阱，称为黄土井
		黄土珏和黄土桥	黄土陷穴崩塌之后，形成桥状洞穴，被称为黄土桥。沿垂直节理崩塌形成柱状土柱，称黄土柱
重力地貌		崩塌倒土堆	由于黄土冲沟深切，岸坡高陡，突然迅速地向坡下崩落，坡脚形成黄土倒土堆，是高陡黄土岸坡出现的地貌形态
		黄土滑坡	黄土岩坡由于坡脚临空，土体在重力和地下水作用下产生的岸坡滑移变形，形成黄土滑塌堆积地貌

(二)冰川地貌

由冰川活动的侵蚀作用和堆积作用所形成的地貌，称为冰川地貌。

1. 冰川的类型和特征

冰川类型和特征如表 1.5.19 所示。

冰川类型和特征 表 1.5.19

冰川类型		基本特征
山岳冰川	冰斗冰川	是规模较小而数量最多的一种冰川。冰雪只是大量堆积在山岳高处的一些凹地中，积雪区与流动区无明显界限，三面围以陡峭的岩壁，朝山坡一面有开口，并有一冰坎阻止冰雪下流，冰舌短
	悬冰川	当冰雪增加或雪线下降时，冰斗冰川中的雪冰盛满了积雪凹地，冰舌从出口处慢慢向下流动，便形成悬冰川
	山谷冰川	山谷冰川有明显的积雪区和滴融区。雪线低，冰舌长，沿山谷有一定流路，似冰冻之河流。有主冰川和支冰川，按支冰川的有无和支冰川汇入主冰川的形态分为单式山谷冰川、复式山谷冰川和树枝状山谷冰川
	平顶冰川	一般发育在一些平缓的分水岭上，在我国珠峰地区则发育在海拔 6 000～7 000 m 的高夷平面上，所以也称高原冰川或冰帽
山麓冰川		山谷冰川流出山口漫流于山前平原上，称山麓冰川，又称冰汛
大陆冰川	冰盾	大陆冰川中，表面呈凸形盾状，其中央为积雪区，边缘为消融区，自中心向四周运动的冰川，叫冰盾
	大陆冰盖	大陆冰川中，规模更大，表面有起伏较大的冰川，称为大陆冰盖，面积可达几百万平方千米，厚度可达千米

2. 冰川侵蚀地貌

冰川侵蚀地貌和特征见表 1.5.20。

冰川侵蚀地貌和特征 表 1.5.20

地貌形态	基本特征
冰斗	是冰斗冰川塑造的地形，由冰川壁、盆底和冰坎三部分组成。冰斗的存在和分布是识别雪线转移的标志
刃脊、角峰	相邻两冰斗或冰川谷间的岭脊，形似鱼鳍一样的尖背山脊称刃脊。由三个以上冰斗发展形成的尖锐山峰称为角峰
冰川槽谷	又称冰川谷、U 谷、幽谷，是最明显的山地冰川冰蚀地形。横断面呈抛物线形或 U 字形，谷底平缓开阔，两壁边坡陡峭
悬谷	支冰川汇入主冰川入口处有一明显的陡坎称谷口台阶，支冰川谷悬挂在主冰川之上，称悬谷
冰川三角面羊背石	冰川运动过程中，由于冰川所携带的岩石碎块不断地对槽谷两侧的岩壁进行锉磨、剥蚀，使两壁小山脊形成一系列的冰川三角面或冰溜面，面上有冰川擦痕。在槽谷的底部，由于冰川的磨蚀和挖掘，使一些比较坚硬均一的岩石形成微微突起的一系列基岩小丘，称为羊背石

3. 冰川、冰水堆积地貌

冰川堆积地貌和特征见表 1.5.21。

冰川堆积地貌和特征 表 1.5.21

地貌形态		基本特征
冰碛地貌	基碛	当冰川融化以后，原来的表碛和内碛坠落到早已形成的底碛上，合称基碛。由基碛组成的地貌称基碛地貌。常见的基碛地貌有冰碛丘陵、鼓丘等
	终碛	当冰川末端的补给与消融处于平衡时，冰碛物就会在冰舌前端堆积成弧形长堤，称终碛堤
	侧碛	冰川对谷壁的侵蚀和崩塌等作用使冰川两侧及表面边缘聚集了大量碎屑物质，当冰川融化时这些物质以融坠的方式堆积在冰川谷两侧，形成与冰川平行的长堤，称侧碛堆

续上表

地貌形态		基本特征
冰前堆积地貌	冰水扇、冰水冲积平原	冰川外围是平坦开阔的地形，冰水流出冰川末端后，立即分散，冰水携带的碎屑物质就在冰前堆积起来形成平缓的扇状地形，称冰水扇。一系列冰水扇连接起来即构成冰水冲积平原
	冰水阶地	冰期时，大量碎屑物质在河谷中堆积；间冰期，水量增加，产生强烈的侵蚀作用，切割冰期时形成的堆积物，形成冰水阶地
	冰湖沉积	冰湖沉积包括三角洲沉积、湖底沉积、湖滨沉积等类型，其中前两者较重要。冰湖三角洲沉积是冰水河流流入冰湖，在冰湖岸边产生的沉积，与普通三角洲沉积差别不大；湖底沉积是夏季冰川融化强烈，冰水充沛，把大量泥沙搬到湖底沉积，冬季浮在水中的黏土慢慢沉积，这样年复一年便形成粗细相间、层理极薄的纹泥，又称季候泥
冰川接触沉积地貌	冰阜阶地	冰川后退时，冰融水在冰川谷两侧形成溪流，水流在谷壁与冰川间流动，冰川全部融化，堆积物前缘失去支撑而坍塌，形成陡坎，形态与河流阶地相似。一般分布于终碛堤内的冰川谷两侧
	冰砾阜	是一种平顶圆形或长形的丘陵地形，其直径 100～200 m，高 5～70 m，边坡较陡。常杂乱地成群分布于山岳冰川或大陆冰川的边缘靠终碛的地方
	锅穴	冰川退缩时在冰水沉积物中常遗留下大小不等的冰块，当这些冰块完全融化以后，沉积物陷落，形成凹坑，称锅穴
	蛇形丘	发育在大陆冰川区，是像铁路路基那样狭窄的长条状高地

(三)冻土地貌

冻土地区以融冻作用为主所形成的一系列地形景观，总称为冻土地貌，见表 1.5.22。

冰土地貌及特征 表 1.5.22

地貌形态	基本特征
石海	在平坦且排水较好的山顶或山坡上，经冰冻风化形成的大小石块，直接覆盖在基岩面上，这种平坦山顶上布满石块的地形称石海
石川	在不太陡的山坡和凹地中，大量的风化产物——巨砾块在重力下沿着下伏的湿润细粒土层表面，整体地或部分地向下滑动，这种移动着的石块群体称石川或石河
冰冻结构土	在冻土层表面，常出现碎石按几何图案作规则排列的现象，具这种现象的冻土称为冰冻结构土。按碎石排列形态冰冻结构土可分为石环、石圈、石多边形、石条等类型。一般来说，水平面上发育石多边形或石环；在平缓的凸坡上发育石圈；在较陡的斜坡上发育石条
融冻泥流	地形上是一个平缓—中等坡度(17°～27°)的斜坡，在斜坡上覆盖着含水率很高的细粒土或含砾石的细粒土。当每年夏季冻土层上部融化时，在重力作用下，上部过饱和的软泥沿着下伏的冰冻层表面或基岩面向坡下缓慢地滑动，称为融冻泥流作用，缓慢地滑动着的土体称为融冻泥流。当融冻泥流向下滑动的过程遇到阻挡时，就会停滞不前，积累成为台阶状小高地(称为泥流阶地)，形成很多高度各不相同的台阶称泥流阶地群。各种自然因素或人为作用，使山坡下部形成陡坎，山坡上部解冻的土体就会失去平衡，沿永久冻土层表面向坡下迅速地顺层滑动，称为融冻滑塌
热力岩溶地形	由于自然因素或人为的作用，破坏了地面上原有的保温层，使土中温度升高，从而导致冰冻层上部局部融化。随冰冻层的融化，冰冻层以上的土层也随之产生沉陷，这种沉陷作用形成的负地形，称热力岩溶地形。如沉陷漏斗、浅洼地、沉陷盆地、热力岩溶湖等
冻胀丘、冰丘	在冻土地区，由于冻结膨胀作用使土层产生局部隆起，常形成丘状地形，称为冻胀丘。如果冻胀丘内形成冰透镜体，它对地表也起着巨大的冻胀作用，这种冻胀丘称冰核丘。溢出到河湖冰面、雪面、地面的地表水或地下水经冻结而成的丘状体为冰丘

第二章 岩土工程勘察知识

第一节 勘察工作的布置

一、岩土工程勘察分级

岩土工程勘察分级的目的是突出重点、区别对待。工程重要性等级、场地和地基的复杂程度是分级的3个主要因素。

1.工程重要性等级

根据工程的规模和特征,以及由于岩土工程问题造成工程破坏或影响正常使用的后果,可将工程分为3个工程重要性等级。

①一级工程:重要工程,后果很严重。

②二级工程:一般工程,后果严重。

③三级工程:次要工程,后果不严重。

2.场地等级

根据场地复杂程度,可按下列规定分为3个场地等级。

1)一级场地

符合下列条件之一者为一级场地(复杂场地):

①对建筑抗震危险的地段;

②不良地质作用强烈发育;

③地质环境已经或可能受到强烈破坏;

④地形地貌复杂;

⑤有影响工程的多层地下水、岩溶裂隙水或其他水文地质条件复杂,需专门研究。

2)二级场地

符合下列条件之一者为二级场地(中等复杂场地):

①对建筑抗震不利的地段;

②不良地质作用一般发育;

③地质环境已经或可能受到一般破坏;

④地形地貌较复杂;

⑤基础位于地下水位以下。

3)三级场地

符合下列条件者为三级场地(简单场地):

①抗震设防烈度等于或小于6度,或对建筑抗震有利的地段;

②不良地质作用不发育;

③地质环境基本未受破坏;

④地形地貌简单;

⑤地下水对工程无影响。

3. 地基等级

地基可分为3个等级。

1)一级地基

符合下列条件之一者为一级地基(复杂地基):

①岩土种类多,性质变化大,很不均匀,需特殊处理;

②严重湿陷、膨胀、盐渍、污染的特殊性岩土,以及其他情况复杂,需作专门处理的岩土。

2)二级地基

符合下列条件之一者为二级地基(中等复杂地基):

①岩土种类较多,不均匀,性质变化较大;

②除本条第1款规定以外的特殊性岩土。

3)三级地基

符合下列条件者为三级地基(简单地基):

①岩土种类单一,均匀,性质变化不大;

②无特殊性岩土。

4. 岩土工程勘察等级划分

岩土工程勘察等级可划分为三级。

①甲级:在工程重要性等级、场地复杂程度等级和地基复杂程度等级中,有一项或多项为一级。

②乙级:除勘察等级为甲级和丙级以外的勘察项目。

③丙级:工程重要性、场地复杂程度和地基复杂程度等级均为三级。

需要指出的是,建筑在岩质地基上的一级工程,当场地复杂程度等级和地基复杂程度等级均为三级时,岩土工程勘察等级可定为乙级。

二、岩土工程勘察工作的布置

岩土工程勘察为工程设计和施工服务,不同类型的工程由于其设计阶段划分不同,其岩土工程勘察阶段的划分和勘察要求也随之不同。

1. 房屋建筑和构筑物

(1)房屋建筑和构筑(以下简称"建筑物")的岩土工程勘察,应在搜集建筑物上部荷载、功能特点、结构类型、基础形式、埋置深度和变形限制等方面资料的基础上进行。其主要工作内容应符合下列规定:

①查明场地和地基的稳定性、地层结构、持力层和下卧层的工程特性、土的应力历史和地下水条件以及不良地质作用等;

②提供满足设计、施工所需的岩土参数,确定地基承载力,预测地基变形性状;

③提出地基基础、基坑支护、工程降水和地基处理设计与施工方案的建议;

④提出对建筑物有影响的不良地质作用的防治方案建议;

⑤对于抗震设防烈度等于或大于6度的场地,进行场地与地基的地震效应评价。

(2)建筑物的岩土工程勘察宜分阶段进行,可行性研究勘察应符合选择场址方案的要求;初步勘察应符合初步设计的要求;详细勘察应符合施工图设计的要求;场地条件复杂或有特殊要求的工程,宜进行施工勘察。

场地较小且无特殊要求的工程可合并勘察阶段。当建筑物平面布置已经确定,且场地或其附近已有岩土工程资料时，可根据实际情况，直接进行详细勘察。

(3)可行性研究勘察，应对拟建场地的稳定性和适宜性做出评价，并应符合下列要求：

①搜集区域地质、地形地貌、地震、矿产、当地的工程地质、岩土工程和建筑经验等资料；

②在充分搜集和分析已有资料的基础上，通过踏勘了解场地的地层、构造、岩性、不良地质作用和地下水等工程地质条件；

③当拟建场地工程地质复杂，已有资料不能满足要求时，应根据具体情况进行工程地质测绘和必要的勘探工作；

④当有两个或两个以上拟选场地时，应进行比选分析。

(4)初步勘察应对场地内拟建建筑地段的稳定性做出评价，并进行下列主要工作：

①搜集拟建工程的有关文件、工程地质和岩土工程资料以及工程场地范围的地形图；

②初步查明地质构造、地层结构、岩土工程特性、地下水埋藏条件；

③查明场地不良地质作用的成因、分布、规模、发展趋势，并对场地的稳定性做出评价；

④对抗震设防烈度等于或大于 6 度的场地，应对场地和地基的地震效应做出初步评价；

⑤季节性冻土地区，应调查场地土的标准冻结深度；

⑥初步判定水和土对建筑材料的腐蚀性；

⑦高层建筑初步勘察时，应对可能采取的地基基础类型、基坑开挖与支护、工程降水方案进行初步分析评价。

(5)初步勘察的勘探工作应符合下列要求：

①勘探线应垂直地貌单元、地质构造和地层界线布置；

②每个地貌单元均应布置勘探点，在地貌单元交接部位和地层变化较大的地段，勘探点应予加密；

③在地形平坦地区，可按网格布置勘探点；

④对岩质地基，勘探线和勘探点的布置、勘探孔的深度，应根据地质构造、岩体特性、风化情况等，按地方标准或当地经验确定；对土质地基，应符合本节中的相关的规定。

(6)初步勘察勘探线、勘探点间距可按表 2.1.1 确定，局部异常地段应予加密。

初步勘察勘探线、勘探点间距(单位：m) 表 2.1.1

地基复杂程度等级	勘探线间距	勘探点间距
一级(复杂)	50～100	30～50
二级(中等复杂)	75～150	40～100
三级(简单)	150～300	75～200

注：1.表中间距不适用于地球物理勘探。

2.控制性勘探点宜占勘探点总数的 1/5～1/3，且每个地貌单元均应有控制性勘探点。

(7)初步勘察勘探孔的深度可按表 2.1.2 确定。

初步勘察勘探孔深度(单位：m) 表 2.1.2

工程重要性等级	一般性勘探孔	控制性勘探孔
一级(重要工程)	≥15	≥30
二级(一般工程)	10～15	15～30
三级(次要工程)	6～10	10～20

注：1.勘探孔包括钻孔、探井和原位测试孔等。

2.特殊用途的钻孔除外。

(8)当遇下列情形之一时，应适当增减勘探孔深度：

①当勘探孔的地面标高与预计整平地面标高相差较大时，应按其差值调整勘探孔深度；

②在预定深度内遇基岩时，除控制性勘探孔仍应钻入基岩适当深度外，其他勘探孔达到确认的基岩后即可终止钻进；

③在预定深度内有厚度较大，且分布均匀的坚实土层(如碎石土、密实砂、老沉积土等)时，除控制性勘探孔应达到规定深度外，一般性勘探孔的深度可适当减小；

④当预定深度内有软弱土层时，勘探孔深度应适当增加，部分控制性勘探孔应穿透软弱土层或达到预计控制深度；

⑤对重型工业建筑应根据结构特点和荷载条件适当增加勘探孔深度。

(9)初步勘察采取土试样和进行原位测试应符合下列要求：

①采取土试样和进行原位测试的勘探点应结合地貌单元、地层结构和土的工程性质布置，其数量可占勘探点总数的1/4～1/2；

②采取土试样的数量和孔内原位测试的竖向间距，应按地层特点和土的均匀程度确定；每层土均应采取土试样或进行原位测试，其数量不宜少于6个。

(10)初步勘察应进行下列水文地质工作：

①调查含水层的埋藏条件，地下水类型、补给排泄条件，各层地下水位，调查其变化幅度，必要时应设置长期观测孔，监测水位变化；

②当需绘制地下水等水位线图时，应根据地下水的埋藏条件和层位，统一量测地下水位；

③当地下水可能浸湿基础时，应采取水样进行腐蚀性评价。

(11)详细勘察应按单体建筑物或建筑群提出详细的岩土工程资料和设计、施工所需的岩土参数；对建筑地基做出岩土工程评价，并对地基类型、基础形式、地基处理、基坑支护、工程降水和不良地质作用的防治等提出建议。主要应进行下列工作：

①搜集附有坐标和地形的建筑总平面图，场区的地面整平标高，建筑物的性质、规模、荷载、结构特点，基础形式、埋置深度，地基允许变形等资料；

②查明不良地质作用的类型、成因、分布范围、发展趋势和危害程度，提出整治方案的建议；

③查明建筑范围内岩土层的类型、深度、分布、工程特性，分析和评价地基的稳定性、均匀性和承载力；

④对需进行沉降计算的建筑物，提供地基变形计算参数，预测建筑物的变形特征；

⑤查明埋藏的河道、沟浜、墓穴、防空洞、孤石等对工程不利的埋藏物；

⑥查明地下水的埋藏条件，提供地下水位及变化幅度；

⑦在季节性冻土地区，提供场地土的标准冻结深度；

⑧判定水和土对建筑材料的腐蚀性。

(12)对抗震设防烈度等于或大于6度的场地，勘察工作应按《岩土工程勘察规范》(GB 50021—2001)(2009年版)第5.7节执行；当建筑物采用桩基础时，应按《岩土工程勘察规范》(GB 50021—2001)(2009年版)第4.9节执行；当需进行基坑开挖、支护和降水设计时，应按《岩土工程勘察规范》(GB 50021—2001)(2009年版)第4.8节执行。

(13)详细勘察应论证地下水在施工期间对工程和环境的影响。对情况复杂的重要工程，需论证使用期间水位变化和需提出抗浮设防水位时，应进行专门研究。

(14)详细勘察勘探点布置和勘探孔深度，应根据建筑物特性和岩土工程条件确定。对岩质地基，应根据地质构造、岩体特性、风化情况等，结合建筑物对地基的要求，按地方标准或当地经验确定；对土质地基，应符合本节相关条款的规定。

(15)详细勘察勘探点的间距可按表 2.1.3 确定。

详细勘察勘探点的间距(单位:m)　　表 2.1.3

地基复杂程度等级	勘探点间距	地基复杂程度等级	勘探点间距
一级(复杂)	10～15	三级(简单)	30～50
二级(中等复杂)	15～30		

(16)详细勘察的勘探点布置,应符合下列规定:

①勘探点宜按建筑物周边线和角点布置,对无特殊要求的其他建筑物可按建筑物或建筑群的范围布置;

②同一建筑范围内的主要受力层或有影响的下卧层起伏较大时,应加密勘探点,查明其变化;

③重大设备基础应单独布置勘探点;重大的动力机器基础和高耸构筑物,勘探点不宜少于 3 个;

④勘探手段宜采用钻探与触探相配合,在复杂地质条件、湿陷性土、膨胀岩土、风化岩和残积土地区,宜布置适量探井。

(17)详细勘察的单栋高层建筑勘探点的布置,应满足对地基均匀性评价的要求,且不应少于 4 个;对密集的高层建筑群,勘探点可适当减少,但每栋建筑物至少应有 1 个控制性勘探点。

(18)详细勘察的勘探深度自基础底面算起,应符合下列规定:

①勘探孔深度应能控制地基主要受力层,当基础底面宽度不大于 5 m 时,勘探孔的深度对条形基础不应小于基础底面宽度的 3 倍,对单独柱基不应小于 1.5 倍,且不应小于 5 m;

②对高层建筑和需作变形验算的地基,控制性勘探孔的深度应超过地基变形计算深度;高层建筑的一般性勘探孔应达到基底下 0.5～1.0 倍的基础宽度,并深入稳定分布的地层;

③对仅有地下室的建筑或高层建筑的裙房,当不能满足抗浮设计要求,需设置抗浮桩或锚杆时,勘探孔深度应满足抗拔承载力评价的要求;

④当有大面积地面堆载或软弱下卧层时,应适当加深控制性勘探孔的深度;

⑤在上述规定深度内遇基岩或厚层碎石土等稳定地层时,勘探孔深度可适当调整。

(19)详细勘察的勘探孔深度,除应符合第(18)条的要求外,尚应符合下列规定:

①地基变形计算深度,对中、低压缩性土可取附加压力等于上覆土层有效自重压力 20%的深度;对于高压缩性土层可取附加压力等于上覆土层有效自重压力 10%的深度;

②建筑总平面内的裙房或仅有地下室部分(或当基底附加压力 $p_0 \leqslant 0$ 时)的控制性勘探孔的深度可适当减小,但应深入稳定分布地层,且根据荷载和土质条不宜少于基底下 0.5～1.0 倍基础宽度;

③当需进行地基整体稳定性验算时,控制性勘探孔深度应根据具体条件满足验算要求;

④当需确定场地抗震类别而邻近无可靠的覆盖层厚度资料时,应布置波速测试孔,其深度应满足确定覆盖层厚度的要求;

⑤大型设备基础勘探孔深度不宜小于基础底面宽度的 2 倍;

⑥当需进行地基处理时,勘探孔的深度应满足地基处理设计与施工要求,当采用桩基时,勘探孔的深度应满足本有关规范的要求。

(20)详细勘察采取土试样和进行原位测试应满足岩土工程评价要求,并符合下列要求:

①采取土试样和进行原位测试的勘探孔的数量,应根据地层结构、地基土的均匀性和工

程特点确定，且不应少于勘探孔总数的1/2，钻探取土试样的数量不应少于勘探孔总数的1/3；

②每个场地每一主要土层的原状土试样或原位测试数据不应少于6件(组)，当采用连续记录的静力触探或动力触探为主要勘察手段时，每个场地不应少于3个孔；

③在地基主要受力层内，对厚度大于0.5 m的夹层或透镜体，应采取土试样或进行原位测试；

④当土层性质不均匀时，应增加取土试样或原位测试数量。

(21)基坑或基槽开挖后，岩土条件与勘察资料不符或发现必须查明的异常情况时，应进行施工勘察；在工程施工或使用期间，当地基土、边坡体、地下水等发生未曾估计到的变化时，应进行监测，并对工程和环境的影响进行分析评价。

(22)室内土工试验应符合规范的规定，为基坑工程设计进行的土的抗剪强度试验，应满足相关规范的规定。

(23)地基变形计算应按现行国家标准《建筑地基基础设计规范》(GB 50007—2011)或其他有关标准的规定执行。

(24)地基承载力应结合地区经验按有关标准综合确定。有不良地质作用的场地，建在坡上或坡顶的建筑物，以及基础侧旁开挖的建筑物，应评价其稳定性。

2.地下洞室

(1)本内容适用于人工开挖的无压地下洞室的岩土工程勘察。

(2)地下洞室勘察的围岩分级方法应与地下洞室设计采用的标准一致。

(3)可行性研究勘察应通过搜集区域地质资料，现场踏勘和调查，了解拟选方案的地形地貌、地层岩性、地质构造、工程地质、水文地质和环境条件，做出可行性评价，选择合适的洞址和洞口。

(4)初步勘察应采用工程地质测绘、勘探和测试等方法，初步查明选定方案的地质条件和环境条件，初步确定岩体质量等级(围岩类别)，对洞址和洞口的稳定性做出评价，为初步设计提供依据。

(5)初步勘察时，工程地质测绘和调查应初步查明下列问题：

①地貌形态和成因类型；

②地层岩性、产状、厚度、风化程度；

③断裂和主要裂隙的性质、产状、充填、胶结、贯通及组合关系；

④不良地质作用的类型、规模和分布；

⑤地震地质背景；

⑥地应力的最大主应力作用方向；

⑦地下水类型、埋藏条件、补给、排泄和动态变化；

⑧地表水体的分布及其与地下水的关系，淤积物的特征；

⑨洞室穿越地面建筑物、地下构筑物、管道等既有工程时的相互影响。

(6)初步勘察时，勘探与测试应符合下列要求：

①采用浅层地震剖面法或其他有效方法圈定隐伏断裂、构造破碎带，查明基岩埋深、划分风化带。

②勘探点宜沿洞室外侧交叉布置，勘探点间距为100～200 m，采取试样和原位测试勘探孔不宜少于勘探孔总数2/3；控制性勘探孔深度，对岩体基本质量等级为Ⅰ级和Ⅱ级的岩体宜钻入洞底设计标高下1～3 m；对Ⅲ级岩体宜钻入3～5 m；对Ⅳ级、Ⅴ级的岩体和土层，

勘探孔深度应根据实际情况确定。

③每一主要岩层和土层均应采取试样，当有地下水时应采取水试样；当洞区存在有害气体或地温异常时，应进行有害气体成分、含量或地温测定；对高地应力地区，应进行地应力量测。

④必要时，可进行钻孔弹性波或声波测试，钻孔地震 CT 或钻孔电磁波 CT 测试。

⑤室内岩石试验和土工试验项目，应按《岩土工程勘察规范》(GB 50021—2001)(2009 年版)第 11 章的规定执行。

(7)详细勘察应采用钻探、钻孔物探和测试为主的勘察方法，必要时可结合施工导洞布置洞探，详细查明洞址、洞口、洞室穿越线路的工程地质和水文地质条件，分段划分岩体质量等级(围岩类别)，评价洞体和围岩的稳定性，为设计支护结构和确定施工方案提供资料。

(8)详细勘察应进行下列工作：

①查明地层岩性及其分布，划分岩组和风化程度，进行岩石物理力学性质试验；

②查明断裂构造和破碎带的位置、规模、产状和力学属性，划分岩体结构类型；

③查明不良地质作用的类型、性质、分布，并提出防治措施的建议；

④查明主要含水层的分布、厚度、埋深，地下水的类型、水位、补给排泄条件，预测开挖期间出水状态、涌水量和水质的腐蚀性；

⑤城市地下洞室降水施工时，应分段提出工程降水方案和有关参数；

⑥查明洞室所在位置及邻近地段的地面建筑和地下构筑物、管线状况，预测洞室开挖可能产生的影响，提出防护措施。

(9)详细勘察可采用浅层地震勘探和孔间地震 CT 或孔间电磁波 CT 测试等方法，详细查明基岩埋深、岩石风化程度，隐伏体(如溶洞、破碎带等)的位置，在钻孔中进行弹性波波速测试，为确定岩体质量等级(围岩类别)、评价岩体完整性、计算动力参数提供资料。

(10)详细勘察时，勘探点宜在洞室中线外侧 6～8 m 交叉布置，山区地下洞室按地质构造布置，且勘探点间距不应大于 50 m；城市地下洞室的勘探点间距，岩土变化复杂的场地宜小于 25 m，中等复杂的宜为 25～40 m，简单的宜为 40～80 m。

采集试样和原位测试勘探孔数量不应少于勘探孔总数的 1/2。

(11)详细勘察时，第四系中的控制性勘探孔深度应根据工程地质条件、水文地质条件、洞室埋深、防护设计等需要确定；一般性勘探孔可钻至基底设计标高下 6～10 m。控制性勘探孔深度，可按相关规定执行。

(12)详细勘察的室内试验和原位测试，除应满足初步勘察的要求外，对城市地下洞室尚应根据设计要求进行下列试验：

①采用承压板边长为 30 cm 的载荷试验测求地基基床系数；

②采用面热源法或热线比较法进行热物理指标试验，计算热物理参数—导温系数、导热系数和比热容；

③当需提供动力参数时，可用压缩波波速 v_p 和剪切波波速 v_s 计算求得，必要时，可采用室内动力性质试验，提供动力参数。

(13)施工勘察应配合导洞或毛洞开挖进行，当发现与勘察资料有较大出入时，应提出修改设计和施工方案的建议。

(14)地下洞室围岩的稳定性评价可采用工程地质分析与理论计算相结合的方法，可采用数值法或弹性有限元图谱法计算。

(15)当洞室可能产生偏压、膨胀压力、岩爆和其他特殊情况时，应进行专门研究。

(16)详细勘察阶段地下洞室岩土工程勘察报告，除按有关规范的要求执行外，尚应包括下列内容：

①划分围岩类别；

②提出洞址、洞口、洞轴线位置的建议；

③对洞口、洞体的稳定性进行评价；

④提出支护方案和施工方法的建议；

⑤对地面变形和既有建筑的影响进行评价。

3.岸边工程

(1)本节适用于港口工程、造船和修船水工建筑物，以及取水构筑物的岩土工程勘察。

(2)岸边工程勘察应着重查明下列内容：

①地貌特征和地貌单元交界处的复杂地层；

②高灵敏软土、层状构造土、混合土等特殊土和基本质量等级为Ⅴ级岩体的分布和工程特性；

③岸边滑坡、崩塌、冲刷、淤积、潜蚀、沙丘等不良地质作用。

(3)可行性研究勘察时，应进行工程地质测绘或踏勘调查，内容包括地层分布、构造特点、地貌特征、岸坡形态、冲刷淤积、水位升降、岸滩变迁、淹没范围等情况和发展趋势。必要时应布置一定数量的勘探工作，并应对岸坡的稳定性和场址的适宜性做出评价，提出最优场址方案的建议。

(4)初步设计阶段勘察应符合下列规定：

①工程地质测绘，应调查岸线变迁和动力地质作用对岸线变迁的影响；埋藏河、湖、沟谷的分布及其对工程的影响；潜蚀、沙丘等不良地质作用的成因、分布、发展趋势及其对场地稳定性的影响。

②勘探线宜垂直岸向布置；勘探线和勘探点的间距，应根据工程要求、地貌特征、岩土分布、不良地质作用等确定；岸坡地段和岩石与土层组合地段宜适当加密。

③勘探孔的深度应根据工程规模、设计要求和岩土条件确定。

④水域地段可采用浅层地震剖面或其他物探方法。

⑤对场地的稳定性应做出进一步评价，并对总平面布置、结构和基础形式、施工方法和不良地质作用的防治提出建议。

(5)施工图设计阶段勘察时，勘探线和勘探点应结合地貌特征和地质条件，根据工程总平面布置确定，复杂地基地段应予加密。勘探孔深度应根据工程规模、设计要求和岩土条件确定，除建筑物和结构的特点与荷载外，应考虑岸坡稳定性、坡体开挖、支护结构、桩基等的分析计算需要。

根据勘察结果，应对地基基础的设计和施工及不良地质作用的防治提出建议。

(6)原位测试除应符合《岩土工程勘察规范》(GB 50021—2001)(2009 年版)第 10 章的要求外，软土中可用静力触探或静力触探与旁压试验相结合，进行分层，测定土的模量、强度和地基承载力等；用十字板剪切试验，测定土的不排水抗剪强度。

(7)测定土的抗剪强度选用剪切试验方法时，应考虑下列因素：

①非饱和土在施工期间和竣工以后受水浸成为饱和土的可能性；

②土的固结状态在施工和竣工后的变化；

③挖方卸荷或填方增荷对土性的影响。

(8)各勘察阶段勘探线和勘探点的间距、勘探孔的深度、原位测试和室内试验的数量等的具体要求，应符合现行有关标准的规定。

(9)评价岸坡和地基稳定性时,应考虑下列因素:

①正确选用设计水位;

②出现较大水头差和水位骤降的可能性;

③施工时的临时超载;

④较陡的挖方边坡;

⑤波浪作用;

⑥打桩影响;

⑦不良地质作用的影响。

(10)岸边工程岩土工程勘察报告除应遵守《岩土工程勘察规范》(GB 50021—2001)(2009年版)第14章的规定外,尚应满足相应勘察阶段的要求,包括下列内容:

①分析评价岸坡稳定性和地基稳定性;

②提出地基基础与支护设计方案的建议;

③提出防治不良地质作用的建议;

④提出岸边工程监测的建议。

4.管道和架空线路工程

1)管道工程

(1)本部分适用于长输油、气管道线路及其他大型穿、跨越工程的岩土工程勘察。

(2)长输油、气管道工程可分选线勘察、初步勘察和详细勘察三个阶段。对岩土工程条件简单或有工程经验的地区,可适当简化勘察阶段。

(3)选线勘察应通过搜集资料、测绘与调查,掌握各方案的主要岩土工程问题,对拟选穿、跨越河段的稳定性和适宜性做出评价,并应符合下列要求:

①调查沿线地形地貌、地质构造、地层岩性、水文地质等条件,推荐线路越岭方案;

②调查各方案通过地区的特殊性岩土和不良地质作用,评价其对修建管道的危害程度;

③调查控制线路方案河流的河床和岸坡的稳定程度,提出穿、跨越方案比选的建议;

④调查沿线水库的分布情况,近期和远期规划,水库水位、回水浸没和坍岸的范围及其对线路方案的影响;

⑤调查沿线矿产、文物的分布概况;

⑥调查沿线地震动参数或抗震设防烈度。

(4)穿越和跨越河流的位置应选择河段顺直,河床与岸坡稳定,水流平缓,河床断面大致对称,河床岩土构成比较单一,两岸有足够施工场地等有利河段。宜避开下列河段:

①河道异常弯曲,主流不固定,经常改道;

②河床为粉细砂组成,冲淤变幅大;

③岸坡岩土松软,不良地质作用发育,对工程稳定性有直接影响或潜在威胁;

④断层河谷或发震断裂。

(5)初步勘察应包括下列内容:

①划分沿线的地貌单元;

②初步查明管道埋设深度内岩土的成因、类型、厚度和工程特性;

③调查对管道有影响的断裂的性质和分布;

④调查沿线各种不良地质作用的分布、性质、发展趋势及其对管道的影响;

⑤调查沿线井、泉的分布和地下水位情况;

⑥调查沿线矿藏分布及开采和采空情况;

⑦初步查明拟穿、跨越河流的洪水淹没范围，评价岸坡稳定性。

(6)初步勘察应以搜集资料和调查为主。管道通过河流、冲沟等地段宜进行物探。地质条件复杂的大中型河流，应进行钻探。每个穿、跨越方案宜布置勘探点1～3个；勘探孔深度应按有关规定执行。

(7)详细勘察应查明沿线的岩土工程条件和水、土对金属管道的腐蚀性，提出工程设计所需要的岩土特性参数。穿、跨越地段的勘察应符合下列规定：

①穿越地段应查明地层结构、土的颗粒组成和特性，查明河床冲刷和稳定程度，评价岸坡稳定性并提出护坡建议；

②跨越地段的勘探工作应按本节相关规定执行。

(8)详细勘察勘探点的布置，应满足下列要求：

①对管道线路工程，勘探点间距视地质条件复杂程度而定，宜为200～1 000 m，包括地质点及原位测试点，并应根据地形、地质条件复杂程度适当增减；勘探孔深度宜为管道埋设深度以下1～3 m；

②对管道穿越工程，勘探点应布置在穿越管道的中线上，偏离中线不应大于3 m，勘探点间距宜为30～100 m，并不应少于3个；当采用沟埋敷设方式穿越时，勘探孔深度宜钻至河床最大冲刷深度以下3～5 m；当采用顶管或定向钻方式穿越时，勘探孔深度应根据设计要求确定。

(9)抗震设防烈度等于或大于6度地区的管道工程，勘察工作应满足相关规范的要求。

(10)岩土工程勘察报告应包括下列内容：

①选线勘察阶段，应简要说明线路各方案的岩土工程条件，提出各方案的比选推荐建议。

②初步勘察阶段，应论述各方案的岩土工程条件，并推荐最优线路方案；对穿、跨越工程尚应评价河床及岸坡的稳定性，提出穿、跨越方案的建议。

③详细勘察阶段，应分段评价岩土工程条件，提出岩土工程设计参数和设计、施工方案的建议；对穿越工程尚应论述河床和岸坡的稳定性，提出护岸措施的建议。

2)架空线路工程

(1)本部分内容适用于大型架空线路工程，包括220 kV及其以上的高压架空送电线路、大型架空索道等的岩土工程勘察。

(2)大型架空线路工程可分初步设计勘察和施工图设计勘察两阶段；小型架空线路可合并勘察阶段。

(3)初步设计勘察应符合下列要求：

①调查沿线地形地貌、地质构造、地层岩性和特殊性岩土的分布、地下水及不良地质作用，并分段进行分析评价；

②调查沿线矿藏分布、开发计划与开采情况；线路宜避开可采矿层；对已开采区，应对采空区的稳定性进行评价；

③对大跨地段，应查明工程地质条件，进行岩土工程评价，推荐最优跨越方案。

(4)初步设计勘察应以搜集和利用航测资料为主。大跨越地段应作详细的调查或工程地质测绘，必要时，辅以少量的勘探、测试工程。

(5)施工图设计勘察应符合下列要求：

①平原地区应查明塔基土层的分布、埋藏条件、物理力学性质、水文地质条件及环境水对混凝土和金属材料的腐蚀性。

②丘陵和山区除查明本条第1款的内容外，尚应查明塔基近处的各种不良地质作用，提出防治措施建议。

③大跨越地段尚应查明跨越河段的地形地貌，塔基范围内地层岩性、风化破碎程度、软弱夹层及其物理力学性质；查明对塔基有影响的不良地质作用，并提出防治措施建议。

④对特殊设计的塔基和大跨越塔基，当抗震设防烈度等于或大于6度时，勘察工作应满足相关规范的要求。

(6)施工图设计勘察阶段，对架空线路工程的转角塔、耐张塔、终端塔、大跨越塔等重要塔基和地质条件复杂地段，应逐个进行塔基勘探。直线塔基地段宜每3～4个塔布置一个勘探点；深度应根据杆塔受力性质和地质条件确定。

(7)架空线路岩土工程勘察报告应包括下列内容：

①初步设计勘察阶段，应论述沿线岩土工程条件和跨越主要河流地段的岸坡稳定性，选择最优线路方案；

②施工图设计勘察阶段，应提出塔位明细表，论述塔位的岩土条件和稳定性，并提出设计参数和基础方案，以及工程措施等建议。

5.废弃物处理工程

1)一般规定

(1)本部分内容适用于工业废渣场、垃圾填埋场等固体废弃物处理工程的岩土工程勘察。核废料处理场地的勘察尚应满足有关规范要求。

(2)废弃物处理工程的岩土工程勘察，应着重查明下列内容：

①地形地貌特征和气象水文条件；

②地质构造、岩土分布和不良地质作用；

③岩土的物理力学性质；

④水文地质条件、岩土和废弃物的渗透性；

⑤场地、地基和边坡的稳定性；

⑥污染物的运移，对水源和岩土的污染，对环境的影响；

⑦筑坝材料和防渗覆盖用黏土的调查；

⑧全新活动断裂、场地地基和堆积体的地震效应。

(3)废弃物处理工程勘察的范围，应包括堆填场(库区)、初期坝、相关的管线、隧洞等构筑物和建筑物，以及邻近相关地段，并应进行地方建筑材料的勘察。

(4)废弃物处理工程的勘察应配合工程建设分阶段进行。可分为可行性研究勘察、初步勘察和详细勘察，并应符合有关标准的规定。

可行性研究勘察应主要采用踏勘调查，必要时辅以少量勘探工作，对拟选场地的稳定性和适宜性做出评价。

初步勘察应以工程地质测绘为主，辅以勘探、原位测试、室内试验，对拟建工程的总平面布置、场地的稳定性、废弃物对环境的影响等进行初步评价，并提出建议。

详细勘察应采用勘探、原位测试和室内试验等手段进行，地质条件复杂地段应进行工程地质测绘，获取工程设计所需的参数，提出设计施工和监测工作的建议，并对不稳定地段和环境影响进行评价，提出治理建议。

(5)废弃物处理工程勘察前，应搜集下列技术资料：

①废弃物的成分、粒度、物理和化学性质，废弃物的日处理量、输送和排放方式；

②堆场或填埋场的总容量、有效容量和使用年限；

③山谷型堆填场的流域面积、降水量、径流量、多年一遇洪峰流量；

④初期坝的坝长和坝顶标高，加高坝的最终坝顶标高；

⑤活动断裂和抗震设防烈度；

⑥邻近的水源地保护带、水源开采情况和环境保护要求。

(6)废弃物处理工程的工程地质测绘应包括场地的全部范围及其邻近有关地段；其比例尺，初步勘察宜为1：2 000～1：5 000，详细勘察的复杂地段不应小于1：1 000，除应按有关规范的要求执行外，尚应着重调查下列内容：

①地貌形态、地形条件和居民的分布；

②洪水、滑坡、泥石流、岩溶、断裂等与场地稳定性有关的不良地质作用；

③有价值的自然景观、文物和矿产的分布，矿产的开采和采空情况；

④与渗漏有关的水文地质问题；

⑤生态环境。

(7)废弃物处理工程应按相关规范的要求，进行专门的水文地质勘察。

(8)在可溶岩分布区，应着重查明岩溶发育条件，溶洞、土洞、塌陷的分布，岩溶水的通道和流向，岩溶造成地下水和渗出液的渗漏，岩溶对工程稳定性的影响。

(9)初期坝的筑坝材料勘察及防渗和覆盖用黏土材料的勘察，应包括材料的产地、储量、性能指标、开采和运输条件。可行性勘察时应确定产地，初步勘察时应基本完成。

2)工业废渣堆场

(1)工业废渣堆场详细勘察时，勘探工作应符合下列规定：

①勘探线宜平行于堆填场、坝、隧洞、管线等构筑物的轴线布置，勘探点间距应根据地质条件复杂程度确定；

②对初期坝，勘探孔的深度应能满足分析稳定、变形和渗漏的要求；

③与稳定、渗漏有关的关键性地段，应加密加深勘探孔或专门布置勘探工作；

④可采用有效的物探方法辅助钻探和井探；

⑤隧洞勘察应符合《岩土工程勘察规范》(GB 50021—2001)(2009年版)第4.2节有关的规定。

(2)废渣材料加高坝的勘察，应采用勘探、原位测试和室内试验的方法进行，并应着重查明下列内容：

①已有堆积体的成分、颗粒组成、密实程度、堆积规律；

②堆积材料的工程特性和化学性质；

③堆积体内浸润线位置及其变化规律；

④已运行坝体的稳定性，继续堆积至设计高度的适宜性和稳定性；

⑤废渣堆积坝在地震作用下的稳定性和废渣材料的地震液化可能性；

⑥加高坝运行可能产生的环境影响。

(3)废渣材料加高坝的勘察，可按堆积规模垂直坝轴线布设且不少于3条勘探线，勘探点间距在堆场内可适当增大；一般勘探孔深度应进入自然地面以下一定深度，控制性勘探孔深度应能查明可能存在的软弱层。

(4)工业废渣堆场的岩土工程评价应包括下列内容：

①洪水、滑坡、泥石流、岩溶、断裂等不良地质作用对工程的影响；

②坝基、坝肩和库岸的稳定性，地震对稳定性的影响；

③坝址和库区的渗漏及建库对环境的影响；

④对地方建筑材料的质量、储量、开采和运输条件，进行技术经济分析。

(5)工业废渣堆场的勘察报告，除应符合《岩土工程勘察规范》(GB 50021—2001)(2009年版)第14章的规定外，尚应满足下列要求：

①按第(4)条的要求，进行岩土工程分析评价，并提出防治措施的建议；

②对废渣加高坝的勘察，应分析评价现状和达到最终高度时的稳定性，提出堆积方式和应采取措施的建议；

③提出边坡稳定、地下水位、库区渗漏等方面监测工作的建议。

3)垃圾填埋场

(1)垃圾填埋场勘察前搜集资料时，除应遵守第2)(1)条的规定外，尚应包括下列内容：

①垃圾的种类、成分和主要特性以及填埋的卫生要求；

②填埋方式和填埋程序，以及防渗衬层和封盖层的结构，渗出液集排系统的布置；

③防渗衬层、封盖层和渗出液集排系统对地基和废弃物的容许变形要求；

④截污坝、污水池、排水井、输液输气管道和其他相关构筑情况。

(2)垃圾填埋场的勘探测试，除应遵守第1)(5)条的规定外，尚应符合下列要求：

①需进行变形分析的地段，其勘探深度应满足变形分析的要求；

②岩土和似土废弃物的测试，可按《岩土工程勘察规范》(GB 50021—2001)(2009年版)第10章和第11章的规定执行，非土废弃物的测试，应根据其种类和特性采用合适的方法，并可根据现场监测资料，用反分析方法获取设计参数；

③测定垃圾渗出液的化学成分，必要时进行专门试验，研究污染物的运移规律。

(3)垃圾填埋场勘察的岩土工程评价除应按有关的规定执行外，尚宜包括下列内容：

①工程场地的整体稳定性及废弃物堆积体的变形和稳定性；

②地基和废弃物变形，导致防渗衬层、封盖层及其他设施失效的可能性；

③坝基、坝肩、库区和其他有关部位的渗漏；

④预测水位变化及其影响；

⑤污染物的运移及其对水源、农业、岩土和生态环境的影响。

(4)垃圾填埋场的岩土工程勘察报告，除应符合相关规范的规定外，尚应符合下列规定：

①按第(3)条的要求进行岩土工程分析评价；

②提出保证稳定、减少变形、防止渗漏和保护环境措施的建议；

③提出筑坝材料、防渗和覆盖用黏土等地方材料的产地及相关事项的建议；

④提出有关稳定、变形、水位、渗漏、水土和渗出液化学性质监测工作的建议。

6.核电厂

(1)本部分内容适用于各种核反应堆型的陆地固定式商用核电厂的岩土工程勘察。核电厂勘察除按本节执行外，尚应符合有关核安全法规、导则和有关国家标准、行业标准的规定。

(2)核电厂岩土工程勘察的安全分类，可分为与核安全有关建筑和常规建筑两类。

(3)核电厂岩土工程勘察可划分为初步可行性研究、可行性研究、初步设计、施工图设计和工程建造5个阶段。

(4)初步可行性研究勘察应以搜集资料为主，对各拟选厂址的区域地质、厂址工程地质和水文地质、地震动参数区划、历史地震及历史地震的影响烈度，以及近期地震活动等方面资料加以研究分析，对厂址的场地稳定性、地基条件、环境水文地质和环境地质作出初步评价，提出建厂的适宜性意见。

(5)初步可行性研究勘察，厂址工程地质测绘的比例尺应选用1：10 000～1：25 000；范围应包括厂址及其周边地区，面积不宜小于4 km^2。

(6)初步可行性研究勘察，应通过必要的勘探和测试，提出厂址的主要工程地质分层，提供岩土初步的物理力学性质指标，了解预选核岛区附近的岩土分布特征，并应符合下列要求：

①每个厂址勘探孔不宜少于2个，深度应为预计设计地坪标高以下30～60 m。

②应全断面连续取芯，回次岩芯采取率对一般岩石应大于85%，对破碎岩石应大于70%。

③每一主要岩土层应采取3组以上试样；勘探孔内间隔2～3 m应做标准贯入试验一次，直至连续的中等风化以上岩体为止；当钻进至岩石全风化层时，应增加标准贯入试验频次，试验间隔不应大于0.5 m。

④岩石试验项目应包括密度、弹性模量、泊松比、抗压强度、软化系数、抗剪强度和压缩波速度等；土的试验项目应包括颗粒分析、天然含水量、密度、比重、塑限、液限、压缩系数、压缩模量和抗剪强度等。

(7)初步可行性研究勘察，对岩土工程条件复杂的厂址，可选用物探辅助勘察，了解覆盖层的组成、厚度和基岩面的埋藏特征，了解隐伏岩体的构造特征，了解是否存在洞穴和隐伏的软弱带。

在河海岸坡和山丘边坡地区，应对岸坡和边坡的稳定性进行调查，并做出初步分析评价。

(8)评价厂址适宜性应考虑下列因素：

①有无能动断层，是否对厂址稳定性构成影响；

②是否存在影响厂址稳定的全新世火山活动；

③是否处于地震设防烈度大于8度的地区，是否存在与地震有关的潜在地质灾害；

④厂址区及其附近有无可开采矿藏，有无影响地基稳定的人类历史活动、地下工程、采空区、洞穴等；

⑤是否存在可造成地面塌陷、沉降、隆起和开裂等永久变形的地下洞穴、特殊地质体、不稳定边坡和岸坡、泥石流及其他不良地质作用；

⑥有无可供核岛布置的场地和地基，并具有足够的承载力；

⑦是否危及供水水源或对环境地质构成严重影响。

(9)可行性研究勘察内容应符合下列规定：

①查明厂址地区的地形地貌、地质构造、断裂的展布及其特征；

②查明厂址范围内地层成因、时代、分布和各岩层的风化特征，提供初步的动静物理力学参数，对地基类型、地基处理方案进行论证、提出建议；

③查明危害厂址的不良地质作用及其对场地稳定性的影响，对河岸、海岸、边坡稳定性做出初步评价，并提出初步的治理方案；

④判断抗震设计场地类别，划分对建筑物有利、不利和危险地段，判断地震液化的可能性；

⑤查明水文地质基本条件和环境水文地质的基本特征。

(10)可行性研究勘察应进行工程地质测绘，测绘范围包括厂址及其周边地区，测绘地形图比例尺为1：1 000～1：2 000，测绘要求按有关规定执行。

本阶段厂址区的岩土工程勘察应以钻探和工程物探相结合的方式，查明基岩和覆盖层的组成、厚度和工程特性，基岩埋深、风化特征、风化层厚度等；并应查明工程区存在的隐伏软弱带、洞穴和重要的地质构造；对水域应结合水工建筑物布置方案，查明海(湖)积地层分布、特征和基岩面起伏状况。

(11)可行性研究阶段的勘探和测试应符合下列规定：

①厂区的勘探应结合地形、地质条件采用网格状布置，勘探点间距宜为150 m。控制性勘探点应结合建筑物和地质条件布置，数量不宜少于勘探点总数的1/3，沿核岛和常规岛中轴线应布置勘探线，勘探点间距宜适当加密，并应满足主体工程布置要求，保证每个核岛和常规岛不少于1个。

②勘探孔深度，对基岩场地宜进入基础底面以下基本质量等级为Ⅰ级、Ⅱ级的岩体不少于10 m；对第四纪地层场地宜达到设计地坪标高以下40 m，或进入Ⅰ级、Ⅱ级岩体不少于3 m；核岛区控制性勘探孔深度，宜达到基础底面以下反应堆厂房直径的2倍；常规岛区控制性勘探孔深度，不宜小于地基变形计算深度，或进入基础底面以下Ⅰ级、Ⅱ级、Ⅲ级岩体3 m；对水工建筑物应结合水下地形布置，并考虑河岸、海岸的类型和最大冲刷深度。

③岩石钻孔应全断面取芯，每回次岩芯采取率对一般岩石应大于85%，对破碎岩石应大于70%，并统计RQD、节理条数和倾角；每一主要岩层应采取3组以上的岩样。

④根据岩土条件，选用适当的原位测试方法，测定岩土的特性指标，并可用声波测试方法，评价岩体的完整程度和划分风化等级。

⑤在核岛位置，宜选1～2个勘探孔，采用单孔法或跨孔法，测定岩土的压缩波速和剪切波速，计算岩土的动力参数。

⑥岩土室内试验项目除应符合相关要求外，增加每个岩体(层)代表试样的动弹性模量、动泊松比和动阻尼比等动态参数测试。

(12)可行性研究阶段的地下水调查和评价应符合下列规定：

①结合区域水文地质条件，查明厂区地下水类型，含水层特征，含水层数量、埋深、动态变化规律及其与周围水体的水力联系和地下水化学成分；

②结合工程地质钻探对主要地层分别进行注水、抽水或压水试验，测求地层的渗透系数和单位吸水率，初步评价岩体的完整性和水文地质条件；

③必要时，布置适当的长期观测孔，定期观测和记录水位，每季度定时取水样一次作水质分析，观测周期不应少于一个水文年。

(13)可行性研究阶段应根据岩土工程条件和工程需要，进行边坡勘察、土石方工程和建筑材料的调查和勘察。具体要求按有关标准执行。

(14)初步设计勘察应分核岛、常规岛、附属建筑和水工建筑4个地段进行，并应符合下列要求：

①查明各建筑地段的岩土成因、类别、物理性质和力学参数，并提出地基处理方案；

②进一步查明勘察区内断层分布、性质及其对场地稳定性的影响，提出治理方案的建议；

③对工程建设有影响的边坡进行勘察，并进行稳定性分析和评价，提出边坡设计参数和治理方案的建议；

④查明建筑地段的水文地质条件；

⑤查明对建筑物有影响的不良地质作用，并提出治理方案的建议。

(15)初步设计核岛地段勘察应满足设计和施工的需要，勘探孔的布置、数量和深度应符合下列规定：

①应布置在反应堆厂房周边和中部，当场地岩土工程条件较复杂时，可沿十字交叉线加

密或扩大范围，勘探点间距宜为10～30 m。

②勘探点数量应能控制核岛地段地层岩性分布，并能满足原位测试的要求。每个核岛勘探点总数不应少于10个，其中反应堆厂房不应少于5个，控制性勘探点不应少于勘探点总数的1/2。

③控制性勘探孔深度宜达到基础底面以下反应堆厂房直径的2倍，一般性勘探孔深度宜进入基础底面以下Ⅰ级、Ⅱ级岩体不少于10 m。波速测试孔深度不应小于控制性勘探孔深度。

(16)初步设计常规岛地段勘察，除应符合相关规范的规定外，尚应符合下列要求：

①勘探点应沿建筑物轮廓线、轴线或主要柱列线布置，每个常规岛勘探点总数不应少于10个，其中控制性勘探点不宜少于勘探点总数的1/4；

②控制性勘探孔深度对岩质地基应进入基础底面下Ⅰ级、Ⅱ级岩体不少于3 m，对土质地基应钻至压缩层以下10～20 m；一般性勘探孔深度，岩质地基应进入中等风化层3～5 m，土质地基应达到压缩层底部。

(17)初步设计阶段水工建筑的勘察应符合下列规定：

①泵房地段钻探工作应结合地层岩性特点和基础埋置深度，每个泵房勘探点数量不应少于2个，一般性勘探孔应达到基础底面以下1～2 m，控制性勘探孔应进入中等风化岩石1.5～3.0 m；土质地基中控制性勘探孔深度达到压缩层以下5～10 m；

②位于土质场地的进水管线，勘探点间距不宜大于30 m，一般性勘探孔深度应达到管线底标高以下5 m，控制性勘探孔应进入中等风化岩石1.5～3.0 m；

③与核安全有关的海堤、防波堤，钻探工作应针对该地段所处的特殊地质环境布置，查明岩土物理力学性质和不良地质作用，勘探点宜沿堤轴线布置，一般性勘探孔深度应达到堤底设计标高以下10 m，控制性勘探孔穿透压缩层或进入中等风化岩石1.5～3.0 m。

(18)初步设计阶段勘察的测试，除应满足相关规范外，尚应符合下列规定：

①根据岩土性质和工程需要，选择合适的原位测试方法，包括波速测试、动力触探试验、抽水试验、注水试验、压水试验和岩体静载荷试验等，并对核反应堆厂房地基进行跨孔法波速测试和钻孔弹性横量测试，测求核反应堆厂房地基波速和岩石的应力应变特性；

②室内试验除进行常规试验外，尚应测定岩土的动静弹性模量、动静泊松比、动阻尼比、动静剪切模量、动抗剪强度、波速等指标。

(19)施工图设计阶段应完成附属建筑的勘察和主要水工建筑以外其他水工建筑的勘察，并根据需要进行核岛、常规岛和主要水工建筑的补充勘察。勘察内容和要求可按初步设计阶段有关规定执行，每个与核安全有关的附属建筑物不应少于一个控制性勘探孔。

(20)工程建造阶段勘察主要是现场检验和监测，其内容和要求按有关规定执行。

(21)核电厂的液化判别应按现行国家标准《核电厂抗震设计规范》(GB 50267—1997)执行。

7.边坡工程

(1)边坡工程勘察应查明下列内容：

①地貌形态，当存在滑坡、危岩和崩塌、泥石流等不良地质作用时，应符合《岩土工程勘察规范》(GB 50021—2001)(2009年版)第5章的要求；

②岩土的类型、成因、工程特性，覆盖层厚度，基岩面的形态和坡度；

③岩体主要结构面的类型、产状、延展情况、闭合程度、充填状况、充水状况、力学属性和组合关系，主要结构面与临空面关系，是否存在外倾结构面；

④地下水的类型、水位、水压、水量、补给和动态变化，岩土的透水性和地下水的出露情况；

⑤地区气象条件（特别是雨期、暴雨强度），汇水面积，坡面植被，地表水对坡面、坡脚的冲刷情况；

⑥岩土的物理力学性质和软弱结构面的抗剪强度。

(2)大型边坡勘察宜分阶段进行，各阶段应符合下列要求：

①初步勘察应搜集地质资料，进行工程地质测绘和少量的勘探和室内试验，初步评价边坡的稳定性；

②详细勘察应对可能失稳的边坡及相邻地段进行工程地质测绘、勘探、试验、观测和分析计算，做出稳定性评价，对人工边坡提出最优开挖坡角，对可能失稳的边坡提出防护处理措施的建议；

③施工勘察应配合施工开挖进行地质编录，核对、补充前阶段的勘察资料，必要时进行施工安全预报，提出修改设计的建议。

(3)边坡工程地质测绘除应符合《岩土工程勘察规范》(GB 50021—2001)(2009 年版)第 8 章的要求外，尚应着重查明天然边坡的形态和坡角，软弱结构面的产状和性质。测绘范围应包括可能对边坡稳定有影响的地段。

(4)勘探线应垂直边坡走向布置，勘探点间距应根据地质条件确定。当遇有软弱夹层或不利结构面时，应适当加密。勘探孔深度应穿过潜在滑动面并深入稳定层 2～5 m。除常规钻探外，可根据需要，采用探洞、探槽、探井和斜孔。

(5)主要岩土层和软弱层应采取试样；每层的试样对土层不应少于 6 件，对岩层不应少于 9 件，软弱层宜连续取样。

(6)三轴剪切试验的最高围压和直剪试验的最大法向压力的选择，应与试样在坡体中的实际受力情况相近。对控制边坡稳定的软弱结构面，宜进行原位剪切试验。对大型边坡，必要时可进行岩体应力测试、波速测试、动力测试、孔隙水压力测试和模型试验。

抗剪强度指标，应根据实测结果结合当地经验确定，并宜采用反分析方法验证。对永久性边坡，尚应考虑强度可能随时间降低的效应。

(7)边坡的稳定性评价，应在确定边坡破坏模式的基础上进行，可采用工程地质类比法、图解分析法、极限平衡法、有限单元法进行综合评价。各区段条件不一致时，应分区段分析。

边坡稳定系数 F_s 的取值，对新设计的边坡、重要工程宜取 1.3～1.5，一般工程宜取 1.15～1.30，次要工程宜取 1.05～1.15；采用峰值强度时取大值，采取残余强度时取小值；验算已有边坡稳定时，F_s 取 1.10～1.25。

(8)大型边坡应进行监测，监测内容根据具体情况可包括边坡变形、地下水动态和易风化岩体的风化速度等。

(9)边坡岩土工程勘察报告除应符合相关规范的规定外，尚应论述下列内容：

①边坡的工程地质条件和岩土工程计算参数；

②分析边坡和建在坡顶、坡上建筑物的稳定性以下对坡下建筑物的影响；

③提出最优坡形和坡角的建议；

④提出不稳定边坡整治措施和监测方案的建议。

8. 基坑工程

(1)本部分内容主要适用于土质基坑的勘察。对岩质基坑，应根据场地的地质构造、岩体特征、风化情况、基坑开挖深度等，按当地标准或当地经验进行勘察。

(2)需进行基坑设计的工程，勘察时应包括基坑工程勘察的内容。在初步勘察阶段，应根据岩土工程条件,初步判定开挖可能发生的问题和需要采取的支护措施;在详细勘察阶段,应针对基坑工程设计的要求进行勘察;在施工阶段,必要时还应进行补充勘察。

(3)基坑工程勘察的范围和深度应根据场地条件和设计要求确定。勘察深度宜为开挖深度的2~3倍,在此深度内遇到坚硬的黏性土、碎石土和岩层,可根据岩土类别和支护设计要求减少深度。勘察的平面范围宜超出开挖边界外开挖深度的2~3倍。在深厚软土区,勘察深度和范围还应当扩大。在开挖边界外,勘察手段以调查研究、搜集已有资料为主,复杂场地和斜坡场地应布置适量的勘探点。

(4)在受基坑开挖影响和可能设置支护结构的范围内,应查明岩土分布,分层提供支护设计所需的抗剪强度指标。土的抗剪强度试验方法,应与基坑工程设计要求一致,符合设计采用的标准,并应在勘察报告中说明。

(5)当场地水文地质条件复杂,在基坑开挖过程中需要对地下水进行控制(降水或隔渗),且已有资料不能满足要求时,应进行专门的水文地质勘察。

(6)当基坑开挖可能产生流沙、流土、管涌等渗透性破坏时,应有针对性地进行勘察,分析评价其产生的可能性及对工程的影响。当基坑开挖进程中有渗流时,地下水的渗流作用宜通过渗流计算确定。

(7)基坑工程勘察,应进行环境状况的调查,查明邻近建筑物和地下设施的现状、结构特点及对开挖变形的承受能力。在城市地下管网密集分布区,可通过地理信息系统或其他档案资料了解管线的类别、平面位置、埋深和规模,必要时应采用有效方法进行地下管线探测。

(8)在特殊性岩土分布区进行基坑工程勘察时,可根据相关规范规定进行勘察,分析评价软土的蠕变和长期强度,软岩和极软岩的失水崩解,膨胀土的膨胀性和裂隙性以及非饱和土增湿软化等对基坑的影响。

(9)基坑工程勘察,应根据开挖深度、岩土和地下水条件及环境要求,对基坑边坡的处理方式提出建议。

(10)基坑工程勘察应针对以下内容进行分析,提供有关计算参数和建议:

①边坡的局部稳定性、整体稳定性和坑底抗隆起稳定性;

②坑底和侧壁的渗透稳定性;

③挡土结构和边坡可能发生的变形;

④降水效果和降水对环境的影响;

⑤开挖和降水对邻近建筑物和地下设施的影响。

(11)岩土工程勘察报告中与基坑工程有关的部分应包括下列内容:

①与基坑开挖有关的场地条件、土质条件和工程条件;

②提出处理方式、计算参数和支护结构选型的建议;

③提出地下水控制方法、计算参数和施工控制的建议;

④提出施工方法和施工中可能遇到的问题的防治措施建议;

⑤对施工阶段的环境保护和监测工作的建议。

9. 桩基础

(1)桩基岩土工程勘察应包括下列内容:

①查明场地各层岩土的类型、深度、分布、工程特性和变化规律;

②当采用基岩作为桩的持力层时,应查明基岩的岩性、构造、岩面变化、风化程度,确定其坚硬程度、完整程度和基本质量等级,判定有无洞穴、临空面、破碎岩体或软弱岩层;

③查明水文地质条件，评价地下水对桩基设计和施工的影响，判定水质对建筑材料的腐蚀性；

④查明不良地质作用，可液化土层和特殊性岩土的分布及其对桩基的危害程度，并提出防治措施的建议；

⑤评价成桩可能性，论证桩的施工条件及其对环境的影响。

(2)土质地基勘探点间距应符合下列规定：

①对端承桩宜为12～24 m，相邻勘探孔揭露的持力层层面高差控制为1～2 m；

②对摩擦桩宜为20～35 m，当地层条件复杂，影响成桩或设计有特殊要求时，勘探点应适当加密；

③复杂地基的一柱一桩工程，宜每柱设置勘探点。

(3)桩基岩土工程勘察宜采用钻探和触探及其他原位测试相结合的方式进行，对软土、黏性土、粉土和砂土的测试手段，宜采用静力触探和标准贯入试验；对碎石土宜采用重型或超重型圆锥动力触探。

(4)勘探孔的深度应符合下列规定：

①一般性勘探孔的深度应达到预计桩长以下$3d$～$5d$(d为桩径)，且不得小于3 m；对大直径桩，不得小于5 m；

②控制性勘探孔深度应满足下卧层验算要求，对需验算沉降的桩基，应超过地基变形计算深度；

③钻至预计深度遇软弱层时，应予加深，在预计勘探孔深度内遇稳定坚实岩土时，可适当减小；

④对嵌岩桩，应钻入预计岩面以下$3d$～$5d$，并穿过溶洞、破碎带，到达稳定地层；

⑤可能有多种桩长方案时，应根据最长桩方案确定。

(5)岩土室内试验应满足下列要求：

①当需估算桩的侧阻力、端阻力和验算下卧层强度时，宜进行三轴剪切试验或无侧限抗压强度试验，三轴剪切试验的受力条件应模拟工程的实际情况。

②对需估算沉降的桩基工程，应进行压缩试验，试验最大压力应大于上覆自重压力与附加压力之和。

③当桩端持力层为基岩时，应采取岩样进行饱和单轴抗压强度试验，必要时尚应进行软化实验；对软岩和极软岩，可进行天然湿度的单轴抗压强度试验；对无法取样的破碎和极破碎的岩石，宜进行原位测试。

(6)单桩竖向和水平承载力，应根据工程等级、岩土性质和原位测试成果并结合当地经验确定。对地基基础设计等级为甲级的建筑物和缺乏经验的地区，应建议做静载荷试验。试验数量不宜少于工程桩数的1%，且每个场地不少于3个。对承受较大水平荷载的桩，应建议进行桩的水平载荷试验；对承受上拔力的桩，应建议进行抗拔力试验。勘察报告应提出估算的有关岩土的基桩侧阻力和端阻力。必要时提出估算的竖向和水平承载力以及抗拔承载力。

(7)对需要进行沉降计算的桩基工程，应提供计算所需的各层岩土的变形参数，并宜根据任务要求，进行沉降估算。

(8)桩基工程的岩土工程勘察报告除应符合相关规范的要求，并提供承载力和变形参数外，尚应包括下列内容：

①提供可选的桩基类型和桩端持力层，提出桩长、桩径方案的建议；

②当有软弱下卧层时，验算软弱下卧层强度；

③对欠固结土和有大面积堆载的工程，应分析桩侧产生负摩阻力的可能性及其对桩基承载力的影响，并提供负摩阻力系数和减少负摩阻力措施的建议；

④分析成桩的可能性，成桩和挤土效应的影响，并提出保护措施的建议；

⑤持力层为倾斜地层、基岩面凹凸不平或岩土中有洞穴时应评价桩的稳定性，并提出处理措施的建议。

10.地基处理

(1)地基处理的岩土工程勘察应满足下列要求：

①针对可能采用的地基处理方案，提供地基处理设计和施工所需的岩土特性参数；

②预测所选地基处理方法对环境和邻近建筑物的影响；

③提出地基处理方案的建议；

④当场地条件复杂且缺乏成功经验时，应在施工现场对拟选方案进行试验或对比试验，检验方案的设计参数和处理效果；

⑤在地基处理施工期间，应进行施工质量以及施工对周围环境和邻近工程设施影响的监测。

(2)换填垫层法的岩土工程勘察宜包括下列内容：

①查明待换填的不良土层的分布范围和埋深；

②测定换填材料的最佳含水量、最大干密度；

③评定垫层以下软弱下卧层的承载力和抗滑稳定性，估算建筑物的沉降；

④评定换填材料对地下水的环境影响；

⑤对换填施工过程应注意的事项提出建议；

⑥对换填垫层的质量进行检验或现场试验。

(3)预压法的岩土工程勘察宜包括下列内容：

①查明土的成层条件，水平和垂直方向的分布，排水层和夹砂层的埋深和厚度，地下水的补给和排泄条件等；

②提供待处理软土的先期固结压力、压缩性参数、固结特性参数和抗剪强度指标、软土在预压过程中强度的增长规律；

③预估预压荷载的分级和大小、加荷速率、预压时间、强度的可能增长和可能的沉降；

④对重要工程，建议选择代表性试验区进行预压试验，采用室内试验、原位测试、变形和孔压的现场监测等手段，推算软土的固结系数、固结度与时间的关系和最终沉降量，为预压处理的设计施工提供可靠依据；

⑤检验预压处理效果，必要时进行现场载荷试验。

(4)强夯法的岩土工程勘察宜包括下列内容：

①查明强夯影响深范围内土层的组成、分布、强度、压缩性、透水性和地下水条件；

②查明施工场地和周围受影响范围内的地下管线和构筑物的位置、标高，查明有无对振动敏感的设施，是否需在强夯施工期间进行监测；

③根据强夯设计，选择代表性试验区进行试夯，采用室内试验、原位测试、现场监测等手段，查明强夯有效加固深度，夯击能量、夯击遍数与夯沉量的关系，夯坑周围地面的振动和地面隆起，土中孔隙水压力的增长和消散规律。

(5)桩土复合地基的岩土工程勘察宜包括下列内容：

①查明暗塘、暗浜、暗沟、洞穴等的分布和埋沉；

②查明土的组成、分布和物理力学性质，软弱土的厚度和埋深，可作为桩基持力层的相对硬层的埋深；

③预估成桩施工可能性（有无地下障碍、地下洞穴、地下管线、电缆等）和成桩工艺对周围土体、邻近建筑、工程设施和环境的影响（噪声、振动、侧向挤土、地面沉陷或隆起等），桩体与水土间的相互作用（地下水对桩材的腐蚀性，桩材对周围水土环境的污染等）；

④评定桩间土承载力，预估单桩承载力和复合地基承载力；

⑤评定桩间土、桩身、复合地基、桩端以下变形计算深度范围内土层的压缩性，任务需要时估算复合地基的沉降量；

⑥对需验算复合地基稳定性的工程，提供桩间土、桩身的抗剪强度；

⑦任务需要时应根据桩土复合地基的设计，进行桩间土、单桩和复合地基载荷试验，检验复合地基承载力。

(6)注浆法的岩土工程勘察宜包括下列内容：

①查明土的级配、孔隙性或岩石的裂隙宽度和分布规律，岩土渗透性，地下水埋深、流向和流速，岩土的化学成分和有机质含量，岩土的渗透性宜通过现场试验测定；

②根据岩土性质和工程要求选择浆液和注浆方法（渗透注浆、劈裂注浆、压密注浆等），根据地区经验或通过现场试验确定浆液浓度、黏度、压力、凝结时间、有效加固半径或范围，评定加固后地基的承载力、压缩性、稳定性或抗渗性；

③在加固施工过程中对地面、既有建筑物和地下管线等进行跟踪变形观测，以控制灌注顺序、注浆压力、注浆速率等；

④通过开挖、室内试验、动力触探或其他原位测试，对注浆加固效果进行检验；

⑤注浆加固后，应对建筑物或构筑物进行沉降观测，直至沉降稳定为止，观测时间不宜少于半年。

11.既有建筑物的增载和保护

(1)既有建筑物的增载和保护的岩土工程勘察应符合下列要求：

①搜集建筑物的荷载、结构特点、功能特点和完好程度资料，基础类型、埋深、平面位置，基底压力和变形观测资料；场地及其所在地区的地下水开采历史，水位降深、降速，地面沉降、形变，地裂缝的发生、发展等资料。

②评价建筑物的增层、增载和邻近场地大面积堆载对建筑物的影响时，应查明地基土的承载力，增载后可能产生的附加沉降和沉降差；对建造在斜坡上的建筑物尚应进行稳定性验算。

③对建筑物接建或在其紧邻新建建筑物，应分析新建建筑物在既有建筑物地基土中引起的应力状态改变及其影响。

④评价地下水抽降对建筑物的影响时，应分析地下水抽降引起地基土的固结作用和地面下沉、倾斜、挠曲或破裂对既有建筑物的影响，并预测其发展趋势。

⑤评价基坑开挖对邻近既有建筑物的影响时，应分析基坑开挖卸载导致的基坑底部剪切隆起，因坑内外水头差引发管涌，坑壁土体的变形与位移、失稳等危险；同时还应分析基坑降水引起的地面不均匀沉降的不良环境效应。

⑥评价地下工程施工对既有建筑物的影响时，应分析伴随岩土体内的应力重分布出现的地面下沉、挠曲等变形或破裂，施工降水的环境效应，过大的围岩变形或坍塌等对既有建筑物的影响。

(2)建筑物的增层、增载和邻近场地大面积堆载的岩土工程勘察应包括下列内容：

①分析地基土的实际受荷程度和既有建筑物结构、材料状况及其适应新增荷载和附加

沉降的能力。

②勘探点应紧靠基础外侧布置，有条件时宜在基础中心线布置，每栋单独建筑物的勘探点不宜少于 3 个；在基础外侧适当距离处，宜布置一定数量勘探点。

③勘探方法除钻探外，宜包括探井和静力触探或旁压试验；取土和旁压试验的间距，在基底以下 1 倍基宽的深度范围内宜为 0.5 m，超过该深度时可为 1 m；必要时，应专门布置探井查明基础类型、尺寸、材料和地基处理等情况。

④压缩试验成果中应有 e-lg$p$ 曲线，并提供先期固结压力、压缩指数、回弹指数和与增荷后土中垂直有效压力相应的固结系数，以及三轴不固结不排水剪切试验成果；当拟增层数较多或增载量较大时，应做载荷试验，提供主要受力层的比例界限荷载、极限荷载、变形模量和回弹模量。

⑤岩土工程勘察报告应着重对增载后的地基土承载力进行分析评价，预测可能的附加沉降和差异沉降，提出关于设计方案、施工措施和变形监测的建议。

(3)建筑物接建、邻建的岩土工程勘察应符合下列要求：

①除应符合相关规范的要求外，尚应评价建筑物的结构和材料适应局部挠曲的能力；

②除按有关要求对新建建筑物布置勘探点外，尚应为研究接建、邻建部位的地基土、基础结构和材料现状布置勘探点，其中应有探井或静力触探孔，其数量不宜少于 3 个，取土间距宜为 1 m；

③压缩试验成果中应有 e-lg$p$ 曲线，并提供先期固结压力压缩指数、回弹指数和与增荷后土中垂直有效压力相应的固结系数，以及三轴不固结不排水剪切试验成果；

④岩土工程勘察报告应评价由新建部分的荷载在既有建筑物地基土中引起的新的压缩和相应的沉降差；评价新基坑的开挖、降水、设桩等对既有建筑物的影响，提出设计方案、施工措施和变形监测的建议。

(4)评价地下水抽降影响的岩土工程勘察应符合下列要求：

①研究地下水抽降与含水层埋藏条件、可压缩土层厚度、土的压缩性和应力历史等的关系，作出评价和预测；

②勘探孔深度应超过可压缩地层的下限，并应取土试验或进行原位测试；

③压缩试验成果中应有 e-lg$p$ 曲线，并提供先期固结压力、压缩指数、回弹指数和与增荷后土中垂直有效压力相应的固结系数，以及三轴不固结不排水剪切试验成果；

④岩土工程勘察报告应分析预测场地可能产生的地面沉降、形变、破裂及其影响，提出保护既有建筑物的措施。

(5)评价基坑开挖对邻近建筑物影响的岩土工程勘察应符合下列要求：

①搜集分析既有建筑物适应附加沉降和差异沉降的能力，与拟挖基坑在平面与深度上的位置关系和可能采用的降水、开挖与支护措施等资料；

②查明降水、开挖等影响所及范围内的地层结构，含水层的性质、水位和渗透系数，土的抗剪强度、变形参数等工程特性；

③岩土工程勘察报告除应符合相关要求外，尚应着重分析预测坑底和坑外地面的外出卸荷回弹，坑周土体的变形位移和坑底发生剪切隆起或管涌的危险，分析施工降水导致的地面沉降的幅度、范围和对邻近建筑物的影响，并就安全合理的开挖、支护、降水方案和监测工作提出建议。

(6)评价地下开挖对建筑物影响的岩土工程勘察应符合下列要求：

①分析已有勘察资料，必要时应做补充勘探测试工作；

②分析沿地下工程主轴线出现槽形地面沉降和在其两侧或四周的出现地面倾斜、挠曲的可能性及其对两侧既有建筑物的影响，并就安全合理的施工方案和保护既有建筑物的措施提出建议；

③提出对施工过程中地面变形、围岩应力状态、围岩或建筑物地基失稳的前兆现象等进行监测的建议。

第二节 岩土的分类及其鉴别特征

Ⅰ 岩石的分类

一、岩石按成因分类

岩石按成因可分为岩浆岩（火成岩）、沉积岩（水成岩）和变质岩三大类。

（一）岩浆岩

岩浆在向地表上升过程中，由于热量散失逐渐经过分异等作用冷凝而成岩浆岩。在地表下冷凝的称侵入岩；喷出地表冷凝的称喷出岩。侵入岩按距地表的深浅程度又分为深成岩和浅成岩。

岩浆岩的产状如图 2.2.1 所示。

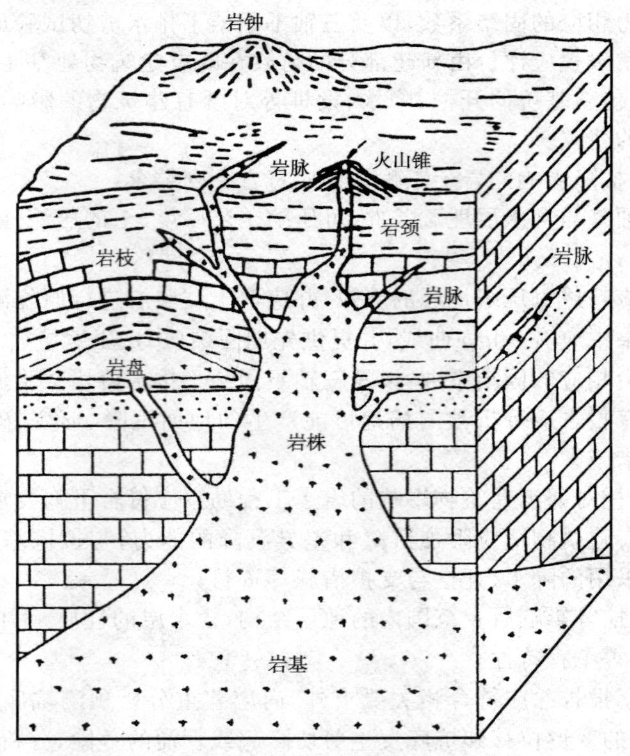

图 2.2.1 岩浆岩的产状

岩基和岩株为深成岩产状，岩脉、岩盘和岩枝等为浅成岩产状，火山锥和岩钟为喷出岩产状。岩浆岩的分类如表 2.2.1 所示。

岩浆岩的分类　　　　表 2.2.1

化学成分		含 Si、Al 为主			含 Fe、Mg 为主			产状
酸基性		酸性	中性		基性	超基性		
颜色		浅色的(浅灰、浅红、红色、黄色)			深色的（深灰、绿色、黑色）			
矿物成分		含正长石		含斜长石		不含长石		
		成因及结构						
		石英、云母、角闪石	黑云母、角闪石、辉石	角闪石、辉石、黑云母	辉石、角闪石、橄榄石	辉石、橄榄石、角闪石		
深成的	等粒状，有时为斑状，所有矿物皆能用肉眼鉴别	花岗岩	正长岩	闪长岩	辉长岩	橄榄岩 辉岩	岩基 岩株	
浅成的	斑状（斑晶较大且可分辨出矿物名称）	花岗斑岩	正长斑岩	玢　岩	辉绿岩	苦橄玢岩（少见）	岩脉 岩枝 岩盘	
喷出的	玻璃状，有时为细粒斑状，矿物难于用肉眼鉴别	流纹岩	粗面岩	安山岩	玄武岩	苦橄岩（少见） 金伯利岩	熔岩流	
	玻璃状或碎屑状	黑曜岩、浮石、火山凝灰岩、火山碎屑岩、火山玻璃						火山喷出的堆积物

(二)沉积岩

沉积岩是由岩石、矿物在内外力作用下破碎成碎屑物质后，再经水流、风吹和冰川等的搬运，堆积在大陆低洼地带或海洋，再经胶结、压密等成岩作用而成的岩石。沉积岩的主要特征是具有层理。沉积岩的分类如表 2.2.2 所示。

沉积岩的分类　　　　表 2.2.2

成　因	硅　质　的	泥　质　的	灰　质　的	其他成分
碎屑沉积	石英砾岩、石英角砾岩、燧石角砾岩、砂岩、石英岩	泥岩、页岩、黏土岩	石灰砾岩、石灰角砾岩、多种石灰岩	集块岩
化学沉积	硅华、燧石、石髓岩	泥铁石	石笋、石钟乳、石灰华、白云岩、石灰岩、泥灰岩	岩盐、石膏、硬石膏、硝石
生物沉积	硅藻土	油页岩	白垩、白云岩、珊瑚石灰岩	煤炭、油砂、某种磷酸盐岩石

(三)变质岩

变质岩是岩浆岩或沉积岩在高温、高压或其他因素作用下，经变质所形成的岩石。变质岩的分类如表 2.2.3 所示。

变质岩的分类　　　　表 2.2.3

岩石类别	岩石名称	主要矿物成分	鉴定特征
片状的岩石类	片麻岩	石英、长石、云母	片麻状构造，浅色长石带和深色云母带互相交错，结晶粒状或斑状结构
	云母片岩	云母、石英	具有薄片理，片理面上有强的丝绢光泽，石英凭肉眼常看不到
	绿泥石片岩	绿泥石	绿色，常为鳞片状或叶片状的绿泥石块

续上表

岩石类别	岩石名称	主要矿物成分	鉴定特征
片状的岩石类	滑石片岩	滑石	鳞片状或叶片状的滑石块，用指甲可刻划，有滑感
	角闪石片岩	普通角闪石、石英	片理常常表现不明显，坚硬
	千枚岩、板岩	云母、石英等	具有片理，肉眼不易识别矿物，锤击有清脆声，并具有丝绢光泽，千枚岩表现得很明显
块状的岩石类	大理岩	方解石、少量白云石	结晶粒状结构，遇盐酸起泡
	石英岩	石英	致密的、细粒的块体，坚硬，硬度近7度，具有玻璃光泽、断口贝壳状或次贝壳状

二、岩石按坚硬程度分类

1.按饱和单轴抗压强度分类

岩石坚硬程度按饱和单轴抗压强度分类，如表2.2.4所示。

岩石坚硬程度按饱和单轴抗压强度分类 表2.2.4

坚硬程度	坚硬岩	较硬岩	较软岩	软岩	极软岩
饱和单轴抗压强度/MPa	$f_r>60$	$60\geqslant f_r>30$	$30\geqslant f_r>15$	$15\geqslant f_r>5$	$f_r\leqslant 5$

注：1.当无法取得饱和单轴抗压强度数据时，可用点荷载试验强度换算，换算方法按现行国家标准《工程岩体分级标准》(GB 50218—2014)执行。

2.当岩体完整程度为极破碎时，可不进行坚硬程度分类。

2.按坚硬程度定性分类

岩石坚硬程度定性划分，如表2.2.5所示。

岩石坚硬程度定性划分 表2.2.5

坚硬程度		定性鉴定	代表性岩石
硬质岩	坚硬岩	锤击声清脆，有回弹，震手，难击碎，基本无吸水反应	未风化、微风化的花岗岩、闪长岩、辉绿岩、玄武岩、安山岩、片麻岩、石英岩、石英砂岩、硅质砾岩、硅质石灰岩等
	较硬岩	锤击声较清脆，有轻微回弹，稍震手，较难击碎，有轻微吸水反应	①微风化的坚硬岩； ②未风化、微风化的大理岩、板岩、石灰岩、白云岩、钙质砂岩等
软质岩	较软岩	锤击声不清脆，无回弹，较易击碎，浸水后指甲可刻出印痕	①中等风化、强风化的坚硬岩或较硬岩； ②未风化、微风化的凝灰岩、千枚岩、泥灰岩、砂质泥岩等
	软岩	锤击声哑，无回弹，有凹痕，易击碎，浸水后手可掰开	①强风化的坚硬岩或较硬岩； ②中等风化、强风化的较软岩； ③未风化、微风化的页岩、泥岩、泥质砂岩等
极软岩		锤击声哑，无回弹，有较深凹痕，手可捏碎，浸水后可捏成团	①全风化的各种岩石； ②各种半成岩

三、岩体按完整程度分类

1.岩体完整程度分定量分类

岩体完整程度的定量划分，如表2.2.6所示。

岩体完整程度定量分类 表2.2.6

岩体完整性指数 K_v	>0.75	0.75～0.55	0.55～0.35	0.35～0.15	<0.15
完整程度	完整	较完整	较破碎	破碎	极破碎

注：岩体完整性指数 K_v 按式 $K_v=(v_{p岩体}/v_{p岩石})^2$ 计算，式中，$v_{p岩体}$、$v_{p岩石}$ 分别为岩体和岩石的压缩波速度(m/s)。

2.岩体完整程度定性分类

岩体完整程度的定性划分，如表2.2.7所示。

岩体完整程度的定性分类 表 2.2.7

完整程度	结构面发育程度		主要结构面的结合程度	主要结构面类型	相应结构类型
	组数	平均间距/m			
完整	1～2	＞1.0	结合好或结合一般	裂隙、层面	整体状或巨厚层状结构
较完整	1～2	＞1.0	结合差	裂隙、层面	块状或厚层状结构
	2～3	1.0～0.4	结合好或结合一般		块状结构
较破碎	2～3	1.0～0.4	结合差	裂隙、层面、小断层	裂隙块状或中厚层状结构
	≥3	0.4～0.2	结合好		镶嵌碎裂结构
			结合一般		中、薄层状结构
破碎	≥3	0.4～0.2	结合差	各种类型结构面	裂隙块状结构
		≤0.2	结合一般或结合差		碎裂状结构
极破碎	无序	—	结合很差	—	散体状结构

注：平均间距指主要结构面(1～2 组)间距的平均值。

四、岩体按基本质量等级分类

岩体基本质量等级划分，如表 2.2.8 所示。

岩体基本质量等级分类 表 2.2.8

坚硬程度	完整程度				
	完整	较完整	较破碎	破碎	极破碎
坚硬岩	Ⅰ	Ⅱ	Ⅲ	Ⅳ	Ⅴ
较硬岩	Ⅱ	Ⅲ	Ⅳ	Ⅳ	Ⅴ
较软岩	Ⅲ	Ⅳ	Ⅳ	Ⅴ	Ⅴ
软岩	Ⅳ	Ⅳ	Ⅴ	Ⅴ	Ⅴ
极软岩	Ⅴ	Ⅴ	Ⅴ	Ⅴ	Ⅴ

五、岩石按风化程度分类

岩石按风化程度划分，如表 2.2.9 所示。

岩石按风化程度分类 表 2.2.9

风化程度	野外特征	风化程度参数指标	
		波速比 K_v	风化系数 K_f
未风化	岩质新鲜，偶见风化痕迹	0.9～1.0	0.9～1.0
微风化	结构基本未变，仅节理面有渲染或略有变色，有少量风化裂隙	0.8～0.9	0.8～0.9
中等风化	结构部分破坏，沿节理面有次生矿物、风化裂隙发育，岩体被切割成岩块。用镐难挖，岩芯钻方可钻进	0.6～0.8	0.4～0.8
强风化	结构大部分破坏，矿物成分显著变化，风化裂隙很发育，岩体破碎，用镐可挖，干钻不易钻进	0.4～0.6	＜0.4
全风化	结构基本破坏，但尚可辨认，有残余结构强度，可用镐挖，干钻可钻进	0.2～0.4	—
残积土	组织结构全部破坏，已风化成土状，锹镐易挖掘，干钻易钻进，具可塑性	＜0.2	—

注：1. 波速比 K_v 为风化岩石与新鲜岩石压缩波速度之比。

2. 风化系数 K_f 为风化岩石与新鲜岩石饱和单轴抗压强度之比。

3. 岩石风化程度，除按表列野外特征和定量指标划分外，也可根据当地经验划分。

4. 花岗岩类岩石，可采用标准贯入试验划分，$N \geqslant 50$ 为强风化，$30 \leqslant N < 50$ 为全风化，$N < 30$ 为残积土。

5. 泥岩和半成岩，可不进行风化程度划分。

六、岩石按软化程度分类

岩石按软化系数 K_R 可分为软化岩石和不软化岩石。当软化系数 K_R 值不大于 0.75 时，为软化岩石；当软化系数 K_R 大于 0.75 时，为不软化岩石。

当岩石具有特殊成分、特殊结构或特殊性质时，应定为特殊性岩石，如易溶性岩石、膨胀性岩石、崩解性岩石、盐渍化岩石等。

软化系数 K_R 为岩石饱水状态的抗压强度 R_w 与岩石干燥状态的抗压强度 R_d 之比，即：$K_R = R_w / R_d$。

七、岩体按岩石的质量指标(RQD)分类

岩体按岩石质量指标分类，如表 2.2.10 所示。

岩体按岩石的质量指标(RQD)分类　　表 2.2.10

岩体分类	RQD/(%)	岩体分类	RQD/(%)
好	＞90	差	25～50
较好	75～90	极差	＜25
较差	50～75		

注：1. RQD 指钻孔中用 N 型(75 mm)二重管金刚石钻头获取的大于 10 cm 的岩芯段长度之和与该回次钻进深度之比。

2. 本表摘自《岩土工程勘察规范》(GB 50021—2001)(2009 年版)。

八、岩体按结构类型分类

岩体按结构类型分类参见表 2.2.4。

Ⅱ　土的分类

一、国家标准《岩土工程勘察规范》(GB 50021—2001)(2009 年版)的分类

(一)按地质成因分类

土按地质成因可分为残积土、坡积土、洪积土、冲积土、淤积土、冰积土、风积土等类型。

(二)按沉积时代分类

1. 老沉积土

第四纪晚更新世(Q_3)及其以前沉积的土，一般具有较高的强度和较低的压缩性。

2. 新近沉积土

第四纪全新世中近期沉积的土，应定为新近沉积土。

(三)按颗粒级配和塑性指数分类

土按颗粒级配和塑性指数可分为碎石土、砂土、粉土和黏性土。

1. 碎石土

碎石土为粒径大于 2 mm 的颗粒质量超过总质量 50% 的土。碎石土的分类见表 2.2.11。

碎石土分类　　表 2.2.11

土的名称	颗粒形状	颗粒级配
漂石	圆形及亚圆形为主	粒径大于 200 mm 的颗粒质量超过总质量 50%
块石	棱角形为主	
卵石	圆形及亚圆形为主	粒径大于 20 mm 的颗粒质量超过总质量 50%
碎石	棱角形为主	
圆砾	圆形及亚圆形为主	粒径大于 2 mm 的颗粒质量超过总质量 50%
角砾	棱角形为主	

注：定名时应根据颗粒级配由大到小以最先符合者确定。

2. 砂土

砂土为粒径大于 2 mm 的颗粒质量不超过总质量 50%，粒径大于 0.075 mm 的颗粒质量超过总质量 50%的土。砂土的分类见表 2.2.12。

砂土分类　　表 2.2.12

土的名称	颗粒级配
砾砂	粒径大于 2 mm 的颗粒质量占总质量 25%～50%
粗砂	粒径大于 0.5 mm 的颗粒质量超过总质量 50%
中砂	粒径大于 0.25 mm 的颗粒质量超过总质量 50%
细砂	粒径大于 0.075 mm 的颗粒质量超过总质量 85%
粉砂	粒径大于 0.075 mm 的颗粒质量超过总质量 50%

注：定名时，应根据颗粒级配由大到小以最先符合者确定。

3. 粉土

粉土为粒径大于 0.075 mm 的颗粒质量不超过总质量的 50%，且塑性指数不大于 10 的土。

4. 黏性土

黏性土为塑性指数大于 10 的土。黏性土的分类见表 2.2.13。

黏性土分类　　表 2.2.13

土的名称	塑性指数	土的名称	塑性指数
粉质黏土	$10<I_p\leqslant17$	黏土	$I_p>17$

注：确定塑性指数 I_p 时，液限以 76 g 瓦氏圆锥仪入土深度 10 mm 为准，塑限以搓条法为准。

（四）按工程特性分类

具有一定分布区域或工程意义上具有特殊成分、状态和结构特征的土称特殊性土，根据工程特性分为湿陷性土、红黏土、软土（包括淤泥和淤泥质土）、冻土、膨胀土、盐渍土、混合土、填土和污染土。

（五）按有机质含量分类

根据有机质含量分类见表 2.2.14。

土按有机质含量分类　　表 2.2.14

分类名称	有机质含量 W_u	现场鉴别特征	说　明
无机土	$W_u<5\%$	—	—
有机质土	$5\%\leqslant W_u\leqslant10\%$	深灰色，有光泽，味臭，除腐殖质外尚含少量未完全分解的动植物体，浸水后水面出现气泡，干燥后体积有收缩	①如现场能鉴别有机质土或有地区经验时，可不做有机质含量测定；②当 $w>w_L$，$1.0\leqslant e<1.5$ 时称淤泥质土；当 $w>w_L$，$e\geqslant1.5$ 时称淤泥

续上表

分类名称	有机质含量 W_u	现场鉴别特征	说明
泥炭质土	10%<W_u≤60%	深灰或黑色，有腥臭味，能看到未完全分解的植物结构，浸水体胀，易崩解，有植物残渣浮于水中，干缩现象明显	根据地区特点和需要，也可按 W_u 细分为： 弱泥炭质土(10%<W_u≤25%) 中泥炭质土(25%<W_u≤40%) 强泥炭质土(40%<W_u≤60%)
泥炭	W_u>60%	除有泥炭质土特征外，结构松散，土质很轻，暗无光泽，干缩现象极为明显	—

注：有机质含量 W_u 按灼失量试验确定。

(六)土的综合定名

除按颗粒级配或塑性指数定名外，土的综合定名应符合下列规定：

(1)对特殊成因和年代的土类应结合其成因和年代特征定名。

(2)对特殊性土，应结合颗粒级配或塑性指数定名。

(3)对混合土，应冠以主要含有的土类定名。

(4)对同一土层中相同呈韵律沉积，当薄层与厚层的厚度比大于 1/3 时，宜定为"互层"；厚度比为 1/10～1/3 时，宜定为"夹层"；厚度比小于 1/10 的土层，且多次出现时，宜定为"夹薄层"。

(5)当土层厚度大于 0.5 m 时，宜单独分层。

(七)土的鉴定及描述的要求

土的鉴定应在现场描述的基础上，结合室内试验的开土记录和试验结果综合确定。土的描述应符合下列规定：

(1)碎石土宜描述颗粒级配、颗粒形状、颗粒排列、母岩成分、风化程度、充填物的性质和充填程度、密实度等。

(2)砂土宜描述颜色、矿物组成、颗粒级配、颗粒形状、细粒含量、湿度、密实度等。

(3)粉土宜描述颜色、包含物、湿度、密实度等。

(4)黏性土宜描述颜色、状态、包含物、土的结构等。

(5)特殊性土除应描述上述相应土类规定的内容外，尚应描述其特殊成分和特殊性质，如对淤泥尚应描述嗅味，对填土尚应描述物质成分、堆积年代、密实度和均匀性等。

(6)对具有互层、夹层、夹薄层特征的土，尚应描述各层的厚度和层理特征。

(7)需要时，可用目力鉴别描述土的光泽反应、摇振反应、干强度和韧性，按表 2.2.15 区分粉土和黏性土。

目力鉴别粉土和黏性土　　表 2.2.15

鉴别项目	摇振反应	光泽反应	干强度	韧性
粉土	迅速、中等	无光泽反应	低	低
黏性土	无	有光泽、稍有光泽	高、中等	高、中等

(八)土的密度及状态

碎石土的密实可根据圆锥动力触探锤击数按表 2.2.16 或表 2.2.17 确定。

碎石土密实度按 $N_{63.5}$ 分类 表 2.2.16

重型动力触探锤击数 $N_{63.5}$	密实度	重型动力触探锤击数 $N_{63.5}$	密实度
$N_{63.5} \leqslant 5$	松散	$10 < N_{63.5} \leqslant 20$	中密
$5 < N_{63.5} \leqslant 10$	稍密	$N_{63.5} > 20$	密实

注：本表适用于平均粒径等于或小于 50 mm，且最大粒径小于 100 mm 的碎石土；对于平均粒径大于 50 mm，或最大粒径大于 100 mm 的碎石土，可用超重型动力触探或用野外观察鉴别。

碎石土密实度按 N_{120} 分类 表 2.2.17

超重型动力触探锤击数 N_{120}	密实度	超重型动力触探锤击数 N_{120}	密实度
$N_{120} \leqslant 3$	松散	$11 < N_{120} \leqslant 14$	密实
$3 < N_{120} \leqslant 6$	稍密	$N_{120} > 14$	很密
$6 < N_{120} \leqslant 11$	中密		

砂土的密实度应根据标准贯入试验锤击数实测值 N 划分为密实、中密、稍密和松散，并应符合表 2.2.18 的规定。当用静力触探探头阻力划分砂土密实度时，可根据当地经验确定。

砂土密实度分类 表 2.2.18

标准贯入锤击数 N	密实度	标准贯入锤击数 N	密实度
$N \leqslant 10$	松散	$15 < N \leqslant 30$	中密
$10 < N \leqslant 15$	稍密	$N > 30$	密实

粉土的密实度应根据孔隙比 e 划分为密实、中密和稍密；其湿度应根据含水率 $w(\%)$ 划分为稍湿、湿、很湿。密实度和湿度的划分应分别符合表 2.2.19 和表 2.2.20 的规定。

粉土密实度分类 表 2.2.19

孔隙比 e	密实度	孔隙比 e	密实度
$e < 0.75$	密实	$e > 0.9$	稍密
$0.75 \leqslant e \leqslant 0.90$	中密		

注：当有经验时，也可用原位测试或其他方法划分粉土的密实度。

粉土湿度分类 表 2.2.20

含水率 $w/(\%)$	湿度	含水率 $w/(\%)$	湿度
$w < 20$	稍湿	$w > 30$	很湿
$20 \leqslant w \leqslant 30$	湿		

黏性土的状态应根据液性指数 I_L 划分为坚硬、硬塑、可塑、软塑和流塑，并应符合表 2.2.21 的规定。

黏性土状态分类 表 2.2.21

液性指数	状态	液性指数	状态
$I_L \leqslant 0$	坚硬	$0.75 < I_L \leqslant 1$	软塑
$0 < I_L \leqslant 0.25$	硬塑	$I_L > 1$	流塑
$0.25 < I_L \leqslant 0.75$	可塑		

二、行业标准《水运工程岩土勘察规范》(JTS 133—2013)的分类

(一)岩的分类

1)岩石应按下列因素分类：

(1)按成因分为岩浆岩、沉积岩和变质岩。

(2)根据强度按表 2.2.22 进行岩石坚硬程度分类。

岩石坚硬程度分类 表 2.2.22

岩石坚硬程度	极软岩	软岩	较软岩	较硬岩	坚硬岩
岩石饱和单轴抗压强度 f_r/ MPa	$f_r \leqslant 5$	$5 < f_r \leqslant 15$	$15 < f_r \leqslant 30$	$30 < f_r \leqslant 60$	$f_r > 60$

(3)根据其软化系数按表 2.2.23 分为软化岩石和不软化岩石。

岩石软化类别分类 表 2.2.23

岩石软化类别	软化岩石	不软化岩石
软化系数 K_R	$K_R \leqslant 0.75$	$K_R > 0.75$

注:软化系数 K_R 为饱和与干燥状态的岩石单轴抗压强度之比。

2)岩体应按下列因素分类:

(1)岩体风化程度按《水运工程岩土勘察规范》(JTS 133—2013)附录 A 分为未风化、微风化、中风化、强风化、全风化。

(2)岩体按岩石质量指标分类见表 2.2.24。

岩体按岩石质量指标 RQD 分类 表 2.2.24

岩体 RQD 分类	极差	差	较差	较好	好
RQD/(%)	RQD≤25	25<RQD≤50	50<RQD≤75	75<RQD≤90	RQD>90

(3)岩体结构类型按《水运工程岩土勘察规范》(JTS 133—2013)附录 B 分类。

(4)岩层的单层厚度按表 2.2.25 分类。

岩层按单层厚度分类 表 2.2.25

岩层厚度分类	薄层	中厚层	厚层	巨厚层
单层厚度 h/m	$h \leqslant 0.1$	$0.1 < h \leqslant 0.5$	$0.5 < h \leqslant 1.0$	$h > 1.0$

(5)岩体完整程度按表 2.2.26 确定。

岩体完整程度分类 表 2.2.26

岩体完整程度	极破碎	破碎	较破碎	较完整	完整
完整性指数 K_v	$K_v \leqslant 0.15$	$0.15 < K_v \leqslant 0.35$	$0.35 < K_v \leqslant 0.55$	$0.55 < K_v \leqslant 0.75$	$K_v > 0.75$

注:完整性指数 K_v 为岩体压缩波波速与岩块压缩波波速之比的平方,选定岩体和岩块测定波速时要具有代表性。

3)岩体基本质量等级分类可按表 2.2.27 确定。当地下工程的岩体存在地下水、软弱结构面和高初始应力时,应按表 2.2.27 及表 2.2.28 综合确定岩体基本质量等级,岩体基本质量指标的计算及修正方法应按现行国家标准《工程岩体分级标准》(GB 50218—2014)的有关规定执行。

岩体基本质量等级分类 表 2.2.27

坚硬程度 \ 完整程度	完整	较完整	较破碎	破碎	极破碎
坚硬岩	Ⅰ	Ⅱ	Ⅲ	Ⅳ	Ⅴ
较硬岩	Ⅱ	Ⅲ	Ⅳ	Ⅳ	Ⅴ
较软岩	Ⅲ	Ⅳ	Ⅳ	Ⅴ	Ⅴ
软岩	Ⅳ	Ⅳ	Ⅴ	Ⅴ	Ⅴ
极软岩	Ⅴ	Ⅴ	Ⅴ	Ⅴ	Ⅴ

岩体基本质量等级分类 表 2.2.28

岩体基本质量等级分类	Ⅰ	Ⅱ	Ⅲ	Ⅳ	Ⅴ
岩体基本质量指标 BQ	BQ>550	550≥BQ>450	450≥BQ>350	350≥BQ>250	BQ≤250

(二)土的分类

1)土的分类根据地质成因可划分为残积土、坡积土、洪积土、冲积土、湖积土、海积土、风积土、人工填土和复合成因的土等。水运工程常见的几种成因类型的土及其工程地质特征可参见《水运工程岩土勘察规范》(JTS 133—2013)附录C。

2)土的分类根据沉积时代可进行下列分类：

(1)老沉积土，即第四纪晚更新世(Q_3)及其以前沉积的土，一般具有较高的强度和较低的压缩性。

(2)一般沉积土，即第四纪全新世(Q_4)文化期以前沉积的土，一般为正常固结的土。

(3)新近沉积土，即第四纪全新世(Q_4)文化期以后沉积的土，其中黏性土一般为欠固结的土，且具有强度较低和压缩性较高的特征。

3)土的分类根据颗粒级配和塑性指数可划分为碎石土、砂土、粉土和黏性土，并应符合下列规定：

(1)粒径大于2 mm的颗粒质量超过总质量的50%的土应定名为碎石土。碎石土可根据颗粒级配及形状按表2.2.29作进一步分类。

碎石土分类　表2.2.29

名　称	颗粒形状	颗粒级配
漂石	圆形、亚圆形为主	粒径大于200 mm的颗粒质量超过总质量50%
块石	棱角形为主	
卵石	圆形、亚圆形为主	粒径大于20 mm的颗粒质量超过总质量50%
碎石	棱角形为主	
圆砾	圆形、亚圆形为主	粒径大于2 mm的颗粒质量超过总质量50%
角砾	棱角形为主	

注：定名时应根据颗粒级配由大到小以最先符合者确定。

(2)粒径大于2 mm的颗粒质量不超过总质量的50%，且粒径大于0.075 mm的粒径质量超过总质量的50%的土应定名为砂土。砂土可根据颗粒级配按表2.2.30作进一步分类。

砂土分类　表2.2.30

名　称	颗粒级配	名　称	颗粒级配
砾砂	粒径大于2 mm的颗粒质量占总质量25%～50%	细砂	粒径大于0.075 mm的颗粒质量超过总质量85%
粗砂	粒径大于0.5 mm的颗粒质量超过总质量50%	粉砂	粒径大于0.075mm的颗粒质量超过总质量50%
中砂	粒径大于0.25 mm的颗粒质量超过总质量50%		

注：定名时根据颗粒级配由大到小以最先符合者确定。

(3)粒径大于0.075 mm的颗粒质量不超过总质量的50%，且塑性指数不大于10的土应定名为粉土。

(4)塑性指数大于10的土应定名为黏性土，并按表2.2.31分为黏土和粉质黏土。

黏性土分类　表2.2.31

名称	黏土	粉质黏土
塑性指数 I_P	$I_P>17$	$10<I_P\leqslant17$

注：塑性指数的液限值由76 g圆锥仪沉入土中10 mm测定。

4)在静水或缓慢的流水环境中沉积、天然含水率不小于36%且大于液限、天然孔隙比不小于1.0的黏性土应定名为淤泥性土。淤泥性土可按表2.2.32进一步划分为淤泥质土、淤泥和流泥。

淤泥性土分类 表2.2.32

指标 \ 名称	淤泥质土	淤泥	流泥
孔隙比 e	$1.0 \leqslant e < 1.5$	$1.5 \leqslant e < 2.4$	$e \geqslant 2.4$
含水率 w/(%)	$36 \leqslant w < 55$	$55 \leqslant w < 85$	$w \geqslant 85$

注:淤泥质土可根据塑性指数按表2.2.39再划分为淤泥质黏土、淤泥质粉质黏土。

5)土中有机质含量不小于5%时,可按现行国家标准《岩土工程勘察规范》(GB 50021—2001)(2009年版)划分为有机质土、泥炭质土和泥炭。

6)由粗细两类土呈混合状态存在,具有颗粒级配不连续、中间粒组颗粒含量极少、级配曲线中间段极为平缓等特征的土应定名为混合土。定名时应将主要土类列在名称前部,次要土类列在名称后部,中间以"混"字联结。混合土按不同土类的含量可分为淤泥和砂的混合土、黏性土和砂或碎石的混合土,其分类方法应符合下列规定。

(1)淤泥和砂的混合土可分为淤泥混砂或砂混淤泥,并应满足下列要求:

①淤泥质量超过总质量的30%时为淤泥混砂;

②淤泥质量超过总质量10%且不大于总质量的30%时为砂混淤泥。

(2)黏性土和砂或碎石的混合土可分为黏性土混砂或碎石、砂或碎石混黏性土,并应满足下列要求:

①黏性土质量超过总质量的40%时定名为黏性土混砂或碎石;

②黏性土的质量大于10%且不大于总质量的40%时定名为砂或碎石混黏性土。

7)层状构造土定名时应将厚层土列在名称前部,薄层土列在名称后部,根据两类土层的厚度比可分为下列三类:

(1)互层土,具互层构造,两类土层厚度相差不大,厚度比一般大于1∶3。

(2)夹层土,具夹层构造,两类土层厚度相差较大,厚度比为1∶3~1∶10。

(3)间层土,常呈黏性土间极薄层粉砂的特点,厚度比小于1∶10。

8)花岗岩残积土应为花岗岩风化的最终产物,并残留在原地未经搬运,除石英外其他矿物均已变为土状的土,根据大于2 mm的颗粒含量可按表2.2.33分为黏性土、砂质黏性土和砾质黏性土。

花岗岩残积土分类 表2.2.33

名称	黏性土	砂质黏性土	砾质黏性土
大于2 mm颗粒百分含量 X/(%)	$X<5$	$5 \leqslant X \leqslant 20$	$X>20$

9)填土应为由人类活动堆积的土,根据其物质组成和堆填方式可分为下列三类:

(1)冲填土,由水力冲填的淤泥性土、砂土或粉土。

(2)素填土,由碎石类土、砂土、粉土、黏性土等堆积的填土。

(3)杂填土,含有建筑垃圾、工业废料或生活垃圾的填土。

10)碎石土的密实度可用重型或超重型动力触探试验锤击数按表2.2.34或表2.2.35确定,$N_{63.5}$、N_{120}的实测值应按现行国家标准《岩土工程勘察规范》(GB 50021—2001)(2009年版)的有关规定修正。

碎石土密实度按 $N_{63.5}$ 分类 表 2.2.34

碎石土密实度	松散	稍密	中密	密实
重型动力触探试验锤击数 $N_{63.5}$	$N_{63.5} \leqslant 5$	$5 < N_{63.5} \leqslant 10$	$10 < N_{63.5} \leqslant 20$	$N_{63.5} > 20$

注：本表适用于平均粒径不大于 50 mm，且最大粒径小于 100 mm 的碎石土。

碎石土密实度按 N_{120} 分类 表 2.2.35

碎石土密实度	松散	稍密	中密	密实	很密
超重型动力触探试验锤击数 N_{120}	$N_{120} \leqslant 3$	$3 < N_{120} \leqslant 6$	$6 < N_{120} \leqslant 11$	$11 < N_{120} \leqslant 14$	$N_{120} > 14$

注：本表适用于平均粒径大于 50 mm 或最大粒径大于 100 mm 的碎石土。

11)砂土的密实度可根据标准贯入试验锤击数按表 2.2.36 判定。

砂土密实度分类 表 2.2.36

砂土密实度	松散	稍密	中密	密实	极密实
标准贯入试验锤击数 N	$N \leqslant 10$	$10 < N \leqslant 15$	$15 < N \leqslant 30$	$30 < N \leqslant 50$	$N > 50$

注：对地下水位以下的中、粗砂，其 N 值宜按实测锤击数增加 5 击计。

12)粉土的密实度和湿度可根据表 2.2.37 及表 2.2.38 进行判定。

粉土密实度按孔隙比分类 表 2.2.37

粉土密实度	密实	中密	稍密
孔隙比 e	$e < 0.75$	$0.75 \leqslant e \leqslant 0.90$	$e > 0.90$

注：当有经验时，也可用原位测试或其他方法划分粉土的密实度。

粉土湿度按含水率分类 表 2.2.38

粉土湿度	稍湿	湿	很湿
含水率 w/(%)	$w < 20$	$20 \leqslant w \leqslant 30$	$w > 30$

13)黏性土状态应根据液性指数按表 2.2.39 确定；黏性土的天然状态可根据标准贯入试验锤击数或锥沉量分别按表 2.2.40 和表 2.2.41 确定。

根据液性指数确定黏性土的状态 表 2.2.39

黏性土状态	流塑	软塑	可塑	硬塑	坚硬
液性指数 I_L	$I_L > 1$	$1 \geqslant I_L > 0.75$	$0.75 \geqslant I_L > 0.25$	$0.25 \geqslant I_L > 0$	$I_L \leqslant 0$

根据标准贯入试验锤击数确定黏性土的天然状态 表 2.2.40

黏性土天然状态	很软	软	中等	硬	坚硬
标准贯入试验锤击数 N	$N < 2$	$2 \leqslant N < 4$	$4 \leqslant N < 8$	$8 \leqslant N < 15$	$N \geqslant 15$

根据锥沉量确定黏性土的天然状态 表 2.2.41

黏性土天然状态	很软	软	中等	硬	坚硬
锥沉量 h/mm	$h \geqslant 7$	$7 > h \geqslant 5$	$5 > h \geqslant 3$	$3 > h \geqslant 2$	$h < 2$

注：锥沉量为 76 g 圆锥仪沉入土中的毫米数。

14)砂土颗粒组成特征应根据土的不均匀系数和曲率系数确定，并应满足下列要求：

(1)不均匀系数按式(2.2.1)计算。

$$C_u = \frac{d_{60}}{d_{10}} \tag{2.2.1}$$

式中，C_u 为不均匀系数，表示级配曲线分布范围的宽窄；d_{60} 为限制粒径，在土的粒径分布曲线上的某粒径，小于该粒径的土粒质量为总土粒质量的 60%；d_{10} 为有效粒径，在土的粒径分布曲线上的某粒径，小于该粒径的土粒质量为总土粒质量的 10%。

(2)曲率系数按式(2.2.2)计算。

$$C_c=\frac{d_{30}^2}{d_{10}d_{60}} \tag{2.2.2}$$

式中,C_c为曲率系数,表示级配曲线分布形态;d_{30}为在土的粒径分布曲线上的某粒径,小于该粒径的土粒质量为总土粒质量的30%;d_{10}为有效粒径,在土的粒径分布曲线上的某粒径,小于该粒径的土粒质量为总土粒质量的10%;d_{60}为限制粒径,在土的粒径分布曲线上的某粒径,小于该粒径的土粒质量为总土粒质量的60%。

(3)当不均匀系数不小于5,曲率系数为1~3时,为级配良好的砂土。

(三)岩土描述

1)岩的描述应满足下列要求。

(1)岩石:名称、颜色、矿物组成、结构及构造特征等,对沉积岩应描述其胶结成分、胶结结构及胶结类型,对岩浆岩和变质岩应描述其矿物的结晶大小和结晶程度。

(2)岩体:岩性、岩层厚度、结构类型、构造特征、风化分带、风化性状、软弱夹层的分布和性状、地质时代、成因类型等。

(3)对由第四纪钙、铁质局部胶结砂砾层和海滩生物胶结层,不描述为岩石。

(4)在沉积岩中描述硬层与软层交互形成的层状构造特征。

2)土的描述应满足下列要求。

(1)碎石土:名称、成分、均匀程度、颗粒形状、磨圆度、排列、风化程度、密实程度、胶结程度、含量百分比、充填物及充填程度。

(2)砂土:名称、颜色、湿度、密实度、包含物颗粒形状、粒径均匀程度、成因类型等。

(3)粉土:名称、颜色、湿度、密实度、包含物等。

(4)黏性土:名称、颜色、状态、均匀程度、湿度、塑性、嗅味、斑纹、虫孔、结构性、包含物等。

(5)填土:类型、厚度、均匀程度、物质成分、填龄、压实程度和分布范围。

(6)混合土:名称、颜色、颗粒组成、类别、均匀程度、状态、成因类型、主要土类量的估判。

(7)层状土:名称、颜色、土层的厚度、韵律沉积特征、成因类型、状态、构造特征。

(8)残积土:名称、颜色、颗粒组成、状态、母岩的岩性等。

三、水利部行业标准《水电水利工程土工试验规程》(DL/T 5355—2006)中的土分类

1)本分类方法适用于水电水利工程用土的分类和命名。

2)构成土的粒组颗粒粒径范围划分与名称应符合表2.2.42的规定。

粒组划分与名称　　表2.2.42

粒组划分与名称			粒径 d 的范围/mm
巨粒	漂石(块石)		$d>200$
	卵石(碎石)		$20<d\leqslant 200$
粗粒	砾(圆砾、角砾)	粗砾	$5<d\leqslant 60$
		中砾	$2<d\leqslant 20$
		细砾	$2<d\leqslant 5$
	砂	粗砂	$0.5<d\leqslant 2$
		中砂	$0.25<d\leqslant 0.5$
		细砂	$0.075<d\leqslant 0.25$
细粒	粉粒		$0.005<d\leqslant 0.075$
	黏粒		$d\leqslant 0.005$

3)土类的基本名称和代号应符合下列规定。

漂石(块石) $B(B_a)$

卵石(碎石) $Cb(Cb_a)$

砾(圆砾、角砾) G

含砾 g

砂 S

含砂 s

粉土 M

黏土 C

细粒土(粉土、黏土合称) F

混合土(粗、细粒土合称) SI

级配良好 W

级配不良 P

高液限 H

低液限 L

4)表示土类的代号构成应符合下列规定。

(1)仅有1个基本代号即表示土的名称。

(2)由2个基本代号构成时:第1个基本代号表示土的主成分;第2个基本代号表示土的副成分或土的级配特征或土的液限。

(3)由3个基本代号构成时:第1个基本代号表示土的主成分;第2个基本代号表示土的混合成分或土的级配特征或土的液限;第3个基本代号表示土的副成分或次要成分。

5)土的分类应根据下列土的特性指标确定。

(1)土的颗粒组成及级配特征。土的颗粒组成试验应符合颗粒分析试验的规定。

(2)土的塑性指标,包括液限、塑限、塑性指数。土的塑性指标试验应符合界限含水率试验的规定。

6)土的级配特征根据土的级配指标确定,应符合下列规定。

(1)按式(2.2.3)和式(2.2.4)计算不均匀系数和曲率系数。

$$C_u=\frac{d_{60}}{d_{10}} \tag{2.2.3}$$

$$C_c=\frac{(d_{30})^2}{d_{10}d_{60}} \tag{2.2.4}$$

式中,C_u 为不均匀系数;C_c 为曲率系数;d_{10} 为有效粒径,颗粒大小分布曲线上小于该粒径的土颗粒含量为10%的粒径(mm);d_{30} 为颗粒大小分布曲线上小于该粒径的土颗粒含量为30%的粒径(mm);d_{60} 为限制粒径,颗粒大小分布曲线上小于该粒径的土颗粒含量为60%的粒径(mm)。

(2)土的级配特征划分应符合下列规定。

级配良好:$C_u \geqslant 5$,$C_c=1\sim3$。

级配不良:不能同时满足上述要求。

7)细粒土的基本分类应符合下列规定。

(1)细粒土的基本分类应依据塑性分类图,见图2.2.2。塑性分类图的横坐标为液限,纵坐标为塑性指数。

A 线方程式为：　　　　　　$I_p = 0.73(w_L - 20)$

B 线方程式为：　　　　　　$w_L = 50\%$

C 线方程式为：　　　　　　$I_p = 10$

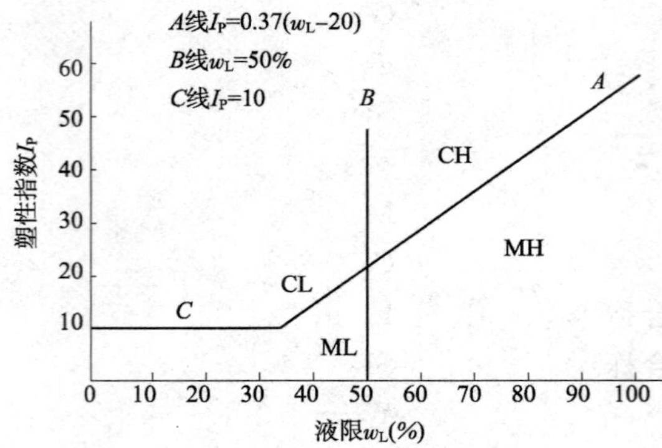

图 2.2.2　塑性分类图

(2)细粒土的基本分类和定名按土的塑性指标在塑性分类图中的位置确定，应符合表 2.2.43 的规定。

细粒土的基本分类和定名　　　　表 2.2.43

土的塑性指标在塑性图中的位置		土名称	土代号
塑性指数 I_p	液限 w_L		
$I_p \geqslant 0.73(w_L-20)$ 和 $I_p \geqslant 10$	$w_L \geqslant 50\%$	高液限黏土	CH
	$w_L < 50\%$	低液限黏土	CL
$I_p < 0.73(w_L-20)$ 和 $I_p < 10$	$w_L \geqslant 50\%$	高液限粉土	MH
	$w_L < 50\%$	低液限粉土	ML

8)巨粒类土的分类和定名应符合下列规定。

(1)试样中巨粒组含量大于 75%的土为巨粒土。

(2)试样中巨粒组含量大于 50%，不大于 75%的土为混合巨粒土。

(3)试样中巨粒组含量大于 15%，不大于 50%的土为巨粒混合土。

(4)巨粒组中，漂石(块石)含量大于卵石(碎石)含量的土为漂石(块石)，卵石(碎石)含量大于或等于漂石(块石)含量的土为卵石(碎石)。

(5)试样中巨粒组含量不大于 15%时，可剔除巨粒组后，按粗粒类土或细粒类土的规定进行分类和定名。

(6)巨粒类土的分类和定名应符合表 2.2.44 的规定。

巨粒类土的分类和定名　　　　表 2.2.44

土类	粒组含量		土名称	土代号
巨粒土	巨粒含量>75%	漂石(块石)>卵石(碎石)	漂石(块石)	$B(B_a)$
		漂石(块石)≤卵石(碎石)	卵石(碎石)	$Cb(Cb_a)$
混合巨粒土	75%≥巨粒含量>50%	漂石(块石)>卵石(碎石)	混合土漂石(块石)	$B(B_a)SI$
		漂石(块石)≤卵石(碎石)	混合土卵石(碎石)	$Cb(Cb_a)SI$
巨粒混合土	50%≥巨粒含量>15%	漂石(块石)>卵石(碎石)	漂石(块石)混合土	$SIB(B_a)$
		漂石(块石)≤卵石(碎石)	孵石(碎石)混合土	$SICb(Cb_a)$

(7)当细粒土含量对巨粒类土的性质产生影响时，巨粒类土应作进一步细分。细粒组含量不小于5%、小于15%时称为含细粒巨粒类土，在其代号后加F；细粒组含量不小于15%、小于50%时称为细粒质巨粒类土，在其代号后加细粒组的基本代号C或M。

9)粗粒类土的分类应符合下列规定。

(1)试样中粗粒组含量大于50%的土为粗粒类土。

(2)粗粒类土中，砾粒组含量大于砂粒组含量的土为砾类土，砂粒组含量不小于砾粒组含量的土为砂类土。

10)砾类土的分类和定名应符合下列规定。

(1)砾类土应根据试样中的细粒组含量及类别、试样的级配等特征进行分类和定名。

(2)砾类土的分类和定名应符合表2.2.45的规定。

砾类土的分类和定名 表2.2.45

土类	细粒组含量及类别		级配特征	土名称	土代号
砾	≤5%		$C_u>5, C_c=1\sim3$	级配良好砾	GW
			不同时满足上述要求	级配不良砾	GP
含细粒土砾	>5%,≤15%		—	含细粒土砾	GF
细粒土质砾	>15%,<50%	黏土	—	黏土质砾	GC
		粉土	—	粉土质砾	GM

11)砂类土的分类和定名应符合下列规定。

(1)砂类土应根据试样中的细粒组含量及类别、试样的级配特征进行分类和定名。

(2)砂类土的分类和定名应符合表2.2.46的规定。

砂类土的分类和定名 表2.2.46

土类	细粒组含量及类别		级配特征	土名称	土代号
砂	5%		$C_u>5, C_c=1\sim3$	级配良好砂	SW
			不同时满足上述要求	级配不良砂	SP
含细粒土砂	>5%,≤15%		—	含细粒土砂	SF
细粒土质砂	>15%,<50%	黏土	—	黏土质砂	SC
		粉土	—	粉土质砂	SM

12)细粒类土的分类和定名应符合下列规定。

(1)试样中细粒组含量不小于50%的土为细粒类土。

(2)试样中粗粒组含量不大于15%时为细粒土，其分类和定名应符合表2.2.43的规定。

(3)试样中粗粒组含量大于15%、不大于30%时称含粗粒细粒类土。粗粒组中砾粒组含量大于砂粒组含量时称含砾细粒土，在细粒类土代号后加g；粗粒级中砂粒组含量大于或等于砾粒组含量时称含砂细粒类土，在细粒类土代号后加s。

(4)试样中粗粒组含量大于30%、不大于50%时称粗粒质细粒类土。粗粒组中砾粒组含量大于砂粒组含量时称砾质细粒类土，在细粒类土代号后加G；粗粒组中砂粒组含量大于或等于砾粒组含量时称砂质细粒类土，在细粒类土代号后加S。

四、行业标准《铁路桥涵地基和基础设计规范》(TB 10002.5—2005)中的土分类

1.土的颗粒分类

土的颗粒分类见表2.2.47。

土的颗粒分类 表 2.2.47

颗粒分类		粒径 d/mm
漂石(浑圆、圆棱)或块石(尖棱)	大	$d>800$
	中	$400<d\leqslant 800$
	小	$200<d\leqslant 400$
卵石(浑圆、圆棱)或碎石(尖棱)	大	$100<d\leqslant 200$
	小	$60<d\leqslant 100$
粗圆砾(浑圆、圆棱)或角砾(尖棱)	大	$40<d\leqslant 60$
	小	$20<d\leqslant 40$
细圆砾(浑圆、圆棱)或粗角砾	大	$10<d\leqslant 20$
	中	$5<d\leqslant 10$
	小	$2<d\leqslant 5$
砂粒	粗	$0.5<d\leqslant 2$
	中	$0.25<d\leqslant 0.5$
	细	$0.075<d\leqslant 0.25$
粉粒		$0.005<d\leqslant 0.75$
黏粒		$d<0.005$

2.碎石类土分类

碎石类土分类见表 2.2.48。

碎石类土的分类 表 2.2.48

土的名称	颗粒形状	土的颗粒级配
漂石土	浑圆或圆棱状为主	粒径大于 200 mm 的颗粒超过全重的 50%
块石土	尖棱状为主	
卵石土	浑圆或圆棱状为主	粒径大于 60 mm 的颗粒超过全重的 50%
碎石土	尖棱状为主	
粗圆砾土	浑圆或圆棱状为主	粒径大于 20 mm 的颗粒超过全重的 50%
粗角砾土	尖棱状为主	
细圆砾土	浑圆或圆棱状为主	粒径大于 2 mm 的颗粒超过全重的 50%
细角砾土	尖棱状为主	

3.砂类土的分类

砂类土的分类见表 2.2.49。

砂类土分类 表 2.2.49

土的名称	土的颗粒级配
砾砂	粒径大于 2 mm 颗粒的质量占总质量的 25%～50%
粗砂	粒径大于 0.5 mm 颗粒的质量超过总质量的 50%
中砂	粒径大于 0.25 mm 颗粒的质量超过总质量的 50%
细砂	粒径大于 0.075 mm 颗粒的质量超过总质量的 85%

注:碎石土定名时应根据粒径分组,由大到小以最先符合者确定;砂类土定名时应根据颗粒级配,由大到小,以最先符合者确定。

4. 粉土、黏性土分类

粉土、黏性土分类见表 2.2.50。

粉土、黏性土分类 表 2.2.50

土的名称	塑性指数 I_p	土的名称	塑性指数 I_p
粉土	$I_p \leqslant 10$	黏土	$I_p > 17$
粉质黏土	$10 < I_p \leqslant 17$		

注：1. 塑性指数等于土的液限与塑限之差。

2. 液限试验采用圆锥仪法，圆锥仪总质量为 76 g，入土深度 10 mm。

3. 塑限试验采用搓条法。

4. 粉土为 $I_p \leqslant 10$，且粒径大于 0.075 mm 的颗粒少于全重 50% 的土。

5. 冻土的分类

冻土的分类见表 2.2.51、表 2.2.52 和表 2.2.53。

季节性冻土分类 表 2.2.51

土的类别	冻前天然含水率 w/(%)	冻结期间地下水位低于冻结线的最小距离 h_w/m	平均冻胀率 η/(%)	冻胀等级及类别
粉黏粒质量不大于 15% 的粗颗粒土（包括碎石类土、砾、粗、中砂，以下同），粉黏粒质量不大于 10% 的细砂	不考虑	不考虑	$\eta \leqslant 1$	Ⅰ级不冻胀
粉黏粒质量大于 15% 的粗颗粒土，粉黏粒质量大于 10% 的细砂	$w \leqslant 12$	$h_w > 1.0$		
粉砂	$12 < w \leqslant 14$	$h_w > 1.0$		
粉土	$w \leqslant 19$	$h_w > 1.5$		
黏性土	$w \leqslant w_p + 2$	$h_w > 2.0$		
粉黏粒质量大于 15% 的粗颗粒土，粉黏粒质量大于 10% 的细砂	$w \leqslant 12$	$h_w \leqslant 1.0$	$1 < \eta \leqslant 3.5$	Ⅱ级弱冻胀
	$12 < w \leqslant 19$	$h_w > 1.0$		
粉砂	$w \leqslant 14$	$h_w \leqslant 1.0$		
	$14 < w \leqslant 19$	$h_w > 1.0$		
粉土	$w \leqslant 19$	$h_w \leqslant 1.5$		
	$12 < w \leqslant 22$	$h_w > 1.5$		
黏性土	$w \leqslant w_p + 2$	$h_w \leqslant 2.0$		
	$w_p + 2 < w \leqslant w_p + 5$	$h_w > 2.0$		
粉黏粒质量大于 15% 的粗颗粒土，粉黏粒质量大于 10% 的细砂	$12 < w \leqslant 18$	$h_w \leqslant 1.0$	$3.5 < \eta \leqslant 6$	Ⅲ级冻胀
	$w > 18$	$h_w > 0.5$		
粉砂	$14 < w \leqslant 19$	$h_w \leqslant 1.0$		
	$19 < w \leqslant 23$	$h_w > 1.0$		
粉土	$19 < w \leqslant 22$	$h_w \leqslant 1.5$		
	$22 < w \leqslant 26$	$h_w > 1.5$		
黏性土	$w_p + 2 < w \leqslant w_p + 5$	$h_w \leqslant 2.0$		
	$w_p + 5 < w \leqslant w_p + 9$	$h_w > 2.0$		

续上表

土的类别	冻前天然含水率 w/(%)	冻结期间地下水位低于冻结线的最小距离 h_w/m	平均冻胀率 η/(%)	冻胀等级及类别
粉黏粒质量大于15%的粗颗粒土，粉黏粒质量大于10%的细砂	$w>18$	$h_w \leqslant 0.5$	$6<\eta \leqslant 12$	Ⅳ级强冻胀
粉砂	$19<w \leqslant 23$	$h_w \leqslant 1.0$		
粉土	$22<w \leqslant 26$	$h_w \leqslant 1.5$		
	$26<w \leqslant 30$	$h_w>1.5$		
黏性土	$w_p+5<w \leqslant w_p+9$	$h_w \leqslant 2.0$		
	$w_p+9<w \leqslant w_p+15$	$h_w>2.0$		
粉砂	$w>23$	不考虑	$\eta>12$	Ⅴ级特强冻胀
粉土	$26<w \leqslant 30$	$h_w \leqslant 1.5$		
	$w>30$	不考虑		
黏性土	$w_p+9<w \leqslant w_p+15$	$h_w \leqslant 2.0$		
	$w>w_p+15$	不考虑		

注：1. 平均冻胀率为地表冻胀量与冻层厚度减地表冻胀量之比。

2. w_p 为塑限。

3. 盐渍化冻土不在表列。

4. 塑性指数大于22，冻胀性降一级。

5. 碎石类土当充填物大于全部质量的40%时，其冻胀性按填充物土的类别判定。

多年冻土分类 表2.2.52

多年冻土类型	土的名称	总含水率 w_A/(%)	融化后的潮湿程度	融沉等级	融沉类型
少冰冻土	碎石类土、砾砂、粗砂、中砂(粉黏粒质量不大于15%)	$w_A<10$	潮湿	Ⅰ	不融沉
	碎石类土、砾砂、粗砂、中砂(粉黏粒质量大于15%)	$w_A<12$	稍湿		
	细砂、粉砂	$w_A<14$			
	粉土	$w_A<17$			
	黏性土	$w_A<w_p$	坚硬		
多冰冻土	碎石类土、砾砂、粗砂、中砂(粉黏粒质量不大于15%)	$10 \leqslant w_A<15$	饱和	Ⅱ	弱融沉
	碎石类土、砾砂、粗砂、中砂(粉黏粒质量大于15%)	$12 \leqslant w_A<15$	潮湿		
	细砂、粉砂	$14 \leqslant w_A<18$			
	粉土	$17 \leqslant w_A<21$			
	黏性土	$w_p \leqslant w_A<w_p+4$	硬塑		
富冰冻土	碎石类土、砾砂、粗砂、中砂(粉黏粒质量不大于15%)	$15 \leqslant w_A<25$	饱和出水(出水量为10%)	Ⅲ	融沉
	碎石类土、砾砂、粗砂、中砂(粉黏粒质量大于15%)	$15 \leqslant w_A<25$	饱和		
	细砂、粉砂	$18 \leqslant w_A<28$			
	粉土	$21 \leqslant w_A<32$			
	黏性土	$w_p+4 \leqslant w_A<w_p+15$	软塑		

续上表

多年冻土类型	土的名称	总含水率 w_A/(%)	融化后的潮湿程度	融沉等级	融沉类型
饱冰冻土	碎石类土、砾砂、粗砂、中砂(粉黏粒质量不大于15%)	$25 \leqslant w_A < 44$	饱和大量出水(出水量为10%~20%)	Ⅳ	强融沉
	碎石类土、砾砂、粗砂、中砂(粉黏粒质量大于15%)	$25 \leqslant w_A < 44$	饱和出水(出水量为10%)		
	细砂、粉砂	$28 \leqslant w_A < 44$			
	粉土	$32 \leqslant w_A < 44$			
	黏性土	$w_p + 15 \leqslant w_A < w_p + 35$	流塑		
含土冰层	碎石类土、砂类土、粉土	$w_A \geqslant 44$	饱和大量出水(出水量为10%~20%)	Ⅴ	融陷
	黏性土	$w_A \geqslant w_p + 35$	流塑		

注:1.总含水率包括冰和未冻水。

2.盐渍化冻土、泥炭化冻土、腐殖土、高塑性黏土不在表列。

多年冻土的融沉性分级　　表2.2.53

融化下沉系数 δ_0	$\delta_0 \leqslant 1$	$1 < \delta_0 \leqslant 3$	$3 < \delta_0 \leqslant 10$	$10 < \delta_0 \leqslant 25$	$\delta_0 > 25$
融化性分级	不融沉	弱融沉	融沉	强融沉	融陷

注:融化下沉系数 $\delta_0 = \frac{h_1 - h_2}{h_1} \times 100\%$;式中,$h_1$ 为冻土试件融化前的高度(mm);h_2 为冻土试件融化后的高度(mm)。

五、行业标准《公路工程地质勘察规范》(JTG C20—2011)中的土分类

(一)岩石的分类

1)岩石坚硬程度应按表2.2.54划分。

岩石坚硬程度划分　　表2.2.54

岩石单轴饱和抗压强度 R_c/MPa	$R_c > 60$	$60 \geqslant R_c > 30$	$30 \geqslant R_c > 15$	$15 \geqslant R_c > 5$	$R_c \leqslant 5$
坚硬程度	坚硬岩	较坚硬岩	较软岩	软岩	极软岩

2)岩体完整程度应按表2.2.55划分。

岩体完整程度划分　　表2.2.55

名称	结构面发育程度		主要结构面结合程度	主要结构面类型	相应结构类型
	组数	平均间距/m			
完整	1~2	>1.0	好或一般	节理、裂隙、层面	整体状或巨厚层状结构
较完整	1~2	>1.0	差	节理、裂隙、层面	块状或厚层状结构
	2~3	1.0~0.4	好或一般		块状结构
较破碎	2~3	1.0~0.4	差	节理、裂隙、层面、小断层	裂隙块状或中厚层状结构
	>3	0.4~0.2	好		镶嵌破碎结构
			一般		中、薄层状结构
破碎	>3	0.4~0.2	差	各种类型结构面	裂隙块状结构
		<0.2	一般或差		碎裂状结构
极破碎	无序	—	很差	—	散体状结构

注:平均间距指主要结构面(1~2组)间距的平均值;主要结构面是指岩体内相对发育,即张开度较大、充填物较差、成组性较好的结构面。

3)岩体完整程度的定量指标,应采用岩体完整性系数 K_v。K_v 应采用实测值,无条件取得实测值时,可用岩体体积节理数 J_v 按表 2.2.56 确定对应的 K_v 值。

J_v 与 K_v 对照表 表 2.2.56

J_v/(条/m^2)	<3	3~10	10~20	20~35	>35
K_v	>0.75	0.75~0.55	0.55~0.35	0.35~0.15	<0.15

注:岩体体积节理数 J_v 按《公路工程地质勘察规范》(JTG C20—2011)附录 A 确定。

4)岩体完整性系数 K_v 与岩体完整程度的对应关系,可按表 2.2.57 确定。

K_v 与按表 2.2.55 确定的岩体完整程度的对应关系 表 2.2.57

K_v	>0.75	0.75~0.55	0.55~0.35	0.35~0.15	<0.15
岩体完整程度	完整	较完整	较破碎	破碎	极破碎

注:岩体完整性系数 K_v 按《公路工程地质勘察规范》(JTG C20—2011)附录 A 确定。

5)结构面结合程度宜按表 2.2.58 划分。

结构面结合程度划分 表 2.2.58

结合程度	好	一般	差	很差
结构面特征	张开度小于 1 mm,无充填物; 张开度 1~3 mm,为硅质或铁质胶结; 张开度大于 3 mm,结构面粗糙,为硅质胶结	张开度 1~3 mm,为钙质或泥质胶结; 张开度大于 3 mm,结构面粗糙,为铁质或钙质胶结	张开度 1~3 mm,结构面平直,为泥质或泥质和钙质胶结; 张开度大于 3 mm,多为泥质或岩屑充填	泥质充填或泥夹岩屑充填,充填物厚度大于起伏差

6)岩石风化程度可按表 2.2.59 划分。当波速比 k_v、风化系数 k_f 及野外特征与表列不对应时,岩石风化程度宜综合判定。

岩石风化程度划分 表 2.2.59

风化程度	野外特征	风化程度参数指标	
		波速比 k_v	风化系数 k_f
未风化	岩质新鲜,偶见风化痕迹	0.9~1.0	0.9~1.0
微风化	结构基本未变,仅节理面有渲染或略有变色,有少量风化裂隙	0.8~0.9	0.8~0.9
中风化	结构部分破坏,沿节理面有次生矿物,风化裂隙发育,岩体被切割成岩块。用镐难挖,岩芯钻方可钻进	0.6~0.8	0.4~0.8
强风化	结构大部分破坏,矿物成分已显著变化,风化裂隙很发育,岩体破碎,用镐可挖,干钻不易钻进	0.4~0.6	<0.4
全风化	结构基本破坏,但尚可辨认,有残余结构强度,可用镐挖,干钻可钻进	0.2~0.4	—

注:1. 波速比 k_v 为风化岩石弹性纵波速度与新鲜岩石弹性纵波速度之比。
2. 风化系数 k_f 为风化岩石与新鲜岩石的单轴饱和抗压强度之比。

7)岩体节理发育程度应按表 2.2.60 划分。

岩体节理发育程度划分 表 2.2.60

节理间距 d/mm	d>400	200<d≤400	20<d≤200	d≤20
节理发育程度	不发育	发育	很发育	极发育

8)岩层厚度分类应按表 2.2.61 划分。

岩层厚度分类　　表 2.2.61

单层厚度 h/m	$h>1.0$	$0.5<h\leqslant 1.0$	$0.1<h\leqslant 0.5$	$h\leqslant 0.1$
岩层厚度分类	巨厚层	厚层	中厚层	薄层

9)岩石的描述应包括地质年代、名称、颜色、主要矿物、结构、构造和风化程度等。

10)岩体的描述应包括结构面、结构体和岩层厚度,并应符合下列规定。

(1)结构面应描述其类型、性质、产状、间距、密度、结合程度和含水状况等。

(2)结构体应描述其形状和规模等。

(二)土的分类

1)土可根据其地质成因分为残积土、坡积土、崩积土、冲积土、洪积土、风积土、湖积土、海积土和冰积土等。

2)土可根据其所具有的工程地质特性分为黄土、冻土、膨胀土、盐渍土、软土、红黏土和填土等。

3)土可根据颗粒成分分为碎石土、砂土、粉土和黏性土,其划分应符合以下规定:

(1)粒径大于 2 mm 的颗粒质量超过总质量 50%的土,应定名为碎石土,并按表 2.2.62 进一步分类。

碎石土分类　　表 2.2.62

土的名称	颗粒形状	颗粒级配
漂石	圆形及亚圆形为主	粒径大于 200 mm 的颗粒质量超过总质量的 50%
块石	棱角形为主	
卵石	圆形及亚圆形为主	粒径大于 20 mm 的颗粒质量超过总质量的 50%
碎石	棱角形为主	
圆砾	圆形及亚圆形为主	粒径大于 2 mm 的颗粒质量超过总质量的 50%
角砾	棱角形为主	

注:定名时,应根据颗粒级配由大到小以最先符合者确定。

(2)粒径大于 2 mm 的颗粒质量不超过总质量的 50%,且粒径大于 0.075 mm 的颗粒质量超过总质量 50%的土,应定名为砂土,并按表 2.2.63 进一步分类。

砂土分类　　表 2.2.63

土的名称	颗粒级配
砾砂	粒径大于 2 mm 的颗粒质量占总质量的 25%～50%
粗砂	粒径大于 0.5 mm 的颗粒质量超过总质量的 50%
中砂	粒径大于 0.25 mm 的颗粒质量超过总质量的 50%
细砂	粒径大于 0.075 mm 的颗粒质量超过总质量的 85%
粉砂	粒径大于 0.075 mm 的颗粒质量超过总质量的 50%

注:定名时,应根据颗粒级配由大到小以最先符合者确定。

(3)塑性指数 $I_p\leqslant 10$,且粒径大于 0.075 mm 的颗粒质量不超过总质量的 50%的土,应定名为粉土。

(4)塑性指数 $I_p>10$,且粒径大于 0.075 mm 的颗粒质量不超过总质量的 50%的土,应定名为黏性土,并按表 2.2.64 进一步分类。

黏性土分类　　表 2.2.64

土的名称	粉质黏土	黏土
塑性指数 I_p	$10<I_p\leqslant 17$	$I_p>17$

注:液限、塑限分别采用 76 g 锥试验确定。

4)碎石土的密实度,宜根据圆锥动力触探锤击数按表 2.2.65 和表 2.2.66 确定。表中 $N_{63.5}$ 和 N_{120} 应按《公路工程地质勘察规范》(JTG C20—2011)附录 C 修正。

碎石土密实度划分(一) 表 2.2.65

重型圆锥动力触探锤击数 $N_{63.5}$	$N_{63.5}>20$	$10<N_{63.5}\leqslant 20$	$5<N_{63.5}\leqslant 10$	$N_{63.5}\leqslant 5$
密实度	密实	中密	稍密	松散

注:本表适用于平均粒径小于或等于 50 mm,且最大粒径不超过 100 mm 的碎石土。

碎石土密实度划分(二) 表 2.2.66

超重型圆锥动力触探锤击数 N_{120}	$N_{120}>11$	$6<N_{120}\leqslant 11$	$3<N_{120}\leqslant 6$	$N_{120}\leqslant 3$
密实度	密实	中密	稍密	松散

注:本表适用于平均粒径大于 50 mm,或最大粒径大于 100 mm 的碎石土。

5)碎石土的密实度,也可根据其野外特征按表 2.2.67 鉴别。

碎石土密实度野外鉴别 表 2.2.67

密实度	骨架颗粒含量和排列	可挖性	可钻性
密实	骨架颗粒质量大于总质量的 70%,呈交错排列,连接接触	锹镐挖掘困难,用撬棍方能松动,井壁较稳定	钻进极困难,冲井钻探时,钻杆、吊锤跳动剧烈,孔壁较稳定
中密	骨架颗粒质量为总质量的 60%~70%,呈交错排列,大部分接触	锹镐可挖掘,井壁有掉块现象,从井壁取出大颗粒处,能保持颗粒凹面形状	钻进较困难,冲击钻探时,钻杆、吊锤跳动不剧烈,孔壁有坍塌现象
稍密	骨架颗粒质量为总质量的 55%~60%,排列混乱,大部分不接触	锹镐可挖掘,井壁易坍塌,从井壁取出大颗粒后,立即塌落	钻进较容易,冲击钻探时,钻杆稍有跳动,孔壁易坍塌
松散	骨架颗粒质量小于总质量的 55%,排列十分混乱,绝大部分不接触	锹镐可挖掘,井壁极易坍塌	钻进很容易,冲击钻探时,钻杆无跳动,孔壁极易坍塌

注:密实度应按表中所列各项特征综合确定。

6)砂土的密实度应按表 2.2.68 划分。

砂土的密实度划分 表 2.2.68

标准贯入试验锤击数实测值 N	$N>30$	$15<N\leqslant 30$	$10<N\leqslant 15$	$N\leqslant 10$
密实度	密实	中密	稍密	松散

7)粉土的密实度应按表 2.2.69 划分。

粉土密实度划分 表 2.2.69

密实度	孔隙比 e	密实度	孔隙比 e
密实	$e<0.75$	稍密	$e>0.90$
中密	$0.75\leqslant e\leqslant 0.90$		

8)黏性土的压缩性应按表 2.2.70 划分。

黏性土压缩性划分 表 2.2.70

压缩性	压缩系数 $a_{0.1-0.2}$/MPa^{-1}	压缩性	压缩系数 $a_{0.1-0.2}$/MPa^{-1}
低压缩性	$a_{0.1-0.2}<0.1$	高压缩性	$a_{0.1-0.2}\geqslant 0.5$
中压缩性	$0.1\leqslant a_{0.1-0.2}<0.5$		

注:表中 $a_{0.1-0.2}$ 为 0.1~0.2 MPa 压力范围内的压缩系数。

9)砂土的湿度应按表 2.2.71 划分。

砂土的湿度划分 表 2.2.71

湿度	饱和度 S_r/(%)	湿度	饱和度 S_r/(%)
稍湿	$S_r\leqslant 50$	饱和	$S_r>80$
潮湿	$50<S_r\leqslant 80$		

10)粉土的湿度应按表 2.2.72 划分。

粉土的湿度划分 表 2.2.72

湿　度	天然含水率 w/(%)	湿　度	天然含水率 w/(%)
稍湿	$w<20$	很湿	$w>30$
湿	$20\leqslant w\leqslant 30$		

11)黏性土的状态应按表 2.2.73 划分。

黏性土的状态划分 表 2.2.73

状　态	液性指数 I_L	状　态	液性指数 I_L
坚硬	$I_L\leqslant 0$	软塑	$0.75<I_L\leqslant 1.0$
硬塑	$0<I_L\leqslant 0.25$	流塑	$I_L>1.0$
可塑	$0.25<I_L\leqslant 0.75$		

12)黏性土可按表 2.2.74 划分。

黏 性 土 划 分 表 2.2.74

黏性土分类	地 质 年 代	黏性土分类	地 质 年 代
老黏性土	第四纪晚更新世(Q_3)及以前	新近沉积黏性土	第四纪全新世(Q_4)文化期以来
一般黏性土	第四纪全新世(Q_4)文化期以前		

13)土的描述应包括名称、地质年代和成因类型,并应符合下列规定。

(1)碎石土应描述颜色、颗粒级配、颗粒形状、碎石成分、风化程度、充填物的类型、充填程度和密实度等。

(2)砂土应描述颜色、颗粒级配、颗粒形状、矿物成分、黏粒含量、湿度和密实度等。

(3)粉土应描述颜色、湿度、密实度、含有物等。

(4)黏性土应描述颜色、状态、含有物等。

(5)特殊性土除应描述上述相应土类规定的内容外,尚应描述其特殊成分和特殊性质。

Ⅲ 土的野外鉴别

一、碎石土密实程度的野外鉴别

碎石土密实程度的野外鉴别方法见表 2.2.75。

碎石土密实度野外鉴别方法 表 2.2.75

密实度	骨架颗粒含量和排列	可 挖 性	可 钻 性
密实	骨架颗粒质量大于总质量的70%,呈交错排列,连续接触	锹镐挖掘困难。用撬棍方能松动,井壁较稳定	钻进困难,钻杆、吊锤跳动剧烈,孔壁较稳定
中密	骨架颗粒质量等于总质量的60%~70%,呈交错排列,大部分接触	锹镐可挖掘,井壁有掉块现象,从井壁取出大颗粒处,能保持颗粒凹面形状	钻进较困难,钻杆、吊锤跳动不剧烈,孔壁有坍塌现象
松散	骨架颗粒质量小于总质量的60% 排列混乱,大部分不接触	锹可以挖掘,井壁易坍塌,从井壁取出大颗粒后,立即塌落	钻进较容易,钻杆稍有跳动,孔壁易坍塌

注:密实度应按表列各项特征综合确定。

二、砂土的野外鉴别

砂土的野外鉴别方法见表 2.2.76。

砂土的野外鉴别方法　　表 2.2.76

鉴别特征	砾　砂	粗　砂	中　砂	细　砂	粉　砂
观察颗粒粗细	约有 1/4 以上颗粒比荞麦或高粱粒(2 mm)大	约有一半以上颗粒比小米粒(0.5 mm)大	约有一半以上颗粒与砂糖或白菜籽近似(>0.25 mm)	大部分颗粒与粗玉米粉近似(>0.1 mm)	大部分颗粒与小米粉近似(<0.1 mm)
干燥时状态	颗粒完全分散	颗粒完全分散，个别胶结	颗粒基本分散，部分胶结，胶结部分一碰即散	颗粒大部分分散，少量胶结，胶结部分稍加碰撞即散	颗粒少部分分散，大部分胶结(稍加压即能分散)
湿润时用手拍后的状态	表面无变化	表面无变化	表面偶有水印	表面有水印(翻浆)	表面有显著翻浆现象
黏着程度	无黏着感	无黏着感	无黏着感	偶有轻微黏着感	有轻微黏着感

三、黏性土、粉土的野外鉴别

黏性土、粉土的野外鉴别方法见表 2.2.77。

黏性土、粉土的野外鉴别方法　　表 2.2.77

鉴别方法	分　类		
	黏土	粉质黏土	粉土
	塑性指数		
	$I_P>17$	$10<I_P\leqslant17$	$I_P\leqslant10$
湿润时用刀切	切面非常光滑，刀刃有黏腻的阻力	稍有光滑面，切面规则	无光滑面，切面比较粗糙
用手捻摸时的感觉	湿土用手捻摸有滑腻感，当水分较大时极易黏手，感觉不到有颗粒的存在	仔细捻摸感觉到有少量细颗粒，稍有滑腻感，有黏滞感	感觉有细颗粒存在或感觉粗糙，有轻微黏滞感或无黏滞感
黏着程度	湿土极易黏着物体(包括金属与玻璃)，干燥后不易剥去，用水反复洗才能去掉	能黏着物体，干燥后较易剥掉	一般不黏着物体，干燥后一碰就掉
湿土搓条情况	能搓成小于 0.5 mm 的土条(长度不短于手掌)，手持一端不易断裂	能搓成 0.5～2 mm 的土条	能搓成 2～3 mm 的土条
干土的性质	坚硬，类似陶器碎片，用锤击方可打碎，不易击成粉末	用锤易击碎，用手难捏碎	用手很易捏碎

四、新近沉积土的野外鉴别

新近沉积土的野外鉴别方法见表 2.2.78。

新近沉积土野外鉴别方法　　表 2.2.78

沉积环境	颜　色	结构性	含有物
河漫滩、山前洪、冲积扇(锥)的表层、古河道，已填塞的湖、塘、沟、谷和河道泛滥区	较深而暗，呈褐、暗黄或灰色，含有机质较多时带灰黑色	结构性差，用手扰动原状土时极易变软，塑性较低的土还有振动水析现象	在完整的剖面中无粒状结核体，但可能含有圆形及亚圆形钙质结核体(如礓结石)或贝壳等，在城镇附近可能含有少量碎砖、瓦片、陶瓷、铜币或朽木等人类活动遗物

五、细粒土的简易鉴别

细粒土的简易鉴别方法见表 2.2.79。

细粒土的简易鉴别方法 表 2.2.79

半固态时的干强度	硬塑—可塑态时的手捻感和光滑度	土在可塑态时		软塑—流动态时的摇震反应	土类代号
		土条可搓成的最小直径/mm	韧性		
低至中	粉粒为主,有砂感,稍有黏性,捻面较粗糙,无光泽	>3 或 2～3	低至中	快至中	ML
中至高	含砂粒,有黏性,稍有滑腻感,捻面较光滑,稍有光泽	1～2	中	慢至无	CL
中至高	粉粒较多,有黏性,稍有滑腻感,捻面较光滑,稍有光泽	1～2	中至高	慢至无	MH
高至很高	无砂感,黏性大,滑腻感强,捻面光滑,有光泽	<1	高	无	CH

注:1. 摘自《土的工程分类标准》(GB/T 50145—2007)。

2. 凡呈黑灰色有臭味的土,应在相应土类代号后加代号"()",如 ML()、CL()、MH()、CH()。

3. 干强度可根据用力的大小区分;很难或用力才能捏碎或掰断者为干强度高;稍用力即可捏碎或掰断者为干强度中等;易于捏碎和捻成粉末者为干强度低。

4. 韧性可根据再次搓条的可能性,分为能揉成土团,再搓成条,捏而不碎者为韧性高;可再揉成团,捏而不易碎者为韧性中等;勉强或不能再揉成团,稍捏或不捏即碎者为韧性低。

5. 摇振反应根据上述渗水和吸水反应快慢,可区分为立即渗水及吸水者为反应快;渗水及吸水中等者为反应中等;渗水、吸水慢及不渗不吸者为反应慢或无反应。

第三节 工程地质测绘与调查

一、基本要求

岩土工程勘察中工程地质测绘与调查宜在可行性研究勘察阶段或初步勘察阶段进行,并符合下列要求。

(1)对岩石出露或地貌、地质条件较复杂的场地应进行工程地质测绘;对地质条件简单的场地,可采用调查代替工程地质测绘。

(2)在可行性研究勘察阶段搜集资料,宜包括航空相片、卫星相片的解译结果。

(3)在详细勘察阶段可对某些专门地质问题作补充调查。

(4)工程地质测绘与调查的范围以能解决实际问题为前提,一般包括场地及附近地段。

(5)测绘的比例尺和精度应符合要求包括:

测绘所用地形图的比例尺,可行性研究勘察阶段可选用 1:5 000 ～ 1:50 000,初步勘察阶段可选用 1:2 000 ～ 1:10 000,详细勘察阶段可选用 1:500 ～ 1:2 000,工程地质条件复杂时比例尺可适当放大;对工程有重要影响的地质单元体(滑坡、断层、软弱夹层、洞穴等),必要时可采用扩大比例尺表示;建筑地段的地质界线、地质点测绘精度在图上不应低于 3 mm。

(6)地质观测点的布置、密度和定位应满足的要求包括:

①在地质构造线、地层接触线、岩性分界线、标准层位和每个地质单元体应有地质观测点。

②地质观测点的密度应根据场地的地貌、地质条件、成图比例尺及工程特点等确定，并应具代表性。

③地质观测点应充分利用天然和人工露头，当露头少时应根据具体情况布置一定数量的勘探工作。

④地质观测点的定位应根据精度要求和地质条件的复杂程度选用目测法、半仪器法和仪器法，地质构造线、地层接触线、岩性分界线、软弱夹层、地下水露头、有重要影响的不良地质作用和地质灾害等特殊地质观测点，宜用仪器法定位；目测法适用于小比例尺的工程地质测绘，一般在可行性研究阶段使用；半仪器法适用于中等比例尺的工程地质测绘，一般在初步勘察阶段使用；仪器法适用于大比例尺的工程地质测绘，一般在详勘阶段使用。

二、工作方法

1.测绘前的准备工作

1)资料搜集和研究

测绘前一般要收集资料，包括：区域地质资料、遥感资料、气象资料、地震资料、水文资料、地球物理勘探及矿藏资料及水文地质资料、工程地质资料、建筑经验等。

2)踏勘

现场踏勘是在搜集研究资料的基础上进行的，其目的在于了解测区地质情况和问题，以便合理布置观察点和观察路线，正确选择实测地质剖面位置，拟定野外工作方法。包括踏勘的方法及内容，如下所列。

①根据地形图，在测区范围内按固定路线踏勘，一般采用“之”字形、曲折迂回而不重复的路线，穿越地形、地貌、地层、构造、不良地质作用和地质灾害等有代表性的地段。初步掌握地质条件的复杂程度。

②为了了解全区的岩层情况，在踏勘时应选择露头良好、岩层完整有代表性的地段作出野外地质剖面图，以便熟悉地质情况和掌握地区岩层的分布特征。

③寻找地形控制点的位置，并抄录坐标、标高资料。

④访问和搜集洪水及其淹没范围等情况。

⑤了解测区的供应、经济、气候、住宿及交通运输条件。

3)编制测绘纲要

测绘纲要是进行测绘的依据，其内容应尽量符合实际情况。测绘纲要一般包括在勘察纲要内，在特殊情况下也可单独编制。

2.测绘方法

1)相片成图法

相片成图法是利用地面摄影或航空(卫星)摄影的相片，先在室内进行解释，划分地层岩性、地质构造、地貌、水系及不良地质作用与地质灾害等，并在相片上选择若干点和路线，然后去实地进行校对修正，绘成底图，最后再转绘成图。

2)实地测绘法

实地测绘法的常用方法有3种。

(1)路线法

沿着一定的路线，穿越测绘场地，把走过的路线正确地填绘在地形图上，并沿途详细观察地质情况，把各种地质界线、地貌界线、构造线、岩层产状及各种不良地质作用和地质灾害等标绘在地形图上；路线形式有S形或直线形。路线法一般用于中、小比例尺。在路线法测绘中应注意以下几个问题。

①路线起点的位置，应选择有明显的地物，如村庄、桥梁或特殊地形，作为每条路线的起点。

②观察路线的方向，应大致与岩层走向、构造线方向及地貌单元相垂直，这样可以用较少的工作量获得较多的成果。

③观察路线应选择在露头及覆盖层较薄的地方。

(2)布点法

布点法是工程地质测绘的基本方法，也就是根据不同的比例尺预先在地形图上布置一定数量的观察点及观察路线。观察路线长度必须满足要求，路线力求避免重复，使一定的观察路线达到最广泛地观察地质现象的目的。布点法适用于大、中比例尺的工程地质测绘。

(3)追索法

追索法这是一种辅助方法，系沿地层走向或某一构造线方向布点追索，以便查明某些局部的复杂构造。

三、资料整理及成果

1.检查外业资料

①检查各种野外记录所描述的内容是否齐全；

②详细核对各种原始图件所划分的地层、岩性、构造、地形地貌、地质成因界线是否符合野外实际情况，在不同图件中相互间的界线是否吻合；

③野外所填的各种地质现象是否正确；

④核对搜集的资料与本次测绘资料是否一致，如出现矛盾，应分析其原因；

⑤整理核对野外采集的各种标本。

2.成果资料

工程地质测绘与调查的成果资料一般包括工程地质测绘实际材料图、综合工程地质图或工程地质分区图、综合地质柱状图、工程地质剖面图及各种素描图、照片和文字说明。

第四节　勘探、取样及水、土腐蚀性评价

一、工程地质钻探的基本方法及适用范围

1.工程地质钻探的基本方法

1)回转钻进

回转钻进是利用钻具回转使钻头的切削刃或研磨材料削磨岩土使之破碎进行钻进。它包括岩芯钻探，无岩芯钻探和螺旋钻探。岩芯钻探根据所使用的研磨材料不同又可分为硬质合金钻进、钻粒钻进及金刚石钻进。岩芯钻进为孔底环状钻进，螺旋钻进为孔底全面钻进。

2)冲击钻进

冲击钻进是利用钻具的重力和下冲击力使钻头冲击孔底以破碎岩土进行钻进。它包括冲击钻进和锤击钻进。根据使用的工具不同可分为钻杆冲击钻进和钢绳冲击钻进。对于硬层(基岩、碎石土)一般采用孔底全面冲击钻进；对于土层一般采用圆筒形钻头的刃口借钻具冲击力切削土层钻进。

3)振动钻进

振动钻进系将机械动力所产生的振动力，通过连接杆及钻具传到圆筒形钻头周围土中。由于振动器高速振动的结果，使土的抗剪力急剧降低，这时圆筒钻头依靠钻具和振动器的重量切削土层进行钻进。对粉土、黏性土及较小粒径的碎石(卵石)层比较适用，钻进速度较快。

4)冲洗钻进

冲洗钻进是利用水的压力冲击孔底土层，使之结构破坏，颗粒悬浮并最终随水流出孔外的钻进方法。由于它主要靠水压直接冲洗，因此无法采样进行观察和鉴别。

2.工程钻探方法的适用范围

各种钻探方法的适用范围见表2.4.1。

钻探方法的适用范围　　表2.4.1

钻探方法		钻进地层					勘察要求	
		黏性土	粉土	砂土	碎石土	岩石	直观鉴别、采取不扰动试样	直观鉴别、采取扰动试样
回转	螺旋钻探	++	+	+	−	−	++	++
	无岩芯钻探	++	++	++	+	++	−	−
	岩芯钻探	++	++	++	+	++	++	++
冲击	冲击钻探	−	+	++	++	−	−	−
	锤击钻探	++	++	++	+	−	++	++
振动钻探		++	++	++	+	−	+	++
冲洗钻探		+	++	++	−	−	−	−

注:1."++"为适用,"+"为部分适用,"−"为不适用。
2.浅部土层可采用下列钻探方法:小口径麻花钻(或提土钻)钻进,小口径勺形钻钻进,洛阳铲钻进。

二、工程地质钻探的技术要求

1.钻孔规格

1)钻孔口径和钻具规格

钻孔口径和钻具规格应符合表2.4.2的规定。

工程地质钻孔及钻具口径系列　　表2.4.2

钻具口径/mm	钻具规格/mm										相应于DCDMA标准的级别
	岩芯外管		岩芯内管		套管		钻杆		绳索钻杆		
	D	d	D	d	D	d	D	d	D	d	
36	35	29	26.5	23	45	38	33	23	—	—	E
46	45	38	35	31	58	49	43	31	43.5	34	A
59	58	51	47.5	43.5	73	63	54	42	55.5	46	B
75	73	65.5	62	56.5	89	81	67	55	71	61	N
91	89	81	77	70	108	99.5	67	55	—	—	—
110	108	99.5	—	—	127	118	—	—	—	—	—
130	127	118	—	—	146	137	—	—	—	—	—
150	146	137	—	—	168	156	—	—	—	—	S

注:DCDMA标准为美国金刚石钻机制造者协会标准。

2)钻孔口径的确定

钻孔口径应根据钻探目的和钻进工艺确定，应满足取样、测试及钻进工艺的要求。采取原状土样的钻孔，口径不得小于 91 mm；仅需鉴别地层的钻孔，口径不宜小于 36 mm；在湿陷性黄土中，钻孔口径不宜小于 150 mm。

2.钻探与护壁

1)钻进要求

①钻进精度和岩土分层深度的量测精度，不应低于±5 cm；

②应严格控制非连续取芯钻进的回次进尺，使分层精度符合要求；

③对鉴别地层天然湿度的钻孔，在地下水位以上应进行干钻，当必须使用循环液时，应采用双层岩芯管钻进；

④岩芯钻探的岩芯采取率，对完整和较完整岩体不应低于 80%，较破碎和破碎岩体不宜低于 65%，对需重点查明的部位(滑动带、软弱夹层等)应采用双层岩芯管连续取芯；

⑤当需确定岩石质量指标 RQD 时，应采用 75 mm 口径(N 型)双层岩芯管和金刚石钻头；

⑥定向钻进的钻孔应分段进行孔斜测量，倾角及方位的量测精度分别为±0.1°和±3.0°。

深度超过 100 m 的钻孔及有特殊要求的钻孔，应测斜、防斜，保持钻孔的垂直度或预计的倾斜角度与倾斜方向。对垂直孔，每 50 m 测量一次垂直度，每 100 m 允许偏差为±2°；对斜孔，每 25 m 测量一次倾斜角和方位角，允许偏差应根据勘探设计要求确定。钻孔斜度及方位偏差超过规定时，应及时采取纠斜措施。

在湿陷性黄土中必须采用螺旋钻头钻进。

2)钻进方法

①对可能坍塌的地层应采取钻孔护壁措施。在浅部填土及其他松散土层中可采用套管护壁。在地下水位以下的饱和软黏性土层、粉土层和砂层中宜采用泥浆护壁，在破碎岩层中可视需要采用优质泥浆、水泥浆或化学浆液护壁。冲洗液漏失严重时，应采取充填封闭等堵漏措施。

②钻进中应保持孔内水头压力等于或稍大于孔周地下水压，提钻时应能通过钻头向孔底通气通水，防止孔底土层由于负压、管涌而受到扰动破坏。

③预计采取不扰动土试样或进行原位测试的钻孔，应按《建筑工程地质勘探与取样技术规程》(JGJ/T 87—2012)及其他相应的测试标准的规定钻进。

④在踏勘调查、基坑检验等工作中可采用小口径螺旋钻、小口径勺钻、洛阳铲等简易钻探工具进行浅层土的勘探。

3.钻孔的记录和编录

野外记录由经过专业训练的人员承担，记录应真实及时，按钻进回次逐段填写。现场记录不得誊录转抄，误写之处可以划去，严禁事后追记。

钻探现场描述以肉眼鉴别、手触方法为主，有条件或勘察工作有明显要求时，可采用标准化、定量化的方法。

钻探成果可用钻孔野外柱状图表示，岩土芯样可根据工程要求一定期限或长期保存，亦可拍摄岩土彩照纳入勘察成果资料。

三、井探、槽探、洞探

1.适用条件

①当钻探方法难以查明地下情况时，可采用探井、探槽进行勘探；

②在湿陷性黄土地区，应按《湿陷性黄土地区建筑规范》(GB 50025—2004)的有关规定开挖一定数量的探井，以便采取Ⅰ级土样供室内试验；

③在坝址、地下工程、大型边坡工程等勘察中，当需详细调查深部岩层性质及其构造特征时，可采用竖井或平洞；

④探井的深度不宜超过地下水位。

2.基本要求

①竖井和平洞的深度、长度、断面位置等按工程要求确定；

②对探井、探槽、探洞除文字描述记录外，还应以剖面图、展开图等反映井、槽、洞壁及底部的岩性、地层分界、构造特征、取样及原位试验位置，并辅以代表性部位的照片；

③在探井、探槽、探洞开挖过程中，应采取有效措施，确保人身安全。

四、土样的分级及取样技术要求

1.土样的分级

土试样质量根据试验目的分为四个级别，土试样质量等级可按表2.4.3确定。

土试样质量等级划分　　表2.4.3

级　别	扰动程度	试验内容
Ⅰ	不扰动	土类定名、含水率、密度、强度试验、固结试验
Ⅱ	轻微扰动	土类定名、含水率、密度
Ⅲ	显著扰动	土类定名、含水率
Ⅳ	完全扰动	土类定名

注：1.不扰动是指原位应力状态虽已改变，但土的结构、密度、含水率变化很小，能满足室内试验各项要求。

2.除地基基础设计等级为甲级的工程外，在工程技术要求允许的情况下可用Ⅱ级土试样进行强度试验和固结试验，但宜先对土试样受扰动程度作抽样鉴定，判定用于试验的适宜性，并结合地区经验使用试验成果。

2.取样要求

①在钻孔中采取Ⅰ、Ⅱ级砂样时，可采用原状取砂器；

②在软土、砂土中宜采用泥浆护壁，采用套管时应始终保持套管内的水头高度等于或稍高于地下水位，取样位置应低于套管底3倍孔径距离；

③采用冲洗、冲击、振动等方式钻进时，应在预计取样位置1 m以上改用回转钻进；

④采取土试样宜使用快速静力压入法；

⑤下放取土器前应仔细清孔，清除扰动土，孔底残留浮土厚度不应大于取土器废土段长度。

3.土样的现场检验、封装、贮存、运输

(1)土样的检验

对钻孔中采取的Ⅰ、Ⅱ级土试样，应在现场进行检验，应检查尺寸量测是否有误，土样是否受压、开裂、扰动等，并根据检验情况决定土样废弃或降低级别使用。

(2)土样的密封方法

将上、下两端各去掉约20 mm，加上一块与土样截面面积相当的不透水圆片，再浇灌蜡液，至与容器端齐平，待蜡液凝固后扣上胶皮或塑料保护帽。

用配合适当的盒盖将两端盖严后，将所有接缝用纱布条蜡封或用胶带封口。

(3)土样的贮存

Ⅰ、Ⅱ、Ⅲ级土试样应密封，防止湿度变化，并严防暴晒或冰冻。

Ⅰ、Ⅱ、Ⅲ级土样的贮存时间不宜超过3周。

(4)土样的运输

土样运输时,应采用专用土样箱包装,土样之间用柔软缓冲材料填实。一箱土样总重不宜超过 40 kg,在运输中应避免振动。对易于振动液化、水分离析的土样,不宜长途运输,应在现场或就近进行室内试验。

五、取土器的规格、性能及适用范围

1.取土器的规格

贯入式取土器的技术参数应符合表 2.4.4 的规定。

不同壁厚取土器的技术参数　　表 2.4.4

取土器参数	厚壁取土器	薄壁取土器			黄土取土器
		敞口自由活塞	水压固定活塞	固定活塞	
面积比$\frac{D_w^2-D_e^2}{D_e^2}\times100\%$	13%～20%	≤10%	10%～13%		15%
内间隙比$\frac{D_s-D_e}{D_e}\times100\%$	0.5%～1.5%	0	0.5%～1.0%		1.5%
外间隙比$\frac{D_w-D_t}{D_t}\times100\%$	0～2.0%	0			1.0%
刃口角度 α	<10°	5°～10°			10°
长度 L/mm	400,550	对砂土:(5～10)D_e 对黏性土:(10～15)D_e			—
外径 D_t/mm	75～89,108	75,100			127,150
衬管	整圆或半合管,塑料、酚醛层压纸或镀锌铁皮制成	无衬管,束节式取土器衬管同左			无衬管

注:1.取土器取样及衬管内壁必须光滑圆整。

2.在特殊情况下取土器直径可增大至 150～250 mm。

3.表中符号:

D_e——取土器刃口内径;

D_s——取样管内径,加衬管时为衬管内径;

D_t——取样管外径;

D_w——取土器管靴外径,对薄壁管 $D_w=D_t$。

回转型取土器技术参数见表 2.4.5。

回转型取土器技术参数　　表 2.4.5

取土器类型		外径/mm	土样直径/mm	长度/mm	内管超前	说明
双重管(加内衬管即为三重管)	单动	102	71	1 500	固定可调	直径尺寸可视材料规格稍作变动,但土样直径不得小于 71 mm
		140	104			
	双动	102	71	1 500	固定可调	
		140	104			

2.取土器的性能

1)贯入式取土器的性能

(1)薄壁取土器的性能

薄壁取土器厚仅 1.25～2.0 mm,取样扰动小、质量高,但因壁薄,不能在硬和密的土层中使用。

①敞口式:国外称为谢尔贝管,是最简单的一种薄壁取土器,取样操作简便,但易逃土。

②固定活塞式:在敞口薄壁取土器内增加一个活塞及一套与之相连接的活塞杆。活塞的作用在于下放取土器时可排开孔底浮土,上提时可隔绝土样顶端的水压、气压防止逃土,同时又不会像上提活阀那样产生过度的负压引起土样扰动。固定活塞还可以限制土样进入取样管后顶端的膨胀上凸趋势。因此,取样质量高,成功率也高,但因需要两套杆,操作比较费事。

③水压固定活塞式:特点是去掉活塞杆,将活塞连接在钻杆底端,取样管则与另一套在活塞缸内的可动活塞连接,取样时通过钻杆施加水压,驱动活塞缸内的可动活塞,将取样管压入土中,取样效果与固定活塞相同,操作较为简便,但结构仍较复杂。

④自由活塞式:与固定活塞不同之处在于活塞杆不延伸至地面,只在取土器的上接头内与一弹簧卡连接,使活塞杆只能向上不能向下。取样时依靠土试样将活塞顶起,操作较为简便,但土样上顶活塞时易受扰动,取样质量不如固定式及水压固定式。

⑤黄土取土器及束节式取土器:黄土取土器为敞口式薄壁取土器的一种,具有敞口式薄壁取土器的特点。束节式取土器介于厚壁和薄壁取土器之间,考虑到我国目前薄壁管材供应的困难,薄壁取土器只能逐步普及,所以允许在采用薄壁取土器困难时用束节取土器代替薄壁取土器。

(2)厚壁取土器的性能

厚壁取土器为敞口式取土器,指我国目前大多数单位使用的内装镀锌薄钢板衬管的对分式取土器,与目前国际上惯用的取土器相比,性能相差甚远,最理想的情况下,也只能取得Ⅱ级土样。

2)回转型取土器的性能

单动三重(二重)管取土器,取样时外管旋转,内管不动,可用于中等以至较硬的土层。

双动三重(二重)管取土器,与单动不同之处在于取样内管也旋转,因此可切削进入坚硬的地层,一般适用于在坚硬黏性土、密实砂砾以及软岩中作业。

3.取土器的适用范围

不同取样器的适用范围及取样质量见表2.4.6。

不同等级土试样要求的取样工具或方法 表2.4.6

土试样质量等级	取样工具或方法		适用土类										
			黏性土					粉土	砂土				砾砂、碎石土、软岩
			流塑	软塑	可塑	硬塑	坚硬		粉砂	细砂	中砂	粗砂	
Ⅰ	薄壁取土器	固定活塞	++	++	+	−	−	+	+	−	−	−	−
		水压固定活塞	++	++	+	−	−	+	+	−	−	−	−
	薄壁取土器	自由活塞	−	+	++	−	−	+	+	−	−	−	−
		敞口	+	+	+	−	−	+	+	−	−	−	−
	回转取土器	单动三重管	−	+	++	++	+	++	++	++	−	−	−
		双动三重管	−	−	−	+	++	−	−	−	++	++	+
	探井(槽)中刻取块状土样		++	++	++	++	++	++	++	++	++	++	++

续上表

土试样质量等级	取样工具或方法		适用土类										
			黏性土					粉土	砂土				砾砂、碎石土、软岩
			流塑	软塑	可塑	硬塑	坚硬		粉砂	细砂	中砂	粗砂	
Ⅱ	薄壁取土器	水压固定活塞	++	++	+	−	−	+	+	−	−	−	−
		自由活塞	+	++	++	−	−	+	+	−	−	−	−
		敞口	++	++	++	−	−	+	+	−	−	−	−
	回转取土器	单动三重管	−	+	++	++	+	++	++	++	−	−	−
		双动三重管	−	−	−	+	++	−	−	−	++	++	++
	厚壁敞口取土器		+	++	++	++	++	+	+	+	+	+	−
Ⅲ	厚壁敞口取土器		++	++	++	++	++	++	++	++	++	++	−
	标准贯入器		++	++	++	++	++	++	++	++	++	++	−
	螺纹钻头		++	++	++	++	++	+	−	−	−	−	−
	岩芯钻头		++	++	++	++	++	++	+	+	+	+	+
Ⅳ	标准贯入器		++	++	++	++	++	++	++	++	++	++	−
	螺纹钻头		++	++	++	++	++	+	−	−	−	−	−
	岩芯钻头		++	++	++	++	++	++	++	++	++	++	++

注:1."++"代表适用,"+"代表部分适用,"−"代表不适用。

2.采取砂土试样应有防止试样失落的补充措施。

3.有经验时,可用束节式取土器代替薄壁取土器。

六、工程物探的基本原理及成果应用

1.工程物探的基本原理

1)电阻率法

不同岩(土)层或同一岩(土)层由于成分和结构等不同,因而具有不同的电阻率。将直流电通过接地电极供入地下,建立稳定的人工电场,在地表观测某点垂直方向或某剖面的水平方向的电阻率变化,从而了解岩(土)层的分布或地质构造特点的方法,称为电阻率法。

电阻率测深法是在地表以某一点为中心(测探点),用不同供电极距测量不同深度岩(土)层的电阻率 ρ_s 值,以获得该点处的地质断面的方法。

电阻率剖面法是测量电极和供电电极的装置不变,而测点沿某方向移动,探测某深度内岩(土)电阻率 ρ_s 的水平变化的方法。

2)电位法

岩(土)层具有电阻,当电流通过时,两点之间就会产生电位。由于不同岩层或同一岩层的成分和结构等不同,因而具有不同的电阻率,固定点和不同测量点之间的电位也就不同。因此,使用一个固定电极和一个流动电极,将固定电极布于测区某一固定点上,用流动电极沿线逐渐移动,观测各移动点相对于固定点电位的变化,从而了解岩土层的分布和地质构造、地下水等的方法。

①充电法是将一供电极接于良导性的地质体上,另一极置于足够远处接地,以使该电极产生的电场实际上对观测电场不产生影响。根据地面观测的电场分布性质(等位线的形状),即可得到良导体的形状、大小。

②自然电场法不用人工供电,是通过仪器测定一定地质条件下的自然电场,用以解释地质问题的方法。

3)频率测深法

由于岩石的感应作用,交变电磁场在地下的分布情况随频率而变化。频率低,向地下穿透深,反映深部地层情况;频率高,穿透浅,反映浅部地层情况。因此,只要改变电磁场的频率就可以反映出不同深度的地质情况。频率测深法是用改变交变电磁场的频率来控制探测深度,找出岩土层电阻率随深度的变化情况,借以判释地层分布及地质构造。

4)电磁感应法

地面电磁法是在地面上用人工方法产生一个交变电磁场,向下传播,称一次场。当地下有导体时,受到感应,感应电流又产生一交变电磁场传达回地面,称二次场,它与一次场的频率相同。根据需探测的地质体和围岩之间导电性、导磁性的差异,应用上述电感应原理,观测二次场或一次场与二次场叠加后形成的总场强度、方向、空间分布规律和随时间变化的特性来解释地质问题。

5)无线电波透视法

由于岩(土)电性的不同,对电磁波的吸收具有差异。当地质体的电性与围岩差异较大时,通过它们的电磁能的衰减明显不同。良导体对电磁能强烈地吸收,对无线电波起屏蔽作用。因此,如果在电磁波发射与接收之间出现良导体,则接收信号大大减弱,甚至接收不到,形成所谓的阴影区。从不同角度和方向发射和接收无线电波,可以得到不同的阴影区,从而判断出该地质体存在的位置和形状。

6)地震勘探

由于岩(土)的弹性性质不同,弹性波在其中的传播速度也不同,利用这种差异,通过人工激发的弹性波在地下传播的特点即可判定地层岩性、地质构造等。

①直达波法:由震源直接传播到接收点的波称为直达波,利用直达波的时距曲线可求得直达波速,从而计算土层参数。

②反射波法:弹性波从震源向地层中传播,遇到性质不同的地层界面时,产生反射;根据测得的反射时间,就可推求出所需探测界面的深度。

③折射波法:弹性波从震源向地层中传播,遇到性质不同的地层界面时,发生折射,根据测得的折射时距曲线推求岩土层界面等地质特征。

7)声波探测

声波探测是弹性波探测技术中的一种,它是利用频率为几千赫兹到 20 kHz 的声频弹性波通过岩(土)体,测定岩(土)体中波速和振幅的变化,从而解决某些工程地质问题。

8)重力勘探

组成地壳的各种岩石之间具有密度差异,使地球的重力场发生局部变化,而引起重力异常。重力勘探是通过测定地球表面重力的变化来解决地质问题。

9)磁法勘探

地下岩(土)体或地质构造受地磁场磁化后,在其周围空间形成并叠加在地磁场上的次生磁场。通过测定地壳中的需测定体在地磁场的磁化作用下引起的磁性差异来确定断层的存在或探测地下金属目标物。

10)电视测井

电视测井产生电视图形的能源有多种,一般分为普通光源测井和超声波电视测井。以普通光源为能源的电视测井,是利用日光灯光源为能源,投射到孔壁,再经平面镜反射到照相镜头来完成对孔壁的探测。利用超声波为能源,在孔中不断向孔壁发射超声波束,接收从井壁反射回来的超声波,来完成对孔壁的探测,为超声波能源测井。

11)放射性测井

放射性测井又称核测井。它是利用元素的核性质一般不受温度、压力、化学性质等外界因素的影响，γ 射线及中子流具有较强穿透能力的特性，采用 γ 探测器不断地接收来自相应深度地层的 γ 射线，并使之转变成电脉冲输出，经电子线路放大，整形后通过电缆传到地面，得到 γ 测井曲线，用来探测地层。

12)电测井

不同的地层具有不同的电阻率和自然电场。电测井就是在井孔中利用电法勘探方法测量井、孔壁剖面的电阻率或自然电位，从而确定井孔的地质剖面。主要方法有电阻率法测井和自然电位测井。

13)井径测量

井径测量是将测量井径的量杆张开，井径不同时，量杆张开的角度就不同，电路中的电阻值就会发生变化，从而测出井径的大小。

2. 工程物探的成果应用

各种工程物探方法的应用及应用条件见表 2.4.7。

地球物理勘探方法的适用范围 表 2.4.7

方法名称		适用范围
电法	自然电场法	探测隐伏断层、破碎带； 测定地下水流速、流向
	流电法	探测地下洞穴； 测定地下水流速、流向； 探测地下或水下隐埋物体； 探测地下管线
	电阻率测深	测定基岩埋深，划分松散沉积层序和基岩风化带； 探测隐伏断层、破碎带； 探测地下洞穴； 测定潜水面深度和含水层分布； 探测地下或水下隐埋物体
	电阻率剖面法	测定基岩埋深； 探测隐伏断层、破碎带； 探测地下洞穴； 探测地下或水下隐埋物体
	高密度电阻率法	测定潜水面深度和含水层分布； 探测地下或水下隐埋物体
	激发极化法	探测隐伏断层、破碎带； 探测地下洞穴； 划分松散沉积层序； 测定潜水面深度和含水层分布； 探测地下或水下隐埋物体
电磁法	甚低频	探测隐伏断层、破碎带； 探测地下或水下隐埋物体； 探测地下管线
	频率测深	测定基岩埋深，划分松散沉积层序和风化带； 探测隐伏断层、破碎带； 探测地下洞穴； 探测河床水深及沉积泥沙厚度； 探测地下或水下隐埋物体； 探测地下管线

续上表

方法名称		适用范围
电磁法	电磁感应法	测定基岩埋深； 探测隐伏断层、破碎带； 探测地下洞穴； 探测地下或水下隐埋物体； 探测地下管线
	地质雷达	测定基岩埋深，划分松散沉积层序和基岩风化带； 探测隐伏断层、破碎带； 探测地下洞穴； 测定潜水面深度和含水层分布； 探测河床水深及沉积泥沙厚度； 探测地下或水下隐埋物体； 探测地下管线
	地下电磁波法 （无线电波透视法）	探测隐伏断层、破碎带； 探测地下洞穴； 探测地下或水下隐埋物体； 探测地下管线
地震波法和声波法	折射波法	测定基岩埋深，划分松散沉积层序和基岩风化带； 测定潜水面深度和含水层分布； 探测河床水深及沉积泥沙厚度
	反射波法	测定基岩埋深，划分松散沉积层序和基岩风化带； 探测隐伏断层，破碎带； 探测地下洞穴； 测定潜水面深度和含水层分布； 探测河床水深及沉积泥沙厚度； 探测地下或水下隐埋物体； 探测地下管线
	直达波法（单孔法和跨孔法）	划分松散沉积层序和基岩风化带
	瑞雷波法	测定基岩埋深，划分松散沉积层序和基岩风化带； 探测隐伏断层、破碎带； 探测地下洞穴； 探测地下隐埋物体； 探测地下管线
	声波法	测定基岩埋深，划分松散沉积层序和基岩风化带； 探测隐伏断层、破碎带； 探测含水层； 探测洞穴和地下或水下隐埋物体； 探测地下管线； 探测滑坡体的滑动面
	声呐浅层剖面法	探测河床水深及沉积泥沙厚度； 探测地下或水下隐埋物体
地球物理测井 （放射性测井、电测井、电视测井）		探测地下洞穴； 划分松散沉积层及基岩风化带； 测定潜水面深度和含水层分布； 探测地下或水下隐埋物体

七、水和土腐蚀性的评价

(一)取样和测试

当有足够经验或充分资料,认定工程场地及其附近的土或水(地下水或地表水)对建筑材料为微腐蚀时,可不取样试验进行腐蚀性评价。否则,应取水试样或土试样进行试验,并按本章评价其对建筑材料的腐蚀性。土对钢结构腐蚀性的评价可根据任务要求进行。

1.采取水试样和土试样时的要求

①混凝土结构处于地下水位以上时,应取土试样作土的腐蚀性测试。

②混凝土结构处于地下水或地表水中时,应取水试样作水的腐蚀性测试。

③混凝土结构部分处于地下水位以上、部分处于地下水位以下时,应分别取土试样和水试样作腐蚀性测试。

④水试样和土试样应在混凝土结构所在的深度采取,每个场地不应少于 2 件。当土中盐类成分和含量分布不均匀时,应分区、分层取样,每区、每层不应少于 2 件。

2.水和土腐蚀性的测试项目和试验方法

①水对混凝土结构腐蚀性的测试项目包括:pH 值、Ca^{2+}、Mg^{2+}、Cl^-、SO_4^{2-}、HCO_3^-、CO_3^{2-}、侵蚀性 CO_2、游离 CO_2、NH_4^+、OH^-、总矿化度。

②土对混凝土结构腐蚀性的测试项目包括:pH 值、Ca^{2+}、Mg^{2+}、Cl^-、SO_4^{2-}、HCO_3^-、CO_3^{2-} 的易溶盐(土水比 1∶5)分析。

③土对钢结构腐蚀性的测试项目包括:pH 值、氧化还原电位、极化电流密度、电阻率、质量损失。

④腐蚀性测试项目的试验方法应符合表 2.4.8 的规定。

腐蚀性试验方法　　表 2.4.8

序　号	试验项目	试验方法
1	pH 值	电位法或锥形玻璃电极法
2	Ca^{2+}	EDTA 容量法
3	Mg^{2+}	EDTA 容量法
4	Cl^-	摩尔法
5	SO_4^{2-}	EDTA 容量法或质量法
6	HCO_3^-	酸滴定法
7	CO_3^{2-}	酸滴定法
8	侵蚀性 CO_2	盖耶尔法
9	游离 CO_2	碱滴定法
10	NH_4^+	钠氏试剂比色法
11	OH^-	酸滴定法
12	总矿化度	计算法
13	氧化还原电位	铂电极法
14	极化电流密度	原位极化法
15	电阻率	四极法
16	质量损失	管罐法

水和土对建筑材料的腐蚀性,可分为微、弱、中、强 4 个等级,并可按下述方法进行评价。

(二)腐蚀性评价

(1)受环境类型影响,环境类型的划分按表 2.4.9、表 2.4.10 执行;水和土对混凝土结构的腐蚀性，应符合表 2.4.11 的规定。

环境类型分类 表 2.4.9

环境类别	场地环境地质条件
Ⅰ	高寒区、干旱区直接临水；高寒区、干旱区含水率 $w \geq 10\%$ 的强透水土层或含水率 $w \geq 20\%$ 的弱透水土层
Ⅱ	湿润区直接临水；湿润区含水率 $w \geq 20\%$ 的强透水土层或含水率 $w \geq 30\%$ 的弱透水土层
Ⅲ	高寒区、干旱区含水率 $w<20\%$ 的弱透水土层或含水率 $w<10\%$ 的强透水土层；湿润区含水率 $w \leq 30\%$ 的弱透水土层或含水率 $w<20\%$ 的强透水土层

注：1. 高寒区是指海拔高度等于或大于 3 000 m 的地区；干旱区是指海拔高度小于 3 000 m，干燥度指数 K 值等于或大于 1.5 m 的地区；湿润区是指干燥度指数 K 值小于 1.5 的地区。
2. 强透水层是指碎石土、砾砂、粗砂、中砂和细砂，弱透水层是指粉砂、粉土和黏性土。
3. 含水率 $w<3\%$ 的土层，可视为干燥土层，不具有腐蚀环境条件。
4. 当有地区经验时，环境类型可根据地区经验划分；当同一场地出现两种环境类型时，应根据具体情况选定。

冰冻区分类 表 2.4.10

一月份月平均温度/℃	>0	−4～0	<−4
冰冻区分类	不冻区	微冻区	冰冻区

按环境类型水和土对混凝土结构的腐蚀性评价 表 2.4.11

腐蚀等级	腐蚀介质	环境类型		
		Ⅰ	Ⅱ	Ⅲ
微 弱 中 强	硫酸盐含量 SO_4^{2-}/ (mg/L)	<200 200～500 500～1 500 >1 500	<300 300～1 500 1 500～3 000 >3 000	<500 500～3 000 3 000～6 000 >6 000
微 弱 中 强	镁盐含量 Mg^{2+}/ (mg/L)	<1 000 1 000～2 000 2 000～3 000 >3 000	<2 000 2 000～3 000 3 000～4 000 >4 000	<3 000 3 000～4 000 4 000～5 000 >5 000
微 弱 中 强	铵盐含量 NH_4^+/ (mg/L)	<100 100～500 500～800 >800	<500 500～800 800～1 000 >1 000	<800 800～1 000 1 000～1 500 >1 500
微 弱 中 强	苛性碱含量 OH^-/ (mg/L)	<35 000 35 000～43 000 43 000～57 000 >57 000	<43 000 43 000～57 000 57 000～70 000 >70 000	<57 000 57 000～70 000 70 000～100 000 >100 000
微 弱 中 强	总矿化度/ (mg/L)	<10 000 10 000～20 000 20 000～50 000 >50 000	<20 000 20 000～50 000 50 000～60 000 >60 000	<50 000 50 000～60 000 60 000～70 000 >70 000

注：1. 表中的数值适用于有干湿交替作用的情况，Ⅰ、Ⅱ类腐蚀环境无干湿交替作用时，表中硫酸盐含量数值应乘以 1.3 的系数。
2. 表中数值适用于水的腐蚀性评价，对土的腐蚀性评价，应乘以 1.5 的系数，单位以 mg/kg 表示。
3. 表中苛性碱(OH^-)含量(mg/L)应为 NaOH 和 KOH 中的 OH^- 含量(mg/L)。

(2)受地层渗透性影响，水和土对混凝土结构的腐蚀性评价，应符合表 2.4.12 的规定。

(3)当按表 2.4.11 和表 2.4.12 评价的腐蚀等级不同时，应按下列规定综合评定。

①腐蚀等级中，只出现弱腐蚀，无中等腐蚀或强腐蚀时，应综合评价为弱腐蚀。

②腐蚀等级中，无强腐蚀；最高为中等腐蚀时，应综合评价为中等腐蚀。

③腐蚀等级中，有 1 个或 1 个以上为强腐蚀时，应综合评价为强腐蚀。

按地层渗透性水和土对混凝土结构的腐蚀性评价 表 2.4.12

腐蚀等级	pH 值		侵蚀性 CO_2/(mg/L)		HCO_3^-/(mmol/L)
	A	B	A	B	A
微	＞6.5	＞5.0	＜15	＜30	＞1.0
弱	6.5～5.0	5.0～4.0	15～30	30～60	1.0～0.5
中	5.0～4.0	4.0～3.5	30～60	60～100	＜0.5
强	＜4.0	＜3.5	＞60	—	—

注：1. 表中 A 是指直接临水或强透水层中的地下水，B 是指弱透水层中的地下水；强透水层是指碎石土和砂土，弱透水层是指粉土和黏性土。

2. HCO_3^- 含量是指水的矿化度低于 0.1 g/L 的软水时，该类水质 HCO_3^- 的腐蚀性。

3. 土的腐蚀性评价只考虑 pH 值指标；评价其腐蚀性时，A 是指强透水土层，B 是指弱透水土层。

（4）水和土对钢筋混凝土结构中钢筋的腐蚀性评价，应符合表 2.4.13 的规定。

对钢筋混凝土结构中钢筋的腐蚀性评价 表 2.4.13

腐蚀等级	水中的 Cl^- 含量/(mg/L)		土中的 Cl^- 含量/(mg/kg)	
	长期浸水	干湿交替	A	B
微	＜10 000	＜100	＜400	＜250
弱	10 000～20 000	100～500	400～750	250～500
中	—	500～5 000	750～7 500	500～5 000
强	—	＞5 000	＞7 500	＞5 000

注：A 是指地下水位以上的碎石土、砂土，稍湿的粉土，坚硬、硬塑的黏性土；B 是湿、很湿的粉土，可塑、软塑、流塑的黏性土。

（5）土对钢结构的腐蚀性评价，应符合表 2.4.14 的规定。

土对钢结构腐蚀性评价 表 2.4.14

腐蚀等级	pH 值	氧化还原电位/mV	视电阻率/(Ω·m)	极化电流密度/(mA/cm^2)	质量损失/g
微	＞5.5	＞400	＞100	＜0.02	＜1
弱	5.5～4.5	400～200	100～50	$\frac{0.02\sim0.05}{0.05\sim0.20}$	1～2
中	4.5～3.5	200～100	50～20	—	2～3
强	＜3.5	＜100	＜20	＞0.20	＞3

注：土对钢结构的腐蚀性评价，取各指标中腐蚀等级最高者。

（6）水、土对建筑材料腐蚀的防护，应符合现行国家标准《工业建筑防腐蚀设计规范》(GB 50046—2008)的规定。

第五节 岩土工程评价

一、岩土工程指标的统计与选用

1. 统计的内容

①指标的最小值 φ_{min} 和最大值 φ_{max}。

②指标的平均值 ϕ_m。

③指标的标准差 σ_f。

④指标的变异系数 δ。

⑤样本数 n。

2.统计方法

①岩土指标的统计，应按岩土单元、区段及层位分别统计。

②指标的平均值 ϕ_m 应按式(2.5.1)计算。

$$\phi_m = \frac{\sum_{i=1}^{n} \phi_i}{n} \tag{2.5.1}$$

式中，ϕ_i 为岩土指标的实测值；n 为统计样本数。

③指标的标准差 σ_f 应按式(2.5.2)计算。

$$\sigma_f = \sqrt{\frac{1}{n-1}\left[\sum_{i=1}^{n} \phi_i^2 - \frac{(\sum_{i=1}^{n} \phi_i)^2}{n}\right]} \tag{2.5.2}$$

σ_f 是表示数据离散性的特征值，其量纲和指标的量纲相同。它与均方差的关系是

$$\sigma = \sigma_f \sqrt{\frac{n-1}{n}} \tag{2.5.3}$$

④指标的变异系数 δ 应按式(2.5.4)计算。

$$\delta = \frac{\sigma_f}{\phi_m} \tag{2.5.4}$$

变异系数是表示数据变异性的特征值，是无量纲系数。

⑤主要参数宜绘制沿深度变化的图件，并按变化特点划分为相关类型和非相关类型，需要时应分析参数在水平方向上的变异规律。

相关型参数宜结合岩土参数与深度的经验关系，按式(2.5.5)确定剩余标准差 σ_r，并用剩余标准差计算变异系数。其计算式为

$$\sigma_r = \sigma_f \sqrt{1-r^2} \tag{2.5.5}$$

$$\delta = \frac{\sigma_r}{\phi_m} \tag{2.5.6}$$

式中，r 为相关系数，对非相关型，$r=0$。

3.岩土指标的选用

①评价岩土性状的指标，例如天然密度 ρ、天然含水率 w、液限 w_L、塑限 w_P、塑性指数 I_P、液性指数 I_L、饱和度 S_r、相对密实度 D_r、吸水率 w_t 等，应选用指标的平均值。

②正常使用极限状态计算需要的岩土参数指标，例如压缩系数 a、压缩模量 E_s、渗透系数 k 等，宜选用平均值；当变异性较大时，可根据经验作适当调整。

③承载能力极限状态计算需要的岩土参数，例如岩土的抗剪强度指标，应选用指标的标准值。

④荷载试验承载力应取特征值。

⑤容许应力法计算需要的岩土指标，应根据计算和评价的方法选定，可选用平均值，并作适当经验调整。

⑥岩土参数选用应按内容评价其可靠性和适用性。

取样方法和其他因素对试验结果的影响、采用的试验方法和取值标准、不同测试方法所得结果的分析比较、测试结果的离散程度、测试方法与此计算模型的配套性等。

4.岩土参数标准值的计算

岩土参数标准值 ϕ_k 的计算式为

$$\phi_k = r_s \phi_m \quad (2.5.7)$$

$$r_s = 1 \pm \left(\frac{1.704}{\sqrt{n}} + \frac{4.678}{n^2} \right) \delta \quad (2.5.8)$$

式中，r_s 为统计修正系数；正负号按不利组合考虑，如抗剪强度指标的修正系数应取负值。

5.岩土参数标准值计算公式的来源

1)可靠性估值的理论基础

岩土参数的可靠性估值是在统计学区间估计理论基础上得到的关于参数母体平均值置信区间的单侧置信界限值。如果母体平均值以 u 表示，并服从 t 分布规律，可靠性估值以 ϕ_k 表示。取单侧置信下限时，如图 2.5.1a)所示，其概率公式为

$$P(u < \phi_k) = \alpha = 1 - p \quad (2.5.9)$$

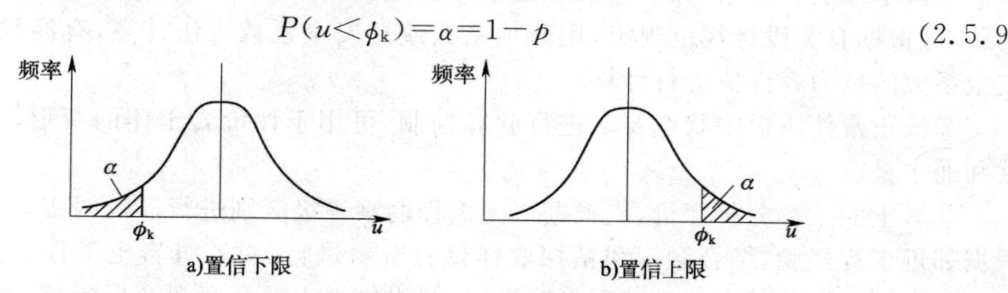

图 2.5.1　参数的可靠性估值

取单侧置信上限时，如图 2.5.1b)所示，其概率以式(2.5.10)表示。

$$P(u > \phi_k) = \alpha = 1 - p \quad (2.5.10)$$

式中，α 为风险率，是一个可以接受的小概率，在图 2.5.1 的阴影部分；p 为置信概率，或称置信水平，表示可以预期的安全概率。

2)《岩土工程勘察规范》(GB 50021—2001)(2009 年版)岩土参数标准值公式的来源

①理论公式。按区间估计理论，单侧置信界限值由式(2.5.11)求得

$$\phi_k = \phi_m \left(1 \pm \frac{t_a}{\sqrt{n}} \delta \right) \quad (2.5.11)$$

也即

$$r_s = 1 \pm \frac{t_a}{\sqrt{n}} \delta \quad (2.5.12)$$

式中，t_a 为分布单侧置信区间的系数值，可根据风险概率 α(或置信概率 p)和自由度$(n-1)$ 确定；δ 为变异系数；n 为试验数据频数。

②式(2.5.11)中的 t_a 为统计学中学生氏函数的界限值，在岩土工程勘察中，一般取置信概率 p 为 95%。为了便于应用，为避免工程上误用统计学上的过小样本容量(如 n=2,3,4等)在规范中不宜出现学生氏函数的界限值。因此，通过拟合求得下面的近似公式

$$\frac{t_a}{\sqrt{n}} = \left\{ \frac{1.704}{\sqrt{n}} + \frac{4.678}{n^2} \right\} \quad (2.5.13)$$

二、岩土工程分析评价

1.基本要求

岩土工程分析评价应在工程地质测绘、勘探、测试和搜集已有资料的基础上，结合工程特点和要求进行。各类工程、不良地质作用和地质灾害及各种特殊性岩土的分析评价，应分

别符合《岩土工程勘察规范》(GB 50021—2001)(2009 年版)第 4 章、第 5 章和第 6 章的规定。岩土工程分析评价应符合 4 个方面的要求。即充分了解工程结构的类型、特点、荷载情况和变形控制要求;掌握场地的地质背景,考虑岩土材料的非均质性、各向异性和随时间的变化,评估岩土参数的不确定性,确定其最佳估值;充分考虑当地经验和类似工程的经验;对于理论依据不足、实践经验不多的岩土工程问题,可通过现场模型试验或足尺试验取得实测数据进行分析评价;必要时可建议通过施工监测,调整设计和施工方案。

岩土工程分析评价应在定性分析的基础上进行定量分析。岩土体的变形、强度和稳定应定量分析;场地的适宜性、场地地质条件的稳定性,可仅做定性分析。

岩土工程计算应符合下列要求:

①按承载能力极限状态计算,可用于评价岩土地基承载力和边坡、挡墙、地基稳定性等问题,可根据有关设计规范规定,用分项系数或总安全系数方法计算,有经验时也可用隐含安全系数的抗力容许值进行计算。

②按正常使用极限状态要求进行验算控制,可用于评价岩土体的变形、动力反应、透水性和涌水量。

③岩土的工程分析评价,应根据岩土工程勘察等级区别进行。对丙级岩土工程勘察,可根据邻近工程经验,结合触探和钻探取样试验资料进行;对乙级岩土工程勘察,应在详细勘探、测试的基础上,结合邻近工程经验进行,并提供岩土的强度和变形指标;对甲级岩土工程勘察,除按乙级要求进行外,还应提供荷载试验资料,必要时应对其中的复杂问题进行专门研究,并结合监测对评价结论进行检验。

④任务需要时,可根据工程原型或足尺试验岩土体性状的量测结果,用反分析的方法反求岩土参数,验证设计计算,查验工程效果或事故原因。

2. 天然地基评价

对于地基承载力与变形能够满足要求,有可能采用天然地基的工程,应优先考虑天然地基。对于天然地基的分析评价应主要包括 6 个方面的内容。即场地和地基的整体稳定性;提出地基承载力特征值;估计建筑物的沉降、倾斜、差异沉降;根据岩土埋藏条件、地下水位、冻结深度等,对设计单位初定的基础埋置深度提出调整建议;根据场地和地基条件,提出基础设计、上部结构设计、施工措施等方面的建议,必要时,提出对监测工作的建议;当场地有不良地质作用或特殊性岩土时,应进行相应的分析与评价,并提出工程措施建议。

地基承载力的特征值,应根据有关国家标准进行分析评价。可由荷载试验或其他原位测试、公式计算,并结合工程实践经验等方法综合确定。

对一级建筑物和需进行沉降计算的二级建筑物,宜进行沉降分析;对高层建筑,在进行沉降分析时,应预估建筑物的倾斜;对荷载差别很大的相邻建筑物及对不均匀沉降敏感的建筑物,宜对不均匀沉降及其产生的内力进行分析。沉降分析中的经验修正系数宜采用地方经验。宜考虑地基与基础、上部结构的协同作用。

当有沉降分析任务时,宜专门编写沉降分析报告。

当场地土和地下水可能对建筑材料产生腐蚀影响时,应评价土、水对建筑材料的腐蚀性。

3. 桩基工程和地基处理

桩基工程的分析评价的内容是:采用桩基的适宜性;对桩类型、桩的布置、桩的直径和长度提出建议;提出单桩侧阻力与端阻力的特征值;对桩端持力层的选择进行分析论证,提出建议;对预制桩或沉管式灌注桩的可能性,沉桩顺序和方法,对挖孔桩、钻孔桩、冲孔桩成孔可行性进行论证，提出建议；对桩基工程设计、施工、监测的其他建议。

当需用静力荷载试验或其他方法验证或确定单桩承载力时，可提出有关这方面的建议。承担桩的静力荷载或其他方法试验时，可提交专门的试验报告。

任务需要时，可对群桩效应、群桩承载力和沉降进行专门的试验研究，并提交相应的试验研究报告。

需进行地基处理时，岩土工程分析评价应包括下列内容：

①论证地基处理的必要性；

②提出地基处理的方法，并对其适宜性进行论证；

③对地基处理的设计、施工、监测方案提出初步意见，并对地基处理可能产生的环境影响进行初步评价；

④任务需要时，可对地基处理进行专门的试验研究，并提交相应的试验研究报告；

⑤当场地土和地下水可能对建筑材料产生腐蚀影响时，应评价土、水对建筑材料的腐蚀性。

4.基坑工程

对基坑工程的分析评价应包括下列内容：

①提出岩土的重度和抗剪强度指标标准值，并说明抗剪强度的试验方法；

②对软土的蠕变和长期强度、软岩失水崩解、膨胀土的胀缩性和裂隙性、非饱和土的增湿软化等岩土的特殊性质及其对基坑工程的影响进行评价；

③分析评价各层地下水对基坑工程的影响，包括静水压力、动水压力、流沙、管涌等；

④分析基坑环境条件与基坑工程的相互影响；

⑤提出基坑开挖与支护方案的初步建议；

⑥提出降水、截水及其他地下水控制方案的初步建议。

当任务需要对基坑工程进行专门的分析研究，或承担基坑工程的设计、施工、监测时，应提交相应的分析研究报告、设计文件或监测报告。

5.强震区

在强震区进行勘察时，勘察报告分析的内容除遵守相关的规定外，尚应包括下列内容：

①场地地震的基本烈度；

②建筑场地类别；

③场地所处位置属于对抗震有利、不利还是危险地段；

④场地断裂的地震工程类型，是否属于发震断裂或全新活动断裂，对工程稳定性的影响；

⑤对场地土地震液化进行判别，并计算液化指数、划分液化等级；

⑥对场地与地基的抗震措施提出建议。

当承担地震危险性分析、地基反应谱分析或其他有关场地地基抗震的专门性研究任务时，应提交相应的分析研究报告；在有可能发生震陷的软土地区勘察时，应进行软土震陷的分析评价；在岸边和斜坡地带勘察时，应对地震时场地的稳定性进行分析评价。

三、成果报告的基本要求

1.基本要求

岩土工程勘察报告所依据的原始资料，应进行整理、检查、分析，确认无误后方可使用。

岩土工程勘察报告应资料完整、真实准确、数据无误、图表清晰、结论有据、建议合理、便于使用和适宜长期保存,并应因地制宜、重点突出、有明确的工程针对性。

岩土工程勘察报告应根据任务要求,勘察阶段、工程特点和地质条件等具体情况编写,并应包括下列内容:

①勘察目的、任务要求和依据的技术标准;

②拟建工程概况;

③勘察方法和勘察工作布置;

④场地地形、地貌、地层、地质构造、岩土性质及其均匀性;

⑤各项岩土性质指标,岩土的强度参数、变形参数、地基承载力的建议值;

⑥地下水埋藏情况、类型、水位及其变化;

⑦土和水对建筑材料的腐蚀性;

⑧可能影响工程稳定的不良地质作用的描述和对工程危害程度的评价;

⑨场地稳定性和适宜性的评价。

岩土工程勘察报告应对岩土利用、整治和改造的方案进行分析论证,提出建议;对工程施工和使用期间可能发生的岩土工程问题进行预测,提出监控和预防措施的建议。

成果报告应附5个方面的图件,即勘探点平面布置图、工程地质柱状图、工程地质剖面图、原位测试成果图表、室内试验成果图表。这里需要特别提出的是,当需要时,还可附综合工程地质图、综合地质柱状图、地下水等水位线图、素描、照片、综合分析的图表,以及岩土利用、整治和改造方案的有关图表,岩土工程计算简图及计算成果图表等。

对岩土的利用、整治和改造的建议,宜进行不同方案的技术经济论证,并提出对设计、施工和现场监测要求的建议。

任务需要时,可提交专题报告,包括岩土工程测试报告,岩土工程检验或监测报告,岩土工程事故调查与分析报告,岩土利用、整治或改造方案报告,专门岩土工程问题的技术咨询报告等。

勘察报告的文字、术语、代号、符号、数字、计量单位、标点,均应符合国家有关标准的规定。

对丙级岩土工程勘察的成果报告内容可适当简化,采用以图表为主,辅以必要的文字说明;对甲级岩土工程勘察的成果报告除应符合本节规定外,尚可对专门性的岩土工程问题提交专门的试验报告、研究报告或监测报告。

2. 可行性研究阶段的文字报告

可行性研究阶段勘察报告的文字部分,一般情况下应包括7个方面的内容:

①勘察任务、目的和要求;

②拟建工程概况;

③勘察方法和勘察工作量;

④区域地质、地震概况;

⑤场区地质、岩土和水文地质条件;

⑥不良地质作用与地质灾害;

⑦场地稳定性和适宜性的评价。

在叙述勘察任务、目的和要求时,应以勘察任务书或勘察合同为依据,并应写明委托单位名称和勘察阶段。在叙述区域地质、地震概况时,应简要阐明场地的区域地貌、地层、构造和地震背景,明确是否有发震断裂或全新活动断裂,明确场地地震的基本烈度;在阐述场区地质、岩土和水文地质条件时,应详细描述场地的地层、构造、岩土性质、地下水类型、水位等。当场地内有特殊性岩土和不良的水文地质条件时，应有针对性地深入论证；当场区或场区附近有不良地质作用时，应详细阐述和论证不良地质作用的种类、分布、发展阶段、发展趋势和对工程的影响，提出避让或防治建议；可行性研究阶段的勘察报告，应对场地的稳定性和适宜性做出明确评价，当场地有几个比选方案时，应对各方案的优缺点进行比较，提出最佳方案的建议；当分为初步可行性研究阶段和可行性研究阶段时，该两段勘察报告的内容应按任务书或合同的规定执行。

3.初步勘察阶段的文字报告

初步勘察阶段的勘察报告，应在可行性研究阶段勘察报告的基础上进一步阐述、论证和评价。如未做过可行性研究勘察，则初步勘察报告应首先符合可行性研究勘察的要求。初步勘察阶段的文字报告，一般情况下应包括下列内容：

①勘察任务、目的和要求；

②工程概况；

③勘察方法及勘察工作量；

④场区地形、地貌、地质构造和环境地质条件；

⑤场地各层岩土的性质；

⑥场区地下水情况；

⑦岩土参数的分析和选用；

⑧场地稳定性和适宜性的评价；

⑨岩土工程的分析和评价。

在叙述勘察方法及勘察工作量时，应包括5个方面的内容。即工程地质测绘或调查的范围、面积、比例尺，测绘或调查的方法；钻探、井探、槽探的数量、深度、方法及总延长米数，控制孔、取样孔的布置，干钻或泥浆钻探；原位测试的种类、数量、方法和技术要求；取土样的间距、所用的取土器和取土方法、土样等级、取水样位置、土样和水样的数量；岩土室内试验和水质分析的项目和技术要求。

在叙述场区地形、地貌和地质构造时还应包括4个方面的内容，其中包括场地地面标高、坡度、倾斜方向；场区地貌单元、微地貌形态、切割及自然边坡稳定情况；不良地质作用的种类、分布、发展阶段、发展趋势及对工程的影响；基岩的产状，基岩面的起伏，断层的性质、证据、活动性，是否为发震断裂或全新活动断裂，地震基本烈度。

在描述各层岩土的性质时，其内容应符合《岩土工程勘察规范》(GB 50021—2001)(2009年版)的有关规定。

在叙述场地地下水情况时，应阐明地下水的类型、水位、季节变化和年变化、补给、径流和排泄条件；当有多层地下水且可能对工程产生影响时，应阐明各层水位或水头，是否存在越流补给，并评价其对工程的影响。

初步勘察阶段的勘察报告应划分岩土单元，按岩土单元统计分析岩土的主要参数，给出平均值、标准差和变异系数，给出承载力和强度指标的标准值。

岩土指标的统计、分析和选用应按相关的规定执行。

岩土工程的分析评价应按《岩土工程勘察规范》(GB 50021—2001)(2009年版)及其他有关规范的规定执行。当面积较大且岩土条件不同时，应分区分析评价。

4.详细勘察阶段的文字报告

详细勘察阶段的勘察报告应有明确的工程针对性。对地质和岩土条件相似的一般建筑物和构筑物，可按建筑群编写报告；对于地质和岩土条件各异或重要的建筑物和构筑物，宜按单体建筑物或构筑物分别编写。不分阶段的一次性勘察，应按详细勘察阶段的要求执行。详细勘察阶段的文字报告，一般情况下应包括下列内容：勘察任务、目的和要求；拟建工程概况；勘察方法和勘察工作布置；场地地形、地貌；场地各层岩土的性质；场地地下水情况；岩土参数的统计、分析和选用；岩土工程的分析和评价；工程施工和使用期间可能发生的岩土工程问题的预测、监控及预防措施的建议。

在叙述工程概况时，应写明建筑物名称、地上层数、地下层数、总高度、基础底面深度、结构类型、荷载情况、沉降缝设置、对沉降及差异沉降的限制、大面积地面荷载、振动荷载及振幅的限制、拟采用的地基和基础方案等。

详细勘察报告书应满足施工图设计要求，为建筑物或构筑物的环境治理、基础设计、地基处理、地下水防治、基础施工等提供岩土工程资料。报告书论述深度较初勘报告详细和深化，应注意加强 5 个方面内容：

①应在全面分析场地的地形、地貌与环境地质条件的基础上，阐明影响建（构）筑物建设的各种稳定性及不良地质作用和地质灾害的分布及发育情况，评价其对工程的影响；场地地震效应的分析与评价应符合相关的抗震设计规范的有关规定。

②应对地基岩土层的空间分布规律、均匀性、强度和变形性状与工程有关的主要地层特性进行定性和定量评价。

③阐明地下水的类型、埋藏条件、水位、渗流状态及有关水文地质参数，评价地下水对工程的不良影响及腐蚀性。

④应对地基基础方案进行分析论证，对可能采用的方案进行比选和优化。

⑤针对地基基础施工中可能出现的各类岩土工程问题进行预测和评价，提出注意事项和对监测工作的建议。

详细勘察报告中所附图件应体现勘察工作的主要内容，全面反映地层结构与性质的变化，紧密结合工程特点及岩土工程性质。主要图件应包括建（构）筑物平面位置及勘探点平面布置图、工程地质钻孔柱状图、工程地质剖面图、关键地层层面等高线和等厚线图、各种原位测试及室内试验成果图表等。

第三章 室内试验

第一节 室内岩石试验

一、试件制备与量测

试件形态包括形状、大小和高径比(或长细比),三者对测试成果的影响称为比尺效应或体积效应。采用标准试件,消除不同试件形态的影响,有助于测试成果之间的对比。

标准试件的选择原则是:圆形试件具有轴对称的特点,应力分布均匀,应优先选用圆柱体或圆盘;试件尺寸应满足理论上大于矿物颗粒或斑晶10倍的要求,充分利用钻孔岩芯;试件高径比除试验要求外,要充分考虑减少端部效应,而且在受载时不发生弯曲。

试件制备对于圆柱体试件的要求包括:试件高度、直径误差不超过±0.30 mm;两端面的不平行度,不超过±0.50 mm;端面不平整度,不超过±0.005 mm;端面应垂直于试件轴线,最大偏差不超过±0.25°。对于方形体或矩形板试件的要求包括:两相对面彼此平行,不平行度不超过±0.05 mm;两相邻面成直角相交,角度偏差不超过±0.25°;边长最大偏差不超过±0.3 mm。

表3.1.1汇总了国内外关于圆柱体试件制备精度的规定,供参考。

圆柱体试件制备精度的规定 表3.1.1

资料来源		试件精度标准		
		直径误差/mm	端面不平行度/mm	轴向偏差
国际岩石力学局		<0.300	<0.020	0.001 rad
国际岩石力学局		<0.050	<0.030	<0.05 mm
美国材料试验学会		<0.500	<0.025	<0.25
加拿大采矿规程		<0.025	<0.025	0.25°
法国地下工程协会		<0.100	<0.020	垂直
德国土方和地基工程协会	较小变形岩石	±0.300	±0.020	±10′
	中等变形岩石	±0.400	±0.050	±20′
	较大变形岩石	±0.500	±0.100	±30′
日本矿业规程		<0.100	<0.500	
中国水利水电工程岩石试验规程		<0.300	<0.050	<0.25°

二、岩石空隙性质试验

岩石空隙,包括闭合孔隙和开型空隙,两者的和称为岩石总空隙,岩石空隙的力学效应,是降低强度和增加变形性,特别是开型空隙与外界连通,能被水或空气所充填,对岩石性质的改变比较敏感,可以用以判断岩石的风化情况。

岩石空隙率,通常用实测颗粒密度和干密度计算,公式为

$$n=\left(1-\frac{\rho_d}{G_s\rho_w}\right)\times 100 \tag{3.1.1}$$

式中，n 为空隙率(%)；ρ_d 为岩石块体干密度(g/cm^3)；ρ_w 为试验条件下水的密度(g/cm^3)；G_s 为岩石颗粒密度。

(一)含水率试验

岩石含水率，是指试件在105～110 ℃温度下烘至恒量时，失去的水分质量与达到恒量时试件干质量的比值，以百分数表示。

在含水率试验中，"水"的含义是指"空隙"水或"自由"水，而不包括矿物结晶水，因此，对于含有结晶水矿物组成的岩石，应降低烘干温度进行测定，《水利水电工程岩石试验规程》(SL 264—2001)建议这类岩石的烘干温度控制在(40±5)℃。含水率试验一般是测定黏土质岩石在地质环境中的自然含水状态，因此，试件必须保持天然含水率，取样不得采用爆破或湿钻，在取样、运输、储存和试件制备过程中，试件含水率的损失不宜超过1%。岩石含水率试验的仪器设备、试件制备、试件描述、试验步骤及资料整理见表3.1.2。

岩石含水率试验 表3.1.2

仪器设备	试件制备	试件描述	试验步骤	资料整理
天平(称量500 g，感量0.01 g) 烘箱 称量盒 干燥器	取保持原含水状态岩石试件6块以上，且每块质量不小于40 kg；每块体积60～100 cm^3(大于最大矿物颗粒的10倍)	岩石名称、颜色、矿物成分、结构、构造、风化程度、胶结物性质等； 为保持试件含水状态所采取的措施	在室温条件下称清洁、干燥的称量盒质量m_0； 将保持含水状态的岩石试件置于称量盒中，并称盒加样之质量m_1； 将盛有试件的称量盒放入烘箱，在105～110 ℃恒温下宜烘24 h； 从烘箱中取出称量盒，待冷却至室温称量m_2	用下式计算岩石天然含水率 $w=\frac{m_1-m_2}{m_2-m_0}\times100$ 式中，w 为含水率(%)；m_0 为称量盒质量(g)；m_1 为盒加原含水状态试件的质量(g)；m_2 为盒加干试件的质量(g)

(二)颗粒相对密度试验

岩石颗粒密度是试件干质量与同体积4 ℃时蒸馏水质量的比值，用比重瓶法和水中称量法测定。

1.比重瓶法

适用于各类岩石。除含有水溶性矿物岩石用煤油外，其余岩石均采用蒸馏水作为测试液，岩石颗粒相对密度试验仪器设备，试件制备、试件描述、试验步骤及资料整理见表3.1.3。

2.水中称量法

水中称量法试件可采规则或不规则形状，试件尺寸应大于组成岩石最大颗粒粒径的10倍，每个试件质量不宜小于150 g。

将试件在105～110 ℃温度下连续烘干24 h，冷却至室温，称干岩样质量。饱和试件用真空抽气法对试件强制饱和后，在常温常压下静止4 h，称试件的饱和质量。将试件放在水中称试件质量，并测水温。

水中称量法试验岩石颗粒密度按下式计算

$$\rho_p=\frac{m_d}{m_d-m_w}\rho_w \tag{3.1.2}$$

式中，ρ_p 为颗粒密度(g/cm^3)；ρ_w 为试验温度下试液密度(g/cm^3)；m_d 为试件烘干后的质量(g)；m_w 为强制饱和试件在水中的质量(g)。

(三)块体密度试验

岩石块体密度是试件质量与试件体积的比值，按试件含水状态，岩石密度可分为天然密度、烘干密度和饱和密度。

岩石颗粒相对密度试验 表 3.1.3

仪器设备	试件制备	试件描述	试验步骤	资料整理
粉碎机、瓷研钵、玛瑙研钵、孔径为 0.25 mm 的分析筛	用粉碎机将岩块碎成粉,用磁铁吸去铁屑,过孔径为 0.25 mm 的分析筛,取 150 ~ 200 g 试件	描述粉碎前的岩石名称、颜色、矿物成分、结构、构造、风化程度、胶结物性质等	将制好的试件,于105～110 ℃烘不少于6 h,然后放干燥器内冷却至室温	用下式计算岩石颗粒相对密度: $G_s=\frac{m_s}{m_1+m_s-m_2}G_0$(或$G'_0$) 式中,$G_s$ 为岩石颗粒密度;m_s 为试件干质量(g);m_2 为瓶、试液、试件的总质量(g);m_1 为瓶加试液的质量(g);G_0 为试验温度下蒸馏水的相对密度(比重),可查表
			四分法取两个样,每个试件质量为 15 g,装入 100 mL 的短颈比重瓶,称质量	
比重瓶(容量为 100 mL,短颈)、天平(称量 200 g,感量 0.001 g)			注蒸馏水(或煤油)至比重瓶容积的一半,摇动比重瓶,使颗粒分散	
			用煮沸法或真空抽气法排气,宜不少于 1 h。用煤油时,应采用真空排气法。真空表读数宜为 100 kPa	
恒温烘箱和干燥管	对含磁铁性矿物的岩石,经粗碎筛分后,取 150 ~ 200 g 试件,根据耐磨程度,分别选用玛瑙研钵或瓷研钵细碎,全部通过 0.25 mm 筛	岩石的粉碎方法	试件排气后,排经煮沸真空排气后,把经煮沸或真空排气的蒸馏水(或煤油)注入比重瓶内至近满,置于恒温水槽内使悬液澄清称总质量	$G'_0=\frac{m_4-m_0}{m_3-m_0}G_0$ 式中,m_3 为瓶和煤油的质量(g);m_4 为瓶和水的质量(g);m_0 为比重瓶质量(g)
真空抽气机和煮沸设备			倒去试件水,洗净比重瓶,注入煮沸或真空抽气的煤油或蒸馏水,称质量	
恒温水槽			本试验必须进行 2 个平等测定,结果取算术平均值,平等误差不得大于 0.02	
温度计				

测定岩石块体密度的方法,可根据岩石类型和试件形态选择,一般能制备成规则试件的岩石,宜采用量积法;除遇水崩解、溶解和干缩湿胀性岩石外,均可采用水中称量法;只有不能用量积法或水中称量法测定块体密度的岩石,才采用蜡封法或高分子树脂胶涂抹法。上述块密度试验方法见表 3.1.4。

岩石块体密度试验 表 3.1.4

方法	量积法	水中称量法	蜡封法
仪器设备	切石、钻石和磨石机等制样设备	天平(称量 500 g 感量0.01 g)	烘箱、干燥管、电炉
	烘箱、干燥器	烘箱	天平(称量 500 g 感量 0.10 g)
	天平(称量 500 g 感量 0.10 g)	真空抽气装置	石蜡、熔蜡器皿
	精度为 0.01 mm 的测量平台或其他仪表	水中称量装置	水中称量装置

续上表

<table>
<tr><th>方法</th><th colspan="2">量积法</th><th>水中称量法</th><th>蜡封法</th></tr>
<tr><td rowspan="6">试样制备</td><td colspan="2">试件形状可为圆柱体,方柱体或立方体,直径或边长为48～54 mm,高度与直径或边长之比为2.0～2.5</td><td rowspan="3">取不规则试件3块以上(试件边长为40～60 mm),块体湿密度试验不少于5块</td><td rowspan="3">取不规则试件3～5块以上(试件边长为40～60 mm)</td></tr>
<tr><td rowspan="4">试件加工精度</td><td>沿试件高度方向的直径相差小于0.3 mm</td></tr>
<tr><td>端面不平整度最大不超过0.05 mm</td></tr>
<tr><td>两端面应垂直度件轴,偏差小于0.25°</td><td rowspan="3">规则试件,可用力学性质测试的试件</td><td rowspan="3">如需测定天然密度,在拆除密封后立即称试件质量</td></tr>
<tr><td>立方体试件,两相邻面应垂直,偏差小于0.25°</td></tr>
<tr><td colspan="2">每组试件制备三件,不允许缺棱掉角</td></tr>
<tr><td rowspan="5">试验步骤</td><td colspan="2" rowspan="2">试件描述:岩石名称、颜色、成分、结构、构造、风化、胶结、节理等</td><td>试件描述同前</td><td>试件描述同前</td></tr>
<tr><td rowspan="2">将试件在105～110 ℃温度下连续烘干24 h,冷却至室温,称干岩样质量</td><td rowspan="2">将试件在105～110 ℃温度下连续烘干24 h,冷却至室温,称干岩样质量</td></tr>
<tr><td colspan="2">试件尺寸测量,并计算其体积V(量测精确至0.01 mm)</td></tr>
<tr><td colspan="2" rowspan="2">将试件于105～110 ℃温度下连续烘干24 h;然后放入干燥器,冷却至室温,称取试件干质量</td><td>饱和试件(用真空抽气法对试件强制饱和后,在常温常压下静止4 h),称试件的饱和质量</td><td>试件蜡封(用细线缚平试件,置于约60 ℃的蜡液1～2 min,试件表面均匀涂蜡1 mm厚,不得有气泡)称质量</td></tr>
<tr><td>将试件放在水中称量网上,称水中试件质量</td><td>称取蜡封试件在水中的质量(同水中称量法)</td></tr>
<tr><td>资料整理</td><td colspan="2">按下式计算岩石干密度
$$\rho_d=\frac{m_s}{V}$$
式中,ρ_d为岩石块体干密度(g/cm³);m_s为试件干质量(g);V为试件的体积(cm³)</td><td>按下式计算岩石块体饱和密度
$$\rho_s=[m_p/(m_p-m_w)]\rho_w$$
式中,m_p为饱和试件质量(g);m_w为水中试件质量(g)。
按下式计算岩石块体干密度
$$\rho_d=[m_s/(m_p-m_w)]\rho_w$$
式中,m_s为试件干质量(g)。
按下式计算开型孔隙率:
$$n_0=\frac{m_p-m_s}{m_p-m_w}\times100\%$$</td><td>按下式计算岩石块体干密度
$$\rho_d=\frac{m_s}{\frac{m_1-m_2}{\rho_w}-\frac{m_1-m_s}{\rho_p}}$$
式中,m_1为蜡封试件的空气中的质量(g);m_2为蜡封试件在水中的质量(g);ρ_w为水的密度(g/cm³);ρ_p为石蜡的密度(g/cm³)。
按下式计算岩石天然密度
$$\rho=\rho_d(1+0.001w)$$
式中,w为岩石天然含水率(%);ρ为岩石天然块体密度(g/cm³)</td></tr>
</table>

量积法是将量测的试件断面积和高度之积,除试件天然或烘干质量,得到岩石天然块体密度或烘干块体密度。

水中称量法,是以饱和试件的空气中称量与水下称量之差求试件体积,以其除试件干质量或饱和质量,得到岩石烘干块体密度或饱和块体密度。

蜡封法的测试原理与水中称量法相同,仅试件表面增加蜡封外壳,防止水渗入。

用蜡封法测定岩石块体密度是一种传统的方法,但蜡封时要将试件置于温度较高的熔蜡中,必然影响试件含水率的变化,新变化的高分子树脂胶涂抹法,是在常温下封闭试件,能确保试验过程中试件含水率和体积恒定不变,今后代替蜡封法是必然的趋势。

高分子树脂胶的配制，按质量比称取工业用氯乙烯树脂两份和环己酮八份，将两者倒入玻璃瓶内搅拌均匀，盖好瓶口，待粉末完全溶解呈透明状态即可使用，储存时要密封，防止环己酮挥发，使用时，用毛笔将高分子树脂胶均匀涂在试件表面，一般涂刷两遍，待溶剂挥发后，在试件表面形成一层薄膜。

高分子树脂胶涂抹法的试验方法与蜡封法相同，仅计算式中的石蜡密度改为高分子树脂胶的密度。

三、岩石水理性质试验

（一）吸水性试验

岩石吸水性试验，适用于遇水不崩解、不溶解和不干缩湿胀的岩石。

岩石自然吸水率，是试件在大气压力和室温条件下所吸收水的质量与试件固体质量的比值，采用自由浸水法测定。岩石饱和吸水率，是试件在强制条件下最大吸水量与试件固体质量的比值。丙者均以百分数表示，岩石吸水率和饱和吸水率的比值，称为饱水系数，实践中往往采用水中称量法，同时测定岩石吸水率、饱和吸水率、岩石块体密度和开型空隙率。

试件可用规则的或不规则的，试验时，首先将试件置于105～110 ℃温度下烘24 h，取出放入干燥器内，冷却至室温后称量，然后采用自由吸水方式将试件逐步先注水至试件高度的1/4处，以后每隔2 h分别注水至试验高度的1/2和3/4处，6 h后全部浸没试件，使之在水下自由吸水48 h，取出拭干水分后称量，再用煮沸法或真空抽气法对试件进行强制饱和，在原容器内冷却至室温，或在正常气压下静置4 h，最后将试件置于水中称量的网架上称试件水中质量，拭去水分称试件的空气中质量。

用表3.1.5中公式计算岩石自然吸水率、饱和吸水率、岩石块体密度和开型空隙率。

岩石各种吸水率计算公式 表3.1.5

名　称	计算公式		备　注
岩石自然吸水率/(%)	$w_a=\frac{m_0-m_s}{m_s}\times 100$	(3.1.3)	式中，m_s 为试件烘干质量(g)；m_0 为试件全部浸入48 h后，在空气中称得的质量(g)；m_p 为试件煮沸或真空抽气饱和后，在空气中称得的质量(g)；m_w 为饱和试件在水中称的质量(g)(计算精确至0.01)
岩石饱和吸水率/(%)	$w_{sa}=\frac{m_p-m_s}{m_s}\times 100$	(3.1.4)	
岩石开型空隙率/(%)	$n_0=\frac{m_0-m_s}{m_p-m_w}\times 100$	(3.1.5)	
岩石块体密度/(g/cm³)	$\rho_d=\frac{m_s}{m_p-m_w}\times \rho_w$	(3.1.6)	

（二）渗透试验

室内岩石渗透试验方法有：纵向渗透试验，使渗透水流自上而下或自下而上的渗透试验，即单向渗透试验；径向辐合渗透试验，将试件置于有压力水的容器中，使其受径向压缩，渗透水流从试件中心孔内流出；径向辐射渗透试验，将有压水从导管压入试件中心孔内，使之承受环向拉力，渗透水流从试件外围流出。

高压渗透仪一般由高压水泵、蒸汽管路、储水器、氮气稳压装置，压力室和渗透水量测系统组成，不同渗透试验采用不同压力室。

稳压装置是装有氮气减压器的氮气瓶，用于调整储水器内有压水的压力，使之保持稳定。

纵向渗透试件采用直径与高均为50 mm的圆柱体。将制备好的试件置于压力室外的钢环内，用环氧树脂灌满钢环与试件之间的空隙，再用真空抽气法饱和后放进压力室，拧紧压力室盖板螺丝，用快速接头与储水器连接，安装测流管，从侧孔注水排气，试验时用高压水泵通过高压管和供水器向储水器加压，当压力表指针接近指定试验压力时，停止用水泵加压，打开氮气瓶并用减压器把压力精确调到指定压力使之稳定，观测水流的渗透并将渗透水收集到有刻度的量筒内。当三次测流基本稳定，提高至下一级压力，继续进行渗透试验，按此逐级提高压力直至达到要求试验压力为止。

用下式计算各级压力下的渗透系数

$$k=\frac{QL}{AH} \tag{3.1.7}$$

式中，k 为岩石渗透系数(cm/s)；Q 为渗透流量(cm^3/s)；L 为试件高度(cm)；A 为试件截面积(cm^2)；H 为渗透水头(cm)(根据压力表换算，下游水位忽略不计)。

径向辐合和径向辐射试件均为中心有孔的圆柱体。圆柱体试件的直径为 60 mm，长 150 mm，在圆柱体中心钻一个直径为 12 mm 的同心轴向孔，长 125 mm，最后把上端25 mm 用环氧树脂胶封闭，中间留一导管与外界联系。

用真空抽气法将试件饱和后，安装在径向辐合或径向辐射压力室内。径向辐合试验是将压力室上端有压水进口与储水器连接，而径向辐射试验则将试件中心导管与储水器连接，安装测流装置后，向压力室容器和试件中心孔内注入无压水排除气体，然后按纵向渗透试验方法进行径向渗透试验，在试件中心导管(径向辐合试验)或压力室出水口(径向辐射试验)收集渗透水量。

在径向辐合和径向辐射试验中，水在岩石内进行渗流，两者的流网图相似，同时假定试件的渗透率是均匀和各向同性的，端部效应忽略不计，则渗透半径为 r 的同心圆柱体的流量 q 为 $k2\pi L(\mathrm{d}P/\mathrm{d}r)$。由于岩石内没有积聚液体，$q$ 为常数，并等于试件内部(径向辐合)或外部(径向辐射)所接受的供水量 Q。沿水流的整个长度上积分，得到求渗透系数的关系式如表 3.1.6 所示。

岩石渗透系数计算公式 表 3.1.6

计算公式	备注
$k=\frac{Q}{2\pi LH}\ln\frac{r_2}{r_1}=1.15\frac{Q}{\pi LH}\lg\frac{r_2}{r_1}$ (3.1.8)	式中，k 为径向辐合或径向辐射的渗透系数(cm/s)；Q 为渗透水量(cm^3/s)；L 为试件有效渗透长度(cm)；r_2 为试件半径(cm)；r_1 为试样中心孔半径(cm)；H 为渗透水头(cm)(根据压力表换算)

根据计算结果，绘制渗透压力与渗透系数的关系曲线。

(三)膨胀性试验

试件应在现场采取，并保持天然含水状态，严禁用爆破法或湿钻法取试样。

试件形态，随试验方法而异。自由膨胀试验，一般采用直径或边长 50～60 mm 的圆柱体或立方体；侧向约束试验，要求试件厚度不少于 15 mm，或大于岩石最大颗粒的 10 倍，直径应大于厚度的 4 倍。膨胀压力试验的试件厚度与径向约束试验相同，而直径只要满足厚度的 2.5 倍即可，两种试验如采用相同的试件形态，就可用膨胀压力试验仪的容器进行侧向约束的膨胀试验。

试样制备与试件描述要求同前，但试验过程中及试验结束后，应详细描述试件的崩解、掉块、表面泥化或软化现象。

1. 自由膨胀率试验

轴向千分表安装在顶部金属板中心，4 支横向千分表安装在试件四周的中部，垂直于试件，试验时慢慢地向容器内注入蒸馏水，使之高出上部透水石，观测千分表读数的变化，第 1

个小时内，每隔 10 min 测读一次，以后每隔 1 h 测读一次，直到 3 次读数差不大于0.001 mm 为止，浸水后试验时间不得少于48 h。试验过程中，应保持水位不变，用表 3.1.7 中公式计算岩石自由膨胀率。

岩石膨胀率计算公式 表 3.1.7

岩石膨胀率	计算公式	备注
轴向自由膨胀率/(%)	$V_H=\frac{\Delta H}{H}\times 100$ (3.1.9)	式中，ΔH 为试件轴向膨胀变形(mm)；ΔD 为试件径向平均变形(mm)；H 为试件原高度(mm)；D 为试件原平均直径或边长(mm)
径向自由膨胀率/(%)	$V_D=\frac{\Delta D}{D}\times 100$ (3.1.10)	

2.侧向约束膨胀性试验

采用膨胀压力仪器的容器。试件放在涂有凡士林的金属环内使之与环壁紧密贴合，然后将金属环置于容器内，试件上部透水石上压一固定质量的金属板，并在金属板的中点安装垂直千分表，固定金属板的质量应能对试件施加 5 kPa 的持续压力，向容器内注水使之高于透水石顶面，测记千分表读数，直到稳定(标准同上)为止。

用下式计算侧向约束膨胀率

$$V_{HP}=\frac{\Delta H_1}{H}\times 100 \tag{3.1.11}$$

式中，V_{HP}为侧向约束膨胀率(%)；ΔH_1 为有侧向约束试件的轴向变形(mm)；H 为试件原高度(mm)。

3.体积不变条件下膨胀压力试验

用膨胀压力仪进行试验，膨胀压力仪上的传感器，试验前在压力机上进行率定。安装试件时，首先将试件放入内壁涂有凡士林的金属环内，然后安装在膨胀压力仪容器内并对准中心，最后将组装好的上压板和传感器安装上，调整测膨胀变形的杠杆千分表，操纵仪器顶部的螺栓杆向试件施加 0.01 MPa 的轴向力，试验时慢慢向容器内注入蒸馏水，直到淹没上部透水石，观测中心杠杆千分表变形和应变仪读数，在千分表最大变形不超过0.001 mm 范围内随时调整螺栓杆施加的压力，使试件膨胀变形始终接近于零，直到应变仪读数稳定为止，根据应变仪读数，按事先率定的关系曲线，换算成轴向力。

用下式计算岩石膨胀压力

$$P_s=\frac{F}{A} \tag{3.1.12}$$

式中，P_s 为岩石膨胀压力(MPa)；F 为轴向膨胀力(N)；A 为试件截面积(mm^2)。

本试验压力精确至 0.001 MPa，计算值取三位有效数字。

(四)耐崩解性试验

耐崩解试验仪由圆柱形筛筒、水槽和动力(转动)装置组成，筛筒用 2 mm 标准筛孔铜丝布制成直径 140 mm、净长 100 mm 的圆柱形筛筒共 2 个，动力装置两端各 1 个。筛筒两端用带有盖子的刚性基盘固定，在使用期间能保持原有形状。水槽用有机玻璃制成，2 个水槽尺寸为 230 mm×170 mm×150 mm，水槽装有水平轴支撑并能自由旋转的筛筒，水槽内的水面到筛筒轴为20 mm，筛筒基盘与水槽底之间有 40 mm 的自由间距，动力装置由电动机、变速装置和齿轮组成，电动机的传动能使筛筒按 20 r/min 的速度旋转，10 min 期间速度保持稳定，误差在 5%以内。

试件采用天然含水率岩石，制成无棱角的浑圆形试件，数量不少于 20 块，每块质量为

40～60 g。将制备好的试件装在试验圆柱筛筒内，每端装1个，置于105～110 ℃的温度下烘24 h，在干燥器内冷却至室温后称筛圆筒和残留试件的合质量，水槽内注入蒸馏水，水位在筛筒轴以下20 mm，水温保持(20±2)℃，把装试件的圆筒放到水槽上，启动电动机使圆筒转动10 min，取下圆筒置于烘箱内烘24 h，冷却后称圆筒和残留试件的质量。按上述步骤做第二个循环试验，对于耐崩解性高的岩石，可连续做3～5个循环试验，收集水槽内全部已崩解试件，用土工试验方法测定液限、塑限和颗粒级配，必要时可进行黏土矿物分析。

用下式计算岩石耐崩解性指数

$$I_{d2}=\frac{m_r}{m_s}\times 100 \tag{3.1.13}$$

式中，I_{d2}为岩石(二次循环)耐崩解性指数(%)；m_s为原试件烘干质量(g)；m_r为第二个循环后残留试件烘干质量(g)。

岩石耐崩解性用第二个循环的I_{d2}表示，根据需要可绘制各耐崩解指数与循环次数关系图和耐崩解指数I_{d2}与塑性指数I_p分类图。

K. Kikuchi等人用耐崩解性指数研究日本一些地区的滑坡时，认为准确测定低塑性岩石的塑性有一定难度，建议改用高速离心力作用下的当量含水率或甲基蓝测定的离子吸收量与耐崩解指标建立关系。其中，当量含水率和离子吸收指标是将试件粉碎到小于0.5 mm的颗粒，分别用土工试验和矿物分析方法测定。

(五)冻融试验

当岩石吸水率小于0.05%时，不必进行冻融试验，否则则需进行冻融试验。

试件为标准试件，直径为48～54 mm，高径比为2.0～2.5。对于遇水崩解、溶解和干缩湿胀的岩石，应采用干法制备。

试件的干燥、吸水、饱和处理及称量同吸水率试验。之后取3块饱和试件进行冻融前的单轴抗压强度试验，将另3块饱和试件放置入镀锌薄钢板盒内(210 mm×210 mm×210 mm)的钢丝架(9格)，一起放入低温冰箱内，在(−20±2)℃温度下冻4 h，然后取出镀锌薄钢板盒，往盒内注水浸没试件，水温应保持在(20±2)℃，溶解4 h，即为一个循环。根据工程需要确定冻融循环次数，以20次为宜，严寒地区不应少于25次。冻融循环结束后，从水中取出试件拭干表面水分并称量，进行单轴抗压强度试验。冻融指标包括冻融质量损失率和冻融系数，如表3.1.8所示。

岩石冻融指标计算公式 表3.1.8

冻融指标	计算公式	备注
冻融质量损失率/(%)	$L_f=\frac{m_s-m_f}{m_s}\times 100$ (3.1.14)	$R_s=\frac{P_s}{A}$；$R_f=\frac{P_f}{A}$ 式中，R_s为冻融前的饱和单轴抗压强度(MPa)；R_f为冻融后的饱和单轴抗压强度(MPa)；m_s为冻融试验前试件饱和质量(g)；m_f为冻融试验后试件饱和质量(g)；P_s为冻融前的饱和试件破坏载荷(N)；P_f为冻融后的饱和试件破坏载荷(N)；A为垂直加载方向的试件横截面积(mm^2)
冻融系数	$K_f=\frac{\overline{R}_f}{\overline{R}_s}$ (3.1.15)	式中，$\overline{R}_f$为冻融试验后的饱和单轴抗压强度平均值(MPa)；R_s为冻融试验前的饱和单轴抗压强度平均值(MPa)。 饱和单轴强度取三位有效数字，冻融损失率和冻融系数精确至0.01

四、岩石声波测试

在室内条件下，一般用带示波器的岩石声波参数测试仪，测定声波的纵、横波在岩石试件中的传播时间，据此计算岩块中声波传播速度。根据弹性波的传播速度和岩石块体密度计算岩石动力弹性常数，见表 3.1.9。

岩石动力弹性常数计算公式　　表 3.1.9

动力弹性	计算公式	备注
动力弹性模量/MPa	$E_d=\rho V_p^2\frac{(1+\mu)(1-2\mu)}{1-\mu}\times10^{-3}$ (3.1.16) $E_d=\rho V_s^2(1+\mu)\times10^{-3}$ (3.1.17)	式中，ρ 为岩石块体密度（g/cm^3）；V_p 为纵波速度（m/s）；V_s 为横波速度（m/s）
泊松比	$\mu=\frac{\left(\frac{V_p}{V_s}\right)^2-2}{2\left[\left(\frac{V_p}{V_s}\right)^2-1\right]}$ (3.1.18)	
动刚性模量或动剪切模量/MPa	$G_d=\rho V_s^2\times10^{-3}$ (3.1.19)	
动拉梅系数/MPa	$\lambda_d=\rho(V_p^2-2V_s^2)\times10^{-3}$ (3.1.20)	
动体积模量/MPa	$K_d=\rho[(3V_p^2-4V_s^2)/3]\times10^{-3}$ (3.1.21)	

试件采用圆柱体，选用直径为 50 mm、高径比为 2～2.5 的圆柱体作为标准试件。同时用密度试验方法测定岩石密度，精确量测试件两端中点之间的长度，精度不低于 1%。

岩石声波参数测试仪应满足下列要求：具有波形显示装置，显示波形应稳定、清晰，可调；发射脉冲电压不得低于 250 V；接受放大器的频带宽为 50 kHz～1 MHz，总增益应大于 80 dB，并分档连续可调；计时器的最小读数为 0.1 μs，量程不应小于 10 000 μs；环境温度为 −10～+40 ℃，相对湿度不大于 90%，交流电电压为(220±20)V[直流电压为(18±1)V]的条件下正常工作。

换能器的选择应符合下列规定：频带范围宜为实际工作频率的 2～3 倍；阻抗低，内损耗小，电声转换效率高；具有较大的功率和较高的灵敏度，测试所用换能器的频率，应根据试件直径与试件材料性质在 50 kHz～1 MHz 选用，并满足下列公式要求

$$f_p\geqslant\frac{2V_p}{D} \tag{3.1.22}$$

式中，f_p 为换能器频率(Hz)；V_p 为岩块纵波速度(m/s)；D 为试件直径(m)。

测试应符合下列规定：测试前应测定声波在一套有机玻璃标准试验棒中的传播时间，绘制时距曲线，确定仪器系统的零延时；每次更换换能器时，应将发射、接收换能器对接，直接测读零延时；测定试件的纵波速度时，宜用凡士林或黄油作耦合剂，测横波时，宜用铝箔或铜箔作耦合材料；采用直达波法(直透法)时，应将换能器布置在试件两端面，采用折射波法(平透法)时，应将换能器布置在试件的同侧面，并用游标尺测量发射换能器与试件接触面中心点到接收换能器与试件接触面中心点的距离；非受力状态下测试时，应将试件置于测试架上，对发射和接收换能器施加接触压力，测定纵波或横波在试件中的传播时间；根据需要可进行受力状态下的声波测试，宜与单轴压缩变形试验同时进行。试验时应采用特制的承压式声波换能器，测定试件受力方向纵波或横波在试件中的传播时间。岩石波速计算公式见表 3.1.10。

岩石波速计算公式　　表 3.1.10

波速	计算公式	备注
纵波速度/(m/s)	$V_p=\frac{L}{t_p-t_0}$ (3.1.23)	式中,L 为试件长度(m);t_p 为纵波在试件中的传播时间(s),精确至 0.1 μs;t_s 为横波在试件中的传播时间(s),精确至 0.1 μs;t_0 为仪器系统的零延时(s)
横波速度/(m/s)	$V_s=\frac{L}{t_s-t_0}$ (3.1.24)	

五、岩石强度和变形试验

(一)单轴抗压强度和压缩变形试验

1. 单轴抗压强度试验

岩石单轴抗压强度是试件在无侧限条件下受轴向力作用破坏时单位面积所承受的荷载。试件含水状态可根据需要选择天然、烘干或饱和状态,同一状态下每组试件数量不应少于3个。加载试验的压力试验机系定型产品,但应满足四个要求:压力机应能连续加载且没有冲击,具有足够的加载能力,能在总荷载的10%~90%之间进行试验压力机的承压板;必须具有足够的刚度,其中之一具有球形座,板面须平整光滑;承压板直径应大于试件直径;压力机的校正与检验,应符合国家计量标准的规定。

为了消除受载时的端部效应,试件两端安放钢质垫块。垫块直径等于或略大于试件直径。其高度约等于试件直径,垫块的刚度和平整度应符合承压板的要求。

标准试件采用圆柱体,直径为 50 mm,高径比为 2~2.5。对于非均质的粗粒结构岩石或取样尺寸小于标准尺寸者,允许采用非标准试件,但高径比必须保持为 2~2.5。对于层(片)状岩石,一般按垂直和平行于层(片)理两个方向制样。

不同含水状态试件按下述方法进行处理:黏土质岩石的天然含水状态试件,按含水率试验方法测定天然含水率;烘干试件在 105~110 ℃温度下烘 24 h,饱和试件用真空抽气法饱和。

试验时,将试件(包括上下垫块)置于压力试验机承压板中心,调整球形座,使之均匀受荷,以每秒 0.5~1.0 MPa 的速度加荷,直到试件破坏。岩石抗压强度和软化系数见表 3.1.11。

岩石抗压强度和软化系数　　表 3.1.11

强度指标	计算公式	备注
单轴抗压强度/MPa	$R=\frac{P}{A}$ (3.1.25)	式中,P 为破坏荷载(N);A 为垂直于加荷方向的试件面积(mm^2);$\overline{R}_s$ 为饱和状态下单轴抗压强度平均值(MPa);$\overline{R}_d$ 为干燥状态下单轴抗压强平均值(MPa)
软化系数	$\eta=\frac{\overline{R}_s}{\overline{R}_d}$ (3.1.26)	

2. 单轴压缩变形试验

岩石单轴压缩变形试验,是测定试件在单轴压缩条件下的纵向和横向应变值,据此计算岩石弹性模量和泊松比。

试件形态和含水状态,与抗压强度试件相同。变形量测,本试验可采用电阻应变片法和千分表法,同一状态下每组试件数量不应少于 3 个。

加载方法宜采用逐级一次连续加载法,根据需要可采用逐级一次循环法或逐级多次循环法,每次循环退载至 0.2~0.5 kN 的接触荷载;最大循环荷载为极限预估荷载的 50%,宜等分 5 级施加,至最大循环荷载后再逐级加载直至破坏;加载采用时间控制,施加一级荷载后立即读数,即可施加下一级荷载。

(1)电阻应变片法

电阻应变片法一般采用静态电阻应变仪量测,该仪器系定型产品,使用时要遵守仪器的工作条件、使用方法及维修养护中的注意事项。选择的电阻片,质量应符合产品要求,电阻丝的长度应大于组成试件矿物最大粒径或斑晶的10倍以上,同一个试件使用的工作片和补偿片的规格、灵敏系数等应相同,电阻值相差应不超过±0.1 Ω。

用电阻应变片法,可以测烘干或饱和试件的应变,每个试件高度的中部贴轴向和圆周向电阻片各不少于2片,沿圆周向等距离相同布置,贴片处应避开显著的或特大的矿物颗粒,对于烘干试件,采用一般胶合剂贴片;饱和试件,采用环氧树脂55%加聚酰胺45%配制成防潮贴片。

试件防潮处理方法,先将烘干称量的试件表面涂厚约0.1 mm的防潮剂底层,贴片焊接导线后,再用防潮剂在电阻片上涂厚约2 mm的外层,称量后用真空抽气法进行饱和,在防潮处理饱和过程中,每一步骤应检查电阻片的绝缘电阻,一般要求大于200 MΩ。

当试件要求用水中称量法测吸水率和密度等指标时,试件应扣去贴片部分的质量。方法是用标准钢质圆柱体按上述防潮处理方法涂胶,贴片和焊接导线,用水中称量法求出这部分质量。

试验时将试件(包括上、下垫块)置于压力试验机上对准中心,对试件施加少量荷载,不断调整承压板位置,使之均匀受载,直到轴向应变片的应变值接近为止。试验以每秒0.5～1 MPa的加载速度对试件施加荷载直至破坏,测值不宜少于10组。

试验结束后,检查各电阻片读数,发现异常现象,应查明其原因,将正常电阻片读数平均,求轴向和横向应变值,计算弹性模量、变形模量和泊松比。岩石变形指标计算公式见表3.1.12。

岩石变形指标计算公式 表3.1.12

变形指标	计算公式	备注
弹性模量/MPa	$E_e=\dfrac{\delta_b-\delta_a}{\varepsilon_{hb}-\varepsilon_{ha}}$ (3.1.27)	式中,δ_a为应力与纵向应变关系曲线上直线段始点的应力值(MPa);δ_b为应力与纵向应变关系曲线直线终点的应力值(MPa);ε_{ha}为应力为δ_a时的纵向应变值;ε_{hb}为应力为δ_b时的纵向应变值;ε_{da}为应力为δ_a时的横向应变值;ε_{db}为应力为δ_b时的横向应变值;δ_{50}为抗压强度50%时的应力值(MPa);ε_{h50}为应力为δ_{50}时的纵向应变值;ε_{d50}为应力为δ_{50}时的横向应变值。 岩石应力、弹性模量和变形模量取三位有效数字,泊松比计算值精确至0.01
弹性泊松比	$\mu_e=\dfrac{\varepsilon_{db}-\varepsilon_{da}}{\varepsilon_{hb}-\varepsilon_{ha}}$ (3.1.28)	
变形模量(即割线模量)/MPa	$E_{50}=\dfrac{\delta_{50}}{\varepsilon_{h50}}$ (3.1.29)	
与ε_{h50}和ε_{d50}相应的泊松比	$\mu_{50}=\dfrac{\varepsilon_{d50}}{\varepsilon_{h50}}$ (3.1.30)	

(2)弹性常数测定仪法

弹性常数测定仪支架是仪器的主体,具有底座、立柱、升降螺母、架板和上、下垫块等构件。垫块为钢质圆柱体,直径等于或略大于试件直径,高度不小于试件直径,试验时置于试件的上、下两端,用于消除端部效应。

径向变形测试装置由测环和测表保护装置构成。测环由支架的立柱支承,并用升降螺母调整测环高度,4支径向位移传感器互相垂直地安装在测环的铜套内,测头处安装有测表保护装置,当试件破坏时,测头缩进保持装置内,由保护装置承受横向冲击力。

轴向变形测试装置,为一个蝶式引伸仪,分为两半固定在试件上,刀口对试件的夹持力为0.4 MPa,刀口标距可任意调节,最大标距达80 mm,在刀口杠杆上安装位移传感器测轴向变形。

压力传感器安装在压力试验机的输油管路上,直接进入自动记录系统。

用弹性常数测定仪可测各种含水状态的试件,不需采取任何防潮措施,试验时将试件置于仪器支架底座的垫块上,再将上部垫块放上,使三者成为一直线,然后将仪器置于压力试验机的承压板上并对准中心,试验以每秒 0.5～0.8 MPa 的加载速度施加荷载,直至试件破坏。

根据变形记录,换算成应变,然后按电阻应变片的计算方法,求有关弹性常数。

该仪器也可以用千分表量测径向位移和轴向位移,人工读数并记录。

(二)三轴压缩强度试验

1.常规试验方法

三轴压缩试验,一般用同一含水状态下,每组不少于 5 个试件分别施加不同的侧压,在轴向荷载的连续加载下,使这些试件破坏。由于每个试件均处于破坏状态,也称为单个破坏状态试验。

三轴试验仪,包括轴压加载装置、三轴压力室、侧压加载装置以及变形量测和记录系统。

侧压加压装置是保持侧压力 σ_3 充分恒定的独立加载系统,包括液压泵和增压器等,这种侧压装置应具有高压放低压两套控制,能进行微调,使之保持精度在±1%以内。

变形量测基本上采用两种装置:一种是用电阻应变片测试件轴向应变;另一种是测量压力机承压板之间距离变化,此外,还可采用位移传感器测量试件径向或环向变化。

试件为圆柱体,直径等于或略小于三轴压力室内承压块的直径,试件高度为直径的 2～2.5 倍。

三轴压缩强度试验可测定不同含水状态的试件,天然含水率试件,由于没有进行防潮处理,不宜用电阻应变片测试件变形,烘干和饱和试件,用单轴压缩试验所述电阻应变片方法贴片并进行防潮处理。

选择侧压的一般原则,要求获得的包线能明显地反映所需的压力区间及最小侧压的精度,根据工程需要和岩石特性确定。侧向压力宜按等差基数进行分级,也可按等比基数分级,分级数不得少于 5 级。

试验时,将制备好的试件套上防油胶套置于三轴压力室内,使试件、承压块和球座彼此对中,然后将三轴压力室置于压力试验机上,使压力室与承压板对中,首先以每秒0.05 MPa 的加载速率同步施加侧向压力和轴向压力至预定的侧压力值,并保持侧压力在试验过程中始终不变。以每秒 0.5～1.0 MPa 的加载速率加轴向荷载直至试件破坏,记录试验全过程的轴向荷载和变形值。

用计算的应力和轴向变形值,绘制($\sigma_1-\sigma_3$)与轴向应变 ε_1 的关系曲线。多数岩石的应力应变曲线,在屈服以前接近直线,基本上符合虎克定律。其中,脆性岩石(如砂岩、花岗岩等)的破坏,几乎在屈服之后瞬时发生,而少脆性的岩石(如大理石、石灰岩等)在侧压较小时仍具有上述脆性破坏特征,但随着侧压增加要在应变大量增加之后才破坏,而且没有明显的破坏点,这是由于岩石转变为塑性破坏,发生连续屈服或滑动。

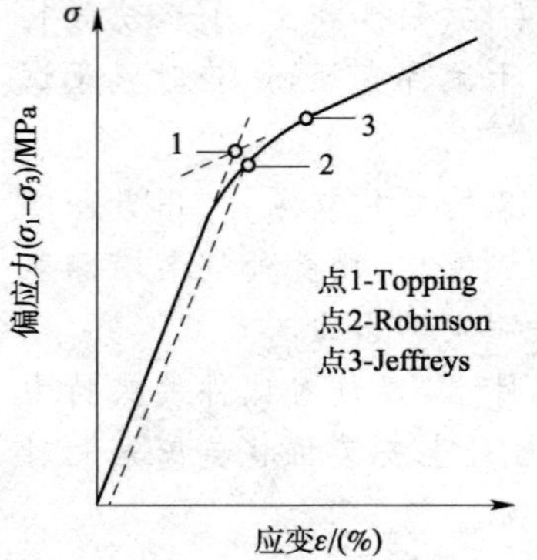

图 3.1.1 确定屈服点的曲线图

(1)确定屈服点的方法

当岩石转变为塑性破坏时,用 Jeffreys 法确定:延长末尾段直线与应变曲线相切,其切点作为屈服点,即图 3.1.1中的点 3。

(2)求岩石抗剪强度参数的方法

①根据轴向应力 σ_1 及相应的侧向应力 σ_3 在 σ_1-σ_3 坐标内用最小二乘法绘出最佳关系曲线,在最佳关系曲线上选定若

干组对应值，在剪应力τ与正应力σ坐标图上，以$(\sigma_1+\sigma_3)/2$为圆心，$(\sigma_1-\sigma_3)/2$为半径，在$\tau\sigma$坐标图上绘制莫尔应力圆，根据莫尔—库仑强度理论确定三轴应力状态下的抗剪强度参数。

②以σ_1为纵坐标，σ_3为横坐标，将各测点绘在直角坐标图上，然后用图解法或最小二乘法绘出最佳关系曲线，用表3.1.13中公式求c、φ值。

岩石抗剪强度计算公式 表3.1.13

抗剪强度参数	计算公式	备注
岩石黏聚力/MPa	$c=\frac{\sigma_0(1-\sin\varphi)}{2\cos\varphi}$ (3.1.31)	式中，σ_0为图上最佳曲线的截距(MPa)；m为图上最佳曲线的斜率
岩石内摩擦角/(°)	$\varphi=\sin^{-1}\frac{m-1}{m+1}$ (3.1.32)	

③求弹性模量和泊松比的步骤。绘制轴向与侧向应力差$(\sigma_1-\sigma_3)$与轴向应变关系曲线、轴向与侧向应力差$(\sigma_1-\sigma_3)$与横向应变关系曲线。根据需要，可分别计算弹性模量、泊松比等三轴压缩变形参数。

此外，还可用应力应变量测资料计算体积模量和剪切模量，据此求弹性模量和泊松比。其步骤：在求体积模量时，以平均应力$\sigma_m=(\sigma_1+2\sigma_3)/3$为纵坐标，体积应变$\varepsilon_v=\varepsilon_1+2\varepsilon_3$为横坐标，绘制平均应力与体积应变关系曲线，这类曲线基本上符合σ_m-$A\varepsilon_v^n$曲线形式，通过双对数关系求得A和n的值，然后用表3.1.14中的公式求岩石体积模量；在三轴压缩下，剪变模量（公式见表3.1.15）是偏应力与相应的剪应变之比；计算弹性模量和泊松比（公式见表3.1.16）。

岩石体积模量计算公式 表3.1.14

模量指标	计算公式	备注
岩石切线体积模量/MPa	$K_t=\frac{d\sigma_m}{d\varepsilon_v}=\bar{n}\bar{A}^{\frac{1}{n}}\sigma_{m^n}^{\frac{n-1}{}}$ (3.1.33)	式中，σ_m为平均应力(MPa)；$\overline{A}$、$\bar{n}$为各级侧压下的平均系数

岩石剪变模量计算公式 表3.1.15

计算指标	计算公式	备注
偏应力/MPa	$\sigma'_{\rm II}=\sigma_1-\frac{1}{3}(\sigma_1+2\sigma_3)$ (3.1.34)	式中，G_t为剪切模量(MPa)。 用G_t与相应平均应力(σ_m)建立关系，据此求出不同侧压下平均剪变模量G_t
剪应力/MPa	$\varepsilon'_{\rm II}=\varepsilon_1-\frac{1}{3}(\varepsilon_1+2\varepsilon_3)$ (3.1.35)	
剪切模量/MPa	$G_t=\frac{\sigma'_{\rm II}}{2\varepsilon'_{\rm II}}=\frac{\sigma_1-\sigma_3}{2(\varepsilon_1-\varepsilon_3)}$ (3.1.36)	
非线性剪切模量/MPa	$G_t=\frac{1}{2}\times\frac{d(\sigma_1-\sigma_3)}{d(\varepsilon_1-\varepsilon_3)}$ (3.1.37)	

岩石弹性模量计算公式 表3.1.16

弹性常数	计算公式	备注
切线弹性模量/MPa	$E_t=\frac{9K_tG_t}{3K_t+G_t}$ (3.1.38)	式中，符号意义同前
切线泊松比	$\nu_t=\frac{3K_t-2G_t}{2(3K_t+G_t)}$ (3.1.39)	

2. 多级破坏状态的三轴试验

多级破坏三轴试验，是用一个试件逐级加载使试件在不同侧压下多次达到接近破坏点，即峰值强度。多级破坏三轴试验所用的三轴试验仪，必须是应变控制式的刚性试验机。三轴压力室与常规三轴试验相同，轴压、侧压和轴向应变（变形）的量测分别采用压力和位移传感器,配备自动记录设备(图 3.1.2)。

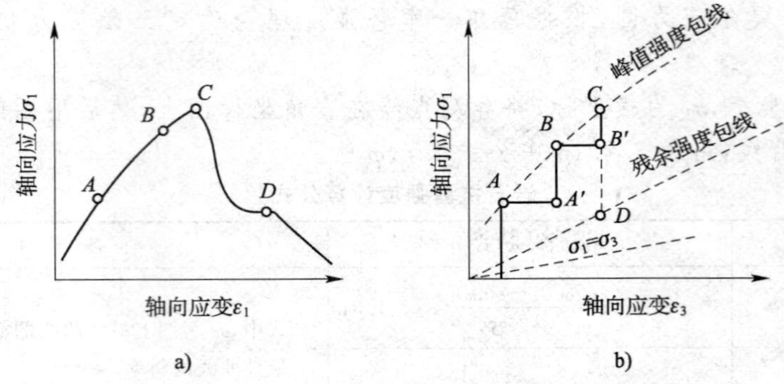

图 3.1.2 多级破坏状态三轴试验

试件形态和含水率状态处理。与常规试验相同,但必须强调要严格控制试件直径,使之等于或略小于三轴压力室内承压块直径,不允许侧压对承压块产生顶托影响。

按常规试验方法将试件装进三轴压力室,置于压力机上对中,施加侧压,在静水压力达到指定侧压之前,轴压与侧压应同时施加,当达到指定的初始侧压 σ_3^b 后保持侧压稳定,以每秒 10^{-5}～10^{-2} 的常应变速率连续施加轴压,直到轴向应力 σ_1 与轴向应变 ε_1 曲线上出现峰值强度,即图 3.1.2a)的 A 点,接着增加侧压使之等于 A 点的轴压,即图 3.1.2b)的 A'点,再按上述方法增加轴压确定 B 点,直到达到选定的 C 点为止,此时保持侧压力恒定,继续增加轴压,导致试件发生破坏,试件破坏后轴向应力则下降到残余值,即图 3.1.2 中 D 点,连续降低侧压,直到试件完全卸载,通过 D 的轴向应力和侧压的关系曲线则绘出残余强度包线。

用图解法或最小二乘法求图 3.1.2b)中 A、B、C 峰值点的最佳直线,然后按式(3.1.31)和式(3.1.32)计算峰值强度。当残余强度包线通过坐标零点,则黏聚力为零。

在多级破坏状态三轴试验中,如何更可靠地找到每级侧压下试件破坏前的最大强度值(峰值),目前尚缺乏明确的标准。岩石破坏应变与侧压的关系说明岩石的破坏应变是很小的,对于脆性岩石,破坏几乎是屈服之后瞬时发生的,即使是少脆性岩石,在低压下仍具有这种脆性破坏的特征,因此,在多级破坏状态的三轴试验中,往往未接近峰值时就改变侧压,不能获得最大强度值,或者加载超过峰值,使试件处于破坏状态,强度降到残余值,为了探索寻找最大强度点的新方法。日本赤井浩一等人进行过这方面的研究,通过试件轴向和横向应变的观测,看到轴向应变在达到峰值时随即下降,而横向应变在峰值附近变化缓慢,因此认为横向应变的观测可以更好地找到破坏前的最大强度点。

3.连续破坏状态的三轴试验

连续破坏三轴试验,是用一个试件连续增加轴压并不断改变侧压,使试件在加载过程中接近破坏状态,直接获得峰值强度曲线(图 3.1.3)。

试验仪器设备、试件制备要求、含水状态处理及试验前的一切准备工作,均与多级破坏三轴试验相同。

试验时,按多级破坏三轴试验方法所述原则施加初始侧压 σ_3^b[图 3.1.3b)]。保持侧压稳定之后,以每秒 10^{-5}～10^{-2} 的常应变速率连续施加轴压,使之在 5～15 min 的加载时间内达到图 3.1.3a)中的 A 点,从峰值点 A 作一条与初始曲线直线部分相平行的直线 AB,于是该直线 AB 的斜率 K 与初始曲线直线段斜率 E 相等。

图 3.1.3b)中 AB 所经过的应力状态,相等于试件破坏前的情况,为了获得破坏时的峰值强度包线,可根据 B 点到 C 点的轴压增量 $\Delta\sigma_1^n$,用下述关系式求出校正曲线。

$$\Delta\sigma_1^p = \frac{\Delta\sigma_1^n(\sigma_3^p - \sigma_3^b)}{\sigma_3^n - \sigma_3^b} \quad (3.1.40)$$

式中，$\Delta\sigma_1^p$ 为计算的 $\sigma_3 = \sigma_3^p$ 时的轴压增量(MPa)；σ_1^n 为实测的 B 到 C 点(σ_3 为 σ_3^n)时的轴压增量(MPa)；σ_3^b 为选定的初始侧压(MPa)；σ_3^n 为应力应变曲线达到 B 点时，保持的恒定侧压(MPa)；σ_3^p 为图 3.1.3b)中 σ_3^b 与 σ_3^n 之间任一点的侧压(MPa)。

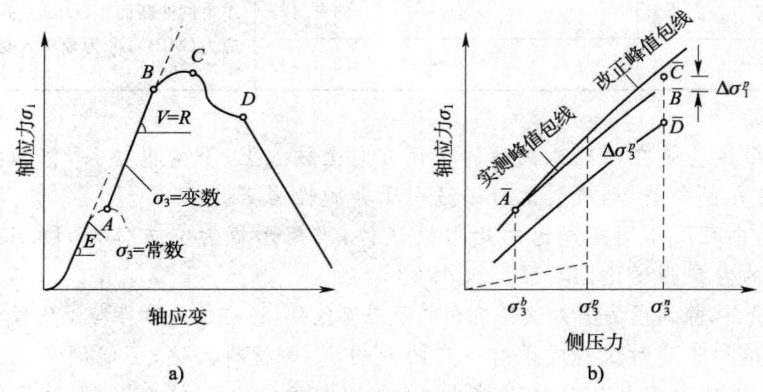

图 3.1.3 连续破坏状态三轴试验

在连续破坏三轴试验中，关键问题是怎样掌握侧压力的改变，才能保持应力途径沿直线 AB 描述，一旦应力途径偏离 AB 线时，对强度包线产生的影响如何。瑞士 K. kovari 等人对此做过不同斜率比(V/E)的研究：石灰岩和砂岩在斜率比 0.5～1.0 的范围内，对峰值强度包线没有产生显著的影响；而花岗岩在较大的侧压下，随着斜率比的减小，则出现较大的差别。据此看来，应力途径稍微偏离 AB，或者说斜率比大于 0.7，不论岩石的脆性程度如何，均不会产生较大误差。

(三)拉伸强度和变形试验

1. 直接拉伸试验

直接拉伸试验设备主要是材料试验机、电阻应变仪和拉伸夹具，材料试验机和电阻应变仪是通用设备。

拉伸夹具用圆形金属帽，胶结于试件末端，通过连接装置与材料试验机的上、下夹头连接，金属帽直径约大于试件直径 2 mm，厚度一般为 30～40 mm。连接装置采用滚轴或链条，这种滚链只能在一个平面上挠曲，上部链节与下部链节互为直角，能使荷载通过试件轴向传递而不产生弯曲扭转应力，两端连接装置长度，至少是端部金属帽直径的 2 倍。

试件为圆柱本，直径 50 mm，允许误差±1 mm。试件长度为直径的 2～2.5 倍，试验可采用天然含水状态、烘干或饱和样，为了测拉伸过程中的变形，在试件中部断面贴轴向和圆周向电阻片各不少于 2 片，试件含水状态处理，贴片和防潮处理，均按单轴压缩试验用电阻片测变形的方法进行。

试件与金属帽胶结的胶黏剂，用 634 型酚基丙烷环氧树脂(100 份)、乙二胺(8 份)和邻苯二甲酸二丁酯(5 份)配制。这种胶黏剂与岩石胶结，一般可承受 9 MPa 的拉断强度；能用于大多数岩石的拉伸试验，试件与金属帽胶结时，应严格对准中心，为了保证金属帽与试件纵轴重合为一，最好将试件与金属帽置于专门制的金属箱内用轴压使两者紧密结合。

试验时，用材料试验机的夹头夹住试件的连接装置，必须确保试验轴线与荷载作用相一致，允许偏心不得超过 0.01 mm，然后以每秒 0.3～0.5 MPa 的速度施加拉力，直到试件拉断，或以常应变速率使试件在 5～15 min 内破坏。

用表 3.1.17 所示公式计算岩石拉伸强度和弹性常数。

岩石拉伸强度和弹性常数计算公式　　表 3.1.17

直接拉伸常数	计算公式	备　注
拉伸强度/MPa	$\sigma_{dt}=\frac{P}{A}$　(3.1.41)	式中,P 为试件拉断时的最大拉力(N);A 为试件断面积(mm^2);σ 为试件拉伸时的应力(MPa);ε_2 为轴向应变;ε_d 为横向应变
拉伸弹性模量/MPa	$E_{dt}=\frac{\sigma}{\varepsilon_2}$　(3.1.42)	
拉伸泊松比	$\nu_{dt}=\frac{\varepsilon_d}{\varepsilon_1}$　(3.1.43)	

2. 劈裂试验

典型的劈裂试验是在圆柱体试件的直径方向上放入上、下两根垫条,施加相对的线性荷载,使之沿试件直径向破坏,劈裂试验不适用于非脆性岩石。

劈裂试验,也可用不同高宽比的矩形板试件,当矩形板为立方体时,Davies 和 Stagg 分析试件中心处的劈裂强度比圆盘强度仅少 2%。

劈裂试验设备,除通用的压力试验机和电阻应变仪外,还有放入试件与承压板之间的垫条。

垫条的类型和宽度对试验成果有一定的影响,垫条材料太硬,可能因与试件接触不良而引起应力集中,太软则容易从荷载下挤出,产生切向拉应力。一般认为,对于坚硬和较坚硬岩石,应用直径为 1 mm 钢丝为垫条,对于软弱和较软弱的岩石,应选用胶木板或硬纸板。垫条宽度与试件直径之比,多数研究者建议采用 0.08～0.10,此时可用为线荷载处理。

标准试件为圆柱体,直径 48～54 mm,高为直径的 0.5～1.0 倍,试件高度应大于岩石最大颗粒粒径的 10 倍。非标准试件可用不同尺寸的圆柱体、立方体或矩形板,试件用烘干或饱和两种含水状态。测变形的电阻片贴在试件两端的中心轴上,一般采用十字应变丛,使之与试件两端标记的两条互相垂直径向标准线吻合,试件的贴片和防潮处理与单轴压缩试验的电阻片法所用方法相同。

试验时,将试件置于压力试验机承压板中心,在试件与承压板之间放上垫条,与试件两端标有两条标准线的径向平面对齐,误差不超过 0.01 mm,调整球形座使之均匀受载,以每秒 0.1～0.3 MPa 的速度加载,直至试件破坏,破坏应通过两垫条决定的平面,否则,应视为无效试验。用表 3.1.18 所示公式计算劈裂强度和弹性常数。

岩石拉伸强度和弹性常数计算公式　　表 3.1.18

劈裂弹性常数	计算公式	备　注
劈裂强度/MPa	$\sigma_{st}=K\frac{P}{DL}$　(3.1.44)	式中,P 为试件破坏时的最大荷载(N);D 为受载试件的直径(mm);L 为受载试件的高(长)度(mm);K 为取决于试件形态和垫条宽度的系数;圆柱体试件和立方体试件 $K=\frac{2}{\pi}$;矩形试件,按图 3.1.4 曲线确定
劈裂时的弹性模量/MPa	$E=E_{st}=\frac{\sigma_v(3+\gamma)}{2\varepsilon_v}$　(3.1.45) $E=E_{st}=\frac{\sigma_H(1+3\gamma)}{\varepsilon_H}$　(3.1.46)	其中:$\varepsilon_v=\frac{\sigma_v-\gamma\sigma_H}{E}$,$\varepsilon_H=\frac{\sigma_H-\gamma\sigma_v}{E}$ 令　$\alpha=\frac{\sigma_v}{\sigma_H}=3$ $\beta=-\frac{\varepsilon_v}{\varepsilon_H}$
劈裂时的泊松比	$\gamma=\gamma_{st}=\frac{\beta-3}{3\beta-1}$　(3.1.47)	式中,σ_v 为与加载直径平行的应力分量(MPa);σ_H 为与加载直径垂直的应力分量(MPa);ε_v 为与加载直径平行的应变;ε_H 为与加载直径垂直的应变

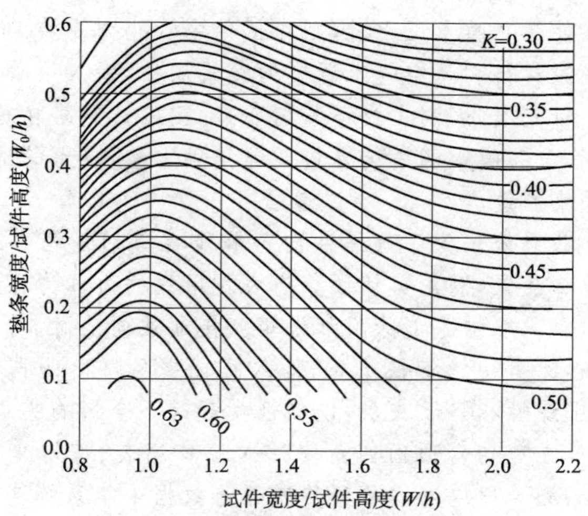

图 3.1.4 矩形板 K 值

六、岩石结构面抗剪强度试验

(一)软弱结构面的剪切试验

试件一般采用边长为不小于 150 mm 的立方体或直径不小于 150 mm 的圆柱体,每组试验取 5 个以上试件。

现场不扰动结构试件的采取方法包括以下几个方面:

(1)在基坑或孔洞岩壁上,用人工凿一块约两倍试件尺寸的平面,起伏差不超过 1 cm。

(2)在凿平的岩石上标出试件尺寸,软弱夹层上、下围岩厚度应相等,四周留有约 2 cm,为胶结构材料灌注的空隙。

(3)在出露夹层面上涂蜡或高分子树脂胶保护夹层含水率,嵌上与夹层厚度相等的木条,夹层上、下各铺一块与试件尺寸相同的钢丝网,夹层部位用钢丝连接,然后在岩石上涂高强度等级砂浆约 2 cm。

(4)在砂浆层表面按固孔位钻孔切割试件,对于 6 级以下岩石采用电锤,7 级以上岩石采用小口径金刚石钻头钻进,任何岩石均可采用风钻。

(5)切割试件,一般从两侧开始,其次是上下面,最后是内侧。首先任选一侧,从上到下两排钻孔,深度应大于试件尺寸,清除两排孔之间的岩石,按表面要求将试件侧面凿平,铺涂抹砂浆,然后将空隙部分用拌有石渣的低强度等级砂浆填实,使开挖面重新受到约束。

(6)按上述方法处理另一侧和上下面。

(7)最后切割内侧(后面)时,首先开挖工作场地,然后用导向杆打水平孔,内侧切割完后,开挖两侧和二、下槽孔内填料,取下试件,将内侧按表面方法进行处理。

按上述方法取的试件,结构面基本不会受到扰动。

试验采用应变控制直剪仪,进行固结慢剪试验。

将试件置于剪切盒内,保持夹层在上、下剪切盒之间,剪切缝宽度略大于夹层厚度。用砂或环氧树脂灌注试件与剪切盒之间的空隙,使之成为一个刚性整体。清除夹层位的砂浆、木条、钢丝等杂质。在剪切隙间嵌入钢性垫条,用螺栓将上、下剪切盒固定,在试件中心钻直径约 3 cm 的孔,深度达夹层面,用于饱和试件和安装孔隙水测压计。

试件采用天然含水状态或饱和状态,饱和试件是将带有剪切盒的试件置于饱和器内用真空抽气法饱和。将试件安装在直剪仪上,下部剪切盒必须牢固地固定在直剪仪的承压台板上。

如果需要而且有条件测孔隙水压力时，则在试件中心孔内安装测压计。安装时，将浸水饱和的测压计端部用夹泥材料和无空气水调制的泥浆涂抹，插入中心孔内用木棒捣实，中心孔的剩余部分用不透水料充填（膨润土或环氧树脂）。测压计管路在剪切盒顶面与承压钢板之间的孔内引出，进水管与孔隙水测压装置接头连接供水箱，出水管通过分流箱的液压传感器将孔隙水压力数据采集系统。

安装法向和剪切加载系统。为了确保法向荷载能在剪切过程中沿剪切方向移动，应在法向油缸的顶部安装滚轴装置，满足剪切面剪应力作用线的力和力矩静力平衡条件，一般采用悬臂式剪切盒；否则，应采取措施消除附加力矩。接通法向油缸、剪切油缸、加压油泵和控制系统的电路和油管，拆除剪切缝钢性垫条，插入防止夹层挤出的挡板及固定装置，挡板用透水的塑料板制成，其压缩性相当于夹层，以保证受载时不会影响夹层的固结。

安装测量系统，一般在剪切盒顶面四角安法向位移测表、剪切盒位移测表，必要时在剪切盒两侧安侧向位移表，测表用电感式位移传感器与数据采集系统连接。

仪器安装工作结束后，用无空气水冲洗孔隙水测压计管路，排除夹层及监测系统内的空气。

向试件施加法向荷载，对于采用了防止夹层挤出措施的试件，最大荷载可达 0.8 MPa，其余试件分别在近于等值的荷载下试验，试件固结以确保孔隙水压消散，稳定标准是每小时压缩量小于 0.05 mm，或者孔隙水压力接近于大气压力。

试件固结后，拆除剪切缝的塑料挡板，以每小时 0.025 mm（高塑性夹层）或 0.075 mm（一般黏土夹层）的初始剪切速率剪切，为了节省剪切时间，待剪切达到峰值后改用每小时 1～4 mm 的速率剪切，直到能够确定残余强度为止。所谓残余强度，是连续 4 次读数中剪切位移为 10 mm 而剪应力变化不大于 5%，在剪切过程中，法向荷载应保持为常数，允许变化幅度不应超过指定荷载的 1%。试验结束后，对剪切面进行描述，计算剪切面积，取夹层样做成分及物理性试验。

用表 3.1.19 所示公式计算各级法向荷载下的法向应力和剪应力。

法向应力和剪应力计算公式 表 3.1.19

应　　力	计算公式	备　　注
作用于剪切面上的法向应力/MPa	$\sigma=\frac{P}{A}$ (3.1.48)	式中，P 为法向荷载(N)；Q 为剪切荷载(N)；A 为剪切面积(mm^2)
作用于剪切面上的剪应力/MPa	$\tau=\frac{Q}{A}$ (3.1.49)	

绘制剪应力与剪切位移的关系曲线，据此确定剪应力的峰值强度和残余强度。峰值强度是剪切破坏的最大强度值，概念明确，没有人为误差。残余强度是剪应力不随剪切位移变化的强度。在正常情况下，峰值之后继续剪切，剪应力逐渐降到残余强度，若试件受到扰动，结构强度破坏，峰值消失，则剪应力剪位移曲线跨过屈服段直接反映出残余强度。

在确定峰值和残余强度之后，以剪应力为纵坐标，法向应力为横坐标，将测点绘在直角坐标图上，用图解法或最小二乘法确定摩擦系数 f 和黏聚力 c。

在慢剪试验中，监测孔隙水压力的目的，主要用于分析试件固结时孔隙水压力的消散情况和剪切过程中残余孔隙水压力的大小。

(二)硬结构面的剪切试验

在硬结构中，胶结与未胶结的剪切强度相差很大，确定试件尺寸时，要考虑仪器的加工能力，对于半胶结和未胶结的裂隙和层面等，试件尺寸和取试件方法，基本上与软弱结构面试验相同，但剪切缝应考虑结构面的起伏差，避免剪切时受到约束。对于胶结的特别是岩脉胶结的结构面，一般用边长为 15～20 cm 的立方体块，这类结构面的现场取样，先用小炮松动周围岩石，再用人工撬开，运到室内切割成要求尺寸的试件。胶结面上下岩块应相等，剪切缝宽度略大于胶结带宽度，一般采用天然状态试件，如有特殊要求时，也可用饱和试件或者水下进行剪切。

试验采用应变控制或应力控制式直剪仪，进行固结快剪试验。试件与剪切盒之间的空隙用环氧树脂灌注，以满足剪切盒和灌注材料的弹性模量比岩石剪切面大 100 倍的要求，安装法向、剪切向加载和测量系统，具体要求与软弱结构面试验相同，这类结构面试验一般不测孔隙水压力，拆除剪切缝刚性垫条后，即可向试件施加法向荷载，最大荷载取决于工程要求和试件尺寸，宜大于工程压力的 1.2 倍，其余试件在近于等值的荷载下试验。固结试件使结构面紧密接触，以利于法向应力的重分布，稳定标准是每小时法向位移不超过 0.05 mm。

施加剪切荷载，用应力控制时，按预估最大剪切荷载的 8%～10%分级均匀等量施加，一般不少于 10 级．当所加荷载引起的水平剪切位移为前一级位移的 1.5 倍以上时，减半施加荷载，直至达到峰值。用应变控制时，采用 0.2～0.5 mm/min 的速率剪切，剪切位移一般要求达到残余强度为止。

试验结束后，按上述软弱结构面的分析方法，计算各级法向和剪应力，绘制剪应力—剪位移曲线，确定剪应力的峰值和残余强度值，然后通过剪应力—法向应力关系曲线，确定抗剪强度参数 c、f 值。

(三)混凝土与岩石胶结面的剪切试验

混凝土与岩石胶结面剪切试验，除了用不少于 5 个胶结面试件在不同法向荷载下剪切外，另外用3～6 个混凝土立方体试件，检查混凝土强度等级。

剪切试件，一般为边长不小于 150 mm 的立方体，集料最大粒径不得大于试件边长的 1/6。岩石试件边长与混凝土相同，高度为边长的一半，与混凝土胶结的岩面起伏差，为试件边长的 1%～2%。

制件时，先将岩石试件置于木模底部，将设计级配的混凝土倒在岩石面上，用混凝土成型方法制备，然后在养护室养护 28 d。

试验采用应变控制或应力控制直剪仪，进行固结快剪的抗剪断和摩擦试验，试件置于剪切盒中用环氧树脂灌注空隙，上、下剪切盒之间保留 1～2 cm 宽的剪切缝，安装法向、剪切向加载和测量系统，具体要求与软弱结构面试验相同。

按硬结构面的试验方法施加剪切荷载，直到剪切达到峰值处停止剪切，并分级退剪切荷载至零，使之充分回弹，然后调整好仪表，用上述施加剪切荷载方法进行摩擦试验，在抗剪和摩擦试验的剪切过程中，法向荷载应保持常数，变化幅度不应超过指定荷载的 1%。

按软弱结构面分析方法，计算各级法向荷载下的法向应力的剪应力，绘制剪应力剪位移曲线，分别确定抗剪断和摩擦试验的峰值强度，然后通过剪应力和法向应力关系曲线，分别确定两者的抗剪强度参数 c、f 值和 c'、f' 值。

七、岩体软弱夹层剪切蠕变试验

(一)试验目的与要求

用室内试验研究岩体软弱夹层的蠕变特性，其目的是通过试验得出不同应力作用下岩体软弱夹层随时间的变形特性，了解软弱夹层蠕变阶段发展的特点，求取软弱夹层的长期强度指标及流动特性指标等，为岩土工程的设计与施工方案提供科学的依据。

(二)试验原理

对于同一岩性的一组试样(4～6 块试样)在相同的法向应力作用下，分别施以不同量级的剪应力，可以得到一簇蠕变曲线，如图3.1.5所示。该图表明在上述条件下，不同量级剪切应力对应不同形态的蠕变曲线，当剪应力量级小于或等于某一值时，例如，当 $\tau \leqslant \tau_2$ 时，蠕变变形随时间的增长趋于某一稳定值，即应变速率随时间逐渐减小，最后趋向于零，试件不破坏，这种现象称为阻尼蠕变，如图3.1.5中的曲线①所示；随着剪应力量级的增加，蠕变变形增加，但曲线形式不变，直到剪应力超出某一定值，例如，当 $\tau \geqslant \tau_\infty$ 时，蠕变随时间不断增长，直到破坏，称为非阻尼蠕变，如图3.1.5中的曲线③、④所示；根据非阻尼蠕变，可以将蠕变变形分为以下几个阶段：

OA 瞬时弹性阶段；AB 初始蠕变阶段；BC 等速蠕变阶段；CD 加速蠕变阶段。

非阻尼蠕变现象的出现与施加的剪应力量级密切相关，施加的剪应力量级越大，则出现非阻尼蠕变的现象越早，这一点在试验过程中应当十分注意。

根据图3.1.5曲线簇，可以求得不同剪应力 τ 作用下，相同时刻 t 对应的剪应变 γ，并以 τ-γ 为坐标，绘得 $t_1, t_2, t_3 \cdots t_n$ 一系列的剪应力—剪应变等时曲线，如图3.1.6所示。

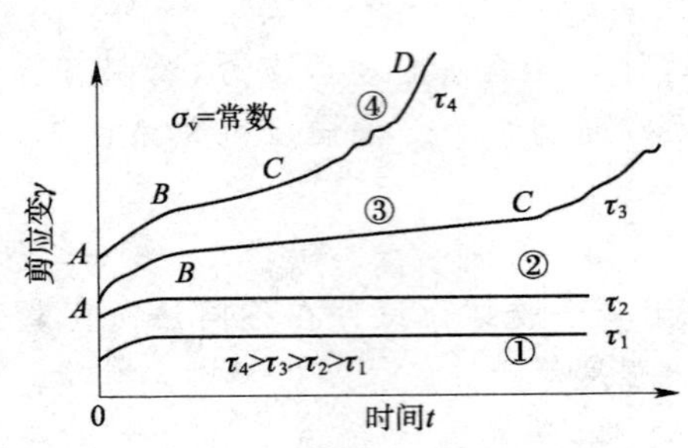

图3.1.5 剪应变 γ—时间 t 关系

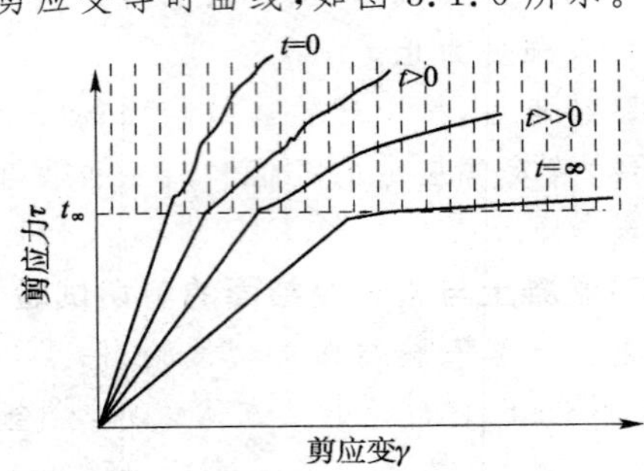

图3.1.6 剪应力 τ—剪应变 γ 关系

从图3.1.6的应力—应变等时曲线可见，曲线簇的前段为线性的，线性段的斜率为材料的剪变模量(G)，G 值随时间(t)的增加而减小，例如 $G_t \to 0$ 最大，$G_t \to \infty$ 最小，但是曲线簇的后段弯曲，而且其曲率随着时间(t)的增大趋于平缓。根据这一变化趋势，可以绘制一条 $t=\infty$ 平行于横坐标(γ)的直线，该线与纵坐标相交的应力值 τ_∞，即为长期强度。

于是，可以根据 t_∞ 值来判断。若施加的剪应力小于 t_∞ 时，岩石只产生阻尼蠕变；若施加的剪应力大于 t_∞ 时，如图3.1.6所示的阴影响区，则将产生非阻尼蠕变。

以上曲线是在同一法向应力 σ_v 的作用下获得的，如果欲求软弱夹层长期强度指标 C_∞、φ_∞，则要求对同一岩性4组以上的岩样分别施加不同的 σ_v，分别得出在不同 σ_v 作用下的 t_∞ 值，做出 t_∞-σ_v 曲线，即可求得 C_∞、φ_∞ 值。由此可见，用上述方法求取长期强度指标，至少需要原状试样16块，但软弱夹层原状试样采制十分困难，难以满足要求。为此，陈宗基教授根据包尔茨曼叠加原理，推荐了一种简便的方法，即在1个试样上施加恒定的法向应力。当试样固结稳定后，逐级施加剪切应力，直至试样剪坏，这样就可以利用1个试样，获得图3.1.5和图3.1.6的结果，而且只用1组试样(4～6块)进行试验，就可以求得岩体软弱夹层的长期强度指标 C_∞、φ_∞ 值。本章将介绍此法。

(三)试验仪器

岩体软弱夹层的厚度一般大于0.1 cm，最常见的为0.5～2.0 cm，考虑到结构面的起伏对软弱夹层强度的影响，对不同情况应区别对待。已有的研究资料表明，当充填度(软弱夹层厚度与结构面起伏之比)大于2时，充填度效应基本消失，则可以采用结构面中夹泥的强度代表该结构面的强度，而对于充填度小于2的情况，就必须同时考虑软弱夹层上、下结构面的起伏度在试验中的效应。

考虑到岩体软弱夹层上述的特殊性，做试验时应予以区别对待，所以选用的仪器也不相同，对于岩体软弱夹层厚度大于2 cm的情况，一般采用应力式剪切仪，而对于厚度小于2 cm者，通常采用应力式中型剪切仪进行试验。

(四)试验要求

1.试验前准备工作

(1)原状试样现场采制

岩体中软弱夹层原状试样的现场采制十分困难，目前尚无完善的办法，采取试样时，除了使试样具有代表性之外，对不同的情况应采取不同的方法。

当软弱夹层的充填度大于2且软弱夹层厚度大于2 cm时，在现场先用钢钎等工具将软弱夹层一侧的硬层剥离之后，直接用环刀小心切取原状试样，以备室内在应力式直剪仪上进行试验，称情况A。

当软弱夹层充填度小于2，或软弱夹层厚度小于2 cm时，建议采用原水电部大口径风钻式取试样机和吉林大学(原长春地质学院)的软弱夹层中型剪切原状试件取样机，切取包括软弱夹层上、下部分的坚硬岩层为整体试件。一般要求软弱夹层的面积不小于15 cm×15 cm，其形状为圆形或矩形。试样切取后用细钢丝箍紧，立即用纱布包裹，以使软弱夹层上、下部分的坚硬岩层不致分离，以备在应力式中型剪切仪上进行室内试验，称情况B。

上述两种方法在现场采制原状试样时，都要求在试样不受振动的前提下进行，并将取出的试样用蜡封法保持试样的天然含水率。在运输过程中要采取各种减振措施，以保证试样的原始结构不受振动。

(2)原状试样室内加工

对于上述情况A，采制的原状试样，因所用的环刀是直剪仪的规格，可以不必另行加工，参照土工直剪试验的方法安装试样即可。

对于上述情况B，采制的原状试样，因其形状不规则，不能直接安置在应力式中型剪切仪上进行试验。因此，必须进行专门加工，使软弱夹层上、下坚硬部分的岩石固定在剪切盒的上、下盒内，构成一个不受振动的整体。

固定试样时建议采用水泥砂浆为原料，通常先用水泥砂浆使试样固定在上剪切盒中，待晾干后再用水泥砂浆固定下剪切盒。在固定时应使上、下剪切盒之间有一定的剪切空间，其高度一般要求为1～2 mm，同时，应使上、下剪切盒之间的预留空间正好与软弱夹层中最薄弱的层位对准，以使试验能正确反映软弱夹层的力学性质。

(3)试验应力量级预测

考虑到两种试验仪器的特点，在施加法向应力时应区别对待，对于情况A，采用的应力式直剪仪，试样被安装在剪切盒中，属于受侧限状态，在法向应力作用下，不会产生侧向变形，夹泥不会被挤出；而对于情况B，是应用应力式中型剪切仪，由于在加法向应力时，上、下盒之间空隙的大部软弱夹层处于无侧限状态，在过大的法向应力作用下，会导致软弱夹层向侧边挤出，造成试样报废。

另外，当试样在法向应力作用下固结稳定之后，要对试样施以不同级别的剪切应力，如果各级剪应力增加过快，会使试件迅速剪坏，而得不到蠕变曲线，从而使试验完全失败。为此，须进行试验剪切应力量级的预测。

①法向应力量级预测：进行中型剪切试验需要此项预测，通常是依据软弱夹层的厚度和软硬程度及与试样面积的比例，经验地判断可施加的最大法向应力，一般情况下最大法向应力不超过0.3 MPa。

②剪切应力量级的预测：软弱夹层因成分、厚度等因素不同而具有不同的强度，进行剪切蠕变试验，施加的最终剪切应力量级不宜超过软弱夹层的长期强度。为此，在进行试验前要用多余的原状试样在直剪仪上作快剪试验，以求得软弱夹层的快剪峰值强度 τ_p，(0.7～0.8)τ_p 作为试验时最终剪切应力量级预测的参考值。

(4)试验环境

岩体软弱夹层剪切蠕变试验要求在恒温、恒湿的环境中进行。

为了保证恒温，通常在地下室或具备空调的试验室中进行该项试验。为了保证恒湿，要求进行饱水试验，对于应力式直剪仪，可以将剪切盒置于水浴中，以保证饱水试验；对于软弱夹层厚度大于 2 cm 的中型剪切试验，因侧向不受限制的软弱夹层浸水后易产生侧向膨胀和崩解，影响试验正常进行，不能采用上述方法，而是采用湿棉条缠绕于剪切盒侧向的预留剪切空间使之饱水，并不断补充棉条水分，以保证试样的恒湿条件。

2.试验方法

采用陈宗基教授建议的方法，该法是采用逐级加荷的办法，通常以 4～6 个试样为一组，首先对各个试样施加不同量级的法向应力，在饱水条件下使之固结。待固结稳定后，分级对各试样施加不同量级的法向应力，在饱水条件下使之固结。待固结稳定后，分级对各试样施加不同量级的剪切应力，每一级剪切应力施加后，观察并记录其剪应变值，一般历时 10 d，待变形稳定后，施加下一级别的剪应力。如此，逐级增加剪切应力量级，直到试件剪坏。具体操作如下(以中型剪切试验为例)：

由于中型剪切试验过程中软弱夹层部分处于无侧限状态，在法向应力作用下软弱夹层将有可能沿着剪切空间挤出，所以施加的法向应力以不使软弱夹层被挤出为宜。法向应力量级的最大值一般不超过 0.3 MPa，采用的级序一般为 0.05 MPa、0.1 MPa、0.2 MPa、0.3 MPa。下面以最大法向应力 0.3 MPa 试验过程为例进行说明。

(1)将室内处理加工后的试样安装在中型剪切仪上，施加法向应力(如 0.3 MPa)，加压后使其在恒湿条件下固结，直到试样固结稳定，固结稳定的标准为每小时变形量小于0.005 mm。

(2)确定施加剪应力的量级，根据快剪法求得的 τ_p，取其 $0.8\tau_p$，作为分级施压最后一级剪应力的参考值，注意每块试样施加的剪应力一般不要少于四级。

(3)第一级剪切应力施加后，记录试样的剪切位移和对应的时间，作相应的 γ-t 曲线，记录对应的法向变形值，为了准确地反映剪切盒各部位不同的位移，可以采用多个测微表同时测量其变形。由于蠕变曲线的规律是开始时变化明显，以后斜率变化很小，因此，开始时要求记录的时间间隔短，通常按如下时间序列进行记录：5 min，10 min，30 min，1 h，5 h，10 h，1 d，2 d，…直到试样变形稳定，稳定以 γ-t 曲线上斜率为零作为标准。

(4)在同一试样上施加第二级、第三级……剪切应力，每一级历时一般为 7～10 d，重复上述操作。

(5)当发现 γ-t 曲线的等速蠕变段呈斜线时，应注意减少下一级剪切应力的量级，例如仅增加 τ_p 的1/20～1/30，作为下一级剪切应力的增值，要注意增加记录的密度，直到试件破坏，以保证曲线形态能反映等速蠕变及加速蠕变的各个阶段。

(6)试样剪坏后，卸载，打开试样对剪切面进行仔细观察并描述。

(五)资料整理

1.长期强度指标的确定

首先根据试验记录绘制岩体软弱夹层在不同法向应力作用下蠕变过程的剪切应变(γ)

与时间(t)的关系曲线(图 3.1.7),其剪应变值等于剪切位移 u 和试样预留剪切高度 h 之比,即 $\gamma=u/h$,由于每一级剪切应力历时 7~10 d 应变就能基本稳定。因此,可以直线延长,如图3.1.7中的虚线所示,获得每一级剪切应力作用下的 γ-t 过程线,并应用包尔茨曼叠加原理进行叠加,叠加后的应变时间过程曲线如图 3.1.8 所示。

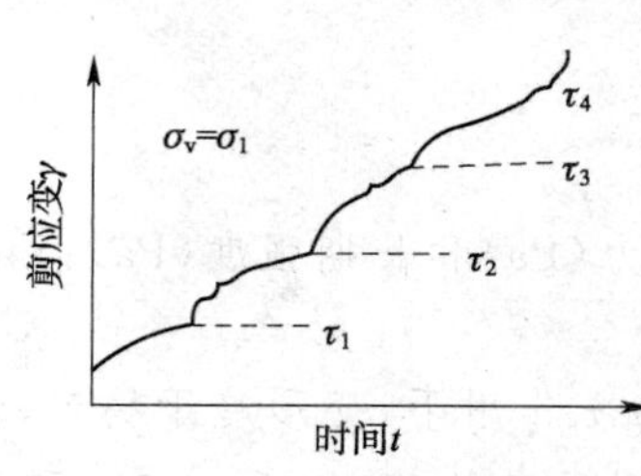

图 3.1.7 γ-t 关系曲线

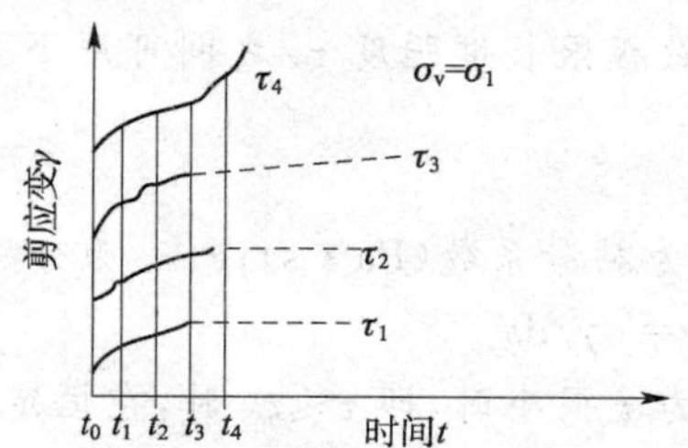

图 3.1.8 叠加后 γ-t 关系曲线

根据图 3.1.8,以不同 t 为参数,可得到一簇 τ-t 关系等时曲线,如图 3.1.9 所示。根据 $t\geqslant 0$ 曲线变化趋势,可求得 τ_∞,即长期强度。

将各试样的法向应力 σ_v 和长期强度 τ_∞ 对应地绘制在直角坐标系上,发现它们基本上呈现线性关系,如图 3.1.10 所示,由此可求得岩体软弱夹层的蠕变长期强度参数 C_∞、φ_∞ 值。

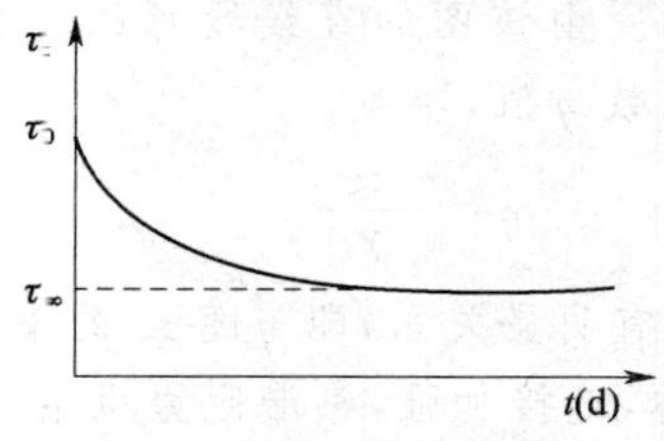

图 3.1.9 τ_t-t 关系曲线

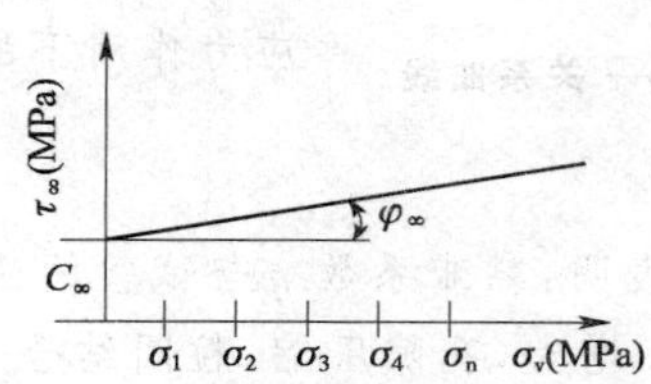

图 3.1.10 σ_v-τ_∞ 关系曲线

此外,根据图 3.1.8 可看出,随着不同时刻岩体软弱夹层对应着相应的长期强度值,强度值具有随时间的增加而减少的趋势,即瞬时强度最高,随着时间的延长最终降低到长期强度 τ_∞,如图 3.1.9 所示,可以从图 3.1.9 上求得不同时刻 $t_1,t_2,t_3,\cdots$对应的长期抗剪强度。

研究结果表明,岩体软弱夹层的长期强度具有以下特点:

(1)泥化夹层长期强度小于快剪峰值强度,且长期强度 τ_∞ 与快剪峰值强度 τ_p 之比(τ_∞/τ_p)一般在0.6~0.9 之间,最常见的在 0.7~0.8 之间;

(2)将岩体软弱夹层按照泥质含量分类,试验结果表明,随着含泥量的降低和粗粒含量的升高,(τ_∞/τ_p)值逐渐增高,且强度的时间效应主要表现在 C 值的降低。

2.剪切模量的时间效应

根据剪应力 τ 与剪应变 γ 曲线中直线段斜率,可以确定剪切模量 G,即 $G=\tau/\gamma$,根据 τ-γ 关系曲线图 3.1.6,当剪切历时很短(相当于快剪)时,曲线直线段斜率即为瞬时剪切模量 G_0,随着剪切历时的增长,剪切模量 G 值逐渐下降为蠕变剪切模量。根据统计,泥化夹层的剪切模量 G 随时间呈负指数增长,由瞬时剪切模量 G_0 逐渐减少,最后趋于一稳定值 G_∞,如图 3.1.11 所示。其方程可以表述为

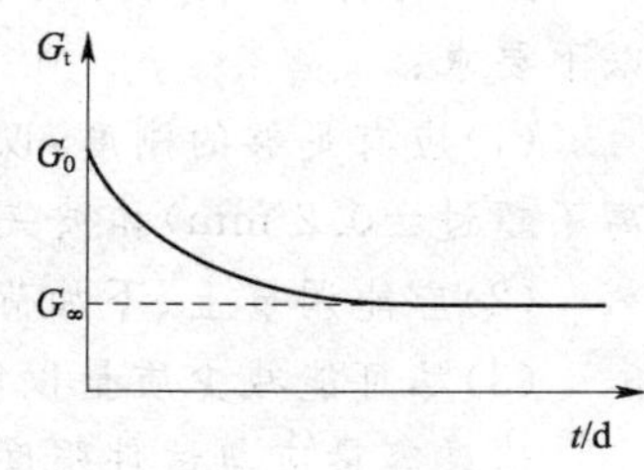

图 3.1.11 G_t-t 关系曲线

$$G_t=ab^{-t}+G_\infty \tag{3.1.50}$$

式中,G_∞ 为长期剪切模量;a、b 为待定参数。

研究结果表明，软弱夹层由于成分、结构不同 G_0 变化较大，在 $10^{-2}\sim10^{2}$ MPa 之间，G_∞/G_0 多为0.5～0.8，但有些岩类的软弱夹层 G_∞/G_0 值较低，有的只有0.21。

3.黏滞系数的确定

岩土的流动特性采用黏滞系数来表征，因为岩石不是理想的纯黏性液体，所以其黏滞系数和剪应力及极限长度强度 τ_∞ 之间可用下式来表示

$$\eta=\frac{\tau-\tau_\infty}{\gamma} \tag{3.1.51}$$

式中，η 为黏滞系数(Pa・s)；τ、τ_∞ 为分别为剪应力(Pa)和长期强度(Pa)；γ 为剪切应变速率(s^{-1})，$\gamma=d\gamma/dt$。

当剪应力 τ 很小时，即 $\tau\leqslant\tau_\infty$ 时，在恒定的剪应力 τ 作用下，变形趋于稳定，这时应变速率 $y=0$，而当剪应力小于长期强度又大于某初始剪切应力时，即 $\tau_0<\tau<\tau_\infty$，软弱夹层在恒定的 τ 作用下，发生剪切流动，进入等速蠕变阶段，其应变速率 $y=dy/dt=$ 常数，如图3.1.5曲线的 BC 段所示，如继续增大 τ 值，试样仍处于等速蠕变阶段，但曲线斜率变陡，γ 增大，如图3.1.5中的曲线③、④所示，根据在同一 σ_v 值下不同 τ 值与等速蠕变曲线 BC 段的斜率 γ 值，可得出 γ-σ_v 值下不同 τ 关系曲线，如图3.1.12所示。由该图的直线段可以求得在某一法向应力作用下的黏滞系数 η 值，即

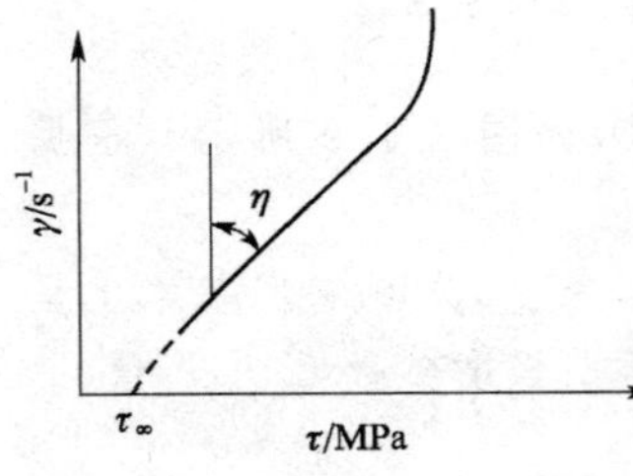

图3.1.12 γ-τ 关系曲线

$$\eta=\frac{\tau-\tau_\infty}{\gamma}$$

试验结果表明：黏滞系数 η 与试验的法向应力有明显关系，即 η 随 σ_v 的增加而增大。这是因为，随着 σ_v 增大，孔隙压缩，粒间结合水膜变薄，连接加强，黏滞阻力也增大。

当 $\tau\geqslant\tau_\infty$ 时，试样在 τ 作用下在很短的时间内进入蠕变第三阶段，试件很快剪坏，属于正常剪切试验。

八、岩石点荷载强度试验

将岩石试件置于上、下一对球端锥形加荷器之间，通过加荷器对其施加集中荷载直到破坏以测得岩石的点荷载强度指数和强度各向异性指数，称为岩石点荷载强度试验。本试验适用于各类脆性岩石。

(一)仪器结构

国内、外一般均采用便携式点荷载试验仪，由三个部分组成。

第一部分，加荷部分包括承载框架、油泵、加荷活塞及圆锥形加荷器。承载框架应满足以下要求：

(1)应有足够的刚度，以避免在加荷过程中框架变形，上、下加荷器中心线偏离(允许偏离不超过±0.2 mm)和被夹持的不规则形状试件滑动；

(2)应能调节上、下加荷器的间距，以适应试件尺寸的可能范围(一般15～100 mm)；

(3)尽可能减少质量以便于携带。

油泵容量应与试件强度和试件直径的可能范围相适应，一般采用容量为1～0.5 MN的油泵。

加荷器的形状和尺寸已由国际岩石力学学会试验方法委员会规定，如图3.1.13所示。

第二部分，荷载测量部分一般用装有最大压力指针的液压表，其精度应保证读数达到破坏荷载±5%或更高，分别用测力范围不同的2个液压表，以适应不同强度的岩石，或者对低强度岩石采用测力钢环。

第三部分，距离测量部分，测量加荷点间距一般利用固定在承载框架的刻尺，也可利用位移传感器。

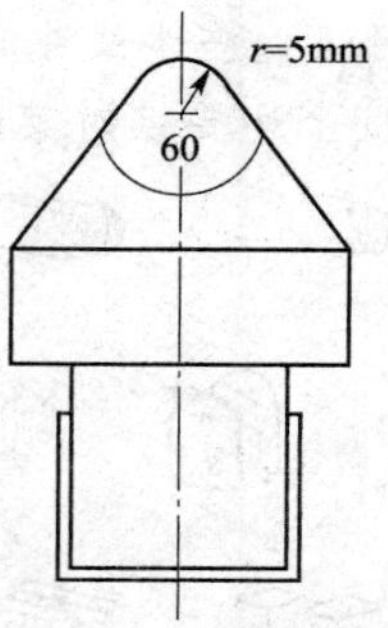

图 3.1.13 标准的加荷器

(二)试验要点

1. 试件的形状和尺寸

对试件尺寸的要求，随试件形状和试验方法的不同而异。用于点荷载试验的试件形状有圆柱体(岩芯)、方块体和不规则块体，对圆柱体试件又分为径向加荷和轴向加荷两种方法。

(1)圆柱体的径向试验：试件直径 d(与加荷点间距 D 相等)最好为 50 mm 左右，否则试验结果必须进行修正；大量试验数据表明，长度 $2L$ 与直径 d 之比大于1.0时，破坏荷载即与长度无关，故 $2L \geqslant 1.0d$，见图 3.1.14a)。

(2)圆柱体的轴向试验：长度 $2L$(与加荷点间距 D 一致)与宽度 W(即直径 d)之比应为 0.3～1.0，见图 3.1.14b)。

(3)方块体和不规则块体：加荷点间距 D 为 30～50 mm；D 与垂直于加荷轴的最小宽度 W 之比应为 0.3～1.0；长度 $2L$ 与 D 之比不小于1.0，见图 3.1.14c)、d)。同一组不规则块体试件的形状和大小，应力求相近。

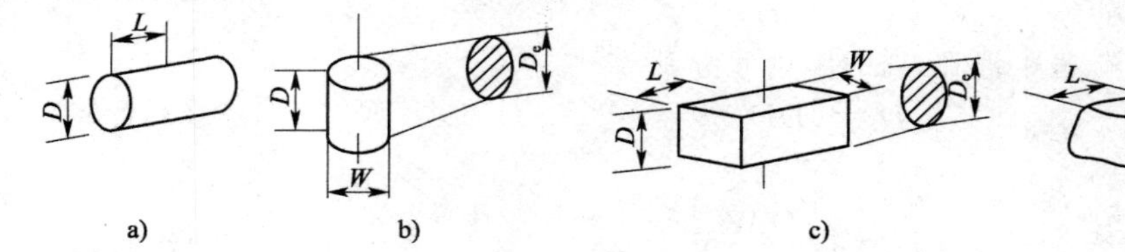

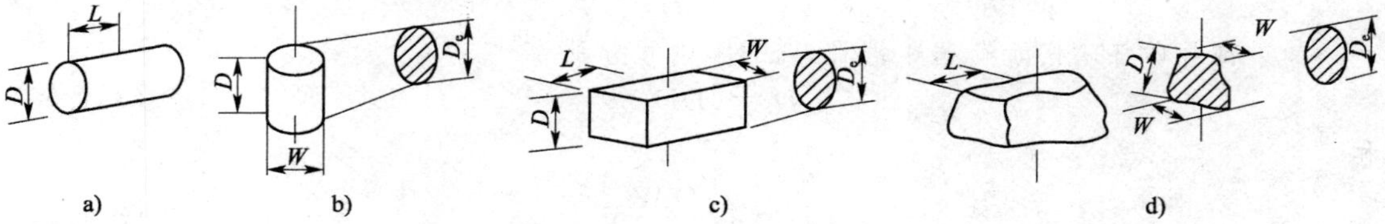

图 3.1.14 试件的形状要求

2. 试件描述

试验之前应描述已选定的各个试件，包括岩石名称、颜色、矿物成分、结构、构造、风化程度、胶结性质等；试件形状和制备方法；加荷方向与层理、裂隙等结构面的关系；含水状态和所使用的方法。

3. 试验程序

每批试验之前或大批试验过程中均应对仪器进行检查校正。检查的主要内容有：液压表的指针是否正对0点；当上、下加荷器轻轻接触时，刻尺是否正对0点和两加荷器锥尖是否铅直对准。如果采用位移传感器或测力钢环，应对其定期标定。

将试件放在上、下加荷器之间，开动油泵使加荷器与试件紧密接触。测量加荷点间距 D(误差不超过±2%)、轴向试验的试件宽度 W(即直径 d 以及方块体积和不规则块体试件垂直于加荷轴的最小宽度 W(后三者的测量误差不超过±5%)。上、下加荷器锥尖对试件的夹持位置，对圆柱状试件的径向试验应为直径的两端，且接触点距试件自由端的距离不应小于 $d/2$；对圆柱状试件的轴向试验应为对准断面的圆心；方块体和不规则块体试件应沿试件最小尺寸方向，且接触点距试件自由端的距离不应小于 $D/2$。

稳定地施加荷载，使试件在10～60 s内破坏，记录破坏时的荷载，试验结束后应检查试件破坏情况，当破坏面贯穿整个试件并通过上、下加荷点时，试验有效，否则无效，见

图 3.1.15。描述试件的破坏形态。

按上述要点对其他试件进行试验。

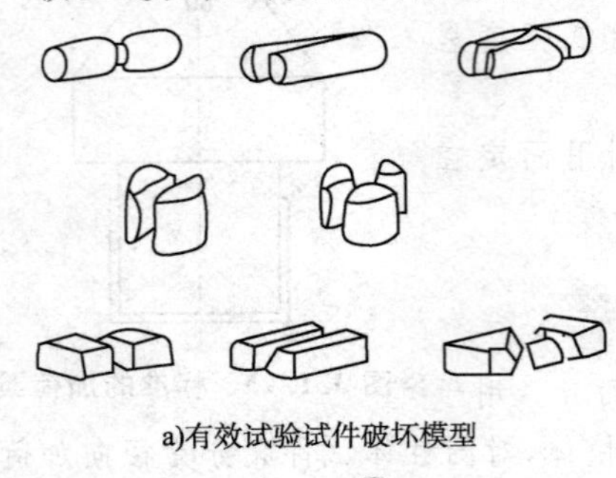

a)有效试验试件破坏模型

b)无效试验试件破坏模型

图 3.1.15 有效和无效试验试件的破坏模型

由于试件的不规整性，一组试件中得到的结果往往比较分散，因而一组试验应有较多的试件，求得其平均值。为此，每组试件数量，对岩芯试件应有 5～10 个，方块体和不规则块体试件则应有 15～20 个。

4. 计算

点荷载试验得到的基本指标为点荷载强度指数 $I_{s(50)}$(MPa)，其定义为加荷点距离为 50 mm 时破坏荷载 P_{50}(N)与等价岩芯直径 D_e(mm)平方之比

$$I_{s(50)}=\frac{P_{50}}{D_e^2} \tag{3.1.52}$$

所谓等价岩芯直径 D_e，圆柱状试件的径向试验中为圆柱体的圆断面直径；轴向试验或其他形状试件试验中为包含加荷轴的最小断面的等面积圆的直径，因此，对于圆柱体试件径向试验

$$D_e=D=d_e \tag{3.1.53}$$

对于圆柱体试件轴向试验及方块体和不规则块体试件试验

$$D_e=\left(\frac{4DW}{\pi}\right)^{1/2} \tag{3.1.54}$$

如果试件破坏瞬间加荷器锥端贯入试件，则式分别为

$$D_e=(DD')^{1/2} \tag{3.1.55}$$

和

$$D_e=\left(\frac{4D'W}{\pi}\right)^{1/2} \tag{3.1.56}$$

式中，D'为试件破坏时加荷点的实际间距(mm)；W 为轴向试验的试件宽度(mm)，见图 3.1.14。

岩石强度的测试值随试件尺寸的增加而减小。为了消除尺寸效应以便于对比，将加荷点间距标准规定 50 mm，因此，对加荷点间距不符合这一标准的试验所得到的破坏荷载 P 必须修正为相应于加荷点间距为 50 mm 的 P_{50}，然后按式(3.1.52)求得标准的点荷载强度指数 $I_{s(50)}$。关于试验的尺寸修正，以前多采用布罗奇和富兰克林(1972)根据试验数据提出的图表(图3.1.16)。此方法的特点是按实际实限数据计算 I_s，然后修正为 $I_{s(50)}$。根据试验中实际试件直径 d 和按其计算出的 I_s，先在图中定出一点，然后从此点向左(当 $d>50$ mm 时)或向右(当 $d<50$ mm 时)作与其上、下邻近二曲线的平行线与 $d=50$ mm 的竖线相交，交点的纵坐标数值即相应于 $d=50$ mm 试件的 $I_{s(50)}$。

国际岩石力学学会试验方法委员会(1985)在对点荷载试验的建议方法中提出按照等效直径对破坏荷载 P 进行尺寸修正。他们从大量试验资料中发现，对于同一岩性的试件，其 P 与 D_e^2 的关系在双对数坐标系中是线性的，如图 3.1.17 所示。如果在同一组试验中试件较多，做出此种关系线，从线上定出 P_{50}，即算出 $I_{s(50)}$ 为

$$I_{s(50)}=\frac{P_{50}}{2\ 500} \tag{3.1.57}$$

当试件较少难以保证足够的精度时，则建议对由试验直接计算出的 I_s 进行修正

$$I_{s(50)}=FI_s \tag{3.1.58}$$

式中,F 为修正系数,其值主要与加荷点间距(或有效直径)和试件的岩性有关。

关于 F 值的确定,在"建议方法"中推荐格赖明格(Greminger M,1982)提出的 F-D_e 关系曲线,见图 3.1.18,按 D_e 在此曲线上确定 F 值,或用公式近似计算。

$$F=\sqrt{\frac{D_e}{50}} \tag{3.1.59}$$

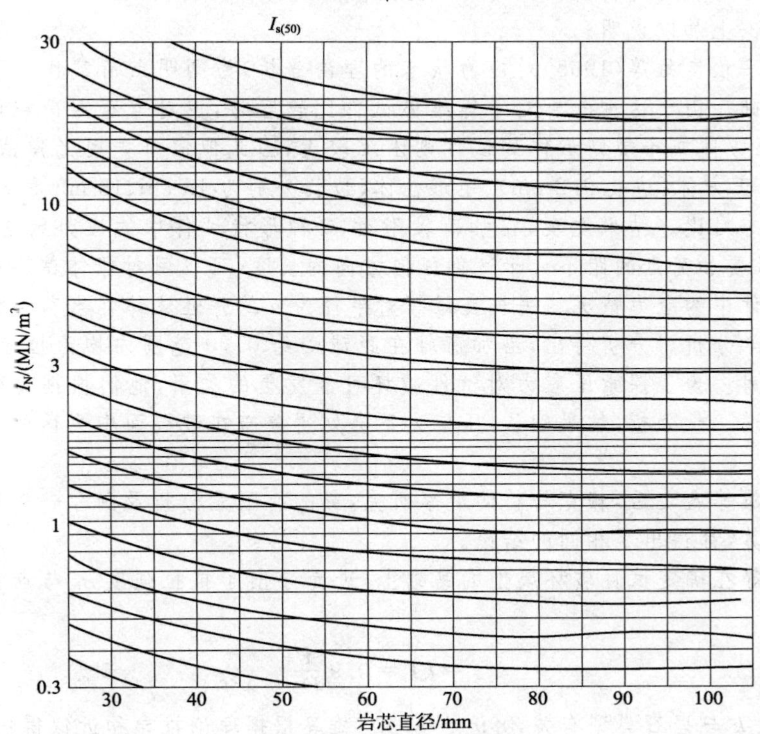

图 3.1.16 布罗奇和富兰克林的尺寸修正曲线

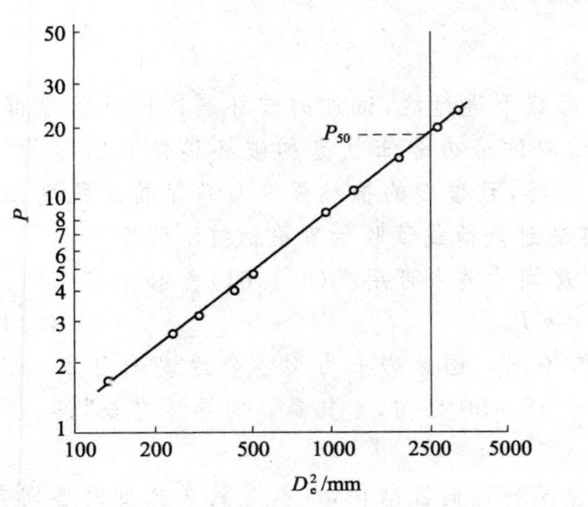

图 3.1.17 同一岩性试件 P 与 D_e^2 的关系

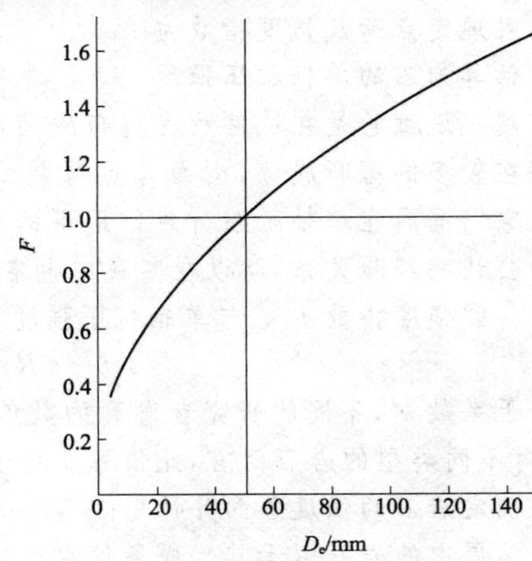

图 3.1.18 F-D_e 曲线

(三)成果应用

1. 估算岩石的抗拉强度

通过岩石点荷载试验估算岩石的抗拉强度和单轴抗压强度,是点荷载试验发展中早期的主要目的，但由于计算系数的不确定性（不同研究者对于不同岩石得出了不同的计算系数），因此，近年来常将 $I_{s(50)}$ 作为一个独立的强度指标应用于实践（如岩石强度分类、岩体风化带划分等）中。

无论是对试件在点荷载作用下破坏性状的观察，或者是荷载对试件作用的形式与劈裂法试验的相似性，这种破坏的属性均给人们已拉断的印象。因此，点荷载试验问世后的早期就是试图将其作为确定材料抗拉强度的一种间接方法而研究的，但若将其用于实践，还需对破坏机制从理论上加以说明。

日本学者平松良雄等(1965)对应力状态的理论分析，为阐明点荷载作用下试件破坏的机制奠定了基础。由于这种分析对于等维体试件比较容易，但对岩石点荷载试验较广泛采用的圆柱体、正方体或不规则形体的试件则困难较大，因此他们首先用光弹试验对球体（直径为 9.4 cm）、正方体（边长 9.2 cm）、矩形柱体（边长分别为 15 cm、15 cm 和 8.8 cm）3 种模型进行应力状态对比。结果发现，在加荷轴附近，3 种形状试件中的应力状态基本相同，因而应当认为，只要加荷点间距不大于试件任何方向的长度，可以用对球体试件的应力分析说明其他形状试件中的应力情况。平松良雄等对半径为 a 的弹性球体在点荷载作用下的应力状态进行了数学分析。分析得出，沿加荷轴在距球心约 $0.7a$ 范围内均为拉应力，在此范围以外则为压应力。为了探索压应力对试件破坏可能发生的作用，他们根据莫尔强度理论和弹性理论作了进一步分析，结果确认，压应力不会妨碍分布在破裂面中央区的拉应力导致试件的拉断。

继平松良雄等人之后，赖克马特的观察研究，彭的有限元分析及阿尔—德比等按布辛奈斯克公式的计算，都得出了相同的结论。

平松良雄等在确定试件破坏属性的基础上，进而导出了抗拉强度 σ_t 与点荷载强度指数 I_s 的关系式

$$\sigma_t = kI_s = 0.9\frac{P}{D^2} \tag{3.1.60}$$

式中，系数 k 与岩石类型有关，0.9 是平松良雄等根据理论推导和近似得出的；赖克马特提出为 0.96；阿尔—德比的计算为 0.8；国际岩石力学学会根据大量岩石点荷载试验资料推荐0.8，且规定点荷载强度指数为 $I_{s(50)}$。

2. 估算岩石的单轴抗压强度

常规抗压试验是在试件承受均布压缩荷载下进行的，试件的破坏属性因试验端部效应而常存在较多的剪断成分，因而与点荷载试验的应力分布状态和破坏属性有明显的不同。但由于它们同属在单轴压缩荷载作用下的破坏，且岩石的抗拉强度与单轴抗压强度间存在着某种公认的经验关系，所以在实践中也常通过点荷载试验估算单轴抗压强度。

点荷载强度指数 $I_{s(50)}$ 与单轴抗压强度 R 间的关系可用式(3.1.61)表示

$$R = k'I_{s(50)} \tag{3.1.61}$$

关于系数 k'，不同的研究者得到的数值不同。国际岩石力学学会建议采用 20～25，并指出“对不同类型的岩石而言，此值可变化于 15～50 之间，尤其是各向异性岩石”。

3. 确定岩石的强度各向异性

自然界中的岩石由于其生成条件常产生某种定向性结构，从而导致了强度的各向异性，点荷载试验是评定岩石强度各向异性的方便方法。

表征岩石各向异性的指标是点荷载强度各向异性指数 $I_{a(50)}$

$$I_{a(50)} = \frac{I_{s(50)\perp}}{I_{s(50)/\!/}} \tag{3.1.62}$$

式中，$I_{s(50)\perp}$ 为垂直于弱面的岩石点荷载强度指数(MPa)；$I_{s(50)//}$ 为平行于弱面的岩石点荷载强度指数(MPa)。

4.在岩石分类和风化带研究中的应用

利用点荷载试验对岩石进行强度分类，主要是分类指标以点荷载强度指数 $I_{s(50)}$ 取代单轴抗压强度。在国外文献中大致可以分为两类：一类以布罗奇等的分类为代表，他们将 $I_{s(50)}$ 作为一个独立的强度指标划分岩石的强度类型，以0.3和1.0的倍数(10^{-1}、10^{0}、10^{1})为界限值，将岩石分为7类，并将其与英国伦敦地质学会分类进行了对比。两者在分级数量和分级名称上虽然相同，但界限值都有较大的差异。另一类以比尼亚伍斯基的分类为代表，他是以迪尔和米勒(1966)的分类为基础，将原采用的单轴抗压强度的界限值换算为点荷载强度指数，比值 k 采用25。显然后者只是分类指标的取代，界限值实质上并未改变，这只是点荷载试验在岩石强度分类中的应用，还不能看作一种新的分类。

岩体风化带的划分是对某一岩体各个部分的相对风化程度的鉴别，其与岩石强度分类相似之处在于，同样是区别岩石强度的差异，但由于岩性不同的岩体母体(未风化的新鲜岩体)的基本强度不同，所以对岩体风化带的划分不可能采用统一的强度界限值。

从工程地质观点研究岩体风化带，所划分的各带均应含有明确的强度概念，换言之，亦应将强度特征作为划分风化带的主要依据之一。在以往的实践中多采用单轴抗压强度，但其制试样和试验都比较复杂，很不方便，尤其对强风化岩石，由于无法制成规整形体的试件，也就难以测得这部分岩石的强度，而点荷载试验因不要求规整形体的试件，在对风化岩体研究中具有独特的优势。

20世纪70年代和80年代中，许多研究者，如富克斯、木官一邦、向桂馥等，都对点荷载试验用于划分岩体风化带的可能性和适用性进行了探索。研究结果表明，点荷载强度指数和由其导出的抗拉强度 σ_t 的数值随岩石风化程度加深而降低的规律是明显的，而且这种规律与文献中其他常见的用以鉴定岩石风化程度的指标(如风化指标 WI、孔隙度 n、岩石密度 ρ、弹性波速度 V 及某些定性指标的肉眼综合判别等)的变化有较好的对应性，从而认为点荷载试验可以作为划分岩体风化带的一种重要的有效手段。

利用点荷载试验划分岩体风化带的指标，可以直接采用点荷强度指数 $I_{s(50)}$，也可采用由 $I_{s(50)}$ 导出的其他指标。关于后者，木官一邦在对日本三河高原早白垩世花岗岩的风化研究中，提出了风化抗拉强度指数作为划分岩体风化带的指标，并推荐采用其标准差评价各风化带岩体强度的均一程度，取得了很好的效果。他将风化抗拉强度指数 I_t 定义为

$$I_t=\lg\sigma_t \tag{3.1.63}$$

向桂馥在对四川大渡河大岗山水电站坝址区花岗岩风化带划分的研究中，也采用风化抗拉强度指数 I_t 做出风化分带的指标之一，探索了此指标的适用性，发现岩石的天然含水率 w、干密度 ρ_d 和孔隙度 n 与探硐深度有良好的对应性，而且 I_t 与 w、ρ_d 和 n 间有明显的线性关系，因而再次证明 I_t 可作为岩体风化分带指标的适宜性。

总之，点荷载试验应用于岩体风化分带，有其独有的优越性。目前所采用的分带指标有 $I_{s(50)}$、σ_t 和 I_t 三种，从日益将 $I_{s(50)}$ 作为一个独立的强度指标的发展趋势来看，应用于岩体风化分带，可不必将其转化为抗拉强度，以避免有一个不确定的比例系数(0.8～0.96)介入。如果考虑到木官一邦取常用对数的意见，也可进一步探索采用 $\lg I_{s(50)}$ 的可能性。

此外，木官一邦还探索了三河高原河谷阶地砾石层中花岗岩砾石的风化速度。向桂馥(1986)在上述研究思路和方法的基础上，对四川沱江资阳地区、白龙江都家坝地区、青衣江雅安和名山地区以及属岷江流域的邛崃地区阶地，应用点荷载试验进行了时代对比的尝试，

也取得了比较满意的结果。

5.其他方面的应用

由于点荷载试验本身的独特优点，因而具有可能应用于许多方面的潜在能力。近年来，许多研究者已在某些方向进行了一些探索。例如，基于试样在这种受力状态中内部应力分布的特征，研究岩石的抗爆破性和抗冲击钻进性能；利用这种试验方法的简便性，研究了在高温或低温条件下进行点荷载试验以及进行动力点荷载试验的可能性等。

第二节　室内土工试验

一、土的物理性质试验

(一)试样的制备和饱和

1.目的和适用条件

土样在试验前必须经过制备程序，包括土的风干、碾散、过筛、匀土、分试样和储存等预备程序以及制备试样程序，试样的制备程序是土工试验工作的第一个质量要素，为保证试验成果的可靠性和试验数据的可比性，必须统一土样、一致的试样的制备方法和程序。

本试验方法适用于粒径小于 60 mm 的原状土和扰动土，对于粒径大于等于 60 mm 的土，应按有关粗粒料的试验方法进行。

2.试样制备

(1)原状土试样的制备

①将土样筒按标明的上下方向放置，剥去蜡封和胶带，开启土样筒取出土试样。检查土样结构，当确定土试样已受扰动或取土质量不符合规定时，不应制备力学性质试验的试样。

②据试验要求用环刀切取试样时，应在环刀内壁涂一薄层凡士林，刃口向下，将环刀垂直下压，并用切土刀沿环刀外侧切削土样，边压边剥至土样高出环刀，根据试样的软硬程度，采用钢丝锯或切土刀平整环刀两端土样，擦净环刀外壁。称环刀和土的总质量，同一组试样间密度的允许差值为 0.03 g/cm^3。

③从余土中取代表性试样测定含水率。相对密度、颗粒分析、界限含水率等项试验的取样，应按表3.1.2、表 3.1.3 中的规定进行。

④削试样时，应对土试样的层次、气味、颜色、夹杂物、裂缝和均匀性进行描述，对低塑性和高灵敏度的软土，制试样时不得扰动。

(2)扰动试样的制备

①试样的数量视试验项目而定，应备用试样 1～2 个。

②将碾散的风干土样通过孔径 2 mm 或 5 mm 的筛，取筛下足够试验用的土试样，充分拌匀，测定风干含水率，装入保温缸或塑料袋内备用。

③根据试验所需的土量与含水率，制备试样所需的加水量应按下式计算

$$m_w=\frac{m_0}{1+0.01w_0}\times 0.01(w'-w_0) \tag{3.2.1}$$

式中，m_w 为制备试样所需的加水量(g)；m_0 为湿土(或风干土)质量(g)；w_0 为湿土(或风干土)含水率(%)；w'为制样要求的含水率(%)。

④称取过筛的风干土试样平铺于盘内，将水均匀洒于土试样上，充分拌匀后装入容器内盖紧，润湿一昼夜，砂土的润湿时间可以酌减。

⑤测定润湿土试样不同位置处的含水率，不应少于两点，含水率差值应不大于±1%。

⑥根据环刀容积及所需的干密度，制试样所需的湿土量应按下式计算

$$m_0=(1+0.01w_0)\rho_d V \tag{3.2.2}$$

式中，ρ_d 为试样干密度（g/cm³）；V 为试样体积（环刀容积）（cm³）。

⑦扰动土制样可采用击样法和压样法，同一组试样的密度与要求密度之差不得大于±0.01 g/cm³。

3. 试样的饱和

土的孔隙被水填满的过程称为饱和，当孔隙被水充满后的土称为饱和土。试样饱和的方法及适用性见表 3.2.1。

试样饱和的方法及适用性 表 3.2.1

饱和方法	方法简述	适用条件
浸水饱和法	直接在仪器上饱和	粗粒土
毛细管饱和法	选用框式饱和器，试样上下放滤纸及透水板，装入饱和器并拧紧螺丝，放入水箱，注入清水，水面不宜淹没试样表面。浸水时间不少于 2 昼夜。取出饱和器，松开螺母，取出环刀，擦干外壁称环刀和试样的总质量，按式(3.2.3)计算饱和度，当饱和度低于 95%时，应继续饱和	渗透系数大于 10^{-4} cm/s 的细粒土
抽气饱和法	选用框式或叠式饱和器和真空饱和装置，将装有试样的饱和器放入真空缸内，启动抽气机，当压力表读数近 1 个大气压力时，保持压力表读数不变，同时打开管夹，使水徐徐注满缸后，停止抽气，缸内放入气后，浸泡 10 h 以上，使试样饱和。取出试样擦干称重，并按式(3.2.3)、式(3.2.4)计算饱和度，如饱和度低于 95%，应继续抽气饱和	渗透系数小于、等于 10^{-4} cm/s 的细粒土
二氧化碳饱和法	从试样底部注入二氧化碳，将试样孔隙中空气逐渐从顶端排出，将试样孔隙充满二氧化碳，而后用水头饱和法饱和，试样孔隙中二氧化碳很快溶于水成碳酸，继续饱和时，水将驱赶稀碳酸充满孔隙	需要测定孔隙水压力的试验。适用于饱和度要求较高($S_r \geqslant 99\%$)的试验。如三轴压缩试验、应变控制加荷固结试验等
反压力饱和法	对试样施加反压力，使试样内孔隙气体在压力作用下完全溶解水中，同时增大围压保持试样体积不变，实际上相当于把无空气水在压力作用下挤入试样，代替孔隙气体	

试样的饱和变应按下式计算

$$S_r=\frac{(\rho_{sr}-\rho_d)G_s}{\rho_d e} \tag{3.2.3}$$

或

$$S_r=\frac{w_{sr}G_s}{e} \tag{3.2.4}$$

式中，S_r 为试样的饱和度（%）；w_{sr} 为试样饱和后的含水率（%）；ρ_{sr} 为试样饱和后的密度（g/cm³）；G_s 为土的相对密度；e 为试样的孔隙比。

（二）含水率试验

1. 定义及意义

土的含水率是指土试样在温度为 105～110℃下烘干至恒重时所失去的水质量与恒重后

干土质量的百分比。计算公式为

$$w=\left(\frac{m_0}{m_d}-1\right)\times 100 \tag{3.2.5}$$

式中，w 为试样含水率（%）；m_0 为试样湿质量(g)；m_d 为试样干质量(g)。

土的含水率是土的三相物质中最活跃最不确定的一个因素，含水率的变化影响到整个土样的稠度状态，饱和程度和结构强度等一系列物理力学性质。因此，含水率是研究土物理力学性质必不可少的一项指标。

2.测定方法

含水率测定方法很多，如烘干法、酒精燃烧法、比重法、微波加热法及核子射线法等。

(1)烘干法：烘干法是将试样放入温度保持在105～110 ℃的烘箱中烘烤至恒重，该方法试验简便，结果稳定，精度高，是测定含水率通用的标准方法，本方法适用于粗粒土、细粒土、有机质土和冻土。

(2)酒精燃烧法：酒精燃烧法是在试样中加入酒精，利用酒精燃烧使试样中水分蒸发，将试样烤干。这是快速测定法中较准确的一种，适用于没有烘箱及电源设备的情况，一般用于现场或测定试样风干含水率供制样参考。酒精燃烧法测得的含水率略低于烘干法所测得的含水率。

(3)炒干法：炒干法是利用火炉或电炉将试样翻炒至表面干燥的方法。主要在工地使用，适用于砂类土及含砾较多的土，所测含水率略大于烘干法。

(4)相对密度法：根据相对密度试验测定试样体积，利用估算土粒相对密度间接计算试样含水率。该法所测结果的准确度较差，只适用于砂土。

(5)碳化钙减量法：在反应器中通过加入的碳化钙粉末与土样中的水分发生化学反应，产生挥发的乙炔气体，通过测定产生乙炔气体的质量或压力，换算出土的含水率。适用于路基土和稳定土含水率的快速简易测定，常用于公路与铁路路基工程中。

(6)微波加热法：微波加热法是利用微波发生器产生的微波能使加热器中的试样发热，水分蒸发。由于微波具有一定穿透深度，使加热时试样里外同时加热，具有快速、均匀的特点，美国于1998年将其列入ASTM标准。但微波加热温度如何控制、烘干时间如何确定，还有待与烘干法对比做进一步研究，但作为快速干燥工艺，在土工试验中具有重要意义。

(7)核子射线法：通过预先建立适合仪器进行密度或水分测量的标定曲线，根据核子水分—密度仪现场测量所记录的γ射线或热中子计数率，按相对应的标定曲线确定材料的密度或含水率。

3.几点说明

(1)取试样数量与烘干时间

各试验方法取试样数量及烘干时间见表3.2.2。

不同含水率测定方法取试样数量及烘干时间 表3.2.2

测定方法	土试样类型	取试样质量	烘干温度及时间
烘干法	黏性土、粉土	15～30 g	105～110 ℃不少于8 h
	砂性土	50 g	105～110 ℃不少于6 h
	含有机质超过干土质量5%的有机质土	50 g	65～70 ℃下烘干至恒温
酒精燃烧法	细粒土	黏性土5～10 g 砂性土20～30 g	反复燃烧3次

续上表

测定方法	土试样类型	取试样质量	烘干温度及时间
炒干法	粒径<5 mm 粒径<10 mm 粒径<20 mm 粒径<40 mm 粒径>40 mm	500 g 1 000 g 1 500 g 3 000 g 3 000 g 以上	100～150 ℃下炒干
相对密度法	砂类土	200～300 g	—
微波法	各类土	30×2 cm^3	—

(2)平行试验和平行差值

含水率测定应做平行试验，烘干法测定的允许平行差值见表3.2.3。对于其他的快速测定方法，由于准确度较差，只能参照烘干法的规定，酌情采用。

烘干法测定含水率允许平行差值　　表3.2.3

含　水　率	允许平行差值	说　　明
<40%	1%	《土工试验方法标准》(GB/T 50123—1999)规定，10%时允许平行差值为0.5
≥40%	2%	—

(三)密度试验

1.定义及试验目的

土的密度是指单位体积的土质量，即土的总质量与其体积之比，以符号 ρ 表示，单位为 g/cm^3。需要指出的是，土的总量重力与其体积的比称为重度，以符号 γ 表示，$\gamma=g\rho$。

土试样密度的测定可以了解土结构的密实程度，同时也是计算挡土墙土压力，人工和天然斜坡稳定的设计与核算，基础承载力和沉降量的计算以及路基路面施工时压实程度控制必不可少的指标。

2.测定方法

密度试验测定方法的核心是测定试样的体积，对于不同试样，由于形状结构不同，体积测定的方法就不同，密度测定方法也就不同。常用的方法有环刀法，蜡封法，灌砂法、灌水法等。不同测定方法及适用条件见表3.2.4。

除上述方法外，还有用放射性法测定浅层土及土集料密度的方法。在土料中埋放 γ 射线的发射源及探测器，测定土样密度，γ 射线在经过土体时发生散射，并被土体吸收，密度越大，吸收越多，通过测得并率定 γ 射线变化，求出土的密度。

灌水法、灌砂法及放射性法多用于测定现场回填集料密度，以确定回填集料压实系数并计算承载力。

不同密度测定方法　　表3.2.4

测定方法	适用条件	试验要点	计算公式	注意事项
环刀法	原状土的细粒土	利用已知质量及内径和高度的环刀，按原状样制样方法制取试样，称取试样质量	$\rho_0=\frac{m_0}{V}$　(3.2.6) 式中，ρ_0 为试样湿密度(g/cm^3)；V 为环刀体积(cm^3)；m_0 为试样湿质量(g)	按土质均匀程度及土样尺寸选择不同容积的环刀，室内密度试验一般选用内径61.8 mm和79.8 mm，高20 mm，壁厚2 mm，刃口厚0.3 mm的环刀。

续上表

测定方法	适用条件	试验要点	计算公式	注意事项
环刀法	原状土的细粒土	利用已知质量及内径和高度的环刀，按原状样制样方法制取试样，称取试样质量	$$\rho_d=\frac{\rho_0}{1+0.01w_0} \quad (3.2.7)$$ 式中，ρ_d 为试样干密度（g/cm^3）；w_0 为试样含水率（%）	用环刀切土时，为避免土样扰动，应边压边削，直至土样伸出环刀，将两端修平。现场可采用直接压入法。 进行平行试验，平行差不大于 0.03 g/cm^3，取平均值
蜡封法	易破裂土和形状不规则的坚硬土	将不规则土样（体积不小于 30 cm^3）称试样湿质量 m_0 后缓慢放入刚过熔点的蜡液中，使土样被完全包裹，取出称其在空气中及水中的质量，从而计算试样体积	$$\rho_0=\frac{m_0}{\frac{m_n-m_{nw}}{\rho_{wT}}-\frac{m_n-m_0}{\rho_n}} \quad (3.2.8)$$ 式中，m_n 为蜡封试样质量（g）；m_{nw} 为蜡封试样在纯水中的质量（g）；ρ_{wT} 为纯水温度为 T 时的密度（g/cm^3）；ρ_n 为蜡的密度（g/cm^3）	蜡的温度规定刚过熔点，以蜡液达到熔点后不出现气泡为准。 试样浸没蜡液提出后，如发现试样周围蜡膜有气泡时，应用针刺破并用蜡液补平。 由于水的密度随温度变化，试验中应测定水温，并测定蜡的密度。 进行平行试验，平行差不大于 0.03 g/cm^3，取平均值
灌砂法	现场测定粗粒土密度	现场根据试样最大粒径确定试坑，将试坑内试样称取质量并测定含水率，使用密度测定仪，用已知密度的标准砂注满试坑，测定试坑体积	$$\rho_0=\frac{m_p}{m_s/\rho_s} \quad (3.2.9)$$ 式中，ρ_s 为标准砂密度（g/cm^3）；m_s 为注满试坑所用标准砂的质量（g）；m_p 为取自试坑内的试样质量（g）	试验前应用密度测定器测定标准砂的密度。试验用标准砂粒径在 0.25～0.50 mm 之间，密度在 1.47～1.61 g/cm^3之间。 试坑尺寸必须与试样粒径相配合，见表 3.2.5
灌水法	现场测定粗粒土密度	现场根据试样最大粒径确定试坑，将试坑内试样称取质量并测定含水率，用塑料薄膜放入试坑并注水，测定薄膜内的容水量，求得试坑体积	$$V_p=(H_1-H_2)A_w-V_0 \quad (3.2.10)$$ 式中，V_p 为试坑体积（cm^3）；H_1 为储水筒内初始水位高度（cm）；H_2 为储水筒内注水终了时水位高度（cm^2）；A_w 为储水筒断面积（cm^2）；V_0 为套环体积（cm^3）	薄膜袋的尺寸应与试坑大小相合适

试坑尺寸 表 3.2.5

试样最大粒径/mm	试坑尺寸/mm	
	直径	深度
5(20)	150	200
40	200	250
60	250	300

(四)相对密度试验

1.定义及试验目的

土的颗粒相对密度是土粒在 105～110 ℃下烘干至恒重时的质量与同体积 4 ℃时纯水

质量的比值，用 d_s 表示，为无量纲指标。土粒相对密度是计算孔隙比、孔隙率、饱和度的主要指标，也是土的基本物理指标之一。

土的相对密度试验根据土粒的粗细不同可分为比重瓶法、浮称法、虹吸筒法等。根据土粒粒径的不同应选用不同的方法进行测定。

(1)比重瓶法：适用于粒径小于 5 mm 的各类土。

(2)浮称法：适用于粒径大于等于 5 mm 的土，且其中含粒径大于 20 mm 的颗粒少于 10%。

(3)虹吸筒法：适用于粒径大于等于 5 mm 的土，且其中含粒径大于 20 mm 的颗粒大于或等于 10%。

2. 试验方法

(1)比重瓶法

比重瓶的校正。比重瓶容积为 100 mL 和 50 mL，分为长颈和短颈两种。在试验前应进行比重瓶的校正。将煮沸冷却后的纯水注满比重瓶(长颈比重瓶注至刻度处，短颈比重瓶注至瓶口)，塞紧瓶塞，放入恒温槽，调节恒温水槽温度，测定不同温度下比重瓶加水质量，绘制温度与瓶、水总质量的关系曲线，如图 3.2.1 所示。

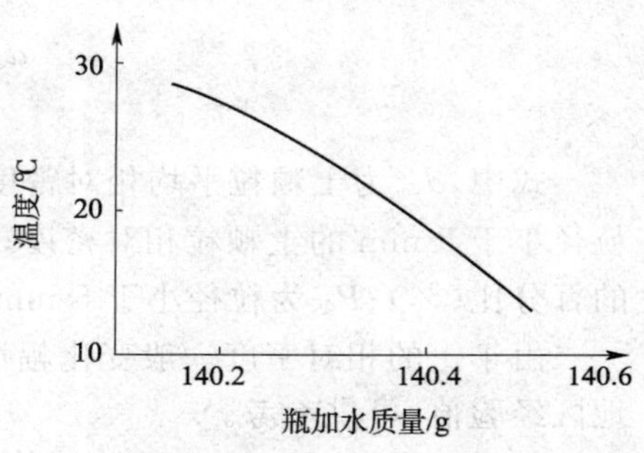

图 3.2.1 瓶水总重与温度关系曲线

试验过程。称取烘干的代表性试样 15 g(50 mL 容量瓶为 10 g)装入容量瓶，加入半瓶纯水放在砂浴内煮沸。砂及砂质粉土不少于 30 min，黏土及粉质黏土不少于 1 h，并防止瓶内悬液溢出。将煮沸冷却后的纯水注入装有试样的比重瓶(液面高度与比重瓶校正时相同)，塞紧瓶塞，置于恒温水槽至恒温。擦干瓶外壁，称瓶、水、土总质量，并测定瓶内水温。

对含有可溶盐、亲水性胶体和有机质的土，可用中性液体代替纯水，用真空抽气法代替煮沸法进行试验。

由试验结果按下式计算土粒的相对密度

$$d_s=\frac{m_d}{m_{bw}+m_d-m_{bws}}G_{iT} \tag{3.2.11}$$

式中，m_{bw}为瓶、水总质量(g)；m_{bws}为瓶、水、土总质量(g)；G_{iT}为 T ℃时纯水的相对密度(或实测的中性液体的相对密度)。

(2)浮称法

试验要点：取代表性试样 500～1 000 g，清洗洁净表面，水中浸泡一昼夜取出，放入铁丝筐，并缓慢地将铁丝筐浸没水中，在水中摇动至无气泡逸出。用浮称天平称钢丝筐和试样在水中的质量，取出试样烘干，称试样干质量，称钢丝筐在水中质量，测定水温。

试验成果计算：按下式计算土粒的相对密度

$$d_s=\frac{m_d}{m_d-(m_{1s}-m'_1)}G_{wT} \tag{3.2.12}$$

式中，m_{1s}为钢丝筐和试样在水中的质量(g)；m'_1 为钢丝筐在水中的质量(g)；G_{wT}为 T ℃时纯水的相对密度。

(3)虹吸筒法

试验要点包括取代表性试样 700～1 000 g，清洗洁净，水中浸泡一昼夜取出晾干，称晾干试样质量，将清水注入虹吸筒至虹吸管口有水溢出时关管夹，试样缓慢放入虹吸筒中，边放边搅拌至试样中无气泡逸出。当虹吸筒内水面平稳时开管夹，让试样排开的水通过虹吸管流入量筒，称量筒与水总质量，测定水温。

试验成果计算：按下式计算土粒的相对密度

$$d_s=\frac{m_d}{(m_{cw}-m_c)-(m_{ad}-m_d)}G_{wT} \tag{3.2.13}$$

式中，m_c为量筒质量(g)；m_{cw}为量筒与水总质量(g)；m_{ad}为晾干试样的质量(g)。

3.其他说明

比重试验时，对于粗、细颗粒混合的土，当大于5 mm的颗粒含量较少时，可直接用比重瓶法测定，并允许将大于5 mm的颗粒敲碎拌和均匀后取样；当大于5 mm的粗粒含量较多时，根据实际情况分别用浮称法(或虹吸筒法)和比重瓶法测定，再求其加权平均值。其公式为

$$d_{sm}=\frac{1}{\frac{0.01P_1}{d_{s_1}}+\frac{0.01P_2}{d_{s_2}}} \tag{3.2.14}$$

式中，d_{sm}为土颗粒平均相对密度；d_{s_1}为粒径大于、等于5 mm的土颗粒相对密度；d_{s_2}为粒径小于5 mm的土颗粒相对密度；P_1为粒径大于、等于5 mm的土颗粒质量占试样总质量的百分比(%)；P_2为粒径小于5 mm的土颗粒质量占试样总质量的百分比(%)。

由于土的相对密度一般变化幅度不大，因此可根据地区经验判定。表3.2.6为北京市地区经验值，可供参考。

土粒相对密度参考 表3.2.6

塑性指数	粉细砂	$3<I_p\leqslant7$	$7<I_p\leqslant10$	$10<I_p\leqslant14$	$14<I_p\leqslant17$	$17<I_p\leqslant30$	$I_p>30$
土粒相对密度	2.68	2.69	2.70	2.71	2.73	2.73	2.74

注：资料来源于北京市勘察设计研究院。

(五)土的基本物理性质指标的换算及应用

土的含水率、相对密度、密度称为土的直接指标，干密度、孔隙比、孔隙率及饱和度称为土的间接指标，可由直接指标计算得到，见表3.2.7、表3.2.8。

由计算求得的基本物理指标 表3.2.7

指标名称	计算公式	物理意义
干密度 ρ_d/(g/cm³)	$\rho_d=\frac{m_s}{V}$ (3.2.15)	土颗粒质量与土的天然状态总体积之比
孔隙比 e	$e=\frac{V_v}{V_s}$ (3.2.16)	土中孔隙体积与土粒体积比
孔隙率 n/(%)	$n=\frac{V_v}{V}\times100$ (3.2.17)	土中孔隙体积与土总体积之比
饱和度 S_r/(%)	$S_r=\frac{V_w}{V_v}\times100$ (3.2.18)	土中水的体积与孔隙体积之比

(六)颗粒分析试验

1.试验目的和意义

颗粒分析试验也称粒度分析，是将土试样按粒径不同，分成不同粒组并测定其相对含量的试验方法。

土都是由各种不同粒径的颗粒组成的，不同大小土粒的相对百分含量称为颗粒级配或土的粒度成分，确定土的颗粒级配可以用于土的分类及判断土的结构特征和工程性质，同时也可作为建筑材料选料的依据。

土的基本物理性质指标换算公式

表 3.2.8

已知指标	所求指标						
	含水率 w/(%)	相对密度 d_s	密度 ρ	干密度 ρ_d	孔隙比 e	孔隙率 n/(%)	饱和度 S_r/(%)
w d_s ρ				$\frac{\rho}{1+0.01w}$	$\frac{d_s\rho_w(1+0.01w)}{\rho}-1$	$100-\frac{100\rho}{d_s\rho_w(1+0.01w)}$	$\frac{wd_s\rho}{d_s\rho_w(1+0.01w)-\rho}$
w d_s ρ_d			$(1+0.01w)\rho_d$		$\frac{d_s\rho_w}{\rho_d}-1$	$100-\frac{100\rho_d}{d_s\rho_w}$	$\frac{wd_s\rho_d}{d_s\rho_w-\rho_d}$
w d_s e			$\frac{d_s\rho_w(1+0.01w)}{1+e}$	$\frac{d_s\rho_w}{1+e}$		$\frac{100e}{1+e}$	$\frac{wd_s}{e}$
w d_s n			$(1+0.01w)$ $(1-0.01n)d_s\rho_w$	$(1-0.01n)d_s\rho_w$	$\frac{n}{100-n}$		$\frac{(100-n)wd_s}{n}$
w d_s S_r			$\frac{S_rd_s\rho_w(1+0.01w)}{wd_s+S_r}$	$\frac{S_rd_s\rho_w}{wd_s+S_r}$	$\frac{wd_s}{S_r}$	$\frac{100wd_s}{wd_s+S_r}$	
w ρ e		$\frac{(1+e)\rho}{(1+0.01w)\rho_w}$		$\frac{\rho}{1+0.01w}$		$\frac{100e}{1+e}$	$\frac{w(1+e)\rho}{(1+0.01w)e\rho_w}$
w ρ n		$\frac{100\rho}{(1+0.01w)(100-n)\rho_w}$		$\frac{\rho}{1+0.01w}$	$\frac{n}{100-n}$		$\frac{100w\rho}{n(1+0.01w)\rho_w}$
w ρ S_r		$\frac{S_r\rho}{S_r\rho_w(1+0.01w)-w\rho}$		$\frac{\rho}{1+0.01w}$	$\frac{w\rho}{S_r\rho_w(1+0.01w)-w\rho}$	$\frac{100w\rho}{S_r\rho_w(1+0.01w)}$	
w ρ_d e		$\frac{(1+e)\rho_d}{\rho_w}$	$(1+0.01w)\rho_d$			$\frac{100e}{1+e}$	$\frac{w(1+e)\rho_d}{e\rho_w}$

续上表

已知指标	所求指标						
	含水率 $w/(\%)$	相对密度 d_s	密度 ρ	干密度 ρ_d	孔隙比 e	孔隙率 $n/(\%)$	饱和度 $S_r/(\%)$
w ρ_d n		$\frac{100\rho_d}{(100-n)\rho_w}$	$(1+0.01w)\rho_d$		$\frac{n}{100-n}$		$\frac{100w\rho_d}{n\rho_w}$
w ρ_d S_r		$\frac{S_r o_d}{S_r o_w - w\rho_d}$	$(1+0.01w)\rho_d$		$\frac{w\rho_d}{S_r\rho_d - w\rho_d}$	$\frac{100w\rho_d}{S_r\rho_d}$	
w e S_r		$\frac{eS_r}{w}$	$\frac{eS_r(1+0.01w)\rho_w}{(1+e)w}$	$\frac{eS_r o_w}{(1+e)w}$		$\frac{100e}{1+e}$	
w n S_r		$\frac{nS_r}{(100-n)w}$	$\frac{nS_r(1+0.01w)\rho_w}{100w}$	$\frac{nS_r\rho_w}{100w}$	$\frac{n}{100-n}$		
d_s ρ ρ_d	$\frac{100\rho}{\rho_d}-100$				$\frac{d_s\rho_w}{\rho_d}-1$	$100-\frac{100\rho_d}{d_s\rho_w}$	$\frac{100(\rho-\rho_d)d_s}{d_s\rho_w-\rho_d}$
d_s ρ e	$\frac{100\rho(1+e)}{d_s\rho_w}-100$			$\frac{d_s\rho_w}{1+e}$	$\frac{100e}{1+e}$		$\frac{(1+e)\rho-d_s o_w}{e}\times 100$
d_s ρ n	$\frac{100\rho}{d_s\rho_w(1-0.01n)}-100$			$(1-0.01n)d_s o_w$	$\frac{n}{100-n}$		$\frac{100\rho-(100-n)d_s o_w}{0.01n}$
d_s ρ S_r	$\frac{S_r(d_s o_w-\rho)}{d_s(\rho-0.01S_r\rho_w)}$			$\frac{d_s(\rho-0.01S_r\rho_w)}{d_s-0.01S_r}$	$\frac{d_s\rho_w-\rho}{\rho-0.01S_r\rho_w}$	$\frac{100(d_s o_w-\rho)}{d_s-0.01S_r}$	
d_s ρ_d S_r	$\frac{S_r(d_s o_w-\rho_d)}{d_s\rho_d}$		$\frac{0.01S_r(d_s o_w-\rho_d)}{d_s}+\rho_d$		$\frac{d_s\rho_w}{\rho_d}-1$	$100-\frac{100\rho_d}{d_s\rho_w}$	

续上表

已知指标	所求指标						
	含水率 w/(%)	相对密度 d_s	密度 ρ	干密度 ρ_d	孔隙比 e	孔隙率 n/(%)	饱和度 S_r/(%)
d_s e S_r	$\frac{eS_r}{d_s}$		$\frac{(d_s+0.01eS_r)\rho_w}{1+e}$	$\frac{d_s e_w}{1+e}$		$\frac{100e}{1+e}$	
d_s n S_r	$\frac{nS_r}{(100-n)d_s}$		$\frac{0.01nS_r+(100-n)d_s\rho_w}{100}$	$(1-0.01n)d_s\rho_w$	$\frac{n}{100-n}$		
ρ ρ_d e	$\frac{100\rho}{\rho_d}-100$	$\frac{(1+e)\rho_d}{\rho_w}$				$\frac{100+e}{1+e}$	$\frac{100(\rho-\rho_d)(1+e)}{e\rho_w}$
ρ ρ_d n	$\frac{100\rho}{\rho_d}-100$	$\frac{100\rho_d}{(100-n)\rho_w}$			$\frac{n}{100-n}$		$\frac{100(\rho-\rho_d)}{001n}$
ρ ρ_d S_r	$\frac{100\rho}{\rho_d}-100$	$\frac{S_r\rho_d}{S_r\rho_w-100(\rho-\rho_d)}$			$\frac{\rho-\rho_d}{0.01S_r\rho_w-\rho+\rho_d}$	$\frac{100(\rho-\rho_d)}{0.01S_r}$	
ρ e S_r	$\frac{S_r\rho_w}{\rho(1+e)-0.01S_r\rho_w}$	$\frac{(1+e)\rho}{\rho_w}-0.01eS_r$		$\rho-\frac{0.01eS_r\rho_w}{1+e}$		$\frac{100e}{1+e}$	
ρ n S_r	$\frac{S_r\rho_w}{100\rho-0.01nS_r\rho_w}$	$\frac{100\rho-0.01nS_r\rho_w}{(100-n)\rho_w}$		$\rho-\frac{0.01nS_r\rho_w}{100}$	$\frac{n}{100-n}$		
ρ_d e S_r	$\frac{S_r\rho_w}{(1+e)\rho_d}$	$\frac{(1+e)\rho_d}{\rho_w}$	$\frac{0.01eS_r\rho_w}{1+e}+\rho_d$			$\frac{100e}{1+e}$	
ρ_d n S_r	$\frac{0.01nS_r\rho_w}{\rho_d}$	$\frac{100\rho_d}{(100-n)\rho_w}$	$\frac{1.01nS_r\rho_w}{100}+\rho_d$		$\frac{n}{100-n}$		

2. 试验方法

颗粒分析试验根据不同的粒组采用不同的分析方法，目前常用的方法有筛析法、密度计法和移液管法，对于粒径大于 0.075 mm 粒组，一般采用筛析法；对于小于 0.075 mm 的粒组，则采用密度计法和移液管法。

1)筛析法

(1)试验要点

①称取试样质量，取试样数量见表 3.2.9，先过 2 mm 筛，分别称量筛上、筛下土的质量。如 2 mm 筛下的土不超过试样总质量的 10%，可不进行细筛分析；筛上的土不超过试样总质量的 10%，也可不进行粗筛分析。

筛析法取样数量 表 3.2.9

颗粒尺寸/mm	取样数量/g	颗粒尺寸/mm	取样数量/g
<2	100～300	<40	2 000～4 000
<10	300～1 000	<60	>4 000
<20	1 000～2 000		

②筛上、下的试样分别倒入叠好的粗、细筛组上进行筛析，筛后称各筛上留下的试样质量，筛后各级筛上和筛底上试样质量的总和与试验前试样总质量的差，不得大于 1%。

③对含有黏粒的砂性土，应先将试样在容器内加水搅拌，使试样充分浸润，粗细粒分离后过 2 mm 筛。筛上的试样烘干、称量质量后按粒径进行筛析。小于 2 mm 的混合液用研杵(带橡皮头)研磨后过 0.075 mm 筛，将筛上的试样烘干后称量质量，进行细筛分析。

④如粒径小于 0.075 mm 的试样质量大于试样总质量的 10%，则应将这部分的细颗粒的组成用密度计法或移液管法测定其小于 0.075 mm 的颗粒组成。

(2)试验资料整理

①按下式计算小于某粒径的试样质量百分比

$$X=\frac{m_{\mathrm{A}}}{m_{\mathrm{B}}}d_{\mathrm{x}} \tag{3.2.19}$$

式中，X 为小于某粒径的试样质量占试样总质量的百分比(%)；m_{A} 为小于某粒径的试样质量(g)；m_{B} 为筛析时的试样总质量，细筛分析时为所取的试样质量(g)；d_{x} 为粒径小于 2 mm 的试样质量占试样总质量的百分比(%)。

②绘制颗粒大小级配曲线，如图 3.2.2 所示。

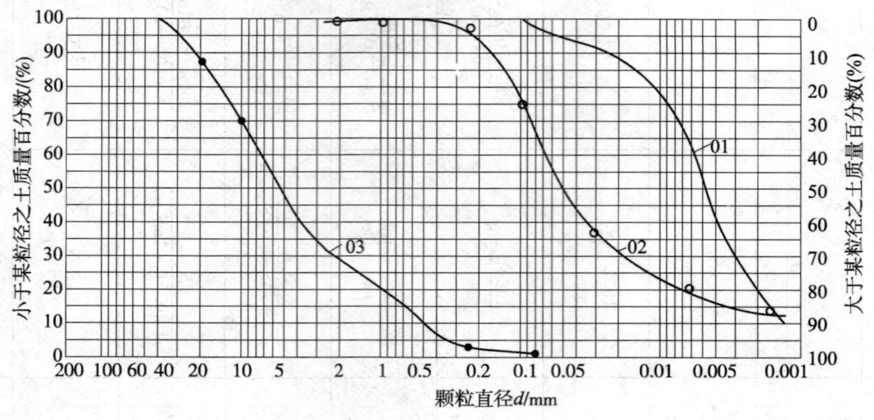

图 3.2.2 颗粒大小分布曲线

2)密度计法

密度计法是根据斯托克斯原理，利用土壤密度计通过测量不同深度处悬液的密度和土粒沉降的距离，计算出不同粒径所占百分比。土壤密度计分甲种密度计与乙种密度计两种。

(1)试验要点

①建议选用风干试样 200～300 g(易溶盐含量大于 0.5%时，应进行洗盐处理)，将试样过 2 mm 筛，求出筛上试样占试样总质量的百分比，测定筛下土风干含水率。

②将干质量为 30 g 试样倒入锥形瓶并注入约 200 mL 纯水，浸泡一夜后煮沸约 40 min，过 0.075 mm 筛，筛上试样冲洗、烘干、称量、筛析。将过筛悬液倒入量筒加入 4%浓度的分散剂(六偏磷酸钠)10 mL，再注入纯水至 1 000 mL。

③悬液搅拌 1.0 min 后取出搅拌器，立即放入密度计观测经 0.5 min、1 min、2 min、5 min、15 min、30 min、60 min、120 min 和 1 440 min 时的密度计读数及水温，读数均以弯月面上缘为准。每次读数后应取出密度计。

(2)资料整理

①计算小于某粒径的试样质量占总质量的百分比(X)。

a. 甲种密度计

$$X=\frac{100}{m_d}C_G(R+m_T+n-C_D) \tag{3.2.20}$$

式中，C_G 为土粒相对密度校正值；R 为甲种密度计读数；n 为弯液面校正值；m_T 为温度校正值；C_D 为分散剂校正值。

b. 乙种密度计

$$X=\frac{100V_x}{m_d}C'_G[(R'-1)+m'_T+n'-C'_D]\rho_{w20} \tag{3.2.21}$$

式中，V_x 为悬液体积，1 000mL；C'_G 为土粒密度校正值；R'为乙种密度计读数；n'为弯液面校正值；m'_T 为温度校正系数；ρ_{w20}为温度 20 ℃时纯水的密度(g/cm^3)。

②土颗粒的粒径按下式计算

$$d=\sqrt{\frac{1\ 800\times10^4\eta}{(G_s-G_{wt})\rho_{w4}g}\frac{L}{t}} \tag{3.2.22}$$

式中，d 为试样颗粒粒径(mm)；η 为纯水的动力黏滞系数(10^{-6}kPa·s)；G_{wt} 为 T ℃时水的相对密度；ρ_{w4} 为 4 ℃时纯水的密度(g/cm^3)；g 为重力加速度(cm/s^2)；t 为沉降时间(s)；L 为某一时间内的土粒沉降距离(cm)。

③绘制颗粒大小分布曲线(图 3.2.2)。

3)移液管法

移液管法是根据各种粒径土粒下沉距离与时间的关系来计算确定吸取悬液的时间和距离，标准采用的是固定粒径和吸取深度来计算吸取时间。

(1)试验要点

①取代表性试样(黏性土 10～15 g，砂性土 20 g)按密度计法(1)中①、②步骤制成悬液，倒入量筒内，搅拌均匀放入恒温水槽中，测定悬液温度。

②计算粒径小于 0.05 mm、0.01 mm、0.005 mm、0.002 mm 和其他所需粒径下沉一定深度的时间，也可事先制成土粒在不同温度静水中某一深度沉降的时间表。

③开动秒表，按预定时间从悬液面下 10 cm 处用移液管从量筒中吸取一定体积的悬液注入烧杯，蒸发、烘干、称烧杯内试样质量(精确到 0.001 g)。

(2)资料整理

①计算小于某粒径的试样质量占总质量的百分比(X)。

$$X=\frac{m_x V_x}{V'_x m_d}\times 100 \tag{3.2.23}$$

式中,V'_x 为吸取的悬液体积;m_x 为从悬液内吸取的试样质量(g);V_x 为悬液总体积。

②绘制颗粒大小分配曲线(图 3.2.2)。

3. 级配指标的计算

计算求得的级配指标见表 3.2.10。

计算求得的级配指标 表 3.2.10

指 标 名 称	符号	单位	物 理 意 义	求 得 方 法
限制粒径	d_{60}	mm	小于该粒径的颗粒占总质量的 60%	从颗粒级配制曲线上求得
平均粒径	d_{50}		小于该粒径的颗粒占总质量的 50%	
中间粒径	d_{30}		小于该粒径的颗粒占总质量的 30%	
有效粒径	d_{10}		小于该粒径的颗粒占总质量的 10%	
不均匀系数	C_u	—	土的不均匀系数越大,表明土的粒度成分越不均匀	$C_u=\frac{d_{60}}{d_{10}}$
曲率系数(级配系数)	C_c	—	表示某种粒径的粒组是否缺失的情况	$C_c=\frac{d_{30}^2}{d_{10}d_{60}}$

级配指标的应用。土的均匀性和分选性,不均匀系数反映了土粒的均匀性和分选性,C_u 值大,曲线平缓说明大小土粒含量相近,土粒未经很好分选,称“级配良好”。C_u 值越小,曲线越陡,说明土粒组成集中为某些粒组,分选良好,即“级配不好”,见表 3.2.11。间接计算砂土的渗透系数

$$k=Cd_{10}^2(0.7+0.03t) \tag{3.2.24}$$

式中,k 为渗透系数(m/d);t 为渗透水的温度(℃);C 为常数,黏土质砂为 500～700,纯砂为 700～1 000。

砂土的均匀性按不均匀系数分类 表 3.2.11

不均匀系数 C_u	均匀性分类	不均匀系数 C_u	均匀性分类
$C_u<5$	均匀的	$C_u>10$	不均匀的
$5<C_u<10$	中等均匀的		

粒组的划分及砂类土的分类。粒径大小级配决定了土的工程地质特性,国家标准中对粒组进行了划分(表 3.2.12);根据筛析可将砂类土按颗粒含量分类,见表 3.2.13。

粒 组 划 分 表 3.2.12

<table>
<tr><td rowspan="3">粒组</td><td colspan="2">巨粒</td><td colspan="3">粗粒</td><td colspan="2">细粒</td></tr>
<tr><td rowspan="2">漂石粒
(块石)</td><td rowspan="2">卵石粒
(碎石)</td><td colspan="2">砾粒</td><td rowspan="2">砂粒</td><td rowspan="2">粉粒</td><td rowspan="2">黏粒</td></tr>
<tr><td>粗砾</td><td>细砾</td></tr>
<tr><td>粒径/mm</td><td>200</td><td>60</td><td>20</td><td>2.0</td><td>0.075</td><td>0.005</td><td></td></tr>
</table>

砂 类 土 分 类 表 3.2.13

土 的 名 称	颗粒含量及级配
砾砂	粒径大于 2 mm 的颗粒占全重的 25%～50%
粗砂	粒径大于 0.5 mm 的颗粒超过全重 50%
中砂	粒径大于 0.25 mm 的颗粒超过全重的 50%
细砂	粒径大于 0.75 mm 的颗粒超过全重的 85%
粉砂	粒径大于 0.75 mm 的颗粒不超过全重 50%

(七)界限含水率试验

1.概念及意义

黏性土由于土中水含量的变化明显地表现出不同的性质和不同的物理状态,如含水率的增大使黏性土可由固态、半固态的脆性状态变为可塑状态,最后变为流动状态或液体状态。黏性土这种因含水率变化而表现出的各种不同物理状态,称为黏性土的稠度,界限含水率就是量度黏性土从液态过渡到固态的过程各阶段的数值。1911 年瑞典科学家阿太堡(Aterberg)将其划分为五个阶段,规定了各界限含水率,称为阿太堡度也即界限含水率,见图 3.2.3。

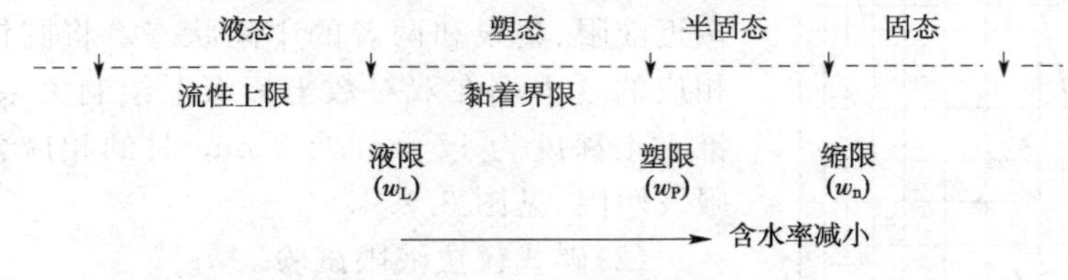

图 3.2.3 界限含水率

在工程实际中,最具实用性的界限含水率为液限(w_L)、塑限(w_p)及缩限(w_n)。

将土具有最小强度时的含水率作为液态和塑态的界限值,称为液限(w_L),随着土中水分继续逐渐减少,土的强度逐渐增大,土体变得具有脆性,呈固态或半固态,区分塑性、固态半固态的界限含水率称为塑限(w_p),当饱和黏性土进一步干燥至体积不再收缩时的含水率称为缩限(w_n)。

2.界限含水率试验方法

(1)液塑限联合测定法

①依据及仪器

液塑限联合测定法的理论依据是圆锥下沉深度与相应含水率在双对数坐标纸上具有直线关系。联合测定法所用仪器有光电式、游标式和百分表式液塑限联合测定仪等。

②联合测定法的试验标准

液限试验标准的确定。液限是试样由黏质液体状态变成黏质塑性状态时的含水率。在该界限时,试样具有出现一定的流动阻力,即最小可量度的抗剪强度,理论上是强度“从无到有”的分界点,这是采用各种测定方法的等效标准。卡萨格兰特(Casagrande)得到土在液限状态时的不排水抗剪强度为 2～3 kPa,为此,采用与碟式仪法测得液限时土的抗剪强度相一致的方法来确定圆锥仪入土深度作为液限标准。经大量试验证明:76 g 圆锥入土深度 17 mm 和 100 g 圆锥入土深度 20 mm 时土的强度与卡式碟式仪测得液限时土的强度(平均值)一致,说明这两种标准与卡式碟式仪标准等效。目前国家标准《土工试验方法标准》(GB/T 50123—1999)中列入了76 g圆锥入土深度 17 mm 时的含水率作为液限标准,而交通部公路系统的标准《公路土工试验规程》(JTG E40—2007)中采用 100 g 圆锥入土深度20 mm作为液限标准。但当使用现行国家标准《建筑地基基础设计规范》(GB 50007—2011)确定黏性土地基承载力标准时,按 76 g 锥 10 mm 液限计算塑性指数和液性指数,是配套的专门规定。

塑限试验标准的确定。使用圆锥仪测定土的塑限是以滚搓法作为比较的,主要问题是确定相应的入土深度。比较试验得到,相对于滚搓法塑限的平均强度值为 143 kPa,而 76 g 圆锥入土深度 2 mm 时的平均强度为 156 kPa。说明入土深度 2 mm 时的含水率作为塑限基本上与滚搓法塑限相当。

③试验要点

此试验方法适用于粒径小于 0.5 mm 以及有机质含量小于试样总质量 5%的细粒土;将

粒径小于 0.5 mm 的试样调成膏状，填满试样杯后刮平，放于联合测定仪升降座上；电磁铁吸住圆锥，调整零点和升降座，使圆锥尖接触试样表面。电磁铁断电，圆锥靠自重下沉，当沉入试样中 5 s 后，观测并记录圆锥入土深度，取出试样测定含水率。重复上述步骤再测定另外两种不同含水率试样的圆锥入土深度和含水率。测定点不应少于三点，圆锥入土深度宜为 3～4 mm、7～9 mm、15～17 mm，试样的含水率宜分别接近液限、塑限和两者的中间状态。将圆锥入土深度及相应的含水率在双对数坐标纸上绘制关系曲线，求得圆锥入土深度为 17 mm 及 2 mm 时的相应含水率即为液限及塑限，见图 3.2.4。

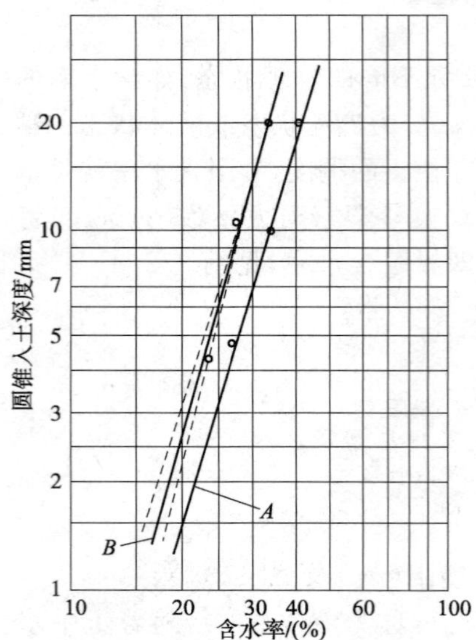

图 3.2.4　圆锥下沉深度与含水率关系

(2)碟式仪法液限试验

碟式仪在国内应用极少，但被广泛采用于美国、日本以及欧洲等国家。我国采用的是 ASTM 标准的液限仪及 A 形槽口。其试验要点：

①首先调整铜碟底与底座间距准确至 10 mm。在铜碟前半部分放入制备好的试样，刮成水平状，使其厚度为 10 mm。用开槽器自蜗形轴中心沿铜碟直径将试样划开成 V 形槽。

②以每秒两转的速率转动手柄，使铜碟反复起落，直至沟槽两边试样在振动下合龙长度约 13 mm 时为止，记录此时的击数，并测定含水率。

③用 4～5 个不同含水率的试样重复进行试验，槽底试样合龙至 13 mm 所需要的击数宜在 15～35 击之间。

④在半对数坐标纸上绘制击数与含水率的关系曲线。曲线上击次为 25 时对应的整数含水率为试样的液限，如图 3.2.5 所示。

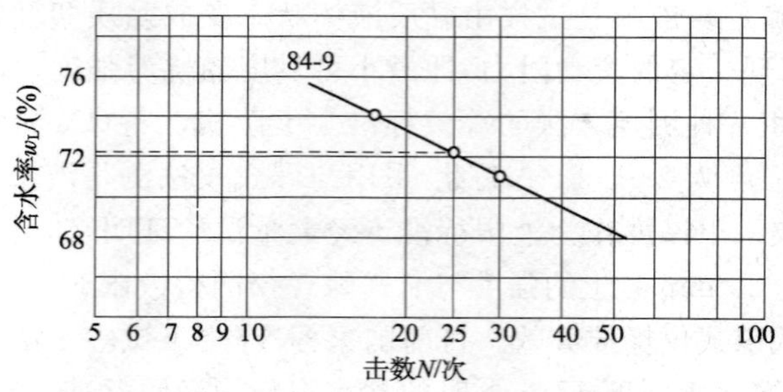

图 3.2.5　液限曲线

(3)滚搓法塑限试验

土样在脆性固体也即固态半固态下含水率低于塑限黏性土揉搓时将破碎，因此，可以根据揉搓小土条达一定尺寸，土条开始断裂时的含水率确定塑限。

将试样调至接近塑限状态(揉搓不黏手)，取8～10 g 在毛玻璃板上用手掌轻轻搓滚。手掌压力要均匀适宜地施加在试样上。操作时土条不得无压力滚动，不能有空心现象。当土条直径达3 mm时产生裂缝并开始断裂，此时测定土条的含水率即为塑限 w_p。由于该法是纯手工操作，其准确程度完全取决于操作者的经验和技巧，所以人为因素较大。尤其是对于低塑性粉土和高塑性黏土尤甚，因此，在试验过程中要严格按试验规程操作。

(4)收缩皿法缩限试验

收缩皿法缩限试验又称土的缩限试验,是利用收缩皿确定重塑土试样的缩限。

试验所需主要仪器设备为高 20～30 mm,直径 45～50 mm 的金属或玻璃的收缩皿。试验时将土试样制备成含水率等于或略大于 10 mm 液限的试样,然后分层填入收缩皿内,必须填实,不可夹有气泡,刮平表面后称重。先在通风处晾干,再放在烘箱中烘至恒量,取出冷却后称重。用蜡封法测定试样的体积,用下式计算缩限,准确至 0.1%。

$$w_n = w - \frac{V_0 - V_d}{m_d}\rho_w \times 100 \tag{3.2.25}$$

式中,w_n 为土的缩限(%);w 为制备土试样的含水率(%);V_0 为湿试样体积(cm^3);V_d 为干试样体积(cm^3);ρ_w 为水的密度(g/cm^3)。

(5)基本指标的换算和应用

由土的含水率及界限含水指标可进一步求得土的其他可塑性指标(表 3.2.14),进而应用于土的物理状态的鉴别(表 3.2.15)和分类(表 3.2.16、表 3.2.17)。同时,综合考虑土的塑性指数及液限大小的塑性图更成为细粒土进一步合理分类的标准(图 3.2.6)。

计算求得的可塑性指标 表 3.2.14

指标名称	计算公式	物理意义
塑性指数 I_p	$I_p = w_L - w_p$	塑性状态时土含水率的变化范围,亦表示土的可塑性程度
液性指数 I_L	$I_L = \frac{w - w_p}{w_L - w_p} = \frac{w - w_p}{I_p}$	土抵抗外力的量度,其值越大,抵抗外力的能力越小
含水比 a_w	$a_w = \frac{w}{w_L}$	土的天然含水率与液限含水率之比
活动度 A	$A = I_p / P_{0.002}$	塑性指数与小于 0.002 mm 以下黏土颗粒含量之比

黏性土状态分类 表 3.2.15

状态	坚硬	硬塑	可塑	软塑	流塑
I_L	$I_L \leqslant 0$	$0 < I_L \leqslant 0.25$	$0.25 < I_L \leqslant 0.75$	$0.75 < I_L \leqslant 1.0$	$I_L > 1.0$

土按塑性指数分类 表 3.2.16

塑性指数	土的分类	塑性指数	土的分类
$I_p > 17$	黏土	$I_p \leqslant 10$	粉土
$10 < I_p \leqslant 17$	粉质黏土		

按活动度划分土的类别 表 3.2.17

类型	活动度	类型	活动度
不活动黏土	$A > 0.75$	活动黏土	$A > 1.25$
正常黏土	$0.75 < A < 1.25$		

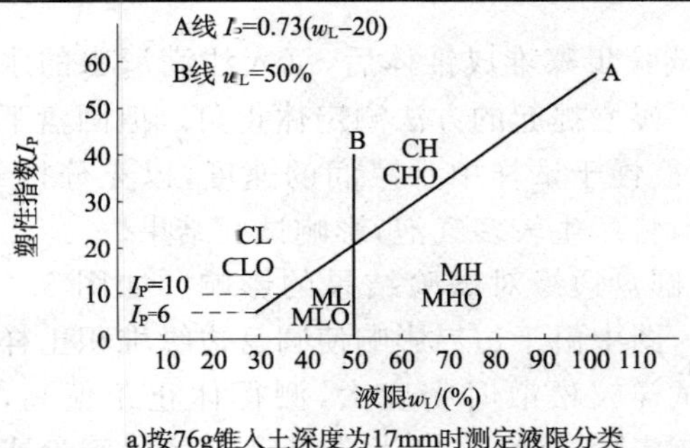

a)按76g锥入土深度为17mm时测定液限分类

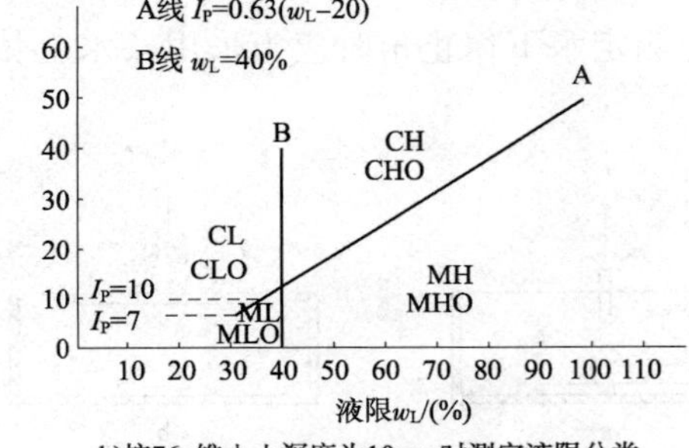

b)按76g锥入土深度为10mm时测定液限分类

图 3.2.6 塑性图

(八)无黏性土休止角试验

1. 定义及适用范围

休止角是无黏性土在松散状态堆积时其坡面和水平面所形成的最大倾角。休止角试验的目的是为了测定无黏性土在充分风干或水下状态的休止角。无黏性土的休止角在数值上接近松散土样的内摩擦角。对于粒径较大的砂砾料,可通过休止角试验近似确定其内摩擦角。本试验一般适用于不含黏粒或粉粒的纯砂土。试验表明,对含有较多粉粒或黏粒的细砂或极细砂,水上休止角偏大,而水下休止角则偏小。因此,对于此类土不应要求做此项试验。

2. 试验方法及注意问题

(1)试验方法

测定无黏性土休止角的方法有很多,常见的有圆盘法、倾倒法、抽板法和现场堆积法等(表3.2.18),这几种方法中各规范通用的为圆盘法。

测定无黏性土休止角的方法 表 3.2.18

试验方法	试验要点	示意图	方法简评
圆盘法	此法是通过提起盛满试样的圆盘,以圆盘上堆积坡面所保持的最大倾角作为休止角		操作简便,结果稳定,接近于天然堆积情况
倾倒法	先将长方形槽翻转45°,装好试样,并拂平其土面后慢慢地放回原位,当土料滑动停止后,其坡面的最大倾角为休止角	45° a) b)	方法简单,受操作技术影响结果不易稳定,当进行水下测定时,由于水动力影响结果偏小
抽板法	将砂样分隔于方箱之一侧,提起中间隔板,让砂样塌滑成一自然坡面,以此坡面与水平面所成的夹角作为休止角	a) b)	在抽取隔板时由于冲力影响,砂样堆积较平,休止角数值偏小,同时由于隔板抽取速度,槽壁摩擦等因素影响,结果不稳定
现场堆积法	此法与圆盘法相似,在现场选取一块直径约3 m的地面,整平后自圆心向外作若干个同心圆,圆心竖立一铅直的带有刻度的标杆,将试样沿标杆分层堆积(落距不大于20 mm)到圆锥底面直径达到一定数值,选择3~4个坡面,计算其倾角,取平均值算出天然坡角	略	适用于颗粒小于50 mm的土样,结果稳定,更接近于天然堆积情况

(2)注意问题

测定水下休止角时应当采用按水上休止角试验步骤堆成锥体后,沉入注满清水的水槽中,再慢慢提起的方法测定休止角。但圆盘下降速度应慢于试样中水浸润的速度,以充分排气;否则,将产生较多气泡,影响试验结果。

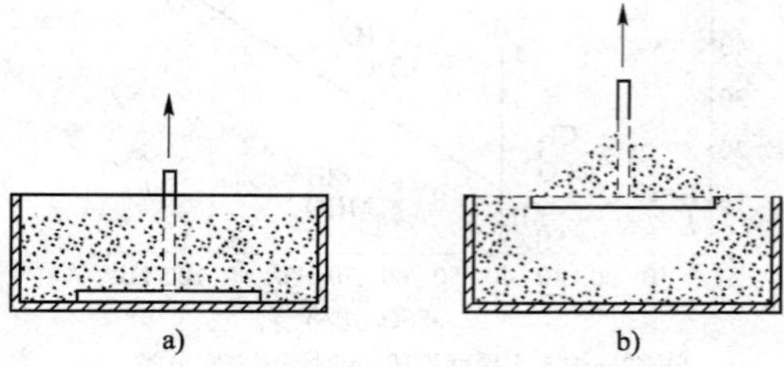

图 3.2.7 底盘侧壁对试验影响

圆盘边缘对试验结果的影响。如图3.2.7所示,图中由于边界影响使圆盘边缘堆积土样较多,试样较松散时密度大,测得休止角偏高,因此,在实际试验中,应当选择较大尺寸底盘或无边缘底盘试验,以消除底盘侧壁的影响。

(九)毛细管水上升高度试验

1.定义与目的

土毛细管水上升高度是水在土孔隙中因受毛细管作用而上升的最大高度,土的毛细管水上升现象是土粒与水分子间相互吸引及表面张力作用而产生的现象。

此试验目的是为了确定土的毛细水上升高度及速度,主要用于估算地下水位升高时基坑降水深度及基础浸润程度,判定对路基的冻害、翻浆及对某些地区的沼泽化或盐碱化的影响等。

2.试验方法及要点

测定毛细管水上升高度方法的原理是根据毛细管水的弯液面支持的水柱重力而计算出毛细管水的上升高度,因此,可以分为毛管水弯液面所能支持上升的水柱重力,称为正水头作用,对应的方法为直接观测法;土中毛细管水弯液面支持下降的水柱的方法称为负水头作用方法,对应的方法为土样管法,见表 3.2.19。

毛细水上手高度由于土质的不同而不同,不同类型土毛细水上升高度可参阅表 3.2.20。

毛细管水上升高度的测试方法　　表 3.2.19

方　法	试验装置	试验要点	适用范围
直接观测法	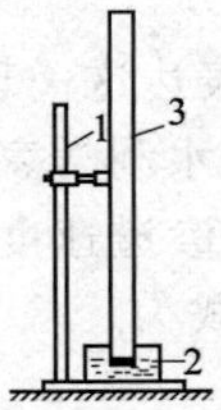 1-支架;2-玻璃杯;3-厚壁玻璃管	在毛细管仪的玻璃管中,用漏斗装入代表性试样,轻轻捣实,使其密度均匀后插入玻璃容器中,用支架固定好玻璃管,在容器中注水,水面高出管底5~10 mm,试验过程中应使水面保持不变,按一定时间间隔观测毛细水上升高度至上升稳定,整理出试验时间及毛细水上升高度曲线	粗砂、中砂
土样管法	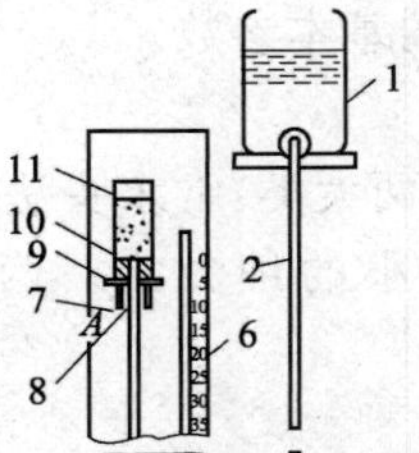 1-供水瓶;2-玻璃管;3-三通接头;4-橡皮管;5-测压管;6-直尺;7-管夹;8-排气管;9-橡皮塞;10-筛布;11-玻璃筒	①代表性试样研散后逐次倒入玻璃筒并捣实,使其密度均匀,达到所需的孔隙比。 ②调压管通水,使水经调压管上升到试样下部,排水管排气至无气泡后水由下至上饱和试样。 ③记录测压管水面逐渐下降的高度,至水面停止下降或开始升高时,此时的水头高度即为毛细管水上升高度,应进行两次测定平均值	细砂、粉土或毛细管水上升高度较小的黏质土

续上表

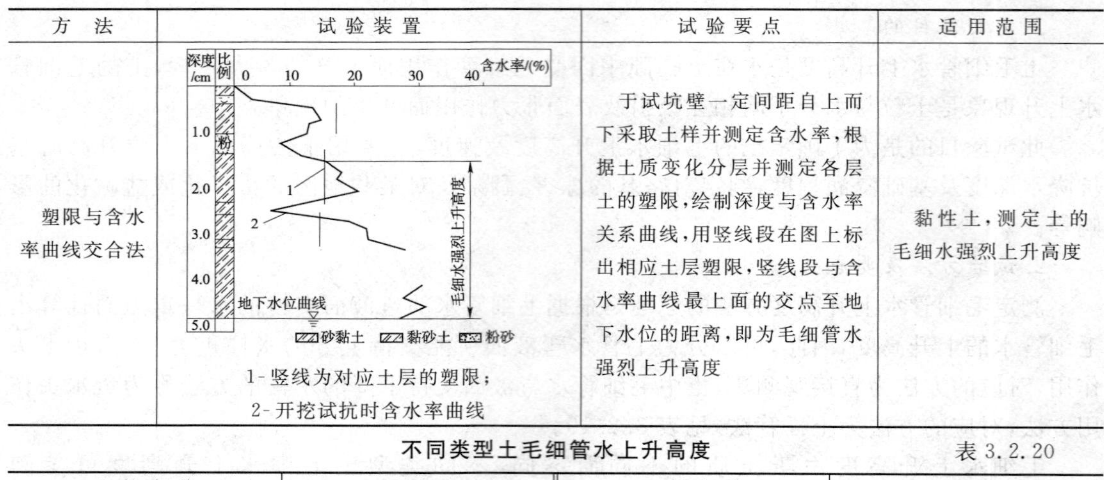

方法	试验装置	试验要点	适用范围
塑限与含水率曲线交合法	深度/cm；比例；含水率/(%)：0、10、20、30、40；1.0、2.0、3.0、4.0、5.0；粉；1、2；地下水位曲线；毛细水强烈上升高度；砂黏土、黏砂土、粉砂 1-竖线为对应土层的塑限； 2-开挖试抗时含水率曲线	于试坑壁一定间距自上而下采取土样并测定含水率，根据土质变化分层并测定各层土的塑限，绘制深度与含水率关系曲线，用竖线段在图上标出相应土层塑限，竖线段与含水率曲线最上面的交点至地下水位的距离，即为毛细管水强烈上升高度	黏性土，测定土的毛细水强烈上升高度

不同类型土毛细管水上升高度 表 3.2.20

土的名称	H_k/cm	土的名称	H_k/cm
中砂	15～35	粉质黏土	150～400
粉、细砂	35～100	黏土	400～500
粉土	100～150		

(十)渗透试验

1.目的与意义

渗透是液体在多孔介质中运动的现象，渗透系数是表达这一现象的定量指标。水在土内微细孔隙中一般情况下都呈现层流状态。19世纪法国水利学家达西(Darcy)给出了层流状态下渗透的基本理论，即若土中渗流呈现层流状态，则渗透速度 v 与水力坡度 i 成正比，当水力坡度为1时的渗透速度称为土的渗透系数。其公式为

$$v=ki \tag{3.2.26}$$

式中，v 为渗流速度(cm/s)；i 为水力坡度或水力坡降(土中产生渗流时的任意两点水头差和两点间渗流长度之比)；k 为渗透系数(cm/s)。

渗透试验的目的就是测量土的渗透系数。渗透系数是土的一项重要力学指标，是提供分析地基固结沉降时间，估计天然地基、土坝、高填土等渗流量和渗流稳定性，以及给排水设计、施工选料、人工降低水位及地基加固设计等所需的基本参数。

2.试验方法及要点

渗透试验的室内试验方法很多，以其原理来分有两大类：常水头法和变水头法。前者适用于渗透性较大的粗粒土，后者适用于透水性较小的细粒土。两种试验方法简述如表3.2.21所示。

3.试验中注意的问题

试验用水。由于水中气体分离会形成气泡堵塞土的孔隙，致使渗透系数降低，因此，试验用水应当为脱气纯水。脱气的方法可以用抽气法、煮沸冷却法。同时按要求试验水温应当高于仪器和土样温度3～4 ℃，这是为了避免脱气不完全时，水由低温进入高温试样时会分解出气体，堵塞孔隙。

试样饱和及试验系统的密闭性。试验时试样饱和度越小，土孔隙中残留的气体越多，土样的有效渗透面积就越小，因而，试样在试验前应以脱气纯水充分饱和，对于砂土，可在仪器中直接饱和，对于黏性土，则可用抽气法加快饱和，同时试验容器的上下透水石及下部的水槽都应充分浸水饱和。

两种试验方法要点及比较 表 3.2.21

方法	适用条件	装置	试验要点	原理	资料整理
常水头法	渗透系数大于10^{-4}cm/s的土	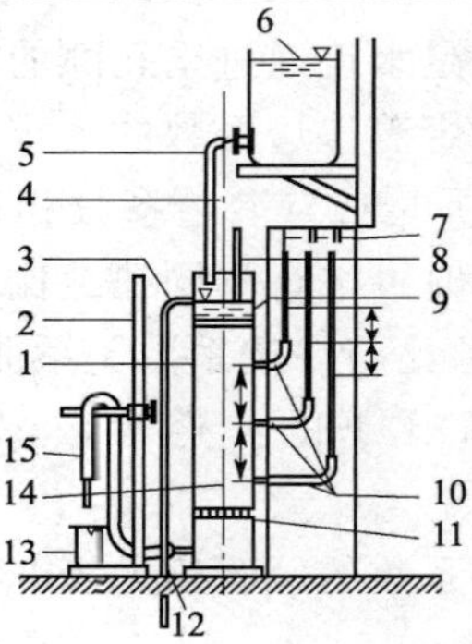 1-金属圆筒；2-滑动架；3-溢水孔；4-止水夹；5-供水管；6-供水瓶；7-测压管；8-温度计；9-砾石层；10-测压孔；11-金属孔板；12-渗水孔；13-量杯；14-试样；15-调节管	①试验所用的纯水在试验前须用煮沸法或抽气法脱气。试验时水温高于室温3～4℃。 ②选取有代表性风干试样3～4 kg，测定其风干含水率，分层装入圆筒内。可根据预定的孔隙比，控制试样高度，每层试样装入后由溢水管注水，使试样充分饱和。 ③检查调整测压管水位使其与溢水管齐平后，提起调节管，使其高于溢水管，由供水管向圆筒内注水，并保持水位不变。 ④降低调节管口位于试样上部1/3处，造成水位差，水可渗过试样经调节管流出，待测压管水位稳定后，测记水位，计算各测管间水位差。 ⑤按规定时间记录渗出水量、进出水处水温。 ⑥降低调压管，改变水力坡降，在试样的不同高度处重复测定，至各次数值接近	试验时水流在一定的水头差影响下通过土样，测验时，土样长度为固定值，即水力坡度为常数，根据达西定律建立渗透系数与流量和时间的关系，测求渗透系数	①渗透系数按下式计算 $$k_T=\frac{QL}{AHt} \quad (3.2.27)$$ 式中，k_T为水温为T℃时试样的渗透系数(cm/s)；Q为时间t内的渗出水量(cm^3)；L为两测压管中心间的距离(cm)；A为试样的断面积(cm^2)；H为平均水位差(cm)；t为时间(s)。 ②换算k成标准温度下的渗透系数 $$k_{20}=k_T\frac{\eta_T}{\eta_{20}} \quad (3.2.28)$$ 式中，k_{20}为标准温度20℃时试样的渗透系数(cm/s)；η_T为T℃时水的动力黏滞系数(kPa·s)；η_{20}为20℃时水的动力黏滞系数(kPa·s)。 ③绘制孔隙比与渗透系数的关系曲线
变水头法	渗透系数为10^{-4}～10^{-7}cm/s的土的原状土或重塑土	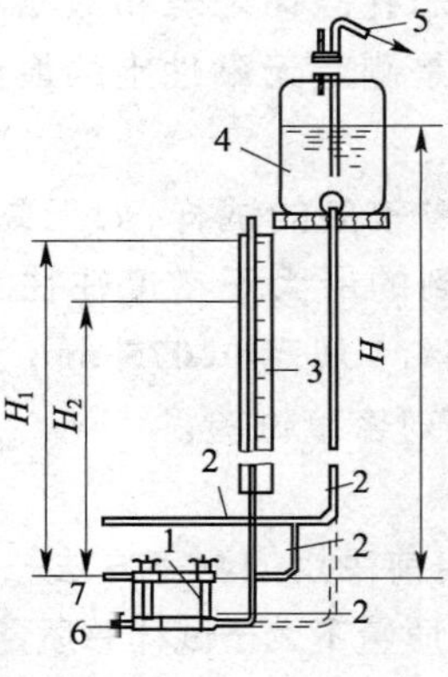 1-渗透容器；2-进水管夹；3-变水头管；4-供水瓶；5-接水源管；6-排气水管；7-出水管	①所用纯水应在试验前用煮沸或抽气法脱气，水温高于室温3～4℃。 ②试验前测定试样的含水率及密度。 ③将装有试样的环刀装入渗透容器密封后进行抽气饱和。 ④通过渗透容器的进水管注水渗透，排除容器底部的空气。 ⑤变水头管注水，使水升至预定高度稳定后，使水通过试样，自出水口有水溢出时开始记录水头高度和时间，并按预定时间间隔记录水头和时间变化，同时测记水温。 ⑥变换水位高度，测记水头和时间变化。 ⑦重复试验5～6次	试验时水在变化的水压力下通过土样进行渗透，根据同一时间内经过土样的渗透量与水头量、管流量相等原则推求渗透系数	①渗透系数的计算 $$k_T=2.3\times\frac{aL}{A(t_2-t_1)}\lg\frac{H_1}{H_2} \quad (3.2.29)$$ 式中，a为变水头管的断面积(cm^2)；2.3为ln和lg的变换关系；L为渗径，即试样高度(cm)；t_1、t_2为分别为测读水头的起始和终止时间(s)；H_1、H_2为起始和终止水头。 ②按式(3.2.28)计算标准温度下的渗透系数。 ③绘制孔隙比与渗透系数的关系曲线

试验中除规定部件需要接大气外，其余管路系统都必须保证完全密封；否则，将会由于水流的中途短路而降低实际作用的水头。此外，试样与容器周围也需要严格密封，否则会额外增加水流通道，影响试验准确性。

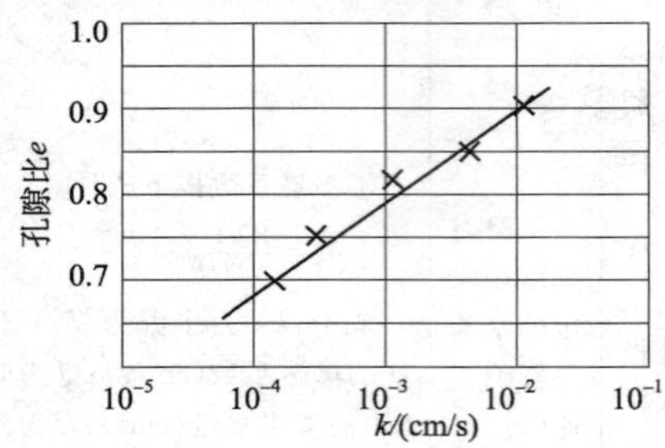

图 3.2.8　孔隙比 e 与渗透系数 k 关系曲线

土的渗透性是水流通过土孔隙的能力，显然，土的孔隙大小决定着渗透系数的大小。因此测定渗透系数时，必须说明与渗透系数相适应的土的密度状态。试验时可进行不同孔隙比下渗透系数的测定，做出孔隙比与渗透系数关系曲线，即可查出任意需要孔隙比下的渗透参数，如图 3.2.8 所示。

各类土渗透系数的经验值见表 3.2.22。

各类土渗透系数的一般范围　　表 3.2.22

土 的 名 称	k/(cm/s)	土 的 名 称	k/(cm/s)
黏土	$<1.2\times10^{-6}$	细砂	$1.2\times10^{-3}\sim6.0\times10^{-3}$
粉质黏土	$1.2\times10^{-6}\sim6.0\times10^{-5}$	中砂	$6.0\times10^{-2}\sim2.4\times10^{-2}$
粉土	$6.0\times10^{-5}\sim6.0\times10^{-4}$	粗砂	$2.4\times10^{-2}\sim6.0\times10^{-2}$
黄土	$3.0\times10^{-4}\sim6.0\times10^{-4}$	砾石	$6.0\times10^{-2}\sim1.8\times10^{-1}$
粉砂	$6.0\times10^{-4}\sim1.2\times10^{-3}$		

二、土的密度试验

(一)相对密度试验

1. 定义及适用条件

相对密度是表征无黏性土紧密程度的指标。

相对密度是无黏性土处于最松状态的孔隙比与天然状态孔隙比之差和最松状态孔隙比与最紧状态的孔隙比之差的比值。相对密实度试验的目的是测定无黏性土的最大与最小孔隙比，用于计算相对密度。

相对密度试验适用于透水性良好的无黏性土，对含细粒较多的试样，如无黏性粉砂、极细砂或砂质土。由于土中含有大量粉粒，在高击实功下得到的最大干密度往往大于振动法得到的最大干密度时，不能用相对密实度来衡量。美国 ASTM 规定 0.075 mm 土粒的含量不大于试样总质量的 12%，且能自由排水的土料，宜进行相对密度试验。

2. 砂的最小干密度试验

砂的最小干密度试验又称砂的最大孔隙比试验，国际上目前采用的测定方法一般为漏斗法和量筒法，适用于粒径不大于 5 mm 且粒径为 2～5 mm 的试样质量不大于试样总质量的 15%。

试验方法：称取烘干后代表性试样 700 g 倒入漏斗，使试样全部均匀缓慢的漏入量筒中，用砂面拂平器拂平砂面，测记试样体积，用手或橡皮板堵住量筒口，将量筒反复倒转，记录试样在量筒内所占体积的最大值，取上述两种方法中测得的最大体积值计算最小干密度[式(3.2.30)]、最大孔隙比[式(3.2.31)]。

$$\rho_{dmin}=\frac{m_d}{V_d} \tag{3.2.30}$$

式中，ρ_{dmin} 为试样最小干密度(g/cm³)；m_d 为试样质量(g)；V_d 为试样体积(cm³)。

$$e_{max}=\frac{\rho_w d_s}{\rho_{dmin}}-1 \tag{3.2.31}$$

式中，e_{max}为试样的最大孔隙比；ρ_w 为 4 ℃时水的密度(g/cm^3)；d_s 为土颗粒相对密度。

3. 砂的最大干密度试验

砂的最大干密度即最小孔隙比的测定方法，国外常采用振动台法，国内经过试验对比后表明在未施加上部固定荷载条件下振动锤击法比振动台法测得的最大干密度要大，效果更好。因而对于粒径不大于 5 mm 的砂样采用振动锤击法测定最大干密度。

取烘干试样 2 000 g 分三次倒入金属圆筒中，用振动叉敲打振动筒周围，每分钟往返150～200 次，并同时用击锤击试样 30～60 次/min，至试样体积不变时刮平圆筒表面，称量试样质量。

最大干密度按式(3.2.32)计算

$$\rho_{dmax}=\frac{m_d}{V_d} \tag{3.2.32}$$

式中，ρ_{dmax}为试样的最大干密度(g/cm^3)；m_d 为试样质量(g)；V_d 为金属筒体积(cm^3)。

最小孔隙比按式(3.2.33)计算

$$e_{min}=\frac{\rho_w G_s}{\rho_{dmax}}-1 \tag{3.2.33}$$

式中，e_{min}为最小孔隙比。

按下式计算相对密度

$$D_r=\frac{e_{max}-e_0}{e_{max}-e_{min}} \tag{3.2.34}$$

或

$$D_r=\frac{(\rho_d-\rho_{dmin})\rho_{dmax}}{\rho_d(\rho_{dmax}-\rho_{dmin})} \tag{3.2.35}$$

式中，D_r 为砂的相对密度；e_0 为砂的天然孔隙比；ρ_d 为要求的干密度(或天然干密度)(g/cm^3)。

4. 粗颗粒土相对密度试验

水利部《土工试验规程》(SL 237—1999)及《铁路工程土工试验规程》(TB 10102—2010)分别给出了粒径小于 60 mm 粗颗粒碎石土的相对密实度试验方法。

最小干密度的测定采用固定体积法，将试样缓缓地注入已知质量与体积的试样筒内，当充填高度高出筒顶 25 mm 时刮去余土，称取筒加试样质量，并进行平行试验。

最大干密度试验可采用干法或湿法。干法是直接用最小干密度试验时装好的试样放在振动台上，安放上加重物后以 0.64 mm 振幅振动 8 min，测读试样高度计算试样体积。湿法是用天然湿土装样后振动 6 min 后减小振动幅度施加重物，再振动 8 min 结束。测读试样高度并称试筒及试样总质量，测定含水率。应进行平行测定，并取平均值。其公式为

试样最小干密度

$$\rho_{dmin}=\frac{m_d}{V_c} \tag{3.2.36}$$

试样最大干密度

$$\rho_{dmax}=\frac{m_d}{V_s} \tag{3.2.37}$$

式中，m_d 为干土质量(kg)；V_c 为试样筒的体积(cm^3)；V_s 为试样体积[$V_s=V_c-(R_i-R_t)A$](cm^3)，R_i 为起始读数(mm)，R_t 为振后加荷盖板上百分表的读数(mm)，A 为试样筒断面积(cm^2)。

试样相对密实度按式(3.2.34)、式(3.2.35)计算。

(二)击实试验

1. 试验目的意义及原理

击实试验的目的是用标准的击实方法测定土的干密度与含水率的关系。从而确定土的最大干密度与最优含水率,了解土的压实特性,为工程设计及现场碾压提供土的压实性资料。

土的压实程度与含水率、压实功能和压实方法都有密切关系,当压实功能和压实方法不变时,土的干密度随含水率增加而增加,当干密度达到某一最大值后,含水率的继续增加反而使干密度减少。这一最大值就称为最大干密度,相应的含水率称为最优含水率。土的击实过程实际上是土颗粒和粒组在不排水条件下的重新组构过程,欲将土压实,必须使其水分降低在饱和程度以下。

击实试验常用的标准方法有轻型击实法和重型击实法。轻型击实试验适用于粒径小于 5 mm 的黏性土,重型击实试验适用于粒径不大于 20 mm 的土,采用三层击实时,最大粒径不大于 40 mm。

2. 试验方法

(1)方法选择

根据工程的不同需要可选用不同的击实方法,一般水库、堤防、铁路路基填土均采用轻型击实试验,高等级公路填土和机场道路等多采用重型击实试验,不同击实试验方法技术参数见表 3.2.23。

击实试验标准技术参数　　表 3.2.23

试验类型	击实仪规格							单位体积击实功/(kJ/m³)	试验条件		
	击锤			击实筒			护筒		层次	每层击数	最大粒径/mm
	质量/kg	锤底直径/mm	落距/mm	内径/mm	筒高/mm	容积/cm^3	高度/mm				
轻型	2.3	51	305	102	116	947.4	50	592.2	3	25	5
重型	4.5	51	457	152	116	2 103.9	50	2 684.9	3	94	40
									5	56	20

(2)试样制备

击实试验试样制备分干法和湿法两种。

干法是取代表性试样 20 kg,重型法 50 kg,风干碾碎,将通过 5 mm(重型 20 mm 或 40 mm)筛孔的土样搅拌均匀后测定风干含水率,按土的塑限估计最优含水率。分成 5 份,铺于不吸水的平板上,用喷水设备在土试样上均匀喷洒预定的水量拌匀后,装入塑料袋或密封容器内湿润一昼夜。5 份试样含水率中应制备两个大于塑限,两个小于塑限,一个接近塑限。相邻两个含水率的差值宜为 2%。

湿法是把天然含水率的试样 20 kg(重型 50 kg)碾碎,将通过 5 mm(重型 20 mm 或 40 mm)筛孔的土试样拌匀,测定天然含水率。也可按土的塑限预估最优含水率,分成5 份,按两份大于塑限,两份小于塑限,一份接近塑限制备试样。

(3)试验步骤

①装好击实仪,击实筒内壁涂一薄层润滑油,将制备好的试样倒入击实筒内。轻型击实仪分三层击实,每层 25 击。重型击实仪分 5 层击实,每层 56 击,若分 3 层每层 94 击。各层试样高度宜相等,层面刨毛,击实后超出击实筒的余土高度不得大于 6 mm。

②用修土刀修平击实筒顶部的试样,擦净筒外壁后称量总质量(精确到 1 g)。

③计算土试样的湿密度并测定两个含水率,含水率差值不大于 1%。

④对不同含水率试样依次击实。

⑤计算试样干密度，公式为

$$\rho_d=\frac{\rho_0}{1+0.01w_i} \tag{3.2.38}$$

式中，w_i 为某点试样的含水率(%)。

按下式计算饱和含水率

$$w_{set}=\left(\frac{\rho_w}{\rho_d}-\frac{1}{G_s}\right)\times 100 \tag{3.2.39}$$

式中，w_{set}为饱和含水率(%)。

⑥绘制饱和曲线及干密度、含水率关系曲线，如图3.2.9所示。

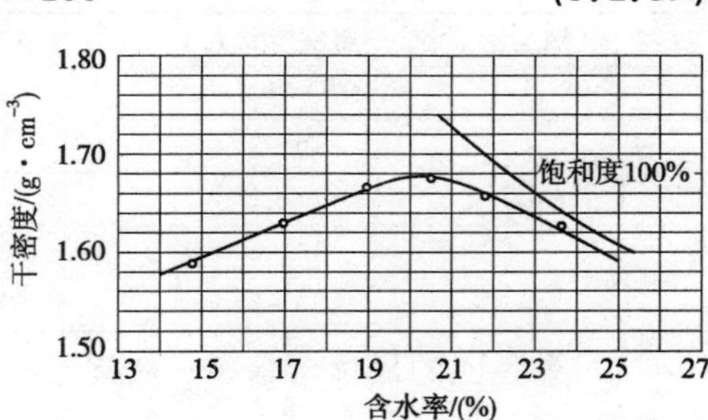

图3.2.9 干密度与含水率关系曲线

⑦轻型试验中，当直径大于5 mm的土含量为5%～30%时应对土的最大干密度及最优含水率进行校正。

最大干密度应按下式校正

$$\rho'_{dmax}=\frac{1}{\frac{1-0.01P_5}{\rho_{dmax}}+\frac{0.01P_5}{\rho_w d_{s2}}} \tag{3.2.40}$$

式中，ρ'_{dmax}为校正后试样的最大干密度(g/cm^3)；P_5 为粒径大于5 mm土的质量百分数(%)；d_{s2}为粒径大于5 mm土粒的饱和面干相对密度(土粒呈饱和面干状态时的土粒总质量与相当于土粒总体积的纯水4 ℃时质量的比值)。

最优含水率应按下式进行校正

$$w'_{opt}=w_{opt}(1-0.01P_5)+0.01P_5 w_{ab} \tag{3.2.41}$$

式中，w'_{opt}为校正后试样的最优含水率(%)，计算至0.1%；w_{opt}为击实试样的最优含水率(%)；w_{ab}为粒径大于5 mm土粒的吸着含水率(%)。

3. 影响击实试验的因素

试样制备。试样的制备方法不同，所得击实试验结果也不同。实践证明：最大干密度以烘干土最大，风干土次之，天然土最小。最优含水率也因制备方法不同而不同，以烘干土最低。由于烘干使土中的某些胶质或有机质被灼烧分解，致使失去胶粒与水作用的活性，影响试验成果，这种影响对于黏土和某些特殊土(如红土)尤为明显。因此，在击实试验中，应用风干土做试验更为合理，也有用低于60 ℃温度烘干。

试验加水浸润与养护。土试样制备中对计算控制的水量能否准确均匀地施加于土试样上是保证击实成果准确性的关键。通常试验加水方法有体积控制法和称重控制法，其中以称重控制法效果更好。将计算控制水量称量后以边喷洒边拌和方式使水均匀分布于土样内，并置于密闭容器或薄膜袋内，放置阴凉处保湿，一般放置时间不少于12～24 h。

土试样的重复使用。击实后的土试样，其中的一部分颗粒会遭受破坏，从而改变土的级配情况，击实后难分散更不易被水浸透，击实能量越大，最大干密度差别也越大，差值可达0.05～0.08 g/cm^3。因此，一般情况下不宜重复使用土试样，而宜用新土试验。如果试样较少情况下可参阅《公路土工试验规程》(JTG E40—2007)土重复使用的方法进行试样制备和试验。

击实筒中余土高度的影响。由于击实试验使用的为定体积击实试验，试验时标准击实功是从余土高度为零考虑的，有了余土就造成单位击实功失真，同时余土高度不一，所产生的影响不仅使试验数据分散，随着余土高度的增大，最大干密度也有偏小的趋势。根据大量试验结果表明，余土高度不超过 6 mm 时，干密度才能控制在允许误差内。

4. 击实试验成果应用

(1)击实试验成果首先应检查击实曲线，所有试验点均应在饱和曲线左边，在同一击实标准下，级配良好的砂质土，最大干密度大，击实曲线陡，细粒土最大干密度小，曲线平缓。级配不好的砂，曲线缓，最大干密度较难求出，含水率大的土，最大干密度小，最优含水率高。表3.2.24是一般填料土的最大干密度和最优含水率的经验值。

土的最大干密度、最优含水率经验值　　表 3.2.24

类　别	塑性指数 I_p	最大干密度/(g/cm³)	最优含水率 w_{opt}
粉土	<10	1.85	<13%
粉质黏土	10～14	1.75～1.85	13%～15%
	14～17	1.70～1.75	15%～17%
黏土	17～20	1.65～1.70	17%～19%
	20～22	1.60～1.65	19%～21%

(2)黏性土的最优含水率一般接近塑限值，此外最优含水率与液限的关系可参考下列相关关系。

粉质黏土

$$w_{opt}=0.4w_L+6 \tag{3.2.42}$$

黏土

$$w_{opt}=0.6w_L-3 \tag{3.2.43}$$

(3)工程施工中常用压实系数 λ_c 作为压实填土地基质量控制的有关指标，压实系数按下式计算

$$\lambda_c=\frac{\rho_d}{\rho_{dmax}} \tag{3.2.44}$$

式中，ρ_d 为控制干密度(g/cm³)。

不同结构类型填土地基质量控制值见表 3.2.25。

不同结构类型填土地基质量控制值　　表 3.2.25

结构类型	不同填土部位压实系数 λ_c		控制含水率
	地基主要受力层范围内	地基主要受力层范围以下	
砌体承重结构框架结构	≥0.97	≥0.95	$w_{opt}\pm2\%$
排架结构	≥0.96	≥0.94	

对于一些中小型工程，因施工紧急没有条件进行击实试验时，可按下列公式计算最大干密度。

$$\rho_{dmax}=\eta\frac{\rho_w d_s}{1+\frac{w_{opt}}{100}d_s} \tag{3.2.45}$$

式中，d_s 为土颗粒相对密度；ρ_w 为水的密度(g/cm³)；η 为经验系数，粉质黏土为 0.96，粉土为 0.97；w_{opt} 为最优含水率。

(三)承载比试验

1. 定义及目的

承载比试验又称加州承载比(California Bearing Ratio)，简称 CBR 试验。本法最早由美国加利福尼亚州公路局提出，由于方法简捷有效，现已成为国际通用法则。国内各规程所列的承载比试验主要也是参考美国 ASTMD 经 188—78 和 AASHTD—74 规程编制的。所谓 CBR 值，是指采用标准尺寸的贯入杆贯入试样 2.5 mm 时，所需的荷载强度与相同贯入量时

标准荷载强度的比值。

承载比(CBR)是路基和路面材料的强度指标,是柔性路面设计的主要参数之一。CBR试验分室内和现场两种,室内CBR法是与击实试验结合起来进行的,而现场CBR法则与击实试验无关,因此只介绍室内法。室内法适用的颗粒粒径范围与重型击实试验相同。

2.试验方法

(1)仪器设备

试验用主要仪器为承载比重型击实仪及套筒和浸水膨胀装置以及贯入仪(图3.2.10、图3.2.11、图3.2.12)。

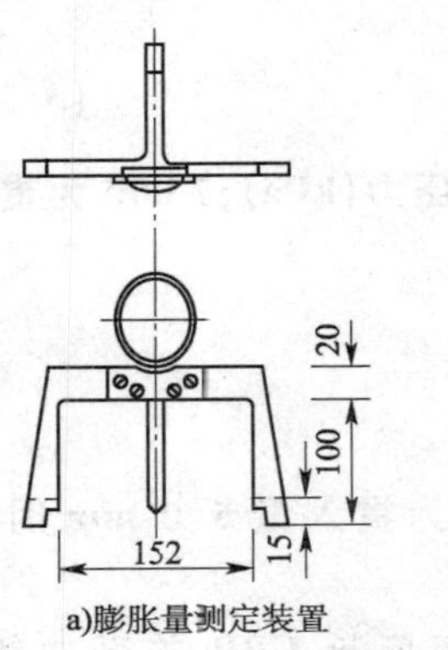

a)膨胀量测定装置

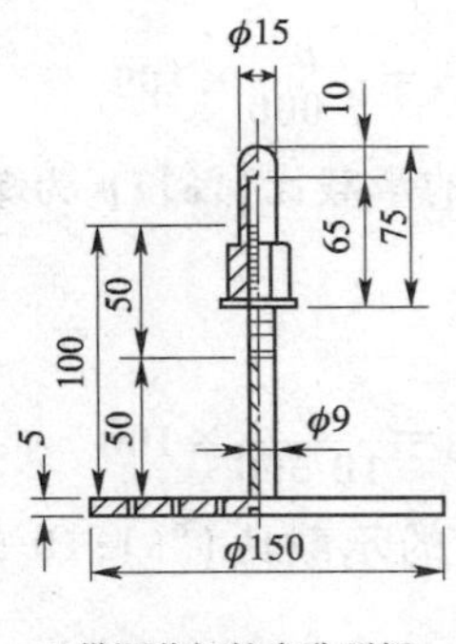

b)带调节杆的多孔顶板

图3.2.10 膨胀量测定装置(尺寸单位:mm)

图3.2.11 浸水膨胀装置

1-位移计;2-膨胀量测定装置;3-荷载板;4-滤纸;5-多孔底板;6-试样;7-多孔顶板

(2)试验要点

①按本书中重型击实试验步骤进行备样,土样过20 mm或40 mm筛,并记录筛除的大于20 mm或40 mm颗粒的百分比,每份试样质量约6 kg。

②按重型击实方法和要求进行重型击实试验,测定试样的最大干密度和最优含水率。

③按最优含水率再次备样进行重型击实试验(击实时放垫块),制备3个试样,若需制备3种干密度试样(干密度控制在最大干密度95%~100%,可采用每层不同锤击数实现),则每种制备3个共9个试件。

④取出垫块称重后,将击实后试样上下放置多孔板,并在试样上装入荷载块,拉紧拉杆,安装及调试好百分表,将试样筒放入水槽内。水槽内充水,水面高度宜高于试样顶面25 mm(图3.2.11)。浸泡4昼夜(按预定时间测记百分表读数)后,取出试样筒,静置15 min,卸去荷载多孔板,称试样及筒总质量,并测定含水率、密度及计算膨胀量。

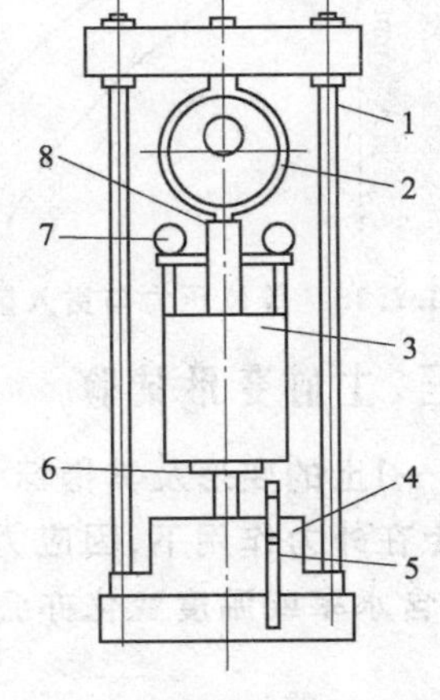

图3.2.12 贯入仪

1-框架;2-测力计;3-试样;4-蜗轮蜗杆箱;5-摇摆;6-升降台;7-位移计;8-贯入杆

⑤将浸泡饱和后的试样放于承载比试验台上,预加45 N荷载,调零测力计及位移计,使贯入杆以1~1.25 mm/min的速度压入试样,测定测力计内百分表在指定整读数下相应的贯入量。

(3)资料整理与应用

①按下式计算膨胀量

$$\delta_w = \frac{\Delta h_w}{h_0} \times 100 \tag{3.2.46}$$

式中，δ_w 为浸水后试样的膨胀量(%)；Δh_w 为试样浸水后的高度变化(mm)；h_0 为试样初始高度(116 mm)。

②绘制单位压力与贯入量的关系曲线，见图 3.2.13。

当曲线为凹曲线时，应进行修正，通过变曲率点，引一切线与纵坐标相交点 O' 即为修正后的原点(图 3.2.13 曲线 2)。

③按下式计算承载比。

当贯入量为 2.5 mm 时

$$CBR_{2.5} = \frac{p}{7\,000} \times 100 \tag{3.2.47}$$

式中，$CBR_{2.5}$ 为贯入量为 2.5 mm 时的承载比(%)；p 为单位压力(kPa)；7 000 为贯入量 2.5 mm时所对应的标准压力(kPa)。

当贯入量为 5.0 mm 时

$$CBR_{5.0} = \frac{p}{10\,500} \times 100$$

式中，$CBR_{5.0}$ 为贯入量为 5.0 mm 时的承载比(%)；10 500 为贯入量 5.0 mm 时标准压力(kPa)。

若采用 3 种干密度试样进行试验后，可绘制含水率、干密度与 CBR 关系曲线，见图 3.2.14，从而可以求出对应于已知压实度条件下的 CBR 值。

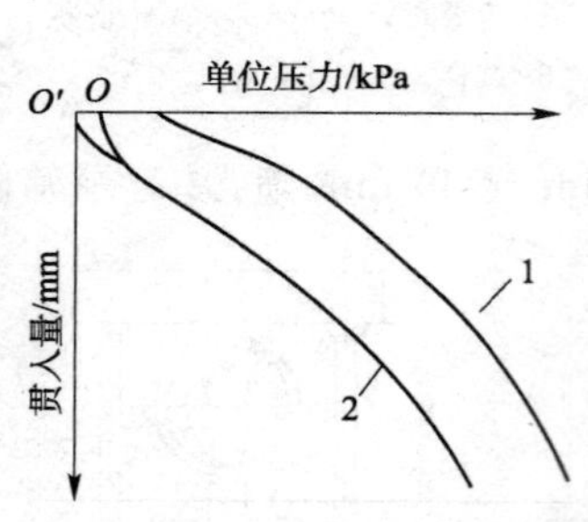

图 3.2.13 单位压力与贯入量关系曲线

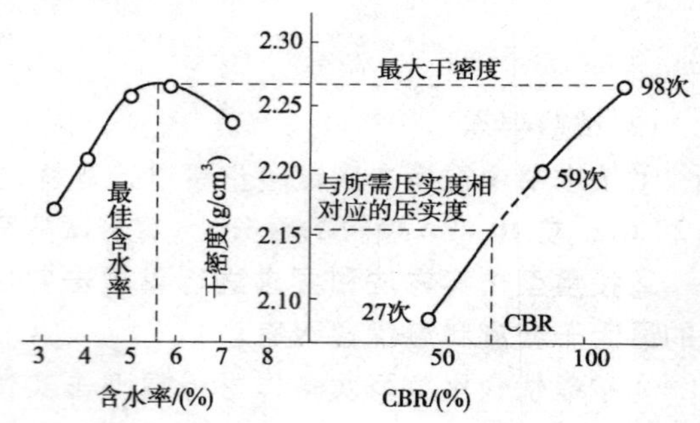

图 3.2.14 对应于所需压实度的 CBR 求取方法

三、土的变形试验

(一)土的变形及其指标

土在外力作用下，因应力状态发生改变会产生变形，一些特殊土如黄土、盐渍土、冻土等，因含水率或温度变化亦会产生变形。土的变形试验类别及其指标，见表 3.2.26。

土的变形试验一览表

表 3.2.26

试验类别		测试的指标
应力状态改变	固结与压缩	压缩系数 a_v、压缩模量 E_s、体积压缩系数 m_v、压缩指数 C_c、回弹指数 C_s、先期固结压力 P_c、固结系数 C_v、次固结系数 C_a
	静止侧压力系数	静止侧压力系数 K_0
	回弹模量	回弹模量 E_e
含水率变化	黄土湿陷	湿陷系数 δ_s、自重湿陷系数 δ_{zs} 溶滤变形系数 δ_{wt}、湿陷起始压力 p_{sh}
	盐渍土溶陷	溶陷系数 σ

续上表

试验类别		测试的指标
含水率变化	膨胀土 膨胀与收缩	有荷载膨胀率 δ_{ep}、无荷载膨胀率 δ_e、膨胀力 p_e、线缩率 δ_{si}、体缩率 δ_v、收缩系数 λ_n
温度变化	冻土 冻胀与融沉	冻胀率 η、融沉系数 a_0、融化压缩系数 a_{tc}

(二)固结试验和压缩试验

1. 试验原理及应力状态

本试验是以太沙基的单向固结理论为基础的。

饱和土体受到外力后,孔隙中的部分水逐渐从土体中排出,土中孔隙水压力逐渐减小,作用在土骨架上的有效应力逐渐增加,土体积随之压缩,直到变形达到稳定为止。土体这一变形的全过程称为固结。固结过程的快慢取决于土中水排出的速率,它是时间的函数。非饱和土体在外力作用下的变形通常是由孔隙中气体排出或压缩所引起,主要取决于有效应力的改变。土体的这种变形称为压缩。

试验过程中试样是在无侧向变形状态下,沿受力方向产生一维变形,试样内部任何一点的法向应力与外加压力相等,即 $\sigma_z=p$,其侧向水平应力取决于土的侧向压力系数 K_0 值,即 $\sigma_x=\sigma_y=K_0\sigma_z$,试样是在 K_0 条件下压缩。其受力状态如图 3.2.15 所示。

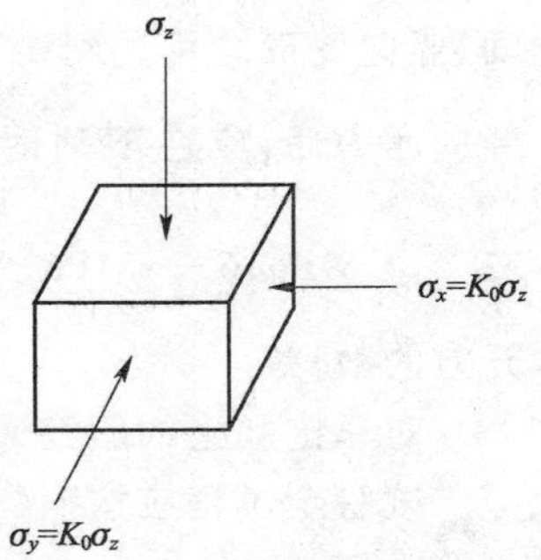

3.2.15 试样单元体应力状态

2. 试验仪器及试样尺寸

标准固结试验分级加荷式固结仪:仪器准确度应符合现行国家标准《土工试验仪器 固结仪》(GB/T 4935.1—2008,GB/T 4935.2—2009)及《岩土工程仪器基本参数及通用条件》(GB/T 15406—2007)的技术条件。垂直变形量测设备,如采用位移传感器,其准确度应小于全量程的0.2%。

试样的径高比,对试验结果有一定影响。在相同的试验条件下,高度不同的试样,对应的各固结阶段的沉降量及时间过程均有差异。试样的径高比,一般应为2~4。表3.2.27为国产分级加荷式固结仪的一些参数。

固结仪器的基本参数 表 3.2.27

型式	环刀尺寸/mm		竖向最大压力/MPa	竖向位移/mm
	直径	高度		
杠杆式	61.8	20	0.4;1.0	0~10
气压式	79.8		2.0;3.2	
液压式	300	150	1.6;3.2	0~30
	500	250		

试样应根据工程情况制备。如为天然地基,应取原状土试样;如为回填土,则应采用人工击实土试样。

应变控制连续加荷固结试验仪包括固结容器、伺服跟踪连续轴向加荷设备、孔隙水压力量测及变形量测设备。其中:透水板的渗透系数应大于试样的渗透系数;轴向压力测力计(压力传感器),量程为 0~10 kN,误差应小于或等于 1%;孔隙水压力传感器,量程为 0~1 MPa,而准确度应不大于0.5%,其体积因数应小于 $1.5\times10^{-5}\ cm^3/kPa$;变形量测的位移传感器,量程应为 0~10 mm,准确度为全量程的 0.2%。

连续加荷固结试验是在试样上连续加荷，随时测定试样的变形量及试样底端的孔隙水压力。按照控制条件可分为：等应变加荷（简称 CRS）、等加荷率（简称 CRL）和等孔隙压力梯度（简称 CGC）试验。

固结仪在使用过程中，各部件要经常装拆，因此要定期校验。特别是传感器在率定时要注意其零漂和温漂及其重要性。

试样直径 61.8 mm，高度 20 mm。

3. 试验方法

(1)标准固结试验方法要点

试样安装好后，在试样顶部分级施加竖向压力。每级竖向压力为前级竖向压力的二倍。通常采用的分级压力为 0.01 MPa、0.025 MPa、0.05 MPa、0.1 MPa、0.2 MPa、0.4 MPa、0.8 MPa、1.6 MPa、3.2 MPa、6.4 MPa。每级压力施加后，待竖向变形达到稳定时，再施加次一级竖向压力，如需测定膨胀变形时，则施加最后一级竖向压力后，再按加荷的分级压力，每隔一级退去竖向压力，例如 1.6MPa、0.4MPa、0.1MPa、0.025 MPa。对于无黏性土，施加每级压力后，只需几分钟，竖向变形即可达到稳定。对于黏土，施加竖向压力后，需要较长时间，竖向变形才可达到稳定。国家标准规定，变形稳定时间为 24 h。在固结试验中施加一级竖向压力后，应在下列时刻分别测记竖向变形（或百分表读数）：如 $\frac{1}{4}$ MPa，1 MPa，2 $\frac{1}{4}$ MPa，4 MPa，6 $\frac{1}{4}$ MPa，9 MPa，16 MPa，…，64 MPa，100 MPa，400 min 和 23 h、24 h（皆为可开方的数）等。

对非饱和土的压缩试验，则仅需测记每级荷载下 24 h 的读数。

试验全过程应按照《土工试验方法标准》(GB/T 50123—1999)中固结试验第 14.1.5 条步骤进行。

(2)连续加荷固结试验方法要点

现行的国家标准 GB/T 50123—1999 中规定，连续加荷固结试验采用应变控制（CRS）法。该种方法的特点是，在整个试验加荷过程中，单位时间内的变形量保持常量。

试验开始前，应检查试样的饱和度，需要饱和时应先行饱和。仪器孔隙水压力测试系统应注入纯水排气。试样装入容器后，对试样施加 1 kPa 的预压力，使仪器各部件充分接触，调整变形传感器及孔隙水压力传感器的零位。

选择应变速率，其标准是在任何时间内孔隙水压力为同时施加的轴向压力的 3%～20%。选择应变速率可参照表 3.2.28 估算。

应变速率估算值　　表 3.2.28

液　限	应变速率 ε/(%·min^{-1})	备　注
0～40%	0.04	液限为下沉 17 mm 时的含水率或碟式液限
40%～60%	0.01	
60%～80%	0.004	
80%～100%	0.001	

接通电源经过预热，在所选择的应变速率下，对试样施加轴向压力，按设定程序仪器自动加压，定时采集数据。连续加荷至预期压力为止，轴向压力施加完毕后，保持轴向压力不变，使孔隙水压力消散。如要求测定回弹，在同样应变速率下卸荷，按试验相同的时间间隔记录压力和变形值。

试验的全过程应按标准 GB/T 50123—1999 中应变控制连续加荷固结试验第 14.2.4条规定步骤进行。

4.资料整理与应用

1)标准固结与压缩试验资料整理

根据试验所测得的数据可绘制压缩曲线、固结曲线,从而可求得沉降计算所需各种变形指标和先期固结压力。

(1)压缩曲线

图 3.2.16 是典型的压缩曲线。根据该曲线(e-p 曲线或 e-$\lg p$ 曲线)可以求出以下压缩性指标。

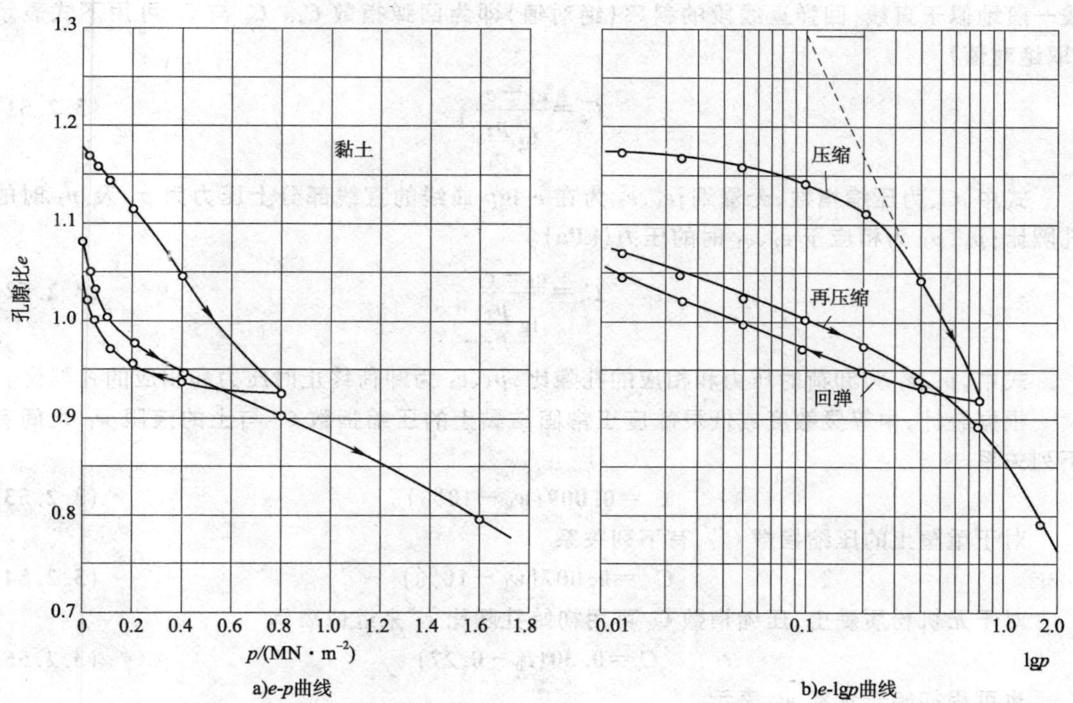

图 3.2.16 黏土的压缩曲线

①压缩系数 a_v 指在 e-p 曲线一定压力范围内,孔隙比差值与相应压力差值之比的绝对值,即

$$a_v=\left|\frac{e_2-e_1}{p_2-p_1}\right|=\frac{\Delta e}{\Delta p} \tag{3.2.48}$$

式中,a_v 为压缩系数(MPa^{-1});p_1 为初始压力(MPa);p_2 为最终压力(MPa);e_1 为对应于 p_1 的孔隙比;e_2 为对应于 p_2 的孔隙比。

②体积压缩系数 m_v 指在 e-p 曲线一定范围内孔隙率差值与相应压力差值之比的绝对值,即

$$m_v=\frac{\Delta n}{\Delta p} \tag{3.2.49a}$$

或

$$m_v=\frac{a_v}{1+e_1} \tag{3.2.49b}$$

式中，m_v 为体积压缩系数(MPa^{-1})；e_1 为试样初始孔隙比。

③压缩模量 E_s 指在压缩条件下(有侧限压缩)，试样竖向应力与相应应变的比值，亦等于式(3.2.49b)体积压缩系数的倒数，即

$$E_s=\frac{1}{m_v}=\frac{1+e_1}{a_v} \tag{3.2.50}$$

式中，E_s 为压缩模量(MPa)。

④压缩指数 C_c 和回弹指数 C_s。

当绘成 e-lg$p$ 曲线时，在压力超过一定数值后，曲线将渐变为直线，如图 3.2.16b)所示，该直线的斜率(绝对值)称压缩指数。如果加荷到一定压力后再卸荷，它将产生回弹，回弹曲线一般地似于直线，回弹直线段的斜率(绝对值)即为回弹指数 C_s。C_c 与 C_s 可用下式表示(取绝对值)

$$C_c=\frac{e_1-e_2}{\lg\frac{p_2}{p_1}} \tag{3.2.51}$$

式中，C_c 为压缩指数，无量纲；e_1、e_2 为在 e-lg$p$ 曲线的直线部分上压力为 p_1 及 p_2 时的孔隙比；p_1、p_2 为相应于 e_1、e_2 时的压力(kPa)。

$$C_s=\frac{e_1-e_3}{\lg\frac{p_2}{p_3}} \tag{3.2.52}$$

式中，p_2、e_1 为卸荷时压力和相应的孔隙比；p_3、e_3 为卸荷终止时压力和相应的孔隙比。

根据统计，中等灵敏度或低灵敏度正常固结黏土的压缩指数 C_c 与土的液限 w_L 之间有下列关系

$$C_c=0.009(w_L-10\%) \tag{3.2.53}$$

对于重塑土的压缩指数 C'_c，有下列关系

$$C'_c=0.007(w_L-10\%) \tag{3.2.54}$$

对于无机粉质黏土，压缩指数 C_c 可用初始孔隙比 e_0 来近似表示

$$C_c=0.30(e_0-0.27) \tag{3.2.55}$$

也可用初始含水率 w_0 表示

$$C_c=0.54(2.6w_0-0.35) \tag{3.2.56}$$

以上各式皆是按部分资料统计得到的表达式，与实际的压缩指数的差值可达±30%，但它们提供了由土的简单物理性质指标估算压缩指标的途径。

⑤先期固结压力 p_c

指土体中某点在过去的历史曾受过的竖向最大有效压力 p_c。如果土体中某点目前所受的有效上覆压力为 p_0，则该点的超固结比 OCR 由下式求得

$$\mathrm{OCR}=\frac{p_c}{p_0} \tag{3.2.57}$$

根据 OCR 的数值，土体可区分为以下几类：

OCR >1——超固结土；

OCR =1——正常固结土；

OCR <1——欠固结土。

土的先期固结压力是地基沉降计算时考虑土的应力历史所需的重要指标。超固结状态常由于过去地面上有厚土层或冰川覆盖，现在被移去，或由于地下水位大幅度下降等所引

起;而欠固结则因为土层系新近沉积,在自重下尚未达到完全固结所致。

先期固结压力 p_c 确定的方法是:由目测在 e-lgp 曲线上定出曲率半径最小的一点 a(图 3.2.17);通过点 a,作一水平线 ab 和切线 cad;作∠bac 的分角线 ae;然后再将 e-lgp 曲线的直线段向上延伸与 ae 相交于一点 h,则h 点对应的压力即为先期固结压力 p_c。

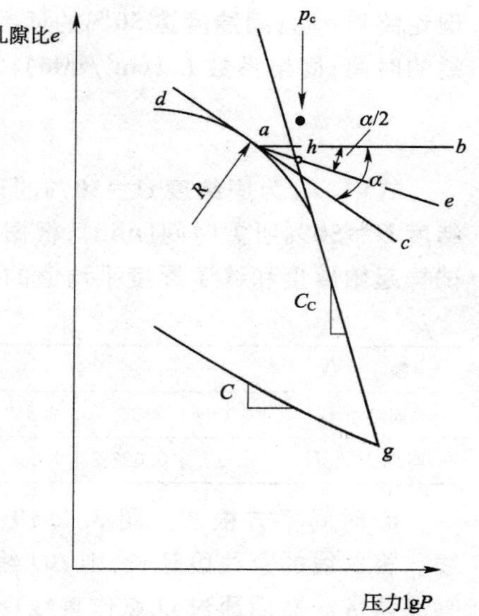

图 3.2.17 先期固结压力的确定

(2)固结曲线

黏土在荷重作用下,其压缩全过程可分为初始压缩、主固结、次压缩三个阶段。

初始压缩是在施加荷重初期,试样因排气或内部气体压缩,或试样和容器贴合以及试样本身的弹性变形而引起的压缩,它随加荷瞬时完成。主固结是施加荷重后,试样排水,伴随超静水压力消散而产生的压缩,它随时间而增长。次固结是当超静水压力消散后,由于土体内颗粒结构的调整和颗粒位移所产生的压缩。根据图 3.2.18 和图 3.2.19 可以求得土的固结系数和次固结系数。

①固结系数 C_v:是用于估算土体固结快慢的一种指标。常用的方法有两种:时间对数法和时间平方根法。

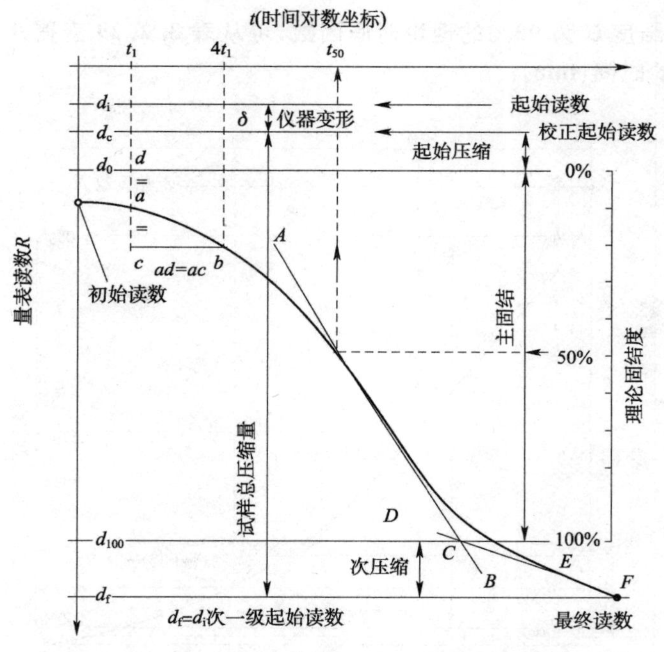

图 3.2.18 按时间对数法求固结系数

a. 时间对数法。对照图 3.2.18,求取 C_v 的具体步骤是:在曲线开始段,任取一点 a,其时间为 t_1;将 $4t_1$ 在曲线上定出一点 b;将 a、b 两点纵坐标之差 ac 加到 a 点的上面,得到 d 点,与 d 点对应的读数即为本级荷载下的初始读数 d_0,或称理论零点;为了减少误差,再取 3~4 个不同 t_1,按此法得到其他的 d_0,取几个 d_0 点的平均读数 d_0,即为计算要用到的理论零点;通过曲线的转折点切线 AB,它与尾部的直线延长线 FD 交于点 C,C 点对应的读数为

理论终点 d_{100};固结度达50%的读数 $d_{50}=(d_0+d_{100})/2$,它对应的时间 t_{50} 即试样固结50%所需的时间;固结系数 $C_v(cm^2/min)$ 按式(3.4.4)可求得,即

$$C_v=\frac{T_{50}}{t_{50}}h^2 \tag{3.2.58}$$

式中,T_{50} 为固结度 $U=50\%$ 的理论时间因数,可从表3.2.29查得,$T_{50}=0.196$;t_{50} 为固结度 $U=50\%$ 所需时间(min),根据试验求得;h 为本级荷载下试样的平均排水距离,它等于试样起始厚度和终了厚度平均值的一半(cm)。

单向固结的时间因数 表3.2.29

参数	数值											
固结度 U	0	10%	20%	30%	40%	50%	60%	70%	80%	90%	95%	100%
时间因数 T_v	0	0.007 7	0.031	0.071	0.126	0.196	0.286	0.403	0.567	0.848	1.129	∞

b.时间平方根法。图3.2.19是在某级荷重下,量表读数 R 与时间平方根 $\sqrt{t}$ 的关系曲线。将曲线的直线段延长,则 BQ 线交纵轴于 Q 点,该点读数 d_0 即固结度 U 为0%时的理论零点读数。然后通过 Q 点作直线 QC,交试验曲线于 C 点,直线 QC 上各点的横坐标应为 BQ 上各相应点的横坐标的1.15倍。即 $\overline{P_r}=1.15\,\overline{P_q}$。则 C 点的纵坐标 d_{90} 即为固结度 U 达到90%时的读数,而其横坐标即为固结度 U 达90%所需时间的平方根 $\sqrt{t_{90}}$。根据式(3.2.59),可求 C_v 值

$$C_v=\frac{T_{90}}{t_{90}}h^2 \tag{3.2.59}$$

式中,T_{90} 为固结度 U 为90%的理论时间因数,可从表3.2.29查得 $T_{90}=0.848$;t_{90} 为固结度 U 为90%时的时间(min)。

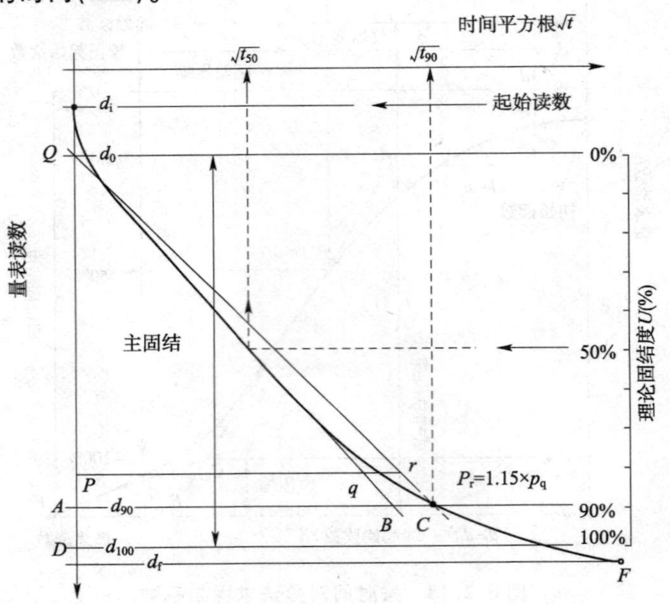

图3.2.19 按时间平方根法求固结系数

②次固结系数 C_α:有机质和高塑性黏土,或泥炭软土有明显的次压缩特性,估算次压缩所需的次固结系数 C_α 按下式求得

$$C_\alpha=\frac{\delta h}{h_0/(\tan t_2-\tan t_1)} \tag{3.2.60}$$

式中，δh 为图 3.2.18 中 DF 段上，每增加一时间对数循环时，试样的高度变化；h_0 为试样初始高度；t_1 为固结度达到 100% 的时间；t_2 为计算次固结的时间。

表 3.2.30 是不同类型土的次固结系数 C_α 的参考值，仅供无试验资料时参考。无机质土的固结系数 C_v 和压缩系数 C_c 见表 3.2.31。

各类土的次固结系数 C_α 表 3.2.30

土　类	次固结系数 C_α	土　类	次固结系数 C_α
正常固结黏土	0.005～0.02	有机质黏土	＞0.03
高塑性黏土	＞0.03	超固结黏土(OCR＞2)	＜0.001

无机质土的固结系数 C_v 和压缩指数 C_c 表 3.2.31

土　类	塑性指数范围 *	固结系数 C_v/(m²/年)		压缩指数 C_c
		原状土	重塑土	
黏土—蒙脱土		0.1～1	原状土的 25%～50%	最大 2.6
高塑性	＞25	1～10		0.8～0.2
中塑性	25～5	10～100		
低塑性	＜15	＞100		
粉土				

注：* 液限按碟式仪求得。

2)连续加荷固结试验资料整理

根据仪器自动采集的数据，计算以下参数。

(1)计算试样天然孔隙比 e_0。

$$e_0=\frac{(1+0.01w_0)G_s\rho_w}{\rho_0}-1 \tag{3.2.61}$$

(2)按下式计算任意时刻试样的孔隙比 e_i。其公式为

$$e_i=e_0-\frac{1+e_0}{h_0}\Delta h_i \tag{3.2.62}$$

式中，h_0 为试样初始高度(mm)；Δh_i 为某级荷重下稳定后变形量(mm)。

(3)按下式计算任意时刻施加于试样的有效压力

$$\sigma'_i=\sigma_i-\frac{2}{3}u_b \tag{3.2.63}$$

式中，σ'_i 为任意时刻时施加于试样的有效压力(kPa)；σ_i 为任意时刻时施加于试样的总压力(kPa)；u_b 为任意时刻试样底部的孔隙压力(kPa)。

(4)按下式计算某一压力范围内的压缩系数 a_v

$$a_v=\frac{e_i-e_{i+1}}{\sigma'_{i+1}-\sigma'_i} \tag{3.2.64}$$

(5)按下式计算某一压力范围内的压缩指数，回弹指数 C_c、C_s

$$C_c(C_s)=\frac{e_i-e_{i+1}}{\lg\sigma'_{i+1}-\lg\sigma'_i} \tag{3.2.65}$$

(6)按下式计算任意时刻试样的固结系数 C_v

$$C_v=\frac{\Delta\sigma'}{\Delta t}\cdot\frac{H_i^2}{2u_b} \tag{3.2.66}$$

式中，$\Delta\sigma'$ 为 Δt 时段内施加于试样的有效压力增量(kPa)；Δt 为两次读数之间的历时(s)；H_i 为试样在 t 时刻的高度(mm)；u_b 为两次连续之间底部孔隙水压力的平均值(kPa)。

(7)按下式计算某一压力范围内试样的体积压缩系数 m_v

$$m_v=\frac{\Delta e}{\Delta\sigma'}\cdot\frac{1}{1+e_0} \tag{3.2.67}$$

式中，Δe 为在 $\Delta\sigma'$ 作用下，试样孔隙比的变化。

(8)以孔隙比为纵坐标，有效压力为横坐标，在单对数坐标纸上，绘制孔隙比与有效压力关系曲线，如图 3.2.20 所示。

(9)以固结系数为纵坐标，有效压力为横坐标，绘制固结系数与有效压力关系曲线，如图 3.2.21所示。

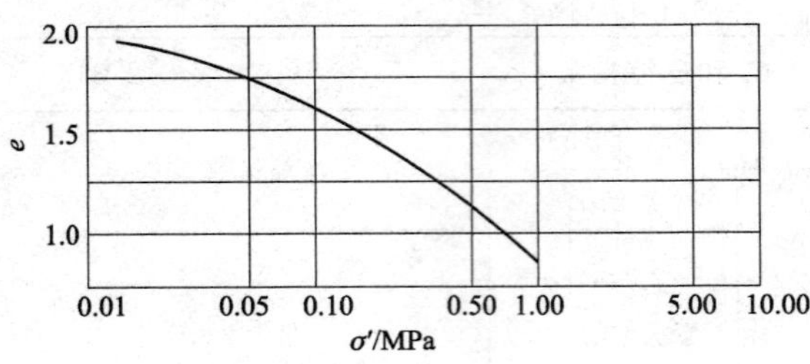

图 3.2.20 e-σ'关系曲线

10
5
0
$C_v\times10^{-3}/(cm^2/s)$
0.5
1.0
1.5
σ'/MPa

图 3.2.21 C_v-σ'关系曲线

5. 标准固结试验与连续加荷 CRS 试验参数数据

(1)压缩性指标的部分参数值

初步设计时，若无试验资料，土的压缩性指标可参考表 3.2.32～表 3.2.34 中的数据。

压缩性与 w_L、C_c、C_v 及 a_v 关系　　表 3.2.32

压缩性	液限 w_L	压缩指数 C_c	固结系数 $C_v/(cm^2/s)$	压缩系数 a_v/kPa^{-1}
高	＞50％	≥0.4	＜0.4	＞0.085
中	30％～50％	0.2～0.39	3.5～0.4	0.05～0.085
小	＜30％	0～0.19	＞3.5	＜0.005

注：1. w_L 由碟式液限仪测得。

2. 表内 C_v 和 a_v 值系固结压力为 100～300 kPa 范围内的参考值。

固结压力与稠度（扰动土）　　表 3.2.33

固结压力/kPa	5	10	6 000～10 000
稠度	液限	塑限	缩限

固结试验各参数之间关系　　表 3.2.34

参数	压缩模量	体积压缩系数	压缩系数	压缩指数
压缩模量	$E_s=\frac{\Delta p}{\Delta n}$	$E_s=\frac{1}{m_v}$	$E_s=\frac{1+e_1}{a_v}$	$E_s=\frac{(1+e_1)\bar{p}}{0.435C_c}$
体积压缩系数	$m_v=\frac{1}{E_s}$	$m_v=\frac{\Delta n}{\Delta p}$	$m_v=\frac{a_v}{1+e_1}$	$m_v=\frac{0.435C_c}{(1+e_1)p}$
压缩系数	$a_v=\frac{1+e_1}{E_s}$	$a_v=(1+e_1)m_v$	$a_v=-\frac{\Delta e}{\Delta p}$	$a_v=\frac{0.435C_c}{\bar{p}}$
压缩指数	$C_c=\frac{(1+e_1)\bar{p}}{0.435E_s}$	$C_c=\frac{(1+e_1)\bar{p}m_v}{0.435}$	$C_c=-\frac{a_v\bar{p}}{0.435}$	$C_c=\frac{\Delta e}{\Delta \lg p}$

注：e_1 为初始孔隙比；$\bar{p}$ 为初始应力和最后应力的平均值；Δp 为竖向应力变量；Δn 为体应变变量。

(2)应变控制连续加荷(CRS)固结试验的试验成果参数

表 3.2.35 是用三种黏土按不同应变速率作恒应变速率试验的结果统计。

CRS 试验成果 表 3.2.35

土 料	试验编号	应变速率/min	达到最大应力时间/h	最大总应力/(kg/cm^2)	最大总应力时的 u_b/σ
高岭土	1.12	0.240 0%	1.2	8.4	8%
	1.22	0.240 0%	1.3	8.4	8%
	1.32	0.240 0%	1.2	8.4	8%
	1.11	0.120 0%	2.6	8.2	4%
	1.21	0.120 0%	2.4	8.3	4%
	1.31	0.120 0%	2.3	8.2	4%
	1.13	0.060 0%	5.0	8.3	2%
	1.23	0.060 0%	4.8	8.2	2%
	1.33	0.060 0%	5.0	8.3	2%
	1.14	0.024 0%	12.0	8.3	1%
	1.24	0.024 0%	12.0	8.3	1%
	1.15	0.009 6%	29.9	8.3	
	1.16	0.024 0%	117.4	8.1	
钙蒙脱土	2.13	0.060 0%	4.8	8.0	85%
	2.23	0.060 0%	4.8	6.8	88%
	2.14	0.024 0%	15.5	8.1	70%
	2.24	0.024 0%	14.9	8.1	70%
	2.15	0.009 6%	47.7	8.1	52%
	2.16	0.024 0%	212.9	8.0	25%
钠黏土	3.13	0.060 0%	7.1	8.2	8%
	3.14	0.024 0%	18.3	8.1	4%

图 3.2.22 是钙蒙脱土的孔隙比变化 Δe 与试样底面孔隙水压力 u_b 的关系。图 3.2.22 表明，在开始时，u_b 迅速增大，然后 Δe-u_b（对数坐标）基本上呈直线关系；不同应变速率的曲线基本上平行。应变速率大的，u_b 显著增高。

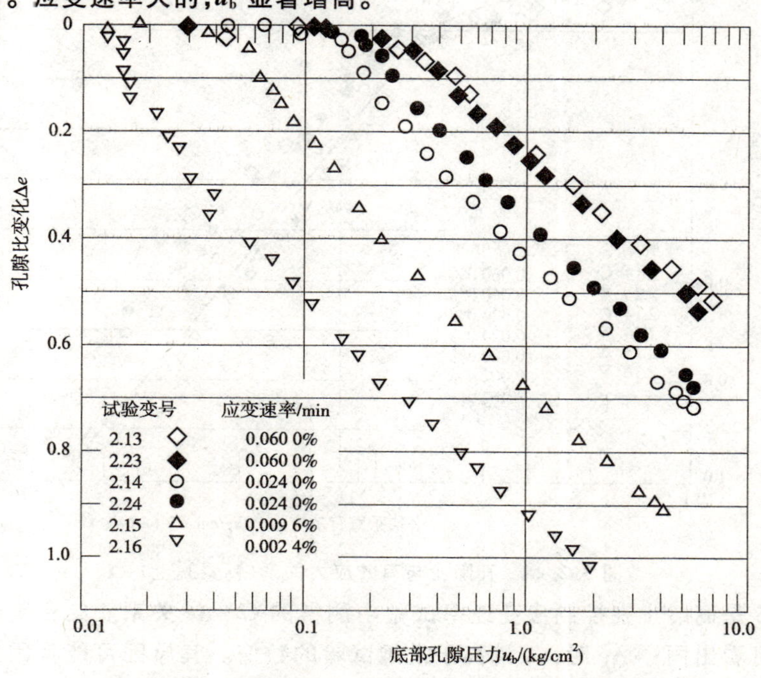

图 3.2.22 应变速率对底部孔隙压力的影响（钙蒙脱土）

图 3.2.23 是高岭土的平均垂直有效应力 σ' 与 Δe 的关系。图中实线是常规压缩试验的结果。可以看出，对于这一类土，Δe-σ' 的规律几乎不受应变速影响，与常规（标准压缩）试验的结果相当吻合。

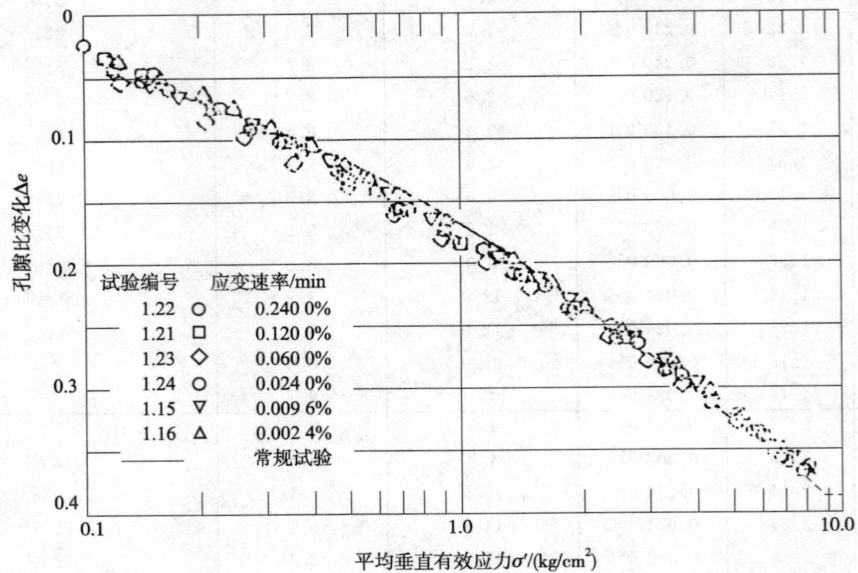

图 3.2.23 孔隙比与有效应力关系（高岭土）

图 3.2.24 是钙蒙脱土的平均垂直有效应力 σ' 与 Δe 的关系。显示应变速率大的试验点偏上，即土的压缩量显然偏小。应变速率小的试验点仍与常规试验的结果接近。与表 3.2.25对照，可以看出点偏上的那些试验中的 u_b/σ 都是十分高。

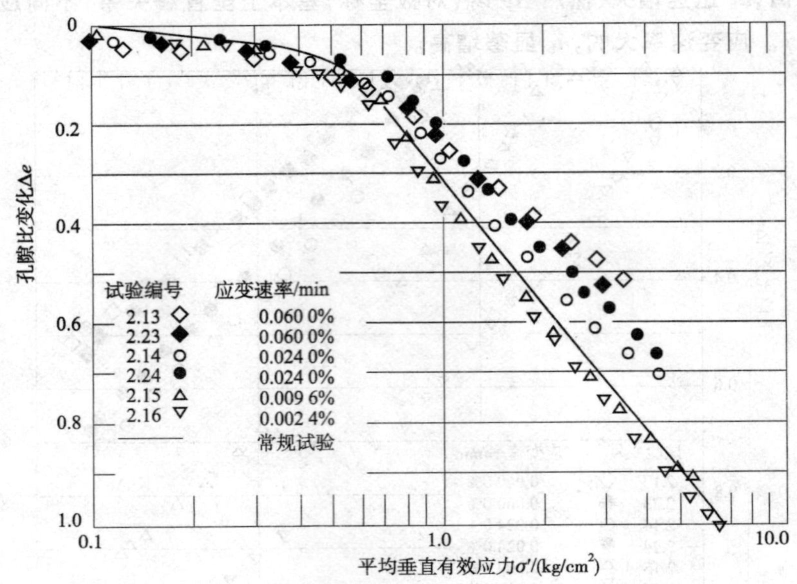

图 3.2.24 孔隙比与有效应力关系（钙蒙脱土）

图 3.2.25 是高岭土在控制应变速率试验中测得的 C_v - Δe 关系。结合其他几种土的同类试验结果，可看出同一 Δe 时，C_v 均高于常规试验的数值。其原因可能是因为侧孔隙水压力管有柔性，实测孔隙水压力偏小所致。由此可见，孔隙水压力测试的管路必须是刚性的，

以保持体积不发生变化。

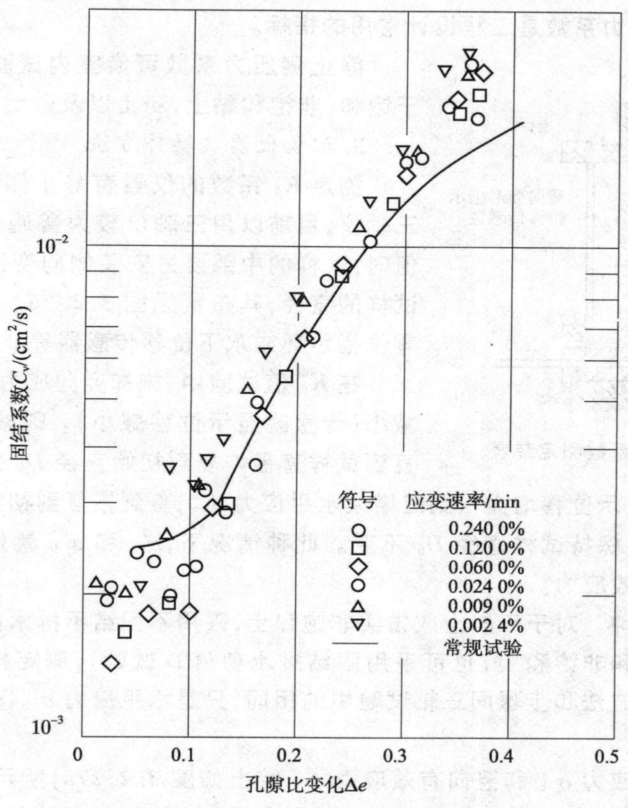

图 3.2.25 固结系数与孔隙比关系(高岭土)

(3)应变控制连续加荷固结试验的特点及应注意问题

①该法(CRS)的突出特点是缩短试验时间。有的试验实测表明,试样为高岭土,最大荷重加至约 0.8 MPa,只需 1.2 h,高塑性的蒙脱土,也只需 47.7 h,而常规试验要不少于1～2 周。

②CRS 法试验可以提供与常规试验十分接近的 e-σ' 关系,只要试验过程中 u_b/σ 不超过某一数值。

③CRS 试验得出的 C_v,一般比常规试验的结果偏高,但如果应变速率不大,二者比较接近。

④对仪器的自动化程度要求较高,自动控制系统的变形、压力测量、数据采集以及加、卸荷的可靠性及准确性要好。

⑤应变控制连续加荷固结试验方法,《土工试验方法标准》(GB/T 50123—1999)已列入。

(三)静止侧压力系数试验

1.静止侧压力系数的意义及适用范围

天然土或人工填土中任何一点的水平有效应力 σ'_h 与竖向有效应力 σ'_v 之比称该土的侧压力系数 K,即

$$K=\frac{\sigma'_h}{\sigma'_v} \tag{3.2.68}$$

如果土体在承受竖向压力时,不允许产生侧向变形,这时的侧压力则称为静止侧压力,相应的系数称静止侧压力系数,以 K_0 表示。实际工作中常遇到上述 K_0 状态的应力,例如房

屋地下室外墙面、重力式挡墙无横向位移时的墙背以及船闸的墙所受土压力皆为静止土压力。可见，静止侧压力系数是工程设计常用的指标。

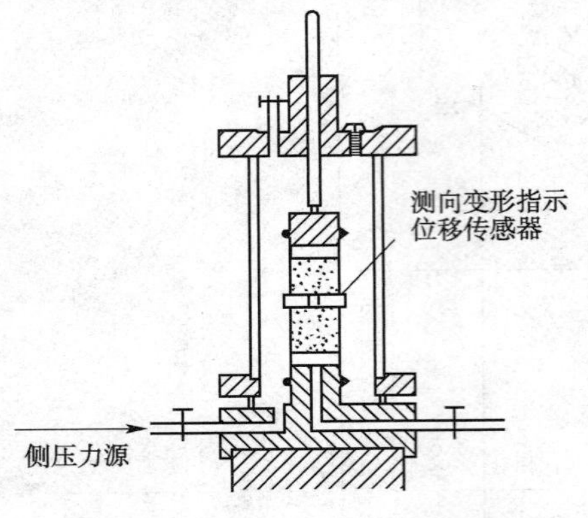

图 3.2.26 K_0 系数测定装置

静止侧压力系数可借室内试验测定，该试验适用于饱和、非饱和黏土，粉土以及砂土等。

2. 试验仪器及操作方法

测定 K_0 系数的仪器有静止侧压力系数测定仪和三轴仪，目前以用三轴仪较为普遍。用三轴仪测定 K_0 值时，试样的中部要另安装侧向变形指示器，用以控制试样的直径，其布置见图 3.2.26。侧向变形指示器有零位指示环或水下位移传感器等。

在 K_0 值试验中，施加竖向应力 σ'_v 时，如试样直径减小(传感器显示位移减小)，则减小水平应力 σ'_h 一直到试样直径恢复到初始直径 D_0 为止。反之，如试样直径增大(传感器显示位移增大)，则应增大水平应力 σ'_h，直到恢复到初始值 D_0 为止。在整个试验过程中，始终保持试样直径 D_0 不变。此种情况下，σ'_v 和 σ'_h 就是 K_0 状态时的竖向有效应力和水平有效应力。

试验方法有两种。对于天然土或击实非饱和土，采用不固结不排水剪(UU 试验)测孔隙压力。对于饱和土和非饱和土，也可采用固结排水剪(CD 试验)，测定排水条件下的 K_0 系数。这两种试验的方法和步骤同三轴试验中的相同，只是水平应力 $\sigma'_h(\sigma'_3)$应随时调整。

3. 资料整理

根据水平有效应力 σ'_h 和竖向有效应力 σ'_v 绘出如图 3.2.27a)所示的关系曲线。直线坡度即为 K_0 值。也可绘制应力路径的 q-p 关系曲线(直线)。根据直线的倾角 α 可求出 K_0 值，见图 3.2.27b)。

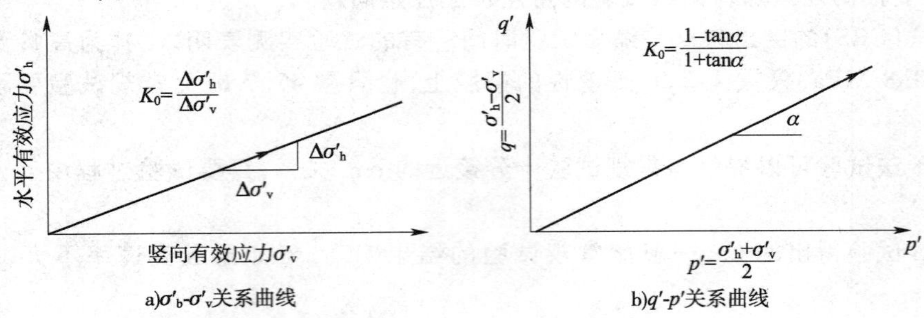

图 3.2.27 静止侧压力系数试验结果

对于正常固结黏土或砂土，按下式估算静止侧压力系数 K_0

$$K_0=1-\sin\varphi' \tag{3.2.69}$$

对于超固结土，按下式估算

$$K_0=(1-\sin\varphi')(\mathrm{OCR})^{\sin\varphi} \tag{3.2.70}$$

式中，φ'为土的有效内摩擦角；OCR 为超固结比。

静止侧压力系数 K_0 与泊松比 ν 及弹性模量 E 的理论关系分别为

$$K_0=\frac{\nu}{1-\nu} \tag{3.2.71}$$

$$E=\frac{(1-2K_0)(1+K_0)}{m_v(1-K_0)} \tag{3.2.72}$$

式中，ν 为泊松比，侧向应变 ε_3 与竖向应变 ε_1 之比 $\varepsilon_3/\varepsilon_1$ 的绝对值；E 为弹性模量(kPa)，等于竖向应力 σ_1 与竖向应变 ε_1 之比 σ_1/ε_1；m_v 为体积压缩系数(kPa^{-1})。

正常固结沉积黏土的 K_0 一般介于 0.4～0.7 之间，砂土约为 0.4，自然沉积超固结土的水平应力可以大于竖向方向应力，故 K_0 常大于 1.0，可以达到 3。

表 3.2.36、表 3.2.37、表 3.2.38 分别为静止侧压力系数 K_0、泊松比 ν、弹性模量 E 的参考值。

静止侧压力系数 K_0 的参考值　　表 3.2.36

土类	液限 w_L	塑性指数	静止侧压力系数 K_0
饱和松砂			0.46
饱和紧砂			0.34
干紧砂(e=0.6)			0.49
干松砂(e=0.8)			0.64
压实残积黏土		9	0.42
压实残积黏土	74%	31	0.66
原状有机质淤泥	61%	45	0.57
原状高岭土	37%	23	0.64～0.70
原状海相黏土	34%	16	0.48
灵敏性黏土		10	0.52

泊松比 ν 的参考值　　表 3.2.37

土类	泊松比 ν	土类	泊松比 ν
饱和黏土	0.5	黄土	0.44
含砂和粉土的黏土	0.3～0.42	砂质土	0.15～0.25
非饱和黏土	0.35～0.40	砂土	0.30～0.35

弹性模量 E 的参考值　　表 3.2.38

土类	弹性模量 E/(MN/m²)	土类	弹性模量 E/(MN/m²)
很软的黏土	0.35～3	粉质砂土	7～20
软黏土	2～5	松砂	10～25
中硬黏土	4～8	紧砂	50～80
硬黏土	7～18	紧密砂、卵石	100～200
砂质黏土	30～40		

(四)黄土湿陷性试验

本方法适用于各种黄土类土的湿陷变形试验。测试的指标详见表 3.2.26。

1.湿陷性质及其特征

(1)湿陷变形：在荷重与浸水同时作用下，由于土的原状结构破坏产生变形，湿陷系数大于或等于0.015时，为湿陷性黄土，小于则为非湿陷性黄土。

(2)自重湿陷：黄土浸水，在其自重压力下发生湿陷的称为自重湿陷，不湿陷的称为非自重湿陷。

(3)渗透溶滤变形：在荷重及水长期作用下，土中盐类溶滤及孔隙继续压密产生的垂直变形，是湿陷的继续。

(4)湿陷起始压力：黄土在荷重作用下，受水浸湿后开始发生湿陷的压力。

2. 试验方法及注意事项

(1)黄土的变形包括荷载作用下的压缩变形和浸水作用下的湿陷变形。其试验方法,按《土工试验方法标准》(GB/T 50123—1999,以下简称《方法标准》)中第15章"黄土湿陷试验"各条款的规定进行。

(2)注意事项:环刀面积不应小于50 cm^2;透水石的湿度应接近试样的湿度;浸湿用水应采用蒸馏水,特别是进行渗透溶滤变形测试时,更应注意水质成分。因为溶滤作用决定于水质成分、浓度以及可能的离子交换量。

3. 试验结果计算及整理

按式(3.2.73)、式(3.2.74)、式(3.2.75)分别计算湿陷系数 δ_s、自重湿陷系数 δ_{zs}、溶滤变形系数 δ_{wt}

$$\delta_s = \frac{h_1 - h_2}{h_0} \tag{3.2.73}$$

式中,δ_s 为湿陷系数;h_0 为试样原始高度(mm);h_1 为某级压力下,试样变形稳定后的高度(mm)。

$$\delta_{zs} = \frac{h_z - h'_z}{h_0} \tag{3.2.74}$$

式中,δ_{zs} 为自重湿陷系数;h_z 为在饱和自重压力下试样变形稳定后的高度(mm);h'_z 为在饱和自重压力下试样浸水湿陷变形稳定后的高度(mm)。

$$\delta_{wt} = \frac{h_z - h_s}{h_0} \tag{3.2.75}$$

式中,δ_{wt} 为溶滤变形系数;h_s 为在某级压力下,长期渗透而引起的溶滤变形稳定后的试样高度(mm);其余符号意义同前。

黄土的湿陷系数 δ_s、自重湿陷系数 δ_{zs} 及溶滤变形系数 δ_{wt} 与压力 p 的关系,如图3.2.28所示。

湿陷起始压力 p_{sh} 如图3.2.29所示,其确定方法有单线法和双线法两种。单线法:绘制 δ_s-p 曲线,如图3.2.30所示。双线法:利用两个试样的下沉稳定后的变形差,即一个为天然湿度下的压缩变形量,另一个为浸水后的压缩变形量之差,计算各级荷重下的湿陷变形系数 δ_s,绘制 δ_s-p 曲线,如图3.2.31所示。

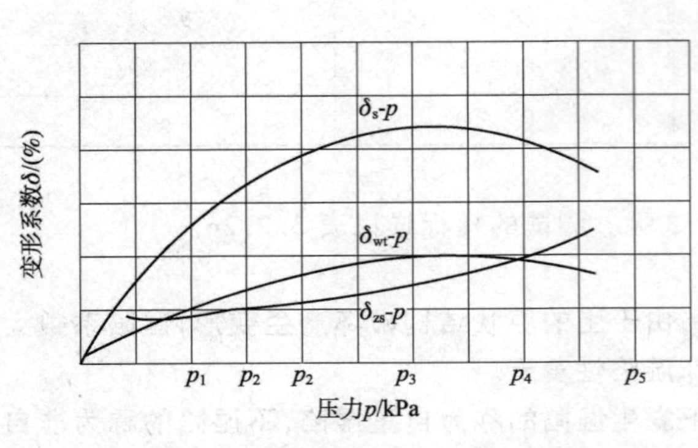

图3.2.28 黄土湿陷性系数与压力关系曲线

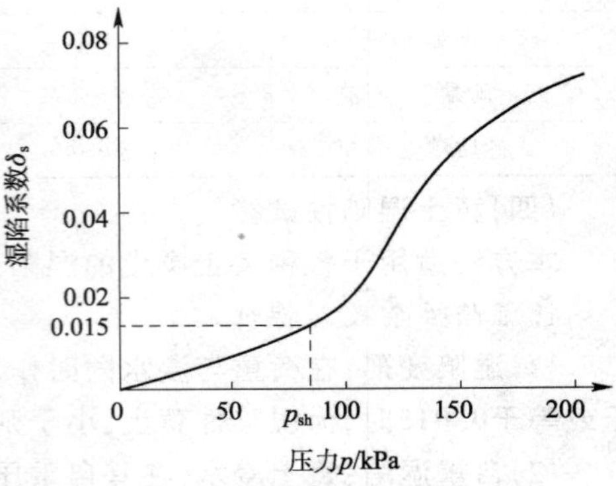

图3.2.29 湿陷系数与压力关系曲线

在 δ_s-p 曲线上,取 δ_s 等于0.015对应的压力即为湿陷起始压力。

根据经验数据,δ_s 值一般都在0.01~0.02之间。湿陷起始压力的具体数值也可根据曲线形态和工程实际要求选取。但对湿陷性较强的黄土,从工程安全考虑,宜取 $\delta_s \leqslant 0.015$ 所对应的压力为湿陷起始压力。

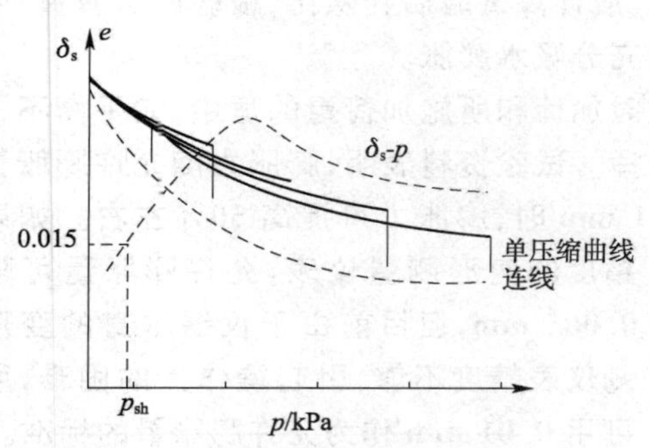

图 3.2.30　单线法压缩及湿陷曲线

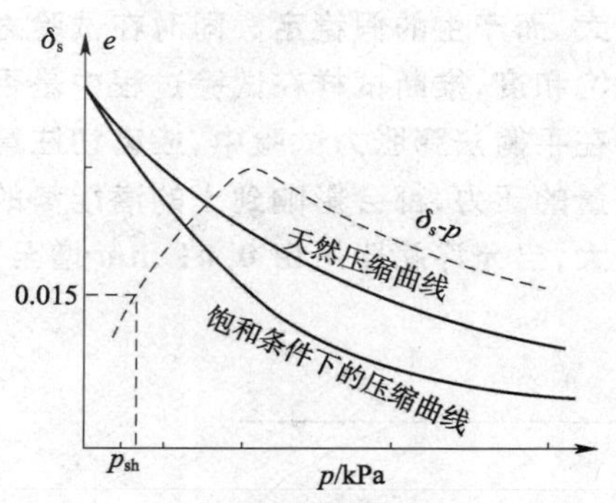

图 3.2.31　双线法压缩及湿陷曲线

（五）膨胀土的膨胀及收缩试验

膨胀土因其含有较多的亲水性黏土矿物成分，具有滑腻感、裂隙较发育、硬塑，特别是随着湿度的变化会产生胀缩变形，具有多发性、反复性和潜在性。

膨胀土的膨胀与收缩试验，一般采用原状土或扰动土两种试样。

（1）自由膨胀率

本试验目的是测定膨胀土在无结构力影响下的膨胀潜势，是一种判别指标。试验方法按《方法标准》第 20 章"自由膨胀试验"的规定进行。本试验的注意事项如下：

①试样制备至关重要，应用四分法取试样，并要求充分分散，过 0.5 mm 筛，注意试样的代表性；

②试样倒入量筒后其紧密或疏松会影响试验结果，因此一定按规定落距一次倒入，量筒内径应选用 20 mm，倒入杯中的试样高度略大于内径，便于在装土或刮平时减轻自重和振动的影响；

③注意凝聚剂氯化钠（NaCl）的加入量（5 mL）和浓度（5%），如加入量过多或浓度过大，对一些含有钠盐的土会降低其膨胀性，而对一些非碱性的膨胀土，则会产生疏松的网状现象，影响测试的准确性，且会增大膨胀量。

（2）膨胀率试验

膨胀率试验目前有三种试验方法。

①无荷载膨胀率试验。无荷载膨胀率是试样在有侧限无荷载条件下浸水饱和后的膨胀量与初始高度之比，用百分比表示。

②有荷载膨胀率试验。有荷载膨胀率是试样在有侧限和特定荷载下浸水膨胀稳定后试样增加的高度（稳定后高度与初始高度之差）与试样初始高度之比，用百分比表示。

③膨胀力试验。膨胀力是膨胀性土由于含水率增加发生膨胀而产生的内应力。

上述三种试验方法及试验结果的整理计算按《方法标准》之第 21 章膨胀率试验及第 22 章之规定进行。

（3）膨胀率和膨胀力试验注意事项

①试验时浸水所用的水的成分、pH 值以及水温对膨胀量都有一定的影响，因为土的膨胀量大小，不仅取决于土本身的性质，而且也与土体中孔隙溶液的成分和浓度有关。为了试验方法的统一性和增加其可比性，因此采用纯水。所谓纯水，主要是指蒸馏水或去离子水。

②试验资料表明，对于同一种土样，荷重越大稳定越快，无荷重时稳定最慢；对于土质不

同的土样,其膨胀量越大稳定越慢。在试验中应注意这种现象,以防止因试样含水率较高或荷重过大,而产生的假稳定。同时在试验之后,应计算试验后孔隙比,检验试验质量;或计算试验后饱和度,推断试样在试验过程中是否已充分吸水膨胀。

③在平衡法膨胀力试验中,应密切注意及时加荷和所施加荷重的适中,如平衡不及时或加了过量的压力,都会影响到土的潜能势的发挥。试验资料表明,膨胀力随允许膨胀量的增大而增大,当允许膨胀量由 0.01 mm 增至 0.1 mm 时,膨胀力可提高 50%左右。如果有高精度的变形测量仪表,允许膨胀量可限制在 0.005 mm,但目前由于仪器本身的变形和量测仪表精度不够,引起操作上的困难,所以亦可用 0.01 mm 作为允许膨胀量的标准。

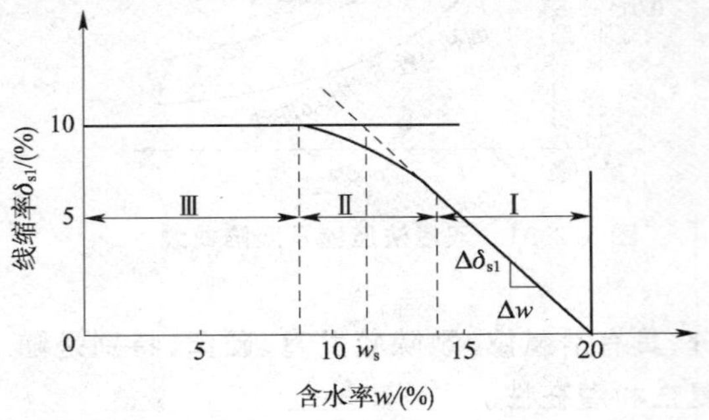

图 3.2.32 线缩率与含水率关系

(4)收缩试验

黏性土随着土体中水分的减少都会发生收缩。而这种收缩特性,在膨胀土中,由于黏土矿物的作用,往往比一般黏土还会强烈。土的收缩大致可分为三个阶段,如图 3.2.32 所示,即直线收缩段(Ⅰ),其斜率为收缩系数;曲线过渡段(Ⅱ),随土质不同,曲率亦不同;近水平直线段(Ⅲ),表明此时土体基本上不再收缩。

收缩试验土的线缩率、体缩率、收缩系数以及近似的求土的缩限含水率(图解法),为地基评价和计算地基土的收缩变形量提供了参数。

收缩试验的试验方法与试验结果整理计算按《方法标准》第 23 章的规定进行。

(六)盐渍土溶陷性试验

1.试验目的

盐渍土具有浸水溶陷的特性,一般宜在现场用浸水载荷试验方法测试;但在室内亦可采用密度法进行测定,求得溶陷系数。

2.试验方法及仪器设备

(1)试验操作要点

①按蜡封法测定试样的天然密度;

②将做完蜡封的试样,剥去蜡皮,在蒸馏水中浸泡、淋洗、洗去土中盐分,将其风干、碾碎;

③在击实器圆筒内进行侧向往复振击和垂直击实,直至试样高度不变,测定其最大干密度。

(2)试验仪器设备

同密度试验、含水率试验及击实试验仪器。

(3)试验结果计算

①按下式计算蜡封试验的干密度

$$\rho_d=\frac{\rho_0}{1+0.01w_B} \tag{3.2.76}$$

式中,ρ_d 为试样干密度(g/cm³);ρ_0 为试样天然密度(g/cm³);w_B 为试样的含液量(%)。

②按下式计算含液量(%)

$$w_B=\frac{w(1+B)}{1-Bw}\times100\% \tag{3.2.77}$$

式中，w 为含水率，用常规方法测出值（以小数计）；B 为溶于水中的盐量（以小数计），按《方法标准》测定含盐量（一般测易溶盐，必要时加测中溶盐和难溶盐），并作全盐量分析（当 B 值在某温度下大于其溶解度时，取该盐溶解度为其值）。

③按下式计算试样的溶陷系数

$$\delta = K_G \frac{\rho_{dmax} - \rho_d(1-C)}{\rho_{dmax}} \tag{3.2.78}$$

式中，δ 为溶陷系数；K_G 为与土性质有关的经验系数，取值为 0.85～1.00；C 为试样的含盐量实测值（以小数计）；ρ_{dmax} 为试样最大干密度（g/cm^3）。

（七）回弹模量试验

（1）试验目的

回弹模量试验，主要应用于填方工程如公路和机场跑道等，其目的是在规定的压力下进行加压和卸压，测定试样的回弹变形量，以确定土的回弹模量。

（2）试验方法及适用范围

回弹模量试验有两种方法：承载板法和强度仪法。前者适用于不同湿度、密度的细粒土，尤其适用于含水率较大、硬度较小的细粒土；后者适用于不同湿度、密度的细粒土及其加固土，尤其适用于硬度较大的土。

（3）试验操作及计算制图

试验操作及计算制图按《方法标准》第 12 章的规定进行。

（4）注意事项

①回弹变形一般很小，尤其在加荷开始阶段，如用百分表估读误差较大，故测定变形量应用千分表。

②对于较软的土，p-l 曲线不通过坐标原点，如图 3.2.33 所示，可用初始直线段与纵坐标的交点作原点，修正各级荷载下的回弹变形和回弹模量。

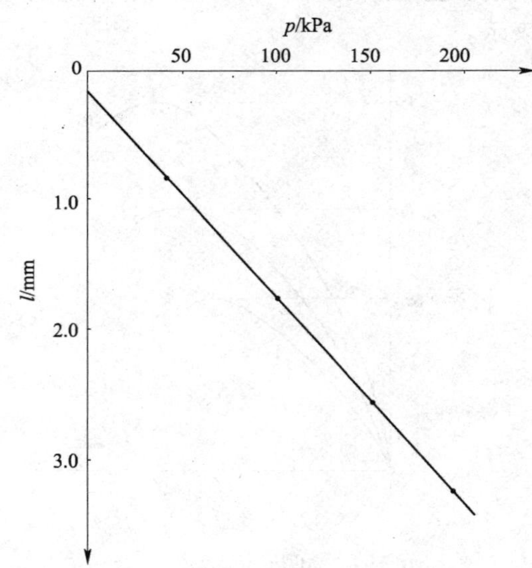

图 3.2.33 单位压力与回弹变形 p-l 的关系曲线

四、土的强度试验①

剪切试验的主要目的在于测定土在不同排水条件和法向应力下，土破坏时的抗剪强度，从而确定土的强度参数：黏聚力 c 和内摩擦角 φ。

（一）直接剪切试验

1. 试验目的

直接剪切试验是利用盒式剪切仪，在试样上施加竖向压力，直接测定的总抗剪强度指标的一种方法，它是最古老却又最简单的试验方法，适用于砂土及渗透系数 $k < 10^{-6}$ cm/s 的黏土，不适于测定软黏土的不排水剪强度。这类指标在工程上用于土体稳定的总应力分析方法。

2. 试验仪器

直接剪切仪是由剪切盒、竖向加荷框架机构和测力计、位移计等构成。其中剪切盒位于

① 本部分编写人：朱思哲（中国水利水电科学研究院教授级高级工程师）。

水槽内，分上盒和下盒。上盒的一端通过推力曲杆支承在测力计上，试样装于剪切盒内。在试样顶面施加竖向压力。由推动轴推动水槽，使试样产生剪切位移，而沿试样中部剪断。施加的剪切力的大小由测力计测定。

为测定粗粒土的强度指标，剪切盒的内径（即试样直径）可以大到 **300～1 000 mm**。试样直径 D、试样高度 H 与试样的最大粒径 d_{max} 应满足以下需求

$$\frac{D}{d_{max}} \geqslant 8 \sim 12, \frac{H}{d_{max}} \geqslant 4 \sim 8$$

3. 试验方法

直接剪切试验方法的选择，一般要按土的性质、施工条件和运用条件确定。同时也应考虑设计将采用的分析方法，如采用有效应力法或总应力法。直剪试验所测得的参数为总应力强度参数，只适用于总应力分析法。

土的抗剪强度与试验排水条件有很大关系。根据排水条件，试验方法可分为三种：即快剪（Q 试验）、固结快剪（R 试验）和慢剪（S 试验）。三种试验的具体试验方法见《方法标准》中的第 **18** 章。

4. 资料整理

将试验资料先绘制成剪应力 τ 与位移 Δl 的关系曲线，如图 **3.2.34a)** 所示。如若曲线出现峰值，则取峰值作为破坏剪应力 τ_f；如无峰值，则取曲线趋向稳定的剪应力值作为破坏剪应力 τ_f。然后以破坏剪应力 τ_f 为纵轴，竖向压力 p 为横轴，绘制如图 **3.2.34b)** 所示的关系曲线。直线的倾角即为内摩擦角 φ，直线与纵轴的截距为黏聚力 c。该直线可以库仑公式表示。

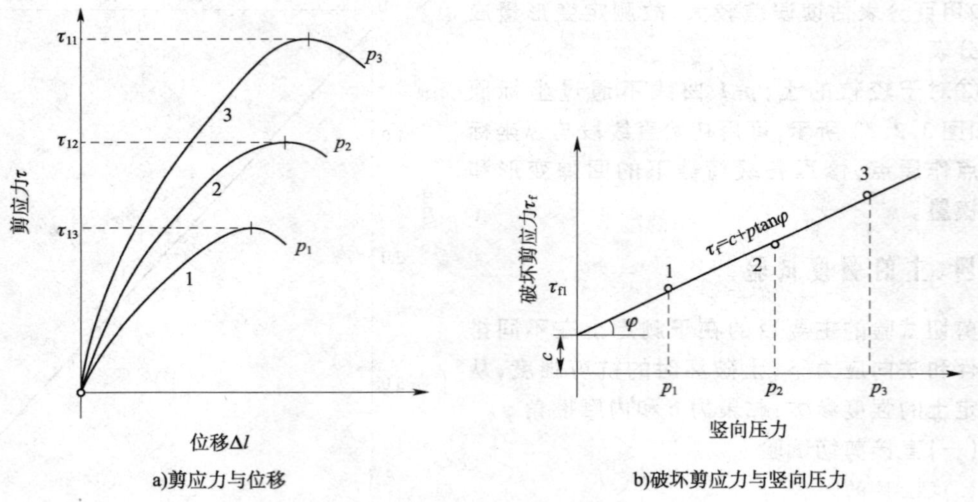

a)剪应力与位移　　b)破坏剪应力与竖向压力

图 **3.2.34**　直剪试验结果

土的强度与其密度 ρ 和含水率 w 有密切关系。强度参数 c 和 φ 也因土的性质和试验方法不同而异。对于干砂土 c 值为零，φ 值则随密度的增加而增大。它们受试验方法的影响很小。

对于正常固结黏土（指初始含水率 w 接近于液限 w_L），固结快剪和慢剪试验结果可表示为

慢剪试验　　$\tau_f = p\tan\varphi_s$

固结快剪试验　　$\tau_f = p\tan\varphi_{cu}$

φ_s 和 φ_{cu} 的范围一般如下

$$\varphi_s = 28° \sim 30° \quad (例外情况可小至20°)$$

$$\varphi_{cu} = 14° \sim 20° \quad (例外情况可小至12°)$$

对于超固结土，快剪试验结果表明 c 值随超固结压力增加而增大，而 φ 值则接近于零。

图3.2.35是同一种黏土在超固结、正常固结、重塑等三种不同状态时强度、变形的特性的对比情况。

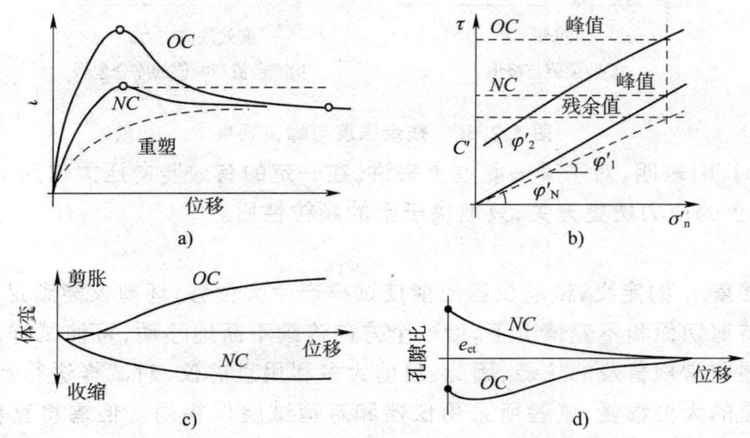

图3.2.35　土三种状态的强度与变形

OC=超固结；NC=正常固结

表3.2.39和表3.2.40是石英砂和无黏性土的 φ 值参考值。

石英砂的 φ 值　　表3.2.39

颗粒形状和级配		密实度	
		松	紧
圆粒	级配均匀	28°	35°
角粒	级配良好	34°	46°

干无黏性土的 φ 值　　表3.2.40

土的类别和级配		密实度			
		松		紧	
		圆粒	角粒	圆粒	角粒
砂	均匀细砂至中砂	30°	35°	37°	43°
	级配良好的砂	34°	39°	40°	45°
砂和砾		36°	42°	40°	48°
砾		35°	40°	45°	50°
粉土		28.32°		30.35°	

(二)残余强度试验

1. 试验目的

残余强度 τ_r 是土在某竖向荷载下强度达到峰值后，当位移继续增大，强度随位移增加而逐渐减小，最终达到稳定值时的强度。它是土在该竖向压力下的最小强度，见图3.2.36a)。在土坝、路堤和超固结土开挖边坡的长期稳定问题的分析中，都要求用残余强度参数 c_r、φ_r 作为计算参数。

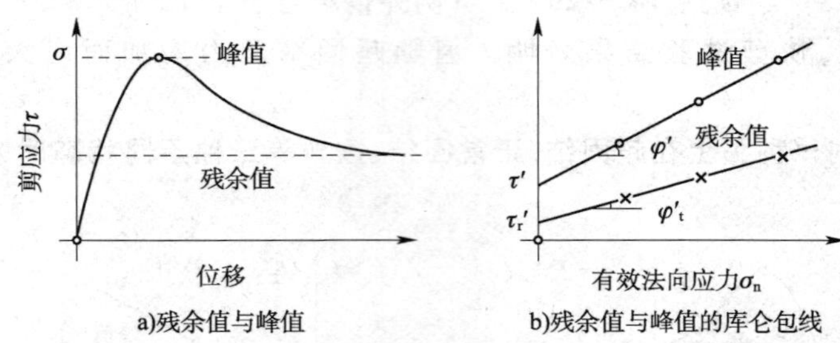

图 3.2.36　残余强度与峰值强度

图 3.2.36a)、b)表明，对于某一黏性土来讲，在一定的有效竖向压力作用下，残余强度 τ_r 为一常数，它与土的应力历史无关，只取决于土的颗粒性质。

2.仪器

根据残余强度 τ_r 的定义，试验仪器应能使试样产生大位移，环剪仪能满足这一要求。其优点是能在保持剪切面积不变情况下，沿一个方向连续不断地移动，可使试样产生很大的位移。但这种仪器非常规普及的仪器，因此，目前大多利用直剪仪，对试样进行反复剪切，使累积位移达到所需的大位移量，试验所采用仪器和直剪试验仪相同。但需将直剪试验仪的水槽与等速推动轴刚性连接，剪切盒上盒的推力曲杆与测力计连接。这样可使试样剪切达到一定位移后，让下盒返回到剪切前的初始位置。

3.试验方法

测定残余强度的方法和前述慢剪试验方法相同。所不同者，当试样剪切达到一定位移值 Δl 后，使推动轴等速后退，直到 Δl 减小到零为止，即使上下剪切盒内试样的剪切面完全重合。然后再按同样方法进行剪切。如此反复进行，一直进行到土的剪应力保持稳定为止。该稳定不变值即为残余强度值 τ_r。为求得残余强度参数 c_r、φ_r，应取 3～4 个试样，分别在不同的竖向压力 p 下，进行同样试验。

根据不同竖向压力 p 和相应的剪应力—位移曲线的峰值和残余强度值绘成的强度线如图 3.2.36b)所示。

残余强度线可用下式表示

$$\tau'_r = c'_r + p'\tan\varphi'_r \tag{3.2.79}$$

式中，c'_r 为残余黏聚力；φ'_r 为残余内摩擦角；p'为有效竖向压力。

4.残余强度的影响因素

残余强度反映土体滑动后滑动面上的强度。这时滑动面上的黏聚力 c'_r，已基本破坏，只保留摩擦力。因此，c'_r 值常常很小，或接近于零。

图 3.2.37 表明了 φ'_r 与黏粒含量的关系。图中各小圆圈是不同地区的黏土，其中有正常固结黏土，也有超固结黏土。它们的 φ'_r 并没有明显差别。在颗粒任意排列、体积不变情况下进行剪切时，存在下列关系

$$\tan\varphi'_r = \frac{\pi}{2}\tan\varphi_\mu$$

式中，φ_μ 为矿物颗粒摩擦角。

对于正常固结黏土，其峰值强度与残余强度几乎无明显差别；而对于超固结黏土，峰值强度比残余强度大，超固结比 OCR 越大，其差值越大。

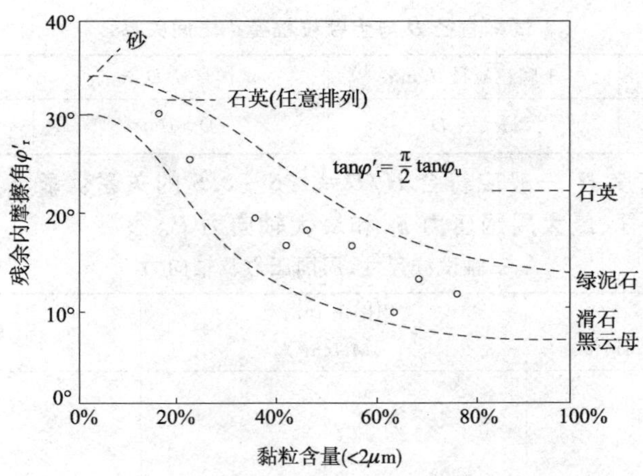

图 3.2.37 φ'_r 随黏粒含量的变化

(三)三轴压缩试验

1.试验目的和适用范围

三轴压缩试验是目前在室内测定土的抗剪强度指标中最重要的一种方法。可以间接地确定土的强度指标:黏聚力 c 和摩擦角 φ。

三轴试验适用于测定黏性土、砂土等各类土的总强度参数 c、φ;有效强度参数 c'、φ';孔隙压力系数及控制不同排水条件的试验。

2.试验原理

三轴压缩试验的基本原理是:对图 3.2.38 所示的圆柱体试样,先施加周围侧向应力 σ_3(小主应力),令其在试验过程中保持为常数,然后逐渐增加轴向应力 σ_1(大主应力),直至试样达到破坏。破坏时试样内的剪切面与大主应力作用面的夹角为 α,见图 3.2.38a)。如沿剪切面取一微小块体,其应力状态如图 3.2.38b)、c)所示。

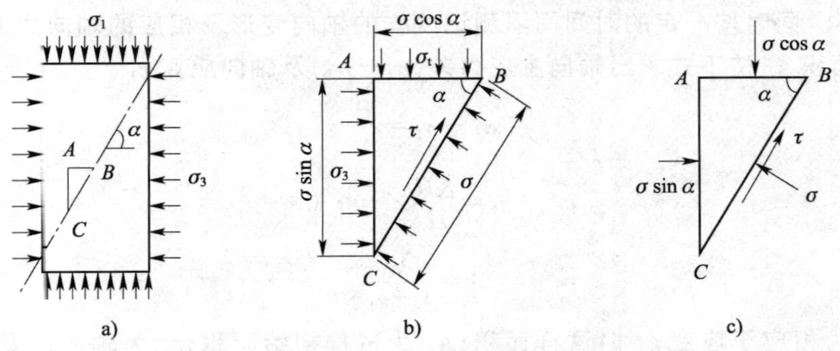

图 3.2.38 三轴试验时应力状态

在试验中,只要确定破坏状态时的 σ_1 和 σ_3,就可得知 φ 和 c。作三轴试验时,一般选定三至四个试样,分别施加不同的小主应力 σ_3,故只需测得相应的破坏时的大主应力 σ_1 即可。

3.三轴压缩仪

中国通用的应变控制三轴压缩仪构造包括反压力控制系统:周围压力控制系统,孔隙水压力测量系统,三轴压力室、测轴向应力的量力环、体变量测管和变形百分表轴向位移计等。

试样的尺寸根据土的颗粒粒径大小而定。表 3.2.41 是试样直径 D 与土粒径 d 之间的一般规定。

试样直径 D 与土颗粒粒径 d 之间关系 表 3.2.41

试样直径 D/mm	土颗粒粒径 d/mm	试样直径 D/mm	土颗粒粒径 d/mm
$D<100$	$d<\frac{1}{10}D$	$D>100$	$d<\frac{1}{5}D$

试样直径 D 与高度 H 一般应符合 $H/D=1.5\sim2.5$ 的关系。表 3.2.42 是中国通常采用的几种三轴试样尺寸、最大周围压力 δ_3 和最大轴向力 P。

三轴试样尺寸、周围压力及轴向力 表 3.2.42

试样尺寸 $(D\times H)/(\text{mm}\times\text{mm})$	周围压力 $\delta_3/(\text{MN/m}^2)$	轴向力 P/kN
39.1×80	0～1.0 0～2.0 0～6.0	10 30 60
61.8×125	0～1.0 0～2.0 0～6.0	30 60 100
101×200	0～1.0 0～2.0 0～6.0	60 100 300
300×700	0～1.5 0～7.0	300 2500

注：D 为试样直径；H 为试样高度。

4. 试验方法

常规三轴试验根据试样排水条件分为：不固结不排水剪（UU 试验）、固结不排水剪（CU 试验）及固结排水剪（CD 试验）。

试验的步骤是：先对试样施加周围压力 σ_3，然后以一定的轴向应变速率 ε 给试样施加轴向力直至破坏。同时按一定的时间间隔测记试样的轴向变形及相应的轴向力 P。根据轴向力 P 及试样面积 A，按下式求出轴向主应力差 $(\sigma_1-\sigma_3)$ 及轴向应变 ε_1

$$\sigma_1-\sigma_3=\frac{P}{A} \tag{3.2.80}$$

$$\varepsilon_1=\frac{\Delta H}{H}\times100 \tag{3.2.81}$$

$$A=\frac{A_0}{1-\varepsilon_1}$$

式中，A 为相应于应变 ε_1 时试样面积；A_0 为试样初始面积；ε_1 为轴向应变（%）；ΔH 为试样轴向变形；H 为试样初始高度；P 为轴向压力。

为求得强度参数，一般应制备三至四个密度与含水率都相同的试样，分别施加不同的周围压力 σ_3，用同样方法进行试验。

三种试验方法及测定的强度参数列于表 3.2.43。

三轴试验的三种试验方法 表 3.2.43

试验类别	排水阀状态		轴向应变速率 $\varepsilon/\text{min}^{-1}$	强度参数
	固结过程	轴向压缩过程		
不固结不排水剪（UU 试验）	关闭	关闭	0.5%～1%	c_u φ_u

续上表

试验类别	排水阀状态		轴向应变速率 ε/ min⁻¹	强度参数
	固结过程	轴向压缩过程		
固结不排水剪（CU 试验）	开	关闭	0.5%～1% 0.05%～0.5%	c_{cu}　φ_{cu} c'　φ'
固结排水剪（CD 试验）	开	开	0.003%～0.012%	c_d　φ_d

在表 3.2.43 中，对于 CU 和 CD 试验，在施加 σ_3 后，应待试样固结度达到 95%，才可施加轴向力。测定有效强度参数 c'、φ' 应采用 CU 试验方法，并测孔隙水压力。轴向应变速率 ε 应缓慢，为 0.05%～0.5%，以便孔隙水压力能均匀分布。有效强度参数 c'、φ' 和排水剪强度参数 c_d、φ_d 很接近，φ_d 值比 φ' 值大 2°～3°。

5. 资料整理及应用

(1)资料整理

三轴试验成果可绘制成图 3.2.39a)、b)、c)及 d)。

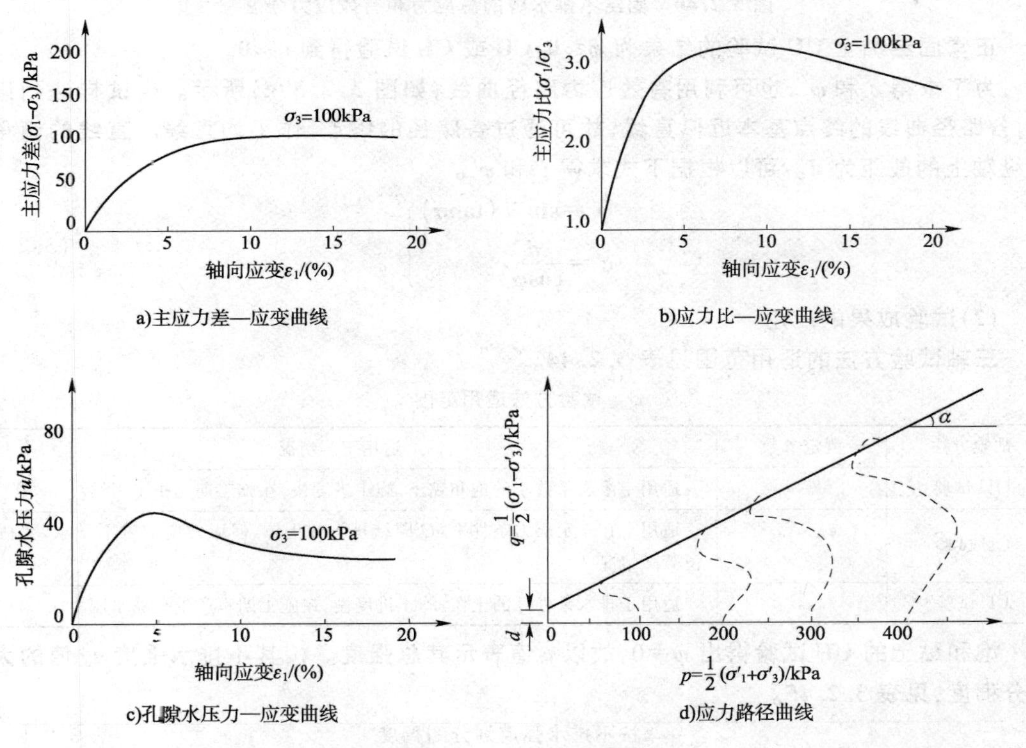

a)主应力差—应变曲线

b)应力比—应变曲线

c)孔隙水压力—应变曲线

d)应力路径曲线

图 3.2.39　三轴试验曲线

从图 3.2.39a)和 b)，取曲线的峰值主应力差 $(\sigma_1-\sigma_3)_f$ 或 σ'_1/σ'_3 作为土的破坏强度。如不出现峰值，则可取轴向应变 $\varepsilon_1=15\%$ 对应的应力差 $(\sigma_1-\sigma_3)_f$ 或应力比 σ'_1/σ'_3 作为破坏强度。以抗剪强度 τ 为纵轴，法向应力 σ 为横轴，然后以破坏主应力差 $(\sigma_1-\sigma_3)_f$ 为直径，在 σ 轴上取 $(\sigma_1+\sigma_3)/2$ 处为圆心，绘摩尔圆，如图 3.2.40 所示的几个实线圆。绘出各摩尔圆的强度包线(直线)，包线的倾角即为内摩擦角 φ，包线在纵轴上的截距即为黏聚力 c。包络线可用下式表示

$$\tau=c+\sigma\tan\varphi \tag{3.2.82}$$

若在试验(CU 试验)过程中,同时测得图 3.2.39c)所示剪切过程中的孔隙水压力 u,则可求得不同轴向应变时的有效应力 $\sigma'_1=\sigma_1-u$;$\sigma'_3=\sigma_3-u$。可按上述方法绘几个有效应力摩尔圆和有效强度包线,如图 3.2.40 所示的虚线摩尔圆及虚线强度包线。从而得到以有效应力 σ' 表示的强度包线式如下

$$\tau=c'+\sigma'\tan\varphi' \tag{3.2.83}$$

式中,φ'、c' 为有效内摩擦角、有效黏聚力。

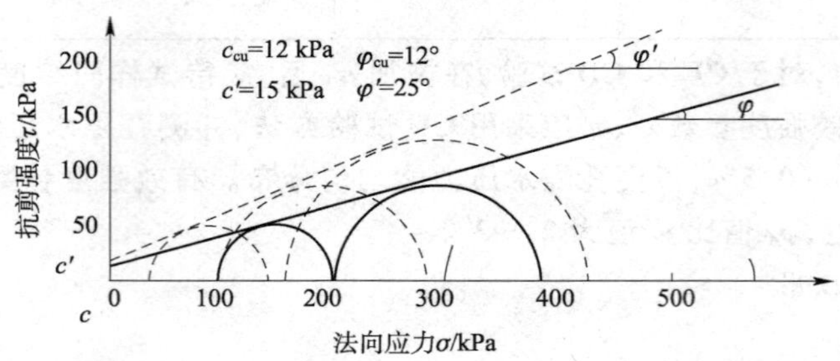

图 3.2.40 固结不排水剪的总应力和有效应力强度

正常固结黏土 UU 试验的结果为 $\varphi\approx0$;CD 或 CU 试验得到 $c\approx0$。

为了求得 c' 和 φ',也可利用有效应力路径曲线,如图 3.2.39d)所示。当试样达到破坏时,各路径曲线的终点基本近似直线,故可通过各路径的终点,作平均直线。直线的倾角为 α,纵轴上的截距为 d。可以根据下式求得 c' 和 φ'。

$$\left.\begin{aligned}\varphi'&=\sin^{-1}(\tan\alpha)\\c'&=\frac{d}{\cos\varphi'}\end{aligned}\right\} \tag{3.2.84}$$

(2)试验成果的应用

三轴试验方法的适用范围见表 3.2.44。

试验方法适用范围 表 3.2.44

试验方法	测定参数	适用工程情况
UU 试验	φ_u,c_u	适用于渗透系数小的饱和黏土,施工进度快,在施工期无排水固结
CU 试验	φ_{cu},c_{cu},φ',c'	适用于在一定应力条件下,已固结排水的土体,但应力增加时不排水,如枯水位骤降情况
CD 试验	φ_d,c_d	适用于排水条件好的土体,施工进度慢,在施工期不产生孔隙水压力

饱和黏土的 UU 试验得出 $\varphi=0$,故以 c 值表示其总强度。按其不排水强度 c_u 值的大小划分稠度,见表 3.2.45。

按不排水强度划分的稠度 表 3.2.45

稠度状态	不排水强度 c_u/(kN/m²)	稠度状态	不排水强度 c_u/(kN/m²)
极软	<20	硬、坚硬	75~100
软	20~40	坚硬	100~150
软、硬	40~50	十分坚硬	>150
硬	50~75		

三轴试验成果的应用,应由有实践经验的工程师,根据工程施工运用条件、稳定分析方法而判断采用。表 3.2.46 所列可供参考。

三轴试验成果应用参考　　表 3.2.46

工程性质	运用条件	分析方法	测定参数	试验方法
构筑物基础 在软黏土层上 在膨胀土层上	施工期	总应力	$c_u, \varphi_u=0$ $c_u, \varphi_u=0$	UU 试验或 CU 试验 UU 试验或 CU 试验
挡土构筑物	施工末期 长期运用 长期稳定	总应力 有效应力	c_u c', φ' K_0	UU 试验 CU 试验或 CD 试验 侧向应变为零
路堤填土	施工期 短期或长期稳定 长期稳定	有效应力 总应力 有效应力	c_d, φ_d c_u, φ_u c_d, φ_d	CD 试验(非饱和) UU 试验或 CU 试验 CD 试验
粗粒土	长期	有效应力	c_d, φ_d	
天然土坡 第一次滑坡 已经滑坡	长期	有效应力 残余强度	c_d, φ_d c'_r, φ'_r	CD 试验 残余试验
地基	施工期	有效应力	$\varphi', c'=0$	CU 试验,测 A 值
削坡 第一次滑坡 已经滑动	施工期 长期	总应力 有效应力 残余强度	c_u c', φ' φ'_r	UU 试验 CU 试验 残余试验
土坝 水位骤降 透水土料 不透水土料	施工期 施工期 短期稳定 短期稳定	总应力 孔隙水压力 有效应力 渗透性 有效应力 孔隙水压力消散	c_u, φ_u $\overline{B}$ c', φ' k c', φ' $\overline{B}$	UU 试验或 CU 试验 应力路径试验 CU 试验(饱和) 三轴渗透试验 CU 试验(饱和) 三轴试验
临时开挖 密实黏土 (底板隆起) 膨胀土	施工期 施工期	总应力 有效应力	c_u, φ_u c', φ'	UU 试验或 CU 试验 (拉伸试验,σ_1 减小) CU 试验或 CD 试验
隧洞衬砌	长期稳定	总应力或有效应力	K_0	侧向变形为零

(四)无侧限抗压强度试验

1. 试验目的及适用范围

无侧限抗压强度试验是试样在无侧限压力情况下,对其逐渐增加轴向力直到破坏。试样达到破坏时的轴向应力称无侧限抗压强度 q_u。根据试验测得的应力应变关系,可求得土的切线弹性模量 E_i、割线弹性模量 E_s、回环弹性模量 E_h 及土的灵敏度等。它是不固结不排水剪(UU 试验)周围压力 σ_3 为零时的一种特殊三轴试验,故 q_u 反映黏性土的不排水抗剪强度。

2. 试验仪器和试验方法

本试验可用无侧限压缩仪,也可采用三轴仪进行。

试样为圆柱体,直径 D 与高度 H 的关系宜采用 $H/D\approx 2.0\sim 2.5$。试验方法和三轴试验不固结不排水剪(UU 试验)相同,只是不施加周围压力 σ_3。试样装好后,沿试样轴方向,按一定应变速率,对试样施加轴向力直到破坏,并用测力计测定相应的轴向力 P。

根据不同的试样尺寸采取不同的轴向变形速率。一般采取 2~3%/min,达到破坏的时间应不大于 10 min。表 3.2.47 是不同尺寸的试样应采用的轴向变形速率值。

轴向变形速率参考值 表 3.2.47

试样尺寸 $(D\times H)$/(mm×mm)	轴向变形速率/(mm/min)	试样尺寸 $(D\times H)$/(mm×mm)	轴向变形速率/(mm/min)
38×80	1.5	75×150	3
39.1×80	—	100×200	4
50×100	2		

选择变形速率时应考虑:如试样为软黏土,达到破坏时的变形较大,则轴向变形速率应快些;对于脆性土,其破坏变形较小,则应采取较慢的变形速率。如欲测定回环弹性模量 E_h,则当轴向力 P 达到试样破坏轴向力的 2/3 时,以同样速率使试样卸荷回弹直到轴向力回到零,然后再按前述方法,使试样产生轴向压缩变形,直到破坏为止。

3. 资料整理及成果应用

轴向力 P 和轴向变形 ΔH,按下式求轴向应力 σ

$$\sigma=\frac{P(1-\varepsilon)}{A_0} \tag{3.2.85}$$

$$\varepsilon=\frac{\Delta H}{H_0} \tag{3.2.86}$$

式中,σ 为轴向应力;H_0 为试样初始高度;A_0 为试样初始面积。

(1)抗压强度和弹性模量的确定

根据轴向压力 σ 和轴向应变 ε 可绘成图 3.2.41。如曲线有峰值,则取峰值应力作为无侧限抗压强度 q_u,如无峰值,则取与轴向应变 20%相应的应力作为无侧限抗压强度 q_u。根据无侧限抗压强度 q_u 值可区分土的稠度,见表 3.2.48。

黏土的稠度与强度 表 3.2.48

稠度	无侧限抗压强度 q_u/kPa	N/[击数/(300 mm)]	稠度	无侧限抗压强度 q_u/kPa	N/[击数/(300 mm)]
很软	<24	<2	硬	96～192	8～15
软	24～48	2～4	很硬	192～388	15～30
中等	48～96	4～8	极硬	>388	>30

由上述曲线可求得土的切线弹性模量 E_i、割线弹性模量 E_s 及回环弹性模量 E_h,见图 3.2.41。图中,E_i 是通过原点 O 的切线的斜率;E_s 是自原点 O 至应力 σ_a 直线的坡度,通常取 $\sigma_a=1/3q_u$;E_h 是回环曲线两交点直线的坡度。

(2)灵敏度及土的分类

灵敏度是原状土试样的无侧限抗压强度 q_u 与其试样重塑后强度 q'_u 之比值。试样重塑后的密度和含水率应保持和原状试样相同。

灵敏度按下式计算

$$S_t=\frac{q_u}{q'_u} \tag{3.2.87}$$

式中,S_t 为灵敏度。

图 3.2.42 是原状试样和重塑试样的应力应变曲线及其无侧限抗压强度值。

Terzaghi 和 Skempton 分别根据灵敏度 S_t 的大小,对土进行分类,见表 3.2.49 和表 3.2.50。

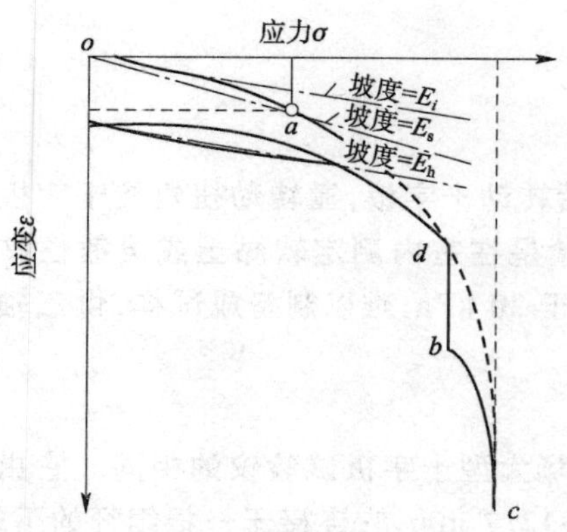

图 3.2.41　无侧限抗压强度试验应力与应变关系曲线

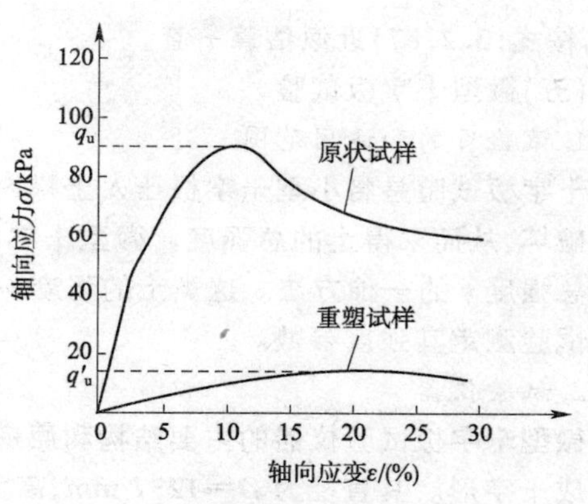

图 3.2.42　应力—应变曲线

按 Terzaghi 分类　　表 3.2.49

土　类	灵敏度 S_t	土　类	灵敏度 S_t
低灵敏性土	2～4	高灵敏性土	4～8
中灵敏性土	7～8		

按 Skempton 分类　　表 3.2.50

土　类	灵敏度 S_t	土　类	灵敏度 S_t	土　类	灵敏度 S_t
不灵敏	＜2	很灵敏	8～16	流动	＞64
中等灵敏	2～4	极易流动	16～32		
灵敏	4～8	中等流动	32～64		

灵敏度 S_t 与液性指数 I_L 的关系，见表 3.2.51。

灵敏度与液性指数　　表 3.2.51

灵敏度 S_t	液性指数 I_L	灵敏度 S_t	液性指数 I_L
＞8	＞1	2.6～1.6	0.50～0.25
8～4.5	1～0.75	1.6～1.0	0.25～0.00
4.5～2.6	0.75～0.50	＜1.0	＜0.00

(3)无侧限抗压强度计算

根据三轴试验，当 $\sigma_3=0$ 时，则

$$\tau=\frac{1}{2}\sigma_1\sin 2\alpha \tag{3.2.88}$$

$$\sigma=\frac{1}{2}\sigma_1+\frac{1}{2}\sigma_1\cos 2\alpha \tag{3.2.89}$$

$$\alpha=45°+\frac{\varphi}{2} \tag{3.2.90}$$

这时摩尔圆及强度包线如图 3.2.43 所示。$\sigma_3=0$ 只可绘出一个摩尔圆。因为该试验相应于三轴 UU 试验，通常令 $\varphi=0$，则强度包线为水平线，故得

$$\tau=c_u=\frac{1}{2}\sigma_1=\frac{1}{2}q_u \tag{3.2.91}$$

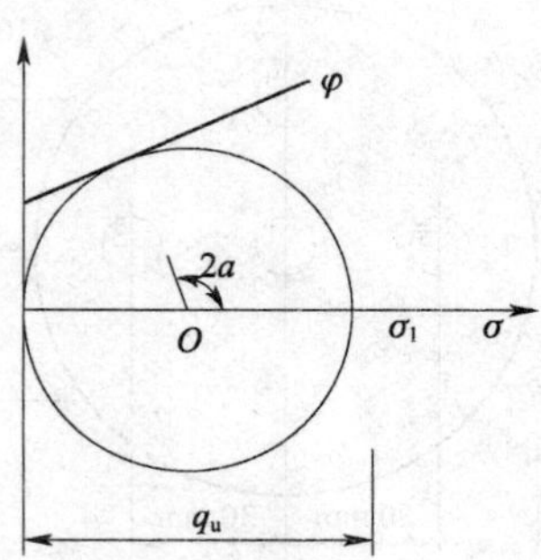

图 3.2.43　无侧限抗压强度的摩尔圆

如若试样达到破坏时，有明显的破坏面，可实测破坏面的倾

角 α,按式(3.2.87)近似估算 τ 值。

(五)微型十字板试验

1.试验目的和适用范围

十字板试验是将小型十字板压入土样内,然后转动十字板,靠转动扭矩使十字板周围土达到破坏,从而求得土的总强度。微型十字板试验是在室内测定软黏土或灵敏性黏土的不排水总强度 c 的一种方法。这类土的强度一般小于 20 kPa,难以制备成试样,供三轴试验或直剪试验测定其强度参数。

2.试验仪器

微型十字板试验仪器的主要结构和原理与现场大型十字板试验仪的相同。它由四个叶片构成十字形。其直径为 $D=12.7$ mm,高为 $H=12.7$ mm,它连接于一根细杆的下端,细杆的上端有一可施加扭力的转臂。扭力的大小通过测力计测定,见图 3.2.44a)。图 3.2.44b)是微型十字板转动时形成的圆柱体表面上的应力分布示意;图 3.2.44c)是圆柱体两端部表面上的应力分布。

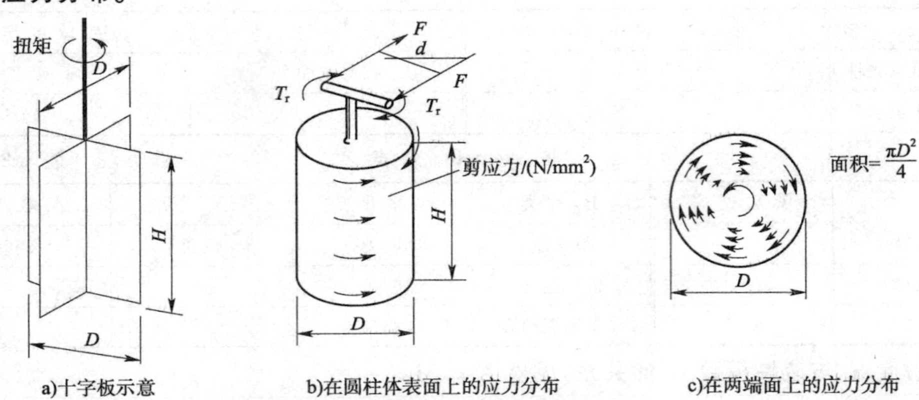

图 3.2.44 微型十字板仪

3.试验方法

试验步骤是先取出一筒原状土($D=100$ mm),用推土器将土样推出筒顶约 10 mm,削平土面。然后将微型十字板置于土样顶面,如图 3.2.45 中 1 所示部位。土面要与转动杆垂直。十字板的顶面应在土面下约 50 mm,即应大于 $4H$。以每分钟约 10°的转速施加扭力 F,直到随转角 θ 的增加,扭转力 F 不再增加而趋于稳定值,即达到周围土被剪破为止。如欲测该土重塑后的强度,可以让十字板在土内迅速转动 360°两次,这样原状土便被充分扰动,然后再按每分钟转动 5°的转速转动,并测记扭力 F 及扭角 θ。

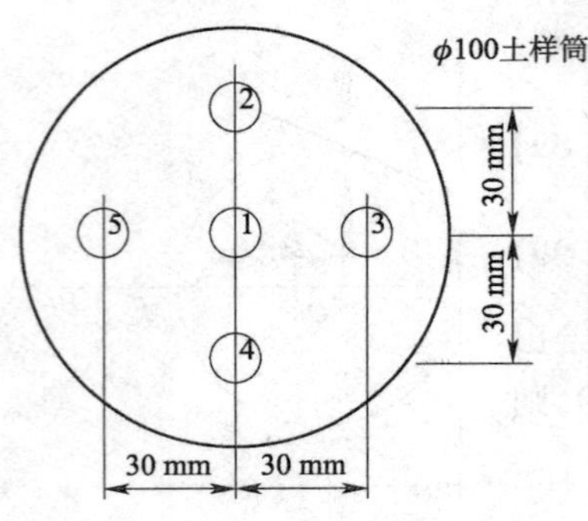

图 3.2.45 在 $D=100$ mm 土样筒内试验部位

取土筒($D=100$ mm)内的土样可供进行 5 次重复试验。当第一次试验完成后,再按上述步骤在图 3.2.45 所示的 2、3、4、5 等部位分别进行试验。

4.强度计算

如图 3.2.44b)所示,对转臂 d 施加扭力 F,则扭力矩 T_r($T_r=F\times d$)应与分布在十字板转动的圆柱体表面(侧面和两端面)抗剪力力矩相等,即

$$T_r=Fd=T_1+2T_2 \tag{3.2.92}$$

$$T_1=\frac{\pi D^2 HS}{2} \tag{3.2.93}$$

$$T_2=\frac{\pi D^3 S}{12} \tag{3.2.94}$$

式中，F 为施加于转臂 d 端的扭力(N)；d 为转臂长(mm)；S 为剪应力(N/mm^2)；T_r 为总扭力矩(N·mm)；T_1 为作用在土圆柱体侧面的剪刀矩(N·mm)；T_2 为作用在土圆柱体两端面积上的剪力矩(N·mm)。

在达到破坏时，土的不排水抗剪强度以 c_u 表示，其单位以 kN/m^2 表示

$$c_u=\frac{1000T_r}{\pi D^2\left(\frac{H}{2}+\frac{D}{6}\right)} \tag{3.2.95}$$

以土圆柱体表面剪应力 S 及相应的扭角 θ 绘出的 S-θ 关系曲线，见图 3.2.46。从图中可求得土的灵敏度 S_t。

$$S_t=\frac{c_u}{c_r} \tag{3.2.96}$$

式中，c_u 为原状土的强度(峰值)；c_r 为重塑土的强度(稳定值)。

表 3.2.52 为土的稠度与十字板所测强度的关系。

稠度与相应强度的关系

表 3.2.52

稠　　度	十字板测定的强度/(kN/m^2)
很软	20
软	40
软、硬	60
很硬	90

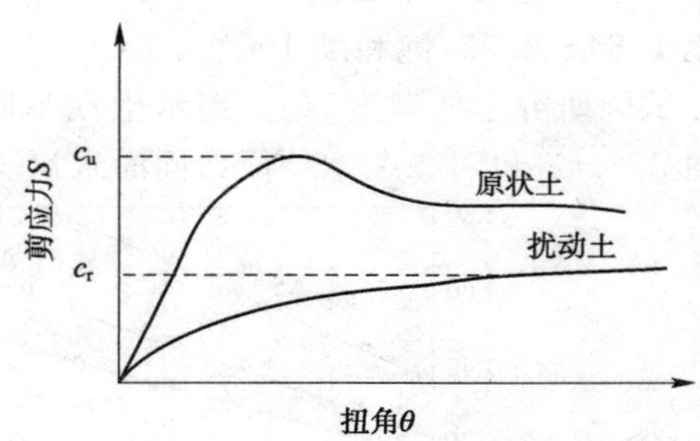

图 3.2.46 剪应力与扭角关系

五、土的流变试验①

土的流变试验包括土的流变特性、流变试验方法要点、影响土流变性质的因素三种。

(一)土的流变特性

土的流变性质是土的力学性质的时间效应，即土的应力、应变、强度与时间变化的关系，包括蠕变、松弛、流动及长期强度四个方面。通过试验研究这些特性和规律，借以评价地基土、土坡、路堤以及土工构筑物的长期稳定和变形。

1. 土的蠕变特性

土的蠕变特性，即土在荷载作用下，应变 ε 随时间 t 而逐渐增加的现象。这种变化表现在土的剪应变和体积应变随时间而变化两个方面。蠕变可在排水与不排水两种条件下发生。

图 3.2.47 是一组剪切蠕变曲线，这些曲线由于剪应力的不同，显示出不同的蠕变过程。即剪应力越大，剪应变的增加就越快，如图 3.2.47a)中 $\tau<\tau_8$ 所示，则蠕变现象逐渐减弱，应变速率也随之减小，最后趋向于零，而永远达不到破坏。这种情况称为阻尼蠕变。若应力大于某一值时，为 $\tau>\tau_8$，则产生非阻尼蠕变。如图 3.2.47b)所示，非阻尼蠕变包括以下阶段：

① 本部分编写人：刘虔(中兵勘察设计研究院高级工程师)、张文权(上海岩土建筑工程技术承包有限公司总工程师)

OA 为瞬时弹性变形阶段，其值很小，AB 为非稳定蠕变阶段，此阶段变形速度由大逐渐减小；BC 为稳定蠕变阶段，此阶段变形速度为常数，一般称为流动阶段；CD 为渐变阶段，此阶段变形速度逐渐增长，最后导致破坏，亦称破坏阶段。

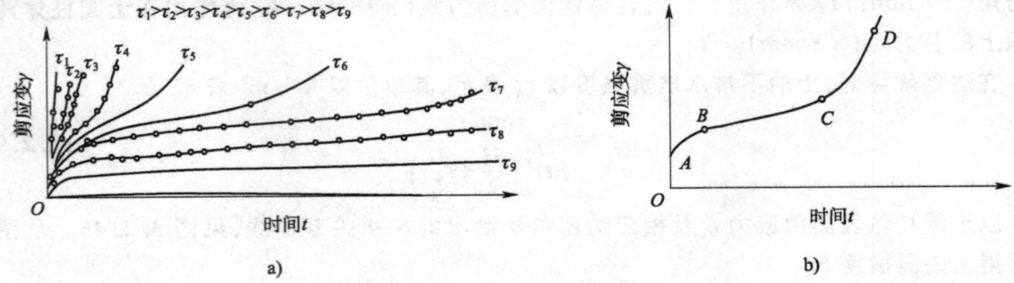

图 3.2.47 剪应变与时间的关系曲线

如果将应变与时间关系绘在半对数坐标上，则能更为直观地表现出应变随着时间而增加的这种蠕变特性。图 3.2.48 为村山朔郎用饱和软黏土在三轴仪上做的无侧限压缩蠕变试验结果。土的物理性指标为：液限 63%～86%，塑限 25%～36%，含水率 95%～98%，孔隙比 1.84～2.52，饱和度 100%。

试验研究土的蠕变，是为揭示土在不同应力作用下，其变形与强度随时间变化的特点，如图 3.2.47 和图 3.2.48 所示，同时求出土的长期强度和流动特性指标。

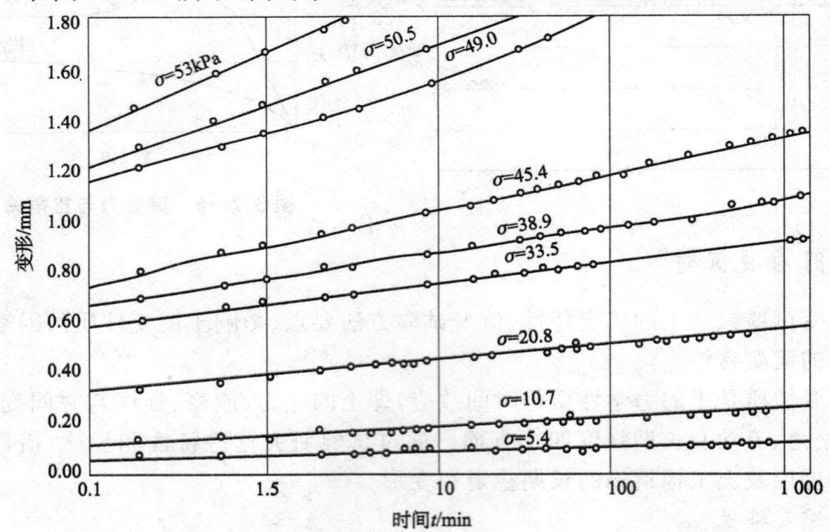

图 3.2.48 应力—应变—时间实测曲线

2. 土的松弛特性

土的松弛特性，即应力松弛特性，是土的应变 ε 保持不变，其应力 σ 随时间 t 的增加而逐渐减小的现象。图 3.2.49a) 为理论曲线，图 3.2.49b) 为实测曲线。土的松弛特性，可通过试验结果进行描述。

3. 土的流动特性

土的流动特性，当时间一定时，土的应变速率 ε 与应力的关系，是土体在荷载作用下时间效应的一种表现。土的流动现象可视为土的颗粒在外力作用下发生位移，也即是土的颗粒与孔隙交换位置。土在外力作用下才发生流动，且只有其作用力在一定范围值内，才发生流动，即存在一个屈服值问题。

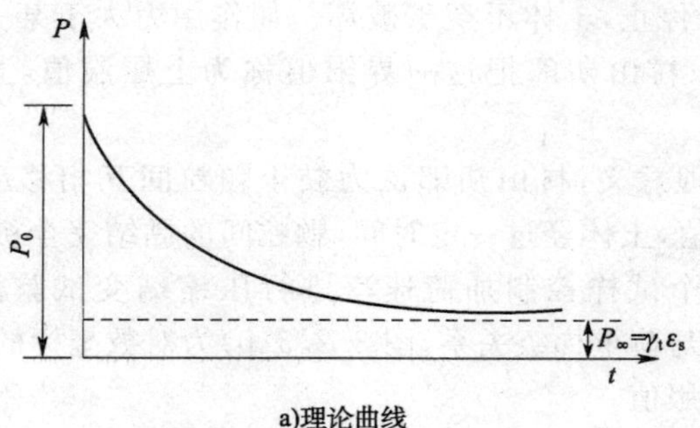

a)理论曲线

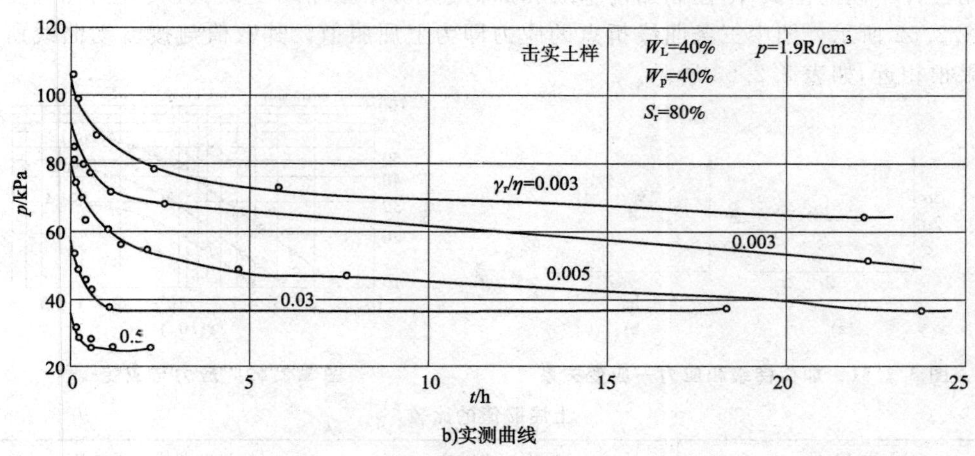

b)实测曲线

图 3.2.49 应力松弛曲线

(1)第三屈服值 f_3

1953 年岗兹和中国陈宗基教授，从流变观点研究土的力学性质，认为黏土具有三种屈服值，即第一屈服值 f_1，第二屈服值 f_2，第三屈服值 f_3。当剪应力 τ 小于 f_1 时，变形几乎测不出来，剪应力 τ 大于 f_1，而当 τ 小于 f_2 时，则变形处于弹性状态，能完全回弹；剪应力 τ 大于 f_2，小于 f_3 时，则产生流动；当剪应力 τ 大于 f_3 时，土由黏滞性阶段进入塑性阶段，土的结构开始破坏，并很快达到破坏。图 3.2.50 是天津海相沉积的软土，用应力式三轴仪作蠕变试验的实测曲线。土的物理指标为：天然含水率 35.2%，液限 32.4%，塑限 17.8%，孔隙比 1.00，天然密度1.83 g/cm³。从图中可明显看出第三屈服值 f_3 的力学特征。这种特征是土从连续流动进入加速流动的转折点，标志土的结构开始破坏。

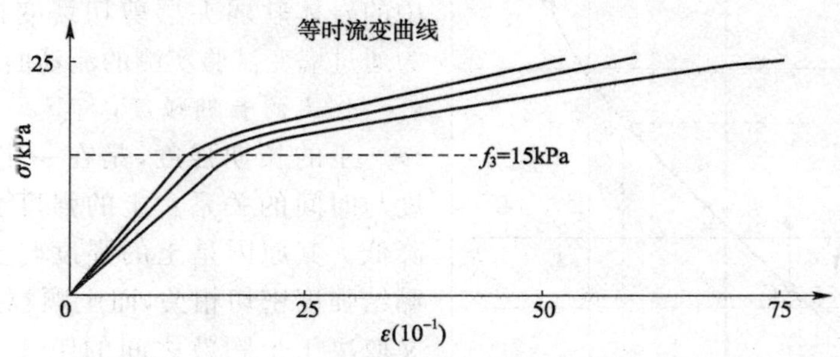

图 3.2.50 天津软土流变试验实验曲线

(2)上屈服值

从图 3.2.47ε)可以看出，如果作用于土体上的外力小于某一定值时，则土的蠕变变形随时间逐渐减小，最后趋于停止，土体不至于破坏。如作用力大于某一定值时，则变形速度增加，最后导致土体破坏。村山朔郎把这一界限值称为上屈服值，其意义与第三屈服值 f_3 相同。

关于上屈服值的物理意义，村山朔郎认为黏土颗粒间互相移动是以上屈服值为界限。如作用的力大于上屈服值，土体经过一定时间，颗粒间的黏结完全被切断，而产生蠕变破坏。图 3.2.51a)、b)为用一个试样控制加荷速率进行压缩蠕变试验测定上屈服值的结果。图 3.2.51a)为加荷速率与荷重梯级关系，图 3.2.51b)为对数坐标的应力 σ 与应变 ε 关系，其曲线转折点 A 即为上屈服值。

用三种不同的土试样，控制加荷梯级和加荷速率，作压缩蠕变试验，其应力—应变关系如图 3.2.52 所示。图中三条曲线折点的应力即为上屈服值。其数值与按流动曲线所测得的结果很相近，如表 3.2.53 所示。

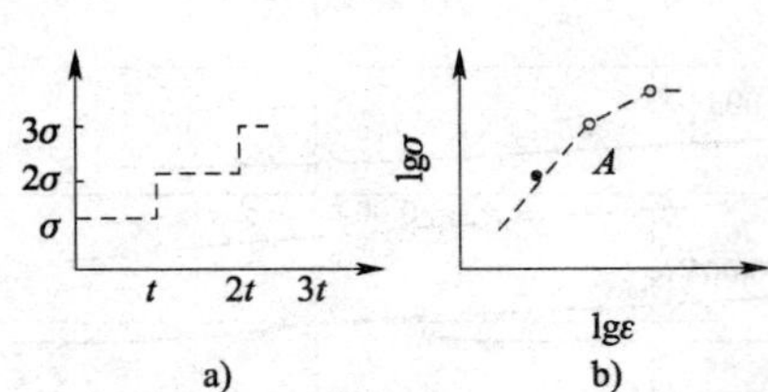

图 3.2.51 加荷梯级和应力—应变关系

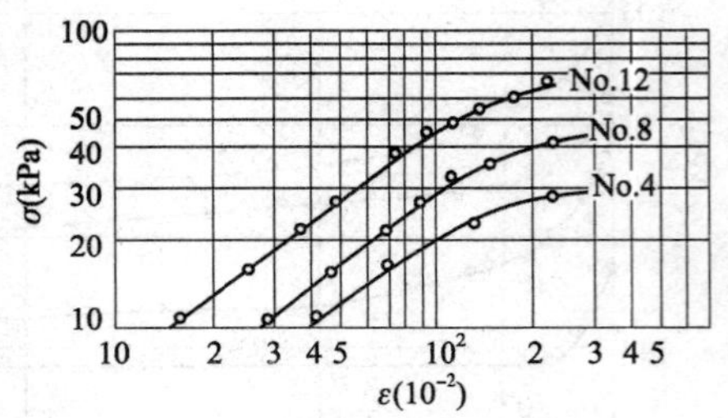

图 3.2.52 应力与应变

上屈服值的比较

表 3.2.53

试样编号	折点应力/kPa	按流动曲线测得的应力/kPa
No. 12	44	45
No. 8	34	33
No. 4	19	19

从以上试验的结果可以看出，上屈服值与第三屈服值 f_3 的意义相同，其力学特征也非常明确。

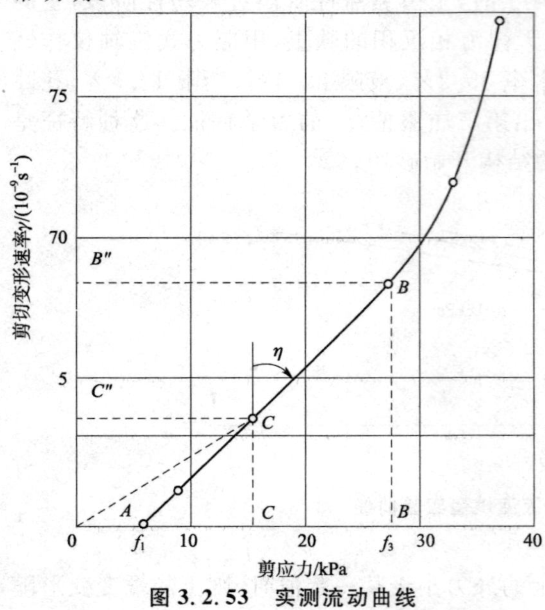

图 3.2.53 实测流动曲线

当剪应力小于屈服值 f_3 时，剪切速率 ε 与剪应力 τ 的关系呈线性。因此土的流动特性亦称黏滞特性，用土的黏滞系数 $\eta=\tau/\varepsilon$ 表示。其数学表达式见本章第一节室内岩石试验中的岩体软弱夹层剪切蠕变试验。图 3.2.53 为通过蠕变试验实测的流动曲线。

4. 土的长期强度

土的长期强度，是在一定时间内，土的强度与时间的关系。土的强度会随时间而逐渐降低。其原因是土的强度与土的颗粒之间的黏结强度密切相关，而土颗粒之间的黏结强度又取决于土颗粒之间的距离和相对位置。当土体在外力作用下产生变形，土颗粒产生相对位移，原来固有的黏结强度一部分受到破坏。荷载作用的时间越长，其强度也降低越多。土的这种强度随时间而逐渐降低的特性，从一般室内常规试验可以得到证明。图 3.2.54 为土的长期强度示意图。按照强度与时间关系曲线，可把强度分为瞬时强度、标准强度和长期强度。在图中时间 t_3 所对应的强度 τ_3 称为标准强度；相当于时间 t 为零时的强度，称为瞬时强度 τ_0（τ_0 用插补法求得）；相当于无限大时间的强度，称为极限强度 τ_L；而在其他任意中间时间的强度，称为长期强度 τ_t。土的长期强度与时间关系见岩体软弱夹层蠕变试验。图 3.2.55 为用单轴压缩蠕变试验实测的黏土长期强度曲线。

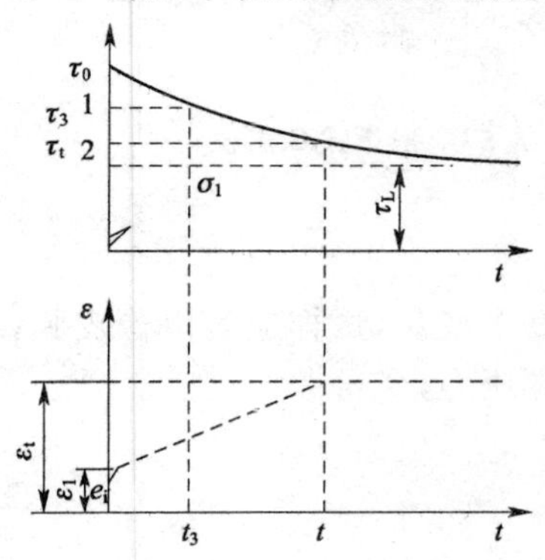

图 3.2.54 土的长期强度示意

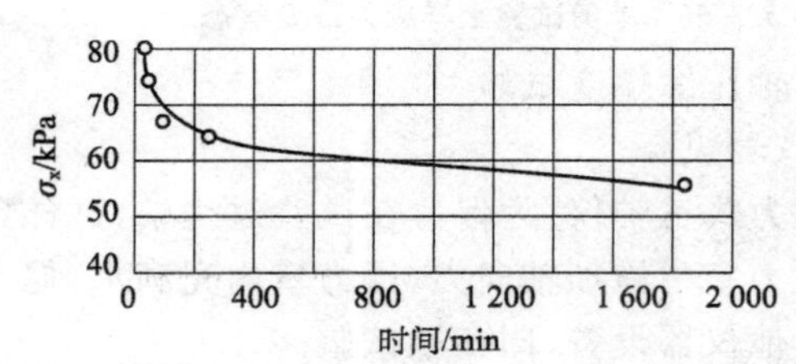

图 3.2.55 塑性黏土的长期强度曲线 $\omega=65\%$，单轴压缩（Мурояма 和 щибояа）的试验资料

（二）流变试验方法要点

流变试验包括蠕变试验和松弛试验，前者用于测定土的蠕变、流动和长期强度特性；松弛试验则是揭示土的应力随时间的延续而松弛的特性。

1. 蠕变试验

蠕变试验有剪切蠕变试验和压缩蠕变试验两种方法。在剪切蠕变试验中，一般采用直剪或单剪试验；在压缩蠕变试验中，一般采用单轴压缩或三轴压缩试验。

1）直剪剪切蠕变试验

参见本书的有关内容。f_3 的确定，根据需要，可作同一固结压力下的剪应力与剪应变关系曲线，曲线直线段的转折点对应的剪应力为第三屈服值 f_3。一般土的流变长期强度 f_3 与固结快剪峰值 τ_f 之比 $f_3/\tau_f=0.60\sim0.85$。

2）单剪剪切蠕变试验

（1）试验原理

单剪试验是对直剪试验的改进，其优点是克服了直剪试验固定剪切面的缺点，作土的剪切蠕变试验采用单剪仪较多。试验过程土试样的应力状态如图 3.2.56 所示。

（2）仪器设备

单剪仪按其剪切容器分类有三种类型：叠环式、加筋橡皮膜式和刚性板式。作剪切蠕变试验，多采用加筋橡皮膜式。

应力式单剪仪的整体结构如图 3.2.57 和图 3.2.58 所示。

（3）试验要点

试验的法向应力和剪切应力的预测以及试验过程的记录时间等均参照本章第一节室内岩石试验中的岩体软弱夹层剪切蠕变试验的有关规定进行。

（4）资料整理（参照同上）

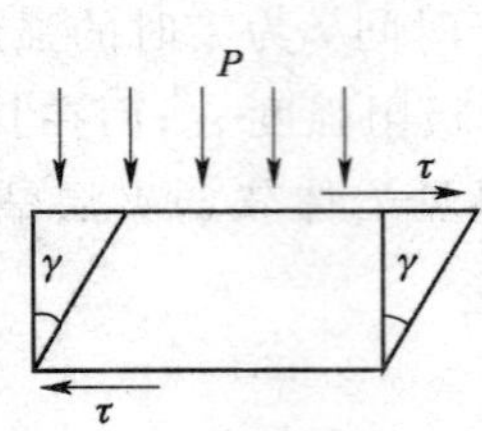

图 3.2.56 单剪试验土样应力应变状态

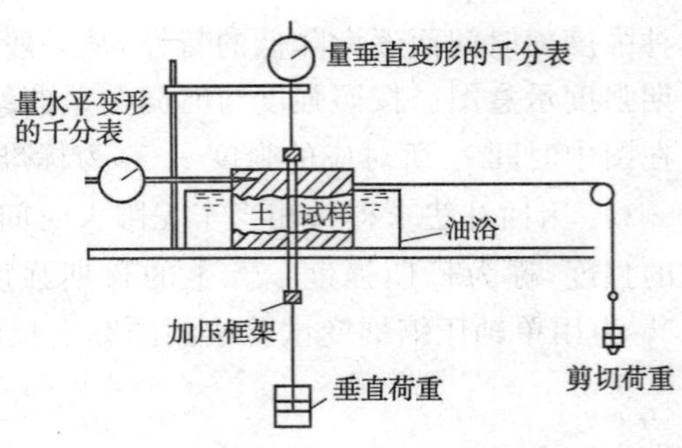

图 3.2.57 拖板式单剪仪

3)单轴压缩蠕变试验

(1)仪器设备

①应力式三轴仪:为保持在试验过程中,试样含水率不发生变化,试样应套以橡皮膜,在三轴仪压力室中施加轴向力,压力室内充满水,但不施加周围压力,令 $\sigma_3=0$。

②其他仪器设备,同三轴试验。

(2)试验要点(参照三轴压缩蠕变试验)

(3)资料整理

参照三轴压缩蠕变试验,所不同之处只是单轴压缩蠕变试验的周围压力 $\sigma_3=0$。

4)三轴压缩蠕变试验

用应力式三轴仪做土的压缩蠕变试验,其应力条件可根据工程需要进行设定,排水条件亦可控制,且在试验过程中可随时观察试样变化。因此,凡具备条件的试验室,如要进行土的蠕变试验时,建议采用此法为好。

(1)仪器设备

①应力式三轴仪(图 3.2.59)。

②其他仪器设备同三轴常规试验。

(2)试验要点

①周围压力 σ_3 的确定:根据工程要求、取试样深度、土的天然密度及静止侧压力系数 K_0 确定。K_0 的取值应根据土质分类而定。

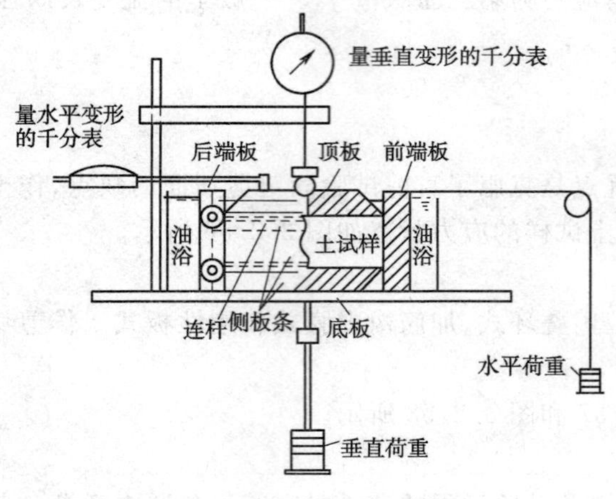

图 3.2.58 盒式单剪仪

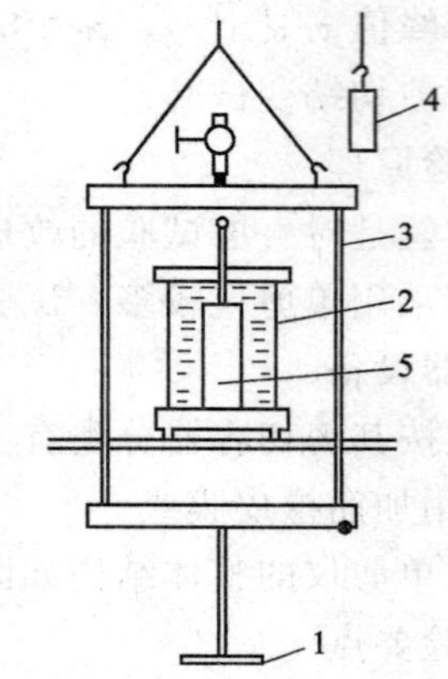

图 3.2.59 应力式三轴仪

1-荷重盘;2-压力室;3-载荷框;4-平衡铊;5-土样

②轴向压力 σ_1 的加荷量级，应根据不排水不固结三轴试验结果确定。一般分为 4～6 级(对于软土其加荷量级一般在 5～15 kPa 之间)。

③试样制备同常规三轴试验。

④记录时间及稳定标准参照本手册的有关规定进行。

(3)资料整理

压缩蠕变试验与剪切蠕变试验的主要区别在于，前者是在法向应力作用下发生形变的时间效应，后者是在剪应力作用下，其强度变化的时间效应。因此，在两者试验结果的整理中，除所施加的作用力不同之外，其余基本相同。资料整理按以下所述方法进行(其方法与剪切蠕变试验略同，但突出了三轴压缩蠕变试验的特点)。

①绘制一定围压(σ_3)下的蠕变压缩试验的变形与时间关系曲线，如图 3.2.60 所示，可求出流变起始应力(σ_1)和流变破坏应力(σ_c)数值。

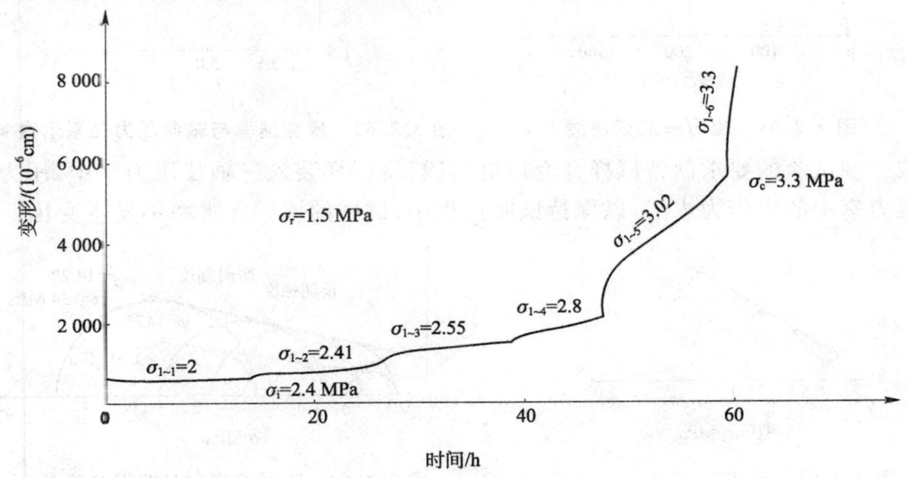

图 3.2.60 压缩变形与时间关系

②绘制一定围压(σ_3)下的瞬时应力应变关系及阻尼应变曲线，如图 3.2.61 所示，可求出瞬时变形模量和阻尼变形模量。

③绘制一定围压(σ_3)下的应变速率 ε 和轴向压力 σ_1 关系曲线，如图 3.2.62 所示。直线的斜率为土的黏滞系数 η。在三轴压缩蠕变试验中，黏滞系数(η)与周围压力(σ_3)有密切关系，周围压力的不同，其黏滞系数亦不同，且随着周围压力 σ_3 的增加而增大，呈直线关系。图 3.2.63 为一组三轴压缩蠕变试验所获得的不同周围压力(σ_3)与黏滞系数(η)的直线关系图。以此图与本书中岩体软弱夹层直剪剪切蠕变试验结果的黏滞系数 η 与法向应力 σ_v 的关系相比较，可见其特点极其相似。

④在一组三轴压缩蠕变试验中，以试验时所采用的不同周围压力为小主应力 σ_3，根据图 3.2.60 所示的流变起始应力 σ_i 和流变破坏应力 σ_c 为大主应为 σ_1，分别绘制两组摩尔圆，连接其包络线，求出土的瞬时强度参数 c 和 φ 及长期强度参数 c 和 φ，如图 3.2.64 所示。

2. 松弛试验

应力松弛的现象，实际上是一种在应变保持不变情况下，其弹性变形和塑性变形重新分布的时间效应。

因此，对土的应力松弛特性的测试，只要对土的试样施加一定方向的外力 p，使其产生应变 ε_0，然后保持其应变 ε_0 恒定不变，测定其初始应力 σ_0 随时间 t 的变化，即可揭示土的应力随时间的延续而松弛的特性。其方法要点如下：

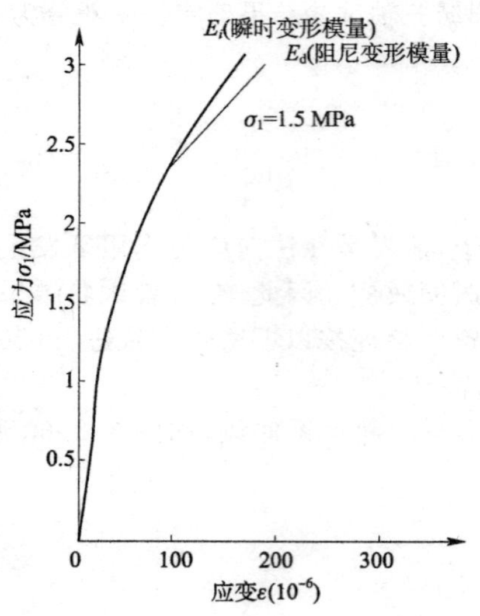

图 3.2.61 应力—应变曲线

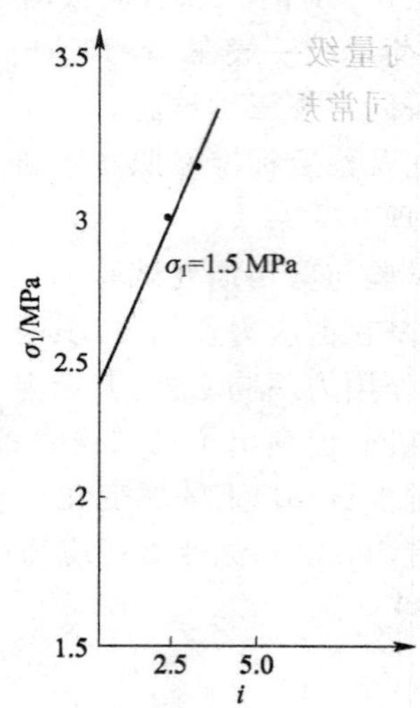

图 3.2.62 应变速率与轴向压力关系示意

①按三轴试验的要求制备试样并套以乳胶膜，将试样装入三轴仪压力室中，压力室内充满水。压力室中的水作为水浴，以保持试验过程中，试样的原始含水率不发生变化。

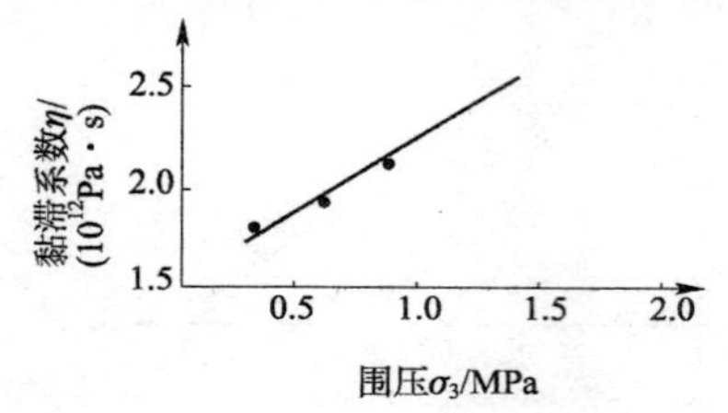

图 3.2.63 σ_3 与 η 关系

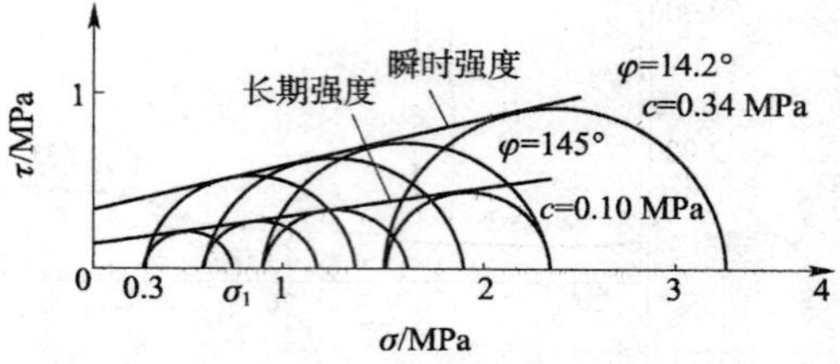

图 3.2.64 瞬时强度和长期强度关系

②将水下荷重传感器置于压力室中试样上端，代替应变式三轴仪的测力钢环，直接测定轴向应力。其装置如图 3.2.65 所示。

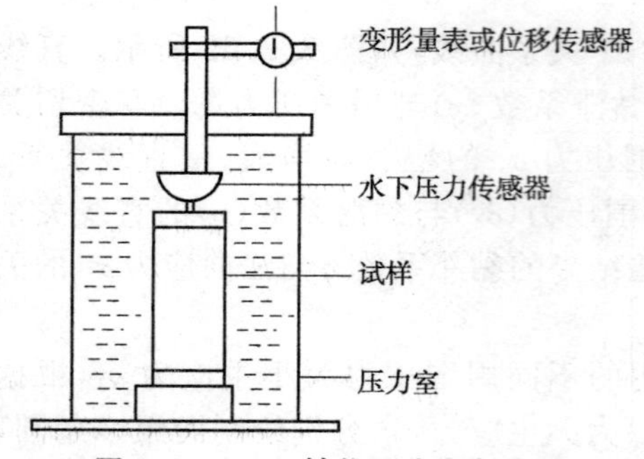

图 3.2.65 三轴仪压力室与水下压力传感器装置示意

③根据工程要求，选定轴向应变值 ε_0，施加轴压力 p，进行单轴压缩试验。通过轴向变形量表或传感器测定其轴变形量，待压缩到选定的轴向应变 ε_0 值时，立即停止轴向加压，并保持轴向应变 ε_0 恒定不变。

④记录试验过程的轴向压力与时间变化，待轴向压力变化稳定为止。

⑤按图 3.2.49b)绘制压力 p 与时间 t 关系曲线。

(三)影响土流变性质的因素

1. 土的物质组成的影响

土的物理性质和次生矿物种类，对土的蠕变特性有一定的影响，一般土的含水率越大，黏粒含量越多，塑性指数越大，灵敏度越高，则土的蠕变变形和应力松弛变化也越大；土中的不同次生矿物成分，对土的蠕变性质影响亦不相同，其中以蒙脱土对蠕变速率的影响最大，伊利土次之，高岭土最小，如图 3.2.66 所示。

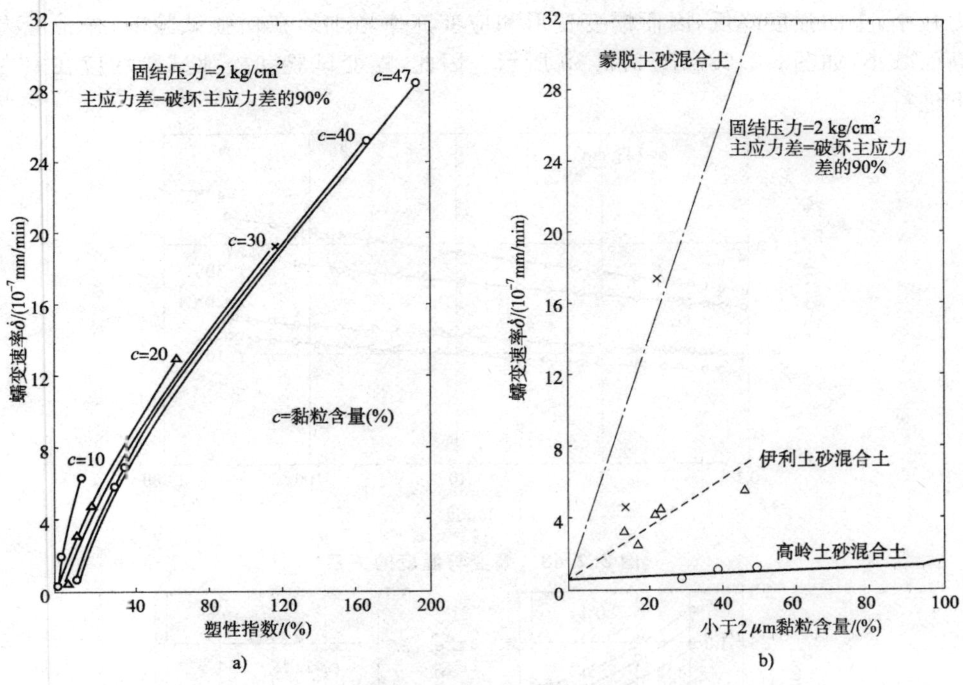

图 3.2.66 蠕变速率与土的物质组成的关系

2. 应力条件的影响

在蠕变试验中，由于采用的应力条件不同，试验结果亦有明显的不同。图 3.2.67 是灵敏度 6～10 的原状黏土，试样分别在各向相等压力条件下固结和在垂直压力相同的 K_0 条件下固结。分别进行三轴压缩试验和 K_0 条件下三轴试验及平面应变试验。从图中可看出，应力条件对土的蠕变特性有明显的影响。因此，在进行蠕变试验时，应考虑试验的应力条件尽量接近工程实际情况。

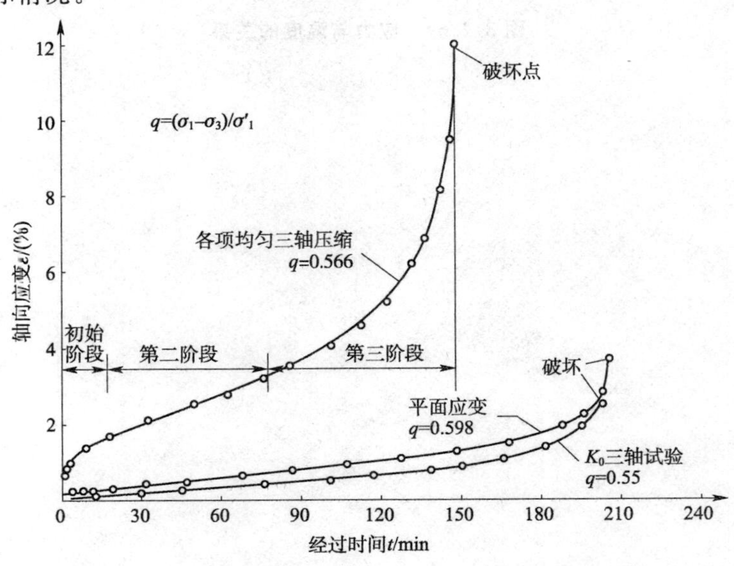

图 3.2.67 不同应力条件下的蠕变曲线

3. 温度的影响

试验过程中，温度对土的蠕变特性的影响很明显，因为温度升高，土的孔隙压力增大，有效应力减小，土的强度降低，因而蠕变变形和应变速率增加。在松弛试验中，松弛应力随温度升高而减小，如图3.2.68和图 3.2.69 所示。因此，蠕变试验和松弛试验均应在室内恒温条件下进行。

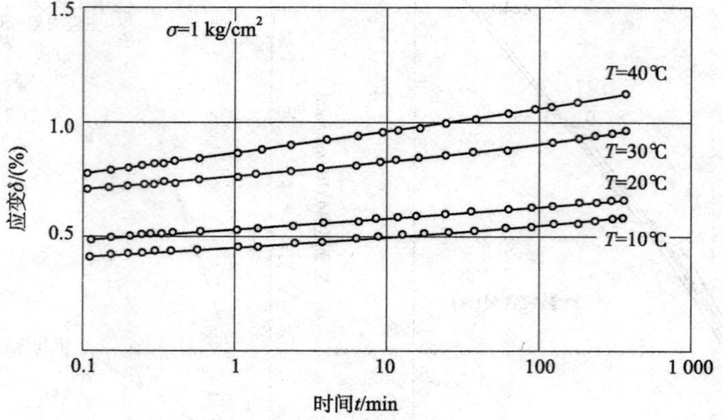

图 3.2.68 蠕变与温度的关系

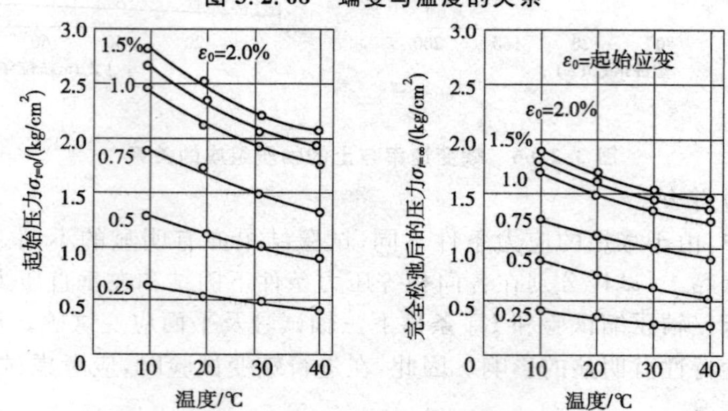

图 3.2.69 应力与温度的关系

第四章 原位测试

第一节 载荷试验

一、平板载荷试验

1. 平板载荷试验适用条件

平板载荷试验可分为浅层平板载荷试验、深层平板载荷试验和岩基载荷试验。

浅层平板载荷试验适用于浅部地基土承压板下应力主要影响范围内承载力的确定。这里所说的板下应力主要影响范围与承压板直径或宽度有关，一般可认为其影响深度在 3 m 内，且在地下水位上。

深层平板载荷试验适用于深部土层（包括软岩、极软岩）及大直径桩端土层在承压板下应力主要影响范围内承载力的确定。所谓深部一般是指埋深等于或大于 5 m，且在地下水位以下。

岩基载荷试验适用于不同深度的完整、较完整、较破碎岩基作为天然地基或桩基持力层时承载力的确定。

2. 基本理论

一般地基土承载力设计的取值接近于比例界限。因此浅层平板载荷试验可按刚性平板作用于均质土（各向同性、半无限弹性介质）表面，由弹性理论可得式（4.1.1）（详见表 4.1.19，下同）。

对于深层平板载荷试验，可按刚性圆形压板作用于均质土（各向同性、半无限弹性介质）内部，由弹性理论可得式（4.1.2），式中涉及的深层载荷试验计算系数 ω 的取值见表 4.1.1。

深层载荷试验计算系数 ω 的取值　　表 4.1.1

d/z	土类				
	碎石土	砂土	粉土	粉质黏土	黏土
0.30	0.477	0.489	0.494	0.515	0.524
0.25	0.469	0.480	0.482	0.506	0.514
0.20	0.460	0.471	0.474	0.497	0.505
0.15	0.444	0.454	0.457	0.479	0.487
0.10	0.435	0.446	0.448	0.470	0.478
0.05	0.427	0.437	0.439	0.461	0.468
0.01	0.418	0.429	0.431	0.452	0.459

注：d/z 为承压板直径和承压板底面深度之比。

3. 试验仪器设备

1）承压板

①承压板形状为圆形或方形（圆形板应力条件较方形板简单）。

②承压板应具有足够刚度，底面平整，在长期使用中不变形。

③钢质承压板厚度不小于 25 mm，或采用加肋措施。在现浇或预制混凝土配筋承压板

设计和加工时除满足抗压强度外，应满足抗冲切、抗剪切和抗弯承载力。

2)反力装置

当采用地锚时，反力装置应注意地锚与试坑边的距离。据刘祖德教授的经验，若视地锚为一埋在土体中的上拔基础，上拔角取45°，则视该部分土体的重力为反力，设地锚入土深度为h_{cr}，则地锚距试坑边距离$A=h_{cr}$，h_{cr}的取值范围：砂土取(3～4)d(d为地锚叶片直径，下同)，软土取(1.5～2.0)d，一般黏性土、粉土取(2～3)d。

3)加载与量测设备

加载设备宜采用油压千斤顶。采用2个以上千斤顶加载时，型号和规格应相同。千斤顶应并联同步工作，其合力中心应与载荷板中心重合。

荷载测量用放在千斤顶上的荷重传感器直接测定，或采用连于千斤顶的压力表或压力传感器测定油压，按率定曲线换算荷载。传感器测量误差不应大于1%，压力表精度应优于或等于0.4级，试验用压力表、油泵、油管等最大加载压力不应超过规定工作压力的80%。

沉降观测采用大量程百分表或位移传感器，测量误差不大于0.1%FS，分辨力优于或等于0.01 mm。

基准梁应有一定刚度，梁一端应固定(另一端应简支)在基准桩上。固定和支撑位移计(百分表)的夹具及基准梁应避免气温、振动及其他外界因素影响。

4.试验方法

载荷试验的方法分类、要点及适用条件见表4.1.2。

载荷试验的方法分类、要点及适用条件　　表4.1.2

序号	方法名称	要点	适用条件
1	沉降相对稳定法(慢速法)	每施加一级荷载后，待承压板沉降达到稳定标准后再施加下一级荷载，能获得较准确的p-s及t-s曲线。这是最常用的基本方法	适用于各种情况。当需获得较准确的变形模量时，宜用此法
2	沉降非稳定法(快速法)	每施加一级荷载后，在2 h内按每隔15 min观测一次，共8次，即施加下一级荷载。试验只能得到瞬时的p-s及t-s曲线，必须经过外推计算，才能得到相对稳定法的p-s曲线	不宜用于确定地基变形模量，对软土地层应慎用。当无地区经验时，宜与相对稳定法配合应用
3	等沉降速率法(快速法)	以每级荷载下沉降量为承压板宽的0.5%控制荷载。每级荷载加荷按30 s、1、2、4、8、15 min间隔观测至荷载停止变化，或荷载变化速率在p-lg$t$曲线上呈线性关系时止，然后按上述确定的沉降量，继续加荷、达到恒定，直至出现极限荷载值	适用于排水性能差，以确定承载力为主要目的的试验。能较准确地测定土的极限荷载值

5.资料整理

1)稳定法资料整理

①试验资料整理成表格，绘制p-s曲线及一定压力下的s-t曲线，有时还绘制s-lg$t$曲线等。

a.修正荷载与沉降量误差。平板载荷试验主要成果p-s曲线的初始直线不一定能通过坐标原点，因此需按式(4.1.3)采用求解比例关系方程进行修正。

b.s_0、c值的确定方法。采用最小二乘法按式(4.1.4)或式(4.1.5)确定。

c.根据计算的s_0、c按式(4.1.6)计算各级荷载下经修正的沉降量s。

d.绘制修正后的p-s和s-t曲线，其中s-t曲线绘制如图4.1.1所示，按各级荷载历时的t和s，可分级或连续绘制。

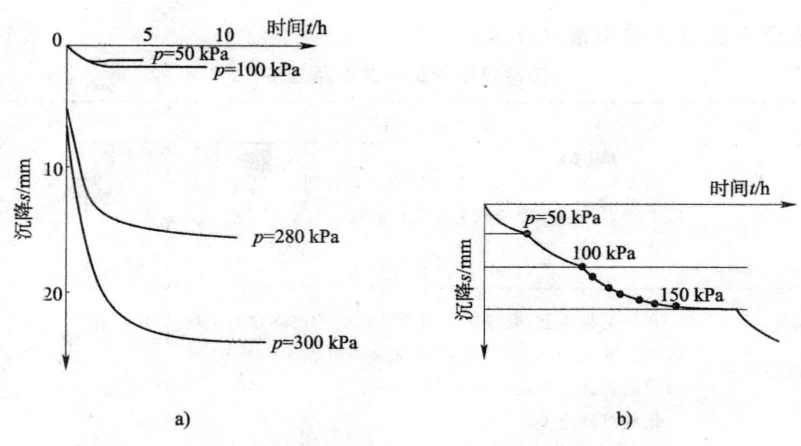

图 4.1.1 s-t 关系曲线

②确定比例界限荷载值方法见表 4.1.3。

确定比例界限荷载值的方法　　表 4.1.3

序号	方　法	要点及适用性	示 意 图
1	转折点法	p-s 曲线首段直线转折点所对应的荷载为比例界限荷载值； 该法适用于直线段及转折点明显的 p-s 曲线	
2	二倍沉降增量法	当某级荷载下沉降增加 Δs_n 大于或等于前级荷载下的沉降量 Δs_{n-1} 的 2 倍时，可取前一级荷载为比例界限荷载值； 该法一般适用于软黏土，但试验时荷载级必须合适	
3	切线交会法	取 p-s 曲线首尾段两切线交会点所对应的荷载为比例界限荷载值； 该法适用于 p-s 曲线首尾段有明显弧度的情况，但作切线时任意性较大	
4	全对数法	在 $\lg p$-$\lg s$ 曲线上，取曲线急剧转折点所对应的荷载为比例界限荷载值； 该法适用于各种情况	
5	斜率法	在 p-$\Delta s/\Delta p$ 曲线上，取第一转折点所对应的荷载为比例界限荷载值，第二转折点所对应的荷载为极限荷载值； 该法适用于各种情况	
6	沉降速率法	在某级荷载下，沉降增量与时间增量之比趋于常数（即 $\Delta s_i/\Delta t_i \to$ 常数），则可取前一级荷载为比例界限荷载值； 该法适用于各种情况，但荷载级必须合适	
7	半对数法 (s-$\lg t$)	在 s-$\lg t$ 曲线簇中，取曲线向上凹折或急剧转折的曲线所对应的荷载为比例界限荷载值； 该法适用于各种情况	

③确定极限荷载值方法见表4.1.4。

确定极限荷载值的常用方法 表4.1.4

序号	方法	要点及适用性	示意图
1	实测法	当试验进行到表4.1.2所述终止条件时，可在 p-s 曲线上确定其前一级荷载为极限荷载值； 该法适用于各类土层	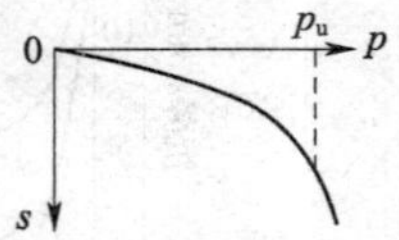
2	相对沉降量法	在 p-s 曲线上，取浅层平板荷载试验的沉降量为承压板宽度的0.06，深层平板载荷试验则取宽度的0.04所对应的荷载为极限荷载值； 该法对砂土不适用	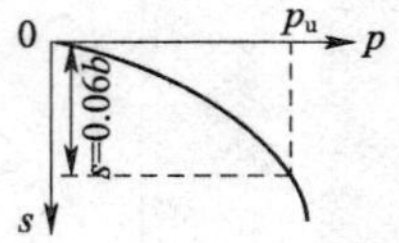
3	斜率法	在 p-$\Delta s/\Delta p$ 曲线上，取第二转折点所对应的荷载为极限荷载值； 该法适用于各种情况	见表4.1.4的斜率法
4	半对数法 ($\lg p$-s 或 $\lg s$-p)	在 $\lg p$-s 或 $\lg s$-p 曲线上，取直线上起点所对应的荷载为极限荷载值； 该法适用于一般黏性土和砂土	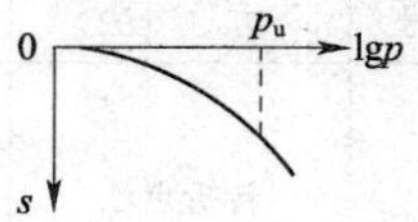
5	外插法	在 p-s 关系曲线上，以曲线大弯段的起点 B_0 到终点 B 间为作图段；分别自 B_0 和 B 点作平行于 p 轴的平行线，交 s 轴于 A_0 和 A 点；然后将 A_0A 线段等分(不少于5点，得到 $A_1,A_2,\cdots,A_5$，自这些点分别作平行于 p 轴的平行线，在 p-s 线上得交点 $B_1,B_2,\cdots,B_5$，自 $B_0,B_1,\cdots,B$ 各点分别作平行于 s 轴的平行线，交 p 轴得 $C_0,C_1,\cdots,C$ 点，自这些点分别作与 p 轴正方向呈45°的斜线，在斜线上得到 $C_1B_1,C_2B_2,\cdots$ 延长线上的交点 $D_1,D_2,\cdots,D$)，最后过 $D_1,D_2,\cdots,D$ 各点连线，交于 p 轴，此交点所指示的荷载即为极限荷载值； 该法适用于三相黏性土，不适用砂土	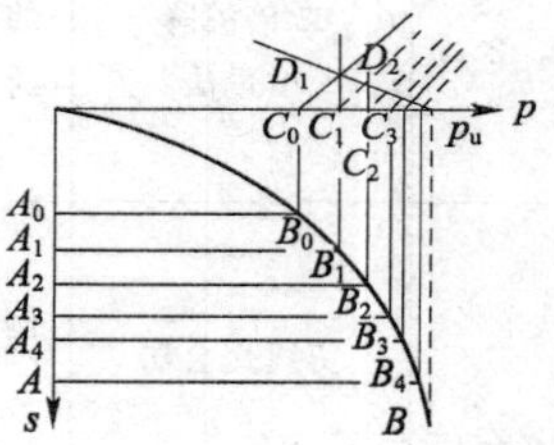

2)沉降非稳定法(快速法)资料整理

①按外推法推算各级荷载下沉降速率达到相对稳定标准所需时间和沉降量。

a.外推线性方程参数 α_N、β_N 按式(4.1.7)和式(4.1.8)确定。

b.第 N 级荷载下，沉降达到相对稳定时沉降量 s_N 和所需时间 t_N 按式(4.1.9)和式(4.1.10)确定。

c.计算残留沉降量。外推法计算沉降量时，应考虑到前一级荷载作用下沉降量对后一级荷载沉降量的影响，每次读数的相应残留沉降量可按式(4.1.11)计算。

d.计算各级荷载下累计沉降量 s_k 可按式(4.1.12)计算。

②以推算的沉降量绘制 p-s 曲线或其他曲线。

③比例界限荷载值、极限荷载值的确定方法，见表4.1.3和表4.1.4。

6.成果应用

1)确定地基土承载力特征值 f_{ak}

确定试验点地基土承载力特征值的常用方法见表4.1.5。

确定地基承载力特征值的常用方法　　表 4.1.5

序号	方法	要　点	适用条件
1	比例界限荷载值法	当能确定比例界限荷载值时，以比例界限所对应的荷载值，作为地基土承载力特征值（不包括岩基）	特别适用于 p-s 曲线上有明显直线段和转折点的黏性土、粉土地基
2	极限荷载值法	当能确定极限荷载值，且极限荷载值小于比例界限荷载值 2 倍时，取极限荷载值的一半作为特征值； 岩基则取极限荷载值的 1/3 与比例界限荷载值比较，取小值	适用于 p-s 曲线呈圆滑型的情况
3	相对变形控制法	当浅层平板载荷试验承压板面积为 0.25～0.5 m^2，深层平板载荷试验承压板直径为0.8 m时，取 s/d=0.01～0.015 所对应的荷载值（且其值不大于加载量一半时）为地基土承载力特征值	不能用本表前两种方法确定地基土特征值时，可采用此法。此法也适用于干旱、半干旱地区的湿陷性碎石土、砂土（黄土除外）

同一土层地基土承载力特征值的确定。同一土层参加统计的试验点不应少于 3 点，当试验实测值极差不超过平均值的 30%时，取此平均值作为该土层地基承载力特征值。对于岩基，试验数量不少于 3 个，取其最小值作为岩石地基承载力特征值（该值使用时不进行深度修正）。

2）计算变形模量 E_0

浅层和深层平板载荷试验的变形模量可分别按式（4.1.1）和式（4.1.2）求出。

3）预估建筑基础的沉降量 s_j

由浅层或深层平板载荷试验的 p-s 曲线求得与基础底面压力相一致的沉降量，则可预估建筑基础沉降量。若地基土为砂土，可按式（4.1.13）计算；若地基土为黏性土，可按式（4.1.14）计算。

4）计算基准基床反力系数 K_v

采用边长 30 cm 承压板试验时，可按式（4.1.15）计算基准基床反力系数。

5）道路路基沉降量 s_d

道路路基沉降量可按式（4.1.16）计算。

6）估算地基土不排水抗剪强度 C_u

估算地基二不排水抗剪强度 C_u 是饱和软黏性土，可用快速法载荷试验所得极限荷载值 p_u，按式（4.1.17）估算土的不排水抗剪强度。

7. 特殊土载荷试验

1）黄土载荷试验

（1）试验要求

①承压板面积不宜小于 0.5 m^2；试坑边长（直径）为承压板边长（直径）的 3 倍；

②荷载级增量一般取预估湿陷起始压力的 1/5，或采用 15～25 kPa；试验终止压力不小于 200 kPa 或达到设计荷载；

③承压板以外试坑底面铺 5～10 cm 厚的砂砾透水层，浸水水面应高于砂砾层 3～5 cm；

④沉降观测装置固定点应设在浸水影响范围之外；

⑤浸水后土的含水率不小于饱和含水率的 85%～90%；

⑥每级加载后，每隔 15、15、15、15 min 各测读一次沉降量，以后每隔 30 min 测读一次，当连续 2 h 内每小时沉降量不超过 0.10 mm 时，认为沉降已达稳定标准，可加下一级荷载。

(2)试验方法

确定湿陷起始压力的试验方法见表 4.1.6。

确定湿陷起始压力的试验方法　　表 4.1.6

序号	试验方法	要　　点	适用条件
1	单线法	在场内相邻位置同一标高，按相对稳定法进行天然湿度下的试验，达到终止试验条件并相对稳定后浸水，按相对稳定法要求，观测浸水沉降量，直到达到稳定标准，单线法浸水载荷试验在不同压力条件下至少应做 3 个点试验	可测定不同荷载级下湿陷量
2	双线法	同一层同一标高，在相距不大于 6 m 的相邻两坑内进行试验。一处按相对稳定法在天然湿度下试验；另一处按饱水单线法在浸水条件下试验。两试验点采用相同荷载增量	确定重要建筑场地湿陷性指标，要求两试验点土层性质均匀
3	饱水单线法	待安装设备后即浸水，并使 3.5 倍承压板直径(宽度)深度内土达到饱和，然后按相对稳定法要求进行试验	此法只需做一个点，避免了双线法的问题，适用于一般建筑场地

(3)资料整理与应用

绘制 p-s 曲线和绘制可判定湿陷性起始压力 p_{sh} 与浸水沉降量 s_s 的 p-s_s 曲线。

(4)湿陷起始压力

湿陷起始压力按表 4.1.7 的方法确定。

确定湿陷起始压力的方法　　表 4.1.7

方法	要　　点	示 意 图
转折点法	当 p-s_s 曲线上有明显转折点时，取转折点对应压力作为湿陷起始压力； 当 p-s_s 曲线上出现两个转折点时，湿陷性强的取值应靠近第一转折点；湿陷性弱的取值应靠近第二转折点；也可取两转折点压力平均值作为湿陷起始压力 p_{sh}	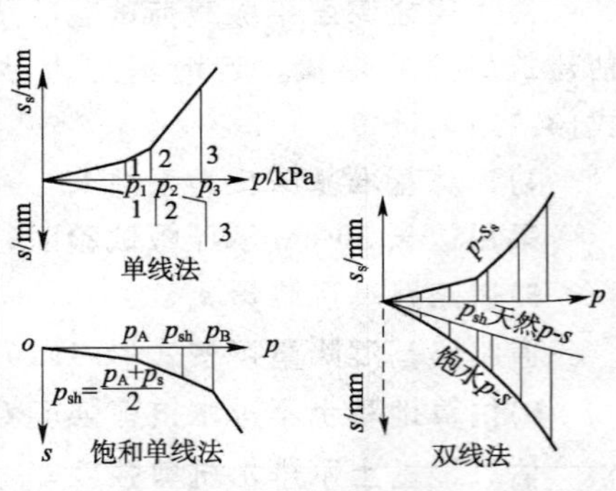 单线法
相对沉降量法	取浸水下沉量与承压板宽度之比小于 0.015 所对应的压力作为湿陷起始压力； 干旱或半干旱地区湿陷性碎石土、湿陷性砂土和其他湿陷性土(黄土除外)，在 200 kPa 压力下，浸水载荷试验的上述比值为 0.023	饱和单线法；双线法

(5)湿陷性黄土地基承载力特征值的确定

参见《湿陷性黄土地区建筑规范》(GB 50025—2004)附录 J 的 J.0.8 条。

2)膨胀土浸水载荷试验

(1)试验要点

①试验场地应选在有代表性的地段，试坑和试验设备的布置应符合图 4.1.2 的要求。

②承压板面积不应小于 0.5 m²，采用方形时，其宽度不应小于 0.707 m。

③在承压板附近应设置一组深度为 0、b、$2b$、$3b$(b 为承压板宽度)和等于当地大气影响深度的分层测标，或采用一孔多层测标，以观测各层土的膨胀变形量。

④采用钻孔或砂沟双面浸水时，砂沟或钻孔内应填满中、粗砂，钻孔或砂沟的深度不应小于当地大气影响深度或 $4b$。

⑤采用重物分级加荷和高精度水准仪观测变形量。

⑥应分级加荷至设计荷载。当土的天然含水率大于或等于塑限时，每级荷载可按

25 kPa增加;当土的天然含水率小于塑限时,每级荷载可按 50 kPa 增加。每级荷载施加后,应按 0.5 h、1 h 各观测沉降一次,以后可每隔 1 h 或更长时间观测一次,直至沉降达到相对稳定后再加下一级荷载。

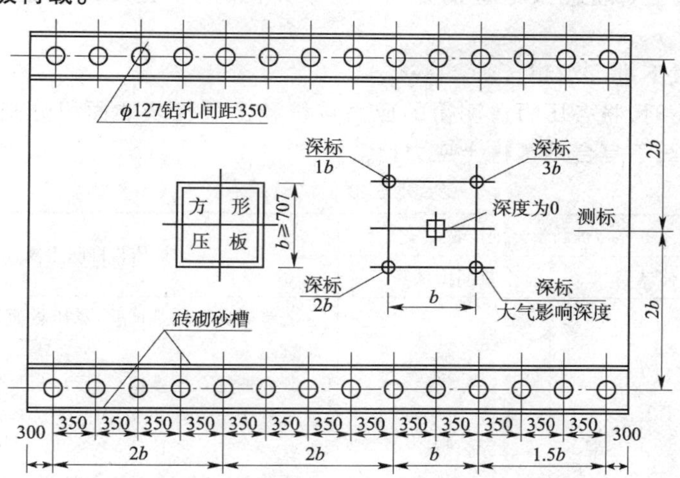

图 4.1.2 现场浸水载荷试验试坑及设备布置示意(尺寸单位:mm)

⑦连续 2 h 的沉降量不大于 0.1 mm/h 时,可认为沉降稳定。

⑧当施加最后一级荷载沉降达到稳定标准后,可在砂沟内浸水,浸水水面不应高于承压板底面。浸水期间应每 3d 或 3d 以上时间观测一次膨胀变形。膨胀变形相对稳定标准为连续两个观测周期内,其变形量不应大于 0.1 mm/3 d,浸水时间不应少于两周。

⑨浸水膨胀变形达到相对稳定后,应停止浸水并按第⑥、⑦点要求继续加荷直至达到破坏。

⑩试验前和试验后,应分层取原状土样进行室内物理力学试验和膨胀试验。

(2)资料整理及成果应用

①绘制各级荷载下变形和压力曲线(图 4.1.3)以及分层测标的变形与时间曲线,以确定土的承载力和可能膨胀量,必要时可用室内试验的 c、φ 值按承载力公式计算其承载力,并与现场载荷试验确定的承载力值进行对比,然后编写试验报告。

②应取破坏荷载的一半作为地基土承载力特征值,在特殊情况下,可按地基设计要求的变形值在 p-s 曲线上选取所对应的荷载作为地基土承载力特征值。

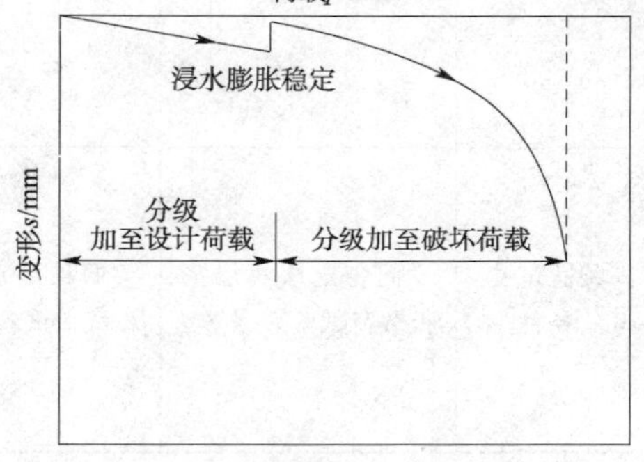

图 4.1.3 现场浸水载荷试验 p-s 关系曲线示意

8. 复合地基载荷试验

复合地基承载力的特征值应通过现场复合地基载荷试验确定,或采用增强体的载荷试验结果和其周边土的承载力特征值结合经验确定。对于强夯法形成的单墩、振冲法、砂石桩法、水泥粉煤灰碎石桩法、夯实水泥土桩法、水泥土搅拌法、高压喷射注浆法、石灰桩法、灰土挤密桩法、土挤密桩法和柱锤冲扩桩法形成的复合地基竣工验收时,承载力检验应采用复合地基静载荷试验。

1)复合地基载荷试验要点

复合地基载荷试验要点见表 4.1.8。

当用载荷试验测定桩土应力比时应注意:

①应在承压板下桩顶及桩间土上与压板接触面处分别安设土压力盒。

②土压力盒平面位置，应考虑桩及桩间土各部位应力分布的变化。当桩径较大时，可在桩中心、边缘、桩间土邻桩侧及远桩侧处同时安设，并布成一直线或垂直交叉或呈45°两个方向。

③在每级荷载下进行观测。

④计算应力比时，将各压力盒测得的应力按桩和土所代表的面积分别加权平均后进行计算，求得各级荷载下复合地基桩土应力比。

复合地基载荷试验要点　　表4.1.8

项　目	桩体与桩间土分别试验		桩体与桩间土复合试验
	桩体试验	桩间土试验	
试验要求	①承压板为圆形，面积不大于0.5 m^2，方形压板对角线不应超出桩体轮廓线； ②试验方法同浅层平板载荷试验	①承压板面积为0.25 m^2或0.5 m^2，板的边缘不应跨在桩体上，荷载合力线应与布桩网格的形心轴相重合； ②试验方法同浅层平板载荷试验	①单桩复合地基试验，承压板面积应为一根桩的分担面积； ②多桩复合地基试验，承压板尺寸按桩数应承担的处理面积确定。承压板中心应对称，并与荷载作用点相重合； ③承压板底面标高应与桩顶设计标高相对应，板下设中、粗砂垫层，厚度5～15 cm，桩身强度高时取大值；试坑宽度和长度不少于压板尺寸的3倍，基准梁的支点应设在坑外； ④试验前应防止试验场地地基土含水率变化或地基土扰动； ⑤荷载按8～12级施加，最大加载压力不应小于设计要求的两倍； ⑥每加一级荷载前、后均应读记承压板沉降量一次，以后每0.5 h读记一次，当1 h内沉降增量小于0.1 mm时，即可加下一级荷载； ⑦卸载级数为加载级数的一半，等量进行；每卸一级间隔0.5 h读记回弹量，待卸完全部荷载后间隔3 h读记总回弹量
终止试验条件	同稳定法浅层平板载荷试验	同稳定法浅层平板载荷试验	①承压板周边的土出现明显侧向挤出，周边岩土出现明显隆起或径向裂缝持续发展； ②本级荷载沉降量大于前级荷载沉降量的5倍，荷载与沉降曲线出现明显陡降； ③在某级荷载下24 h沉降速率不能达到相对稳定标准； ④总沉降量与承压板直径(或宽度)之比超过0.06

2)资料整理及成果应用

资料整理详见有关条款稳定法资料整理。

关于复合地基承载力特征值的确定有两点：

①试验点复合地基承载力特征值的确定方法见表4.1.9。

②单位工程复合地基承载力特征值的确定：试验点数量不应少于3个，当极差不超过平均值的30%时，取平均值作为复合地基承载力特征值。

关于变形模量的确定，当桩体和桩间土分别测试时，应分别计算桩体和桩间土的变形模量，然后按前述确定承载力特征值方法计算变形模量。当桩体和桩间土复合试验时，其变形模量按式(4.1.1)计算，此时泊松比取0.3。

试验点复合地基承载力特征值确定方法　表 4.1.9

桩体与桩间土分别试验	桩体与桩间土复合试验
桩、土分别试验的复合地基承载力特征值按式(4.1.18)确定。 当桩和桩间土承压板面积相同时，可按本表右侧相对变形标准取值。当两者的承压板面积不相同时，可按相同的绝对变形条件取值。此时，松散材料以桩体不破坏时的变形控制。对有胶结材料的桩，以桩体下沉量控制(如取直线段转折点，或类似于桩基试验取值)并以与桩体相等的沉降量作为桩间土试验取值的标准	当 p-s 曲线上有明显比例界限或在 p-s 曲线上极限荷载值能确定时的复合地基承载力特征值确定方法同表 4.1.6 中相关内容。 当 p-s 曲线呈平缓光滑曲线时，可按相对变形值确定： ①对砂石桩和振冲桩复合地基或强夯置换墩。以黏性土为主的地基，可取 s/b(或 s/d，下同)＝0.015 所对应的压力；以粉土或砂土为主的地基，可取 s/b＝0.01 所对应的压力。 ②对土挤密桩、石灰桩或柱锤冲扩桩复合地基，可取 s/b＝0.012 所对应的压力；对灰土挤密桩复合地基，可取 s/b＝0.008 所对应的压力。 ③对水泥粉煤灰碎石桩或夯实水泥土桩复合地基，以卵石、圆砾、密实粗中砂为主的地基，可取 s/b＝0.008 所对应的压力；以黏性土、粉土为主的地基，可取 s/d＝0.01 所对应的压力。 ④对水泥土搅拌桩或旋喷桩复合地基，可取 s/d＝0.006 所对应的压力。 ⑤对有经验地区，可按当地经验确定相对变形值。 ⑥按相对变形值确定的承载力特征值不应大于最大加载压力的一半

注：b 和 d 分别为压板宽度和直径。当压板形状为中心对称图形时，压板宽和直径可分别将压板视为等面积的正方形或圆形。但长方形板宽，应以短边考虑。

二、螺旋承载荷试验

(一)螺旋板载荷试验的适用条件

螺旋板载荷试验适用于深层及地下水位以下地基土试验。试验应在钻孔中进行。钻孔钻进至距试验深度 20～30 cm 处停钻，清除孔底扰动土后进行试验。

(二)仪器设备

仪器设备见表 4.1.10。

仪器设备及要求　表 4.1.10

序号	名　称	仪器设备	要　求
1	反力装置	由地锚或重物及构架组合而成	提供反力应大于最大试验荷载的 1.2 倍
2	加载系统	50～100 kN 的液压千斤顶	能匀速加载和提供稳定荷载
3	螺旋形承载板	由钢质或铸铁制成	有足够刚度，面积根据土层确定，一般直径为 60～250 mm
4	传力杆	采用 ϕ36～42 mm 的厚壁合金钢管	有足够强度和刚度
5	量测系统	荷载用压力传感器或测力环量测；沉降量用位移传感器或百分表	同有关条款的要求

(三)试验方法

螺旋板载荷试验方法和要求见表 4.1.11。

试验点距的确定。同一试验孔内点距一般应等于或大于 1.00 m，特殊情况不应小于 0.75 m；当土质均匀、层厚大时，点距可取 2.00～3.00 m。

螺旋板载荷试验方法及要求　表 4.1.11

序号	方法分类		要　求
1	应力法	沉降相对稳定法(慢速法)	分级施加荷载，每级荷载对砂类土、中低压缩性黏性土、粉土宜采用 50 kPa；对高压缩性土采用 25 kPa。当连续 2 h 内每小时沉降不大于 0.1 mm 时，可认为沉降已达标准
		沉降非稳定法(快速法)	分级施加荷载，每级荷载维持一个相等的时间；每级荷载增量为预估极限荷载的 1/10～1/8；每级荷载维持时间在 5～120 min间选取

续上表

序号	方法分类		要　求
2	应变法	等沉降速率法(快速法)	以等沉降速率来控制加载速率,连续加载,直到土体破坏,并按等沉降量间隔测记荷载量 沉降速率可按地基土类别和性质确定,对饱和软黏土,采用0.25～0.5 mm/min 加荷速率,每下降 0.25～0.5 mm 测读压力一次;对砂类土、中低压缩性土宜按 1～2 mm/min 加荷速率,每下沉1 mm 测读压力一次

试验的终止条件:①本级荷载沉降量大于前级荷载沉降量的 **5** 倍,荷载与沉降曲线出现明显陡降;②在某级荷载下 **24 h** 沉降速率不能达到相对稳定标准;③总沉降量与承压板直径(或宽度)之比超过 **0.06**;④在加荷量已达设计要求值的 **2** 倍以上或超过第一拐点至少三级荷载,也可终止试验。

(四)资料整理

1)应力法资料整理

螺旋板载荷试验中,沉降相对稳定法和沉降非稳定法资料整理见有关各条款的相应内容。当需要计算固结系数时,应绘制所需压力级的 $s\text{-}\sqrt{t}$ 曲线。

2)应变法资料整理

一般应绘制 $p\text{-}s$ 曲线,为确定极限荷载值,也可绘制 $\lg p\text{-}s/d\%$ 曲线。

(五)成果应用

1)确定深层地基土承载力特征值

螺旋板载荷试验的基本理论与深层平板载荷试验相同,适用式(**4.1.2**)。

其试验确定地基土承载力特征值的方法与深层平板载荷试验相同,见有关各条款。

2)确定原位覆盖层的压力 p_0

该值为 $p\text{-}s$ 曲线初始直线段的起始压力,确定方法是将曲线上的初始直线段延长,使其与压力 p 轴相交,取其交点为 p_0 值,如图 **4.1.4** 所示。但应排除螺旋板在旋入时土层扰动产生的影响。

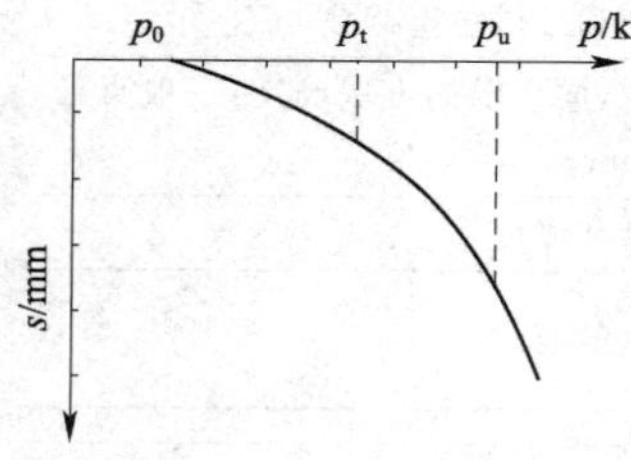

图 4.1.4　确定 p_0、p_t、p_u 值示意
p_t-临塑压力值/kPa;
p_u-极限压力值/kPa

3)变形模量的确定

①排水变形模量 E_0 的确定。

在相对稳定法取得的 $p\text{-}s$ 曲线上求取 p 值和 s 值,然后按式(**4.1.2**)求深层地基土的排水变形模量。

②不排水变形模量 E_u 的确定。

可采用等沉降速率法螺旋板载荷试验确定。当加载至预估破坏荷载的一半时,进行卸载,再加载循环,采用此循环的长轴线斜率,按式(**4.1.19**)计算。

③固结系数 C_v 按表 **4.1.12** 的方法和计算公式确定。

确定固结系数 C_v 的方法和计算公式　　表 4.1.12

方法名称	挪威 Janbu 法	澳大利亚 Kay 法	同济大学法
公式导出依据	根据轴向和径向排水理想化模型,从理论上推导出径向固结系数	在硬黏土中通过加在空间上不透水圆形承载板的 Biot 解法和有限差分法,得到 S 形($s\text{-}\sqrt{t}$)曲线,然后按一维固结理论导出	采用能同时观测孔隙水压力变化过程的螺旋板载荷试验成果计算得出

续上表

方法名称	挪威 Janbu 法	澳大利亚 Kay 法	同济大学法
公式	$C_v=0.335\dfrac{R^2}{t_{90}}$	$C_v=1.6\dfrac{R^2}{t_{70}}$	$C_v=5.926\dfrac{R^2}{t_s}$
符号意义	R——螺旋承压板半径(cm)； t_{90}——完成 90% 固结度所需时间(min)；t_{90} 可根据 s-$\sqrt{t}$ 曲线确定	R——螺旋承压板半径(cm)； t_{70}——完成 70% 固结度所需时间(min)；t_{70} 可根据 s-$\sqrt{t}$ 曲线确定	R——螺旋承压板半径(cm)； t_s——时间特征值(min)。 t_s 的确定方法：过 u-lg$t$ 曲线上超孔隙水压力下降拐点作切线，该切线与对数时间坐标之交点即为 t_s
确定时间特征值 t_{90}、t_{70}、t_s 的 s-$\sqrt{t}$ 和 u-lg$t$ 关系曲线图	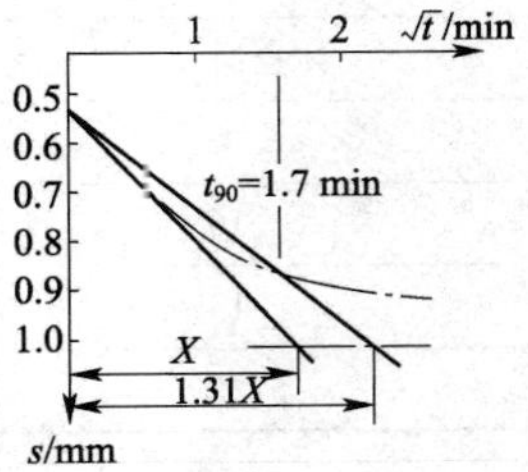	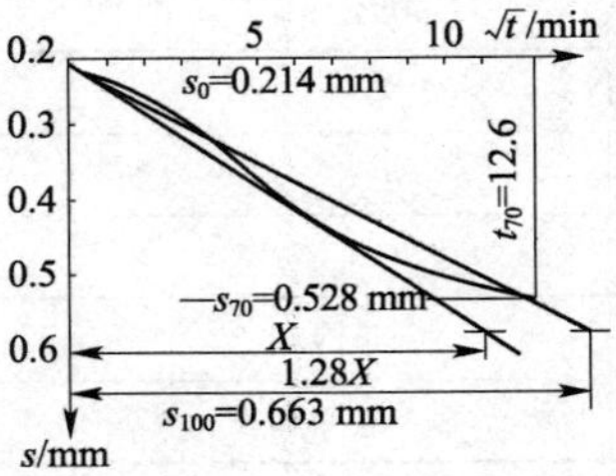	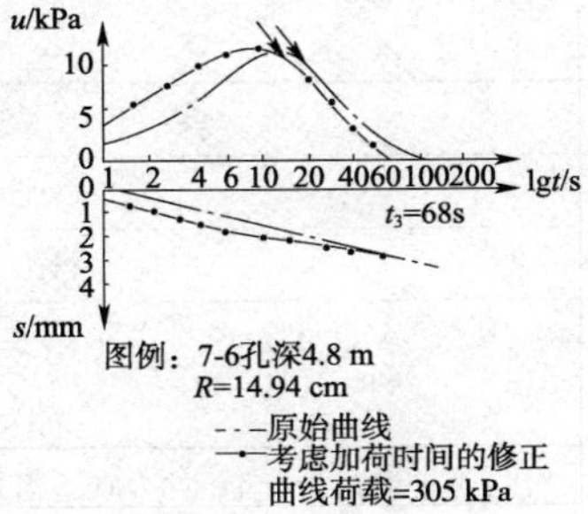

④**不排水抗剪强度 C_u 按表 4.1.13 的方法和计算公式确定。**

确定不排水抗剪强度 c_u 的方法和计算公式 表 4.1.13

方法名称	加拿大 Selvadurai 法	澳大利亚 Key 法	华东电力设计院法
公式	$c_u=\dfrac{p_u}{N}$	$c_u=\dfrac{p_u-p_0}{9}$	$c_u=0.1004p_u-2.864$
符号意义	p_u——极限压力(kPa)； N——经验系数，N=9～11.35	p_u——极限压力(kPa)； p_0——试验深度处的上覆压力(kPa)	p_u——极限压力(kPa)
极限压力 p_u 的确定办法	试验采用应变法，将试验成果中压力值取对数坐标，沉降量与板直径(或半径)的百分数(即 s/d%)取算术坐标绘制 p-s/d% 曲线，取该曲线的峰值或曲线斜率突变点对应的压力值为极限压力值	试验方法见本节不排水变形模量确定条款的内容，以此所得 p-s 曲线来计算。其中极限承载力 $p_u=2.54p_y-1.54p_x$，p_y 为沉降量等于 $0.02d$(d 为压板直径)所对应的压力值(kPa)；p_x 为沉降量等于 $0.015d$ 所对应的压力值(kPa)	采用 YDL 型螺旋板载荷试验仪，在东南沿海饱和软黏土中，用 2 mm/min 沉降量的加载速率(1 mm 读压力一次)连续加载，直至破坏。由试验所得 p-s 曲线定出破坏强度 p_u。然后将所得 c_u 值与十字板试验所得的 c_u 进行对比得出
相关图解或曲线	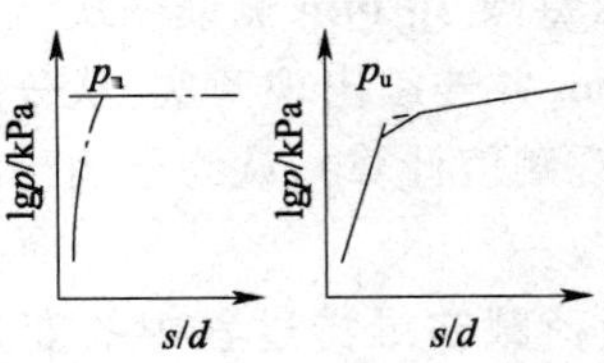	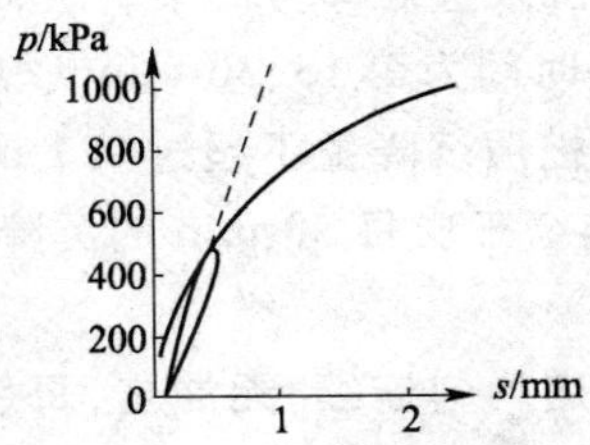	—

三、桩基载荷试验

(一)单桩竖向抗压载荷试验

1)试验要求

为设计提供依据的试桩应加载至破坏,当桩的承载力以桩身强度控制时,可按设计要求加载。对工程桩抽检时,加载量不应小于设计要求的单桩承载力特征值的2.0倍。

2)试验开始时间应具备的条件

①受检桩混凝土强度至少达到设计强度的70%,且不小于15 MPa。

②受检桩的混凝土龄期一般应达到28 d或预留同条件养护试块强度达到设计强度。

③承载力试验前桩的休止时间,当无成熟地区经验时,不应少于表4.1.14规定的时间。

试桩的休止时间　　表4.1.14

土的类别		休止时间/d
砂土		7
粉土		10
黏性土	非饱和	15
	饱　和	25

注:对于泥浆护壁灌注桩,宜适当延长休止时间。

3)试桩桩头处理

①桩顶部位应高出试坑底面,试坑底面应与桩承台底标高一致。

②试桩顶部一般应予以加强。鉴于混凝土双向实际剪裂角小于90°,因此宜在距桩顶1.5倍桩径范围内,用厚度3～5 mm钢板围裹或增设箍筋,箍筋间距不宜大于100 mm,桩顶应设置钢筋网片2～3层,间距60～100 mm。

③桩头混凝土强度等级应比桩身混凝土提高1～2级,且不得低于C30。

④混凝土桩应先凿掉桩顶破碎层和软弱混凝土,桩头顶面应用砂浆抹平,桩头中轴线应与桩身上部中轴线重合。

4)试验方法

分为慢速维持荷载法、快速维持荷载法、等沉降速率法和循环加载卸载试验法。为设计提供依据的竖向抗压静载试验应采用慢速维持荷载法。

(1)慢速维持荷载法

①加载应分级进行,等量加载,分级荷载为最大加载量或预估极限荷载的1/10,第一级可按2倍分级荷载加荷。

②测读间隔时间:每级加载后,按第5、15、30、45、60 min测读桩顶沉降,以后每隔30 min测读一次,当桩顶沉降速率达到相对稳定标准时,再施加下一级荷载。

③卸载应分级进行,每级卸载量为加载时的2倍,等量卸载。卸载时每级荷载维持1 h,按第15、30、60 min测读桩顶沉降量后即可卸下一级荷载。卸载至零后,应测读桩顶残余沉降量,维持时间应为3 h,测读时间为第15、30 min,以后每隔30 min测读一次。

④相对稳定标准:每小时桩顶沉降量不超过0.1 mm,并连续出现两次(从分级荷载施加后第30 min开始,按1.5 h连续三次每30 min的沉降观测值计算),认为已达到相对稳定标准,再施加下一级荷载。

⑤加、卸载时应使荷载传递均匀连续,无冲击,每级荷载在维持过程中的变化幅度不得超过分级荷载的±10%。

⑥终止加载条件：

a.某级荷载作用下桩的沉降量为前一级荷载作用下沉降量的5倍；当桩顶沉降能相对稳定且总沉降量小于40 mm时，宜加载至桩顶总沉降量超过40 mm。

b.某级荷载作用下，桩顶沉降量大于前一级荷载作用下沉降量的2倍，且经24 h尚未达到相对稳定标准；

c.已达到设计要求的最大加载量；

d.当工程桩作锚桩时，锚桩上拔量已达到允许值；

e.当荷载—沉降曲线呈缓变型时，可加载至桩顶总沉降量60～80 mm，在特殊情况下，可根据具体要求加载至桩顶累计沉降量超过80 mm。

(2)快速维持荷载法

试验加载不要求每级下沉量达到相对稳定，而以等时间间隔连续加载，具体规定见表4.1.15。

快速维持荷载法试验加载规定一览　　表4.1.15

加载量分级	每级荷载时间间隔	终止试验条件	卸载规定
12级以上	每级荷载维持60 min，测读下沉量时间：第5、10、15、30、60 min	出现可判定极限荷载的陡降段或桩顶产生不停滞下沉，无法继续加载	每级卸载量为加载量的2倍

注：每级荷载维持时间至少为1 h，是否延长维持荷载时间应根据桩顶沉降收敛情况确定。

由于每级荷载下快速维持荷载法的沉降量要小于慢速维持荷载法的沉降量，因此快速法试验得出的极限承载力有时要高于慢速法的成果。因此快速加载得到的极限荷载值乘一定的修正系数可转换成慢速加载时的极限荷载值。一般在有成熟地区经验时采用快速维持荷载法。

(3)等沉降速率法

试验以保持桩顶等速贯入土中，连续施加荷载，按荷载—下沉量曲线确定极限荷载值。贯入速率一般黏性土为0.25～1.25 mm/min，砂土为0.75～2.5 mm/min。试验一般进行到累计贯入量50～75 mm或至少等于平均桩径的15%，也可加到设计荷载的三倍或反力系统的最大能力。

(4)循环加载卸载试验法

在慢速维持荷载法中对部分荷载级进行加、卸载循环，有的在每一级荷载达到稳定后重复加、卸载循环，也有以快速维持荷载法为基础对第一级荷载进行重复加、卸载循环的情况。

5)试验设备

(1)反力装置

根据试桩要求最大试验荷载和现场条件，反力装置可分为锚桩横梁、压重平台、锚桩压重联合和地锚等反力装置。选择反力装置时应符合下列要求：

①反力装置能提供的反力不得小于最大加载量的1.2倍；

②反力装置的全部构件应进行强度和变形验算；

③锚桩抗拔力(地基土、抗拔钢筋、桩的接头)应进行验算；采用工程桩作锚桩时，锚桩数量不应少于4根，并应监测锚桩上拔量；

④压重宜在检测前一次加足，并均匀稳固地放置于平台上；

⑤压重施加于地基的压应力可允许达到表层地基土极限承载力，当表层地基土承载力高于下伏软卧层时，下卧层应进行验算并需满足式(4.1.20)的要求，式(4.1.20)中的f_z按式(4.1.21)确定；

⑥试桩、锚桩(压重平台支墩边)和基准桩之间的中心距离见表 4.1.16。

试桩、锚桩(压重平台支墩边)和基准桩之间的中心距离　　表 4.1.16

反力装置	距离		
	试桩中心与锚桩中心(或压重平台支墩边)	试桩中心与基准桩中心	基准桩中心与锚桩中心(或压重平台支墩边)
锚桩横梁	≥4(3)D 且>2.0 m	≥4(3)D 且>2.0 m	≥4(3)D 且>2.0 m
压重平台	≥4D 且>2.0 m	≥4(3)D 且>2.0 m	≥4D 且>2.0 m
地锚装置	≥4D 且>2.0 m	≥4(3)D 且>2.0 m	≥4D 且>2.0 m

注:1. D 为试桩、锚桩或地锚的设计直径或边宽,取其较大者。

2. 如试桩或锚桩为扩底桩或多支盘桩时,试桩与锚桩中心距离不应小于扩大端直径的 2 倍。

3. 括号内数值可用于工程桩验收检测时多排桩设计桩中心距离小于 4D 的情况。

4. 软土场地堆载重量较大时,宜增加支墩边与基准桩中心和试桩中心之间的距离,并在试验过程中观测基准桩的竖向位移。

(2)加载、量测设备要求

①加载、量测设备及要求见相关条款;

②直径或边宽大于 500 mm 的桩,应在两个方向对称安置 4 个位移测试仪表,直径或边宽小于 500 mm 的桩,可对称安置 2 个位移测试仪表;

③沉降测定平面宜在桩顶 200 mm 以下位置,测点应牢固地固定于桩身。

6)资料整理

①单桩竖向抗压载荷试验资料应整理成表格,并对成桩和试验过程中出现的各种现象作说明。

②应绘制 Q-s、s-lg$t$ 曲线,需要时也可绘制其他辅助分析曲线。

③当进行桩身应力、应变和桩底反力量测时,应整理出有关数据记录表并绘制桩身轴力分布、侧摩阻力分布、桩端阻力—荷载、桩端阻力—沉降等曲线。

7)单桩竖向抗压极限承载力(Q_u)的确定

①对陡降型 Q-s 曲线,取其发生明显陡降的起始点所对应的荷载值;

②取 s-lg$t$ 曲线尾部出现明显向下弯曲的前一级荷载值;

③某级荷载作用下,桩顶沉降量大于前一级荷载作用下沉降量的 2 倍,且 24 h 内尚未达到相对稳定时,取前一级荷载值;

④对于缓变型 Q-s 曲线可根据沉降量确定,宜取 s=40 mm 对应的荷载值;当桩长大于 40 m 时,应考虑桩身弹性压缩量,对直径大于或等于 800 mm 的桩,可取 s=0.05D(D 为桩端直径)对应的荷载值。

特别指出的是,当按上述 4 条判定桩的竖向抗压承载力未达到极限时,桩的竖向抗压极限承载力应取最大试验荷载值。

8)单位工程同一条件下单桩竖向抗压极限承载力统计值的确定

①参加统计试桩结果当满足其极差不超过平均值的 30%,取其平均值为单桩竖向抗压极限承载力;

②当极差超过平均值的 30%时,应分析极差过大的原因,结合工程具体情况综合确定,必要时可增加试桩数量;

③桩数为 3 根或 3 根以下的柱下承台,或工程桩抽检数量少于 3 根时,应取低值。

9)特征值 R_a 取值

单位工程同一条件下的单桩竖向抗压承载力特征值 R_a,应按单桩竖向抗压极限承载力统计值的一半取值。

10)桩端阻力和桩侧摩阻力的划分

当桩的载荷试验中桩身贴有应变片或钢筋应力计时,可根据实测资料划分桩端阻力与桩侧摩阻力。如果没有实测资料,可结合当地 q_p、q_s 经验值或根据 s-lg$Q$ 曲线划分桩端阻力与桩侧摩阻力:将 s-lg$Q$ 曲线末端陡降直线段向上延长与横坐标相交,交点左段为总极限摩阻力,交点至极限荷载值的距离即为总极限端阻力,如图 4.1.5 所示。

(二)单桩竖向抗拔载荷试验

1)现场检测

①对混凝土灌注桩,有接头预制桩,在抗拔试验前应采用低应变法检测桩身完整性。为设计提供依据的抗拔灌注桩施工前应进行成孔质量检测,发现桩身中、下部位有明显扩径的桩不宜作为抗拔试验桩;对有接头的预制桩,应验算接头强度。

②试验前应根据场区的勘察报告预估试桩抗拔极限承载力,同时应验算试桩纵向主筋抗拉能力及纵向主筋与混凝土的握裹力。

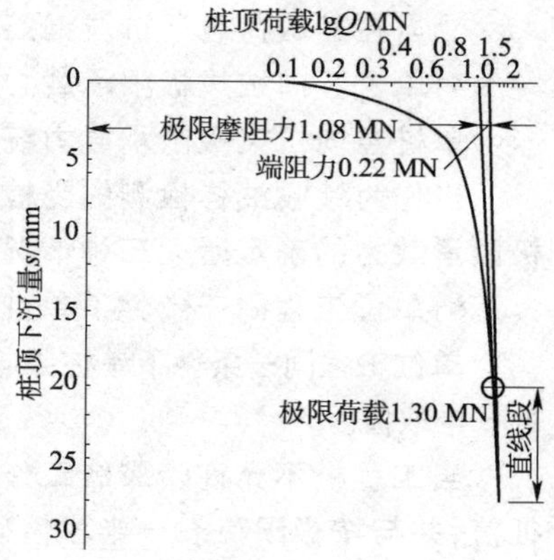

图 4.1.5 s-lg$Q$ 曲线

③单桩竖向抗拔载荷试验宜采用慢速维持荷载法。需要时,可采用多循环加、卸载方法。慢速法的加、卸载分级,试验方法及稳定标准参见三、(一)4)(1)各条款,同时应仔细观察桩身混凝土开裂情况。

④当试桩出现下列情况之一时,可终止加载。

a. 在某级荷载作用下,桩顶上拔量大于前一级上拔荷载作用下上拔量的 5 倍。

b. 按桩顶上拔量控制,累计桩顶上拔量超过100 mm 时。

c. 按钢筋抗拉强度控制,桩顶上拔荷载达到钢筋强度标准值的 0.9 倍。

d. 对于验收抽样检测的工程桩,达到设计要求的最大上拔荷载值。

⑤试验数据应做好记录。

⑥测试桩侧抗拔摩阻力或桩端上拔位移时,数据测读时间与三、(一)各条款中有关内容相同。

2)设备仪器及安装

抗拔桩试验加载装置和加载方式见一、3.3)条款的要求和规定。

试验反力装置可采用反力桩(或工程桩)提供支座反力,也可以天然地基提供支座反力。反力架系统应具有 1.2 倍的安全系数并符合如下要求:

①采用反力桩(或工程桩)提供支座反力时,反力桩顶面应平整并具有一定强度。

②采用天然地基提供反力时,施加于地基的压应力不得超过地基土极限承载力,且当表层地基土有下伏软卧层时应验算并满足要求,详见三、(一)5)(1)⑤条款;反力梁的支点重心应与支座中心重合。

③荷载测量及其仪器的技术要求见一、3.3)条款。

④桩顶上拔量测量及其仪器的技术要求见一、3.3)条款。(桩顶上拔量观测点可固定在桩顶面的桩身混凝土上。)

⑤试桩、支座和基准桩之间的中心距离应符合表 4.1.16 的规定。

⑥当需要测试桩侧抗拔摩阻力分布或桩端上拔位移时,桩身内应埋设传感器或在桩端埋设位移杆。

3)资料整理

试验数据应整理成表格,并绘制上拔荷载—桩顶上拔量(U-δ)曲线和桩顶上拔量—时间对数(δ-lg$t$)曲线。其他要求与单桩竖向抗压载荷试验的资料整理相同,见三、(一)6)条款。

4)单桩竖向抗拔极限承载力的确定

①对陡变型 U-δ 曲线,取陡升起始点对应的荷载值;

②取 δ-lg$t$ 曲线斜率明显变陡或曲线尾部明显弯曲的前一级荷载值;

③当在某级荷载下抗拔钢筋断裂时,取其前一级荷载值。

5)单桩竖向抗拔极限承载力统计值的确定

单桩竖向抗拔极限承载力统计值应按三、(一)8)条款的规定确定。

当作为验收抽样检测的受检桩在最大上拔荷载作用下,未出现三、(一)4)单桩竖向抗拔极限承载力的确定所列三种情况时,可按设计要求判定。

6)单位工程同一条件下单桩竖向抗拔承载力特征值的确定

单位工程同一条件下单桩竖向抗拔承载力特征值的确定按单桩竖向抗拔极限承载力统计值的一半取值。

当工程桩不允许带裂缝工作时,取桩身开裂的前一级荷载作为单桩竖向抗拔承载力特征值,并与按极限荷载一半取值确定的承载力特征值相比取小值。

(三)自平衡试桩法

1)试验目的和要求

①该试桩法可测试单桩竖向抗压(拔)极限承载力、桩周土极限侧摩阻力及桩端土极限端阻力。

②可对在黏性土、粉土、砂土、岩层中成桩的钻孔灌注桩、人工挖孔桩、沉管灌注桩等进行测试。在传统静载试桩相当困难的水上、坡地、基坑底、狭窄场地等进行试桩时,该方法显现了优越性。

③对直径 $D \geqslant 1.5$ m 试桩检测,可采用小直径桩模拟测试以确定单位面积的摩阻力、端阻力极限值,模拟桩的直径不应小于 800 mm,最后根据实际尺寸通过换算确定单桩极限承载力。显然该法仍具有间接性。

④当埋设有桩身应力、应变测量元件时,尚可直接测定桩周各土层的极限侧阻力。

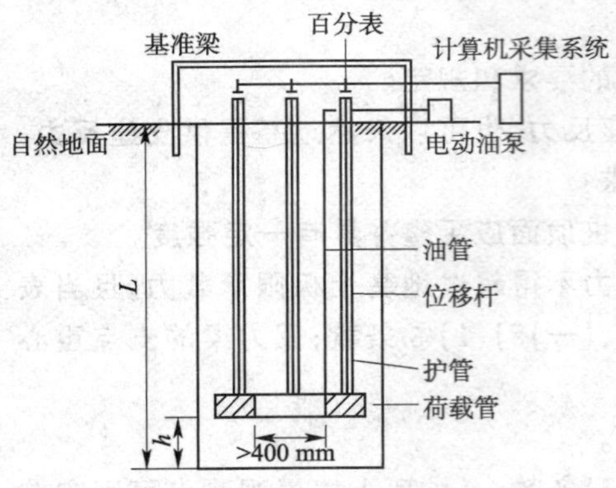

图 4.1.6 桩基自平衡测试系统

⑤用于工程桩承载力评价时,在同一条件下的试桩数量不宜小于总桩数的1%,工程总桩数在50根以内时不应小于2根,其他条件下不应少于3根。试桩的成桩工艺和质量控制标准应与工程桩一致。

试桩休止期,对砂类土不应少于10 d,其他要求同表4.1.14。

2)试验设备

①试验加载采用专用的经计量标定的荷载箱,如图4.1.6所示。荷载箱平放于试桩中心,其位移方向与桩身轴线夹角不大于5°,其极限加载能力应大于预估极限承载力的1.2倍。

②荷载与位移的量测仪表,采用连于荷载箱的压力表测定油压,根据荷载箱率定曲线换算荷载。采用专用装置分别测定向上位移和向下位移,其他要求见一、3.3)条款。

③荷载箱宜在成孔后、混凝土浇捣前设置。护管与钢筋笼焊接成整体，荷载箱与钢筋笼焊接在一起，护管与荷载箱顶盖焊接，焊缝应满足强度要求并确保管不渗漏水泥浆。荷载箱摆放处上、下桩身应有加强措施，可配置加密钢筋网2层。人工挖孔桩用高强度等级的砂浆或混凝土抹平桩底。

④荷载箱摆设位置应根据岩土工程勘察报告进行估算。当端阻力小于侧阻力时，荷载箱放在桩身平衡点处，使上、下段桩的承载力相等以维持加载。当端阻力大于侧阻力时，可根据桩的长径比和地质情况采取适当增加桩长，给桩顶提供一定量的配重，或加载至摩阻力充分发挥等措施。而端部采用本节三、(三)1)③条款的方法测试单位面积极限值，再根据实际尺寸经换算后确定端阻力值。显然，该法的最大缺点就在于桩身平衡点是估算的，具有主观性。

3)试验方法

试验方法同三、(一)4)各条款，但终止加荷条件中应增加"累计上拔量超过 100 mm"条款。

4)资料整理

试验资料整理成表格，并绘制 Q-$s_{上}$、Q-$s_{下}$、$s_{上}$ - lg$t$、$s_{下}$ - lg$t$、$s_{上}$ - lg$Q$、$s_{下}$ - lg$Q$ 曲线，其中单桩竖向载荷试验结果汇总表见表 4.1.17。此外对成桩和试验过程出现的异常现象作补充说明，其他资料整理参见三、(一)6)条款相关内容。

单桩竖向载荷试验结果汇总 表 4.1.17

荷载编号	加载值	加载历时/min		向下位移/mm		向上位移/mm		桩顶位移/mm	
		本级	累计	本级	累计	本级	累计	本级	累计

试验： 资料整理： 校核：

5)单桩竖向极限承载力的确定

①对于陡变型 Q-s 曲线，取该曲线发生明显陡变的起始点。

②对于缓变型 Q-s 曲线，按位移值确定极限荷载值，极限侧阻力取向上位移 $s_{上}=40\sim60$ mm 所对应的荷载；极限端阻力取 $s_{下}=40\sim60$ mm 对应的荷载值，或大直径桩的 $s_{下}=0.03\sim0.06\,D$(D 为桩端直径，大桩径取低值，小桩径取高值)对应的荷载值。

③当根据位移随时间的变化特征确定极限承载力时，下段桩取 s- lg$t$ 曲线尾部出现明显向下弯曲的前一级荷载值，上段桩取 s- lg$t$ 曲线尾部出现明显向上弯曲的前一级荷载值。分别求得上、下段桩的极限承载力 $Q_{U上}$、$Q_{U下}$，然后考虑桩自重影响，按式(4.1.22)计算单桩竖向抗压极限承载力。

④单桩竖向抗拔极限承载力按式(4.1.23)确定。

自平衡试桩法单桩竖向抗压和抗拔极限承载力统计值和单位工程同一条件下的单桩竖向抗压和抗拔承载力特征值的确定参见三、(一)8)及 9)和三、(二)5)及 6)条款。

(四)单桩水平载荷试验

1)试验设备、量测仪器及要求

①用千斤顶作水平推力，其加载能力不得小于最大试验荷载的 1.2 倍。水平推力的反力可由相邻桩提供。当专门设置反力结构时，其承载力和刚度应大于试验桩的 1.2 倍。水平力作用线应与实际工程桩基承台底面标高一致。在千斤顶与试桩接触处应安置一球形铰座，以保证千斤顶作用力能水平通过桩身轴线。千斤顶与试桩接触处应适当补强。

②荷载测量和仪器的技术要求参见一、3.3)条款。

③桩水平位移测量及仪器技术要求参见一、3.3)条款。在水平力作用平面的受检桩两侧要安装两个位移计。当需要测量桩顶转角时,应在水平力作用平面以上 50 cm 的受检桩两侧对称各安装两个位移计。

④位移测量基准点设置不应受试验和其他因素影响,基准点应设置在与作用力方向垂直且与位移方向相反的侧面,基准点与试桩净距不小于 1 倍桩径。测量桩身应力或应变时,各测试断面测量传感器应沿受力方向对称分布在远离中性轴的受拉和受压主筋上。埋设传感器的纵剖面与受力方向之间夹角不得大于 10°。在地面下 10 倍桩径(桩宽)的主要受力部分应加密测试断面,断面间距不应超过 1 倍桩径;超过此深度,测试断面间距可适当加大。

2)试验加载方法

加载方法应根据工程实际受力特性选用单向多循环加卸载法,对于个别受长期水平荷载的桩基可采用慢速维持荷载法,也可按设计要求采用其他加载方法,需要测量桩身应力或应变时,试验宜采用慢速维持荷载法。

试验加载方式和水平位移测量应符合下列规定:

①单向多循环加载法的分级荷载应小于预估水平极限承载力或最大试验荷载的1/10,每级荷载施加后,恒载 4 min 后可测读水平位移,然后卸载至零,停 2 min 测读残余水平位移,至完成一个加、卸载循环,如此循环 5 次,完成一级荷载的位移观测,试验不得中间停顿。

②慢速维持荷载法的加、卸载分级、试验方法及稳定标准参见有关条款。

③当出现下列情况之一时,可终止加载:

a. 桩身折断;

b. 水平位移超过 30～40 mm(软土取 40 mm);

c. 水平位移达到设计要求的水平位移允许值。

④测量桩身应力或应变时,测试数据的测读宜与水平位移测量同步。

3)资料整理

①单桩水平载荷试验数据应整理成表格。

②当采用单向多循环加载法时,应绘制水平力—时间—作用点位移(H-t-Y_0)曲线(图 4.1.7)和水平力—位移梯度(H-$\Delta Y_0/\Delta H$)曲线(图 4.1.8)。

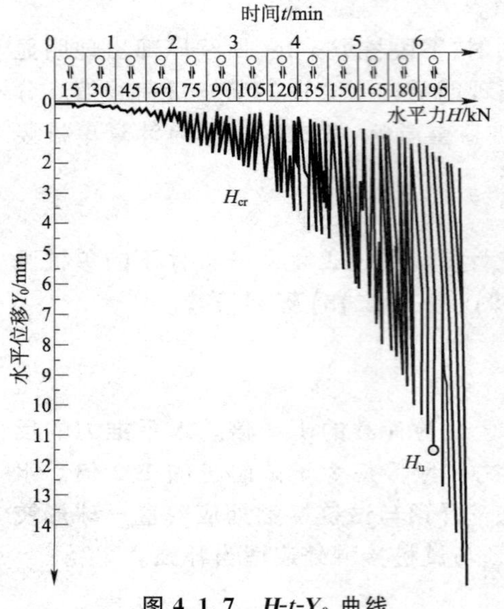

图 4.1.7 H-t-Y_0 曲线

③当采用慢速维持荷载法时,绘制水平力—力作用点位移(H-Y_0)曲线、水平力—位移梯度(H-$\Delta Y_0/\Delta H$)曲线、力作用点位移—时间对数(Y_0-$\lg t$)曲线和水平力—力作点位移双对数($\lg H$-$\lg Y_0$)曲线。

④绘制水平力、水平力作用点水平位移—地基土水平抗力系数的比例系数曲线(H-m,Y_0-m)。

⑤对埋设有应力或应变测量传感器的试验,应绘制各级水平力作用下的桩身弯矩分布图和水平力—最大弯矩截面钢筋拉应力(H-σ_s)曲线(图 4.1.9),并列表给出相应的数据。

4)单桩水平临界荷载 H_{cr} 确定方法

①取单向多循环加载法时的 H-t-Y_0 曲线或慢速维持荷载法的 H-Y_0 曲线出现拐点的前一级水平荷载值。

②取 H- $\Delta Y_0/\Delta H$ 曲线或 lg$H$- lgY_0 曲线上第一拐点对应的水平荷载值。

③取 H-σ_s 第一拐点对应的水平荷载值。

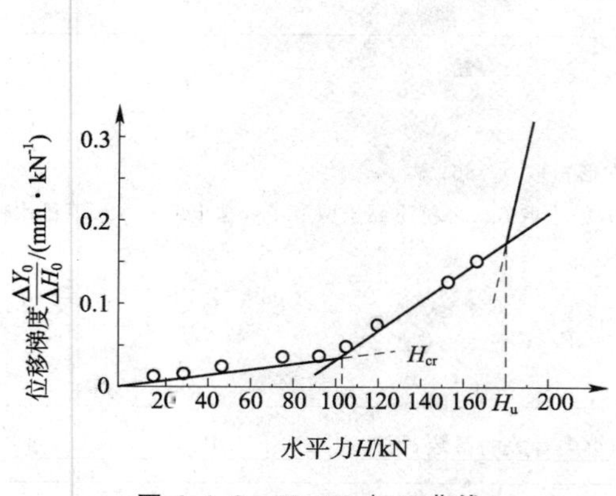

图 4.1.8 H- $\Delta Y_0/\Delta H$ 曲线

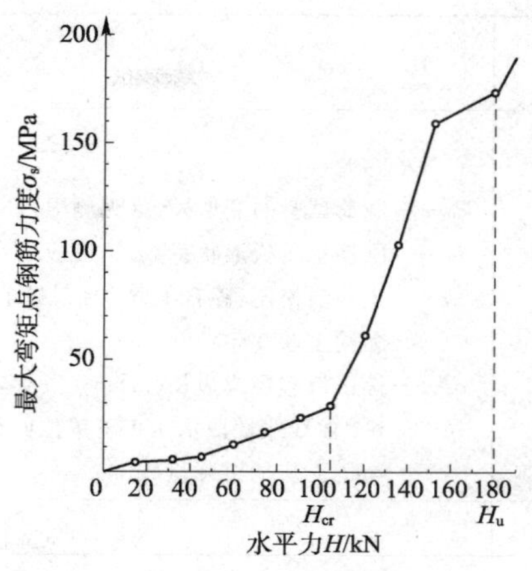

图 4.1.9 H-σ_s 曲线

5)单桩水平极限承载力 H_u 确定方法

①取单向多循环加载法的 H-t-Y_0 曲线明显陡降的前一级荷载值为极限荷载值，或慢速维持荷载法的 H-Y_0 曲线发生明显陡降的起始点对应的水平荷载值为极限荷载值。

②取慢速维持荷载法的 Y_0 - lg$t$ 曲线尾部出现明显弯曲的前一级水平荷载值。

③取 H- $\Delta Y_0/\Delta H$ 曲线或 lg$H$- lgY_0 曲线上第二拐点对应的水平荷载值为极限荷载值。

④取桩身折断或受拉钢筋屈服时前一级水平荷载值为极限荷载值。

6)单桩水平极限承载力和水平临界荷载统计值的确定

单桩水平极限承载力和水平临界荷载统计值参照三、1.(8)各条款的办法确定。

7)单位工程同一条件下单桩水平承载力特征值的确定

①当水平承载力按桩身强度控制时，取水平临界荷载统计值为单桩水平承载力的特征值。

②当桩受长期水平荷载作用且桩不允许开裂时，取水平临界荷载统计值的 0.8 倍作为单桩水平承载力特征值。

③当水平承载力按设计要求的水平允许位移控制时，可取设计要求的水平允许位移对应的水平荷载作为单桩水平承载力特征值，但应满足有关规范抗裂设计的要求。

8)地基土水平抗力系数的比例系数 m 值的确定

当桩顶自由且水平力作用位置位于地面处时，m 值可按式(4.1.24)确定，式中桩顶水平位移系数 ν_y 涉及桩的水平变形系数 α 按式(4.1.25)确定，其他 ν_y 取值及取值条件见表 4.1.18。

桩顶水平位移系数 ν_y 表 4.1.18

桩顶约束情况	桩的换算长度 $(\alpha \cdot h)$/m	ν_y	桩顶约束情况	桩的换算长度 $(\alpha \cdot h)$/m	ν_y
铰接(自由)	4.0	2.441	固接	4.0	0.940
	3.5	2.502		3.5	0.970
	3.0	2.727		3.0	1.028
	2.8	2.905		2.8	1.055
	2.6	3.163		2.6	1.079
	2.4	3.526		2.4	1.095

本章中正文涉及的公式集中在表 4.1.19 中。

载荷试验公式一览 表 4.1.19

<table>
<tr><th>公式编号</th><th colspan="3">公式和符号说明</th></tr>
<tr><td>4.1.1</td><td colspan="3">$$E_0=I_0(1-\mu^2)\frac{pd}{s}$$
E_0——载荷试验的变形模量(无侧限)(MPa);
I_0——刚性承压板形状系数,圆形板取 0.785;方形板取 0.886;
μ——土的泊松比:碎石土取 0.27,砂土取 0.30,粉土取 0.35,粉质黏土取 0.38,黏土取 0.42,不排水饱和黏性土取 0.50;
d——承压板直径或边长(m);
p——p-s 曲线线性段承压板下单位面积的压力(kPa);
s——与 p 对应的沉降量(mm)</td></tr>
<tr><td>4.1.2</td><td>$E_0=\omega\frac{Pd}{s}$</td><td colspan="2">ω——与试验深度和土类有关的系数,可按表 4.1.1 选用</td></tr>
<tr><td>4.1.3</td><td>$s'=s_0+cp$</td><td colspan="2">s'——各级荷载下的实测沉降值(mm);
s_0——直线方程在沉降 s 轴上的截距(mm);
c——直线方程的斜率</td></tr>
<tr><td>4.1.4</td><td colspan="2">$c=\frac{N\sum p_is_i-\sum p_is_i}{N\sum p_i^2-(\sum p_i)^2}$</td><td rowspan="2">$p_i$——第 i 级荷载下的单位压力(kPa);
s_i——对应于 p_i 的沉降观测值(mm);
N——荷载级数</td></tr>
<tr><td>4.1.5</td><td colspan="2">$s_0=\frac{\sum s_i\sum p_i^2-\sum p_i\sum s_i}{N\sum p_i^2-(\sum p_i)^2}$</td></tr>
<tr><td>4.1.6</td><td colspan="3">$s=s'-s_0$</td></tr>
<tr><td>4.1.7</td><td colspan="3">$$\alpha_N=\frac{\sum s_i\cdot\sum[\ln(t_i+1)]^2-\sum\ln(t_i+1)\sum s_i\ln(t_i+1)}{8\sum[\ln(t_i+1)]^2-[\sum\ln(t_i+1)]^2}$$
α_N——第 N 级荷载下,s-$\ln t$ 曲线的截距(mm);
s_i——第 N 级荷载下,t_i 时的沉降实测值(cm);
t_i——第 N 级荷载下第 i 次观测时间($t_i=i\times15$ min,$i=1,2,\cdots,8$)</td></tr>
<tr><td>4.1.8</td><td colspan="2">$\beta_N=\frac{8\sum s_i\ln(t_i+1)-\sum s_i\sum\ln(t_i+1)}{8\sum[\ln(t_i+1)]^2-[\sum\ln(t_i+1)]^2}$</td><td rowspan="3">$\beta_N$——第 N 级荷载下,s-$\ln t$ 曲线的斜率
e——自然对数的底</td></tr>
<tr><td>4.1.9</td><td colspan="2">$s_N=\alpha_N+\beta_N\lg(t_N+1)$</td></tr>
<tr><td>4.1.10</td><td colspan="2">$t_N=\frac{60}{1-e^{-0.01/\beta_N}}$</td></tr>
<tr><td>4.1.11</td><td colspan="3">$$\Delta s_{k,n}^{(i)}=\sum_{k=i}^{n-1}\beta_k\lg\left[1+\frac{15i}{120(n-k)+1}\right]$$
$\Delta s_{k,n}^{(i)}$——第 k 级荷载下对第 n 级荷载第 i 次观测值中应扣除的残留沉降量(cm)($i=1,2,\cdots,8$);
k——第 n 级前的荷载级数($k=1,2,\cdots,n-1$)</td></tr>
<tr><td>4.1.12</td><td>$s_k=s'_k\sum_{j=1}^{j}\Delta s_{kj}$</td><td colspan="2">$s_k$——总沉降量;
s'_k——本级荷载下的沉降量(cm);
Δs_{kj}——第 k 级荷载对 j 级荷载的最终影响,按式(4.1.11)计算</td></tr>
</table>

续上表

<table>
<tr><th>公式编号</th><th colspan="2">公式和符号说明</th></tr>
<tr><td>4.1.13</td><td>$s_j=s\left(\frac{B}{b}\right)^2\left(\frac{b+30}{B+30}\right)^2$</td><td rowspan="2">$s_j$ ——建筑基础的预估沉降量(mm)；
s ——与基础底面压力相一致的板下沉降量(mm)；
B ——基础短边的宽度(mm)；
b ——承压板宽度(mm)</td></tr>
<tr><td>4.1.14</td><td>$s_j=s\frac{B}{b}$</td></tr>
<tr><td>4.1.15</td><td>$k_v=\frac{p}{s}$</td><td rowspan="2">k_v ——基准基床反力系数；
s_d ——道路路基的沉降量(m)；
q ——道路路基所受压力(kN/m²)</td></tr>
<tr><td>4.1.16</td><td>$s_d=\frac{q}{k_v}$</td></tr>
<tr><td>4.1.17</td><td colspan="2">$$c_u=\frac{p_u-p_z}{N_c}$$
c_u——不排水抗剪强度(kPa)；
p_u——快速载荷试验所得极限荷载值(kPa)；
p_z——承载板周边外的超载或土的自重压力(kPa)；
N_c——承载系数，对圆形承压板，埋深为零时 $N_c=6.14$，当埋深大于或等于4倍承压板直径时，$N_c=9.40$，当承压板埋深小于4倍承压板直径时，可内插确定</td></tr>
<tr><td>4.1.18</td><td>$f_{spk}=mf_{pk}+(1-m)f_{sk}$</td><td>$f_{spk}$——复合地基承载力特征值(kPa)；
f_{pk}、f_{sk}——桩体和桩间土按载荷试验求得的承载力特征值(kPa)；
m——复合地基置换率</td></tr>
<tr><td>4.1.19</td><td colspan="2">$$E_u=A\frac{pd}{s}$$
E_u——不排水变形模量(kPa)；
A——取决于泊松比和螺旋板与土之间黏结程度的系数；A 值的计算参见文献[14]P455，对于硬黏土，完全黏结取0.29，完全不黏结取0.38，一般取0.33；对于饱和软黏土，完全黏结取0.6，完全不黏结取0.75，部分黏结取0.66</td></tr>
<tr><td>4.1.20</td><td colspan="2">$$P_0=P_z+P_{cz}\leqslant f_z$$
P_0——下卧层顶面处压力值(kPa)；
P_z——相应于荷载效应标准组合时下卧层顶面处的附加压力值(kPa)；
P_{cz}——下卧层顶面处土的自重压力值(kPa)；
f_z——短期高荷载条件下下卧层顶面经深度修正后的地基土承载力特征值(kPa)，按式(4.1.21)确定</td></tr>
<tr><td>4.1.21</td><td colspan="2">$$f_z=f_{ak}+\eta_d\gamma_m(z-0.5)$$
γ_m——下卧层顶面之上土的加权平均重度，地下水位以下取浮重度(kN/m³)；
z——下卧层顶面的埋藏深度(m)；
η_d——压重平台基座底面扩散至下卧层的深度修改系数</td></tr>
<tr><td>4.1.22</td><td colspan="2">$$Q_U=\frac{Q_{U上}-W}{\gamma}+Q_{U下}$$
Q_U——单桩竖向抗压极限承载力(kN)；
$Q_{U上}$——荷载箱以上部分桩的极限摩阻力(kN)；
$Q_{U下}$——荷载箱以下部分桩的极限承载力(kN)；
W——荷载箱上部桩自重(kN)；
γ——有效重度(kN/m³)，对于黏性土、粉土取0.8，对于砂土取0.7</td></tr>
<tr><td>4.1.23</td><td>$Q_U=Q_{U上}$</td><td>Q_U——单桩竖向抗拔极限承载力(kN)</td></tr>
</table>

续上表

公式编号	公式和符号说明
4.1.24	$$m=\frac{(\nu_y H)^{5/3}}{b_0(Y_0)^{5/3}(EI)^{2/3}}$$ m——地基土水平抗力系数的比例系数(kN/m^4); ν_y——桩顶水平位移系数,先取参考值 m,由式(4.1.25)试算 α,当桩顶自由且 $\alpha h\geqslant 4.0$ 时(h 为桩的入土深度),$\nu_y=2.441$;当 $\alpha h<4.0$ 时,ν_y 取值及取值条件见表 4.1.20; H——作用于地面的水平力(kN); Y_0——水平力作用点的水平位移(mm); b_0——桩身计算宽度(m),对于圆形桩:当桩径 $D\leqslant 1$ m 时,$b_0=0.9(1.5D+0.5)$;当桩径 $D>1$ m时,$b_0=0.9(D+1)$;对于矩形桩:当边宽 $B\leqslant 1$ m 时,$b_0=1.5B+0.5$;当边宽 $B>1$ m 时,$b_0=B+1$; EI——桩身抗弯刚度(kN/m^2)
4.1.25	$$\alpha=\left(\frac{mb_0}{EI}\right)^{1/5}$$ α——桩的水平变形系数(m^{-1})

第二节 静力触探试验

静力触探试验适用于软土、一般黏性土、粉土、砂土和含少量碎石的土,具有勘探和测试双重功能,它和常规的钻探—取试样—室内试验相比,具有快速、精确、经济和节省人力等特点。特别是对于地层变化较大的复杂场地以及不易取得原状土样的饱和砂土和高灵敏度的软黏土地层的勘察,静力触探更具有其独特的优越性。当然,静力触探试验也有其缺点:一是贯入机理尚未弄清,没有数理模型,目前对静探成果的解释主要是经验性的;二是它不能直接地识别土层,并且对碎石类土和较密实砂土难以贯入,因此有时还需要钻探与其配合才能完成岩土工程勘察任务。

一、静力触探设备

(一)加压装置(有三种类型)

①手摇式轻型静力触探。利用摇柄、链条、齿轮等用人力将探头压入土中,贯入速率可人为控制,提升速度是靠改变手柄位置来加快,贯入能量一般小于 20～30 kN。该机还附有电测十字板探头,可分别进行静力触探试验和十字板剪切试验。

②齿轮机械式静力触探。每次贯入行程为 1 m,贯入速度一般为 1.2 m/min,提升速度可通过变速箱或变速电机来加快,可单独落地组装,也可装在汽车上。

③全液压传动静力触探。分单缸和双缸两种,最大贯入行程一般为 0.5～1.0 m,贯入能量大于 80 kN,最大贯入力可达 200 kN。贯入速度均匀、稳定,加压能力大。目前国内已研制出用微机控制的静力触探车,使微机控制从资料数据的处理扩展到操作领域。

(二)反力装置(有三种形式)

①利用地锚作反力。当地表有一层较硬的黏性土覆盖层时,可使用 2～4 个或更多的地锚作反力。锚的长度一般为 1.5 m,以单叶片为好。叶片的直径可分成多种,如 25 cm、30 cm、35 cm、40 cm,以适应各种情况。地锚通常用液压拧锚机下入土中,也可用机械或人力下入。手摇式轻型静力触探设备采用的地锚,因其所需反力较小,锚的长度也较短,为 1.2 m,叶片直径则为 20 cm。

②用重物作反力。如表层土为砂砾、碎石土等,地锚难以下入,此时只有采用压重物来解决反力问题。软土地基贯入 30 m 以内的深度,一般需压重物 4～5 t。

③利用车辆自重作反力。将整个触探设备装在载重汽车上,利用载重汽车的自重作反力。

二、静力触探探头

将探头压入土中时,由于土层的阻力,探头受到一定的压力,土层的强度越高,探头所受到的压力较大。通过探头内的阻力传感器,将土层的阻力转换为电信号,然后由仪表测量出来。为了实现这个目的,需运用三个方面的原理,即材料弹性变形的虎克定律、电量变化的电阻率定律和电桥原理。

(一)探头的结构

目前国内用的探头有两种,一种是单桥探头,另一种是双桥探头。此外还有能同时测量孔隙水压的两用(p_s-u)或三用(q_c-u-f_s)探头,即在单桥或双桥探头的基础上增加了能量测孔隙水压力的功能。

①单桥探头(图 4.2.1):常用的探头型号及规格见表 4.2.1。单桥探头有效侧壁长度为锥底直径的 1.6 倍。这种探头在结构上的关键是传感器的设计和加工精度。顶柱与传感器的接触必须良好,否则就会使读数不稳定,影响测量精度。接触方式有圆锥面接触和球面接触,后者加工方便,效果也比较好。

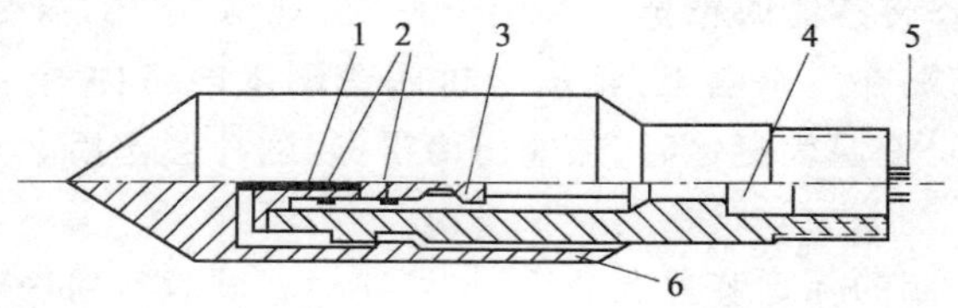

图 4.2.1 单桥探头结构

1-顶柱;2-电阻应变片;3-传感器;4-密封垫圈套;5-四芯电缆;6-外套筒

单桥探头规格 表 4.2.1

型号	锥头直径 d_e/mm	锥头截面积 A/cm²	有效侧壁长度 L/mm	锥角 α
Ⅰ-1	35.7	10	57	60°
Ⅰ-2	43.7	15	70	60°

②双桥探头(图 4.2.2):其规格见表 4.2.2。圆锥截面积,国际通用标准为 10 cm²,目前国内广泛使用锥头截面积为 15 cm² 的探头,两者的贯入阻力相差不大,在同样的土质条件和机具贯入能力的情况下,10 cm² 比 15 cm² 的贯入深度更大;为了向国际标准靠拢,最好使用锥头底面积为 10 cm² 的探头。

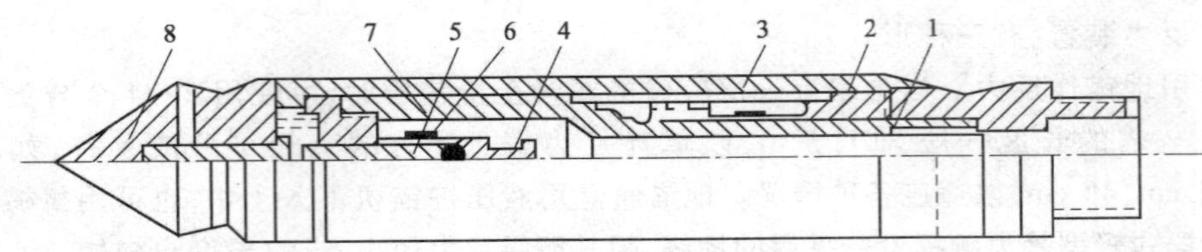

图 4.2.2 双桥探头结构

1-传力杆;2-摩擦传感器;3-摩擦筒;4-锥尖传感器;
5-顶柱;6-电阻应变片;7-钢珠;8-锥尖头

双桥探头规格 表 4.2.2

型号	锥头直径 d_e/mm	锥头截面积 A/cm²	摩擦筒长度 L/mm	摩擦筒表面积 s/mm	锥角 α
Ⅱ-1	35.7	10	179	200	60°
Ⅱ-2	43.7	15	219	300	60°

③孔压静力触探探头:除了具有双桥探头所需的各种部件外,还增加了由透水陶粒做成的透水滤器和一个孔压传感器。透水陶粒要求其渗透系数为$(1.1\pm0.1)\times10^{-5}$ cm/s,抗渗能力为(110±5) kPa。透水滤器的位置可镶嵌于探头的锥尖、锥面或锥尾,一般以对称3~6孔镶嵌于锥面为佳。孔压静力触探探头具有能同时测定锥头阻力、侧壁摩擦阻力和孔隙水压力的装置,同时还能测定探头周围土中孔隙水压力的消散过程。

(二)温度对传感器的影响及补偿方法

传感器在不受力的情况下,当温度变化时,应变片中电阻丝(亦称线栅)的阻值也会发生变化。与此同时,由于线栅材料与传感器材料的线膨胀系数不一样,线栅受到附加拉伸或压缩,也会使应变片的阻值发生变化,和土层阻力无关,因此必须设法消除才会使测试成果有意义。在静探技术中,常采用下列两种方法来消除热输出。

温度校正法:在现场操作时测初读数的变化,内业资料整理时将其消除。

桥路补偿法:在制作传感器时精选4片同一批次、规格、阻值、灵敏系数的应变片,以相同的胶黏剂和贴片工艺贴在传感器上,组成全桥四壁测量电路(4个工作片互为补偿,或两个工作片、两个补偿片),使温度变化时,热输出为零,起到补偿作用。

(三)探头的标定

探头的标定可在特制的标定装置上进行,也可在材料试验室利用50~100 kN压力机进行,标定用测力计或传感器,精度不应低于3级。探头应垂直稳固放置在标定架上,并不使电缆线受压。对于新的探头,应反复(一般3~5次)预压到额定荷载,以减少传感元件由于加工引起的残余应力。

探头的标定方法随记录仪器的不同而异,目前常用的人工记录静力触探测量仪标定方法为:

①固定探头在标定架上,并连接至测量仪;

②逐级施加荷载,一般每级为最大贯入力的1/10;

③记录每级荷载下相应的应变量;

④每次标定,加卸荷不得少于3遍,同时对顶柱式传感器应转动顶柱至不同角度,观察荷载作用下读数变化,其测定误差应小于额定荷载下应变量的±1%;

⑤计算每一级荷载下应变量的平均值,绘制以荷载为纵坐标、应变量为横坐标的标定直线,其线性误差应不大于探头在额定荷载下应变量的±1%;

⑥按下式计算探头的标定系数

$$K=\frac{P}{A\varepsilon} \tag{4.2.1}$$

式中，K 为探头的标定系数（MPa/με）；P 为标定时所加的总压力（N）；A 为探头截面积（mm^2）；ε 为应变量（με）。

目前也常用固定系数法，即在加各级荷载时，调节探头系数拨号盘，使仪器显示数据与所加压力（P/A，单位：kPa）成 0.10 倍，如 10 cm^2 的探头，加荷 1 kN，压力为 1 000 kPa，仪器显示 100 με，加卸荷不得少于 3 遍，测定误差应小于额定荷载下应变量的±1%，得到的探头系数为 0.01（MPa/με）。

三、我国常用的静力触探量测记录仪器

（一）电阻应变测量仪

直显式静力触探记录仪，所测的应变量以数字显示。该类型的仪器采用浮地测量桥、选通式解调、双积分 A/D 转换等措施，具有仪器精度高、稳定性好、操作简单、携带方便等优点。

（二）静探微机

静探微机主要由主机、交流适配器、接线盒、深度控制器等组成。外接探头后，在现场试验中记录完全由微型计算机控制，仪器本身不会出现超前、滞后现象，分辨率高达 1/20 000，测量精度远远超过应变仪及自动记录仪。现场测量时，液晶屏可同时显示深度值，A、B二通道测量值，时间采样计数值以及提示超量程报警，从显示屏上可方便且准确地监视现场测量情况。

静探微机能采用人机结合的方法整理资料，能自动计算静力触探分层力学参数、单桩承载力，提供 q_c、f_s、E_s 等地基参数，并可送入磁盘永久保存，还可以打印下述材料：

①率定记录表和曲线；

②静力触探记录表；

③h-q_c、h-f_s、h-p_s 曲线图；

④静力触探单孔柱状剖面图及图例表；

⑤时间采样数据记录表；

⑥静力触探指标汇总表。

（三）自动记录仪

自动记录仪是由通用的电子电位差计改装而成，它能随深度自动记录土层贯入阻力的变化情况，并以由线的方式自动绘在记录纸上。

四、静力触探现场试验要点

（一）试验准备工作

①设置反力装置（或利用车装重量）；

②安装好压入和量测设备，并用水准尺将底板调平；

③检查电源电压是否符合要求；

④检查仪表是否正常；

⑤将探头接上测量仪器（应与探头标定时的测量仪器相同），并对探头进行试压，检查顶柱、锥头、摩擦筒是否能正常工作。

（二）现场试验工作

①确定试验前的初读数。将探头压入地表下 0.5 m 左右，经过一定时间后将探头提升

10～25 cm,使探头在不受压状态下与地温平衡,此时仪器上的读数即为试验开始时的初读数。

②贯入速率要求匀速,其速率控制在(1.2±0.3)m/min。

③一般要求每次贯入 10 cm 读一次微应变,也可根据土层情况增减,但不能超过20 cm;深度记录误差不超过±1%,当贯入深度超过 30 m 或穿过软土层贯入硬土层后,应有测斜数据。当偏斜度明显,应校正土层分层界线。

④由于初读数不是一个固定不变的数值,所以每贯入一定深度(一般为 2 m),要将探头提升 5～10 cm,测读一次初读数,以校核贯入过程初读数的变化情况。

⑤接卸钻杆时,切勿使入土钻杆转动,以防止接头处电缆被扭断,同时应严防电缆受拉,以免拉断或破坏密封装置。

⑥当贯入到预定深度或出现触探主机达到最大容许贯入能力,探头阻力达到最大容许压力;反力装置失效;发现探杆弯曲已达到不能容许的程度情况之一时,应停止贯入。

⑦试验结束后应及时起拔探杆,并记录仪器的回零情况,探头拔出后应立即清洗上油,妥善保管,防止探头被暴晒或受冻。

(三)注意事项

①静力触探孔一般至少距钻孔 25 倍孔径或 2 m,静探孔应在钻孔前进行。

②试验前应根据试验场地的地层情况,合理选用探头,必要时进行率定。

③试验点必须避开地下设施(管道、电缆等),以免发生意外。

④由于人为或设备的故障,而使贯入中断 10 min 以上,在故障处理后,重新贯入前应提升探头,测记零读数。对超深触探孔分两次或多次贯入时,或在钻孔底部进行触探时,在深度衔接点以下的扰动段,其测量数据应舍弃。

⑤应注意安全操作和安全用电。

⑥采用拧锚机时,应待准备就绪后才可启动。拧锚过程中如遇障碍,应立即停机处理。

⑦当使用液压式、电动丝杆式触探主机时,活塞杆、丝杆的行程不得超过上、下限位,以免损坏设备。

(四)孔压消散试验

停止贯入探头,并放松卡盘,完全释放探杆中的推力,从探头停止贯入时起,开始计时。

记录 0、1、2、4、8、16、30 s,1、2、4、8、16、30 min 的总孔压 $u_t = u_0 + \Delta u_t$,直至达到静止孔隙水压力 u_0 或超孔压 Δu_t,消散去 50%～80%初始超孔压 Δu_t,然后结束试验。

五、静力触探资料整理

(一)单孔资料的整理

1)原始记录的修正

原始记录的修正包括读数(或记录曲线幅值)修正、曲线脱节修正和深度修正、孔压修正、锥尖阻力(q_c)与侧壁摩阻力(f_s)的孔压修正、孔压消散曲线初始段的修正。

(1)读数修正

读数修正是通过对初读数的处理来完成的。初读数指探头在不受土层阻力条件下,传感器初始应变的读数(即零点漂移)。影响初读数的因素主要是温度,为消除其影响,在现场操作时,每隔一定深度将探头提升一次,将仪器的初读数调零(贯入前初读数也应为零),或者测记一次初读数。前者在自动记录仪上常用,进行资料整理时,就不必再修正;后者则应按下式对读数进行修正

$$\varepsilon=\varepsilon_1-\varepsilon_0 \tag{4.2.2}$$

式中，ε 为土层阻力所产生的应变量($\mu\varepsilon$)；ε_1 为探头压入时的读数($\mu\varepsilon$)；ε_0 为根据两相邻初读数之差内插确定的读数修正值($\mu\varepsilon$)。

对于自身带有微机的记录仪，由于它能按检测到的初读数(至少 2 个)自动内插，故最后打印的曲线也不需要再修正。

记录曲线的脱节，往往出现在非连续贯入触探仪每一行程结束和新的行程开始时，自动记录曲线出现台阶或喇叭口状，对于这种情况，一般以停机前曲线位置为准，顺应曲线变化趋势，将曲线较圆滑地连接起来。

在静探贯入过程中，由于走纸机构失灵、导轮磨损、导轮与触探杆打滑、走纸与贯入的速比不准以及孔斜、触探杆弯曲等原因，会造成记录曲线上记录深度与实际深度不符。对于走纸失灵、触探杆打滑、速比不准的情况，应在贯入过程中随时注意，做好标记，在整理资料时，按等距离调整或在漏记处予以补全。若由于导轮磨损引起的误差，应及时更换导轮；若因孔斜引起的误差，应根据测斜装置的数据或钻探资料予以修正。

(2)孔压修正

由于量测的孔压随滤水器的位置不同而变化，故在试验报告中必须说明滤水器的位置。

(3)锥尖阻力 q_c 与侧壁摩阻力 f_s 的孔压修正

当探头在地下水以下贯入土中时，使用孔压探头可测得锥头后近锥底处的孔压 u_T，由于锥头及摩擦筒上下端面受水压力面积的不同，量测得的 q_c 或 f_s 并不代表实际的锥尖阻力 q_T 和真实的侧壁摩阻力 f_T。

$$q_T=q_c+K_c(1-a)u_T \tag{4.2.3}$$

$$f_T=f_c+K_s(1-b)Cu_T \tag{4.2.4}$$

式中，a 为 A_N 与 A_T 之比($A_N=\pi d^2/4, A_T=\pi D^2/4$)；$b$ 为摩擦筒下端受水压力面积 F_L 与摩擦筒上端受水压力面积 F_U 之比；u_T 为在锥头后近锥底处量测的孔压；C 为侧壁摩擦筒底端面积 F_L 与侧壁摩擦筒侧边面积之比；K_c、K_s 为由于孔压在探头不同部位变化的修正系数。

由于在不同土类中，孔压在探头不同部位的分布不同，故对于正常固结和微固结黏性土，$K_c\approx0.8$；对于超固结黏性土，$K_c\geqslant0$；对于砂土，$K_c\approx1$。

在饱和软黏土中，q_c 很低，而 u_T 却很高，往往 $u_T>q_c$，把 q_c 修正为 q_T 就显得特别重要。对砂土，u_T 接近于 u_0，当砂土 q_c 很高时，孔压修正就显得并不重要。

(4)孔压消散曲线初始段的修正

孔压消散曲线初始段有时会出现陡降或先升后降的现象，可用曲线板拟合后段曲线，然后向前延伸修正初始段曲线。

2)贯入阻力的计算

单桥探头的比贯入阻力、双桥探头的锥头阻力及侧壁摩擦力可按下列公式计算

$$p_s=K_p\varepsilon_p \tag{4.2.5}$$

$$q_c=K_q\varepsilon_q \tag{4.2.6}$$

$$f_s=K_f\varepsilon_f \tag{4.2.7}$$

式中，p_s 为单桥探头的比贯入阻力(MPa)；q_c 为双桥探头的锥头阻力(MPa)；f_s 为双桥探头的侧壁摩擦力(MPa)；K_p、K_q、K_f 分别为单桥探头、双桥探头的标定系数(MPa/$\mu\varepsilon$)；ε_p、ε_q、ε_f 分别为单桥探头、双桥探头贯入的应变量($\mu\varepsilon$)。

自动记录仪绘制出的贯入阻力随深度变化曲线，只需在其纵、横坐标上绘制比例标尺，就可在图上直接量出 p_s 或 q_c、f_s 值的大小。

3）双桥探头摩阻比的计算

$$\alpha=\frac{f_s}{q_c}\times 100\% \tag{4.2.8}$$

4）绘制单孔静探曲线

以深度为纵坐标，比贯入阻力或锥头阻力、侧壁摩擦力为横坐标，绘制单孔静探曲线，其横坐标的比例可按表 4.2.3 选用。通常 p_s-h 曲线或 q_c-h 曲线用实线表示，f_s-h 曲线用虚线表示。侧壁摩擦力和锥头阻力的比例可匹配成 1∶100，同时还应附摩阻比随深度的变化曲线。

横坐标比例选用　　表 4.2.3

项　目	比　例	项　目	比　例
深度	1∶100 或 1∶200	侧壁摩擦力	1 cm 表示 5 kPa、20 kPa、20 kPa
比贯入阻力或锥头阻力	1 cm 表示 500 kPa、1 000 kPa、2 000 kPa	摩阻比	1 cm 表示 1%、2%

对于自动记录仪，记录得到的就是静探曲线，绘图时的纵坐标就采用记录纸上的比例（一般为 1∶100），至于横坐标，则取决于探头的标定方法和标定系数。

（二）划分土层

静力触探的贯入阻力本身就是土的综合力学指标，利用其随深度的变化可对土层进行力学分层，见表 4.2.4。分层时，应首先考虑静探曲线形态的变化趋势，再结合本地区地层情况或钻探资料。

力学分层按贯入阻力变化幅度的并层标准　　表 4.2.4

p_s 或 q_c/MPa	最大贯入阻力与最小贯入阻力之比	p_s 或 q_c/MPa	最大贯入阻力与最小贯入阻力之比
≤1.0	1.0～1.5	＞3.0	2.0～2.5
1.0～3.0	1.5～2.0		

在划分分层界线时，还应考虑贯入阻力曲线中的超前和滞后现象，这种现象往往出现在密实土层和软土层的交界处，幅度一般为 10～20 cm。其原因既有触探机理上的问题，也有仪器性能反映迟缓和土层本身在两层土交接处带有一些渐变性质的问题，情况比较复杂，在分层时应根据具体情况加以分析。

（三）土层贯入阻力的计算

（1）单孔分层贯入阻力

在土层分界线划定后，便可计算单孔分层平均贯入阻力。计算时，应剔除记录中的异常点以及超前和滞后值。当采用电阻应变测量仪时，可采用算术平均法。在判别砂土液化时，对贯入阻力变化较大且较薄的夹层或互层，应分别计算其各土层贯入阻力，以免误判。

（2）场地各土层贯入阻力

根据单孔各土层贯入阻力及土层厚度，可以计算场地各土层贯入阻力。基本的计算方法为厚度的加权平均法

$$\overline{p_s}=\frac{\sum_{i=1}^{n}h_i p_{si}}{\sum_{i=1}^{n}h_i} \tag{4.2.9}$$

式中，$\overline{p_s}$（$\overline{q_c}$、$\overline{f_s}$）为场地各土层贯入阻力（kPa）；h_i 为第 i 孔穿越该层的厚度（m）；p_{si}（或

q_{ci}、f_{si})为第 i 孔中该层的单孔贯入阻力(kPa);n 为参与统计的静探孔数。

(四)贯入阻力的换算

自 20 世纪 70 年代开始,国内不少单位对 q_c 与 p_s 的关系进行了研究(表 4.2.5),这些经验表明,p_s/q_c 值大致在 1.0~1.5 间,每一个换算公式都有其特定的经验性。

q_c-p_s 的经验关系　　表 4.2.5

公式提出单位	$q_c=F(p_s)$	适用条件
建研院勘察技术所、上海勘察院	$q_c=0.89p_s-0.31$	各类土层
南京工学院(现东南大学)	$q_c=0.85p_s$	南京薄板厂黏性土
湖北综合勘察院	$q_c=(0.8\sim0.86)p_s$	黏性土
湖北电力设计院	$q_c=0.8p_s+0.04$	黏性土
上海城建局设计院、华东电力设计院	$q_c=0.815p_s+0.05$	黏性土、砂类土
建工系统	$q_c=(0.8-0.85)p_s$	—
陕西综合勘察院	$q_c=0.814p_s-0.09$	—
北京勘察院	$q_c=0.75p_s$	北京地区

对于非饱和土或地下水位以下的硬一坚硬黏性土和强透水性砂土,国内通常使用式(4.2.10)来对单桥探头的比贯入阻力 p_s 进行分解

$$p_s=q_c+6.41f_s \tag{4.2.10}$$

六、静力触探成果应用

(一)划分土类

根据不同成因、不同年代和地区土的力学指标的差别,按比贯入阻力 p_s 确定的黏性土种类见表 4.2.6。

按比贯入阻力 p_s 确定黏性土种类　　表 4.2.6

土层	软黏性土	一般黏性土	老黏性土
p_s 范围值/MPa	$p_s\leqslant1$	$1\leqslant p_s<3$	$p_s\geqslant3$

由于不同类型的土也有可能具有相同的 p_s、q_c 或 f_s 值,因此,单靠某一个指标要对土层进行正确分类存在着一定的困难。使用双桥探头时,由于不同土的 q_c 和 f_s 不可能都相同,因而可利用 q_c 和 f_s/q_c(摩阻比 p_s)两个指标来划分土类。国内外均对此进行了研究,一些经验数据见表 4.2.7。实践表明,用这种方法进行土层类别的划分,效果较好。

按静力触探指标划分土类　　表 4.2.7

<table>
<tr><th rowspan="6">土　类</th><th colspan="8">国　家</th></tr>
<tr><th colspan="6">中国</th><th colspan="2" rowspan="3">法国</th></tr>
<tr><th colspan="6">部</th></tr>
<tr><th colspan="2">原铁道部</th><th colspan="2">原交通部一航局</th><th colspan="2">原一机部勘测公司</th></tr>
<tr><th colspan="8">指标</th></tr>
<tr><th>q_c/MPa</th><th>$\frac{f_s}{q_c}$/(%)</th><th>q_c/MPa</th><th>$\frac{f_s}{q_c}$/(%)</th><th>q_c/MPa</th><th>$\frac{f_s}{q_c}$/(%)</th><th>q_c/MPa</th><th>$\frac{f_s}{q_c}$/(%)</th></tr>
<tr><td>淤泥质土及软黏性土</td><td>0.2~1.7</td><td>0.5~3.5</td><td><1</td><td>10~13</td><td><1</td><td>>1</td><td>≤0.6</td><td>>6</td></tr>
<tr><td>黏土</td><td rowspan="3">1.7~9
2.5~20</td><td rowspan="3">0.25~5.0
0.6~3.5</td><td>1~1.7</td><td>3.8~5.7</td><td rowspan="3">1~7
>1</td><td rowspan="3">>3
0.5~3</td><td rowspan="3">>3
>3</td><td rowspan="3">4~8
2~4</td></tr>
<tr><td>亚黏土(粉质黏土)</td><td>1.4~3</td><td>2.2~4.8</td></tr>
<tr><td>轻亚黏土(粉土)</td><td>3~6</td><td>1.1~1.8</td></tr>
<tr><td>砂类土</td><td>2~32</td><td>0.3~1.2</td><td>>6</td><td>0.7~1.1</td><td>>4</td><td><1.2</td><td>>3</td><td>0.6~2</td></tr>
</table>

(二)确定地基土的承载力

1)黏性土

黏性土的承载力可按表 4.2.8 推荐的公式确定。

黏性土静力触探承载力经验公式　　表 4.2.8

序号	公　式	适用范围	公式来源
1	$f_{ak}=104p_s+26.9$	$0.3\leqslant p_s\leqslant 6$	勘察规范(TJ 21—1977)
2	$f_{ak}=183.4\sqrt{p_s}-46$	$0\leqslant p_s\leqslant 5$	铁三院
3	$f_{ak}=17.3p_s+159$	北京地区老黏性土	—
	$f_{ak}=114.8\lg p_s+124.6$	北京地区的新近代土	原北京市勘测处
4	$f_{ak}=83p_s+55$	$0.3\leqslant p_s\leqslant 3.0$	武汉联合小组
5	$f_{ak}=249\lg p_s+157.8$	$0.6\leqslant p_s\leqslant 4$	四川省综合勘察院
6	$f_{ak}=45.3+86p_s$	无锡地区 $p_s=0.3\sim 3.5$	无锡市建筑设计院
7	$f_{ak}=116.7p_s^{0.387}$	$0.25<p_s\leqslant 2.53$	天津市建筑设计院
8	$f_{ak}=87.8p_s+24.36$	湿陷性黄土	陕西省综合勘察院
9	$f_{ak}=80p_s+31.8$	—	—
10	$f_{ak}=98q_c+19.24$	黄土地基	原一机部勘测公司
11	$f_{ak}=44.7+44p_s$	平川型新近堆积黄土	原机械委勘察研究院
12	$f_{ak}=90p_s+90$	贵州地区红黏土	贵州省建筑设计院
13	$f_{ak}=112p_s+5$	软土,$0.085<p_s<0.9$	原铁道部(1998)

注:f_{ak}单位是 kPa,p_s、q_c 单位是 MPa。

我国原《工业与民用建筑工程地质勘察规范》(TJ 21—1977)推荐按表 4.2.9 和表 4.2.10确定软黏土、一般黏性土和老黏性土的承载力。

静力触探比贯入阻力与软土和一般性黏性土的主要力学指标的关系　　表 4.2.9

p_s/MPa	f_{ak}/kPa	E_s/MPa	E_0/MPa
0.3	50～60	2.3	2.3
0.6	80～90	3.5	3.5
0.9	110～120	4.6	6.2
1.2	130～150	5.7	9.2
1.5	160～180	6.8	12.1
1.8	180～210	8.0	15.0
2.1	210～240	9.1	18.0
2.4	240～260	10.2	20.9
2.7	260～290	11.3	23.9
3.0	290～310	12.4	26.8

注:本表适于黏土、粉质黏土和 $I_p>7$ 的粉土。

2)砂土

砂土的承载力可按表 4.2.11、表 4.2.12、表 4.2.13 推荐的经验公式确定。

通常认为,由于取砂土的原状试样比较困难,故从 p_s(或 q_c)值估算砂土承载力是很实用的方法,其中对于中密砂比较可靠,对松砂、密砂不够满意。

3)粉土

对于粉土,则采用下式来确定其承载力

$$f_{ak}=36p_s+44.6 \tag{4.2.11}$$

式中,f_{ak}的单位为 kPa;p_s 的单位为 MPa。

静力触探比贯入阻力与老黏性土的主要力学指标的关系 表 4.2.10

p_s/MPa	f_{ak}/kPa	E_s/MPa	E_0/MPa
3.0	290～310	12.4	30.6
3.3	320～340	13.5	34.1
3.6	350～380	14.7	37.7
3.9	380～410	15.8	41.2
4.2	410～440	16.8	44.7
4.5	440～470	18.0	48.3
4.8	470～500	19.1	51.8
5.1	500～530	20.2	55.3
5.4	530～570	—	58.8
5.7	570～600	—	62.4
6.0	600～630	—	65.9

砂土静力触探承载力经验公式 表 4.2.11

序 号	公 式	适用范围	公式来源
1	$f_{ak}=20p_s=59.5$	粉细砂 $1<p_s<15$	用静探测定砂土承载力
2	$f_{ak}=36p_s+76.6$	中粗砂 $1<p_s<10$	联合试验小组报告
3	$f_{ak}=91.7\sqrt{p_s}-23$	水下砂土	铁三院
4	$f_{ak}=(25～33)q_c$	砂土	国外

注：f_{ak}单位是 kPa，q_c 单位是 MPa。

静力触探比贯入阻力与粉、细砂承载力的关系 表 4.2.12

p_s/MPa	f_{ak}/kPa	p_s/MPa	f_{ak}/kPa
5.0	150～160	11.0	270～280
6.0	170～180	12.0	290～300
7.0	190～200	13.0	310～320
8.0	210～220	14.0	330～340
9.0	230～240	15.0	350～360
10.0	250～260	16.0	370～380

静力触探比贯入阻力与中、粗砂承载力的关系 表 4.2.13

p_s/MPa	f_{ak}/kPa	p_s/MPa	f_{ak}/kPa
1.0	40～70	7.0	290～310
2.0	100～120	8.0	320～340
3.0	140～160	9.0	350～370
4.0	180～200	10.0	380～400
5.0	220～240	11.0	410～430
6.0	260～280	12.0	440～460

4)确定砂土的密实度(表 4.2.14)

国内评定砂土密实度的界限值 表 4.2.14

单 位	极松	疏松	稍密	中密	密实	极密
辽宁煤矿设计院	—	$p_s<2.5$	2.5～4.5	>11	—	—
北京市勘察院	$p_s>2$	2～4.5	4～7	7～14	14～22	$p_s>22$
南京地基基础设计规范	$p_s<3.5$		3.5～6.0	6.0～12.0	>12.0	—

注：p_s 单位是 MPa。

(三)确定砂土的内摩擦角

按比贯入阻力 p_s 确定砂土内摩擦角,见表 4.2.15。

按比贯入阻力 p_s 确定砂土内摩擦角 φ 表 4.2.15

p_s/MPa	1	2	3	4	6	11	15	30
φ/(°)	29	31	32	33	34	36	37	39

(四)确定黏性土的状态

国内一些单位通过试验统计,得出了比贯入阻力与液性指数的关系式,制成表 4.2.16,用于划分黏性土的状态。

静力触探比贯入阻力与黏性土液性指数的关系 表 4.2.16

p_s/MPa	$p_s \leqslant 0.4$	$0.4 < p_s \leqslant 0.9$	$0.9 < p_s \leqslant 3.0$	$3.0 < p_s \leqslant 5.0$	$p_s > 5.0$
I_L	$I_L \geqslant 1$	$1 > I_L \geqslant 0.75$	$0.75 > I_L \geqslant 0.25$	$0.25 > I_L \geqslant 0$	$I_L \leqslant 0$
状态	流塑	软塑	可塑	硬塑	坚硬

(五)估算单桩承载力

当根据单桥探头静力触探资料确定混凝土预制桩单桩竖向极限承载力标准值时,如无当地经验可按下式计算

$$Q_{uk} = Q_{sk} + Q_{pk} = u\sum q_{sik} l_i + \alpha p_{sk} A_p \qquad (4.2.12)$$

式中,u 为桩身周长;q_{sik} 为用静力触探比贯入阻力值估算的桩周第 i 层土的极限侧阻力标准值;l_i 为桩穿越第 i 层土的厚度;α 为桩端阻力修正系数;p_{sk} 为桩端附近的静力触探比贯入阻力标准值(平均值);A_p 为桩端面积。

①q_{sik} 值应结合土工试验资料,依据土的类别、埋藏深度、排列次序,按图 4.2.4 折线取值。当桩端穿越粉土、粉砂、细砂及中砂层底面时,图 4.2.3 中折线Ⓓ估算的 q_{sik} 值需乘以表 4.2.17 中系数 ξ_s 值。

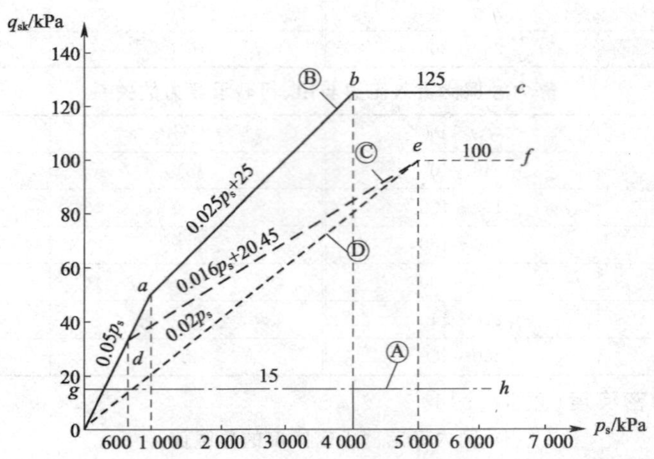

图 4.2.3 q_{sk} - p_s 曲线

注:直线Ⓐ线(线段 gh)-适用于地表下 6 m 范围内的土层;折线Ⓑ(线段 oabc)-适用于粉土及砂土土层以上(或无粉土及砂土土层地区)的黏性土;折线Ⓒ(线段 odef)-适用于粉土及砂土土层以下的黏性土;折线Ⓓ(线段 oef)-适用于粉土、粉砂、细砂及中砂

②桩端阻力修正系数 α 值按表 4.2.18 取值。

系 数 ξ_s 值 表 4.2.17

p_s/p_{sl}	≤5	7.5	≥10
ξ_s	1.00	0.50	0.33

注:1. p_s 为桩端穿越的中密—密实砂土、粉土的比贯入阻力平均值;p_{sl} 为砂土、粉土的下卧软土层的比贯入阻力平均值。

2. 采用的单桥探头,圆锥底面积为 15 cm²,底部带 7 cm 高滑套,锥角 60°。

桩端阻力修正系数 α 值 表 4.2.18

桩入土深度/m	$h<15$	$15\leqslant h\leqslant 30$	$30<h\leqslant 60$
α	0.75	0.75~0.90	0.90

注:桩入土深度为 $15\leqslant h\leqslant 30$ m 时,α 值按 h 值直线内插;h 为基底至桩端全断面的距离(不包括桩尖高度)。

③p_{sk} 可按下式计算:

当 $p_{sk1}\leqslant p_{sk2}$ 时

$$p_{sk}=\frac{1}{2}(p_{sk1}+\beta p_{sk2}) \tag{4.2.13}$$

当 $p_{sk1}>p_{sk2}$ 时

$$p_{sk}=p_{sk2} \tag{4.2.14}$$

式中,p_{sk1} 为桩端全截面以上 8 倍桩径范围内的比贯入阻力平均值;p_{sk2} 为桩端全截面以下 4 倍桩径范围内的比贯入阻力平均值,如桩端持力层 p_s 超过 20 MPa 时,则需乘以表 4.2.19 中系数 C 予以折减后,再计算 p_{sk2} 及 p_{sk1} 值;β 为折减系数,按 p_{sk2}/p_{sk1} 值从表 4.2.20 选用。

系 数 C 表 4.2.19

p_s/MPa	20~30	35	>40
系数 C	5/6	2/3	1/2

注:可内插取值。

折 减 系 数 β 表 4.2.20

p_{sk2}/p_{sk1}	≤5	7.5	12.5	≥15
β	1	5/6	2/3	1/2

注:可内插取值。

当根据双桥探头静力触探资料确定混凝土预制桩单桩竖向极限承载力标准值时,对于黏性土、粉土和砂土,如无当地经验时可按下式计算

$$Q_{uk}=u\sum l_i\beta_i f_{si}+\alpha q_c A_p \tag{4.2.15}$$

式中,f_{si} 为第 i 层土的探头平均侧阻力;q_c 为桩端平面上、下探头阻力,取桩端平面以上 $4d$(d 为桩的直径或边长)范围内按土层厚度的探头阻力加权平均值,然后再和桩端平面以下 d 范围内的探头阻力进行平均;α 为桩端阻力修正系数,对黏性土、粉土取 2/3,饱和砂土取 1/2;β_i 为第 i 层土桩侧阻力综合修正系数,按下式计算

黏性土、粉土

$$\beta_i=10.04(f_{si})^{-0.55} \tag{4.2.16}$$

砂土

$$\beta_i=5.05(f_{si})^{-0.45} \tag{4.2.17}$$

需要注意的是,双桥探头的圆锥底面积为 15 cm²,锥角 60°,摩擦套筒高 21.85 cm,侧面积 300 cm²。

(六)孔压静力触探成果的应用

1)孔压静力触探资料的整理

(1)量测指标

孔压静力触探在试验过程中可直接得出三项指标,即探头锥尖阻力 q_c、探头侧壁摩阻力 f_s、贯入时的孔隙水压力 u_d。

(2)计算指标

①总锥尖阻力:孔压静力触探的总锥尖阻力按下式计算

$$q_T = q_c + \beta(1-a)u_d \tag{4.2.18}$$

式中,q_T 为总锥尖阻力(MPa);q_c 为锥尖阻力(MPa);u_d 为贯入时于锥面测得的孔隙水压力(MPa);β 为与土质状态有关的经验系数,按表 4.2.21 取值;a 为锥端有效面积比[$a=F_A/A$,A 为锥头全断面积(cm^2);F_A 为锥头有效面积(cm^2)]。

与土质状态有关的 β　　表 4.2.21

土质状态	中、粗砂	粉、细砂		正常固结和轻度超固结黏性土	重度超固结黏性土
		松散至中密	密实		
β 值	1.0	0.7～0.3	0.1	0.8～0.7	0.1～0

②孔压参数比:孔压静力触探的孔压参数比按下式计算

$$B_q = \frac{\Delta u}{q_T - \sigma_{v0}} \tag{4.2.19}$$

式中,B_q 为孔压参数比;Δu 为贯入时的超孔隙水压力(MPa),$\Delta u = u_d - u_w$,u_w 为静水压力(MPa);σ_{v0} 为土的总自重压力(MPa)。

(3)归一化超孔隙水压消散曲线

①孔压初始值以经过修正的贯入孔压值 u_d 为消散试验时的孔压初始值:$u_{t=0}=u_d$。

②归一化超孔压按下式计算

$$U_{nt} = \frac{u_t - u_w}{u_{t=0} - u_w} \tag{4.2.20}$$

式中,U_{nt} 为归一化超孔压(当 $t=0$ 时,$u_t=u_d$,$U_{nt}=1$;当孔压完全消散时,$u_t=u_w$,$U_{nt}=0$);u_t 为经修正后,在该试验深度任意时刻的孔压值。

③以 U_{nt} 为纵轴,以时间 t 的对数为横轴,绘制 U_{nt}-lg$t$ 曲线,即为归一化超孔压消散曲线。

2)孔压静力触探成果的应用

(1)划分土的类别

使用孔压探头时可按表 4.2.22 或图 4.2.4 划分土类。

用孔压静力触探划分土类　　表 4.2.22

序　号	土　类	主　判　别	辅助判别
1	软土	$q_T<0.8, B_q>0.1$	—
2	黏土	$q_T>0.8, B_q>0.207q_T+0.249$	$t_{50}>100$
3	粉质黏土 $I_p>10$	$B_q<0.207q_T+0.249$ $B_q>0.151q_T-0.153$	$10<t_{50}\leqslant 100$
4	黏质粉土 $7<I_p\leqslant 10$	$B_q<0.151q_T-0.153$ $B_q\geqslant 0.1$	$t_{50}<100$
5	砂质黏土	$0.01\leqslant B_q<0.1$	$t_{50}<20$
6	砂土	$B_q<0.01, q_T>1.5$	$t_{50}<20$

注:q_T 单位为 MPa,t_{50} 为超孔压消散达 50%时的历时(s)。

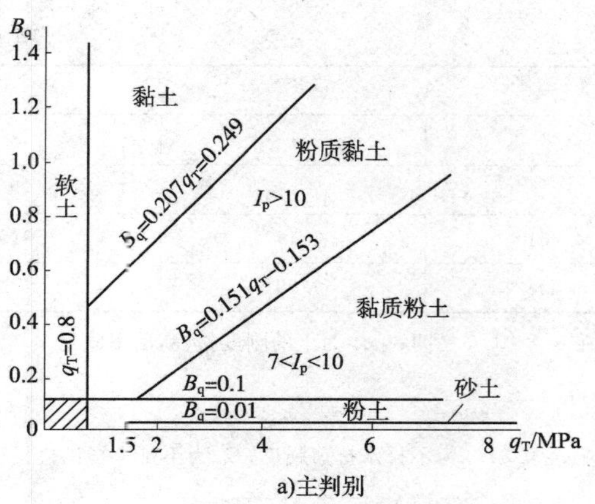

a)主判别

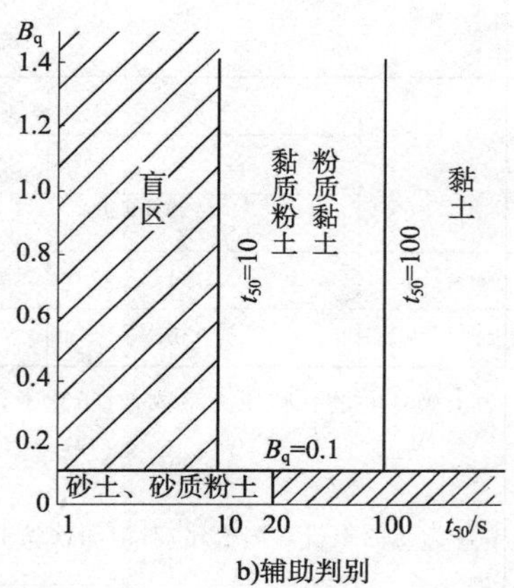

b)辅助判别

图 4.2.4 孔压静力触探划分土类

(2)划分黏性土的状态

黏性土的状态可根据孔压静力触探按表 4.2.23 划分。

用孔压静力触探划分黏性土的状态 表 4.2.23

状态		液性指数 I_L	主判别	辅助判别
坚硬		$I_L<0$	$q_T>5$	$B_q<0.2$
可塑	硬塑	$0\leqslant I_L<0.5$	$3.12B_q-2.77q_T<-2.21$	$0<B_q<0.3$
	软塑	$0.5\leqslant I_L<1$	$3.12B_q-2.77q_T>-2.21$ $11.2B_q-21.3q_T<-2.56$	$B_q>0.2$
流塑		$I_L\geqslant 1$	$11.2B_q-21.3q_T>-2.56$	$B_q\geqslant 0.42$

(3)估算饱和黏性土的固结系数

①理论根据:Terzaghi 轴对称固结微分方程如下式

$$C_h\left(\frac{\partial^2 u}{dR^2}+\frac{1}{r}\cdot\frac{\partial u}{\partial r}\right)=\frac{\partial u}{\partial t} \tag{4.2.21}$$

式中,C_h 为水平固结系数;u 为某一时刻 t 水平径向离对称轴距离为 r 处的超孔隙水压力:解此方程可得

$$u=u(n,T) \tag{4.2.22}$$

式中,n 为与半径有关的因数;T 为时间因数,与时间及水平固结系数有关的系数。

②估算方法:饱和黏性土水平固结系数按下式估算

$$C_h=\beta\frac{T_{50}}{t_{50}}r_0^2 \tag{4.2.23}$$

式中,β 为土的再压比($\beta=C_e/C_C$,对于软土,一般可取 $\beta=0.1\sim0.25$;C_e 为土的再压缩指数;C_C 为土的压缩指数);T_{50} 为超孔压消散达 50%时的时间因数,与土破坏时的孔隙水压力系数 A_t 和土的刚度指标 I_r 等有关,一般可用表 4.2.24 查得;t_{50} 为实测超孔压消散曲线上超孔压消散达 50%时的历时;r_0 为孔压探头半径。

时间因数 T_{50} 表 4.2.24

I_r	A_t			
	1/3	2/3	1	4/3
	T_{50}			
10	1.145	1.593	2.095	2.622
50	2.487	3.346	4.504	5.931

续上表

I_r	A_t			
	1/3	2/3	1	4/3
	T_{50}			
100	3.524	4.761	6.447	8.629
200	5.025	6.838	9.292	12.790

注：A_t 为土破坏时的孔隙压力系数，对于软土，一般在 0.7～1.0 之间； I_r 为土的刚度指标，由下式定义

$$I_r=\frac{E_u}{2(1+\nu)\tau_u} \tag{4.2.24}$$

式中，ν 为土的不排水泊松比，对饱和软黏土，可取 $\nu=0.5$；τ_u 为不排水抗剪强度；E_u 为不排水杨氏模量，可按下式确定

$$E_u=11.4p_s \tag{4.2.25}$$

第三节　圆锥动力触探试验

圆锥动力触探试验（DPT）是利用一定的锤击动能，将一定规格的圆锥探头打入土中，然后依据贯入击数或动贯入阻力判别土层的变化，确定土的工程性质，对地基土做出岩土工程评价。

动力触探试验指标主要用于以下几个目的：

①评定砂土的孔隙比或相对密实度、粉土及黏性土的状态；

②估算土的强度和变形模量；

③评定场地地基的均匀性及承载力；

④探查土洞、滑动面、软硬土层界面等；

⑤估算桩基持力层和承载力；

⑥检验地基加固与改良的质量效果。

动力触探试验的适用范围如图 4.3.1 所示。

目前，对触探杆长度是否修正，各规范规定不一，尚未有一致的看法。

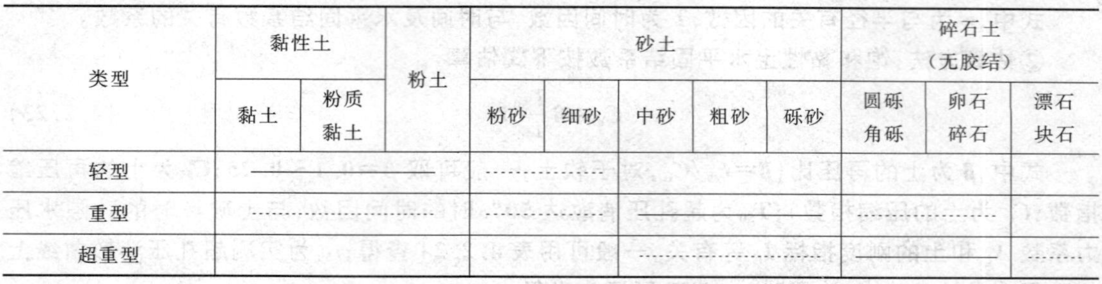

类型	黏性土		粉土	砂土					碎石土（无胶结）		
	黏土	粉质黏土		粉砂	细砂	中砂	粗砂	砾砂	圆砾角砾	卵石碎石	漂石块石
轻型	——	——		……	……						
重型	……	……		……	……	——	——	——	……	……	
超重型						……	……	……	——	——	……

图 4.3.1　动力触探适用范围

注：——用于确定地基承载力基本值和变形模量；……用于划分土的力学分层，评价土层的均匀程度。

一、试验设备及试验要求

（一）国外动力触探的分类及设备

国外动力触探的分类及设备分类见表 4.3.1，法国动力触探设备种类划分见表 4.3.2。

国外动力触探设备分类 表 4.3.1

分类		锤重/kg	落距/cm	探杆外径/mm	锥部外径/mm	锥部断面积/cm²	锥部形状	成果的表示方法	备注
欧洲分委员会提案	A 型(DPA)	63.5	75	40～45	62	30	90°圆锥	N_{dA}(击/30 cm)	
	B 型(DPB)	63.5	75	32	51	20	90°圆锥	N_{dB}(击/30 cm)	
德国	LRS 5	10	50	22	25.2	5	60°圆锥	n_{10}(击/10 cm)	DIN 4094
	LRS 10	10	50	22	35.6	10	60°圆锥	n_{10}(击/10 cm)	
	MRSA 10	30	20	22	35.6	10	60°圆锥	n_{10}(击/10 cm)	
	MRSB 10	30	50	32	35.6	10	60°圆锥	n_{10}(击/10 cm)	
	SRS 10	50	50	32	35.6	10	60°圆锥	n_{10}(击/10 cm)	
	SRS 15	50	50	32	43.7	15	60°圆锥	n_{10}(击/10 cm)	
匈牙利		50	50	38～42	55	23.8	60°圆锥	(击/25 cm)	MSZ 2635—1965 BDSB 8994—1971
保加利亚	轻量	20	25	22	25		90°圆锥		
	重量	50	50	32	47.7	5.9	90°圆锥	N(击/10 cm)	
	超重量	60	80	42	74	17.8	60°圆锥	N(击/10 cm)	
	套管	63.2	76.2	42～50	51	43	套管	N(击/10 cm)	
捷克斯洛伐克		63.5	75		51	20.4		击/30 cm	CSN 73/821
印度	Ⅰ	65	75	41	50	19.5	60°圆锥	N_{cd}(击/30 cm)	IS—4968—Ⅰ
	Ⅱ	65	75	41	65	33.2	60°圆锥	N_{cB}(击/30 cm)	IS—4968—Ⅱ
瑞典	A 法	63.5	50	32	45	16	90°圆锥	(击/20 cm)	SGF—1979
	B 法	63.5	60	32	45	16	90°圆锥	(击/20 cm)	
芬兰		65	60	32	45	16	90°圆锥	(击/20 cm)	SGY—1980
		65	60	32	51	20	90°圆锥		
日本	大型	63.5	75	40.5	50.8	20.3	60°圆锥	N_d(击/30 cm)	
	中型	30	35	33.5	50.4	19.5	60°圆锥	N_d35/10(击/10 cm)	
	土研式	5	50	25	30	7.1	60°圆锥	N_d(击/15 cm)	
瑞士	轻型(ARES)	10	50	22	35.6		90°圆锥		
	轻型	20	50	24	36	10	90°圆锥		
	中型(VAWE/IGB)	30	20	23	36	10	90°圆锥		
	重型(ARES)	50	50	32	43.7	10	90°圆锥		
	重型	50	75	38	40/60	12	12°圆锥		
	重型	60	50	38	62	30.2	90°圆锥		
	重型	67	50	32	40	16	45°圆锥		
	重型	50	50	42	2		套管		
	重型	50	32	43	62	30	90°圆锥		
	重型	50	50	33.5	43.7	15	60°圆锥		
波兰	轻型	10	50	22	35.6	10	60°圆锥	(击/10 cm)	
	重型	65	75	42	50.5	20	60°圆锥	(击/20 cm)	
	ITB—ZW	22	25	22	63.6		十字板	(击/10 cm)	
	LINIVERSAL	20	25	33	50.8	20.3	60°圆锥	(击/10 cm)	

续上表

分类		锤重/kg	落距/cm	探杆外径/mm	锥部外径/mm	锥部断面积/cm^2	锥部形状	成果的表示方法	备注
苏联	轻型	30	40	42	74	43	60°圆锥		
	中型	60	80	42	74	43	60°圆锥		
	重型	120	100	42	74	43	60°圆锥		
挪威		63.5	50	32	40	12.6	90°圆锥	Q/(kN·m/n)	
澳大利亚		30.5	61	16	21	3.5	170/180°	(击/30 cm)	
意大利		73	75	33	51	20.4	60°圆锥	(击/30 cm)	
葡萄牙		10	50	25	30	7.1	90°圆锥		
西班牙		65	50	32	40	12.6	90°圆锥	N_{20}(击/20 cm)	
希腊		50	50	32	43.7	15	90°圆锥	N(击/20 cm)	
南非联邦		63.5	75	33.3	50	19.6	60°圆锥	(击/30 cm)	

法国动力触探设备种类划分 表 4.3.2

型式	锤重/kg	落距/cm	探杆外径/mm	锥头外径/mm	锥头断面积/cm^2	附注
E. T. F	150	50	45	65	33	
VERITAS	15	100	34	50	19.6	
SOCOTSO	8	80	25	35	9.6	
SOCOTSO	5.2	100	18	35	9.6	
BERG	60	50	32	60	28.3	
SOBESOL	60	50～150	42	55	23.8	
DUREMEYER	130.75	100	31.5	75	44.2	
ANN	5.2	100	18	35	9.6	
STSCO	50	50	32	43.7	15	
PILCON	75	65	42	60	28.3	
NORDMEYER	10	50	22	25.2	5	
BOTTE	50/100	50	32	43.7	15	
GEOT. APP	25/100	40	36	60	28.3	
TECHNOSOL	65	75	41	63	31.2	

(二)中国动力触探的分类及设备

圆锥动力触探类型及设备区分见表 4.3.3。

圆锥动力触探类型及设备区分 表 4.3.3

类型		轻型	重型	超重型
落锤	锤的质量/kg	10	63.5	120
	落距/cm	50	76	100
探头	直径/mm	40	74	74
	锥角	60°	60°	60°
探杆直径/mm		25	42	50～60
指标		贯入 30 cm 的读数 N_{10}	贯入 10 cm 的读数 $N_{63.5}$	贯入 10 cm 的读数 N_{120}
主要适用岩土		浅部的填土、砂土、粉土、黏性土	砂土、中密以下的碎石土、极软岩	密实和很密的碎石土、软岩、极软岩

(三)特种类型动力触探

特种类型动力触探见表 4.3.4。

特种类型动力触探汇总　　表 4.3.4

类　型	特　点
静力—动力触探	能较好地解决当静力触探无法通过地层时,改用动力触探,待穿过硬层时,又用静力触探,扩大了静力触探的使用范围
贯入十字板	既可作为动力触探贯入,又可在需要的深度做十字板试验,一机两用
电测动力触探	用传感器量测动贯入阻力,提高了触探指标的精度
振动式连续贯入动力触探	连续、快速测试砂层液化阻力,克服标准贯入的一些缺点

(四)试验技术要求

①采用自动落锤装置。

②触探杆最大偏斜度不应超过 2%,锤击贯入应连续进行;同时防止锤击偏心、探杆倾斜和侧向晃动,保持探杆垂直度;锤击速率每分钟宜为 15~30 击。

③每贯入 1 m,宜将探杆转动一圈半;当贯入深度超过 10 m,每贯入 20 cm 转动探杆一次。

④对轻型动力触探,当 $N_{10}>100$ 或贯入 15 cm 锤击数超过 50 时,可停止试验;对重型动力触探,当连续三次 $N_{63.5}>50$ 时,可停止试验或改用超重型动力触探。

二、资料整理

圆锥动力触探试验成果分析应包括下列内容:

①单孔连续圆锥动力触探试验应绘制锤击数与贯入深度关系曲线;

②计算单孔分层贯入指标平均值时,应剔除临界深度(不超过 1 m)以内的数值、超前和滞后影响范围内的异常值;

③根据各孔分层的贯入指标平均值,用厚度加权平均法计算场地分层贯入指标平均值和变异系数。

三、轻型动力触探(N_{10})

(一)试验设备

主要由圆锥头、触探杆、穿心锤三部分组成,见图 4.3.2。触探杆系用直径 25 mm 的金属管,每根长 1.0~1.5 m,穿心锤重 10 kg。

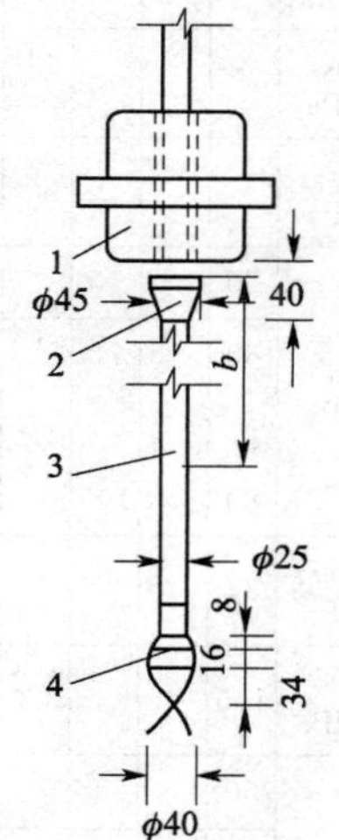

图 4.3.2　轻型动力触探设备(尺寸单位:mm)

1-穿心锤;2-锤垫;3-探杆;4-探头

(二)试验要点

①先用轻便钻具钻至试验土层标高,然后对所需试验土层连续进行触探;

②试验时,穿心锤落距为 50 cm,使其自由下落,将探头竖直打入土层中,每打入土层 30 cm 的锤击数即为 N_{10};

③若需描述土层时,可将触探杆拔出,取下探头,换上轻便钻头,进行取样;

④本试验一般用于贯入深度小于 4 m 的土层;

⑤当 $N_{10}>100$ 时或贯入 0.15 m 超过 50 时,可停止试验;

⑥贯入深度大于 4 m 时,可清孔后继续深入 2 m。

(三)地基土承载力与变形模量的确定

①地基的承载力标准值可以根据表4.3.5及表4.3.6确定。

黏性土承载力标准值　　表4.3.5

N_{10}	15	20	25	30
f_{ak}/kPa	105	145	190	230

素填土承载力标准值　　表4.3.6

N_{10}	10	20	30	40
f_{ak}/kPa	85	115	135	160

②N_{10}与地基土的承载力标准值及压缩模量的关系,见表4.3.7。

北京地区 N_{10} 与承载力、压缩模量的关系　　表4.3.7

N_{10}		5	6	8	9	10	14	16	17	18	20	22	23	25	26	29	31	32	39	48	50	59	70	75	80	100
一般第四纪黏性土及粉土	f_{ak}/kPa					120			160			190				210			230		250		290		310	350
	$k_{0.08}$/kPa					162			200			237				275			312		350		425		462	536
	E_s/MPa					4			6			8				10			12		14		18		20	24
新近沉积黏性土及粉土	f_{ak}/MPa		50	80		100	120	130		150	160		180	190												
	$k_{0.08}$/kPa		57	71		85	112	125		139	153		166	180												
	E_s/MPa		2	3		4	6	7		8	9		10	11												
新近沉积粉细砂	f_{ak}/kPa											90						110		140		160		180		
	$k_{0.08}$/kPa											128						177		249		259		370		
素填土	f_{ak}/kPa	70		90			105				120				135		150									
		60		75			90				105				120		135									
		80		100			120				135				155		170									
	$k_{0.08}$/kPa	74		94			122				149				177		205									
	E_s/MPa	1.5			3.0		5.0				7.0				9.0		11.0									
变质炉灰	f_{ak}/kPa	60			75		90				100				115		130									
		50			65		80				85				95		105									
		70			85		100				120				135		150									

注:1. 在饱和黏性土中,不宜单一采用轻型动力触探击数 N_{10} 确定承载力标准值 f_{ak},应和其他原位测试方法综合确定。

2. 粉土指黏质粉土及 $I_p \geq 5$ 的砂质粉土,$I_p < 5$ 的砂质粉土按粉砂考虑。

3. $k_{0.08}$是承压板面积为 50 cm×50 cm 的平板载荷试验当沉降量为 1 cm 时的附加压力。

4. 表中素填土及变质炉灰栏目适于自重固结完成后,饱和度为 0.75 的均匀素填土及变质炉灰当饱和度为 0.60 或 0.90 时,可分别按表中上下限取值采用。

5. 变质炉灰的 $k_{0.08}$ 和 E_s 与素填土的相同。

③广东省建筑设计研究院资料:根据广州地区一般黏性土和新近沉积黏性土的 51 组资

料进行的数理统计建立的回归方程式为

$$f_{ak}=24+4.5N_{10} \tag{4.3.1}$$

式中，f_{ak}为黏性土承载力标准值(kPa)；N_{10}为轻型动力触探击数。

相关系数 $r=0.99$。

(四)砂土密实度的确定

N_{10}与砂土密实度的关系见表 4.3.8。

N_{10}与砂土密实度的关系 表 4.3.8

N_{10}	<10	10～20	21～30	31～50	51～90	>90
密实度	松	稍密	中下密	中密	中上密	密实

四、重型动力触探($N_{63.5}$)

(一)试验设备

设备规格及探头构造，如图 4.3.3 所示。主要设备由触探头、触探杆及穿心锤三部分组成。触探杆直径一般采用 42 mm，穿心锤重 63.5 kg。

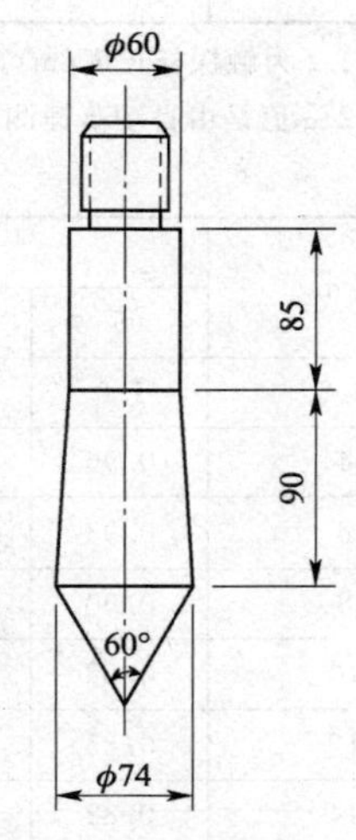

图 4.3.3 重型、超重型动力触探探头

(尺寸单位：mm)

注：当所用触探杆直径大于或小于 60mm 时，尚需加一直径渐变的异径接头与触探杆相接。

(二)试验要点

①试验前，触探架应安装平稳，保持触探孔垂直，垂直度偏差不超过 2%；

②试验时，应使穿心锤自由下落，落距为 76 cm；

③锤击速度宜控制在每分钟 15～30 击，打入过程应尽可能是连续；

④及时记录每贯入 0.10 m 的锤击数，也可记录每一阵击的贯入度，然后再换算为每贯入 0.10 m 所需的锤击数；

⑤对于一般砂、圆砾和卵石，触探深度不宜超过 12～16 m；

⑥当连续三次 $N_{63.5}>50$ 击时，若要继续触探，可考虑使用超重型动力触探；

⑦本试验也可与钻探交替进行，以减少侧壁的摩擦的影响；

⑧每贯入 1 m，宜将钻杆转动一圈半，而当贯入深度超过 10 m，每贯入 20 cm 宜转动钻杆一次。

(三)资料整理

重型动力触探以每贯入 0.10 m 所需的锤击数为指标，以 $N_{63.5}$ 表示。

①若记录每一阵击的贯入度及相应的一阵击锤击数时，可按下式计算每贯入 0.10 m 所需的锤击数

$$N_{63.5}=\frac{100}{e} \tag{4.3.2}$$

$$e=\frac{\Delta s}{n} \tag{4.3.3}$$

式中，$N_{63.5}$为每贯入 0.1 m 所需的锤击数；e 为每击贯入度(mm)；Δs 为一阵击的贯入度(mm)；n 为一阵击锤击数。

②杆长校正：当触探杆长度大于 2 m 时，锤击数可按下式进行校正。新规范规定，应用试验成果时是否修正或如何修正，应根据建立统计关系时的具体情况确定。

$$N_{63.5}=\alpha N'_{63.5} \tag{4.3.4}$$

式中，$N'_{63.5}$为重型动力触探试验的实测锤击数；$N_{63.5}$为重型动力触探经校正后的击数；α为杆长校正系数，见表4.3.9～表4.3.11。原水利电力部动力触探规程对杆长不作修正。

住建部标准杆长校正系数 α 表4.3.9

$N'_{63.5}$	l/m							
	≤2	4	6	8	10	12	14	16
1	1.00	0.98	0.96	0.93	0.90	0.87	0.84	0.81
5	1.00	0.96	0.93	0.90	0.86	0.83	0.86	0.77
10	1.00	0.95	0.91	0.87	0.83	0.79	0.76	0.73
15	1.00	0.94	0.89	0.84	0.80	0.76	0.72	0.69
20					0.77	0.73	0.69	0.66

注：1. l为触探杆长度(m)。

2. α值是由自动落锤测得。

原铁道部标准杆长修正系数 α 表4.3.10

l/m	$N'_{63.5}$								
	5	10	15	20	25	30	35	40	≥50
<2	1.0	1.0	1.0	1.0	1.0	1.0	1.0	1.0	1.0
4	0.96	0.95	0.93	0.92	0.90	0.89	0.87	0.86	0.84
6	0.93	0.90	0.88	0.85	0.83	0.81	0.79	0.78	0.75
8	0.90	0.86	0.83	0.80	0.77	0.75	0.73	0.71	0.67
10	0.88	0.83	0.79	0.75	0.72	0.69	0.67	0.64	0.61
12	0.85	0.79	0.75	0.70	0.67	0.64	0.61	0.59	0.55
14	0.82	0.76	0.71	0.66	0.62	0.58	0.56	0.53	0.50
16	0.79	0.73	0.67	0.62	0.57	0.54	0.51	0.48	0.45
18	0.77	0.70	0.63	0.57	0.53	0.49	0.46	0.43	0.40
20	0.75	0.67	0.59	0.53	0.48	0.44	0.11	0.39	0.36

注：1. $N'_{63.5}$为重型动力触探实测击数；α为杆长击数校正系数；l为探杆总长度(m)。

2. 本表可以内插取值。

原冶金部、有色总公司标准杆长修正系数 α 表4.3.11

l/m	$N'_{63.5}$								
	5	10	15	20	25	30	35	40	≥50
≤2	1.0	1.0	1.0	1.0	1.0	1.0	1.0	1.0	1.0
4	0.96	0.95	0.93	0.92	0.90	0.89	0.87	0.86	0.84
6	0.93	0.90	0.88	0.85	0.83	0.81	0.79	0.78	0.75
8	0.90	0.86	0.83	0.80	0.77	0.75	0.73	0.71	0.67
10	0.88	0.83	0.79	0.75	0.72	0.69	0.67	0.64	0.61
12	0.85	0.79	0.75	0.70	0.67	0.64	0.61	0.59	0.55

③地下水位影响的校正：对地下水位以下的中、粗、砾砂和圆砾、卵石，锤击数尚可按下式进行校正

$$N''_{63.5}=1.1N_{63.5}+1.0 \tag{4.3.5}$$

式中，$N''_{63.5}$为考虑地下水位校正后的锤击数；$N_{63.5}$为经杆长校正后的锤击数。

原水利电力部动力触探规程对地下水位的影响不作校正。

(四)确定地基土的承载力和变形模量

①地基土承载力标准值 f_k 与重型触探 $N_{63.5}$的关系，见表 4.3.12、表 4.3.13。

在中、粗、砾砂中 f_k 与 $N_{63.5}$ 的关系　　表 4.3.12

$N_{63.5}$	3	4	5	6	8	10
f_k/kPa	120	150	200	240	320	400

注：本表一般适用于冲积和洪积的砂土，但中、粗砂的不均匀系数不大于 6；砾砂的不均匀系数不大于 20。

在碎石土中 f_k 与 $N_{63.5}$ 的关系　　表 4.3.13

$N_{63.5}$	3	4	5	6	8	10	12
f_k/kPa	140	170	200	240	320	400	480

注：本表一般适用于冲积和洪积的碎石土，其 d_{60} 不大于 30 mm；不均匀系数不大于 120，密度以稍密至中密为主。

②用 $N_{63.5}$ 确定砂土、碎石土地基的基本承载力 f_0 及 E_0，见表 4.3.14～表 4.3.17。

中砂—砾砂地基基本承载力 f_0　　表 4.3.14

$N_{63.5}$	3	4	5	6	7	8	9	10
f_0/kPa	120	150	180	220	260	300	340	380

注：1. 本表适用于冲积和洪积的中砂、粗砂和砾砂。

2. 本表适用的深度范围为 1～20 m。

碎石土地基基本承载力 f_0　　表 4.3.15

$N_{63.5}$	3	4	5	6	8	10	12	14	16	18	20	22	24	26	28	30	35	40
f_0/kPa	140	170	200	240	320	400	480	540	600	660	720	780	830	870	900	930	970	1 000

注：本表适用于冲积、洪积的圆砾、角砾、卵石和碎石土地层；本表适用的深度范围为 1～20 m。

粉、细砂的承载力标准值 f_k　　表 4.3.16

$N_{63.5}$	2	3	4	5	6	7	8	9	10	12
f_k/kPa	80	110	142	165	187	210	232	255	277	321

卵砾、圆砾土变形模量值 E_0　　表 4.3.17

$N_{63.5}$	3	4	5	6	8	10	12	14	16	18	20	22	24	26	28	30	35	40
E_0/MPa	9.9	11.8	13.7	16.2	21.3	26.4	31.4	35.2	39.0	42.8	46.6	50.4	53.6	56.1	58.0	59.9	62.4	64.3

注：本表适用于冲积、洪积的卵石和圆砾土；本表适用的深度范围为 1～20 m。

③原一机部勘察公司资料：该公司在近代堆积黄土中做了载荷试验与重型动力触探时对比试验，其每击贯入度 e 与黄土承载力的标准值、变形模量 E_0 的关系见表 4.3.18。

黄土的 e 与 f_k 及 E_0 的关系　　表 4.3.18

每击贯入度 e/cm	2	3	4	5	6	8	10
f_k/kPa	200	180	160	140	130	90	
E_0/MPa	35	15	10	7.5	5	3	2

(五)确定砂土的密实度和孔隙比

原机械工业部第二勘察研究院根据探井实测孔隙比与重型动力触探击数相对比，得到的关系见表4.3.19和表 4.3.20。

$N'_{63.5}$与孔隙比 e 的关系 表 4.3.19

土的种类	$N'_{63.5}$									
	3	4	5	6	7	8	9	10	12	13
中砂	1.14	0.97	0.88	0.81	0.76	0.73				
粗砂	1.05	0.90	0.80	0.73	0.68	0.64	0.62			
砾砂	0.90	0.75	0.65	0.58	0.53	0.50	0.47	0.45		
圆砾	0.73	0.62	0.55	0.50	0.64	0.43	0.41	0.39	0.36	
卵石	0.66	0.56	0.50	0.45	0.41	0.39	0.36	0.35	0.32	0.29

土的种类	适用范围					
	含水率/(%)	颗粒直径/mm				不均匀系数 $C_u=\frac{d_{60}}{d_{10}}$
		＞100	＞40	＜0.1	＜0.05	
中砂	6～11			＜5%	＜1%	＜5
粗砂	5～13			＜5%	＜1%	＜6
砾砂	5～13			＜5%	＜1%	＜15
圆砾	4～10	0	＜20%	＜10%	＜5%	＜100
卵石	5～12	0	＜35%	＜10%	＜5%	＜120

触探击数和与砂土密实度关系 表 4.3.20

土的分类	$N_{63.5}$	砂土密实度	孔隙比
砾砂	＜5	松散	＞0.65
	5～8	稍密	0.65～0.50
	8～10	中密	0.50～0.45
	＞10	密实	＜0.45
粗砂	＜5	松散	＞0.80
	5～6.5	稍密	0.80～0.70
	6.5～9.5	中密	0.70～0.60
	＞0.95	密实	＜0.60
中砂	＜5	松散	＞0.90
	5～6	稍密	0.90～0.80
	6～9	中密	0.80～0.70
	＞9	密实	＜0.70

(六)确定桩的持力层和承载力

1)确定桩基持力层

对有建筑经验的地区是行之有效的办法,如广州地区,上部为淤泥,底部为红砂岩残积土或直接为基岩,动力触探穿过软土层即到桩的持力层。因此利用动力触探,快速、有效,节约了钻探工作量,得到广泛的使用,但必须是有经验的地区,并配少量钻孔验证。对没有经验的地区,要持谨慎的态度,以免产生误判。

2)确定单桩承载力

沈阳市桩基础试验研究小组根据沈阳桩的持力层主要为砂层,利用重型动力触探与单桩静载荷试验所得出的单桩容许承载力建立的相关关系,得到两个用重型动力触探计算单

桩承载力标准值的经验公式

$$R_k=\alpha\sqrt{\frac{10Ll}{Ee}} \quad (r=0.98) \tag{4.3.6}$$

$$R_k=24.3\overline{N}_{63.5}+365.4 \quad (r=0.78) \tag{4.3.7}$$

式中，R_k 为单桩承载力标准值(kN)；L 为桩长(cm)；l 为桩进入持力层的长度(cm)；E 为打桩贯入度，采用最后 10 击平均每击贯入度(cm)；e 为动力触探在桩尖以上 10 cm 深度内的修正后平均每击贯入度(cm)；$\overline{N}_{63.5}$ 为由地面至桩尖处，动力触探的平均每 10 cm 的修正后的击数；α 为系数，取值见表4.3.21；r 为相关系数。

α 值 一 览 表 4.3.21

桩的类型	打桩机型号	持力层情况	α 值
管桩 ϕ320 mm 打入式灌注桩	D_1-1200	中、粗砂	150
	D_1-1800	圆砾、卵石	200
300 mm×300 mm 钢筋 混凝土预制桩	D_2-1800	中、粗砂	100
		圆砾、卵石	200

用动力触探经验式(4.3.6)、式(4.3.7)确定的 R_k 值与桩静载荷试验的 R_k 值列于表 4.3.22。从表中可以看出：用动力触探确定的单桩承载力与桩的载荷试验值都比较接近。

计算值与静载值比较 表 4.3.22

试桩地点	桩载荷试验 R_k/kN	式(4.3.6)R_k/kN	式(4.3.7)R_k/kN
电视机厂 1 号桩	500	503	536
电视机厂 2 号桩	600	567	535
八三工程 1 号桩	300	315	443
八三工程 2 号桩	450	428	445
八三工程 3 号桩	500	514	450
八三工程 4 号桩	500	516	453
八三工程 5 号桩	450	—	462
电缆厂试桩	700	682	—
长信局试桩	500	450	—
宾馆 1 号桩	600	622	550
宾馆 2 号桩	700	676	705
硅酸盐厂试桩	450	—	453
重型机器厂试桩	450	—	533
沈阳日报 1 号桩	448	450	510
沈阳日报 2 号桩	384	360	500
师范学院 1 号桩	550	530	440
师范学院 2 号桩	480	470	430

五、超重型动力触探(N_{120})

(一)试验设备及技术规格

穿心锤：质量 120 kg，落距 100 cm，自由落锤；探头：圆锥角 60°，直径 74 mm，截面积

43 cm^2；探杆：直径 60 mm，长度 1～1.5 m/节，质量 11.4 kg/m；锤垫、导向杆、探头的总质量约 15.0 kg。

(二)适用范围

主要适用于贯入指标 N_{120} 为 6 击以上($N_{63.5}\geqslant 15$ 击)的中密、密实卵石层和含有少量漂石的卵石层，不适用于砂类土和漂石层。触探最大深度不超过 20 m。

N_{120} 动力触探在工程勘察的实践中主要应用于如下方面：

①查明卵石层的密实度和均匀性，并与钻探和工程物探资料相结合进行分层、定名和地基评价。

②圈定卵石层内的软弱夹层，选择桩基持力层和确定需要进行加固处理(如灌浆、振冲等)的范围。

③评估地基的承载力和变形。

④查明基岩的埋深和软质岩石强风化带的厚度。

⑤检验砂卵石人工垫层地基和碎石桩地基的施工质量和加固效果。

(三)试验要点

①触探前应认真检查设备规格，丈量工具、探杆的垂直度，经常维修保养自动脱钩装置，保证自由落锤。不符合规定的部件应及时更新。

②触探时，应下入一定长度的套管作为孔口稳定和探杆导向的装置，柴油机中速运转，锤击速率均匀，每分钟锤击 18 次左右。

③探头、探杆、锤垫的丝扣必须拧紧，每接一根钻杆，就应推转，减少摩擦。

④探杆露出地表部分的长度应控制在 1.5 m 以内，以免晃动，影响质量。

⑤丈量探杆和标示刻度应力求准确，计数应认真负责，记录清晰正确。

(四)N_{120} 和 $N_{63.5}$ 的关系

①计算 $N_{63.5}$ 和 N_{120} 在不同杆长和击数条件下的动阻力，两者的关系可用下式表示

$$N_{63.5}=mN_{120} \tag{4.3.8}$$

式中，m 值在 2.5(根据荷兰公式、沙士柯夫公式)至 3.0(苏联国家标准公式)之间。实践经验表明，该式对正常级配的卵石沉积层是符合实际的。m 值一般可取 2.5。

②根据均匀地层中 N_{120} 和 $N_{63.5}$ 两种规格动探的对比试验成果，确定两者实测击数之间的换算关系用下式表示

$$N'_{63.5}=3N'_{120}-0.5 \tag{4.3.9}$$

(五)勘探工作量的布置和资料整理

1)工作量布置

①每一勘察场地动探点的数量不应小于 6 个。

②当 N_{120} 动力触探既作为测试手段又作为勘探手段应用时，触探点的间距应满足勘察规范的要求并符合场地的岩土工程条件。对于桩基或透镜状软弱夹层较多的场地，触探点的间距一般应达到 12～24 m，必要时可适当加密。

③每一勘察场地，应根据动探曲线的类型、形态特点及场地工程地质特征，选择 1～3 个动探点布置控制性钻探或坑探，通过钻(坑)探、取样、试验、观察等掌握地层的成层特点，作为解释动探曲线和进行分层的地质依据并准确测定地下水位。

④对于 $N_{120}\leqslant 5$ 的软弱夹层，应注意取样和分类试验[颗粒分析、塑(液)限试验]及其他有关项目的室内试验，以便准确分层、定名和评价。必要时，应改用 $N_{63.5}$ 动力触探，以提高测试精度。

⑤对于重要建筑或缺乏 N_{120} 触探经验的地区，应选择典型地段进行挖坑观察、取样试验、原位密度测试、载荷试验、波速测试或其他专门试验，以提高地基评价的可靠性。

2)资料整理

①以每贯入地层 10 cm 所需的锤击数为指标，用 N_{120} 表示。

②若记录每一阵击的贯入度及相应的一阵击锤击数时，可按下式计算

$$N_{120}=\frac{100}{e} \tag{4.3.10}$$

$$e=\frac{\Delta s}{n} \tag{4.3.11}$$

式中，N_{120} 为每贯入 10 cm 所需的锤击数(击)；e 为每击贯入度(mm)；Δs 为阵击的贯入度(mm)；n 为阵击锤击数(击)。

③N_{120} 指标的修正。N_{120} 实测指标在不考虑摩擦校正和地下水位校正时，可按下式进行校正

$$N_{120}=\alpha N'_{120} \tag{4.3.12}$$

式中，α 为修正系数，由表 4.3.23 查得；N'_{120} 为实测的触探击数。

N_{120} 综合校正系数 α 表 表 4.3.23

l/m	N'_{120}/击								
	2	4	6	8	10	12	14	16	≥20
≤2	1.0	1.0	1.0	1.0	1.0	1.0	1.0	1.0	1
4	0.96	0.95	0.93	0.92	0.90	0.89	0.87	0.86	0.84
6	0.93	0.90	0.88	0.85	0.83	0.81	0.79	0.78	0.75
8	0.90	0.86	0.83	0.80	0.77	0.75	0.73	0.71	0.67
10	0.88	0.83	0.79	0.75	0.72	0.69	0.67	0.64	0.61
12	0.85	0.79	0.75	0.70	0.67	0.64	0.61	0.59	0.55
14	0.82	0.76	0.71	0.66	0.62	0.58	0.56	0.53	0.50
16	0.79	0.73	0.67	0.62	0.57	0.54	0.51	0.48	0.45
18	0.77	0.70	0.63	0.57	0.53	0.49	0.46	0.43	0.40
20	0.75	0.67	0.59	0.53	0.48	0.44	0.41	0.39	0.36

注：表中 N'_{120} 为超重型动力触探实测锤击数(击/10 cm)；l 为探杆总长度(m)。本表可以内插取值。

N_{120} 实测击数首先按式(4.3.9)换算成 $N_{63.5}$ 实测击数，然后用换算得到的 $N'_{63.5}$ 进行杆长修正(见 $N_{63.5}$ 的相关内容)。

④钻孔柱状图与工程地质剖面图上，应附有 N_{120} 贯入曲线。当按 N_{120} 指标进行分层时，应仔细研究贯入曲线的形态特点及其空间分布和变化规律，结合控制性钻(坑)探、取样试验资料，抓住主要矛盾，综合考虑，确定分层标准和定名。划分分层界线时，应考虑薄夹层 N_{120} 击数的失真现象，即上、下层 N_{120} 击数的“超前”或“滞后”效应。当由 N_{120} 为 2～4 击的“软层”进入“硬层”时，应将分层界线在“软层”的最后一个低击数点下移 0.1～0.2 m；当由“硬层”进入“软层”时，分层界线应上移 0.1～0.2 m。

⑤每一触探点，应根据贯入曲线按照分层逐层确定该层的 N_{120} 代表性值。代表性值 N_{120} 是指贯入曲线上显示异常(如漂石或其间的夹泥)的特大(小)的尖峰(谷)部分被舍去以后的 N_{120} 指标平均值，相当于或略小于该分层各个计数点的 N_{120} 平均值。

⑥每一勘察场地应按分层计算 N_{120} 指标的平均值($\overline{N}_{120}$)、标准差 S、变异系数 δ。当δ 为

0.20 以上的非均匀场地，应考虑平均值的平均误差，即评价地基的计算指标 $N_{120}=\overline{N}_{120}-S/\sqrt{n}$（$n$ 为动探点数量；S 为标准差）。

⑦地基评价时，除了应确定各分层 N_{120} 的平均指标（对于 δ 为 0.10～0.20 的较均匀场地）或计算指标（对于 δ 为 0.20 以上的非均匀场地）外，还应按照所建议的基础类型、埋深确定基础下主要持力层（对于浅基为 $2B$ 范围，B 为基础宽度；对于桩基为桩尖平面上下 $4D$ 范围，D 为桩径）的平均或计算指标。当 N_{120} 指标的变化较大而且有显著规律时，应考虑分区进行评价。

（六）N_{120} 指标的应用

1）确定卵石土的密实度及均匀性

卵石土的密实度等级可按 N_{120} 指标划分，如表 4.3.24 所示，相应的干重度和孔隙比的一般值供参考。

卵石土的密实度等级划分 表 4.3.24

N_{120}/击	$N_{120}\leqslant 3$	$3<N_{120}\leqslant 6$	$6<N_{120}\leqslant 10$	$10<N_{120}\leqslant 14$	$N_{120}>14$
密实度	松散	稍密	中密	密实	很密
土的分类	卵石或砂夹卵石（圆砾）	卵石或砂夹卵石（圆砾）	卵石	卵石	卵石或含有少量漂石
干重度/（kN·m^{-3}）	16.0～20.3		20.3～22.6	>23.0	
孔隙比	0.65～0.30		0.30～0.22	0.22～0.20	

根据场地卵石层 N_{120} 指标的空间分布、各勘探点各分层 N_{120} 指标的平均值和变异系数 δ，可以评价场地的均匀性，如表 4.3.25 所示。

场地均匀性划分 表 4.3.25

场地均匀性	较均匀的	不均匀的	很不均匀的
δ/（%）	10～20	20～30	30～45

2）确定卵石土的地基承载力和变形模量

按 $N_{63.5}=2.5N_{120}$ 的关系确定的卵石土地基承载力特征值 f_{ak} 和变形模量 E_0 见表 4.3.26。

原铁道部 N_{120} 与 f_{ak}、E_0 的关系 表 4.3.26

N_{120}/击	3	4	5	6	7	8	9	10	11	12	14	16
f_{ak}/kPa	300	400	500	570	640	720	790	850	890	930	970	1 000
E_0/MPa	20.0	26.0	32.0	37.0	42.0	46.0	51.0	54.5	57.5	60.0	62.0	64.0

成都地区根据 N_{120} 指标评价卵石土地基承载力特征值 f_{ak} 和变形模量 E_0 的参考值如表 4.3.27 所示。

成都地区 N_{120} 与 f_{ak}、E_0 的关系 表 4.3.27

N_{120}/击	3	4	5	6	7	8	9	10	11	12	14	16
f_{ak}/kPa	240	320	400	480	560	640	720	800	850	900	950	1 000
E_0/MPa	16.0	21.0	26.0	31.0	36.5	42.0	47.5	53.0	56.5	60.0	62.5	65.0

按原水利电力部动力触探试验规程，碎石土 N_{120} 与 f_{ak} 的关系如表 4.3.28 所示。

碎石土 N_{120} 与 f_{ak} 的关系 表 4.3.28

N_{120}/击	3	4	5	6	8	10	12	14	≥16
f_{ak}/kPa	250	300	400	500	640	720	800	850	900

3)确定桩端土的承载力

成都地区按照卵石层的密实度分级预估单桩竖向承载力特征值时，常用的桩端端阻力特征值 q_{pa} 如表 4.3.29 所示。

桩端端阻力特征值 q_{pa}(单位:kPa) 表 4.3.29

N_{120}/击	3～6	6～10	10～20
密实度	稍密	中密	密实
预制桩	2 500～3 500	3 500～5 000	5 000～6 500
沉管灌注桩	2 400～3 200	3 200～4 000	4 000～4 500
钻(冲)孔灌注桩	750～1 000	1 000～1 250	1 250～1 500
人工挖孔(扩底)灌注桩	1 000～1 750	1 750～2 500	2 500～4 000

成都地区根据卵石层 N_{120} 指标确定预制桩桩端阻力特征值 q_{pa} 见表 4.3.30。

预制桩桩端阻力特征值 q_{pa} 表 4.3.30

N_{120}/击	4	5	6	7	8	9	10	11	12	14
q_{pa}/kPa	2 500	3 000	3 400	3 800	4 200	4 600	5 000	5 300	5 800	6 200

成都地区可以参考式(4.3.13)估算卵石地基预制桩的桩端阻力特征值 q_{pa}(kPa)。

$$q_{pa}=550N_{120} \qquad (3\text{ 击}\leqslant N_{120}\leqslant 11\text{ 击}) \tag{4.3.13}$$

北京地区大直径桩和扩底墩的端阻力特征值见表 4.3.31。

北京地区大直径桩和扩底墩的端阻力特征值 表 4.3.31

卵石层密实度分级	中密卵石	密实卵石
端阻力特征值 q_{pa}/kPa	1 500～2 500	2 500～3 500

六、其他类型的动力触探

法国 PANDA 电测动力触探仪。所谓 PANDA 即便携式可变能量动力触探仪，它是由法国帕斯卡大学研制，20 世纪 90 年代引进我国，有较多单位进行试用，有待进一步积累经验。

(一)试验原理和适用范围

仪器的主要原理在于用一个有一定质量的标准重锤锤击探杆顶部的活塞，通过钻杆将锥形探头压入土内。对于每次锤击，根据活塞内部传感器测得的冲击速度，电子记录器计算出贯入的能量。同时，卷带盒内另一记录器记录到锥形探头触入的深度。根据这两个数据，运用传统的荷兰公式便可立即计算出锥形探头的动力阻力 q_d。所有这些数据均可被储存在记录器内并可以在完成试验之后，被传输到计算机上，然后使用相应的软件进行编辑处理。对成果进行相关对比试验可建立经验关系，来确定土的有关指标。

$$q_d=\frac{\frac{1}{2}m\frac{l^2}{t^2}}{Ae}\cdot\frac{m}{m+m^l} \tag{4.3.14}$$

式中，q_d 为锥形探头的动力阻力(MPa)；m 为标准重锤质量(kg)；A 为锥形探头的截面积(cm^2)；e 为对应每次锤击的锥形探头贯入量(m)；m^l 为被锤击部分的质量(kg)；l 为活塞内两测速传感器之间距离(m);t 为通过活塞内两测速传感器的时间(s)。

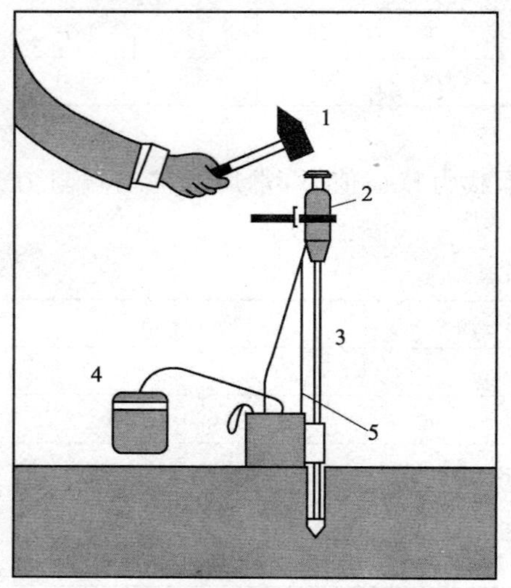

图 4.3.4 PANDA 动力触探仪的原理

1-标准锤;2-贯入头;3-探杆;4-运算记录装置;5-深度测量装置

仪器的适用范围是地表以下 4～8 m 深以内的浅层土体。可以测试的土体的颗粒粒径范围为 0～50 mm,主要适用各类黏性土、砂土、砂土、砂砾土等。仪器的主要原理见图 4.3.4。

该触探仪具有轻便、操作简单、自动化程度高、精度高等特点,它在吸收同类型动力触探仪优点的基础上,采用可变轻巧动能装置取代笨重的势能装置,大大减轻了仪器的重量(总重量仅20 kg),提高了其灵活和方便程度。

(二)试验方法

1)准备仪器设备

①在探杆上装上锥头,用扳手拧紧。一般使用两根探杆,共 1.0 m 长。

②将贯入头上的连线连接到深度测量装置的接口上,将深度测量装置上的连线连接到运算记录装置的"MES(检测)"接口上。

③按下运算记录装置开关,按菜单设定测点数据"位置"和"测点",选定 2 cm 探头。

④选定"探测"下的"即时测定"。

2)放置测量装置

在平整的测点表面上,水平放置好深度测量装置,竖直插入锥头和探杆,在探杆顶部装上贯入头。将深度测量链索挂到贯入头的钩环上。

如果要探测的基层或底基层已有覆盖层,当覆盖层为难以穿透的沥青路面或坚硬的结构层时,应刨探或钻孔至基层顶面。

3)贯入探测试验

①一手扶住贯入头手柄,一手握标准锤柄,竖直、匀速、用力锤击贯入头,直至贯入到穿透检测层深度。

在探测过程中增加探杆数量,按"T"键、"▲"键进行调整。

②每锤击贯入的速度应保持均匀。对稳定细粒土和强度较低的稳定土层,以每锤击贯入(5.0±3.00)mm为宜。对强度较高的稳定土层,每锤击贯入不宜超过 5 mm,如连续用力锤击 3 次贯入量为 0 mm,或显示贯入阻力超过 100 MPa 时,可以认为该基层或底基层强度超出本方法检测范围,应停止试验。

③一个测点试验结束后,设定菜单下的"测点",进行下一个测点试验。

④每一个评定路段至少应做 3 个测点试验,当评定路段超过 2 000 m^2 或每工作班时,应增加测点数量。

4)数据传输

将 RS-232 接口"通信"连线连接到计算机的串行接口,设定连接速率,选择"传输",可以将检测数据传输到计算机中,使用专用软件进行运算、处理,打印出贯入曲线和计算结果。

在现场,可以通过菜单下的"查看数据"检查探测数据。

(三)资料整理和应用

①测定结果以动力贯入阻力随深度变化的贯入曲线表示,使用专用的计算机程序进行

处理，计算出浸水无侧限抗压强度值。

②分层计算出相应的无侧限抗压强度值。

③取同一路段内所有测点无侧限抗压强度的平均值为该评定路段的代表值，按 3 倍标准差（±3S）作为标准舍弃数据。

④报告内容应包括：各测点的位置桩号、无侧限抗压强度值，并附贯入曲线图和每一个评定段无侧限抗压强度代表值。

⑤仪器的主要用途：

a. 对 4～6 m 深的浅层土体进行勘探。具有比常规动力触探仪更高的精度，并用数字反映出土层软硬的变化值。

b. 检测回填土体的施工期间和施工后的密实程度。

七、动贯入阻力的计算和应用

（一）动贯入阻力计算公式

1）荷兰公式

基本假定是：绝对非弹性碰撞，即碰撞后锤与锤完全不分开；完全不考虑弹性变形能量的消耗。其公式为

$$R_d=\frac{Q}{Q+q}\cdot\frac{QgH}{Ae} \tag{4.3.15}$$

式中，R_d 为动力触探动贯入阻力（N/m^2）；Q 为锤质量（kg）；H 为落锤高度（m）；g 为重力加速度，$g=9.81\ m/s^2$；A 为探头截面积（m^2）；e 为每击贯入量（m）；q 为触探器（包括探头、触探杆、锤座等）的总质量（kg）。

应用时应考虑下列条件限制：

①每击贯入度在 2～50 mm 之间；

②触探深度一般不超过 12 m；

③触探器质量 q 与落锤质量 Q 之比不大于 2。

原水利电力部动力触探规程，推荐使用荷兰公式计算动阻力。

2）格尔谢万诺夫式（即沙士柯夫公式）

$$R_d=-\frac{n}{2}+\sqrt{\left(\frac{n}{2}\right)+\frac{nQHg}{Ae}\cdot\frac{Q+\lambda^2 q}{Q+q}} \tag{4.3.16}$$

式中，n 为与触探器的材料、锤击条件、锤垫等有关的系数，建议采用 $n=2.2\times10^6\ N/m^2$；λ 为碰撞恢复系数，对于钢，$\lambda^2=0.3$。

3）海利（Hiley）公式

$$R_d=\frac{QHg}{A(e+c)}\cdot\frac{Q+\lambda^2 q}{Q+q} \tag{4.3.17}$$

式中，c 为触探器和探头入土层的弹性变形。

4）"工程新闻"公式

$$R_d=\frac{QHg}{A(e+c)} \tag{4.3.18}$$

5）苏联标准（TOCT 19912—1974）动贯入阻力公式

$$p_\delta=\frac{k\cdot II_0\cdot\psi}{e} \tag{4.3.19}$$

式中，p_δ 为动力触探假定动阻力（N/m^2）；k 为锤击时能量损失系数，按表 4.3.32 确定；

II_0 为动能量指数(N/m),按表 4.3.33 确定;ψ 为土对触探杆的摩擦系数(可根据实际比较试验或工程比拟法确定),在土对触探杆侧壁摩擦力不大时,ψ 值可取为 1;e 为每击贯入量(m)。

计算动贯入阻力的能量损失系数 k 表 4.3.32

触探深度/m	能量损失系数 k		
	轻型触探	中型触探	重型触探
0.5~1.5	0.52	0.65	0.75
1.5~4	0.49	0.62	0.72
4~8	0.47	0.58	0.69
8~12	0.45	0.55	0.66
12~16	0.43	0.52	0.63
16~20	0.41	0.49	0.60

动能量指数 II_0 表 4.3.33

触探类型	轻型触探	中型触探	重型触探
锤质量/kg	30	60	120
落距/cm	40	80	100
动能量指数 II_0/($N \cdot m^{-1}$)	30 000	110 000	280 000

(二)动贯入阻力的应用

1)按荷兰公式计算的 R_d 确定承载力

浅基础($1<D/B<4$,D、B 分别为基础埋深和宽度)砂土地基承载力(法国)

$$f_k=\frac{R_d}{20} \tag{4.3.20}$$

对密实粗砂,则可提高到

$$f_k=\frac{R_d}{15} \tag{4.3.21}$$

式中,f_k 为地基承载力标准值(kPa);R_d 为按荷兰公式计算的动力触探动贯入阻力(kPa)。

深基础或打入桩的砂土承载力特征值

$$f_k=\left(\frac{1}{12}\sim\frac{1}{6}\right)R_d \tag{4.3.22}$$

2)按沙士柯夫公式计算的 R_d 确定砂土孔隙比

天然状态下动贯入阻力 R_d 与砂土孔隙比 e 之间的关系见表 4.3.34。

R_d 和 e 的关系 表 4.3.34

R_d/MPa	1.5	1.6	1.7	1.8	1.9	2.0	2.2	2.4	2.6	2.8	3.0	3.2	3.4	3.6	3.8	4.0
e	0.70	0.69	0.68	0.67	0.66	0.65	0.64	0.63	0.62	0.61	0.60	0.59	0.58	0.57	0.56	0.55

注:本表适用于稍湿、很湿和饱和的细、中、粗砂,深度范围为 10 m 内。

3)动力触探动贯入阻力和打入桩的动贯入阻力之间的关系

国内外研究认为,打入桩的动阻力与动力触探的动贯入阻力非常接近,通过法国赫里斯圣马丁工地的动力触探(探头直径 60 mm)与打入桩(直径 500 mm)贯入动阻力的比较,得到类似的结果。

用动力触探的动贯入阻力来确定桩基的承载力所涉及的因素很复杂,不能单凭一两次试验就做出结论,必须进行大量的试验,建立地区性的经验。

第四节 标准贯入试验

一、简述

标准贯入试验的目的是用测得的标准贯入击数 N 判断砂土的密实度或黏性土和粉土的稠度、估算土的强度与变形指标,确定地基土的承载力,评定砂土、粉土的振动液化及估计单桩极限承载力及沉桩可能性,并可划分土层类别,确定土层剖面和取扰动土试样进行一般物理性试验和用于岩土工程地基加固处理设计及效果检验。

标准贯入试验适用于砂土、粉土及一般黏性土、风化岩及冰碛土等。国内外常用的规范、设备、成孔要求和试验要求对比见表 4.4.1。

国内外常用标准贯入规范规程比较　　表 4.4.1

项目				规范				
				中国(GB 50021—2001)(2009 年版)	日本(JISA—1219)	美国(ASTMD—1586)	英国(BS 1377 Test 19)	欧洲(ISSMFE)
测试设备	钻杆		孔深小于 15 m 时	φ42 mm	JISM 1409 型钢(φ40.5/42 mm)	φ41.2、φ48.4 或 φ60.3 mm	AW 型钢管 φ41.3 mm,重 5.7 kg/m	AW 型钢管 φ43.7 mm,重 6 kg/m
			孔深大于 15 m 时	—	JISM 1409 型钢(φ40.5/42 mm)	孔深时则用刚度较大管	BW 型钢管 φ54 mm,重8 kg/m 或每 3 m 设一个补强装置	BW 型钢管 φ54 mm,重 8 kg/m 或每 3 m 设一个补强装置
			弯曲程度	(<1/1 000)	—	—	—	1/1 000
	贯入器		外径/mm	51	51	50.8(+1.3−0)	50	51(±1)
			内径/mm	35	35	34.94(±0.13)	35	35(±1)
			全长/mm	>500	810	684.8	680	660
		管靴	长度/mm	50~76	50	20~50	50	50
			刃角	18°~20°	19°47′	16°~23°	17°18′	18°36′
			刃口厚度/mm	2.5	0	0.1 in(±0.01)	1.6	1.6
		排水孔球阀		φ>10 mm×4	×4	3/8 in×4 球 φ25 mm 孔 φ22.2 mm	φ13.0 mm×4 球 φ25 mm 孔 φ22.3 mm	φ13.0 mm×4 球 φ25 mm 孔 φ22 mm
	大锤		自重	63.5 kg	63.5 kg	140 lb(±2 lb)/63.5 kg(±1.0 kg)	65 kg	63.5 kg(±0.5 kg)
			下落高度	76 cm	76 cm	31(±1)in/76 cm(±25 mm)	76 cm	76 cm(±2 cm)
	锤垫			100~140(钢质,d5 mm,总重<30 kg)	h:60 mm D:75 mm	—	—	顶部里 3/100 凸球面

续上表

项目		中国（GB 50021—2001）（2009年版）	日本（JISA—1219）	美国（ASTMD—1586）	英国（BS 1377 Test 19）	欧洲（ISSMFE）
成孔要求	孔径/mm		65～150	56～165		60～200
	孔内水位	略高于地下水位	必须避免孔底扰动	应使孔内水位略高于地下水位		
				不允许使用底部喷水的钻头		
	成孔方法	回转钻进		不允许用贯入器水冲钻进	—	可用贯入器以泥浆循环钻进，并控制泥浆压力
	贯入器的使用	当孔壁不稳定时，可以用泥浆或套管护孔				
	套管使用			不得打入孔底	套管与岩芯间隙应大于套管内径10％	
	孔内漏水、涌水			及时记录孔内涌水、冲洗液漏失等情况	注意漏水、涌水现象	控制孔水位稳定，尤其注意涌水现象
落锤方式		用自由落锤	必须用自由落锤	推荐用自由落锤，若卷扬牵引应符合相应规定	推荐用自由落锤，注意铰车卷扬牵引耗能	推荐用自由落锤，不主张铰车卷扬牵引
贯入深度	预贯入深度/cm	15	15	15	15	15 cm或50击
	试验贯入深度/cm	30	30	30	30	30
	无法达到要求深度的处理	允许提前结束	连预打达50击时停	① 连预打±15 cm超50击停；② 连预打100击停；③10击无进尺停	连预打达50击时停	预打50击后打50击停
贯入击数处理	正常情况	记录正式贯入30 cm的击数	记录正式贯入时每10 cm击数	连预打每15 cm记录一次		
	无法达到要求深度时的处理	据实际击数和贯入长度换算得$N(N/30)$	记录50击入土cm数/$(50x^{-1})$	记录最后贯入30 cm击数/$(N/30)$	记录连预打共50击进入土层cm数/$(50x^{-1})$	
测试间距/m		1	1	1.5 地层变化时适当加密	—	—
适用地层		砂土、粉土和黏性土等	所有土层	所有土层	主要用于砂土，砂砾层中改用顶角60°锥形探头	砂砾层中改用顶角60°锥形探头，最大击数为100击

标准贯入仪主要由标准贯入器、探杆、穿心锤、锤垫及自动落锤装置等组成。规格见表4.4.1。

二、试验方法

(一)试验步骤

①标准贯入试验孔采用回转钻进,并保持孔内水位略高于地下水位。当孔壁不稳定时,可用泥浆护壁,钻至试验标高以上15 cm处,清除孔底残土后再进行试验。

②采用自动脱钩的自由落锤法进行锤击,并减小导向杆与锤间的摩阻力,避免锤击时的偏心和侧向晃动,保持贯入器、探杆、导向杆连接后的垂直度,锤击速率应小于30击/min。

③贯入器打入土中15 cm后,开始记录每打入10 cm的锤击数,累计打入30 cm的锤击数为标准贯入试验锤击数 N。当锤击数已达50击,而贯入深度未达30 cm时,可记录50击的实际贯入深度,按下式换算成相当于30 cm的标准贯入试验锤击数 N,并终止试验。

$$N=30\times\frac{50}{\Delta S} \tag{4.4.1}$$

式中,ΔS 为50击时的贯入度(cm)。

④旋转钻杆,提出贯入器,取其土试样进行鉴别、描述、记录并测量其长度。将需要保存的土样仔细包装或封闭、编号,以备试验用。

⑤重复以上操作步骤,进行下一深度的贯入试验,直至所需深度。

(二)钻孔及试验应注意的问题

影响标准贯入试验成果的因素很复杂,但关键因素是钻进成孔方法是否正确和恰当。除按试验规程操作外,应采用机械回转钻进,必要时以泥浆护孔,它对试验地层扰动较小,孔内水位高于地下水位,这样测试成果比较稳定可靠,因为标准贯入试验成果数据正确与否和孔底土扰动程度有直接关系,据日本大矢晓资料表明其偏差可达两倍以上。美国ASTM标准,欧洲规范都规定钻孔土层不应受到扰动,ASTM标准规定钻孔可下套管或用泥浆,并规定若泥浆护壁有问题时,则应下套管。欧洲规程规定钻孔内水位在所有情况下应不低于地下水位,此外还规定钻孔内有涌砂现象时,应在现场记录中注明。

日本工业标准JIS对此作了更具体的规定:

①重视清水质量,对开始贯入0.15 m击数也需记录,以判断孔底土扰动程度或是否有残土。

②贯入时钻杆及导向杆必须垂直,切忌在孔内摇晃。

③对于试验段(即贯入0.15~0.45 m部分)要测定每锤击一次的累计贯入量。一次贯入量不足0.02 m时,记录每贯入0.10 m锤击数。绘制单孔标准贯入击数 N 与贯入深度 H 的关系曲线,以分析土层是否均匀,最后选取0.30 m试验的锤击数作为 N 值。

三、资料整理

(一)指标统计取值方法

①标准贯入试验成果 N 可直接标在工程地质剖面图上,也可绘制单孔标准贯入击数 N 与深度关系曲线或直方图。统计分层标准贯入击数平均值时,应剔除异常值。

②标准贯入试验锤击数 N 值,可对砂土、粉土、黏性土的物理状态,土的强度、变形参数、地基承载力、单桩承载力,砂土和粉土的液化,成桩的可能性等做出评价。应用 N 值时是否修正和如何修正,应根据建立统计关系时的具体情况确定。

③不应根据单孔的击数 N 对土的工程性能作出评价,而应对各层土的标准贯入试验数据进行统计,用代表值进行评价。

采用太沙基及皮克方法计算地基承载力时,首先对 N 值进行校正:饱和粉细砂,当 $N>15$ 击时,先按表4.4.6中序号1的公式进行校正,再将每孔自基础底至其下 $1B$(基础宽度)深度内的击数平均得 N_i 值,设计选用最小平均值 $\overline{N}$。

(二)触探杆长度校正

目前有杆长校正说和杆长不校正说。杆长校正见表 4.4.2。

杆长校正 表 4.4.2

序号	杆长校正公式
1	$N=\alpha_1 N'$,α_1 值见表 4.4.3
2	根据建立统计关系时的具体情况确定
3	$N=\alpha_2 N'$,$\alpha_2=al^2+bl+c$ 当 $3\leqslant l\leqslant 12$ m 时: $a=0.000\ 7$,$b=-0.032\ 33$,$c=1.085\ 87$ 当 $12\leqslant l\leqslant 51$ m 时: $a=0.000\ 133\ 8$,$b=-0.015\ 811$,$c=0.976\ 432$
4	$N=\alpha_3 N'$,α_3 值见表 4.4.3
5	$N=\alpha_4 N'$ $\alpha_4=\begin{cases}1.0\ l(l\leqslant 20\ \text{mm})\\1.06\sim0.003\ l(l>20\ \text{mm})\end{cases}$
6	$N=\alpha_5 N'$,$\alpha_5=1-l/200$

注:N 为校正后标准贯入击数;N'为实测标准贯入击数;l 为钻杆长度(m);α_1、α_2、α_3、α_4、α_5 为杆长校正系数,取值见表 4.4.3。

杆长校正系数 表 4.4.3

l/m	≤3	6	9	12	15	18	21	24	27	30	36	42	51	66	81	96	102
α_1	1.00	0.92	0.86	0.81	0.77	0.73	0.70										
α_2	1.00	0.92	0.86	0.81	0.77	0.73	0.70	0.67	0.65	0.62	0.58	0.55	0.52				
α_3	1.00	0.94	0.84	0.79	0.74	0.71	0.68	0.65	0.63	0.61	0.57	0.55	0.52	0.48	0.45	0.44	0.43
α_4	1.00	1.00	1.00	1.00	1.00	1.00	1.00	0.99	0.98	0.97	0.95	0.93	0.91	0.86	0.82	0.77	0.75
α_5	0.99	0.97	0.96	0.94	0.93	0.91	0.90	0.88	0.87	0.85	0.82	0.79	0.75	0.67	0.60	0.52	0.49

注:α_1、α_2、α_3、α_4、α_5 和 l 物理意义见表 4.4.2。

关于杆长校正问题,国外总的趋势是不校正(指 20 m 杆长范围内)。实际上是否校正应依据拟采用的规范或方法来决定。亦可根据应力波积分法所测得的实击冲击能量进行修正。

(三)上覆有效压力影响的校正

20 世纪 50 年代 Gibbs-Holtz 的研究结果指出,同样的击数 N 对不同深度的砂土表示不同的相对密实度之后,一般认为对标准贯入试验的结果应进行深度影响校正。目前中国规范对此没有作出统一的规定,建议按所采用的规范决定是否进行校正和如何校正(表 4.4.4)。

上覆有效压力校正 表 4.4.4

序号	校正公式
1	$N=C_N N'$,$C_N=\sqrt{\dfrac{100}{\sigma'_v}}$
2	$N=C_N N'$,C_N 与密度有关,见表 4.4.5
3	$N=C_N N'$,$C_N=0.77\lg\dfrac{1960}{\sigma'_v}$
4	$N=C_N N'$,$C_N=1-1.25\lg\dfrac{\sigma'_v}{100}$
5	$N=C_N N'$,$C_N=\dfrac{350}{\sigma'_v+70}$

注:N 为校正后标准贯入击数;N'为实测标准贯入击数;C_N 为校正系数(见表 4.4.5);σ'_v 为试验点上覆有效应力(kPa)。

C_N 值　　表 4.4.5

密实度	σ'_v/kPa						
	≤25	50	100	200	300	400	500
密实	1.00	0.98	0.83	0.85	0.78	0.72	0.67
中上	1.00	0.97	0.91	0.81	0.73	0.66	0.61
中密	1.00	0.95	0.87	0.74	0.65	0.57	0.52
中下	1.00	0.93	0.81	0.64	0.53	0.46	0.40
松	1.00	0.78	0.54	0.34	0.25	0.19	0.16

(四)地下水影响的校正

地下水影响的校正现规范未作规定,表 4.4.6 仅供参考。

地下水位影响校正　　表 4.4.6

序号	校正方法
1	N>15 的饱和粉细砂,$N=15+(N'-15)/2$
2	地下水位下中、粗砂,$N=5.27+1.05N'\pm2.3$
3	地下水位下中、粗砂,$N=N'+5$
4	地下水位下中砂,$N=N'+5$

注:N'为实测标准贯入击数;N 为校正后标准贯入击数。

四、成果应用

(一)地基承载力的确定

①砂土和黏性土承载力标准值,见表 4.4.7 及表 4.4.8。

砂土承载力标准值　　表 4.4.7

土类	N/kPa			
	10	15	30	50
中、粗砂	180	250	340	500
粉、细砂	140	180	250	340

黏性土承载力标准值　　表 4.4.8

N	3	5	7	9	11	13	15	17	19	21	23
f_k/kPa	105	145	190	235	280	325	370	430	515	600	680

②港口有关标准给出的地基承载力,见表 4.4.9 及表 4.4.10。

砂土地基承载力标准值　　表 4.4.9

tanδ	N/kPa		
	50～30	30～15	15～10
0	500～340	340～180	180～140
0.2	400～280	280～150	150～120
0.4	300～220	220～120	120～100

注:$\tan\delta=\frac{H}{V}$,H、V 分别为作用于基础底面以下的水平与垂直荷载。

老黏土和一般黏性土地基承载力标准值　　表 4.4.10

$\tan\delta$	N/kPa										
	3	5	7	9	11	13	15	17	19	21	23
0	120	160	200	240	280	320	360	420	500	580	660
0.2	100	130	160	190	220	250	280	320	380	450	520
0.4	80	100	120	140	170	200	230	260	300	350	400

注:表中 N 已作杆长修正。

对于饱和粉砂、细砂地基,当其密实度大于某临界密实度,由于地基土透水性小,实测击数 N' 偏大,应按下式进行校正

$$N=15+\frac{1}{2}(\alpha_1 N'-15) \tag{4.4.2}$$

式中,α_1 为杆长修正系数,查表 4.4.3;N' 为实测锤击数。

③对于二、三级建筑物的花岗岩残积土地基,当基础持力层为同一土层时,其承载力基本值 f_0 可根据标准贯入试验锤击数 N 的平均值,按表 4.4.11 确定。该值乘以回归修正系数 l 后为承载力标准值。

花岗岩残积土的承载力基本值 f_0(单位:kPa)　　表 4.4.11

N	4～10	10～15	15～20	20～30
砾质黏性土	(100)～250	250～300	300～350	350～(400)
砂质黏性土	(80)～200	200～250	250～300	300～(350)
黏性土	150～200	200～240	240～(270)	

注:1. 括号中的数值供内插用。

2. 标准贯入值系校正后的 N,其值过高或过低时应专门研究。

3. 标准贯入采用自动落锤。

4. 砾质黏性土、砂质黏性土和黏性土,分别指大于 2 mm 的颗粒含量大于 20%、不大于 20%、等于 0 的花岗岩残积土。

④地基土承载力和标准贯入击数 N 的经验关系(图 4.4.1 和表 4.4.12)。

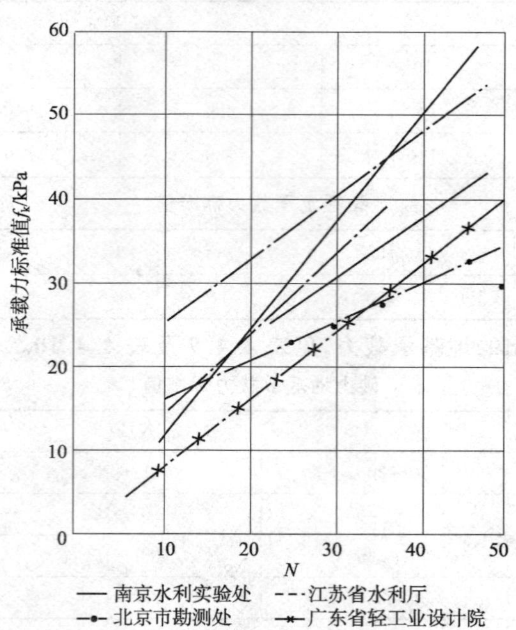

图 4.4.1　砂土的 N 与 f_k 关系曲线

标准贯入试验锤击数与地基承载力的关系　　　　表 4.4.12

作　者	经验公式	适用范围	备　注
江苏省水利工程总队	$p_0=23.3N$	黏性土、粉土	不作杆长修正
原冶金部成都勘察公司	$p_0=56N-558$	老堆积土	
	$p_0=19N-74$	一般黏性土、粉土	
原冶金部武汉勘察公司	$p_0=4.9+35.8N_{机}(3\leqslant N\leqslant 23)$	第四纪冲、洪积黏土、粉质黏土、粉土	
	$p_0=31.6+33N_{手}(23\leqslant N\leqslant 41)$		
武汉市规划设计院 湖北勘察院湖北水利 水电勘察设计院	$f_k=80+20.2N(3\leqslant N\leqslant 18)$	黏性土、粉土	
	$f_k=152.6+17.48N(18\leqslant N\leqslant 22)$		
原铁道部第三勘测设计院	$f_k=72+9.4N^{1.2}$	粉土	
	$f_k=-212+222N^{0.8}$	粉细砂	
	$f_k=-803+850N^{0.1}$	中、粗砂	
原纺织工业部设计院	$f_k=\frac{N}{0.00308n+0.01504}$	粉土	
	$f_k=105+10N$	细、中砂	
原冶金部长沙勘察公司	$P_0=33.4N+360(8\leqslant N\leqslant 37)$	红土	
	$f_k=5.3N+387(8\leqslant N\leqslant 37)$	老堆积土	
Terzaghi	$f_k=12N$	黏性土、粉土	条形基础 $F_s=3$
	$f_k=15N$		独立基础 $F_s=3$
日本住宅公团	$f_k=8.0N$		

注：p_0 为载荷试验比例界限，f_k 为地基承载力标准值(kPa)。

⑤Peck 和 Terzaghi 干砂极限承载力公式。

条形、矩形基础：

$$f_u=\gamma(DN_D+0.5\ BN_B) \tag{4.4.3}$$

方形、圆形基础：

$$f_u=\gamma(DN_D+0.4\ BN_B) \tag{4.4.4}$$

式中，f_u 为极限承载力(kPa)；D 为基础埋置深度(m)；B 为基础宽度(m)；γ 为土的重度(kN/m³)；N_D、N_B 为承载力系数，取决于砂的内摩擦角 φ，查图 4.4.2。

⑥美国 Peck(1953)的图解法。

当安全系数 $K=3$，砂土的重度 $\gamma=16$ kN/m³，地下水位从基础底面算起的深度大于基础宽度时，砂土的承载力系数可以从图 4.4.2 查得。当基础埋置深度 $D=0$ 时可用图 4.4.3a)；当基础埋置深度 $D\neq 0$ 时，则将图 4.4.3a)中的值，再加上 4.4.3b)图的值，即为砂土的承载力标准值。

当砂土的重度不同时，则相应地将图 4.4.3 结果分别按比例修正。当地下水位接近或高于基础底面时，则图 4.4.2 得出的砂土承载力标准值应当除以 2；如果地下水位低于基础底面，但从基础底面算起的深度小于基础宽度时，承载力标准值可按地下水深度用插入法确定。

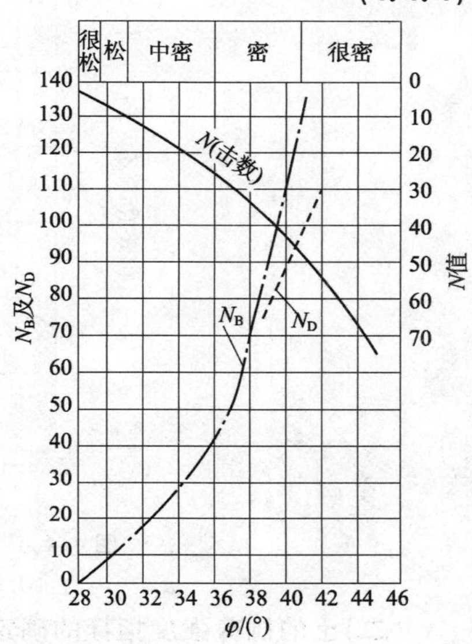

图 4.4.2　N 与 φ、N_B、N_D 的关系

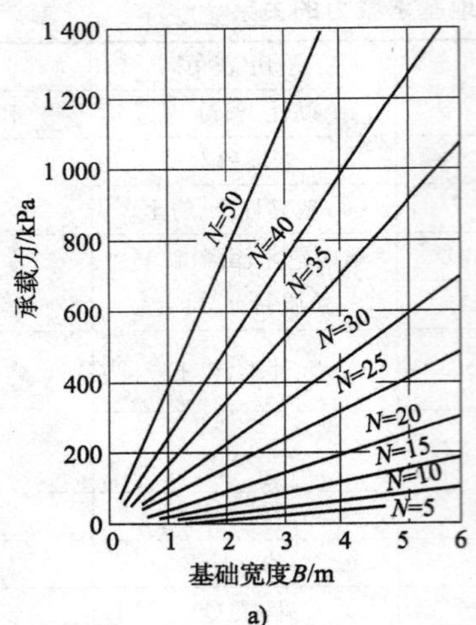

a)

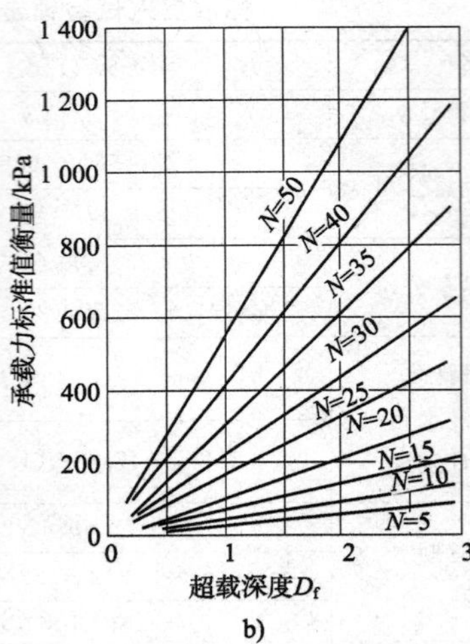

b)

图 4.4.3 承载力标准值经验图

(Peck,1953)

⑦按沉降确定砂土的承载力标准值。

国外通常用沉降为 25 mm(1 in)的容许压力来设计基础,砂土地基基础的沉降取决于基础宽度和砂土密实度(与标准贯入击数有关),如图 4.4.4所示。

使用图 4.4.4 时,地下水位从基础底面算起的深度至少要大于基础宽度,如果地下水位接近或高于基础底面时,则由图 4.4.4 所得的砂土承载力标准值除以 2,地下水位低于基础底平面,且从基础底面算起的深度小于基础宽度时,承载力标准值可按地下水位深度用插入法确定。

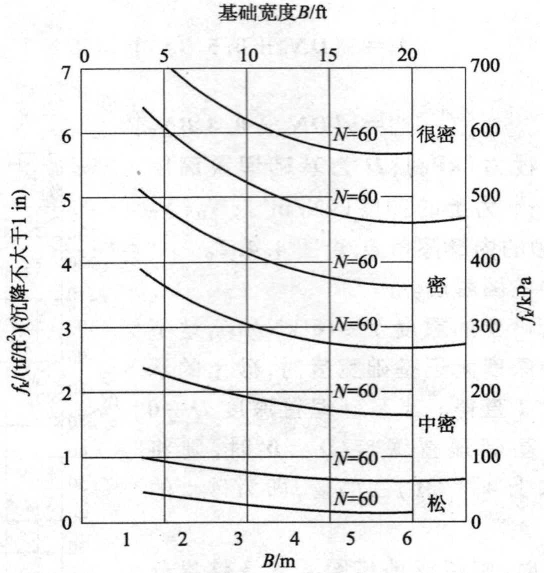

图 4.4.4 沉降等于 1in 时 N 与 f_k 和 B 的关系

注:1tf/ft^2≈100 kPa;1in≈25 mm;1ft≈30 cm。

(二)土的抗剪强度指标的确定

①砂土内摩擦角经验公式见表 4.4.13。

砂土内摩擦角经验公式　　表 4.4.13

作　者	土　类	经验公式	备　注
Dunham	均匀圆粒砂	$\varphi=\sqrt{12N}+15$	
	级配良好圆粒砂	$\varphi=\sqrt{12N}+20$	
	级配良好、均匀棱角砂	$\varphi=\sqrt{12N}+25$	
广东省标准《建筑地基基础设计规范》(GBJ 15—1991)		$\varphi=\sqrt{20N}+15$	
Peck		$\varphi=0.3N+27$	
G. G. Meyerhol	净砂	$\varphi=\frac{5}{6}N+26.7(4\leqslant N\leqslant 10)$	粉砂应减 5°，粗、砾砂加 5°
		$\varphi=\frac{1}{4}N+32.5(N>10)$	
H. J. Gibbs& W. G. Holtz		$N=4.0+0.015\frac{2.4}{\tan\varphi}\times\left[\tan^2\left(\frac{\pi}{4}+\frac{\varphi}{2}\right)\times e^{\pi\tan\varphi}-1\right]+0.1\sigma'_v\times\tan^2\left(\frac{\pi}{4}+\frac{\varphi}{2}\right)\times e^{\pi\tan\varphi}\pm 8.7$	该公式不仅考虑了砂土的种类，还反映了土层有效自重应力 σ'_v 的影响
交通部《港口工程地质勘察规范》		$\varphi=\sqrt{15N}+15$	$N<10$ 时，取 $N=10$；$N>50$ 时，取 $N=50$

注：φ 为内摩擦角(°)；N 为标准贯入击数；σ'_v 为上覆有效应力(kPa)。

②饱和软黏土不排水强度。

根据 Terzaghi 和 Peck(1948)在《工程实用土力学》中给出的经验关系，饱和软黏土($N<4$)不排水弨度 c_u(KPa)可按下式计算

$$c_u=6.25N \tag{4.4.5}$$

③江苏省水利工程总队资料见表 4.4.14 和表 4.4.15。

黏性土的 c、φ 经验值　　表 4.4.14

土类	粉质黏土			黏土			粉质黏土夹砂			黏土夹砂		
N	2	4	6	2	4	6	2	4	6	2	4	6
c/kPa	12	14.5	19.5	8	12	16	7	10	12	8	11	13
φ/(°)	10	14	16	6	8	12	12	15	17	10	12	14

注：杆长均不作修正。

砂土内摩擦角 φ 经验值　　表 4.4.15

砂土名称	N										
	4	5	6	7	8	9	16	20	28	30	31
粉土、粉砂	16	18	20	22	24						
细砂、极细砂	20	22	24	26	28			28		32	
中砂								36			
粗砂、砾砂							38		41		

④冶金工业武汉勘察公司资料见表 4.4.16。

黏性土和粉土的 c、φ 经验值　　　表 4.4.16

N	15	17	19	21	25	29	31
c/kPa	78	82	87	92	98	103	110
φ	24.3°	24.8°	25.3°	25.7°	28.4°	27.0°	27.3°

注：本表系据武汉、南昌、南京等地 49 组对比资料。

(三)地基土变形模量、压缩模量的确定

经验公式见表 4.4.17。

E_0、E_s 经验公式　　　表 4.4.17

序号	作者或资料来源	经验公式	适用范围
1	希腊	$E_0=4+0.1C(N-6)(N>15)$ $E_0=0.1C(N+6)(N<15)$ C 值见表 4.4.18	砂土
2	日本木村卫	$E_0=2.8V$	—
3	武汉市建筑设计院和湖北省水利水电勘测设计院(1974)	$E_0=1.14135N+2.6156$	湖北黏性土、粉土
4		$E_0=1.0658N+7.4306$	
5	《深圳地区建筑地基基础设计试行规程》(SJG 1—1988)	$E_0=2.2N(4<N<30)$	深圳花岗岩残积土
6	Schultze 和 H. Menzenbach	$E_s=C_1+C_2N$(C_1、C_2)见表 4.4.19	饱和细砂和粉砂
7	原冶金部武汉勘察公司	$E_s=0.927N+4.2$(统计范围 $E_s=2.3\sim4.0$ MPa，$N=2.5\sim41$)	中南及华东部分地区黏性土、粉土

注：变形模量 E_0 和压缩模量 E_s 均以 MPa 计。C、C_1 和 C_2 值见表 4.4.18 和表 4.4.19。

Schultze 和 K. Melzer(1964—1965)的经验关系见图 4.4.5。

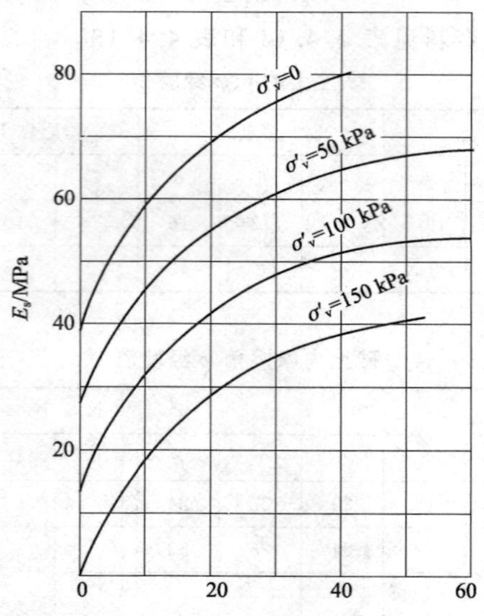

图 4.4.5　砂土的 N 值与 E_s、σ'_v 的关系

σ'_v-上覆有效应力(kPa)

C 值 表 4.4.18

土名	含砂粉土	细砂	中砂	粗砂	含砾砂土	含砂砾石
C	3.0	3.5	4.5	7.0	10.0	12.0

C_1 和 C_2 值 表 4.4.19

土名	细砂		砂土	粉质砂土	砂质黏土	松砂
	地下水位以上	地下水位以下				
试验数量	15	17	14	19	27	18
C_1/MPa	5.2	7.1	3.9	4.3	3.8	2.4
C_2/(MPa/击)	0.33	0.49	0.45	1.18	1.05	0.53
相关系数	0.758	0.900	0.954	0.866	0.764	0.764

(四)黏性土和粉土天然状态判定

Terzaghi 和 Peck(1948)给出的经验关系见表 4.4.20。

N 与 q_u 关系 表 4.4.20

N	<2	2~4	4~8	8~15	15~30	>30
状态	极软	软	中等	硬	很硬	坚硬
q_u/kPa	25	25~50	50~100	100~200	200~400	>400

上海市标准《岩土工程勘察规范》(DGJ 08—37—2012)给出的方法见表 4.4.21。

稠度状态划分表 表 4.4.21

N	<2	2~3	4~7	8~15	16~30	>30
土的状态	流塑	软塑	软可塑	硬可塑	硬塑	坚硬

(五)砂土密实度及密实度的确定(见表 4.4.22~4.4.26)

砂土的密实 表 4.4.22

N	$N\leqslant10$	$10<N\leqslant15$	$15<N\leqslant30$	$N>30$
密实度	松散	稍密	中密	密实

注:N 系指经杆长校正后的值,N 值不必做上覆有效压力校正。

砂土密实度划分 表 4.4.23

N	$0<N\leqslant3$	$0<N\leqslant3$	$8<N\leqslant25$	$N>25$
密实度	松散	稍密	中密	密实
D_r	<0.20	0.20~0.35	0.35~0.65	>0.65

注:1. N 系指经上覆有效压力校正后的值。N 不必做杆长校正。

2. 本表适于正常固结中砂。对细砂取表内 N 乘以 0.92;对粗砂取表内 N 乘以 1.08。

按实测标准贯入击数 N' 确定砂土密实度 表 4.4.24

深度/m	密实度	地下水位/m					
		0~1.25	1.25~5.00	5~10	10~15	15~20	20~25
0.00~1.25	密	28~21					
	中上	21~25					
	中	15~9					
	中下	9~3					
	松	<3					

续上表

深度/m	密实度	地下水位/m					
		0～1.25	1.25～5.00	5～10	10～15	15～20	20～25
1.25～5.00	密	30～22	31～23				
	中上	22～16	23～17				
	中	16～10	17～11				
	中下	10～4	11～5				
	松	<4	<5				
5～10	密	31～24	32～25	33～26			
	中上	24～17	25～18	26～19			
	中	17～12	18～13	19～14			
	中下	12～5	13～6	14～7			
	松	<5	<6	<7			
10～15	密	32～25	33～26	34～27	36～23		
	中上	25～19	26～20	27～21	28～22		
	中	19～13	20～14	21～15	22～17		
	中下	13～7	14～8	15～9	17～10		
	松	<7	<3	<9	<10		
15～20	密	34～26	35～28	37～28	37～30	39～31	
	中上	26～20	28～21	28～22	30～23	31～25	
	中	20～14	21～16	22～17	23～18	25～19	
	中下	14～8	16～9	17～10	18～12	19～13	
	松	<8	<9	<10	<12	<13	
20～25	密	35～28	36～29	37～30	38～31	40～32	42～34
	中上	28～21	29～23	30～23	31～25	32～26	34～27
	中	21～16	23～17	23～18	25～19	26～21	27～22
	中下	16～9	17～10	18～11	19～13	21～14	22～16
	松	<9	<10	<11	<13	<14	<16

注：表中 N' 值为实测值，不必做杆长和上覆有效压力校正。

N 与 D_r 的关系 表 4.4.25

N	相对密实度 D_r	状态	静力触探锥尖阻力 q_c/kPa	内摩擦角
4	0.2	疏松	<200	<30°
4～10	0.2～0.4	松	200～400	30°～35°
10～30	0.4～0.6	中密	400～1 200	35°～40°
30～50	0.6～0.8	密	1 200～2 000	40°～45°
50	0.8～1.0	极密	>2 000	>45°

N 值与砂土性质表 表 4.4.26

N^*	很疏松	疏松	中密	密实	很密实
	<4	4～10	10～30	30～50	>50
等值相对密实度/(%)**	<15	15～35	35～65	65～85	85～100
干重度/(kN·m^{-3})	<14	14～16	16～18	18～20	>20
摩擦角/(°)	<30	30～32	32～35	35～38	>38
引起液化的往复应力比(τ/σ'_v)***	<0.04	0.04～0.10	0.10～0.35	>0.35	

注：* 垂直覆盖层有效应力为 100 kPa 的情况下；** 最近沉积的正常固结砂层；*** 依据 seed(1979)。

砂土相对密实度经验公式

E. Schultze(1965)公式 $\ln D_r = 0.478\ \ln N - 0.262\ \ln\sigma'_v - 0.56$ **(4.4.6)**

G. G. Meyerhof 公式 $$D_r = 2.10\sqrt{\frac{N}{\sigma'_v + 70}} \tag{4.4.7}$$

式中，N 为标准贯入击数；σ'_v 为上覆有效压力(kPa)；D_r 为相对密实度(以小数计)。

(六)桩基承载力的确定

1)计算公式

单桩承载力计算见表 4.4.27。

单桩承载力计算 表 4.4.27

<table>
<tr><th>作者或资料来源</th><th colspan="2">桩 类 型</th><th>序号</th><th>计 算 公 式</th><th>符 号 说 明</th></tr>
<tr><td rowspan="2">日本建筑钢桩基础设计规范</td><td colspan="2">打入桩(地基土全部为砂土)</td><td>1</td><td>$R_u = 400\ NA_p + 2\ N_sA_s$
$N = (N_1 + N_2)/2$</td><td rowspan="8">R_u——桩基础极限承载力(kN)。
A_p——桩端截面积(m^2)。
R_a——长期容许承载力(kN)。
A_s——桩侧表面积(m^2)。
H——孔底虚土厚度(m)。
L_s——砂土层中桩长(m)。
U——桩周长(m)。
q_u——黏性土、粉土无侧限抗压强度(kPa)。
N——桩尖附近土的标准贯入平均值。
$\overline{N}$——桩端上 4D 至桩端下 1D 范围内实测标准贯入平均值，$\overline{N}\leqslant 50$。
N_c——桩端黏性土和粉土层的标准贯入平均值。
N_p——桩端下 4D 深度(D——桩径)范围内标准贯入平均值。
$\overline{N}_s$——桩侧土的标准贯入平均值。
N_s——桩侧砂土层的标准贯入平均值。
N_1——桩端下 2D 范围内标准贯入平均值。
N_2——桩端上 10D 范围内标准贯入平均值。
α——桩端地层系数。东京砾石层为 1.0；砂层为 0.85。
β——桩端直径系数，$\beta = 1 - 0.3(D+1.5)/2.5$，当 $D \leqslant 1.5$m 时取 $\beta = 1.0$</td></tr>
<tr><td colspan="2">打入桩[桩穿过砂层、黏性土(含粉土)层]</td><td>2</td><td>$R_u = 400\ NA_p +$
$\left(2N_sL_s + \frac{q_u}{2}L_c\right)U$
$N = (N_1 + N_2)/2$
$q_u = 12.5\ N_c$</td></tr>
<tr><td rowspan="2">G. G. Meyerkof</td><td colspan="2">排土量最多的打入桩</td><td>3</td><td>$R_u = 428\ NA_p +$
$2.14\ \overline{N}_sA_s$</td></tr>
<tr><td colspan="2">排土量少的打入桩(H 形桩等)</td><td>4</td><td>$R_u = 428\ NA_p +$
$1.07\ \overline{N}_sA_s$</td></tr>
<tr><td rowspan="2">北京市勘察院(1978)</td><td rowspan="2">钻孔灌注桩</td><td>$H < 0.5$ m</td><td>5</td><td>$R_u = 27.8\ N_pA_p + (3.3$
$N_sL_s + 3.1\ N_cL_c)U -$
$181\ H + 177.3$</td></tr>
<tr><td>$H \geqslant 0.5$ m</td><td>6</td><td>$R_u = (3.3\ N_sL_s +$
$3.1\ N_cL_c)$
$U + 86.6$</td></tr>
<tr><td>(财)日本建筑中心</td><td colspan="2">钻孔灌注桩</td><td>7</td><td>$R_a =$
$\frac{1}{3}\Big[150\ \alpha\beta\overline{N}_sA_p +$
$\left(2\ N_sL_s + \frac{q_u}{2}L_c\right)U\Big]$
$-W$</td></tr>
</table>

注：1. 式 3 和式 4 适用于砂土。对于饱和粉细砂，当实测值 $N' \geqslant 15$ 时，应按 $N = 15 + (N' - 15)/2$ 校正。

2. 式 5 和式 6 是根据原北京市地质勘测得(1978)公式改写后的公式。

3. 式 7 中 W 为桩身自重减去桩身所排开土的重力，$\frac{q_u}{2} \leqslant 50$ kPa，无实测值取 $q_u = 12.5N$(kPa)。

2)Schmertmann(1967)方法

利用标准贯入 N 值可分别确定桩端极限阻力及桩周极限摩阻力，以估算钢筋混凝土打入桩单桩极限承载力见表 4.4.28。

用 N 预估桩尖阻力和桩身阻力 表 4.4.28

土 名	q_c/N	摩 阻 比	桩尖阻力/kPa	桩身阻力/kPa
各种密度的净砂	0.374 5	0.60	342.4 N	2.03 N
黏土、粉砂与砂混合；粉砂及泥炭土	0.214 0	2.00	171.2 N	4.28 N
可塑黏土	0.107 0	5.00	74.9 N	5.35 N
含贝壳的砂 软石灰岩	0.428 0	0.25	385.2 N	1.07 N

注：该表用于预制打入混凝土桩，$N = 5 \sim 60$，当 $N < 5$ 时，N 取 5；当 $N > 60$ 时，N 取 60；q_c 为静力触探锥尖阻力(MPa)。

第五节 十字板剪切试验

十字板剪切试验(VST)是原位测定饱和软黏性土抗剪强度的一种方法。所测得的抗剪强度,相当于天然土层试验深度处,在天然压力下固结的不排水抗剪强度;在理论上它相当于室内三轴不排水抗剪总强度,或无侧限抗压强度的一半($\varphi=0$)。由于这项试验不需采取土样,避免了土的扰动及天然应力状态的改变,是一种有效的原位测试方法。

一、基本原理

将规定形状和尺寸的十字板头压入土中试验深度,施加扭矩使板头等速扭转,在土体中形成圆柱破坏面。测定土体抵抗扭损的最大扭矩,以计算土的不排水抗剪强度。

假定十字板头扭转形成的圆柱破坏面高度和直径与十字板头高度和直径相同,破坏面上各点的抗剪强度相等,且同时发挥作用,同时达到极限状态。由于土体扭剪过程中产生的最大抵抗力矩 M_r 等于圆柱体底面和侧面上土体抵抗力矩之和,即

$$M_r=M_{r1}+M_{r2}=2c_u\frac{\pi D^2}{4}\cdot\frac{2}{3}\cdot\frac{D}{2}+c_u\pi DH\frac{D}{2}=\frac{1}{2}c_u\pi D^2\left(\frac{D}{3}+H\right)$$

故

$$c_u=\frac{2M_r}{\pi D^2\left(\frac{D}{3}+H\right)} \tag{4.5.1}$$

式中,c_u 为土的不排水抗剪强度(kPa);M_r 为土体扭损的最大抵抗力矩(kN·m);D 为十字板头直径(m);H 为十字板头高度(m)。

对于不同的试验设备,测量最大抵抗力矩的方法也不同。

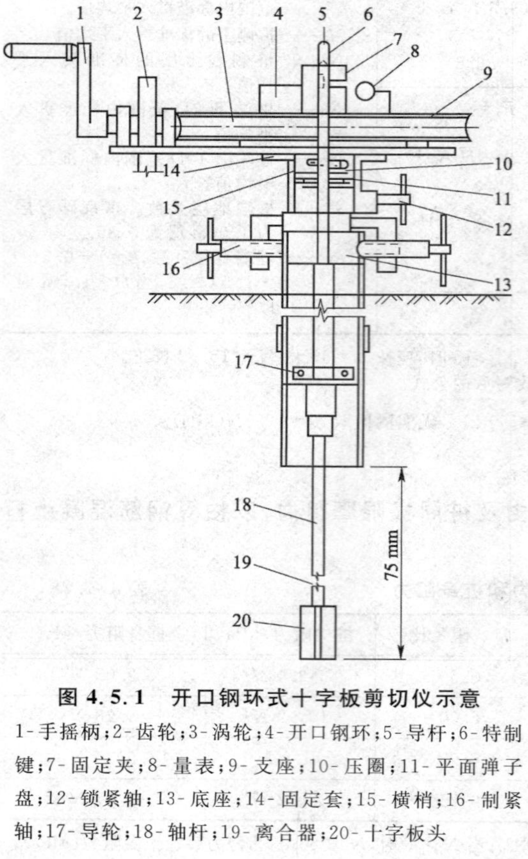

二、试验仪器设备(三种类型)

(一)开口钢环式十字板剪切仪

这是国内早期最常用的一种剪切仪,如图 4.5.1 所示。该仪器利用涡轮蜗杆扭转插入土层中的十字板头,借助开口钢环测定土体抵抗力矩。与钻机配合,使用较为方便。十字板头规格见表 4.5.1。

图 4.5.1 开口钢环式十字板剪切仪示意

1-手摇柄;2-齿轮;3-涡轮;4-开口钢环;5-导杆;6-特制键;7-固定夹;8-量表;9-支座;10-压圈;11-平面弹子盘;12-锁紧轴;13-底座;14-固定套;15-横梢;16-制紧轴;17-导轮;18-轴杆;19-离合器;20-十字板头

(二)轻便式十字板剪切仪

这是一种在开口钢环式十字板剪切仪基础上改造简化的设备。它不需用钻探设备钻孔和下套管,只用人力将十字板压入试验深度,人力施加扭力和反力,通过固定在旋转把手上的拉力钢环测定扭力矩,如图 4.5.2 所示。设备全重只有 20 kg,3~4 人即可随身携带和试验。十字板头常选用 $D\times H=50\text{ mm}\times 100\text{ mm}$ 规格的板头,采用离合式接触。施测扭力的装置有铝盘、钢环、旋转手柄、百分表等。其测试结果与开口钢环式基本接近。

十字板规格及十字板常数 K 值　　表 4.5.1

十字板规格 ($D\times H$)/(mm×mm)	十字板头尺寸/mm			钢环率定时的力臂 R/mm	十字板常数 K/(m^{-2})
	直径 D	高度 H	厚度 B		
50×100	50	100	2～3	200 250	436.78 545.97
50×100	50	100	2～3	210	458.62
75×150	75	150	2～3	200 250	129.41 161.77
75×150	75	150	2～3	210	135.88

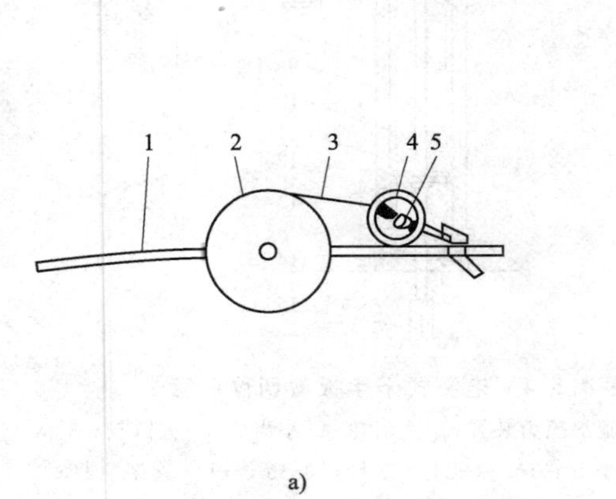

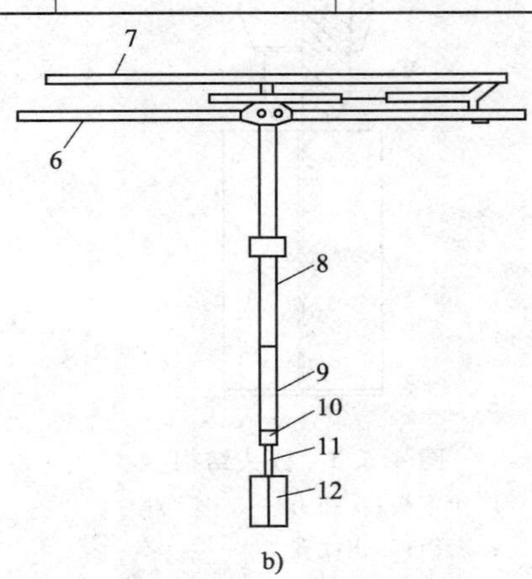

图 4.5.2　轻便式十字板剪切仪示意

1-旋转手柄；2-铝盘；3-钢丝绳；4-钢环；5-量表；6-制动扳手；
7-施力把手；8-钻杆；9-轴杆；10-离合齿；11-丝杆；12-十字板头

(三)电测式十字板剪切仪

这是近年来发展起来的，与上述两种类型仪器的主要区别在于测力装置不用钢环，而是在十字板头上端连接一个贴有电阻应变片的扭力传感器，如图 4.5.3 所示。利用静力触探仪的贯入装置(图 4.5.4)，将十字板头压入到土层不同试验深度，借助回转系统旋转十字板板头，用电子仪器量测土的抵抗力矩。试验过程中不必进行轴杆摩擦力校正，操作容易，试验成果比较稳定。另外，同一场地还可以用一套仪器进行静力触探试验，因此得到了广泛使用。

设备主要有下列几部分组成。

①十字板头部分。由十字板、扭力柱、测量电桥和套筒等组成。所用十字板头的尺寸与开口钢环式十字板剪切仪相同。

②回转系统。由涡轮、蜗杆、卡盘、摇把等组成。摇把转动一圈正好使钻杆转动一度。

③加压系统、量测系统、反力系统与静力触探仪共用。

三、现场试验技术要求

(一)开口钢环式十字板剪切试验

①用回转钻开孔，下 ϕ127 mm 套管至预定试验深度以上 75 cm(不小于钻孔或套管直径

的 3～5 倍)，套管上部高出地面 30～50 cm。再用提土器清孔，钻孔内虚土不宜超过15 cm。在软土中钻进时，应在孔内保持足够水位，以防止软土在孔底涌起。

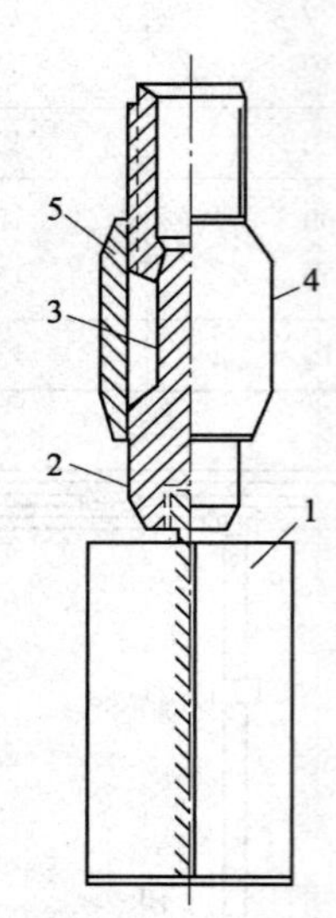

图 4.5.3 板头结构

1-十字板；2-扭力柱；3-应变片；4-套筒；5-出线孔

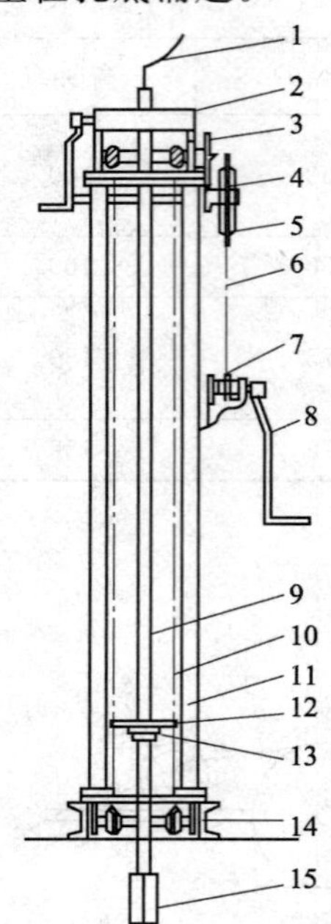

图 4.5.4 电测式十字板剪切仪示意

1-电缆；2-施加扭力装置；3-大齿轮；4-小齿轮；5-大链轮；6-链条；7-小链轮；8-摇把；9-探杆；10-链条；11-支架立杆；12-山形板；13-垫压块；14-槽钢；15-十字板头

②根据土的软硬程度选用十字板头，然后将十字板头、离合器、轴杆与试验钻杆逐节接好拧紧，下入孔内，使十字板头与孔底接触，接上导杆。孔深若超过 10 m，应设置导轮。

③先用摇把套在导杆上顺时针旋转，使十字板头离合器咬合，再将十字板头徐徐压入土层预定试验深度。如压入有困难，可用锤轻轻击入。当试验深度处为较硬夹层时，应穿透夹层再进行试验。

④装上底座和测力装置，并将底座与套管、底座与固定套之间用制紧轴制紧；调节转盘，使导杆和钢环上的键槽对正，插入特制键；装上量测钢环变形的百分表，至少静置 2～3 min(从十字板头插入后算起)，调整百分表至零。

⑤试验开始即开动秒表，宜采用(1°～2°)/10 s 的剪切速率进行扭剪，摇把每转一圈，测记钢环变形读数一次。当读数出现峰值或稳定值后，继续测记 1 min。

⑥在完成上述原状土试验后，拔下特制键，在导杆上套上摇把，顺时针连续转动 6 圈，使十字板头周边土充分扰动，然后再插上特制键，按要求⑤以(1°～2°)/10 s 的速率进行试验，即可获得重塑土抵抗扭剪的百分表最大读数。

⑦拔出特制键，将导杆向上提 3～5 cm，使连接轴杆和十字板头的离合器分离，再插上特制键，仍按要求⑤操作，测得轴杆摩擦力与机械阻力的百分表读数。至此一个试验点的试验工作全部结束。

⑧卸下仪器，拔出十字板，继续钻进，进行下一深度的试验。

试验点间距的选择可根据工程要求和土层情况来确定，一般每米一个试验点。在软的土层中，也可以不必拔出十字板，将十字板连续压入 3～4 次于不同试验深度进行试验。

(二)电测式十字板剪切试验

①安装及调平电测式十字板剪切仪机架,用地锚固定,并安装好施加扭力装置。

②选择十字板头,并将其接在传感器上拧紧,连接传感器、电缆和量测仪器。

③按静力触探的方法,将电测式十字板头贯入到预定试验深度处。

④用回转部分的卡盘卡住钻杆,至少静置 2～3 min,再开始剪切试验。

⑤试验开始,用摇把慢慢匀速地回转涡轮、蜗杆,剪切速率为(1°～2°)/10 s。摇把每转一圈,测记仪器读数一次。当读数出现峰值或稳定值后,继续测记 1 min。

⑥松开卡盘,用扳手或管钳将探杆顺时针旋转 6 圈,使十字板头周围的土充分扰动,再用卡盘卡紧探杆,按要求⑤继续进行试验,测记重塑土抵抗扭剪的最大读数。

⑦完成上述一次试验后,再松开卡盘,用静力触探的方法继续下压至下一试验深度,按要求④～⑥重复进行试验,测记原状土和重塑土剪损时的最大读数。

⑧一孔的试验完成后,按静力触探的方法上拔探杆,取出十字板。

四、适用条件

(一)适用条件

主要适用于饱和软黏性土层,但若土层含有砂层、砾石、贝壳、树根及其他未分解有机质时不宜采用。测试深度一般在 30 m 以内,目前陆上最大测试深度已超过 50 m。

(二)影响因素

1)十字板头规格

为了精确测定土层不排水抗剪强度,十字板不能太小。目前国内采用的尺寸为 50 mm×100 mm 和 75 mm×150 mm 两种标准的十字板,但两者的试验结果并非总是相同。

通常在钻孔孔底有一个扰动范围,一般认为不超过 5 倍孔径。而十字板及轴杆压入土中,也会引起土的扰动。根据 La Rochell(1973)的试验,发现十字板厚度越大,土的扰动越大,测得的抗剪强度 c_u 就小。一般十字板的面积比(即叶片的横截面积占叶片旋转的圆面面积的比率)不应超过 15%。另外,使用受损或清洗不净沾有黏土的十字板会使土的扰动大大增大。

2)剪应力的分布

土体扭剪破坏时,破坏面上剪应力的分布并不是均匀的,剪应力近边缘处(水平面及垂直面上)均有应力集中现象。Jackson(1969)提出,对计算抗剪强度 c_u 的式(4.5.1)进行修正,表示为

$$c_u=\frac{2M_r}{\pi D^3\left(\frac{a}{2}+\frac{H}{D}\right)} \tag{4.5.2}$$

式中,a 为与顶面及底面剪应力在土体破坏时分布有关的系数。当剪应力分布均匀时,$a=2/3$;呈抛物线时,$a=3/5$;呈三角形时,$a=1/2$。

3)土的各向异性

天然沉积土层常呈现层理,且土中应力状态不相同,显示出应力应变关系及强度的各向异性。扭剪破坏所形成的圆柱体侧面和顶底面上土的抗剪强度并不相等。有人曾用不同 D/H 的十字板头进行试验,结果表明:对于正常固结的饱和软黏性土,$c_{uv}/c_{uh}=0.5\sim0.67$;对于稍超固结的软黏性土,$c_{uv}/c_{uh}=0.9$。另外,在十字板剪切过程中,顶底面和侧面应力并不能同时达到峰值。

当十字板头叶片为三角形时，则可求出不同方向上土的抗剪强度。其公式为

$$c_{u\beta}=\frac{M_r}{\frac{4}{3}\pi L^3\cos\beta} \tag{4.5.3}$$

式中，$c_{u\beta}$为与水平面成β角斜面上的抗剪强度(kPa)；L为三角形边长(m)；β为三角形板头的三角形边与水平面的夹角(°)。

4)十字板剪切速率

土的所有剪切试验结果都受应力或应变的施加速率的影响。十字板剪切速率对试验结果影响很大。剪切速率越小，抗剪强度越大。国内统一规定了剪切速率为1°/10 s，但实际工程的加荷速率一般较慢，故试验所得的抗剪强度相应偏大一些。

在较深的土中进行试验时，扭矩从地面传递到板头，由于钻杆的柔性，板头的扭剪速率难以与施加的速率保持一致。一般在15 m以下深度剪切速率应适当加快，使土体在3 min内破坏。

5)排水条件

存松井等人(1981)认为，在十字板扭剪时，排水条件可由下式判断

$$T=\frac{C_v t_f}{D^2}\leqslant 0.02\sim 0.04 \tag{4.5.4}$$

式中，T为时间因数；C_v为固结系数(cm^2/s)；t_f为达到破坏的试验时间(s)；D为十字板叶片宽度(cm)。

满足式(4.5.4)为不排水条件。对高岭石黏土，当十字板剪切速率>1°/10 s时为不排水条件，但实际操作以1°/10 s的速率进行试验，一般认为有部分排水，所测得的抗剪强度值偏大。

6)圆柱破坏面的形成

Leblane(1975)通过室内十字板试验发现，抗剪强度峰值发生在扭剪角不大时，随着扭剪角增大，强度降低，直至达到残余强度为止。当扭剪角超过45°时，才发展成完整的圆柱破坏面，而且剪切破坏面实际为带状，其直径比十字板叶片直径大5%，这使计算所得的抗剪强度值偏大。

7)触变效应

Flate(1966)首先提出，试验前十字板头插入土中静置的时间延长时，测得的抗剪强度往往会增加。这与插入十字板头所产生的孔隙压力的消散和黏性土触变强度的恢复有关。为增加资料的可比性，有必要对十字板插入土中和试验之间规定一个统一的延迟时间。

8)试验方法

采用不同的试验设备、钻进方式或操作方法也都会影响所测试土层的抗剪强度。电测式十字板比非电测式的试验结果往往偏小15%～20%(当控制剪切速率等条件相同时)。这是由于电测装置从根本上消除了机械安装、钻杆弯曲、轴杆摩擦等因素的影响。

五、资料整理和应用

(一)资料整理

1)开口钢环式十字板剪切试验

①计算原状土的抗剪强度。其公式为

$$c_u=KC(R_y-R_g) \tag{4.5.5}$$

式中，c_u 为原状土的抗剪强度(kPa)；C 为钢环系数(kN/0.01 mm)；R_y 为原状土剪损时百分表最大读数(0.01 mm)；R_g 为轴杆阻力校正时百分表最大读数(0.01 mm)；K 为十字板常数(m^{-2})。可按下式计算或在表 4.5.1 查阅。

$$K=\frac{2R}{\pi D^2\left(\frac{D}{3}+H\right)} \tag{4.5.6}$$

式中，R 为率定钢环时的力臂(m)。

②计算重塑土的抗剪力强度。其公式为

$$c'_u=KC(R_c-R_g) \tag{4.5.7}$$

式中，c'_u 为重塑土的抗剪强度(kPa)；R_c 为重塑土剪损时百分表最大读数(0.01 mm)。

③计算土的灵敏度。其公式为

$$S_t=\frac{c_u}{c'_u} \tag{4.5.8}$$

④绘制抗剪强度与试验深度的关系曲线，以了解土的抗剪强度随深度的变化规律，如图 4.5.5 所示。

⑤绘制抗剪强度与回转角的关系曲线，以了解土的结构性和受扭剪时的破坏过程，如图 4.5.6 所示。

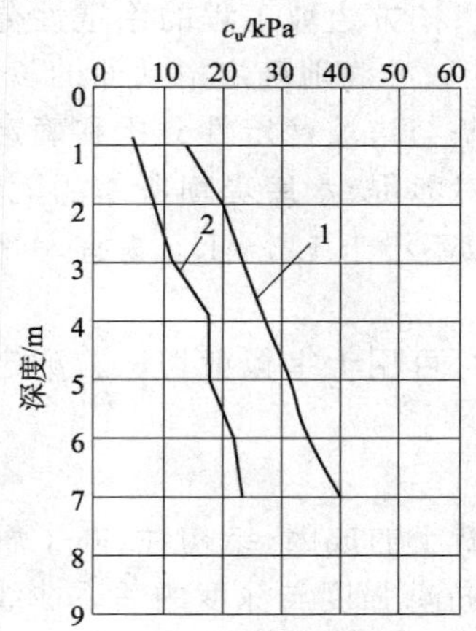

图 4.5.5 抗剪强度随深度变化曲线

1-原状土；2-重塑土

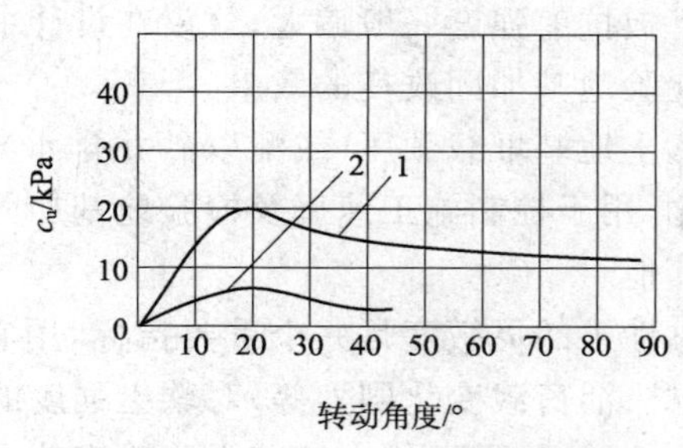

图 4.5.6 抗剪强度与转角关系曲线

1-原状土；2-重塑土

2)电测式十字板剪切试验

①计算原状土的抗剪强度。其公式为

$$c_u=K'\xi R_y \tag{4.5.9}$$

式中，c_u 为原状土的抗剪强度(kPa)；ξ 为电测十字板头传感器的率定系数(kN·m/$\mu\varepsilon$)；R_y 为土剪损时最大微应变值($\mu\varepsilon$)；K' 为电测十字板常数(m^{-3})。

可由下式计算得到

$$K'=\frac{2}{\pi D^2\left(\frac{D}{3}+H\right)} \tag{4.5.10}$$

②计算重塑土的抗剪强度。其公式为

$$c'_u=K'\xi R_c \tag{4.5.11}$$

式中，c'_u 为重塑土的抗剪强度(kPa)；R_c 为重塑土剪损时最大微应变值($\mu\varepsilon$)。

与开口钢环式十字板剪切试验一样，也可以依据试验资料计算土的灵敏度，绘制抗剪强度与深度的关系曲线和抗剪强度与回转角的关系曲线。

(二)资料应用

国内外研究均表明，十字板剪切试验所测得的抗剪强度值偏高，应用于实际工作时应作修正。Bjerrum(1972)建议的修正式为

$$c_{u(实用值)}=\mu c_{u(实测值)} \tag{4.5.12}$$

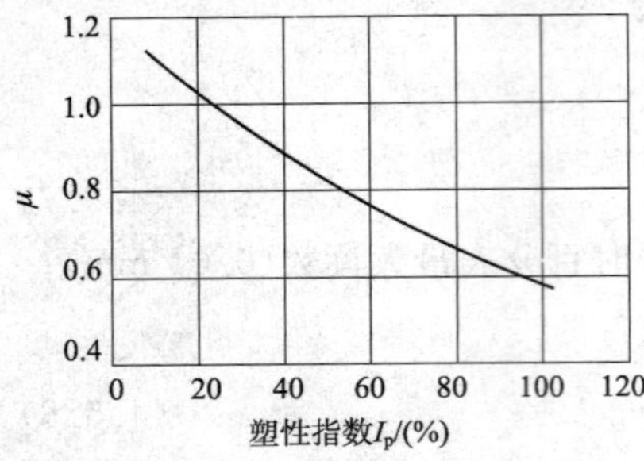

图 4.5.7 μ与I_p的关系曲线

式中，μ为修正系数，随塑性指数I_p的增大而减小，如图4.5.7所示。

1)计算地基承载力

对于内摩擦角等于零($\varphi=0$)的饱和软黏性土，其经验公式为

$$f_{ak}=2c_u+\gamma h \tag{4.5.13}$$

式中，f_{ak}为地基土承载力特征值(kPa)；c_u为修正后的十字板抗剪强度(kPa)；γ为土的重度(kN/m^3)；h为基础埋置深度(m)。

2)分析饱和软黏性土填、挖方边坡的稳定性

十字板抗剪强度较为普遍地用于软土地基及软土填、挖方边坡工程的稳定性分析与核算。根据软土中滑动带强度显著降低的特点，用十字板能较准确地确定滑动面的位置，并根据测得的抗剪强度来反算滑动面上土的强度参数，为地基与边坡稳定性分析和确定合理的安全系数提供依据。据南京水科院、浙江水科院等单位对海堤、水库堤坝所作的大量验算，表明十字板抗剪强度一般偏大，建议在设计中安全系数以不小于1.3～1.5为宜。

3)检验地基加固改良的效果

在软土地基堆载预压(或配以砂井排水)处理过程中，可用十字板剪切试验测定地基强度的变化，用于控制施工速率及检验地基加固的效果。

4)其他

软黏性土的灵敏度是一个重要指标，用它可以来判断土的成因、结构性，并了解扰动因素(如打桩、活荷载变化剧烈等)对软土强度的影响；根据抗剪强度与深度的关系曲线来判定土的固结性质；根据不排水抗剪强度确定软土路基的临界高度等。

第六节 旁压试验

旁压试验是在现场钻孔中进行的一种水平向荷载试验。具体试验方法是将一个圆柱形的旁压器放到钻孔内设计标高，加压使得旁压器横向膨胀，根据试验的读数可以得到钻孔横向扩张体积—压力或应力—应变关系曲线，据此可用来估计地基承载力，测定土的强度参数、变形参数、基床系数，估算基础沉降、单桩承载力与沉降。

目前，旁压仪的常见类型有预钻式旁压仪和自钻式旁压仪。预钻式旁压仪的原理是预先用钻具钻出一个符合要求的垂直钻孔，将旁压器放入钻孔内的设计标高，然后进行旁压试验。自钻式旁压仪是将旁压仪设备和钻机一体化，将旁压器安装在钻杆上，在旁压器的端部安装钻头，钻头在钻进时，将切碎的土屑从旁压器(钻杆)的空心部位用泥浆带走，至预定标高后进行旁压试验。自钻式旁压试验的优越性就是最大限度地保证了地基土的原状性。

预钻式旁压试验适用于黏性土、粉土、砂土、碎石土、残积土、极软岩和软岩。自钻式旁

压试验适用于黏性土、粉土、砂土,尤其适用于软土。

一、试验仪器

(一)预钻式旁压仪

预钻式旁压仪由旁压器、控制单元和管路三部分组成。

1)旁压器

旁压器是对孔壁土(岩)体直接施加压力的部分,是旁压仪最重要的部件。它由金属骨架、密封的橡皮膜和膜外护铠组成。旁压器分单腔式和三腔式两种,目前常用的是三腔式。三腔式旁压器由测量腔(中腔)和上下两个护腔构成。测量腔和护腔互不相通,但两个护腔是互通的,并把测量腔夹在中间。试验时有压介质(水或油)从控制单元通过中间管路系统进入测量腔,使橡皮膜沿径向膨胀,孔周土(岩)体受压呈圆柱形扩张,从而可以量测孔壁压力与钻孔体积变化的关系。

2)控制单元

控制单元位于地表,通常是设置在三脚架上的一个箱式结构。其功能是控制试验压力和测读旁压器体积(应变)的变化。一般由压力源(高压氮气瓶)、调压器、测管、水箱、各类阀门、压力表、管路和箱式结构架等组成。

3)管路系统

管路系统是用于连接旁压器和控制单元、输送和传递压力体积信息的系统,通常包括气路、水(油)路和电路。

(二)自钻式旁压仪

自钻式旁压仪通常由三部分组成:包含自钻机构的探头部分;设置在地面的控制单元;连接控制单元和探头的管路部分。

自钻的原理是把装有旁压器的薄壁取样器用某一速率压入土中,同时用几个转动的刀片将进入取样器内的土芯弄碎,形成钻屑,钻屑因刀片标高处射出的液体作用而变成悬浮液,从旁压器的中央通过钻杆空心孔排到地面。取样器刃脚向内倾斜,其外侧圆柱面和其上的旁压器外侧面为同一个圆柱面,这样旁压器便随取样器同步进入土层中,并使得孔周土体免受扰动和保持其原来应力状态及含水率状态。当旁压器进到预定位置后,便可进行旁压试验。

二、操作要点

(一)仪器检定和校准

旁压仪上的压力表、体变管应定期按规定进行检定。试验前,应对仪器进行两项校准:弹性膜(包括铠装护套)的约束力校准、仪器综合变形校准。

1)弹性膜约束力校准

一般规定在每个工程试验前、新装或更新弹性膜、放置时间较长、膨胀次数超过 10～20 次、或温差超过 4 ℃时,需要重新进行弹性膜约束力校准。校准方法是:将旁压器竖直或水平放置地面上,使旁压器处于自由状态,加压使旁压器预膨胀 5 次,然后开始记录量管读数,按 10～25 kPa 压力等级进行加压,各级压力下观测时间和正式试验一样(15、30、60、120 s),根据仪器容许极限膨胀量终止试验。率定试验一般应有 8～10 个观测点。绘制压力变形曲线,得到相应于不同变形量时的弹性膜约束力。

2)仪器综合变形校准

选一内径比旁压器外径略大的厚壁钢管,钢管长度应比旁压器长出 20 cm 以上。将旁压器插入钢管内放置于地面上，按照加压等级 100 kPa 逐级加压，各级压力下观测时间和正式试验一样(15、30、60、120 s)，一直加压到仪器容许极限压力的 0.8～0.9 终止试验。绘制压力变形曲线，求出仪器综合变形校正系数。

(二)成孔要求

钻孔应垂直，呈完整圆形，孔壁土不得扰动。对于预钻式旁压试验，一般要求孔径比旁压器外径大 2～6 mm。

(三)常规试验

1)应力控制式试验

目前，预钻式旁压试验一般采用应力控制式试验。加压等级一般以采用 8～12 级为宜，即加压增量按预计极限压力的 1/8～1/12 考虑。缺乏经验时，按表 4.6.1 确定。

预钻式旁压试验压力增量　　表 4.6.1

土 的 特 征	压力增量/kPa
淤泥、淤泥质土、流塑黏性土、松散粉细砂	≤15
软塑黏性土、疏松的黄土、稍密饱和的粉土、稍密很湿的粉细砂、稍密的粗砂	15～25
硬塑黏性土、一般黄土、中密～密实很湿的粉细砂、中密的中粗砂	25～50
硬塑～坚硬的黏性土、老黄土、密实的粉土、密实的中粗砂	50～100
软质岩、风化岩	100～600

注：本表引自《铁路工程地质原位测试规程》(TB 10018—2003)。

每级压力下稳定时间一般采用 1～3 min。国际上一般将稳定时间小于 5 min 的称为快速法，大于 5 min 的称为慢速法。快速法试验对于饱和黏性土来说，属于不排水试验，而对于砂土而言，属于完全排水试验。

当试验加压到接近仪器的容许变形量或容许压力值时，应终止试验。

2)应变控制式试验

自钻式旁压试验一般采用应变控制式试验。环向应变速率一般采用 1%/min(环向应变指孔壁径向位移和孔穴半径的比值)，并当环向应变达到 10%～12%时终止试验。应变率采用 1%/min 基本对应于应力控制式试验中的快速法试验。

当试验加压到接近仪器的容许变形量或容许压力值时，应终止试验。

(四)回弹试验

旁压仪回弹试验的目的是原位测定土的回弹再压缩旁压模量或回弹再压缩剪变模量。其试验方法与常规试验相似，只是当加荷至某一应力水平时，进行卸荷，然后再加荷到原来应力水平，回弹试验结束后，一般一直加压到试验终止。

(五)固结试验

对于可测孔隙水压力的自钻式旁压仪，可进行旁压固结试验。旁压固结试验的方法就是将可测孔隙水压力的旁压器放入地基中某一位置，按照常规旁压试验方法加压横向膨胀，至某一孔径时(一般相应于环向应变 $\varepsilon=10\%$)，做保持试验(欧美国家称为 Holding test)，即保持孔径不变，观测孔壁总压力和超静孔隙水压力的消散过程。根据观测结果计算饱和土的水平向固结系数。

(六)试验成果影响因素

1)仪器构造和规格

旁压器的长径比(l/d)是旁压仪的关键参数，当 $l/d=4\sim10$ 时，土的变形曲线近似于圆柱形，这时对旁压仪试验成果影响不大。

2)成孔质量

成孔质量的高低是预钻式旁压试验成败的关键。如图 4.6.1 所示,a、c、d 都是反常的试验曲线。a 线反映钻孔直径太小或有缩孔现象;b 线是正常的旁压曲线;c 线说明钻孔太大;d 线反映孔壁扰动太严重。孔壁扰动对旁压模量影响最大。

3)试验方法

加压等级和加压速率对旁压试验成果有影响。试验表明,加压等级选择不当会造成在旁压曲线上不易获得初始压力 p_0 和临塑压力 p_f。加压速率快慢则会造成土的排水条件不同,一般认为,加压速率对极限压力 p_L 影响较大,而对 p_f、E_M 影响不大。

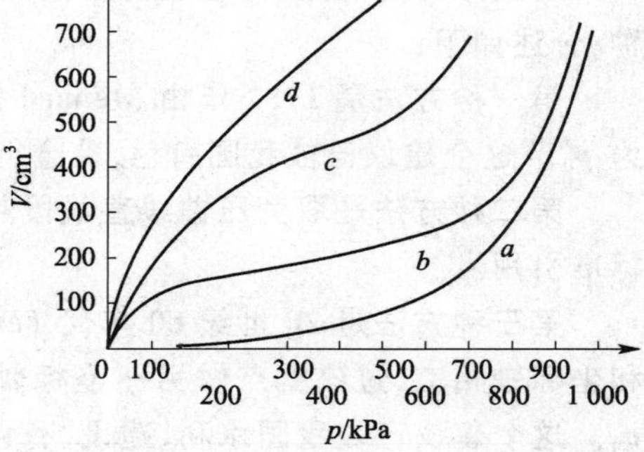

图 4.6.1 成孔质量对旁压曲线的影响

注:本图引自原水利部《土工试验规程》(SL 237—1999)。

三、资料整理

(一)试验读数校正

1)体积校正

对于高压旁压试验,应进行试验体积校正。体积校正值根据仪器综合变形校准结果确定。

2)压力校正

绘制旁压试验曲线前,应进行试验压力校正,校正值根据弹性膜约束力校准结果确定。

(二)旁压曲线绘制

1)预钻式旁压试验

根据校正后的体积和压力绘制旁压曲线 p-V 和蠕变曲线 p-$V_{60''\sim30''}$。其中 p 表示孔壁径向压力,V 表示校正后的体积变化量,$V_{60''\sim30''}$ 表示 60 s 和 30 s 的体积差。典型预钻式旁压试验曲线如图4.6.2所示。

2)自钻式旁压试验

自钻式旁压试验由于其一般采用应变控制式试验(如英国剑桥旁压仪 Camkometer),所以,旁压曲线常绘制成 p-ε_c 或 p-$\Delta V/V_0$,这里的 ε_c 表示孔壁环向应变;V_0 表示钻孔初始体积,ΔV 表示钻孔体积变化。典型自钻式旁压试验曲线如图 4.6.3 所示。

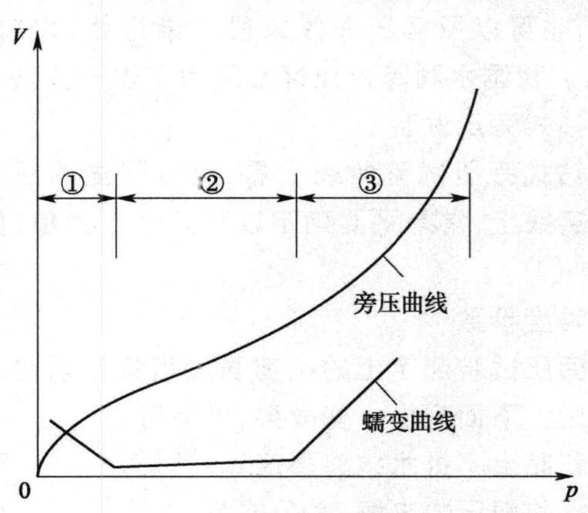

图 4.6.2 预钻式旁压曲线

①-再压缩阶段;②-似弹性阶段;③-塑性阶段;旁压曲线指 p-V 曲线;蠕变曲线指 p-$V_{60''\sim30''}$ 曲线 p-$V_{180''\sim30''}$

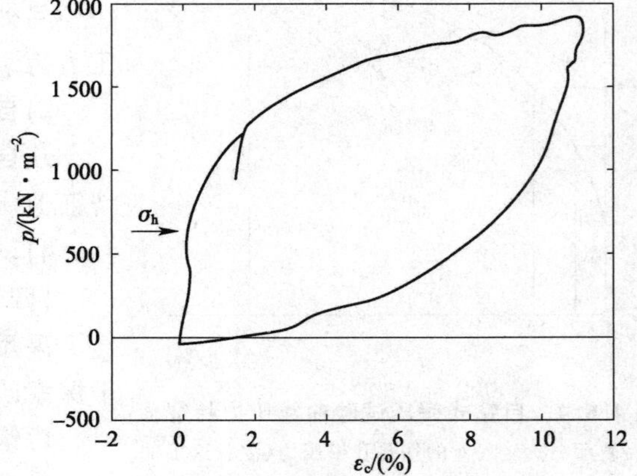

图 4.6.3 自钻式旁压曲线

注:本图引自 Wroth,1982。

（三）试验压力特征值

1）预钻式旁压试验

预钻式旁压试验压力特征值有初始压力 p_0、临塑压力 p_f 和极限压力 p_l。确定方法如下。

①初始压力 p_0。

初始压力的确定，应根据旁压曲线和蠕变曲线综合确定。截至目前已报道的方法有四种，分述如下：

第一种方法是 1957 年由 Menard 提出的，他建议取蠕变曲线的第一拐点对应的压力作为 p_0。这个建议已被我国有色、冶金行业标准引用。

第二种方法是取旁压曲线直线段起点对应的压力作为 p_0。这一方法已被我国铁路行业标准引用。

第三种方法是 20 世纪 80 年代 Tevanes 提出的，他建议在旁压曲线图上，将直线段延长和坐标轴相交，过该交点做另一坐标轴的平行线，旁压曲线和该平行线交点对应的压力为 p_0。这个建议已被我国水利、建设、有色、冶金、兵器等行业标准引用。

第四种方法是 1990 年由王长科提出的，他建议取旁压曲线直线段延长线和再压缩段延长线交点对应的压力为 p_0。

②临塑压力 p_f。

临塑压力的确定，应根据旁压曲线和蠕变曲线综合确定。截至目前已报道的方法有两种，分述如下：

第一种方法是 Menard 建议的，取蠕变曲线第二拐点对应的压力为 p_f。我国建设、有色、冶金等行业标准引用了这一方法。

第二种方法是取旁压曲线直线段终点对应的压力为 p_f。我国水利、建设、有色、冶金、等行业标准引用了这一方法。

③极限压力 p_l。

Menard 建议在旁压曲线上取 $V_l = V_c + 2V_0$ 时的压力为 p_l。式中 V_c 表示旁压器中腔体积，V_0 表示预钻式旁压曲线上对应于 p_0 的体积变化值。我国铁路行业标准引用了这个建议。在国外文献报道中，常将按 Menard 方法确定的极限压力称为 Menard 极限压力，记为 p_{LM}。

另外，也可以取旁压曲线末段的渐近线对应的压力为 p_l。我国水利等行业标准引用了这一方法。

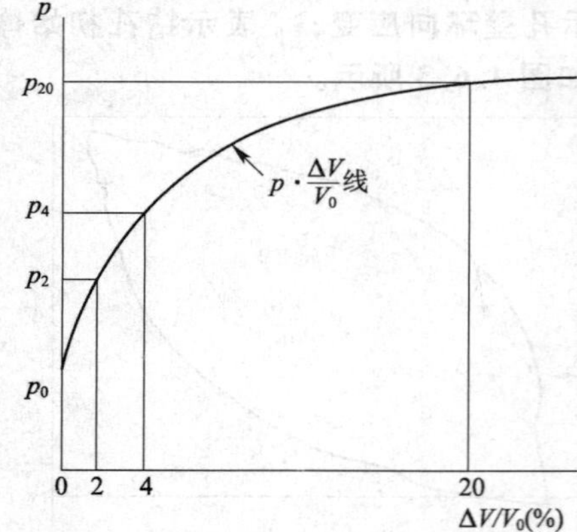

图 4.6.4 自钻式旁压试验曲线压力特征值

p_0：表示 $\Delta V/V_0=0$ 的钻孔孔壁压力（注意这里的 V_0 表示钻孔初始体积，ΔV 表示钻孔体积变化量）；p_2：表示 $\Delta V/V_0=2\%$ 的钻孔孔壁压力；p_4：表示 $\Delta V/V_0=4\%$ 的钻孔孔壁压力；p_{20}：表示 $\Delta V/V_0=20\%$ 的钻孔孔壁压力。

2）自钻式旁压试验

从自钻式旁压试验曲线上看，没有明显的压力特征值。实践上，常常需要确定以下几个压力值（图 4.6.4）。

（四）强度参数

采用旁压试验测定土的抗剪强度指标目前仍处于探索阶段。下面列出一些成果，供参考。

1）饱和黏土不排水抗剪强度 c_u

①根据临塑压力求解，其公式为

$$c_u = p_f - p_0 \tag{4.6.1}$$

②根据极限压力求解。1987 年，R. J. Mair 和 D. M. Wood 建议公式如下

$$c_u=\frac{p_1-p_0}{N_p} \quad (4.6.2)$$

式中，$N_p=1+\ln(G/c_u)$，G 表示剪变模量。

③根据旁压曲线求解。1972 年，Palmer、Baguelin、Ladanyi 几乎同时得到了饱和黏土等容剪切方程式。根据这个方程式，可以从旁压曲线（p-ε_c）求出抗剪强度曲线（τ-ε_c），然后取峰值强度作为 c_u。

$$\tau\approx\frac{dp}{d\varepsilon_c}\varepsilon_c \quad (4.6.3)$$

式中，ε_c 为应变。

1987 年，王长科得到了旁压试验孔壁剪应力的通解

$$\tau=\frac{1}{2}\frac{dp}{d\varepsilon_c}(1+\varepsilon_c)\left[\frac{(1+\varepsilon_c)^2}{1+\varepsilon_v}-1\right] \quad (4.6.4)$$

式中，ε_v 为土的体应变。

2）干砂（$c=0$）的内摩擦角 φ

①根据临塑压力求解。2004 年，王长科建议按下述公式估计

$$\varphi=\sin^{-1}\left(\frac{p_f}{p_0}-1\right) \quad (4.6.5)$$

②根据极限压力求解。1970 年，Menard 研究中心建议按下述公式估计

$$\varphi=5.77\ln\left(\frac{p_1-p_0}{250}\right)+24° \quad (4.6.6)$$

（五）变形参数

1）变形模量 E_M

旁压试验变形模量简称旁压模量。和载荷试验一样，旁压试验从其机理上来看，求出的模量本应属于弹性模量，但由于土的弹塑性，故改称为变形模量。为了纪念 Menard 的贡献，通常用 Menard 首字母作为 E 的下标。

1975 年，Menard 建议按下述公式计算旁压模量

$$E_M=2(1+\mu)(V_c+V_m)\frac{\Delta p}{\Delta V} \quad (4.6.7)$$

式中，V_c 为旁压器中腔体积；V_m 为平均体积增量，取旁压曲线 p_0、p_f 对应体积增量的平均值。

我国水利、铁路、建设、兵器、有色、冶金等行业标准均推荐了上述公式。

1992 年，王长科曾提出按下述公式计算更为合理

$$E_M=2(1+\mu)(V_c+V_0)\frac{\Delta p}{\Delta V} \quad (4.6.8)$$

式中，V_0 为对应于 p_0 值的体积增量。

2）剪变模量 G_M

根据弹性理论，计算公式如下

$$G_M=\frac{E_M}{2(1+\mu)} \quad (4.6.9)$$

式中，μ 为泊松比。

3）基床系数 K_M

基床系数是指地基土在外力作用下，产生单位变位所需的应力，也称弹性抗力系数或地基反力系数，并有水平基床系数和垂直基床系数之分。旁压试验测定的基床系数是水平基

床系数。

$$K_{M}=\frac{\Delta p}{\Delta r} \tag{4.6.10}$$

式中,K_{M} 为基床系数;Δp 为压力差;Δr 为对应的钻孔半径差。

2002 年,王长科等提出如下计算表达式

$$K_{M}=\frac{E_{M}}{1+\mu}\cdot\frac{1}{r_{0}} \tag{4.6.11}$$

式中,r_{0} 为钻孔初始半径。

4)固结系数 C_{h}

在饱和黏土中进行旁压固结试验,可以测定土的径向固结系数。图 4.6.5 是典型饱和软黏土旁压固结试验结果。

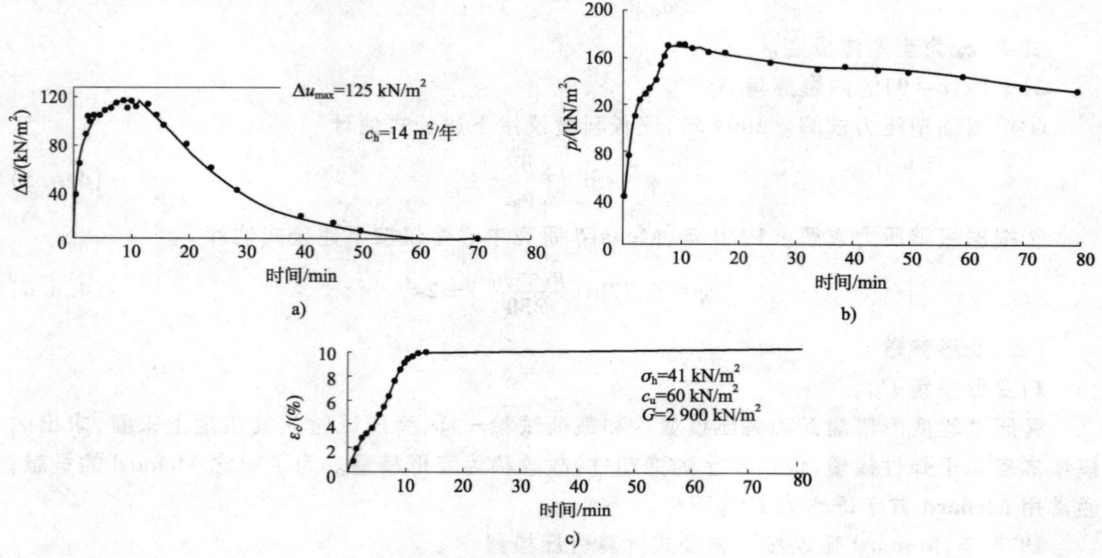

图 4.6.5 饱和软黏土旁压固结试验结果

注:本图引自 Clarke,Carter 和 Wroth,1979。

1979 年,Clarke,Carter 和 Wroth 研究了旁压固结试验原理,提出了计算固结系数的方法。

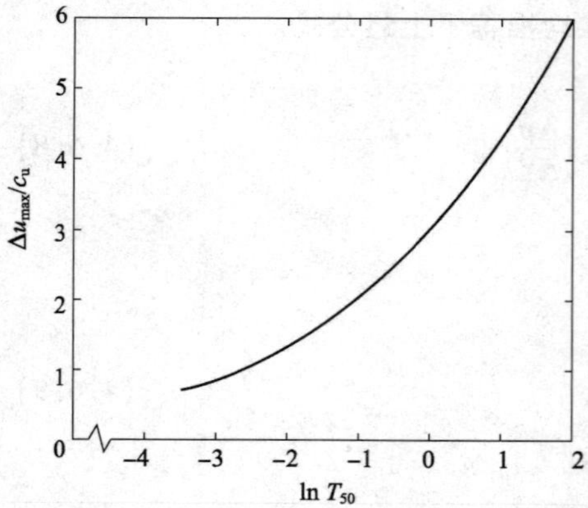

图 4.6.6 $\Delta u_{max}/c_{u}$-$\ln T_{50}$ 关系

注:本图引自 Clarke,Carter 和 Wroth,1979。

计算要点如下所述:

①根据试验结果按下式计算最大超静孔隙水压力 Δu_{max}

$$\Delta u_{max}=c_{u}\ln\left(\frac{G}{c_{u}}\cdot\frac{\Delta V}{V}\right) \tag{4.6.12}$$

式中,ΔV 为保持试验(Holding test)时的钻孔体积增量;V 为保持试验时的钻孔体积。

②根据 $\Delta u_{max}/c_{u}$ 从图 4.6.6 中查取时间因数 T_{50}。

③从 Δu-t 关系图(图 4.6.5)中确定超静孔隙水压力消散至 $1/2\Delta u_{max}$ 的时间 t_{50}。

④按下式计算固结系数 C_{h}

$$C_h = \frac{T_{50}}{t_{50}} r^2 \tag{4.6.13}$$

式中，r 为固结试验钻孔半径。

四、工程应用

（一）黏性土稠度状态和砂土密实度划分

参考 Baguelin（1978）的建议，推荐黏性土稠度状态和砂土密实度划分见表 4.6.2 和表 4.6.3。

黏性土稠度状态划分 表 4.6.2

状态	流塑	软塑	可塑	硬塑	坚硬
$p_1 \sim p_0$/kPa	0～75	75～150	150～800	800～1 600	>1 600

砂土密实度划分 表 4.6.3

密实度	松散	稍密	中密	密实
$p_1 \sim p_0$/kPa	0～500	500～1 000	1 000～1 500	>1 500

（二）地基承载力计算

1）水利行业标准规定

《土工试验规程》（SL 237—1999）推荐地基承载力基本值 f_0 可按下式计算

$$f_0 = p_f - p_0 \tag{4.6.14}$$

$$f_0 = \frac{p_1 - p_0}{F} \tag{4.6.15}$$

2）铁路行业标准规定

《铁路工程地质原位测试规程》（TB 10018—2003）规定如下：

地基承载力基本值 σ_0 应按下式确定

$$\sigma_0 = p_f - \sigma_{h0} \tag{4.6.16}$$

地基极限承载力 p_u 可按下式确定

$$p_u = 0.89(p_1 - \sigma_{h0}) \tag{4.6.17}$$

式中，σ_{h0} 为原位水平应力。

3）上海市工程建设标准规范

承载力基本值 f_0 计算公式见表 4.6.4。

承载力基本值 f_0 计算公式 表 4.6.4

土类别	经验公式
黏性土	$f_0 = 0.9(p_y - p_0)$
	$f_0 = (p_1 - p_0)/2.2$
粉性土	$f_0 = 0.8(p_y - p_0)/2.4$
	$f_0 = (p_1 - p_0)/2.4$
砂土	$f_0 = 0.6(p_y - p_0)$
	$f_0 = (p_1 - p_0)/2.7$

注：p_y 表示临塑压力，前述用 p_f 表示。

4）建设行业标准规定

《高层建筑岩土工程勘察规程》（JGJ 72—2004）推荐地基承载力特征值 f_{ak} 按下列公式计算

$$f_{ak} = \lambda_1 (p_y - p_m) \tag{4.6.18}$$

$$f_{ak} = \lambda_2 (p_1 - p_m) \tag{4.6.19}$$

式中，p_m 为原位水平应力；p_y 为临塑压力；λ_1、λ_2 为修正系数，对一般黏性土 λ_2 取 0.42～0.50，粉土 λ_2 取 0.37～0.43，砂土 λ_2 取 0.31～0.36。λ_1、λ_2 可根据经验取值，但 λ_1 不应大于 1.0，λ_2 不应大于 0.5。

（三）桩基础承载力计算

1）打入式预制桩

《高层建筑岩土工程勘察规程》（JGJ 72—2004）建议，打入式预制桩的桩侧阻力特征值可根据旁压试验极限压力查表 4.6.5 确定。桩端阻力特征值可按下式计算

黏性土

$$q_{pa}=p_1 \tag{4.6.20}$$

粉土

$$q_{pa}=1.25p_1 \tag{4.6.21}$$

砂土

$$q_{pa}=1.50p_1 \tag{4.6.22}$$

打入式预制桩的桩侧阻力特征值 q_{sa}（单位：kPa） 表 4.6.5

土性	旁压试验极限压力 p_1/kPa												
	200	400	600	800	1 000	1 200	1 400	1 600	1 800	2 000	2 200	2 400	>2 600
黏性土	5	12	18	25	32	37	40	43	45				
粉土		12	20	26	33	38	42	46	48	49	50		
砂土			20	27	34	42	47	50	53	55	57	59	60

2）钻孔灌注桩

钻孔灌注桩的侧阻力特征值为打入式预制桩的 0.7～0.8 倍，桩端阻力特征值为打入式预制桩的 0.3～0.4 倍。

（四）地基变形计算

国外通常直接采用旁压试验变形模量 E_M 或旁压试验剪变模量 G_M 进行沉降计算，国内几乎都是先根据经验公式将旁压试验变形模量 E_M 换算为载荷试验变形模量 E_0 或固结试验压缩模量 E_s，然后再进行沉降计算。

1）国外基础沉降计算

国外运用旁压模量估算沉降，最早是由 Menard 和 Rousseau（1962）提出的。对于均质土地基，直径为 B 的圆形基础或长宽为 $L\times B$ 的矩形基础，基础埋深 $D\geqslant B$，基础沉降量 s 计算公式如下

$$s=s_d+s_c \tag{4.6.23}$$

$$s_d=\frac{2}{9E_M}p_0B_0\left(\lambda_d\frac{B}{B_0}\right)^{\alpha} \tag{4.6.24}$$

$$s_c=\frac{\alpha}{9E_M}p_0\lambda_cB \tag{4.6.25}$$

式中，s_d、s_c 分别为瞬时沉降和固结沉降；p_0 为基底附加压力；B 为基础宽度；B_0 为参考宽度，取0.6 m（2 ft）；λ_d、λ_c 为基础形状系数，见表 4.6.6；α 为流变系数，按表 4.6.7 取值。

基础形状系数 表 4.6.6

L/B	1		2	3	5	20
	圆形	方形				
λ_d	1.00	1.12	1.53	1.78	2.14	2.65
λ_c	1.00	1.10	1.20	1.30	1.40	1.50

对于 $D<B$ 情况，上述公式计算沉降值乘以 β，$\beta=20(1-D/B)$。

各类土的流变系数 表 4.6.7

土 类	超固结		正常固结		风化和/或重塑	
	E_M/p_l^*	α	E_M/p_l^*	α	E_M/p_l^*	α
泥炭				1.0		
黏土	>16	1	9~16	0.67	7~9	0.50
粉土	>14	0.67	8~14	0.50		0.50
砂土	>12	0.50	7~12	0.33		0.33
砾石土	>10	0.33	6~10	0.25	—	0.25
岩石	极度破碎，$\alpha=0.33$；其他，$\alpha=0.50$；轻微破碎或极度风化，$\alpha=0.67$					

2）中国变形模量、压缩模量经验公式

《铁路工程地质原位测试规程》（TB 10018—2003）给出的经验关系见表 4.6.8～表 4.6.10。

黏性土的变形模量和压缩模量 表 4.6.8

G_m/MPa	0.5	1.0	1.5	2.0	2.5	3.0	3.5	4.0	5.0	6.0	7.0	8.0
E_0/MPa	2.0~2.4	3.3~4.8	4.3~7.2	5.8~9.6	7.2~12.0	8.7~14.4	10.1~16.8	11.6~19.2	14.5~24.0	17.4~28.8	20.3~33.6	23.2~38.4
E_s/MPa	2.0~2.2	3.0~3.5	3.8~4.5	5.0~7.0	6.3~8.7	7.5~10.5	8.8~12.2	10.0~14.0	12.5~17.5	15.0~21.0	17.5~24.5	

黄土的变形模量和压缩模量 表 4.6.9

G_m/MPa		0.5	1.0	1.5	2.0	2.5	3.0	3.5	4.0
E_0/MPa		4.5	6.2	8.4	10.6	13.3	15.9	18.6	21.2
E_s/MPa	$d\leqslant3.0$ m	1.7	2.1	2.7	3.6	4.5	5.4	6.3	7.2
	$d>3.0$ m	1.6	2.0	2.4	2.8	3.5	4.2	4.9	5.6
G_m/MPa		5.0	6.0	7.0	8.0	10.0	12.0	14.0	15.0
E_0/MPa		26.5	31.8	37.1					
E_s/MPa	$d\leqslant3.0$ m	9.0	10.8	12.6	14.4	18.0			
	$d>3.0$ m	7.0	8.4	9.8	11.2	14.0	16.8	19.6	21.0

注：d 为测试深度。

砂土的变形模量 表 4.6.10

砂土分类	粉砂	细砂	中砂	粗砂
E_0/G_m	4.0~5.0	5.0~7.0	7.0~9.0	9.0~11.0

经验公式见表4.6.11。

土的压缩模量经验公式 表 4.6.11

土 类	经验公式	适用范围
一般黏性土	$E_s=(0.7\sim1.0)E_M$	>10 m
粉性土	$E_s=(1.2\sim1.5)E_M$	
粉、细砂	$E_s=(2.0\sim2.5)E_M$	
中、粗砂	$E_s=(3.0\sim4.0)E_M$	

注：1. E_s 指附加应力为 200～300 kPa 的压缩模量。

2. 本表引自上海市工程建设规范《岩土工程勘察规范》(DGJ 08/37—2002)。

第七节 扁铲侧胀试验

扁铲侧胀试验(简称 DMT)是意大利学者 Marchettis 于 20 世纪 70 年代发明的一种原位测试技术,可作为一种特殊的旁压试验,是用静力(有时也用锤击动力)把一扁铲形探头贯入到土中某一预定深度,利用气压使扁铲侧面的圆形钢膜向外扩张进行试验,量测不同侧胀位移时的侧向压力,可用于土层划分与定名、不排水剪切强度、应力历史、静止土压力系数、压缩模量、固结系数等的原位测定。其优点是操作简便,快速,重复性好和便宜,近年来发展很快。

扁铲侧胀试验适用于一般黏性土、粉土、中密以下砂土、黄土等,不适用于含碎石的土、风化岩等。

一、试验原理

扁铲侧胀试验时圆形钢膜向外扩张可假设为无限弹性介质中在圆形面积上施加均布荷载 Δp,如弹性介质弹性模量为 E,泊松比为 μ,膜中心的外位移 s,则

$$s=\frac{4R\Delta P(1-\mu^2)}{\pi}\cdot\frac{1-\mu^2}{E} \tag{4.7.1}$$

式中,R 为膜的半径(R=30 mm)。

如把 $E/(1-\mu^2)$定义为扁胀模量 E_D,s 为 1.10 mm,则式(4.7.1)变为

$$E_D=34.7\Delta p=34.7(p_1-p_0) \tag{4.7.2}$$

而作用在扁胀仪上的原位应力即 p_0,水平有效应力(p_0-u_0)与竖向有效应力 σ'_{v0}之比,定义为水平应力指数 K_D

$$K_D=\frac{p_0-u_0}{\sigma'_{v0}} \tag{4.7.3}$$

式中,u_0 为静水压力。

而膜中心外移 1.10 mm 所需的压力(p_1-p_0)与土的类型有关,定义为扁胀指数 I_D

$$I_D=\frac{p_1-p_0}{p_0-u_0} \tag{4.7.4}$$

把压力 p_2 当成初始孔压加上由于膜扩张所产生的超孔压之和,定义为扁胀孔压指数 U_D

$$U_D=\frac{p_2-u_0}{p_0-u_0} \tag{4.7.5}$$

根据 E_D、K_D、I_D、U_D 可确定土的一系列的岩土技术参数,为岩土工程问题提供评价依据。

二、试验设备

扁铲侧胀仪由 1 只扁铲形探头(图 4.7.1)、1 个控制箱(图 4.7.2)、气—电管路、压力源、贯入设备、探杆等组成。

扁铲形探头的尺寸为长 230~240 mm、宽 94~96 mm、厚 14~16 mm,铲前缘刃角为 12°~16°,在扁铲的一个侧面上装有一直径为 60 mm 的薄钢膜片,膜片厚约 0.2 mm,通过穿在杆内的一根柔性气—电管路和地面上的控制箱相连接。探头采用静力触探设备或液压钻机压入土中。

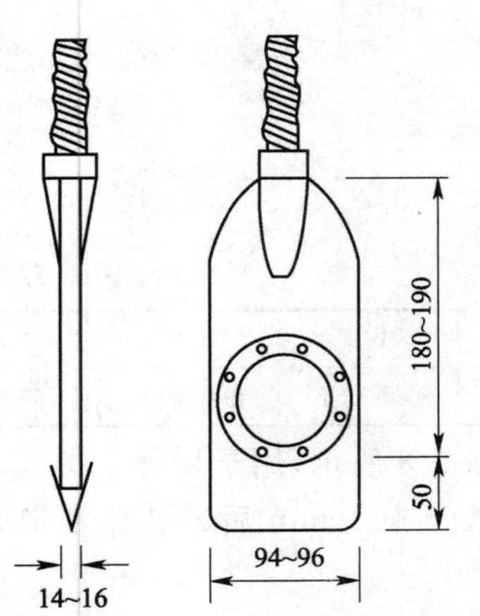

图 4.7.1 扁铲形探头(尺寸单位:mm)

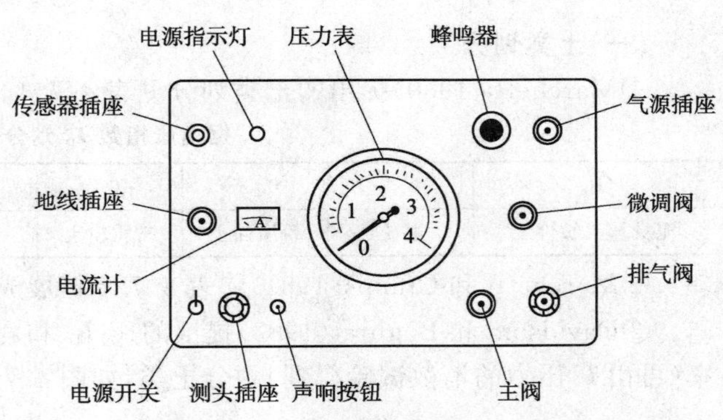

图 4.7.2 侧胀仪控制箱面板图

三、试验要点

(1)试验点布置

扁胀试验点竖向间距一般为 0.15～0.30 m 通常采用 0.2 m。

(2)仪器标定

试验前应对仪器进行标定。测出侧胀器在空气中自由膨胀时的膜片中心外移0.05 mm和1.10 mm所需的压力 A_0 和 B_0。标定前应在空气中反复加荷、卸荷,以消除膜片本身及装配时遗留的残会应力。

(3)试验方法

试验时先将扁铲以 20±5 mm/s 的速率贯入到地层中某一预定深度,然后立即(不超过 15 s)加气压开始试验,膜片在气压作用下压向土体,当膜片刚开始向外扩张时(膜片中心向外侧张位移0.05 mm),发出第一次电信号(蜂鸣器发声或指示灯发光),测读该时气压 A;当膜片中心外移 1.10 mm 时发出第二次电信号,测读此时气压 B;控制降低气压,当膜片内缩到开始扩张的位置,测读该时气压 C。三个压力读数 A、B、C 应在贯入停止后 2 min 内完成。

若要估算原位的水平固结系数,可进行扁胀消散试验,则在正常读取压力 A、B、C 后,于释放贯入力后,经 1、2、4、8、15、30 min、…时读取压力 C 随时间 t 的变化,直至 C 压力的消散超过 50%为止。

四、资料整理

由上述读数计算以下三个参数

$$p_0 = 1.05(A + A_0) - 0.05(B - B_0) \tag{4.7.6}$$

$$p_1 = B - B_0 \tag{4.7.7}$$

$$p_2 = C + A_0 \tag{4.7.8}$$

式中,p_0、p_1、p_2 为初始(零位移时)侧向压力、1.10 mm 位移时侧向压力和终止压力(kPa);A、B、C 为膜片中心外移 0.05 mm、1.10 mm 及回复到初始状态时的试验压力读数(kPa);A_0、B_0 为标定曲线上相应于膜片中心外移 0.05 mm、1.10 mm 时的试验压力读数(kPa)。

根据 p_0、p_1、p_2 计算 E_D、K_D、I_D、U_D,而后绘 p_0、p_1、p_2 以及 E_D、K_D、I_D、U_D 与深度的变化曲线。

五、成果应用

(一)土类划分

①Marchetti(1980)提出的土类划分见表4.7.1。

据扁胀指数 I_D 划分土类 表4.7.1

I_D	0.1	0.35	0.6	0.9	1.2	1.8	3.3
泥炭及灵敏性土	黏土	粉质黏土	黏质粉土	粉土	砂质粉土	粉质砂土	砂土

②Marchetti和Crapps(1981)将表4.7.1扩展成如图4.7.3所示,用于划分土类。

③Davidsom和Boghrat(1983)提出的用 I_D 和扁铲贯入土中1 min后超孔压消散百分率(可由C压力的消散试验得到)划分土类,如图4.7.4所示。

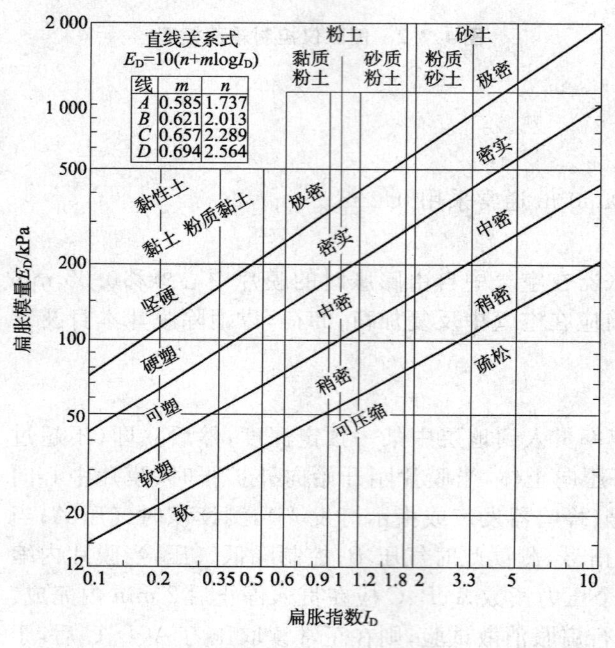

图4.7.3 土类划分(Marchetti和Crapps,1981)

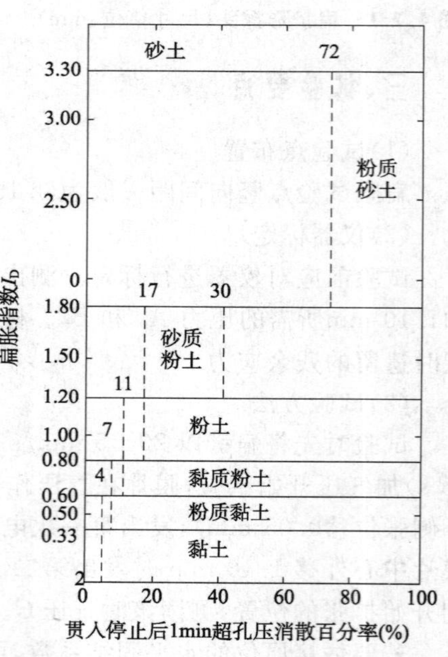

图4.7.4 土类划分(Davidsom和Boghrat,1983)

(二)静止土压力系数 K_0 的计算

Marchetti(1980)建议,对无胶结的黏性土($I_D \leqslant 1.2$),可用 K_D 评定土的超固结比OCR。

$$K_0 = (K_D/1.5)^{0.47} - 0.6 \qquad (I_D \leqslant 1.2) \tag{4.7.9}$$

Lunne等(1988)提出

对新近沉积黏土

$$K_0 = 0.34K_D^{0.54} \qquad (c_u/\sigma'_{v0} \leqslant 0.8) \tag{4.7.10}$$

对老黏土

$$K_0 = 0.68K_D^{0.54} \qquad (c_u/\sigma'_{v0} > 0.8) \tag{4.7.11}$$

(三)应力历史的确定

Marchetti(1980)建议,对无胶结的黏性土($I_D \leqslant 1.2$),可用 K_D 评定土的超固结比OCR。

$$\text{OCR} = 0.5K_D^{1.56} \tag{4.7.12}$$

Lunne等(1998)提出。

对新近沉积黏土($c_u/\sigma'_{v0} \leqslant 0.8$)

$$OCR = 0.3K_D^{1.17}$$

对老黏土（$c_u/\sigma'_{v0}>0.8$）

$$OCR = 2.7K_D^{1.17} \tag{4.7.13}$$

（四）不排水抗剪强度 c_u 的计算

Marchetti（1980）提出

$$\frac{c_u}{\sigma'_{v0}} = 0.22(0.5K_D)^{1.25} \tag{4.7.14}$$

Roque 等（1988）提出

$$c_u = \frac{p_1 - \sigma_{h0}}{N_c} \tag{4.7.15}$$

式中，σ_{h0} 为原位水平应力，$\sigma_{h0}=K_0\sigma'_{v0}+u_0$；$N_c$ 为经验系数，取 5～9（对硬黏性土，$N_c=5$；对中等黏性土，$N_c=7$；对非灵敏可塑黏性土，$N_c=9$）。

（五）变形参数计算

Marchetti（1980）提出压缩模量 E_s 与 E_D 关系如下

$$E_s=R_M E_D \tag{4.7.16}$$

其中

当 $I_D\leqslant0.6$ 时

$$R_M=0.14+2.36\lg K_D \tag{4.7.17}$$

当 $I_D\geqslant3.0$ 时

$$R_M=0.5+2\lg K_D \tag{4.7.18}$$

当 $0.6<I_D<3.0$ 时

$$R_M=R_{M0}+(2.5-R_{M0})\lg K_D \tag{4.7.19}$$

$$R_{M0} = 0.14 + 0.15(I_D - 0.6) \tag{4.7.20}$$

弹性模量 E（初始切线模量 E_i，50％极限应力时的割线模量 E_{50}，25％极限应力时的割线模量 E_{25}）

$$E = FE_D \tag{4.7.21}$$

式中，F 为经验系数，见表 4.7.2。

经验系数 表 4.7.2

土　类	E	F	提　出　者
黏性土	E_i	10	Robertson 等（1988）
砂土	E_i	2	Robertson 等（1988）
砂土	E_{25}	1	Campanella 等（1985）
NC 砂土	E_{25}	0.85	Baldi 等（1986）
OC 砂土	E_{25}	3.5	Baldi 等（1986）
重超固结土	E_i	1.4	Davidson 等（1983）
黏性土	E_i	$F=0.36_D^{-1.6}$	Lutengger 等（1988）

（六）水平固结系数 C_h 估算

（1）根据 C 压力消散试验估算

根据 C-$\sqrt{t}$ 关系曲线，按下式估算水平向固结系数

$$C_h = \frac{600\ T_{50}}{t_{50}}(\mathrm{mm^2/min}) \tag{4.7.22}$$

式中，T_{50} 为相应于固结度 50％时的时间因数（按 E/c_u 取值，见表 4.7.3）；t_{50} 为相对于

固结度 50%时的经历时间(min)。

T_{50} 值 表 4.7.3

E/c_u	100	200	300	400
T_{50}	1.1	1.5	2.0	2.7

Sohmertmann(1988)认为扁铲侧胀试验中土属再压缩性状,要估算土的现场初次压缩性状的水平固结系数,还应对式(4.7.22)的 C_h 值乘一个修正系数 α_c,α_c 值见表 4.7.4。

α_c 值 表 4.7.4

土的固结历史	正常固结	正常超固结	低超固结	重超固结
α_c	7	5	3	1

(2)根据 A 压力消散试验估算

根据 A 压力与 lg$t$ 关系曲线弯点的特征时间 t_f,按下式估算水平固结系数。

对超固结土
$$C_{h,oc}=\frac{5-10}{t_f} \tag{4.7.23}$$

对正常固结土
$$C_{v,N_c}=\frac{1}{35}C_{h,oc} \tag{4.7.24}$$

式中,$C_{h,oc}$ 为超固结土的水平固结系数;C_{v,N_c} 为正常固结土的垂直固结系数;t_f 为特征时间。

根据 t_f 可对固结速率进行评定(表 4.7.5)。

根据 t_f 评定固结速率 表 4.7.5

t_f/min	10	10~30	30~80	80~200	>200
固结速率	极快	快	中等	慢	极慢

(七)液化判别

由于 K_D 与土的相对密实度 D_r、静止土压力系数 K_0、应力历史、沉积年代、胶结等有关,而这些因素也影响砂土的液化势,故由 K_D 可评定砂土的液化势。

Bellotti 等(1979)提出的 K_D-D_r 关系图(图 4.7.5),再综合 Christian&Swiger(1975)、Valid、Byrne&Hughes(1981)等资料,可得出产生液化的周期应力比 τ_f/σ'_{v0} 与 K_D 的关系,如图 4.7.6 所示,依此可进行液化判别。

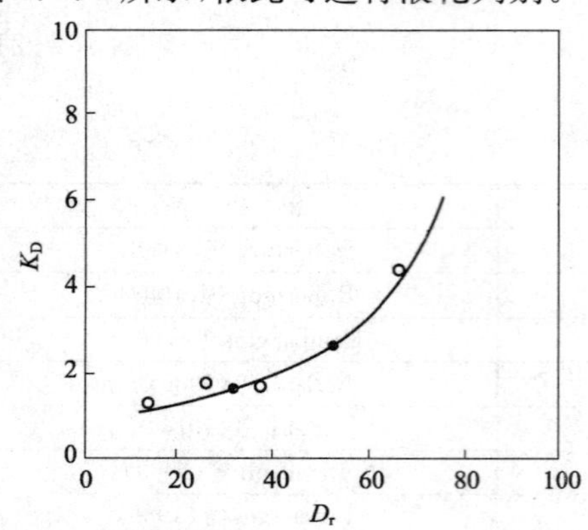

图 4.7.5 正常固结砂土 K_D-D_r 关系图
(Bellotti 1979)

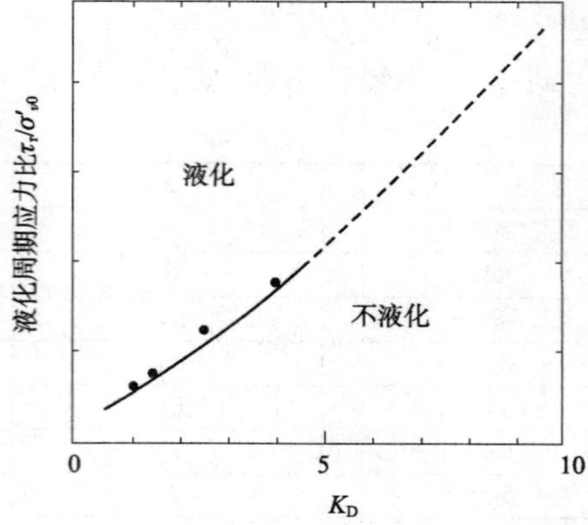

图 4.7.6 τ_f/σ'_{v0}-K_D 的关系
(Robertson—Compannella 1981)

(八)确定水平受荷桩的 p-y 曲线

Matlock(1970)提出用下式来反映桩—土的 p-y 曲线

$$\frac{p}{p_u}=0.5\left(\frac{y}{y_c}\right)^{0.33} \tag{4.7.25}$$

式中，p 为桩每单位长度土的侧向抗力(kPa)；p_u 为桩每单位长度土的极限侧向抗力(kPa)；y 为桩单元体的水平变位；y_c 相应于 $p=0.5p_u$ 桩单元体的极限水平变位。

(1)对黏性土，Robertson 等提出：

$$y_c = \frac{23.67c_u D^{0.5}}{F_c E_D} \tag{4.7.26}$$

$$p_u = N_p c_u D \tag{4.7.27}$$

$$N_p = 3 + \frac{\sigma'_{v0}}{c_u} + \left[J\frac{x}{D}\right] \tag{4.7.28}$$

式中，D 为桩径(cm)；c_u 为土的不排水抗剪强度(由偏试验估算)；F_c 为系数，取 10；x 为深度(m)；σ'_{v0} 为深度 x 处有效上覆土压力；J 为经验系数，软黏土取 0.5，硬黏土取 0.25。

(2)对砂性土

$$y_c = \frac{4.17\sin\varphi'\sigma'_{v0}}{E_D F_S(1-\sin\varphi)}D \tag{4.7.29}$$

式中，φ' 为内摩擦角，F_S 近似取 2。

Robertson 等建议 p_u 取下两式的低值

$$p_u = \sigma'_{v0}[D(K_p - K_a) + xK_p\tan\varphi'\tan\beta] \tag{4.7.30}$$

$$p_u = \sigma'_{v0}D[K_p^3 + 2K_0K_p^2\tan\varphi' + \tan\varphi' - K_a] \tag{4.7.31}$$

式中，K_a 为朗肯主动土压力，$K_a=(1-\sin\varphi')/(1+\sin\varphi)$；$K_p$ 为朗肯被动土压力，$K_p \approx 1/K_a$；K_0 为静止侧压力系数，$K_0=1-\sin\varphi'$；$\beta=45°+\varphi'/2$。

第八节 现场剪切试验

(一)试验原理和目的

岩体现场直剪试验是：预定的剪切面在垂直(法向)压应力作用下，施加剪切力，直至试体剪切破坏的试验。

岩体现场直剪试验包括混凝土与岩体胶结(接触)面、岩体中软弱结构面(以下简称岩体弱面)和软弱岩体本身三个方面的内容。

混凝土与岩体胶结面的抗剪强度是通过抗剪断试验和剪断后对接触面的抗剪试验测定的。岩体弱面、软弱岩体的抗剪强度是通过抗剪试验测定的。

同一组试验应尽可能处在同一高程或层位上，其地质条件应基本相同，试验过程中的受力状态应与岩体在工程中的受力状态相近似。

岩体现场直剪试验的目的是测定其抵抗剪切破坏的能力，为地(坝)基、地下建筑物和边坡的稳定计算分析提供抗剪强度参数(摩擦系数和黏聚力)。

(二)仪器设备

岩体现场直剪试验仪器设备见表 4.8.1。

岩体现场直剪试验仪器设备　表 4.8.1

项目	内　容	数量	规　格	说　明
试体制备设备	手风钻(或切石机)、模具、人工开挖工具	各一套		切石机、模具，应符合试体尺寸要求
加载设备	液压千斤顶(或液压钢枕)	≥2	500～3 000 kN (10～20 MPa)	出力容量根据试验要求确定行程≥70 mm
	液压泵(手动或电动)附压力表、高压管路、测力计等			与液压千斤顶(或液压钢枕)配套使用

续上表

项目	内容	数量	规格	说明
传力设备	传力柱(木、钢或混凝土制品)、钢垫块(板)、滚轴排	按图4.8.4、4.8.5、4.8.6		传力柱宜具有足够的刚度
	岩锚、钢索、螺夹、或钢梁等	一套		在露天或基坑试验时使用
量测设备	百分表 千分表	≥6 ≥6	0.01 mm,量程≥50 mm 0.001 mm,量程≥2～5 mm	
	磁性表座和万能表架,测量标点			数量与百分表(或千分表)配套
	量表支架	≥2		支杆长度,应超过试验影响范围
其他	仪器、仪表安装工具 混凝土浇捣工具 地质描述仪器 照相、照明设备 文具、记录用品	一套		
	水泥、砂、石子			用量根据浇筑混凝土试体和试体处理要求而定

(三)试体制备

1)一般规定

同一组试验的试体不少于5块。试体剪切面积一般为70 cm×70 cm,并不小于50 cm×50 cm。试体高度为其边长之半。

试体间距应便于试体制备和仪器设备安装,但不应小于剪切面边长的1.5倍,以免试验过程中互相影响。

在岩洞内进行试验时,试验部位的洞顶应先开挖成大致平整的岩面,以便浇筑混凝土(或砂浆)反力垫层。在施加剪力的后座部位,应按液压千斤顶(或液压钢枕)的形状和尺寸开挖。

2)混凝土与岩体胶结面直剪试验的试体制备

在试点部位用人工(不准爆破)挖除表层松动岩石,形成平整岩面。岩面起伏差:浇筑混凝土试体部位,为沿剪切方向试体边长的1%～2%;混凝土试体以外部位,为试体边长的10%。浇筑混凝土试体前,清除岩面上的岩屑并用清水洗净,应排除岩面上的积水。

在试点,按剪切方向立模并浇筑混凝土试体。有时在浇混凝土试体之前,按设计要求,在岩面上先浇筑一层厚约5 cm的砂浆垫层。在浇筑砂浆垫层和混凝土试体的同时,浇制一定数量的砂浆(7 cm×7 cm×7 cm)和混凝土(15 cm×15 cm×15 cm)试块,试块与试体在相同条件下养护,以测定其不同龄期的强度。

拆模后,在混凝土试体上按垂直、剪切和侧向位移测量要求,埋设测量标点。

直剪试验的平推法和斜推法试体受力见图4.8.1。剪力作用方向应符合设计要求。

3)岩体弱面、软弱岩体直剪试验的试体制备

按一、3.(2)开挖试点部位后,在岩面上按剪切方向定出剪切面积。用风钻或切石机,也可用人工,沿剪切面积周边将试体与周围岩体切开。对于岩体弱面的试体,应使弱面处在预定的剪切部位,如图4.8.2所示。

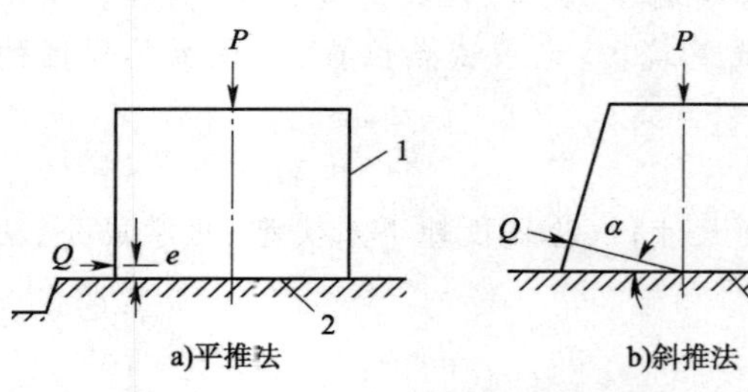

图 4.8.1 混凝土与岩体胶结面直剪试验试体受力示意

p-垂直荷载；Q-剪力；e-剪力偏距；α-剪力作用线倾角；1-混凝土试体；2-岩面

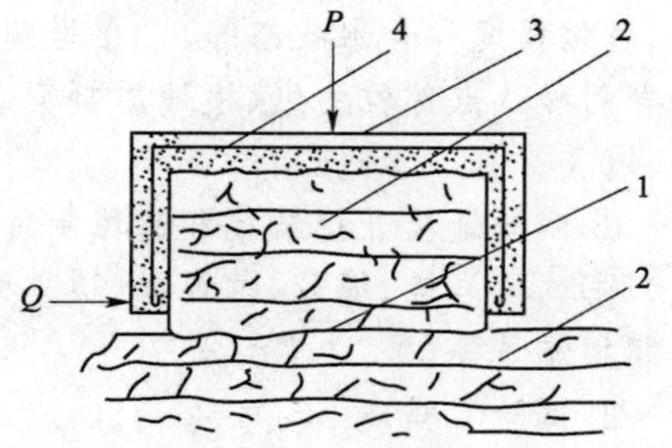

图 4.8.2 岩体弱面直剪试验试体加固和受力示意

1-岩石弱面；2-具有软弱结构面的岩体；3-钢筋混凝土保护罩；4-纵、横布置钢筋；P、Q同图 4.8.1

为防止制备过程中，因吸(浸)水、应力松弛或扰动而导致试体膨胀，可采用以下方法：

①切断地下水来源；

②用水泥砂浆抹试体顶面，而后在其上施加一定的垂直荷载。

为避免在安装垂直、水平(剪切)加载系统和试验过程中损坏试体，可按图 4.8.2，在试体上浇筑钢筋混凝二保护罩，其底部应处在预定的剪切面以上。

根据设计要求，对试体保持天然含水率或浸水饱和。

在试体上，按垂直、剪切和侧向位移测量要求，埋设测量标点。

4)倾斜岩体弱面直剪试验的试体制备

对倾斜岩体弱面进行直剪试验，可按图 4.8.3 制备楔形试体。在探明倾斜岩体弱面的部位和产状后，按一、3. 步骤制备，制备过程中，应采取措施，防止试体下滑。

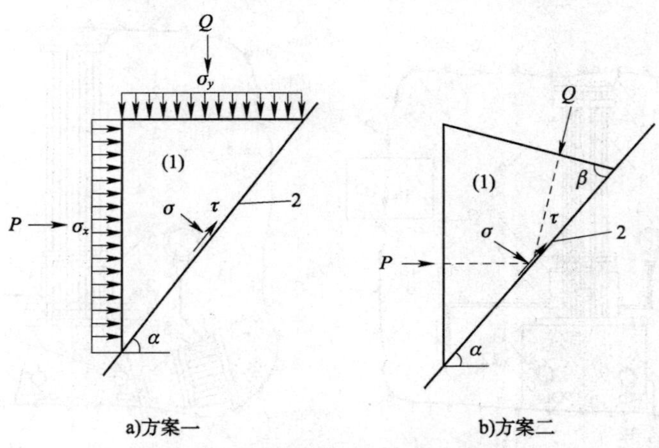

图 4.8.3 倾斜岩体弱面直剪试验试体及受力示意

1-楔形岩体试体；2-岩体弱面；P、Q-作用在试体上的外力(应力)；σ、τ-剪切面上的垂直压应力和剪应力；α-岩体弱面的倾角；β-楔形试体一边与岩体弱面的交角

(四)试体(包括试验地段)描述

1)试验前描述

试验前描述包括以下几项：

①试验地段岩石名称、风化破碎程度。

②岩体弱面的成因、类型、产状、分布状况(连续性)及其间充填物的性状(厚度、颗粒组

成、泥化程度和含水状态等)。在岩洞内,记录岩洞编号、位置、洞线走向、洞底高程。试验地段岩洞和试点部位的纵、横地质剖面。在露天或基坑内,记录试点位置、高程及其周围的地形、地质。

③试验地段开挖情况和试体制备方法。

④试体岩性、编号、位置、剪切方向和剪切面尺寸;试验地段地下水类型、化学成分、活动规律和流量等。

2)试验后描述

试验后描述包括以下几项:

①测量剪切面尺寸;

②记录剪切破坏形式;

③剪切面起伏差;

④擦痕方向和长度;

⑤碎块分布状况。同时描述剪切面上充填物的性状,必要时取样测定其含水率、液限、塑限以及颗粒组成。有条件时,对剪切面照相。

(五)试验程序

1)仪器设备安装

(1)垂直、剪切加载系统设备安装

混凝土与岩体胶结面直剪试验的平推法和斜推法的仪器设备安装,如图 4.8.4 所示;岩体弱面(软弱岩体)直剪试验的斜推法的仪器设备安装,如图 4.8.5 所示;倾斜岩体弱面直剪试验的仪器设备安装,如图 4.8.6 所示;垂直加载系统的合力中心应垂直作用于剪切面中心;平推法剪力作用点与剪切面的偏距越小越好,应严格控制在剪切面边长的5%以内。斜推法剪力作用线倾角一般采用 15°,并应通过剪切面中心。

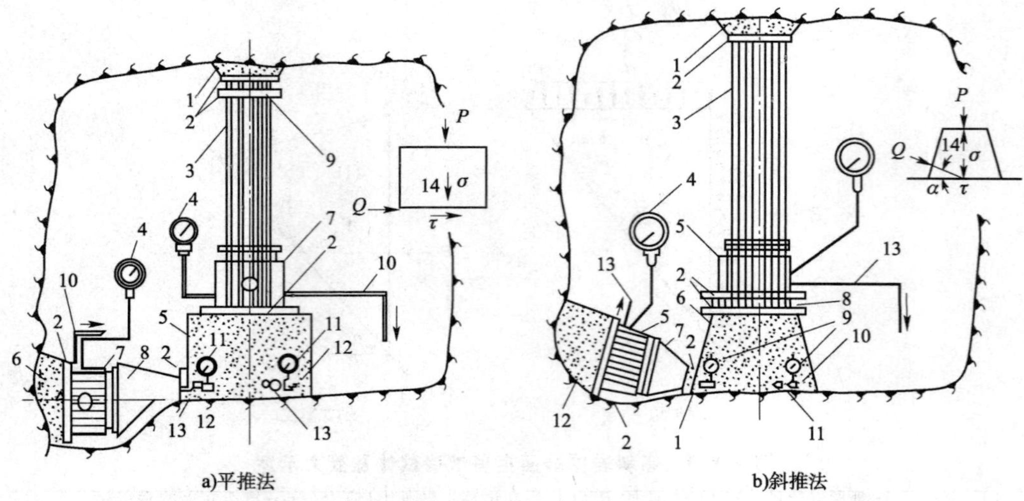

图 4.8.4 混凝土与岩体胶结面直剪试验仪器设备安装示意

平推法:1-砂浆(或混凝土)垫层;2-钢板;3-传力柱;4-压力表;5-混凝土试体;6-混凝土垫块;7-液压千斤顶;8-剪力顶头;9-滚轴排;10-接液压泵;11-绝对垂直位移量表;12-测量标点;13-绝对剪切位移量表;14-试体受力简图;P、Q同图 4.8.1;σ、τ同图 4.8.3。斜推法:1、2、3、4、14、P、Q、σ、τ同本图 a)平推法;5-液压千斤顶;6-混凝土试体;7-剪力顶头;8-滚轴排;9-绝对垂直位移量表;10-测量标点;11-绝对剪切位移量表;12-混凝土垫块;13-接液压泵;α同图 4.8.1

(2)位移量表安装

位移量表安装、布置如图 4.8.4～图 4.8.7 所示。量表的支座应设在试验作用力的影响范围以外,埋设牢固可靠。

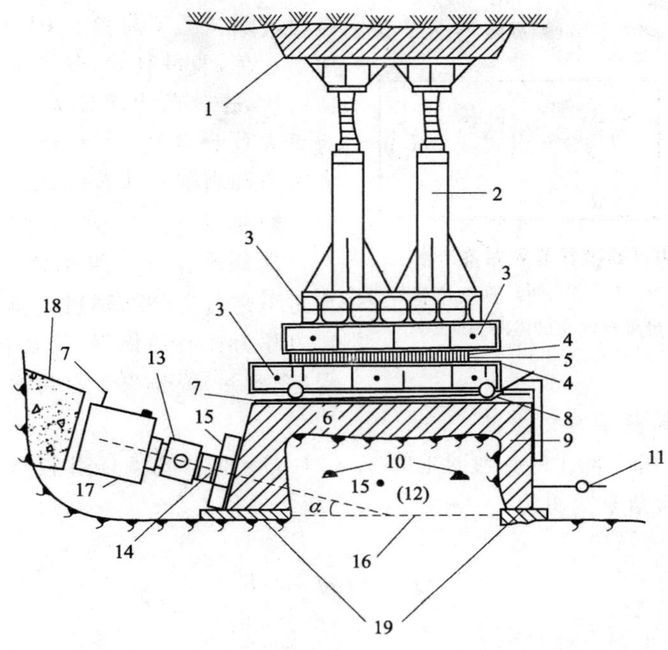

图 4.8.5 岩体弱面(软弱岩体)直剪试验仪器设备安装示意

1-(或混凝土)垫层;2-传力柱;3-传力横梁;4-钢板;5-滚轴排;6-垂直位移量表;7-接液压泵;8-液压钢枕;9-混凝土保护罩;10-侧向位移量表;11-剪切位移量表;12-试体;13-测力计;14-球座;15-钢板;16-剪切面;17-液压千斤顶;18-混凝土垫块;19-膨胀性聚苯乙烯(或其他材料)垫料

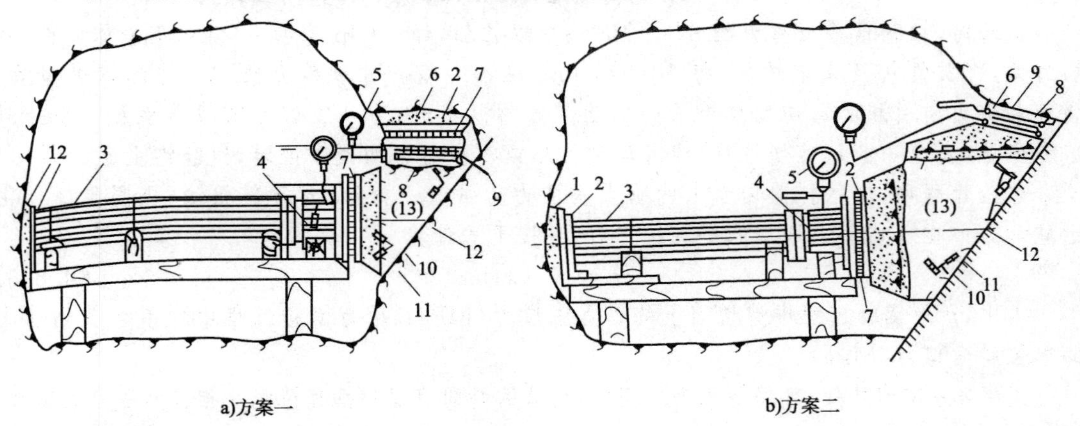

图 4.8.6 倾斜岩体弱面直剪试验仪器设备安装示意

1-砂浆(或混凝土)垫层;2-钢板;3-传力柱;4-液压千斤顶;5-压力表;6-砂浆垫层;7-滚轴排;8-测压钢枕;9-加力钢枕;10-测量标点;11-量表;12-岩体弱面;13-楔形试体

2)施加垂直荷载

按设计要求,确定作用在剪切面上的最大垂直(法向)压应力。一般按等差(或等比)将最大垂直压应力分成 4～5 个不同等级,作为同一级试验施加在各个试体上的垂直压应力。对岩体弱面、软弱岩体的试体,施加其上的最大垂直压应力,以不挤出弱面上的充填物或破坏试体为限。

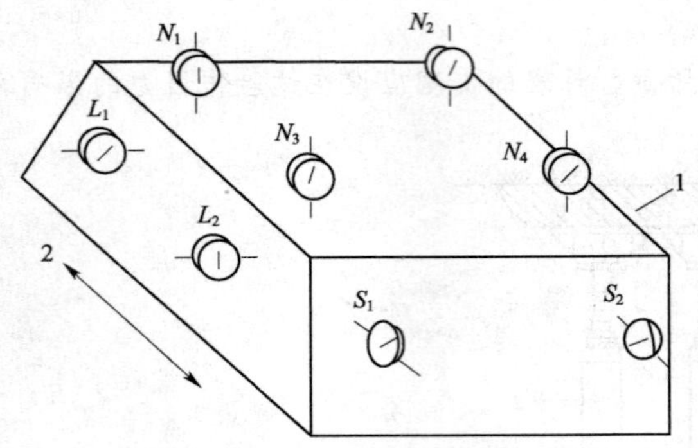

图 4.8.7 直剪试验位移量表布置示意

1-试体；2-剪切方向；N_1、N_2、N_3、N_4-垂直位移量表；S_1、S_2-剪切位移量表(也可布置在试体两侧向)；L_1、L_2、(L_3、L_4)-侧向位移量表

作用在一个试体上的垂直荷载，一般分4～5次施加。每施加一次荷载，随即测读垂直位移量表，此后，每隔5 min测读一次，待连续两次测读差不超过0.01 mm(对岩体弱面或软弱岩体，视其性状，每隔10 min或15 min测读一次，连续两次测读差不超过0.05 mm)认为垂直位移稳定，才施加下一级荷载。依此，直至施加到预定荷载(垂直压应力)为止。

3)施加剪切荷载(剪力)

直剪试验是一组试体在不同垂直压应力作用下进行剪切的试验。试验前，应预估最大剪力作为试验的依据，剪切荷载位于剪切缝中心(平推法)或作用于剪切面中心(斜推法)。

(1)平推法和斜推法剪切情况

平推法[图 4.8.4 a)]和斜推法[图 4.8.4 b)、图 4.8.5]，用极限平衡状态的库仑(Coulomb)公式，预估最大剪力

平推法

$$Q_{max}=(\sigma f+c)F \tag{4.8.1}$$

斜推法

$$Q_{max}=\frac{(\sigma f+c)F}{\cos\alpha} \tag{4.8.2}$$

式中，Q_{max}为预估最大剪力(MN)；σ为作用在剪切面上的垂直压应力(MPa)；f为预估摩擦系数；c为预估黏聚力(MPa)；F为剪切面积(m^2)；α为剪力作用线倾角(°)。

试验时，按预估最大剪力的8%～10%，分级施加，每5 min施加一级(对于岩体弱面、软弱岩体，视其性状及充填情况，每10～15 min施加一级。)施加剪力前、后，应测读各量表。当施加剪力所引起的剪切位移为前一级的1.5倍以上时，下一级剪力则减半施加。当达到剪力峰值，发生不断地剪切位移(即滑动破坏)，或出现剪力的残余值时，试验终止。

试验过程中，应保持剪切面上的垂直压应力为常量。为此，对于斜推法，应同步降低由于施加剪力在剪切面上增加的垂直压应力，可按下式计算

$$p=\sigma-g\sin\alpha \tag{4.8.3}$$

式中，p为试验过程中剪切面上的垂直压应力(MPa)；g为试验过程中作用在剪切面上的单位斜向剪力(MPa)。

式中σ、α值为已知，可按下式确定同步加、减的斜向剪力和垂直荷载及相应的压力表读数

$$Q=gF \tag{4.8.4}$$

$$P=pF \tag{4.8.5}$$

式中，Q为斜向剪力(MN)；P为垂直荷载(MN)。

为避免试验过程中p出现负值，试验前还应按下式预估作用在剪切面上的最小垂直压应力

$$\sigma_{min}=\frac{c}{\cot\alpha-f} \tag{4.8.6}$$

式中，σ_{min}为剪切面上最小垂直压应力(MPa)。

(2)斜面剪切情况——方案一

对于斜面剪切图 4.8.3、图 4.8.6a),首先在楔形试体的垂直、水平面(F_x、F_y)上,同步施加单位压应力,并使剪切面上保持某一预定垂直压应力 σ 和剪应力 τ 为零。此时

$$\sigma_x = \sigma_y = \sigma \tag{4.8.7}$$

式中,σ_x、σ_y、σ 分别为作用在 F_x、F_y 和剪切面上的垂直压应力(MPa)。

按下式计算同步施加的荷载

$$P = \sigma_x F_x \tag{4.8.8}$$

$$Q = \sigma_y F_y \tag{4.8.9}$$

式中,P、Q 分别为作用在 F_x、F_y 上的荷载(MN),F_x、F_y 分别为楔形试体的垂直、水平面(m^2)。

试验前,按下式预估最大单位推力 σ_{max}(MPa)

$$\sigma_{max} = \sigma + \sigma f \tan\alpha + c\tan\alpha \tag{4.8.10}$$

由此,得预估最大推力 Q_{max}(MN)

$$Q_{max} = \sigma_{max} F_y \tag{4.8.11}$$

试验过程中,逐级施加 Q 并同步降低 P,以保持剪切面上垂直压应力为常量。按下式计算同步加、减单位力

$$\sigma_x = \frac{\sigma - \sigma_y \cos^2\alpha}{\sin^2\alpha} \tag{4.8.12}$$

式中 σ、α 值为已知,计算相应的 σ_x、σ_y 值后,按式(4.8.8)、式(4.8.9)确定相应的 P、Q 值和压力表读数。

为避免试验过程中 σ_x 出现负值,试验前应按下式估算作用在剪切面上的最小垂直压应力 σ_{min}(MPa)

$$\sigma_{min} = \frac{c}{\tan\alpha - f} \tag{4.8.13}$$

(3)斜面剪切情况——方案二

对于斜面剪切[图 4.8.3、图 4.8.6b)],这种方法适用于剪切面上垂直压应力较小的情况。试验时,在楔形试体上逐级施加 Q,并同步降低 P,以保持剪切面上的垂直压应力为常量,直至试体滑动破坏为止。

按下式计算剪切面上的单位力

$$p = \frac{\sigma\sin\beta}{\cos(\alpha - \beta)} \tag{4.8.14}$$

$$g = \frac{\sigma\cos\alpha}{\cos(\alpha - \beta)} \tag{4.8.15}$$

式中,α、β 夹角(°),见图 4.8.3b)。式中 σ、α、β 值为已知,按式(4.8.4)、式(4.8.5)确定相应的 P、Q 值和压力表读数。

试验前,按下式预估最大单位推力 g_{max}(MPa)

$$g_{max} = \frac{(\sigma f + c)\sin\alpha + \sigma\cos\alpha}{\cos(\alpha - \beta)} \tag{4.8.16}$$

由此,得预估最大推力 Q_{max}(MN)

$$Q_{max} = g_{max} F \tag{4.8.17}$$

式中,F 为斜面剪切面积(m^2)。

试验过程中,按下式计算同步加、减单位力 p(MPa)

$$p = \frac{\sigma - g\cos\beta}{\sin\alpha} \tag{4.8.18}$$

式中σ、α、β已知，算出p、g值，按式(4.8.4)、式(4.8.5)确定相应的Q、P值和压力表读数。

为避免试验过程中p出现负值，按下式估算作用在剪切面上的最小垂直压应力σ_{min}(MPa)

$$\sigma_{min}=\frac{c}{\tan\beta-f} \tag{4.8.19}$$

直剪试验过程中，如遇调整或更换量表、液压千斤顶(或液压钢枕)补压、发现混凝土或试体松动掉块、出现裂缝或破裂声等现象，应随时记录，供成果整理时查考。

4)试验结束

直剪试验结束后，依次将剪切和垂直荷载退为零，拆除测量仪表、支架、剪切和垂直加载设备，而后按一、4.相关要求进行试体和剪切面描述。

(六)试验成果整理

1)剪切面应力计算

①平推法[图4.8.1a)、图4.8.4a)]。

$$\sigma=\frac{P}{F} \tag{4.8.20}$$

$$\tau=\frac{Q}{F} \tag{4.8.21}$$

②斜推法[图4.8.1b)、图4.8.4b)、图4.8.5]。

$$\sigma=\frac{P+Q\sin\alpha}{F} \tag{4.8.22}$$

$$\tau=\frac{Q\cos\alpha}{F} \tag{4.8.23}$$

③斜面剪切[图4.8.3a)、图4.8.6a)]。

$$\sigma=\sigma_y\cos^2\alpha+\sigma_x\sin^2\alpha \tag{4.8.24}$$

$$\tau=\frac{1}{2}(\sigma_y-\sigma_x)\sin^2\alpha \tag{4.8.25}$$

④斜面剪切[图4.8.3b)、图4.8.6b)]。

$$\sigma=g\cos\beta+p\sin\alpha \tag{4.8.26}$$

$$\tau=g\sin\beta-p\cos\alpha \tag{4.8.27}$$

上述式中P、Q见式(4.8.4)、式(4.8.5)、式(4.8.8)、式(4.8.9)，α、β见式(4.8.12)、式(4.8.14)、式(4.8.15)，p、q见式(4.8.14)、式(4.8.15)。

2)绘制剪应力与剪切位移关系曲线

根据同一组直剪试验结果，以剪应力为纵轴，剪切位移为横轴，绘制每一试验的剪应力与剪切位移关系曲线，而后从曲线上选取剪应力的峰值和残余值，如图4.8.8所示。也可从曲线的线性比例极限点或屈服点选取剪应力值。

3)绘制剪应力与垂直压应力关系曲线

根据剪应力峰值(或屈服值、残余值等)与相应的垂直压应力，以剪应力为纵轴，垂直压应力为横轴，绘制关系曲线，如图4.8.9所示。

4)确定抗剪强度参数

抗剪强度参数包括摩擦系数($f=\tan\varphi$)和黏聚力c，可按下列方法确定。

(1)图解法

根据同一组试验结果(图4.8.9上剪应力与相应的垂直压应力分布点)作平均直线(或

曲线),使其尽可能接近所有的各点,舍弃偏离直线(或曲线)较远的个别点。由直线(或代表曲线的直线)的斜率及其在纵轴上的截距,确定摩擦角 φ 和黏聚力 c。

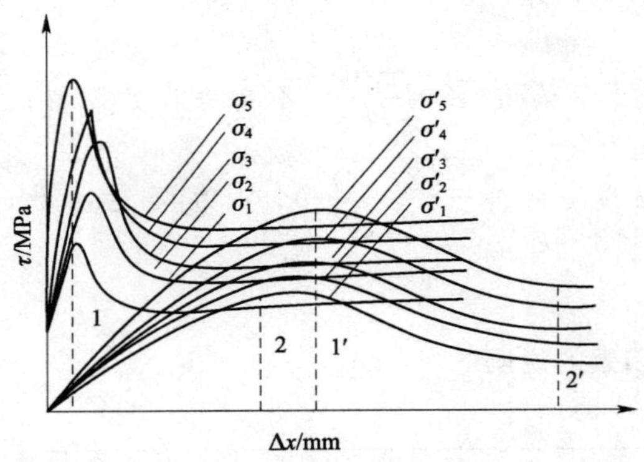

图 4.8.8　直剪试验剪应力与剪切位移关系曲线示意

τ-剪应力;Δx-剪切位移;$\sigma_1,\sigma_2,\cdots,\sigma_5$-混凝土与岩体胶结面上的垂直压应力;$\sigma'_1,\sigma_2',\cdots,\sigma'_5$-岩体弱面或软弱岩体剪切面上的垂直压应力;1、1′和 2、2′-相应于混凝土与岩体胶结面、岩体弱面或软弱岩体剪切面上的剪应力峰值和残余值的剪切位移

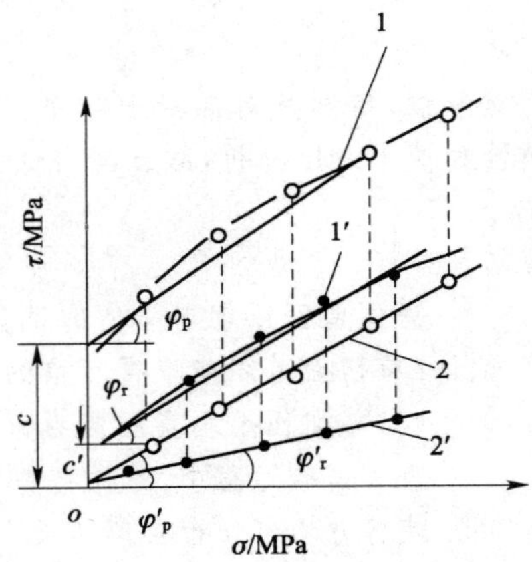

图 4.8.9　直剪试验剪应力与垂直压应力关系分布和关系曲线示意

τ-剪应力;σ-垂直压应力;○-混凝土与岩体胶结面试验结果;●-岩体弱面或软弱岩体试验结果;曲线 1、2、φ_p、φ_r、c-混凝土与岩体胶结面和接触面的剪应力峰值、残余值与垂直压应力关系曲线、摩擦角和黏聚力;曲线 1′、2′、φ'_p、φ'_r-c'-岩体弱面或软弱岩体的剪应力峰值、残余值与垂直压应力关系曲线、摩擦角和黏聚力

(2)最小二乘法

将一组试验成果(选定的剪应力与相应的垂压应力)分别代入下列公式,计算摩擦系数 $\tan\varphi$ 和黏聚力 c

$$\tan\varphi=\frac{N\sum_{i=1}^{N}\sigma_i\tau_i-\sum_{i=1}^{N}\sigma_i\sum_{i=1}^{N}\tau_i}{N\sum_{i=1}^{N}\sigma_i^2-\left(\sum_{i=1}^{N}\sigma_i\right)^2} \tag{4.8.28}$$

$$c=\frac{\sum_{i=1}^{N}\sigma_i^2\sum_{i=1}^{N}\tau_i-\sum_{i=1}^{N}\sigma_i\sum_{i=1}^{N}\sigma_i\sum_{i=1}^{N}\sigma_i\tau_i}{N\sum_{i=1}^{N}\sigma_i^2-\left(\sum_{i=1}^{N}\sigma_i\right)^2} \tag{4.8.29}$$

式中,φ 为摩擦角(°);c 为黏聚力(MPa);σ_i、τ_i 为相应于 i 次试验的垂直压应力(MPa)和

剪应力(MPa);N为测定次数。

按式(4.8.28)、式(4.8.29)计算时,采用下式舍弃某些有误差的测值

$$\overline{Z}+3\sigma-3m_\sigma<\overline{Z}<\overline{Z}-3\sigma-3m_\sigma \tag{4.8.30}$$

式中,$\overline{Z}$为测值的算术平均值($\overline{Z}=\frac{\sum_{i=1}^{N}Z_i}{N}$);$Z_i$为舍弃的测值;$\sum_{i=1}^{N}Z_i$为测值总和;$\sigma$为均方差(表示测值分散程度$\sigma=\sqrt{\frac{\sum(Z-\overline{Z})^2}{N}}$);$N$为测定次数;$m_\sigma$为均方差的误差,$m_\sigma=\frac{\sigma}{\sqrt{N}}$。

(七)影响试验成果因素的说明

(1)试体(剪切面)尺寸的选定

岩体是具有节理、裂隙、层面和断层等的地质体。为使现场直剪试验结果能反映其特性,一般认为,试体和剪切面应具有一定数量的裂隙条数(100条到200条),或其边长大于裂隙平均间距的5~10倍。结合国际岩石力学学会建议方法与国内试验经验规定:在一般情况试体为70 cm×70 cm×70 cm(剪切面为70 cm×70 cm);对完整坚硬岩体为50 cm×50 cm×50 cm(剪切面为50 cm×50 cm)。

(2)剪切面起伏差

剪切面起伏差对抗剪强度有影响,特别是对混凝土与完整坚硬岩体胶结面的抗剪强度影响较大。为减小成果的分散性和便于对比分析,结合国内试验经验,统一规定其起伏差不大于剪切方向边长的1%~2%。

(3)严格防止扰动试体(剪切面)

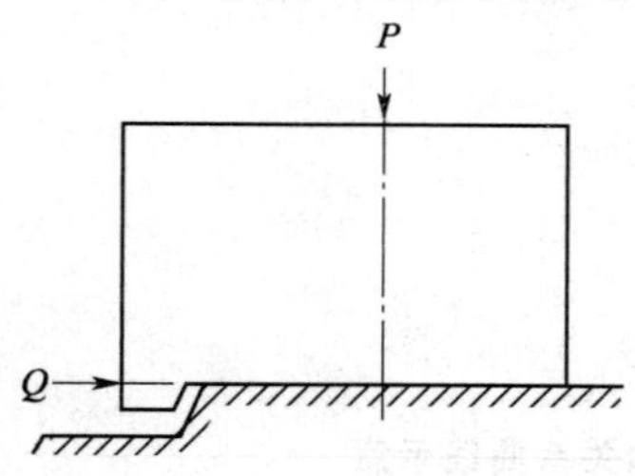

图4.8.10 混凝土与岩体胶结面直剪试验牛腿式试体受力示意

岩体弱面或软弱岩体的试体制备过程中,严格防止扰动试体(剪切面),才能取得可信的试验成果。

(4)剪切面上垂直压应力分布

直剪试验过程中,除保持剪切面上垂直压应力为常量外,还应使剪力均匀分布在剪切面上。按图4.8.1a)平推法,剪力作用线与剪切面间存在偏距,使剪切面上垂直压应力分布不均匀。这种不均匀性随着剪力的增大而增大,无疑将影响测定成果。为此,规定偏距e应严格控制在剪切面边长的5%以内。如欲消除剪力偏距,可采用图4.8.10的受力形式。

(5)剪力施加速率

直剪试验的剪力施加速率有:快速、时间控制和剪切位移控制三种方式。为使试验尽可能符合工程实际,以剪切位移控制法施加剪力最为理想。国内经验表明,在剪应力与剪切位移呈线性变化关系时(或剪应力的屈服点以前),时间控制法和剪切位移控制法得到一致的成果。此后,试体沿剪切面发展持续位移,按剪切位移就很难控制剪力的施加速率。而采用时间控制就便于掌握。时间长短的控制,根据试体情况确定。

第九节 波速测试

当动荷载作用于地基土表面(假设为各向均匀同性的弹性介质)时,质点的振动将以波动的形式由近及远向外传播,由震源传出去的波包括体波和面波。体波包括纵波(又称为压

缩波，简称P波)和横波(又称为剪切波，简称S波)，纵波质点振动方向与波传播方向一致，波速用v_P表示，横波质点振动方向与波传播方向垂直，波速用v_S表示，横波质点振动又可分解为垂直面内极化的S_V波和水平面内极化的S_H波。体波是由震源沿着半球形波前向四周传播，体波振幅与传播距离r成反比。面波包括瑞利波(简称R波)和乐夫波(简称L波)，它是由体波在地表附近相互干涉产生的次生波，沿着地表传播，但面波振幅的衰减要比体波慢得多，即振幅与$1/\sqrt{r}$成比例减小。面波成分中主要是瑞利波，波速用v_R表示，质点振动轨迹为椭圆，其长轴垂直于地面，旋转方向与波的传播方向相反。图4.9.1表达了各种波在传播过程中的时序关系。

弹性波和面波的传播与传播介质之间存在着密切的关系，通过岩土层的波速测试可以解决工程地质、工程抗震等领域中的诸多问题。岩土工程波速原位测试方法主要有钻孔法(包括单孔法和跨孔法)和瑞利面波法，分别介绍如下。

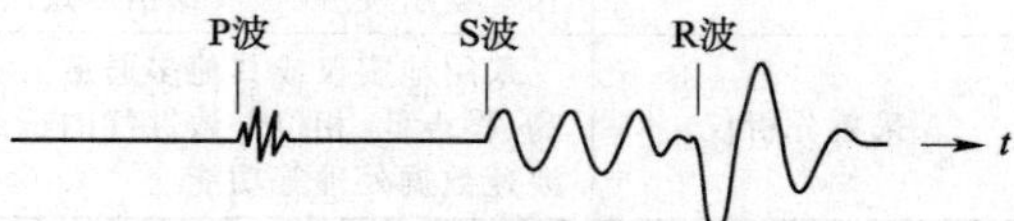

图4.9.1 P、S、R波的时序关系

一、单孔法

(一)方法原理

单孔法通常是指在地面或在信号接收孔中激振时，检波器在一个垂直钻孔中自上而下(或自下而上)逐层检测地层的P波或S波，计算每一层的P波或S波波速，称为单孔法。单孔法测试的是地层的竖向平均值，主要有以下两种测试方法：

(1)地表激发孔中接收

这是最常用的测试方法，可测波形为P波、S_H波。

(2)孔中激发孔中接收

使用一发多收专门探头(收发距一定)在孔中点测或连续测量，可测波形为P波、S_V波。

本节单孔法测试以地表激发孔中接收方法为主进行介绍。

图4.9.2是单孔法波速测试示意图。检波器放入待测深度位置，连接准备好设备后，通过敲击木板的两端，使木板与地面之间产生水平剪切力而产生S_H波，这样可获得两个起始相位相反的S_H波时域波形曲线(图4.9.3)，确定S_H波初至时间，以计算S_H波波速。

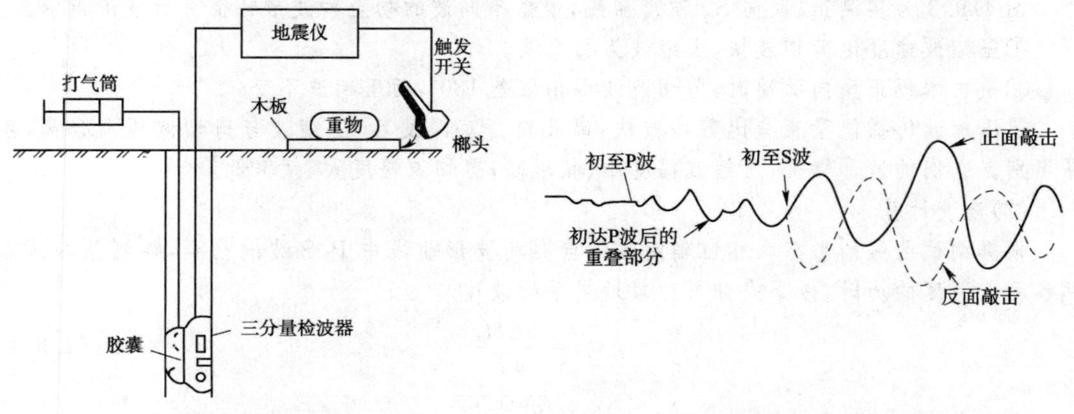

图4.9.2 单孔法波速测试示意图

图4.9.3 正、反向的S_H波形曲线

(二)仪器设备

单孔法仪器设备结构及要求见表4.9.1。

单孔法仪器设备结构及要求　　表 4.9.1

振源	木板：长 2～3 m、宽 300～400 mm、厚 40～60 mm，硬杂木，木板上压约 400 kg 重物。 圆钢板：板厚约 30 mm、直径 250 mm。 重锤(木槌或铁锤)或炸药：采用重锤水平敲击上压重物的木板两端产生 S_H 波；采用重锤竖向敲击圆钢板，或采用炸药爆破产生 P 波
触发器	压电晶体传感器安装在重锤上，或者用地震检波器安装于木板正下方或圆钢板(或爆破点)附近。重锤敲击木板或圆钢板(或炸药爆破)时产生脉冲电压，信号计时开始。触发器的性能应稳定，其灵敏度宜为 0.1 ms
三分量检波器	由置于密封钢质圆筒中的一个竖向(接收 P 波)、两个水平(互相垂直，接收 S_H 波)地震检波器组成。三分量检波器外侧的气囊(通过塑料气管连通至地面气泵)充气后使三分量检波器与孔壁紧密接触，检波器信号通过屏蔽电缆线接至地面信号采集分析仪
采集分析仪	采用地震仪或其他多通道信号采集分析仪(四个通道以上)。这些仪器应具有信号放大倍数高、噪声低、相位一致性好的特点，要求时间分辨精度在 1 μs 以下，同时有滤波、采集记录、地层波速数据处理等功能

(三)现场测试技术要求

①测试孔应与铅直方向一致。

②当剪切波振源锤击上压重物的木板时，木板的长向中垂线应对准测试孔中心，孔口与木板的距离宜为 1.0～3.0 m，木板应与地面紧密接触，板上所压重物宜大于 400 kg 或用测试车的两前轮对称压住压板；木板应与地面紧密接触，对于坚硬地面，可在木板底面加胶皮或砂子，对松软地面，可在木板底面加若干长铁钉，以提高激振效果。

③当压缩波振源采用铁锤敲击钢板时，钢板距孔口的距离宜为 1.0～3.0 m。

④测点布置应根据工程情况和地质分层确定，每隔 1～3 m 布置一个测点。一般情况下测点布置在地层的顶底板位置，对于厚度大的地层，中间可适当增加测点。一般宜自下到上的顺序进行检测。

⑤测试时要保证充气的探头与孔壁紧贴，测试过程中严格控制测点的深度误差。

⑥木槌应分别水平敲击振源板的两端，两次敲击的信号波形清晰、初至基本重合且剪切波信号相反时，记录的结果方能有效。

⑦测试工作结束后，应选择部分测点作重复观测，其数量不应少于测点总数的 10%。

(四)数据处理

(1)波形鉴别

图 4.9.3 为实测正、反向 S_H 波形曲线，根据不同波的初至和波形特征进行波形识别：

①压缩波速度比剪切波快，压缩波为初至波。

②敲击木板正反向两端时，剪切波波形相位差 180°，而压缩波不变。

③压缩波传播能量衰减比剪切波快，离孔口一定深度后，压缩波与剪切波逐渐分离，容易识别。它们的波形特征：压缩波幅度小、频率高；剪切波幅度大、频率低。

(2)波速计算

根据测试曲线的形态和相位确定各测点实测波形曲线中 P、S 波的初至，得到从振源点到各测点深度的历时，按下式分层计算地层平均波速

$$v_i = \frac{k\Delta H_i}{\Delta T_i} \tag{4.9.1}$$

$$k = \frac{\sqrt{h_i^2 + L^2}}{h_i} \tag{4.9.2}$$

式中，v_i 为某层 P 波或 S 波的平均波速；ΔH_i 为某层厚度；ΔT_i 为波通过该层的时间；k 为深度校正系数；L 为孔口距；h_i 为某一层的层底深度。

二、跨孔法

(一)方法原理

跨孔法是在两个以上垂直钻孔内,自上而下(或自下而上),按地层划分,在同一地层的水平方向上一孔激发,另外钻孔中接收,逐层检测水平地层的P波和S波的波速。图4.9.4是典型的跨孔法波速测试装置示意图,三个孔在一条直线上布置,一个孔为振源激发孔,另两个孔为信号接收孔,这样可以避免激发延时给波速计算带来的误差。

(二)仪器设备

1)振源

(1)剪切锤

跨孔法振源一般使用孔中剪切锤,如图4.9.5所示,它是由一个固定的圆筒体和一个滑动质量块组成。当它放入孔内测试深度后,通过地面的液压装置和液压管相连,当输液加压时,剪切锤的四个活塞推出圆筒体扩张板与孔壁紧贴。工作时突然上拉绳子,使其与下部连接剪切锤滑动质量块冲击固定的圆筒体,筒体扩张板与孔壁地层产生剪切力,在地层的水平方向即产生较强的S_V波,由相邻钻孔的垂直检波器接收;将滑动质量块拉到最高点松开拉绳,滑动质量块自由下落,冲击固定筒体扩张板,则地层中会产生与上拉时波形相位相反的S_V波。与此同时,相邻钻孔中径向水平检波器可接收到由激发孔传来的该地层深度的P波。

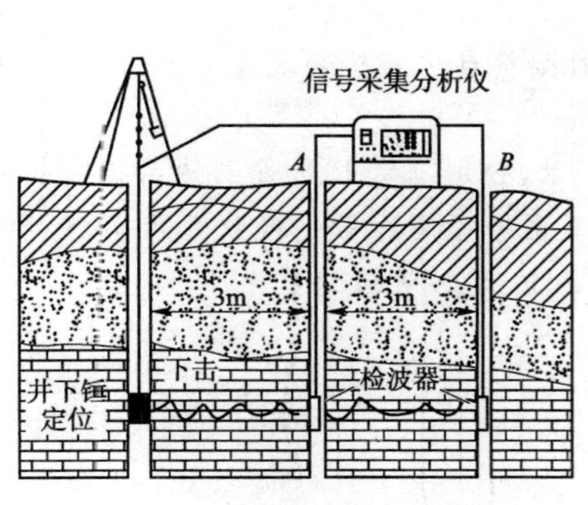

图4.9.4 跨孔波速测试装置示意

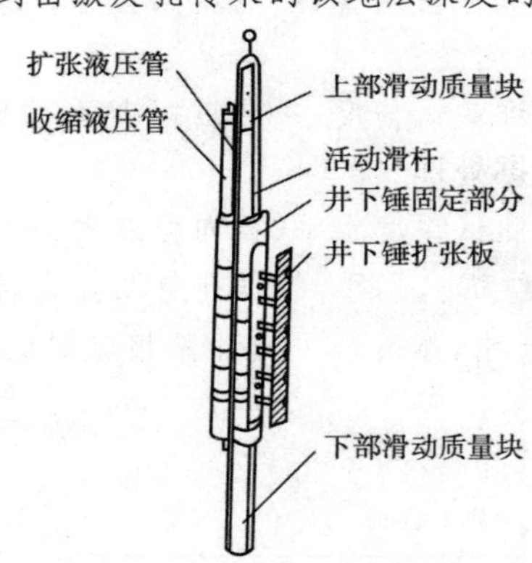

图4.9.5 孔中剪切锤示意

(2)重锤标贯装置

跨孔法振源也可以使用标贯空心锤锤击孔下的取土器,孔底地层受到竖向冲击时,由于振源的偏振性使地层水平方向产生较强的S_V波,沿水平方向传播的S_V波分量能量较强,在与振源同一高度的接收孔内安装的垂直向检波器,能收到由振源经地层水平传播的较清晰的S_V波波形信号。这种振源结构简单,操作方便,能量大,适合于浅孔,但需考虑振源激发延时对测试波速的影响。

2)三分量检波器及信号采集分析仪

跨孔法需要两个接收孔内都安置三分量检波器,信号采集分析仪应在六通道以上,其他性能指标要求与单孔法相同。

(三)现场测试技术要求

(1)钻孔布置

跨孔法波速测试一般需在一条平行地层走向或垂直地层走向的直线上布置同等深度的三个钻孔。有时为了节约经费,避免下套管和灌浆等工序,只用两个钻孔作跨孔法测试。

(2)钻孔直径

钻孔孔径应能保证振源和检波器顺利在孔内上下移动的要求。根据工程实践经验,对于岩石,不下套管时孔径一般为 55～80 mm,下套管时孔径一般为 110 mm;对于土层,钻孔孔径一般为 100～300 mm。

(3)钻孔间距

钻孔间距要综合考虑波的传播路径及测试仪器的计时精度,一般的钻孔间距,在土层中以 3～6 m 为宜,在岩层中以 8～12 m 为宜。

(4)套管与孔壁空隙的充填

钻孔宜下塑料套管,套管与孔壁的空隙用干砂充填密实,但最好采用灌浆法,将由膨润土、水泥和水的配比为 1∶1∶6.25 的浆液自下而上灌入套管与孔壁之间,其固结后的密度接近土介质的密度。这样使孔内振源、检波器与地层介质间能够更好的耦合,以提高测试精度。

(5)孔斜测定

跨孔法的钻孔应尽量垂直,并用高精度孔斜仪测定孔斜及其方位,计算出各测点深度处的实际水平孔距,供计算波速时用。

(6)测点设置

测试一般从离地面 2 m 深度开始,其下测点间距为每隔 1～2 m 增加一测点,也可根据实际地层情况适当调整,一般测点宜选在测试地层的中间位置。

(7)检查测量

为了保证测试精度,一般应按 10% 的比例对测量点进行检查测量。

(四)数据处理

根据某测试深度水平、竖向检波器的波形记录,分别确定 P、S 波到达两接收孔的初至时间 T_{P_1}、T_{P_2} 和 T_{S_1}、T_{S_2}。根据孔斜测量资料,计算由振源到达每一接收孔距离 S_1 和 S_2 及差值 $\Delta S=S_2-S_1$,然后按下式计算相应测试深度的 P 波、S 波波速值

$$v_P=\frac{\Delta S}{T_{P_2}-T_{P_1}} \tag{4.9.3}$$

$$v_S=\frac{\Delta S}{T_{S_2}-T_{S_1}} \tag{4.9.4}$$

三、波速在工程中的应用

(一)岩土弹性参数的计算

根据横波波速(或由瑞利波波速转换得到)及纵波波速,按以下公式计算弹性参数

$$E_d=\frac{\rho v_S^2(3v_P^2-4v_S^2)}{v_P^2-v_S^2} \tag{4.9.5}$$

$$G_d=\rho v_S^2 \tag{4.9.6}$$

$$M=\rho\left(v_P^2-\frac{4}{3}v_S^2\right) \tag{4.9.7}$$

$$\nu=\frac{v_P^2-2v_S^2}{2(v_P^2-v_S^2)} \tag{4.9.8}$$

式中,E_d、G_d、M、ρ 分别为地基土的动弹性模量、动剪变模量、动体积模量、质量密度。

根据式(4.9.5)～式(4.9.8),得到 E_d 与 G_d 的关系为

$$G_d=\frac{E_d}{2(1+\nu)} \tag{4.9.9}$$

(二)地基刚度和阻尼比计算

由弹性半空间振动理论对动力机器基础进行动力反应分析时，要提供地基刚度系数、阻尼比等动力参数。根据横波波速计算地基抗压刚度系数和地基竖向阻尼比公式如下

$$C_Z = \frac{1.1284E_d}{(1-\nu^2)\sqrt{A}} = \frac{4\rho v_S^2}{(1-\nu)\pi R_0} \tag{4.9.10}$$

$$\xi_{20} = \frac{0.425}{\sqrt{B_Z}} \tag{4.9.11}$$

式中，C_Z、$\xi_{2\text{o}}$ 分别为地基抗压刚度系数、地基竖向阻尼比；A、R_0、B_Z 分别为基础底面积、基础半径、基础修正质量比。

(三)划分土的类型和建筑场地类别

工程勘察中，根据波速测试结果划分地基土的类型和建筑场地类别，具体划分标准参见《建筑抗震设计规范》(GB 50011—2010)。

(四)计算建筑场地地基卓越周期

地基卓越周期在抗震设计中，是判断建筑物与地基是否产生共振的依据。卓越周期一般通过地脉动测试获得。日本学者经过剪切波速 v_S 与地脉动测试的对比研究，提出单一土层的地基，由剪切波速 v_S 计算地基卓越周期 T_C 的公式如下

$$T_C = \frac{4h}{v_S} \tag{4.9.12}$$

式中，h 为计算厚度(m)，相当于《建筑抗震设计规范》(GB 50011—2010)中的覆盖层厚度 d_ov。

多层土组成的地基卓越周期(T'_C)，根据日本《结构计算指南和解说》(1986 年版)的规定，按下式计算

$$T'_C = \sqrt{32\sum_{i=1}^{n}\left\{h_i\left(\frac{H_{i-1}+H_i}{2}\right)\bigg/ v_{Si}^2\right\}} \tag{4.9.13}$$

式中，H_i、H_{i-1} 为分别为基础底面(或刚筒端承桩支承面)至第 i、$i-1$ 层土底面的深度(m)，若计算场地卓越周期，则应从自然地面算起；v_{Si} 为实测第 i 层土的剪切波速度(m/s)；h_i 为第 i 层的厚度(m)。

(五)判定砂土地基液化

地基在地震力作用下产生的剪应变可根据横波波速由下式求取

$$\nu_e = G\frac{a_{\max}Z}{v_S^2}d \tag{4.9.14}$$

式中，ν_e 为地震作用下砂土层的剪应变(%)；G 为与相应最大剪应变等有关的常数，通过试验取得；$a_{\max}$ 为由天然地震烈度表查得的该地区地面最大加速度；Z 为测试点地层深度；d 为砂土地层密度。

当剪应变大于某一值(该值称为临界剪应变或门槛应变量)时，才产生液化。根据各种砂的试验结果，一般临界剪应变的范围为 10^{-2}%～2×10^{-2}%，当剪应变小于这一范围时可认为地基不液化，当剪应变大于这一范围时则地基可能液化。

(六)地震工程

在对场地进行地震动小区划和地震反应谱分析时，均需进行钻孔剪切波速测试，并提供 v_S 随深度变化的资料，以便根据地层的剪切波速确定土层的最大剪变模量，为土层地震反应分析提供必需参数。

(七)检验地基加固处理的效果

常规的载荷试验、静力触探、标贯试验能提供地基加固处理后的承载力可靠资料。但如能在地基加固处理的前后进行波速测试,则可作出评价地基承载力的辅助资料。因为地层波速与岩土的密实度、结构等物理力学指标密切相关,而波速测试(如瑞雷波法)测试效率高,掌握的数据面广,而成本低。将波速法与载荷试验等结合使用,无疑是地基加固处理后评价的经济的有效手段。

第十节 岩体原位应力测试

岩体应力是泛指存在于岩体内部的应力,它包括岩体初始应力和围岩应力。岩体初始应力是指天然状态下岩体内赋存的应力,它又称原岩应力,在地震地质领域常称地应力,它主要由上覆岩层重力形成的自重应力和由地壳运动所产生的构造应力(包括现今构造应力和残余构造应力)所组成。围岩应力是指岩体被扰动后引起重分布的应力,又称二次应力,它是由于人工开挖等工程活动而形成。

岩体应力在有些地区表现很高,在那里进行地下洞室等岩土工程建设时,常会遇到岩层剥落、弯曲变形、隆起或其他稳定问题。在这些地区了解场地的岩体应力大小和方向,对工程设计与施工是至关重要的。在另一些地区岩体应力虽然不是很高,但它对重大地下工程的最佳形状、布置方向、支护系统和最终费用也可能有重大影响。所以岩体应力已成为岩土工程建设极其重要的基本资料。

岩体应力与场地的地质构造、地形地貌、岩体特性、成岩过程以及人为的工程活动有关,岩体应力测量方法有很多种,见表4.10.1。

岩体应力测量方法分类表 表4.10.1

类别		测量部位	测量方法
应力解除法	应力部分解除法	表面	Y形布置法、Δ形布置法
		钻孔	平行钻孔法(或称为扰动法)
	应力完全解除法	表面	钢弦应变计法、电阻片法、光弹法、机械式(千分表)法
		钻孔	孔径变形法:钻孔变形计法、压磁应力计法 孔壁应变法:三叉式应变计法、空心包体式应变计法、深孔应变计法 孔底应变法:平底应变法、半圆形孔底应变法
应力恢复法		表面	平面扁千斤顶法
		钻孔	曲面扁千斤顶法
破裂岩石法		钻孔	水压致裂法、千斤顶致裂法
地球物理法		室内试样	声发射法、X射线法
		钻孔	波速法
其他方法		钻孔	钻孔加深法

一、岩体表面应力测量

(一)应力恢复法

(1)测试原理

应力恢复法是在岩体表面或地下洞室围岩表面预先布置好测量元件,当其旁边开槽解除岩体中的应力时,测量元件读数便发生变化。再把平面扁千斤顶放入槽内加压,使测量元件恢复到原来状态,此时千斤顶的应力就是垂直槽壁方向的岩体应力。

(2)应用范围

①本法仅适用于岩体表面应力测量,每次只能确定一个方向的应力,如果要测定三向应力至少要在各个独力方向上进行六次测量;

②此法可在相对破碎岩体中进行测量,但必须有可能切割出安装扁千斤顶的槽;

③此法只能恢复正(压)应力,不能恢复剪应力,也不适用于负(拉)应力地区。

(3)仪器设备

①扁千斤顶,面积至少 0.1 m^2;

②电动或手动油泵,最好配有稳压装置;

③压力表,最大压力 30～50 MPa,精度为 1 级;

④钢弦应变仪(或电阻应变仪)及钢弦应变计(或电阻应变片),也可用可拆卸的机械式或电测式位移计,其量程不少于 5 mm,分辨力不低于 0.002 mm;

⑤保护罩(用于保护应变计);

⑥钻机或切割机(用于掏槽)。

(4)测试要点

①把试验面上的松动岩石清除,并使之基本平整,并做好现场描述。

②在已处理好的岩面上安装应变计,应变计的方向应与解除槽长轴垂直,应变计的中心点与解除槽长轴中心的距离应为槽长的 1/3,如图 4.10.1 所示。应变计安装好后应加盖保护罩,然后进行多次读数,以确定应变计的初值。也可在解除槽两侧预埋测点,用可拆卸的位移计量测。

③用钻机或切割机进行分级掏槽,每级掏槽深度为 2 cm,同时记录相应的应变计读数。槽的深度一般要求大于扁千斤顶的尺寸,并使加载的扁千斤顶外缘埋入岩面 25 mm,以防止加载过程中岩石局部破坏。

④用清水将槽内的岩粉等冲洗干净,并把调制好的水泥砂浆灌入槽内,再把扁千斤顶推入并捣实砂浆。必须严防浆体中夹入气泡,否则将损坏扁千斤顶或使试验结果不可靠。

⑤待砂浆凝固后,接通扁千斤顶和油泵(图 4.10.2),即可加压进行应力恢复试验,一般采用分级加压并同时记录应变计读数。最大一级压力应大于解除结束时应变计测读的相应压力。

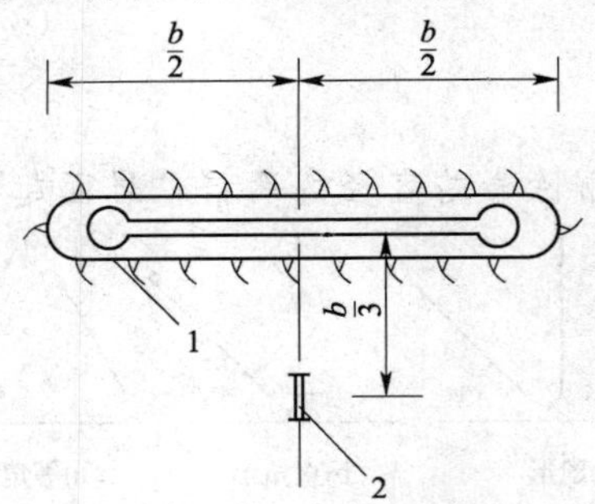

图 4.10.1　应变计埋设位置示意

1-扁千斤顶;2-应变计

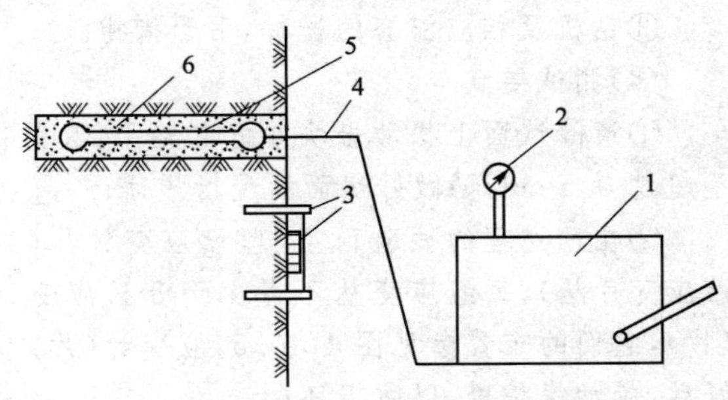

图 4.10.2　应力恢复法试验示意

1-油泵;2-压力表;3-应变计(钢弦或电阻片);4-紫铜管;5-扁千斤顶;6-水泥砂浆

(5)资料整理

①修正记录的扁千斤顶油压,使之成为实际作用在槽上的压力,扁千斤顶修正系数在室内作出率定。

②计算出每级开槽和加压的岩体应变值。计算的方法是每一级开槽和加压时应变计读数减去初始值。

③画出岩体应变值和开挖深度、扁千斤顶的关系曲线(图 4.10.3)。只要该关系曲线中岩体应变值与压力之间不出现显著的滞后现象,扁千斤顶的恢复压力(p_c)大体上等于平均解除压力,亦即该方向的岩体应力。

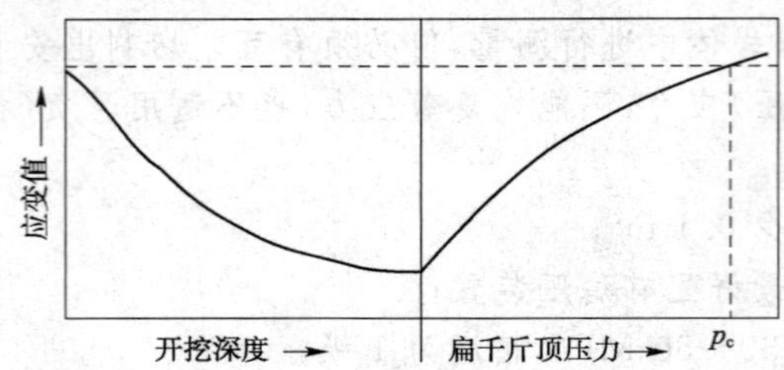

图 4.10.3 岩体应变与开挖深度、扁千斤顶压力关系曲线

(二)应力解除法

(1)测试原理

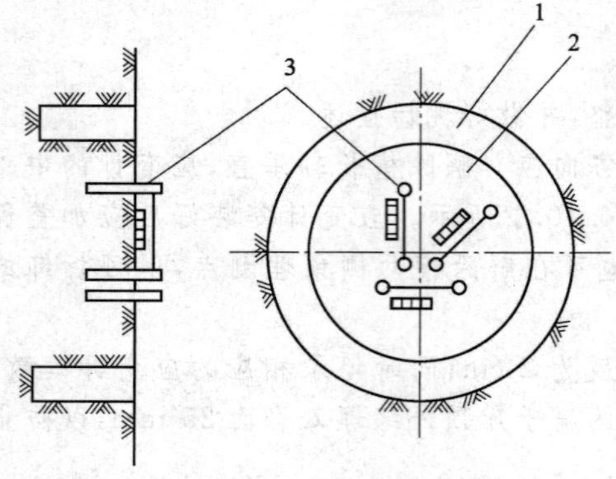

图 4.10.4 应力解除法试验布置示意

1-解除槽;2-岩面;3-应变计(钢弦应变计或电阻片)

应力解除法是在岩体表面和地下洞室壁上预先埋设应变计(或贴电阻片),然后在其周围掏环形槽(图 4.10.4),并同时测量岩体应力解除后的应变值。根据岩体应力解除前后的应变变化和岩体的弹性模量,计算岩体的表面应力。

(2)应用范围

应力解除法常用于岩体表面和地下洞室围岩表面的应力测量。每次试验只能确定平面上两个方向的最大、最小主应力。如果要确定该处的三向应力,至少要在三个不同方向的面上进行三次测量。

(3)主要仪器设备

①钢弦应变计和钢弦应变仪或电阻应变片和电阻应变仪;

②应变计保护罩;

③钻机及相应配套的器材,用于掏槽。

(4)测试要点

①清除试面上松动岩块并把它整平,其范围不小于解除岩芯直径的两倍。岩面起伏差不超过 0.5 cm,要做好试面的现场描述;

②在已处理的试验面上,埋设应变计丛(或贴应变片丛),每组应变丛不得少于 3 只应变计(片),它们的布置参见图 4.10.5,应变计(片)埋好后,应加保护罩,以防损坏;

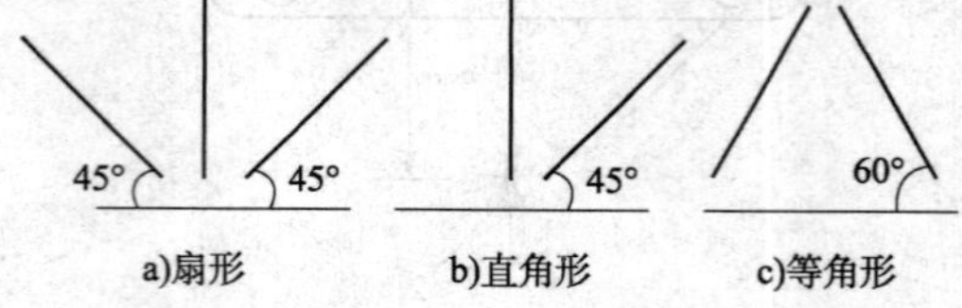

图 4.10.5 应变丛布置示意

③把应变计(片)与应变仪接通,读出并记录各应变计(片)的初始值;

④用钻机分级掏槽,并记录其应变读数。每级掏深一般为 2 cm,掏槽的最终深度一般要求达到应变读数稳定时为止,并不得小于解除岩芯直径的 0.5 倍。

(5)资料整理

①根据测得的物理量换算成应变值后,计算各级解除深度下的应变值。其公式为

$$\varepsilon_{iH} = \varepsilon_{nH} - \varepsilon_{oH} \tag{4.10.1}$$

式中，ε_{iH} 为其一解除深度的应变值($\mu\varepsilon$)；ε_{nH} 为与解除深度对应的仪器应变值($\mu\varepsilon$)；ε_{oH} 为解除前的仪器初始应变值($\mu\varepsilon$)。

②绘制应变丛各应变计(片)的应变值(ε_{iH})与解除深度(cm)的关系曲线，并根据曲线选取各应变计(片)的稳定应变值。

③根据稳定应变值，计算主应变及其方向。

直角应变丛：

$$\varepsilon_1 = \frac{\varepsilon_a - \varepsilon_c}{2} + \frac{1}{\sqrt{2}}\sqrt{(\varepsilon_a - \varepsilon_b)^2 + (\varepsilon_b - \varepsilon_c)^2} \tag{4.10.2}$$

$$\varepsilon_2 = \frac{\varepsilon_a - \varepsilon_c}{2} - \frac{1}{\sqrt{2}}\sqrt{(\varepsilon_a - \varepsilon_b)^2 + (\varepsilon_b - \varepsilon_c)^2} \tag{4.10.3}$$

$$\tan 2\alpha = \frac{2\varepsilon_b - \varepsilon_a - \varepsilon_c}{\varepsilon_a - \varepsilon_c} \tag{4.10.4}$$

式中，ε_1 为最大主应变($\mu\varepsilon$)；ε_2 为最小主应变($\mu\varepsilon$)；ε_a 为 0°应变计(片)稳定应变值($\mu\varepsilon$)；ε_b 为45°应变计(片)稳定应变值($\mu\varepsilon$)；ε_c 为 90°应变计(片)稳定应变值($\mu\varepsilon$)；α 为最大主应变与 X 轴的夹角(°)。

等三角形应变丛：

$$\varepsilon_1 = \frac{\varepsilon_a + \varepsilon_b + \varepsilon_c}{3} + \frac{\sqrt{2}}{3}\sqrt{(\varepsilon_a - \varepsilon_b)^2 + (\varepsilon_b - \varepsilon_c)^2 + (\varepsilon_c - \varepsilon_a)^2} \tag{4.10.5}$$

$$\varepsilon_2 = \frac{\varepsilon_a + \varepsilon_b + \varepsilon_c}{3} - \frac{\sqrt{2}}{3}\sqrt{(\varepsilon_a - \varepsilon_b)^2 + (\varepsilon_b - \varepsilon_c)^2 + (\varepsilon_c - \varepsilon_a)^2} \tag{4.10.6}$$

$$\tan 2\alpha = \frac{\sqrt{2}(\varepsilon_b - \varepsilon_c)}{2\varepsilon_a - \varepsilon_b - \varepsilon_c} \tag{4.10.7}$$

式中，ε_a、ε_b、ε_c 为 0°、60°、120°应变计(片)的应变值($\mu\varepsilon$)；其余符号同前。

④计算最大、最小主应力。其公式为

$$\sigma_1 = \frac{E}{1-\nu^2}(\varepsilon_1 + \nu\varepsilon_2) \tag{4.10.8}$$

$$\sigma_2 = \frac{E}{1-\nu^2}(\varepsilon_2 + \nu\varepsilon_1) \tag{4.10.9}$$

式中，E 为岩石弹性模量(MPa)；ν 为岩石泊松比；ε_1、ε_2 为最大、最小主应变($\mu\varepsilon$)。

二、钻孔孔径变形法

(一)测试原理

钻孔孔径变形法是通过套孔钻进测量解除前后孔径变化来确定岩体应力的一种方法。目前主要采用钻孔变形计和压磁应力计两种测试方法，适用于完整和较完整岩体。

钻孔变形计内部安装有四个预先贴好电阻片的弹性钢环(图 4.10.6)。每个钢环外有一个触头顶着，触头的作用是传递孔径变形，使变形计内的钢环随着孔径的变化而变化，通过电阻应变仪测量钢环上应变片的应变，并将它换算成钻孔的直径变化，然后根据钻孔孔径的变化与岩体弹性模量，计算垂直孔轴平面上的岩体应力。

压磁应力计(图 4.10.7)是根据铁磁物体的压磁效应而设计的。应力感应部件是一个用铁镍合金做铁芯的自感线圈(图 4.10.8)。若沿着铁芯轴向施加的压力发生变化，那么铁芯的磁导率就会发生相应的变化，自感线圈的电感量和阻抗也随着发生变化，其变化值可以通过压磁应力仪测量。在使用时，将互成 120°的三个应力计送入孔内，通过加力装置拉紧应力计滑楔，使应力计承受一定应力，通过套孔解除，测孔的孔径会发生变化，从而使孔内的应力计承受的压力随之变化，这种变化由应力仪测出并换算成折算位移，最后根据弹性理论计算垂直孔轴面上的岩体应力。

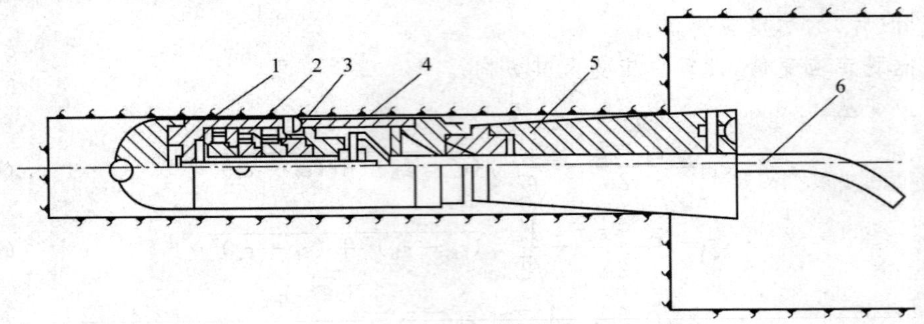

图 4.10.6　四分向环式钻孔变形计示意

1-钢环架；2-钢环；3-触头；4-外壳；5-定位器；6-测量电缆

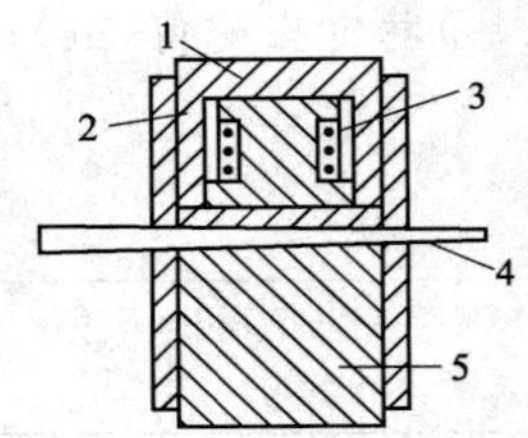

图 4.10.7　压磁应力计示意

1-铁芯盒；2-铁镍合金芯轴；3-线圈；4-滑楔；5-支撑

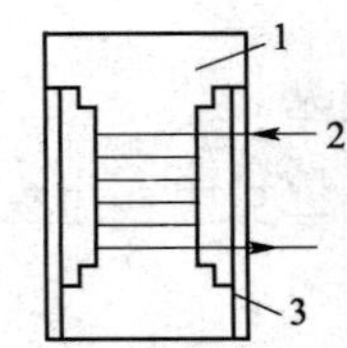

图 4.10.8　铁镍合金轴示意

1-铁镍合金芯轴；2-线圈；3-屏蔽套

(二)应用范围

此方法适用于完整、较完整岩体中测试。在破碎岩体、薄层或出现饼状岩芯处不宜采用。

此法测试深度一般在 50 m 以内，也测到过 70 m 深。

通过一个钻孔的试验，可以确定垂直孔轴平面上的应力。如果要确定三向应力，则必须在三个独立方向上进行试验。三个钻孔的方向可以参照图 4.10.9 的布置方式。

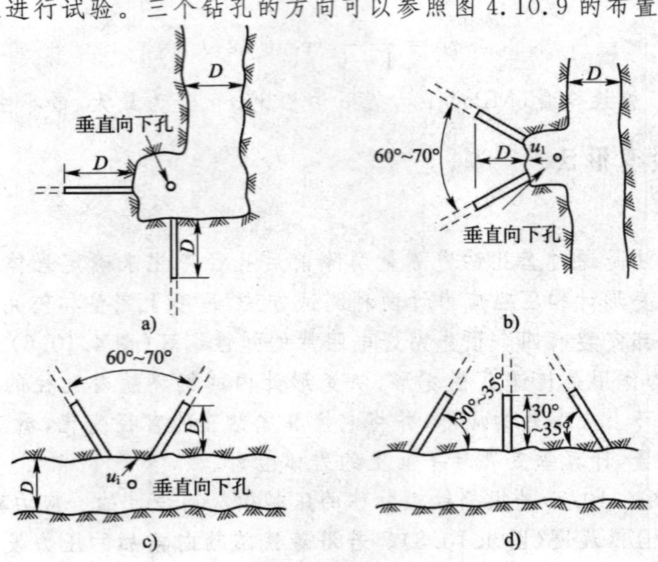

图 4.10.9　岩体应力测试三个方向钻孔布置示意

D-隧洞开挖直径

(三)主要仪器设备

孔径变形法主要仪器设备见表 4.10.2。

孔径变形法主要仪器设备　　表 4.10.2

类　别	组　成	类　别	组　成
量测仪表及安装设备	四分向环式钻孔变形计、电阻应变仪或压磁应力计(包括加力装置)、压磁应力仪、送进杆、水平及垂直定向装置、围压率定器、稳压电源设备	钻孔设备	钻机及相应配套的岩芯管、钻杆等;ϕ36 mm 钻头,ϕ110 mm 或 ϕ130 mm 钻头;孔底磨平钻头和锥形钻头

(四)测试要点

①在选定试验部位用 ϕ110 mm 或 ϕ130 mm 钻头钻孔至预定深度,并取出岩芯,记录钻孔深度、方位角与倾角。套钻程序如图 4.10.10 所示。

②用 ϕ110 mm 或 ϕ130 mm 磨平钻头磨平孔底,然后再用 ϕ110 mm 或 ϕ130 mm 锥形钻头在孔底钻出深约 5 cm 的喇叭口。

③用 ϕ36 mm 钻头钻一深 300～400 mm 的同心孔,并将钻孔冲洗干净。

④将变形计(或应力计)与送进杆连接,将其送入 ϕ36 mm 钻孔,并使之固定。记录其测量方向,而后取出送进杆。

⑤将 ϕ110 mm 或 ϕ130 mm 钻头下入孔内,同时将变形计(或应力计)导线穿过钻头、钻杆引出并与应变仪(或应力仪)相接。

⑥向钻孔内充水,待仪器读数稳定后,记录初始读数。

⑦套钻解除应力,一般每解除(即套钻钻入深)2～3 cm 读数一次,直到仪器读数稳定或解除深度达到岩芯直径的 1/2,套钻解除结束。

⑧取出带有变形计(或应力计)的岩芯,放到围压率定器内(图 4.10.11)进行率定。至此,现场试验结束。

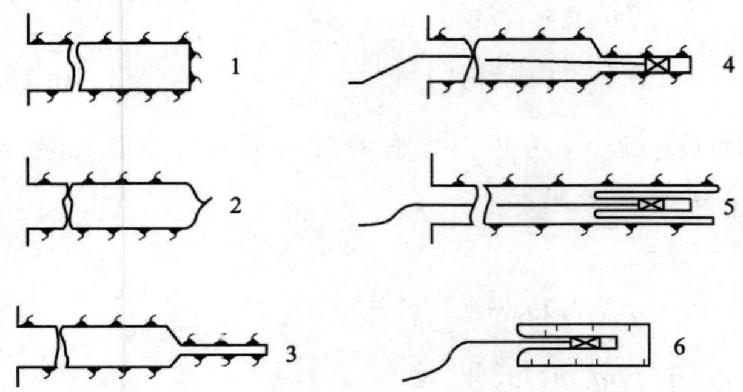

图 4.10.10　钻孔应力解除套钻程序示意

1-孔底磨平;2-钻锥形孔;3-钻测量孔;4-埋设测量元件;5-套钻解除;6-取出岩芯

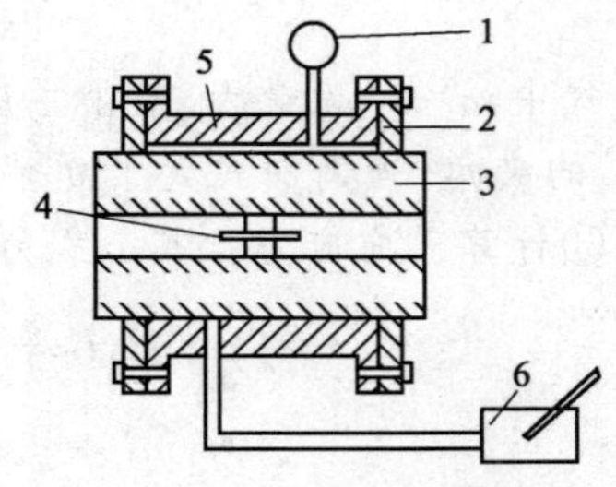

图 4.10.11　围压率定器率定变形计(应力计)示意

1-压力表;2-橡皮套筒;3-解除后取出的岩芯;4-测量元件;5-钢套筒;6-油泵

(五)资料整理

(1)钻孔变形计法

①计算钻孔径向位移

$$u = \frac{\varepsilon_n - \varepsilon_0}{K} \tag{4.10.10}$$

式中,K 为变形计率定系数($\mu\varepsilon/10^{-3}$ mm);ε_n 为解除后仪器最终稳定应变值($\mu\varepsilon$);ε_0 为

解除前仪器初始应变值($\mu\varepsilon$)。

②计算与钻孔轴垂直平面内的最大、最小主应力及其方向：

$$\sigma_1=\frac{E}{4d}\left[(u_{0°}+u_{90°})+\frac{1}{\sqrt{2}}\sqrt{(u_{0°}+u_{45°})^2+(u_{45°}-u_{90°})^2}\right] \tag{4.10.11}$$

$$\sigma_2=\frac{E}{4d}\left[(u_{0°}+u_{90°})-\frac{1}{\sqrt{2}}\sqrt{(u_{0°}+u_{45°})^2+(u_{45°}-u_{90°})^2}\right] \tag{4.10.12}$$

$$\tan2\alpha=\frac{2u_{45°}-u_{0°}-u_{90°}}{u_{0°}-u_{90°}} \tag{4.10.13}$$

且
$$\frac{\cos2\alpha}{u_{0°}-u_{90°}}>0 \quad (判别式)$$

式中，σ_1、σ_2 为垂直钻孔平面内的最大、最小主应力(MPa)；α 为 u_0 与 σ_1 之间的夹角。当判别式小于 0 时，则为 u_0 与 σ_2 之间的夹角；d 为钻孔直径(cm)；E 为岩石弹性模量(MPa)；ν 为岩石泊松比；$u_{0°}$、$u_{45°}$、$u_{90°}$ 分别为 0°、45°、90°三个方向的变形(10^{-3}mm)。

如果是四组钢环测试，可进行组合计算，求出 σ_1、σ_2 的平均值。

(2)压磁应力计法

①确定每一测量方向元件的记录应力。其公式为

$$s=\eta\Delta V \tag{4.10.14}$$

式中，η 为测量方向元件的率定系数；ΔV 为解除前后仪器读数的变化值。

②计算与钻孔垂直平面内的最大、最小主应力及其方向。其公式为

$$\sigma_1=\frac{1}{3}(s_1+s_2+s_3)+\sqrt{(s_1-s_2)^2+(s_2-s_3)^2+(s_3-s_1)^2} \tag{4.10.15}$$

$$\sigma_2=\frac{1}{3}(s_1+s_2+s_3)-\sqrt{(s_1-s_2)^2+(s_2-s_3)^2+(s_3-s_1)^2} \tag{4.10.16}$$

$$\tan2\alpha=-\sqrt{3}\,\frac{s_2-s_3}{2s_1-s_2-s_3} \tag{4.10.17}$$

$$\frac{s_2-s_3}{2s_1-s_2-s_3}<0 \quad (判别式) \tag{4.10.18}$$

式中，σ_1、σ_2 为最大、最小主应力(MPa)；s_1、s_2、s_3 为不同方向的三个记录应力值；α 为 s_1 与 σ_1 的夹角，当判别式大于 0 时，则为 s_1 与 σ_2 的夹角。

③计算三向应力。其公式为

$$\begin{aligned}s=\frac{1}{3}\{&(f_1l_1^2+f_2l_2^2+f_3l_3^2+f_4l_1l_3)\sigma_x+\\&(f_1m_1^2+f_2m_2^2+f_3m_3^2+f_4m_1m_3)\sigma_y+\\&(f_1n_1^2+f_2n_2^2+f_3n_3^2+f_4n_1n_3)\sigma_z+\\&[2f_1l_1m_1+2f_2l_2m_2+2f_3l_3m_3+f_4(l_1m_3+l_3m_1)]\tau_{xy}+\\&[2f_1m_1n_1+2f_2m_2n_2+2f_3m_3n_3+f_4(m_1n_3+m_3n_1)]\tau_{yz}+\\&[2f_1n_1l_1+2f_2n_2l_2+2f_3n_3l_3+f_4(n_1l_3+n_3l_1)]\tau_{zx}\}\end{aligned} \tag{4.10.19}$$

其中

$$f_1=1+\cos2\theta$$
$$f_2=-\nu$$
$$f_3=1-2\cos2\theta$$
$$f_4=4\sin2\theta$$

式中，θ 为钻孔中测量方向与钻孔坐标中 h_1 的夹角；ν 为岩石泊松比；l_1、m_1、n_1、l_2、m_2、

n_2、l_3、m_3、n_3 为钻孔坐标对大地坐标轴的方向余弦。

三、钻孔孔壁应变法

(一)测试原理

孔壁应变法是借助粘贴在钻孔孔壁上的电阻应变片测量套孔应力解除前后孔壁表面应变变化，根据弹生理论计算岩体中一点的三向应力。目前国内广泛使用的有三叉式应变计法、空心包体式应变计法和深孔水下应变计法(表 4.10.3)。

常用应变计四成及安装要求　　表 4.10.3

类　型	组成及安装要求
三叉式应变计	三叉应变计的前部有三个可张开的橡皮叉(图 4.10.12)，每个橡皮叉上有一组应变丛。每个应变丛由 3～4 个电阻应变片组成(图 4.10.13)。测试时，将它放入孔内，然后推动楔头，橡皮叉便均匀张开，使带有胶水的应变丛粘贴在孔壁上。当套孔解除时，应变片便随着孔壁岩石变形，应变片的应变可由应变仪测出
空心包体式应变计	空心包体式应变计是由嵌入环氧树脂筒中三组应变丛组成。每个应变丛有四个应变片，其布置见图 4.10.14。应变计有一个环氧树脂浇筑的外层，它使电阻应变片嵌在筒壁内，其外层厚约0.5 mm(图 4.10.15)。环氧树脂圆筒内有一个足够大的内腔，用来装胶黏剂。另有一个环氧树脂塞，使用时将筒内腔装满胶黏剂，然后将栓塞插入内腔约 15 mm 深处，用铅丝将其固定。栓塞的另一端有一木质导向定位棒，以使应变计顺利地安装在所需要的位置上。将应变计送入钻孔中预定位置后，用力推动安装杆，可使铅丝切断，继续推进可使胶黏剂经栓塞小孔流出，进入应变计和钻孔之间的间隙，经过一定的时间，胶黏剂完全固化后，即可进行套钻解除
深孔水下应变计	主要由三向应变计探头及安装器组成(图 4.10.16、图 4.10.17)，在钻孔中粘贴应变计由管形安装器来完成，为避免在下井过程中应变计上的胶黏剂与水接触发生不利反应，将应变计浸泡在一特别的胶罐中。当安装器到达预定测点后，其底部的触针将触发一灵巧装置，使中心锥在重力作用下下落，推掉胶罐并同时将应变计牢固地压紧在测孔岩壁上，待胶水固化后(约需 2 h)，即可通过电缆连接的应变仪测读解除前的初始读数，随后即可进行套钻解除

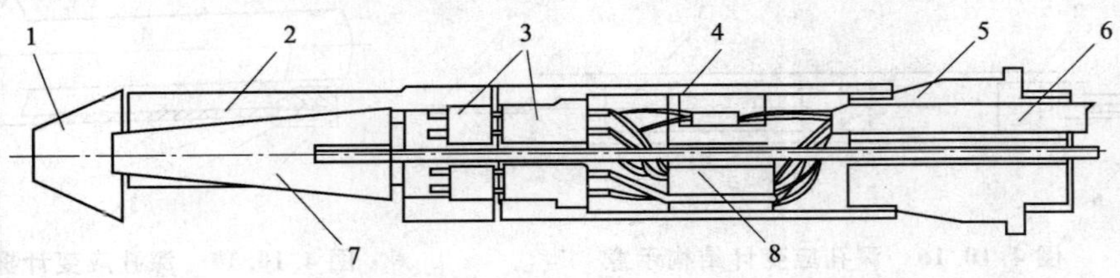

图 4.10.12　三叉式应变计结构示意

1-导向块；2-橡皮叉；3-16 芯插头与插座；4-金属壳；5-橡皮塞；6-电缆；7-楔头；8-补偿室

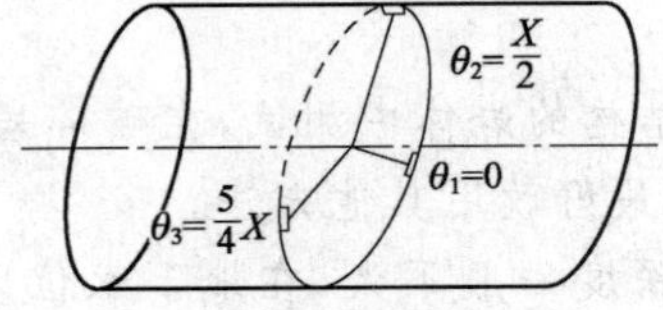

a)应变丛位置

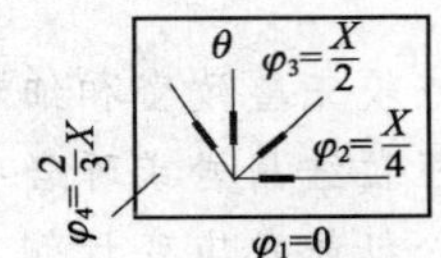

b)电阻片位置

图 4.10.13　三叉式应变计应变丛布置示意

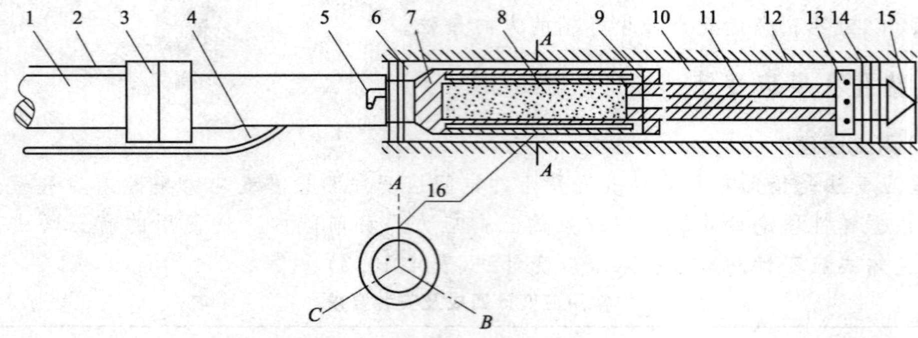

图 4.10.14　空心包体式应变计结构示意

1-安装杆;2-定向器导线;3-定向器;4-读数电缆;5-定身销;6-密封圈;7-环氧树脂筒;8-空腔(内装胶黏剂);9-固定销;10-应力计与孔壁之间的空隙;11-栓塞;12-岩石钻孔;13-出胶小孔;14-接头;15-导向头;16-应变丛

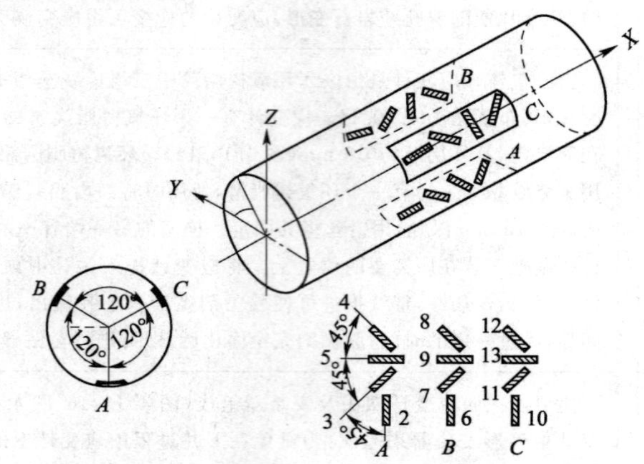

图 4.10.15　空心包体式应变计应变丛分布示意

(A、B、C 为三组应变丛)

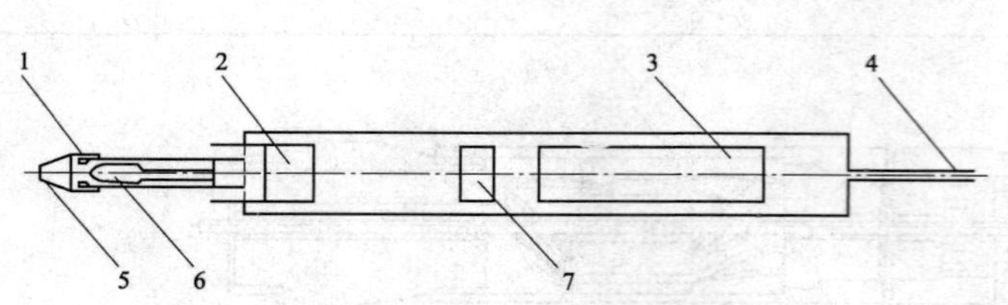

图 4.10.16　深孔应变计结构示意

1-探头;2-触发装置;3-电子部分;4-承重电缆;5-胶罐;6-锥头;7-罗盘

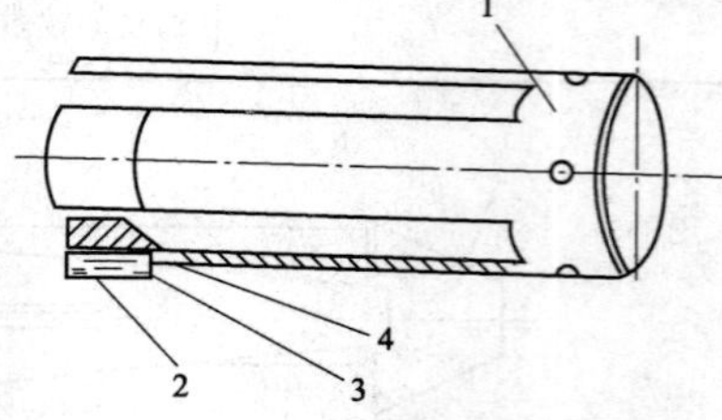

图 4.10.17　深孔应变计探头示意

1-玻璃钢三叉;2-泡沫塑料;3-应变片;4-橡胶片

(二)应用范围

此法适用于完整或较完整致密和细粒结构的岩体中测试,在破碎岩体、薄层或出现饼状岩芯处不宜使用。在粗粒结晶岩或砾岩中,最好改用其他方法。

浅孔三叉式及空心包体式应变计测试深度一般不大,在地下水位以下的岩体一般不宜使用,而深孔应变计在我国已在300 m以上的深孔中测试获得成功。

此法只需通过一个钻孔测量,就能得到三向应力。

(三)主要仪器设备

钻孔孔壁应变法主要仪器设备见表4.10.4。

钻孔孔壁应变法主要仪器设备 表4.10.4

类　型	组　成
量测仪表及安装设备	钻孔三叉式应变计或空心包体式应变计或深孔应变计、静态电阻应变仪、送进杆及安装器、孔壁、孔端擦洗器及烘干器、水平及垂直定向装置、围岩率定器、稳压电源设备
钻孔设备	钻孔及配套的岩芯管、钻孔等器材、ϕ36 mm或ϕ46 mm钻头、ϕ110 mm或ϕ130 mm钻头、孔底磨平钻头、锥形钻头

(四)测试要点

①在选定试验部位,用ϕ110 mm或ϕ130 mm钻头钻至预定深度,并取出岩芯。当钻水平孔时,钻孔一般要求上倾3°～5°,以便排水排渣。套钻程序见图4.10.10。

②用磨平钻头磨平孔底。

③用锥形钻头在孔底钻一喇叭口。

④用ϕ36 mm(或ϕ46 mm)钻头钻一孔深300～400 mm的同心孔,如果取出的岩芯无裂隙,即可作为测试区段。

⑤先用清水将测试段冲洗干净。如果是三叉式和包体式应变计则还需用高压空气吹干或用电热烘烤器烘干(注意温度不要太高),最后用丙酮擦洗干净。

⑥用安装杆将应变计送入测孔。如果是三叉式应变计,则推进安装杆,使楔形块前进,此时橡皮叉张开,使贴有环氧树脂胶的应变丛紧贴在孔壁上;如果是空心包体式应变计,则推动安装杆,使空腔内胶黏剂从栓塞小孔流出,进入应变计和孔壁之间的间隙,从而使应变计固结在测孔里。如果是深孔应变计,应首先在应变计前端的胶罐里注满胶黏剂,并用安装器将应变计送入测试孔,利用安装器自重,将应变计牢固地黏结在孔壁上,最后接通电源加热罗盘,30 min后切断电源,使罗盘自冷定向。

⑦套钻解除,用ϕ130 mm钻头下入孔内,并向孔内充水,同时测读应变计的初始应变值。当数值稳定后,即可开机进行套钻解除,一般要求每解除2～3 cm深度测读一次,直到应变计读数稳定为止,解除结束。

⑧取出带有应变计的岩芯,将它放入围压率定器内进行率定,确定岩石的弹性模量。

⑨对取出的岩芯及附近地层情况进行描述。

(五)资料整理

①计算每级各电阻片解除应变测定值。其公式为

$$\varepsilon_k = \varepsilon_{nk} - \varepsilon_{ok} \tag{4.10.20}$$

式中,ε_k为第k电阻片解除应变测定值($\mu\varepsilon$);ε_{nk}为解除后第k电阻片应变仪读数($\mu\varepsilon$);ε_{ok}为解除前第k电阻片应变仪读数($\mu\varepsilon$)。

②绘制解除过程曲线(应变与解除深度关系曲线)。

③根据解除过程曲线,结合地质条件及试验情况,选取各测量片的解除应变测定值。

④根据围压试验,绘制压力与应变关系曲线,计算岩石弹性模量和泊松比。

⑤岩体三维应力的计算见参考文献。

四、钻孔孔底应变法

(一)测试原理

孔底应变法是借助于粘贴在钻孔底面上的电阻应变片测量套钻解除前后孔底岩体的应

变变化,利用弹性理论的经验公式及岩石的弹性模量计算应力。孔底应变计有一个硬塑料外壳,在其端面借助于厚 0.5 mm 的有机玻璃片或赛璐珞片(或薄橡皮)上贴有一组电阻应变丛。外壳另一端用胶黏剂(通常为环氧树脂)粘贴在孔底表面中央三分之一面积内(图 4.10.18)。这样,当孔底岩面由于套钻解除发生变形时,应变计将随之变化。

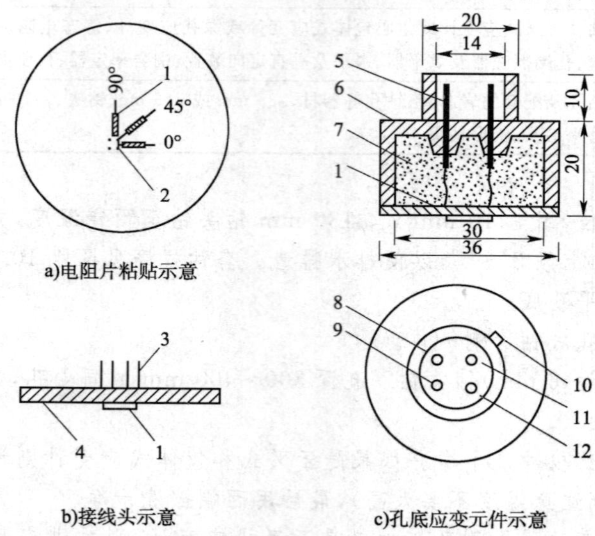

a)电阻片粘贴示意　b)接线头示意　c)孔底应变元件示意

图 4.10.18　孔底应变计示意图(尺寸单位:mm)

1-电阻片;2-穿线孔;3-接线头;4-有机玻璃或赛璐珞片;5-插针;6-塑料外壳;7-硅橡胶;8-0°电阻片插针;9-45°电阻片插针;10-键槽;11-90°电阻片插针;12-公用插针

(二)应用范围

此法适用于地下水位以上完整和较完整的致密与细粒结构的岩体。由于此法要求解除岩芯较短,仅需大于孔径的深度即可,因此在有一定程度破碎的岩体和出现饼状岩芯的地区,有时也可使用。

采用孔底应变计测量岩体三向应力,需要钻三个交会孔,三孔的盘应将两侧斜孔与中间垂直孔形成 45°±5°的夹角。

此法测试深度不大,一般在 20 m 以内。

(三)主要仪器设备

钻孔孔底应变法主要仪器设备见表 4.10.5。

钻孔孔底应变法主要仪器设备　　表 4.10.5

类　型	组　成
量测仪器及安装设备	孔底应变计、静态电阻应变仪和预调平衡接线箱、安装杆、安装器及定位装置、孔底擦洗器及烘干器、围岩率定器、稳压电源设备
钻孔设备	钻机及配套的岩芯管、钻杆等器材、ϕ76 mm 钻头、ϕ76 mm 磨平钻头及细磨钻头

(四)测试要点

①钻孔:用 ϕ76 mm 钻头在试验部位钻至预定深度,取出岩芯并判明孔底是否满足测试要求。否则继续钻进。

②磨平孔底:先下入粗磨平钻头,对孔底进行粗磨,达到要求后再用细磨平钻头进行细磨,使孔底达到平整光滑。

③洗孔:用清水将孔底、孔壁上岩粉冲洗干净。然后用高压风将孔底吹干或用烘干器烘

干。再用丙酮擦洗干净。

④粘贴应变计:用绷带包脱脂棉,蘸上环氧树脂胶,并将其送入孔底涂抹,使孔底涂上一层树胶,然后,将底面涂有树胶的应变计用带有安装器的安装杆送到孔底。应注意,当接近孔底时,必须调整到水平位置,然后用力将应变计压贴在孔底平面三分之一直径范围内。

⑤套钻解除与应变测试:待粘贴应变计的环氧树脂凝固后,即可测记应变计的初始值,随后将安装器取出并下入钻头,开机钻进解除。当钻进 10～20 cm 时,停止钻进,取出装有应变计的岩芯,测记解除后的应变计读数,并把岩芯编号,进行弹性模量试验。

⑥记录测试段孔深、钻孔方位及其倾角。

(五)资料整理

①计算各电阻片解除应变测定值。其公式为

$$\varepsilon=\varepsilon_n-\varepsilon_o \tag{4.10.21}$$

式中,ε 为第某个电阻片解除应变测定值($\mu\varepsilon$);ε_n 为解除后第某个电阻片应变仪读数($\mu\varepsilon$);ε_o 为解除前第某个电阻片应变仪读数($\mu\varepsilon$)。

②岩体应力计算见参考文献。

五、水压致裂法

(一)测试原理

水压致裂法是在钻孔内用两个可膨胀的橡胶封隔器将钻孔的试验段隔离开来,施加水压,通过测量(在试验水平面)岩石的裂隙产生、传播、保持和重新开裂所需水压力来确定垂直于钻孔平面的最大、最小主应力。它们的方向,一般是通过观测和测量由水压力导致钻孔壁破裂(水压致裂)面的方位获得的。

(二)应用范围

①这种方法是在超深孔内唯一能确定岩体应力的一种技术。它的测试深度,在我国已达到 1 000 m 以上。

②此法的优点是不需要预先知道岩石的弹性模量,而且在水下测试也无困难。

③此法假设钻孔方向是其中一个主应力方向,垂直应力一般是根据上覆岩层重量来计算的。如果钻孔方向偏离主应力方向甚大(大于±15°),这样得出的成果,误差就会很大。

(三)主要仪器设备

①钻机,要满足孔深的要求;

②钻头,要与堵孔的封隔器相适应;

③可膨胀的橡皮封隔器;

④装有定向装置的印模器;

⑤高压水泵系统,要求在所加压力范围内具有恒定液流的能力;

⑥流量计、压力计等量测设备及记录仪。

图 4.10.19 为双回路水压致裂应力测量系统示意图。

(四)测试要点

①在选定测试部位打一钻孔,根据工程要求确定测试段大概的深度,再根据取出的岩芯、钻孔电视或声波探测检验孔壁情况,选定测试段的长度与深度。

②将橡皮封隔器组装好并下入孔内至预定深度,随后向封隔器施加压力使其膨胀,形成一个封隔孔段[图 4.10.20a)],记录测段的长度和深度。

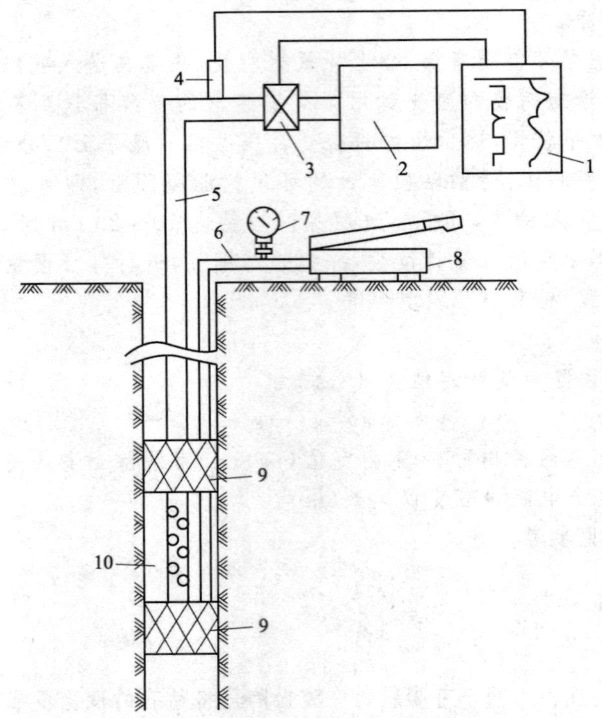

图 4.10.19 双回路水压致裂应力测量系统示意

1-记录仪;2-高压泵;3-流量计;4-压力计;5-高压钢管;6-高压胶管;7-压力表;8-泵;9-封隔器;10-压裂段

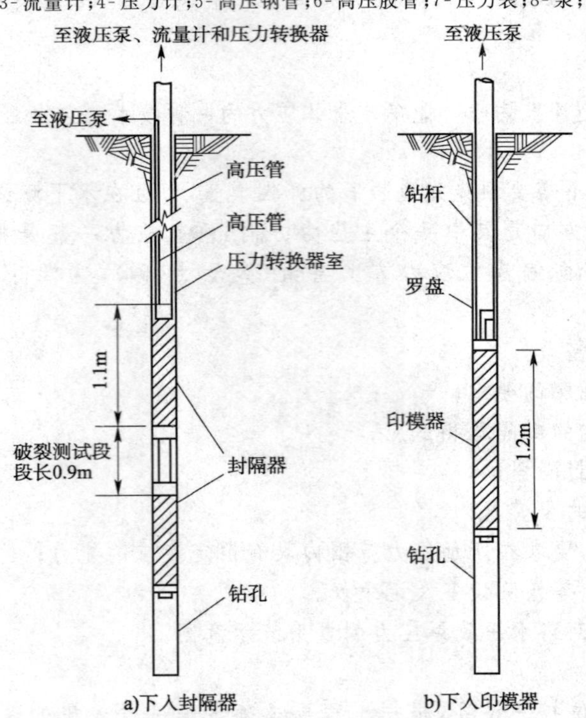

图 4.10.20 水压致裂应力测量钻孔内的设备示意

③由地表向管路泵注入高压水,对试验段加压,同时记录流量、压力随时间的变化。当压力持续增加到钻孔围岩破裂时,压力将突然下降。这时的压力称为破裂压力(p_t),记录下

p_t 值，继续加大泵量，使破裂扩展，然后停止泵压，此时形成瞬间关闭压力（p_s），并记录 p_s 值。

④再次加压，使裂缝重新张开，此时的压力成为裂缝重新张开压力（p_r），然后停止泵压，并记录它的关闭压力（p_s）值。可以根据试验情况，决定做几个循环。典型的水压致裂压力过程见图 4.10.21。

⑤取出封隔器，下入橡胶印模器，确定破裂方向[图 4.10.20b)]。

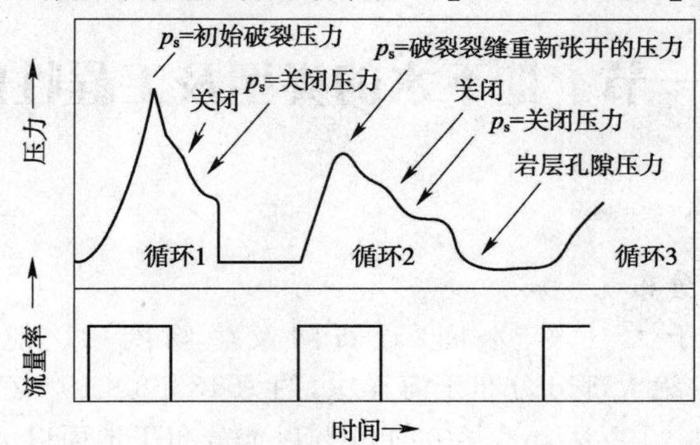

图 4.10.21 典型的水压致裂压力过程曲线

(五)资料整理

画出压力、流量率与时间过程线(图 4.10.21)。从图上过程线确定 p_t，p_s。

当水压致裂的平面接近平行钻孔轴线时，主应力由下式表达

$$\sigma_{min} = p_s \tag{4.10.22}$$

$$\sigma_{max} = 3p_s - p_t - p_0 + T \quad \text{（适于初始循环）} \tag{4.10.23}$$

$$\sigma_{max} = 3p_s - p_t - p_0 \quad \text{（适于以后的重新加压循环）} \tag{4.10.24}$$

$$\sigma_v = \gamma h \tag{4.10.25}$$

式中，σ_{min} 为最小水平应力（MPa）；σ_{max} 为最大水平应力（MPa）；σ_v 为铅直向应力（MPa）；p_s 为关闭压力（MPa）；p_t 为初始破裂压力（MPa）；p_0 为初始孔隙水压力（MPa）；T 为岩石的破裂强度（MPa），由室内试验确定；γ 为岩石重度（kN/m^3）；h 为试验段深度（m）。

第五章 水文地质

第一节 地下水的类型及工程性质

一、自然界中的水

(一)水在地球上的分布

地球上的水存在于大气圈、水圈、岩石圈及生物圈中。地球上水的总量约为138.609 4×10^8 亿 m^3。绝大部分分布于海洋中,约为 133.8×10^8 亿 m^3。地面以下 17 km 地下水的总量约为 0.84×10^8 亿 m^3,其中约 50%以上分布于地面以下 1 km 的范围内。

在太阳能及重力的作用下,地球上的水由水圈进入大气圈,经过岩石圈表层再返回水圈,如此循环不已。自然界中的水循环就反映了大气水、地表水、地下水三者之间的相互联系。

(二)自然界的水循环

在太阳热能作用下,海洋中的水分蒸发成为水汽,进入大气圈;水汽随水流运移至陆地上空,在适宜的条件下,重新凝结下降。降落的水分,一部分沿地面汇集于低处,成为河流、湖泊等地表水;另一部分渗入土壤岩石中,成为地下水。形成地表水的那部分水分有的重新蒸发成为水汽,返回大气圈;有的渗入地下形成地下水,其余部分则流入海洋,如图 5.1.1所示。

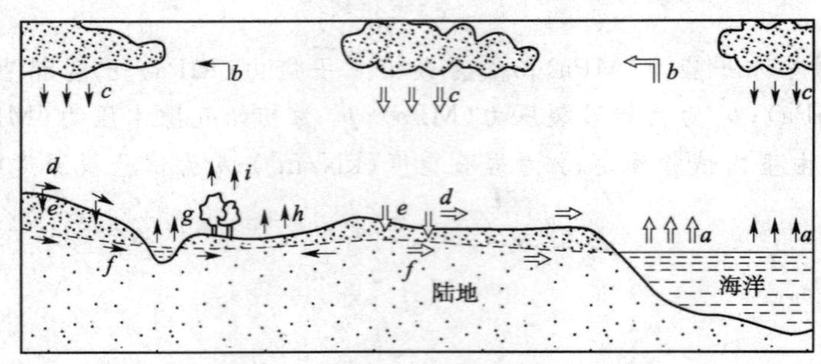

图 5.1.1　自然界水循环示意图

1-大循环各环节;2-小循环各环节;*a*-海洋蒸发;*b*-大气中水汽转移;*c*-降水;*d*-地表径流;*e*-入渗;*f*-地下径流;*g*-水面蒸发;*h*-土面蒸发;*i*-叶面蒸发(蒸腾)

水分从海洋经过陆地最终返回海洋,这种发生在海陆之间的水循环称为大循环。在大陆(或海洋)表面蒸发的水分重新又降落回大陆(或海洋)表面,这种就地蒸发、就地形成降水的循环称为小循环。一个地区小循环增强,总降水随之增加。植树造林,兴修水库,便是增加小循环,改造干旱、半干旱地区的重要措施之一。

(三)地下水的来源

①海成的。地下水是由海水渗到地下而成的。但海水直接渗入地下而形成地下水是很少存在的。仅在靠近海岸附近的狭小范围内有海水流入到地下面与淡水混合的情况存在。

而在自然界却广泛地分布着另一种“海相残留水”。它是在海相沉积物形成时,在粗粒沉积物的孔隙间充满着大量的海水残留而成的。

②渗透的。大气降水、地表水和融雪水的渗透是地下水的主要来源。大气降水补给地下水的多少与降水强度、植被覆盖程度、地表坡度以及岩石透水性等密切相关。强烈的暴雨大多形成地表径流而流失,短时小雨渗不深,基本上被蒸发掉。而长期的绵绵细雨补给地下水最多。有些地区来自河、湖、水库和渠道的侧渗也相当重要。

③凝结的。地下水是来源于大气中水汽或土壤孔隙中水汽分子受昼夜温差影响而凝结生成的。在大陆性干旱沙漠地区,由于当地蒸发量大,降水量小,没有渗透形成地下水的条件,因而凝结作用就突出了。

④初生的。地下水是由地球深处的高温水汽上升冷却而形成的,水中含有特殊的化学成分和气体。如有些温泉就是这种成因。

自然界大多数地下水来源于渗透和凝结。各种不同地下水的来源是与该地区的地质、地貌、自然地理条件密切相关的。在干旱炎热的沙漠地区,蒸发量大,降水量少,地下水主要由凝结而成;而在东部沿海多雨地区地下水则主要由渗透而成,如广大的冲积平原与山前平原的地下水。

(四)岩石中的空隙

组成地壳的岩石,无论是松散沉积物还是坚硬的基岩,都有空隙。空隙的大小、多少、均匀程度和联通情况,决定着地下水的埋藏、分布和运动。

通常把岩石的空隙分为三类:松散沉积物颗粒之间的空隙称为孔隙;非可溶岩中的空隙称为裂隙;可溶岩产生的空隙小者称为溶隙,大者称为溶洞(图 5.1.2)。

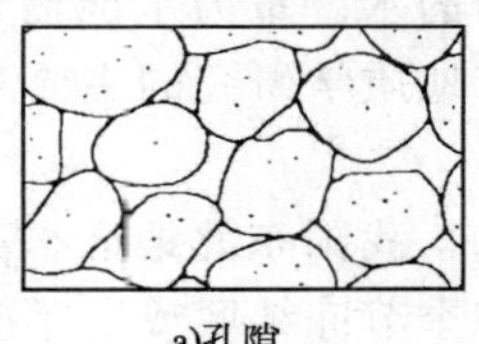

a)孔隙

b)裂隙

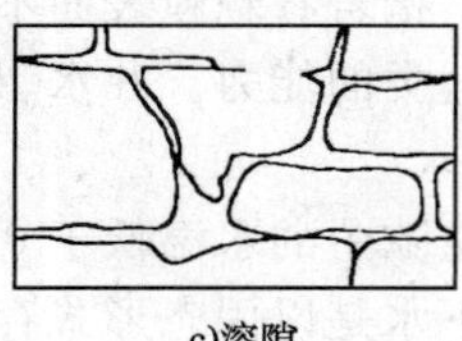

c)溶隙

图 5.1.2 岩石的空隙

岩石空隙的发育程度,可用空隙度这个度量指标来衡量。空隙度 p 等于岩石中的空隙体积 V_p 与岩石总体积 V(包括空隙在内)的比值,即

$$p=\frac{V_p}{V}\times 100\% \tag{5.1.1}$$

岩石的空隙度以小数或百分比表示。松散沉积物、非可溶岩和可溶岩的空隙度,又可分别称为空隙度、裂隙率及岩溶率。

(五)岩石中水的存在形式

在岩石的空隙中存在的水有气态水、液态水和固态水三种类型。其中液态水又可根据其受力情况分为结合水、毛细水和重力水。此外,还有一种存在于矿物结晶内部及其间的矿物结合水。

(1)气态水

存在于未饱和岩石空隙中的水蒸气称为气态水。气态水可以随空气的流动而移动。它本身也可以由水汽压力(或绝对温度)大的地方向水汽压力(或绝对温度)小的地方迁移。当水汽增多达到饱和时,或当气温降低到露点时,气态水便凝结成液态水,成为地下水的一种补给来源。

(2)结合水

结合水通常是指束缚于岩石颗粒表面、不能在重力影响下运动的水。水分子是偶极体，一端带正电荷，另一端带负电荷。由于静电引力作用，带有电荷的岩石颗粒表面，便能吸附水分子形成结合水。

依据吸附能力的强弱，结合水又有强结合水和弱结合水之分。紧靠岩石颗粒表面的水叫强结合水(又称吸着水)。这种水不能被植物吸收。结合水的外层叫做弱结合水(又称薄膜水)。一般情况下不能流动，但当施加的外力超过其抗剪强度时，最外层的水分子便发生流动。

(3)毛细水

毛细水是指在表面张力的作用下，沿着岩土细小空隙上升的水。毛细水可以从地下水面上升形成毛细水带，也可以脱离地下水面而独立存在，成为悬挂毛细水。毛细水同时受重力和毛细力作用，能传递静水压力，其上升高度与岩土空隙大小有关，见表5.1.1。毛细水可供植物吸收，也是引起土壤盐渍化的重要条件。

常见松散岩石的毛细高度 表5.1.1

岩石名称	典型孔隙半径/mm	毛细高度/cm	岩石名称	典型孔隙半径/mm	毛细高度/cm
粗砾	2.0	0.8	粉砂	0.01	150
粗砂	0.5	3.0	黏土	0.005	300
细砂	0.05	30.0			

(4)重力水

重力水是指岩石颗粒表面不能吸引、仅受重力影响运动的水。重力水能传递静水压力，并且有溶解盐类的能力。井水、泉水都是重力水。它是水文地质学研究的主要对象。

(5)固态水

当岩石空隙中的水温低于0℃时，液态水便转为固态水。我国东北地区、青藏高原等地就有部分地下水是以固态形式存在于岩石空隙之中的，形成季节冻结区或多年冻结区。

(六)岩石的水理性质

(1)容水性

容水性是指岩石能容纳一定水量的性能。容水性的度量指标为容水度，即

$$C=\frac{W}{V}\times 100\% \tag{5.1.2}$$

式中，C 为岩石的容水度，以百分数表示；W 为岩石中所容纳水的体积(m^3)；V 为岩石的总体积(m^3)。

(2)持水性

持水性是指饱水岩石在重力作用下释放出水时，由于分子力和表面张力的作用，能在其空隙中保持一定水量的性能。持水性的度量指标为持水度，即

$$S_r=\frac{W_r}{V}\times 100\% \tag{5.1.3}$$

式中，S_r 为岩石的持水度，以百分数表示；W_r 为在重力作用下保持在岩石空隙中水的体积(m^3)；V 为岩石的总体积(m^3)。

(3)给水性

给水性是指饱水岩石在重力作用下能自由排出一定水量的性能。给水性的度量指标为给水度，即

$$\mu=\frac{W_y}{V}\times 100\% \tag{5.1.4}$$

式中，μ 为岩石的给水度，以百分数表示；W_y 为在重力作用下饱水岩石排出的水体积(m^3)；V 为岩石的总体积(m^3)。

又因

$$W=W_r+W_y$$

所以

$$C=S_r+\mu$$

或

$$\mu=C-S_r \tag{5.1.5}$$

式(5.1.5)表明，给水度等于容水度减去持水度。基岩裂隙和溶洞中的地下水，因结合水及毛细水所占的比例非常小，岩石的给水度等于它们的容水度或空隙度。

给水度是水文地质计算中的重要参数。现将几种常见的松散岩石给水度列于表5.1.2中。

常见松散岩石的给水度　　表5.1.2

岩石名称	给水度			岩石名称	给水度		
	最大	最小	平均		最大	最小	平均
黏土	5%	0	2%	粗砂	35%	20%	27%
粉砂	19%	3%	18%	细砾	35%	21%	25%
细砂	28%	10%	21%	中砾	26%	13%	23
中砂	32%	15%	26%	粗砾	26%	12%	22%

(七)透水性

透水性是指岩石允许水透过的性能。岩石透水性的度量指标为渗透系数。渗透系数越大，岩石的透水性越强。渗透系数也是水文地质计算中的重要参数。

(八)含水层与含水岩系

1.含水层和隔水层

可给出并透过相当数量水的岩层称含水层；不能给出或不透水的岩层称隔水层。含水层的形成，需要岩层具有蓄水的空间，存水的地质结构和充足的补给来源，三个条件缺一不可。

含水层与隔水层是相对而言的，其间并无截然的界限和绝对的定量指标。在生产实践中，在水源丰富的地区，只有供水能力强的岩层，才能作为含水层。而在缺水地区，某些岩层虽然只能提供较少的水量，也被当为含水层对待。又如黏土层，通常认为是隔水层，但一些发育有干缩裂隙的黏土层，亦可形成含水层。

2.含水段与含水岩系

松散沉积物的岩性单一又连续成层分布时，称含水层是合适的。但在含水极不均匀的裂隙或岩溶发育的基岩地区，如划分含水层或隔水层，则往往不能反映实际含水特征。这就需要根据裂隙、岩溶实际的含水状况划分出含水段。对于穿越不同成因、岩性、时代的含水的断裂破碎带，则可划分一含水带。同时，根据实际需要，可将几个地层时代和成因特征相同的含水层(其间可夹有弱透水层或隔水层)划为一含水岩组。如第四系松散沉积物的砂层，常夹有薄层黏土层，但其上下砂层之间存在水力联系，有统一的地下水位，化学成分亦相近，即可划为一个含水岩组(简称含水组)。

在开展地区性的大范围的水文地质研究和编图时，往往将几个水文地质条件相近的含水岩组划为一含水岩系。含水岩组之间可存在一些隔水层。如第四系含水岩系、基岩裂隙水含水岩系或岩溶水含水岩系等。

二、地下水的物理性质和化学性质

(一)地下水的物理性质

地下水的物理性质包括温度、颜色、透明度、气味、味道、密度、导电性和放射性等。

(1)颜色

地下水一般是无色的,但由于化学成分的含量不同,以及悬浮杂质的存在,而常常呈现出各种颜色(表 5.1.3)。

地下水的颜色与水中存在物质的关系 表 5.1.3

水中存在的物质	硬水	低铁	高铁	硫化氢	锰的化合物	腐殖酸盐
颜色	浅蓝	淡灰	锈色	翠绿	暗红	暗黄或灰黑

(2)透明度

常见的地下水多是透明的,但其中如含有一些固体和胶体悬浮物时,则地下水的透明度有所改变。为了测定透明度,可将水样倒入一高 60 cm、带有放水嘴和刻度的玻璃管中,把管底放在 1 号铅字(专用铅字)的上面,打开放水嘴放水,一直到能清楚地看到管底的铅字为止,读出管底到水面的高度。根据这种观测方法可以把水的透明度划为四级(表 5.1.4)。

地下水透明度分级 表 5.1.4

分　级	野外鉴别特征
透明的	无悬浮物及胶体,60 cm 水深可见 3 mm 的粗线
微浊的	有大量悬浮物,30～60 cm 水深可见 3 mm 的粗线
浑浊的	有较多的悬浮物,半透明状,小于 30 cm 深可见 3 mm 的粗线
极浊的	有大量悬浮物或胶体,似乳状,水深很浅也不能清楚看见 3 mm 的粗线

(3)气味

一般地下水是无味的,当其中含有某种气体成分和有机物质时,产生一定的气味。如地下水中含有硫化氢气体时,则有臭鸡蛋味;有机物质会使地下水有鱼腥味。

(4)味道

地下水的味道取决于它的化学成分及溶解的气体(表 5.1.5)。

地下水味道与所含物质的关系 表 5.1.5

存在物质	氯化钠	硫酸钠	氯化镁及硫酸镁	大量有机质	铁盐	腐殖质	硫化氢与碳酸气同时存在	二氧化碳及适量重碳酸钙和重碳酸镁
味道	咸味	涩味	苦味	甜味	墨水味	沼泽味	酸味	可口

(5)水温

地下水水温,见表 5.1.6。

地下水温度分类 表 5.1.6

类别	非常冷的水	极冷的水	冷水	温水	热水	极热水	沸腾水
温度/℃	<0	0～4	4～20	20～37	37～42	42～100	>100

(二)地下水的化学性质

(1)化学成分

地下水中溶解的化学成分,常以离子、化合物、分子以及游离气体状态存在,地下水中常见的化学成分有以下几种:

离子成分中，阳离子有氢离子(H^+)、钾离子(K^+)、钠离子(Na^+)、镁离子(Mg^{2+})、钙离子(Ca^{2+})、铵离子(NH_4^+)、二价铁离子(Fe^{2+})、三价铁离子(Fe^{3+})、锰离子(Mn^{2+})等；阴离子有氢氧根(OH^-)、氯根(Cl^-)、硫酸根(SO_4^{2-})、亚硝酸根(NO_2^-)、硝酸根(NO_3^-)、重碳酸根(HCO_3^-)、碳酸根(CO_3^{2-})、硅酸根(SiO_3^{2-})及磷酸根(PO_4^{3-})等。

以未离解的化合物分子状态存在的有三氧化二铁(Fe_2O_3)、三氧化二铝(Al_2O_3)及硅酸(H_2SiO_3)等。

溶解的气体有二氧化碳(CO_2)、氧(O_2)、氮(N_2)、甲烷(CH_4)、硫化氢(H_2S)及氡(Rn)等。

上述组成中以 Cl^-、SO_4^{2-}、HCO_3^-、Na^+、K^+、Mg^{2+} 及 Ca^{2+} 分布最广。

(2)矿化度

地下水的矿化度也称总矿化度，是指地下水中所含盐分的总量，通常是指用 110 ℃的温度将水烘干，所得的固体残余物的数量。地下水按矿化度的分类，见表 5.1.7。

地下水按矿化度分类表 表 5.1.7

水的类别	矿化度/($g \cdot L^{-1}$)	水的类别	矿化度/($g \cdot L^{-1}$)
淡水	<1	半咸水(中等矿化水)	3～10
微咸水(低矿化水)	1～3	咸水(高矿化水)	>10

(3)pH 值

pH 值用以表示水中氢离子浓度，地下水按 pH 值的分类，见表 5.1.8。

地下水按 pH 值分类表 表 5.1.8

水的类别	pH 值	水的类别	pH 值	水的类别	pH 值
强酸性水	<5	中性水	7	强碱性水	>9
弱酸性水	5～7	弱碱性水	7～9		

(4)硬度

地下水的硬度可分为总硬度、暂时硬度和永久硬度。总硬度是指水中所含钙和镁的盐类的总含量，如 $Ca(HCO_3)_2$、$Mg(HCO_3)_2$、$CaSO_4$、$MgSO_4$、$CaCl_2$、$MgCl_2$ 等。暂时硬度是指当水煮沸时，重碳酸盐分解破坏而析出的 $CaCO_3$ 或 $MgCO_3$ 的含量。而当水煮沸时，仍旧存在于水中的钙盐和镁盐(主要是硫酸盐和氯化物)的含量，称永久硬度。

总硬度为暂时硬度和永久硬度之和，一般是用“德国度”或每升毫克当量来表示。一个德国度相当于在 1 升水中含有 10 mg 的 CaO 或者含 7.2 mg 的 MgO。1 毫克当量硬度等于 2.8 德国度，或是等于20.04 mg/L的 Ca^{2+} 或 12.16 mg/L 的 Mg^{2+} 的质量浓度。

地下水按硬度的分类，见表 5.1.9。

地下水按硬度分类表 表 5.1.9

水的类别	德国度	毫克当量/L	水的类别	德国度	毫克当量/L
极软水	<4.2	<1.5	硬水	16.8～25.2	6～9
软水	4.2～8.4	1.5～3	极硬水	>25.2	>9
微硬水	8.4～16.8	3～6			

三、地下水的类型及特征

根据地下水的埋藏条件，可以把地下水划分为包气带水、潜水和承压水三类(图 5.1.3)；根据含水层空隙性质的不同，可将地下水划分为孔隙水、裂隙水和岩溶水三类。

按这两种分类，可以组合成九种不同类型的地下水，见表5.1.10。

包气带水的实际意义不大，潜水和承压水是地下水的基本类型。因此，下面主要阐述潜水和承压水。

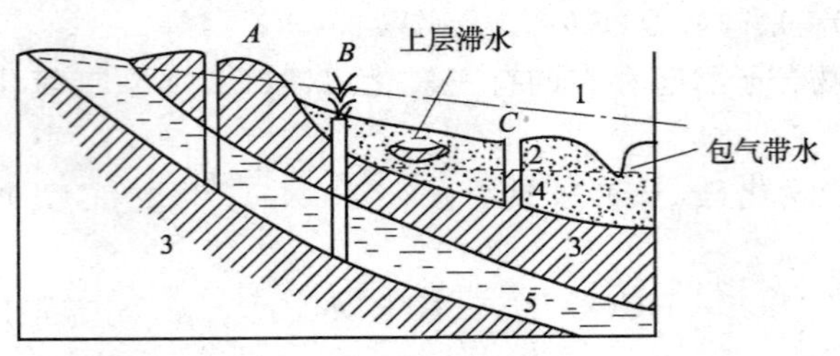

图5.1.3 地下水埋藏示意

1-承压水位；2-潜水位；3-隔水层；4-含水层（潜水）；5-含水层（承压水）

A-承压水井；B-自流水井（承压水位高出地表）；C-潜水井

地下水分类 表5.1.10

按埋藏条件分	按含水层性质分		
	孔隙水 松散堆积物孔隙中的水	裂隙水 基岩裂隙中的水	岩溶水 岩溶化空隙中的水
包气带水（地面以下，潜水位以上，未饱和的岩层中的水）	土壤水——土壤中悬浮未饱和的水；上层滞水——局部隔水层以上的饱和水	露出地表的裂隙岩石中季节性存在的水	垂直渗入带中的水
潜水（地面以下，第一个稳定不透水层以上具有自由表面的水）	各种松散堆积物中的水	基岩上部裂隙中的水，沉积岩层间裂隙水	裸露岩溶化岩层中的水
承压水（两个不透水层间承受水压力的水）	松散堆积物构成的承压盆地和承压斜地中的水	构造盆地、向斜及单斜岩层中的层状裂隙水	构造盆地、向斜及单斜岩层中的水

(一)潜水

(1)潜水特征

潜水是埋藏在地表以下第一个连续稳定的隔水层（不透水层）以上、具有自由水面的重力水。一般是存在于第四纪松散堆积物的孔隙中（孔隙潜水）及出露于地表的基岩裂隙和溶洞中（裂隙潜水和岩溶潜水）。

潜水的自由水面称为潜水面。潜水面上每一点的绝对（或相对）高程称为潜水位。潜水水面至地面的距离称为潜水的埋藏深度。由潜水面往下到隔水层顶板之间充满了重力水的岩层，称为潜水含水层，其间距离则为含水层的厚度（图5.1.4）。

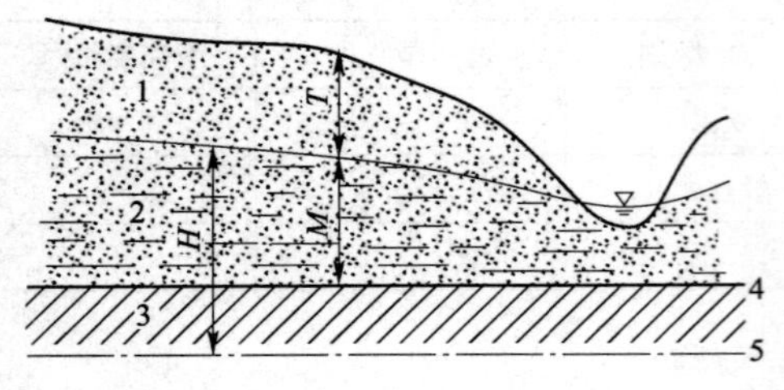

图5.1.4 潜水埋藏示意

1-砂层；2-含水层；3-隔水层；4-潜水面；5-基准线

T-潜水埋藏深度；M-含水层厚度；H-潜水位

潜水的这种埋藏条件决定了潜水具有以下特征：

①潜水面以上，一般无稳定的隔水层，潜水通过包气带与地表相通，所以大气降水和地表水直接渗入而补给潜水，成为潜水的主要补给来源。在大多数情况下，潜水的分布区（即含水层分布的范围）与补给区（即补给潜水的地区）是一致的。而某些气象水文要素的变化能直接影响潜水的变化。

②潜水埋藏深度及含水层的厚度是经常变化的，而且有的还变化甚大，它们受气候、地形和地质条件的影响，其中以地形的影响最显著。在强烈切割的山区，潜水埋藏深度可以达几十米甚至更深，含水层厚度差异也很大。而在平原地区，潜水埋藏浅，通常为数米至十余米，有时可为零（即潜水出露地表，形成沼泽），含水层厚度差异较小。潜水埋藏深度及含水层厚度不仅因地而异，就是同一地区，也随季节不同而有显著变化。如在雨季，潜水获得的补给量多，潜水面上升，含水层厚度随之加大，埋藏深度变小；而在枯水季节则相反。

③潜水具有自由表面，为无压水。在重力作用下，自水位较高处向水位较低的地方渗流，形成潜水径流。其流动的快慢取决于含水层的渗透性能和潜水的水力坡度。当潜水流向排泄区（冲沟、河谷等）时，其水位逐渐下降，形成倾向于排泄区的曲线形自由水面（图5.1.4）。

自然界中，潜水面的形状也因地而异，它同样受到地形、地质和气象水文等自然因素的控制。潜水面的形状与地形有一定程度的一致性，一般地面坡度越大，潜水面的坡度也越大，但潜水坡度总是小于当地的地面坡度，形状比地形要平缓得多（图5.1.5）。含水层的渗透性能和厚度的变化，会引起潜水坡度的改变。大气降水和蒸发可直接引起潜水面的上升和下降，从而改变其形状。某些情况下，地表水的变化也会改变潜水面的形状：当河水排泄潜水时，潜水面为倾向河流的斜面，但当高水位河水补给潜水时，则潜水面可以变成从河水倾向潜水的曲面（图5.1.5）。

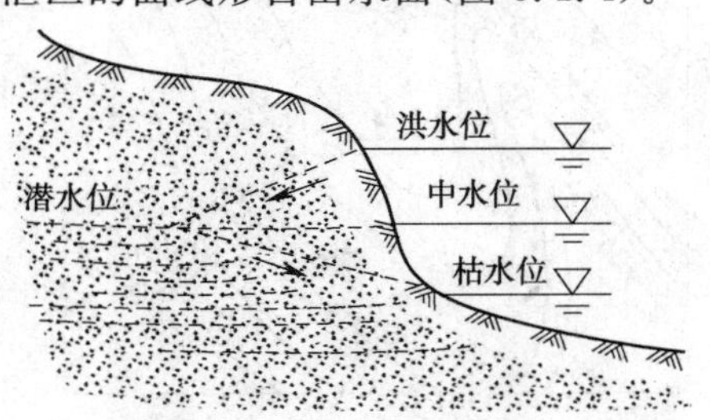

图5.1.5　河水位变化与潜水面形状示意

④潜水的排泄（即含水层失去水量）主要有两种方式：一种是以泉的形式出露于地表或直接流入江河湖海中，这是潜水的一种主要排泄方式，称为水平方向的排泄；另一种是消耗于蒸发，为垂直方向的排泄。潜水的水平排泄和垂直排泄所引起的后果不同，前者是水分盐分的共同排泄，一般引起水量的差异；而后者由于只有水分排泄而不排泄水中的盐分，结果导致水量的消耗，又造成潜水的浓缩，因而发生潜水含盐量增大及土壤的盐渍化。

(2)潜水等水位线图

潜水面反映了潜水与地形、岩性和气象水文之间的关系，表现出潜水埋藏、运动和变化的基本特点。为能清晰地表示潜水面的形态，通常采用两种图示方法，并常以两者配合使用。一种是以剖面图表示，即在具有代表性的剖面线上，绘制水文地质剖面，其中既表示出水位，也表示出含水层的厚度、岩性及其变化，也就是在地质剖面图上画出潜水面剖面线的位置，形成水文地质剖面图。另一种是以平面图表示，即用潜水面的等高线图（图5.1.6）来表示水位标高（标在地形图上），画出一系列水位相等的线。潜水面上各点的水位资料是在大致相同的时间，通过测定泉、井和按需要布置的钻孔、试坑等的潜水面标高来获得的。由于潜水位随季节发生变化，所以等水位线图上应该注明测定水位的时期。通过不同时期等水位图的对比，有助于了解潜水的动态，一般在一个地区应绘制潜水最高水位和最低水位时期的两张等水位线图。

根据潜水等水位线图，可以解决下列问题：

①潜水的流向。潜水是沿着潜水面坡度最大的方向流动的。因此，垂直于潜水等水位线从高水位指向低水位的方向，就是潜水的流向，如图5.1.6中箭头所示的方向。

②潜水面的坡度（潜水水力坡度）。确定了潜水流向之后，在流向上任取两点的水位高差，除以两点的实际距离，即得潜水面的坡度。

③潜水的埋藏深度。将地形等高线和潜水等高线绘制于同一张图上时，则等水位线与

地形等高线相交之点,二者高程之差即为该点的潜水埋藏深度。若所求地点的位置,不在等水位线与地形等高线之交点处,则可用内插法求出该点地面与潜水面的高程,潜水的埋藏深度即可求得。

④潜水与地表水的相互关系。在邻近地表水的地段编制潜水等水位线图,并测定地表水的水位标高,便可以确定潜水与地表水的相互补给关系,如图 5.1.7 所示。图 5.1.7a)为潜水补给河水;图 5.1.7b)为河水补给潜水;图 5.1.7c)则为右岸潜水补给河水,左岸河水补给潜水。

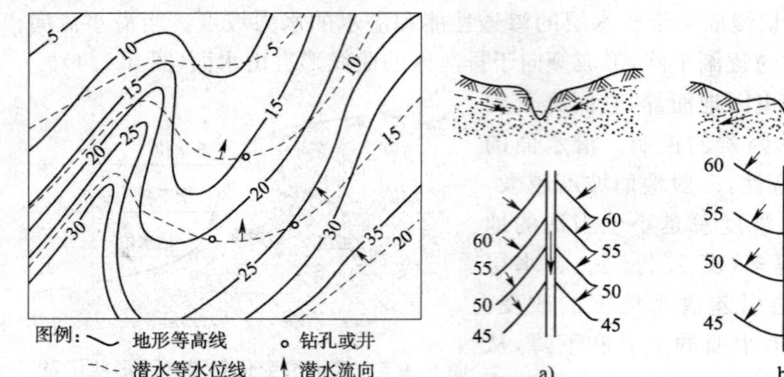

图 5.1.6　潜水等水位线

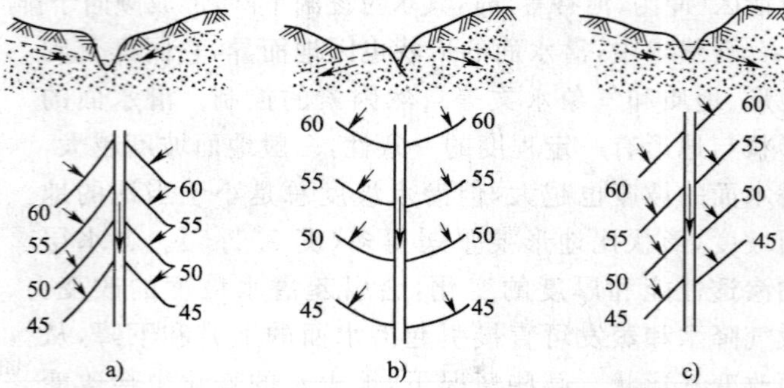

图 5.1.7　均质岩石中潜水与地表水(河水)的关系

⑤利用等水位线图合理地布设取水井和排水沟。为了最大限度地使潜水流入水井和排水沟,一般应沿等水位线布设水井和排水沟。如图 5.1.8 所示,图中 1、2、3 是水井,4、5 是排水沟。显然按 1、3 布设水井是合理的,而 1、2 是不合理的;同理按 5 布设排水沟是合理的,而 4 不合理。

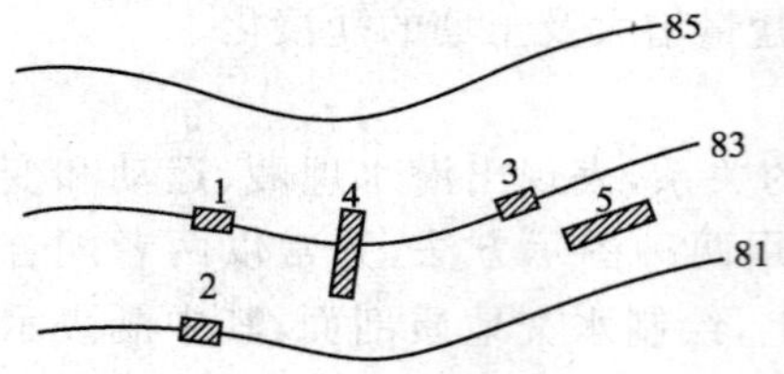

图 5.1.8　井水与排水沟布设示意

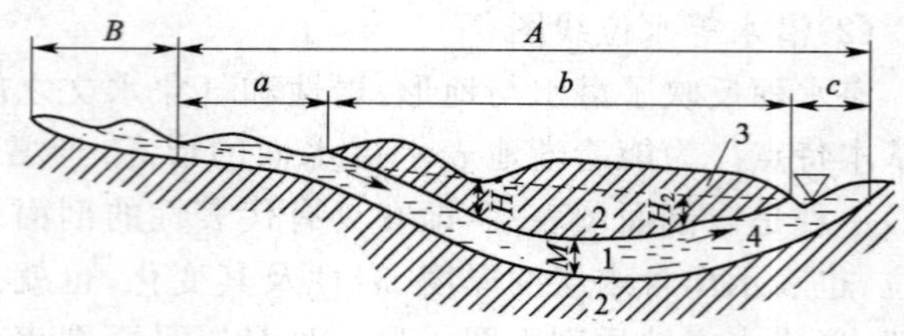

图 5.1.9　承压盆地剖面示意图

A- 承压水分布区;*a*- 补给区;*b*- 承压区;*c*- 排泄区;*B*- 潜水分布区;H_1- 正水头;H_2- 负水头;*M*- 承压水层厚度;1- 含水层;2- 隔水层;3- 承压水位;4- 承压水流向

(二)承压水

(1)承压水的概念与特征

承压水是充满在两个稳定不透水层或弱透水层间的含水层中承受水压力的地下水(图 5.1.9)。承压水多埋藏在第四纪以前岩层的孔隙中或层状裂隙中,第四纪堆积物中亦有孔隙承压水存在。

当钻孔打穿上部隔水层至含水层时,地下水在静水压力的作用下,上升到含水层顶板以上某一高度,如图 5.1.9 中的 H_1 及 H_2,该高度叫做承压水位或承压水头。各承压水位的连线叫承压水位线(或水头线)。承压水位高出地表的叫正水头,低于地表的叫负水头。因此,在适宜的地形地质条件下，水可以溢出地面，甚至喷出，所以通常又称承压水为自流水(但并非所有承压水都能自流)。由于承压水具有这一特点，因而是良好的水源，在我国早已被广泛地开采利用了。早在2000多年以前，四川的自流井凿井取水煮盐，便是世界上最早发现和利用承压水(卤水)的记录。承压水的存在，有时也给地下工程、坝基稳定等造成很大的困难。所以，研究承压水具有重要意义。

从图5.1.10可以看出，承压水的埋藏条件是：上下均为隔水层，中间是含水层；水必须充满整个含水层；含水层露出地表吸收降水的补给部分，要比其承压区和泄水区的位置为高。具备上述条件，地下水即承受静水压力。如果水不充满整个含水层，则称为层间无压水。

上述承压水的埋藏条件决定了它的下述特征：

①承压水的分布区和补给区是不一致的；

②地下水面承受静水压力，非自由面；

③承压水的水位、水量、水质及水温等受气象水文因素季节变化的影响不显著；

④任一点的承压含水层的厚度稳定不变，不受降水季节变化的支配。

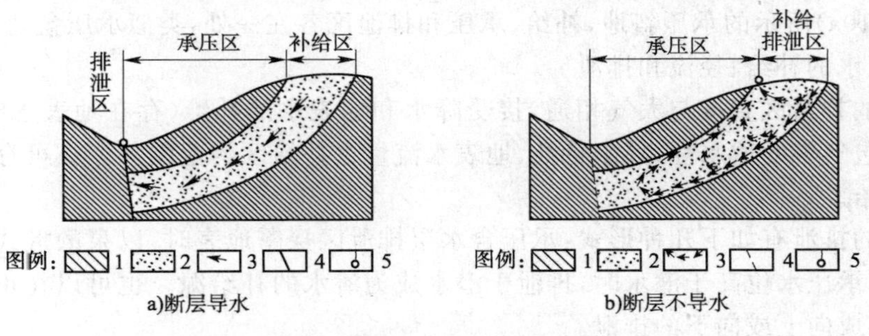

图5.1.10 断块构造形成的承压斜地

1-隔水层；2-含水层；3-地下水流向；4-断层；5-泉

(2)承压水的埋藏类型

综上所述可以看出，承压水的形成主要取决于地质构造。不同的地质构造决定了承压水埋藏类型的不同。这是承压水与潜水形成的主要区别。

在适当的地质构造条件下，无论孔隙水、裂隙水还是岩溶水，均能构成承压水。构成承压水的地质构造大体上可以分为两类，一类是盆地或向斜构造，另一类是单斜构造。这两类地质构造在不同的地质发展过程中，常被一系列的褶皱或断裂所复杂化。埋藏有承压水的向斜构造和构造盆地，称为承压(或自流)盆地；埋藏有承压水的单斜构造，称为承压(或自流)斜地。

①承压盆地。每个承压盆地都可以分成三个部分：补给区、承压区和排泄区(图5.1.9)。盆地周围含水层出露地表，露出位置较高者为补给区(图5.1.9中的a区)，位置较低者为排泄区(图5.1.9中的c区)，补给区与排泄区之间为承压区(图5.1.9中的b区)。在钻井时打穿上部隔水层，水即涌入井中，此高程(即上部隔水层底板高程)的水位叫做初见水位。当水上涌至含水层顶板以上某一高度稳定不变时，称为静止水位(即承压水位)；上部隔水层底板到下部隔水层顶板间的垂直距离，称为含水层厚度(M)。承压区含水层厚度是长期稳定的，而补给区含水层厚度则受水文气象因素影响而发生变化。

当有数个含水层存在时，各个含水层都有各自的承压水位。储水构造和地形一致的情况下称为正地形，此时，下层的承压水位高于上层的承压水位。储水构造和地形不一致的情况下称为负地形，其下层的承压水位则低于上层的承压水位。这一点可以帮助我们初步判断各含水层发生水力联系的补给情况。如果用钻孔或井将两个承压含水层贯通,那么,在负地形的情况下,可以由上面的含水层流到下面的含水层;在正地形的情况下,下面含水层中的水可以流入到上面的含水层。

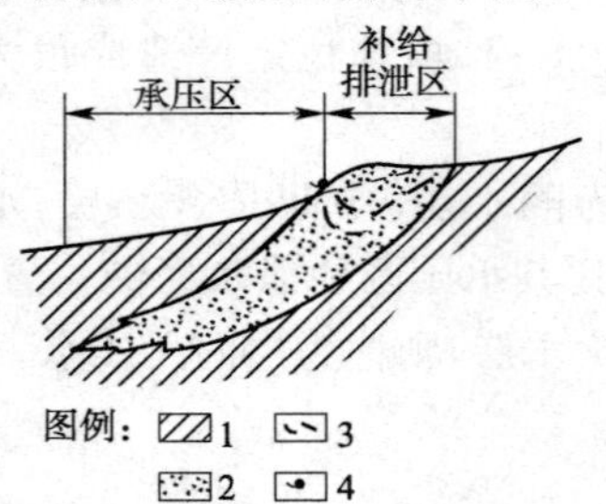

图 5.1.11 岩性变化形成的承压斜地

1-隔水层;2-含水层;3-地下水流向;4-泉

承压盆地的规模差异很大。四川盆地是典型的大型承压盆地。小型的一般只有几平方千米。

②承压斜地。如图 5.1.10、图 5.1.11 所示,由含水岩层和隔水岩层所组成的单斜构造,由于含水层岩性发生相变或尖灭,或者含水层被断层所切,均可形成承压斜地。

在图 5.1.10b)、图 5.1.11 所示的承压斜地内,补给区和排泄区是相邻近的,而承压区位于另一端,在含水层出露的地势低处有泉出现。此时,水自补给区流到排泄区并非必须经过承压区,这与上述的介绍显然有所不同。

图 5.1.10a)所示的承压斜地,补给、承压和排泄区各在一处,类似承压盆地。

(3)承压水的补给、径流和排泄

承压水的补给区直接与大气相通,接受降水和地表水的补给(存在地表水时)。补给的强弱决定于包气带的透水性、降水特征、地表水流量及补给区的范围等。亦可存在上下含水层之间的补给。

承压水的排泄有如下几种形式:承压含水层排泄区裸露地表时,以泉的形式排泄并可以补给地表水;承压水位高于潜水时,排泄于潜水成为潜水的补给源。也可以在正地形或负地形条件下,形成向上或向下的排泄。

承压水的径流条件决定于地形、含水层透水性、地质构造及补给区与排泄区的承压水位差。承压含水层的富水性则同承压含水层的分布范围、深度、厚度、空隙率、补给来源等因素密切相关。一般情况,分布广、埋藏浅、厚度大、空隙率高,水量就较丰富且稳定。

承压水径流条件的好坏、水交替强弱,决定了水质的优劣及其开发利用的价值。

(4)水压面特征

承压水位即承压水的水压面,简称水压面。它与潜水面不同,潜水面是一个实际存在的面。承压水面实际并不存在,故有人称是一个势面。水压面的深度不能反映承压水的埋藏深度。水压面的形状在剖面上是倾斜直线或曲线。

承压水面的表示方法,即是根据相近时间测定的各井孔的测压水位高程资料绘制的等水压线图(图 5.1.12)。即测压水位高程相同点的连线。等水压线形状与地形等高线形状无关。利用等水压线图可以确定承压水流向、水力坡度,如果等水压线图上绘有地形等高线和隔水顶板等高线时,则可确定承压水的埋藏深度和承压水头。根据这些数据可选择适宜的开采地段。

四、泉的类型与特征

(一)泉及其意义

地下水的天然露头,称为泉。无论上层滞水、潜水或自流水都可以在适宜的条件下涌出地表成为泉。可见,泉是地下水的一种重要排泄方式。它在山区分布比较普遍,而在平原地区却很少见到。

泉的实际意义很大,它可以作为生活用水,有些出水量大的泉还可以作为灌溉水源和动力资源。有些泉水含有特殊的化学成分，具有医疗作用，这便是矿泉(矿泉是富含矿物质的地下水在地表的露头)。

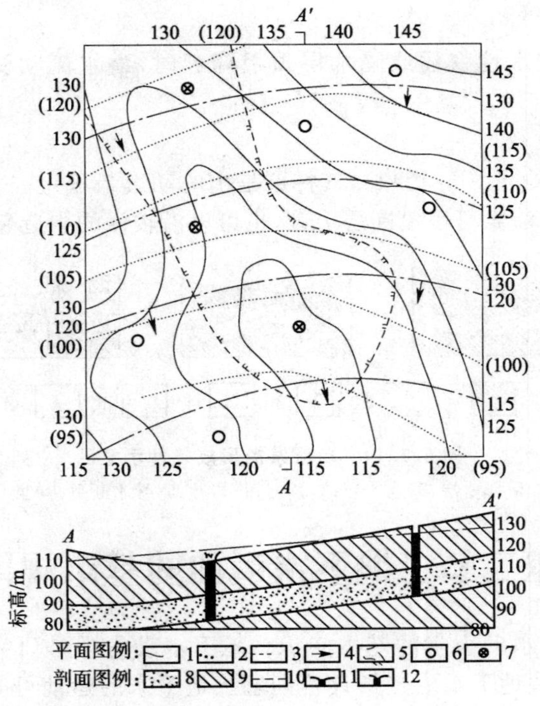

图 5.1.12　等水压线图(附含水层顶板等高线)

1-地形等高线；2-含水层顶板等高线；3-等测压水位线；4-地下水流向；5-承压水自溢区；6-钻孔；7-自喷钻孔；8-含水层；9-隔水层；10-测压水位线；11-承压不自流井；12-自流井

此外，对泉进行详细的调查研究，还可以判断有关水层的富水程度、地下水类型及其理化性质等。

(二)泉的类型

泉的分类标准尚在研究中，常见有两种分类方法。

1)根据泉水出露性质分类

(1)上升泉

上升泉受自流水补给。地下水在静水压力作用下，由下而上涌出地表。

(2)下降泉

下降泉受无压水补给(主要是潜水或上层滞水)。地下水在重力作用下，自上而下自由流出地表。

2)根据泉水补给来源分类

(1)上层滞水泉

上层滞水泉受上层滞水补给。泉的涌量、化学成分及水温变化很大，有时这种泉完全消失。

(2)潜水泉

潜水泉受潜水补给(图 5.1.13)。水量比较稳定，但涌水量、水温和化学成分仍有明显的季节变化。依其出露条件又可分为三类。

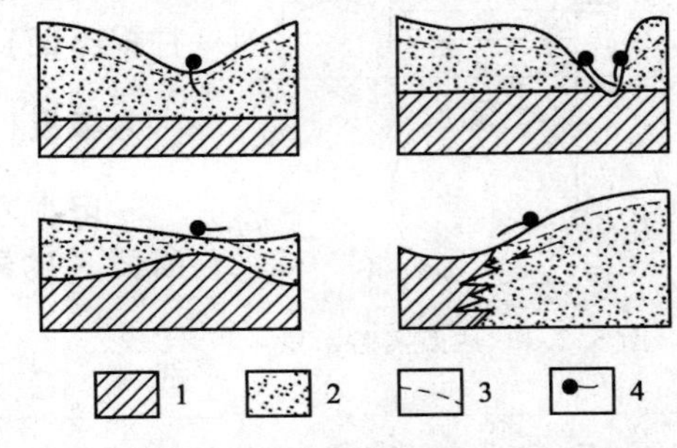

图 5.1.13　潜水泉的形成条件示意图

1-隔水层；2-含水层；3-地下水水位；4-泉

①侵蚀泉。由于河流切割含水层，潜水出露地表而形成的泉。

②接触泉。地形被切割至含水层下面的隔水层时，潜水在含水层与隔水层接触处流出地表面形成的泉。

③溢泉。在岩石透水性变弱或隔水层顶板隆起时，潜水流动受到阻碍溢出地面形成的泉。

(3)自流泉

自流泉受自流水补给(图 5.1.14)，其特点是水的动态最稳定。自流泉又可分为自流盆地泉和自流斜地泉。自流泉可以沿断层上升，也可以沿较深的构造裂隙出露。

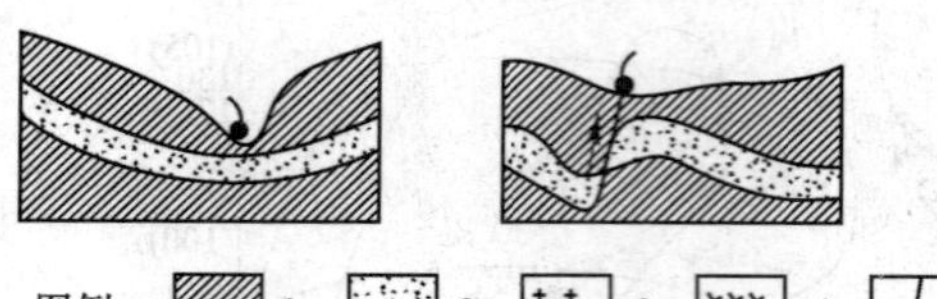

图 5.1.14 自流泉的形成条件示意图

1-隔水层；2-含水层；3-基岩；4-岩脉；5-导水断裂；6-泉

第二节 地下水运动的基本规律

本节主要讲述地下水动力学的基本知识。地下水动力学是研究地下水运动规律的科学，它的目的是解决有关地下水的定量评价问题。地下水的运动可分为在包气带和饱水带中的运动；也可按流态分为线性运动和非线性运动；按运动要素与时间的关系可分为稳定运动和非稳定运动等。本节重点讲述了饱水带中的重力水的运动规律。

一、重力水运动的基本规律

(一)达西定律及其适用范围

1)达西定律

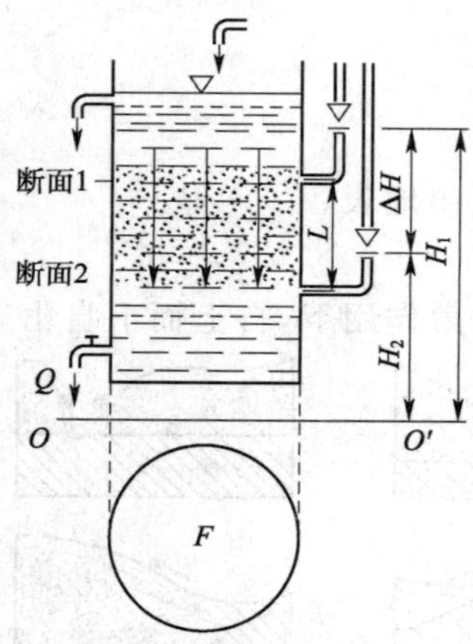

图 5.2.1 达西实验示意

法国水利学家达西(Henri Darcy)于 1852—1856 年通过在装满砂的圆筒中进行的大量试验(图 5.2.1)得到了重力水运动定律，称达西定律。其数学表达式为

$$Q=KF\frac{\Delta H}{L}=KFI \tag{5.2.1}$$

式中，Q 为渗透流量(出口处流量)；F 为过水断面(相当于砂柱横断面)；ΔH 为水头损失($\Delta H=H_1-H_2$)；L 为渗透途径；I 为水力坡度$\left(\text{相当于}\frac{\Delta H}{L}\right)$；$K$ 为渗透系数。

由水力学可知，通过某一断面的流量 Q 等于流速 v 与过水断面 F 的乘积，即

$$Q=Fv$$

或

$$v=\frac{Q}{F}$$

据此，达西公式可写成另一种表达式

$$v=\frac{Q}{F}=KI \tag{5.2.2}$$

式中，v 为渗透流速；其他符号同前。

式(5.2.2)表明渗透流速 v 与水力坡度 I 的一次方成正比，故又称直线渗透定律。公式中各项的物理意义及公式的适用范围说明如下。

(1)渗透流速(v)

透水岩层是由固体部分和空隙部分组成的，而地下水只能在空隙中运动。地下水在空隙中运动的平均速度称为实际平均流速，简称实际流速，以 u 表示，即

$$u=\frac{Q}{F'} \tag{5.2.3}$$

式中，F' 为过水断面的空隙面积(m^2)；Q 为该过水断面的流量(m^3/d)。

由于式(5.2.3)中的 F' 是空隙面积，使用不便，故引进渗透流速这一概念。渗透流速将水流视为通过整个过水断面(包括固体部分和空隙部分)，而其流量不变。即

$$v=\frac{Q}{F} \tag{5.2.4}$$

式中，v 为渗透流速(m/d)；F 为过水断面总面积(m^2)；Q 为渗透流量(与通过 F' 断面的流量相等)(m^3/d)。

从式(5.2.4)可知，渗透流速是通过单位过水断面上的流量值，它不是地下水的实际流速，由于 $F'=nF$(n 为空隙率)，比较式(5.2.3)和式(5.2.4)后得

$$Q=vF=uF'=unF$$

$$v=nu \tag{5.2.5}$$

由于空隙率总是小于1的，所以渗透流速小于实际流速(即 $u>v$)。

考虑到空隙率表面结合水的存在，渗透流速 v 与实际流速 u 的关系应为

$$v=\mu u \tag{5.2.6}$$

式中，μ 为给水度。对于大空隙岩石，给水度 μ 与空隙率 n 在数值上很接近。而细小空隙的岩石两者相差很多，故应用式(5.2.6)计算。

(2)水力坡度(I)

水力坡度为水流沿渗透途径的水头降落值与相应渗透途径长度的比值。自然界实际地下水流中，水力坡度往往沿流程而变化，渗流场中任一点的水力坡度可以表示为

$$I=\frac{dH}{dL} \tag{5.2.7}$$

于是达西公式便可写成

$$v=-K\frac{dH}{dL} \tag{5.2.8}$$

式中，水力坡度取负号，这是因为沿流程水头的增量为负值，为使渗透速度永为正值，故而取负号。

(3)渗透系数(K)

渗透系数是表示岩土透水性的指标，它是含水层重要的水文地质参数之一，一般情况下，是同岩石和渗透液体的物理性质有关的常数。根据达西定律，当水力坡度 $I=1$ 时，渗透系数在数值上等于渗透流速。由于水力坡度无量纲，故渗透系数具有速度量纲，即 K 的单位和 v 的单位相同，以 m/s 或 m/d 表示。松散岩石的渗透系数经验值，可参见表 5.2.1。渗透系数的测定也可用野外及室内试验方法获得。

不同岩性渗透系数 K 的经验值 表 5.2.1

岩 性	渗透系数 K/(m/d)	岩 性	渗透系数 K/(m/d)
黏土	0.001～0.054	细砂	5～15
亚黏土	0.02～0.5	中砂	10～25
亚砂土	0.2～1.0	粗砂	25～50
粉砂	1～5	砂砾石	50～150
粉细砂	3～8	卵砾石	80～300

2)达西定律的适用范围

水在空隙介质中运动是否符合线性渗透定律，可用临界速度 v_k 判别。根据巴甫洛夫斯基的公式

$$v_k=\frac{1}{6.5}(0.75n+0.23)\frac{\upsilon Re_k}{d_{10}} \quad (m/s) \tag{5.2.9}$$

式中，n 为土的孔隙度，以小数表示；υ 为运动黏度(cm^2/s)；d_{10} 为土的有效直径(cm)；Re_k 为临界雷诺数，$Re_k=50\sim60$。

当水温为 10 ℃时，式(5.2.9)可简化为

$$v_k=0.002(0.75n+0.23)\frac{\upsilon Re_k}{d_{10}} \quad (m/s) \tag{5.2.10}$$

例如当砂土的 $d_{10}=0.05$ cm，$n=0.4$ 时，取 $Re_k=50$，则有

$$v_k=\left[0.002\times(0.75\times0.4+0.23)\times\frac{50}{0.05}\right]m/s=1.06\ m/s$$

若渗透系数 $K_{10}=300$ m/d，水力坡度 $I=0.005$，此时渗透速度为

$$v=KI=300\times0.005\ m/d=1.5\ m/d=1.74\times10^{-5}\ m/s$$

$v<v_k$，故砂土中地下水运动服从线性渗透定律。

南京大学薛禹群编著的《地下水动力学》一书中，载明达西定律适用范围的雷诺数 $Re\leqslant1\sim10$。

(二)非线性渗透定律

地下水在较大空隙中运动，其流速相当大时，水流呈紊流状态。此时渗透定律应以式(5.2.11)表达

$$v=K_m I^{1/2} \tag{5.2.11}$$

式中，K_m 为紊流运动时的渗透系数。

式(5.2.11)表明，紊流运动时，地下水的渗透速度与水力坡度的 1/2 次方成正比，故称非线性渗透定律。

当地下水运动呈混合流状态时，则符合式(5.2.12)

$$v=K_c I^{1/m} \tag{5.2.12}$$

式中，K_c 混合流运动时的渗透系数；m 介于 1、2 之间。

(三)潜水含水层中的二维流(均质含水层)

二维流都是非均匀流，非均匀流过水断面都是曲面(图 5.2.2)。一般天然渗流场中流线之间夹角都很小，通常都为缓变流。满足裘布依(Dupuit)假设条件下的缓变流，达西公式表达为裘布依微分方程式

$$q=-Kh\frac{dH}{dx} \quad (5.2.13)$$

式中，dH/dx 为水力坡度；q 为通过任一断面的单宽流量。

隔水底板水平时，取该底板为基准面，上游钻孔为坐标起点。按裘布依微分方程有

$$q=-Kh\frac{dH}{dx}$$

取边界条件：$x=0,h=h_1;x=L,h=h_2$。

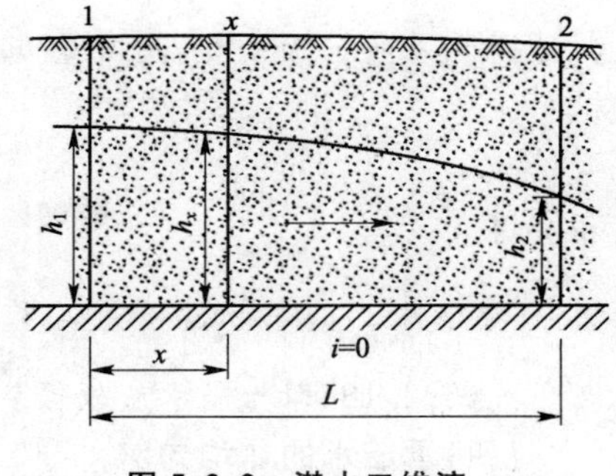

图 5.2.2 潜水二维流

利用定积分解之得

$$q=K\frac{h_1^2-h_2^2}{2L} \quad (5.2.14)$$

式(5.2.14)即为均质岩层隔水底板水平条件下的潜水单宽流量方程，这就是著名的裘布依方程。

显然通过宽度为 B 的任一过水断面上流量为

$$Q=Bq=KB\frac{h_1^2-h_2^2}{2L} \quad (5.2.15)$$

利用裘布依公式不仅可以计算流量，还可以推导出潜水浸润曲线方程式，绘制浸润曲线。潜水水位线是实际存在的地下水面线，故称为浸润曲线。

为了求得浸润曲线方程，在上、下游断面间任取一断面，该断面距上游断面距离为 x，该断面的含水层厚度为 h。根据断面1和断面 x 条件可写出

$$q=K\frac{h_1^2-h_x^2}{2x} \quad (5.2.16)$$

因为稳定流任一过水断面流量都相等，q、K 为常量，将式(5.2.14)和式(5.2.15)共解，即可得下列浸润曲线方程

$$h_x=\sqrt{h_1^2-\frac{x}{L}(h_1^2-h_2^2)} \quad (5.2.17)$$

根据式(5.2.17)，已知 h_1、h_2、L，取不同的 x 值，可求得不同的 h_x 值，即得一条浸润曲线。从式(5.2.17)可知，它是一条抛物线。

当隔水底板倾斜时(图 5.2.3)，可用卡明斯基近似公式求解。此时，水力坡度 $I=-dH/dx$，过水断面为 h，单宽流量为

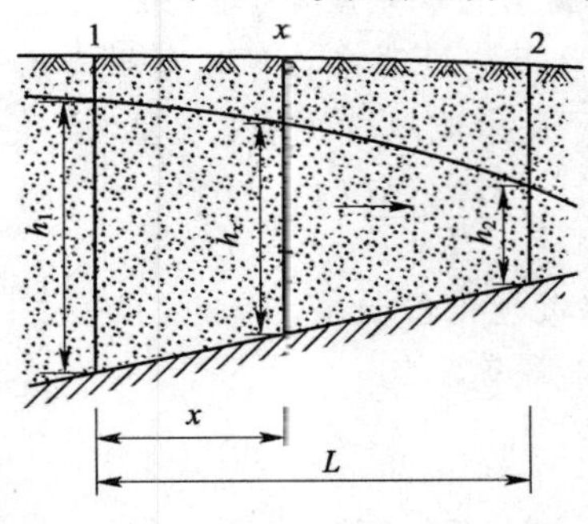

图 5.2.3 逆坡时潜水非均匀流

$$q=-Kh\frac{dH}{dx}$$

式中，H 为水头(水位)；h 为含水层厚度。

给定边界条件

$$x=0,H=H_1,h=h_1;$$
$$x=L,H=H_2,h=h_2。$$

分离变量，求定积分

$$-\int_{H_1}^{H_2}dH=\frac{q}{K}\int_0^L\frac{1}{h}dx$$

因为 h 随 x 而变化，用常量 $h_{\mathrm{m}}=\dfrac{h_1+h_2}{2}$ 近似地代替，则

$$-\int_{H_1}^{H_2}\mathrm{d}H=\frac{q}{Kh_{\mathrm{m}}}\int_0^L\frac{1}{h}\mathrm{d}x$$

积分得

$$q=K\frac{h_1+h_2}{2}\frac{H_1-H_2}{L}\tag{5.2.18}$$

式(5.2.18)即为隔水底板倾斜时的卡明斯基近似方程。

(四)承压水的非均匀流

卡明斯基近似方程可以推广应用于承压含水层厚度变化的承压水非均匀流的计算，如图 5.2.4 所示。其计算式为

$$q=K\frac{M_1+M_2}{2}\frac{H_1-H_2}{L}\tag{5.2.19}$$

式中，M_1、M_2 分别为上、下游断面处承压含水层厚度。区间的任意一断面含水层厚度若呈线性变化，即

$$M_x=M_1-\frac{M_1-M_2}{L}x$$

则上下游区间任一断面的水力坡度为

$$I=\frac{H_1-H_2}{x}=\frac{q}{KM_x}\tag{5.2.20}$$

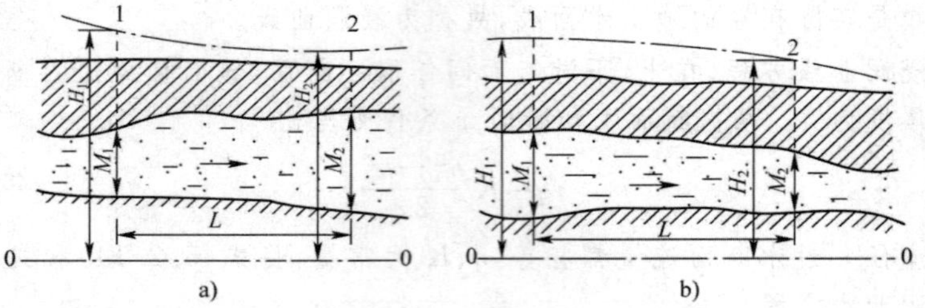

图 5.2.4 含水层厚度变化时的承压水

式(5.2.20)为含水层厚度呈线性变化时，承压水水头线方程。从该式可知，当 M 随水流方向逐渐变大时，I 逐渐变小，形成回水曲线；当 M 随水流方向逐渐变小时，I 逐渐变大，形成降水曲线。

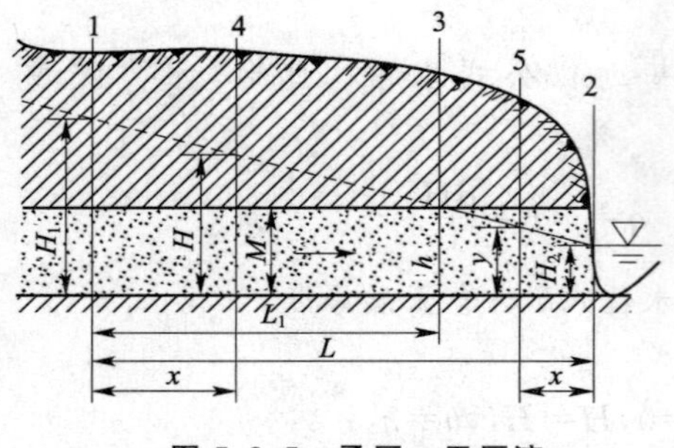

图 5.2.5 承压—无压流

在地下水坡度较大的地区，有时会出现上游是承压水、下游由于水头降至隔水顶板以下而转变为无压水的情况，从而形成承压—无压流(图 5.2.5)。

对于这种情况，可以用分段法来计算。如果含水层厚度不变的话，此时承压水流地段的单宽流量为

$$q=KM\frac{H_1-M}{L_1}$$

式中，L_1 为承压水流地段的长度。

无压水流地段的单宽流量为

$$q_2=K\frac{M^2-H_2^2}{2(L-L_1)}$$

根据水流连续性原理，$q_1=q_2=q$，则

$$KM\frac{H_1-M}{L_1}=K\frac{M^2-H_2^2}{2(L-L_1)}$$

由此得
$$L_1=\frac{2LM(H_1-M)}{M-(2H_1-M)-H_2^2}$$

把 L_1 代入上面两个流量公式中的任何一个，都可以求得承压—无压流的单宽流量公式为

$$q=K\frac{M(2H_1-M)-H_2^2}{2L} \tag{5.2.21}$$

各段降落曲线也可分别按承压水流公式和潜水流公式来计算。

(五)地下水向完整井的稳定运动

从井中抽水，井周围含水层中的水就会向井里流动，水井中水位和井周围处的水位必将下降。通常是水井中水位下降较大，离井越远水位下降越小，形成漏斗状的下降区，称为下降漏斗。就潜水井而言，降落漏斗在含水层内部扩展，即随着漏斗的扩展渗流，过水断面也在不断地发生变化。而承压水井的水位下降不低于含水层顶板，其降落漏斗不在含水层内部发展，即含水层不会被疏干，只能形成承压水头的下降区，就是说承压含水层随着漏斗的扩展，只发生水压的变化，其渗流过水断面是不变的。

由此可见，随着水井抽水过程中漏斗的扩展，其水力坡度和渗流速度在含水层的空间也将发生变化，尤其是随着抽水时间的延长，变化会更加明显，即水流处于非稳定状态。只有抽水延续时间足够长，且漏斗的扩展速度非常慢时，才可近似地认为水流处于稳定状态。在这种状况下，水井的出水量可运用稳定井流理论的计算方法来确定。

(1)潜水完整井出水量的计算

1863 年法国水利学家裘布依为推导单井(完整井)出水量而建立了稳定井流模型，如图 5.2.6所示。该模型假定水井位于一个四周均匀等深水体圆岛中心，即圆形定水头供水边界的含水层。并假定该圆岛为正圆，含水层均质、等厚，各向同性，水位与不透水层底板呈水平状。水井的半径为 r_0，供水边界距水井中心的距离即供水半径为 R。当水井按某一定流量 Q 抽水时，供水边界的水位保持不变，可保证无限供给定流量。井流服从达西线性渗透定律，并按轴对称井壁进水且无阻挡力地汇入井内。

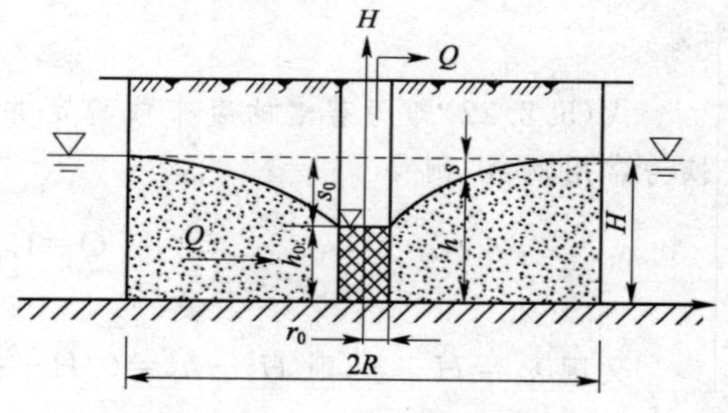

图 5.2.6 潜水完整井

水井在未抽水前，井中水位与井周围水位相同，此时水位被称为静水位，而在抽水后，静水位便被破坏而逐渐下降。把某一抽水时刻的运动水位称为动水位。此时，水井内外便形成水头差，在这种水头差的作用下，含水层中的地下水便径向汇入井内，从而在水井周围形成了以井轴为对称的降落漏斗。当降落漏斗扩展至供水边界时，抽水流量与边界供给流量相等，降落漏斗和井中动水位便保持不变，达到稳定状态。

潜水完整井抽水稳定后，其流线在平面上呈对称辐射状汇入井内。在剖面上为一簇曲线，最上部为降落漏斗的浸润面，其曲率达最大，也称为降落曲线，呈抛物线状；其下部的流线随深度加大曲率逐渐变缓，至不透水底板处，流线几乎与底板平行。在这种情况下，渗流速度便可能产生水平分量与垂直分量，但因一般垂直分量远小于水平分量(特别是在稳定井流情况下)，可忽略不计，于是便可把复杂的三维井流问题，近似地简化为二维井流来分析。

由以上分析可知，稳定井流运动特点可概括为以下两点：

①流向为汇向水井中心呈放射状的一簇曲线，等水位面为以水井为中心的同心圆柱面。等水位面和过水断面是一致的。

②通过距井轴不同距离的过水断面流量处处相等，都等于水井流量 Q，即

$$Q_1=Q_2=Q_3=\cdots=Q$$

由上述情况，按潜水完整井稳定流计算模型可推导出裘布依公式，如图5.2.7所示，取圆柱坐标系，沿底板取井径方向为 r 轴，井轴取为 H 轴，并假设渗流过水断面近似为同心圆柱面。

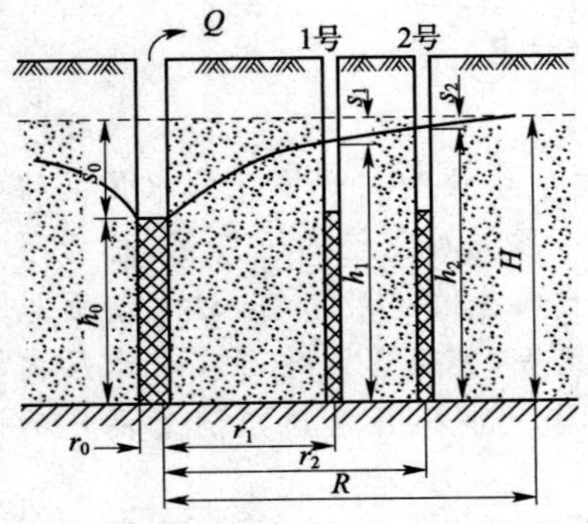

图5.2.7 具有观测孔的潜水完整井

按达西定律有 $Q=2\pi rhK\dfrac{\mathrm{d}h}{\mathrm{d}r}$

根据连续定律有 $Q=Q_r=\mathrm{const}$

则有 $2h\mathrm{d}h=\dfrac{Q\mathrm{d}r}{\pi Kr}$

积分得 $h^2=\dfrac{Q}{\pi K}\ln r+c$

当 $r\to R$ 时，$h\to H$，即

$$C=H^2-\frac{Q}{\pi K}\ln R$$

则有 $Q=\pi K\dfrac{H^2-h^2}{\ln\dfrac{R}{r}}$

当 $r\to r_0$ 时，$h\to h_0$，则有

$$Q=\pi K\frac{H^2-h_0^2}{\ln\dfrac{R}{r_0}} \tag{5.2.22}$$

式(5.2.22)即为著名的裘布依稳定井流潜水完整井出水量计算公式，如将自然对数转换为常用对数，则得

$$Q=1.364K\frac{H^2-h_0^2}{\lg\dfrac{R}{r_0}} \tag{5.2.23}$$

又因 $h_0=H-s_0$，则 $H^2-h_0^2=(2H-s_0)\times s_0$，则式(5.2.23)可改写为

$$Q=1.364K\frac{(2H-s_0)s_0}{\lg\dfrac{R}{r_0}} \tag{5.2.24}$$

由式(5.2.22)也可获得降落曲线(或浸润曲线)的表达式，为

$$h^2=H^2-\frac{Q}{\pi K}\ln\frac{R}{r} \tag{5.2.25}$$

以上式中，Q 为水井的出水量($\mathrm{m^3/h}$)或($\mathrm{m^3/d}$)；K 为含水层的渗透系数(m/h)或(m/d)；H 为含水层的厚度或供水的定水头高度(m)；s_0 为抽水井降深(m)；h_0 为井中水柱高度(m)；R 为井的供水半径(m)；r_0 为井的半径(m)。

为便于以后的研究，在这里引进势函数 φ 的概念，并令势函数(简称势)为

$$\varphi=\frac{1}{2}KH^2 \tag{5.2.26}$$

由达西定律得

$$Q=2\pi r\frac{\mathrm{d}\left(\dfrac{1}{2}KH^2\right)}{\mathrm{d}r} \tag{5.2.27}$$

对上式分离变量并积分(注意 Q 为常数),则求得

$$\varphi=\frac{Q}{2\pi}\ln r+C \tag{5.2.28}$$

当给定边界条件

$$\left.\begin{aligned} r\to R\text{ 时}, \quad & \varphi=\varphi_R=\frac{1}{2}KH^2 \\ r\to r_0\text{ 时}, \quad & \varphi=\varphi_0=\frac{1}{2}Kh_0^2 \end{aligned}\right\} \tag{5.2.29}$$

为确定积分常数 C 值,需用式(5.2.28)

$$\left.\begin{aligned} r\to R\text{ 时}, \quad & \varphi_R=\frac{Q}{2\pi}\ln R+C \\ r\to r_0\text{ 时}, \quad & \varphi_0=\frac{Q}{2\pi}\ln r_0+C \end{aligned}\right\} \tag{5.2.30}$$

两式相减,消去 C 值,则潜水完整井的井流公式为

$$Q=\frac{2\pi(\varphi_R-\varphi_0)}{\ln\dfrac{R}{r_0}}=\frac{\pi K(H^2-h_0^2)}{\ln\dfrac{R}{r_0}}=1.364K\,\frac{(2H-s_0)s_0}{\ln\dfrac{R}{r_0}} \tag{5.2.31}$$

在降落漏斗内,如果有一个或两个观测孔资料,此时根据相应的积分上下限可得一个观测井的流量公式

$$Q=1.364K\,\frac{h_1^2-h_0^2}{\lg\dfrac{r_1}{r_0}} \tag{5.2.32}$$

两个观测井的流量公式

$$Q=1.364K\,\frac{h_2^2-h_1^2}{\lg\dfrac{r_2}{r_1}} \tag{5.2.33}$$

式中,h_1、h_2 分别为 1 号、2 号观测孔中的水位(m);r_1、r_2 为 1 号、2 号观测孔距抽水井中心的水平距离(m)。

(2)承压完整井出水量的计算

具有圆形定水头供水边界的承压含水层,单井定流量井流方程的建立是基于下列条件的:

①含水层中水流运动符合达西定律。

②含水层均质、各向同性,等厚、圆形且水平埋藏。

③完整水井位于含水层中央,且定流量抽水。

④含水层的侧向为定水头供水边界。抽水前水头面是水平的,且无垂向补给。

对承压完整井,裘布依建立了与潜水完整井相类似的稳定井流模型,如图 5.2.8 所示。其计算公式为

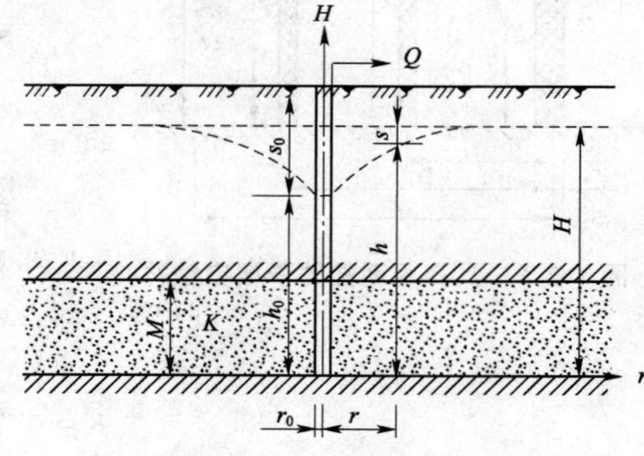

图 5.2.8 承压完整井稳定井流

$$Q=2.73KM\,\frac{H-h_0}{\lg\dfrac{R}{r_0}} \tag{5.2.34}$$

又因 $H-h_0=s_0$,则

$$Q=2.73KM\frac{s_0}{\lg\frac{R}{r_0}} \tag{5.2.35}$$

式中，M 为承压含水层的厚度(m)；其余符号意义同前。

承压水面降落曲线的表达式为

$$h=H-\frac{Q}{2\pi KM}\ln\frac{R}{r} \tag{5.2.36}$$

和潜水完整井相仿，根据所假设的轴对称条件，承压水完整井仍用势函数表示，则 $\varphi=KMH$。因 $h=2\pi rMK\frac{\mathrm{d}H}{\mathrm{d}r}$，则有

$$Q=2\pi r\frac{\mathrm{d}(KMH)}{\mathrm{d}r}=2\pi r\frac{\mathrm{d}\varphi}{\mathrm{d}r} \tag{5.2.37}$$

对上式分离变量并积分仍得式(5.2.28)。

给定边界条件

$$\left.\begin{aligned}&r\to R\ \text{时}, && \varphi=\varphi_R=KMH\\ &r\to r_0\ \text{时}, && \varphi=\varphi_0=KMh_0\end{aligned}\right\} \tag{5.2.38}$$

为确定积分常数 C 值，需用式(5.2.28)有，即

$r\to R$ 时，
$$\varphi_R=\frac{Q}{2\pi}\ln R+C$$

$r\to r_0$ 时，
$$\varphi_0=\frac{Q}{2\pi}\ln r_0+C$$

两式相减，消去 C 值，可得承压完整井的井流计算公式为

$$Q=\frac{2\pi(\varphi_R-\varphi_0)}{\ln\frac{R}{r_0}}=2.73K\frac{Ms_0}{\ln\frac{R}{r_0}} \tag{5.2.39}$$

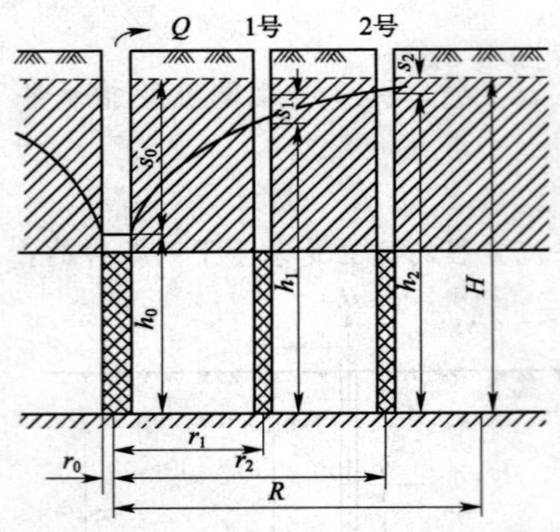

图 5.2.9 具有观测孔的承压完整井

同样，有一个观测孔或两个观测孔时(图5.2.9)，可分别得出下列井流量公式。

一个观测孔时

$$Q=\frac{2\pi Km(h_1-h_0)}{\ln\frac{r_1}{r_0}}=\frac{2\pi Km(s_0-s_1)}{\ln\frac{r_1}{r_0}} \tag{5.2.40}$$

两个观测孔时

$$Q=\frac{2\pi Km(h_2-h_1)}{\ln\frac{r_2}{r_1}}=\frac{2\pi Km(s_1-s_2)}{\ln\frac{r_2}{r_1}} \tag{5.2.41}$$

利用稳定流的抽水试验资料，把裘布依公式加以适当的变换，可求得含水层的渗透系数 K。

潜水完整井

$$K=0.732\frac{Q\lg\frac{R}{r_0}}{(2H-s_0)s_0} \tag{5.2.42}$$

承压水完整井

$$K=0.366\frac{Q\lg\frac{R}{r_0}}{Ms_0} \tag{5.2.43}$$

当有观测孔资料，利用裘布依公式也可求得供水半径 R。

潜水完整井

$$\lg R=\frac{s_1(2H-s_1)\lg r_2-s_2(2H-s_2)\lg r_1}{(s_1-s_2)(2H-s_1-s_2)} \tag{5.2.44}$$

承压水完整井

$$\lg R=\frac{s_1\lg r_1-s_2\lg r_2}{s_1-s_2} \tag{5.2.45}$$

当只有单孔抽水，可用下列经验公式进行计算。

潜水含水层用库萨金公式

$$R=2s\sqrt{HK} \tag{5.2.46}$$

承压含水层用集哈尔特公式

$$R=10s\sqrt{K} \tag{5.2.47}$$

式中，s 为水位降深值(m)；H 为潜水含水层厚度(m)；K 为渗透系数(m/d)。

(六)地下水向非完整井的稳定运动

如果井孔的进水段(过滤器)未穿透全部含水层，而只穿切含水层的一部分厚度(图 5.2.10)，称非完整井。

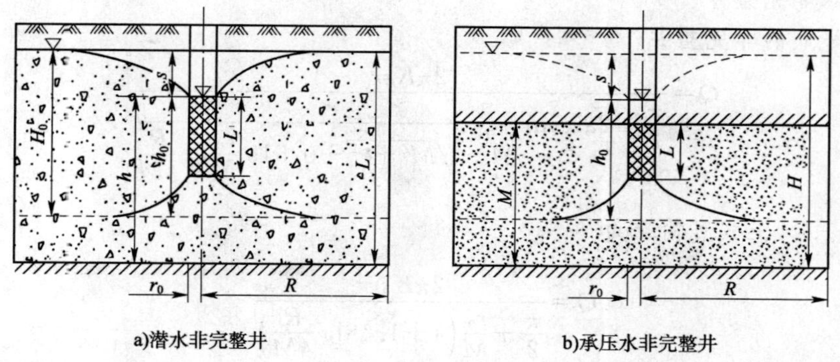

图 5.2.10 非完整井示意

(1)井壁进水的非完整井

福熙·海默(Forch Heimer)通过试验，提出如下公式

潜水非完整井[图 5.2.10a)]

$$Q_{非}=C_1Q_{完}=C_1\left[1.364K\frac{(2H-s)s}{\lg\frac{R}{r_0}}\right] \tag{5.2.48}$$

承压非完整井[图 5.2.10b)]

$$Q_{非}=C_2Q_{完}=C_2\left[2.732K\frac{Ms}{\lg\frac{R}{r_0}}\right] \tag{5.2.49}$$

式中，$Q_{完}$ 为潜水、承压水完整井出水量；C_1、C_2 为潜水、承压水非完整井出水量折减系数；其余符号含义同前。

$$C_1=\sqrt{\frac{L}{h}}\sqrt[4]{\frac{2h-L}{h}} \tag{5.2.50}$$

$$C_2=\sqrt{\frac{L}{M}}\sqrt[4]{\frac{2M-L}{M}} \tag{5.2.51}$$

以上两式中，L 为水井过滤器伸入含水层的长度或井壁进水长度(m)；h 为潜水非完整井中动水位至隔水底板高度(m);M 为承压含水层厚度(m)。

上两式选用时应符合下述条件:

①潜水非完整井应符合:$H/(S+L)\leqslant 1.5\sim 2.0$;

②承压水非完整井应符合:$M/L\leqslant 1.5\sim 2.0$。

如超越上述限制条件,计算误差较大。

(2)井底进水的非完整井

巴布什金对有限厚度含水层得出了如下计算式。

①潜水非完整井

当$\frac{r_0}{m}\leqslant\frac{1}{2}$时[图 5.2.11a)],公式可简化为

$$Q=\frac{2\pi Ksr_0}{\frac{\pi}{2}+\frac{r_0}{m}\left(1+1.18\lg\frac{R}{4H}\right)} \tag{5.2.52}$$

式中,Q 为非完整井的出水量;K 为含水层的渗透系数;s 为井中抽水降深;r_0 为井半径;H 为潜水含水层厚度;m 为井底距透水层底板的距离;R 为供水半径。

②承压水非完整井

井底为平底的非完整井

$$Q=\frac{2\pi Ksr_0}{\frac{\pi}{2}+2\arcsin\frac{r_0}{M+\sqrt{M^2+r_0^2}+0.515\frac{r_0}{M}\lg\frac{R}{4M}}} \tag{5.2.53}$$

当$\frac{r_0}{M}\leqslant\frac{1}{2}$时,上式可简化为

$$Q=\frac{2\pi Ksr_0}{\frac{\pi}{2}+\frac{r_0}{M}\left(1+1.18\lg\frac{R}{4M}\right)} \tag{5.2.54}$$

半球形底非完整井[图 5.2.11b)]。

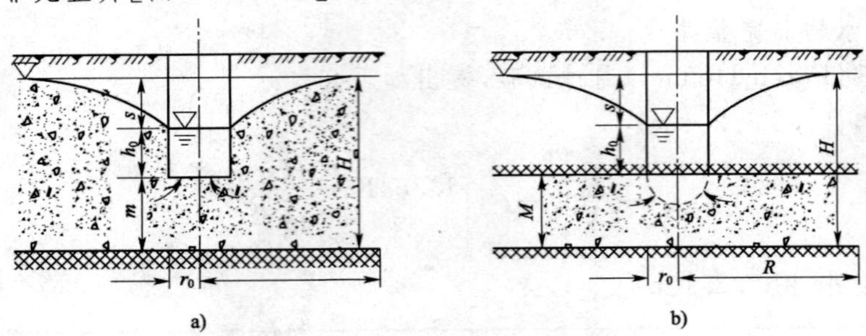

图 5.2.11 井底进水非完整井示意

$$Q=\frac{2\pi Ksr_0}{1+\frac{r_0}{M}\left(1+1.18\lg\frac{R}{4M}\right)} \tag{5.2.55}$$

当含水层很厚(大于 30 m)时,从井底进水的承压水非完整井出水量,可近似采用下式计算

$$Q=\frac{aKsr_0}{1-\frac{r_0}{R}} \tag{5.2.56}$$

式中,a 为井底形状系数,平底取 4,半球形取 2π。

如果井的半径与供水半径相比甚小时，即 $r_0/R \leqslant 1$ 时，则 r_0/R 可忽略不计，则上式可简化为

$$Q=aKsr_0 \tag{5.2.57}$$

式中，各符号意义同前。

据卡明斯基的意见，式(5.2.57)虽是在承压含水层条件下导出的，如果钻入含水层不深时，也可用来计算井底进水的潜水非完整井出水量，误差是允许的。

(七)干扰井出水量的计算

在给排水工程中，有时单井出水量不能满足需要，此时需在同一开采层中布置两眼或更多的井，井距小于影响半径的2倍；当井同时工作时，井与井之间则产生影响，这种影响称为干扰作用。干扰条件下工作的井称为井群或井组。干扰作用的具体表现是，在降深相同的情况下，每口井的出水量，小于一口井单独工作时的出水量，或者如保持每口干扰井出水量等于一口井单独工作时的出水量，则干扰井的水位降将大于一口井单独工作时的水位降。井灌区内的井群，多数都有干扰现象。在排水工程中，为加速地下水位的降落，往往需要规划干扰井群。干扰井出水量小于单独抽水时的出水量的原因，是由于干扰作用相互争夺水流，限制各井的取水范围，引起水位迅速下降，使地下水向各井运动的水力坡度减小的结果。

干扰井出水量计算方法较多，现就常用的水位削减法(水位叠加法)简介如下。

如图5.2.12所示的两个承压完整井，当1号井单独抽水时出水量为 Q，降深为 s_0，引起2号井水位降为 t；同样，2号井单独抽水时出水量也为 Q，降深为 s_0，引起1号井的水位降为 t，将 t 称为水位削减值。

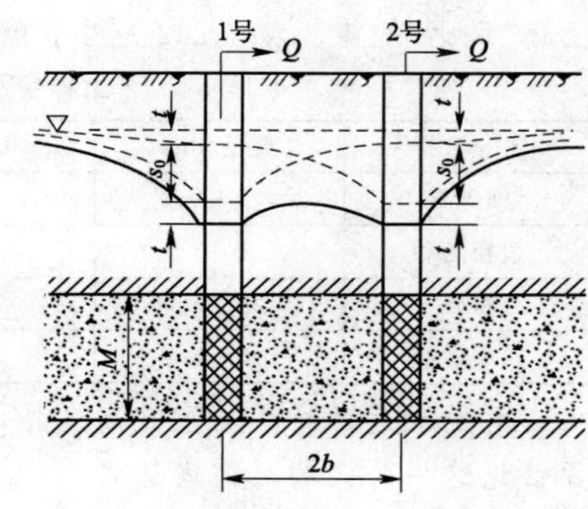

图5.2.12 承压两眼抽水干扰井

如两井同时抽水，且 $s=s_0$，则单井的出水量便减小，$Q_{扰}<Q_{单}$ 时，则需加大降深，如单井的出水量与降深的关系曲线为线性，则抽水降深应增加 t，即 $s=s_0+t_0$，则两井同时工作，单井出水量应为如下情况：

设1号井单独抽水时的出水量为

$$Q_{单}=2.73KM\frac{s_0}{\lg\frac{R}{r_0}}$$

则

$$s_0=\frac{Q_{单}}{2.73KM}\lg\frac{R}{r_0}$$

1号井单独抽水时，对2号的水位削减值为 t，可假设有一虚拟大口井 $r_0=2b$，则 $s=t$ 时的出水量为

$$Q_{虚}=2.73K\frac{Mt}{\lg\frac{R}{2b}}$$

令 $Q_{单}=Q_{虚}=Q$，则有

$$t=\frac{Q}{2.73KM}\lg\frac{R}{2b}$$

已知：$s=s_0+t$，可知

$$s=\frac{Q}{2.73KM}\lg\frac{R}{r_0}+\frac{Q}{2.73KM}\lg\frac{R}{2b}$$

则

$$Q=2.73KM\frac{s}{\lg\frac{R^2}{2br_0}} \tag{5.2.58}$$

式中，Q为两眼干扰井同时抽水时的单井出水量(m^3/h)；s为同样条件下，单井的抽水降深(m)；$2b$为井间距(m)；其余符号意义同前。

同理，可求得潜水完整井两眼同时抽水时的单井出水量为

$$Q=21.364K\frac{(2H-s)s}{\lg\dfrac{R^2}{2br_0}} \tag{5.2.59}$$

若$b=R/2$，式(5.2.58)、式(5.2.59)则变为非干扰条件下的裘布依涌水量方程，故式(5.2.58)、式(5.2.59)只适用于$b\leqslant R/2$的情况。

二、包气带中地下水的运动

包气带水的运动规律是很复杂的，包气带岩石的透水性，实际上是个变量，渗透系数的大小与岩石含水率大小有关。本节主要讨论毛细带中水的运动。松散岩石及细微裂隙的基岩中的包气带，都有明显的毛细带存在。下面以多孔介质—松散岩石为例进行讨论。

松散岩石的孔隙系统，实际上是一个形状和大小都复杂多变的微管道系统。近似地可将其视为一个圆管系统，圆管直径可视为孔隙的平均直径D_0。这样，松散岩石中毛细最大上升高度H_k，按水力学的推导，可表示为$H_k=0.03/D_0$。此式表明，毛细上升高度与毛管直径成反比关系：土的颗粒越小，则其间孔隙越小，毛细上升高度越高。但当土粒小到黏性土粒级时，孔隙中为结合水所充填，结合水有其特殊的物理性质，故黏性土的毛细上升高度，不符合上述"反比"规律。表5.2.2是在孔隙度相同(41%)的样品中观察毛细上升高度的资料。

土样中观察72 d后毛细上升高度(H_k)　　表5.2.2

土　样	粒径/mm	H_k/cm	土　样	粒径/mm	H_k/cm
细砾石	5～2	2.5	细砂	0.2～0.1	42.8
很粗的砂	2～1	6.5	粉砂	0.1～0.05	105.5
粗砂	1～0.5	13.5	粉砂	0.05～0.02	200
中砂	0.5～0.2	24.6			(2 d后仍在上升)

毛细水运动除毛细上升高度外，还有毛细上升速度，这种运动仍可用达西定律表示。下面讨论这一公式的具体表达式。

将一筒砂置于自由水面上，砂土中即可观察到水沿毛细孔隙上升的现象。设自由水面压强P_A，毛细压强为$-P_w$(取负值是因为毛细力作用与大气压力作用方向相反)，经t时间水由A上升到B(图5.2.13)，渗径为L；此时B处土中的压强为$P_C=P_A-P_w$。以自由水面为基准，有$P_A=0$，则$P_C=-P_w$，此式用水头表示为$h_C=\dfrac{-P_w}{r}$，即B点水头为$-h_C+L$，于是AB间平均水力坡度为

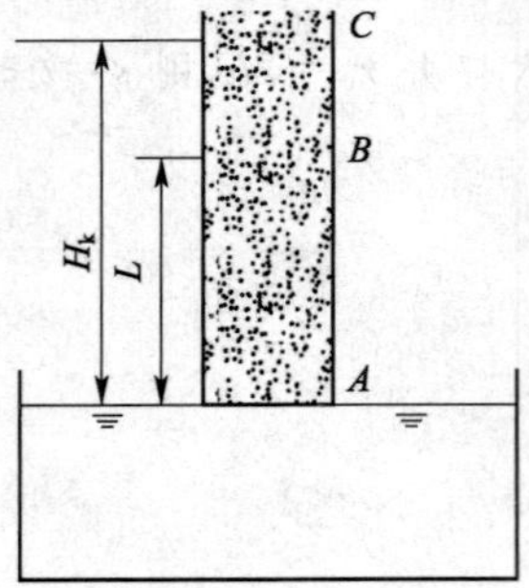

图5.2.13　毛细上升示意

$$I_{AB}=\frac{0-(-h_C+L)}{L}=\frac{h_C-L}{L}$$

于是

$$v_{AB}=\frac{K(h_C-L)}{L} \tag{5.2.60}$$

分析上式可知，当L很小时，v很大，故毛细上升速度快，随着毛细上升高度的加大，毛细上升速度逐渐变慢；当$L=H_k$时，$h_C=H_k$，$v=0$时，毛细上升停止。

对于黏性土，根据罗戴公式有

$$v=K\left(\frac{h_C-L}{L}-I_0\right) \tag{5.2.61}$$

分析上式，若 $I=I_0$，则

$$v=K(I-I_0)=K\left(\frac{h_C-L}{L}-I_0\right)=0$$

这时 $L=H_k$，于是

$$I_0=\frac{h_C-H_k}{H_k}$$

即

$$H_k=\frac{h_C}{I+I_0} \tag{5.2.62}$$

由此可见，在黏性土中，最大毛细上升高度 H_k 与毛细压强水头 h_C 并不相等，$H_k<h_C$。颗粒越细，则孔隙越小，I_0 越大，H_k 越是比 h_C 小；颗粒越粗，则 I_0 越小，H_k 越是接近于 h_C；当 $I_0=0$ 时，$H_k=h_C$，即与砂土一致。一般黏性土，因为 I_0 较大，故 H_k 值仅有 1～2 m。

三、结合水运动规律

结合水是一种在力学性质上介于固体和液体之间的异常液体（可称为塑流体），强结合水更接近于固态，极难流动，这里讨论的主要是弱结合水。结合水的流动仍然是黏滞力起主导作用，因而为层流形式。根据张忠胤教授的意见，结合水在运动时，渗透速度 v 与水力坡度 I 的关系，可用直角坐标系上通过原点的一条曲线表示（图 5.2.14）。这条曲线的任一段近于直线部分，可用 A・A・罗戴公式近似地表达：

$$v=K(I-I_0) \tag{5.2.63}$$

式中，I_0 为起始水力坡度。其含义是克服结合水的抗剪强度，使之发生流动所必须具有的水力坡度。

但上述说法是不够严格的。从图 5.2.14 可知，只要有水力坡度，结合水就会发生运动，只不过当水力坡度未超过起始水力坡度 I_0 时，结合水的渗透速度 v 非常微小（称为隐渗透），只有通过精密测量才能觉察罢了。因此严格地说，起始水力坡度 I_0 乃结合水发生明显渗透时，用于克服其抗剪强度的那部分水力坡度。

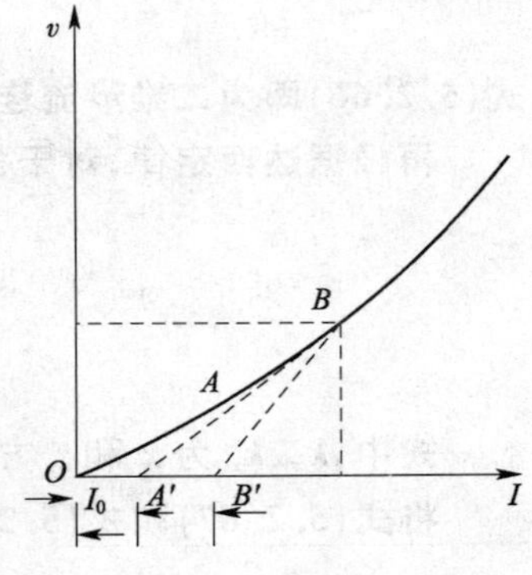

图 5.2.14 $v=f(I)$ 曲线

在重力水的渗透场中，对于一定的岩石，水的物理性质一定时，渗透系数 K 是一个常数，在结合水的渗透场中，K 值不是定值，I_0 也不是定值，两者都随 I 的增大而增大。当 I 较小时，只有粒间孔隙的中心部分的水形成渗流，即有效的渗孔直径 d_0 很小，渗透性就很弱，K 很小；随着 I 的增大，有效渗孔直径 d_0 增大，K 亦随之增大；当渗流接近强结合水部分时，由于其抗剪强度大，I 再增大，d_0 也不会再有多大变化了，从而使 K、I_0 都趋于常数。这时用罗戴公式来分析问题才比较符合实际。事实上，罗戴公式只是曲线 $v=f(I)$ 上任一点的切线表达式，K 为切线的斜率，I_0 为切线与横坐标的交点。故只有当 $v=f(I)$ 曲线段渐变为直线后，K、I_0 才趋于常数。鉴于目前还没有确切的关系式来表达该曲线的关系，而一般情况下，利用 $v=K(I-I_0)$ 来说明结合水的运动比较方便，并且也能满足研究的精度要求。

四、二维渗流及流网

以上研究的是简单边界条件下的一维渗流，可用达西定律进行渗流计算。但实际工程中，如土坡、坝(路)基、闸基等的渗流问题，很少是一维渗流，而多为二维或三维的渗流。这时达西定律需用微分形式表达，然后根据边界条件进行求解。本节简要介绍二维渗流方程及流网。

(一)二维渗流方程

当渗流场中水头及流速等渗流要素不随时间改变时，这种渗流称为稳定渗流。现从稳定渗流场中任意点 **A** 处取一微单元体，面积为 $dx \cdot dz$，厚度为 $dy=1$，在 x 和 z 方向各有流速 v_x、v_z，如图 5.2.15 所示。

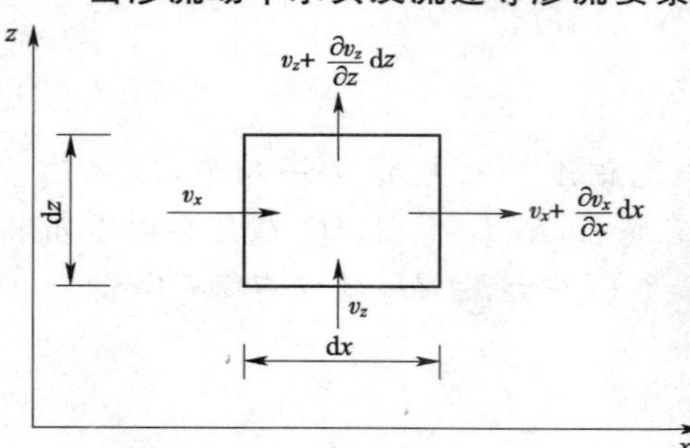

图 5.2.15 二维渗流的连续条件

单位时间流入这个微单元体的水量为 dq_e，则

$$dq_e = v_x dz \times 1 + v_z dx \times 1 \tag{5.2.64}$$

单位时间内流出这个微单元体的水量为 dq_o，则

$$dq_o = \left(v_x + \frac{\partial v_x}{\partial x}dx\right)dz \times 1 + \left(v_z + \frac{\partial v_z}{\partial z}dz\right)dx \times 1 \tag{5.2.65}$$

假定水体不可压缩，则根据水流连续原理，单位时间内流入和流出微单元体的水量应相等，即

$$dq_e = dq_o$$

从而得出

$$\frac{\partial v_x}{\partial x} + \frac{\partial v_z}{\partial z} = 0 \tag{5.2.66}$$

式(5.2.66)即为二维渗流连续方程。

再根据达西定律，对于各向异性土，

$$v_x = k_x i_x = k_x \frac{\partial h}{\partial x} \tag{5.2.67}$$

$$v_z = k_z i_z = k_z \frac{\partial h}{\partial z} \tag{5.2.68}$$

式中，k_x、k_z 为 x 和 z 方向的渗透系数；h 为测管水头。

将式(5.2.67)和式(5.2.68)代入式(5.2.66)可得

$$k_x \frac{\partial^2 h}{\partial x^2} + k_z \frac{\partial^2 h}{\partial z^2} = 0 \tag{5.2.69}$$

对于各向同性的均质土，$k_x = k_z$，则式(5.2.69)可表达为

$$\frac{\partial^2 h}{\partial x^2} + \frac{\partial^2 h}{\partial z^2} = 0 \tag{5.2.70}$$

式(5.2.70)即为著名的拉普拉斯(Laplace)方程，也是平面稳定渗流的基本方程式。通过求解一定边界条件下的拉普拉斯方程，即可求得该条件下的渗流场。

(二)流网特征与绘制

上述拉普拉斯方程表明，渗流场内任一点水头是其坐标的函数，知道了水头分布，即可

确定渗流场的其他特征。求解拉氏方程一般有四类方法,即数学解析法、数值解法、电模拟法、图解法。其中尤以图解法简便、快速,在工程中实用广泛。因此,这里简要介绍图解法。该法应用绘制流网的方法求解拉氏方程的近似解。

(1)流网的特征

流网是由流线和等势线所组成的曲线正交网格。在稳定渗流场中,流线表示水质点的流动路线,流线上任一点的切线方向就是流速度矢量的方向。等势线是渗流场中势能或水头的等值线。图 5.2.16 为板桩墙围堰的流网图。图中实线为流线,虚线为等势线。

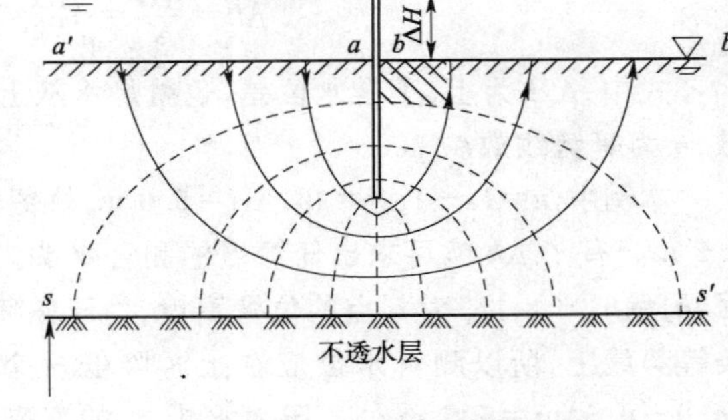

图 5.2.16 流网绘制

对于各向同性渗流介质,由水力学知识,流网具有下列特征:

①流线与等势线互相正交。

②流线与等势线构成的各个网格的长宽比为常数。当长宽比为 1 时,网格为曲线正方形,这也是最常见的一种流网。

③相邻等势线之间的水头损失相等。

④各个流槽的渗流量相等。

由这些特征可进一步知道,流网中等势线越密的部位,水力梯度越大,流线越密的部位流速越大。

(2)流网的绘制

如图 5.2.16 所示,流网绘制步骤如下:

①按一定比例绘出结构物和土层的剖面图。

②判定边界条件:图中 aa' 和 bb' 为等势线(透水面);acb 和 ss' 为流线(不透水面)。

③先试绘若干条流线(应相互平行,不交叉且是缓和曲线);流线应与进水面、出水面(等势线 aa' 和 bb')正交,并与不透水面(流线 ss')接近平行,不交叉。

④加绘等势线。须与流线正交,且每个渗流区的形状接近"方块"。

上述过程不可能一次就合适,经反复修改调整,直到满足上述条件为止。

流网绘出后,既可直观地获得渗流特性的总体轮廓,还可求得渗流场中各点的测管水头、水力梯度、渗透速度和渗流量。

(三)流网的应用

以图 5.2.17 为例,来说明流网的应用。

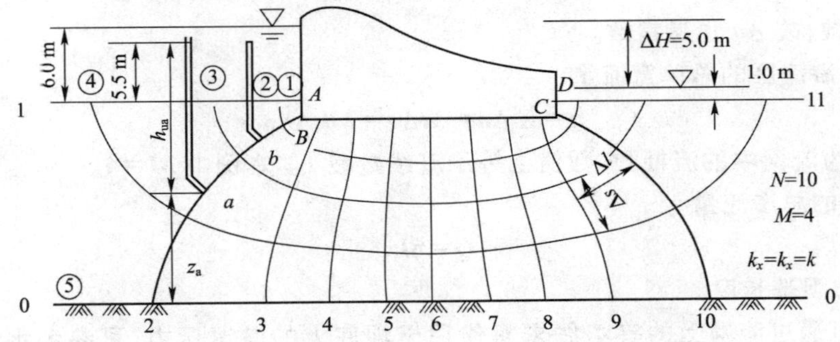

图 5.2.17 混凝土坝下流网

(1)测管水头

根据流网特征可知，任意两相邻等势线间的势能差相等，即水头损失相等，从而算出相邻两条等势线之间的水头损失 Δh，即

$$\Delta h=\frac{\Delta H}{N}=\frac{\Delta H}{n-1}\qquad (N=n-1)\tag{5.2.71}$$

式中，ΔH 为上、下游水位差，也就是水从上游渗到下游的总水头损失；N 为等势线间隔数；n 为等势线数。

本例中，$n=11-1$，$N=10$，$\Delta H=5.0$ m，故每一个等势线间隔所消耗的水头 $\Delta h=5$ m/10=0.5 m。有了 Δh 就可求出任意点的测管水头。例如求 a 点的测管水头 h_a，以 0—0 为基准面，$h_a=h_{ua}+z_a$，z_a 为 a 点的位置高度，为已知值，关键是求 h_{ua} 值的大小。由于 a 点位于第 2 条等势线上，所以测管水位应在上游降低一个 Δh，故其测管水位应在上游地表面以上的 (6.0−0.5)m=5.5 m 处。压力水头 h_{ua} 的高度可自图中按比例直接量出。

(2)孔隙水压力

如前所述，渗流场中各点的孔隙水压力，等于该点以上测压管中的水柱高度 h_u 乘以水的重度 γ_w，故 a 点的孔隙水压力为

$$u_a=h_{ua}\gamma_w\tag{5.2.72}$$

应当注意，图中所示 a、b 两点位于同一等势线上，其测管水头虽然相同，即 $h_a=h_b$，但其孔隙水压力却不同，$u_a\neq u_b$。

(3)水力坡降

流网中任意网格的平均水力坡降 $i=\frac{\Delta h}{\Delta l}$，$\Delta l$ 为该网格处流线的平均长度，可自图中量出。由此可知，流网中网格越密处，其水力坡降越大。故图 5.2.17 中，下游坝趾水流渗出地面处(图中 CD 段)的水力坡降最大。该处的坡降称为逸出坡降。

(4)渗透流速

各点的水力坡降已知后，渗透流速的大小可根据达西定律求出，即 $v=ki$，其方向为流线的切线方向。

(5)渗流量

流网中任意两相邻流线间的单宽流量 Δq 是相等的，因为

$$\Delta q=v\Delta A=ki\Delta s\times 1.0=k\frac{\Delta h}{\Delta l}\Delta s$$

当取 $\Delta l=\Delta s$ 时，

$$\Delta q=k\Delta h\tag{5.2.73}$$

由于 Δh 是常数，故 Δq 也是常数。

通过坝下渗流区的总单宽流量

$$q=\sum\Delta q=M\Delta q=Mk\Delta h\tag{5.2.74}$$

式中，M 为流网中的流槽数，数值上等于流线数减 1。本例中 $M=4$。

通过坝底的总渗流量

$$Q=qL\tag{5.2.75}$$

式中，L 为坝基长度。

此外，还可通过流网上的等势线求解作用于坝底上的渗透压力，可参考水工建筑物教材，此略。

【例 5.2.1】 图 5.2.18 为一板桩打入透水土层后形成的流网。已知透水土层深 18.0 m，渗透系数 $k=5\times10^{-4}$ mm/s，板桩打入土层表面以下 9.0 m，板桩前后水深如图中所示。试求：(1)图中所示 a、b、c、d、e 各点的孔隙水压力；(2)地基的单宽渗流量。

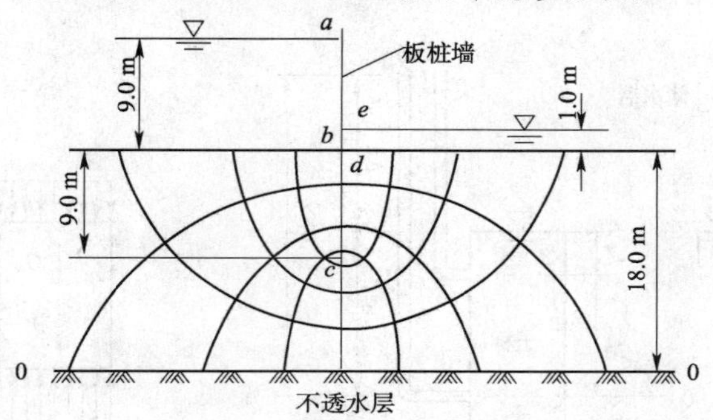

图 5.2.18 板装墙下的渗流图

【解】 (1)根据图 5.2.18 的流网可知，每一等势线间隔的水头降落 $\Delta h=(9-1)\text{m}/8=1.0$ m。列表计算 a、b、c、d、e 点的孔隙水压力如表 5.2.3($\gamma_w=9.8$ kN/m³)。

(2)地基的单宽渗流量

$$q=\sum\Delta q=M\Delta q=M\Delta hk$$

现
$$M=4,\Delta h=1.0\ \text{m}$$

$$K=5\times10^{-4}\ \text{mm/s}=5\times10^{-7}\ \text{m/s}$$

代入得
$$q=4\times1\times5\times10^{-7}\ \text{m}^2/\text{s}=20\times10^{-7}\ \text{m}^2/\text{s}$$

计 算 表 表 5.2.3

位置	位置水头 z/m	测管水头 h/m	压力水头 h_u/m	孔隙水压力 u/(kN/m²)
a	27.0	27.0	0	0
b	18.0	27.0	9.0	88.2
c	9.0	23.0	14.0	137.2
d	18.0	19.0	1.0	9.8
e	19.0	19.0	0	0

五、渗流力与渗流稳定性分析

(一)渗流力

地下水在二中流动时，由于受到土粒的阻力，而引起水头损失，从作用力与反作用力的原理可知，水流经过时必定对土颗粒施加了一种渗流作用力。为研究方便起见，单位体积土颗粒所受到的渗流作用力，我们称为渗流力或动水力。

图 5.2.19a)为一定水头试验装置，土样长度为 L，面积为 A_w，土样两端各安装一测压管，其测管水头相对 0—0 基准面分别为 h_1 与 h_2。当 $h_1=h_2$ 时，土中水处于静止状态，无渗流发生。若将左侧的连通储水器向上提升，使 $h_1>h_2$，则由于存在水头差，土中将产生向上的渗流。渗流必然对每个土颗粒有推动、摩擦、拖拽的作用力，这就是渗流力，用符号 J 表示。

为进一步研究渗流力的大小和性质，首先对图 5.2.19 所示土体进行受力分析。

在图中，可采用两种不同的隔离体取法，来进行受渗流的土柱受力情况分析。

方法一：取土一水为整体作为隔离体；

方法二：把土骨架和水分开取隔离体。

显然，不管哪种取法，其总效果是一样的。为简单起见，现考虑水柱隔离体情况，其上的作用力有[图 5.2.19b)]：

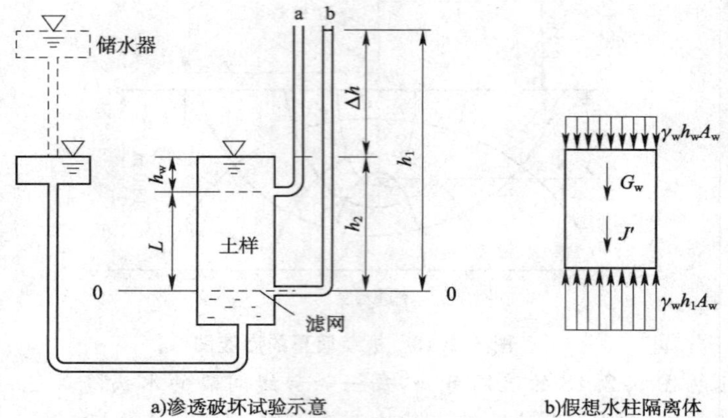

图 5.2.19 饱和土体中的渗流力计算

①孔隙水重力和土粒浮力的反力之和，后者应等于土粒同体积的水柱重力，故

$$G_w = V_v\gamma_w + V_s\gamma_v = V_s\gamma_v = LA_v\gamma_w$$

可见，G_w 即为 L 长度的水柱重力。

②水柱上下两端面的边界水压力 $\gamma_w h_w A_w$ 和 $\gamma_w h_1 A_w$。

③土柱内土粒对水流的阻力，其大小应与渗流力 J 相等，而方向相反。设单位土体内土粒给水流的阻力为 j'，则总阻力 $J' = j'LA_w = J$，方向竖直向下。现考虑假想水柱隔离体的平衡条件，可得

$$\gamma_w h_w A_w + G_w + j'LA_w = \gamma_w h_1 A_w$$

$$j' = \frac{\gamma_w(h_1 - h_w - L)}{L} = \frac{\gamma_w \Delta h}{L} = \gamma_w i$$

故

$$j = j' = \gamma_w i \tag{5.2.76}$$

从式(5.2.76)可知，渗流力是一种体积力，量纲与 γ_w 相同，大小与水头梯度成正比，方向与水流方向一致。

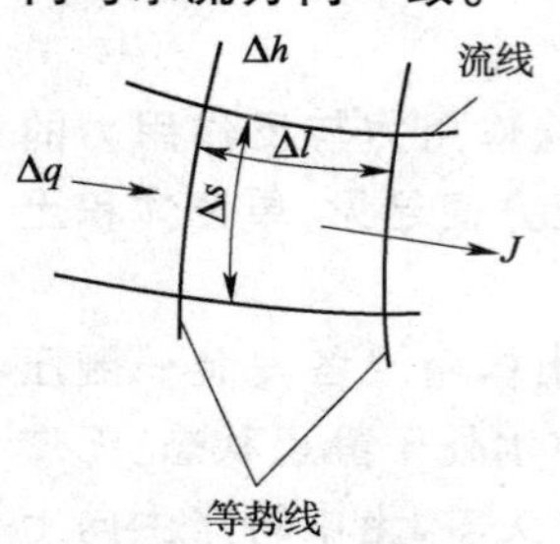

图 5.2.20 流网中的渗透力计算

对于二元渗流，当流网绘出后，即可方便地求出流网中任意网格上的渗流力及其作用方向。例如图 5.2.20 表示自流网中取出的一个网格，已知任两条等势线之间的水头降落为 Δh，则网格平均水力坡降 $i = \dfrac{\Delta h}{\Delta l}$，单位厚度上网格土体的体积 $V = \Delta s \Delta l \times 1$，则作用于该网格土体上的总渗透力为

$$J = jV = \gamma_w i \Delta s \Delta l \times 1 = \gamma_w \Delta h \Delta s$$

假定 J 作用于该网格的形心上，方向与流线平行。显然，流网中各处的渗流力在大小和方向上均不相同，在等势线越密的那些区域，水力坡降 i 大，因而渗透力 j 也大。例如，在图 5.2.17 的流网中，上游的 A-B 入渗处和下游 C-D 的逸出处，渗流力均较大，但两处渗流力对土体稳定性的影响却截然相反。在 A-B，由于渗流力方向与重力方向一致，故渗流力对土骨架起渗力压密

作用，对土体稳定有利；而在 C-D，渗流力方向与重力方向相反，渗流力对土体起浮托作用，对土体稳定十分不利，甚至当渗流力大到某一数值时，会使该处土体发生浮起和破坏，因此研究渗流逸出区域的渗流力或逸出坡降，对建筑物的安全有很大的意义。

(二)临界水头梯度

若将图 5.2.19 中左端的储水器不断上提，则 Δh 逐渐增大，从而作用在土体中的渗流力也逐渐增大，而方向与土体重力方向相反，当渗流力增大到某一数值(土的有效重度 γ')时，向上的渗流力克服了土体向下的重力，则土体发生浮起而处于悬浮状态失去稳定，土粒随水流动，这种现象称为流沙或流土。这时的水头梯度称为临界水头梯度，用符号 i_{cr} 表示。由流土概念和渗流力计算公式可得

$$i_{cr}=\frac{\gamma'}{\gamma_w}=\frac{\gamma_{sat}}{\gamma_w}-1 \tag{5.2.77}$$

式中，γ_{sat} 为土的饱和重度；γ_w 为水的重度。

土的有效重度 γ' 一般在 8～12 kN/m³ 之间，而水的重度 γ_w 一般取 10 kN/m³，因此 i_{cr} 可近似地取 1。

【例 5.2.2】 某基坑在细砂层中开挖，经施工抽水，待水位稳定后，实测水位情况如图 5.2.21所示。据场地勘察报告提供：细砂层饱和重度 $\gamma_{sat}=18.7\ \text{kN/m}^3$，$k=4.5\times10^{-2}$ mm/s，试求渗透水流的平均速度 v 和渗流力 j，并判别是否会产生流沙现象。

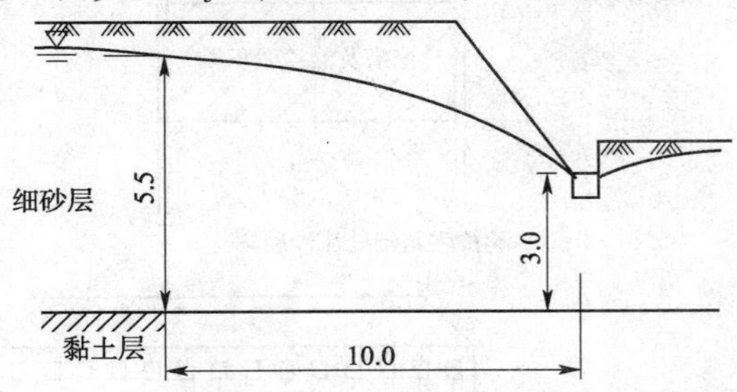

图 5.2.21 基坑开挖示意图(尺寸单位：m)

【解】

$$i=\frac{5.5-3.0}{10.0}=0.25$$

$$v=ki=4.5\times10^{-2}\times0.25\ \text{mm/s}=1.125\times10^{-2}\ \text{mm/s}$$

$$j=\gamma_w i=10\times0.25\ \text{kN/m}^3=2.5\ \text{kN/m}^3$$

细砂层的有效重度

$$\gamma'=\gamma_{sat}-\gamma_w=(18.7-10)\text{kN/m}^3=8.7\ \text{kN/m}^3$$

因 $j<\gamma'$ $(2.5\ \text{kN/m}^3<8.7\ \text{kN/m}^3)$

故不会因基坑抽水而产生流沙现象。

六、渗透破坏与控制

土工建筑物及地基由于渗流而出现的破坏或变形称为渗透破坏或渗透变形。渗流引起的渗透破坏问题主要有两大类：一是由于渗流力的作用，使土体颗粒流失或局部土体产生移动，导致土体变形失稳；二是由于渗流作用，使水压力或浮力发生变化，导致土体或结构失稳。前者主要表现为流沙和管涌，后者则表现为岸坡滑动或挡土墙等构筑物失稳。还有渗流对土坡稳定有影响。下面主要分析流沙和管涌这两种渗透形式。

(一)流沙或流土现象

在向上的渗透水流作用下，表层土局部范围内的土体或颗粒群同时发生悬浮、移动的现

象称为流土。任何类型的土，只要水力坡降达到一定的大小，都会发生流土或流沙破坏。

这种现象多发生在颗粒级配均匀的饱和细粉砂和粉土层中。它的发生一般是突发性的，对工程危害很大，如图 5.2.22 所示。

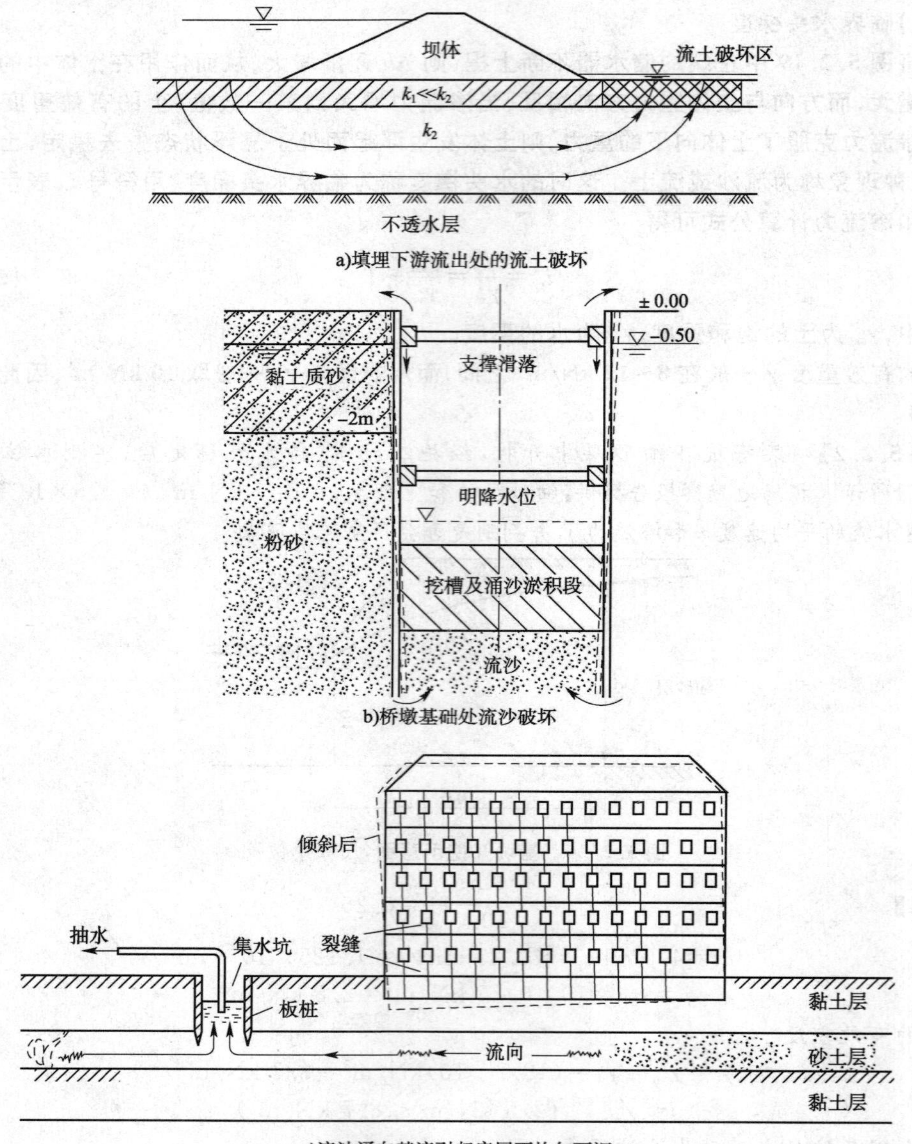

a)填埋下游流出处的流土破坏

b)桥墩基础处流沙破坏

c)流沙涌向基流引起房屋不均匀下沉

图 5.2.22 流沙(土)现象引起破坏示例

图 5.2.22a)表示一座建筑在双层地基上的堤坝，地基表层为渗透系数较小的黏性土层，且较薄；下层为渗透性较大的无黏性土层，且 $k_1 \ll k_2$。当渗流经过双层地基时，水头将主要损失在上游水流渗入和下游水流渗出薄黏性土层的流程中，在砂层中的流程损失很小，因此造成下游逸出渗透坡降 i 较大。当 $i > i_{cr}$ 时就会在下游坝脚处出现表面隆起，裂缝开展，砂粒涌出，以至整块土体被渗透水流抬起的现象，这就是典型的流土破坏。图 5.2.22b)为一桥梁基础工程施工情况，倘若遇到易产生渗透破坏的地基土类，而施工降水时采用明降水位法的话，那么，在抽水机作用下，将产生自下而上的渗流力，当 $i > i_{cr}$ 时，发生流沙现象。

图 5.2.22c)为房屋附近不规则的抽水，引起流沙现象使房屋不均匀下沉而开裂。

(二)管涌现象和潜蚀作用

在渗透水流作用下，土中的细颗粒在粗颗粒形成的孔隙中移动，以至流失；随着土的孔隙不断扩大，渗透速度不断增加，较粗的颗粒也相继被水流逐渐带走，最终导致土体内形成贯通的渗流管道，如图 5.2.23 所示，造成土体塌陷，这种现象称为管涌。可见，管涌破坏一般有个时间发展过程，是一种渐进性质的破坏。

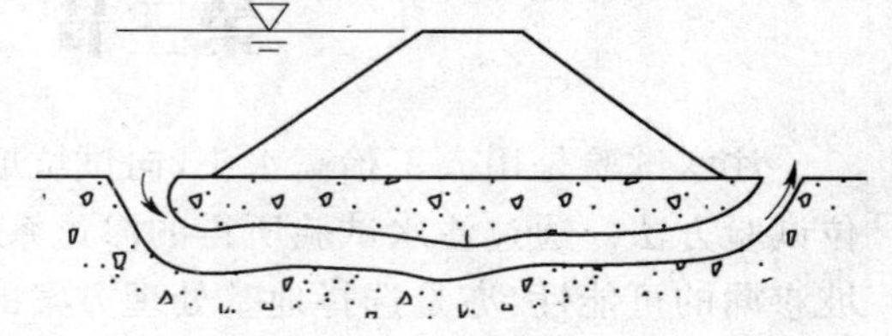

图 5.2.23　通过坝基的管涌

在自然界中，在一定条件下同样会发生上述渗透破坏作用，为了与人类工程活动所引起的管涌相区别，通常称之为潜蚀。潜蚀作用有机械的和化学的两种。机械潜蚀是指渗流的机械力将细土粒冲走而形成洞穴；化学潜蚀是指水流溶解了土中的易溶盐和胶结物使土变松散，细土粒被水冲走而形成洞穴，这两种作用往往是同时存在的。

土是否发生管涌，首先取决于土的性质。管涌多发生在砂性土中，其特征是颗粒大小差别较大，往往缺少某种粒径，孔隙直径大且相互连通。无黏性土产生管涌必须具备两个条件：

①几何条件：土中粗颗粒所构成的孔隙直径必须大于细颗粒的直径，这是必要条件，一般不均匀系数 $C_u>10$ 的土才会发生管涌。

②水力条件：渗流力能够带动细颗粒在孔隙间滚动或移动是发生管涌的水力条件，可用管涌的水力梯度来表示。

但管涌临界水力梯度的计算至今尚未成熟。对于重大工程，应尽量由试验确定。

流沙和管涌在工程中可简单区别，流沙现象一般发生在土体表面渗流逸出处，不发生于土体内部，而管涌现象可以发生在渗流逸出处，也可能发生于土体内部。

(三)渗透破坏(变形)的防治措施

防治流土的关键在于控制逸出处的水力坡降，为了保证实际的逸出坡降不超过允许坡降，工程上可采取如下措施：

①上游做垂直防渗帷幕，如混凝土防渗墙，打钢板桩或灌浆帷幕等。根据实际需要，帷幕可完全切断地基的透水层，彻底解决地基土的渗透变形问题，也可不完全切断透水层，做成悬挂式，起延长渗流途径、降低下游逸出坡降的作用。

②上游做水平防渗铺盖，以延长渗流途径、降低下游逸出坡降。

③水利工程中，下游挖减压沟或打减压井，贯穿渗透性小的黏性土层，以降低作用在黏性土层底面的渗透压力。

④下游加透水盖重层，以防止土粒被渗透力所悬浮。

⑤土层加固处理，如冻结法。

这几种工程措施往往是联合使用的，具体的设计方法可参阅有关书籍。

防止管涌一般可从两方面采取措施：一方面改变水力条件，降低土层内部和渗流逸出处的渗透坡降，如上游做防渗铺盖或打板桩等；另一方面改变几何条件。在渗流逸出部位铺设层间关系满足要求的反滤层，是防止管涌破坏的有效措施。反滤层一般是 1～3 层级配较为均匀的砂子和砾石层，用以保护基土不让细颗粒带出，同时应具有较大的透水性，使渗流可以畅通。

第三节 注水试验

注水试验是用人工抬高水头，向试坑或钻孔内注水，来测定松散岩土体渗透性的一种原位试验方法。通过注水试验所得的渗透系数，用于预测基坑排水量、评价储水工程地基或边坡渗漏的可能性，亦是选择地基处理方案的主要参数。

注水试验主要适用于不能进行抽水试验和压水试验，取原状土试样进行室内试验又比较困难的松散岩土体。注水试验可分为试坑注水试验和钻孔注水试验两种。试坑注水试验主要适用于地下水位以上，且地下水位埋藏深度大于 5 m 的各类土层。钻孔注水试验则适用于各类土层和结构较松散、软弱的岩层，且不受水位和埋藏深度的影响。

一、试坑注水试验

试坑注水试验是向试坑底部一定面积内注水，并保持一定水头，以测定土层渗透性的原位试验。试验方法分为单环和双环法两种，对于毛细力作用不大的砂层、砂卵砾石层等，可采用单环注水法。对于毛细力作用较大的黏性土，宜采用双环注水法。

(一)单环注水法

(1)试验设备

单环注水设备，见表 5.3.1。

单环注水设备一览表　　表 5.3.1

名　称	规　格	用　途
铁环	高 20 cm，直径 25～50 cm	限定试验面积和试验水头
水箱	容积 1 m^3	储存试验用水
量桶	断面上下均一，面积不大于 5 000 cm^2，且有刻度清晰的水尺或玻璃管	观测注入水量
计时钟表	秒表	计量试验时间
供水管路及阀门		向试坑供水用

(2)试验步骤

①试坑开挖：在拟定的试坑位置，挖一个圆形或方形试坑至预定深度，在试坑底部一侧再挖一个注水试坑，深 15～20 cm，坑底应修平，并确保试验土层的结构不被扰动。

②铁环安装：在试坑内放入铁环，使其与试坑紧密接触，外部用黏土填实，确保四周不漏水，在环底铺 2～3 cm 厚的粒径 5～10 mm 的细砾作为缓冲层。

③流量观测及结束标准：将量桶放在试坑边，向铁环注水，使环内水头高度保持在10 cm，观测记录时间和注入水量。开始 5 次观测时间间隔为 5 min，以后每隔 30 min 测记一次，并绘制 Q-t 曲线(图 5.3.1)。当观测的注入流量与最后两小时的平均流量之差不大于 10%时，试验即可结束。在试验过程中，试验水头波动幅度不得大于0.5 cm，流量观测精度应达到 0.1 L。

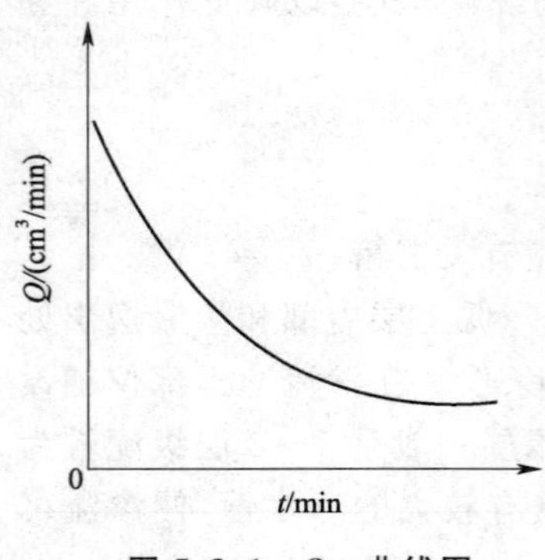

图 5.3.1　Q-t 曲线图

(3)资料整理

假定水的运动是层流，且水力比降等于 1，按式(5.3.1)计算土层的渗透系数：

$$k=\frac{Q}{F} \tag{5.3.1}$$

式中，k 为试验土层的渗透系数(cm/min)；Q 为注入流量(cm^3/min)；F 为铁环的面积(cm^2)。

(二)双环注水法

(1)试验设备(表 5.3.2)。

双环注水试验设备一览表 表 5.3.2

名　称	规　格	用　途
铁环	高 20 cm，直径分别为 25 cm 和 50 cm	限定试验面积和试验水头
水箱	容积 1 m^3	储存试验用水
流量瓶	容积 5L	量测注入水量
瓶架		固定流量瓶用
玻璃管	直径 1～2 cm	供水和通气用
计时钟表	秒表	计量注水时间

(2)试验步骤

①试坑开挖：同单环注水法。

②铁环安装：在拟定试验位置，将直径分别为 25 cm 和 50 cm 的两个铁环同心圆状压入坑底，深 5～8 cm，并确保试验土层的结构不被扰动。在内环及内、外环之间铺上厚2～3 cm的粒径为 5～20 mm 的细砾作为缓冲层。

③装流量瓶：安装瓶架，将流量瓶装满清水，用带两个孔的胶塞塞住，孔中分别插入长短不等的两根玻璃管(管端切成斜口)，短的供水用，长的进气用，安装如图 5.3.2 所示。

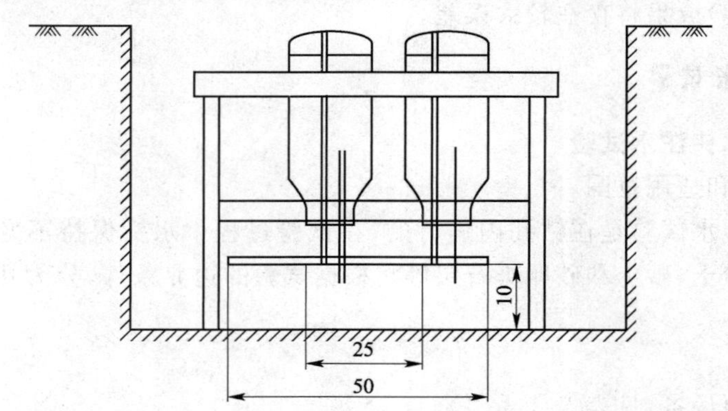

图 5.3.2 双环注水法安装示意图(尺寸单位：cm)

④流量观测及结束标准：用两个流量瓶同时向内环和内、外环之间注水，水深为10 cm。在整个试验过程中必须使内环和内、外环之间的水头保持一致。流量瓶通气孔的玻璃管口距坑底 10 cm，以保持试验水头不变，注入水量由瓶上刻度读出。观测内环的注入水量，开始 5 次观测时间为 5 min，以后为 30 min，并绘制 Q-t 曲线(图 5.3.3)。当测读的流量与最后 2 h 内的平均流量之差不大于 10 %时，即可结束试验。

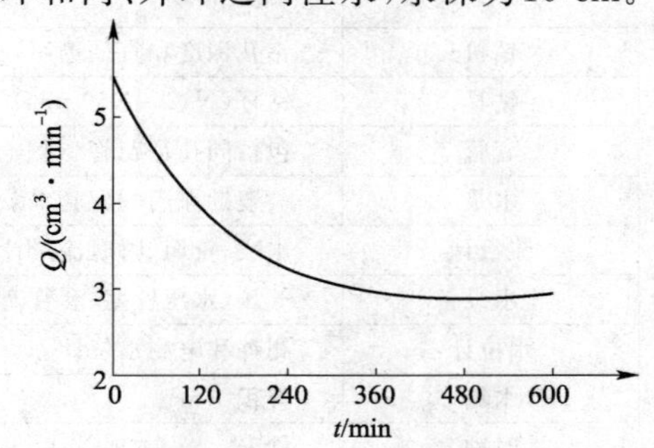

图 5.3.3 Q-t 曲线图

(3)资料整理

考虑黏性土、粉土的毛细力的影响，采用式

(5.3.2)计算渗透系数

$$K=\frac{Qz}{F(H+z+H_a)} \tag{5.3.2}$$

式中,K 为试验土层的渗透系数(cm/min);Q 为内环的注入流量(cm^3/min);F 为内环的底面积(cm^2);H 为试验水头(cm);z 为从试坑底算起的渗入深度(cm);H_a 为试验土层的毛细压力值(cm)(换算成水柱压力,取毛细上升高度的50%计算,不同土层的取值参见表5.3.3)。

不同土层的毛细上升高度　　表5.3.3

土层名称	毛细上升高度/cm	土层名称	毛细上升高度/cm
黏土	200	细砂	40
粉质黏土	160	中砂	20
粉土	80～120	粗砂	10
粉砂	60		

土层渗入深度的确定方法是,试验前在距试坑3～5 m处打一个比坑底深3～4 m的钻孔,并每隔20 cm取样测定其含水率。试验结束后,立即排出环内积水,在试坑中心打一个同样深度的钻孔,每隔20 cm取样测定其含水率,与试验前资料对比,以确定注水试验的渗入深度。

(三)试坑注水试验注意事项

单环注水法,渗流为三维流,它测得是土层的综合渗透系数。双环注水法由于在内环和内、外环之间同时注水,求得的渗透系数基本上反映土层的垂直渗透性。无论是单环注水法,还是双环注水法,都要求试验土层是均质,各向同性的;如果试验土层是互层状,或者中间存在夹层,则试验成果将存在较大误差。

二、钻孔注水试验

(一)钻孔常水头注水试验

(1)试验原理和适用范围

钻孔常水头注水试验是在钻孔内进行的,在试验过程中水头保持不变。它一般适用于渗透性比较大的粉土、砂土和砂卵砾石层等。根据试验的边界条件,分为孔底进水和孔壁与孔底同时进水两种。

(2)试验设备

钻孔注水试验设备,见表5.3.4。

钻孔注水试验设备一览表　　表5.3.4

名称	规格	用途
钻机	钻孔深度和直径选用	造孔用
钻具	钻杆(N42～N50 mm),钻具(N108～N46 mm)	造孔用
套管	包括同孔径花管	护壁用
水泵	一般勘探用的配套水泵即可	供水用
流量计	水表、量筒、瞬时流量计等	测量注入水量
止水设备	气压、水压栓塞、套管塞(黏土与套管结合)	试段隔离
水位计	测钟和电测水位计	测地下水位和注水水头
水箱	容积1 m^3	储存试验用水
计时钟表	秒表	计时用
米尺	皮尺	丈量用

(3)试验步骤

①造孔与试段隔离:用钻机造孔,预定深度下套管,如遇地下水位时,应采取清水钻进,孔底沉淀物不得大于5 cm,同时要防止试验土层被扰动。钻至预定深度后,采用栓塞和套管进行试段隔离,确保套管下部与孔壁之间不漏水,以保证试验的准确性。对孔底进水的试段,用套管塞进行隔离,对孔壁和孔底同时进水的试段,除采用栓塞隔离试段外,还要根据试验土层种类,决定是否下入护壁花管,以防孔壁坍塌。

②流量观测及结束标准:试段隔离以后,用带流量计的注水管或量筒向试管内注入清水,试管中水位高出地下水位一定高度(或至孔口)并保持固定,测定试验水头值。保持试验水头不变,观测注入流量。开始先按1 min间隔测5次,5 min间隔测5次,以后每隔30 min观测一次,并绘制 Q-t 曲线(图5.3.1),直到最终的流量与最后两小时的平均流量之差不大于10%时,即可结束试验。

(4)资料整理

假定试验土层是均质的,渗流为层流,根据常水头条件,由达西定律得出试验土层的渗透系数计算公式

$$K=\frac{Q}{AH} \tag{5.3.3}$$

式中,K 为试验土层的渗透系数(cm/min);Q 为注入流量(cm³/min);H 为试验水头(cm);A 为形状系数,由钻孔和水流边界条件确定,按表5.3.5选用。

钻孔注水试验的形状系数值 表5.3.5

试验条件	简图	形状系数值	备注
试段位于地下水位以下,钻孔套管下至孔底,孔底进水	2r; H	$A=5.5r$	
试段位于地下水位以下,钻孔套管下至孔底,孔底进水,试验土层顶板为不透水层	2r; H	$A=4r$	
试段位于地下水位以下,孔内不下套管或部分下套管,试验段裸露或下花管,孔壁和孔底进水	2r; H; l	$A=\dfrac{2\pi l}{\ln\dfrac{ml}{r}}$	$\dfrac{ml}{r}>10$ $m=\sqrt{k_h/k_v}$ 式中,k_h、k_v 分别为试验土层的水平、垂直渗透系数;无资料时,m 值可根据土层情况估计

续上表

试验条件	简图	形状系数值	备注
试段位于地下水位以下，孔内不下套管或部分下套管，试验段裸露或下花管，孔壁和孔底进水，试验土层顶部为不透水层	2r H L	$A=\dfrac{2\pi l}{\ln\dfrac{ml}{r}}$	$\dfrac{ml}{r}>10$ $m=\sqrt{k_h/k_v}$ 式中，k_h、k_v 分别为试验土层的水平、垂直渗透系数；无资料时，m 值可根据土层情况估计

(二)饱和带钻孔降水头注水试验

(1)试验原理和适用范围

钻孔降水头与钻孔常水头试验的主要区别是：在试验过程中，试验水头逐渐下降，最后趋于零。根据套管内的试验水头下降速度与时间的关系，计算试验土层的渗透系数。它主要适用于渗透系数比较小的黏性土层，试验设备与钻孔常水头方法相同。

(2)试验步骤

①造孔与试段隔离：与钻孔常水头相同。

②流量观测及结束标准：试段隔离后，向套管内注入清水，使管中水位高出地下水位一定高度(或至套管顶部)后，停止供水，开始记录管内水位高度随时间的变化。量测管中水位下降速度，开始时间间隔为 1 min 观测 5 次，然后间隔为 5 min 观测 5 次，10 min间隔观测 3 次，最后根据水头下降速度，一般可按 30～60 min 间隔进行，对较强透水层，观测时间可适当缩短。在现场，采用半对数坐标纸绘制水头下降比与时间的关系曲线(图 5.3.4)。当水头比与时间关系呈直线时说明试验正确，即可结束试验。

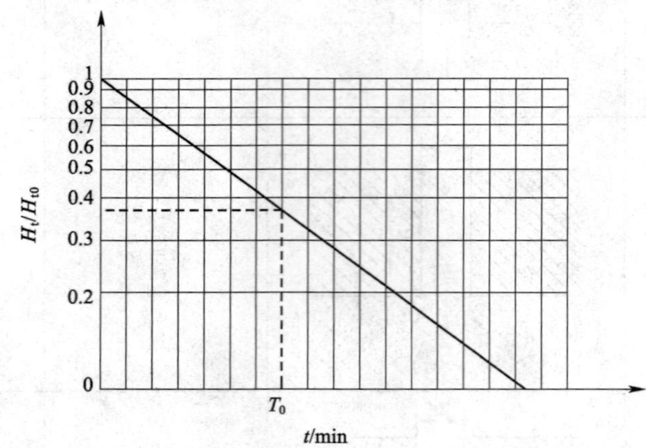

图 5.3.4 H_t/H_{t0}-t 曲线图

(3)资料整理

假定渗流符合达西定律，渗入土层的水等于套管内的水位下降后减少的水体积，由式(5.3.3)得

$$K=\frac{\pi r^2}{AH}\frac{\mathrm{d}H}{\mathrm{d}t} \tag{5.3.4}$$

根据注水试验的边界条件和套管中水位下降速度与延续时间的关系，由图 5.3.4 得出

降水头注水试验的渗透系数计算公式

$$K=\frac{\pi r^2}{A}\frac{\ln\dfrac{H_1}{H_2}}{t_2-t_1} \tag{5.3.5}$$

式中，H_1 为在时间 t_1 时的试验水头(cm)；H_2 为在时间 t_2 时的试验水头(cm)。

如在任意时间 t 时，套管水位和压力零线之间的差值为 H_t，则当 $t=0$ 时，$H_t=H_{t0}$；当 $t=T_0$ 时，$H_t=0$，由图 5.3.4 得

$$K=\frac{\pi r^2}{AT_0} \tag{5.3.6}$$

式中，T_0 为注水试验的滞后时间(min)。

式(5.3.5)和式(5.3.6)在 $\ln(H_1/H_2)=\ln(H_{t0}/H_t)=1$ 或 $H_t/H_{t0}=0.37$，$T=T_0=t_2-t_1$ 时的特定条件下完全相同。因此在降水头试验中，可以用与相对应的时间，近似的代替注水试验的滞后时间，代入式(5.3.6)计算渗透系数，这样可以大大缩短试验时间。滞后时间的图解如图 5.3.4 所示。降水头注水试验的形状系数和常水头注水试验相同(表 5.3.5)。

美国采用双栓塞隔离出中间的试段，进行降水头注水试验，试验安装如图 5.3.5 所示。流量观测方法和前述基本相同。采用下述公式计算土层的渗透系数

$$K=\frac{r^2\Delta H}{2LH\Delta t} \tag{5.3.7}$$

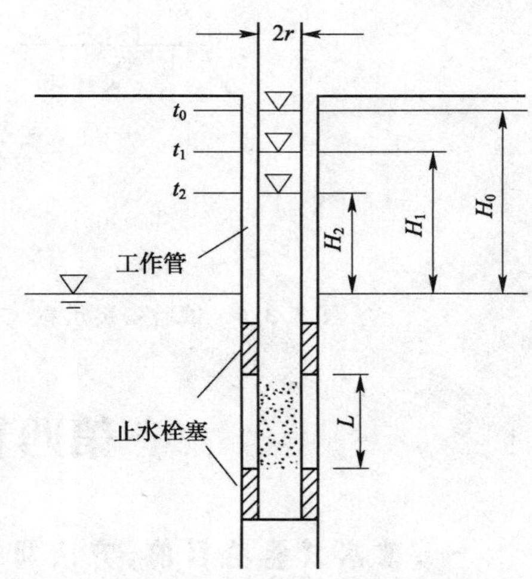

图 5.3.5 试验安装示意(一)

式中，K 为试段的渗透系数(cm/min)；r 为工作管内半径(cm)；L 为试段长度(cm)；Δt 为逐次水位测量之间的时间间隔(即 t_1-t_0，t_2-t_1 等)(min)；ΔH 为在 Δt 时间内的水头下降值(cm)；H 为在 Δt 时间后的试验水头值(cm)。

(三)包气带内钻孔降水头注水试验

当试段位于地下水位以上，在包气带内进行钻孔降水头注水试验时，其试验设备和试验方法与饱和带内钻孔降水头注水试验相同，但资料整理有所不同。

中国有色金属工业总公司、冶金部标准《注入试验规程》(YS 5214—2000)，考虑了包气带的饱和度和孔隙度，试验安装如图 5.3.6 所示。采用下述公式计算渗透系数

$$K=\frac{r\ln\dfrac{H_1}{H_2}}{4t_2\left[\dfrac{3(H_1-H_2)}{4S_r nr}+1\right]^{\frac{1}{3}}-t_1} \tag{5.3.8}$$

式中，K 为试验土层的平均有效渗透系数(cm/min)；r 为注水管内半径(cm)；t 为观测时间(min)；H_1 为当 $t=t_1$ 时的管内水柱高度(从孔底算起)(cm)；H_2 为当 $t=t_2$ 时的管内水柱高度(从孔底算起)(cm)；S_r 为试验土层的最终饱和度；n 为试验土层的孔隙度。

美国采用双栓塞隔离试段，如图 5.3.7 所示。试段的渗透系数采用修正的 Jarvis 公式计算

$$K=\frac{r_1^2}{2l\Delta t}\left[\frac{\operatorname{arsh}\dfrac{1}{r_e}}{2}\ln\left(\frac{2H_1-l}{2H_2-l}\right)-\ln\left(\frac{2H_1H_2-lH_2}{2H_1H_2-lH_1}\right)\right] \tag{5.3.9}$$

式中，K 为时段的平均渗透系数（cm/min）；l 为试段的长度（cm）；r_1 为工作管内半径（cm）；r_e 为试段的有效半径（cm）；Δt 为时间间隔（t_1-t_0，t_2-t_1）（min）；H 为试段底部到工作管中水面的水柱高度（在测量时间 t_0、t_1、t_2 时分别为 H_0、H_1、H_2）（cm）。

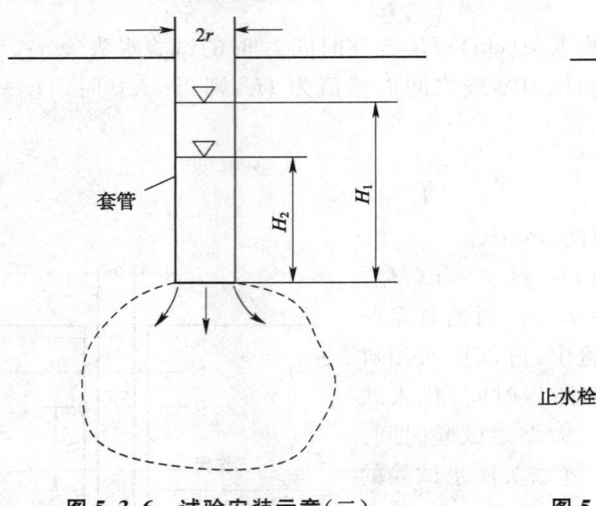

图 5.3.6　试验安装示意（二）

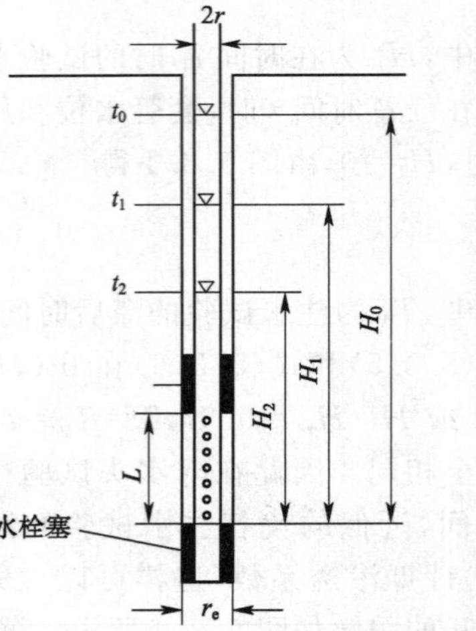

图 5.3.7　试验安装示意（三）

第四节　抽 水 试 验

一、抽水试验的目的、方法和要求

（一）抽水试验的目的

岩土工程勘察中抽水试验的目的，通常为查明建筑场地的地层渗透性和富水性，测定有关水文地质参数，为建筑设计提供水文地质资料。往往用单孔（或有一个观测孔）的稳定流抽水试验。

因为现场条件限制，也常在探井、钻孔或民井中，用水桶或抽筒进行简易抽水试验。

抽水试验方法，可按表 5.4.1 选用。

抽水试验方法和应用范围　　表 5.4.1

试验方法	应用范围
钻孔或探井简易抽水	粗略估算弱透水层的渗透系数
不带观测孔抽水	初步测定含水层的渗透性参数
带观测孔抽水	较准确测定含水层的各种参数

（二）抽水试验的方法和要求

（1）抽水孔：钻孔适宜半径 $r\geqslant 0.01M$（M 为含水层厚度）。或者利用适宜半径的工程地质钻孔。

抽水孔深度的确定与试验目的有关。若以试验段长度与含水层厚度两者关系而言，有完整孔与非完整孔两种情况。

（2）观测孔：观测孔的布置，决定于地下水的流向、坡度和含水层的均一性。一般布置在与地下水流向垂直的方向上，与抽水孔的距离以 1～2 倍含水层厚度为宜。孔深一般要求进入抽水孔试验段厚度之半。

(3)技术要求：

①水位下降(降深)：正式抽水试验一般进行三个降深，每次降深的差值宜大于 1 m。

②稳定延续时间和稳定标准：岩土工程勘察中稳定延续时间一般为 8～24 h。稳定延续时间是指某一降深下，相应的流量和动水位趋于稳定后的延续时间。

稳定标准：在稳定时间段内，涌水量波动值不超过正常流量的 5%，主孔水位波动值不超过水位降低值的 1%，观测孔水位波动值不超过 2～3 cm。若抽水孔、观测孔动水位与区域水位变化幅度趋于一致，则为稳定。

③静止水位观测：试验前对自然水位要进行观测。一般地区每小时测定一次，三次所测水位值相同，或 4 h 内水位差不超过 2 cm 者，即为静止水位。

④水温和气温的观测：一般每 2～4 h 同时观测水温和气温一次。

⑤恢复水位观测：一般地区在抽水试验结束后或中途因故停抽时，均应进行恢复水位观测；通常以(1、3、5、10、15、30)min…按顺序观测，直至完全恢复为止。观测精度要求同静止水位的观测。水位渐趋恢复后，观测时间间隔可适当延长。

⑥动水位和涌水量的观测：动水位和涌水量同时观测，主孔和观测孔同时观测。开泵后每 5～10 min 观测一次，然后视稳定趋势改为 15 min 或 30 min 观测一次。

(三)注意事项

(1)为测定水文地质参数(渗透系数、给水度等)的抽水试验，应在单一含水层中进行，并应采取措施，避免其他含水层的干扰。试验地点和层位应有代表性，地质条件应与计算分析方法一致。

(2)单孔抽水试验时，宜在主孔过滤器外设置水位观测管；不设置观测管时，应估计过滤器阻力的影响。

(3)承压水完整井抽水试验时，主孔降深不宜超过含水层顶板；超过顶板时，计算渗透系数应采用相应的公式。

(4)潜水完整井抽水试验时，主孔降深不宜过大，不得超过含水层厚度的 1/3。

(5)降落漏斗水平投影应近似圆形，对椭圆形漏斗宜同时在长轴方向和短轴方向上布置观测孔；对傍河抽水试验和有不透水边界的抽水实验，应选择适宜的公式计算。

(6)正规抽水试验宜三次降深，最大降深宜接近设计动水位。

(7)非完整井的抽水试验应采用相应的计算公式。

二、抽水试验资料整理

(一)现场整理

抽水试验进行过程中，需要在现场整理，编制有关曲线图表，指导并检查试验情况，为室内整理做好基础工作。其具体内容，见图 5.4.1～图 5.4.3。

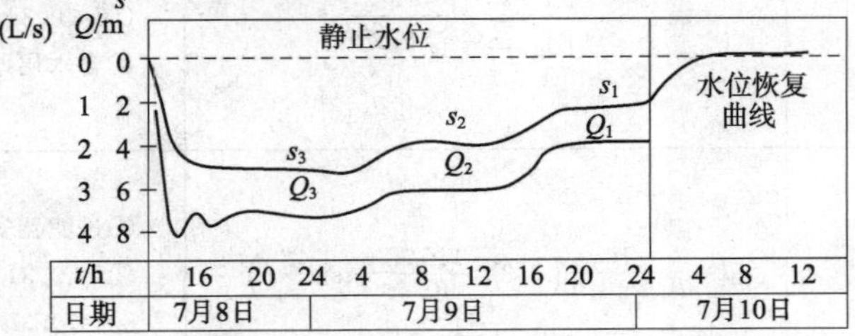

图 5.4.1 Q、S-t 过程曲线

注：有观测孔时，应绘制主孔与观测孔水位下降历时曲线。

图 5.4.2 和图 5.4.3 中，曲线Ⅰ代表含水层的渗透性、补给条件好，出水量大的抽水试验曲线；曲线Ⅱ代表含水层的渗透性、补给条件较好，出水量较大的抽水试验曲线；曲线Ⅲ代表含水层分布范围较小，含水层渗透性和地下水补给条件差的抽水试验曲线。

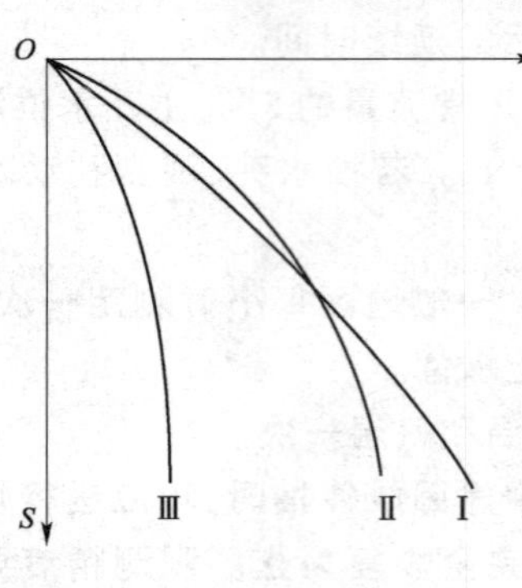

图 5.4.2　$Q=f(s)$ 曲线

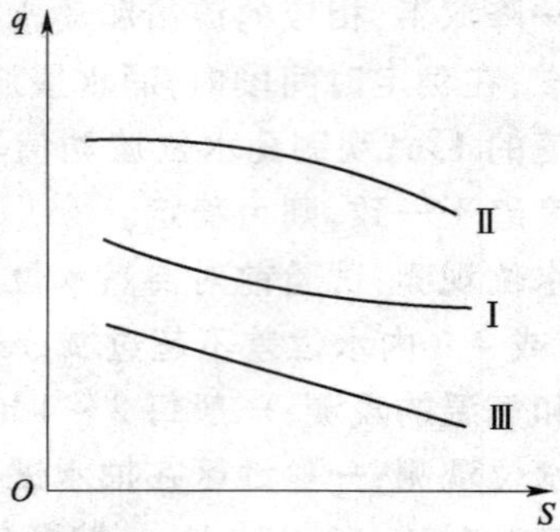

图 5.4.3　$q=f(s)$ 曲线

(二)室内整理

(1)绘制水文地质缩合图表，内容包括：

①试验地段平面图；

②水位，流量与时间过程曲线图；

③$Q=f(s)$，$q=f(s)$ 曲线图；

④水位恢复曲线(过程)图；

⑤主孔、观测孔结构图(包括工艺、技术措施说明)。

(2)计算岩土工程勘察所要求的水文地质参数。在选用计算公式时，应充分考虑适用条件。具体内容见本节水文地质参数计算的内容。

(3)编写抽水试验报告，其内容有：

①试验的目的、方法和要求；

②试验的成果和结论。

三、水文地质参数计算

1)渗透系数 k

渗透系数的计算公式，见表 5.4.2～表 5.4.4。

潜水非完整井(非淹没过滤器井壁进水)　表 5.4.2

图　形	计算公式	适用条件
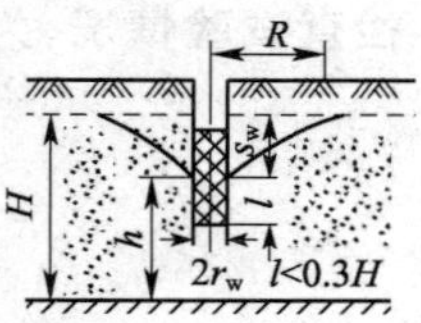 R, H, h, s_w, l, $2r_w$, $l<0.3H$	$k=\dfrac{0.73Q}{s_w\left[\dfrac{l+s_w}{\lg\dfrac{R}{r_w}}+\dfrac{l}{\lg\dfrac{0.66l}{r_w}}\right]}$	①过滤器安置在含水层上部； ②$l<0.3H$； ③含水层厚度很大
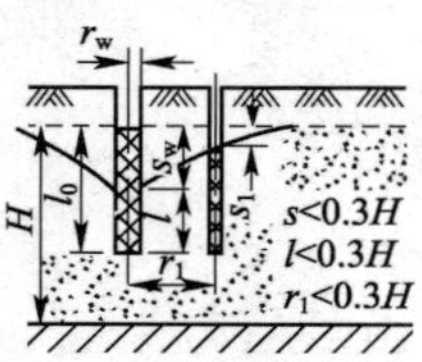 r_w, H, l_0, s_w, l, s_1, r_1, $s<0.3H$, $l<0.3H$, $r_1<0.3H$	$k=\dfrac{0.16q}{l'(s-s_1)}\left(2.3\lg\dfrac{1.6l'}{r_w}-\mathrm{arsh}\dfrac{l'}{r_1}\right)$ 式中，$l=l_0-0.5(s+s_1)$	①过滤器安置在含水层上部； ②$l<0.3H$； ③$s<0.3l_0$； ④一个观测孔 $r_1<0.3H$

续上表

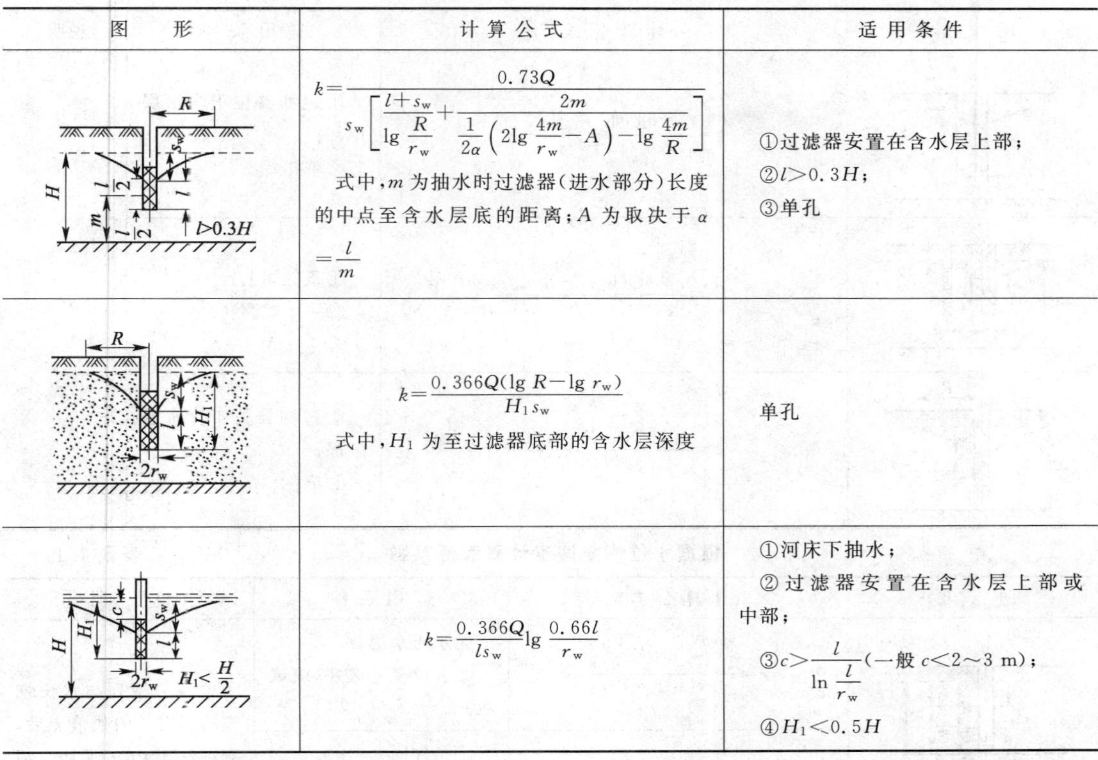

图　形	计算公式	适用条件
	$k=\dfrac{0.73Q}{s_w\left[\dfrac{l+s_w}{\lg\dfrac{R}{r_w}}+\dfrac{2m}{\dfrac{1}{2\alpha}\left(2\lg\dfrac{4m}{r_w}-A\right)-\lg\dfrac{4m}{R}}\right]}$ 式中，m 为抽水时过滤器（进水部分）长度的中点至含水层底的距离；A 为取决于 $\alpha=\dfrac{l}{m}$	①过滤器安置在含水层上部； ②$l>0.3H$； ③单孔
	$k=\dfrac{0.366Q(\lg R-\lg r_w)}{H_1 s_w}$ 式中，H_1 为至过滤器底部的含水层深度	单孔
	$k=\dfrac{0.366Q}{ls_w}\lg\dfrac{0.66l}{r_w}$	①河床下抽水； ②过滤器安置在含水层上部或中部； ③$c>\dfrac{l}{\ln\dfrac{l}{r_w}}$（一般 $c<2\sim3$ m）； ④$H_1<0.5H$

系数 A-α 曲线如图 5.4.4 所示。

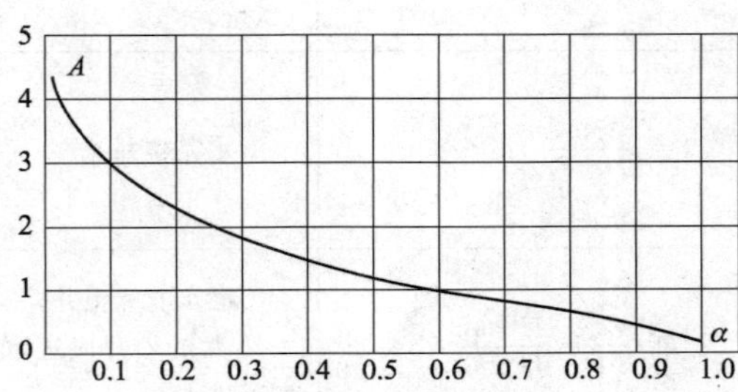

图 5.4.4　系数 A-α 曲线图

潜水非完整井（淹没过滤器井壁进水）　　表 5.4.3

图　形	计算公式	适用条件	说明
$s<0.3H$ $c\approx(0.3\sim0.4)H$	$k=\dfrac{0.336Q}{ls_w}\lg\dfrac{0.66l}{r_w}$	①过滤器安置在含水层中部； ②$l<0.3H$； ③$c\cong(0.3\sim0.4)H$； ④单孔	
$l<0.3H$ $c\approx(0.3\sim0.4)H$	$k=\dfrac{0.16Q}{l(s_w-s_1)}\left(2.3\lg\dfrac{0.66l}{r_w}-\text{arsh}\dfrac{l}{2r_1}\right)$	①②③条件同上； ④有一个观测孔	

续上表

图形	计算公式	适用条件	说明
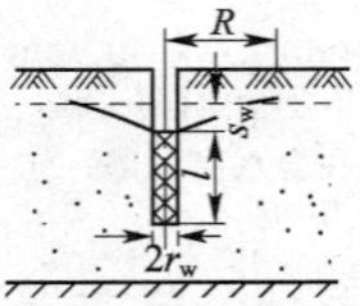	$k=\frac{0.336Q(\lg R-\lg r_w)}{(s_w+l)s}$	①过滤器位于含水层中部；②单孔	
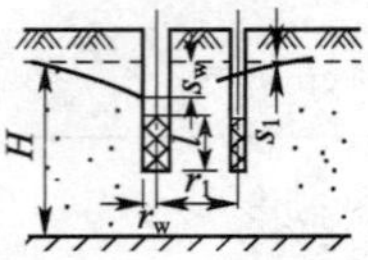	$k=\frac{0.336Q(\lg r_1-\lg r_w)}{(s_w-s_1)(s-s_1+l)}$	①条件同上；②一个观测孔	
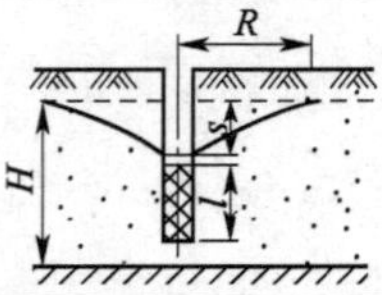	$k=\frac{0.73Q(\lg R-\lg r_w)}{s_w(H+l)}$	①过滤器位于含水层下部；②单孔	

根据水位恢复速度计算渗透系数 表 5.4.4

图形	计算公式	适用条件	说明
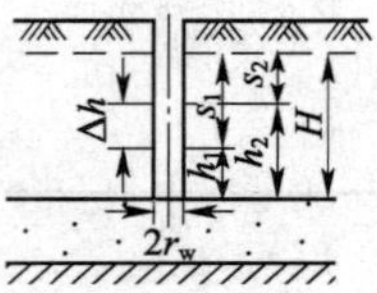	$k=\frac{1.57r_w(h_2-h_1)}{t(s_1+s_2)}$	①承压水层；②大口径平底井（或试坑）	求得一系列与水位恢复时间有关的数值 k 后，则可作 $k=f(t)$ 曲线。根据此曲线，可确定近于常数的渗透系数值，如下图 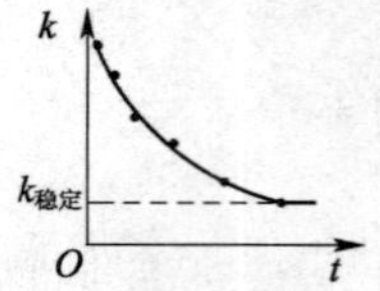
	$k=\frac{r_w(h_2-h_1)}{t(s_1+s_2)}$	①条件同上；②大口径半球状井底（试坑）	
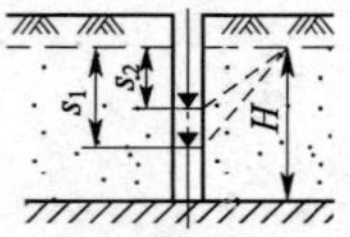	$k=\frac{3.5r_w^2}{(H+2r)t}\ln\frac{s_1}{s_2}$	潜水完整井	k、$k_{稳定}$、O、t
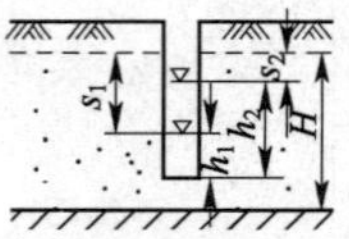	$k=\frac{\pi r_w}{4t}\ln\frac{H-h_1}{H-h_2}$	①潜水非完整井；②大口径井底进水井壁不进水	左列公式均作近似计算用

2)影响半径 R

根据计算公式确定影响半径，目前大多数只能给出近似值。其常用公式见表 5.4.5。

影响半径(R)计算公式 表 5.4.5

计算公式（潜水）	计算公式（承压水）	适用条件	备注
$\lg R=\frac{s_w(2H-s_w)\lg r_1-s(2H-s_1)\lg r_w}{(s_w-s_1)(2H-s_w-s_1)}$	$\lg R=\frac{s_w\lg r_1-s_1\lg r_w}{s_w-s_1}$	有一个观测孔完整井抽水时	精度较差，一般偏大
$\lg R=\frac{1.336k(2H-s_w)s_w}{Q}+\lg r_w$	$\lg R=\frac{2.73kms_w}{Q}+\lg r_w$	无观测孔完整井抽水时	
$R=2d$		近地表水体单孔抽水时	

续上表

计算公式		适用条件	备注
潜水	承压水		
$R=2s\sqrt{Hk}$		计算松散含水层井群或基坑矿山巷道抽水初期的R值	对直径很大的井群和单井算出的R值过大;计算矿坑基坑R值偏小
	$R=10s\sqrt{k}$	计算承压水抽水初期的R值	得出的R值为概略值
$R=\sqrt{\frac{k}{W}(H^2-h_0^2)}$		计算泄水沟和排水渠的影响宽度	要考虑大气降水补给潜水最强时期的W值为依据
$R=1.73\sqrt{\frac{kHt}{\mu}}$		含水层没有补给时,确定排水渠的影响宽度	得出近似的影响宽度值
$R=H\sqrt{\frac{k}{2W}\left[1-\exp\left(-\frac{6W_t}{\mu H}\right)\right]}$		含水层有大气降水补供时;确定排水渠的影响宽度	
	$R=a\sqrt{at}$ $a=1.1-1.7$	确定承压含水层中狭长坑道的影响宽度	a为系数,取决于抽水状态

四、水文地质参数经验值

1)渗透系数 k 经验值

渗透系数 k 经验值,见表5.4.6和表5.4.7。

黄淮海平原地区渗透系数经验数值 表5.4.6

岩性	渗透系数/(m/d)	岩性	渗透系数/(m/d)
砂卵石	80	粉细砂	5~8
砂砾石	45~50	粉砂	2~3
粗砂	20~30	砂质粉土	0.2
中粗砂	22	砂质粉土—粉质黏土	0.1
中砂	20	粉质黏土	0.02
中细砂	17	黏土	0.001
细砂	6~8		

注:此表系根据冀、豫、鲁、苏北、淮北、北京等省市平原地区部分野外试验资料综合。

砾石渗透系数 表5.4.7

平均粒径 d_{50}(mm,按重量)	35	21	14	10	5.8	3	2.9
不等粒系数 $\eta=\frac{d_{60}}{p_{10}}$	2.7	2.0	2.0	6.3	5.9	2.5	2.7
渗透系数(cm/s,$t°=10$ ℃)	20.0	20.0	10.0	5.0	3.3	3.3	0.8

注:根据原五机部勘测公司野外试验资料。

2)给水度μ经验值

给水度μ经验值,如表 5.4.8 所示。

给水度经验值 表 5.4.8

岩 性	给 水 度	岩 性	给 水 度
粉砂与黏土	0.1～0.15	粗砂及砾石砂	0.25～0.35
细砂与泥质砂	0.15～0.20	黏土胶结的砂岩	0.02～0.03
中砂	0.20～0.25	裂隙矿岩	0.008～0.1

3)影响半径 R 经验值

影响半径 R 经验值,如表 5.4.9 和表 5.4.10 所示。

影响半径经验值 表 5.4.9

岩 性	主要颗粒粒径/mm	影响半径/m	岩 性	主要颗粒粒径/mm	影响半径/m
粉砂	0.05～0.1	25～50	极粗砂	1.0～2.0	400～500
细砂	0.1～0.25	50～100	小砾	2.0～3.0	500～600
中砂	0.25～0.5	100～200	中砾	3.0～5.0	600～1 500
粗砂	0.5～1.0	300～400	大砾	5.0～10.0	1 500～3 000

注:《水利水电工程地质手册》认为,粗砂,粒径 0.5～2.0 mm 时,R 为 100～150 m。

根据单位出水量,单位水位下降确定影响半径 R 经验值 表 5.4.10

单位出水量/[L/(s·m)]	单位水位降低/[m/(L·s)]	影响半径 R/m
>2	≤0.5	300～500
2～1	1～0.5	100～300
1～0.5	2～1	60～100
0.5～0.33	3～2	25～50
0.33～0.2	5～3	10～25
<0.2	>5	<10

五、抽水试验的设备仪器

抽水试验的设备仪器,是根据抽水试验的目的、方法和精度来选择的。同时还要考虑所要研究的地下水流和含水层特征岩土工程勘察中稳定流抽水试验或简易抽水试验。其设备仪器如下:

(1)抽水设备:水桶,抽筒,水泵(离心泵,射流泵,潜水泵,深井泵),空压机(电动式空压机、柴油动力式空压机)。

(2)过滤器:砾石过滤器,缠丝(包网)过滤器,骨架过滤器。从材质上区分有混凝土过滤器,尼龙塑料类过滤器,铸铁过滤器,钢及不锈钢过滤器。

(3)水位计:测钟,电测水位计(浮漂式、灯显式、音响式、仪表式等),浮子式自动水位仪,测量水头用的套管架接水头测量仪,压力表(计)水头测量仪。

(4)流量计:三角堰,梯形堰,矩形堰,量桶,流量箱,缩径管流量计,孔板流量计。

(5)水温计:温度表,带温度表的测钟,热敏电阻测温仪、水温仪。

第五节 压水试验

一、压水试验的目的

岩土工程勘察中的压水试验,主要是为了探查天然岩(土)层的裂隙性和渗透性,获得单位吸水量等参数，为有关土建设计提供基础资料。

二、压水试验的方法和类型

(1)按试验段划分为分段压水试验、综合压水试验和全孔压水试验。

(2)按压力点，又称流量一压力关系点，划分为一点压水试验、三点压水试验和多点压水试验。

(3)按试验压力划分为低压压水试验和高压压水试验。

(4)按加压的动力源划分为水柱压水法、自流式压水法和机械法压水试验。参见示意图5.5.1～图5.5.3。

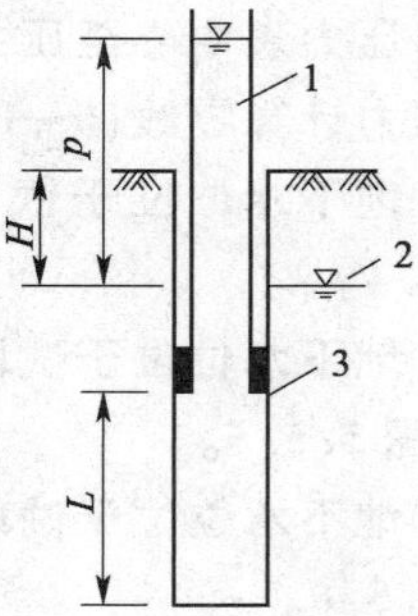

图5.5.1　水柱压水法布置示意图

1-水柱；2-静止水位；3-柱塞；p-压力；H-地下水进深；L-试水段长

三、压水试验的主要参数

(一)稳定流量，即压入耗水量Q

压水耗水量就是在一定的地质条件下和某一个确定压水作用下，压入水量呈稳定状态的流量。

稳定流量的确定：根据《水利水电工程钻孔压水试验规程》(SL 31—2003)规定，控制某一设计压力值呈稳定后，每隔1～2 min测读一次流量。当流量无持续增大趋势，且连续5次读数，其最大值与最小值之差小于最终值的10%，或最大值与最小值之差小于1 L/min，本阶段试验期可结束，取最终值作为压入耗水量Q。

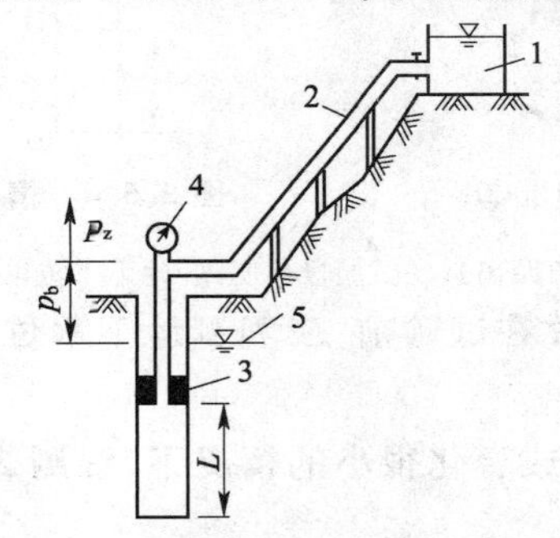

图5.5.2　自流式压水法布置示意图

1-量水箱；2-管路；3-栓塞；4-压力表；5-地下水位；p_z-水柱压水；p_b-压力表指示压力；L-试验段长

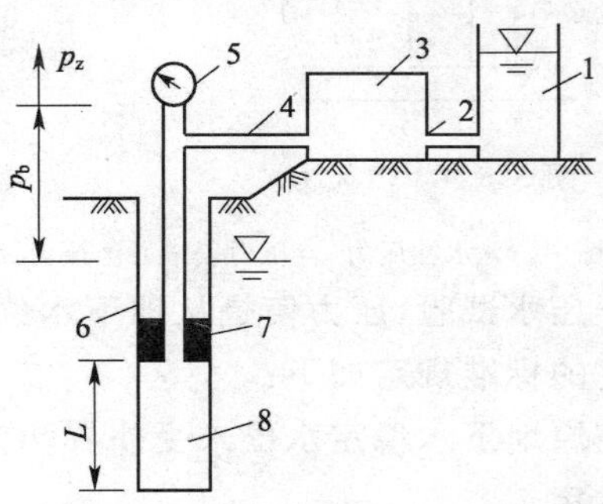

图5.5.3　机械压水法布置示意图

1-量水箱；2、4-管路；3-加压泵；5-压力表；6-试验孔；7-栓塞；8-试验段；p_z-水柱压力；p_b-压力表指示压力；L-试验段长

若进行简易压水试验，其稳定流量标准可低于上述标准。

(二)压力阶段和压力值

(1)压水试验应按三级压力、五个阶段[即$P_1-P_2-P_3-P_4(=P_2)-P_5(=P_1)$，$P_1<P_2<P_3$]。$P_1$、$P_2$、$P_3$三级压力宜分别为0.3 MPa、0.6 MPa和1 MPa。当试段埋深较浅时，宜适当降低试段压力。压水试验的总压力是指用于试段的实际平均压力。其单位习惯上均以水柱高度m计算，即1 m水柱压力=9.8 kPa，近似于1 N/cm²。

①当用安设在与试段连通的测压管上的压力计测压时，试段压力按式(5.5.1)计算

$$p=p_p+p_z \tag{5.5.1}$$

式中，p为试段压力(MPa)；p_p为压力计指示压力(MPa)；p_z为压力计中心至压力计算零线的水柱压力(MPa)。

②当用安设在进水管上的压力计测压时，试段压力按式(5.5.2)计算

$$p=p_p+p_z-p_s \tag{5.5.2}$$

式中，p_s 为管路压力损失(MPa)；其余符号同式(5.5.1)。

(2)压力计算零线(0—0)p_z 值。

自压力表中心至压力计算零线的铅直距离的水柱压力。因此应首先确定压力计算零线。压力计算零线(0—0)按以下三种情况确定：

①地下水位位于试验段以下时，以通过试段 1/2 处的水平线作为压力计算零线，见图 5.5.4。

②地下水位位于试段之内时，以通过地下水位以上试段 1/2 处的水平线作为压力计算线，见图 5.5.5。

③地下水位位于试段之上时，且试段在该含水层中，以地下水位线作为压力计算零线，见图 5.5.6。

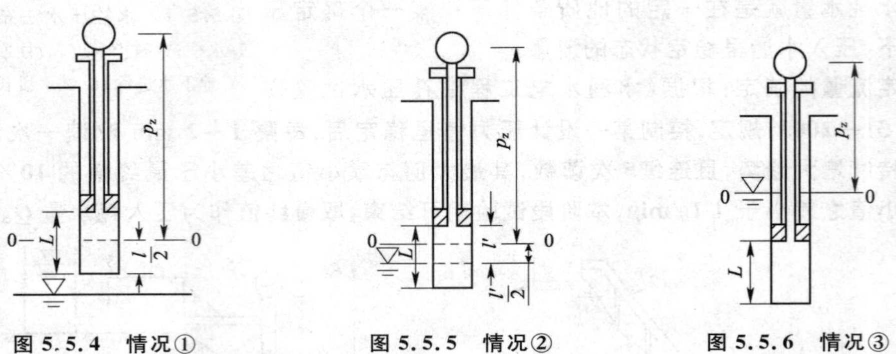

图 5.5.4 情况① 图 5.5.5 情况② 图 5.5.6 情况③

注：以上三图中，p_z-水柱压力(自压力表中心至压力计算零线的铅直距离)；L-试验段长度；l'-地下水位以上试验段长度。

对于压水试验，压力值是从地下水位起算的，故在试验前，应观测地下水位。地下水位达到稳定的标准规定如下：

确定原地下水稳定水位未受外界和人为影响，或变化很小的情况下，观测 2～3 次地水位即可认定。

若地下水位发生了变化，应进行稳定水位观测。观测初期，观测水位的时距可稍短些，其后每隔 10 min 观测一次。当水位不再发生变化，或当水位连续三次读数，其变化速率小于 1 cm/min 时，即认为达到稳定，以最后一次测得的水位作为稳定水位。

钻孔动水位高于稳定水位的情况下，水位逐渐下降而趋于稳定，见图 5.5.7。其稳定标准定为：$H_2-H_1\leqslant 10$ cm 和 $H_3-H_2\leqslant 10$ cm，水位下降速度小于 1 cm/min。

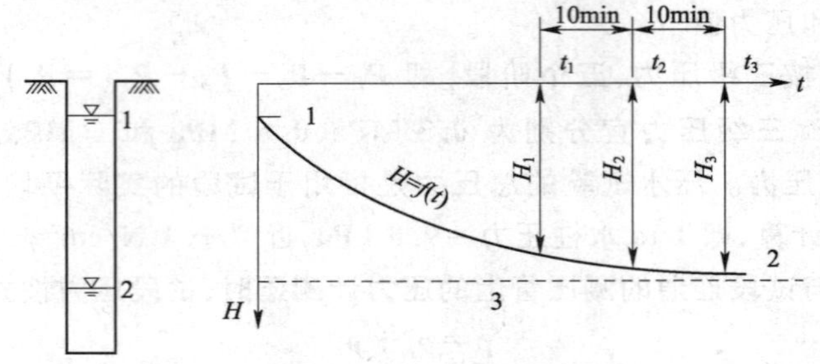

图 5.5.7 水位下降历时曲线

1-初观测时的最高动水位；2-计算用的稳定水位；3-实际的稳定水位

钻孔动水位低于稳定水位的情况下，水位逐渐上升而趋于稳定，见图 5.5.8。其稳定标准定为：$H_1-H_2\leqslant 10$ cm 和 $H_2-H_3\leqslant 10$ cm，水位上升速度小于 1 cm/min。

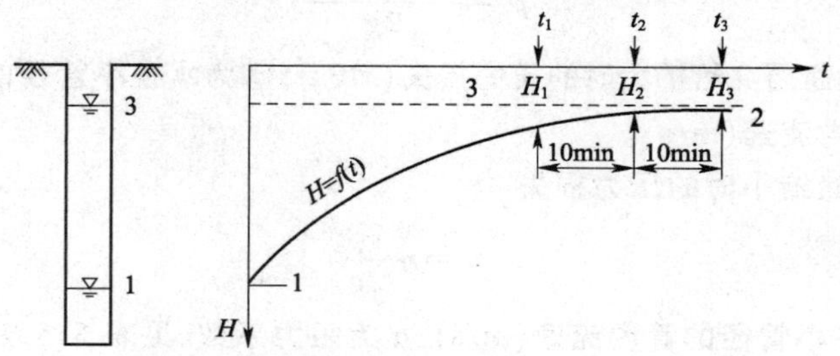

图 5.5.8 水位上升历时曲线

1-初观测时的最低水位；2-计算用的稳定水位；3-实际的稳定水位

(3)压力损耗值 p_s。

①当工作管内一致，且内壁粗糙度变化不大时，管路压力损失可用下式计算

$$p_s=\lambda\frac{L_p}{d}\frac{v^2}{2g} \tag{5.5.3}$$

式中，λ 为摩阻系数，$\lambda=2\times10^{-4}\sim4\times10^{-4}$ MPa/m；L_p 为工作管长度(m)；d 为工作管内径(m)；v 为管内流速(m/s)；g 为重力加速度，$g=9.8$ m/s^2。

②当工作管内径不一致时，按《水利水电工程钻孔压水试验规程》(SL 31—2003)规定，管路压力损失应根据实测资料确定。

实测管路压力损失，按下列规定和过程进行：

a. 测定压力损失所用的钻杆和接头应与实际使用的规格一致。

b. 测试管路为两套，每套管路总长度不少于 40 m，第一套与第二套的长度相差不大于 0.2 m，但接头数相差 3 副以上。

c. 管路应平置于地面，末端高于首端，两端安装压力表，末端安装流量计；流量计后的出水口应抬高 1～2 m，实测两端压力表的高差。

d. 将不同流量的水输入管路，流量范围 10～100 L/min，测点不少于 15 个；管路两端的压力差即为该流量下的管路压力损失。

e. 每套管路的实测工作应进行 2 次，取其平均值。

f. 绘制两套管路的压力损失与流量关系曲线，量得各流量值相应的压力损失差 Δp_s (图 5.5.9)。

g. 各种流量下每副接头的压力损失采用下式计算

$$p_{sj}=\frac{\Delta p_s}{n} \tag{5.5.4}$$

式中，p_{sj} 为某流量下每副接头的压力损失(MPa)；Δp_s 为该流量下两套管路的压力损失差(MPa)；n 为两套管路接头数之差。

h. 从各种流量下的管路压力损失中减去接头的压力损失，计算出各种流量下每米钻杆的压力损失值。

i. 编制出各种流量下每米钻杆及每副接头的压力损失图或表。

③但对“突大”或“突小”两种情况，也可分别按式(5.5.5)和式(5.5.6)计算。

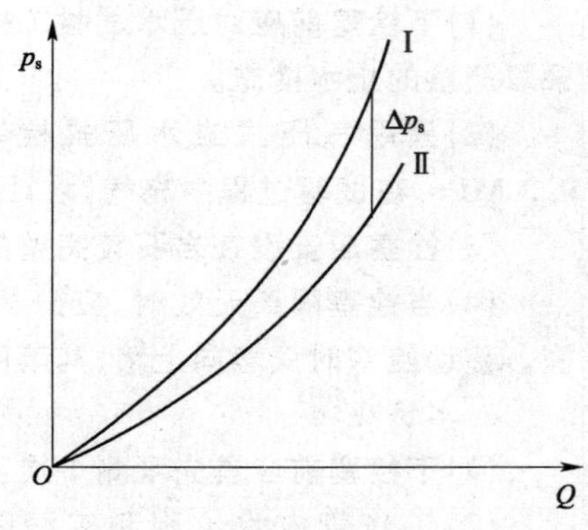

图 5.5.9 压力损失与流量关系曲线

a. 管径断面突然扩大时的压力损失

$$p_s=\frac{(v_1-v_2)^2}{2g} \tag{5.5.5}$$

式中，p_s 为管径断面突然扩大时的压力损失(MPa)；v_1 为水在小管径的管内流速(m/s)；v_2 为水在大管径的管内流速(m/s)。

b. 管径断面突然缩小时的压力损失

$$p_s=\alpha\frac{v_1^2}{2g} \tag{5.5.6}$$

式中，v_1 为水在小管径的管内流速(m/s)；α 为阻力系数，见表 5.5.1。

阻力系数　　表 5.5.1

d_2/d_1	0.1	0.2	0.4	0.6	0.8
α	0.5	0.42	0.33	0.25	0.15

注：d_1 为大管内径，d_2 为小管内径。压力损失值的确定尚可查有关图表或试验确定。

压力点的选择：工程勘察钻孔一般仅做一个压力点的试验，压力值通常采用 30 N/cm^2。

(4)试验段长度。

试验段按规程规定一般为 5 m。若岩芯完好(q＜10 Lu)时，可适当加长试段，但不宜大于 10 m。对于透水性较强的构造破碎带、岩溶、砂卵石层等，可根据具体情况确定试验段长度。孔底岩芯若不超过 20 cm 者，可计入试验段长度。倾斜钻孔的试段，按实际倾斜长度计算。

四、钻孔压水试验现场试验

1. 试验程序

现场试验工作应包括洗孔、设置栓塞隔离试段、水位测量、仪表安装、压力和流量观测等步骤。试验开始时，应对各种设备、仪表的性能和工作状态进行检查，发现问题立即处理。

2. 洗孔

(1)洗孔应采用压水法，洗孔时钻具应下到孔底，流量应达到水泵的最大出水量。

(2)洗孔应至孔口回水清洁，肉眼观察无岩粉时方可结束。当孔口无回水时，洗孔时间不得少于 15 min。

3. 试段隔离

(1)下栓塞前应对压水试验工作管进行检查，不得有破裂、弯曲、堵塞等现象。接头处应采取严格的止水措施。

(2)采用气压式或水压式栓塞时，充气(水)压力应比量大试段压力 P_3 大 0.2～0.3 MPa，在试验过程中充气(水)压力应保持不变。

(3)栓塞应安设在岩石较完整的部位，定位应准确。

(4)当栓塞隔离无效时，应分析原因，采取移动栓塞、更换栓塞或灌制混凝土塞位等措施。移动栓塞时只能向上移，其范围不应超过上一次试验的塞位。

4. 水位观测

(1)下栓塞前应首先观测 1 次孔内水位，试段隔离后，再观测工作管内水位。

(2)工作管内水位观测应每隔 5 min 进行 1 次。当水位下降速度连续 2 次均小于 5 cm/min 时，观测工作即可结束，用最后的观测结果确定压力计算零线。

(3)在工作管内水位观测过程中如发现承压水时,应观测承压水位。当承压水位高出管时,应进行压力和漏水量观测。

5. 压力和流量观测

(1)在向试段送水前,应打开排气阀,待排气阀连续出水后,再将其关闭。

(2)流量观测前应调整调节阀,使试段压力达到预定值并保持稳定。

(3)流量观测工作应每隔 1~2 min 进行 1 次。当流量无持续增大趋势,且 5 次流量读数中最大值与最小值之差小于最终值的 10%,或最大值与最小值之差小于 1 L/min 时,本阶段试验即可结束,取最终值作为计算值。

(4)将试段压力调整到新的预定值,重复上述试验过程,直到完成该试段的试验。

(5)在降压阶段,如出现水由岩体向孔内回流现象,应记录回流情况,待回流停止,流量达到规定的标准后方可结束本阶段试验。

(6)在试验过程中,应对附近受影响的泉水、井水、钻孔水位进行观测。

(7)在压水试验结束前,应检查原始记录是否齐全、正确,发现问题必须及时纠正。

五、压水试验成果整理

1. 压水试验资料可靠性判断

一个压力点的压水试验成果,要依靠钻孔钻进和压水工艺质量来控制,只有上述质量可靠,才能有试验成果的可靠性。从以下工作程序中来保证成果的可靠性,即"试段清水钻进→冲孔→下卡栓塞→观测稳定水位→正式压水(控制 P 读取 Q)→正误判断→松塞提管"。

试验资料整理应包括校核原始记录、绘制 P-Q 曲线,确定 P-Q 曲线类型,计算试段透水率、渗透系数等。

(1)绘制 P-Q 曲线时,应采用统一比例尺,即纵坐标(P 轴)1 mm 代表 0.01 MPa,横坐标(Q 轴)1 mm 代表 1 L/min。曲线图上各点应标明序号,并依次用直线相连,升压阶段用实线,降压阶段用虚线。

(2)试段的 P-Q 曲线类型,应根据升压阶段 P-Q 曲线的形状,以及降压阶段 P-Q 曲线与升压阶段 P-Q 曲线之间的关系确定。P-Q 曲线类型及曲线特点,如表 5.5.2 所示。

P-Q 曲线类型及曲线特点　　表 5.5.2

类型名称	A 型(层流)	B 型(紊流)	C 型(扩张)	D 型(冲蚀)	E 型(充填)
P-Q 曲线	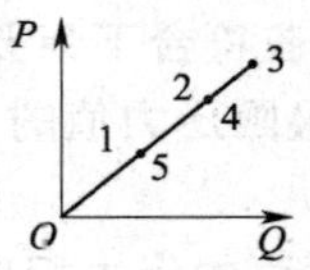 P 3 2 4 1 5 O Q	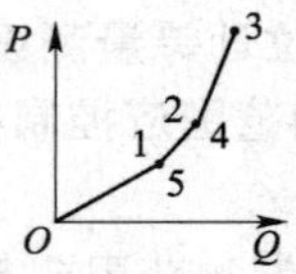 P 3 2 4 1 5 O Q	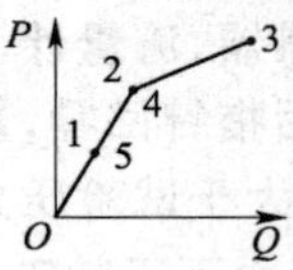 P 3 2 4 1 5 O Q	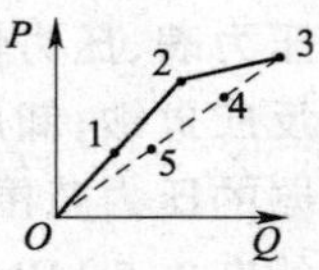 P 3 2 4 1 5 O Q	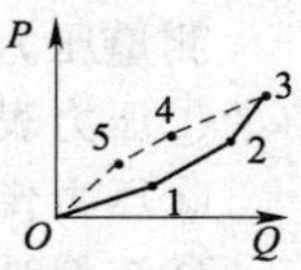 P 3 4 5 2 1 O Q
曲线特点	升压曲线为通过原点的直线,降压曲线与升压曲线基本重合	升压曲线凸向 Q 轴,降压曲线与升压曲线基本重合	升压曲线凸向 P 轴,降压曲线与升压曲线基本重合	升压曲线凸向 P 轴,降压曲线与升压曲线不重合,呈顺时针环状	升压曲线凸向 Q 轴,降压曲线与升压曲线不重合,呈逆时针环状

(3)当 P-Q 曲线中第 4 点与第 2 点、第 5 点与第 1 点的流量值绝对差不大于 1 L/min 或相对差不大于 5%时,可认为基本重合。

2.压水试验成果应用及其计算

(1)透水率。

透水率是指当试段压力为1 MPa时每米试段的压入水流量(L/min)。试段透水率采用第三阶段的压力值(p_3)和流量值(Q_3)按式(5.5.7)计算。

$$q=\frac{Q_3}{Lp_3} \tag{5.5.7}$$

式中,q为试段的透水率(Lu),取两位有效数字;L为试段长度(m);Q_3为第三阶段的计算流量(L/min);p_3为第三阶段的试段压力(MPa)。

一个压力点试验求出的值,往往低于实际的值,对工程设计而言是偏于不安全的。

(2)渗透系数k。

当试段位于地下水位以下,透水性较小($q<10$ Lu)、P-Q曲线为A(层流)型时,可按式(5.5.8)计算岩体渗透系数

$$k=\frac{Q}{2\pi HL}\ln\frac{L}{r_0} \tag{5.5.8}$$

式中,k为岩体渗透系数(m/d);Q为压入流量(m^3/d);H为试验水头(m);r_0为钻孔半径(m)。

当试段位于地下水位以下,透水性较小,P-Q曲线为B型(紊流)时,可用第一阶段的压力p_1(换算成水头值,以m计)和流量Q_1代入式(5.5.8)近似地计算渗透系数。

(3)透水率与岩石裂缝性的关系。

透水率的单位为吕荣(Lu),是在1 MPa压力时每米试段的压入水流量(L/m)。单位吸水量是在0.01 MPa压力时每米试段的压入水流量(L/m)。透水率与岩石裂隙系数,见表5.5.3。

单位吸水量与裂隙系数关系　　表5.5.3

透水率/Lu	裂隙系数	岩体评价
<0.1	<0.2	最完整
0.1~1	0.2~0.4	完整
1~10	0.4~0.6	节理较发育
10~50	0.6~0.8	节理裂隙发育
>50	>0.8	破碎岩体

六、压水试验设备及要求

测量压力的压力表、压力传感器、流量计、水位计等量测设备应符合下列要求:

①压力表应反应灵敏,卸压后指针回零,量测范围应控制在极限压力值的1/3~3/4。

②压力传感器的压力范围应大于试验压力。

③流量计应能在1.5 MPa压力下正常工作,量测范围应与水泵的出力相匹配,并能测定正向和反向流量。

④宜使用能测量压力和流量的自动记录仪进行压水试验。

⑤水位计应灵敏可靠,不受孔壁附着水或孔内滴水的影响。水位计的导线应经常检测。

⑥试验用的仪表应专门保管,不应与钻进共用,并定期进行检定。

七、测量流量用具

常用测量流量用具,见表5.5.4。

常用测量流量用具及流量表　　　表 5.5.4

量具种类		公称通径/mm	最小流量/(L/min)	最大流量/(L/min)	说明
流量表		15 20 25 32 40	0.75 1.25 1.50 2.00 3.70	25 42 55 83 167	使用流量表时，所测流量应在相应规格流量的最大和最小流量之间。一般可在离心泵、深井泵抽水时使用，适用于流量大于 5 L/min，要求水中不含泥沙杂物，误差为±(2%～3%)
水箱(量桶)	圆箱(桶)	直径/mm	高度/mm	箱高 1cm 时容积/L	水箱(量筒)上安装水尺，最小刻度为 1 mm。使用时需备有秒表，记下充满水的时间，一般适用于流量小于 5 L/min，如体积放大，可以量测较大的流量
		10 20 30 40 50	50 50 60 60 70	0.079 0.316 0.707 1.256 1.963	
水箱(量桶)	方箱	底面积/cm^2	高度/mm	箱高 1cm 时容积/L	左侧列举的水箱尺寸，可根据需要选用，还可以采用中间值制作水箱。如：直径 15 cm、25 cm、35 cm、45 cm，底面积 15 cm×15 cm、25 cm×25 cm、35 cm×35 cm、45 cm×45 cm 等
		1 010 2 020 3 030 4 040 5 050	50 50 50 50 50	0.100 0.400 0.900 1.600 2.500	
堰(薄壁堰)	常月的有三角堰、梯形堰、矩形堰，堰箱长度和容积视堰箱大小而定				堰箱内装有刻度标尺，标尺零点与堰口最下端在同一水平线上，测量水量时，堰箱保持绝对水平

(1)堰的流量计算

①三角堰：堰板的设置，如图 5.5.10 所示。流量 Q(L/s)的计算公式为

$$Q=0.013\ 43H^{2.47} \tag{5.5.9}$$

式中，H 为堰口零点以上水位高(cm)。

②梯形堰：堰板的设备，如图 5.5.11 所示。流量 Q(L/s)的计算公式如下

$$Q=0.018\ 6BH^{\frac{3}{2}} \tag{5.5.10}$$

式中，B 为堰口底边宽(cm)；H 为堰口零点以上水位高(cm)。

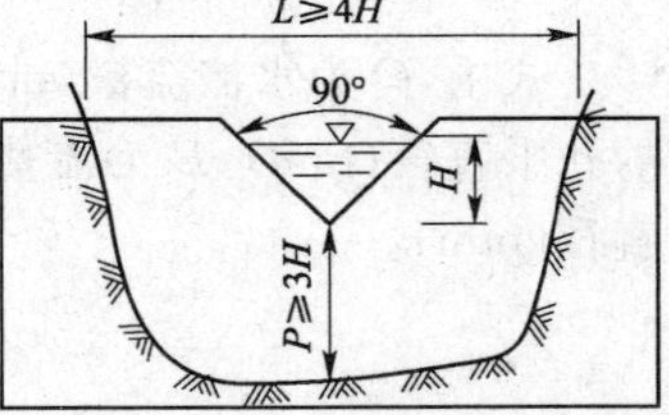

图 5.5.10　三角堰堰板示意

③矩形堰：堰板的设备，如图 5.5.12 所示。流量 Q(L/s)的计算公式如下

$$Q=0.018\ 38(B-0.2H)H^{\frac{3}{2}} \tag{5.5.11}$$

式中，B 为堰口宽(cm)；H 为堰口零点以上水位高度(cm)。

④三角堰、梯形堰、矩形堰的流量表，见表 5.5.5。

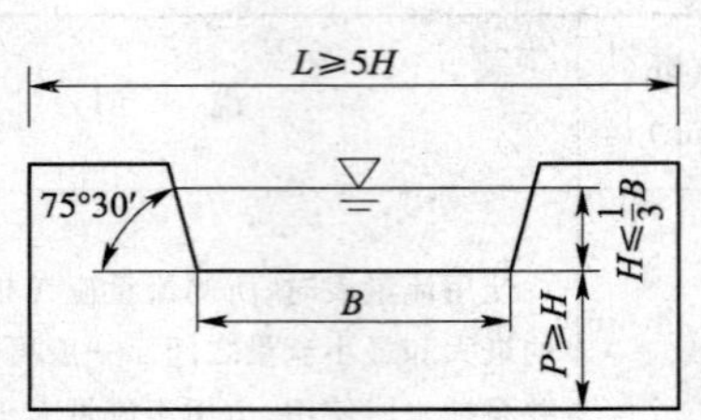

图 5.5.11　梯形堰堰板示意

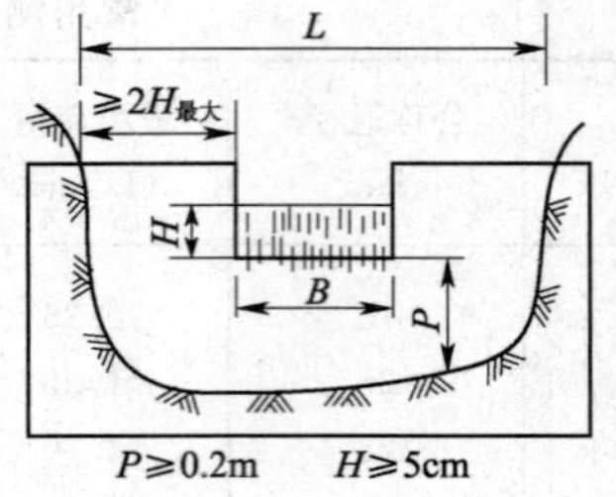

图 5.5.12　矩形堰堰板示意

三角堰、梯形堰、矩形堰流量表　　表 5.5.5

堰水位 H/cm	三角堰 Q/(L/s)	梯形堰 Q/(L/s)			矩形堰 Q/(L/s)
		B=40 cm	B=60 cm	B=100 cm	B=100 cm
5	0.81	8.32	12.48	20.8	22
6	1.29	10.96	16.4	27.3	28
7	1.88	13.79	20.67	34.4	35
8	2.62	16.83	25.26	42.1	42
9	3.50	20.09	30.13	50.2	50
10	4.55	23.53	35.28	58.8	58
12	7.14	30.93	46.39	77.3	75
14	10.4	$H>\frac{1}{3}B$ 不符合公式条件	58.46	97.4	94
16	14.5		71.42	119	114
18	19.4		85.22	142	136
20	25		99.82	166	158
22	32		$H>\frac{1}{3}B$ 不符合公式条件	192	182
24	40			219	207
26	48			246	234
28	58			276	261
30	69			306	289

(2)孔板流量计

孔板流量计流量 Q(L/s)的计算,按下面的公式

$$Q=0.01251Ed^2\sqrt{\frac{H}{\rho_w}}\quad(\text{水温 }1\sim20\ ^\circ\text{C})\tag{5.5.12}$$

式中,Q 为水流流量(m^3/h);H 为压力水头高度(mm);ρ_w 为水的密度(t/m^3);d 为孔板的孔眼直径(mm);E 为流量系数,$E=0.606+1.25(d/D-0.41)^2$;D 为孔板流量计出水管直径(mm)。

第二篇

岩土工程设计的基本原则

考试大纲

(一)设计荷载

了解各类土木工程对设计荷载的规定及其在岩土工程中的选用原则。

(二)设计状态

了解岩土工程各种极限状态和工作状态的设计方法。

(三)安全度

了解各类土木工程的安全度控制方法;熟悉岩土工程的安全度准则。

第一节　岩土工程设计的基本技术要求和特点

一、基本技术要求

岩土工程设计应以最少的投资、最短的工期，保证设计使用年限内安全运行，并满足所有预定功能，即包括预定功能要求、安全性和耐久性要求、投资和工期的经济性要求等三个方面。

1.设计时应考虑的因素

设计时应考虑的因素包括设计使用年限内预定的功能、场地条件、岩土性质及其变异性、工程结构特点、施工环境，相邻工程的影响、施工技术条件；设计实施的可行性、当地主要材料资源和投资、工期。

2.注意场地条件，防治灾害

应充分搜集场地的地形、地质、水文、地下水条件等资料，作为设计的依据。场地可能发生的自然灾害，如暴雨、洪水、地震、滑坡、泥石流等；由于工程建设引起的灾害，如采空塌陷、抽水塌陷、边坡失稳、管涌、突水等，应在勘察、预测和评价的基础上，采取有效防治措施。

3.合理选用岩土参数

选用岩土参数时，应注意岩土体的非均质性、各向异性、时间和空间的变异性，参数测定方法、测定条件与工程原型之间的差异，以及由于工程建设而可能产生的变化等。

由于岩土参数是随机变量，故在划分工程地质单元的基础上，应进行统计分析，算出各项参数的平均值、标准差、变异系数，确定其标准值和设计值。在选定测试方法时，应注意其适用性。

4.定性分析与定量分析相结合

定性分析是岩土工程分析的首要步骤和定量分析的基础。对于下列问题一般只作定性分析：

①工程选址和场地适宜性评价；

②场地地质背景稳定性评价；

③岩土性质的直观鉴定。

定量分析可采用解析法、图解法或数值法，都应有足够的安全储备，以保证工程的可靠性。考虑安全储备时，可用定值法或概率法。

定性分析和定量分析，都应在详细分析资料的基础上，运用成熟的理论和类似工程的经验进行论证，并宜提出多个方案进行比较。

二、设计基础资料

岩土工程的设计基础资料，随具体工程的需要而异。

1.地形、水文、气象资料

①地形图和平面、高程控制；

②水位、流量、洪峰、淹没、冲淤等；

③气温、降水、暴雨、风暴潮、冻结深度等。

2.岩土工程勘察资料

①岩土的类型、年代、成因、产状、性质、分布等；

②岩土的工程特性指标及其变异性；

③构造断裂的分布、活动性和对工程的影响；

④不良地质作用包括岩溶、土洞、滑坡、危岩和崩塌、泥石流、活动沙丘等的类型、特征、动态和对工程的影响；

⑤人为地质作用包括采空、水库坍岸、抽水引起的地面沉降、塌陷、地裂缝等的类型、特征、动态及对工程的影响；

⑥地震设防烈度、设计地震动参数、建筑场地类别、地震液化；

⑦地下水的类型、水位、动态、地层渗透性、补给排泄条件；

⑧土与水对建筑材料的腐蚀性；

⑨特殊性岩土的测试与评价。

3.建筑结构资料

①工程安全等级、建筑面积、层数、高度、开挖深度、可能采用的基础形式等；

②结构类型、刚度、荷载和分布、加荷速率、对沉降和差异沉降的要求等；

③可能采用的挡土结构类型；

④和岩土工程有关的排水、抽水、排污等资料。

4.其他资料

①邻近工程设施及其与拟建工程关系；

②施工排水、排污条件，对振动、噪声等的限制；

③岩土工程勘察、设计、施工的地方经验，当地的地方建筑法规、标准、定额等资料；

④工程建设的计划进度，有关单位的分工和配合；

⑤当地的施工能力、材料和劳务价格。

三、岩土工程设计的特点

1.对自然条件的依赖性

岩土工程与自然界的关系极为密切，设计时必须全面考虑气象、水文、地质、地下条件及其动态变化，包括可能发生的自然灾害，以及由于兴建工程改变自然环境引起的灾害，必须特别重视调查研究，做好岩土工程勘察工作。

2.岩土性质的不确定性

岩土参数是随机变量，变异性大。而且，不同的测试方法会得到不同的测试值，差异往往相当大，相互间无确定的关系。故在进行岩土工程设计时，不仅要掌握岩土参数及其概率分布，而且要了解测试的方法和测试条件与工程原型条件之间的差别。

3.注重经验特别是地方经验

近代土力学与岩石力学的建立，为岩土工程的计算和分析提供了理论基础。但由于岩土性质的复杂多变，以及岩土与结构相互作用的复杂性，不得不做简化，以致预测和实际之间有时相差甚远。鉴于岩土工程计算的不完善，工程经验特别是地方经验，在岩土工程设计中应予高度重视。

4.原位测试、实体试验、原型观测的特殊地位

取试样进行室内试验仍是岩土测试的重要手段，但由于小块试样的代表性不足，取试样、运输、保存、试验过程中的扰乱，某些岩土无法取试样等问题而显出它的局限性，故原位测试在岩土工程勘察中被广泛应用。但是，原位测试一般因应力、应变条件复杂，影响因素多，以及实体工程差异大等的原因，难以进行理论分析。有些原位测试项目不直接得出设计

参数，甚至和设计参数没有物理概念上的联系，成果的应用带有很强的经验性和地区性。

为了避免尺寸效应的影响，有时某些工程要做实体试验，如足尺的平板载荷试验、桩载荷试验、锚杆抗拔试验等。只要这些试验有足够的代表性，可以作为岩土工程可靠的最终设计依据。

由于设计参数和计算方法的不精确性，原型观测对于检验岩土工程设计的合理性及监测施工的质量和安全，有特别重要的意义。

第二节 概念设计

一、概念设计的必要性

对岩土工程的概念设计，目前尚无统一的认识。狭义的概念设计可理解为框架设计；广义的概念设计，是指设计思想、设计主导理念。

一项设计的优劣成败，设计思想最为重要。岩土工程设计受诸多不确定因素的影响，单纯的计算一般是不可靠的。因此，虽然岩土力学理论取得了长足进展，计算方法和设计软件不断创新，但概念设计仍不可忽视。概念是一种思维方式，将认识过程中感受到的事物共同特征抽象出来，加以概括，就是概念。所以概念反映的不是事物的表面，不是事物的片面，而是事物的本质。概念设计要从总体上、本质上把握，对症下药，而不是单纯某一经验的应用，不是单纯的截面设计、承载力计算、变形计算之类，更不是简单的直观判断。概念设计时，必须对原理有深刻的理解，有丰富经验的总结，有灵活运作的能力，从主导理念上总揽全局，牢牢掌握影响工程成败的关键，并对实施效果有基本准确的估计，不犯概念性错误。概念创新设计则一定有总体上、本质上的创新。

二、安全和功能要求

岩土工程设计必须保证工程在使用期间的安全和满足预定功能要求，一般包括下列方面：

①在正常施工和正常使用条件下，能承受可能出现的各种作用。包括传至基础底面的结构荷载，边坡、基坑、地下工程的岩土压力，地下水的静水压力和动水压力；必要时还要考虑地震作用、风荷载、波浪作用等。必须保证在各种作用发生时，工程具有足够的安全度。

②在正常使用条件下具有良好的工作性能。例如：对于建筑物地基，变形（沉降、差异沉降、倾斜、局部倾斜）不得超过限值；对于基坑，变形不得危及邻近建筑物和市政设施的安全；对于基坑地下水的控制，应保证坑内适宜正常施工作业，确保相邻工程和周边环境不被破坏等。

③在正常维护条件下具有足够的耐久性。例如：对于长期缓慢沉降的地基，应考虑工程在整个使用年限内均能满足变形限制的要求；对于地下定的防水抗浮设计，应按使用期间可能出现的最高水位设计；对于垃圾填埋场，其防渗衬层的材料和结构，应保证使用年限内有效，不致老化、开裂、渗漏；对于基坑，如需度过雨季、冬季，应保证工程在雨季、冬季时的安全；对于邻近有重要工程的永久性边坡，设计使用年限不应低于受影响的相邻工程的使用年限。

④在偶然事件发生时或发生后，仍能保证必需的整体稳定性。例如：某些高边坡、围堰、垃圾填埋场等，在发生罕遇地震时，可能发生破坏，但不致因整体失稳而造成十分严重的后

果（人的生命、重大经济损失和社会影响）。

⑤在正常施工、使用和维护条件下，对环境的影响不超过限值。例如：施工噪声、强夯振动、挤土效应等对环境和邻近工程的影响；降低地下水位造成区域降落漏斗的影响；在已有建筑物侧旁开挖，使既有建筑物产生附加变形，甚至威胁其安全；垃圾填埋场污染物泄漏和运移造成环境污染。

三、设计条件的概化

概化是将复杂的具体事物，通过科学方法，取其本质，形成模型。模型不是实物，是实物的典型化，是分析和设计的基础。以地基设计为例，传至基础底面的压力不应大于地基的承载能力（包括强度和变形限值）。如果荷载和地基性能指标都是确定性的，岩土是均匀的，问题就很简单。但实际工程往往很复杂，首先是荷载，有永久荷载、可变荷载和偶然荷载，各种不同的荷载组合——基本组合、标准组合、准永久组合等，设计时选取其中最合理的组合，就是对荷载的概化。其次是地基，严格地说，地基都是不均匀的，岩土性质具有时空变异性，需用数理统计方法求出它们的代表值，将地基条件概化为地质模型。再次是如何考虑安全度，有容许应力法和极限状态法，有定值法和概率法，有安全系数和分项系数表达。此外，必要时为了便于分析，又需要对基础和上部结构的刚度进行概化处理。

将复杂的客观地质条件，准确地概化为便于分析的地质模型，是岩土工程概念设计的重要步骤。最简单的地质模型，是一张带有各层岩土特性指标和地下水位的综合柱状图或综合地质剖面图。如果条件差别较大，则应分区建立地质模型。岩体内存在极为复杂多变的破裂面，想要具体描述这些破裂面的分布和性状是不可能的。于是有了结构面的产状和分类、结构体的分类、岩体完整性的分类、岩体基本质量的分级、各种围岩的分级等，都是某种概化的地质模型。正确的概化应注意两方面：一是系统地占有原始数据，原始数据越丰富、越准确、越有代表性，概化效果越好，但付出的成本也越高；二是概化方法的科学性和实用性，要抓住事物的本质特性，针对影响工程安全和使用功能最关键的因素。

四、注意事项

1. 技术方法的适用性和有效性

方案的适用还是不适用，有效还是无效，是首先应当考虑的。例如，由于软黏性土的透水性弱，孔隙水压力难以消散，因此不宜采用强夯法加固，也不宜采用密集的挤土桩。密集挤土桩的挤土效应造成断桩、歪桩、浮桩的事故屡有发生。挡土墙背后的填土一般采用无黏性土，不采用黏性土，不仅是由于黏性土的压实性不易控制，而且孔隙水容易积聚，从而增加土水压力。所谓有效性，是指该方法能达到预期的效果。例如：建造在比较软弱的地基土上，主楼与裙房连成一体的建筑，很难考虑采用天然地基或浅层地基处理。对变形要求严格的深基坑，如采用悬臂桩围护，可能因变形超限而收不到预期效果。某种方法的有效性如何，显而易见的可以通过直观经验判断；直观经验难以判断时，需通过验算作出结论。

2. 施工的可操作性和质量的可控制性

优秀的设计要有优质的施工才能成为现实。当有多种工法可选时，应尽量选用施工简单、便于操作、施工单位熟悉的有经验的工法。设计得过于复杂，会降低施工的可操作性。岩土工程多为隐蔽工程，质量的控制和检验十分重要，挖孔桩的广泛应用，原因之一是质量易于控制。有的工法虽有明显的优势，但如质量不易控制，也只得放弃。例如粉喷桩曾被一些地方封杀，不许使用，就是由于质量不易控制。《建筑地基处理技术规范》(JGJ 79—2012)规定，必须配有计算部门确认的粉体计量装置和搅拌深度自动记录仪，就是为了解决粉喷桩质量的可控制性问题。

3.环境限制和负面影响

环境条件是岩土工程设计必须考虑的重要因素。环境条件越严，可选的方案越少。无论何种方案或工法，一般都是有优点，又有缺点，有其适用的一面，还可能有某些负面影响。例如：城市中不能采用噪声大的锤击式预制桩和沉管式灌注桩；泥浆污染城市，某些注浆材料污染地下水；有些施工方法影响人体健康；地下开挖和深基坑开挖时，大量抽排地下水，严重浪费宝贵的水资源，不符合可持续发展原则；降水漏斗使邻近工程产生附加沉降，等等。

4.基本资料的完整性和可靠性

岩土工程设计应有必备的基础资料。但实际上，不一定每个项目的基础资料都十分完整和理想，概念设计时应充分予以注意。例如，岩溶发育区地基条件十分复杂，除了威胁工程稳定的洞隙、土洞、塌陷外，基岩面高低不平，变化无常，虽一柱一孔，也不能完全将基岩面查得清清楚楚。这就要求在此基础上做的岩土工程设计留出必要的余地，以备施工勘察时根据具体情况补充必要的处理措施，对方案作必要的局部调整。

确定天然地基、复合地基、桩基的承载力是个很复杂的问题，载荷试验被认为是比较可靠的方法，但并非每个工程都能做到。有些工程仍需根据土性和经验进行设计。这时，设计的安全度就要作必要的调整。设计依据充分时，安全系数适当打紧一些，设计依据不够充分时，安全系数适当取大一些，这是确保工程安全应当遵循的法则。缺乏经验的特殊地质条件和特殊工程，设计时留出适当的余地也是必要的。

5.设计原理的科学性和设计软件的正确应用

设计原理、计算方法、控制数据，是岩土工程设计的三大要素。其中，设计原理是概念设计的核心。岩土工程设计所依据的科学原理有力学原理、地质演化的科学规律、岩土性质的基本概念、地下水的渗流规律、岩土与结构的共同作用等。违背科学原理进行的设计将犯概念性的错误。

在岩土工程设计中，计算方法和软件只是一种工具，为概念设计服务。必须与概念设计的思想结合起来，才能发挥作用。计算公式和计算模型也是一种概化，但只是单纯计算方法的概化。而概念设计针对的是某项具体工程的总体，计算模型的条件必须与具体工程条件一致才能应用。因此，设计者在应用公式或软件时，应对软件的数学模型和适用条件有正确的理解，了解这些假定条件与工程实际条件的符合程度，了解计算方法的局限性和可能产生的偏差，盲目套用可能犯概念性错误。

6.动态设计和应急措施

由于地质条件和岩土参数不易弄清，岩土工程设计常常不能一步到位，事先的定量计算只是一种估计，只有原型实测才最可靠。因此，需与信息化施工配合，进行动态设计。这种设计原则已在边坡设计、地基基础设计、基坑设计、堤坝设计、地下工程设计中广泛应用。

动态设计的基本方法是：根据已经掌握的数据估算一个预测目标，例如位移(正演)。施工过程中利用现场观测数据反演设计参数，再用反演所得的参数正演目标。如此反复，一次比一次更趋正确。在这个过程中，还可以通过施工勘察进行地质条件核查，调整设计方案和施工程序，保证工程安全和经济。

第三节　设计荷载与设计状态

一、荷载的类型

1. 荷载与作用

工程结构最重要的一项功能就是承受其使用过程中可能出现的各种作用，如房屋结构要承受自重、人群和家具重量，以及风和地震作用等；桥梁结构要承受车辆重力、车辆制动力、离心力与冲击力、水流压力等；隧道结构要承受水土压力、爆炸作用等。同时还应考虑能够引起结构内力、变形等效应的非直接作用因素，如地震、温度变化、基础不均匀沉降等。

通常将能使结构产生效应（结构或构件的内力、应力、位移、应变、裂缝等）的各种因素称为“作用”。施加在结构上的集中力或分布力属于直接作用，如图 1.3.1a）所示；不是作用力但同样能引起结构效应的因素称为“间接作用”，如图 1.3.1b）所示。只有直接作用才称为“荷载”。

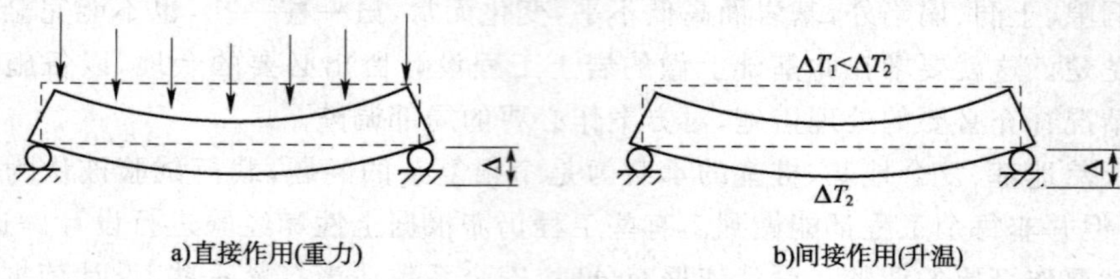

图 1.3.1　作用与效应

2. 作用分类

不同的作用对结构产生的效应，其性质和重要性是不同的。为便于工程结构设计，对结构承受的各种作用，可按下列原则分类。

(1)按随时间的变化分类

①永久作用：在结构设计基准期内，其值不随时间变化，或其变化与平均值相比可以忽略不计。例如，结构和固定设备的自重；也包括那些虽随时间变化但具有某个限值的单调变化的荷载，如土压力、预应力等；水位不变的水压力也按永久作用考虑。

②可变作用：在结构设计基准期内，其值随时间变化，且其变化与平均值相比不可以忽略不计。例如，人员设备重力、车辆重力、吊车荷载、风荷载、雪荷载、水位变化情况的水压力、温度变化等。

③偶然作用：在结构设计基准期内不一定出现，一旦出现，其值很大且持续时间很短。例如，地震、爆炸、撞击等。

(2)按随空间的变化分类

①固定作用：在结构上具有固定的空间位置分布。例如，结构自重、结构上的固定设备荷载等。

②自由作用：在结构上给定的范围内具有任意空间分布。例如，房屋中的人员、家具荷载、桥梁上的车辆荷载等。由于可动作用可以任意分布，结构设计时应考虑它在结构上引起最不利效应的分布情况。

(3)按结构的反映特点分类

①静态作用：对结构或结构构件不产生加速度或其加速度可以忽略不计。例如，结构自重、土压力、温度变化等。

②动态作用：对结构或结构构件产生不可忽略的加速度。例如，地震、风、冲击和爆炸

等。对于动态作用,必须考虑结构的动力效应,按动力学方法进行结构分析,或按动态作用转换成等效静态作用,再按静力学方法进行结构分析。

(4)按有无限值分类

①有界作用:具有不能被超越的且可确切或近似掌握的界限值。

②无界作用:没有明确界限值的作用。

工程结构荷载规范或设计规范对荷载分类时,通常采用考虑荷载随时间变异的分类,以便于根据荷载变化的情况,采取不同的荷载代表值。例如,可变作用的变异性比永久作用的变异性大,所以可变作用的相对取值(与其平均值之比)应比永久作用的相对取值大。另外,由于偶然作用出现的概率较小,结构考虑抵抗偶然作用的设计可靠度可以比不包括偶然作用组合情况下的可靠度低,也会影响到荷载取值的确定。

3.规范对荷载分类的规定

《建筑结构荷载规范》(GB 50009—2012)按随时间的变异分类规定了结构上荷载的分类。

结构上的荷载可分为下列三类:

①永久荷载,例如结构自重、土压力、预应力等。

②可变荷载,例如楼面活荷载、屋面活荷载和积灰荷载、吊车荷载、风荷载、雪荷载等。

③偶然荷载,例如爆炸力、撞击力等。

注:自重是指材料自身重量产生的荷载(重力)。

《铁路桥涵设计基本规范》(TB 10002.1—2005)按照荷载的性质和发生几率对荷载进行分类,经常作用的荷载称为"主力",主力又分为恒载和活载;不是经常发生的,或其最大值发生几率较小的,为附加力;特殊荷载是暂时的或者属于灾害性的,发生的几率是极小的。其具体规定如下。

桥涵结构设计应根据结构的特性,按表1.3.1所列的荷载,就其可能的最不利组合情况进行计算。

桥涵荷载　　表1.3.1

荷载分类		荷载名称	荷载分类	荷载名称
主力	恒载	结构构件和附属设备自重;预加力;混凝土收缩和徐变的影响;土压力;静水压力和水浮力;基础变位的影响	附加力	制动力或牵引力;风力;流水压力;冰压力;温度变化的作用;冻胀力
主力	活载	列车竖向静活载;公路活载(需要时考虑);列车竖向动力作用;长钢轨纵向水平力(伸缩力和挠曲力);离心力;横向摇摆力;活载土压力;人行道人行荷载	特殊荷载	列车脱轨荷载;船只或排筏的撞击力;汽车撞击力;施工临时荷载;地震力;长钢轨断轨力

注:1.如杆件的主要用途为承受某种附加力,则在计算此杆件时,该附加力应按主力考虑。

2.流水压力不与冰压力组合,两者也不与制动力或牵引力组合。

3.船只或排筏的撞击力、汽车撞击力和长钢轨断轨力,只计算其中的一种荷载与主力相组合,不与其他附加力组合。

4.列车脱轨荷载只与主力中恒载相组合,不与主力中活载和其他附加力组合。

5.地震力与其他荷载的组合见国家现行《铁路工程抗震设计规范》(GB 50111—2006)(2009年版)的规定。

6.长钢轨纵向力及其与制动力或牵引力等的组合,按《新建铁路桥上无缝线路设计暂行规定》(铁建设函[2003]205号)有关规定办理。

荷载的变异性关系到分析结构可靠度时概率模型的选择，还关系到荷载代表值及其效应组合形式的选择。相关规范对荷载分类和取值、组合等都作出了具体的规定，这里不能一一列举，仅举以上两例说明。

规范提供的荷载标准值，若属于强制性条款，则在设计中必须作为荷载最小值采用；若不属于强制性条款，则应由业主认可后采用，并在设计文件中注明。

二、荷载的代表值

任何荷载都具有不同性质的变异性。但在具体设计中，直接引用反映荷载变异性的各种统计参数，通过复杂的概率运算进行设计将是十分复杂的。因此，在设计时，除了采用能便于设计者使用的设计表达式外，还需要根据不同的设计要求，对荷载赋予一个规定的量值。设计中用以验算极限状态所采用的荷载量值，就称为"荷载代表值"，它可以是荷载的标准值或可变荷载的组合值、频遇值和准永久值。其中，荷载标准值是荷载的基本代表值，而其他代表值都可在标准值的基础上乘以相应的系数来表示。

1. 荷载标准值

荷载标准值是指设计基准期内可能出现的最大荷载值。由于荷载本身的随机性，因而使用期间的最大荷载也是随机变量，其统计参数和概率分布类型，可以观测数据为基础，运用参数估计和概率分布的假设检验方法确定。荷载标准值则可根据它在设计基准期内最大值概率分布的某个分位值来确定，如取其统计特征值（平均值、众值、中值等）或某个分位值（90%分位值或 95%分位值等）。

对于可变作用的标准值，有时可以通过平均重现期的规定来定义。

当对某种作用无法取得充分数据资料时，只能根据已有的工程实践经验，经分析判断后，协议一个公称值作为代表值。

结构或非承重构件的自重为永久荷载，由于其变异性不大，而且多为正态分布，一般以其分布的均值作为荷载标准值，即可按结构构件的设计尺寸与材料单位体积的自重平均值计算确定。对于自重变异较大的材料和构件（如现场制作的保温材料、混凝土薄壁构件等），自重的标准值应根据对结构的不利状态，取上限值或下限值。

楼面活荷载的标准值，当有足够资料并能对其统计分布作出合理估计时，则在设计基准期（50 年）最大值的分布上，根据协定的百分位取分位值作为这种楼面活荷载的标准值。不能取得充分资料时，则根据已有的工程实践经验，通过分析判断后，协定一个可能出现的最大值作为该类楼面活荷载的标准值。

确定雪荷载、风荷载的标准值，则是通过调查全国各气象台站的资料，经统计得出50 年一遇最大雪压，即重现期为 50 年的最大雪压，以此规定当地的基本雪压。同样，规定重现期为 50 年的最大风压，为当地的基本风压。

地震作用的代表值按传统都采用当地地区的基本烈度，根据大部分地区的统计资料，它相当于设计基准期为 50 年最大烈度 90%的分位值。如果采用重现期表示，基本烈度相当于重现期为 475 年地震烈度。我国规范将抗震设防划分三个水准，第一水准是众值烈度，俗称"小震"，它相当于 50 年最大烈度 36.8%的分位值，比基本烈度约低一度半；第二水准是基本烈度；第三水准是罕遇地震烈度，俗称"大震"，相当于 50 年最大烈度 97.5%的分位值，或重现期为 2000 年的地震烈度，当基本烈度 6 度时为 7 度强，7 度时为 8 度强，8 度时为9 度弱，9 度时为 9 度强。

2. 可变荷载组合值

当有两种或两种以上的可变荷载在结构上要求同时考虑时，由于所有可变荷载同时达到其单独出现时可能达到的最大值的概率极小，因此在结构按承载能力极限状态设计时，除主导荷载（产生最大效应的荷载）采用标准值为代表值外，其他伴随荷载均应采用相应于主导荷载出现时段内的最大量值，也即以小于其标准值的组合值为荷载代表值。可变荷载组合值是指使组合后的荷载效应在设计基准期内的超越概率，能与该荷载单独出现时的相应概率趋于一致的荷载值；或使组合后的结构具有统一规定的可靠指标的荷载值。

可变荷载组合值，应为可变荷载标准值乘以荷载组合值系数。

3. 可变荷载频遇值

荷载的标准值是在规定的设计基准期内最大荷载的意义上确定的，它没有反映荷载作为随机过程而具有随时间变异的特性。当结构按正常使用极限状态的要求进行设计时，例如要求控制房屋的变形、裂缝、局部损坏和引起不舒适的振动时，就应从不同的要求出发，来选择荷载的代表值。

当允许某些极限状态在一个较短的持续时间内被超过，或在总体上不长的时间内（如超过的总持续时间与设计基准期之比不大于 0.1）被超过，就可以采用相应的较小数值作为荷载的代表值。对可变荷载，在设计基准期内，其超越的总时间为规定的较小比率或超越频率为规定频率的荷载值，即称为“荷载的频遇值”。它相当于在结构上时而出现的较大荷载值，但总是小于荷载的标准值。

可变荷载频遇值应取可变荷载标准值乘以荷载频遇值系数。

4. 可变荷载准永久值

对可变荷载，在设计基准期内，其超越的总时间约为设计基准期一半的荷载值称为荷载的准永久值。它相当于可变荷载在整个变化过程中的中间值。对于在结构上经常作用的可变荷载，应以准永久值为代表值。

可变荷载准永久值应取可变荷载标准值乘以荷载准永久值系数。

5. 荷载代表值的选用

建筑结构设计时，对不同荷载应采用不同的代表值。《建筑结构荷载规范》(GB 50009—2012)规定：对永久荷载应采用标准值作为代表值。对可变荷载应根据设计要求采用标准值、组合值、频遇值或准永久值作为代表值。对偶然荷载应按建筑结构使用的特点确定其代表值。

在各种结构或地基基础设计规范中，规定了具体设计要求条件下荷载代表值的选取。

6. 荷载设计值

荷载代表值与荷载分项系数的乘积称为“荷载设计值”。

三、结构极限状态

(一)建筑结构极限状态

1. 结构功能要求

结构设计的目的就是要使结构建成后满足预定的功能要求。结构功能要求概括为下列三方面。

①安全性：承受在正常施工和使用时可能出现的各种作用；在偶然事件发生时和发生后，应能保持必要的整体稳定性，不致倒塌。

②适用性：建筑结构在正常使用时应能满足预定的使用功能要求，具有良好的工作性

能，其变形、裂缝等不超过规定的限值。

③耐久性：建筑结构在正常使用、正常维护下具有足够的耐久性能。

2. 结构可靠性

结构可靠性定义为结构在规定的时间内（即设计时假定的基准使用期），在规定的条件下（结构正常的设计、施工、使用和维护条件），完成预定功能（如强度、刚度、稳定性、抗裂性、耐久性等）的能力。结构的可靠性以结构可靠度或结构可靠度指标来度量。结构可靠度是指结构在规定的时间内，在规定的条件下，完成预定功能的概率。相反，同样条件下，不能完成预定功能的概率即为失效概率。

结构的工作状态可以用荷载效应 S（指荷载在结构或构件内引起的内力或位移等）和结构抗力 R（指抵抗破坏或变形的能力）的关系描述，令

$$Z=R-S \tag{1.3.1}$$

称 Z 为功能函数。显然，当：

$Z>0$ 或 $R>S$ 时，结构处于可靠状态；

$Z<0$ 或 $R<S$ 时，结构处于失效状态；

$Z=0$ 或 $R=S$ 时，结构处于极限状态。

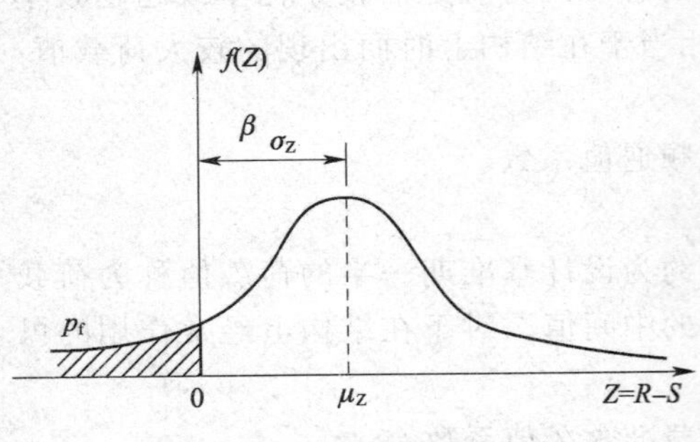

图 1.3.2 功能函数的概率分布

由于影响荷载效应和结构抗力的因素很多，各个因素又有许多不确定性，都是一些随机变量，R 和 S 自然也是随机变量。最简单的情况是假定 R 和 S 的概率分布为正态分布，则按概率理论，功能函数 Z 也是正态分布的随机变量，可用图 1.3.2 表示。图中 $f(Z)$ 为 Z 的概率密度函数，μ_Z 为 Z 的平均值，σ_Z 为 Z 的标准差，p_f 为曲线下的阴影面积与总面积之比，称为“失效概率”，β 值则称为“结构可靠性指标”。如果能对荷载效应和结构抗力进行概率分析，从而确定功能函数的平均值 μ_Z 和标准差 σ_Z，就可求得概率密度函数 $f(Z)$，从而计算 Z 的失效概率 p_f 和结构可靠性指标 β。

3. 结构极限状态

由于影响 R 和 S 的因素很多，且缺乏统计资料，当前直接用概率分析方法计算结构的可靠度还较困难，于是只能采用较为实用的极限状态设计方法。建筑物采用以概率理论为基础的概率极限状态设计方法进行设计。这种设计方法要求结构物必须满足如下两种极限状态的要求：

①承载能力极限状态。这类极限状态对应于结构或构件达到了最大承载能力，或产生了不适于继续承载的过大变形。这是结构的安全性功能要求，亦即荷载效应超过结构物最大限度的承载能力时，结构或构件即发生强度破坏，或者丧失稳定。

②正常使用极限状态。这类极限状态是对应于结构或构件达到了正常使用或者耐久性能的某项规定限值。这是结构物的使用功能要求，例如变形量超过某一限度，就会影响结构物的正常工作和建筑外观。

考虑可靠性的要求，进行极限分析时，荷载效应中应对荷载标准值乘以分项系数和组合系数作为设计值，在抗力中，应对强度的标准值乘以分项系数作为设计值。这些系数一般都是分别考虑了各个参数的离散性，根据概率统计得出的，所以这种极限状态设计是建立在概率理论基础上的极限状态设计。

(二)地基基础的极限状态

根据结构设计的功能要求和地基工作状态，地基设计时应考虑下列条件要求：

①在最不利荷载作用下，地基不出现失稳现象。

②在长期荷载作用下，地基变形不致造成承重结构的损害。

根据上述要求，地基基础极限状态也分为如下两种极限状态。

1. 正常使用极限状态

正常使用极限状态是对应于地基变形或基础出现的裂缝达到规定的限值。由于土为大变形材料，当荷载增大时，地基变形相应增长，地基承载力也逐渐增大；又由于在建筑物的使用功能要求下，地基承载力常常还有潜力可挖，而变形已达到或超过按正常使用的限值。因此，根据上述要求，地基设计是以正常使用极限状态下变形要求，即变形设计为原则。这样，在基础底面确定时，地基承载力选取要求地基不出现长期塑性变形；同时，各类建筑可能出现的变形特征及变形量满足允许值要求。因而，基础底面确定和变形验算均按正常使用极限状态下相应的荷载组合进行。

2. 承载能力极限状态

承载能力极限状态是对应于挡土墙、地基或土坡作为刚体失去平衡；基础在不利荷载作用下发生强度破坏。因而，挡土墙、地基或土坡稳定性验算应按承载力极限状态进行计算。根据荷载规范的要求，当荷载的效应对结构有利时，相应永久荷载的分项系数取 1.0。

四、建筑结构极限状态设计方法及荷载组合

《建筑结构荷载规范》(GB 50009—2012)规定，建筑结构设计应根据使用过程中在结构上可能同时出现的荷载，按承载能力极限状态和正常使用极限状态分别进行荷载(效应)组合，并应取各自的最不利的效应组合进行设计。

(一)承载能力极限状态设计

建筑结构设计应根据使用过程中在结构上可能同时出现的荷载，按承载能力极限状态和正常使用极限状态分别进行荷载组合，并应取各自的最不利的组合进行设计。

对于承载能力极限状态，应按荷载的基础组合或偶然组合计算荷载组合的效应设计值，并应采用下列设计表达式进行设计

$$\gamma_0 S_d \leqslant R_d \tag{1.3.2}$$

式中，γ_0 为结构重要性系数，应按各有关建筑结构设计规范的规定采用；S_d 为荷载组合的效应设计值；R_d 为结构构件抗力的设计值，应按各有关建筑结构设计规范的规定确定。

荷载基本组合的效应设计值 S_d，应从下列荷载组合值中取用最不利的效应设计值确定：

(1)由可变荷载控制的效应设计值，应按下式进行计算

$$S_d = \sum_{j=1}^{m} \gamma_{G_j} S_{G_j k} + \gamma_{Q_1} \gamma_{L_1} S_{Q_1 k} + \sum_{i=2}^{n} \gamma_{Q_i} \gamma_{L_i} \psi_{c_i} S_{Q_i k} \tag{1.3.3}$$

式中，γ_{G_j} 为第 j 个永久荷载的分项系数；γ_{Q_i} 为第 i 个可变荷载的分项系数，其中 γ_{Q_1} 为主导可变荷载 Q_1 的分项系数；γ_{L_i} 为第 i 个可变荷载考虑设计使用年限的调整系数，其中 γ_{L_1} 为主导可变荷载 Q_1 考虑设计使用年限的调整系数；$S_{G_j k}$ 为按第 j 个永久荷载标准值 G_{jk} 计算的荷载效应值；$S_{Q_i k}$ 为按第 i 个可变荷载标准值 Q_{ik} 计算的荷载效应值，其中 $S_{Q_1 k}$ 为诸可变荷载效应中起控制作用者；ψ_{c_i} 第 i 个可变荷载 Q_i 的组合值系数；m 为参与组合的永久荷载数；n 为参与组合的可变荷载数。

(2)由永久荷载控制的效应设计值，应按下式进行计算

$$S_d=\sum_{j=1}^{m}\gamma_{G_j}S_{G_jk}+\sum_{i=1}^{n}\gamma_{Q_i}\gamma_{L_i}\psi_{c_i}S_{Q_ik} \tag{1.3.4}$$

注:1. 基本组合中的效应设计值仅适用于荷载与荷载效应为线性的情况。

2. 当对 S_{Q_1k} 无法明显判断时,应轮次以各可变荷载效应作为 S_{Q_1k},并选取其中最不利的荷载组合的效应设计值。

基本组合的荷载分项系数,应按下列规定采用:

(1)永久荷载的分项系数应符合下列规定:

①当永久荷载效应对结构不利时,对由可变荷载效应控制的组合应取 1.2,对由永久荷载效应控制的组合应取 1.35;

②当永久荷载效应对结构有利时,不应大于 1.0。

(2)可变荷载的分项系数应符合下列规定:

①对标准值大于 4 kN/m² 的工业房屋楼面结构的活荷载,应取 1.3;

②其他情况,应取 1.4。

(3)对结构的倾覆、滑移或漂浮验算,荷载的分项系数应满足有关的建筑结构设计规范的规定。

可变荷载考虑设计使用年限的调整系数 γ_L 应按下列规定采用:

(1)楼面和屋面活荷载考虑设计使用年限的调整系数 γ_L 应按表 1.3.2 采用。

楼面和屋面活荷载考虑设计使用年限的调整系数 γ_L 表 1.3.2

结构设计使用年限/年	5	50	100
γ_L	0.9	1.0	1.1

注:1. 当设计使用年限不为表中数值时,调整系数 γ_L 可按线性内插确定。

2. 对于荷载标准值可控制的活荷载,设计使用年限调整系数 γ_L 取 1.0。

(2)对雪荷载和风荷载,应取重现期为设计使用年限,按《建筑结构荷载规范》(GB 50009—2012)第 E.3.3 条的规定确定基本雪压和基本风压,或按有关规范的规定采用。

荷载偶然组合的效应设计值 S_d 可按下列规定采用:

(1)用于承载能力极限状态计算的效应设计值,应按下式进行计算

$$S_d=\sum_{j=1}^{m}S_{G_jk}+S_{A_d}+\psi_{f_1}S_{Q_1k}+\sum_{i=2}^{n}\psi_{q_i}S_{Q_ik} \tag{1.3.5}$$

式中,S_{A_d} 为按偶然荷载标准值 A_d 计算的荷载效应值;ψ_{f_1} 为第 1 个可变荷载的频遇值系数;ψ_{q_i} 为第 i 个可变荷载的准永久值系数。

(2)用于偶然事件发生后受损结构整体稳固性验算的效应设计值,应按下式进行计算

$$S_d=\sum_{j=1}^{m}S_{G_jk}+\psi_{f_1}S_{Q_1k}+\sum_{i=2}^{n}\psi_{q_i}S_{Q_ik} \tag{1.3.6}$$

注:组合中的设计值仅适用于荷载与荷载效应为线性的情况。

(二)正常使用极限状态设计

对于正常使用极限状态,应根据不同的设计要求,采用荷载的标准组合、频遇组合或准永久组合,并应按下列设计表达式进行设计

$$S_d\leqslant C \tag{1.3.7}$$

式中,C 为结构或结构构件达到正常使用要求的规定限值,例如变形、裂缝、振幅、加速度、应力等的限值,应按各有关建筑结构设计规范的规定采用。

荷载标准组合的效应设计值 S_d 应按下式进行计算

$$S_d=\sum_{j=1}^{m}S_{G_jk}+S_{Q_1k}+\sum_{i=2}^{n}\psi_{c_i}S_{Q_ik} \tag{1.3.8}$$

注:组合中的设计值仅适用于荷载与荷载效应为线性的情况。

荷载频遇组合的效应设计值 S_d 应按下式进行计算

$$S_d=\sum_{j=1}^{m}S_{G_j k}+\psi_{f_1}S_{Q_1 k}+\sum_{i=2}^{n}\psi_{q_i}S_{Q_i k} \tag{1.3.9}$$

注:组合中的设计值仅适用于荷载与荷载效应为线性的情况。

荷载准永久组合的效应设计值 S_d 应按下式进行计算

$$S_d=\sum_{j=1}^{m}S_{G_j k}+\sum_{i=1}^{n}\psi_{q_i}S_{Q_i k} \tag{1.3.10}$$

注:组合中的设计值仅适用于荷载与荷载效应为线性的情况。

五、公路桥梁工程设计的荷载组合

按照各种荷载特性及出现的几率不同,在设计计算时应考虑各种可能出现的荷载组合,一般有以下几种:

组合Ⅰ:由恒载中的一种或几种,与活载中的一种或几种(平板挂车或履带车除外)相组合。如该组合中不包括混凝土的收缩、徐变和水的浮力引起的影响力时,习惯上也称为“主要组合”。

组合Ⅱ:由恒载中的一种或几种,与活载中的一种或几种(平板挂车或履带车除外)及其他可变活载中的一种或几种相组合。

组合Ⅲ:由平板挂车或履带车与结构自重、预应力、土重和土侧压力中的一种或几种相组合。

组合Ⅳ:由活载(平板挂车或履带车除外)的一种或几种与恒载的一种或几种与偶然荷载中的船只或漂浮物的撞击力相组合。

组合Ⅴ:施工阶段验算荷载组合,包括可能出现的施工荷载和结构自重、脚手架、材料机具、人群、风力和拱桥单向推力等。

组合Ⅵ:由地震力与结构自重、预应力、土重和土侧压力中的一种或几种组合。

组合Ⅱ、Ⅲ、Ⅳ、Ⅴ、Ⅵ习惯上也称为“附加组合”。当组合Ⅰ包括混凝土收缩、徐变和水浮力引起的荷载效应时也称为“附加组合”。因为附加组合考虑的荷载出现的几率比主要组合小些,设计时不必要求过度的安全储备,因此,当按容许应力法计算时,设计规范在取安全系数时均比主要组合小些,地基的容许承载力均允许提高一定数值。在地基与基础的设计计算中,应分别在各种组合的荷载作用下进行各项验算,计算结果均应分别满足设计规定的要求。

为使设计比较合理,切合实际情况,在荷载组合时,有些荷载不需同时考虑,如:

①考虑汽车制动力时,不计支座摩阻力、流水压力、冰压力,考虑支座摩阻力时不计汽车制动力;

②考虑冰压力时,除不计汽车制动力外,还不计流水压力;同样,考虑流水压力时,也不计汽车制动力和冰压力;

③地震力、船只或漂浮物撞击力、施工荷载三者不同时考虑,地震力与恒载和可变荷载的组合方法各种抗震规范都有具体的规定。

为保证地基与基础满足在强度稳定性和变形方面的要求,应根据结构物所在地区的各种条件和结构特性,根据上述荷载组合方法,按其可能出现的最不利荷载组合情况进行验算。所谓“最不利荷载组合”,就是指组合起来的荷载,应产生相应的最大力学效能,例如用容许应力法设计时的最大应力、滑动稳定验算时的最小安全系数等。因此,不同的验算内容将由不同的荷载组合控制设计，应分别考虑。

此外，许多可变荷载的作用方向在水平投影上常可分解为纵桥向和横桥向，因此，一般需按两个方向进行地基与基础的计算，并考虑其最不利荷载组合，比较出最不利者来控制计算。桥梁的地基与基础大多数情况下为纵桥向控制设计，但对于有较大横桥向水平力（风力、船只撞击力和水压力等）作用时，也需要进行横桥向计算，可能为横桥向控制设计。

六、建筑地基基础设计基本要求

《建筑地基基础设计规范》（GB 50007—2011）对地基基础设计的基本要求，作为规范应严格执行。

地基基础设计应根据地基复杂程度、建筑物规模和功能特征，以及由于地基问题可能造成建筑物破坏或影响正常使用的程度，分为甲、乙、丙三个设计等级。设计时应根据具体情况，按表 1.3.3 选用。

地基基础设计等级　　表 1.3.3

设计等级	建筑和地基类型
甲级	重要的工业与民用建筑物； 30 层以上的高层建筑； 体型复杂、层数相差超过 10 层的高低层连成一体建筑物； 大面积的多层地下建筑物（如地下车库、商场、运动场等）； 对地基变形有特殊要求的建筑物； 复杂地质条件下的坡上建筑物（包括高边坡）； 对原有工程影响较大的新建建筑物； 场地和地基条件复杂的一般建筑物； 位于复杂地质条件及软土地区的 2 层及 2 层以上地下室的基坑工程； 开挖深度大于 15 m 的基坑工程； 周边环境条件复杂、环境保护要求高的基坑工程
乙级	除甲级、丙级以外的工业与民用建筑物； 除甲级、丙级以外的基坑工程
丙级	场地和地基条件简单、荷载分布均匀的 7 层及 7 层以下民用建筑及一般工业建筑；次要的轻型建筑物。 非软土地区且场地地质条件简单、基坑周边环境条件简单、环境保护要求不高且开挖深度小于 5.0 m的基坑工程

根据建筑物地基基础设计等级及长期荷载作用下地基变形对上部结构的影响程度，地基基础设计应符合下列规定：

①所有建筑物的地基计算均应满足承载力计算的有关规定。

②设计等级为甲级、乙级的建筑物，均应按地基变形设计。

③设计等级为丙级的建筑物有下列情况之一时应作变形验算：

a. 地基承载力特征值小于 130 kPa，且体型复杂的建筑；

b. 在基础上及其附近有地面堆载或相邻基础荷载差异较大，可能引起地基产生过大的不均匀沉降时；

c. 软弱地基上的建筑物存在偏心荷载时；

d. 相邻建筑距离近，可能发生倾斜时；

e. 地基内有厚度较大或厚薄不均的填土，其自重固结未完成时。

④对经常受水平荷载作用的高层建筑、高耸结构和挡土墙等，以及建造在斜坡上或边坡附近的建筑物和构筑物，还应验算其稳定性。

⑤基坑工程应进行稳定性验算。

⑥建筑地下室或地下构筑物存在上浮问题时，还应进行抗浮验算。

表 1.3.4 所列范围设计等级为丙级的建筑物可不作变形验算。

可不作地基变形验算的设计等级为丙级的建筑物范围　　表 1.3.4

<table>
<tr><td rowspan="2">地基主要受力层情况</td><td colspan="3">地基承载力特征值 f_{ak}/kPa</td><td>80≤f_{ak}<100</td><td>100≤f_{ak}<130</td><td>130≤f_{ak}<160</td><td>160≤f_{ak}<200</td><td>200≤f_{ak}<300</td></tr>
<tr><td colspan="3">各土层坡度/(%)</td><td>≤5</td><td>≤10</td><td>≤10</td><td>≤10</td><td>≤10</td></tr>
<tr><td rowspan="8">建筑类型</td><td colspan="3">砌本承重结构、框架结构(层数)</td><td>≤5</td><td>≤5</td><td>≤6</td><td>≤6</td><td>≤7</td></tr>
<tr><td rowspan="4">单层排架结构(6 m 柱距)</td><td rowspan="2">单跨</td><td>吊车额定起重量/t</td><td>10～15</td><td>15～20</td><td>20～30</td><td>30～50</td><td>50～100</td></tr>
<tr><td>厂房跨度/m</td><td>≤18</td><td>≤24</td><td>≤30</td><td>≤30</td><td>≤30</td></tr>
<tr><td rowspan="2">多跨</td><td>吊车额定起重量/t</td><td>5～10</td><td>10～15</td><td>15～20</td><td>20～30</td><td>30～75</td></tr>
<tr><td>厂房跨度/m</td><td>≤18</td><td>≤24</td><td>≤30</td><td>≤30</td><td>≤30</td></tr>
<tr><td colspan="2">烟囱</td><td>高度/m</td><td>≤40</td><td>≤50</td><td colspan="2">≤75</td><td>≤100</td></tr>
<tr><td colspan="2" rowspan="2">水塔</td><td>高度/m</td><td>≤20</td><td>≤30</td><td colspan="2">≤30</td><td>≤30</td></tr>
<tr><td>容积/m^3</td><td>50～100</td><td>100～200</td><td>200～300</td><td>300～500</td><td>500～1 000</td></tr>
</table>

注：1. 地基主要受力层是指条形基础底面下深度为 $3b$(b 为基础底面宽度)，独立基础下为 $1.5b$，且厚度均不小于 5 m 的范围(2 层以下一般的民用建筑除外)。

2. 地基主要受力层中如有承载力特征值小于 130 kPa 的土层，表中砌体承重结构的设计，应符合《建筑地基基础设计规范》(GB 50007—2011)第 7 章的有关要求。

3. 表中砌体承重结构和框架结构均指民用建筑，对于工业建筑可按厂房高度、荷载情况折合成与其相当的民用建筑层数。

4. 表中吊车额定起重量、烟囱高度和水塔容积的数值是指最大值。

地基基础设计前应进行岩土工程勘察，并应符合下列规定：

①岩土工程勘察报告应提供下列资料：

a. 有无影响建筑场地稳定性的不良地质作用，评价其危害程度。

b. 建筑物范围内的地层结构及其均匀性，各岩土层的物理力学性质指标，以及对建筑材料的腐蚀性。

c. 地下水埋藏情况、类型和水位变化幅度及规律，以及对建筑材料的腐蚀性。

d. 在抗震设防区应划分场地类别，并对饱和砂土和粉土进行液化判别。

e. 对可供采用的地基基础设计方案进行论证分析，提出经济合理、技术先进的设计方案建议；提供与设计要求相对应的地基承载力和变形计算参数，并对设计与施工应注意的问题提出建议。

f. 当工程需要时，还应提供：深基坑开挖的边坡稳定计算和支护设计所需的岩土技术参数，论证其对周边环境的影响；基坑施工降水的有关技术参数和地下水控制方法的建议；用于计算地下水浮力的设防水位。

②地基评价宜采用钻探取样、室内土工试验、触探，并结合其他原位测试方法进行。设计等级为甲级的建筑物应提供载荷试验指标、抗剪强度指标、变形参数指标和触探资料；设计等级为乙级的建筑物应提供抗剪强度指标、变形参数指标和触探资料；设计等级为丙级的建筑物应提供触探及必要的钻探和土工试验资料。

③建筑物地基均应进行施工验槽。当地基条件与原勘察报告不符时，应进行施工勘察。

地基基础设计时，所采用的作用效应与相应的抗力限值应符合下列规定：

①按地基承载力确定基础底面积和埋深或按单桩承载力确定桩数时，传至基础或承台底面上的作用效应应按正常使用极限状态下作用的标准组合；相应的抗力应采用地基承载力特征值或单桩承载力特征值。

②计算地基变形时，传至基础底面上的作用效应应按正常使用极限状态下作用的准永久组合，不应计入风荷载和地震作用；相应的限值应为地基变形允许值。

③计算挡土墙、地基或滑坡稳定，以及基础抗浮稳定时，作用效应应按承载能力极限状态下作用的基本组合，但其分项系数均为 1.0。

④在确定基础或桩基承台高度、支挡结构截面、计算基础或支挡结构内力、确定配筋和验算材料强度时，上部结构传来的作用效应和相应的基底反力、挡土墙土压力和滑坡推力，应按承载能力极限状态下作用的基本组合，采用相应的分项系数；当需要验算基础裂缝宽度时，应按正常使用极限状态下作用的标准组合。

⑤基础设计安全等级、结构设计使用年限、结构重要性系数应按有关规范的规定采用，但结构重要性系数 γ_0 不应小于 1.0。

地基基础设计时，作用组合的效应设计值应符合下列规定：

①正常使用极限状态下，标准组合的效应设计值 S_k 应按下式确定

$$S_k = S_{Gk} + S_{Q1k} + \psi_{c2} S_{Q2k} + \cdots + \psi_{cn} S_{Qnk} \tag{1.3.11}$$

式中，S_{Gk} 为永久作用标准值 G_k 的效应；S_{Qik} 为第 i 个可变作用标准值 Q_{ik} 出的效应；ψ_{ci} 第 i 个可变作用 Q_i 的组合值系数，按现行国家标准《建筑结构荷载规范》(GB 50009—2012)的规定取值。

②准永久组合的效应设计值 S_k 应按下式确定

$$S_k = S_{Gk} + \psi_{q1} S_{Q1k} + \psi_{q2} S_{Q2k} + \cdots + \psi_{qn} S_{Qnk} \tag{1.3.12}$$

式中，ψ_{qi} 为第 i 个可变作用的准永久值系数，按现行国家标准《建筑结构荷载规范》(GB 50009—2012)的规定取值。

③承载能力极限状态下，由可变作用控制的基本组合的效应设计值 S_d，应按下式确定

$$S_d = \gamma_G S_{Gk} + \gamma_{Q1} S_{Q1k} + \gamma_{Q2} \psi_{c2} S_{Q2k} + \cdots + \gamma_{Qn} \psi_{cn} S_{Qnk} \tag{1.3.13}$$

式中，γ_G 为永久作用的分项系数，按现行国家标准《建筑结构荷载规范》(GB 50009—2012)的规定取值；γ_{Qi} 为第 i 个可变作用的分项系数，按现行国家标准《建筑结构荷载规范》(GB 50009—2012)的规定取值。

④对由永久作用控制的基本组合，也可采用简化规则，基本组合的效应设计值 S_d 可按下式确定

$$S_d = 1.35 S_k \tag{1.3.14}$$

式中，S_k 为标准组合的作用效应设计值。

地基基础的设计使用年限不应小于建筑结构的设计使用年限。

第四节　设计安全度和可靠性

一、基本概念

岩土工程设计有容许应力法和极限状态法，还有定值法和概率法。无论采用哪一种，都

应有足够的安全储备，都应满足能承受正常施工和正常使用期间可能出现的各种作用。在正常使用期间，工程各部分具有良好的工作性能；在正常有维护下具有足够的耐久性；在发生偶然事件或局部失效时，仍能保持必需的整体稳定性等功能。

岩土工程的传统设计方法，是建立在经验基础上的容许应力法和定值法。随着设计理论和设计方法的进步，有转向以概率为基础的极限状态法的趋势，但目前还不够成熟。

下面是若干基本概念的解释。

①工程安全等级：根据工程破坏可能产生的后果（危及人员生命、造成经济损失、产生社会影响等）的严重性划分的等级。分为破坏后果很严重、破坏后果严重、破坏后果不严重三级。

②容许应力法：在正常使用条件下，比较荷载作用和岩土抗力，要求强度有一定储备，变形满足正常使用要求。荷载、抗力和安全度的取值都建立在经验的基础上。

③极限状态：整个工程或工程的一部分，超过某一特定的状态就不满足设计规定的功能要求，这一特定状态称为该功能的“极限状态”。各种极限状态都有明确的标志或限值。

④极限状态法：将岩土和有关结构置于极限状态进行分析，找到达到某种极限状态（承载能力、变形等）时岩土的抗力。

⑤定值法：将设计变量作为非随机变量，一般用安全系数表达，即在强度上根据经验打一折扣，作为安全储备。

$$K=\frac{R}{S}\geqslant[K] \tag{1.4.1}$$

式中，R、S、K、$[K]$分别为抗力、作用、安全系数、目标安全系数，都是经验的。

⑥概率法：将设计变量作为随机变量，对作用、抗力、安全度进行概率分析，按失效概率量度设计的可靠性，将安全储备建立在概率分析基础上。按水准的不同分为半概率法、近似概率法、全概率法。

⑦半概率法：

$$\overline{K}=\frac{\mu_R}{\mu_S}=\frac{\overline{R}}{\overline{S}} \tag{1.4.2}$$

式中，$\overline{R}$、$\overline{S}$为抗力和作用的平均值，$\overline{K}$为中心安全系数，这是简单的一阶矩法，进一步发展为标准安全系数法。

$$K_b=\frac{R_b}{S_b} \tag{1.4.3}$$

式中，R_b、S_b 分别由$\overline{R}$、$\overline{S}$加（减）若干倍的均方差得到，在一定程度上考虑了变异性。

⑧近似概率法：用可靠指标量度设计的安全度，《工程结构可靠性设计统一标准》（GB 50153—2008）采用此法。

⑨全概率法：对各种基本变量，如荷载、岩土参数、几何尺寸等，分别视为随机变量或用随机过程描述，用失效概率 P_f 直接量度安全性。

$$P_f=P(R\leqslant S)\leqslant[P_f] \tag{1.4.4}$$

式中，$[P_f]$为目标失效概率。

⑩可靠度：工程在规定时间内和规定条件下，具有预定功能的概率。可靠度设计是以概率理论为基础的极限状态设计方法。

⑪可靠指标：可靠度的量度指标。可靠指标 β 与失效概率 P_f 的关系是

$$[P_f]=\phi(-\beta) \tag{1.4.5}$$

式中，$\phi(-\beta)$为标准正态分布函数。

二、容许应力法和极限状态法

由容许应力法和极限状态法的定义可知，这是两种不同的设计方法。结构工程的设计已经采用极限状态法；岩土工程设计由于其特殊性，一般仍采用容许应力法。下面重点介绍极限状态准则。

极限状态分为两类：承载能力极限状态和正常使用极限状态。

1. 承载能力极限状态

这种极限状态对应于结构或结构的一部分达到最大承载能力或不适于继续承载的变形。当工程出现下列情况之一时，即认为已超过了承载能力极限状态：

①整个工程或工程的一部分，作为刚体失去平衡（如倾覆）；

②岩土或结构材料超过强度极限而破坏，或过量变形而不能继续承受荷载；

③岩土或结构构件失去稳定，如构件压屈、地基失稳。

例如：地基发生整体性滑动、边坡失稳、挡土结构倾覆、隧道顶板垮落或边墙倾覆、流沙、管涌、潜蚀、塌陷、液化等。

2. 正常使用极限状态

这种极限状态对应于工程达到正常使用或耐久性能的某种规定限值。出现下列情况之一时，可认为超过了正常使用极限状态。其中包括影响正常使用的外观变形、影响正常使用或耐久性的局部破坏、影响正常使用的振动、影响正常使用的其他特定状态、因地下渗漏而影响工程的正常使用等。

三、作用和岩土特性参数

岩土工程的作用，有静态的和动态的，一般按作用时间划分。

1. 永久作用

永久作用在规定的设计使用期内一定出现，其值随时间的变化可以忽略。它包括岩土压力、结构自重、水位不变的静水压力等。永久作用一般以标准值作为它的代表值。

2. 可变作用

可变作用在规定的作用期内，其值随时间而变化，且其变化与平均值相比不可忽略。它包括各种使用荷载、安装荷载、车辆荷载、风载、雪载、水位变化的水压力、波浪力、温度变化等。可变作用一般取频遇值或准永久值作为它的代表值。

3. 偶然作用

偶然作用在设计考虑的时间内不一定出现，一旦出现，则其值很大且持续时间很短。它包括强烈地震、爆炸、龙卷风、撞击等。偶然作用的代表值由有关规范规定，或参照有关资料和工程经验综合分析确定。

岩土的各种物理力学特性指标，通过室内或原位测试确定。

在结构设计时，几何参数一般用随机变量概率模型描述。但在岩土工程设计中，由于它的变异性对计算结果的影响一般很小，可作为非随机变量处理。但有时不宜忽略，如钻孔灌注桩的直径，必要时可作为随机变量处理。

四、定值法和可靠度

定值法和可靠度是两种不同的设计方法。下面简要介绍可靠度。

1. 可靠度分析的基本概念

如只存在作用 S 和抗力 R 两个变量，且均为正态分布，则失效概率为 P_f 为

$$P_f=P\left[\frac{Z-\mu_Z}{\sigma_Z}<\frac{\mu_Z}{\sigma_Z}\right]=\phi\left(-\frac{\mu_Z}{\sigma_Z}\right) \tag{1.4.6}$$

式中，μ_Z、σ_Z 为 Z 的平均值和标准差。

可靠指标 β 为

$$\beta=\frac{\mu_Z}{\sigma_Z}=\frac{\mu_R-\mu_S}{\sqrt{\sigma_R^2-\sigma_S^2}} \tag{1.4.7}$$

式中，μ_R、μ_S、σ_R、σ_S 为作用 S 和抗力 R 的平均值和标准差；P_f 与 β 有一一对应关系，见表 1.4.1。

可靠指标与失效概率对应关系 表 1.4.1

β	1.0	1.5	2.0	2.5	3.0	3.5	4.0	4.5
P_f	$1.59\times10^{-}$	6.68×10^{-2}	2.28×10^{-2}	6.21×10^{-3}	1.36×10^{-3}	2.33×10^{-4}	3.17×10^{-5}	3.40×10^{-6}

房屋结构承载能力极限状态设计的目标，可靠指标和失效概率见表 1.4.2。

不同安全等级工程的可靠指标和失效概率 表 1.4.2

破坏类型		一 级	二 级	三 级
延性	β	3.7	3.2	2.7
	P_f	1.0×10^{-4}	6.8×10^{-4}	3.4×10^{-3}
脆性	β	4.2	3.7	3.2
	P_f	0.13×10^{-4}	1.0×10^{-4}	0.8×10^{-4}

脆性破坏是指破坏前无明显变形或其他预兆；延性破坏与此相反。

岩土工程的目标可靠指数，目前我国尚无系统资料，有待对我国现有工程的可靠度进行校准的基础上研究确定。

2. 岩土工程可靠度问题的特点

①岩土性质极为复杂多变，即使同一地层，也随位置而变。可靠度分析的精度在很大程度上依赖于岩土参数的精度。

②对于结构工程，失效验算是对构件截面进行的，计算模型比较简单，计算条件比较明确。但对于岩土工程，则是整体验算，构件可靠度和体系可靠度的概念模糊，涉及的是广义可靠度分析问题，困难较大。

③对于结构工程，截面和试样尺寸相差不大；但对于岩土工程，两者之间的尺寸差别非常大。要考虑的不是某一点的岩土工程的可靠性，而是一定范围内的平均特性。除了少数问题外，一般岩土工程的可靠性由岩土的空间平均性状控制。

④即使相当均质的岩土，各点的性质也不相同，据此，Vanmarche 发展了随机场理论。该理论假定，同一地层两点之间性质的差别随距离的增加而增大，把各点岩土的性质看成依赖于随位置而变化的随机变量，即空间分布随机场。岩土性质的相关性，随距离增加而减弱，大于某一距离就不相关了，这个距离称“相关距离”。相关距离对于同一地层为定值，不随不同的指标而变，对一般沉积土层，垂直相关距离为 0.2～2.0 m，水平相关距离为 20～50 m。由于考虑空间相关距离，对岩土性质的变异性应予折减，即乘以方差折减系数。所考虑的空间范围越大，折减也越多，经折减后岩土的变异性减小，从而算出的可靠度增大，与考虑岩土空间平均特性的计算结果比较，较为接近实际。

⑤岩土工程的可靠度,仍可用一次二阶矩法计算。但由于功能函数中各随机变量有时并非相互独立,需考虑其相关性,在计算时要做适当的处理。

由于以上原因,岩土工程可靠度还处于研究和探索阶段。在工程问题处理时,作用(荷载)和岩土特性参数一般按规范采用基于概率统计的代表值,如荷载效应的标准组合、准永久组合、基本组合等,岩土参数的平均值、标准值、特征值等,而安全度则采用基于定值法的安全系数。对于地基承载力,则直接用地基承载力特征值与荷载的标准组合比较。

五、安全系数和分项系数

定值法的安全度用一个总的安全系数 K 表示。概率法的安全度用失效概率 P_f 或可靠指标表示,建立在概率统计的基础上。但是,要求每一个工程都进行可靠度计算是不现实的,实际工程用分项系数表达。

分项系数表达可以建立在概率分析的基础上,也可建立在经验的基础上。无论概率还是经验,为了与以往的设计方法和设计规范相衔接,都要对新旧方法进行校准。

对于岩土工程设计,目前一般仍采用安全系数法,例如《建筑地基基础设计规范》(GB 50007—2011)对悬臂支护结构稳定性的分析采用下式

$$\frac{M_p}{M_a}=\frac{E_p b_p}{E_a b_a}\geqslant 1.3 \tag{1.4.8}$$

式中,E_p、b_p 分别为被动侧土压力的合力和合力对支护结构底端的力臂;E_a、b_a 分别为主动侧土压力的合力和合力对支护结构底端的力臂。

式(1.4.8)中的数值 1.3 即安全系数。其他计算(如滑坡推力计算、挡土墙稳定计算、基坑底隆起计算)也规定了相应的安全系数。但对于荷载和岩土参数,则按规范取相应的统计代表值。例如:在确定基础底面积时,传至基础的荷载效应取按正常使用极限状态下荷载效应的标准组合,相应的抗力取地基承载力特征值。在计算地基变形时,传至基础底面上的荷载效应取按正常使用极限状态下荷载效应的准永久组合,不计入风荷载和地震作用,相应的限值取地基变形允许值。在计算挡土墙土压力、地基或斜坡稳定和滑坡推力时,荷载效应取承载能力极限状态下荷载效应的基本组合,分项系数取 1.0。

第五节 实体试验、检验和监测、动态设计

一、实体试验

直接地或间接地以工程实体试验或工程原型监测为设计依据,是岩土工程的一个重要特点。单纯依靠理论计算的设计,通常认为是不可靠的。既无现成经验,又无实体试验为依据而设计的工程,总带有一定的试验性质。这是因为:岩土工程的影响因素复杂,数学公式或数学模型无不经过较大的简化;地质条件难以完全摸清,岩土参数不易准确量测,测试条件和工程原型之间的差别往往很大;模型试验是一种重要试验手段,但由于模型材料和尺寸效应问题,一般不宜作为直接设计的依据,而只作为研究某些规律的手段。

岩土工程设计以实体试验和原型监测为依据。

1.建立经验公式或用经验系数修正理论公式

①根据原型桩的载荷试验与土性资料分析对比,建立桩的端阻力和侧阻力的经验值。

②根据土的载荷试验与土性资料分析对比,建立地基承载力的经验值,载荷试验虽非实

体试验，但较接近工程原型，且偏于安全。

③根据建筑物沉降观测数据进行分析，与室内压缩试验资料对比，修正沉降计算公式。

2. 在现场进行实体试验，作为岩土工程设计的依据

①足尺基础静力载荷试验。

②桩的现场实体试验。

③现场堆载试验。

④现场试开挖。

⑤抽水试验，现场疏干排水试验。

⑥各种地基处理方法的现场试验。

⑦锚杆抗拔试验。

二、检验和监测

由于地质条件的复杂多变，岩土特性参数的不确定性，岩土工程的设计计算不可能精确，预测和实测之间或多或少存在差距。尤其是缺乏实际经验的工程，其后果往往难以准确预料。为了保证工程的安全，检验和监测是十分必要的。这不仅使工程的安全得到了保障，而且有利于积累科学数据、提高设计水平。

1. 检验方面

①天然地基的施工验槽。

②挖孔桩的孔内检验。

③工程桩的承载力检验和桩身质量检验。

④嵌岩桩的地质条件检验。

⑤各种地基处理的效果检验。

⑥边坡开挖和地下开挖的地质条件检验。

⑦锚杆、锚索的抗拔检验等。

2. 监测方面

①建筑物变形监测。

②边坡和基坑变形监测。

③地下开挖的应力和位移监测。

④支护结构的应力和位移监测。

⑤地下水位和孔隙水压力监测。

⑥振动监测等。

三、动态设计

岩土工程计算不可能精确有两方面的原因：一是计算公式或计算模型粗糙。有时表面看来似乎精细，但与实际情况出入较大。二是地质条件不易弄清，特别是不易一步弄清，有一个由粗到细、由浅入深的过程。岩土计算参数也不易准确选定。相比之下，后者更为重要。因此，岩土工程设计常常不能一步到位，需与信息化施工配合，进行动态设计。这个设计原则已在边坡设计、地基基础设计、基坑设计、堤坝设计和地下工程设计中广泛应用，也是岩土工程概念设计的重要组成。

动态设计的基本方法是：根据已经掌握的数据估计一个预测目标，例如位移（正演），施工过程中利用现场观测数据反演设计参数，再用反演所得的参数正演目标，如此反复，一次

比一次更趋正确。在这个过程中，还可通过施工勘察进行地质条件核查，调整设计方案和施工程序，保证工程安全和经济。例如：

①软土上堤坝、油罐等工程，在加载过程中监测地基土的位移和孔隙水压力的变化，根据观测数据调整加荷速率；

②在边坡和大型露天矿开挖过程中，监测岩土的应力和位移，根据监测数据调整施工程序和支护措施；

③在高层建筑主楼和裙房之间设置后浇带，根据沉降观测数据确定浇筑时间；

④在深基坑开挖或地下开挖过程中，监测岩土和结构的应力，变形和地下水情况，以便必要时采取补强或应急措施。

四、反分析

1. 目的和意义

反分析是以工程原型为基础，以对工程原型的观测为手段，反求岩土参数的一种技术方法，其目的和意义是：

①和室内试验、原位测试一起，构成求取岩土参数的三种主要手段；

②通过反分析，查验设计的合理性；

③通过反分析，查明工程事故的技术原因；

④结合室内试验和原位测试，对岩土力学问题进行科学研究。

2. 分析步骤

①检查和整理观测数据；

②建立数学模型，进行计算分析；

③将计算结果和设计时采用的参数进行比较，分析两者之间的差异及其原因。

3. 注意事项

①反分析必须具备详细的勘察资料，包括地层和地下水的埋藏条件、岩土性质指标及其在施工过程的变化；

②反分析应尽量具备岩土体初始状态和应力历史的数据；

③施工和使用过程中的观测数据，是反分析的依据，应系统、全面、可靠，精度符合要求。

第三篇

浅　基　础

考试大纲

(一)浅基础方案选用与比较

了解各种类型浅基础的传力特点、构造特点和适用条件;掌握浅基础方案选用和方案比较的方法。

(二)地基承载力计算

熟悉不同结构对地基条件的要求;熟悉确定地基承载力的各种方法;掌握地基承载力深宽修正与软弱下卧层强度验算的方法。

(三)地基变形分析

了解各种建(构)筑物对变形控制的要求;掌握地基应力计算和沉降计算方法;了解地基、基础和上部结构的共同作用分析方法及其在工程中的应用。

(四)基础设计

了解各种类型浅基础的设计要求和设计步骤;熟悉基础埋置深度与基础底面积的确定原则;掌握基础底面压力分布的计算方法;熟悉各种类型浅基础的设计计算内容;掌握浅基础内力计算的方法。

(五)动力基础

了解动力基础的基本特点;了解天然地基动力参数的测定方法。

(六)不均匀沉降

了解建筑物的变形特征和不均匀沉降对建筑物的各种危害;了解产生不均匀沉降的原因;了解防止和控制不均匀沉降对建筑物损害的建筑措施和结构措施。

第一章　土的工程性质

第一节　概　述

土是连续、坚固的岩石在风化作用下形成的大小悬殊的颗料，经过不同的搬运方式，在各种自然环境中生成的沉积物。地壳表层母岩经过风化、搬运后的矿物颗粒（有时还有有机质）堆积在一起，中间贯穿着孔隙。孔隙当中存在水和空气，如图 1.1.1所示。因此在天然状态下，土体一般由固相（固体颗粒）、液相（土中水）和气相（气体）三部分组成，简称为“三相体系”。土中固体颗粒的矿物成分各异，其土粒间的联结比较微弱，土料还可能与周围的水发生一系列复杂的物理、化学作用。因此，在外力作用下，土体并不显示一般固体的特性，土粒间的联结也并不像胶体那样易于相对位移，也不表现出一般液体的特性。因此，在研究土的工程性质时，既有别于固体力学，也有别于流体力学。

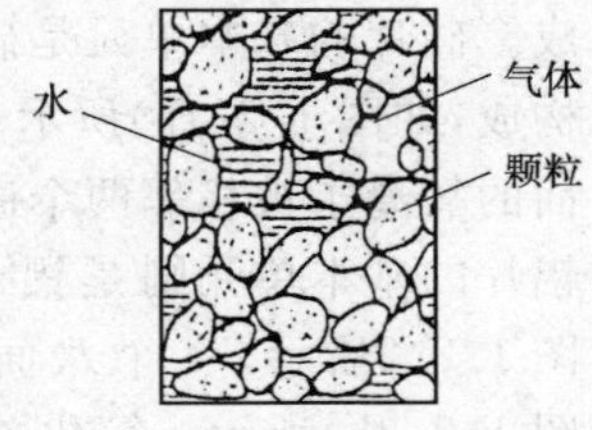

图 1.1.1　土的三相组成示意

在古典土力学中，研究土的各种工程性质时，首先注意到土粒的物理特性（例如土料的大小、形状等）、土的物理状态和土的三相比例关系。而在近代土力学中，还注意到土的三相在空间的分布、排列和土粒间的联结对土的性质的主要影响。

本章首先介绍土的三相组成和结构，然后介绍土的物理性质指标及其换算方法、无黏性土的密实度、黏性土的物理特性、土的动力特征。

第二节　土的三相组成及土的结构

一、土的固体颗粒（固相）

固体颗粒构成土的骨架，其大小和形状、矿物成分及其组成情况是决定土物理力学性质的重要因素。

（一）土的矿物成分

土的矿物成分主要取决于母岩的成分及其所经受的风化作用。不同的矿物成分对土的性质有着不同的影响。通常，粗大土粒的矿物成分往往保持母岩未风化的原生矿物，而细小土料主要是次生矿物等无机物质和土生成过程中混入的有机质，因此细粒土的矿物成分更为重要。

土的固体颗粒物质分为无机矿物颗粒和有机质。矿物颗粒的成分有两大类。

①原生矿物。即岩浆在冷凝过程中形成的矿物，如石英、长石、云母等。由它们构成的粗粒土，例如漂石、卵石、圆砾等，都是岩石的碎屑，其矿物成分与母岩相同。由于其颗粒大，比表面积小（单位体积内颗粒的总表面积），与水的作用能力弱，其抗水性和抗风化作用都强，故工程性质比较稳定。若级配好，则土的密度大，强度高，压缩性低。

②次生矿物。原生矿物经化学变化作用后形成的新的矿物(例如黏土矿物)。它们颗粒细小,呈片状,是黏性土固相主要成分。由于其粒径非常小(小于 2 μm),具有很大的比表面积,与水的作用能力很强,能发生一系列复杂的物理、化学变化。例如一个棱边为1 cm的立方体,其体积为 1 cm^3,总表面积只有 6 cm^2,比表面积为 6 $cm^2/cm^3=6\ cm^{-1}$;若将1 cm^3立方体颗粒分割成棱边为 0.001 cm 的许多立方体颗粒,则其表面积可达 $6\times10^4\ cm^2$,比表面积可达 $6\times10^4\ cm^{-1}$。由此可见,由于土粒大小不同而造成的表面积数值上的巨大变化,必然导致土的性质的突变,这种结果是可以想象到的。另外,对土的工程性质影响较大的,还有土粒间各种相互作用力的影响,而粒间的相互作用力又与矿物颗粒本身的结晶结构特征有关,也就是说,与组成矿物的原子和分子的排列有关,与原子分子间的键力有关。

下面以三种主要黏土矿物为例,介绍其结构特征和基本的工程特性。

黏土矿物是一种复合的铝—硅酸盐晶体,颗粒成片状,是由硅片和铝片构成的晶胞叠成。硅片的基本单元是硅—氧四面体。它是由 1 个居中的硅离子和 4 个在角点的氧离子所构成,如图 1.2.1a)所示。由 6 个硅—氧四面体组成一个硅片,如图 1.2.1b)所示。硅片底面的氧离子被相邻两个硅离子所共有。简化图形见图 1.2.1c),梯形的底边表示氧原子面。铝片的基本单元则是铝一氢氧八面体,它是由 1 个铝离子和 6 个氢氧离子所构成的,如图 1.2.2所示。4 个八面体组成一个铝片。每个氢氧离子被相邻两个铝离子所共有,如图 1.2.2b)所示。简化图形见图 1.2.2c)。黏土矿物依硅片和铝片的组叠形式的不同,可以分为蒙脱石、伊利石和高岭石三种主要类型。

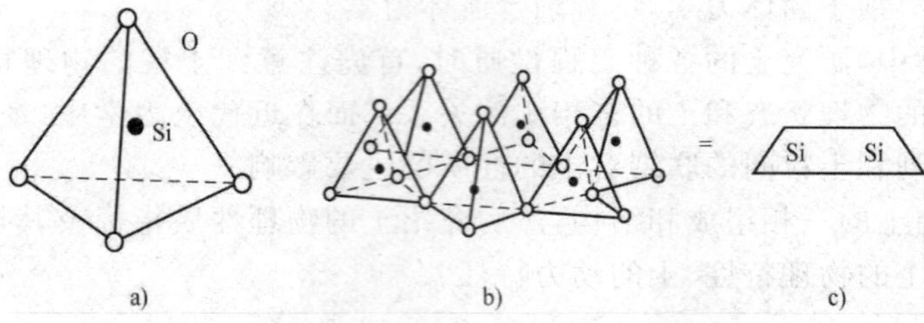

图 1.2.1 硅片的结构

●-氧离子(O^{2-});○-硅离子(Si^{4+})

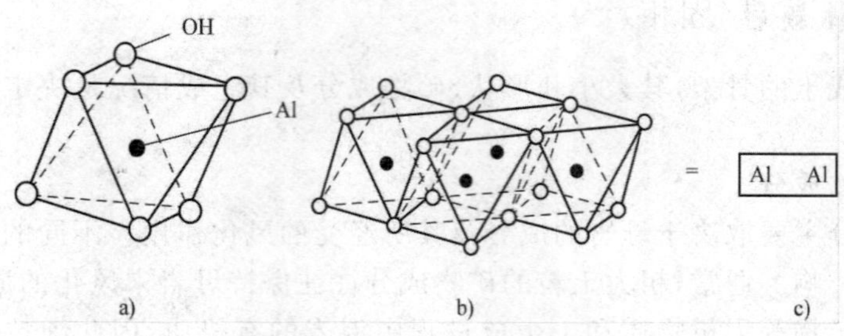

图 1.2.2 铝片的结构

○-OH^{1-};●-铝离子(Al^{3+})

①蒙脱石。它的结构示意图如图 1.2.3a)所示,可见其结构单元(晶胞)是由两层硅氧晶片之间夹一层铝氢氧晶片所组成的,称为 2∶1 型结构单位层或三层型晶胞。由于晶胞之间是 O^{2-} 对 O^{2-} 的联结,故其键力很弱,很容易被具有氢键的水分子楔入而分开;另外,夹在硅片内的 Al^{3+} 常为低价的其他离子(如 Mg^{2+})所替换,在晶胞之间出现多余的负电荷,它可以

吸附其他阳离子(如 Na^{1+}、Ca^{2+})来补偿。这种阳离子吸引极性水分子成为水化离子,充填于结构单位层之间,从而改变晶胞的距离,甚至达到完全分散到单晶胞为止。因此,当土中蒙脱石含量较大时,则该土可塑性和压缩性高,强度低,渗透性小,具有较大的吸水膨胀和脱水收缩的特性。

②伊利石。它的结构示意图如图 1.2.3b)所示,与蒙脱石一样,同属 2∶1 型结构单位层,晶胞之间同样键力较弱。但是,伊利石在构成时,部分硅片中的 Si^{4+} 被低价的 Al^{3+}、Fe^{3+} 等所取代,因而在相邻晶胞间将出现若干正一价阳离子(K^{1+}),以补偿晶胞中正电荷的不足。嵌入的 K^{1+} 离子增强了伊利石晶胞间的联结作用。所以伊利石晶胞结构优于蒙脱石。其膨胀性和收缩性都较蒙脱石小。

③高岭石。结构示意图如图 1.2.3c)所示,它是由一层硅氧晶片和一层铝氢氧晶片组成的晶胞,属于 1∶1 型结构单位层或两层型。高岭石矿物就是由若干重叠的晶胞构成的。这种晶胞一面露出氢氧基,另一面则露出氧原子。晶胞之间的联结是氧原子与氢氧基之间的氢键,它具有较强的联结力,因此晶胞之间的距离不易改变,水分子不能进入,晶胞活动性较小,使得高岭石的亲水性、膨胀性和收缩性均小于伊利石,更小于蒙脱石。

可见,土的矿物结晶结构的差异,从本质上决定了它的工程性质不同。

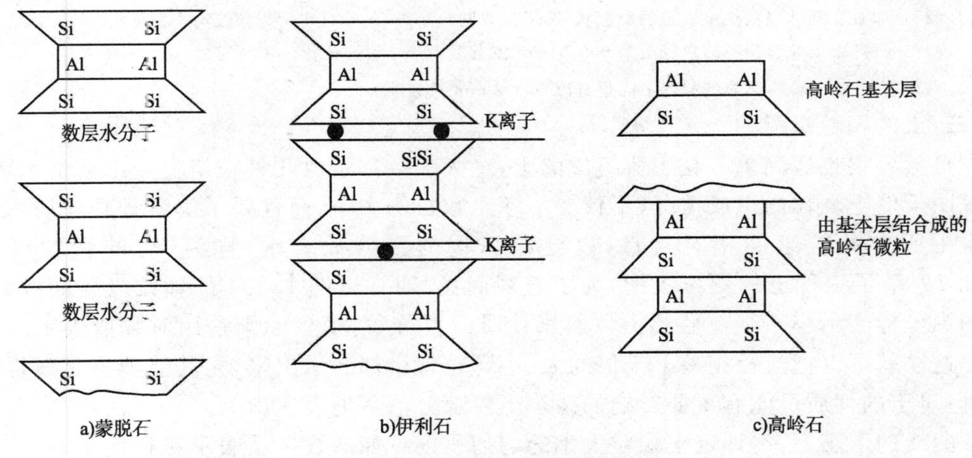

图 1.2.3 黏土矿物的晶格构造

(二)土料粒组

天然土体土粒大小变化悬殊,大的有几十厘米,小的只有千分之几毫米;形状也不一样,有块状、粒状、片状等。这与土的矿物成分有关,也与土料所经历的风化、搬运过程有关。

土粒的大小称为"粒度"。在工程中,粒度不同、矿物成分不同,土的工程性质也就不同。例如颗粒粗大的卵石、砾石和砂,大多数为浑圆和棱角状的石英颗粒,具有较大的透水性而无黏性;颗粒细小的黏粒,则属针状或片状的黏土矿物,具有黏滞性而透水性低。因此工程上常把大小、性质相近的土粒合并为一组,称为"粒组"。而划分粒组的分界尺寸称为"界限粒径"。对于粒组的划分方法,目前各个国家、各个部门并不统一。表 1.2.1 为一种常用的土粒粒组的划分方法。表中根据《土的工程分类标准》(GB/T 50145—2007),按新规定的界限粒径200 mm、60 mm、2 mm、0.075 mm 和 0.005 mm 的大小,将土粒粒组先粗分为巨粒、粗粒和细粒三个统称,再细分为六个粒组,即漂石(块石)、卵石(碎石)、砾粒、砂粒、粉粒和黏粒。

土粒粒组的划分 表 1.2.1

粒组统称	粒组名称		粒径范围/mm	一般特征
巨粒	漂石或块石颗粒		＞200	透水性很大，无黏性，无毛细水
	卵石或碎石颗粒		200～60	
粗粒	圆砾或角砾颗粒	粗	60～20	透水性大，无黏性，毛细水上升高度不超过粒径大小
		中	20～5	
		细	5～2	
	砂粒	粗	2～0.5	易透水，当混入云母等杂质时透水性减小，而压缩性增加；无黏性，遇水不膨胀，干燥时松散；毛细水上升高度不大，随粒径变小而增大
		中	0.5～0.25	
		细	0.25～0.75	
细粒	粉粒		0.075～0.005	透水性小，湿时稍有黏性，遇水膨胀小，干时稍有收缩；毛细水上升高度较大、较快，极易出现冻胀现象
	黏粒		＜0.005	透水性很小，湿时有黏性、可塑性，遇水膨胀大，干时收缩显著；毛细水上升高度大，但速度较慢

注：1. 漂石、卵石和圆砾颗粒均呈一定的磨圆状（圆形或亚圆形），块石、碎石和角砾颗粒均呈棱角状。

2. 粉粒或称"粉土粒"，粉粒的粒径上限 0.075 mm 相当于 200 号筛的孔径。

3. 黏粒或称"黏土粒"，黏粒的粒径上限也有以 0.002 mm 为标准的。

（三）土的颗粒级配

在自然界很难遇到单一粒组所组成的土，绝大多数都是由几种粒组混合组成的。因此，为了说明天然土颗粒的组成情况，不仅要了解土颗粒的大小，而且要了解各种颗粒所占的比例。土中所含各粒组的相对含量，以土粒总重的百分数表示，称为"土的颗粒级配"。表 1.2.2列举了三种土的颗粒级配，为了直观起见，通常以图 1.2.4 的颗粒级配曲线表示。曲线的纵坐标表示小于某粒径的土粒的累计质量百分数，横坐标则是用对数值表示的土的粒径。这样就可以把粒径相差上千倍的大、小颗粒含量都表示出来，尤其能把占总质量的比例小，但对土的性质可能有重要影响的微小土粒部分清楚地表达出来。

从曲线的形态上，可评定土颗粒大小的均匀程度。如曲线平缓表示粒径大小相差悬殊，颗粒不均匀，级配良好（图 1.2.4 曲线 *B*）；反之，则颗粒均匀，级配不良（图 1.2.4 曲线 *A*、*C*）。为了定量说明问题，工程中常用不均匀系数 C_u 和曲率系数 C_c 来反映土颗粒级配的不均匀程度。

$$C_u=\frac{d_{60}}{d_{10}} \tag{1.2.1}$$

$$C_c=\frac{d_{30}{}^2}{d_{10}\times d_{60}} \tag{1.2.2}$$

式中，d_{60} 为小于某粒径的土粒质量占土总质量 60％的粒径，称为"限定粒径"；d_{10} 为小于某粒径的土粒质量占土总质量 10％的粒径，称为"有效粒径"；d_{30} 为小于某粒径的土粒质量占土总质量 30％的粒径，称为"中值粒径"。

可见，不均匀系数 C_u 反映了大小不同粒组的分布情况，曲率系数 C_c 描述了级配曲线分布的整体形态，表示是否有某粒组缺失的情况。土的粒度成分见表 1.2.2。

工程上，土的级配是否良好，可按如下规定判断：

①对于级配连续的土：$C_u>5$，级配良好；反之，$C_u<5$，级配不良。

土的粒度成分(单位:%)　　表 1.2.2

土样编号	粒径/mm								
	10～2	2～0.05	0.05～0.005	<0.005	d_{60}	d_{10}	d_{30}	C_u	C_c
A	0	99	1	0	0.65	0.11	0.15	1.5	1.24
B	0	66	30	4	0.115	0.012	0.044	9.6	1.40
C	44	56	0	0	3.00	0.15	0.25	20	0.14

②对于级配不连续的土,级配曲线上呈台阶状(图 1.2.4 曲线 C),采用单一指标 C_u 难以全面有效地判断土的级配好坏,则需同时满足 $C_u>5$ 和 $C_c=1\sim3$ 两个条件时,才为级配良好,反之则级配不良。

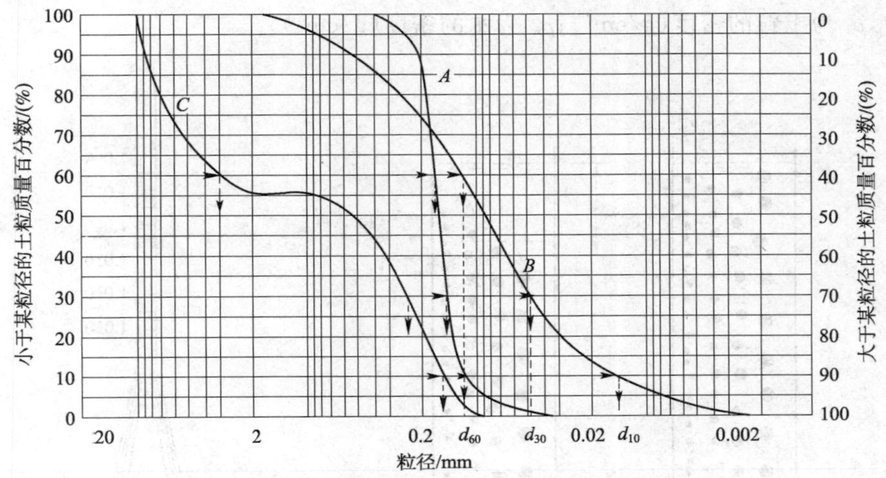

图 1.2.4　土的颗粒级配曲线

工程中用级配良好的土作为路堤、路坝的填土用料时,比较容易获得较大的密实度。

(四)颗粒分析试验

确定土中各个粒组相对含量的方法称为"土的颗粒分析试验"。对于粒径大于 0.075 mm 的粗粒土,可用筛分法;对于粒径小于 0.075 mm 的细粒土,则可用沉降分析法(水分法)。通常需上述两种方法联合使用。

①筛分法。用一套标准筛子(如孔径 60 mm、40 mm、20 mm、10 mm、5 mm、2 mm、1 mm、0.5 mm、0.25 mm、0.1 mm、0.075 mm),将风干且分散的有代表性的试样倒入标准筛内摇振,然后分别称出留在各筛子上的土重,并计算出各粒组的相对含量,即得土的颗粒级配。

②沉降分析法。该法具体有密度计法(也称"比重计法")和移液管法(也称"吸管法")。两法的理论基础都是依据斯托克斯(Stokes)定律,即球状的细颗粒在水中的下沉速度与颗粒直径的平方成正比,用公式表示为

$$d=1.126\sqrt{v} \tag{1.2.3}$$

值得提示的是:直径 d 以"mm"计。实际上土粒并不是圆球形颗粒,因此用斯托克斯公式求得的颗粒并不是实际土粒的尺寸,而是与实际土粒有相同沉降速度的理想球体的直径,称为"水力直径"。

具体的试验过程是:将过筛了的风干试样 m(g)盛入1 000 mL的量筒中,注入蒸馏水搅拌制成一定体积的均匀浓度的悬浮液,如图 1.2.5 所示。停止搅拌静置一段时间 t 后,根据式(1.2.3),在液面以下深度 L_i 以上的溶液中就不会有大于 d_i 的颗粒(图 1.2.5),如在 L_i

处考虑一小区段 m-n，则 m-n 内的悬浮液中只有等于或小于 d_i 的颗粒，而且等于或小于 d_i 颗粒的浓度与开始时均匀悬浮液中等于或小于 d_i 颗粒的浓度相等。其效果如同土样在孔径为 d_i 的筛子里一样。这样，任一时刻在任一 L_i 处悬浮液中 d_i 颗粒的浓度可用密度计法或移液管法测定。

a. 密度计法。乙种密度计的外形如图 1.2.6 所示，它的读数既表示浮泡中心处的悬浮液密度 ρ_i，又表示从悬浮液表面到浮泡中心处的沉降距离 L_i。速度 $v=L_i/t_i$；$d_i=1.126\times\sqrt{L_i/t_i}$。则在 L_i 深度处等于或小于 d_i 粒径的土粒质量 m_{si} 为

$$m_{si}=1\ 000\frac{\rho_i-\rho_w}{\rho_s-\rho_w}\rho_s \tag{1.2.4}$$

式中，ρ_s 为土粒的密度（g/cm^3）；ρ_w 为水的密度（g/cm^3）。

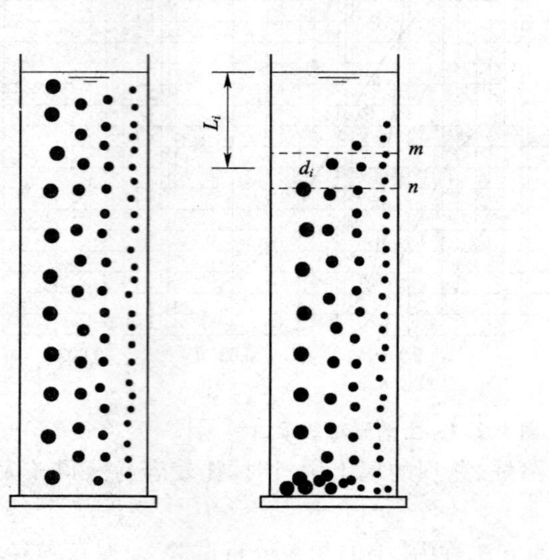

图 1.2.5　土粒在悬浮液中的沉降

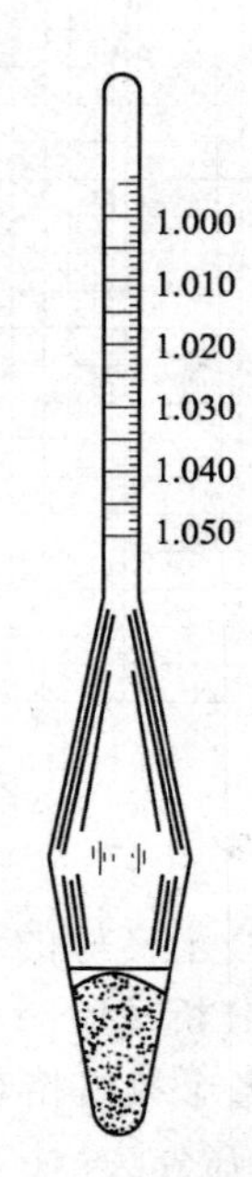

图 1.2.6　乙种密度计

那么，相应 d_i（mm）的土粒质量 m_{si} 占土粒总质量 m_s 的累计百分比 P_i（以%表示）为

$$P_i=\frac{m_{si}}{m_s}$$

因此，具体试验时，只要将悬浮液搅拌均匀后，放入密度计（比重计），隔不同的时间 t_i（1 min、2 min、5 min、15 min、30 min、60 min、240 min 和 1 440 min），测读密度计读数 ρ_i 及 L_i，就能求出相应于不同时间 t_i 的一系列 d_i 和 P_i 值。关于具体的试验操作及计算，将在试验规范中讲述。

b. 移液管法。按规定时间把土样吸出（通常在 100 mm 深度处吸出 10 mL 左右），然后烘干土样，记录留下来的土颗粒质量。

二、土中水和气

（一）土中水的存在形态

土中水按存在形态分为液态水、固态水和气态水。固态水又称“矿物内部结晶水”或“内部结合水”，是指存在于土粒矿物的晶体格架内部或是参与矿物构造的水。根据其对土的工

程性质的影响，可把矿物内部结合水当做土体矿物颗粒的一部分，这种水只有在比较高的温度(80～680 ℃)下，才能化为气态水而与颗粒分离。气态水是土中气的一部分。

土中液态水分为结合水和自由水两大类。结合水是指受电分子吸引力作用吸附于土粒表面的土中水，这种电分子吸引力高达几千到几万个大气压，使水分子和土粒表面牢固地黏结在一起。它又可细分为强结合水和弱结合水两种，强结合水紧靠土粒表面，其性质接近于固体，密度为 1.2～2.4 g/cm^3，冰点为 −78 ℃，不能传递静水压力，具有极大的黏滞度、弹性和抗剪强度。黏土只含强结合水时，呈固体状态，磨碎后呈粉末状态；砂土的强结合水很少，仅含强结合水时呈散粒状。在强结合水外围的结合水膜称为"弱结合水"。弱结合水在强结合水以外、电场作用范围以内。它也受颗粒表面电荷所吸引而定向排列于颗粒四周，但电场作用力随远离颗粒而减弱。这层水不是接近于固态而是一种黏滞水膜。受力时能由水膜较厚处缓慢转移到水膜较薄处，也可以因电场引力从一个土粒的周围移到另一个颗粒的周围。也就是说，弱结合水膜能发生变形，但不因重力作用而流动。弱结合水的存在是黏性土在某一含水率范围内表现出可塑性的原因，土的冻胀也与弱结合水的性质有关。自由水是存在于土粒表面电场影响范围以外的土中水。它的性质与普通水一样，能够传递静水压力，冰点为 0 ℃，有溶解盐类的能力。自由水按所受作用力的不同，又可分为重力水和毛细水两种。重力水是存在于地下水位以下、土颗粒电分子引力范围以外的水，因为在本身重力作用下运动，故称为"重力水"。当存在水头差时，它将产生流动，对土颗粒有浮力作用。毛细水是受到水与空气交界面处表面张力的作用，存在于地下水位以上的透水层中的自由水。

土中水并非处于静止不变的状态，而是运动着的。土中水的运动原因很多，同时给工程带来很多问题。工程实践中的流沙、管涌、冻胀、渗透固结、渗流时的边坡稳定等问题，都与土中水的运动有关，具体详见本书有关章节。

(二)黏土颗粒与水的相互作用

黏土颗粒与水的相互作用对黏性土的性质有很大的影响。下面简要介绍一些基本概念。

(1)黏土颗粒表面的带电现象

列依斯(Ruess)早于 1807 年通过实验证明黏土颗粒是带电的。其实验时将两根带有电极的玻璃管插入一块潮湿的黏土块内。在玻璃管中撒一些洗净的砂，再加水至相同的高度，接通直流电后发现，在阳极管中，水自下而上地混浊起来，说明黏土颗粒在向阳极移动，与此同时，管中水位却逐渐下降；在阴极管中，水仍是极其清澈的，但水位在逐渐升高(图 1.2.7)。如在一块潮湿黏土块上直接插入两个直流电极，通电后会发现阳极周围的土逐渐变干，而阴极周围的土则逐渐变湿，也就是说黏土颗粒带有负电荷。我们把固体颗粒在直流电作用下向某一电极移动的现象称为"电泳"；而水分子向相反电极移动的现象称为"电渗"。工程中的电渗排水法，就是利用了黏土颗粒表面的带电现象。

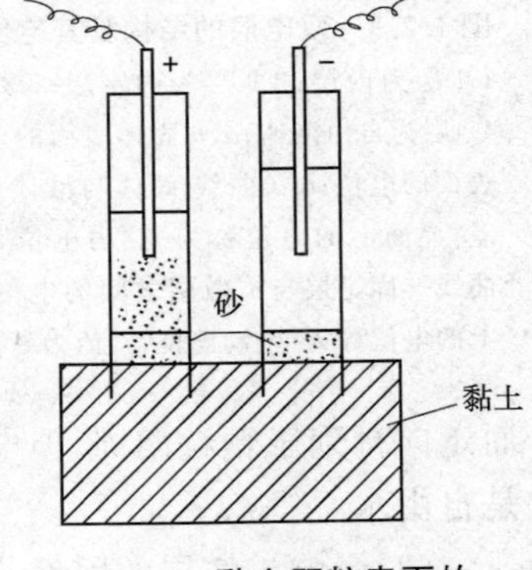

图 1.2.7　黏土颗粒表面的带电现象

(2)双电层与扩散层概念

由于黏土颗粒的表面带(负)电性，围绕土粒形成电场。在土粒电场范围内的水分子和水溶液中的阳离子(如 Na^+、Ca^{2+}、Al^{3+} 等)一起被吸附在土粒表面。因为水分子是极性分子(氢原子端显正电荷、氧原子端显负电荷)，它被土粒表面电荷或水溶液中的离子电荷吸引而定向排列(图 1.2.8)。

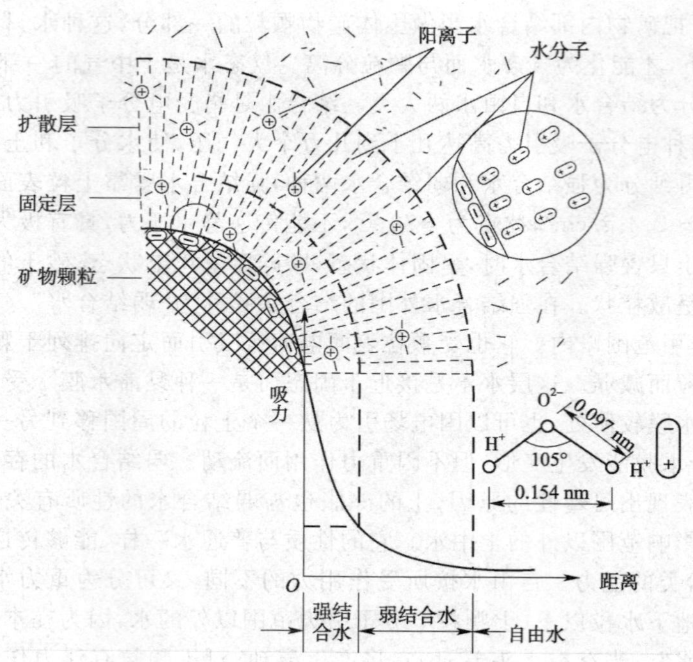

图 1.2.8 结合水分子定向排列及其所受电分子力变化的简图

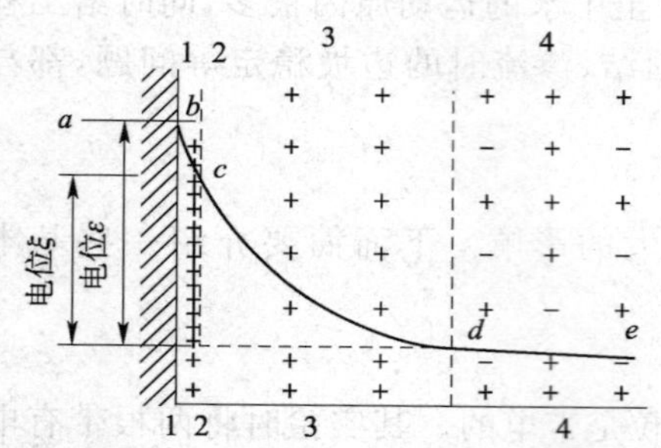

图 1.2.9 双电层的结构及其电位变化示意图

1-1 层为内层；2-2 层为固定层；3-3 层为扩散层；4-4层为自由液体；a、b-固体表面的电位；d、e-液体表面的电位；bcd 曲线-固体与液体界面上的电位差，界面上的电位称为"热力电位"，其值为 ε；cd 曲线—固定层与扩散层之间的电位差，固定层面上的电位称为"电动电位"其值为 ξ

土粒周围水溶液中的阳离子，一方面受到土粒所形成电场的静电引力作用，另一方面又受到布朗运动（热运动）的扩散力作用。这两种相反趋向作用的结果，使土粒周围的极性水分子和阳离子呈不均匀分布。在最靠近土粒表面处，静电引力最强，把水化离子和极性水分子牢固地吸附在颗粒表面上形成固定层。在固定层外围，静电引力比较小，因此水化离子和极性水分子的活动性比在固定层中大些，形成扩散层。固定层和扩散层中所含的阳离子与土粒表面的负电荷的电位相反，故称为"反离子"，固定层和扩散层又合称为"反离子层"。该反离子层与土粒表面负电荷一起构成双电层（图 1.2.9）。

固定层中的极性水分子形成的水膜是强结合水，而强结合水以外、扩散层内的水是弱结合水。由图 1.2.9 可见，弱结合水也受颗粒表面电荷所吸引而定向排列于颗粒四周，但电场作用力随远离颗粒而减弱。没有受颗粒电场引力作用的水是自由水。

（3）影响扩散层的因素

近代土质学中，还比较注重对扩散层厚度的研究。

图 1.2.8 中双电层的概念还可理解为：反离子层是外层，土粒表面负电荷是内层。黏粒带电荷量的多少，可以用电位的变化来描述，如图 1.2.9 所示。内层所具有的电位为热力电位 ε。热力电位的大小与土粒的矿物成分、分散度等因素有关。当这部分电位被强结合水（包括水化阳离子）平衡一部分后，在固定层界面上的电位变成 ξ 电位，电动电位继续吸引水分

子和水化阳离子，直到其对水的影响完全消失为止。

扩散层厚度首先取决于内层热力电位。当内层电位一定时，扩散层的厚度可随外界条件的变化而变化。特别是水溶液中水化离子的性质、浓度、离子交换的能力等。

①阳离子的原子价高，扩散层的厚度变薄。

②阳离子的浓度大，扩散层的厚度变薄。

③阳离子的直径大，扩散层的厚度变厚。

④阳离子的交换能力，一般高价离子的交换能力大于低价离子；同价离子中，半径小的交换能力小于半径大的。常见离子的交换能力顺序如下：

$Fe^{3+} > Al^{3+} > H^{+} > Ba^{2+} > Ca^{2+} > Mg^{2+} > K^{+} > Li^{+} > Na^{+}$

离子交换会改变土颗粒周围扩散层水膜的厚度。扩散层水膜的厚度对黏性土的工程性质有直接影响。水膜厚度大，土的塑性高，颗粒之间的距离相对也大，因此土体的膨胀性和收缩性大，土的压缩性也高，而强度相对降低。在工程实践中可利用这一机理来改良土质。如用三价及二价离子（Fe^{3+}、Al^{3+}、Ca^{2+}、Mg^{2+}等）处理黏土，使扩散层中高价离子的浓度增加，扩散层变薄，从而增加了土的强度与稳定性，减少了膨胀性。还有，在颗粒分析试验中，常在悬浮液中滴入一价的氨水或偏磷酸钠，使土粒的扩散层变厚，以达到分散团粒的目的。

表 1.2.3 所示为离子浓度和离子价变化时扩散层厚度的变化。

表面电荷一定时扩散层厚度的变化 表 1.2.3

离子浓度/(mol/m^3)	双电层厚度/10^{-10}m	
	一价离子	二价离子
1	1 000	500
1 000	100	50
100 000	10	5

(三)毛细水

毛细水是受到水与空气交界面处表面张力的作用，存在于地下水位以上的透水层中的自由水，如图 1.2.10 所示。土的毛细现象是指土中水在表面张力作用下，沿着细的孔隙向上及向其他方向移动的现象。分布在土粒内部间相互贯通的孔隙，可以看成是许多形状不一、直径互异、彼此连通的毛细管，如图 1.2.10所示。按物理学概念，在毛细管周壁，水膜与空气的分界处存在着表面张力 T。水膜表面张力 T 的作用方向与毛细管壁成夹角 α。由于表面张力的作用，毛细管内水被提升到自由水面以上高度 h_c 处。分析高度为 h_c 的水柱的静力平衡条件，因为毛细管内水面处即为大气压，若以大气压力为基准，则该处压力 $p_a=0$。故

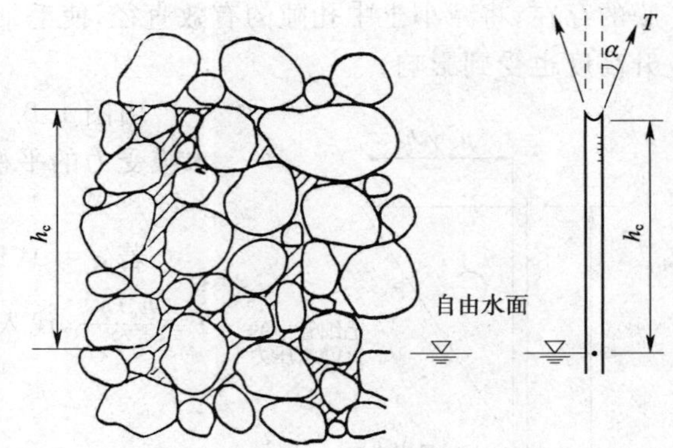

图 1.2.10 土中的毛细水升高

$$\pi r^2 h_c \gamma_w = 2\pi r T\cos\alpha \tag{1.2.5}$$

$$h_c = \frac{2T\cos\alpha}{r\gamma_w} = \frac{4T\cos\alpha}{d\gamma_w} \tag{1.2.6}$$

第一章 土的工程性质

式(1.2.6)表明，毛细水上升高度 h_c 与毛细管直径 d(半径 r)成反比，毛细管直径 d 越细时毛细水上升高度越大。

在天然土层中毛细水的上升高度不能简单地直接引用式(1.2.6)计算，那样将得到难以置信的结果。例如，假定黏土颗粒为直径等于 0.000 5 cm 的圆球，那么这种假想土堆置起来的孔隙直径0.000 01 cm，表面张力 T 取 75.6×10^{-3}(N/m)(温度 0 ℃时)，代入式(1.2.6)中将得到毛细水上升高度 $h_c=300$ m，这在实际土层中是根本不可能的。特别是黏性土，由于土中水受土颗粒四周电场作用力所吸引，颗粒与水之间积极的物理化学作用，使得天然土层中的毛细现象比毛细管的情况要复杂得多。毛细水上升高度不能简单地由式(1.2.6)计算，而是通过实地调查、观测得到。对于无黏性土，也可根据当地经验、规范或文献中推荐的经验公式估算或经验表格查取。无黏性土毛细水上升高度的大致范围见表 1.2.4。

土中的毛细水上升高度 表 1.2.4

土 名 称	颗粒直径 d_{10}/mm	孔 隙 比	毛细水头/cm	
			毛细升高	饱和毛细水头
粗砾	0.82	0.27	5.4	5
砂砾	0.20	0.45	28.4	20
细砾	0.30	0.29	19.5	20
粉砾	0.06	0.45	106.0	68
粗砂	0.11	0.27	82	60
中砂	0.03	0.36	165.5	112
细砂	0.02	0.48～0.66	239.6	120
粉土	0.006	0.95～0.93	359.2	180

由表 1.2.4 可见，砾类(除粉砾外)与粗砂、毛细水上升高度很小，而粉细砂和粉土(包括粉质黏土)，则毛细水高度大，而且上升速度也快，即毛细现象严重；黏性土反而由于结合水膜的存在，将减小土中孔隙的有效直径，使毛细水在上升时受到很大阻力，故上升速度慢，上升高度也受到影响。

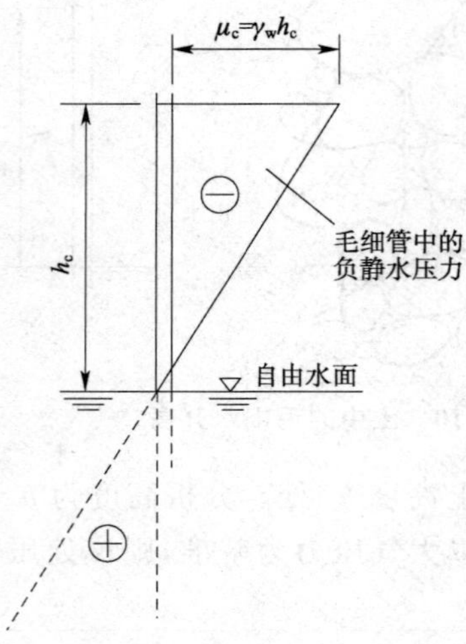

图 1.2.11 毛细水中的张力分布

由图 1.2.11，若弯液面处毛细水的压力为 μ_c，分析该处水膜受力的平衡条件。取铅直方向力的总和为零，则有

$$2T\pi r\cos\alpha+\mu_c\pi r^2=0 \tag{1.2.7}$$

若 $\alpha=0$(即认为是完全湿润的)，由式(1.2.6)可知，$T=\dfrac{h_c r\gamma_w}{2}$，代入上式得

$$\mu_c=\frac{-2T}{r}=-h_c\gamma_w \tag{1.2.8}$$

式(1.2.8)表明毛细区域内的水压力与一般静水压力的概念相同，它与水头高度 h_c 成正比，负号表示拉力。这样，自由水位上下的水压力分别如图 1.2.11 所示。自由水位以下为压力，自由水位以上，毛细区域为拉力。颗粒骨架承受水的反作用力，因此自由水位以上，毛细区域内，颗粒间受压力，称为“毛细压力”。毛细压力呈倒三角形分布，弯液面处最大，自由水面处为零。

毛细压力还可用图 1.2.12 来说明，图中两个土粒 A、B 的接触面上有一些毛细水，由于土粒表面的湿润作用，使毛细水形成弯液面。在水和空气分界面上产生的表面张力总是沿着弯液面切线方向作用的，它促使两个土颗粒互相靠拢，在土粒的接触面上产生了一个压力，这个压力为毛细压力 p_k，也称为"毛细黏聚力"。它随含水率的变化时有时无。如干燥的砂土是松散的，颗粒间没有黏结力；而在潮湿砂中有时可挖成直立的坑壁，短期内不会坍塌；但当砂土被水淹没时，表面张力消失，坑壁会倒塌。这就是毛细黏聚力的生成与消失所造成的现象。了解了毛细压力的特性后，在工程中可解决一些实际问题。而毛细现象，是引起路基冻害、地下室过分潮湿的主要原因之一，在工程中要引起高度重视。

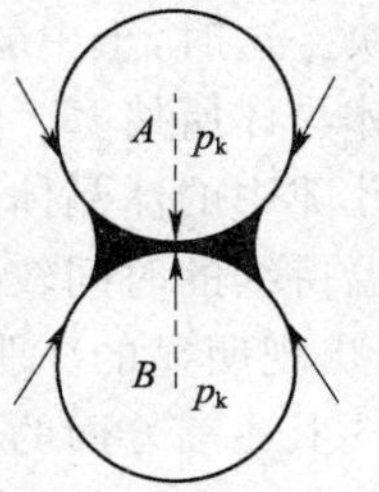

A p_k
B p_k

图 1.2.12　毛细压力示意

（四）土的冻胀

地面下一定深度的水温，随大气温度而改变。当大气负温传入土中时，土中的自由水首先冻结成冰晶体，随着气温的继续下降，弱结合水的最外层也开始冻结，使冰晶体逐渐扩大。这样使冰晶体周围土粒的结合水膜减薄，土粒就产生剩余的分子引力。另外，由于结合水膜的减薄，使得水膜中的离子浓度增加，产生了渗透压力（即当两种水溶液的浓度不同时，会在它们之间产生一种压力差，使浓度较小溶液中的水向浓度较大的溶液渗流）。在这两种引力作用下，下卧未冻结区水膜较厚处的弱结合水，被吸引到水膜较薄的冻结区，并参与冻结，使冰晶体增大，而不平衡引力却继续存在。假使下卧未冻结区存在着水源（如地下水距冻结区很近）及适当的水源补给通道（即毛细通道），水能够源源不断地补充到冻结区来，那么，未冻结区的水分（包括弱结合水和自由水）就会不断地向冻结区迁移和积聚，使冰晶体不断扩大，在土层中形成冰夹层，土体随之发生隆起，即冻胀现象。这种冰晶体的不断增大，一直要到水的补给断绝后才停止。

当土层解冻时，土中积聚的冰晶体融化，土体随之下陷，即出现融陷现象。土的冻胀现象和融陷现象是季节性冻土的特性，亦即土的冻胀性。

可见，冻胀和融陷对工程都产生不利影响。特别是高寒地区，发生冻胀时，使路基隆起，柔性路面鼓包、开裂，刚性路面错缝或折断；修建在冻土上的建筑物，冻胀引起建筑物的开裂、倾斜甚至使轻型构筑物倒塌。而发生融陷后，路基土在车辆反复碾压下，轻者路面变得较软，重者路面翻浆，也会使房屋、桥梁、涵管发生大量下沉或不均匀下沉，引起建筑物的开裂破坏。

从上述土冻胀的机理分析中可以看到，土的冻胀现象是在一定条件下形成的。影响冻胀的因素有三个方面：

①土的因素。冻胀现象通常发生在细粒土中，特别是粉砂、粉土、粉质黏土和粉质亚砂土等，冻结时水分迁移积聚最为强烈，冻胀现象严重。这是因为这类土具有较显著的毛细现象，毛细水上升高度大，上升速度快，具有较通畅的水源补给通道，同时，这类土的颗粒较细，表面能大，土的矿物成分亲水性强，能持有较多结合水，从而能使大量结合水迁移和积聚。相反，黏土虽有较厚的结合水膜，但毛细孔隙很小，对水分迁移的阻力很大，没有通畅的水源补给通道，所以其冻胀性较上述土类为小。

砂砾等粗颗粒土，没有或具有很少量的结合水，孔隙中自由水冻结后，不会发生水分的迁移积聚，同时由于砂砾基本无毛细现象，因而不会发生冻胀。所以在工程实践中常在地基或路基中换填砾土，以防治冻胀。

②水的因素。前已指出，土层发生冻胀的原因是水分的迁移和积聚所致。因此，当冻结区附近地下水位较高，毛细水上升高度能够达到或接近冻结线，使冻结区能得到外部水的补给时，将发生比较强烈的冻胀破坏现象。这样，可以区分开敞型冻胀和封闭型冻胀两种冻胀

类型。前者是在冻结过程中有外来水源补给的；后者是冻结过程中没有外来水分补给的。开敞型冻胀往往在土层中形成很厚的冰夹层，产生强烈冻胀，而封闭型冻胀，土中冰夹层薄，冻胀量也小。

③温度的因素。当气温骤降且冷却强度很大时，土的冻结面迅速向下推移，即冻结速度很快。这时，土中弱结合水及毛细水还来不及向冻结区迁移就在原地冻结成冰，毛细通道也被冰晶体所堵塞。这时，水分的迁移和积聚不会发生，在土层中看不到冰夹层，只有散布于土孔隙中的冰晶体，这时形成的冻土一般无明显的冻胀。如气温缓慢下降，冷却强度小，但负温持续的时间较长，则能促使未冻结区水分不断地向冻结区迁移积聚，在土中形成冰夹层，出现明显的冻胀现象。

上述三方面的因素是土层发生冻胀的三个必要条件。其结论是：在持续负温作用下，地下水位较高处的粉砂、粉土、粉质黏土等土层常具有较大的冻胀危害。因此，我们可以根据影响冻胀的三个因素，采取相应的防治冻胀的工程措施。其主要措施是，将构筑物基础底面置于当地冻结深度（可查有关规范）以下，以防止冻害的影响。

（五）土中气

土中的气体存在于孔隙中未被水所占据的部位。在粗颗粒的沉积物中常见到与大气相连通的空气，它对土的工程性质影响不大。在细颗粒中则存在封闭气泡，在受到外力作用时，随着压力的增大，这种气泡可能压缩或溶解于水中；压力减小时，气泡会恢复原状或重新游离出来。使土在外力作用下的弹性变形增加，透水性降低，可见，封闭气体对土的工程性质影响较大。

土中气体的成分与大气成分比较，主要的区别在于CO_2、O_2及N_2的含量不同。一般土中气体中含有更多的CO_2，较少的O_2，较多的N_2。土中气体与大气的交换越困难，两者的差别就越大。

含气体的土称为“非饱和土”，非饱和土的工程性质研究已形成土力学的一个新的分支。

三、土的结构和构造

土的结构是指土粒单元的大小、形状、相互排列及其联结关系等因素形成的综合特征。很多试验资料表明，同一种土，原状土样和重塑土样的力学性质有很大差别。也就是说，土的结构和构造对土的性质也有很大影响。土的结构一般分为单粒结构、蜂窝结构和絮凝结构三种基本类型。

单粒结构是由粗大土粒在水或空气中下沉而形成的。全部由砂粒及更粗土粒组成的土都具有单粒结构。因其颗粒较大，土粒间的分子吸引力相对很小，所以颗粒间几乎没有联结，湿砂地只可能使其具有微弱的毛细水联结。单粒结构可以是疏松的，也可以是紧密的[图 1.2.13a)]。呈紧密状单粒结构的土，由于其土粒排列紧密，在动、静荷载作用下均不会产生较大的沉降，所以强度较大，压缩性较小，是较为良好的天然地基。而具有疏松单粒结构的土，其骨架不稳定，当受到振动或其他外力作用时，土粒易于发生移动，土中孔隙减少，引起土体较大的变形，因此，这种土层如未经处理一般不宜作为建筑物的地基。

蜂窝结构是主要由粉粒（0.005～0.075 mm）组成的土的结构形式。据研究，粒径为0.005～0.075 mm的土粒在水中沉积时，基本上是以单个土粒下沉，当碰上已沉积的土粒时，由于它们之间的相互引力大于其重力，土粒就停留在最初的接触点上不再下沉，逐渐形成土粒链。土粒链组成弓架结构，形成具有很大蜂窝状的结构[图 1.2.13b)]。具有蜂窝结构的土有很大孔隙，但由于弓架作用和一定程度的粒间联结，使其可承担一般的水平静荷载。但当其承受较高水平荷载或动力荷载时，其结构将破坏，导致严重的地基沉降。

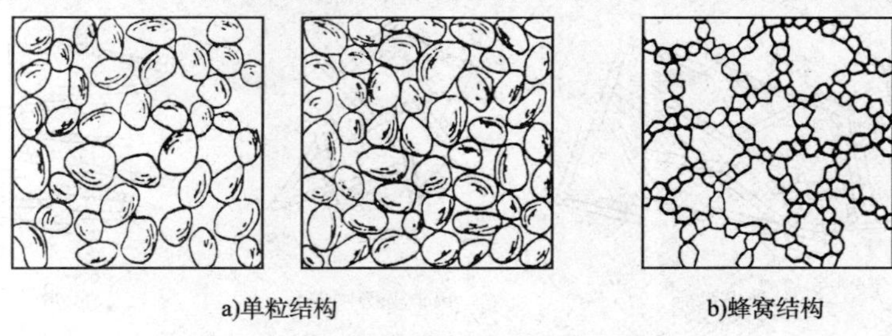

图 1.2.13　土的结构

对于更为细小的黏粒（$d<0.005$ mm）或胶粒（$d<0.002$ mm），其重力作用很小，能够在水中长期悬浮，不因自重而下沉。这时，黏土颗粒与水的作用力和产生的粒间作用力就特别突出地显示出来。粒间作用力既有排斥力也有吸引力，且均随粒间的距离减小而增加，但增长的速率不尽相同。粒间排斥主要是两土粒靠近时，土粒反离子层间孔隙水的渗透压力产生的渗透斥力，该斥力的大小与双电层的厚度有关，随着水溶液的性质改变而发生明显的变化。相距一定距离的两土粒，粒间排斥力随着离子浓度、离子价数及温度的增加而减小。

粒间吸引力主要是指范德化力，随着粒间距离增加很快衰减，这种变化决定于土粒的大小、形状、矿物成分、表面电荷等因素，但与土中水溶液的性质几乎无关。粒间作用力的作用范围从几埃到几埃。

排斥力和吸引力是并存的，两者叠加情况见图 1.2.14。当总的吸引力大于排斥力时表现为净吸力，反之为净斥力。若以斥力为主，则土粒间凝聚受阻，土悬浮液则处于分散状态，我们称之为“胶溶状态”；反之，以引力为主，则产生凝聚，称为“胶凝状态”。

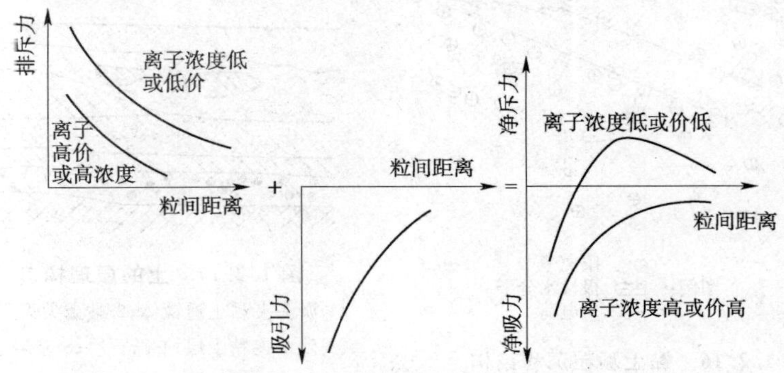

图 1.2.14　两土粒间的相互作用力

在高含盐量的水中沉积的黏性土，由于离子浓度的增加，反离子层减薄，渗透斥力降低。因此，在粒间较大的净吸力作用下，黏土颗粒容易絮凝成集合体下沉，形成盐液中的絮凝结构，如图 1.2.15a）所示。例如，混浊的河水流入海中，由于海水的高盐度，很容易絮凝沉积为淤泥。在无盐的容液中，有时也有可能产生絮凝，这一方面是某些片状黏土颗粒由于破键（断裂的）作用，虽然晶片上带的是负电荷，但在边缘上局部存在正电荷（图 1.2.16）。这样，当一个黏粒的边（阳离子，正电荷）与另一黏粒的面（负电荷）接触时，即产生静电吸引力，也形成絮凝结构；另一方面布朗运动（随机运动）的悬浮颗粒在运动的过程中，可能形成边一面连接，絮凝成集合体后，在重力的作用下下沉，形成非盐溶液中的絮凝结构，如图 1.2.15b）所示。当土粒间表现为净斥力时，土粒将在分散状态下缓慢沉积，这时土粒是定向（或至少半定向)排列的,片状颗粒在一定程度上平行排列,形成所谓分散型结构,亦称“片堆结构”,如图 1.2.15c)所示。

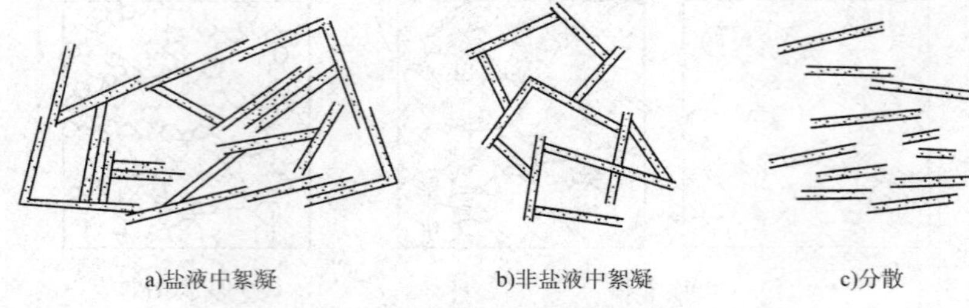

图 1.2.15　黏土颗粒沉积结构

絮凝沉积形成的土,在结构上是极不稳定的,随着溶液性质的改变或受到震荡后可重新分散。例如在很小的施工扰动下,土粒之间的连接脱落,造成结构破坏,强度迅速降低。但土粒之间的联结强度(结构强度)往往由于长期的压密和胶结作用而得到加强。可见,黏粒间接联结特征,是影响这一类土工程性质的主要因素之一。

在同一土层中的物质成分和颗粒大小等都相近的各部分之间的相互关系的特征称为“土的构造”。土的构造最主要特征就是成层性,即层理构造(图 1.2.17)。它是在土的形成过程中,由于不同阶段沉积的物质成分、颗粒大小或颜色的不同,沿竖向呈现的成层特征。土的构造的另一特征是土的裂隙性,如黄土的柱状裂隙。裂隙的存在大大降低土体的强度和稳定性,增大透水性,对工程不利。此外,也应注意到土中有无包裹物(如腐殖物、贝壳、结构体等)以及天然或人为的孔洞存在。这些构造特征造成土的不均匀性。

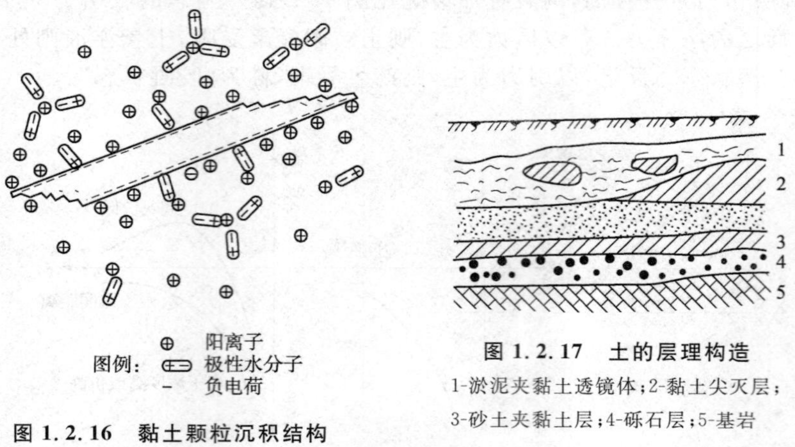

图 1.2.16　黏土颗粒沉积结构

图 1.2.17　土的层理构造

1-淤泥夹黏土透镜体;2-黏土尖灭层;3-砂土夹黏土层;4-砾石层;5-基岩

第三节　土的物理性质指标

土的物理性质直接反映土的松密、软硬等物理状态,也间接反映土的工程性质。而土的松密和软硬程度主要取决于土的三相各自在数量上所占的比例。所以,要研究土的物理性质,就要分析土的三相比例关系,以其体积或质量上的相对比值,作为衡量土最基本的物理性质指标,并利用这些指标间接地评定土的工程性质。

一、指标的定义

为了导得三相比例指标和说明问题方便起见,可把土中本来交错分布的固体颗粒、水和气体三相分别集中起来,构成理想的三相关系图(图 1.3.1)。图中各符号意义如下:

V——土的体积；

V_a——土中气体所占的体积；

V_w——土中水所占的体积；

V_s——土中颗粒所占体积；

V_v——土中孔隙所占体积；

m——土的总质量；

m_w——土中水的质量；

m_s——土中颗粒的质量。

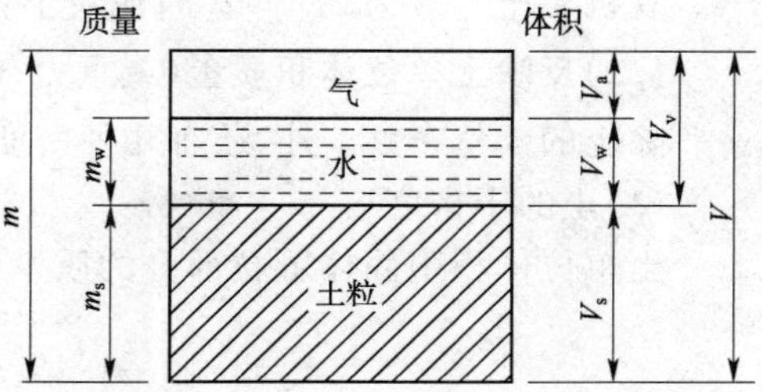

图 1.3.1　土的三相关系示意

气体的质量相对较小，可以忽略不计。

(一)三个基本试验指标

(1)土的天然密度 ρ

土单位体积的质量称为"土的密度"(单位为 g/cm^3 或 t/m^3)，即

$$\rho=\frac{m}{V} \tag{1.3.1}$$

天然状态下土的密度变化范围很大，一般为 $\rho=1.6\sim2.2\ \text{g/cm}^3$。

土的密度一般采用环刀法测定，用一个圆环刀(刀刃向下)放置于削平的原状土样面上，垂直边压边削至土样伸出环刀口为止，削去两端余土，使土样与环刀口面齐平，称出环刀内土质量，求得它与环刀容积之比值即为土的密度。

(2)土的含水率 w

土中水的质量与土粒质量之比(用百分数表示)称为"土的含水率"，即

$$w=\frac{m_w}{m_s}\times100\% \tag{1.3.2}$$

含水率是表示土湿度的一个重要指标。含水率越小，土越干；反之，土很湿或饱和。一般来说，同一类土，当其含水率增大时，则其强度就降低。土的含水率对黏性土、粉土的性质影响较大，对粉砂、细砂稍有影响，而对碎石土等没有影响。

土的含水率一般采用烘干法测定。即将天然土样的质量称出，然后置于电烘箱内，在温度 100～105 ℃烘至恒重，称得干土质量 m_s，湿土与干土质量之差即为土中水的质量 m_w，故可按式(1.3.2)，求得土的含水率。

(3)土粒相对密度(比重)d_s

土的固体颗粒质量与同体积 4 ℃时纯水的质量之比，称为"土粒相对密度"(或"比重")，即

$$d_s=\frac{m_s}{V_s}\frac{1}{\rho_{w4}}=\frac{\rho_s}{\rho_{w4}} \tag{1.3.3}$$

式中，ρ_s 为土粒密度(g/cm^3)；ρ_{w4} 为纯水在 4 ℃时的密度(单位体积的质量)，等于 1 g/cm^3 或 1 t/m^3。

土粒相对密度可在实验室采用比重瓶法测定。将风干碾碎的土样注入比重瓶内，由排出同体积的水的质量原理测定土颗粒的体积 V_s。土料相对密度变化幅度不大，一般可参考表 1.3.1 取值。

土粒相对密度参考值　　表 1.3.1

土的名称	砂土	粉土	黏性土	
			粉质黏土	黏土
土粒相对密度	2.65～2.69	2.70～2.71	2.72～2.73	2.74～2.76

有机质土一般为 2.4～2.5；泥炭土为 1.5～1.8。

(二)反映土单位体积质量(或重力)的指标

除土的天然密度 ρ 外，还有几种密度：

(1)土的干密度 ρ_d

土单位体积中固体颗粒部分的质量，称为"土的干密度"，以 ρ_d 表示。其公式为

$$\rho_d=\frac{m_s}{V} \tag{1.3.4}$$

土的干密度一般为 1.3～1.8 t/m^3。工程上常用土的干密度来评价土的密实程度，以控制填土、高等级公路路基和坝基的施工质量。

(2)土的饱和密度 ρ_{sat}

土孔隙中充满水时的单位体积质量，称为"土的饱和密度"，以 ρ_{sat} 表示，即

$$\rho_{sat}=\frac{m_s+V_v\rho_w}{V} \tag{1.3.5}$$

式中，ρ_w 为水的密度，近似值 $\rho_w=1\ g/cm^3$；土的饱和重度一般为 18～23 kN/m^3。

(3)土的有效密度(或浮密度)ρ'

在地下水位以下，单位体积中土粒的质量扣除同体积水的质量后，即为单位体积中土粒的有效质量，称为"土的有效密度"，以 ρ' 表示，即

$$\rho'=\frac{m_s-V_s\rho_w}{V} \tag{1.3.6}$$

在计算自重应力时，须采用土的重力密度，简称"重度"。土的湿重度 γ、干重度 γ_d、饱和重度 γ_{sat}、有效重度 γ'，分别按下列公式计算：$\gamma=\rho g$、$\gamma_d=\rho_d g$、$\gamma_{sat}=\rho_{sat} g$、$\gamma'=\rho' g$，式中 g 为重力加速度，各重度指标的单位为 kN/m^3。

(三)反映土的孔隙特征、含水程度的指标

(1)土的孔隙比 e

土中孔隙体积与土粒体积之比称为"土的孔隙比"，以 e 表示，即

$$e=\frac{V_v}{V_s} \tag{1.3.7}$$

(2)土的孔隙率 n

土中孔隙体积与总体积之比(用百分数表示)称为"土的孔隙率"。其计算公式为

$$n=\frac{V_v}{V}\times 100\% \tag{1.3.8}$$

土的孔隙比和孔隙率都是反映土体密实程度的重要物理性质指标。在一般情况下，e 和 n 越大，土越疏松；反之土越密实。一般来说，$e<0.6$ 的土是密实的，土的压缩性小；$e>1.0$ 的土是疏松的，压缩性高。

(3)土的饱和度 S_r

土中水的体积与孔隙体积之比称为"土的饱和度"，以百分率计，即

$$S_r=\frac{V_w}{V_v}\times 100\% \tag{1.3.9}$$

土的饱和度反映了土中孔隙被水充满的程度。如果 $S_r=100\%$，表明土孔隙中充满水，土是完全饱和的；$S_r=0$，则土是完全干燥的。通常可根据饱和度的大小，将细砂、粉砂等土划分为稍湿、很湿和饱和三种状态，如表 1.3.2 所示。

砂土湿度状态的划分　　表 1.3.2

湿度	稍湿	很湿	饱和
饱和度 S_r/(%)	$S_r \leqslant 50$	$50 < S_r \leqslant 80$	$S_r > 80$

二、指标的换算

在推导换算指标时，常采用图 1.3.2 所示三相草图，即令 $V_s=1$，$\rho_{w4}=\rho_w$，则 $V_v=e$，$V=1+e$，再由式(1.3.3)和式(1.3.2)得 $m_s=d_s\rho_w$，$m_w=wd_s\rho_w$，$m=d_s(1+w)\rho_w$。则

$$\rho=\frac{m}{V}=\frac{d_s(1+w)\rho_w}{1+e}$$

$$\rho_d=\frac{m_s}{V}=\frac{d_s\rho_w}{1+e}=\frac{\rho}{1+w}$$

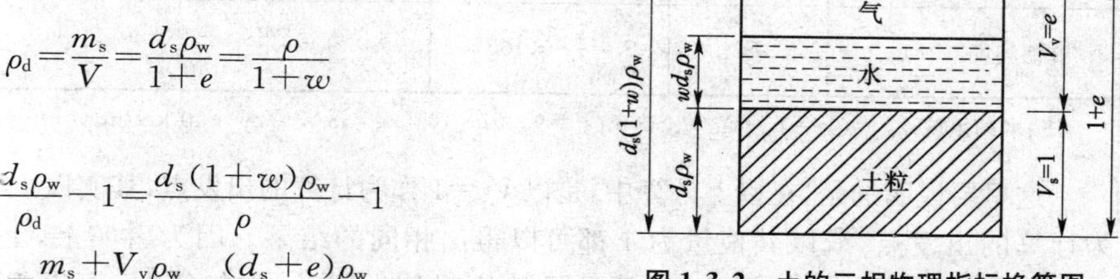

图 1.3.2　土的三相物理指标换算图

由上式

$$e=\frac{d_s\rho_w}{\rho_d}-1=\frac{d_s(1+w)\rho_w}{\rho}-1$$

$$\rho_{sat}=\frac{m_s+V_v\rho_w}{V}=\frac{(d_s+e)\rho_w}{1+e}$$

$$\rho'=\frac{m_s-V_s\rho_w}{V}=\frac{m_s-(V-V_v)\rho_w}{V}$$

$$=\frac{m_s+V_v\rho_w-V\rho_w}{V}=\rho_{sat}-\rho_w$$

或

$$\rho'=\frac{m_s-V_s\rho_w}{V}=\frac{(d_s-1)\rho_w}{1+e}$$

$$n=\frac{V_v}{V}=\frac{e}{1+e}$$

$$S_r=\frac{V_w}{V_v}=\frac{m_w}{V_v\rho_w}=\frac{wd_s}{e}$$

土的三相比例指标换算公式一并列于表 1.3.3。

土的三相比例指标换算公式　　表 1.3.3

名　　称	符号	三相比例表达式	常用换算式	常见的数值范围
含水率/(%)	w	$w=\frac{m_w}{m_s}\times100\%$	$w=\frac{S_re}{d_s}=\frac{\rho}{\rho_d}-1$	20～60
土粒比重	d_s	$d_s=\frac{m_s}{V_s\rho_w}$	$d_s=\frac{S_re}{w}$	黏性土：2.72～2.75 粉土：2.70～2.71 砂土：2.65～2.69
密度/(g/cm³)	ρ	$\rho=\frac{m}{V}$	$\rho=\rho_d(1+w)$ $\rho=\frac{d_s(1+w)}{1+e}\rho_w$	1.6～2.0
干密度/(g/cm³)	ρ_d	$\rho_d=\frac{m_s}{V}$	$\rho_d=\frac{\rho}{1+w}=\frac{d_s\rho_w}{1+e}$	1.3～1.8
饱和密度/(g/cm³)	ρ_{sat}	$\rho_{sat}=\frac{m_s+V_v\rho_w}{V}$	$\rho_{sat}=\frac{d_s+e}{1+e}\rho_w$	1.8～2.3

续上表

名　　称	符号	三相比例表达式	常用换算式	常见的数值范围
有效密度/(g/cm^3)	ρ'	$\rho'=\frac{m_s-V_s\rho_w}{V}$	$\rho'=\rho_{sat}-\rho_w$ $\rho'=\frac{d_s-1}{1+e}\rho_w$	0.8～1.3
孔隙比	e	$e=\frac{V_v}{V_s}$	$e=\frac{d_s\rho_w}{\rho_d}-1$ $e=\frac{d_s(1+w)\rho_w}{\rho}-1$	黏性土和粉土:0.40～1.20 砂土:0.3～0.9
孔隙率/(%)	n	$n=\frac{V_v}{V}\times 100\%$	$n=\frac{e}{1+e}=1-\frac{\rho_d}{d_s\rho_w}$	黏性土和粉土:30～60 砂土:25～45
饱和度/(%)	S_r	$S_r=\frac{V_w}{V_v}\times 100\%$	$S_r=\frac{wd_s}{e}=\frac{w\rho_d}{n\rho_w}$	0～100

注:水的重度 $\gamma_w=\rho_w g=1t/m^3\times 9.807m/s^2=9.807\times 10^3(kg\cdot m/s^2)/m^3\approx 10\ kN/m^3$。

这里要说明的是,在以上计算中,是以 $V_s=1$ 作为计算的出发点,其实以土的总体积 $V=1$ 作为计算的出发点,或以其他量为 1 都可以得出相同的结果。因为事实上,上述各个物理指标都是三相间量的相互比例关系,不是量的绝对值。因此,在换算时,可以根据具体情况决定采用某种方法。

【例 1.3.1】 一块原状土样,经试验测得土的天然密度 $\rho=1.67\ t/m^3$,含水率 $w=12.9\%$,土粒相对密度 $d_s=2.67$。求孔隙比 e、孔隙率 n 和饱和度 S_r。

【解】

(1)$e=\frac{d_s(1+w)\rho_w}{\rho}-1=\frac{2.67\times(1+0.129)}{1.67}-1=0.805$

(2)$n=\frac{e}{1+e}=\frac{0.805}{1+0.805}=44.6\%$

(3)$S_r=\frac{wd_s}{e}=\frac{0.129\times 2.67}{0.805}=43\%$

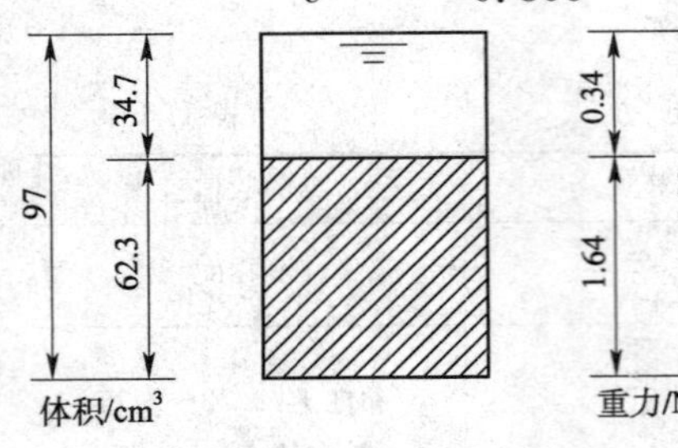

图 1.3.3　例 1.3.2 图

【例 1.3.2】 某饱和土体积为 97 cm^3,土的重力为 1.98 N,土烘干后重力为 1.64 N,求 w、e 及 γ_d。

【解】 饱和土体,指孔隙中全部被水充满,故三相图变成了两相图(图 1.3.3),已知土烘干后的重力也即土粒重力为 1.64 N,则水的重力为(1.98－1.64) N=0.34 N。水的体积 $V_w=[0.34/(9.81\times 10^{-3})]\ cm^3=34.7\ cm^3$,土粒体积 $V_s=(97-34.7)\ cm^3=62.3\ cm^3$,则:

$$w=\frac{0.34}{1.64}\times 100\%=20.7\%$$

$$e=\frac{34.7}{62.3}=0.557$$

$$\gamma_d=\frac{1.64}{97}\ N/cm^3=16.9\times 10^{-3}\ N/cm^3=16.9\ kN/m^3$$

第四节　无黏性土的密实度

影响砂、卵石等无黏性土工程性质的主要因素是密实度。若土颗粒排列紧密,其结构就稳定，压缩变形小，强度大，是良好的天然地基；反之，密实度小，呈疏松状态时，如饱和的粉细砂，其结构常处于不稳定状态，对工程不利。因此在工程中，对于无黏性土，要求达到一定的密实度。

判断无黏性土密实度最简便的方法是，用孔隙比 e 来描述，e 大，表示土中孔隙大，则土疏松。但由于颗粒的形状和级配对孔隙比有着极大的影响，而孔隙比 e 未能考虑级配的因素，因此在工程中常引入相对密实度的概念。

若将砂土处于最松散状态的 e 称为最大孔隙比 e_{max}，砂土处于最紧密状态时的 e 称为最小孔隙比 e_{min}。而当土粒粒径较均匀时，其 $e_{max}-e_{min}$ 差值较小，当土粒粒径不均匀时，其差值较大，因此利用砂土的最大最小孔隙比与所处状态的天然孔隙比 e 进行比较，能综合地反映土粒级配、土粒形状和结构等因素。该指标称为相对密实度 D_r，即

$$D_r=\frac{e_{max}-e}{e_{max}-e_{min}} \tag{1.4.1}$$

D_r 一般以百分数表示。显然，当 $D_r=0$，即 $e=e_{max}$ 时，表示砂土处于最疏松状态；$D_r=1$，即 $e=e_{min}$ 时，表示砂土处于最紧密状态。因此，根据 D_r 值可把砂土的密实度状态分为下列三种：

$1\geqslant D_r>0.67$　　密实的

$0.67\geqslant D_r>0.33$　　中密的

$0.33\geqslant D_r>0$　　松散的

相对密实度试验适用于透水性良好的无黏性土，如纯砂、纯砾等。试验时，一般可采用松散器法测定最大孔隙比 e_{max}，采用振击法测定最小孔隙比 e_{min}。相对密实度对于土作为土工构筑物和地基的稳定性，特别是在抗震稳定性方面具有重要的意义。但由于天然状态砂土的孔隙比 e 值难以测定，尤其是位于地表下一定深度的砂层的测定更为困难，此外按规程方法，室内测定 e_{max} 和 e_{min} 时，人为误差也较大，因此，《建筑地基基础设计规范》(GB 50007—2011)采用标准贯入试验的锤击数 N 来评价砂类土的密实度，是一个行之有效的方法，根据 N 可将砂土分为松散、稍密、中密和密实四种密实度，其划分标准见表 1.4.1。

砂土密实度的划分　　表 1.4.1

砂土密实度	松散	稍密	中密	密实
N	$\leqslant 10$	$10<N\leqslant 15$	$15<N\leqslant 30$	>30

注：1. N 系标准贯入试验锤击数。

2. 当用静力触探探头阻力判定砂土的密实度时，可根据当地经验确定。

碎石可以根据野外鉴别方法划分为密实、中密、稍密、松散四种密实度状态。其划分标准见表1.4.2。

碎石土密实度野外鉴别方法　　表 1.4.2

密实度	骨架颗粒含量和排列	可挖性	可钻性
密实	骨架颗粒含量大于总重的 70%，呈交错排列，连续接触	锹镐挖掘困难；用撬棍方能松动；井壁一般较稳定	钻进极困难；冲击钻探时，钻杆、吊锤跳动剧烈；孔壁较稳定
中密	骨架颗粒含量等于总重的 60%～70%，呈交错排列，大部分接触	锹镐可挖掘；井壁有掉块现象，从井壁取出大颗粒处，能保持颗粒凹面形状	钻进较困难；冲击钻探时，钻杆、吊锤跳动不剧烈；孔壁有坍塌现象

续上表

密实度	骨架颗粒含量和排列	可挖性	可钻性
稍密	骨架颗粒含量等于总重的55%～60%,排列混乱,大部分不接触	锹可以挖掘;井壁易坍塌,从井壁取出大颗粒处,砂土立即坍落	钻进较容易;冲击钻探时,钻杆稍有跳动;孔壁易坍塌
松散	骨架颗粒含量小于总重的55%,排列十分混乱,绝大部分不接触	锹易挖掘,井壁极易坍塌	钻进很容易;冲击钻探时,钻杆无跳动;孔壁易坍塌

注:碎石土的密实度应按表列各项要求综合确定。

第五节 黏性土的物理特性

所谓黏性土,就是指具有可塑状态性质的土,它们在外力的作用下,可塑成任何形状而不发裂,当外力去掉后,仍可保持原形状不变。土的这种性质称为"可塑性"。含水率对黏性土的工程性质有着极大的影响。随着黏性土含水率的增大,土成泥浆,呈黏滞流动的液体。当施加剪力时,泥浆将连续变形,土的抗剪强度极低。当含水率逐渐降低到某一值时,土会显示出一定的抗剪强度,并具有可塑性。这些特征与液体完全不同,它表现为塑性体的特征。当含水率继续降低时,土能承受较大的剪切应力,在外力作用下不再具有塑性体特征,而呈现具有脆性的固体特征。

一、黏性土的界限含水率

黏性土从一种状态转变为另一种状态的分界含水率称为界限含水率。如图 1.5.1 所示,土由可塑状态变化到流动状态的界限含水率称为液限(或流限),用 w_L 表示;土由半固态变化到可塑状态的界限含水率称为塑限,用 w_p 表示;土由半固体状态不断蒸发水分,体积逐渐缩小,直到体积不再缩小时土的界限含水率称为缩限,用 w_s 表示。界限含水率首先由瑞典科学家阿特堡(Atterberg,1911)提出,故这些界限含水率又称为阿特堡界限。

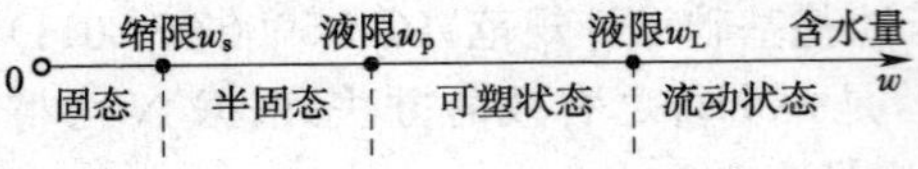

图 1.5.1 黏性土的界限含水率

我国目前采用锥式液限仪(图 1.5.2)来测定黏性土的液限。它是将调成浓糊状的试样装满盛土杯,刮平杯口面,使 76 g 重圆锥体(含有平衡球,锥角为 30°)在自重作用下徐徐沉入试样,如经过 15 s,深度恰好为 10 mm 时,该试样的含水率即为液限 w_L 值。

在欧美等国家大都采用碟式液限仪(图 1.5.3)测定液限。它是将浓糊状试样装入碟内,刮平表面,用切槽器在图中划一条槽,槽底宽 2 mm,然后将碟子抬高 10 mm,自由下落撞击在硬橡皮垫板上。连续下落 25 次后,如土槽合拢长度刚好为 13 mm,该试样的含水率就是液限。

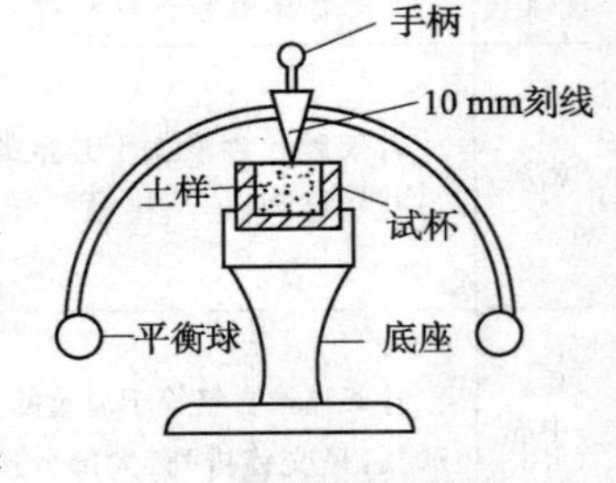

图 1.5.2 锥式液限仪

塑限多用搓条法测定。把塑性状态的土重塑均匀后,用手掌在毛玻璃板上把土团搓成小土条,搓滚过程中,水分渐渐蒸发,若土条刚好搓至直径为3 mm时产生裂缝并开始断裂,此时土条的含水率即为塑限 w_p 值。

由于上述方法采用人工操作,人为因素影响较大,测试成果不稳定,因此多年来许多单位都在探索一些新的方法,如液、塑限联合测定法。联合测定法是采用锥式液限仪以电磁放锥，利用光电方式测读锥入土中深度。试验时，一般对三个不同含水率的试样进行测试，在双对数坐标纸上作出各次锥入土深度及相应含水率的关系曲线（大量试验表明其接近于一直线，见图 1.5.4），则对应于圆锥体入土深度为 10 mm 及 2 mm 时土样的含水率就分别为该土的液限和塑限。

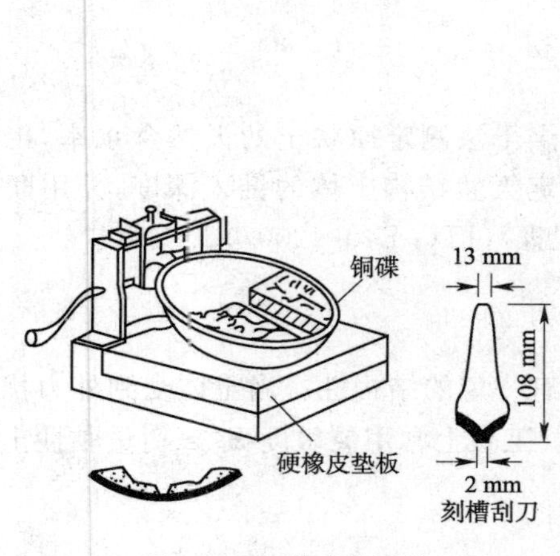

图 1.5.3 碟式液限仪

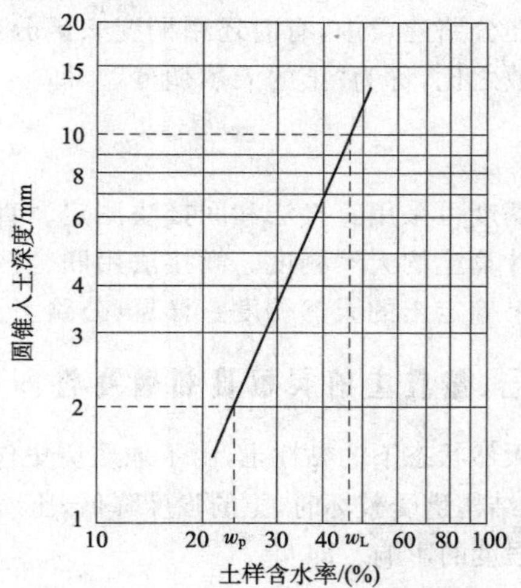

图 1.5.4 圆锥入土深度与含水率关系

二、黏性土的塑性指数和液性指数

液限与塑限之差值定义为塑性指数 I_p，即

$$I_p = w_L - w_p \tag{1.5.1}$$

塑性指数习惯上常用不带“%”的百分数表示。从式(1.5.1)可见，I_p 正好是土处于可塑状态的上限和下限含水率。I_p 越大，表明土的颗粒越细，比表面积越大，土的黏粒或亲水矿物（如蒙脱石）含量越高，土处在可塑状态的含水率变化范围就越大。也就是说塑性指数能综合地反映土的矿物成分和颗粒大小的影响，因此，塑性指数常作为工程上对黏性土进行分类的依据。

虽然土的天然含水率对黏性土的状态有很大影响，但对于不同的土，即使具有相同的含水率，如果它们的塑限、液限不同，则它们所处的状态也就不同。因此，还需要一个表征土的天然含水率与分界含水率之间相对关系的指标，这就是液性指数。即

$$I_L = \frac{w - w_p}{w_L - w_p} = \frac{w - w_p}{I_p} \tag{1.5.2}$$

液性指数一般用小数表示。由式(1.3.2)可见，当土的天然含水率 w 小于 w_p 时，I_L 小于 0，土体处于坚硬状态；当 w 大于 w_L 时，I_L 大于 1，土体处于流动状态；当 w 在 w_p 和 w_L 之间时，$I_L = 0 \sim 1$，土体处于可塑状态。因此可以利用 I_L 来表示黏性土所处的软硬状态。

《建筑地基基础设计规范》(GB 50007—2011)规定：黏性土根据液性指数可划分为坚硬、硬塑、可塑、软塑和流塑五种软硬状态。其划分标准见表 1.5.1。

黏性土的状态　　表 1.5.1

状态	坚硬	硬塑	可塑	软塑	流塑
液性指数	$I_L \leqslant 0$	$0 < I_L \leqslant 0.25$	$0.25 < I_L \leqslant 0.75$	$0.75 < I_L \leqslant 1.0$	$I_L > 1.0$

尚需注意，w_p 与 w_L 都是由扰动土样确定的指标，土的天然结构已被破坏，所以用 I_L 来

判断黏性土的软硬程度，没有考虑土原有结构的影响。在含水率相同时，原状土要比扰动土坚硬。因此，用上述标准判断扰动土的软硬状态是合适的，但对原状土则偏于保守。通常当原状土的天然含水率等于液限时，原状土并不处于流塑状态，但天然结构一经扰动，土即呈现出流动状态。

在公路建设中，有时还用稠度来区分黏性土的状态。土的液限与天然含水率之差和塑性指数之比，称为“土的天然稠度”。即

$$w_c = \frac{w_L - w}{I_p} \tag{1.5.3}$$

稠度可采用直接法和间接法测定。直接法按烘干法测定原状土的天然含水率，用稠度公式计算土的天然稠度。间接法用联合测定仪测定天然结构土体的锥入深度，并用联合测定结果确定土的天然稠度。详见《公路土工试验规程》(JTG E40—2007)。

三、黏性土的灵敏度和触变性

天然状态下的黏性土，由于地质历史作用常具有一定的结构性。当土体受到外力扰动作用，其结构遭受破坏时，土的强度降低，压缩性增高。工程上常用灵敏度 S_t 来衡量黏性土结构性对强度的影响。即

$$S_t = \frac{q_u}{q_u'} \tag{1.5.4}$$

式中，q_u、q_u'分别为原状土和重塑土试样的无侧限抗压强度。

根据灵敏度可将饱和黏性土分为低灵敏($1.0 < S_t \leqslant 2.0$)、中等灵敏($2.0 < S_t \leqslant 4.0$)和高灵敏($S_t > 4.0$)三类。土的灵敏度越高，其结构性越强，受扰动后土的强度降低就越明显。因此，在基础工程施工中必须注意保护基槽，尽量减少对土结构的扰动。

与结构性相反的是土的触变性。饱和黏性土受到扰动后，结构产生破坏，土的强度降低。但当扰动停止后，土的强度随时间又会逐渐增长，这是土体中土颗粒、离子和水分子体系随时间而逐渐趋于新的平衡状态的缘故。也可以说土的结构逐步恢复而导致强度的恢复。黏性土结构遭到破坏，强度降低，但随时间发展土体强度恢复的胶体化学性质称为土的触变性。例如，打桩时会使周围土体的结构扰动，使黏性土的强度降低，而打桩停止后，土的强度会部分恢复，所以打桩时要“一气呵成”，才能进展顺利，提高工效，这就是受土的触变性影响的结果。

第六节　土的动力特征

在土木工程中，不论是土体的变形问题还是稳定问题，一般都认为荷载是静止的，不随时间而变化，称为静力问题。其实，土体也还经常会遇到天然振源和人工振源的动荷载的作用。前者如地震、波浪、风荷载等，后者如车辆荷载、爆破、打桩、强夯、机器基础振动等。土体在这些动荷载的作用下，强度和变形性质受到影响，可能造成土体破坏，但另一方面，也可利用动荷载进行地基处理，如强夯法、换填垫层法、振实法等。还可用其进行某些工程建设。

例如公路路堤、土坝及建筑场地的回填土等，以土作为建筑材料的工程。土体由于经过开挖、搬运及堆筑，原有结构遭到破坏，含水率发生变化，堆填时必然造成土体中留下很多孔隙，如不经人工压实，其均匀性差、抗剪强度低、压缩性大，水稳定性不良，往往难以满足工程的需要。因此，研究土在碾压，夯实和振动作用下的压实性是土工构筑物的重要课题。

地基土特别是饱和松散的粉细砂土在地震作用下，会表现出类似于液体性质而完全丧失承载力的现象，即振动液化现象，从而发生地表喷水冒砂、滑坡及地基失稳，最终导致建筑物或构筑物的破坏。如 1976 年唐山大地震时，液化区喷水高度达 8 m，厂房沉降高达 1 m，很多房屋结构、桥梁结构的破坏，道路路面的开裂，都是由于地基土的液化所引起的。

本节主要介绍土的压实性和振动液化问题，简介土的动力特征参数。

一、土的压实原理

上面提到，工程中广泛用到填土，如路基、堤坝、飞机跑道、平整场地修建建筑物，以及开挖基坑后回填土、吹填土等。这些填土都要经过压实，以减少其沉降量，降低其透水性，提高其强度。

实际工程中采用的压实方法很多，可归纳为碾压、夯实和振动三类。大量工程实践经验表明，对于过湿的黏性土进行碾压和夯实时会出现软弹现象，土体难以压实，对于很干的土进行碾压和夯实也不能把土充分压实；只有在适当的含水率范围内才能压实。在一定的压实功能下使土最容易压实，并能达到最大密实度时的含水率称为土的最优(或最佳)含水率，用 w_{op} 表示。与其相对应的干密度则称为最大干密度，以 ρ_{dmax} 表示。

土在外力作用下的压实原理，可以用结合水膜润滑理论及电化学性质来解释。一般认为，在黏性土中含水率较低、土较干时，由于土粒表面的结合水膜较薄，水处于强结合水状态，土粒间距小，粒间电作用力以引力占优势，土粒之间的摩擦力、黏结力都很大，所以土粒相对位移时阻力大，尽管有击实功能，但也还较难以克服这种阻力，因而压实效果差。随着土中含水率的增加，结合水膜增厚，土粒间距也逐渐增加，这时斥力增加，从而使土块变软，引力相对减小，压实功能比较容易克服粒间引力而使土粒相互位移，趋于密实，压实效果较好。表现为干密度增大，至最优含水率时，干密度达最大值。但当土中含水率继续增大时，虽然也能使粒间引力减少，但土中出现了自由水，而且水占据的体积越大，颗粒能够占据的相对体积就越小，击实时孔隙中过多的水分不易排出，同时也排不出气体，以封闭气泡的形式存在于土内，阻止了土粒的移动，击实仅能导致土粒更高程度的定向排列，而土体几乎不发生体积变化，所以干密度逐渐变小，击实效果反而下降。

由此可见，含水率不同，改变了土中颗粒间的作用力，并改变了土的结构与状态，从而在一定击实功能下，改变着击实效果。

砂和砂砾等粗粒土的压实性也与含水率有关，不过一般不进行室内击实试验，也不存在着一个最优含水率问题。一般在完全干燥或者充分洒水饱和的情况下容易压实到较大的干密度。潮湿状态下，由于毛细压力增加了粒间阻力，压实干密度显著降低。粗砂在含水率为 4%～5%、中砂在含水率为 7%左右时，压实干密度最小，如图 1.6.1 所示。所以，在压实砂砾时要充分洒水，使土料饱和。

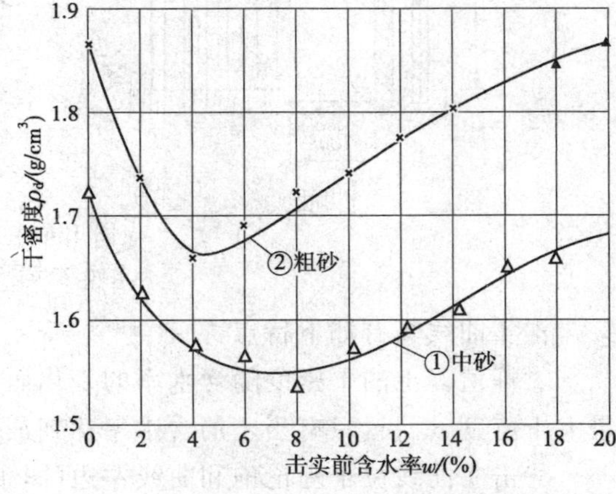

图 1.6.1　粗粒土的击实曲线

粗粒土的压实标准，一般用相对密度 D_r 控制。以前要求相对密度达到 0.70 以上，近年来根据地震震害资料的分析结果，认为高烈度相对密度还应提高。室内试验的结果也表明，对于饱和的粗粒土，在静力或动力的作用下，相对密度大于 0.70～0.75 时，土的强度明显增加，变形显著减小，可以认为相对密度0.7～0.75是力学性质的一个转折点。同时由于大功率的振动碾压机具的发展，提高碾压密实度成为可能。所以，我国现行的水工建筑物抗震设计规范规定，位于浸润线以上的粗粒土要求相对密度达到0.7以上，而浸润线以下的饱和土，相对密度则应达到0.75～0.85。这些标准对于有抗震要求的其他类型的填土，也可参照采用。

二、击实试验及其影响因素

（一）击实试验和击实曲线

在实验室进行土的击实试验，是研究土压实性的基本方法。试验分轻型和重型两种。轻型击实试验适用于粒径小于5 mm的黏性土，而重型击实试验适用于粒径不大于20 mm的土。击实试验所用的主要设备是击实仪，包括击实筒、击实锤及导筒等，不同规格的击实筒见图1.6.2。击实筒用来盛装制备土样，击实锤用来对土样施以夯实力。试验时，将含水率w为一定值的扰动土样分层装入击实筒中，每铺一层（共3～5层）后均用击实锤按规定的落距和击数锤击土样，最后把被压实的土样充满击实筒。再由击实筒的体积和筒体与被压实土的总重计算出湿密度ρ，同时测出含水率，并可由换算公式$\rho_d=\frac{\rho}{1+w}$算出干密度ρ_d。通常由一组几个（通常为5个）不同含水率的同一种土样分别按上述方法进行试验，得出几组w—ρ_d的试验数据，从而绘制一条曲线，如图1.6.3所示，称为“击实曲线”。详细试验方法和试验仪器见《土工试验方法标准》(GB/T 50123—1999)。

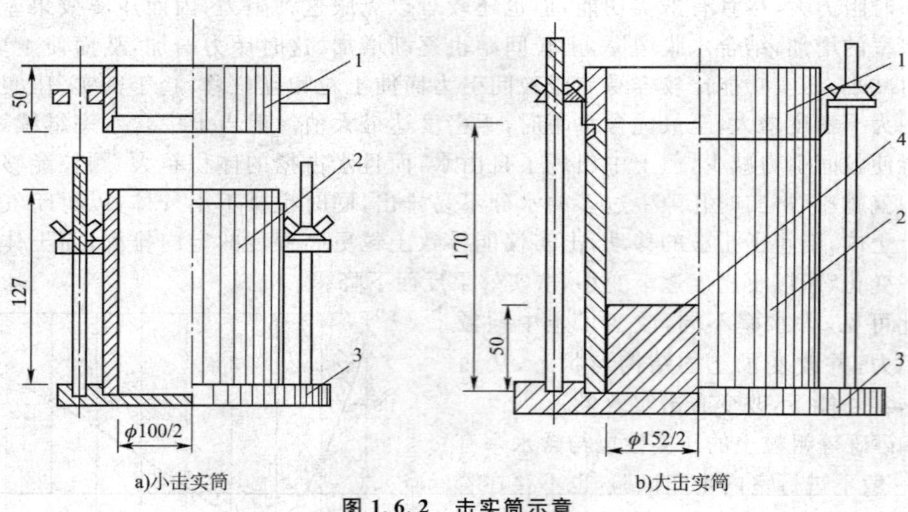

图1.6.2　击实筒示意

1-套筒；2-击实筒；3-底板；4-垫块

击实曲线具有如下特点：

①峰值。土的干密度随含水率的变化而变化，并在击实曲线上出现一个干密度峰值（即最大干密度ρ_{dmax}），只有当土的含水率达到最优含水率时，才能得到这个峰值ρ_{dmax}。

②击实曲线位于理论饱和曲线左边（图1.6.3）。因为理论饱和曲线假定土中空气全部被排出，孔隙完全被水占据，而实际上不可能做到。因为当含水率大于最优含水率后，土孔隙中的气体越来越处于与大气不连通的状态，击实作用已不能将其排出土体。

③击实曲线的形态。击实曲线在最优含水率两侧左陡右缓，且大致与理论饱和曲线平行，这表明土在较最优含水率偏干状态时，含水率对土的密实度影响更为显著。

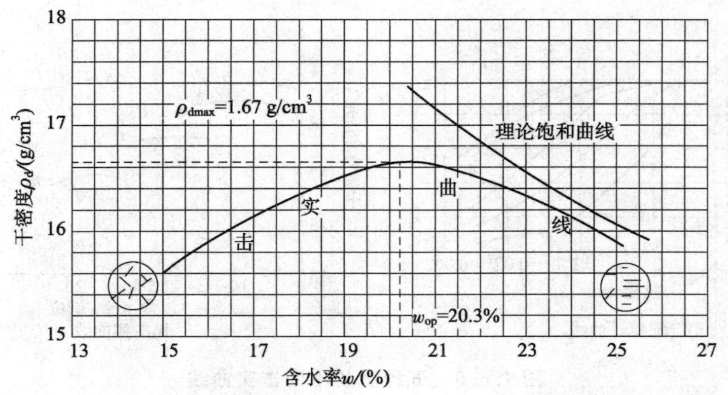

图 1.6.3　击实曲线

(二)影响击实效果的因素

影响击实效果的因素很多,但最重要的是含水率、击实功能和土的性质。

(1)含水率的影响

前已述及,对较干(含水率较小)的土进行夯实或碾压,不能使土充分压实;对较湿(含水率较大)的土进行夯实或碾压,同样也不能使土得到充分压实,此时土体还出现软弹现象,俗称“橡皮土”;只有当含水率控制为某一适宜值(即最优含水率)时,土才能得到充分压实,得到土的最大干密度。

实践表明,当压实土达到最大干密度时,其强度并非最大。研究发现:在含水率小于最优含水率时,土的抗剪强度和模量均比最优含水率时高;但将其浸水饱和后,则强度损失很大。只有在最优含水率时浸水饱和后的强度损失最小,压实土的稳定性最好。

可见,含水率的影响是非常大的。

试验统计还证明:最优含水率 w_{op} 与土的塑限 w_p 有关,大致为 $w_{op}=w_p+2$。土中黏土矿物含率越大,则最优含水率越大。

(2)击实功能的影响

夯击的击实功能与夯锤的质量、落高、夯击次数及被夯击的厚度等有关;碾压的压实功能则与碾压机具的质量、接触面积、碾压遍数及土层的厚度等有关。

对于同一土料,加大击实功能,能克服较大的粒间阻力,会使土的最大干密度增加,而最优含水率减小,如图1.6.4 所示。同时,当含水率较低时击数(能量)的影响较为显著。当含水率较高时,含水率与干密度的关系曲线趋近于饱和曲线,也就是说,这时靠加大击实功能来提高土的密实度是无效的。

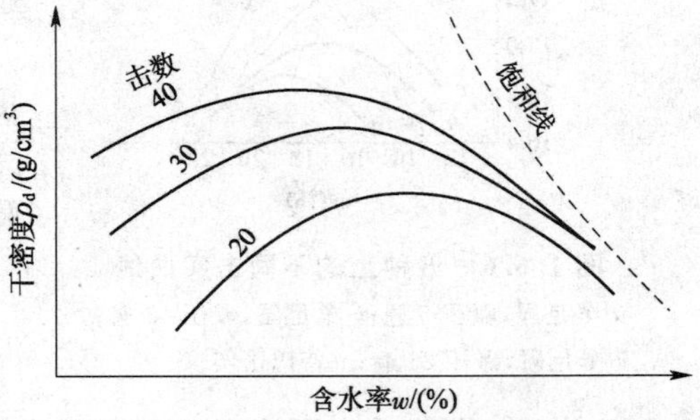

图 1.6.4　不同击数下的击实曲线

(3)土类的级配的影响

土颗粒的粗细、级配、矿物成分和添加的材料等因素对压实效果有影响。颗粒越粗,就越能在低含水率时获得最大干密度。图 1.6.5a)所示为 5 种不同粒径、级配的土料,在同一标准的击实试验中所得到的 5 条击实曲线见图 1.6.5b)。可见,含粗粒越多的土样的最大干密度越大,而最优含水率越小,即随着粗粒土增多,曲线形态不变,但朝左上方移动。

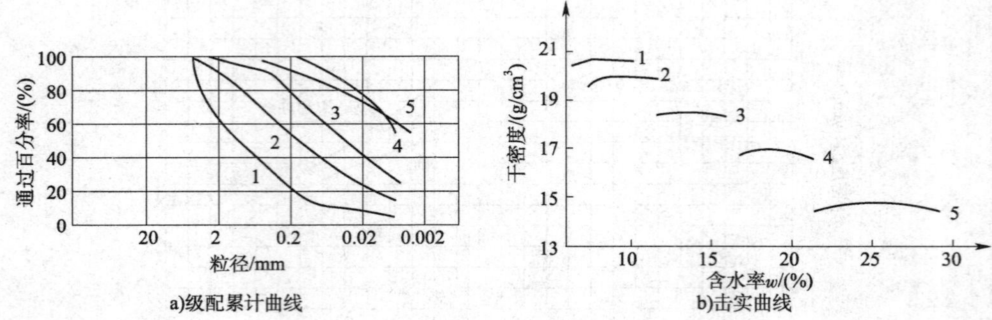

图 1.6.5　五种土的不同击实曲线

土的级配对其压实性的影响也很大。级配良好的土，压实时细颗粒能填充到粗颗粒形成的孔隙中去，因而可以获得较高的干密度，反之，级配差的土料，颗粒级配越均匀，压实效果越差。对于黏性土，压实效果与其中的黏土矿物成分含量有关；添加木质素和铁基材料可改善土的压实效果。

砂性土也可用类似黏性土的方法进行试验。干砂在压力与振动作用下，容易密实；稍湿的砂土，因有毛细压力作用使砂土互相靠紧，阻止颗粒移动，击实效果不好；饱和砂土，毛细压力消失，击实效果良好。

(三)压实特性在现场填土中的应用

上述所揭示的土的压实特性是从室内击实试验中得到的，而现场碾压或夯实的情况与室内击实试验有差别。例如现场填筑时的碾压机械和击实试验的自由落锤的工作情况就不一样，前者大都是碾压而后者则是冲击。现场填筑中土在填方中的变形条件与击实试验时土在刚性击实筒中的也不一样，前者可产生一定的侧向变形，后者则完全受侧限。目前还未能从理论上找出二者的普遍规律。但为了把室内击实试验的结果用于设计与施工，有人曾经研究室内击实试验和现场碾压的关系。见图 1.6.6，它是以羊足碾不同碾压遍数的工地试验结果与室内击实试验结果的比较。从该图的大致比较说明，用室内击实试验来模拟工地压实是可靠的。

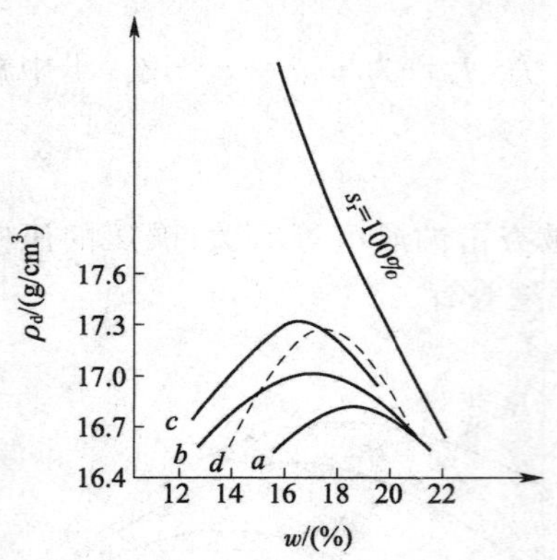

图 1.6.6　五种土的不同击实曲线

a-羊足碾，碾压 6 遍；*b*-羊足碾，碾压 12 遍；*c*-羊足碾，碾压 24 遍；*d*-普氏击实仪

在工程实践中，用土的压实度或压实系数来直接控制填方工程质量。压实系数用 λ 表示，它定义为工地压实时要求达到的干密度 ρ_d 与室内击实试验所得到的最大干密度 ρ_{dmax} 之比值，即

$$\lambda=\frac{\rho_d}{\rho_{dmax}} \tag{1.6.1}$$

可见，λ 值越接近 1，表示对压实质量的要求越高，这应用于主要受力层或者重要工程中。在高速公路的路基工程中，要求 $\lambda>0.95$，但是对于路基的下层或次要工程，λ 值可取得小一些。

在工地对压实度的检验，一般采用灌砂(水)法、湿度密度仪法或核子密度仪法来测定土的干密度和含水率。

【例 1.6.1】　某土料场土料为中液限黏质土，天然含水率 $w=21\%$，土粒相对密度 $d_s=2.70$。室内标准击实试验得到最大干密度 $\rho_{dmax}=1.85\ g/cm^3$。设计取压实系数 $\lambda=0.95$，并要求压实后土的饱和度 $S_r \leqslant 0.9$，问土料的天然含水率是否适用于填筑？碾压时土料应控制多大的含水率？

【解】 (1)求压实后土的孔隙比

填土干密度

$$\rho_d = \rho_{dmax}\lambda = 1.85 \times 0.95\ g/cm^3 = 1.76\ g/cm^3$$

绘三相示意图见图 1.6.7，并设 $V_s = 1$，根据干密度 ρ_d 的定义，由三相图求得孔隙比 e 为

$$\frac{d_s}{1+e} = 1.76 \qquad e = 0.534$$

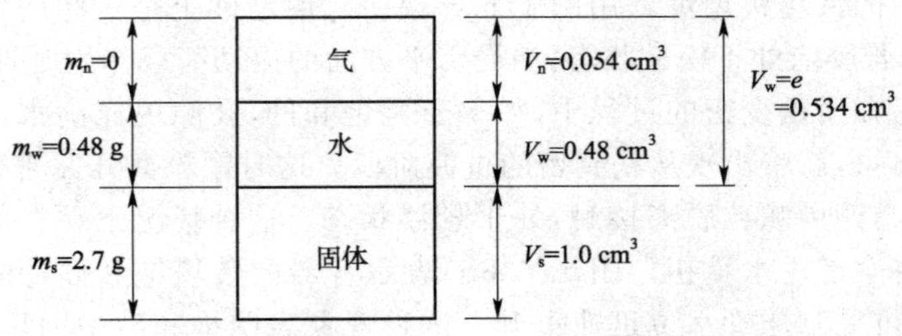

图 1.6.7　例 1.6.1 三相草图

(2)求碾压时的含水率

根据题意，按饱和度 $S_r = 0.9$ 控制含水率，则 $V_w = S_r V_v = 0.9 \times 0.534\ cm^3 = 0.48\ cm^3$。因此，水的质量为

$$m_w = \rho_w V_w = 0.48\ g$$

则含水率

$$w = \frac{m_w}{m_s} \times 100\% = \frac{0.48}{2.70} \times 100\% = 17.8\% < 21\%$$

即碾压时的含水率应控制在 18% 左右。料场含水率高 3% 以上，不适于直接填筑，应进行翻晒处理。

三、土的振动液化

土体液化是指饱和状态砂土或粉土在一定强度的动荷载作用下表现出类似液体性质而完全丧失承载力的现象。地震、波浪、车辆、机械振动、打桩以及爆破等都可能引起饱和砂土或粉土的液化。其中又以地震引起的大面积甚至深层的土体液化的危害性最大，它具有面广、危害重等特点，常能造成场地的整体性失稳。因此，近年来引起国内外工程界的普遍重视，成为工程抗震设计的主要内容之一。

(一)砂土液化造成灾害的宏观表现

①喷砂冒水。液化土层中出现相当高的孔隙水压力，会导致低洼的地方或土层缝隙处喷出砂、水混合物。喷出的砂粒可能破坏农田，淤塞渠道。喷砂冒水的范围往往很大，持续时间可达几小时甚至几天，水头可高达 2～3 m。

②震陷。液化时喷砂冒水带走了大量土粒，地基产生不均匀沉陷，使建筑物倾斜、开裂，甚至倒塌。例如 1964 年日本新潟地震时，有的建筑物结构本身并未损坏，却因地基液化而发生整体倾斜。又如 1976 年唐山地震时，天津某农场高 10 m 左右的砖彻水塔，因其西北角处地基喷砂冒水，水塔整体向西北倾斜了 6°。

③滑坡。在岸坡或坝坡中的饱和砂、粉土层，由于液化而丧失抗剪强度，使土坡失去稳

定，沿着液化层滑动，形成大面积滑坡。1971 年美国加州坝在地震中即发生上游坝坡大滑动。研究证明这是因为在地震振动即将结束时，在靠近坝底和黏土心墙上游面处广阔区域内砂土发生液化的缘故。1964 年美国阿拉斯加地震中，海岸的水下沼滑卷走了许多港口设施，并引起海岸涌浪，造成沿海地带的次生灾害。

④上浮。贮罐、管道等空腔埋置结构可能在周围土体液化时上浮，对于生命线工程来讲，这种上浮常常引起严重的后果。

（二）砂土液化的机理

地震时，在烈度比较高的地区常常发生喷砂冒水现象，这种现象就是地下砂层发生液化的宏观表现。砂土的液化机理可以用图 1.6.8 说明。假定砂土是一些均匀的圆球，排列如图 1.6.8a）所示。若震前处于松散状态，当受水平方向的振动荷载作用时，颗粒要挤密，最终形成紧密的排列。在由松变密的过程中，如果土是饱和的，孔隙内充满水，且孔隙水在振动的短时间内排不出去，就将出现从松到密的过渡阶段。这时颗粒离开原来位置，而又未落到新的稳定位置上，与四周颗粒脱离接触，处于悬浮状态。这种情况下颗粒的自重，连同作用在颗粒上的荷载将全部由水承担。图 1.6.8b）表示容器内装填饱和砂，并在砂中装一测压管。摇动容器，即可见测压管水位迅速上升。这种现象表明饱和砂中因振动出现超静孔隙水压力。根据有效应力原理，土的抗剪强度 τ_f 为

显然，孔隙水压力 u 增加，抗剪强度随之减小。如果振动强烈，孔隙水压力增长很快而又消散不了，则可能发展到 $u=\sigma$（总应力），导致 $\tau_f=0$。这时，土颗粒完全悬浮于水中，成为黏滞流体，抗剪强度 τ_f 和抗剪刚度 G 几乎都等于零，土体处于流动状态，即砂土液化了。

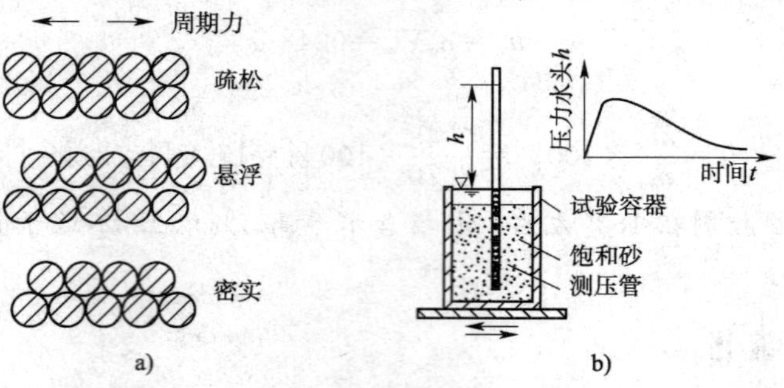

图 1.6.8　土的液化机理

$$\tau_f=(\sigma-u)\tan\varphi \tag{1.6.2}$$

若地基由几层土所组成，且较易液化的砂层被覆盖在不易液化的土层下面。地震时，往往地基内部的砂层首先发生液化，在砂层内产生很高的超静孔隙水压力，引起自下而上的渗流。当上覆土层中的渗流坡降大于临界坡降时，原来在振动中没有液化的土层，在渗透水流的作用下也处于悬浮状态，砂层及上覆土层中的颗粒随水流喷出地面，这种现象称为“渗流液化”。这种情况下，表征地基液化的喷水冒砂现象在地震过程中并未表现出来，而在地震结束后才出现，并且要持续相当长的时间，因为液化砂层内孔隙水压力通过渗流消散，需要一段相当长的时间。

所以，还可从振动时孔隙水压力的发展来解释砂土液化机理。

砂土在排水的条件下剪切时体积将发生膨胀或缩小现象，一般为“松砂剪缩、密砂剪胀”的规律。而在不排水条件下受力剪切，体积的变化趋势也表现为超静孔隙水压力的发展，其值可正可负。土受周期荷载作用，实际上是受反复的剪切作用，因此在不排水的条件下必然伴随着孔隙水压力的生成和发展。不过，与静应力作用有一点不同，就是不论是松砂或密

砂，每一次应力循环都要引起正值的孔隙水压力的增加，松砂增加得快，密砂增加得慢。最后发展到松砂中的孔隙水压力 $u=\sigma$ 时，流沙现象产生。

(三)影响土液化的主要因素

(1)土类

土类是一个重要的条件。黏性土具有黏聚力，即使孔隙水压力等于全部有效应力，抗剪强度也不会全部丧失，难以发生液化。砾石等粗粒土，由于透水性好，孔隙水压力易于消散，在周期荷载作用下，孔隙水压力亦不易积累增长，因而一般也不会产生液化。没有黏聚力或黏聚力相当小，处于地下水位以下的粉、细砂和粉土，渗透系数比较小，不足以在第二次荷载(例如地震时的剪切波)施加之前把孔隙水压力全部消散掉，才具有积累孔隙水压力并使强度完全丧失的内部条件。因此，土的粒径大小和级配是一个重要因素。试验及实测资料都表明：粉、细砂土和粉土比中、粗砂土容易液化；级配均匀的砂土比级配良好的砂土容易发生液化。有文献提出，平均粒径 $d_{50}=0.05\sim0.09$ mm 的粉细砂最易液化。而根据多处震害调查实例却发现，实际发生液化的土类范围更广一些。可以认为，在地震作用下发生液化的饱和土的平均粒径 d_{50} 一般小于 2 mm，黏粒含量一般低于 10%～15%，塑性指数 I_p 常在 8 以下。

(2)土的密度

松砂在振动中体积易于缩小，孔隙水压力上升快，故松砂比较容易液化。1964 年日本新潟地震表明，相对密实度 D_r 为 0.5 的地方普遍液化，而相对密度大于 0.7 的地方就没有液化。关于海城地震砂土液化的报告中亦提到，7 度的地震作用下，相对密度大于 0.5 的砂土不会液化；砂土相对密度大于 0.7 时，即使 8 度地震也不易发生液化。根据砂土液化的概念可知，往复剪切时，孔隙水压力增长的原因在于松砂的剪缩性(在剪切过程中，砂土体积缩小的性质)，而随着砂土密度的增大，其剪缩性会减弱，一旦砂土开始具有剪胀性的时候，剪切时内部便产生负的孔隙水压力，土体阻抗反而增大了，因而不可能发生液化。

(3)土的初始应力状态

在地震作用下，土中孔隙水压力等于固结压力是初始液化的必要条件。因此固结压力越大，则在其他条件相同时越不易发生液化。试验表明，对于同样条件的土样，发生液化所需的动应力将随着固结压力的增加而成正比例地增加。显然，土单元体的固结压力是随着它的埋藏深度和地下水位深度而直线增加的，然而，地震在土单元体中引起的动剪应力随深度的增加却不如固结压力的增加来得快。于是，土的埋藏深度和地下水位深度，即土的有效覆盖压力大小就成了直接影响土体液化可能性的因素。前述关于海城地震砂土液化的考察报告指出，有效覆盖压力小于 50 kPa 的地区，液化普遍且严重；有效覆盖压力介于 50～100 kPa 的地方，液化现象较轻；而未发生液化地段，有效覆盖压力大多大于 100 kPa。调查资料还表明，埋藏深度大于 20 m 时，甚至松砂也很少发生液化。

(4)往复应力强度与往复次数

图 1.6.9 是周期加荷单剪仪液化试验的典型结果。由图可见，对于给定的固结压力 σ_v 和不同相对密实度 D_r，就同一种土类而言，往复应力越小，则需越多的振动次数才可产生液化，反之，则在很少振动次数时，就可产生液化。现

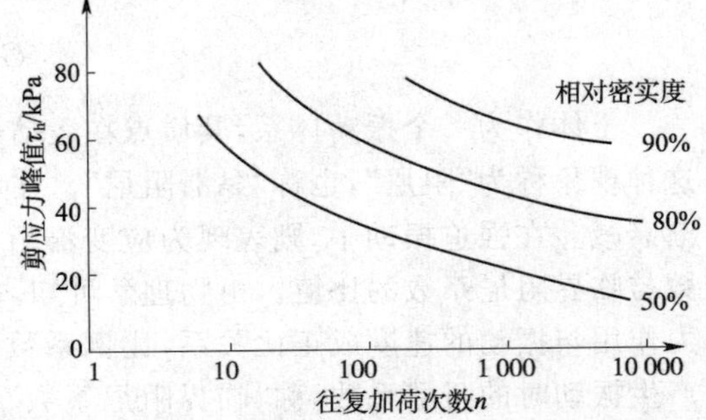

图 1.6.9　某砂样周期单剪试验的初始液化曲线

($\sigma_v=784.8$ kPa)

场的震害调查也证明了这一点。如 1964 年日本新潟地震时，记录到地面最大加速度为 0.16×10^{-2} m/s²，其余 22 次地震的地面加速度变化为 $0.005\sim0.12\times10^{-2}$ m/s²，但都没有发生液化。同年美国阿拉斯加地震时，安科雷奇滑坡是在地震发生后 90 s 才发生，这表明要持续足够的应力周期后，才发生液化和土体失去稳定性。

(四)土体液化判别及防治措施简介

自然界的土体，即使是饱和松散的砂土，在地震荷载作用下，都不一定发生土体液化，因为它与许多因素有关。所以还存在一个土体液化可能性的判断问题。

已有的方法主要是现场调查。例如我国 1976 年唐山大地震后，中国科学院及有关单位开展了大量的、卓有成效的现场调查工作。调查内容涉及场地地震震级、震中距或烈度、持续时间；场地土层剖面，主要是各埋藏土层的类别、埋深、厚度、重度和地下水位；影响土体抗液化能力的主要物理力学参数，特别是应用较多，简单方便的标准贯入试验锤击数等。归纳总结了经验判别公式：

$$N_{cr}=N_0[1+0.1(d_s-3)-0.1(d_w-2)]\sqrt{\frac{3}{\rho_c}} \tag{1.6.3}$$

式中，N_{cr} 为液化判别标准贯入锤击数临界值；N_0 为液化判别标准贯入锤击数基准值，对应于烈度为 7、8、9 时，考虑近震则采用 6、10、16，考虑远震则采用 8、12(远震无 9 度)；d_s 为标准贯入锤击数 N 所对应的土层埋深(m)；d_w 为场地地下水位深度(m)；ρ_c 为土中黏粒含量百分数，小于 3 时采用 3。

当实测标准贯入锤击数 N 小于 N_{cr} 时，相应的土层即应判为可能液化。多次地震调查资料都证明用式(1.6.3)进行判别的结果与宏观现象基本一致。

防止土体液化的措施，主要从加强基础和清除或减轻液化可能性两方面入手。前者可采取桩基等深基础，使桩穿过液化土层，桩端进入稳定土层中；后者有换土、加密、胶结及设置排水系统等地基处理方法。

四、土的动力特征参数简介

进行土体动力反应分析时，需要有土的动力特征参数。土的动力特征参数包括：动弹性模量和动剪切模量、阻尼比或衰减系数、动强度和液化周期剪应力，以及振动孔隙水压力增长规律等。其中动剪切模量和阻尼比是表征土的动力特征的两个主要参数，本节简要介绍这两个动力特征参数。

土的动剪切模量 G_d 是指产生单位动剪应变时所需要的动剪应力，即动剪应力与动剪应变之比值，按下式计算：

$$G_d=\frac{\tau_d}{\varepsilon_d} \tag{1.6.4}$$

土体作为一个振动体系，其质点在运动过程中由于黏滞摩擦作用而有一定的能量损失，这种现象称为“阻尼”，也称“黏滞阻尼”。在自由振动中，阻尼表现为质点的振幅随振次而逐渐衰减。在强迫振动中，则表现为应变滞后于应力而形成滞回圈。土的阻尼比是指阻尼系数与临界阻尼系数的比值。由物理学可知，非弹性体对振动波的传播有阻尼作用，这种阻尼力作用与振动的速度成正比关系，比例系数即为阻尼系数。使非弹性体产生振动过渡到不产生振动时的阻尼系数，称“临界阻尼系数”。阻尼比是衡量吸收振动能量的尺度。地基或土工建筑物振动时，阻尼有两类，一类是逸散阻尼，另一类是材料阻尼。前者是土体中积蓄的振动能以表面波或体波(包含剪切波和压缩波)向四周和向下方扩散而产生的，后者是由土粒间摩擦和孔隙中水与气体的黏滞性产生的。

土动力问题研究应变的范围很大，从精密设备基础振幅很小的振动到强烈地震或核爆炸的震害，剪应变从 10^{-6} 到 10^{-2}。在这样广阔的应变范围内，土动力计算中所用的特征参数，需用不同的测试方法来确定。对于动剪切模量和阻尼比，可用表 1.6.1 所列各种室内外试验方法测定。

动剪切模量和阻尼比的试验方法表 表 1.6.1

室内试验方法			原位测试方法		
试验方法	动剪切模量	阻尼比	试验方法	动剪切模量	阻尼比
超声波脉冲	√		折射法	√	
共振柱	√	√	反射法	√	
周期三轴剪		√	表面波速法	√	
周期单剪	√	√	钻孔波速法	√	
周期扭剪	√	√	动力旁压试验		√
			标准贯入试验	√	

土动力测试和其他土工试验一样，尽管原位测试可以得到代表实际土层性质的测试资料，但限于原位试验的条件和较大的试验费用，通常在原位只做小应变试验，而在实验室内则可以做从小应变到大应变的试验。

室内测定土的动力参数，主要仪器是室内振动三轴仪。它的种类很多，可按动荷载施加的方式分为气动式、液压式、电磁式等，也可按动荷载作用方向不同分为单向式和双向式。

我国应用较多的是电磁式单向激振振动三轴仪，其主机部分如图 1.6.10 所示，它主要由土样压力室、激振器和气垫三部分组成。土样压力室与静力三轴仪相似，是一个有机玻璃的圆筒，里面充入压缩空气和压力水以后，可对土样施加侧向静荷载。激振器包括激振线圈（动圈）、励磁线圈（定圈）及磁路，其作用是输入一定频率的电信号以后，能产生一个施加于土样的轴向动荷载。气垫由金属波纹管构成，通入压缩空气以后，可对土样施加轴向静荷载。下活塞、压力传感器、激振线圈和气垫顶部由传力轴联成一个刚性的活动整体，并由导向轮保证它做轴向运动。振动三轴仪除主机外，通常还有轴向动力控制装置、轴向和侧向静力控制系统、参数测读仪表系统三部分（图 1.6.10 中未表示）。

试验时，对圆柱形土样施加轴向周期压力，直接测量土样的应力和应变值，从而绘出应力应变曲线，如图 1.6.11 所示，称为滞回曲线。试验所得滞回曲线是在周期荷载作用下的结果，滞回圈两顶点的连线的斜率就是该应力水平下土的动弹性模量 E_d，而动剪切模量 G_d 则可由下式求出

$$G_d=\frac{E_d}{2(1+\mu)} \tag{1.6.5}$$

式中，μ 为土的泊松比。

土的阻尼比可由如图 1.6.11 所示的滞回圈按下式求得

$$\xi=\frac{\Delta F}{4\pi F} \tag{1.6.6}$$

式中，ΔF 为滞回圈包围的面积，表示加荷与卸荷的能量损失；F 为滞回圈顶点至原点的

连线与横坐标所形成的直角三角形的面积，表示加荷与卸荷的应变能。

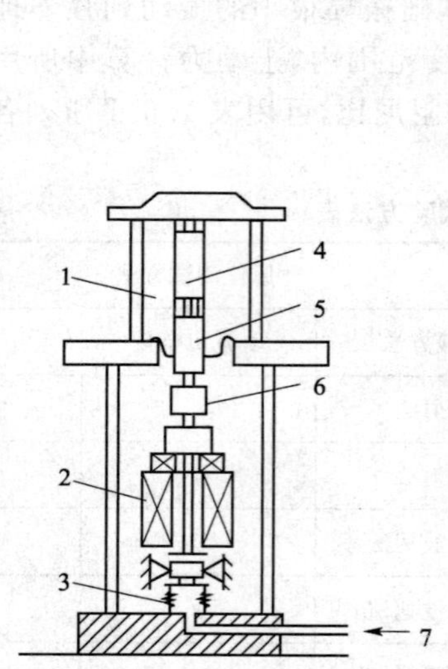

图 1.6.10　振动三轴仪主机示意

1-土样压力室；2-激振器；3-气垫；4-土样；5-土样活塞；6-压力传感器；7-压缩空气

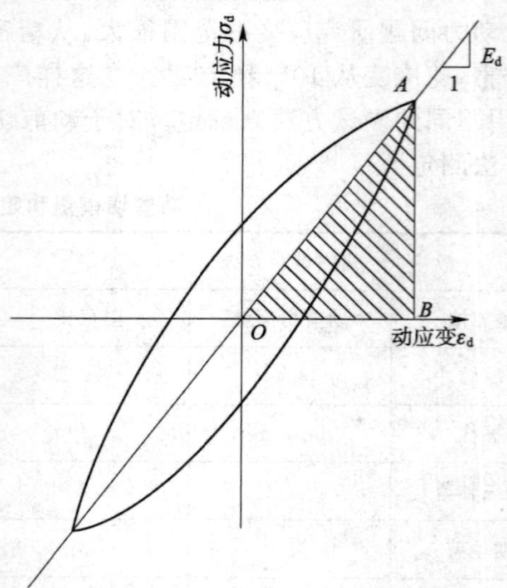

图 1.6.11　动应力与动应变关系曲线

动力试验表明土的动应力动应变具有强烈的非线性性质，滞回圈位置和形状随动应变幅值的大小而变化。一般而言，当动应变幅值小于 10^{-5} 量级时，参数 $E_d(G_d)$ 和 ξ 可视作常量，即作为线性变形体看待。随着动应变幅值的增大，土的模量逐步减小，阻尼比逐步加大。因此，为土体动力分析选用变形参数时，应考虑土的这种非线性特点，对应于动应变幅值的不同量级，选用不同的模量和阻尼比。

第二章　土中应力计算

第一节　土的自重应力

若将地基视为均质的半无限体，土体在自重作用下只能产生竖向变形，而无侧向位移及剪切变形存在。因此，在深度 z 处平面上，土体因自身重力产生的竖向应力 σ_{cz}（以下简称自重应力）就等于单位面积上土柱的重力 $\gamma z\times 1$，如图 2.1.1 所示。

一、均质土的自重应力

对于均质土（土的重度为常数），在地表以下深度 z 处自重应力应为

$$\sigma_{cz}=\gamma z \tag{2.1.1}$$

可见，自重应力 σ_{cz} 沿水平面均匀分布，且与 z 成正比，即随深度呈线性增加，如图 2.1.1 所示。

地基土在重力作用下，除承受作用于水平面上的竖向自重应力外，在竖直面上还作用有水平的侧向自重应力。由于土柱体在重力作用下无侧向变形和剪切变形，可以证明，侧向自重应力 σ_{cx} 和 σ_{cy} 与 σ_{cz} 成正比，剪应力均为零，即

$$\sigma_{cx}=\sigma_{cy}=k_0\sigma_{cz}$$

$$\tau_{xy}=\tau_{yz}=\tau_{zx}=0$$

式中，比例系数 k_0 称为“土的侧压力系数”或“静止压力系数”。

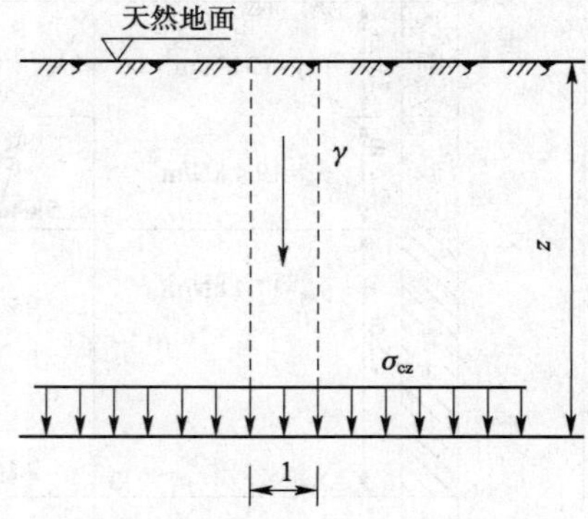

图 2.1.1　均质土中的竖向自重应力

二、成层土的自重应力

在一般情况下，天然地基往往由成层土所组成，设各土层的厚度为 h_i，重度为 γ_i，则深度 z 处土的自重应力可通过对各层土自重应力求和得到，即

$$\sigma_{cz}=\gamma_1 h_1+\gamma_2 h_2+\gamma_3 h_3+\cdots=\sum_{i=1}^{n}\gamma_i h_i \tag{2.1.2}$$

式中，n 为自天然地面至深度 z 处土的层数；h_i 为第 i 层土的厚度(m)；γ_i 为第 i 层土的天然重度，对地下水位以下的土层取有效重度 γ'(kN/m^3)。因为土受到水的浮力影响，其自重应力相应减少。但在地下水位以下，若埋藏有不透水层（例如岩层或只含结合水的坚硬黏土层），由于不透水层中不存在水的浮力，故层面及层面以下的自重应力应按上覆土层的水土总重计算。这样，紧靠上覆层与不透水层界面上下的自重应力有突变，使层面处具有两个自重应力值(图 2.1.2 点 3 处)。

【例 2.1.1】　试计算图 2.1.2 所示土层的自重应力及作用在基岩顶面的土自重应力和

静水压力之和，并绘制自重应力分布图。

【解】

$$\sigma_{cz1}=\gamma_1 h_1=19\times 2.0\ \text{kPa}=38\ \text{kPa}$$

$$\sigma_{cz2}=\gamma_1 h_1+\gamma_2{}' h_2=[38+(19.4-10)\times 2.5]\ \text{kPa}=61.5\ \text{kPa}$$

$$\sigma_{cz3}=\gamma_1 h_1+\gamma_2{}' h_2+\gamma_3{}' h_3=[61.5+(17.4-10)\times 4.5]\ \text{kPa}=96.6\ \text{kPa}$$

$$\sigma_w=\gamma_w(h_2+h_3)=10\times 7.0\ \text{kPa}=70\ \text{kPa}$$

作用在基岩顶面处土的自重应力为 96.6 kPa，静水压力为 70 kPa，总应力为(96.6+70) kPa=166.6 kPa。

还须注意：此处所讨论的自重应力是指土颗粒之间接触点传递的粒间应力，故又称为“有效自重应力”。一般土层形成地质年代较长，在自重作用下变形早已稳定，故自重应力不再引起建筑物基础沉降，但对于近期沉积或堆积的土层及地下水位升降等情况，尚应考虑自重应力作用下的变形，这是地下水位的变动引起土的重度改变的结果。如图 2.1.3所示。在深基坑开挖中，需大量抽取地下水，以致地下水位大幅度下降，引起土的重度改变，因 $\gamma>\gamma'$，故自重应力增加，从而造成地表大面积下沉的严重结果。反之，若地下水位长期上升，如大量工业废水渗入地下的地区或在人工抬高蓄水水位地区，水位会引起地基承载力的减小、湿陷性土的陷塌现象等，必须引起注意。

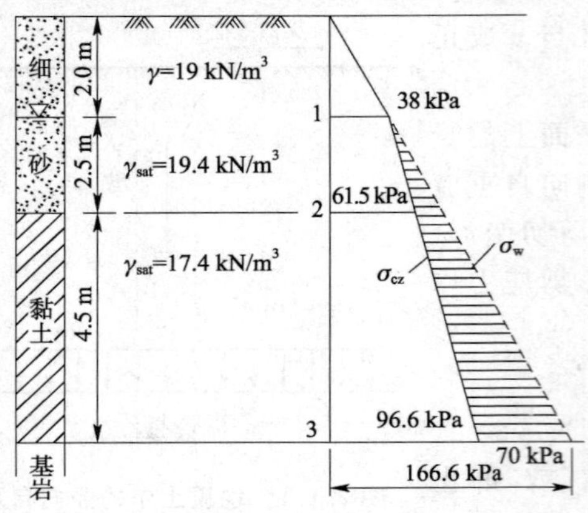

图 2.1.2　土的自重应力计算及其分布图

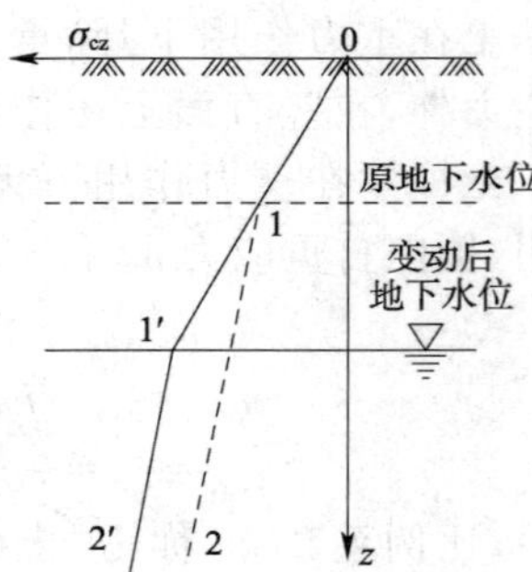

图 2.1.3　地下水位下降对土自重应力的影响

0、1、2—原来自重应力的分布；0、1′、2′—地下水位变动后自重应力的分布

第二节　基底压力

前已指出土中的附加应力是由于建筑物荷载等作用所引起的应力增量，而建筑物荷载是通过基础传给地基的，在基础底面与地基之间产生接触压力，通常称为“基底压力”。它既是基础作用于地基表面的力，也是地基对于基础的反作用力。为了计算上部荷载在地基土层中引起的附加应力，应首先研究基底压力的大小与分布情况。

一、基底压力分布

精确确定基底压力数值大小与分布形态，是一个很复杂的问题。因为基础与地基不是一种材料、一个整体，两者的刚度相差很大，变形不能协调。此外，它还与基础的刚度、平面形状、尺寸大小和埋置深度等有关，与作用在基础上的荷载性质、大小和分布情况及地基土的性质等众多因素有关。目前在弹性理论中主要是研究不同刚度的基础与弹性半空间表面间的接触压力分布问题。

柔性基础(如土坝、路基及油罐薄板)的刚度很小,好比放在地上的柔软薄膜,在垂直荷载作用下没有抵抗弯曲变形的能力,基础随着地基一起变形。因此,柔性基础接触压力分布与其上部荷载分布情况相同。在中心受压时,为均匀分布(图 2.2.1)。

刚性基础(如块式整体基础、素混凝土基础)本身刚度较大,受荷后基础不出现挠曲变形。由于地基与基础的变形必须协调一致,因此在调整基底沉降使之趋于均匀的同时,基底压力发生了转移。通常在中心荷载下,基底压力呈马鞍形分布,中间小而边缘大,如图 2.2.2a)所示;当基础上的荷载较大时,基础边缘由于应力很大,使土产生塑性变形,边缘应力不再增加,而使中央部分继续增大,基底压力重新分布而呈抛物线形,如图 2.2.2b)所示;若作用在基础上的荷载继续增大,接近于地基的破坏荷载时,应力图形又变成中部突出的钟形,如图 2.2.2c)所示。

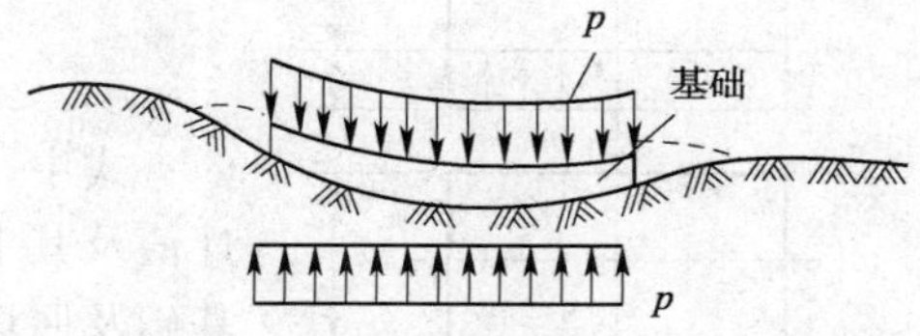

图 2.2.1　柔性基础基底压力分布

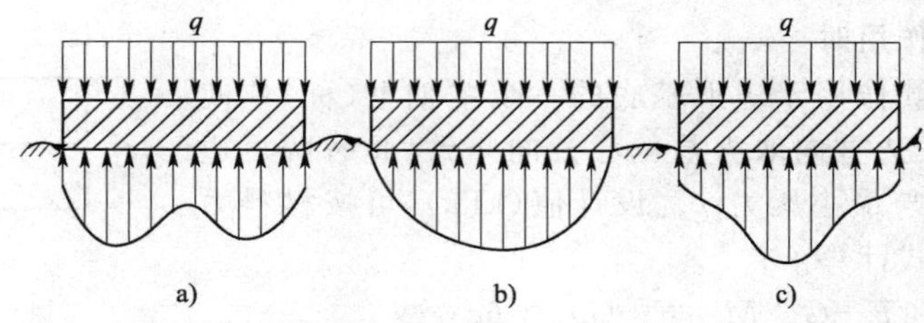

图 2.2.2　刚性基础基底压力分布

有限刚度基础底面的压力分布,可按基础的实际刚度及土的性质,用弹性地基上梁和板的方法计算,在本课程中不作介绍。

另外,通过于基础底面不同部位处预埋土压力盒测试,还可看到基础埋置深度与土的性质对基底压力分布形态的增加。当基础埋置一定深度时,由于基础周围土体约束,基础边缘土粒难以挤出,塑性区减小,边缘反力增加,使基础压力趋于均匀分布。当基础置于砂土时,基底边缘砂粒易于侧向挤出,塑性区减小,边缘迅速开展,反力趋于均匀分布。当基础置于砂土时,基底边缘砂粒易于侧向挤出,塑性区随荷载增加迅速开展,反力趋于抛物线形分布;而硬黏土上的基础,由于硬黏土具有较大的黏结力,基底边缘可以承担一定的压力,故反力呈马鞍形分布。

二、基底压力的简化计算

对于桥梁墩台基础及工业与民用建筑中的柱下单独基础、墙下条形基础等扩展基础,均可视为刚性基础。这些基础,因为受地基容(允)许承载力的限制,加上基础还有一定的埋置深度,其基底压力呈马鞍形分布,而且其发展趋向于均匀,故可近似简化为基底反力均匀分布。另外,根据弹性理论中圣维南原理可以证明,在基础底面下一定深度所引起的地基附加应力与基底荷载分布形态无关,而只与其合力的大小和作用点位置有关。由此,在工程应用中,对于具有一定刚度及尺寸较小的扩展基础,其基底压力近似当成直线分布,按材料力学公式进行简化计算。而对于较复杂的基础,如柱下条形基础、片筏基础和箱形基础,基底压力的细微变化,往往对基础内力和结构计算有明显的影响,因此一般需考虑上部结构和基础的刚度及地基土力学性质的影响，用验算弹性地基梁板的方法计算。

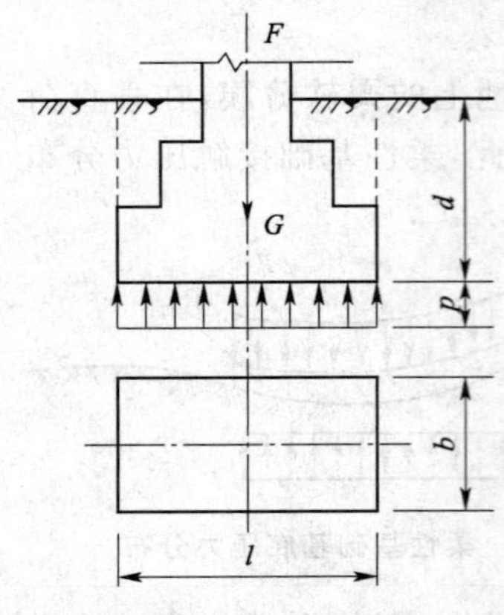

图 2.2.3　中心荷载下基底压力分布

下面介绍简化计算方法：

(一)中心荷载作用时

作用在基底上的荷载合力通过基底形心，基底压力假定为均匀分布(图 2.2.3)，平均压力设计值 p(kPa)可按下式计算

$$p=\frac{F+G}{A} \tag{2.2.1}$$

式中，F 为基础上的竖向力设计值(kN)；G 为基础自重设计值及其上回填土重标准值总和(kN)($G=\gamma_G Ad$，其中 γ_G 为基础及回填土之平均重度，一般取 20 kN/m^3，地下水位以下部分应扣除 10 kN/m^3 的浮力)；d 为基础埋深(m)，一般从室外设计地面或室内外平均设计地面算起；A 为基底面积(m^2)，矩形基础 $A=lb$，l 和 b 分别为矩形基底的长度和宽度(m)。对于条形基础，可沿长度方向取 1 m 计算，则式(2.2.1)中 F、G 代表每延长米内的相应值(kN/m)。

(二)偏心荷载作用时

常见的偏心荷载作用于矩形基底的一个主轴上(称"单向偏心")，可将基底长边方向取得与偏心方向一致，此时两短边边缘最大压力 p_{max} 与最小压力 p_{min} 设计值(kPa)，可按材料力学短柱偏心受压公式计算

$$p_{\min}^{\max}=\frac{F+G}{A}\pm\frac{M}{W}=\frac{F+G}{A}\left(1\pm\frac{6e}{l}\right) \tag{2.2.2}$$

式中，M 为作用在基底形心上的力矩设计值(kN·m)，$M=(F+G)e$，e 为荷载偏心矩；W 为基础底面的抵抗矩(m^3)，对矩形基础 $W=bl^2/6$。

从式(2.2.2)可知，按荷载偏心距 e 的大小，基底压力的分布可能出现下述三种情况(图 2.2.4)：

①当 $e<l/6$ 时，由式(2.2.2)知 $p_{min}>0$，基底压力呈梯形分布[图 2.2.4a)]；

②当 $e=l/6$ 时，$p_{min}=0$，基底压力呈三角形分布[图 2.2.4b)]；

③当 $e>l/6$ 时，$p_{min}<0$，也即产生拉应力[图 2.2.4c)]，由于基底与地基之间不能承受拉应力，此时产生拉应力部分的基底将与地基土局部脱开，致使基底压力重新分布，根据偏心荷载与基底反力平衡的条件，荷载合力 $F+G$ 应通过三角形反力分布图的形心[图 2.2.4c)]，由此可得

$$p_{max}=\frac{2(F+G)}{3b(l/2-e)} \tag{2.2.3}$$

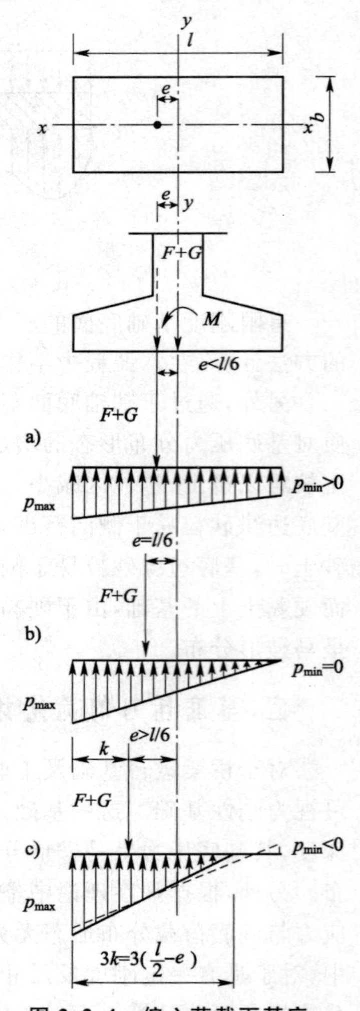

图 2.2.4　偏心荷载下基底压力分布

三、基底附加压力

综上所述，土的自重应力不引起地基变形，只有新增的建筑物荷载，即作用于地基表面的附加压力，才是使地基压缩变

形的主要原因。实际上，一般基础都埋置于地面下一定深度，该处原有自重应力因基坑开挖而卸除。因此，在计算由建筑物造成的基底附加压力时，应扣除基底标高处土中原有的（建筑前的）自重应力 σ_{cd}后，才是基底平面处新增加于地基的基底附加压力（图 2.2.5），基底平均附加压力 p_0 值按下式计算

$$p_0 = p - \sigma_{cd} = p - \gamma_0 d \tag{2.2.4}$$

式中，σ_{cd}为基底处土的自重应力标准值，$\sigma_{cd} = \gamma_0 d$；γ_0 为基底标高以上天然土层的加权平均重度，地基中地下水位以下取有效重度；d 为基础埋置深度(m)，必须从天然地面算起，$d = h_1 + h_2 + h_3 + \cdots + h_n$。

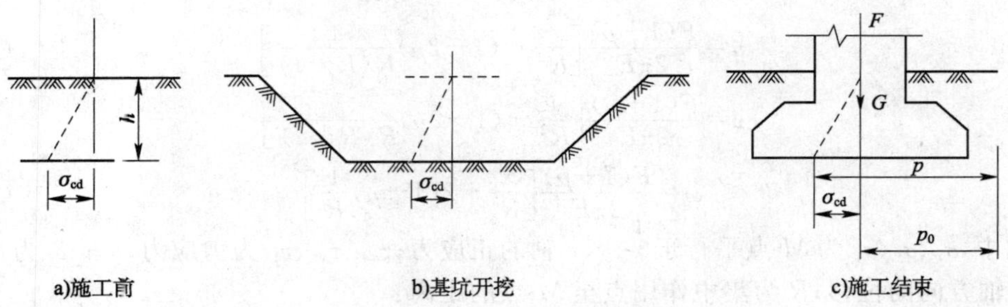

图 2.2.5　基底平均附加应力的计算

有了基底附加压力，即可把它作为作用在弹性半空间表面上的局部荷载，由此根据弹性力学计算地基中的附加应力（见本章第三节）。必须指出，实际上，基底附加压力一般作用在地表下一定深度（指浅基础的埋深）处，因此，假设它作用在半空间表面上，而运用弹性力学解答所得的结果只是近似值，不过，对于一般浅基础来说，这种假设所造成的误差可以忽略不计。

另外，当基坑的平面尺寸和深度较大时，坑底回弹是明显的，且基坑中点的回弹大于边缘点。在沉降计算中，为了适当考虑这种坑底的回弹和再压缩而增加沉降，改取 $p_0 = p - \alpha\sigma_{cd}$，式中 α 为 C～1 的系数。此外，式(2.2.4)尚应保证满足坑底土质不发生浸水膨胀的条件。

第三节　地基附加应力

地基中附加应力是由建筑物荷载引起的应力增加，目前采用的附加应力计算方法是根据弹性理论推导出来的。本节首先讨论在竖向集中力作用下地基附加应力计算，然后应用竖向集中力的解答，通过叠加原理或者积分的方法可以得到各种分布荷载作用下土中应力的计算公式。

一、竖向集中力下的地基附加应力

(一)单个竖向集中力作用

在半无限空间表面上作用一竖向集中力 F 时（图 2.3.1），半空间内任意点$M(x,y,z)$的应力和位移的弹性力学解，是由法国的布辛奈斯克(J. Boussincsp，1885)首先提出的。他根据弹性理论导得的应力及位移表达式分别为：

$$\sigma_z = \frac{3F}{2\pi}\frac{z^3}{R^5} = \frac{3F}{2\pi R^2}\cos^3\theta \tag{2.3.1}$$

$$\sigma_x=\frac{3F}{2\pi}\left\{\frac{x^2 z}{R^5}+\frac{1-2\mu}{3}\left[\frac{R^2-Rz-z^2}{R^3(R+z)}-\frac{x^2(2R+z)}{R^3(R+z)^2}\right]\right\} \tag{2.3.2}$$

$$\sigma_y=\frac{3F}{2\pi}\left\{\frac{y^2 z}{R^5}+\frac{1-2\mu}{3}\left[\frac{R^2-Rz-z^2}{R^3(R+z)}-\frac{y^2(2R+z)}{R^3(R+z)^2}\right]\right\} \tag{2.3.3}$$

$$\tau_{xy}=\tau_{yx}=-\frac{3F}{2\pi}\left[\frac{xyz}{R^5}-\frac{1-2\mu}{3}\frac{xy(2R+z)}{R^3(R+z)^2}\right] \tag{2.3.4}$$

$$\tau_{yz}=\tau_{zy}=-\frac{3F}{2\pi}\frac{yz^2}{R^5}=-\frac{3Fy}{2\pi R^3}\cos^2\theta \tag{2.3.5}$$

$$\tau_{zx}=\tau_{xz}=-\frac{3F}{2\pi}\frac{xz^2}{R^5}=-\frac{3Fx}{2\pi R^3}\cos^2\theta \tag{2.3.6}$$

$$u=\frac{F(1+\mu)}{2\pi E}\left[\frac{xz}{R^3}-(1-2\mu)\frac{x}{R(R+z)}\right] \tag{2.3.7}$$

$$\nu=\frac{F(1+\mu)}{2\pi E}\left[\frac{yz}{R^3}-(1-2\mu)\frac{y}{R(R+z)}\right] \tag{2.3.8}$$

$$\omega=\frac{F(1+\mu)}{2\pi E}\left[\frac{z^2}{R^3}+2(1-\mu)\frac{1}{R}\right] \tag{2.3.9}$$

式中，σ_x、σ_y、σ_z 为 M 点平行于 x、y、z 轴的正应力；τ_{xy}、τ_{yz}、τ_{zx} 为剪应力；u、ν、ω 为 M 点沿 x、y、z 轴方向的位移；R 为集中作用点至 M 点的距离：

$$R=\sqrt{x^2+y^2+z^2}=\sqrt{r^2+z^2}=\frac{z}{\cos\theta}$$

θ 为 R 线与 z 轴的夹角；r 为集中力作用点与 M 点的水平距离；E 为土的弹性模量（或土力学中专用的地基变形模量 E_0）；μ 为土的泊松比。

在上述应力及位移计算公式中，若 $R=0$（集中力作用点），则其结果将趋于无穷大，即地基土上已发生了塑性变形，按弹性理论解已不适用。因此所选择的计算点不应过于接近集中力的作用点。

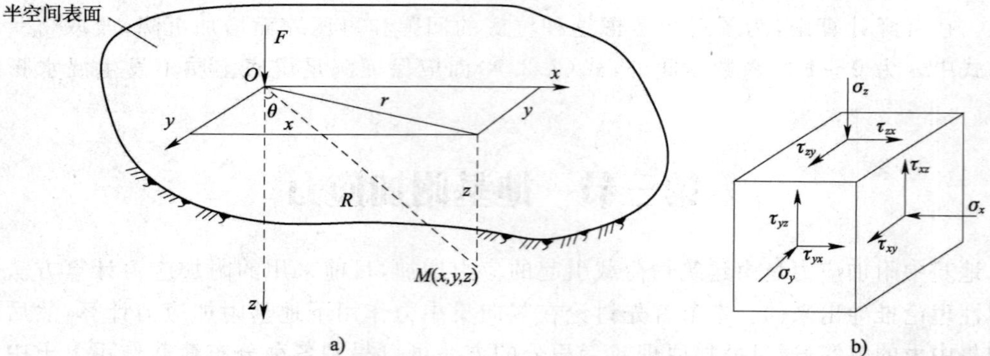

图 2.3.1 竖向集中力作用下的附加应力

在工程实践中应用最多的是竖向法向应力 σ_z 及竖向位移 ω，下面着重讨论 σ_z 的计算。为了应用方便，可对式(2.3.1)进行改造，即

$$R=\sqrt{r^2+z^2}=\sqrt{x^2+y^2+z^2}$$

则

$$\sigma_z=\frac{3F}{2\pi}\frac{z^3}{R^5}=\frac{3F}{2\pi}\frac{z^3}{(r^2+z^2)^{5/2}}=\frac{3F}{2\pi z^2}\frac{1}{[(r/z)^2+1]^{5/2}}=\alpha\frac{F}{z^2} \tag{2.3.10}$$

其中

$$\alpha=\frac{3}{2\pi}\frac{1}{[(r/z)^2+1]^{5/2}}$$

α 称为集中力作用下的地基竖向应力系数，是 r/z 的函数，由表 2.3.1 查取。

集中荷载作用地基竖向附加应力系数 α　　　　表 2.3.1

r/z	α	r/z	α	r/z	α	r/z	α	r/z	α
0.00	0.477 5	0.50	0.273 3	1.00	0.084 4	1.50	0.025 1	2.00	0.008 5
0.05	0.474 5	0.55	0.246 6	1.05	0.074 4	1.55	0.024 4	2.20	0.005 8
0.10	0.465 7	0.60	0.221 4	1.10	0.065 8	1.60	0.020 0	2.40	0.004 0
0.15	0.451 6	0.65	0.197 8	1.15	0.058 1	1.65	0.017 9	2.60	0.002 9
0.20	0.432 9	0.70	0.176 2	1.20	0.051 3	1.70	0.016 0	2.80	0.002 1
0.25	0.410 3	0.75	0.156 5	1.25	0.045 4	1.75	0.014 4	3.00	0.001 5
0.30	0.384 9	0.80	0.138 6	1.30	0.040 2	1.80	0.012 9	3.50	0.000 7
0.35	0.357 7	0.85	0.122 6	1.35	0.035 7	1.85	0.011 6	4.00	0.000 4
0.40	0.329 4	0.90	0.108 3	1.40	0.031 7	1.90	0.010 5	4.50	0.000 2
0.45	0.301 1	0.95	0.095 6	1.45	0.028 2	1.95	0.009 5	5.00	0.000 1

【例 2.3.1】 在地表面作用集中力 $F=200$ kN，计算地面下深度 $z=3$ m 处水平面上的附加应力 σ_z 分布，以及距 F 的作用点 $r=1$ m 处竖直面上的附加应力 σ_z 分布。

【解】 各点的附加应力 σ_z，可按式(2.3.10)计算，并列于表 2.3.2 和表 2.3.3 中，同时可绘出 σ_z 的分布图示(图 2.3.2)。

$z=3$ m 处水平面上附加应力 σ_z 计算　　　　表 2.3.2

r/m	0	1	2	3	4	5
r/z	0	0.33	0.67	1	1.33	1.67
α	0.478	0.369	0.189	0.084	0.038	0.017
σ_z/kPa	10.6	8.2	4.2	1.9	0.8	0.4

$r=1$ m 处竖直面上附加应力 σ_z 计算　　　　表 2.3.3

z/m	0	1	2	3	4	5	6
r/z	∞	1	0.5	0.33	0.25	0.20	0.17
α	0	0.084	0.273	0.369	0.410	0.433	0.444
σ_z/kPa	0	16.8	13.7	8.2	5.1	3.5	2.5

(二)多个集中力及不规则分布荷载作用

如图 2.3.3 所示，若半无限体表面(地面)有几个集中力作用时，则地基中任意点 M 处的附加应力 σ_z，可利用式(2.3.10)分别求出各集中力对该点引起的附加应力，然后进行叠加。即

$$\sigma_z=\alpha_1\frac{F_1}{z^2}+\alpha_2\frac{F_2}{z^2}+\cdots+\alpha_n\frac{F_n}{z^2}=\frac{1}{z^2}\sum_{i=1}^{n}\alpha_i F_i \tag{2.3.11}$$

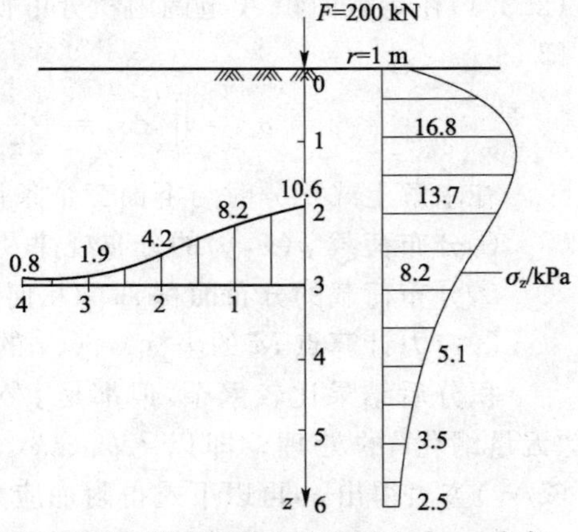

图 2.3.2　竖向集中力作用下土中 σ_z 分布

式(2.3.11)也适用于局部分布荷载，如图 2.3.4所示，若局部分布荷载的平面形状或分布规律不规则时，可将荷载截面(或基础底面)分成若干形状规则(如矩形)的面积单元，将每个单元上的分布荷载视为集中力，再以式(2.3.11)计算地基中某点 M 的附加应力。这种方法称为“等代荷载法”，该法的计算精度取决于划分的单元面积的大小。有经验指出，当矩形单元面积

的长边小于面积形心到计算点距离的 1/2、1/3 或 1/4 时，所算得的附加应力的误差一般不大于 6%、3%或 2%。

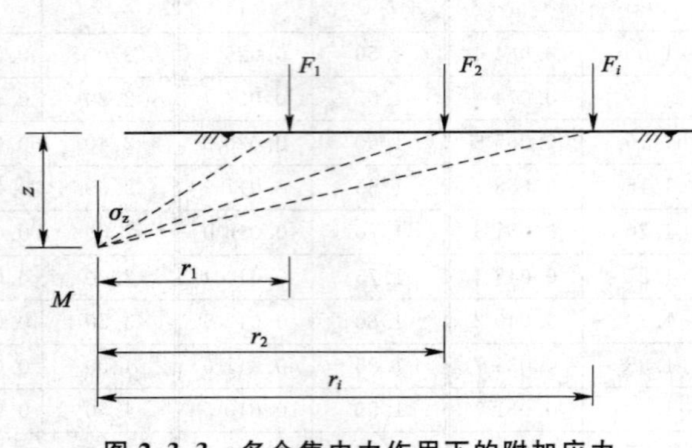

图 2.3.3　多个集中力作用下的附加应力

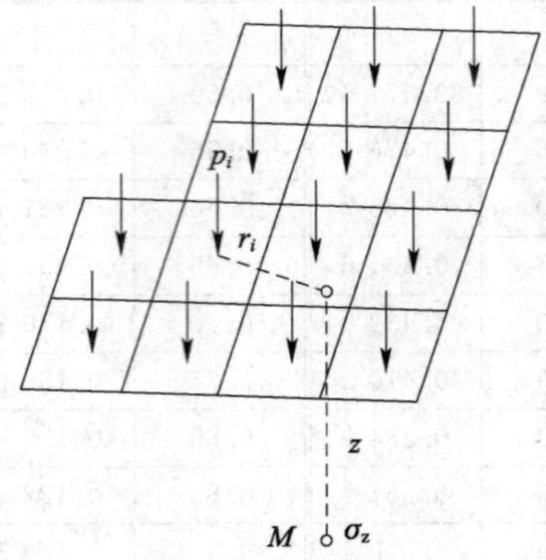

图 2.3.4　等代荷载法计算 σ_z

二、分布荷载下地基附加应力

在实践中荷载很少是以集中力的形式作用在地基土上的，而往往是通过基础分布在一定面积上。若基础底面的形状或基底下的荷载分布不规则时，可用等代荷载法求出地基中附加应力；反之，若基础底面的形状及分布荷载都有规律时，则可应用积分的方法求得地基土中的附加应力。

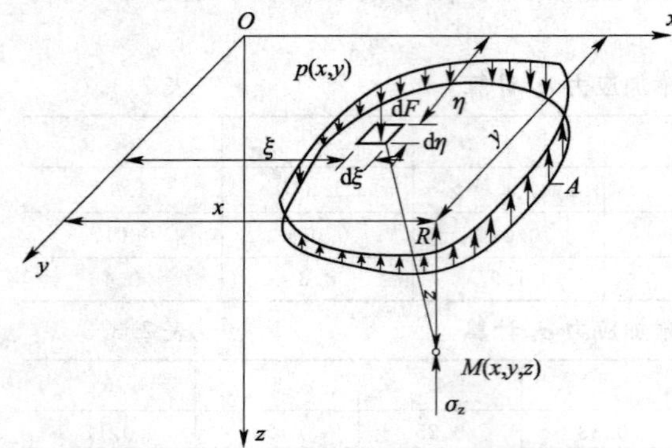

图 2.3.5　分荷载作用下土中应力计算

首先讨论一般情况：设半无限土体表面作用一分布荷载 $p(x,y)$，如图 2.3.5 所示，若求地基土中某点 $M(x,y,z)$ 的竖向应力 σ_z，可以先在荷载面积范围内取一微元面积 $dA=d\xi d\eta$，则作用在微元面积上的分布荷载可用集中力 $dF=p(x,y)d\xi d\eta$ 表示，用式(2.3.1)在荷载面积 A 范围内积分可得 σ_z。

即

$$\sigma_z=\iint_A d\sigma_z=\frac{3z^3}{2\pi}\iint_A \frac{p(x,y)d\xi d\eta}{[(x-\xi)^2+(y-\eta)^2+z^2]^{5/2}} \tag{2.3.12}$$

在求解上式积分时与下面三个条件有关：

①分布荷载 $p(x,y)$ 的分布规律及其大小；

②分布荷载的分布面积 A 的几何形状及其大小；

③应力计算点 M 的坐标 x、y、z 的值。

积分后结果比较繁杂，但都是 l/b、$z/b(z/r_0)$ 等的函数。工程上为了应用方便，常采用"无量纲化"的处理。即以 l/b、$z/b(z/r_0)$ 编制一些表格。应用时，可直接根据 l/b、$z/b(z/r_0)$ 查表得出 α，再以下式得附加应力 σ_z，即

$$\sigma_z=\alpha p_0 \tag{2.3.13}$$

其中 α 称为"附加应力系数"。

下面介绍几种常见的基础底面形状及其在分布荷载(有规则)作用下，地基土中附加应力 σ_z 的计算。

(一)空间问题的附加应力计算

常见的空间问题有:均布矩形荷载、三角形分布的矩形荷载及均布的圆形荷载等。

(1)矩形面积均布荷载作用时土中竖向附加应力 σ_z 计算

如图 2.3.6 所示,设矩形荷载面的长度和宽度分别为 l 和 b,作用于地基上的竖向荷载为 p_0,若取所计算的角点为坐标原点,则 M 点的坐标为$(0,0,z)$,分布荷载 $p(x,y)=p_0$,以此代入式(2.3.12)积分可得矩形面积角点 O 下的附加应力 σ_z 为

$$\sigma_z=\alpha_c p_0$$

其中

$$\alpha_c=\frac{1}{2\pi}\left[\frac{ldz(l^2+b^2+2z^2)}{(l^2+z^2)(b^2+z^2)\sqrt{l^2+b^2+z^2}}+\arctan\frac{ld}{z\sqrt{l^2+b^2+z^2}}\right] \quad (2.3.14)$$

图 2.3.6　均布矩形荷载角点下的附加应力 σ_z

α_c 称为均布矩形荷载角点下的竖向附加应力系数,简称"角点应力系数",应用时可按 l/b和 z/b 查表2.3.4得到。

当应力计算点 M 不位于角点下时,可利用式(2.3.14)以角点法求得。图 2.3.7 中列出计算点不位于角点下的四种情况(M'点表示 M 点在荷载作用面上的水平投影,并表示任意深度 z 处)。计算时,通过 M'点将荷载面积划分为若干个矩形面积,而 M'必须是划分出来的各个矩形的公共角点,然后再按式(2.3.14)计算每个矩形角点下的同一深度 z 处的附加应力 σ_z,并求其代数和。这种方法通常称为"角点法"。

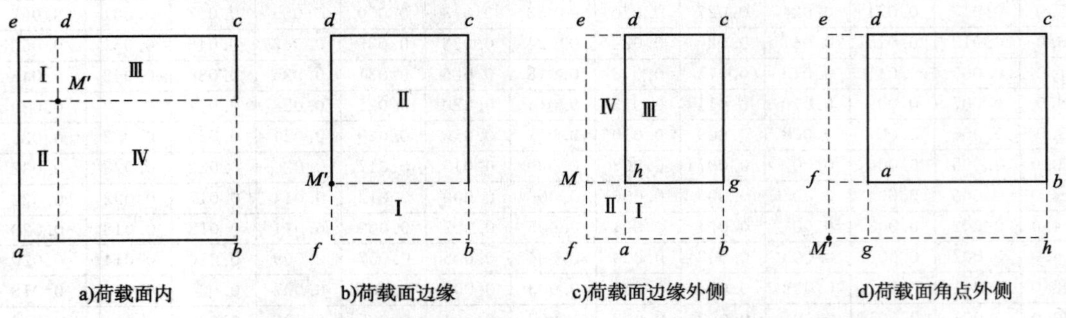

图 2.3.7　以角点法计算均布矩形荷载下的地基附加应力

均布的矩形荷载角点下的竖向附加应力系数　　表 2.3.4

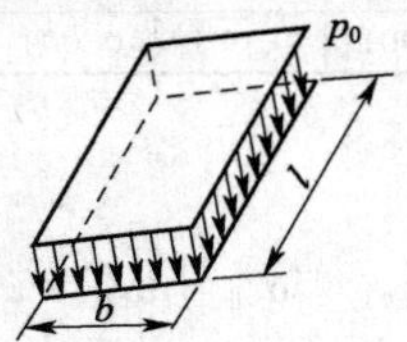

z/b	l/b											
	1.0	1.2	1.4	1.6	1.8	2.0	3.0	4.0	5.0	6.0	10.0	条形
0.0	0.250	0.250	0.250	0.250	0.250	0.250	0.250	0.250	0.250	0.250	0.250	0.250
0.2	0.249	0.249	0.249	0.249	0.249	0.249	0.249	0.249	0.249	0.249	0.249	0.249

续上表

z/b	l/b											
	1.0	1.2	1.4	1.6	1.8	2.0	3.0	4.0	5.0	6.0	10.0	条形
0.4	0.240	0.242	0.243	0.243	0.244	0.244	0.244	0.244	0.244	0.244	0.244	0.244
0.6	0.223	0.228	0.230	0.232	0.232	0.233	0.234	0.234	0.234	0.234	0.234	0.234
0.8	0.200	0.207	0.212	0.215	0.216	0.218	0.220	0.220	0.220	0.220	0.220	0.220
1.0	0.175	0.185	0.191	0.195	0.198	0.200	0.203	0.204	0.204	0.204	0.205	0.205
1.2	0.152	0.163	0.171	0.176	0.179	0.182	0.187	0.188	0.189	0.189	0.189	0.189
1.4	0.131	0.142	0.151	0.157	0.161	0.164	0.171	0.173	0.174	0.174	0.174	0.174
1.6	0.112	0.124	0.133	0.140	0.145	0.148	0.157	0.159	0.160	0.160	0.160	0.160
1.8	0.097	0.108	0.117	0.124	0.129	0.133	0.143	0.146	0.147	0.148	0.148	0.148
2.0	0.084	0.095	0.103	0.110	0.116	0.120	0.131	0.135	0.136	0.137	0.137	0.137
2.2	0.073	0.083	0.092	0.098	0.104	0.108	0.121	0.125	0.126	0.127	0.128	0.128
2.4	0.064	0.073	0.081	0.088	0.093	0.098	0.111	0.116	0.118	0.118	0.119	0.119
2.6	0.057	0.065	0.072	0.079	0.084	0.089	0.102	0.107	0.110	0.111	0.112	0.112
2.8	0.050	0.058	0.065	0.071	0.076	0.080	0.094	0.100	0.102	0.104	0.105	0.105
3.0	0.045	0.052	0.058	0.064	0.069	0.073	0.087	0.093	0.096	0.097	0.099	0.099
3.2	0.040	0.047	0.053	0.058	0.063	0.067	0.081	0.087	0.090	0.092	0.093	0.094
3.4	0.036	0.042	0.048	0.053	0.057	0.061	0.075	0.081	0.085	0.086	0.088	0.089
3.6	0.033	0.038	0.043	0.048	0.052	0.056	0.069	0.076	0.080	0.082	0.084	0.084
3.8	0.030	0.035	0.040	0.044	0.048	0.052	0.065	0.072	0.075	0.077	0.080	0.080
4.0	0.027	0.032	0.036	0.040	0.044	0.048	0.060	0.067	0.071	0.073	0.076	0.076
4.2	0.025	0.029	0.033	0.037	0.041	0.044	0.056	0.063	0.067	0.070	0.072	0.073
4.4	0.023	0.027	0.031	0.034	0.038	0.041	0.053	0.060	0.064	0.066	0.069	0.070
4.6	0.021	0.025	0.028	0.032	0.035	0.038	0.049	0.056	0.061	0.063	0.066	0.067
4.8	0.019	0.023	0.026	0.029	0.032	0.035	0.046	0.053	0.058	0.060	0.064	0.064
5.0	0.018	0.021	0.024	0.027	0.030	0.033	0.043	0.050	0.055	0.057	0.061	0.062
6.0	0.013	0.015	0.017	0.020	0.022	0.024	0.033	0.039	0.043	0.046	0.051	0.052
7.0	0.009	0.011	0.013	0.015	0.016	0.018	0.025	0.031	0.035	0.038	0.043	0.045
8.0	0.007	0.009	0.010	0.011	0.013	0.014	0.020	0.025	0.028	0.031	0.037	0.039
9.0	0.006	0.007	0.008	0.009	0.010	0.011	0.016	0.020	0.024	0.026	0.032	0.035
10.0	0.005	0.006	0.007	0.007	0.008	0.009	0.013	0.017	0.020	0.022	0.028	0.032
12.0	0.003	0.004	0.005	0.005	0.006	0.006	0.009	0.012	0.014	0.017	0.022	0.026
14.0	0.002	0.003	0.004	0.004	0.004	0.005	0.007	0.009	0.011	0.013	0.018	0.023
16.0	0.002	0.002	0.003	0.003	0.003	0.004	0.005	0.007	0.009	0.010	0.014	0.020
18.0	0.001	0.002	0.002	0.002	0.003	0.003	0.004	0.006	0.007	0.008	0.012	0.018
20.0	0.001	0.001	0.002	0.002	0.002	0.002	0.004	0.005	0.006	0.007	0.010	0.016
25.0	0.001	0.001	0.001	0.001	0.001	0.002	0.002	0.003	0.004	0.004	0.007	0.013
30.0	0.001	0.001	0.001	0.001	0.001	0.001	0.002	0.002	0.003	0.003	0.005	0.011
35.0	0.000	0.000	0.001	0.001	0.001	0.001	0.001	0.002	0.002	0.002	0.004	0.009
40.0	0.000	0.000	0.000	0.000	0.001	0.001	0.001	0.001	0.001	0.002	0.003	0.008

实用中有如下几种情况：

①M'点在荷载面内[图 2.3.7a)]

$$\sigma_z=(\alpha_{c\mathrm{I}}+\alpha_{c\mathrm{II}}+\alpha_{c\mathrm{III}}+\alpha_{c\mathrm{IV}})p_0$$

如果 M'点位于受荷面中心，则 $\alpha_{c\mathrm{I}}=\alpha_{c\mathrm{II}}=\alpha_{c\mathrm{III}}=\alpha_{c\mathrm{IV}}$，得 $\sigma_z=4\alpha_{c\mathrm{I}}p_0$，此即为利用角点法求得的均布矩形荷载面中心下 σ_z 的解。此概念在下章地基沉降计算中也用到。当然，也可直接查中点应力系数表求解矩形荷载面中心下的 σ_z（此处略）。

②M'点在荷载面边缘[图 2.3.7b)]

$$\sigma_z=(\alpha_{c\mathrm{I}}+\alpha_{c\mathrm{II}})p_0$$

③M'在荷载面边缘外侧[图 2.3.7c)]

此时荷载面 $abcd$ 可看成是由Ⅰ($M'fbg$)与Ⅱ($M'fah$)之差和Ⅲ($M'ecg$)与Ⅳ($M'edh$)之差合成的,则

$$\sigma_z=(\alpha_{c\mathrm{I}}-\alpha_{c\mathrm{II}}+\alpha_{c\mathrm{III}}-\alpha_{c\mathrm{IV}})p_0$$

④M'点在荷载面角点外侧[图 2.3.7d)]

把荷载看成由Ⅰ($M'hce$)扣除Ⅱ($M'hbf$)和Ⅲ($M'gde$)而成,而Ⅳ($M'gaf$)被减去了两次,所以要"加二"。即

$$\sigma_z=(\alpha_{c\mathrm{I}}-\alpha_{c\mathrm{II}}-\alpha_{c\mathrm{III}}+\alpha_{c\mathrm{IV}})p_0$$

应用角点法时尚需注意:要使角点 M' 位于所划分的每一个矩形的公共角点;划分矩形的总面积应等于原有的受荷面积;查表时,所有分块矩形都是长边为 l,短边为 b。

【例 2.3.2】 有一矩形底面基础 $b=4$ m,$l=6$ m,其上作用均布荷载 $p_0=100$ kPa,用角点法计算矩形基础外 k 点下深度 $z=6$ m 处 N 点竖向应力 σ_z 值。

【解】 如图 2.3.8 所示,将 k 点置于假设的矩形受荷面积的角点处,按角点法计算 N 点的附加应力。N 点的附加应力是由受荷面积($ajki$)与($iksd$)引起的附加应力之和,减去矩形受荷面积($bjkr$)与($rksc$)引起的附加应力,即

$$\sigma_z=\sigma_z(ajki)+\sigma_z(iksd)-\sigma_z(bjkr)-\sigma_z(rksc)$$

将其计算结果列于表 2.3.5。

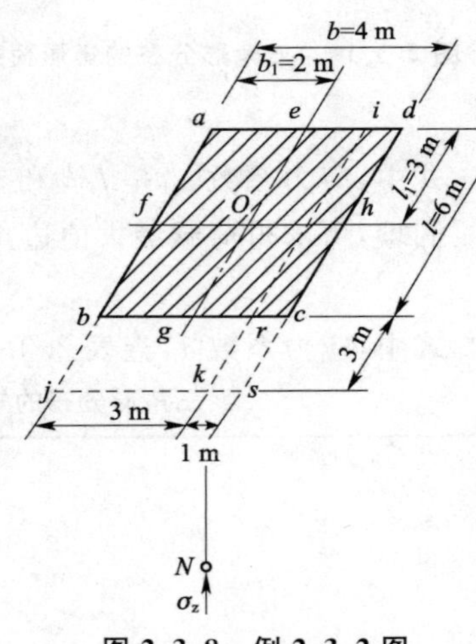

图 2.3.8 例 2.3.2 图

例 2.3.2 计算结果 表 2.3.5

荷载作用面积	l/b	z/b	α_c
$ajki$	9/3=3	6/3=2	0.131
$iksd$	9/1=9	6/1=6	0.051
$bjkr$	3/3=1	6/3=2	0.084
$rksc$	3/1=3	6/1=6	0.033

$$\sigma_z=100\times(0.131+0.051-0.084-0.033)\ \text{kPa}=6.5\ \text{kPa}$$

【例 2.3.3】 某相邻基础如图 2.3.9 所示,试计算甲基础中点 O 及角点 m 下、深度 $z=2$ m处的附加应力 σ_z。

【解】 ①中点 O 下,$z=2$ m 处地附加应力包括以下内容。

甲基础本身的影响:

矩形 $Oimd$ 共 4 块,$l/b=1$,$z/b=2$,$\alpha_c=0.084$。

乙基础的影响:

矩形$Okgd$-$Ojhd$ 共 2 块,

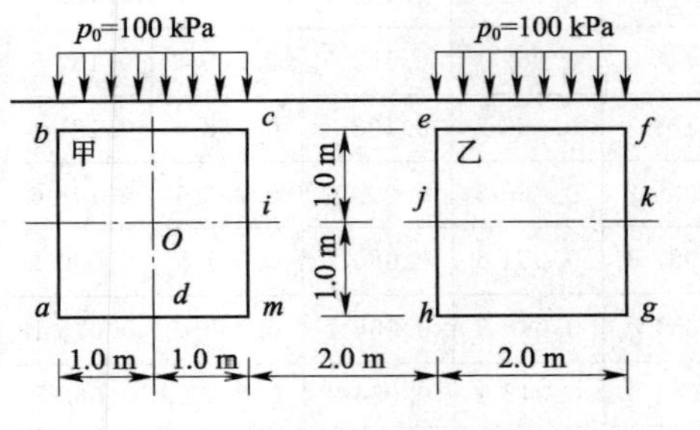

图 2.3.9 例 2.3.3 图

$Okgd$:$l/b=5$,$z/b=2$,$\alpha_c=0.136$

$Ojhd$:$l/b=3$,$z/b=2$,$\alpha_c=0.131$

$$\sigma_z=[4\times0.084+2\times(0.136-0.131)]\times100\ \text{kPa}=34.6\ \text{kPa}$$

②角点 m 下,$z=2$ m 处附加应力包括以下内容。

甲基础的影响:矩形 $mabc$:$l/b=1$,$z/b=1$,$\alpha_c=0.175$。

乙基础的影响：矩形 $mgfc$-$mhec$，$mgfc$：$l/b=2$，$z/b=1$，$\alpha_c=0.2$；而矩形 $mhec$ 与矩形 $mabc$ 完全一致，故

$$\sigma_z=(0.175+0.2-0.175)\times100\ \text{kPa}=20\ \text{kPa}$$

(2)矩形面积上作用三角形分布荷载时，土中竖向附加应力 σ_z 计算

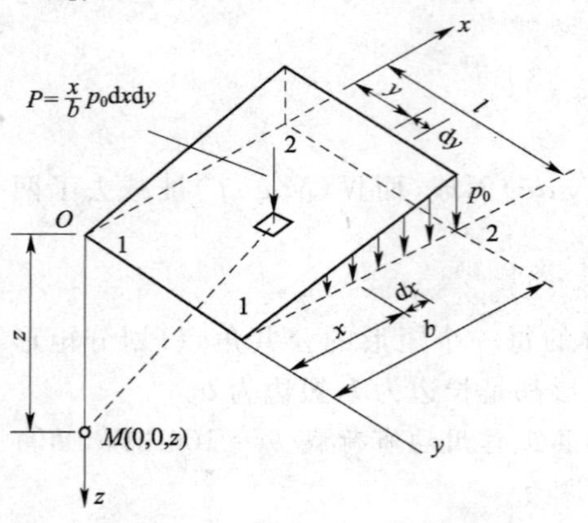

图 2.3.10 三角形分布的矩形荷载

如图 2.3.10 所示，在矩形荷载面积上承受三角形分布的竖向荷载，其最大值为 p_0，对荷载为零的角点1下深度 z 处的 M 点坐标为$(0,0,z)$，且 $p(x,y)=(x/b)p_0$，由式(2.3.12)可求得相应的竖向应力 σ_z 为

$$\sigma_z=\frac{3z^3}{2\pi}p_0\int_0^l\int_0^b\frac{\frac{x}{b}\mathrm{d}x\mathrm{d}y}{(x^2+y^2+z^2)^{5/2}}=\alpha_{t1}p_0 \tag{2.3.15}$$

$$\alpha_{t1}=\frac{1}{2\pi b}\left[\frac{z}{\sqrt{b^2+l^2}}-\frac{z^3}{(b^2+z^2)\sqrt{b^2+l^2+z^2}}\right]$$

式中，应力系数 α_{t1} 是 l/b 和 z/b 的函数，可从表 2.3.6中查得。

同理，可求得荷载最大值边角点 2 下任一深度 z 处的竖向附加应力 σ_z 为

$$\sigma_z=(\alpha_c-\alpha_{t1})p_0=\alpha_{t2}p_0 \tag{2.3.16}$$

式中，应力系数 α_{t2} 查表 2.3.6。

三角形分布的矩形荷载角点下的竖向附加应力系数 α_{t1} 和 α_{t2} 表 2.3.6

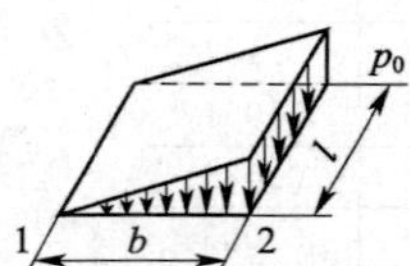

z/b	l/b									
	0.2		0.4		0.6		0.8		1.0	
	点									
	1	2	1	2	1	2	1	2	1	2
0.0	0.000 0	0.250 0	0.000 0	0.250 0	0.000 0	0.250 0	0.000 0	0.250 0	0.000 0	0.250 0
0.2	0.022 3	0.182 1	0.028 0	0.211 5	0.029 6	0.216 5	0.030 1	0.217 8	0.030 4	0.218 2
0.4	0.026 9	0.109 4	0.042 0	0.160 4	0.048 7	0.178 1	0.051 7	0.184 4	0.053 1	0.187 0
0.6	0.025 9	0.070 0	0.044 8	0.116 5	0.056 0	0.140 5	0.062 1	0.152 0	0.065 4	0.157 5
0.8	0.023 2	0.048 0	0.042 1	0.085 3	0.055 3	0.109 3	0.063 7	0.123 2	0.068 8	0.131 1
1.0	0.020 1	0.034 6	0.037 5	0.063 8	0.050 8	0.085 2	0.060 2	0.099 6	0.066 6	0.108 6
1.2	0.017 1	0.026 0	0.032 4	0.049 1	0.045 0	0.067 3	0.054 6	0.080 7	0.061 5	0.090 1
1.4	0.014 5	0.020 2	0.027 8	0.038 6	0.039 2	0.054 0	0.048 3	0.066 1	0.055 4	0.075 1
1.6	0.012 3	0.016 0	0.023 8	0.031 0	0.033 9	0.044 0	0.042 4	0.054 7	0.049 2	0.062 8
1.8	0.010 5	0.013 0	0.020 4	0.025 4	0.029 4	0.036 3	0.037 1	0.045 7	0.043 5	0.053 4

续上表

z/b	l/b 0.2 点 1	0.2 点 2	0.4 点 1	0.4 点 2	0.6 点 1	0.6 点 2	0.8 点 1	0.8 点 2	1.0 点 1	1.0 点 2
2.0	0.009 0	0.010 8	0.017 6	0.021 1	0.025 5	0.030 4	0.032 4	0.038 7	0.038 4	0.045 6
2.5	0.006 3	0.007 2	0.012 5	0.014 0	0.018 3	0.020 5	0.023 6	0.026 5	0.028 4	0.031 8
3.0	0.004 6	0.005 1	0.009 2	0.010 0	0.013 5	0.014 8	0.017 6	0.019 2	0.021 4	0.023 3
5.0	0.001 8	0.001 9	0.003 6	0.003 8	0.005 4	0.005 6	0.007 1	0.007 4	0.008 8	0.009 1
7.0	0.000 9	0.001 0	0.001 9	0.001 9	0.002 8	0.002 9	0.003 8	0.003 8	0.004 7	0.004 7
10.0	0.000 5	0.000 4	0.000 9	0.001 0	0.001 4	0.001 4	0.000 9	0.001 9	0.002 3	0.002 4

z/b	l/b 1.2 点 1	1.2 点 2	1.4 点 1	1.4 点 2	1.6 点 1	1.6 点 2	1.8 点 1	1.8 点 2	2.0 点 1	2.0 点 2
0.0	0.000 0	0.250 0	0.000 0	0.250 0	0.000 0	0.250 0	0.000 0	0.250 0	0.000 0	0.250 0
0.2	0.030 5	0.218 4	0.030 5	0.218 5	0.030 6	0.218 5	0.030 6	0.218 5	0.030 6	0.018 5
0.4	0.053 9	0.188 1	0.054 3	0.188 6	0.054 5	0.188 9	0.054 6	0.189 1	0.054 7	0.189 2
0.6	0.067 3	0.160 2	0.068 4	0.161 6	0.069 0	0.162 5	0.069 4	0.163 0	0.069 6	0.163 3
0.8	0.072 0	0.135 5	0.073 9	0.138 1	0.075 1	0.139 6	0.075 9	0.140 5	0.076 4	0.141 4
1.0	0.070 8	0.114 3	0.073 5	0.117 6	0.075 3	0.120 2	0.076 6	0.121 5	0.077 4	0.122 5
1.2	0.066 4	0.096 2	0.069 8	0.100 7	0.072 1	0.103 7	0.073 8	0.105 5	0.074 9	0.106 9
1.4	0.060 6	0.081 7	0.064 4	0.086 4	0.067 2	0.089 7	0.069 2	0.092 1	0.070 7	0.093 7
1.6	0.054 5	0.069 6	0.058 6	0.074 3	0.061 6	0.078 0	0.063 9	0.080 6	0.065 6	0.082 6
1.8	0.048 7	0.059 6	0.052 8	0.064 4	0.056 0	0.068 1	0.058 5	0.070 9	0.060 4	0.073 0
2.0	0.043 4	0.051 3	0.047 4	0.056 0	0.050 7	0.059 6	0.053 3	0.062 5	0.055 3	0.064 9
2.5	0.032 6	0.036 5	0.036 2	0.040 5	0.039 3	0.044 0	0.041 9	0.046 9	0.044 0	0.049 1
3.0	0.024 9	0.027 0	0.028 0	0.030 3	0.030 7	0.033 3	0.033 1	0.035 9	0.035 2	0.038 0
5.0	0.010 4	0.010 8	0.012 0	0.012 3	0.013 5	0.013 9	0.014 8	0.015 4	0.016 1	0.016 7
7.0	0.005 6	0.005 6	0.006 4	0.006 6	0.007 3	0.007 4	0.008 1	0.008 3	0.008 9	0.009 1
10.0	0.002 3	0.002 8	0.003 3	0.003 2	0.003 7	0.003 7	0.004 1	0.004 2	0.004 6	0.004 6

z/b	l/b 3.0 点 1	3.0 点 2	4.0 点 1	4.0 点 2	6.0 点 1	6.0 点 2	8.0 点 1	8.0 点 2	10.0 点 1	10.0 点 2
0.0	0.000 0	0.250 0	0.000 0	0.250 0	0.000 0	0.250 0	0.000 0	0.250 0	0.000 0	0.250 0
0.2	0.030 5	0.218 6	0.030 6	0.218 6	0.030 6	0.218 6	0.030 6	0.218 6	0.030 6	0.218 6
0.4	0.054 8	0.189 4	0.054 9	0.189 4	0.054 9	0.189 4	0.054 9	0.189 6	0.054 9	0.189 4
0.6	0.070 1	0.163 8	0.070 2	0.163 9	0.070 2	0.164 0	0.070 2	0.164 0	0.070 2	0.164 0
0.8	0.077 3	0.142 3	0.077 6	0.142 4	0.077 6	0.142 6	0.076 6	0.142 6	0.077 6	0.142 6
1.0	0.079 0	0.124 4	0.079 4	0.124 8	0.079 5	0.125 0	0.079 6	0.125 0	0.079 6	0.125 0
1.2	0.077 4	0.109 6	0.077 9	0.110 3	0.078 2	0.110 5	0.078 3	0.110 5	0.078 3	0.110 5
1.4	0.073 9	0.097 3	0.074 8	0.098 2	0.075 2	0.098 6	0.075 2	0.098 7	0.075 3	0.098 7
1.6	0.069 7	0.087 0	0.070 8	0.088 2	0.071 4	0.088 7	0.071 5	0.088 8	0.071 5	0.088 9

续上表

z/b	l/b 3.0 点 1	3.0 点 2	4.0 点 1	4.0 点 2	6.0 点 1	6.0 点 2	8.0 点 1	8.0 点 2	10.0 点 1	10.0 点 2
1.8	0.065 2	0.078 2	0.066 6	0.079 7	0.067 3	0.080 5	0.067 5	0.080 6	0.067 5	0.080 8
2.0	0.060 7	0.070 7	0.062 4	0.072 6	0.063 4	0.073 4	0.063 6	0.073 6	0.063 6	0.073 8
2.5	0.050 4	0.055 9	0.052 9	0.058 5	0.054 3	0.060 1	0.054 7	0.060 4	0.054 8	0.060 5
3.0	0.041 9	0.045 1	0.044 9	0.048 2	0.046 9	0.050 4	0.047 4	0.050 9	0.047 6	0.051 1
5.0	0.021 4	0.022 1	0.024 8	0.025 6	0.028 3	0.029 0	0.029 6	0.030 3	0.030 1	0.030 9
7.0	0.012 4	0.012 6	0.015 2	0.015 4	0.018 6	0.019 0	0.020 4	0.020 7	0.021 2	0.021 6
10.0	0.006 6	0.006 6	0.008 4	0.008 3	0.011 1	0.011 1	0.012 8	0.013 0	0.013 9	0.014 1

(3)圆形面积上作用均布荷载时，土中竖向附加应力 σ_z 计算

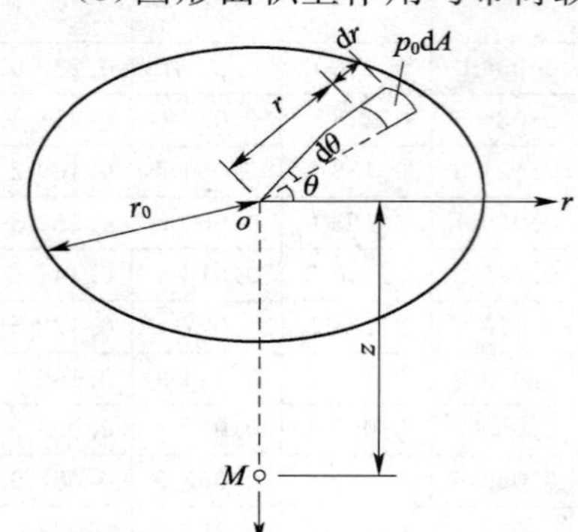

图 2.3.11 均布圆形荷载中点下的 σ_z

在图 2.3.11，圆形面积上作用均布荷载 p_0 时，宜采用极坐标求解。这时，$dA = r dr d\theta$，$dF = p_0 r dr d\theta$，代入式(2.3.12)，并通过坐标变换得

$$\sigma_z = \int_0^{r_0}\int_0^{2\pi} \frac{3p_0 r z^2 dr d\theta}{2\pi(r^2+z^2)^{5/2}}$$

$$= p_0\left[1-\left(\frac{z^3}{z^2+r_0^2}\right)^{3/2}\right] = p_0\left[1-\frac{1}{\left(\frac{1}{z^2/r_0^2}+1\right)^{3/2}}\right]$$

$$\sigma_z = \alpha_0 p_0 \tag{2.3.17}$$

式中，α_0 为均布圆形荷载中心点下的附加应力系数，按 z/r_0 查表2.3.7可得。

同理可得均布圆形荷载周边的附加应力为

$$\sigma_z = \alpha_r p_0 \tag{2.3.18}$$

式中，α_r 为均布圆形荷载周边的附加应力系数，按 z/r_0 查表 2.3.7 可得。

均布圆形荷载中心点及圆周边下的附加应力系数 α_0、α_r 表 2.3.7

z/r_0	系数 α_0	系数 α_r	z/r_0	系数 α_0	系数 α_r	z/r_0	系数 α_0	系数 α_r
0.0	1.000	0.500	1.0	0.646	0.332	2.0	0.285	0.196
0.1	0.999	0.494	1.1	0.595	0.316	2.1	0.264	0.186
0.2	0.993	0.467	1.2	0.547	0.300	2.2	0.246	0.176
0.3	0.976	0.451	1.3	0.502	0.285	2.3	0.229	0.167
0.4	0.949	0.435	1.4	0.461	0.270	2.4	0.213	0.159
0.5	0.911	0.417	1.5	0.424	0.256	2.5	0.200	0.151
0.6	0.864	0.400	1.6	0.390	0.243	2.6	0.187	0.144
0.7	0.811	0.383	1.7	0.360	0.230	2.7	0.175	0.137
0.8	0.756	0.366	1.8	0.332	0.218	2.8	0.165	0.130
0.9	0.701	0.349	1.9	0.307	0.207	2.9	0.155	0.124

续上表

z/r_0	系数		z/r_0	系数		z/r_0	系数	
	α_0	α_r		α_0	α_r		α_0	α_r
3.0	0.146	0.118	3.6	0.106	0.090	4.4	0.073	0.065
3.1	0.138	0.113	3.7	0.101	0.086	4.6	0.067	0.060
3.2	0.130	0.108	3.8	0.096	0.083	4.8	0.062	0.056
3.3	0.124	0.103	3.9	0.091	0.079	5.0	0.057	0.052
3.4	0.117	0.098	4.0	0.087	0.076	6.0	0.040	0.038
3.5	0.111	0.094	4.2	0.079	0.070	10.0	0.015	0.014

(二)平面问题的附加应力

若在无限弹性体表面作用无限长条形的分布荷载，荷载在宽度方向的分布是任意的，但在长度方向的分布规律则是相同的，如图 2.3.12 所示。在计算土中任一点 M 的应力时，只与该点的平面坐标(x,z)有关，而与荷载长度方向 y 轴坐标无关，这种情况属于平面应变问题。在实际工作中，条形荷载不可能无限长，但当荷载面积的长度比 $l/b \geqslant 10$ 时，计算的附加应力 σ_z 与按 $l/b=\infty$时的解已极为接近。因此，实践中常把墙基、路基、坝基、挡土墙基础等视为平面问题计算。

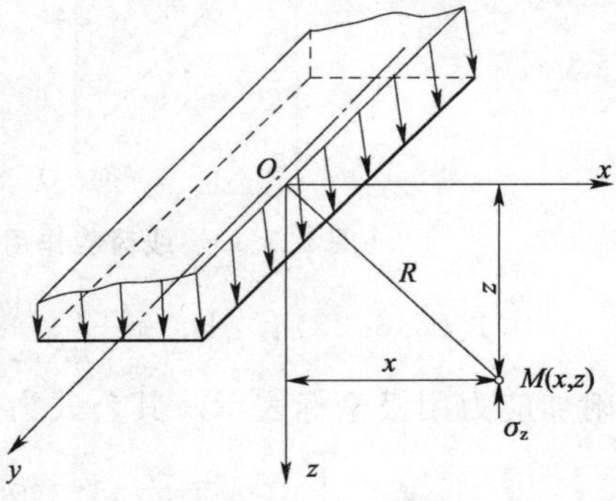

图 2.3.12　无限长条分布荷载

(1)线荷载

在地基土表面作用无限分布、宽度极微小的均布线荷载，以 $\overline{p}$(kN/m)表示。如图 2.3.13所示，竖向线荷载作用在 y 轴上，沿 y 轴取一微小元素(微段)$\mathrm{d}y$，其上作用荷载 $\overline{p}\mathrm{d}y$，把它看作集中力 $\mathrm{d}F=\overline{p}\mathrm{d}y$，然后利用式(2.3.1)得

$$\mathrm{d}\sigma_z=\frac{3z^3\overline{p}\mathrm{d}y}{2\pi R^5}$$

对上式进行积分得

$$\sigma_z=\int_{-\infty}^{+\infty}\mathrm{d}\sigma_z=\frac{3\overline{p}z^3}{2\pi}\int_{-\infty}^{+\infty}\frac{\mathrm{d}y}{R^5}=\frac{2\overline{p}z^3}{\pi R_1^4}=\frac{2\overline{p}}{\pi z}\cos^4\beta \tag{2.3.19}$$

从图 2.3.13 可知，$\cos\beta=z/R_1$，$\sin\beta=x/R_1$，$R_1=(x^2+z^2)^{1/2}$，则

$$\sigma_z=\frac{2\overline{p}}{\pi z}\cos^4\beta=\frac{2\overline{p}}{\pi z}\ \frac{z^4}{(x^2+z^2)^2}=\frac{2\overline{p}z^3}{\pi(x^2+z^2)^2} \tag{2.3.20}$$

同理可得

$$\sigma_x=\frac{2\overline{p}}{\pi z}\cos^2\beta\sin^2\beta=\frac{2\overline{p}}{\pi z}\cos^3\beta\sin\beta=\frac{2\overline{p}z^3x}{\pi z R_1^4}=\frac{2\overline{p}z^2x}{\pi(x^2+z^2)^2} \tag{2.3.21}$$

$$\tau_{xz}=\tau_{zx}=\frac{2\overline{p}}{\pi z}\cos^3\beta\sin\beta=\frac{2\overline{p}}{\pi z}\ \frac{z^3x}{R_1^4}=\frac{2\overline{p}z^2x}{\pi(x^2+z^2)^2} \tag{2.3.22}$$

由于线荷载沿 y 轴均匀分布且无限延伸，因此与 y 轴垂直的任何平面上的应力状态完全相同。根据弹性力学原理可得

$$\tau_{xy}=\tau_{yx}=\tau_{yz}=\tau_{zy}=0 \tag{2.3.23}$$

$$\sigma_y=\mu(\sigma_z+\sigma_x) \tag{2.3.24}$$

上式在弹性理论中称为“费拉曼(Flamant)解”。

(2)均布条形荷载

在实际工程中，经常遇到的是有限宽度的条形荷载，如图 2.3.14 所示，则均布的条形荷载 p_0 沿 x 轴上某微分段 dx 上的荷载可以用线荷载 $\overline{p}$ 代替，并由 OM 线与 x 轴线的夹角 β，得

$$\overline{p}=p_0\,dx=\frac{p_0R_1}{\cos\beta}d\beta$$

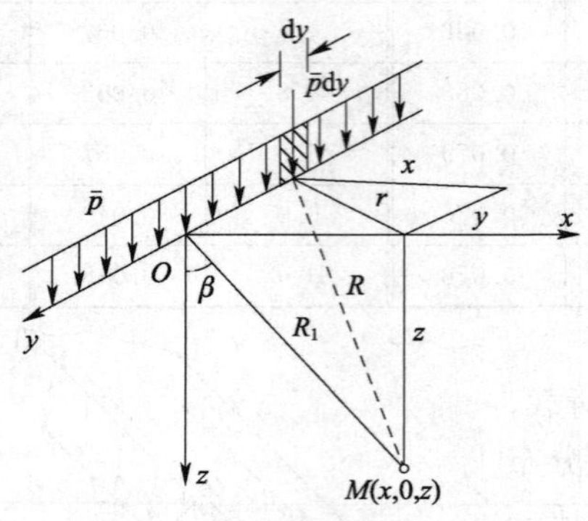

图 2.3.13　线荷载作用

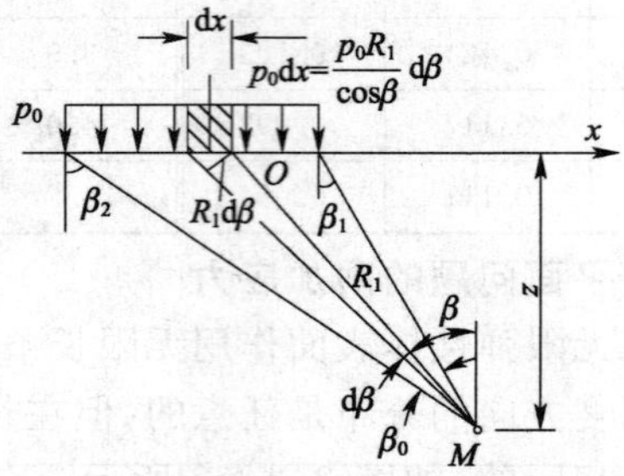

dx
$p_0$dx=$\frac{p_0R_1}{\cos\beta}$dβ
p_0
x
O
β_2
R_1dβ
β_1
R_1
z
β
dβ
β_0
M

图 2.3.14　均布条形荷载

由式(2.3.20)有：$d\sigma_z=\frac{2p_0z^3dx}{\pi R_1^4}=\frac{2p_0R_1^3\cos^3\beta R_1d\beta}{\pi R_1^4\cos\beta}=\frac{2p_0}{\pi}\cos^2\beta d\beta$，则地基中任意点$M$处的附加应力用极坐标表示。其公式为

$$\sigma_z=\int_{\beta_1}^{\beta_2}d\sigma_z=\frac{2p_0}{\pi}\int_{\beta_1}^{\beta_2}\cos^2\beta d\beta=\frac{p_0}{\pi}[\sin\beta_2\cos\beta_2-\sin\beta_1\cos\beta_1+(\beta_2-\beta_1)] \tag{2.3.25}$$

同理得

$$\sigma_x=\frac{p_0}{\pi}[-\sin(\beta_2+\beta_1)\cos(\beta_2+\beta_1)+(\beta_2-\beta_1)] \tag{2.3.26}$$

$$\tau_{zx}=\tau_{xz}=\frac{p_0}{\pi}(\sin^2\beta_2-\sin^2\beta_1) \tag{2.3.27}$$

各式当中，M 点位于荷载分布宽度两端点竖直线之间时，β_1 取负值，反之取正值。

将式(2.3.25)、式(2.3.26)和式(2.3.27)代入材料力学主应力公式，可得 M 点的大主应力 σ_1 和小主应力 σ_3 的表达式为

$$\left.\begin{matrix}\sigma_1\\ \sigma_3\end{matrix}\right\}=\frac{\sigma_z+\sigma_x}{2}\pm\sqrt{\left(\frac{\sigma_z-\sigma_x}{2}\right)^2+\tau_{xz}{}^2}=\frac{p_0}{\pi}[(\beta_2+\beta_1)\pm\sin(\beta_2-\beta_1)] \tag{2.3.28}$$

设 β_0 为 M 点与条形荷载两端连线的夹角，且 $\beta_0=\beta_2+\beta_1$（当 M 点在荷载宽度范围内时 $\beta_0=\beta_2+\beta_1$），于是上式变为

$$\left.\begin{matrix}\sigma_1\\ \sigma_3\end{matrix}\right\}=\frac{p_0}{\pi}(\beta_0\pm\sin\beta_0) \tag{2.3.29}$$

σ_1 的作用方向与 β_0 角的平分线一致。式(2.3.29)主要为研究地基承载力的平面问题时提供的地基附加应力公式。

为了计算方便，还可以将上述 σ_z、σ_x 和 τ_{xz} 三个公式，改用直角坐标表示。此时，取条形荷载的中点为坐标原点，则 $M(x,z)$点的三个附加应力分量如下

$$\sigma_z=\frac{p_0}{\pi}\left[\arctan\frac{1-2n}{2m}+\arctan\frac{1+2n}{2m}-\frac{4m(4n^2-4m^2\times1)}{(4n^2+4m^2-1)^2+16m^2}\right]=\alpha_{sz}p_0 \tag{2.3.30}$$

$$\sigma_x=\frac{p_0}{\pi}\left[\arctan\frac{1-2n}{m}+\arctan\frac{1+2n}{2m}+\frac{4m(4n^2-4m^2\times1)}{(4n^2+4m^2-1)^2+16m^2}\right]=\alpha_{sx}p_0 \tag{2.3.31}$$

$$\tau_{xz}=\tau_{zx}=\frac{p_0}{\pi}\,\frac{32m^2n}{(4n^2+4m^2-1)^2+16m^2}=\alpha_{sxz}p_0 \tag{2.3.32}$$

以上式中 α_{sz}、α_{sx} 和 α_{sxz} 分别为均布条形荷载下相应的三个附加应力系数，都是 $m=z/b$ 和 $n=x/b$ 的函数，可由表 2.3.8 查得。

均布条形荷载下的附加应力系数 表 2.3.8

z/b	x/b 0.00 α_{sz}	0.00 α_{sx}	0.00 α_{sxz}	0.25 α_{sz}	0.25 α_{sx}	0.25 α_{sxz}	0.50 α_{sz}	0.50 α_{sx}	0.50 α_{sxz}	1.00 α_{sz}	1.00 α_{sx}	1.00 α_{sxz}	1.50 α_{sz}	1.50 α_{sx}	1.50 α_{sxz}	2.00 α_{sz}	2.00 α_{sx}	2.00 α_{sxz}
0.00	1.00	1.00	0	1.00	1.00	0	0.50	0.50	0.32	0	0	0	0	0	0	0	0	0
0.25	1.96	0.45	0	0.90	0.39	0.13	0.50	0.35	0.30	0.02	0.17	0.05	0.00	0.07	0.01	0	0.04	0
0.50	0.82	0.18	0	0.74	0.19	0.16	0.48	0.23	0.26	0.08	0.21	0.13	0.02	0.12	0.04	0	0.07	0.02
0.75	0.67	0.08	0	0.61	0.10	0.13	0.45	0.14	0.20	0.15	0.22	0.16	0.04	0.14	0.07	0.02	0.10	0.04
1.00	0.55	0.04	0	0.51	0.05	0.10	0.41	0.09	0.16	0.19	0.15	0.16	0.07	0.14	0.10	0.03	0.13	0.05
1.25	0.46	0.02	0	0.44	0.03	0.07	0.37	0.06	0.12	0.20	0.11	0.14	0.10	0.12	0.10	0.04	0.11	0.07
1.50	0.40	0.01	0	0.38	0.02	0.06	0.33	0.04	0.10	0.21	0.08	0.13	0.11	0.10	0.10	0.06	0.10	0.07
1.75	0.35		0	0.34	0.01	0.04	0.30	0.03	0.08	0.21	0.06	0.11	0.13	0.09	0.10	0.07	0.09	0.08
2.00	0.31		0	0.31		0.03	0.28	0.02	0.06	0.20	0.05	0.10	0.14	0.07	0.10	0.08	0.08	0.08
3.00	0.21		0	0.21		0.02	0.20	0.01	0.03	0.17	0.02	0.06	0.13	0.03	0.07	0.10	0.04	0.07
4.00	0.16		0	0.16		0.01	0.15		0.02	0.14	0.01	0.03	0.12	0.02	0.05	0.10	0.03	0.05
5.00	0.13		0	0.13			0.12			0.12			0.11			0.09		
6.00	0.11		0	0.10			0.10			0.10			0.10					

利用以上有关各式可绘出 σ_z、σ_x 和 τ_{xz} 等值线图(图 2.3.15)。

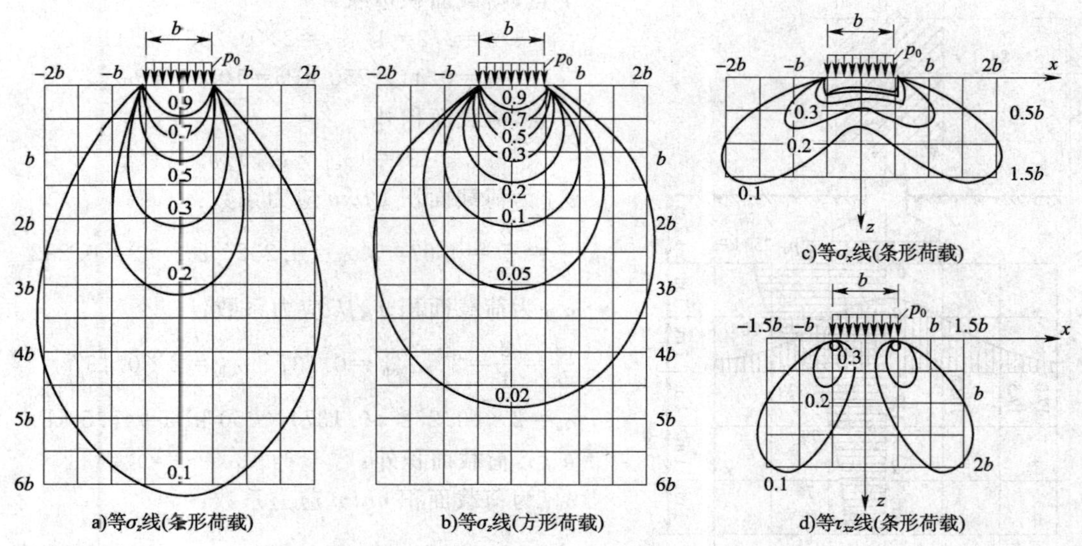

图 2.3.15 地基附加应力等值线

等值线图是同一应力的相同数值点的边线(类似地形等高线)，由图 2.3.15 的 a)及 b)可见，方形荷载所引起的 σ_z，其作用影响深度要比条形荷载小得多，例如方形荷载中心下 $z=2b$ 处，$\sigma_z=0.1p_0$，而在条形荷载下的 $\sigma_z=0.1p_0$ 等值线则约在中心下 $z=6b$ 处。这是由于在 p_0 及宽度相同的条件下，均布条形荷载面积比均布方形荷载的大、在相邻荷载作用下应力产生叠加的结果。由条形荷载的 σ_x 和 τ_{xz} 的等值线图可见，σ_x 的影响范围较浅，所以在基础下地基土的侧向变形主要发生于浅层；而 τ_{xz} 的最大值出现于荷载面积的边缘，所以位于基础边缘下的土容易发生剪切破坏。

【例 2.3.4】 某条形基础如图 2.3.16 所示，作用于基底的平均附加应力为 250 kPa，试计算：①基底 0 点下的地基附加应力分布；②深度 $z=2$ m 的水平面上的附加应力分布。并分析其变化规律。

【解】 可用两种方法来解。

方法一：利用角点法、前面空间问题的表 2.3.4 进行列表计算。

计算结果见表 2.3.9。

例 2.3.4 计算结果 1 表 2.3.9

计算面	项目					
	点号	z/m	l/b	z/b	α_c	$\sigma_z=\alpha_c p_0$/kPa
竖面	0	0	条形	0	4×0.250	250.0
	a	1		1	4×0.205	205.0
	b	2		2	4×0.137	137.0
	c	3		3	4×0.099	99.0
	d	4		4	4×0.076	76.0
	e	5		5	4×0.062	62.0
水平面	f	2	条形	见下	0.41	102.5
	g	2			0.19	47.5
	h	2			0.068	17.0

说明如下。

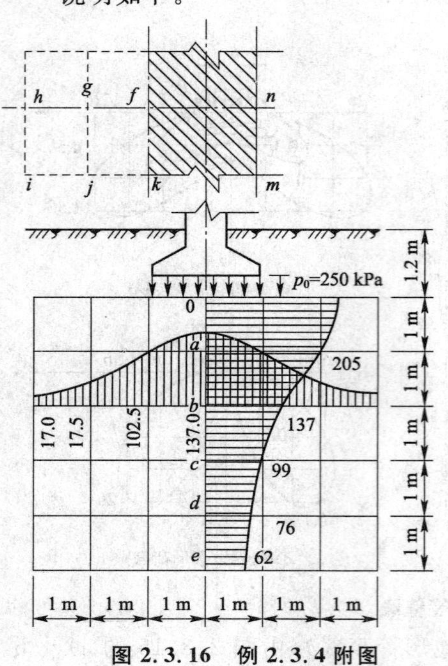

图 2.3.16 例 2.3.4 附图

f 点，荷载面积边缘：

$$z/b=2/2=1 \quad \alpha_c=2\times0.205=0.41$$

$$\sigma_z=0.41\times250\ \text{kPa}=102.5\ \text{kPa}$$

g 点，荷载面积外：

$$\sigma_z=(\alpha_{c\text{I}}-\alpha_{c\text{II}})p_0$$

$\alpha_{c\text{I}}$ 为荷载面积 $gjmn$ 应力系数：

$$\frac{z}{b}=\frac{2}{3}=0.67 \quad \alpha'_{c\text{I}}=0.232 \quad \alpha_{c\text{I}}=2\times0.232$$

$\alpha_{c\text{II}}$ 为荷载面积 $fgjk$ 应力系数：

$$\frac{z}{b}=\frac{2}{1}=2 \quad \alpha'_{c\text{II}}=0.137 \quad \alpha_{c\text{II}}=2\times0.137$$

$$\sigma_z=2\times(0.232-0.137)\times250\ \text{kPa}=47.5\ \text{kPa}$$

h 点，荷载面积外：

$\alpha_{c\text{I}}$ 为荷载面积 $nhim$ 应力系数：

$$\frac{z}{b}=\frac{2}{4}=0.5 \quad \alpha'_{c\text{I}}=0.239 \quad \alpha_{c\text{I}}=2\times0.239$$

$\alpha_{c\text{II}}$ 为荷载面积 $fhik$ 应力系数：

$$\frac{z}{b}=\frac{2}{2}=1 \quad \alpha'_{c\text{II}}=0.205 \quad \alpha_{c\text{II}}=2\times0.205$$

$$\sigma_z=2\times(0.239-0.205)\times250\ \text{kPa}=17\ \text{kPa}$$

方法二：直接利用表 2.3.8 计算，结果见表 2.3.10。

例 2.3.4 计算结果 2 表 2.3.10

点 号	z/m	x/m	x/b	z/b	α_{sz}	σ_z
0	0	0	0	0	1.000	250.0
a	1	0	0	0.5	0.820	205.0
b	2	0	0	1	0.548	137.0
c	3	0	0	1.5	0.396	99.0
d	4	0	0	2.0	0.304	76.0
e	5	0	0	2.5	0.248	62.0
f	2	1	0.5	1	0.410	102.5
g	2	2	1	1	0.190	47.5
h	2	3	1.5	1	0.068	17.0

由分布图可得均布矩形荷载下地基附加应力的分布规律如下：

①附加应力 σ_z 自基底起算，随深度呈曲线衰减。

②σ_z 具有一定的扩散性。它不仅分布在基底范围内，而且分布在基底荷载面积以外相当大的范围之下。

③基底下任意深度水平面上的 σ_z，在基底中轴线上最大，随距中轴线距离越远而越小。

三、非均质和各向异性地基中的附加应力

在前面，我们把地基土看作均质和各向同性的线性变形体，然后按弹性力学解答计算附加应力，其实，地基土并非所假设的那样，有的是由不同压缩性土层组成的成层的地基；有的是同一土层的压缩性随深度增加而减小（这种现象在砂土中尤其显著）；有的土层竖直方向和水平方向的性质不同，这些影响附加应力的分布。此时应该考虑地基不均匀和各向异性对附加应力计算的影响。

（一）双层地基

（1）上软下硬土层

在山区，通常基岩埋藏较浅，其表层为可压缩的土层，呈现上软下硬的情况（图 2.3.17）。

此时，土层中的附加应力值比均质土时（图中虚线）有所增大，即存在所谓应力集中现象。岩层埋藏越浅，应力集中的影响越显著，当可压缩土层的厚度小于或等于荷载面积宽度的一半时，荷载面积下的 σ_z 几乎不扩散，即可认为中点下的 σ_z 不随深度变化，这个概念较重要，在下章中将要应用。

可见，应力集中与荷载面的宽度 b、压缩土层厚度 h 及界面的摩擦力有关，叶戈洛夫（EropoB, K. E）给出了竖向均布条形荷载下，上软下硬土层沿荷载面中轴线上各点的附加应力计算公式为

$$\sigma_z = \alpha_D p_0 \tag{2.3.33}$$

式中，α_D 为附加应力系数，查表 2.3.11。

（2）上硬下软土层

当土层出现上硬下软情况时，则往往出现应力扩散现象（图 2.3.17）。在荷载中心竖直上也如此，见图 2.3.18。σ_z 随深度的增加迅速减小，曲线 1 表示均质地基情况；曲线 2 为上软下硬情况，σ_z 产生应力集中现象；曲线 3 为上硬下软情况，σ_z 产生应力扩散现象。

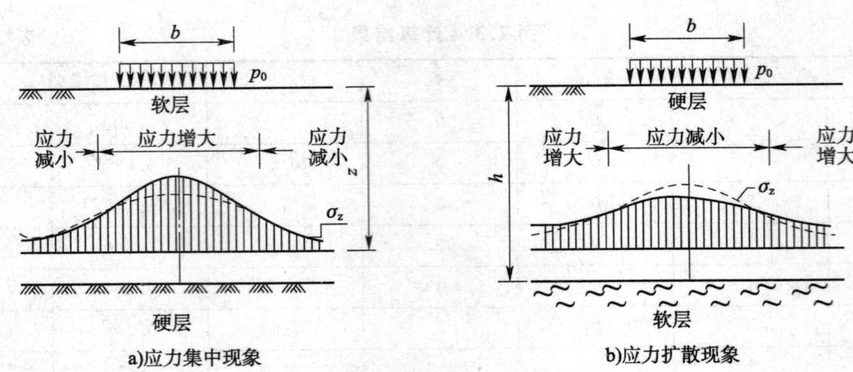

图 2.3.17 非均质地基对附加应力的影响

（虚线表示均质地基中水平面上的附加应力分布）

在坚硬的上层与软弱下卧层中引起的应力扩散现象，随上层土厚度的增大而更加显著，它还与双层地基的变形模量 E_0、泊松比 μ 有关，即随下列参数 f 的增加而显著。

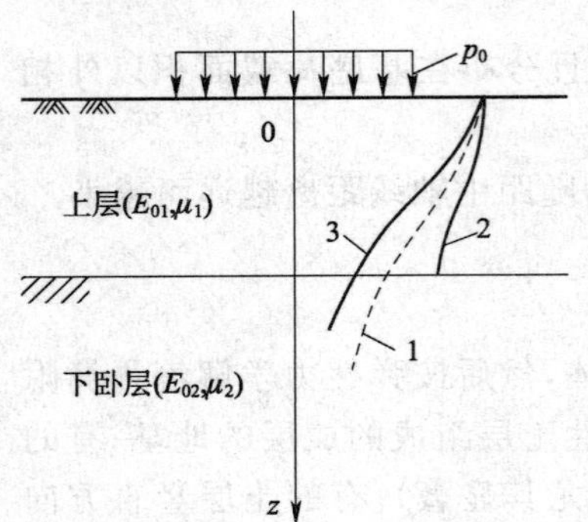

图 2.3.18 双层地基竖向应力分布的比较

附加应力系数 α_D 表 2.3.11

z/h	下卧硬层的埋藏深度		
	h=0.5b	h=b	h=2.5b
0	1.000	1.00	1.00
0.2	1.009	0.99	0.87
0.4	1.020	0.92	0.57
0.6	1.024	0.84	0.44
0.8	1.023	0.78	0.37
1.0	1.022	0.76	0.36

$$f=\frac{E_{01}}{E_{02}}\frac{1-\mu_2^2}{1-\mu_1^2} \tag{2.3.34}$$

为了计算简便，叶戈洛夫引出了不计上下界面摩擦力时，竖向均布条形荷载下，界面上 M 点的附加应力计算公式为

$$\sigma_z=\alpha_E p_0 \tag{2.3.35}$$

式中，α_E 为附加应力系数，见表 2.3.12。

附加应力系数 α_E 表 2.3.12

b/2h	f=1	f=2	f=10	f=15
0	1.00	1.00	1.00	1.00
0.5	1.02	0.95	0.87	0.82
1.0	0.90	0.69	0.58	0.52
2.0	0.60	0.41	0.33	0.29
3.33	0.39	0.36	0.20	0.18
5.0	0.27	0.17	0.16	0.12

注：h 为上层土的厚度；f 见式(2.3.34)。

(二)变形模量随深度增大的地基

在地基中，土的变形模量 E_0 常随地基深度增大而增大。这种现象在砂土中尤其显著，这是由土体在沉积过程中的受力条件所决定的，与通常假定的均质地基(E_0 值不随深度变化)相比较，沿荷载中心线下，前者的地基附加应力 σ_z 将产生应力集中。这种现象从实验和理论上都得到了证实。

对于一个集中力作用下地基附加应力 σ_z 的计算，可采用弗罗利克(Frohich)等建议的半经验公式[即对式(2.3.1)进行修正]

$$\sigma_z=\frac{v\mathrm{F}}{2\pi R^2}\cos^v\theta \tag{2.3.36}$$

式中，v 为应力集中因素，对黏土或完全弹性体，$v=3$[符合式(2.3.1)]；对硬土，$v=6$(较密实的)；对砂土与黏土之间的土质，$v=3\sim6$。

(三)各向异性地基

在工程实践中常见的薄交互层地基就是典型的各向异性地基，天然沉积形成的水平薄交互层地基，其水平向变形模量 E_{oh} 常大于竖向变形模量 E_{ov}，考虑到由于土的这种层状构造特性与通常假定的均质各向同性地基有差别，沃尔夫(Wolf,1935)假定地基竖直和水平方向的泊松比相同，但变形模量不同的条件下，导得均布线荷载下各向异性地基的附加应力 $\sigma_z{}'$ 为

$$\sigma_z{}'=\frac{\sigma_z}{m} \tag{2.3.37}$$

其中

$$m=\sqrt{\frac{E_{\mathrm{oh}}}{E_{\mathrm{ov}}}}$$

式中，E_{oh}、E_{ov} 分别为土层水平和竖直方向的弹性模量；σ_z 为线荷载下，均质地基的附加应力，由式(2.3.19)求得。

因此，当非均质地基的 $E_{\mathrm{oh}}>E_{\mathrm{ov}}$ 时，地基中将出现应力扩散现象；而当 $E_{\mathrm{oh}}<E_{\mathrm{ov}}$ 时，则出现应力集中现象。

第四节 有效应力原理

在土中某点截取一水平截面，其面积为 A，截面上作用应力 σ 如图 2.4.1 所示，它是由上面的土体的重力、静水压力及外荷载 p 所产生的应力，称为“总应力”。这一应力一部分是由土颗粒间的接触面承担，称为“有效应力”；另一部分是由土体孔隙内的水及气体承受，称为“孔隙应力”(也称“孔隙压力”)。

考虑图 2.4.1 所示的土体平衡条件，沿 a-a 截面取脱离体，a-a 截面是沿着土颗粒间接触面截取的曲线状截面，在此截面上土颗粒接触面间的作用法向应力为 σ_{s}，各土颗粒间接触的面积之和为 A_{s}，孔隙内的水压力为 u_{w}，气体压力为 u_{a}，其相应的面积为 A_{w} 及 A_{a}。由此可建立平衡条件。其公式为：

$$\sigma A=\sigma_{\mathrm{s}}A_{\mathrm{s}}+u_{\mathrm{w}}A_{\mathrm{w}}+u_{\mathrm{a}}A_{\mathrm{a}}$$

对于饱和土，上式中的 u_{a}、A_{a} 均等于零，则此式可写成

$$\sigma A=\sigma_{\mathrm{s}}A_{\mathrm{s}}+u_{\mathrm{w}}A_{\mathrm{w}}=\sigma_{\mathrm{s}}A_{\mathrm{s}}+u_{\mathrm{w}}(A-A_{\mathrm{s}})$$

或

$$\sigma=\frac{\sigma_{\mathrm{s}}A_{\mathrm{s}}}{A}+u_{\mathrm{w}}\left(1-\frac{A_{\mathrm{s}}}{A}\right)$$

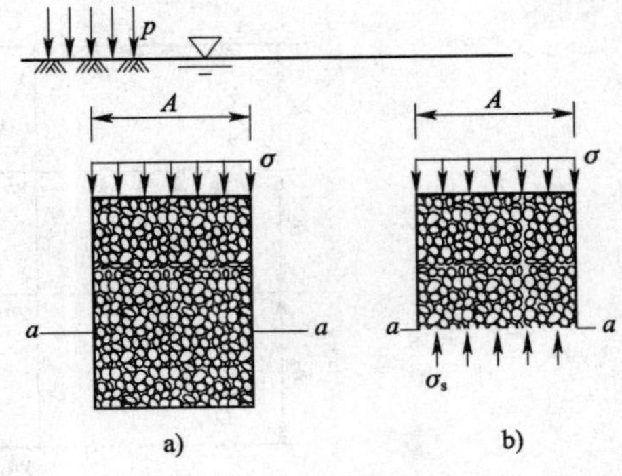

图 2.4.1 有效应力

由于颗粒间的接触面积 A_{s} 是很小的，毕肖普及伊尔定(Bishcp and Eldin,1950)根据粒状土的试验工作认为 A_{s}/A 一般小于 0.03。因此，上式中第二项

内的 A_s/A 可略去不计，但第一项中因为土颗粒间的接触应力 σ_s 很大，故不能略去。此时上式可写为

$$\sigma=\frac{\sigma_s A_s}{A}+u_w$$

式中第一项实际上是土颗粒间的接触应力在截面积上的平均应力，称为“有效应力”，通常用 σ' 表示，并把孔隙水压力 u_w 用 u 表示。于是上式变为

$$\sigma=\sigma'+u \tag{2.4.1}$$

式(2.4.1)说明，饱和土中的应力(总应力)为有效应力和孔隙水压力之和，或者说有效应力 σ' 等于总应力 σ 减去孔隙水压力 u。在工程实践中，直接测定有效应力 σ' 很困难，通常是在已知总应力 σ 和测定了孔隙水压力 u 后，利用下式反求 σ'。

$$\sigma'=\sigma-u \tag{2.4.2}$$

式(2.4.2)也称“饱和土的有效应力原理”。

该式首先是由太沙基提出来的。他从试验中观察到土的变形及强度性状与有效应力密切相关，只有通过颗粒接触点传递的应力，才能引起土的变形和影响土的强度，而土中任意点的孔隙水压力对各个方向作用是相等的，因此它只能使土颗粒产生压缩(由于土颗粒本身的压缩量是很微小的，在土力学中可不考虑)，而不能使土颗粒产生位移。土颗粒间的有效应力作用，则会引起土颗粒的位移，使孔隙体积改变，土体发生压缩变形。同时有效应力的大小也影响着土的抗剪强度，这是土力学有别于其他力学(如固体力学)的重要原理之一。

对于部分饱和土，同理可导得有效应力公式为

$$\sigma'=\sigma-u_a+\chi(u_a-u_w) \tag{2.4.3}$$

这个公式是毕肖普等(1961)提出的，式中 $\chi=\dfrac{A_w}{A}$，是由试验确定的参数。一般认为有效应力原理能正确地用于饱和土，对部分饱和土，由于水、气界面上的表面张力和弯液面的存在，问题较复杂，尚存在一些问题有待深入研究。具体内容见有关专著。

作为有效应力原理的应用实例，以下介绍毛细水上升时及土中渗流时有效应力的计算。

一、毛细水上升时土中有效自重应力的计算

设地基土层如图 2.4.2 所示。在深度 h_1 的 B 线下的土已完全饱和，但地下水的自由表面(潜水面)却在其下的 C 线处。这是由于 C 线下的地下水在空气—水界面的表面张力作用下，沿着彼此连通的土孔隙形成的复杂毛细网络上升所致。毛细水上升高度 h_c 与土的类别有关。

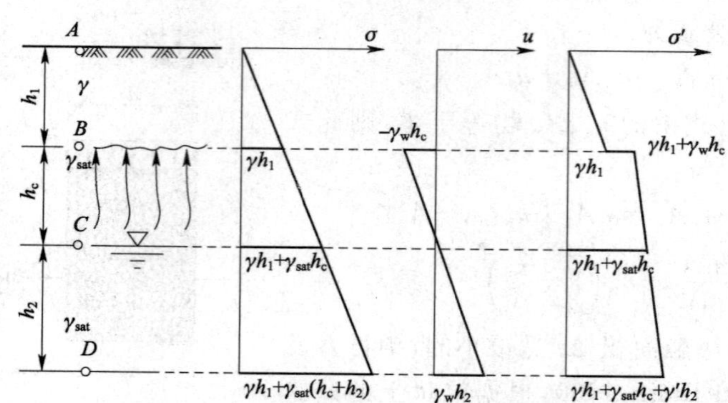

图 2.4.2　毛细水上升时土中总应力、孔隙水压力和有效应力计算

第三篇　浅基础

为了求有效自重应力，按照有效应力原理，应先计算总应力 σ（这里也就是自重应力）。此时，对 B 线以下的土，应以饱和重度计算，分布如图 2.4.2 所示。竖向有效自重应力为总应力与孔隙水压力之差，具体计算见表 2.4.1。

毛细水上升时总应力、孔隙水压力和有效应力计算 表 2.4.1

计算点		总应力 σ	孔隙水压力 u	有效应力 σ'
A		0	0	0
B	B 点上	γh_1	0	γh_1
	B 点下		$-\gamma_w h_c$	$\gamma h_1+\gamma_w h_c$
C		$\gamma h_1+\gamma_{sat} h_c$	0	$\gamma h_1+\gamma_{sat} h_c$
D		$\gamma h_1+\gamma_{sat}(h_c+h_2)$	$\gamma_w h_2$	$\gamma h_1+\gamma_{sat} h_c+\gamma' h_2$

在毛细水上升区，由于表面张力的作用使孔隙水压力为负值，即 $u=-\gamma_w h_c$（因为静水压力值以大气压力为基准，所以紧靠 B 线下的孔隙水压力为负值），而使有效应力增加，在地下水位以下，由于水对土颗粒的浮力作用，使土的有效应力减少。

二、土中水渗流时（一维渗流）有效应力计算

已经讨论过当土中渗流时，土中水将对土颗粒作用动水力，这就必然影响土中有效应力分布。现通过图 2.4.3 所示三种情况，以说明土中水渗流时对有效应力分布的影响。

在图 2.4.3a）中水静止不动，也即土中 a、b 两点的水头相等；图 2.3.4b）表示土中 a、b 两点有水头差 h，水自上向下渗流；图 2.4.3c）表示土中 a、b 两点的水头差也是 h，但水自下向上渗流。现按上述三种情况计算土中总应力 σ、孔隙水压力 u 及有效应力 σ' 值，列于表 2.4.2，并绘出分布图示于图 2.4.3。

土中渗流时总应力 σ、孔隙水压力 u 和有效应力 σ' 的计算 表 2.4.2

渗流情况	计算点	总应力	孔隙水压力 u	有效应力 σ'
a）水静止时	a	γh_1	0	γh_1
	b	$\gamma h_1+\gamma_{sat} h_2$	$\gamma_w h_2$	$\gamma h_1+(\gamma_{sat}-\gamma_w)h_2$
b）水自上向下渗流	a	γh_1	0	γh_1
	b	$\gamma h_1+\gamma_{sat} h_2$	$\gamma_w(h_2-h)$	$\gamma h_1+(\gamma_{sat}-\gamma_w)h_2+\gamma_w h$
c）水自下向上渗流	a	γh_1	0	γh_1
	b	$\gamma h_1+\gamma_{sat} h_2$	$\gamma_w(h_2+h)$	$\gamma h_1+(\gamma_{sat}-\gamma_w)h_2-\gamma_w h$

从表 2.4.2 和图 2.4.3 的计算结果可见，三种不同情况水渗流时土中的总应力 σ 的分布是相同的，土中水的渗流不影响总应力值。水渗流时土中产生动水力，致使土中有效应力及孔隙水压力发生变化。土中水自上向下渗流时，动水力方向与土的重力方向一致，于是有效应力增加，而孔隙水压力相应减少。反之，土中水自下向上流时，导致土中有效应力减少，孔隙水压力相应增加。

【例 2.4.1】 有一 10 m 厚饱和黏土层，其下为砂土，如图 2.4.4 所示。砂土层中有承压水，已知其水头高出 A 点 6 m。现要在黏土层中开挖基坑，试求基坑开挖的最大深度 H。

【解】 若基坑开挖深度达到 H 后坑底土将隆起失稳，考虑此时 A 点的稳定条件。

A 点的总应力

$\sigma_A=\gamma_{sat}(10-H)=18.9\times(10-H)$

A 点的孔隙水压力

$u_A = \gamma_w h = 9.81 \times 6\ \text{kPa} = 58.86\ \text{kPa}$

若 A 点隆起，则其有效应力 $\sigma'_A = 0$，即

$\sigma_A{}' = \sigma_A - u_A = 18.9 \times (10 - H) - 58.86 = 0$

解得　$H = 6.9\ \text{m}$

故当基坑开挖深度超过 6.9 m 后，坑底土将隆起破坏。

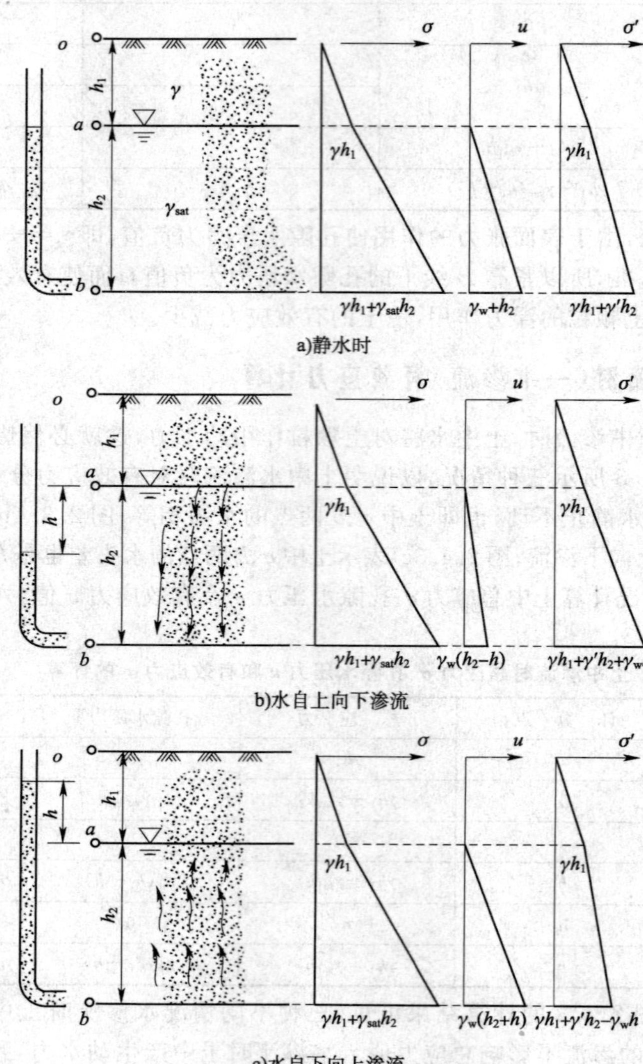

图 2.4.3　土中水渗流时的总应力、孔隙水压力和有效应力分布

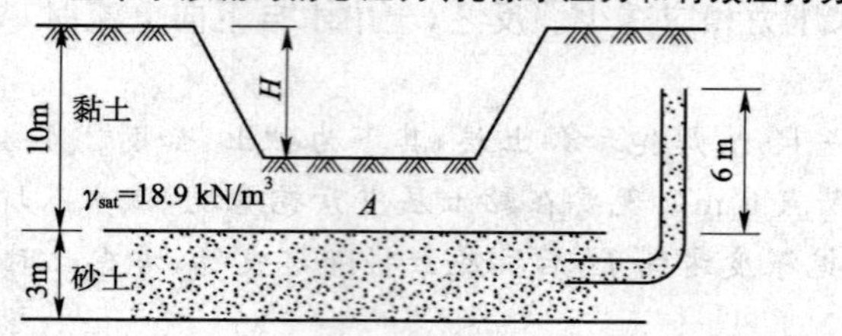

图 2.4.4　例 2.4.1 图

第三章　土的变形性质及地基沉降计算

第一节　土的压缩性

一、基本概念

土在压力作用下体积变小的特性称为土的压缩性。土的压缩通常由三部分组成：固体土颗粒被压缩；土中水及封闭气体被压缩；水和气体从孔隙中被挤出。试验研究表明：固体颗粒和水的压缩量是微不足道的，在一般压力作用下，固体颗粒和水的压缩量与土的总压缩量之比非常微小，完全可以忽略不计。所以土的压缩可以只看成是土中水和气体从孔隙中被挤出，与此同时，土颗粒相应发生移动，重新排列，靠拢挤紧，从而土孔隙体积减小。对于只有两相的饱和土来说，则主要是孔隙水的挤出。

土的压缩变形的快慢与土的渗透性有关。在荷载作用下，透水性较大的饱和无黏性土，其压缩过程短，建筑物施工完毕时，可认为其压缩变形已基本完成；而透水性小的饱和黏性土，其压缩过程所需时间长，十几年甚至几十年压缩变形才稳定。如意大利的比萨斜塔，始建于公元 1173 年，至今地基土仍继续变形，成为世界瞩目的地基处理大难题。土体在外力作用下，压缩随时间增长的过程，称为土的固结，对于饱和黏性土来说，土的固结问题非常重要。

研究土的压缩性大小及其特征的室内试验方法称为压缩试验，室内试验简单方便，费用较低；了解地基土变形状况的现场测试，称为载荷试验。

二、压缩试验及压缩性指标

本节内容参看第一篇岩土工程勘察　第三章室内试验　第二节室内土工试验　三、土的变形试验　(二)固结试验和压缩试验中的内容。

三、土的载荷试验及变形模量

本节内容参看第一篇岩土工程勘察　第四章原位测试　第一节载荷试验　一、平板载荷试验中的相关内容。

四、旁压试验及旁压模量

旁压试验又称横压试验，也是一种原位测试的方法。旁压仪由旁压器、量测与输送系统、加压系统三部分组成，如图 3.1.1 所示。旁压器设有上、中、下三个腔，中腔称为工作腔，上、下腔称为保护腔，它保护工作腔的变形基本符合平面应变状态(理论按平面问题考虑)，腔体外部用一块弹性膜(橡皮膜)包起来，弹性膜受到压力作用后产生膨胀，挤压孔周围的土；而这个压力一般是通过液压(水压)来传递的，所以旁压仪配置有蓄水管、气管、量测管及压力表、稳压罐、调压筒等。

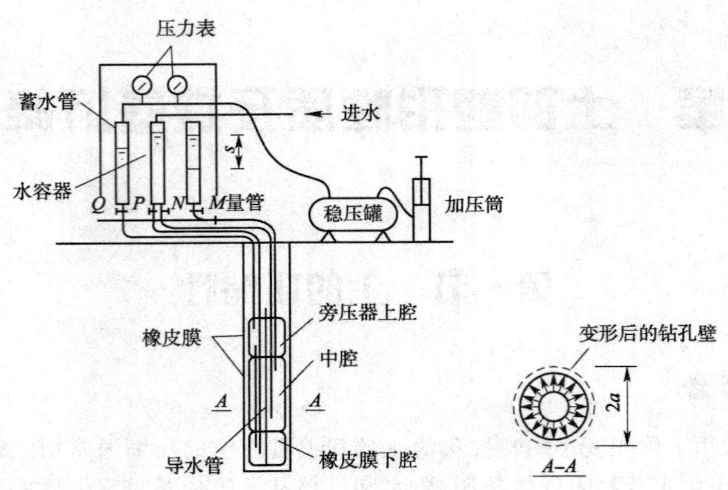

图 3.1.1　旁压仪示意图

试验在钻孔内进行(有的是预先钻孔,有的是自行钻孔),将旁压器置于孔内以后,用液压迫使旁压器的工作腔不断扩大,对孔壁土体施加压力(横压),迫使孔周围的土变形外挤(图 3.1.1),直至破坏,量测所加的压力 p 的大小和旁压器测量腔的体积 V 的变化(图 3.1.2),再换算为土的应力—应变关系,从而获得地基土强度和变形模量等参数。

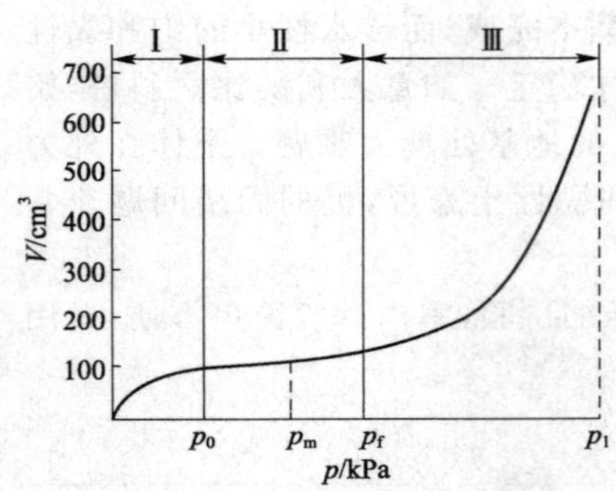

图 3.1.2　旁压试验 p-V 曲线

该法适于原位测试黏性土、粉土、砂土、软质岩石和风化岩石。它比浅层静载荷试验耗资少,简单轻便,而且能进行深层土的原位测试,深度可达 20m 以上。

旁压试验的成果为 p-V 曲线(图 3.1.2),该曲线可划分为三个阶段,Ⅰ阶段为初级阶段,为橡皮膜膨胀与孔壁初步接触阶段。若完全紧贴时的压力用 p_0 表示,则 p_0 相当于原位总的水平压力;Ⅱ阶段称为似弹性阶段,这时压力与体积变化量大致成直线关系,表示土尚处于弹性状态,压力 p_f 为开始屈服的压力,称为临塑压力;Ⅲ阶段为塑性阶段,随着压力增大,土内局部环状区域产生塑性变形,表现为体积变化量 V 迅速增加,最后达到极限压力 p_l。

根据曲线第Ⅱ阶段的坡度($\Delta p/\Delta V$),可得到土的旁压模量 E_M,其值与土的变形模量 E_0 相近。对于线弹性的各向同性土体,E_M(kPa)可按下式计算

$$E_M = 2(1+\mu)(V+V_m)\frac{\Delta p}{\Delta V} \tag{3.1.1}$$

式中,V 为旁压器测量腔(中腔)初始固有体积(cm^3);V_m 为旁压曲线直线段头尾中间的平均扩展体积(cm^3);$\Delta p/\Delta V$ 为旁压曲线直线段的斜率(kPa/cm^3)。

影响旁压试验的因素很多,其中最重要的是钻孔对周围土壁的扰动。为了减少这种影响,后来又发展了自钻式旁压仪,它是在旁压器尖端装一旋转的切削器而成的。使用时先用钻机钻到接近预定试验深度,然后将旁压仪放至孔底,一边自行钻孔入土,一边将切削下来的土用水冲成泥浆,从导水管送到地面,到达预定深度后,即可进行加压试验。自钻式旁压仪已用于砂土和许多黏性土中,效果较好。

五、文克勒地基模型(即基床系数法,又称"文克勒法")

基本假定:地基上任一点所受的压力强度 P 与该点的地基沉降 s 成正比,关系式如下

$$P=ks \tag{3.1.2}$$

式中,比例常数 k 称为基床反力系数(简称"基床系数")(单位:MN/m^3)。

根据这个假定,既然地面上某点的沉降与作用于别处的压力无关,所以,实质上就是把地基看成无数分割开的小土柱组成的体系[图 3.1.3a)],或者,进一步用一根根弹簧代替土柱,则地基是由许多互不相连的弹簧所组成[图 3.1.3b)]。这就是著名的文克勒地基模型。由式(3.1.2)可知,文克勒模型的基底反力图与基础的竖向位移图是相似的。如果基础是刚性的,则基底反力图按线性分布[图 3.1.3c)],这就是基底反力简化计算方法所依据的计算图式。

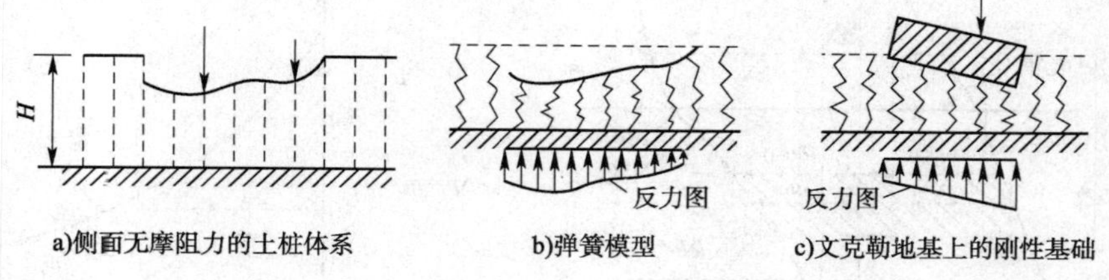

图 3.1.3 文克勒地基模型

按照文克勒模型,地基沉降只发生在基底范围以内,这与实际情况不符。其原因在于忽略了地基中的剪应力,而正是由于剪应力的存在,地基中的附加应力 σ_z 才能向旁边扩散分布,使基底以外的地表发生沉降。为了弥补这个缺陷,有人曾经在文克勒模型的基础上做了改进,例如:考虑相邻小土桩之间存在摩阻力的弗拉索夫(Впасов)模型,以及在弹簧上加一张拉紧的无伸缩性的薄膜组成的菲洛宁柯-鲍罗基契(Филоненко-Воролиу)模型等。

适用条件:抗剪强度很低的半液态上(如淤泥、软黏土等)地基或塑性区相对较大土层上的柔性基础,采用该方法比较合适。此外,厚度不超过梁或板的短边宽度之半的薄压缩层地基(如薄的破碎岩层)上的柔性基础也适于该方法。

第二节 地基最终沉降量计算

地基最终沉降量计算是指地基土在建筑荷载作用下达到压缩稳定时地基表面的沉降量。本节主要介绍国内常用的几种沉降计算方法:分层总和法、《建筑地基基础设计规范》(GB 50007—2011)推荐的方法和弹性力学公式。

一、分层总和法

分层总和法假定地基土为直线变形体,在外荷载作用下的变形只发生在有限厚度的范围内(即压缩层),将压缩层厚度内的地基土分层,分别求出各分层的应力,然后用土的应力—应变关系式求出各分层的变形量,再总和起来作为地基的最终沉降量。

分层总和法假设:

①计算土中应力时,地基土是均质、各向同性的半无限体;

②地基土在压缩变形时不允许侧向膨胀,计算时采用完全侧限条件下的压缩性指标;

③采用基底中心点下的附加应力计算地基的变形量。

(一)计算原理

如图 3.2.1 所示，若在基底中心下取一截面为 A 的小土柱，土柱上作用有自重应力和附加应力。假定第 i 层土柱有 p_{1i}(相当于自重应力)作用，压缩稳定后的孔隙比为 e_{1i}，土柱高度为 h_i；当压力增大至 p_{2i}(相当于自重应力与附加应力之和)时，压缩稳定后的孔隙比为 e_{2i}。按前式(3.1.1)可求得该土柱的压缩变形量。其公式为

$$\Delta s_i=\frac{e_{1i}-e_{2i}}{1+e_{1i}}h_i \tag{3.2.1}$$

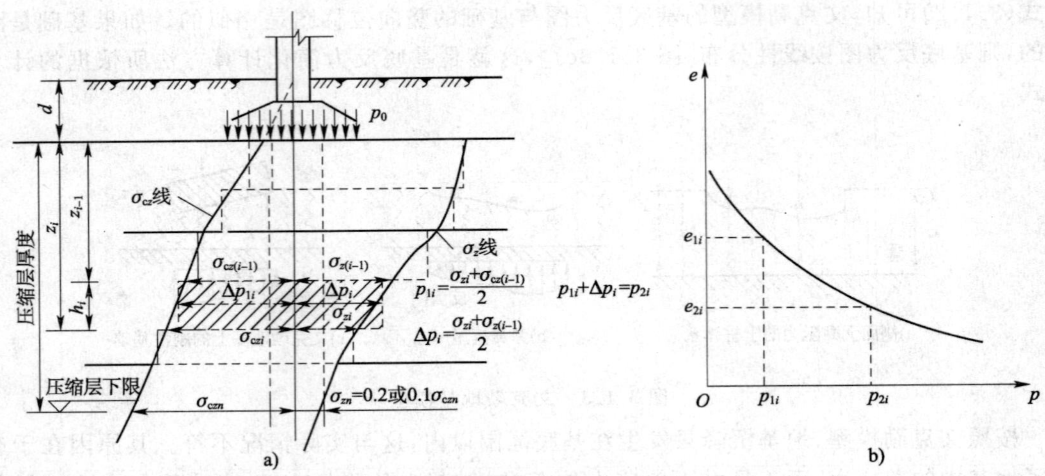

图 3.2.1 地基最终沉降量计算的分层总和法

求得各土层的变形后，叠加可得到地基最终沉降量 s 为

$$s=\sum_{i=1}^{n}\Delta s_i=\sum_{i=1}^{n}\frac{e_{1i}-e_{2i}}{1+e_{1i}}h_i \tag{3.2.2}$$

根据压缩系数 a 的定义及 $E_s=\frac{1+e_1}{a}$ 关系，上式还可变为

$$s=\sum_{i=1}^{n}\frac{a_i}{1+e_{1i}}(p_{2i}-p_{1i})h_i=\sum_{i=1}^{n}\frac{\bar{\sigma}_{zi}}{E_{si}}h_i \tag{3.2.3}$$

式中，n 为地基沉降计算深度范围内的土层数；p_{1i} 为作用在第 i 层土上的平均自重应力 $\bar{\sigma}_{czi}$(kPa)；p_{2i} 为作用在第 i 层土上的平均自重应力 $\bar{\sigma}_{czi}$ 与平均附加应力之和 $\bar{\sigma}_{zi}$(kPa)；a_i 为第 i 层土的压缩系数(kPa^{-1})；E_{si} 为第 i 层土的压缩模量(kPa 或 MPa)；h_i 为第 i 层土的厚度(m)。

式(3.2.3)为分层总和法的又一计算公式。

(二)计算步骤

①分层。将基底以下土分为若干薄层，分层原则：厚度 $h_i\leqslant 0.4b$(b 为基础宽度)；天然土层面及地下水位处都应作为薄层的分界面。

②计算基底中心点下各分层面上土的自重应力 σ_{czi} 和附加应力 σ_{zi}，并绘制自重应力和附加应力分布曲线(图 3.2.1)。

③确定地基沉降计算深度 z_n，按 $\sigma_{zn}/\sigma_{czn}\leqslant 0.2$(对软土$\leqslant 0.1$)确定。

④计算各分层土的平均自重应力 $\bar{\sigma}_{czi}=[\sigma_{cz(i-1)}+\sigma_{czi}]/2$ 和平均附加应力 $\bar{\sigma}_{zi}=[\sigma_{z(i-1)}+\sigma_{zi}]/2$。

⑤令 $p_{1i}=\bar{\sigma}_{czi}$，$p_{2i}=\bar{\sigma}_{czi}+\bar{\sigma}_{zi}$，从该土层的压缩曲线中由 p_{1i} 及 p_{2i} 查出相应的 e_{1i} 和 e_{2i}[图

3.2.1b)]。

⑥按式(3.2.1)计算每一分层土的变形量 Δs_i。

⑦按式(3.2.2)计算沉降计算深度范围内地基的总变形量即为地基的最终沉降量。

【例 3.2.1】 柱荷载 $F=851.2$ kN，基础埋深 $d=0.8$ m，基础底面尺寸 $l\times b=8$ m$\times$2 m，地基土层如图 3.2.2 及表 3.2.1 所示，试用分层总和法计算基础沉降量。

土的物理力学指标 表 3.2.1

土　层	指　标										
	土层厚/m	重度 γ/(kN/m³)	土粒相对密度 d_s	含水率 w/(%)	孔隙比 e	塑性指数 I_p	压缩系数 a_{1-2}/(×10⁻²/kPa)	不同压力下的孔隙比 压力 p/(×10² kPa)			
								0.5	1.0	2.0	3.0
褐黄色粉质黏土	2.20	18.3	2.73	33.0	0.942	16.2	0.048	0.889	0.855	0.807	0.773
灰色淤泥质土	5.80	17.9	2.72	37.6	1.045	10.5	0.043	0.925	0.891	0.848	0.823
灰色淤泥	未钻穿	17.6	2.74	42.1	1.175	19.3	0.082	—	—	—	—

【解】

(1)地基分层

每层厚度按 $h_i\leqslant 0.4b=0.8$ m，但地下水位处、土层分界面处单独划分，分层进入第(Ⅱ)土层时，若第③分层取 $h_3=1$ m，则此层底面距基底的距离恰好等于 2.4 m，为基础宽度 b 的 1.2 倍，这样可以在计算附加应力时减少做查表内插的工作。从第④分层开始便可按 $h_i=0.4b=0.8$ m 继续划分下去，至第(Ⅱ)土层(淤泥质土)之底面为止(图 3.2.2)。

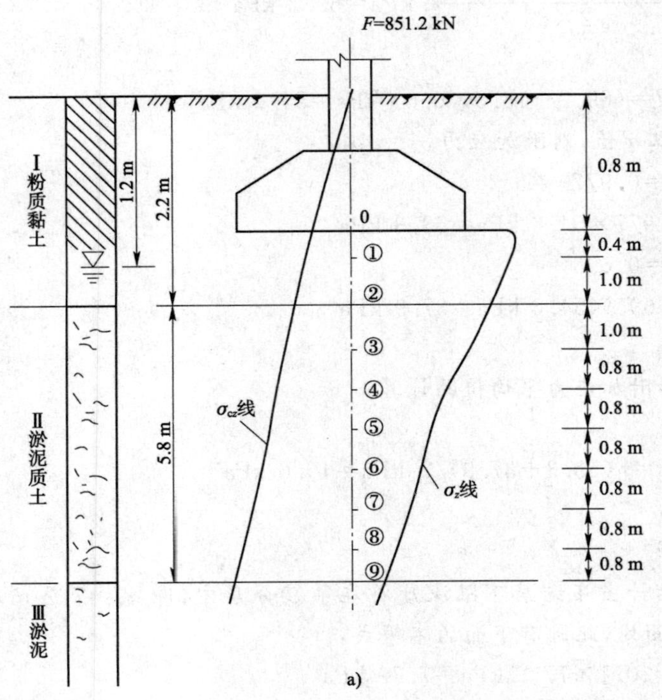

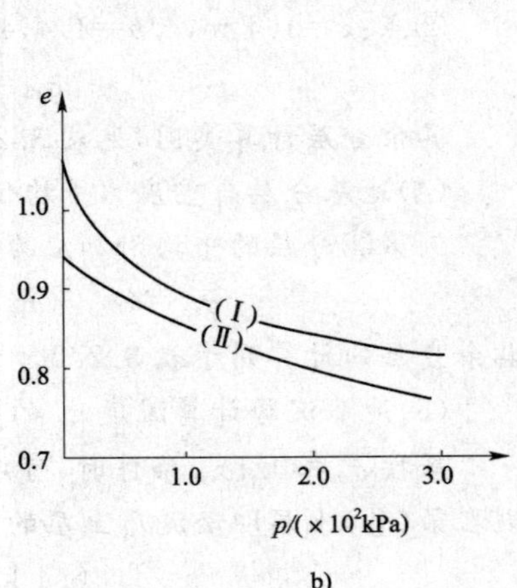

图 3.2.2　例 3.2.1 图

(2)地基竖向自重应力 σ_{czi} 的计算

如 0 点(基底处)　　　　$\sigma_{cz0}=0.8\times 18.3\ \text{kPa}=14.6\ \text{kPa}$

①点 $\sigma_{cz1}=(14.6+18.3\times0.4)$ kPa=22.0 kPa

②点 $\sigma_{cz2}=(22.0+8.5\times1)$ kPa=30.5 kPa

其他各点计算结果见表 3.2.2。

用分层总和法计算地基最终沉降量 表 3.2.2

分层点编号	深度 z/m	分层厚度 h_i/m	自重应力 σ_{czi}/kPa	深宽比 z/b	应力系数 α_i	附加应力 σ_{zi}/kPa	平均自重应力 $\overline{\sigma}_{czi}$/kPa	平均附加应力 $\overline{\sigma}_{zi}$/kPa	$\overline{\sigma}_{czi}+\overline{\sigma}_{zi}$ /kPa	孔隙比		分层沉降量 Δs_i/cm
										e_{1i}	e_{2i}	
0	0		14.6	0	1.000	54.6						
①	0.4	0.4	22.0	0.2	0.977	53.3	18.3	53.8	72.1	0.923	0.873	1.15
②	1.4	1.0	30.5	0.7	0.695	37.9	26.3	45.6	71.9	0.913	0.874	2.04
③	2.4	1.0	38.7	1.2	0.462	25.1	34.6	31.5	66.1	0.960	0.913	2.40
④	3.2	0.8	45.2	1.6	0.348	18.9	42.0	22.0	64.0	0.942	0.915	1.12
⑤	4.0	0.8	51.7	2.0	0.270	14.7	48.5	16.8	65.3	0.926	0.914	0.54
⑥	4.8	0.8	58.2	2.4	0.216	11.7	54.9	13.2	68.1	0.921	0.912	0.38
⑦	5.6	0.8	64.6	2.8	0.173	9.4	61.4	10.6	72.0	0.916	0.909	0.29
⑧	6.4	0.8	71.1	3.2	0.142	7.7	67.9	8.6	76.5	0.912	0.906	0.25
⑨	7.2	0.8	77.9	3.6	0.117	6.4	74.5	7.05	81.5	0.907	0.902	0.21

(3)地基竖向附加应力 σ_{zi} 的计算

基底平均压力

$$p=\frac{F+G}{A}=\frac{851.2+2\times8\times0.8\times20}{2\times8}\text{ kPa}=69.2\text{ kPa}$$

基底附加压力

$$p_0=p-\sigma_c=p-\gamma d=(69.2-18.3\times0.8)\text{ kPa}=54.6\text{ kPa}$$

根据 l/b 和 z/b 查表 2.3.4 求取 a 值，则附加应力 $\sigma_z=\alpha p_0$。

①点：$z=0.4$ m，$z/b=0.4$，$4a_1=0.977$

$$\sigma_{z1}=0.977\times54.6\text{ kPa}=53.3\text{ kPa}$$

②点：$z=1.4$ m，$z/b=1.4$，$4a_2=0.695$

$$\sigma_{z2}=0.695\times54.6\text{ kPa}=37.9\text{ kPa}$$

其余分层计算类同，见表 3.2.2。

(4)地基分层自重应力平均值和附加应力平均值的计算

例第②分层的平均附加应力

$$\overline{\sigma}_{z2}=(\sigma_{z1}+\sigma_{z2})/2=[(53.3+37.9)/2]\text{kPa}=45.6\text{ kPa}$$

其余分层的计算列于表 3.2.2。

(5)地基沉降计算深度 z_n 的确定

若按 $\sigma_{zn}\approx0.1\sigma_{czn}$ 条件时，可以估计出压缩层下限深度将在第⑨分层中，即 $z_n=7.2$ m，则在第(Ⅱ)土层即淤泥质土层的底面处，此时有下面的不等式：

$$6.4\text{ kPa}<0.1\times77.9\text{ kPa}=7.79\text{ kPa}$$

显然此时压缩层厚度已是多算了，但偏于保守而已。

若按 $\sigma_{zn}\approx0.2\sigma_{czn}$ 时，可以估计压缩层深度下限将在第⑥分层处，若取 $z_n=4.8$ m，此时得下列关系

$$11.77\text{ kPa}\approx0.2\times58.2\text{ kPa}=11.64\text{ kPa}$$

符合要求。

(6)地基各分层沉降量的计算

先从对应土层的压缩曲线上查出相应于某一分层 i 的平均自重应力($\overline{\sigma}_{czi}=p_{1i}$)以及平均附加应力与平均自重应力之和($\overline{\sigma}_{czi}+\overline{\sigma}_{zi}=p_{2i}$)的孔隙比 e_{1i} 和 e_{2i},代入式(3.2.1)计算该分层 i 的变形量 Δs_i:

$$\Delta s_i=\frac{e_{1i}-e_{2i}}{1+e_{1i}}h_i$$

例如第②分层(即 $i=2$),$h_{(2)}=100$ cm。

$\overline{\sigma}_{cz2}=26.3$ kPa,从压缩曲线(Ⅰ)上查得 $e_{1(2)}=0.913$;

$\overline{\sigma}_{cz2}+\overline{\sigma}_{z2}=71.9$ kPa,从同一压缩曲线上查得 $e_{2(2)}=0.874$,则

$$\Delta s_2=\frac{0.913-0.874}{1+0.913}\times 100\ \text{cm}=2.04\ \text{cm}$$

其余计算结果见表 3.2.2,此处略。

除用式(3.2.1)计算 Δs_i 外,还可用式(3.2.3)的关系计算 Δs_i。例如,对于上述第②分层数据可得:

$$a_i=a_2=\frac{e_{1(2)}-e_{2(2)}}{\overline{\sigma}_{z2}}=\frac{0.913-0.874}{45.6}\ \text{kPa}^{-1}=0.084\times 10^{-2}\ \text{kPa}^{-1}$$

$$\Delta s_2=\frac{a_i}{1+e_{1i}}\sigma_{zi}h_i=\frac{0.084\times 10^{-2}\times 45.6\times 100}{1+0.913}\ \text{cm}=2.04\ \text{cm}$$

若用 a_{1-2} 计算时,根据表 3.2.1 得

$$\Delta s_2=\frac{0.048\times 10^{-2}\times 45.6\times 100}{1+0.855}\ \text{cm}=1.20\ \text{cm}$$

可见,用不同条件下得到的压缩系数作参数代入计算 Δs_i 时,计算结果差别很大。

(7)计算基础中点总沉降量 s

将压缩层范围内各分层土的变形量 Δs_i 总加起来,便得基础的总的最终沉降量 s,即公式

$$s=\sum_{i=1}^{n}\Delta s_i$$

在本例中,以 $z_n=7.2$ m 考虑,共有分层数 $n=9$,所以从表 3.2.2 数据可得

$$s=\sum_{i=1}^{n}\Delta s_i$$

$$=(1.15+2.04+2.40+1.12+0.54+0.38+0.29+0.25+0.21)\ \text{cm}=8.38\ \text{cm}$$

若 $z_n=4.8$ m,$n=6$,则得

$$s=\sum_{i=1}^{n}\Delta s_i=7.63\ \text{cm}$$

二、《建筑地基基础设计规范》方法

《建筑地基基础设计规范》(GB 50007—2011)提出的地基沉降计算方法,是一种简化了的分层总和法,其引入了平均附加应力系数的概念,并在总结大量实践经验的前提下,重新规定了地基沉降计算深度的标准和地基沉降计算经验系数。

(一)计算原理

设地基土层均质、压缩模量 E_s 不随深度变化,根据式(3.2.3)有

$$s'=\sum_{i=1}^{n}\frac{\overline{\sigma}_{zi}}{E_{si}}h_i$$

式中，$\sigma_{zi}h_i$ 为第 i 层土附加应力曲线所包围的面积(图 3.2.3 中阴影部分)，用符号 A_{3456} 表示。

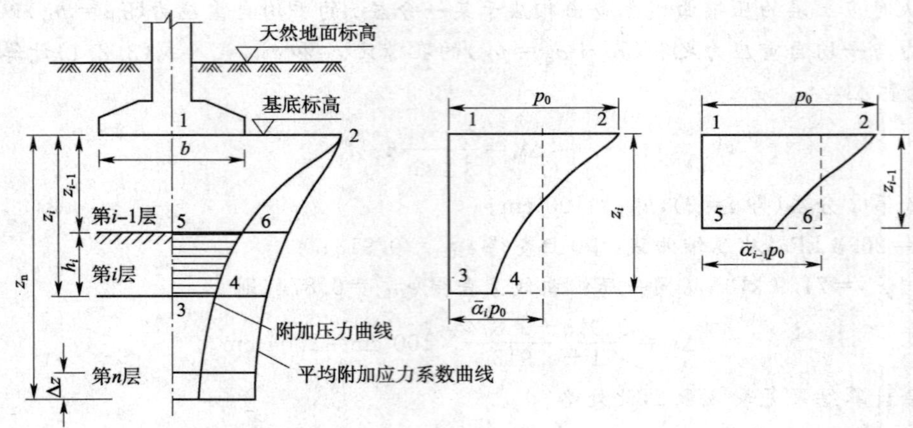

图 3.2.3　采用平均附加应力系数$\bar{\alpha}_i$计算沉降量的分层示意图

由图 3.2.3 得：
$$A_{3456}=A_{1234}-A_{1256}$$

而应力面积
$$A=\int_0^z \sigma_z \mathrm{d}z=p_0\int_0^z \alpha \mathrm{d}z$$

为便于计算，引入平均附加应力系数 $\bar{\alpha}$(如图 3.2.3 所示)。其公式为

$$A_{1234}=\bar{\alpha}_i p_0 z_i$$

即
$$\bar{\alpha}_i=\frac{A_{1234}}{p_0 z_i}$$

$$A_{1256}=\bar{\alpha}_{i-1} p_0 z_{i-1}$$

即
$$\bar{\alpha}_{i-1}=\frac{A_{1256}}{p_0 z_{i-1}}$$

$$s'=\sum_{i=1}^{n}\frac{A_i}{E_{si}}=\sum_{i=1}^{n}\frac{p_0}{E_{si}}(\bar{\alpha}_i z_i-\bar{\alpha}_{i-1}z_{i-1}) \tag{3.2.4}$$

式中，$p_0 z\bar{\alpha}$为深度 z 范围内竖向附加应力面积 A 的等代值；$\bar{\alpha}$ 为深度 z 范围内平均附加应力系数，$\bar{\alpha}=\dfrac{A}{p_0 z}=\dfrac{1}{z}\int_0^z \alpha \mathrm{d}z$。

(二)沉降计算经验系数和沉降计算

由于 s'推导时作了近似假定，而且对那些复杂因素也难以综合反映，因此将其计算结果与大量沉降观测资料结果比较发现：低压缩性地基土，s'计算值偏大；反之，高压缩性地基土，s'计算值偏小。为此，应引入经验系数 ψ_s，对式(3.2.4)进行修正，即

$$s=\psi_s s'=\psi_s\sum_{i=1}^{n}\frac{p_0}{E_{si}}(\bar{\alpha}_i z_i-\bar{\alpha}_{i-1}z_{i-1}) \tag{3.2.5}$$

式中，s 为地基最终沉降量(mm)；ψ_s 为沉降计算经验系数，根据地区沉降观测资料和经验确定，无地区经验时，也可按表 3.2.3 取用；n 为地基沉降计算深度范围内所划分的土层数；p_0 为对应于荷载效应准永久组合时的基础底面处的附加压力(kPa)；E_{si} 为基础底面下第 i 层土的压缩模量，应取土的自重压力至土的自重压力与附加压力之和的压力段计算；z_i、z_{i-1} 为基础底面至第 i 层和第 $i-1$ 层土底面的距离(m)；$\bar{\alpha}_i$、$\bar{\alpha}_{i-1}$ 为基础底面至第 i 层和第 $i-1$ 层土底面范围内的平均附加应力系数，矩形基础可按表3.2.4查用，条形基础可取 $l/b=10$

查，l 与 b 分别为基础的长边和短边。

沉降计算经验系数 ψ_s 表 3.2.3

基底附加压力	$\overline{E}_s$/MPa				
	2.5	4.0	7.0	15.0	20.0
$p_0 \geqslant f_{ak}$	1.4	1.3	1.0	0.4	0.2
$p_0 \leqslant 0.75 f_{ak}$	1.1	1.0	0.7	0.4	0.2

注：1. f_{ak} 是地基承载力特征值。

2. $\overline{E}_s$ 是沉降计算深度范围内压缩模量的当量值。

$$\overline{E}_s = \frac{\sum A_i}{\sum \frac{A_i}{E_{si}}}$$

式中，$A_i = p_0(z_i \overline{\alpha}_i - z_{i-1}\overline{\alpha}_{i-1})$。

均布的矩形荷载角点下的平均竖向附加应力系数 $\overline{\alpha}$ 表 3.2.4

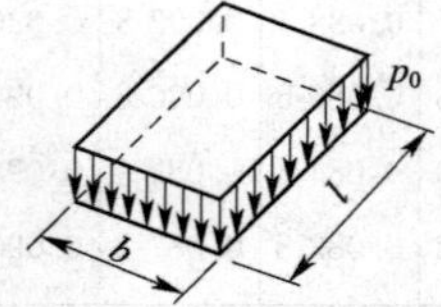

z/b	l/b												
	1.0	1.2	1.4	1.6	1.8	2.0	2.4	2.8	3.2	3.6	4.0	5.0	10.0
0.0	0.250 0	0.250 0	0.250 0	0.250 0	0.250 0	0.250 0	0.250 0	0.250 0	0.250 0	0.250 0	0.250 0	0.250 0	0.250 0
0.2	0.249 6	0.249 7	0.249 7	0.249 8	0.249 8	0.249 8	0.249 8	0.249 8	0.249 8	0.249 8	0.249 8	0.249 8	0.249 8
0.4	0.247 4	0.247 9	0.248 1	0.248 3	0.248 3	0.248 4	0.248 5	0.248 5	0.248 5	0.248 5	0.248 5	0.248 5	0.248 5
0.6	0.243 3	0.243 7	0.244 4	0.244 8	0.245 1	0.245 2	0.245 4	0.245 5	0.245 5	0.245 5	0.245 5	0.245 5	0.245 6
0.8	0.234 6	0.237 2	0.238 7	0.239 5	0.240 0	0.240 3	0.240 7	0.240 8	0.240 9	0.240 9	0.241 0	0.241 0	0.241 0
1.0	0.225 2	0.229 1	0.231 3	0.232 6	0.233 5	0.234 0	0.234 6	0.234 9	0.235 1	0.235 2	0.235 2	0.235 3	0.235 3
1.2	0.214 9	0.219 9	0.222 9	0.224 8	0.226 0	0.226 8	0.227 8	0.228 2	0.228 5	0.228 6	0.228 7	0.228 8	0.228 9
1.4	0.204 3	0.210 2	0.214 0	0.216 4	0.219 0	0.219 1	0.220 4	0.221 1	0.221 5	0.221 7	0.221 8	0.222 0	0.222 1
1.6	0.193 9	0.200 5	0.204 9	0.207 9	0.209 9	0.211 3	0.213 0	0.213 8	0.214 3	0.214 6	0.214 8	0.215 0	0.215 2
1.8	0.184 0	0.191 2	0.196 0	0.199 4	0.201 8	0.203 4	0.205 5	0.206 6	0.207 3	0.207 7	0.207 9	0.208 2	0.208 4
2.0	0.174 6	0.182 2	0.187 5	0.191 2	0.193 8	0.195 8	0.198 2	0.199 6	0.200 4	0.200 9	0.201 2	0.201 5	0.201 8
2.2	0.165 9	0.173 7	0.179 3	0.183 3	0.186 2	0.188 3	0.191 1	0.192 7	0.193 7	0.194 3	0.194 7	0.195 2	0.195 5
2.4	0.157 8	0.165 7	0.171 5	0.175 7	0.178 9	0.181 2	0.184 3	0.186 2	0.187 3	0.188 0	0.188 5	0.189 0	0.189 5
2.6	0.150 3	0.158 3	0.164 2	0.168 6	0.171 9	0.174 5	0.177 9	0.177 9	0.181 2	0.182 0	0.182 5	0.183 2	0.183 8
2.8	0.143 3	0.151 4	0.157 4	0.161 9	0.165 4	0.168 0	0.171 7	0.173 9	0.175 3	0.176 3	0.176 9	0.177 7	0.178 4
3.0	0.136 9	0.144 9	0.151 0	0.155 6	0.159 2	0.161 9	0.165 8	0.168 2	0.169 8	0.170 8	0.171 5	0.172 5	0.173 3
3.2	0.131 0	0.139 0	0.145 0	0.149 7	0.153 3	0.156 2	0.160 2	0.162 8	0.164 5	0.165 7	0.166 4	0.167 5	0.168 5
3.4	0.125 6	0.133 4	0.139 4	0.144 1	0.147 8	0.150 8	0.155 0	0.157 7	0.159 5	0.160 7	0.161 6	0.162 8	0.163 9
3.6	0.120 5	0.128 2	0.134 2	0.138 9	0.142 7	0.145 6	0.150 0	0.152 8	0.154 8	0.156 1	0.157 0	0.158 3	0.159 5
3.8	0.115 8	0.123 4	0.129 3	0.134 0	0.137 8	0.140 8	0.145 2	0.148 2	0.150 2	0.151 6	0.152 6	0.154 1	0.155 4
4.0	0.111 4	0.118 9	0.124 8	0.129 4	0.133 2	0.136 2	0.140 8	0.143 8	0.145 9	0.147 4	0.148 5	0.150 0	0.151 6
4.2	0.107 3	0.114 7	0.120 5	0.125 1	0.128 9	0.131 9	0.136 5	0.139 6	0.141 8	0.143 4	0.144 5	0.146 2	0.147 9
4.4	0.103 5	0.110 7	0.116 4	0.121 0	0.124 8	0.127 9	0.132 5	0.135 7	0.137 9	0.139 6	0.140 7	0.142 5	0.144 4
4.6	0.100 0	0.107 0	0.112 7	0.117 2	0.120 9	0.124 0	0.128 7	0.131 9	0.134 2	0.135 9	0.137 1	0.139 0	0.141 0
4.8	0.096 7	0.103 6	0.109 1	0.113 6	0.117 3	0.120 4	0.125 0	0.128 3	0.130 7	0.132 4	0.133 7	0.135 7	0.137 9

续上表

z/b	l/b												
	1.0	1.2	1.4	1.6	1.8	2.0	2.4	2.8	3.2	3.6	4.0	5.0	10.0
5.0	0.093 5	0.100 3	0.105 7	0.110 2	0.113 9	0.116 9	0.121 6	0.124 9	0.127 3	0.129 1	0.130 4	0.132 5	0.134 8
5.2	0.090 6	0.097 2	0.102 6	0.107 0	0.110 6	0.113 6	0.118 3	0.121 7	0.124 1	0.125 9	0.127 3	0.129 5	0.132 0
5.4	0.087 8	0.094 3	0.099 6	0.103 9	0.107 5	0.110 5	0.115 2	0.118 6	0.121 1	0.122 9	0.124 3	0.126 5	0.129 2
5.6	0.085 2	0.091 6	0.096 8	0.101 0	0.104 6	0.107 6	0.112 2	0.115 6	0.118 1	0.120 0	0.121 5	0.123 8	0.126 6
5.8	0.082 8	0.089 0	0.094 1	0.098 3	0.101 8	0.104 7	0.109 4	0.112 8	0.115 2	0.117 2	0.118 7	0.121 1	0.124 0
6.0	0.080 5	0.086 6	0.091 6	0.095 7	0.099 1	0.102 1	0.106 7	0.110 1	0.112 6	0.114 6	0.116 1	0.118 5	0.121 6
6.2	0.078 3	0.084 2	0.089 1	0.093 2	0.096 6	0.099 5	0.104 1	0.107 5	0.110 1	0.112 0	0.113 6	0.116 1	0.119 3
6.4	0.074 2	0.082	0.086 9	0.090 9	0.094 2	0.097 1	0.101 6	0.105 0	0.170 6	0.109 6	0.111 1	0.113 7	0.117 1
6.6	0.074 2	0.079 9	0.084 7	0.088 6	0.091 9	0.094 8	0.099 3	0.102 7	0.105 3	0.107 3	0.108 8	0.111 4	0.114 9
6.8	0.072 3	0.077 9	0.082 6	0.086 5	0.080 9	0.092 6	0.097 0	0.100 4	0.103 0	0.105 0	0.106 6	0.109 2	0.112 9
7.0	0.070 5	0.076 1	0.080 6	0.084 4	0.087 7	0.090 4	0.094 9	0.098 2	0.100 8	0.102 8	0.104 4	0.107 1	0.110 9
7.2	0.068 8	0.074 2	0.078 7	0.082 5	0.085 7	0.088 4	0.092 8	0.096 2	0.098 7	0.100 8	0.102 3	0.105 1	0.109 0
7.4	0.067 2	0.072 5	0.076 9	0.080 6	0.083 8	0.086 5	0.090 8	0.094 2	0.096 7	0.098 8	0.100 4	0.103 1	0.107 1
7.6	0.065 6	0.070 9	0.075 2	0.078 9	0.082 0	0.084 6	0.088 9	0.092 2	0.094 8	0.096 8	0.098 4	0.101 2	0.105 4
7.8	0.064 2	0.069 3	0.073 6	0.077 1	0.080 2	0.082 8	0.087 1	0.090 4	0.092 9	0.095 0	0.096 6	0.099 4	0.103 6
8.0	0.062 7	0.067 8	0.072 0	0.075 5	0.078 5	0.081 1	0.085 3	0.088 6	0.091 2	0.093 2	0.094 8	0.097 6	0.102 0
8.2	0.061 4	0.066 3	0.070 5	0.073 9	0.076 9	0.079 5	0.083 7	0.086 9	0.089 4	0.091 4	0.093 1	0.095 9	0.100 4
8.4	0.060 1	0.064 9	0.069 0	0.072 4	0.075 4	0.077 9	0.082 0	0.085 2	0.087 8	0.089 8	0.091 4	0.094 3	0.098 8
8.6	0.058 8	0.063 6	0.067 6	0.071 0	0.073 9	0.076 4	0.080 5	0.083 6	0.086 2	0.088 2	0.089 8	0.092 7	0.097 3
8.8	0.057 6	0.062 3	0.066 3	0.069 6	0.072 4	0.074 9	0.079 0	0.082 1	0.084 6	0.086 6	0.088 2	0.091 2	0.095 9
9.2	0.055 4	0.059 9	0.063 7	0.067 0	0.069 7	0.072 1	0.076 1	0.079 2	0.081 7	0.083 7	0.085 3	0.088 2	0.093 1
9.6	0.053 3	0.057 7	0.061 4	0.064 5	0.067 2	0.069 6	0.073 4	0.076 5	0.078 9	0.080 9	0.082 5	0.085 5	0.090 5
10.0	0.051 4	0.055 6	0.059 2	0.062 2	0.064 9	0.067 2	0.071 0	0.073 9	0.076 3	0.078 3	0.079 9	0.082 9	0.088 0
10.4	0.049 6	0.053 7	0.057 2	0.060 1	0.062 7	0.064 9	0.068 6	0.071 6	0.073 9	0.075 9	0.077 5	0.080 4	0.085 7
10.8	0.047 9	0.051 9	0.055 3	0.058 1	0.060 6	0.062 8	0.066 4	0.069 3	0.071 7	0.073 6	0.075 1	0.078 1	0.083 4
11.2	0.046 3	0.050 2	0.053 5	0.056 3	0.058 7	0.060 9	0.064 4	0.067 2	0.069 5	0.071 4	0.073 0	0.075 9	0.081 3
11.6	0.044 8	0.048 6	0.051 8	0.054 5	0.056 9	0.059 0	0.062 5	0.065 2	0.067 5	0.069 4	0.070 9	0.073 8	0.079 3
12.0	0.043 5	0.047 1	0.050 2	0.052 9	0.055 2	0.057 3	0.060 6	0.063 4	0.065 6	0.067 4	0.069 0	0.071 9	0.077 4
12.8	0.040 9	0.044 4	0.047 4	0.049 9	0.052 1	0.054 1	0.057 3	0.059 9	0.062 1	0.063 9	0.065 4	0.068 2	0.073 9
13.6	0.038 7	0.042 0	0.044 8	0.047 2	0.049 3	0.051 2	0.054 3	0.056 8	0.058 9	0.060 7	0.062 1	0.064 9	0.070 7
14.4	0.036 7	0.039 8	0.042 5	0.044 8	0.046 8	0.048 6	0.051 6	0.054 0	0.056 1	0.057 7	0.059 2	0.061 9	0.067 7
15.2	0.034 9	0.037 9	0.040 4	0.042 6	0.044 6	0.046 3	0.049 2	0.051 5	0.053 5	0.055 1	0.056 5	0.059 2	0.065 0
16.0	0.033 2	0.036 1	0.038 5	0.040 7	0.042 5	0.044 2	0.046 9	0.049 2	0.051 1	0.052 7	0.054 0	0.056 7	0.062 5
18.0	0.029 7	0.032 3	0.034 5	0.036 4	0.038 1	0.039 6	0.042 2	0.044 2	0.046 0	0.047 5	0.048 7	0.051 2	0.057 0
20.0	0.026 9	0.029 2	0.031 2	0.033 0	0.034 5	0.035 9	0.038 3	0.040 2	0.041 8	0.043 2	0.044 4	0.046 8	0.052 4

还需注意，表 3.2.4 给出的是均布矩形荷载角点下的平均竖向附加应力系数，故非角点下的平均附加应力系数 $\bar{\alpha}$ 需采用角点法计算，其方法同土中应力计算。

(三)地基沉降计算深度 z_n

地基沉降计算深度 z_n，可通过试算确定，即要求满足

$$\Delta s'_n \leqslant 0.025\sum_{i=1}^{n}\Delta s'_i \tag{3.2.6}$$

式中，$\Delta s'_i$ 为在计算深度 z_n 范围内，第 i 层土的计算沉降值(mm)；$\Delta s'_n$ 为在计算深度 z_n 处向上取厚度为 Δz(见图 3.2.3)土层的计算沉降值(mm)，Δz 按表3.2.5确定。

计算厚度 Δz 表　　表 3.2.5

基底宽度 b/m	≤2	$2<b\leqslant4$	$4<b\leqslant8$	$8<b\leqslant15$	$15<b\leqslant30$	>30
Δz/m	0.3	0.6	0.8	1.0	1.2	1.5

按式(3.2.6)计算确定的 z_n 下仍有软弱土层时，在相同压力条件下，变形会增大，故尚应继续往下计算，直至软弱土层中所取规定厚度 Δz 的计算沉降量满足式(3.2.6)为止。

当无相邻荷载影响，基础宽度在 1～30 m 范围内时，基础中点的地基沉降计算深度 z_n 也可按下式估算

$$z_n = b(2.5-0.4\ln b) \tag{3.2.7}$$

式中，b 为基础宽度(m)；$\ln b$ 为 b 的自然对数。

此外，当沉降计算深度范围内存在基岩时，z_n 可取至基岩表面为止。当存在较厚的坚硬黏性土层，其孔隙比小于 0.5、压缩模量大于 50 MPa，或存在较厚的密实砂卵石层，其压缩模量大于 80 MPa 时，z_n 可取至该层土表面。

【例 3.2.2】 柱荷载 F=1 190 kN，基础埋深 d=1.5 m，基础底面尺寸为 4 m×2 m，地基土层如图 3.2.4 所示，试用规范方法求该基础的最终沉降量。

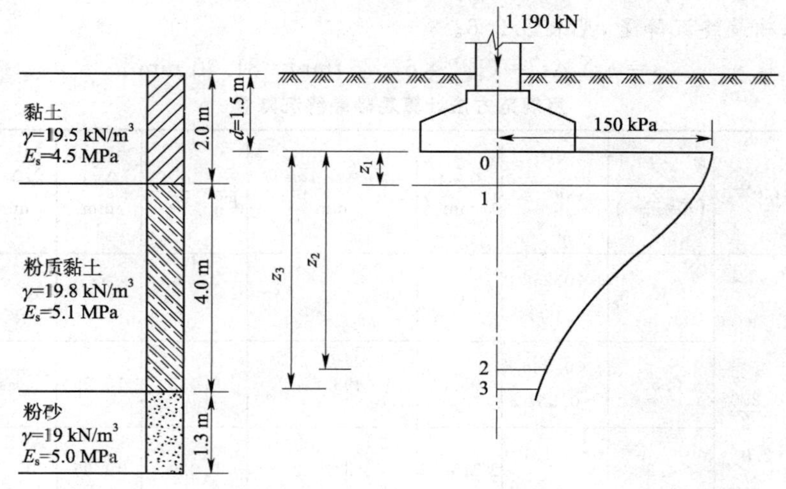

图 3.2.4　例 3.2.2 示意图

【解】

(1)求基底压力和基底附加压力

$$p=\frac{F+G}{A}=\frac{1\ 190+20\times4\times2\times1.5}{4\times2}\text{kPa}=178.75\ \text{kPa}\approx179\ \text{kPa}$$

基础底面处土的自重应力

$$\sigma_{cz}=\gamma d=(19.5\times1.5)\ \text{kPa}=29.25\ \text{kPa}\approx29\ \text{kPa}$$

则基底附加压力

$$p_0=p-\sigma_{cz}=(179-29)\ \text{kPa}=150\ \text{kPa}=0.15\ \text{MPa}$$

(2)确定沉降计算深度 z_n

因为不存在相邻荷载的影响，故可按式(3.2.7)估算。

$$z_n = b(2.5-0.4\ \ln b)=[2\times(2.5-0.4\times\ln 2)]\text{m}=4.445\ \text{m}\approx 4.5\ \text{m}$$

按该深度，沉降量计算至粉质黏土层底面。

(3)沉降计算，见表3.2.6

①求 $\bar{\alpha}$。

使用表3.2.4时，因为它是角点下平均附加应力系数，而所需计算的则为基础中点下的沉降量，因此查表时要应用角点法，即将基础分为4块相同的小面积，查表时按 $\dfrac{l/2}{b/2}=l/b$、$\dfrac{z}{b/2}$ 查，查得的平均附加应力系数应乘以4。

②z_n 校核。

根据规范规定，先由表3.2.5定下 $\Delta z=0.3$ m，计算出 $\Delta s_n'=1.51$ mm，并除以 $\sum_{i=1}^{n}\Delta s_i'$ (67.76mm)，得 $0.022\ 6\leqslant 0.025$，表明所取 $z_n=4.5$ m 符合要求。

(4)确定沉降经验系数 ψ_s

①计算 $\overline{E}_s$ 值。

$$\overline{E}_s=\frac{\sum A_i}{\sum(A_i/E_{si})}=\frac{p_0\sum(z_i\bar{\alpha}_i-z_{i-1}\bar{\alpha}_{i-1})}{p_0\sum[(z_i\bar{\alpha}_i-z_{i-1}\bar{\alpha}_{i-1})/E_{si}]}=\frac{493.60+1722.32+52.08}{\dfrac{493.60}{4.5}+\dfrac{1722.32}{5.1}+\dfrac{52.08}{5.1}}\ \text{MPa}=5\ \text{MPa}$$

②ψ_s 值确定。

假设 $p_0=f_{ak}$，按表3.2.3插值求得 $\psi_s=1.2$。

③计算基础最终沉降量，见表3.2.6。

$$s=\psi_s\sum\Delta s_i'=(1.2\times 67.75)\text{mm}=81.30\ \text{mm}$$

用规范方法计算基础最终沉降量 表3.2.6

点号	z_i/m	l/b	z/b $\left(b=\frac{2.0}{2}\right)$	$\bar{\alpha}_i$	$z_i\bar{\alpha}_i$/mm	$z_i\bar{\alpha}_i-z_{i-1}\bar{\alpha}_{i-1}$/mm	$\frac{p_0}{E_{si}}=\frac{0.15}{E_{si}}$	$\Delta s_i'$/mm	$\sum\Delta s_i'$/mm	$\frac{\Delta s_n'}{\sum\Delta s_i'}\leqslant 0.025$
0	0		0	4×0.250 0 =1.000	0					
1	0.50	$\frac{4.0}{2}/\frac{2.0}{2}$ =2.0	0.50	4×0.246 8 =0.987 2	493.60	493.60	0.033	16.29		
2	4.20		4.2	4×0.131 9 =0.527 6	2 215.92	1 722.32	0.029	49.95		
3	4.0		4.5	4×0.126 0 =0.504 0	2 268.00	52.08	0.029	1.51	67.75	0.022 6

(四)地基回弹变形量计算

当建筑物地下室基础埋置较深时，地基土的回弹变形量可按下式进行计算

$$s_c=\psi_c\sum_{i=1}^{n}\frac{p_c}{E_{ci}}(z_i\bar{\alpha}_i-z_{i-1}\bar{\alpha}_{i-1})\tag{3.2.8}$$

式中，s_c 为地基的回弹变形量(mm)；ψ_c 为回弹量计算的经验系数，无地区经验时可取1.0；p_c 为基坑底面以上土的自重压力(kPa)，地下水位以下应扣除浮力；E_{ci} 为土的回弹模量(kPa)，按现行国家标准《土工试验方法标准》(GB/T 50123—1999)中土的固结试验回弹曲线的不同应力段计算。

回弹再压缩变形量计算可采用再加荷的压力小于卸荷土的自重压力段内再压缩变形线性分布的假定按下式进行计算

$$s'_c=\begin{cases} r'_0 s_c \dfrac{p}{p_c R'_0} & p<R'_0 p_c \\ s_c\left[r'_0+\dfrac{r'_{R'=1.0}-r'_0}{1-R'_0}\left(\dfrac{p}{p_c}-R'_0\right)\right] & R'_0 p_c\leqslant p\leqslant p_c \end{cases} \tag{3.2.9}$$

式中，s'_c 为地基土回弹再压缩变形量(mm)；s_c 为地基的回弹变形量(mm)；r'_0 为临界再压缩比率，相应于再压缩比率与再加荷比关系曲线上两段线性交点对应的再压缩比率，由土的固结回弹再压缩试验确定；R'_0 为临界再加荷比，相应在再压缩比率与再加荷比关系曲线上两段线性交点对应的再加荷比，由土的固结回弹再压缩试验确定；$r'_{R'=1.0}$ 为对应于再加荷比 $R'=1.0$ 时的再压缩比率，由土的固结回弹再压缩试验确定，其值等于回弹再压缩变形增大系数；p 为再加荷的基底压力(kPa)。

在同一整体大面积基础上建有多栋高层和低层建筑，宜考虑上部结构、基础与地基的共同作用进行变形计算。

第三节　应力历史对地基沉降的影响

一、天然土层应力历史

应力历史是指土在形成的地质年代中经受应力变化的情况。黏性土在形成及存在过程中所受的地质作用和应力变化不同，所产生的压密过程及固结状态亦不同。根据土的先(前)期固结压力 p_c(天然土层在历史上所承受过的最大固结压力)与现有土层自重应力 $p_1=\gamma z$之比，称为“超固结比”(OCR)，可把天然土层划分为三种固结状态。

①超固结状态[图 3.3.1a)]。天然土层在地质历史上受到过的固结压力 p_c 大于目前的上覆压力 p_1，即 OCR>1。其可能由于地面上升或河流冲刷将其上部的一部分土体剥蚀掉，或古冰川下的土层曾经受过冰荷载(荷载强度为 p_c)的压缩，后由于气候转暖、冰川融化致使上覆压力减小等。

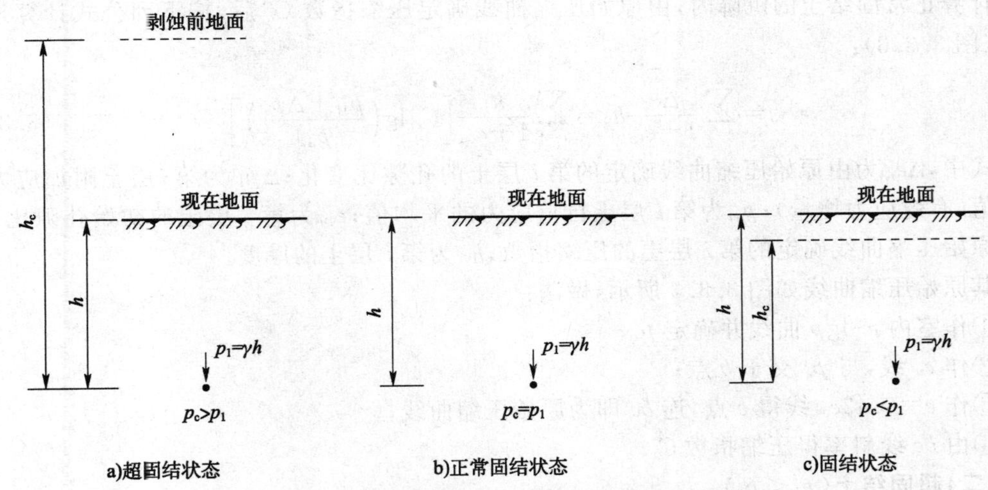

图 3.3.1　沉积土层按先期固结压力 p_c 分类

②正常固结状态。指的是土层在历史上最大固结压力作用下压缩稳定，但沉积后土层厚度无大变化，以后也没有受到过其他荷载的继续作用的情况。即 $p_c = p_1 = \gamma z$，OCR＝1，如图 3.3.1b)所示。

③欠固结状态。如图 3.3.1c)所示，土层逐渐沉积到现在地面，但没达到固结稳定状态，如新近沉积黏性土、人工填土等。由于沉积后经历年代时间不久，其自重固结作用尚未完成，将来固结完成后的地表如图中虚线。因此 p_c(这里 $p_c = \gamma h_c$，h_c 代表固结完成后地面下的计算深度)还小于现有土的自重应力 p_1，故称为“欠固结土层”。

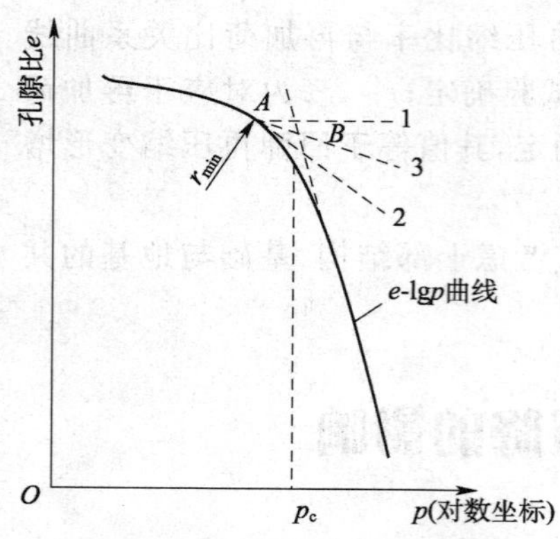

图 3.3.2 确定先期固结压力 p_c 的卡萨格兰德法

二、先期固结压力 p_c 的确定

确定 p_c 的方法很多，应用最广的方法是卡萨格兰德(A. Cassngrandc，1936)建议的经验作图法，作图步骤如下(图 3.3.2)：

①从 e-lg$p$ 曲线上找出曲率半径最小的一点 A，过 A 点作水平线 $A1$ 和切线 $A2$；

②作∠$1A2$ 的平分线 $A3$，与 e-lg$p$ 曲线中直线段的延长线相交于 B 点；

③B 点所对应的有效应力就是先期固结压力 p_c。

显见，该法仅适用于 e-lg$p$ 曲线曲率变化明显的土层，否则 r_{min} 难以确定。此外，e-lg$p$ 曲线的曲率随 e 轴坐标比例的变化而改变，而目前尚无统一的坐标比例，且人为因素影响大，所得 p_c 值不一定可靠。因此确定 p_c 时，一般还应结合场地的地形、地貌等形成历史的调查资料加以判断。

三、考虑应力历史影响的地基最终沉降计算

为了考虑应力历史对地基沉降的影响，只要在地基沉降计算通常采用的分层总和法中，将土的压缩性指标改从原始压缩曲线(e-lg$p$ 曲线)确定就可以了。

(一)正常固结土($p_1 = p_c$)

计算正常固结土的沉降时，由原始压缩曲线确定压缩指数 C_c 后，按下列公式计算最终沉降(图 3.3.3)：

$$s = \sum_{i=1}^{n} \frac{\Delta e_i}{1+e_{Qi}} h_i = \sum_{i=1}^{n} \frac{h_i}{1+e_{Qi}} \left[C_{ci} \lg \left(\frac{p_{1i} + \Delta p_i}{p_{1i}} \right) \right] \tag{3.3.1}$$

式中，Δe_i 为由原始压缩曲线确定的第 i 层土的孔隙比变化；Δp_i 为第 i 层土附加应力的平均值(有效应力增量)；p_{1i} 为第 i 层土自重应力的平均值；e_{Qi} 为第 i 层土的初始孔隙比；C_{ci} 为从原始压缩曲线确定的第 i 层土的压缩指数；h_i 为第 i 层土的厚度。

其原始压缩曲线如图 3.3.3 所示，做法：

①作室内 e-lg$p$ 曲线并确定 p_c；

②作 e_0 线，与 p_c 交于 b 点；

③作 $e = 0.42e_0$ 线得 c 点，连 bc 即为原始压缩曲线；

④由 bc 线斜率得压缩指数 C_c。

(二)超固结土($p_1 < p_c$)

计算超固结土的沉降时，由原始压缩曲线和原始再压缩曲线分别确定土的压缩指数 C_c

和回弹指数 C_e。

如图 3.3.4 所示原始压缩曲线作法：

①作 e-lg$p$ 和 p_c 线；

②作回弹—再压缩曲线(从 p_i 卸荷至 p_1)；

③作 e_0 线与 p_1 交于 b_1 点；

④作 $b_1b /\!/ fg$，由 fg 线斜率得回弹指数 C_e；

⑤作 $e=0.42e_0$ 线得 c；

⑥连 bc 线即为原始压缩曲线，其直线段斜率为压缩指数 C_c。

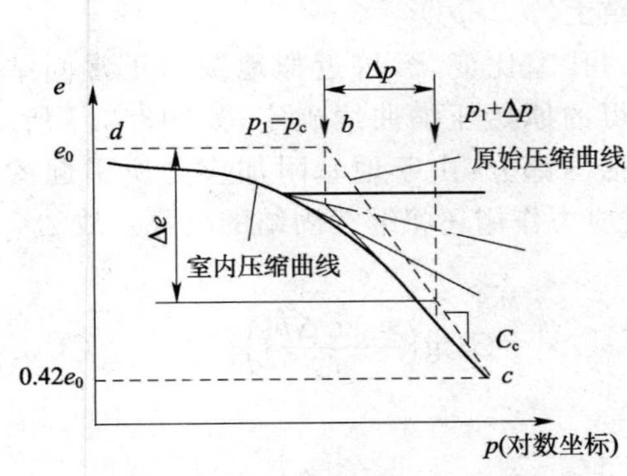

图 3.3.3 正常固结土的孔隙比变化

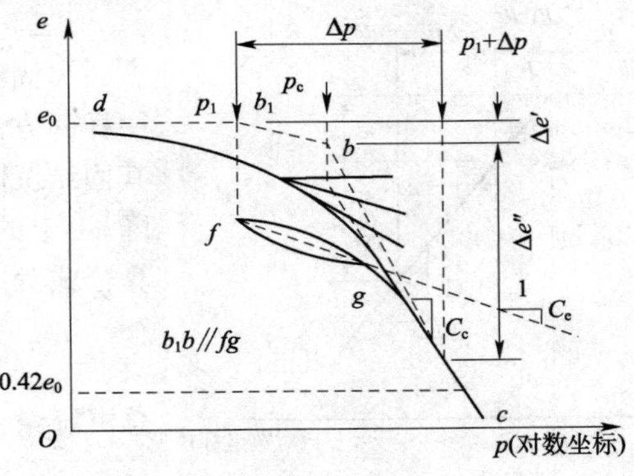

图 3.3.4 超固结土的孔隙比变化

计算时根据超固结的程度，分下列两种情况进行沉降计算。

①如果某分层土的有效应力增量 $\Delta p>(p_c-p_1)$ 时(图 3.3.4)，则分层土的孔隙比将先沿着原始再压缩曲线 b_1b 段减少 $\Delta e'$，然后沿着原始压缩曲线 bc 段减少 $\Delta e''$，即相应于应力增量的 Δp 的孔隙比变化 Δe 应等于这两部分之和。其中，第一部分(相应的有效应力由现有的土自重应力 p_1 增大到先期固结压力 p_c)的孔隙比变化 $\Delta e'$ 为

$$\Delta e'=C_e\lg\left(\frac{p_c}{p_1}\right) \tag{3.3.2}$$

式中，C_e 为回弹指数，其值等于原始再压缩曲线的斜率。

第二部分相应的有效应力由 p_c 增大到 $(p_1+\Delta p)$ 时，则该分层土的孔隙比变化 $\Delta e''$ 为

$$\Delta e''=C_c\lg\left(\frac{p_1+\Delta p}{p_c}\right) \tag{3.3.3}$$

式中，C_c 为压缩指数，其值等于原始压缩曲线的斜率。

总的孔隙比变化 Δe 为

$$\begin{aligned}\Delta e&=\Delta e'+\Delta e''\\&=C_e\lg\left(\frac{p_c}{p_1}\right)+C_c\lg\left(\frac{p_1+\Delta p}{p_c}\right)\end{aligned}$$

因此，对于 $\Delta p>(p_c-p_1)$ 的各分层总沉降量 s_n 为：

$$s_n=\sum_{i=1}^{n}\frac{h_i}{1+e_{Qi}}\left[C_{ei}\lg\left(\frac{p_{ci}}{p_{1i}}\right)+C_{ci}\lg\left(\frac{p_{1i}+\Delta p_i}{p_{ci}}\right)\right] \tag{3.3.4}$$

式中，n 为分层计算沉降时，压缩土层中有效应力增加 $\Delta p>(p_c-p_1)$ 的分层数；C_{ei}、C_{ci} 为第 i 层土的回弹指数和压缩指数；p_{ci} 为第 i 层土的先期固结压力；其余符号意义同前。

②如果分层土的有效应力增量 Δp 不大于 (p_c-p_1)，则分层土的孔隙比 Δe 只沿着再压缩曲线 b_1b 发生(图 3.3.4)，其大小为：

$$\Delta e = C_e \lg\left(\frac{p_1 + \Delta p}{p_1}\right) \tag{3.3.5}$$

因此，对于 $\Delta p \leqslant (p_c - p_1)$ 的各分层总沉降量 s_m 为：

$$s_m = \sum_{i=1}^{m} \frac{h_i}{1+e_{Qi}}\left[C_{ei} \lg\left(\frac{p_{1i} + \Delta p_i}{p_{1i}}\right)\right] \tag{3.3.6}$$

式中，m 为分层计算沉降时，压缩土层中具有 $\Delta p \leqslant (p_c - p_1)$ 的分层数。

总沉降 s 为上述两部分之和，即

$$s = s_n + s_m \tag{3.3.7}$$

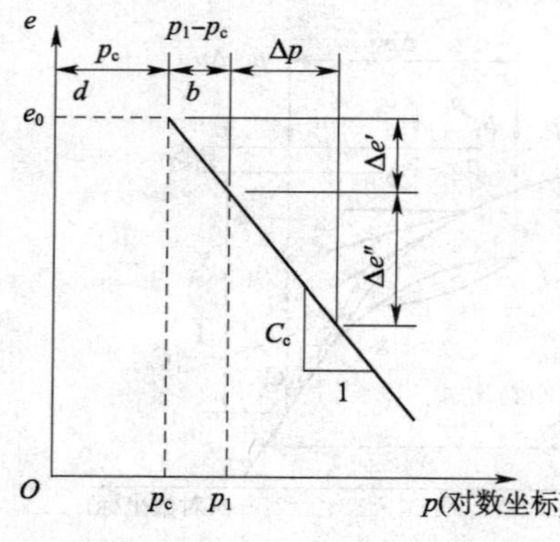

图 3.3.5 欠固结土的孔隙比变化

（三）欠固结土（$p_1 > p_c$）

欠固结土的孔隙比变化，可近似地按与正常固结土一样的方法求得的原始压缩曲线确定，如图3.3.5所示，其固结沉降包括两部分：由于地基附加应力所引起的沉降；由土的自重应力作用还将继续固结的沉降。故 Δe_i 计算公式为

$$\Delta e_i = C_{ci} \lg\left(\frac{p_{1i} + \Delta p_i}{p_{ci}}\right) \tag{3.3.8}$$

总沉降量

$$s = \sum_{i=1}^{n} \frac{h_i}{1+e_{Qi}}\left[C_{ci} \lg\left(\frac{p_{1i} + \Delta p_i}{p_{ci}}\right)\right] \tag{3.3.9}$$

式中，p_{ci} 为第 i 层土的实际有效压力，小于土的自重压力 p_{1i}。

可见，若按正常固结土层计算欠固结土的沉降，所得结果可能远小于实际观测的沉降量。

第四节 地基变形与时间的关系

在工程实际中，往往需要了解建筑物在施工期间或以后某一时间的基础沉降量，以便控制施工速度或考虑建筑物正常使用的安全措施（如考虑建筑物各有关部分之间的预留净空或连接方法等）。采用堆载预压等方法处理地基时，也需要考虑地基变形与时间的关系。

碎石土和砂土的透水性好，其变形所经历的时间很短，可以认为在外荷载施加完毕（如建筑物竣工）时，其变形已稳定；对于黏性土，完成固结所需时间就比较长，在厚层的饱和软黏土中，其固结变形需要经过几年甚至几十年时间才能完成。所以，下面只讨论饱和土的变形与时间关系。

一、饱和土的渗透固结

前文已指出，饱和黏土在压力作用下，孔隙水将随时间的迁延而逐渐被排出，同时孔隙体积也随之缩小，这一过程称为饱和土的渗透固结。渗透固结所需时间的长短与土的渗透性和土层厚度有关，土的渗透性越小、土层越厚，孔隙水被挤出所需的时间就越长。

饱和土的渗透固结，可借助如图 3.4.1 所示的弹簧—活塞模型来说明。在一个盛满水的圆筒中，装一个带有弹簧的活塞，弹簧表示土的颗粒骨架，圆筒内的水表示土中的自由水，带孔的活塞则表征土的透水性。由于模型中只有固、液两相介质，则对于外力 σ_z 的作用只能是水与弹簧两者来共同承担。设其中的弹簧承担的压力为有效应力 σ'，圆筒中的水承担

的压力为孔隙水压力 u，按照静力平衡条件，应有

$$\sigma_z = \sigma' + u \tag{3.4.1}$$

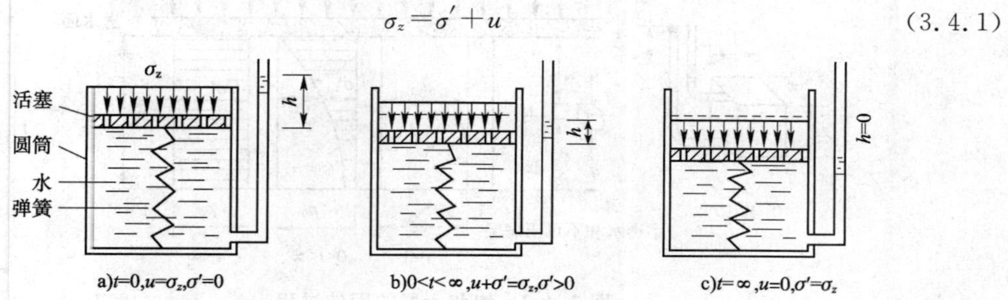

图 3.4.1 饱和土的渗透固结模型

很明显，上式的物理意义是土的孔隙水压力 u 与有效应力 σ' 对外力 σ_z 的分担作用，它与时间有关。

①当 $t=0$ 时，即活塞顶面骤然受到压力 σ_z 作用的瞬间，水来不及排出[图 3.4.1a)]，弹簧没有变形和受力，附加应力 σ_z 全部由水来承担，即 $u=\sigma_z$，$\sigma'=0$。

②当 $t>0$ 时，随着荷载作用时间的迁延，水受到压力后开始从活塞排水孔中排出，活塞下降，弹簧开始承受压力 σ'，并逐渐增长；而相应地 u 则逐渐减小。总之，$u+\sigma'=\sigma_z$，而 $u<\sigma_z$，$\sigma'>0$。

③当 $t\rightarrow\infty$ 时（代表"最终"时间），水从排水孔中充分排出，孔隙水压力完全消散（$h=0$），活塞最终下降到 σ_z 全部由弹簧承担，饱和土的渗透固结完成。即

$$\sigma_z = \sigma', u = 0$$

可见，饱和土的渗透固结也就是孔隙水压力逐渐消散和有效应力相应增长的过程。

二、太沙基一维固结理论

为了求得饱和土层在渗透固结过程中某一时间的变形，通常采用太沙基提出的一维固结理论进行计算。其适用条件为荷载面积远大于压缩土层的厚度，地基中孔隙水主要沿竖向渗流。对于堤坝及其地基，孔隙水主要沿两个方向渗流，属于二维固结问题；对于高层建筑，则应考虑三维固结问题。

（一）一维固结微分方程

设厚度为 H 的饱和黏土层（图 3.4.2），顶面是透水层，底面是不透水和不可压缩层，假设该饱和土层在自重应力作用下的固结已经完成，现在顶面受到一次骤然施加的无限均布荷载 p_0 作用。由于土层厚度远小于荷载面积，故土中附加应力图形将近似地取作矩形分布，即附加应力不随深度而变化。但是孔隙压力 u（另一方面也是有效应力 σ'）却是坐标 z 和时间 t 的函数。即 σ' 和 u 分别写为 $\sigma'_{z,t}$ 和 $u_{z,t}$。

为了便于分析固结过程，作如下假设：

①土中水的渗流只沿竖向发生，而且渗流服从达西定律，土的渗透系数 k 为常数；

②相对于土的孔隙，土颗粒和土中水都是不可压缩的，因此土的变形仅是孔隙体积压缩的结果，而土的压缩服从式（3.2.3）和式（3.2.4）所表达的压缩定律；

③土是完全饱和的，土的体积压缩量同土孔隙中排出的水量相等，而且压缩变形速率取决于土中水的渗流速率。

现从饱和土层顶面下深度 z 处取一微单元体 $1\times1\times dz$ 来考虑。

（1）单元体的渗流条件

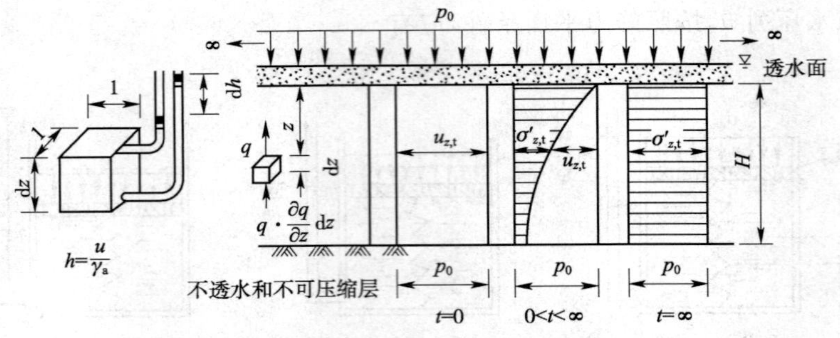

图 3.4.2 饱和土层的固结过程

由于渗流自下而上进行，设在外荷载施加后某时刻 t 流入单元体的水量为 $\left(q+\frac{\partial q}{\partial z}\mathrm{d}z\right)\mathrm{d}t$，流出单元体的水量为 $q\mathrm{d}t$，所以在 $\mathrm{d}t$ 时间内，流经该单元体的水量变化为

$$\left(q+\frac{\partial q}{\partial z}\mathrm{d}z\right)\mathrm{d}t-q\mathrm{d}t=\frac{\partial q}{\partial z}\mathrm{d}z\mathrm{d}t \tag{3.4.2}$$

根据达西定律，可得单元体过水面积 $A=1\times1$ 的流量 q 为

$$q=\nu A=ki=k\frac{\partial h}{\partial z}=\frac{k}{\gamma_{\mathrm{w}}}\frac{\partial u}{\partial z} \tag{3.4.3}$$

代入式(3.4.2)得

$$\frac{\partial q}{\partial z}\mathrm{d}z\mathrm{d}t=\frac{k}{\gamma_{\mathrm{w}}}\frac{\partial^2 u}{\partial z^2}\mathrm{d}z\mathrm{d}t \tag{3.4.4}$$

(2)单元体的变形条件

在 $\mathrm{d}t$ 时间内，单元体孔隙体积 V_{v} 随时间的变化率(减小)为

$$\frac{\partial V_{\mathrm{v}}}{\partial t}\mathrm{d}t=\frac{\partial}{\partial t}\left(\frac{e}{1+e}\right)\mathrm{d}z\mathrm{d}t=\frac{1}{1+e}\frac{\partial e}{\partial t}\mathrm{d}z\mathrm{d}t \tag{3.4.5}$$

考虑到微单元体土粒体积 $\frac{1}{1+e}\times1\times1\times\mathrm{d}z$ 为不变的常数，因而

$$\mathrm{d}e=-a\mathrm{d}p=-a\mathrm{d}\sigma'$$

$$\frac{\partial e}{\partial t}=-a\frac{\partial(p_0-u)}{\partial t}=a\frac{\partial u}{\partial t} \tag{3.4.6}$$

将式(3.4.6)代入式(3.4.5)有

$$\frac{\partial V_{\mathrm{v}}}{\partial t}\mathrm{d}t=\frac{a}{1+e}\frac{\partial u}{\partial t}\mathrm{d}z\mathrm{d}t \tag{3.4.7}$$

(3)单元体的渗流连续条件

根据连续条件，在 $\mathrm{d}t$ 时间内，该单元体内排出的水量(水量的变化)应等于单元体孔隙的压缩量(孔隙的变化率)，即

$$\frac{\partial q}{\partial z}\mathrm{d}z\mathrm{d}t=\frac{\partial V_{\mathrm{v}}}{\partial t}\mathrm{d}t$$

$$\frac{k}{\gamma_{\mathrm{w}}}\frac{\partial^2 u}{\partial z^2}\mathrm{d}z\mathrm{d}t=\frac{a}{1+e}\frac{\partial u}{\partial t}\mathrm{d}z\mathrm{d}t$$

令

$$C_{\mathrm{v}}=\frac{k(1+e)}{a\gamma_{\mathrm{w}}} \tag{3.4.8}$$

得

$$C_v \frac{\partial^2 u}{\partial z^2} = \frac{\partial u}{\partial t} \tag{3.4.9}$$

式中，C_v 为土的竖向固结系数（下标 v 表示是竖向渗流的固结），由室内固结（压缩）试验确定，详见土工试验操作规程；k、a、e 为分别为渗透系数、压缩系数和土的初始孔隙比。

式(3.4.9)即为饱和土的一维固结微分方程。一般可用分离变量法求解，解的形式可以用富里哀级数表示。现根据图 3.4.2 的初始条件（开始固结时的附加应力分布情况）和边界条件（可压缩土层顶、底面的排水条件）有：

当 $t=0$ 和 $0 \leqslant z \leqslant H$ 时，$u=\sigma_a=p_0$；

$0<t<\infty$ 和 $z=0$（透水面）时，$u=0$；

$0<t<\infty$ 和 $z=H$（不透水面）时，$\frac{\partial u}{\partial z}=0$；

$t=\infty$ 和 $0 \leqslant z \leqslant H$ 时，$u=0$。

根据以上初始条件和边界条件，采用分离变量法可求得式(3.4.9)的特解

$$u_{z,t} = \frac{4}{\pi}\sigma_z \sum_{m=1}^{\infty} \frac{1}{m} \sin\left(\frac{m\pi z}{2H}\right) e^{\frac{m^2\pi^2}{4}T_v} \tag{3.4.10}$$

式中，$u_{z,t}$ 为深度 z 处某一时刻 t 的孔隙水压力；m 为正奇整数(1,3,5,…)；e 为自然对数的底；H 为压缩土层最远的排水距离，当土层为单面排水时，H 取土层的厚度；双面排水、水由土层中心分别向上、下两个方向排出，此时 H 应取土层厚度之半；T_v 为竖向固结时间因数，无因次。

①单面排水，H 取土层厚度：

$$T_v = \frac{C_v t}{H^2} \tag{3.4.11}$$

②双面排水，H 取土层厚度的一半：

$$T_v = \frac{4C_v t}{H^2} \tag{3.4.12}$$

式中，t 为时间。

(二)固结度

为求出地基土任意时刻 t 的固结沉降量，还需了解固结度的概念。地基在任一时间 t 的固结沉降量 s_{ct}，与其最终沉降量 s_c 之比称为固结度。

即

$$U_t = \frac{s_{ct}}{s_c} \tag{3.4.13}$$

或

$$s_{ct} = U_t s_c$$

式中，s_c 可参照分层总和法计算，而 s_{ct} 则取决于土中的有效应力值，所以

$$U_t = \frac{\frac{a}{1+e}\int_0^H \sigma'_{z,t}\,dz}{\frac{a}{1+e}\int_0^H \sigma_z\,dz} = \frac{\int_0^H \sigma_z\,dz - \int_0^H u_{z,t}\,dz}{\int_0^H \sigma_z\,dz} = 1 - \frac{\int_0^H u_{z,t}\,dz}{\int_0^H \sigma_z\,dz} \tag{3.4.14}$$

式(3.4.14)适用于任意 σ_z 分布和地基排水条件的情况，它表明土层的固结度也就是土中孔隙水压力向有效应力转化过程的完成程度。显然，固结度随固结过程逐渐增大，由 $t=0$ 时为零而增至 $t=\infty$ 时为 1.0。

将式(3.4.10)代入式(3.4.14)积分可得

$$U_t=1-\frac{8}{\pi^2}\sum_{m=1}^{\infty}\frac{1}{m^2}e^{-\frac{m^2\pi^2}{4}T_v} \tag{3.4.15}$$

或

$$U_t=1-\frac{8}{\pi^2}\left(e^{-\frac{\pi^2}{4}T_v}+\frac{1}{9}e^{-9\left(\frac{\pi^2}{4}\right)T_v}+\cdots\right)$$

式(3.4.15)为一收敛很快的级数，当 $U_t>30\%$ 时可近似地取其中第一项，即

$$U_t=1-\frac{8}{\pi^2}e^{-\frac{\pi^2}{4}T_v} \tag{3.4.16}$$

显见，固结度 U_t 是时间因数 T_v 的函数，为了便于实用，可按式(3.4.14)绘制各种不同附加应力分布和排水条件下的 U_t 与 T_v 的关系曲线，如图 3.4.3 所示。

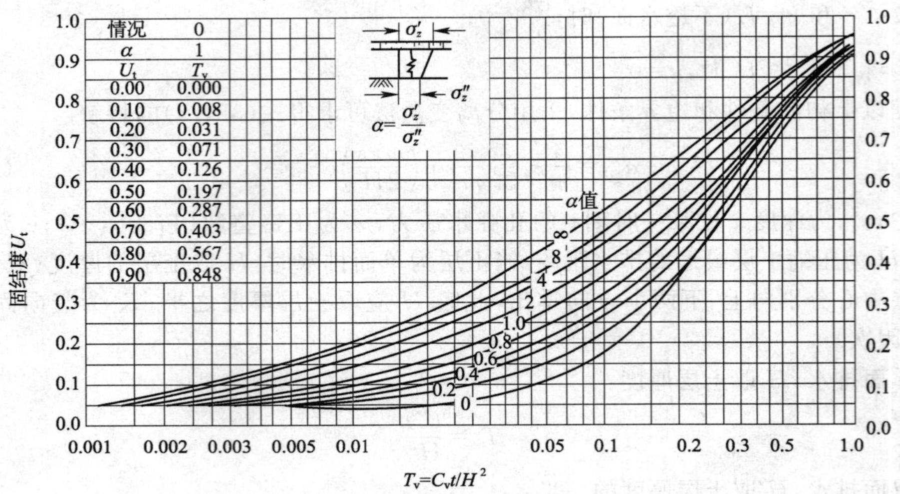

图 3.4.3 固结度 U_t 与时间因数 T_v 的关系曲线

对于起始超静水压力沿土层深度为线性变化的情况，如图 3.4.4 中情况 1 和情况 3，同理可根据此时的边界条件，解微分方程(3.4.9)，并积分得各自固结度 U_0；而对于情况 2、情况 4 的固结度，可利用情况 0、1、3 的 U_t-T_v 关系式推算，具体过程略。其中，需引入系数 α，其定义为 $\alpha=\frac{\sigma'_z}{\sigma''_z}$，$\sigma'_z$ 表示排水面应力，σ''_z 表示不透水面应力。

实际工程中，作用于饱和土层中的起始超静水压力(另一方面也是有效应力 σ')分布情况比较复杂，但实用上可以足够准确地把实际上可能遇到的起始超静水压力近似地分为下面五种情况处理(图 3.4.4)。

情况 0：$\alpha=1$，应力图形为矩形。适用于土层已在自重应力作用下固结，基础底面积较大而压缩层较薄的情况。

情况 1：$\alpha=0$，应力图形为三角形。这相当于大面积新填土层(饱和时)由于本土层自重应力引起的固结；或者土层由于地下水大幅度下降，在地下水变化范围内，自重应力随深度增加的情况。

情况 2：$\alpha<1$，适用于土层在自重应力作用下尚未固结，又在其上修建建筑物基础的情况。

情况 3：$\alpha=\infty$，基底面积小，土层厚，土层底面附加应力已接近 0 的情况。

情况 4：$\alpha>1$，土层厚度 $h_s>b/2$(b 为基础宽度)，附加应力随深度增加而减少，但深度 h_s 处的附加应力大于 0。

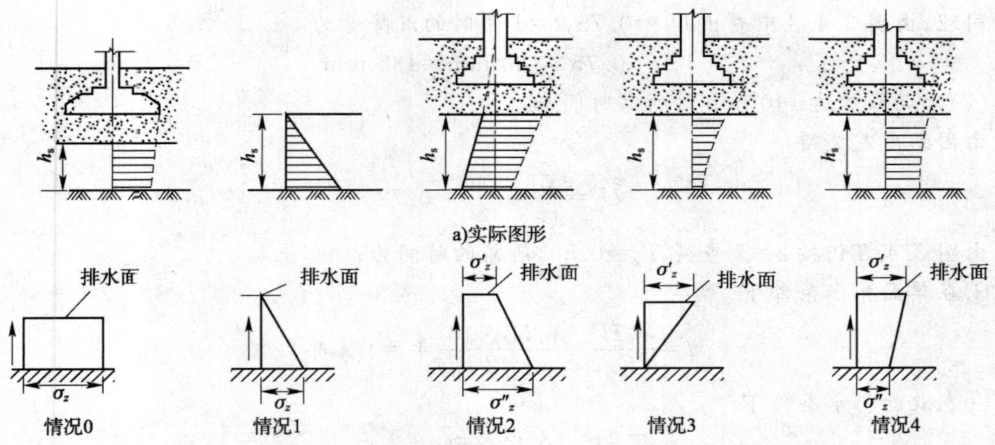

图 3.4.4　固结土层中的起始压应力分布(单面排水)

以上情况都系单面排水,若是双面排水,则不管附加应力分布如何,只要是线性分布,均按情况 0 计算,但在时间因数的式子中用 $H/2$ 代替 H 即可。

由此,地基固结过程中任意时刻的沉降量可按下列步骤求得:

①计算地基附加应力沿深度的分布;

②计算地基最终沉降量;

③计算土层的竖向固结系数、时间因数;

④求解地基固结过程中某一时刻 t 的沉降量,或沉降量达到某已知数值时所需的时间。

【例 3.4.1】　某饱和黏土层的厚度为 10 m,在大面积(20 m×20 m)荷载 $p_0=120$ kPa 作用下,土层的初始孔隙比 $e=1.0$,压缩系数 $a=0.3\ \text{MPa}^{-1}$,渗透系数 $k=18$ mm/年。按黏土层在单面或双面排水条件下分别求:(1)加荷一年时的沉降量;(2)沉降量达 140 mm 所需的时间。

【解】　(1)求 $t=1$ 年时沉降量

大面积荷载,黏土层中附加应力沿深度均匀分布,即 $\sigma_z=p_0=120$ kPa。

黏土层最终沉降量

$$s=\frac{a}{1+e}\sigma_z H=\left(\frac{3\times10^{-4}}{1+2}\times120\times10^3\times10\right)\text{mm}=180\ \text{mm}$$

竖向固结系数

$$C_v=\frac{k(1+e)}{a\gamma_w}=\frac{1.8\times10^{-2}\times(1+1)}{3\times10^{-4}\times10}\ \text{m}^2/\text{年}=12\ \text{m}^2/\text{年}$$

①对于单面排水,时间因数

$$T_v=\frac{C_v t}{H^2}=\frac{12\times1}{10^2}=0.12$$

由图 3.4.4 中的情况 0,查图 3.4.3 中曲线 $\alpha=1$,得相应的固结度 $U_t=40\%$;那么 $t=1$ 年时的沉降量为

$$s_t=0.4\times180\ \text{mm}=72\ \text{mm}$$

②如果是双面排水,时间因数

$$T_v=\frac{C_v t}{H^2}=\frac{12\times1}{5^2}=0.48$$

同理，由图 3.4.3 中查出 $U_t=0.75$，$t=1$ 年时的沉降量为

$$s_t=0.75\times180\text{ mm}=135\text{ mm}$$

(2)求沉降量达 140 mm 时所需时间

由固结度定义得

$$U_t=\frac{s_t}{s_\infty}=\frac{140}{180}=0.78$$

由图 3.4.3 仍按 $\alpha=1$ 查得 $T_v=0.53$，所需的时间为：

①在单面排水条件下

$$t=\frac{T_v H^2}{C_v}=\frac{0.53\times10^2}{12}\text{年}=4.4\text{ 年}$$

②在双面排水条件下

$$t=\frac{T_v H^2}{C_z}=\frac{0.53\times5^2}{12}\text{年}=1.2\text{ 年}$$

可见，达同一固结度时，双面排水比单面排水所需时间短得多。

三、实测沉降—时间关系的经验公式

由于分析沉降与时间关系的固结理论所做的假定，以及室内确定的土的物理力学性质与工程实际存在一定的差距，计算结果难以与实际情况相吻合。因此，仔细地分析、研究已获得的沉降观测资料，找出具有一定实用价值的变形规律，以便更准确地估算地基最终沉降量的大小及达此沉降量的相应时间，具有十分重要的意义。

在工程实际中，由实测的沉降与时间资料表明，饱和黏性土地基的实测关系大多数呈双曲线或对数曲线关系，如图 3.4.5 所示。用已有的资料可以确定这些曲线的参数及最终沉降量。

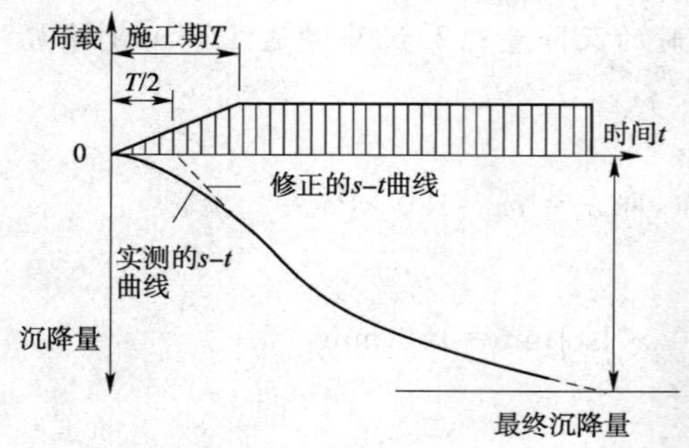

图 3.4.5　实测沉降与时间关系曲线

(1)双曲线公式

假定 s_t 沉降与时间 t 呈双曲线关系，即

$$s_t=\frac{t}{\alpha+t}s \tag{3.4.17}$$

式中，s 为待定的地基最终沉降量；s_t 为 t 时刻地基实测沉降量，根据修正曲线从施工期的一半算起(图3.4.5)；α 为待定的经验参数。

显见，在式(3.4.17)中若令 $y=t/s_t$，$a=1/s$，$b=\alpha a$，则 $y=at+b$ 为一线性方程，因此可根据实测验点，采用线性回归(最小二乘法)求得 a、b 值，再求出 α 和 s 值，即可推算任一时刻 t 时的沉降量 s_t。

(2)对数曲线公式

由式(3.4.16)可知，不同条件的固结度 U_t 可用一个普遍表达式概括为：

$$U_t=1-a\mathrm{e}^{-bt} \tag{3.4.18}$$

或

$$s_{ct}=(1-a\mathrm{e}^{-bt})s_c \tag{3.4.19}$$

式中，a 和 b 是两个参数，由式(3.4.16)可见 $a=\frac{8}{\pi^2}$ 为一常数，而 b 则是与时间因数 T_v、排水距离 H 等时间因数有关。若把 a 和 b 作为实测的变形与时间关系曲线中的参数，则其

值是待定的，另外，式(3.4.19)中还有最终沉降量 s_c 也要确定。

为此，我们利用实测的沉降—时间关系曲线，在后半段中任取三组对应的 s、t 值，代入式(3.4.19)，可建立三个联立方程，并可解得三个未知数 a、b 和 s_c。代回式(3.4.19)，即可推出任一时刻 t 时的沉降量 s_{ct}。也可采用最优原理定出参数 a、b 及 s_c，此不赘述。

第五节　地基沉降计算有关问题综述

本章已详细介绍了计算地基最终沉降量的分层总和法、规范法及考虑应力历史影响的方法。现综述有关问题如下。

一、最终沉降量方法讨论

综上地基最终沉降量各种计算方法中，以分层总和法较为方便实用，采用侧限条件下的压缩性指标，以有限压缩层(沉降计算深度)范围的分层(地基附加应力分布是非线性的)计算加以总和。对于中小型基础，通常取基底中心轴线下的地基附加应力进行计算，以弥补所采用的压缩性指标偏小的不足。对于基底形状简单、尺寸不大的民用建筑基础，根据经验给以一个合适的地基变形允许值(如 12cm)也能解决地基变形问题。随着社会生产力的发展，作用荷载、基础尺寸不断加大，基础形式复杂多变，只计算基底中心点的沉降是不够的。规范修正公式运用了简化的平均附加应力系数(按实际应力分布图面积计算)、规定了合理的沉降计算深度、提出了关键的沉降计算经验系数，还有配套的各种建筑物基础变形特征的地基变形允许值，比较符合实际情况。

传统的和规范推荐的两种单向压缩分层总和法，就计算方法而言，前者按附加应力 σ_z 计算，后者则按附加应力图面积计算。如果所取的沉降计算深度(z_n)相同且未加经验修正，则两法的繁简程度一样。规范法的重要特点在于引入了沉降计算经验系数 ψ_s，以校正计算值对实测值的偏差。规范提供的 ψ_s 表，是以变形比法确定地基沉降计算深度后得到的沉降计算值 s' 作为制表的依据，所以，如将 ψ_s 的表值用于修正按应力比法确定 z_n(分层总和法的方法)的沉降计算值，也许未必合适。

弹性力学公式计算最终沉降量，由于是按均质线性变形半空间的假设，而实际地基的压缩厚度总是有限的，无黏性土地基的变形模量是随深度增大的，所以计算结果往往偏大；还有一个缺点是无法考虑相邻基础的影响。但是弹性力学公式可以计算刚性基础在短暂荷载作用下的相对倾斜及变形发展三部分中黏性土的瞬时沉降，计算时必须注意所取用的模量不是土的变形模量而是土的弹性模量。

考虑变形发展，由三部分组成而计算最终沉降量，即全面考虑地基变形发展过程中的三个分量，将瞬时沉降、固结沉降及次固结沉降分开来计算，然后叠加。固结沉降部分又考虑了不同应力历史生成的三类固结土(层)：正常固结土(层)、超固结土(层)及欠固结土(层)，分别采用各自不同的压缩性指标和计算各自不同的固结沉降。对于正常固结土的固结沉降与前面单向压缩分层总和法的总沉降，其计算结果是基本一致的，因为压缩性指标均由单向压缩固结试验的侧限条件下得到，不过这里指标取自 e-lg$p$ 曲线，前面指标取自 e-p 曲线。

最后指出，不同应力历史生成的三种固结土(层)，其变形参数即压缩性指标及固结沉降量是不同的；同样应力历史对土的强度也有影响，三种固结土的(抗剪)强度指标(参数)也是不同的，可见土的变形和强度的性质是紧密地联系在一起的。此外，在加荷过程中土体内某点的应力状态的变化，对土的变形和强度也有影响。

二、地基沉降计算深度问题探讨

确定地基沉降计算深度的意义是:界定对地基沉降有影响的土层范围即压缩层厚度,保证沉降计算的精度要求。《建筑地基基础设计规范》(TJ 7—1974)首次提出以变形比法确定沉降计算深度 z_n,对不同基础宽度 b 统一取第 n 层规定厚度 $\Delta z_n=1$ m。而《建筑地基基础设计规范》(GBJ 7—1989)根据具有分层深标的19个载荷试验和31个工程实测资料统计分析得知:基础大小和压缩深度之间有着明显的规律性的关系,因而取 $\Delta z_n=0.3\times(1+lnb)$ 并制成表 3.2.5,以代替 TJ 7—1974 的规定,并延用至现行《建筑地基基础设计规范》(GB 50007—2011)。

试取沉降计算深度 z_n 处至其下实际上不可压缩地层层面为第 $n+1$ 层,则以该层的压缩量 Δz_{n+1} 与总沉降量 s_{n+1} 之比应不超过某一限值 ε,即以 $\Delta z_{n+1}/s_{n+1}\leqslant\varepsilon$,作为确定 z_n 的标准也许更加合理。但是,对大多数工程而言,会因此加大勘探取样深度和测试工作量,这就未必可行了。

传统的应力比法取比值 $R_c=\sigma_z/\sigma_{cz}\leqslant20\%$ 或 10%作为标准。为了说明其含义,不妨取 $p_1=\sigma_{cz}$,$\Delta p=\sigma_z$,代入式(3.3.1)中,则 z_n 处土的应变可表达为

$$\varepsilon_z=\frac{hC_c}{1+e_0}\lg(1+R_c)$$

如对中等压缩性土取 $C_c=0.25$,$e_0=0.8$,$R_c=20\%$;对高压缩性土取 $C_c=0.5$,$e_0=1.0$,$R_c=10\%$,代入上式,ε_z 则均为 0.01。由此可见,应力比法大致控制 z_n 以下土的压缩应变不超过 0.01。

为了进一步理解变形法的含义,这里采用第 n 层规定 Δz_n 范围内的平均应变($\Delta s'_n/\Delta z_n$)与地基沉降计算深度范围的平均应变(s'_n/z_n)之比——平均应变比 R_e 加以考查(令其中 $\Delta s'_n/s'_n=0.025$)。其公式为

$$R_e=\frac{\Delta s'_n/\Delta z_n}{s'_n/z_n}=\frac{z_n}{40\Delta z_n}$$

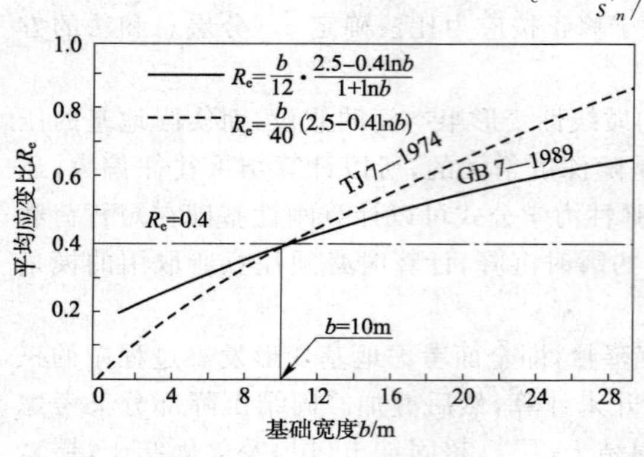

图 3.5.1 R_e-b 关系曲线

GBJ 7—1989 规范和现行规范 GB 50007—2011 规定,当无相邻荷载影响时,z_n 可按工程实测资料经统计分析而得的经验式(3.2.7)计算。现依次代入上式,并分别取 $\Delta z_n=1$m 和 0.3(1+ln$b$)代入后,从而对 TJ 7—1974 及 GBJ 7—1989 等规范作出如图 3.5.1 所示曲线,从图中可见曲线交于 $b=10$ m、$R_e=0.4$ 处,而且不难得出,按 TJ 7—1974 规范的变形比法确定 z_n,会得到正如许多教科书指出的那样,即对大基础($b>10$ m),计算的沉降量偏小(R_e 偏大);对小基础($b<10$ m),计算的沉降量偏大(R_e 偏小);而随着 GBJ 7—1989 规范的修订和现行规范 GB 50007—2011 的实施,也确实使这种情况得到一定程度的改善。

三、地基最终沉降量的组成

在荷载作用下,黏性土地基沉降随时间的变化如图 3.5.2 所示,经历着三个不同的发展

阶段，或者说，总沉降量 s 由三部分组成，即

$$s=s_d+s_c+s_s \tag{3.5.1}$$

式中，s_d 为瞬时沉降（不排水沉降、畸变沉降）；s_c 为固结沉降（主固结沉降）；s_s 为次固结沉降。

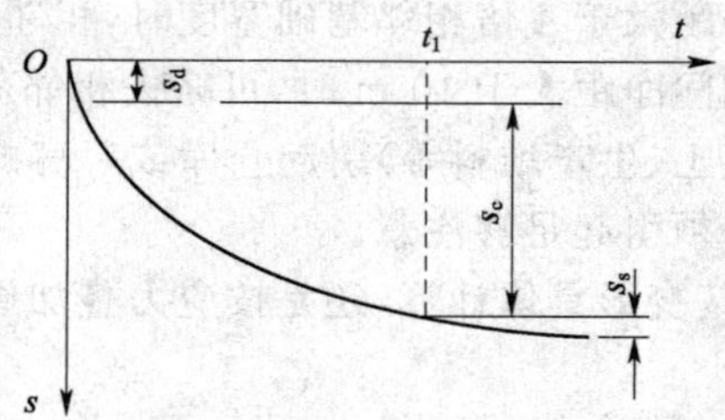

图 3.5.2　地基沉降的三个组成部分

瞬时沉降是指加荷瞬间土孔隙中水来不及排出，孔隙体积尚未变化，地基土在荷载作用下仅发生剪切变形时的地基沉降。黏性土地基的 s_d 可用弹性力学公式计算，即

$$s_d=\frac{(1-\mu^2)}{E}wbp_0 \tag{3.5.2}$$

式中，变形模量 E_0 应改用土的弹性模量 E，因为这一变形阶段体积变化为零，泊松比 $\mu=0.5$。弹性模量可通过室内三轴反复加卸载的不排水试验求得。也可近似采用 $E=(500\sim1\ 000)c_u$ 估算，c_u 为不排水抗剪强度。

固结沉降是指在荷载作用下，随着土孔隙水分的逐渐挤出，孔隙体积相应减少，土体逐渐压密而产生的沉降，通常采用分层总和法计算。

次固结沉降是指土中孔隙水已经消散，有效应力增长基本不变之后仍随时间而缓慢增长所引起的沉降。其沉降值可由下式计算

$$s_s=\sum_{i=1}^{n}\frac{H_i}{1+e_{Qi}}C_{\alpha i}\lg\frac{t}{t_1} \tag{3.5.3}$$

式中，$C_{\alpha i}$ 为第 i 分层土的次固结系数（半对数图上直线段的斜率，见图 3.5.3），由试验确定；t 为所求次固结沉降的时间，$t>t_1$；t_1 为相当于主固结度为 100% 的时间，根据次固结曲线外推而得。

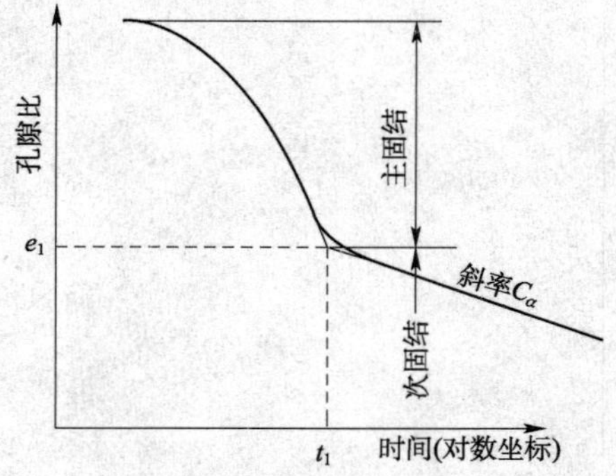

图 3.5.3　次压缩固结沉降计算时的孔隙比与时间关系曲线

根据许多室内和现场试验结果，C_α 值主要取决于土的天然含水率 w，近似计算时可取 $C_\alpha=0.018w$。

上述考虑不同变形阶段的沉降计算方法，对黏性土地基是合适的，特别是饱和软黏土，国外一些实测资料表明，应考虑瞬时变形。对含有较多有机质的黏土，次固结沉降历史较长，实际中只能进行近似计算。而对于砂性土地基，由于透水性好，固结完成快，瞬时沉降与固结沉降已分不开来，故不适合于用此方法估算。

四、相邻荷载的影响

由于地基中附加应力的扩散现象，相邻荷载将引起地基产生附加沉降。许多建筑物因没有充分估计相邻荷载的影响，而导致不均匀沉降，致使建筑物墙面开裂和结构破坏。相邻荷载对地基变形的影响在软土地基中尤为严重。影响附加沉降的因素包括有两基础间的距

离、荷载大小、地基土性质及施工时间的先后等，而以两基础间的距离为主要因素。一般距离越近，荷载越大，地基土越软弱，其影响越大。根据建筑经验，在估算建筑物的相邻荷载影响时，以下几点实践经验可供参考：

①单独基础，当基础间净距大于相邻基础宽度时，相邻荷载可按集中荷载计算；

②条形基础，当基础间净距大于 4 倍相邻基础宽度时，相邻荷载可按线荷载计算；

③一般情况下，相邻基础间净距大于 10 m 时，可略去相邻荷载影响；

④大面积地面荷载（如填土、生产堆料等）引起仓库或厂房的柱子倾斜、影响厂房和吊车的正常使用工程事例很多，必须引起足够注意。

考虑相邻荷载影响的地基变形具体计算，还是按应力叠加原理采用角点法计算。

第四章　土的抗剪强度

第一节　土的抗剪强度概述

土的抗剪强度是指土体抵抗剪切破坏的极限能力。当土体受到荷载作用后，土中各点将产生剪应力。若某点的剪应力达到其抗剪强度，在剪切面两侧的土体将产生相对位移而产生滑动破坏，该剪切面也称“滑动面”或“破坏面”。随着荷载的继续增加，土体中的剪应力达到抗剪强度的区域（也即塑性区）越来越大，最后各滑动面连成整体，土体将发生整体剪切破坏而丧失稳定性。

一、库仑公式

库仑(Coulomb)于1776年根据砂土剪切试验，提出砂土抗剪强度的表达式为

$$\tau_f = \sigma \tan\varphi \tag{4.1.1}$$

式中，τ_f 为土的抗剪强度(kPa)；σ 为作用在剪切面上的法向应力(kPa)；φ 为砂土的内摩擦角(°)，干松砂的 φ 值近似于其自然休止角（干松砂在自然状态下所能维持的斜坡的最大坡角）。

后来又通过试验提出适合黏性土的抗剪强度表达式为

$$\tau_f = c + \sigma \tan\varphi \tag{4.1.2}$$

式中，c 为土的黏聚力(kPa)。

式(4.1.1)与式(4.1.2)一起统称为“库仑公式”，可分别用图4.1.1a)、b)表示。从式(4.1.1)可看出，无黏性土（如砂土）的 $c=0$，因而式(4.1.1)是式(4.1.2)的一个特例，其抗剪强度与作用在剪切面上的法向应力成正比。当 $\sigma=0$ 时，$\tau_f=0$，这表明无黏性土的 τ_f 由剪切面上土粒间的摩阻力所形成。粒状的无黏性土的粒间摩阻力包括滑动摩擦和由粒间相互咬合所提供的附加阻力，其大小取决于土颗粒的粒度大小、颗粒级配、密实度和土粒表面的粗糙度等因素。而从式(4.1.2)可知，黏性土的 τ_f 包括摩阻力($\sigma\tan\varphi$)和黏聚力(c)两个组成部分。黏聚力系土粒间的胶结作用和各种物理—化学键力作用的结果，其大小与土的矿物组成和压密程度有关。当 $\sigma=0$ 时，c 值即为抗剪强度线在纵坐标轴上的截距。

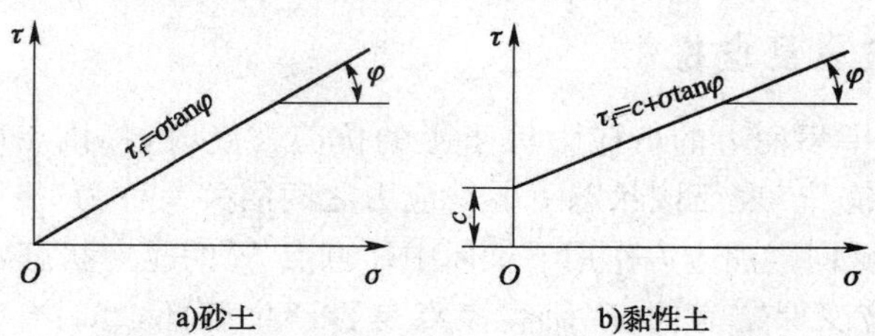

图4.1.1　抗剪强度与法向应力之间的关系

库仑公式在研究土的抗剪强度与作用在剪切面上法向应力的关系时，未涉及土这种三相性、多孔性的分散颗粒集合体的最主要特征——有效应力问题。随着固结理论的发展，人们逐渐认识到土体内的剪应力仅能由土的骨架承担，土的抗剪强度并不简单取决于剪切面上的总法向应力，而取决于该面上的有效法向应力，土的抗剪强度应表示为剪切面上有效法向应力的函数。太沙基在1925年提出饱和土的有效应力概念，并用试验证明了有效应力σ'等于总应力σ与孔隙水压力u的差值。因此，对应于库仑公式，土的有效应力强度表达式可写为

$$\left.\begin{aligned}\tau_f &= (\sigma-u)\tan\varphi' = \sigma'\tan\varphi' \\ \tau_f &= c' + (\sigma-u)\tan\varphi' = c' + \sigma'\tan\varphi'\end{aligned}\right\} \tag{4.1.3}$$

式中，c'为土的有效黏聚力(kPa)；φ'为土的有效内摩擦角(°)；σ'为作用在剪切面上的有效法向应力(kPa)；u为孔隙水压力(kPa)。

饱和土的渗透固结过程，实际上是孔隙水压力消散和有效应力增长的转移过程。因此，土的抗剪强度随着它的固结压密而不断增长。

由此可见，土的抗剪强度有两种表达方法。土的c和φ统称为“土的总应力强度指标”，直接应用这些指标所进行的土体稳定分析就称为“总应力法”；而c'和φ'统称为“土的有效应力强度指标”，应用这些指标所进行的土体稳定分析就称为“有效应力法”。由于有效法向应力才是影响粒间摩擦阻力的决定因素，因此有效应力法概念明确，为求得有效法向应力，需增加测求孔隙水压力工作量。但是，由于实际工程中的孔隙水压力很难准确计算和量测，因而有许多土工问题仍采用总应力的分析计算方法。所以，针对其难以准确反映孔隙水压力的存在对抗剪强度产生的影响，工程中往往选用最接近实际条件的试验方法取得总应力强度指标。

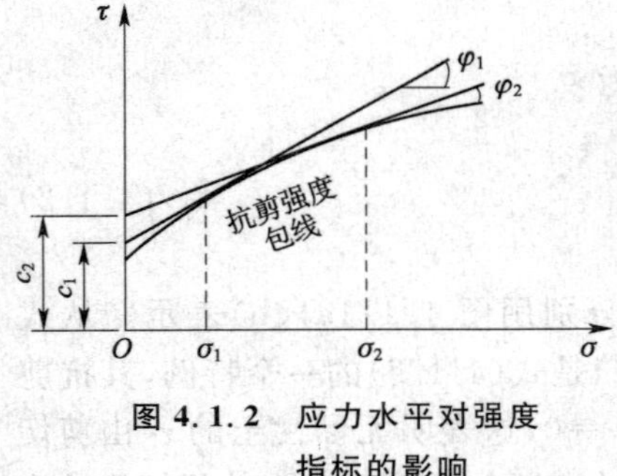

图4.1.2 应力水平对强度指标的影响

土的c和φ应理解为只是表达σ-τ_f关系试验成果的两个数学参数，因为即使是同一种土，其c和φ也并非常数，它们均因试验方法和土样的试验条件(如固结和排水条件)等的不同而异；同时应指出，许多土类的抗剪强度线并非都呈直线状，而是随着应力水平有所变化。莫尔(Mohr)1910年提出当法向应力范围较大时，抗剪强度线往往呈非线性性质的曲线形状。应力水平增高对强度指标的影响可由图4.1.2说明。由于土的σ-τ_f关系是曲线而非直线，其上各点的抗剪强度指标c和φ并非恒定值，而应由该点的切线性质决定。如图4.1.2所示，当剪切面的法向应力为σ_1时，其抗剪强度指标为c_1、φ_1。当法向应力增大至σ_2时，其抗剪强度指标为c_2、φ_2。二者的变化趋势是，c随σ的增大而增加，φ随σ的增大而减小，此时就不能用库仑公式来概括土的抗剪强度特性。通常把试验所得的不同形状的抗剪强度线统称为“抗剪强度包线”。

二、莫尔—库仑强度理论

当土体中某点任一平面上的剪应力等于土的抗剪强度时，将该点即濒于破坏的临界状态，称为“极限平衡状态”。表征该状态下各种应力之间的关系称为“极限平衡条件”。

可求得在自重和竖向附加应力作用下土体中任意点M的应力状态σ_1和σ_3[图4.1.3a)]。为简单起见，以平面应变课题为例，现研究该点是否产生破坏。如图4.1.3b)所示，该点土单元体两个相互垂直的面上分别作用着最大主应力σ_1和最小主应力σ_3。若忽略其自

身重力，则根据静力平衡条件，可求得任一截面 $m\text{-}n$ 上的法向应力 σ 和剪应力 τ 为

$$\left.\begin{aligned}\sigma &= \frac{1}{2}(\sigma_1+\sigma_3)+\frac{1}{2}(\sigma_1-\sigma_3)\cos 2\alpha \\ \tau &= \frac{1}{2}(\sigma_1-\sigma_3)\sin 2\alpha\end{aligned}\right\} \tag{4.1.4}$$

由材料力学应力状态分析可知，以上 σ、τ 与 σ_1、σ_3 的关系也可用莫尔应力圆表示[图 4.1.3c)]。其圆周上各点的坐标即表示该点在相应平面上的法向应力和剪应力。

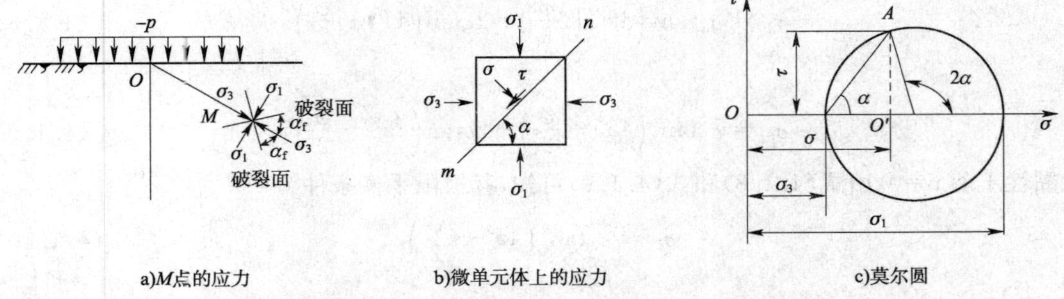

a)M点的应力　　b)微单元体上的应力　　c)莫尔圆

图 4.1.3　土体中任意点 M 的应力

为判别 M 点土是否破坏，可将该点的莫尔应力圆与土的抗剪强度包线 $\sigma\text{-}\tau_f$ 绘在同一坐标图上并做相对位置比较。如图 4.1.4 所示，它们之间的关系存在以下三种情况：

①M 点莫尔应力圆整体位于抗剪强度包线的下方(圆Ⅰ)，莫尔应力圆与抗剪强度线相离，表明该点在任何平面上的剪应力均小于土所能发挥的抗剪强度，因而，该点未被剪破。

②M 点莫尔应力圆与抗剪强度包线相切(圆Ⅱ)，说明在切点所代表的平面上，剪应力恰好等于土的抗剪强度，该点就处于极限平衡状态，莫尔应力圆亦称极限应力圆。由图中切点的位置还可确定 M 点破坏面的方向。连接切点与莫尔应力圆圆心，连线与横坐标之间的夹角为 $2\alpha_f$，根据莫尔圆原理，可知土体中 M 点的破坏面与大主应力 σ_1 作用面方向夹角为 α_f(图 4.1.5)。

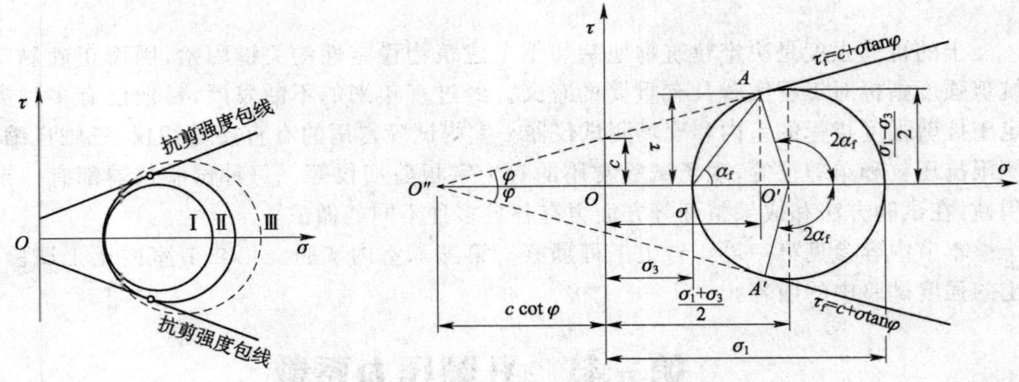

图 4.1.4　莫尔圆与抗剪强度包线的关系　　**图 4.1.5　极限平衡状态时的莫尔圆与抗剪强度包线**

③M 点莫尔应力圆与抗剪强度包线相割(圆Ⅲ)，则 M 点早已破坏。实际上，圆Ⅲ所代表的应力状态是不可能存在的，因为 M 点破坏后，应力已超出弹性范畴。

土体处于极限平衡状态时，从图 4.1.5 中莫尔圆与抗剪强度包线的几何关系可推得黏性土的极限平衡条件为

$$\sin\varphi=\frac{O'A}{O''O'}=\frac{\sigma_1-\sigma_3}{\sigma_1+\sigma_3+2c\cot\varphi} \tag{4.1.5}$$

化简后可得

$$\sigma_1 = \sigma_3 \frac{1+\sin\varphi}{1-\sin\varphi} + 2c\frac{\cos\varphi}{1-\sin\varphi} \tag{4.1.6}$$

或

$$\sigma_3 = \sigma_1 \frac{1-\sin\varphi}{1+\sin\varphi} - 2c\frac{\cos\varphi}{1+\sin\varphi} \tag{4.1.7}$$

经三角函数关系转换后还可写为

$$\sigma_1 = \sigma_3 \tan^2\left(45^\circ + \frac{\varphi}{2}\right) + 2c\tan\left(45^\circ + \frac{\varphi}{2}\right) \tag{4.1.8}$$

或

$$\sigma_3 = \sigma_1 \tan^2\left(45^\circ - \frac{\varphi}{2}\right) - 2c\tan\left(45^\circ - \frac{\varphi}{2}\right) \tag{4.1.9}$$

无黏性土的 $c=0$，由式(4.1.8)和式(4.1.9)可知，其极限平衡条件为

$$\sigma_1 = \sigma_3 \tan^2\left(45^\circ + \frac{\varphi}{2}\right) \tag{4.1.10}$$

或

$$\sigma_3 = \sigma_1 \tan^2\left(45^\circ - \frac{\varphi}{2}\right) \tag{4.1.11}$$

由图 4.1.5 中几何关系，可得破坏面与大主应力作用面间的夹角 α_f 为

$$\alpha_f = \frac{1}{2} \times (90^\circ + \varphi) = 45^\circ + \frac{\varphi}{2} \tag{4.1.12}$$

在极限平衡状态时，由图 4.1.3a)中看出，通过 M 点将产生一对破裂面，它们均与大主应力作用面成 α_f 夹角，相应地在莫尔应力圆上横坐标上下对称地有两个破裂面 A 和 A'(图 4.1.5)，而这一对破裂面之间在大主应力作用方向夹角为 $90^\circ-\varphi$。

第二节 抗剪强度的测定方法

土的抗剪强度是决定建筑物地基和土工建筑物稳定性的关键因素，因而正确测定土的抗剪强度指标对工程实践具有重要的意义。经过多年来的不断发展，目前已有多种类型测定土抗剪强度指标的室内和现场测试仪器。室内试验常用的有直接剪切仪、三轴压缩仪、无侧限抗压仪和单剪仪等；现场试验常用的有十字板剪切仪等。每种试验仪器都有一定的适用性，在试验方法和成果整理等方面也有各自多种不同的做法。

本节内容参见第一篇　岩土工程勘察　第三章室内实验　第二节室内土工试验　四、土的强度试验中的内容。

第三节 孔隙压力系数

一、孔隙压力系数 *A* 和 *B*

由前述可知，用有效应力法对饱和土体进行强度计算和稳定分析时，需估计外荷载作用下土体中产生的孔隙水压力。因三轴剪力仪能提供孔隙水压力量测装置，故可以用来研究土在三向应力条件下孔隙水压力与应力状态的关系。斯肯普顿(Skempton)1954 年根据三轴压缩试验的结果，首先提出孔隙压力系数的概念，并用以表示土中孔隙压力(饱和土体的

孔隙压力即孔隙水压力)的大小。

设图4.3.1中试样在各向均等的初始应力 σ_0 作用下已固结完毕,初始孔隙压力 $u_0=0$,以模拟试样的原始应力状态。若试样此时受到各向均等的周围压力 $\Delta\sigma_3$ 作用,孔隙压力的增量为 Δu_1,则试样体积要有变化。前文已指出,在工程常遇的压力作用下,土中固体土颗粒和水本身体积可视为不能压缩,故试样体积变化主要是孔隙空间的压缩所致。于是由孔隙压力的增量 Δu_1 所引起的孔隙体积变化 ΔV_v,它们之间的关系为

$$\frac{\Delta V_v}{V_v}=\frac{\Delta V_v}{nV}=C_v\Delta u_1 \tag{4.3.1}$$

式中,V_v 为试样中孔隙体积(m^3);V 为试样体积(m^3);n 为土的孔隙率;C_v 为孔隙的体积压缩系数(kPa^{-1}),为单位应力增量引起的孔隙体积应变。

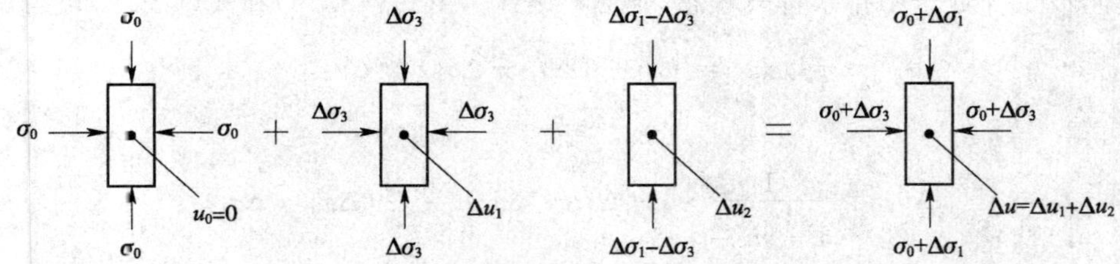

图4.3.1 孔隙压力的变化

同时,有效应力增量 $\Delta\sigma_3-\Delta u_1$ 将引起土体骨架的压缩,故试样的体积应变为

$$\frac{\Delta V_v}{V}=C_s(\Delta\sigma_3-\Delta u_1) \tag{4.3.2}$$

式中,C_s 为土骨架的体积压缩系数(kPa^{-1}),为单位应力增量引起的土骨架体积应变。

设试样处于不排水排气状态,则体积变化主要由土体孔隙中气相的压缩产生。土骨架的压缩量必与土的孔隙体积变化相等,即 $\Delta V=\Delta V_v$,由式(4.3.1)和式(4.3.2)可得

$$nC_v\Delta u_1=C_s(\Delta\sigma_3-\Delta u_1) \tag{4.3.3}$$

整理后可得

$$\Delta u_1=\frac{1}{1+n\dfrac{C_v}{C_s}}\Delta\sigma_3=B\Delta\sigma_3 \tag{4.3.4}$$

式中,$B=\dfrac{1}{1+n\dfrac{C_v}{C_s}}$为各向均等的周围压力作用下的孔隙压力系数。

对于饱和试样来说,孔隙完全被水充满,C_v 即为水的体积压缩系数。由于水几乎是不可压缩的,C_v 比之 C_s 几乎为零,所施加的 $\Delta\sigma_3$ 完全由孔隙水承担,土骨架不受外力作用,因而 B 可取为1.0;对于非饱和试样,由于土中气体的压缩量较大,土骨架可承受部分外力的作用,故 $B<1.0$。

由试验表明,B 值随土的饱和度 S_r 而变化,其值介于0~1之间,如图4.3.2所示,土的 S_r 越小,B 值也越小。干土的孔隙全由气体充满,不产生孔隙水压力,所施加的 $\Delta\sigma_3$ 完全由土骨架承担,故$B=0$。

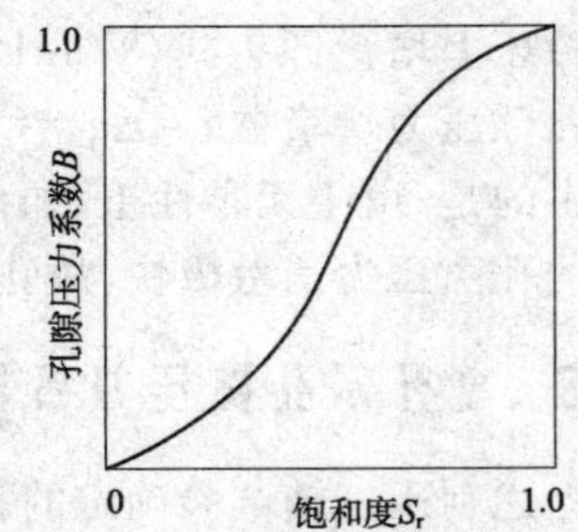

图4.3.2 孔隙压力系数 B 与饱和度 S_r 的试验关系曲线

如果在试样上仅施加轴向偏应力增量 $\Delta\sigma=\Delta\sigma_1-\Delta\sigma_3$,则相应地会产生一孔隙压力增量

Δu_2，此时，试样的轴向有效应力增量为 $\Delta\sigma'=\Delta\sigma_1-\Delta\sigma_3-\Delta u_2$，而侧向有效应力增量为 Δu_2。与前同理，孔隙压力的增量 Δu_2 与孔隙体积变化 ΔV_v 之间的关系为

$$\frac{\Delta V_v}{V_v}=\frac{\Delta V_v}{nV}=C_v\Delta u_2 \tag{4.3.5}$$

设土骨架为理想的弹性材料，则土骨架的体积变化仅与有效平均正应力增量 $\Delta\sigma'_m$ 有关，而土体受到的有效平均正应力增量 $\Delta\sigma'_m$ 为

$$\Delta\sigma'_m=\Delta\sigma_m-\Delta u_2=\frac{1}{3}(\Delta\sigma_1-\Delta\sigma_3)-\Delta u_2 \tag{4.3.6}$$

故试样的体积应变为

$$\frac{\Delta V}{V}=C_s\left[\frac{1}{3}(\Delta\sigma_1-\Delta\sigma_3)-\Delta u_2\right] \tag{4.3.7}$$

同理，设试样处于不排水排气状态，则 $\Delta V=\Delta V_v$，由式(4.3.5)和式(4.3.7)可得

$$nC_v\Delta u_2=C_s\left[\frac{1}{3}(\Delta\sigma_1-\Delta\sigma_3)-\Delta u_2\right] \tag{4.3.8}$$

整理后可得

$$\Delta u_2=\frac{1}{1+n\dfrac{C_v}{C_s}}\cdot\frac{1}{3}(\Delta\sigma_1-\Delta\sigma_3)=\frac{B}{3}(\Delta\sigma_1-\Delta\sigma_3) \tag{4.3.9}$$

若试样同时受到上述各向均等压力增量 $\Delta\sigma_3$ 和轴向偏应力增量 $\Delta\sigma_1-\Delta\sigma_3$ 作用时，则由此产生的孔隙压力增量 Δu 为

$$\Delta u=\Delta u_1+\Delta u_2=B\left[\Delta\sigma_3+\frac{1}{3}(\Delta\sigma_1-\Delta\sigma_3)\right] \tag{4.3.10}$$

然而，实际上土并非理想的弹性材料，其体积变化不仅取决于平均正应力增量 $\Delta\sigma_m$，还与偏应力增量有关。因此，式中的系数 1/3 就不再适用，而应代之以另一孔隙压力系数 A。于是式(4.3.10)可改写为

$$\Delta u=B[\Delta\sigma_3+A(\Delta\sigma_1-\Delta\sigma_3)]=B\Delta\sigma_3+AB(\Delta\sigma_1-\Delta\sigma_3) \tag{4.3.11}$$

式中，A 为偏应力增量作用下的孔隙压力系数。三轴压缩试验实测结果表明，A 值随偏应力增量 $\Delta\sigma_1-\Delta\sigma_3$ 的变化而呈非线性变化。

对饱和试样，由于 $B=1.0$，于是式(4.3.11)可改写为

$$\Delta u=\Delta\sigma_3+A(\Delta\sigma_1-\Delta\sigma_3) \tag{4.3.12}$$

因而，若能得知土体中任一点的大、小主应力的变化和孔隙压力系数 A、B，就可以根据式(4.3.11)估算相应的孔隙压力。在不同固结和排水条件的三轴压缩试验中，如 UU 试验，其孔隙压力增量即为式(4.3.12)。而在 CU 试验中，因试样在 $\Delta\sigma_3$ 作用下固结稳定，$\Delta u_1=0$，故孔隙压力增量 $\Delta u=\Delta u_2=A(\Delta\sigma_1-\Delta\sigma_3)$。在 CD 试验中，因不产生孔隙压力，故 $\Delta u=0$。应指出的是，由于无黏性土（如砂土）的渗透系数较大，在荷载作用下孔隙水容易排出，无黏性土的孔隙压力消散极快，故孔隙压力系数 A 和 B 主要针对黏性土的强度研究具有意义。

二、亨开尔孔隙压力系数

上述利用三轴试验确定的孔隙压力系数 A 和 B，未考虑中主应力增量 $\Delta\sigma_2$ 的影响。亨开尔(Henkel)1960 年将孔隙压力增量 Δu 表示为八面体应力增量的函数，使上述孔隙压力表达式更具有普遍意义。对比式(4.3.11)，亨开尔公式可写为

$$\Delta u=\beta\Delta\sigma_{oct}+\alpha\Delta\tau_{oct} \tag{4.3.13}$$

式中，$\Delta\sigma_{oct}$ 为八面体正应力增量(kPa)，$\Delta\sigma_{oct}=\frac{1}{3}(\Delta\sigma_1+\Delta\sigma_2+\Delta\sigma_3)$；$\Delta\tau_{oct}$ 为八面体剪应力增量(kPa)，$\Delta\tau_{oct}=\frac{1}{3}\sqrt{(\Delta\sigma_1-\Delta\sigma_2)^2+(\Delta\sigma_2-\Delta\sigma_3)^2+(\Delta\sigma_3-\Delta\sigma_1)^2}$；$\alpha$、$\beta$ 为亨开尔孔隙压力系数，饱和土的 $\beta=1.0$。

孔隙压力系数 α 与 A 之间互为联系。如在饱和土的三轴压缩试验中，将 $\Delta\sigma_2=\Delta\sigma_3$ 条件代入式(4.3.13)可得：

$$\Delta u=\Delta\sigma_3+\frac{1}{3}(1+\sqrt{2}\alpha)(\Delta\sigma_1-\Delta\sigma_3) \tag{4.3.14}$$

比较式(4.3.12)和式(4.3.14)可知

$$A=\frac{1}{3}(1+\sqrt{2}\alpha) \tag{4.3.15}$$

因而，由式(4.3.15)可得

$$\alpha=\frac{\sqrt{2}}{2}(3A-1) \tag{4.3.16}$$

如果在饱和土的三轴压缩试验中进行孔隙压力的测定，求得孔隙压力系数 A 后，即可按式(4.3.16)求得 α 值。

第四节　土的抗剪强度指标

在土力学有关稳定性的计算分析工作中，抗剪强度指标是其中最重要的计算参数。能否正确选择土的抗剪强度指标，同样是关系到工程设计质量和成败的关键所在。土的抗剪强度指标千变万化，因此，只有对抗剪强度指标的性质和变化规律有一个清晰的概念，并对各种指标数值的范围有一个大致的了解，才能对实际问题作出正确的判断和选择。

在实际工程中，若能直接测定土体在剪切过程中的 σ 和 u 的变化(或用固结理论推估出来)，便可利用有效应力法定量地评价土的实际抗剪强度及其随土体固结的不断变化，采用有效应力强度指标去研究土体的稳定性，故应用有效应力法的关键在于求得孔隙水压力的分布。然而，往往受室内和现场试验设备条件所限，不可能对所有工程都采用有效应力法，况且在实践中许多情况下也难以取得孔隙水压力分布的实用解答，因而限制了有效应力法的广泛应用。因此，工程实践中较多的还是采用土的总应力强度指标，试验方法上尽可能地近似模拟现场土体在受剪时的固结和排水条件，而不必测定土在剪切过程中 u 的变化。

一、黏性土在不同固结和排水条件下的抗剪强度指标

目前，针对工程中可能出现的固结和排水实际情况，通常采用的做法是统一规定三种不同的标准试验方法，控制试样不同的固结和排水条件。须指出的是，只有三轴压缩试验才能严格控制试样固结和剪切过程中的排水条件，而直剪试验因限于仪器条件则只能近似模拟工程中可能出现的固结和排水情况。下面仅就上述两类剪切试验，对三种标准试验方法分别介绍。

(1)固结不排水剪(又称“固结快剪”，以符号 CU 表示)

用三轴压缩仪进行固结快剪试验时，打开排水阀，让试样在施加围压 σ_3 时排水固结，试

样的含水率将发生变化。待固结稳定后(至 $u_1=0$)关闭排水阀,在不排水条件下施加轴向附加压力 $\Delta\sigma$ 后,产生附加孔隙水压力 u_2。剪切过程中,试样的含水率保持不变。至剪破时,试样的孔隙水压力 $u=u_2$,破坏时的孔隙水压力完全由试样受剪引起。

用直剪仪进行固结快剪试验时,在施加垂直压力后,应使试样充分排水固结,再以较快的速度将试样剪破。尽量使试样在剪切过程中不再排水。

(2)不固结不排水剪(又称"快剪",以符号 UU 表示)

用三轴压缩仪进行快剪试验时,无论是施加围压 σ_3 还是轴向压力 σ_1,直至剪切破坏,均关闭排水阀。整个试验过程自始至终试样不能固结排水,故试样的含水率保持不变。试样在受剪前,周围压力 σ_3 会在土内引起初始孔隙水压力 u_1,施加轴向附加压力 $\Delta\sigma$ 后,便会产生一个附加孔隙水压力 u_2。至剪破时,试样的孔隙水压力 $u=u_1+u_2$。

用直剪仪进行快剪试验时,试样上、下两面可放不透水薄片。在施加垂直压力后,立即施加水平剪力,为使试样尽可能接近不排水条件,以较快的速度(如 3~5 min)将试样剪破。

(3)固结排水剪(又称"慢剪",以符号 CD 表示)

用三轴压缩仪进行慢剪试验时,整个试验过程中始终打开排水阀,不但要使试样在周围压力 σ_3 作用下充分排水固结(至 $u_1=0$),而且在剪切过程中也要让试样充分排水固结(不产生 u_2),因而,剪切速率应尽可能缓慢,直至试样剪破。

用直剪仪进行慢剪试验时,同样是应让剪切速率尽可能地缓慢,使试样在施加垂直压力下充分排水固结,并在剪切过程中充分排水。

以上三种三轴试验方法中,试样在固结和剪切过程中的孔隙水压力变化、剪破时的应力条件和所得到的强度指标如表 4.4.1 所示。

三种试验方法中的应力条件、孔隙水压力变化和强度指标 表 4.4.1

试验方法	孔隙水压力 u 的变化		剪破时的应力条件		强度指标
	剪前	剪切过程中	总应力	有效应力	
CU 试验	$u_1=0$	$u=u_2\neq0$ (不断变化)	$\sigma_{1f}=\sigma_3+\Delta\sigma$ $\sigma_{3f}=\sigma_3$	$\sigma'_{1f}=\sigma_3+\Delta\sigma-u_f$ $\sigma'_{3f}=\sigma_3-u_f$	c_{cu}、φ_{cu}
UU 试验	$u_1>0$	$u=u_1+u_2\neq0$ (不断变化)	$\sigma_{1f}=\sigma_3+\Delta\sigma$ $\sigma_{3f}=\sigma_3$	$\sigma'_{1f}=\sigma_3+\Delta\sigma-u_f$ $\sigma'_{3f}=\sigma_3-u_f$	c_u、φ_u
CD 试验	$u_1=0$	$u=u_2=0$ (任意时刻)	$\sigma_{1f}=\sigma_3+\Delta\sigma$ $\sigma_{3f}=\sigma_3$	$\sigma'_{1f}=\sigma_3+\Delta\sigma$ $\sigma'_{3f}=\sigma_3$	c_d、φ_d

(一)固结不排水剪强度指标

土在剪切过程中的性状和抗剪强度在一定程度上受到应力历史的影响。天然土层中的土体或多或少受到一定的上覆土压力作用而固结到某种程度。以三轴压缩试验为例,试验中常用各向等压的周围压力 σ_3 来代替和模拟历史上曾对试样所施加的先期固结压力。因此,凡试样所受到的周围压力 $\sigma_3<\sigma_c$,试样就处于超固结状态;反之,当 $\sigma_3\geqslant\sigma_c$,则试样就处于正常固结状态。两种不同固结状态的试样,在剪切试验中的孔隙水压力和体积变化规律完全不同,其抗剪强度特性亦各不一样。

为简单起见,针对饱和黏性土这一典型情况,研究土的强度规律时,仅考虑土在剪切过程中的孔隙水压力和体积的变化。

饱和黏性土的 CU 试验中,在不排水剪切条件下,试样体积始终保持不变。若控制 σ_3 不变($\Delta\sigma_3=0$)而不断增加 σ_1 直至试样剪破,其孔隙压力系数 B 始终为 1.0,而系数 A 则随着 $\Delta\sigma_1$ 的增加呈非线性变化。将 $\Delta\sigma_3=0$ 代入式(4.3.12),可得

$$A=\frac{\Delta u}{\Delta\sigma_1}=\frac{\Delta u}{\sigma_1-\sigma_3} \tag{4.4.1}$$

试样剪破时,对式(4.4.1)中各物理量添加下脚标 f 表示,可得

$$A_f=\frac{\Delta u_f}{\Delta\sigma_{1f}}=\frac{\Delta u_f}{(\sigma_1-\sigma_3)_f} \tag{4.4.2}$$

从图 4.4.1 中看出,正常固结土的孔隙水压力 Δu 随 $\Delta\sigma_1$ 稳步上升,始终产生正的孔隙水压力,A 值始终大于零,且在试样剪破时 A_f 为最大。而超固结土在开始剪切时只出现微小的孔隙水压力正值(A 为正值),随之孔隙水压力下降,并在一定的 $\Delta\sigma_1$ 作用下就趋于负值(A 亦为负值),至试样剪破时 A_f 负值最大。

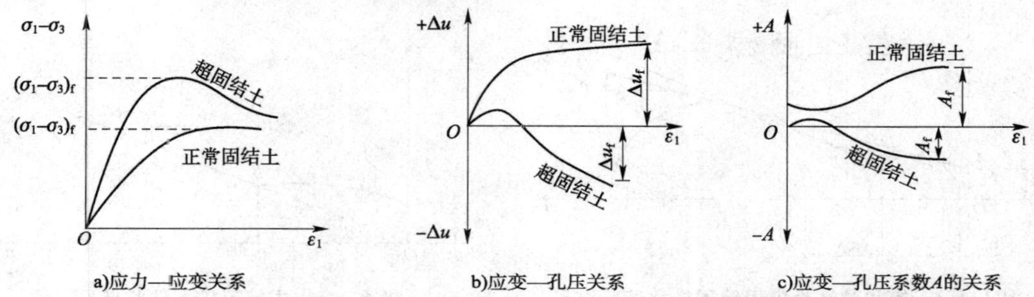

图 4.4.1　固结不排水剪试验的应力一应变关系、孔隙水压力和系数 A 的变化

表 4.4.2 为某些饱和黏性土类($B=1$)在破坏状态下的 A_f 值。从中可看出,A_f 值随其固结程度而变。超固结土的超固结比 OCR($=\sigma_c/\sigma_3$)越大,A_f 值越低。对强超固结土而言,A_f 值出现负值。土的剪胀作用越强,A_f 的负值越大。因此,根据 A_f 值的变化,可以评价土的固结状态。如果 $A_f>1.0$,原因或是由于在围压作用下土体未完全排水固结,以致残留有固结孔隙水压力;或是由于土体结构破坏后,原来存在于结构单元内微孔隙中的孔隙压力释放出来。

饱和黏性土破坏时的 A_f 值　　表 4.4.2

土　类	A_f	土　类	A_f
高灵敏度黏土	0.75～1.5	一般超固结黏土	0～0.25
正常固结黏土	0.5～1.0	强超固结黏土	−0.5～0
弱超固结黏土	0.25～0.5		

孔隙压力系数 A 对研究土的三维固结与沉降同样具有重要的意义。但须指出,在研究土体强度理论中所用破坏时的孔隙压力系数 A_f,在数值上不同于研究土变形课题中的系数 A,因为随着 $\Delta\sigma_1$ 的增大,Δu 值并不呈线性增长。

如果将某一组饱和黏土试样先在不同的周围压力 σ_3 下排水固结,然后再施加轴向偏应力做不排水剪切,可获得 CU 试验的抗剪强度包线。

图 4.4.2 中 BC 线为正常固结土的试验结果。若试样是从未固结过的土样(如泥浆状土),则不排水强度显然为零,直线 BC 的延长段将通过原点。实际上,从天然土层取出的试样,总具有一定的先期固结压力(反映在图 4.4.2 中 B 点对应的横坐标 σ_c 处)。因此,若室内剪前固结围压 $\sigma_3<\sigma_c$,则属超固结土的不排水剪切,其强度要比正常固结土的强度大,强度包线为一条略平缓的曲线(图 4.4.2 中 AB 线)。由此可见,饱和黏土试样的 CU 试

验所得到的是一条曲折状的抗剪强度包线(图 4.4.2 中 ABC 线),前段为超固结状态,后段为正常固结状态。实用上一般不做如此复杂的分析,只要作多个极限应力圆的公切直线(图 4.4.2 中 AD 线),即可获得固结不排水剪的总应力强度包线和强度指标 c_{cu} 和 φ_{cu}。

应指出的是,CU 试验的总应力强度指标随试验方法具有一定的离散性。由图 4.4.3 可看出,如果试样的先期固结压力较高,以致试验中所施的周围压力 σ_3 都小于 σ_c,那么试验所得的极限应力圆切点都落在超固结段(图 4.4.3 中 $A''B''$ 线),由它推算的 c_{cu} 就较大,而 φ_{cu} 则并不一定大;反之,若试样原来所受的先期固结压力较低,各试样试验时所施的 σ_3 大都超过 σ_c,则试验所得圆切点都落在正常固结段上。于是由此推算的 c_{cu} 就会很小(图 4.4.3中 $A'B'$ 线),甚至接近于零,土呈现正常固结性质,而得到的 φ_{cu} 则较大。因此,往往需对原状试样进行室内固结试验,求得其先期固结压力,选择适当的周围压力 σ_3 后再进行 CU 试验。

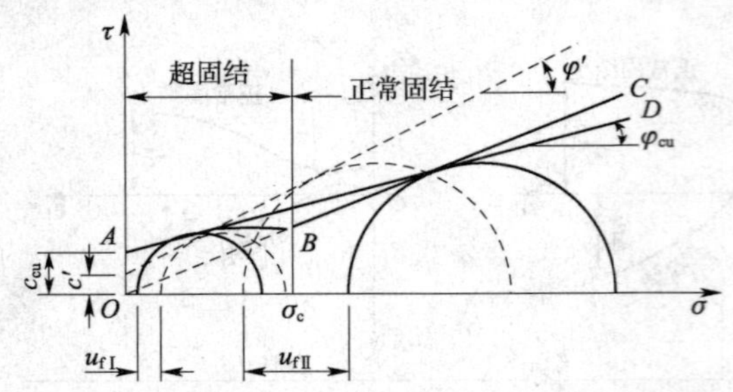

图 4.4.2 饱和黏性土的固结不排水试验结果

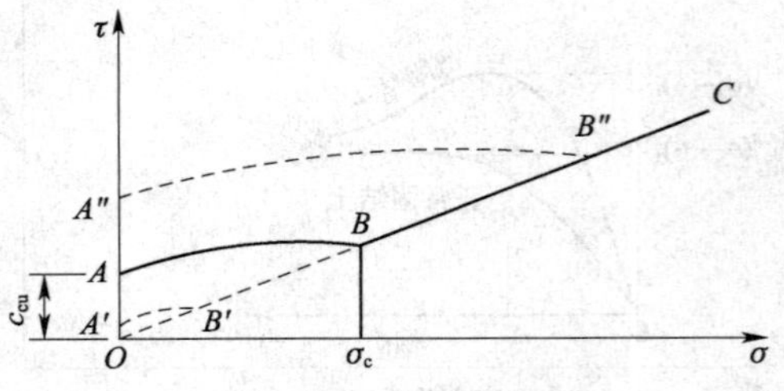

图 4.4.3 固结不排水试验结果

从三轴 CU 试验结果推求 c' 和 φ' 的方法可利用图 4.4.2 加以说明。根据表 4.4.1 中试样剪破时的应力关系,将 CU 试验所得的总应力条件下的极限应力圆(图中的各个实线圆),向左移动一个相应的 u_f 值的距离,而圆的直径保持不变,就可获得有效应力条件下的极限应力圆(图中的各个虚线圆)。按各虚线圆求其公切线,即为该土的有效应力强度包线,据之可确定 c' 和 φ'。

如前所述,正常固结土在不排水剪切试验中产生正的孔隙水压力,其有效应力圆在总应力圆的左边;而超固结土在不排水剪切试验中产生负的孔隙水压力,故有效应力圆在总应力圆的右边。CU 试验的有效应力强度指标与总应力强度指标相比,通常 $c'<c_{cu}$,$\varphi'>\varphi_{cu}$。

(二)不固结不排水剪强度指标

不固结不排水剪切试验中的"不固结"是指在三轴压力室内不再固结,而试样仍保持着原有的现场有效固结压力不变。图 4.4.4 中三个实线圆Ⅰ、Ⅱ、Ⅲ,分别表示三个试样在不同的 σ_3 作用下 UU 试验的极限总应力圆,虚线圆则表示极限有效应力圆。其中,圆Ⅰ的 $\sigma_3=0$,相当于无侧限抗压试验。试验结果表明,在含水率恒定条件下的 UU 试验,无论在多大的 σ_3 作用下,试样破坏时所得的极限偏应力 $(\sigma_1-\sigma_3)_f$ 恒为常数。图 4.4.4 中三个总应力圆直径相同,故抗剪强度包线为一条水平线。即

$$\left.\begin{aligned}\tau_f &= c_u = \frac{1}{2}(\sigma_1-\sigma_3)\\ \varphi_u &= 0\end{aligned}\right\} \qquad (4.4.3)$$

式中,c_u 为土的不排水抗剪强度(kPa);φ_u 为土的不排水内摩擦角(°)。

试验中若分别量测试样破坏时的孔隙水压力 u_f,并按有效应力整理,三个试样只能得到同一个有效应力圆。由于试样总具有一定的现场固结压力,因此,对圆Ⅰ($\sigma_3=0$)来说,是在超固结状态下的剪切破坏,如前所述,会产生负的孔隙水压力,有效应力圆在总应力圆的右

边。上述试验现象可归结为，在不排水条件下，试样在试验过程中的含水率和体积均保持不变，改变 σ_3 数值只能引起孔隙水压力同等数值变化，试样受剪前的有效固结应力却不发生改变，因而抗剪强度也就始终不变。无论是超固结土还是正常固结土，其 UU 试验的抗剪强度包线均是一条水平线，即 $\varphi_u=0$。

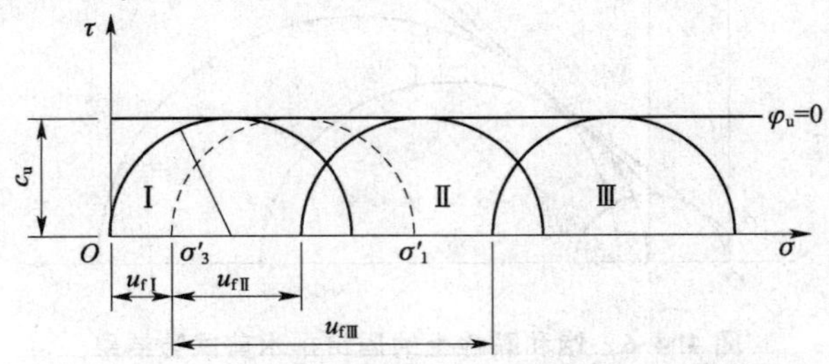

图 4.4.4 饱和黏性土的不固结不排水试验结果

从以上分析可知，c_u 值反映的正是试样原始有效固结压力作用所产生的强度。天然土层的有效固结压力是随埋藏深度增加的，所以 c_u 值也随所处的深度增加。均质的正常固结天然黏土层的 c_u 与其有效固结压力之比值基本保持为常数，故 c_u 值大致随有效固结压力呈线性增加。超固结土因其先期固结压力大于现场有效固结压力，它的 c_u 值比正常固结土大。

(三)固结排水剪强度指标

饱和黏性土的三轴压缩试验中，在排水剪切条件下，孔隙水压力始终为零，试样体积随 $\Delta\sigma_1$ 的增加而不断变化(图 4.4.5)。正常固结黏土的体积在剪切过程中不断减小(称为"剪缩")，而超固结黏土的体积在剪切过程中则是先减小，继而转向不断增加(称为"剪胀")。如同前述，土体在不排水剪中孔隙水压力值的变化趋势，也可根据其在排水剪中的体积变化规律得到验证。如正常固结土在排水剪中有剪缩趋势，因而当它进行不排水剪时，由于孔隙水排不出来，剪缩趋势就转化为试样中的孔隙水压力不断增长；反之，超固结土在排水剪中不但不排出水分，反而因剪胀而有吸水的趋势，但它在不排水剪过程中却无法吸水，于是就产生负的孔隙水压力。

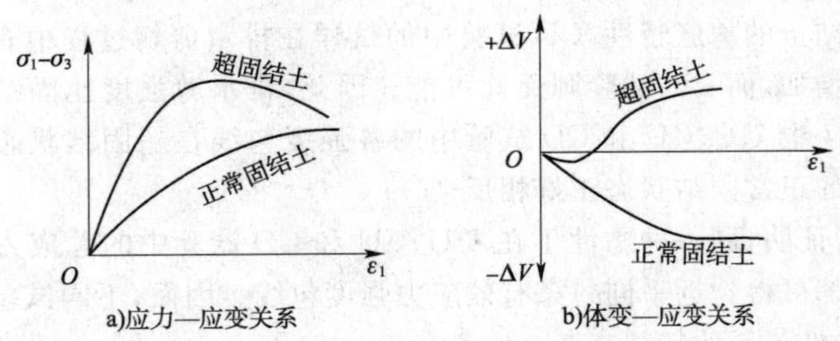

图 4.4.5 CD 试验的应力—应变关系和体积变化

饱和黏性土试样的 CD 试验结果与 CU 试验类似(图 4.4.6)。但由于试样在固结和剪切的全过程中始终不产生孔隙水压力，其总应力指标应该等于有效应力强度指标，即 $c'=c_d$，$\varphi'=\varphi_d$。

如果将某种饱和软黏土的两组试样先在同一 $\sigma_3=\sigma_c$(先期固结压力)下排水固结，然后对一组中的若干试样施加新的围压 $\sigma_3(>\sigma_c)$，使各试样分别进行 UU、CU 和 CD 试验，并将试验结果综合表示在一张 $\sigma\tau$ 坐标图上(图 4.4.7)，则可看出三种试验结果之间的关系。很

第四章 土的抗剪强度

显然，正常固结土的 $\varphi_d > \varphi_{cu} > \varphi_u$，且 $\varphi_u = 0$。

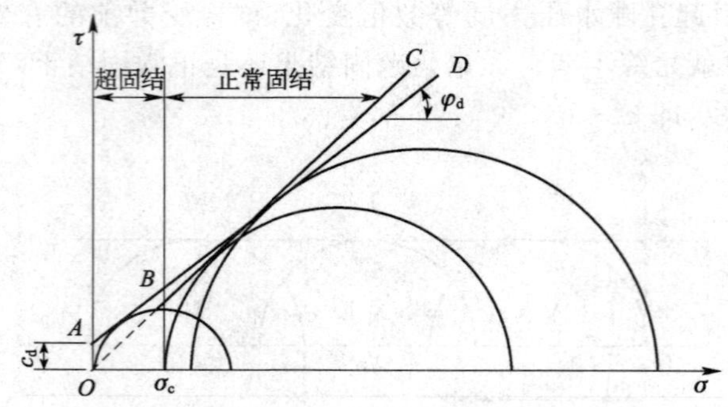

图 4.4.6　饱和黏性土的固结排水剪试验结果

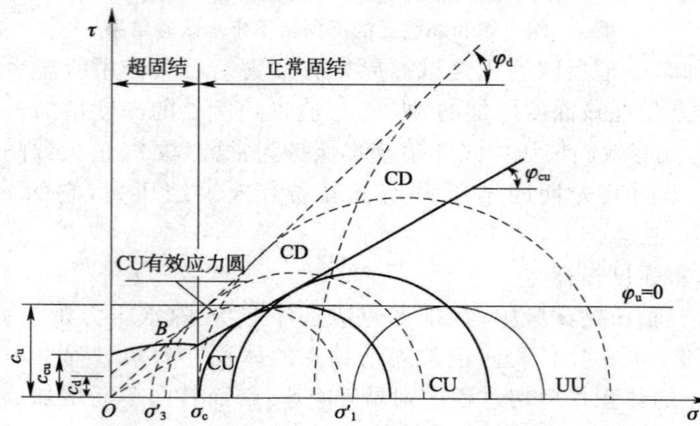

图 4.4.7　饱和黏性土的固结排水剪试验结果

如果若对另一组中若干试样的围压从 σ_c 减低至σ_3（$<\sigma_c$），同样进行上述三种试验，此时土具有超固结特征。超固结土在其卸载回弹过程中，UU 试验因不容许吸水，含水率保持不变，故其不固结不排水剪强度比固结不排水剪和排水剪强度都高。此外，拿 CU 和 CD 试验相比较，虽然二者在卸载回弹过程中产生的负孔隙水压力均会导致试样吸水软化（含水率增加）。但由于超固结土的剪胀特性，CD 试验中的试样在排水剪切过程中有可能进一步吸水软化，含水率还要增加，而 CU 试验则无此可能。因此，排水剪强度比固结不排水剪强度要低，这可从图 4.4.7 中 UU、CU 和 CD 试验中的各强度包线在超固结状态所处位置比较而知，其情形与右边的正常固结状态正好相反。

上述试验还可证明，同一种黏性土在 UU、CU 和 CD 试验中的总应力强度包线和强度指标各不相同，但都可得到近乎同一条有效应力强度包线。因而，不同试验方法下的有效应力强度存在着唯一性关系的特征。

直剪试验在上述三种方法中因受仪器条件限制，不能测定试样中孔隙水压力的变化，一般只能用总应力强度指标来表示其试验结果。

【例 4.4.1】　一饱和黏土试样在三轴压缩仪中进行固结不排水剪试验，施加的周围压力 $\sigma_3 = 200$ kPa，试样破坏时的轴向偏应力 $(\sigma_1 - \sigma_3)_f = 280$ kPa，测得孔隙水压力 $u_f = 180$ kPa，有效应力强度指标 $c' = 80$ kPa，$\varphi' = 24°$，试求破裂面上的法向应力和剪应力，以及该面与水平面的夹角 α_f。若该试样在同样周围压力下进行固结排水剪试验，问破坏时的大主应力值 $\sigma_1{}'$ 是多少？

第三篇　浅基础

【解】 据试验结果 $\sigma_1=(280+200)\text{kPa}=480\ \text{kPa},\sigma_3=200\ \text{kPa}$

由式(4.1.12) $$\alpha_f=45°+\frac{\varphi'}{2}=45°+\frac{24°}{2}=57°$$

由式(4.1.4)计算破裂面上的法向应力σ和剪应力τ

$$\sigma=\frac{1}{2}(\sigma_1+\sigma_3)+\frac{1}{2}(\sigma_1-\sigma_3)\cos2\alpha_f$$

$$=\left[\frac{1}{2}\times(480+200)+\frac{1}{2}\times(480-200)\times\cos114°\right]\text{kPa}=283\ \text{kPa}$$

$$\tau=\frac{1}{2}(\sigma_1-\sigma_3)\sin2\alpha_f=\left[\frac{1}{2}\times(480-200)\times\sin114°\right]\text{kPa}=127\ \text{kPa}$$

排水剪的孔隙水压力恒为零，故试样破坏时，$\sigma_3'=\sigma_3=200\ \text{kPa}$。

由式(4.1.3)和式(4.1.4)计算破裂面上的抗剪强度和剪应力

$$\tau_f=c'+\sigma'\tan\varphi'=c'+\left(\frac{\sigma'_1+\sigma'_3}{2}+\frac{\sigma'_1-\sigma'_3}{2}\cos2\alpha_f\right)\tan\varphi'$$

$$=80+\left(\frac{\sigma'_1+200}{2}+\frac{\sigma'_1-200}{2}\cos114°\right)\tan24°$$

$$=0.132\sigma'_1+142.3$$

$$\tau=\frac{1}{2}(\sigma'_1-\sigma'_3)\sin2\alpha_f$$

$$=\frac{1}{2}(\sigma'_1-200)\sin114°$$

$$=0.457\sigma'_1-91.4$$

由破裂面上的剪应力等于抗剪强度

$$0.457\sigma'_1-91.4=0.132\sigma'_1+142.3$$

解之求σ'_1，得 $$\sigma'_1=719.1\ \text{kPa}$$

此值亦可用莫尔圆作图法求得，用$\sigma'_3=200\ \text{kPa}$和切于$c'=80\ \text{kPa},\varphi'=24°$的强度包线的条件，绘一莫尔圆即可量得$\sigma_1'=719.1\ \text{kPa}$。

【例 4.4.2】 某无黏性土饱和试样进行排水剪试验，测得抗剪强度指标为$c_d=0$，$\varphi_d=31°$，如果对同一试样进行固结不排水剪试验，施加的周围压力$\sigma_3=200\ \text{kPa}$，试样破坏时的轴向偏应力$(\sigma_1-\sigma_3)_f=180\ \text{kPa}$。试求试样的不排水剪强度指标$\varphi_{cu}$和破坏时的孔隙水压力$u_f$和系数$A_f$。

【解】 据试验结果 $\sigma_{1f}=(180+200)\text{kPa}=380\ \text{kPa},\sigma_{3f}=200\ \text{kPa}$

排水剪的孔隙水压力恒为零，得$c'=c_d=0,\varphi'=\varphi_d=31°$，而无黏性土的$c_{cu}=0$。

由式(4.1.10) $$\tan^2\left(45°+\frac{\varphi_{cu}}{2}\right)=\frac{\sigma_1}{\sigma_3}=\frac{380}{200}=1.9$$

解之求φ_{cu}，得 $$\varphi_{cu}=18°$$

同理，由式(4.1.10) $$\frac{\sigma'_1}{\sigma'_3}=\tan^2\left(45°+\frac{\varphi'}{2}\right)=\tan^2\left(45°+\frac{31°}{2}\right)=3.124$$

得 $$\sigma'_1=3.124\sigma'_3$$

根据 $$(\sigma'_1-\sigma'_3)_f=(\sigma_1-\sigma_3)_f=180\text{kPa}$$

联立求解以上两式，可得有效大、小主应力分别为$\sigma'_{1f}=264.8\ \text{kPa},\sigma'_{3f}=84.8\ \text{kPa}$。

故破坏时的孔隙水压力

$$u_f=\sigma_{3f}-\sigma'_{3f}=(200-84.8)\ \text{kPa}=115.2\ \text{kPa}$$

由式(4.4.2),破坏时的孔隙压力系数

$$A_{\mathrm{f}}=\frac{u_{\mathrm{f}}}{(\sigma_1-\sigma_3)_{\mathrm{f}}}=\frac{115.2}{180}=0.64$$

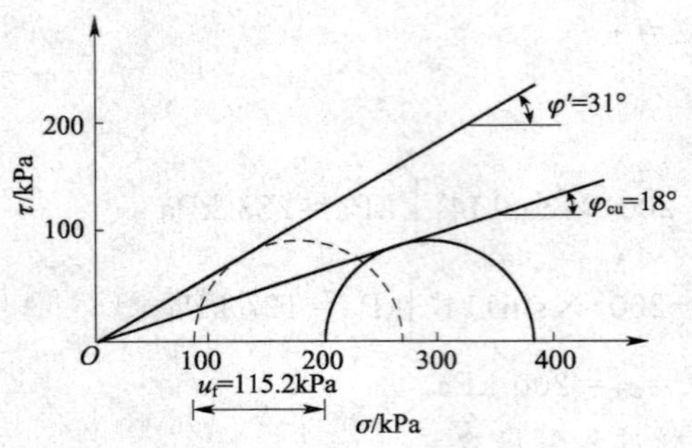

图 4.4.8 例 4.4.2 图解法

此题亦可用作图法求解。如图 4.4.8 所示,用 $\sigma_{1\mathrm{f}}=380$ kPa 和 $\sigma_{3\mathrm{f}}=200$ kPa 作莫尔极限应力圆。作过原点强度包线切于该圆,量得强度包线与水平夹角,即可得 $\varphi_{\mathrm{cu}}=18°$。据 $c'=0$、$\varphi'=31°$ 作过原点有效应力强度包线,向左平移总极限应力圆与有效应力强度包线相切,即可从图中量得破坏时的孔隙水压力 $u_{\mathrm{f}}=115.2$ kPa,并由此算得系数 $A_{\mathrm{f}}=0.64$。

二、黏性土的残余强度指标

坚硬的超压密黏土的 τ-Δl 曲线可出现剪应力的峰值 τ_{fP},即为土的峰值抗剪强度。峰后强度随剪切位移增大而降低,称应变软化特征。当剪切位移较大时,其强度最终也逐渐降低至某一稳定值,这种终值强度称为残余强度 τ_{fr}(图 4.4.9)。残余强度的主要测定方法为,在直剪仪中进行反复剪切试验,以达到大应变的效果。

试验证明,黏性土的残余强度同峰值强度一样也符合库仑公式,即

$$\tau_{\mathrm{fr}}=c_{\mathrm{r}}+\sigma\tan\varphi_{\mathrm{r}} \tag{4.4.4}$$

式中,τ_{fr} 为土的残余抗剪强度(kPa);σ 为作用在剪切面上的法向应力(kPa);c_{r} 为土的残余黏聚力(kPa);φ_{r} 为土的残余内摩擦角(°)。

如图 4.4.10 所示,残余强度包线在纵坐标上的截距 $c_{\mathrm{r}}\approx0$,残余内摩擦角 φ_{r} 略小于其峰值内摩擦角 φ。残余强度的降低主要表现为黏聚力的下降。

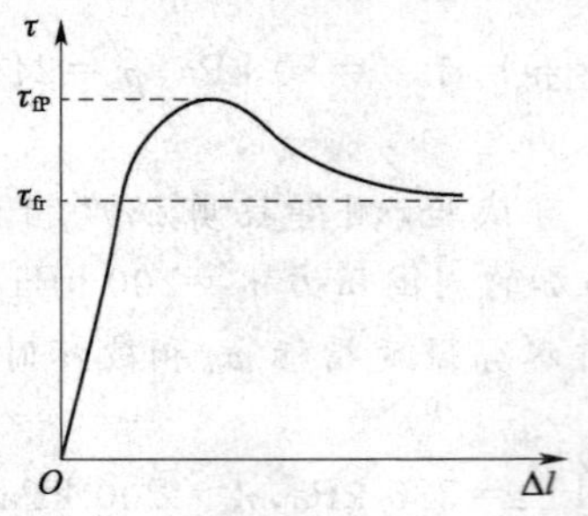

图 4.4.9 应变软化型剪应力—剪应变曲线

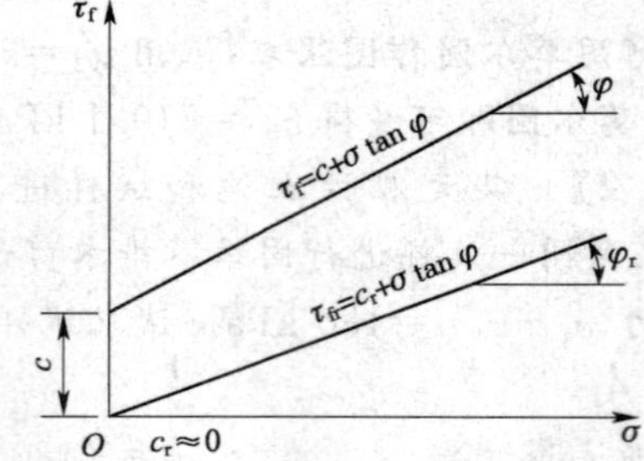

图 4.4.10 黏性土的峰值强度与残余强度包线

一些试验资料表明,从同一种土的重塑试样求得的残余强度与原状土样的残余强度基本相同,说明残余强度与土的结构性关系不大,而主要取决于土的矿物成分和有效法向应力的影响。一般情况下,以石英、长石含量为主的土类,其残余内摩擦角略大于 30°;以云母类矿物(如伊利石)含量为主的土类,其残余内摩擦角为 15°~26°;而以蒙脱石矿物含量为主的土类,其残余内摩擦角小于 10°。黏性土的残余强度现象可解释为,沿剪切面两侧非定向性排列的薄层微粒结构,随着剪应变的增加而逐渐转化为沿剪切方向定向性排列,因而,土的抗剪强度随之降低。

残余强度对研究天然黏性土土坡的长期稳定性问题,具有十分重要的实践意义。由于土坡沿滑动面剪应变的发展不是各处均衡的,往往在该面上某些点发生较大的剪应变,而在

其他地方剪应变发挥得还较小，造成沿滑动面上的剪应力分布亦不均匀，使得滑动面上各部分的抗剪强度不能同时达到峰值。若土体具有明显的残余强度特性，则在较大剪应变处土首先达到峰值强度，即破坏在这些点出现，但随着剪应变加大，这些点的强度又降至残余强度，从而带动滑动面其他各点也相继达到峰值强度后又降低至残余强度。可以推断，这种连锁反应造成土坡的破坏过程将是从某一点开始的，并逐渐蔓延到全面，形成所谓"渐近性破坏"现象。

三、无黏性土的抗剪强度指标

粒状的无黏性土的内摩擦角等于滑动摩擦和由土粒间相互咬合所提供的附加阻力。图 4.4.11 表示剪切时颗粒移动的理想化图像。当具有紧密结构的无黏性土沿破坏面滑动时，土粒 A 必须越过相邻的土粒 B，因而土体将发生膨胀，并消耗部分剪切力的功能来抵抗法向应力 σ 的作用[图 4.4.11a)]。若是很松的粒状土，土粒 A 滑过相邻土粒 B 时，便会落入孔隙之中，且会由法向应力 σ 而释放出功能来[图 4.4.11b)]。

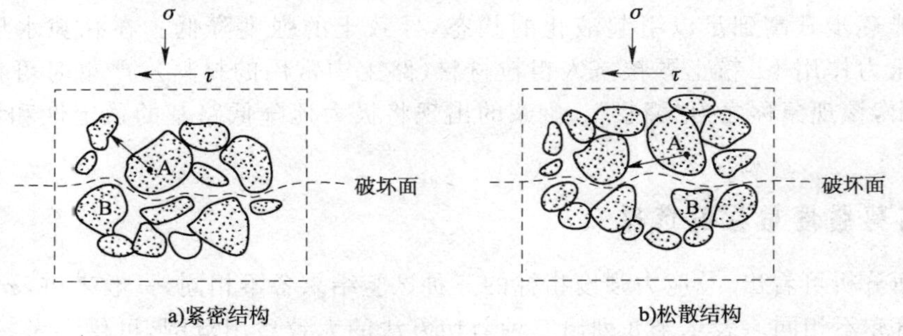

图 4.4.11 粒状土剪切时颗粒的位移

图 4.4.12 表示具有不同初始孔隙比的极松砂和紧密砂的排水直剪试验结果。密砂在受剪时体积膨胀，孔隙比变大。如前所述，剪胀作用将产生剪应力增加[图 4.4.12a)中阴影部分]，其剪切过程中的应力—应变关系类似于超固结土的现象，即有明显的峰值强度和变形较大时的终值强度(应变软化型)。松砂的应力—应变关系类似于正常固结土，其应力—应变关系无明显峰值强度(应变硬化型)，受剪时体积减小(剪缩)，孔隙比变小[图 4.4.12b)]。试验证明，对一定侧限压力下的同种砂土来说，紧密的和松散的砂土最终殊途同归，两者的强度最终趋于同一数值，而最终孔隙比也大致趋向于某一稳定值 e_{cr}(图 4.4.13)。该值称之为临界孔隙比，在这一孔隙比下，砂土在不排水条件下受荷至破坏时，其体积变化为零。

从以上分析可知，不同密度的饱和砂性土在剪切过程中，与饱和黏性土有着相似的规律。大致是松砂具有类似正常固结黏土的特征，中密的砂相当于轻微超固结黏土，而密砂的剪胀性比超固结黏土更显突出。如果松砂处于完全饱和状态，其初始孔隙比 $e_0 > e_{cr}$，则当它受到剪应力作用时，必然会产生剪缩的趋势而使粒间孔隙水压力增高，砂土的有效应力降低，其强度也随之降低。因此，饱和松砂的不排水强度是十分低的。由于砂土具有较大的渗透性，排水固结性能较好，在大多数情况下，采用其排水剪强度指标 c_d、φ_d。而对砂土进行不排水剪切，对于研究砂土的静力学问题实际意义不大，但对研究饱和砂土受动荷载时的土动力学问题时则另当别论。试设想饱和松砂受到动荷载的作用(如地震作用)，由于动荷载作用的时间十分短促，相对来说，砂土中的孔隙水来不及排出(如大体积的松砂)。因此，在反复的动剪应力作用下，孔隙水压力就不断增加。若砂体中的有效应力降至零，则砂土就会发生流动。这种饱和砂土在动荷载作用下，其强度全部丧失而会像流体一样流动的现象称为砂土液化。因此，临界孔隙比对研究砂土液化具有重要的意义。

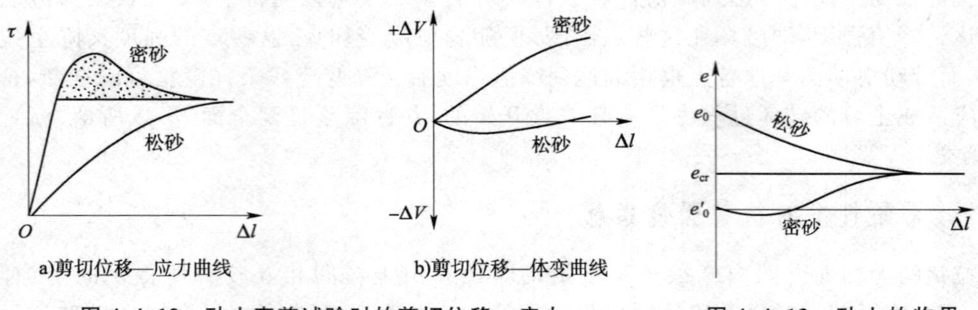

图 4.4.12　砂土直剪试验时的剪切位移—应力关系和体变　　**图 4.4.13　砂土的临界孔隙比**

除砂土之外，含砂粒较多的低塑性黏土和粉土都有可能发生类似的液化现象。例如，当道路路基是饱和的强度不大的粉土时，在周期性交通荷载的反复作用下，地基土的孔隙水压力可能逐步升高到足以引起液化的状态，导致土的强度降低。在孔隙水压力骤增引起的渗透压力作用下，粉土颗粒挤入粗粒材料（路工中常用的材料），严重时可在粗粒材料的表面冒出，该现象称之为"翻浆"。翻浆的出现将极大地降低路基的稳定性和增加道路的变形。

四、抗剪强度指标的选择

从前面分析可看出，总应力强度指标的三种试验结果各不相同，一般来讲，$\varphi_u < \varphi_{cu} < \varphi_d$，所得的 c 值亦不相同。表 4.4.3 列出三种剪切方法的大致适用范围，可供参考。但应指出，总应力强度指标仅能考虑三种特定的固结情况，由于地基土的性质和实际加载情况十分复杂，地基在建筑物施工阶段和使用期间却经历了不同的固结状态，要准确估计地基土的固结度相当困难；此外，即使是在同一时间，地基中不同部位土体的固结程度亦不尽相同，但总应力法对整个土层均采用某一特定固结度的强度指标，这与实际情况相去甚远。因此，在确定总应力强度指标时还应结合工程经验。在工程设计的计算分析中，应尽可能采用有效应力强度指标的分析方法。

三种试验方法的适用范围　　表 4.4.3

试验方法	适用范围
UU 试验	地基为透水性差的饱和黏性土或排水不良，且建筑物施工速度快。常用于施工期的强度与稳定验算
CU 试验	建筑物竣工后较长时间，突遇荷载增大。如房屋加层、天然土坡上堆载等
CD 试验	地基的透水性较佳（如砂土等低塑性土）和排水条件良好（如黏土层中夹有砂层），而建筑物施工速度又较慢

如前所述，一种土的 c' 和 φ' 应该是常数，无论是用 UU、CU 或 CD 的试验结果，都可获得相同的 c' 和 φ' 值，它们不随试验方法而变。但实践上一般按 CU 试验，并同时测定 u 的方法来求 c' 和 φ'。究其原因，是因为做 UU 试验时，无论总应力 σ_1、σ_3 增加多少，$\sigma_1{}'$、$\sigma_3{}'$ 均保持不变，就是说，无论做多少个不同围压 σ_3 的试验，所得出的有效极限应力圆只有一个，因而确定不了有效应力强度包线，也就得不出 c' 和 φ' 值；而做 CD 试验时，因试样中不产生 u，总应力即为有效应力，其总应力结果 c_d 和 φ_d 实际上就是 c' 和 φ'。但 CD 试验费时较长，故通常不用它来求土的 c' 和 φ'。但应指出，CU 试验在剪切过程中试样因不能排水而使体积保持

不变，但CD试验在排水剪切过程中试样的体积要发生变化，二者得出的 c'、φ' 和 c_d、φ_d 会有一些差别，一般 c_d、φ_d 略大于 c'、φ'，但实际上可忽略不计。

土的抗剪强度性质极其复杂，其抗剪强度指标也千变万化。如前所述，粒状的无黏性土的抗剪强度，取决于土的原始密度(即初始孔隙比)、有效法向应力、加荷条件和应力历史。实际上，其强度还受到如土的颗粒组成、沉积条件诸因素影响。饱和黏性土的强度性状比无黏性土更为复杂。除在前文中所描述的如黏性土的结构性、固结与排水条件、孔隙水压力、应力历史、应力应变状态、应力水平及应力路径等影响因素外，还包括如土的含水率、各向异性、加荷速率与受荷时间、动力特性和流变性质等影响因素。如紧密砂土的内摩擦角较大，强度也高；松砂的内摩擦角较小，其强度也较低。级配良好的土，由于粒间接触点多，比均匀土的咬合作用强，所以其内摩擦角比均匀土的大。又如，有棱角的砂要比圆粒砂更多咬合，故其内摩擦角也比较大，但对砾石而言，由于在高压力作用下的颗粒破碎作用，棱角对强度的影响相对较小。对黏性土来说，含水率增加时，土中水分在较大的土粒表面有润滑剂作用，使粒间摩阻力降低。对细小的黏粒，结合水膜变厚，降低了土的黏聚力，因而降低了土的抗剪强度。

此外，天然地层一般是水平层沉积，在垂直方向的自重应力作用下，形成各向异性应力(一般是垂直方向最大，水平方向最小)，促成了土颗粒按有选择的方向排列，因而所形成的土体在不同方向具有不同的力学性质，使之具有各向异性的变形特性。因此，天然土层在沉积过程中和沉积以后形成的各向异性结构，影响了土的抗剪强度性状。如受荷时的加荷方向和沉积方向一致，就可产生较大的抗剪强度；反之，若加荷方向垂直于沉积方向，则抗剪强度最低。

由此可见，只有当室内试验的应力状态、应力水平和应力路径与实际工程的应力条件完全相同时，试验所得的强度指标才能符合实际，而这只能近似做到。因此，在选择某种土的抗剪强度指标 c 和 φ 时，必须同时指出土样的原始固结状态和所用的试验方法，才能正确判断这种指标的意义及如何用于计算分析。与此同时，应对所选的抗剪强度指标的性质和变化规律有一个清楚的认识，并对各种指标数值的范围有一个大致的了解，只有这样才能对实际问题作出正确的判断和选择。

第五节 应力路径

一、应力路径的基本概念

对某种土样采用不同的加荷方法使之剪破，试样中的应力状态变化各不相同。为了分析应力变化过程对土的抗剪强度的影响，可在应力坐标图中用应力点的移动轨迹来描述土体在加荷过程中的应力变化，这种应力点的轨迹就称为“应力路径”。

以三轴压缩试验为例，如保持 σ_3 不变而逐渐增大 σ_1，试样的应力变化过程可用一系列莫尔应力圆来表示。如为特定目的需要研究剪切面上的应力变化，由式(4.1.12)可知，该面与 σ_1 作用面之间的夹角为 $\alpha_f=45°+\varphi/2$，由此可在每个应力圆上确定相应于破坏面上的应力特征点。然后，按应力变化过程顺序将这些点连接起来[图 4.5.1a)中 AM 线]，即为常规三轴压缩试验中剪切破坏面上的应力路径。A 点表示试样仅有周围压力 σ_3 作用，而尚未施加轴向压力的初始情况。M 点表示轴向压力已增至试样剪破，A 与 M 两点之间的各点则表示试验中的剪切过程。

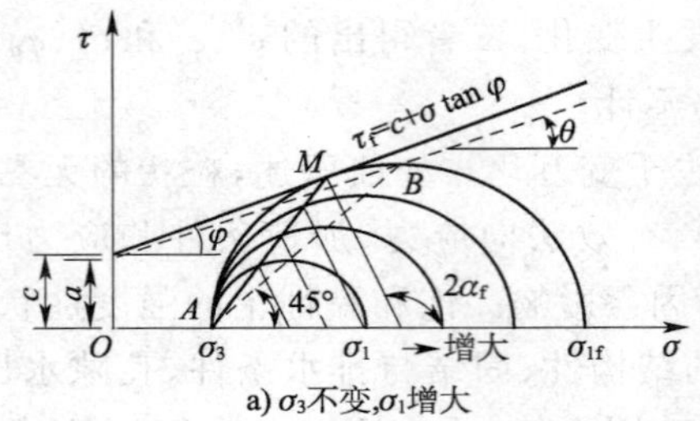

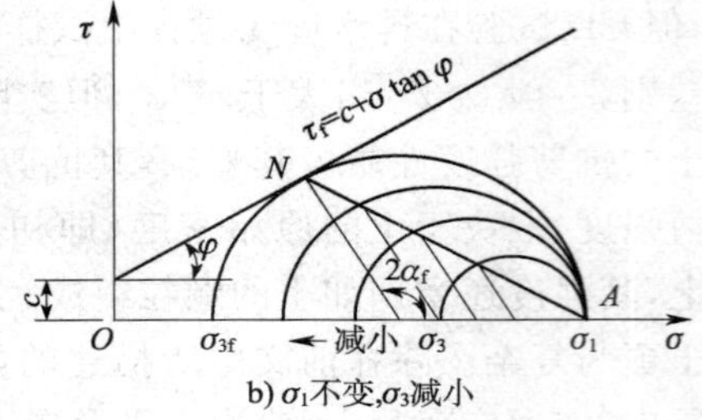

图 4.5.1 不同加荷方法的应力路径

三轴压缩试验的加荷方法不同,其应力路径也不同。如在试验中保持 σ_1 不变,而不断减小 σ_3,可获得剪切面上另一种应力路径[图 4.5.1b)中 AN 线]。虽然以上两种试验中的试样在轴向均代表大主应力 σ_1 的作用方向,且剪切面与 σ_1 作用面之间的夹角都为$\alpha_f=45°+\varphi/2$,但二者试样中的应力状态发展方向却不同。

二、三轴压缩试验中的总应力路径和有效应力路径

确定试样剪切破坏面上的应力须预知破坏面的方向,这些应力也不能直接明确地表示整个试样所处的应力状态。由于土中某点的莫尔应力圆的顶点(剪应力为最大)位置与莫尔圆的大小和位置具有一一对应的关系,也即顶点的坐标为已知时,该点的应力状态就随之确定下来了。因此,可将顶点的应力作为一个应力特征点来代表整个应力圆。同样按应力变化过程顺序将这些点连接起来[图 4.5.1a)中 AB 线],即为常规三轴压缩试验中最大剪应力面上的应力路径。在 τ-σ 坐标图上,应力圆顶点的横坐标为$(\sigma_1+\sigma_3)/2$,纵坐标为$(\sigma_1-\sigma_3)/2$。若将 $q=(\sigma_1-\sigma_3)/2$、$p=(\sigma_1+\sigma_3)/2$ 作为纵、横坐标,并在 p-q 坐标图上,分别点绘常规三轴压缩试验过程中各个莫尔应力圆顶点的坐标值,各点的连线即为三轴试验在 p-q 坐标上的应力路径表达形式(图 4.5.2 中 AB 线)。在上述三轴压缩试验中,因 σ_3 维持不变,σ_1 不断增加,应力在 p-q 坐标图上纵、横坐标的变化量总是相等。因此,AB 是直线且必与横坐标成45°夹角。为使图面整洁直观,常可省去诸多应力圆不画,而在应力路径线上以箭头指明应力状态的发展方向。

在常规三轴压缩试验中,图 4.5.2 中 AB 线表示的是试样总应力变化的轨迹,称为"总应力路径"。相应的有效应力变化轨迹可由有效应力路径来表示。有效应力圆的顶点坐标与相应的总应力圆顶点坐标之间的关系为

$$\left.\begin{aligned} p' &= \frac{1}{2}(\sigma_1{}'+\sigma_3{}') = \frac{1}{2}(\sigma_1+\sigma_3)-u = p-u \\ q' &= \frac{1}{2}(\sigma_1{}'-\sigma_3{}') = \frac{1}{2}(\sigma_1-\sigma_3) = q \end{aligned}\right\} \tag{4.5.1}$$

从式(4.5.1)中可看出,有效应力路径的确定,取决于试样剪切时孔隙水压力的变化规律。与 τ-σ 坐标图相比,p-q 坐标图上可方便地阐明总应力路径和有效应力路径之间的对应关系。

根据式(4.5.1)的关系,将 AB 线上各总应力点的横坐标减去相应的孔隙水压力 u 的实测值,就可获得有效应力路径 AB'线。如前所述,由于试样在不排水剪切过程中的孔隙水压力随轴向偏应力的增加呈非线性变化,因此,有效应力路径 AB' 是曲线。大量试验结果表明,当试样剪破时,无论是总应力路径还是有效应力路径,都将发生转折或趋于水平,因而,应力路径的转折点可作为试样剪破的标准。若 B、B'两点的坐标分别表示剪破时试样的总应力和有效应力状态,它们应分别落在以总应力和有效应力表示的极限应力圆顶点的连线 K_f 和 K'_f 上。设 K_f 和 $K_f{}'$线与纵坐标的截距分别为 a 和 a',倾角为 θ 和 θ',则 a、θ 与 c、φ,a'、θ'与 c'、

φ'之间的相互关系，可采取将 K_f、K'_f 线与强度包线绘制在同一 τ - σ 坐标图上，通过几何关系推求出来，也可由土的极限平衡理论推算而得。当试样剪破时，由式(4.5.1)可知

$$\frac{1}{2}(\sigma_1-\sigma_3)_f = c\cos\varphi + \frac{1}{2}(\sigma_1+\sigma_3)_f\sin\varphi \tag{4.5.2}$$

而由图 4.5.2 可知，K_f 线的表达式为

$$\frac{1}{2}(\sigma_1-\sigma_3)_f = a + \frac{1}{2}(\sigma_1+\sigma_3)_f\tan\theta \tag{4.5.3}$$

比较式(4.5.2)和式(4.5.3)可知，a、θ 与 c、φ 的关系为

$$\left.\begin{aligned}\sin\varphi &= \tan\theta\\ c &= \frac{a}{\cos\varphi}\end{aligned}\right\} \tag{4.5.4}$$

同理，由土的极限平衡理论可推得 a'、θ' 与 c'、φ' 之间的关系为

$$\left.\begin{aligned}\sin\varphi' &= \tan\theta'\\ c' &= \frac{a'}{\cos\varphi'}\end{aligned}\right\} \tag{4.5.5}$$

由前述可知，AB 和 AB' 线之间的阴影区域，平行于横坐标轴方向的距离长短反映了试样在剪切过程中孔隙水压力大小的变化。对于正常固结黏土试样来说，由于在不排水剪的整个过程中，始终产生正的孔隙水压力，故有效应力路径 AB' 在总应力路径 AB 的左边，至 B' 点试样剪破，此时的孔隙水压力 u_f 达到最大值(B 与 B' 之间的水平距离)。而超固结黏土试样在不排水剪切中的开始阶段可能产生少量的正孔隙水压力，以后逐渐转为负值。故如图 4.5.2 所示，有效应力路径 CD' 开始在总应力路径 CD 的左边，随后转到右边，至 D' 点试样剪破时，所产生负的孔隙水压力 $-u_f$ 为 D 与 D' 点之间的水平距离。

将具有相同的周围压力下固结(即 A 点下固结)的正常固结黏土试样，做 CU 和 CD 试验的应力路径比较。试样做排水剪时因孔隙水压力始终保持为零，其有效应力路径与总应力路径重合。故排水剪的有效应力路径将沿着图 4.5.3 中 AB 线继续向右上方延伸，直至交于 K'_f 线上 E 点方才剪破，很显然，对相同条件的正常固结黏土试样来说，排水剪强度比固结不排水剪强度要高。

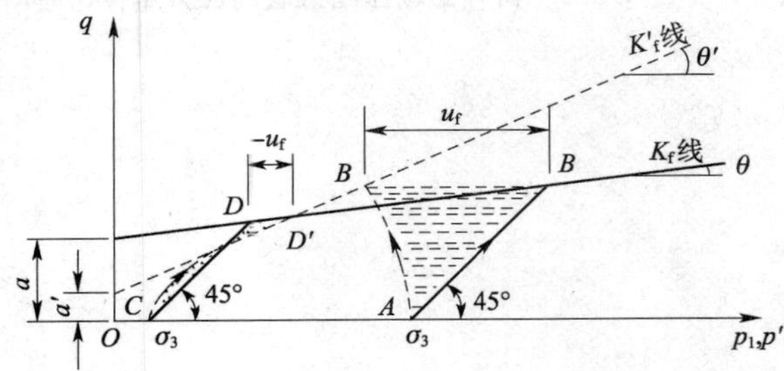

图 4.5.2 三轴 CU 试验中的应力路径

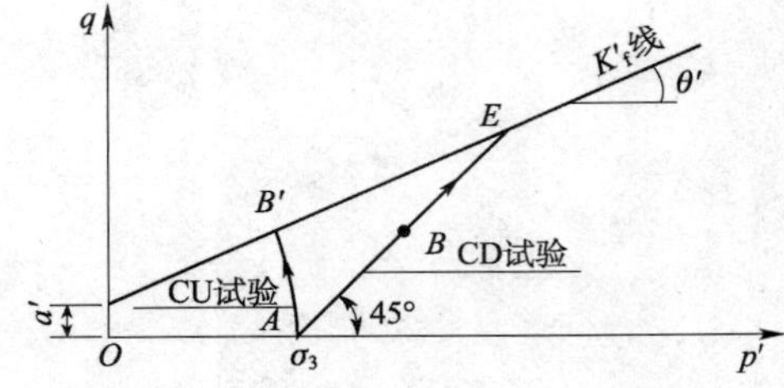

图 4.5.3 三轴 CU 与 CD 试验中的应力路径比较

三、土木工程中的应力路径问题简述

土木工程中，常见的应力路径仍是类似于三轴试验中保持 σ_3 不变而逐渐增大 σ_1 的应力路径。一个典型的应用实例是，有目的地控制这种应力路径的加荷情况，对合理解决软土地基的加固问题具有现实意义。

在实际工程施工中，如果对天然软黏土地基施加荷载的速率过快，地基在受荷过程中来

不及排水，有可能使地基在施工期间地基应力已达到土的不排水强度。由于土的不排水强度相对较低，导致地基所能承受的极限荷载很低。若施工中减缓加荷速率，或采用间歇式的分级加荷方式，就有可能使地基土得以充分固结排水而提高其抗剪强度，从而增大地基的承载力。这种控制加荷方式以提高地基承载力的原理，可用应力路径的方法加以说明。

设正常固结土地基中某点在加荷前的应力状态由图 4.5.4 中 a 点表示。假如荷载是一次施加的，该点的有效应力路径将沿曲线 ab 延伸（图中虚线所示）至 b' 点。若采用间歇加载方式，当迅速施加第一级荷载后，由于地基土来不及排水，该点在不排水条件下的有效应力路径就从 a 点向 b 点发展（剪切段）。在加载停歇的时间里，随着土的排水固结，该点的有效正应力不断增加，而剪应力却不发生变化。故此时的应力路径是一条水平线（固结段），在排水固结完毕时抵达 c 点。如此循环下去，该点的应力路径就将沿着 $a \to b \to c \to d \to e \to f \to g \to h$ 各点曲折地延伸发展，最终抵达 h 点。显然，土在 h 点的强度比之 b' 点有了较大的增长。

土木工程地基中还存在着其他类型的应力路径。如基坑和边坡的开挖、挡土墙的主动土压力等的应力路径就属于三轴试验中保持 σ_1 不变而逐渐减小 σ_3 的情况。有试验表明，一些土类在该应力路径下的不排水试验中，当 σ_3 减至为零时，试样的轴向偏应力 $\sigma_1 - \sigma_3$ 无趋近极限的势头，轴向应变 ε_1 也还未到达 15%。整理试验结果时，因各莫尔圆均相切于纵坐标，无法绘制总应力的强度包线。但有效应力路径已显示土样早已剪破，并与同等条件下的保持 σ_3 不变而逐渐增大 σ_1 情况的有效应力路径几乎一致（图 4.5.5 中 AB' 线）。因而，仍可根据式(4.5.5)求得其有效应力强度指标 c' 和 φ'，显然。不同总应力路径下的有效应力路径存在着唯一性关系。

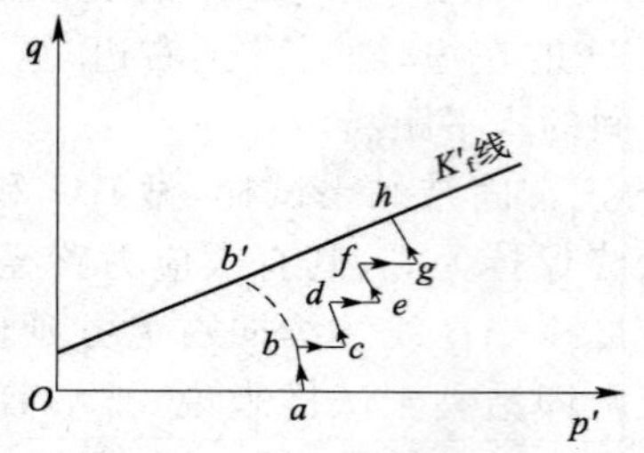

图 4.5.4　地基间歇式加荷的应力路径

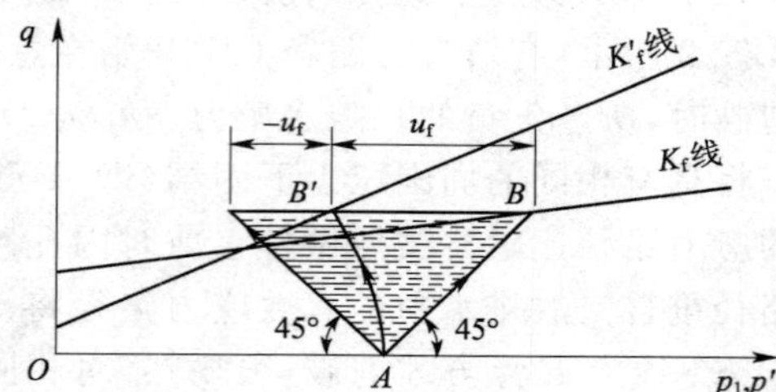

图 4.5.5　两种三轴压缩试验的应力路径比较

第五章　地基承载力

第一节　地基破坏形式及地基承载力

一、地基的破坏形式

试验研究表明，建筑地基在荷载作用下往往由于承载力不足而产生剪切破坏，其破坏形式可分为整体剪切破坏、局部剪切破坏及冲剪破坏三种。

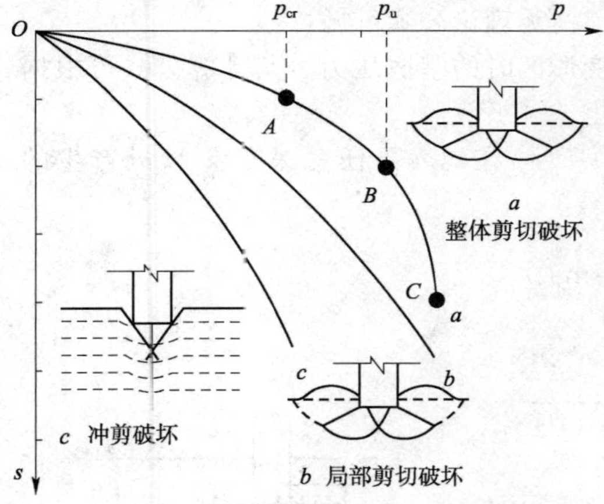

图 5.1.1　地基的破坏形式

整体剪切破坏的 p-s 曲线如图 5.1.1 中曲线 a 所示，地基变形的发展可分为三个阶段：当荷载较小时，基底压力 p 与沉降 s 基本上呈直线关系（OA 段），属线性变形阶段，相应于 A 点的荷载称临塑荷载，以 p_{cr} 表示；当荷载增加到某一数值时，基础边缘处土体开始发生剪切破坏，随着荷载的增加，剪切破坏区（或塑性变形区）逐渐扩大，土体开始向周围挤出，p-s 曲线不再保持为直线（AB 段），属弹塑性变形（或剪切）阶段，相应于 B 点的荷载称为极限荷载，以 p_u 表示；如果荷载继续增加，剪切破坏区不断扩大，最终在地基中形成一连续的滑动面，基础急剧下沉或向一侧倾斜，同时土体被挤出，基础四周地面隆起，地基发生整体剪切破坏，p-s 曲线陡直下降（BC 段），通常称完全破坏阶段。一般紧密的砂土、硬黏性土地基常属整体剪切破坏。

局部剪切破坏是介于整体剪切破坏和冲剪破坏之间的一种破坏形式。随着荷载的增加，剪切破坏区从基础边缘开始，发展到地基内部某一区域（b 中实线区域），但滑动面并不延伸到地面，基础四周地面虽有隆起迹象，但不会出现明显的倾斜和倒塌。相应的 p-s 曲线如图 5.1.1 中曲线 b 所示，拐点不甚明显，拐点后沉降增长率较前段大，但不像整体剪切破坏那样急剧增加。中等密实的砂土地基常发生局部剪切破坏。

图 5.1.1 中曲线 c 为冲剪破坏的情况。随着荷载的增加，基础下土层发生压缩变形，当荷载继续增加，基础四周土体发生竖向剪切破坏，基础"切入"土中，但地基中不出现明显的连续滑动面，基础四周地面不隆起，沉降随荷载的增加而加大，p-s 曲线无明显拐点。松砂及软土地基常发生冲剪破坏。

地基的剪切破坏形式与多种因素有关，目前尚无合理的理论作为统一的判别标准，表 5.1.1综合列出了条形基础在中心荷载下不同剪切破坏形式的各种特征，以供参考。

条形基础在中心荷载下地基破坏形式的特征　　　　表 5.1.1

破坏形式	地基中滑动面	p-s 曲线	基础四周地面	基础沉降	基础表现	控制指标	事故出现情况	适用条件		
								地基土	埋深	加荷速率
整体剪切	连续，至地面	有明显拐点	隆起	较小	倾斜	强度	突然倾倒	密实	小	缓慢
局部剪切	连续，地基内	拐点不易确定	有时稍有隆起	中等	可能倾斜	变形为主	较慢下沉时有倾倒	松散	中	快速或冲击荷载
冲剪	不连续	拐点无法确定	沿基础下陷	较大	仅有下沉	变形	缓慢下沉	软弱	大	快速或冲击荷载

注：表中埋深为基础的相对埋深，即基础埋深与基础宽度的比值。

二、地基承载力

地基承载力是指地基承受荷载的能力。地基承载力的确定主要有理论公式计算、现场原位试验和查规范表格等方法，本节主要介绍临塑荷载和临界荷载，其均在整体剪切破坏的条件下导得，对于局部剪切和冲剪破坏的情况，目前尚无理论公式可循。

临塑荷载是指地基土中将要而尚未出现塑性变形区时的基底压力。其计算公式可根据土中应力计算的弹性理论和土体极限平衡条件导出。

设地表作用一均布条形荷载 p_0，如图 5.1.2a)所示，在地表下任意深度点 M 处产生的大、小主应力可按式(2.3.29)求得

$$\left.\begin{matrix}\sigma_1\\ \sigma_3\end{matrix}\right\}=\frac{p_0}{\pi}(\beta_0\pm\sin\beta_0)$$

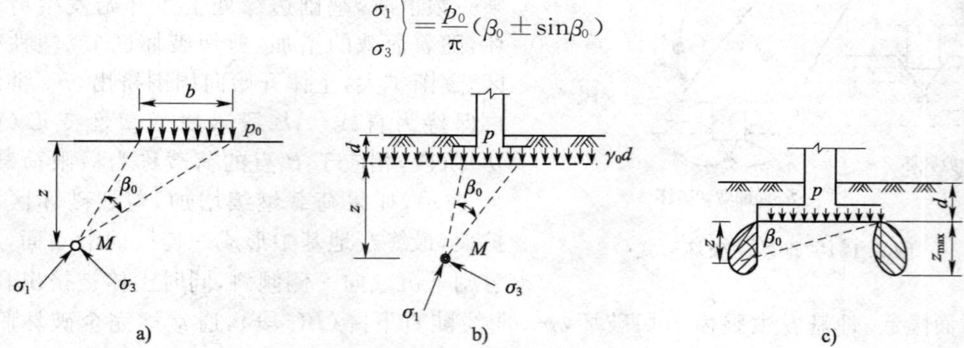

图 5.1.2　条形均布荷载作用下的地基主应力及塑性区

实际上一般基础都具有一定的埋置深度 d，如图 5.1.2b)所示，此时地基中某点 M 的应力除了由基底附加应力 $p_0(=p-\gamma_0 d)$ 产生以外，还有土的自重应力($\gamma_0 d+\gamma z$)。严格地说，M 点上土的自重应力在各向是不等的，因此上述两项在 M 点产生的应力在数值上不能叠加。为了简化起见，在下述荷载公式推导中，假定土的自重应力在各向相等。故地基中任意点的 σ_1 和 σ_3 可写为

$$\left.\begin{matrix}\sigma_1\\ \sigma_3\end{matrix}\right\}=\frac{p-\gamma_0 d}{\pi}(\beta_0\pm\sin\beta_0)+\gamma_0 d+\gamma z \tag{5.1.1}$$

当 M 点处于极限平衡状态时，该点的大、小主应力应满足极限平衡条件式(4.1.5)，将式(5.1.1)代入式(4.1.5)，整理可得塑性区的边界方程为

$$z=\frac{p-\gamma_0 d}{\pi\gamma}\left(\frac{\sin\beta_0}{\sin\varphi_0}-\beta_0\right)-\frac{c}{\gamma\tan\varphi}-\frac{\gamma_0}{\gamma}d \tag{5.1.2}$$

式(5.1.2)表示塑性区边界上任意一点的 z 与 β_0 之间的关系。如果 p、γ_0、γ、d、c 和 φ 已知,则根据式(5.1.2)可绘出塑性区的边界线如图 5.1.2c)所示。采用弹性理论计算,基础两边点的主应力最大,因此塑性区首先从基础两边点开始向深度发展。

塑性区发展的最大深度 z_{max},可由 $\frac{dz}{d\beta_0}=0$ 的条件求得,即

$$\frac{dz}{d\beta_0}=\frac{p-\gamma_0 d}{\pi\gamma}\left(\frac{\cos\beta_0}{\sin\varphi}-1\right)=0$$

则有

$$\cos\beta_0=\sin\varphi$$

即

$$\beta_0=\pi/2-\varphi \tag{5.1.3}$$

将 β_0 代入式(5.1.2)得塑性区发展最大深度 z_{max} 的表达式为

$$z_{max}=\frac{p-\gamma_0 d}{\pi\gamma}\left[\cot\varphi-\left(\frac{\pi}{2}-\varphi\right)\right]-\frac{c}{\gamma\tan\varphi}-\frac{\gamma_0}{\gamma}d \tag{5.1.4}$$

由式(5.1.4)可见,当其他条件不变时,荷载 p 增大,塑性区就发展,该区的最大深度也随着增大。若 $z_{max}=0$,则表示地基中将要出现但尚未出现塑性变形区,其相应的荷载即为临塑荷载 p_{cr}。因此,在式(5.1.4)中令 $z_{max}=0$,可得临塑荷载的表达式为

$$p_{cr}=\frac{\pi(\gamma_0 d+c\cot\varphi)}{\cot\varphi+\varphi-\pi/2}+\gamma_0 d \tag{5.1.5}$$

式中,γ_0 为基底标高以上土的重度(kN/m^3);φ 为地基土的内摩擦角(弧度);其他符号意义同前。

工程实践表明,即使地基发生局部剪切破坏,地基中塑性区有所发展,只要塑性范围不超出某一限度,就不致影响建筑物的安全和正常使用,因此以 p_{cr} 作为地基土的承载力偏于保守。地基塑性区发展的容许承载力与建筑物类型、荷载性质及土的特性等因素有关,目前尚无一致意见。一般认为,在中心垂直荷载下,塑性区的最大发展深度 z_{max} 可控制在基础宽度的 1/4,相应的荷载用 $p_{1/4}$。因此,在式(5.1.4)中令 $z_{max}=b/4$,可得 $p_{1/4}$ 的计算式为

$$p_{1/4}=\frac{\pi(\gamma_0 d+c\cot\varphi+\gamma b/4)}{\cot\varphi+\varphi-\pi/2}+\gamma_0 d \tag{5.1.6}$$

而对于偏心荷载作用的基础,一般可取 $z_{max}=b/3$ 相应的荷载 $p_{1/3}$ 作为地基的承载力,即

$$p_{1/3}=\frac{\pi(\gamma_0 d+c\cot\varphi+\gamma b/3)}{\cot\varphi+\varphi-\pi/2}+\gamma_0 d \tag{5.1.7}$$

尚需指出,上述公式是在条形均布荷载作用下导出的,对于矩形和圆形基础,其结果偏于安全。此外,在公式的推导过程中采用了弹性力学的解答,对于已出现塑性区的塑性变形阶段,其推导是不够严格的。

【例 5.1.1】 某条形基础宽 5 m,基底埋深 1.2 m,地基土 $\gamma=18.0$ kN/m^3、$\varphi=22°$、$c=15.0$ kPa,试计算该地基的临塑荷载 p_{cr} 及 $p_{1/4}$。

【解】 ①由式(5.1.5)可求得临塑荷载 p_{cr} 为

$$p_{cr}=\left[\frac{\pi(18.0\times1.2+15.0\cot22°)}{\cot22°+22°\times\pi/180°-\pi/2}+18.0\times1.2\right]\text{kPa}=164.8\text{ kPa}$$

②由式(5.1.6)可求得 $p_{1/4}$ 为

第五章 地基承载力

$$p_{1/4}=\left[\frac{\pi(18.0\times1.2+15.0\cot22^{\circ}+18.0\times5/4)}{\cot22^{\circ}+22^{\circ}\times\pi/180^{\circ}-\pi/2}+18.0\times1.2\right]\text{kPa}=219.7\ \text{kPa}$$

第二节　地基的极限承载力

地基的极限承载力 p_u 是地基承受基础荷载的极限压力。其求解方法一般有两种：①根据土的极限平衡理论和已知边界条件，计算出土中各点达到极限平衡时的应力及滑动方向，求得基底极限承载力；②通过基础模型试验，研究地基的滑动面形状并进行简化，根据滑动土体的静力平衡条件求得极限承载力。由于推导时的假定条件不同，所得极限承载力的计算公式也就不同，下面主要介绍几种常用的计算公式。

一、普朗德尔公式

普朗德尔(Prandtl,1920)根据塑性理论，导出了刚性冲模压入无质量的半无限刚塑性介质时的极限压应力公式。若应用于地基极限承载力课题，则相当于一无限长、底面光滑的条形荷载板置于无质量($\gamma=0$)的土表面上，当土体处于极限平衡状态时，塑性区的边界如图5.2.1a)所示。由于基底光滑，Ⅰ区大主应力 σ_1 为垂直向，破裂面与水平面呈($45^{\circ}+\varphi/2$)角，称主动朗金区，Ⅲ区大主应力 σ_1 方向水平，破裂面与水平面呈($45^{\circ}-\varphi/2$)角，称被动朗金区；Ⅱ区的滑动线由对数螺线 bc 及辐射线 ab 和 ac 组成，且 $ab=r_0$，$ac=r_1$，bc 的方程为 $r=r_0\exp(\theta\tan\varphi)$。取脱离体 $obce$，根据作用在脱离体上力的平衡条件，不计基底以下地基土的重度(即 $\gamma=0$)，可求得极限承载力为

$$p_u=cN_c \tag{5.2.1}$$

其中

$$N_c=\cot\varphi\left[\tan^2\left(45^{\circ}+\frac{\varphi}{2}\right)\exp(\pi\tan\varphi)-1\right] \tag{5.2.2}$$

式中，N_c 为承载力因数，是仅与 φ 有关的无量纲系数；c 为土的黏聚力。

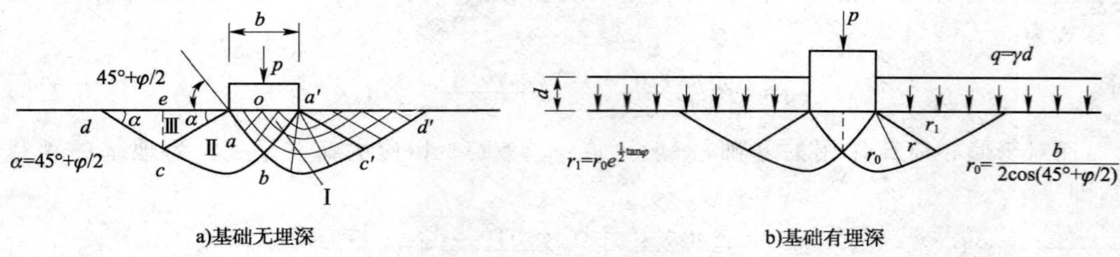

a)基础无埋深　　b)基础有埋深

图 5.2.1　普朗德尔理论假设的滑动面

如果考虑到基础有一定的埋置深度 d[图 5.2.1b)]，将基底以上土重用均布超载 $q(=\gamma d)$代替，赖斯纳(Reissner,1924)导出了计入基础埋深后的极限承载力为

$$p_u=cN_c+qN_q \tag{5.2.3}$$

其中

$$N_q=\tan^2\left(45^{\circ}+\frac{\varphi}{2}\right)\exp(\pi\tan\varphi) \tag{5.2.4}$$

$$N_c=(N_q-1)\cot\varphi \tag{5.2.5}$$

式中，N_q 是仅与 φ 有关的另一承载力因数。

显见，普朗德尔的极限承载力公式与基础宽度无关，这是由于公式推导过程中不计地基

土的重度所致，此外基底与土之间尚存在一定的摩擦力，因此普朗德尔公式只是一个近似公式。在普朗德尔和赖斯纳之后，不少学者在这方面继续进行了许多研究工作，如太沙基(1943)、泰勒(Taylor，1948)、梅耶霍夫(Mcyerhof，1951)、汉森(Hansen，1961)及魏西克(Vesic，1973)等。以下仅对太沙基公式及汉森公式作一简要介绍。

二、太沙基公式

太沙基假定基础底面是粗糙的，基底与土之间的摩阻力阻止了基底处剪切位移的发生，因此直接在基底以下的土不发生破坏而处于弹性平衡状态，根据Ⅰ区土楔体的静力平衡条件，可导得太沙基极限承载力计算公式为

$$p_u = cN_c + qN_q + \frac{1}{2}\gamma bN_\gamma \tag{5.2.6}$$

式中，q 为基底水平面以上基础两侧的超载(kPa)，$q=\gamma_0 d$；b、d 分别为基底的宽度和埋置深度(m)；N_c、N_q、N_γ 为无量纲承载力因数，仅与土的内摩擦角有关，可由图 5.2.2 中实线查得，N_q 及 N_c 值也可按式(5.2.4)和式(5.2.5)计算求得。

式(5.2.6)适用于条形荷载下的整体剪切破坏(坚硬黏土和密实砂土)情况。对于局部剪切破坏(软黏土和松砂)，太沙基建议采用经验方法调整抗剪强度指标 c 和 φ，即以 $c'=2c/3$，$\varphi'=\arctan(2\tan\varphi/3)$代替式(5.2.6)中的 c 和 φ。故式(5.2.6)变为

$$p_u = \frac{2}{3}cN_c' + qN_q' + \frac{1}{2}\gamma bN_\gamma' \tag{5.2.7}$$

式中，N_c'、N_q' 及 N_γ' 为相应于局部剪切破坏的承载力因数，可由 φ 查图 5.2.2 中的虚线或由 φ' 查图中实线而得；其余符号同前。

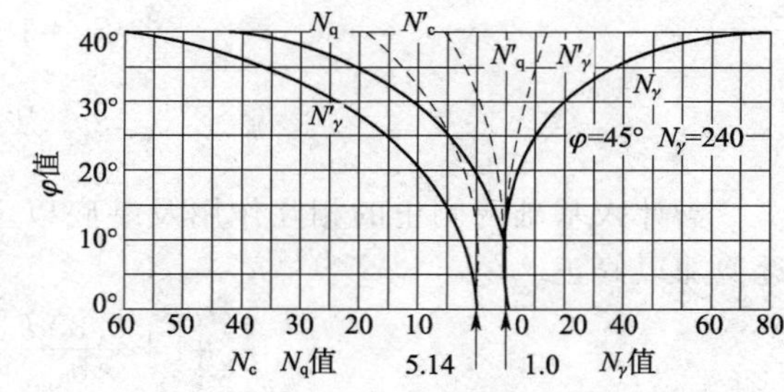

图 5.2.2 太沙基承载力因数

方形和圆形基础属于三维问题，因数学上的困难，至今尚未能导得其分析解，太沙基根据试验资料建议按以下公式计算：

方形基础(宽度为 b)

$$p_u = 1.2cN_c + \gamma_0 dN_q + 0.4\gamma bN_\gamma \tag{5.2.8}$$

圆形基础(直径为 d)

$$p_u = 1.2cN_c + \gamma_0 dN_q + 0.6\gamma dN_\gamma \tag{5.2.9}$$

对于矩形基础(bl)，可按 b/l 值在条形基础($b/l=10$)与方形基础($b/l=1$)之间以插入法求得。若地基为软黏土或松砂，将发生局部剪切破坏，此时，上两式中的承载力因数均应改用 N_c'、N_q'及 N_γ'值。

三、汉森公式

汉森公式是一个半经验公式，其适用范围较广，北欧各国应用颇多，如丹麦基础工程实用规范等。我国《港口工程地基规范》(JTS 147—1—2010)(见本教材下册第五篇地基处理)亦推荐使用该公式。

对于均质地基，基底完全光滑，在中心倾斜荷载作用下地基的竖向极限承载力可按下式计算

$$p_u = cN_cS_cd_ci_cg_cb_c + qN_qS_qd_qi_qg_qb_q + \frac{1}{2}\gamma bN_\gamma S_\gamma d_\gamma i_\gamma g_\gamma b_\gamma \tag{5.2.10}$$

式中，S_c、S_q、S_γ 为基础的形状系数；i_c、i_q、i_γ 为荷载倾斜系数；d_c、d_q、d_γ 为基础的深度系数；g_c、g_q、g_γ 为地面倾斜系数；b_c、b_q、b_γ 为基底倾斜系数；N_c、N_q、N_γ 为承载力系数，N_c、N_q 可由式(5.2.5)、式(5.2.4)计算，$N_\gamma=1.5(N_q-1)\tan\varphi$；其余符号意义同前。

汉森认为，极限承载力的大小与作用于基底上倾斜荷载的倾斜程度及大小有关。当满足 $H\leqslant C_aA+P\tan\delta$（$H$ 和 P 分别为倾斜荷载在基底上的水平及垂直分力；C_a 为基底与土之间的附着力；A 为基底面积；δ 为基底与土之间的摩擦角）时，荷载倾斜系数可按下式确定

$$i_c=\begin{cases}0.5-0.5\sqrt{1-\dfrac{H}{cA}}, & \varphi=0\\ i_q-\dfrac{1-i_q}{cN_c}, & \varphi>0\end{cases}\tag{5.2.11}$$

$$i_q=\left(1-\frac{0.5H}{P+cA\cot\varphi}\right)^s>0\tag{5.2.12}$$

$$i_\gamma=\left(1-\frac{0.7H-\eta/450^\circ}{P+cA\cot\varphi}\right)^s>0\tag{5.2.13}$$

式中，η 为倾斜基底与水平面的夹角(°)，见图 5.2.3。

基础的形状系数可由下列公式确定

$$S_c=1+\frac{0.2i_cb}{l}\tag{5.2.14}$$

$$S_q=1+\frac{i_qb}{l\sin}\varphi\tag{5.2.15}$$

$$S_\gamma=1-\frac{0.4i_\gamma b}{l}\geqslant0.6\tag{5.2.16}$$

当计入基础两侧土的相互作用及基底以上土的抗剪强度等因素时，可用下列深度系数近似加以修正

$$d_c=\begin{cases}1+\dfrac{0.35d}{b} & (d\leqslant b)\\ 1+0.4\arctan\dfrac{d}{b} & (d>b)\end{cases}\tag{5.2.17}$$

$$d_q=\begin{cases}1+2\tan\varphi(1-\sin\varphi)^2\dfrac{d}{b} & (d\leqslant b)\\ 1+2\tan\varphi(1-\sin\varphi)^2\arctan\dfrac{d}{b} & (d>b)\end{cases}\tag{5.2.18}$$

$$d_\gamma=1\tag{5.2.19}$$

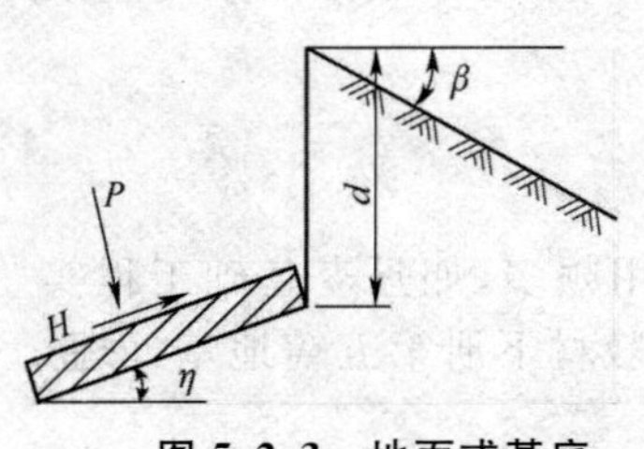

图 5.2.3 地面或基底倾斜情况

地面或基础底面本身倾斜，均对承载力产生影响。若地面与水平面的倾角 β(°)及基底与水平面的倾角 η(°)为正值（图 5.2.3），且满足 $\eta+\beta\leqslant90^\circ$ 时，两者的影响可按下式近似确定：

地面倾斜系数

$$g_c=1-\beta/147^\circ\tag{5.2.20}$$

$$g_q=g_\gamma=(1-0.5\tan\beta)^5\tag{5.2.21}$$

基底倾斜系数

$$b_c=1-\eta/147^\circ\tag{5.2.22}$$

$$b_q = \exp(-2\eta\tan\varphi) \tag{5.2.23}$$

$$b_\gamma = \exp(-2.7\eta\tan\varphi) \tag{5.2.24}$$

四、地基承载力的安全度

由理论公式计算的极限承载力是在地基处于极限平衡时的承载力，为了保证建筑物的安全和正常使用，地基承载力设计值应以一定的安全度将极限承载力加以折减。安全系数 K 与上部结构的类型、荷载性质、地基土类，以及建筑物的预期寿命和破坏后果等因素有关，目前尚无统一的安全度准则可用于工程实践。一般认为安全系数可取 2 或 3，但不得小于 2。表 5.2.1 给出了汉森公式的安全系数参考值。

汉森公式安全系数 表 5.2.1

土或荷载条件	安全系数 K
无黏性土	2
黏性土	3
瞬时荷载(风、地震及相当的活载)	2
静荷载或长时期的活荷载	2 或 3(视土样而定)

【例 5.2.1】 若例 5.1.1 的地基属于整体剪切破坏，试分别采用太沙基公式和汉森公式确定其承载力设计值，并与 $p_{1/4}$ 进行比较。

【解】 ①根据 $\varphi=22°$，由图 5.2.2 查得太沙基承载力因数为：

$$N_c=16.9, N_q=7.8, N_\gamma=6.9$$

由式(5.2.6)可得极限承载力为：

$$p_u=(16.9\times15.0+7.8\times18.0\times1.2+6.9\times18.0\times5/2)\ \text{kPa}=732.5\ \text{kPa}$$

②由式(5.2.10)可得：$N_c=16.9$，$N_q=7.8$，$N_\gamma=4.1$；垂直荷载 $i_c=i_q=i_\gamma=1$；条形基础 $S_c=S_q=S_\gamma=1$；又 $\beta=0$ 和 $\eta=0$，故有 $g_c=g_q=g_\gamma=b_c=b_q=b_\gamma=1$；根据 $d/b=0.24$，由式(5.2.17)～式(5.2.19)可得：

$$d_c=1+0.35\times0.24=1.1$$

$$d_q=1+2\times\tan22°\times(1-\sin22°)^2\times0.24=1.1$$

$$d_\gamma=1$$

故 $p_u=(15.0\times16.9\times1\times1.1\times1\times1\times1+18.0\times1.2\times7.8\times1\times1.1\times1\times1\times1+18.0\times5\times4.1\times1\times1\times1\times1\times1/2)\ \text{kPa}$

$=648.7\ \text{kPa}$

③若取安全系数 $K=3$(黏性土)，则可得承载力设计值 p_v 分别为：

太沙基公式 $p_v=(732.5/3)\text{kPa}=244.2\ \text{kPa}$

汉森公式 $p_v=(648.7/3)\text{kPa}=216.2\ \text{kPa}$

而 $p_{1/4}=219.7\ \text{kPa}$

由上可见，对于该例题的地基，汉森公式计算的承载力设计值与 $p_{1/4}$ 比例一致，而太沙基公式计算的结果相差稍大。

五、影响地基承载力的因素

通过理论方法确定地基承载力的分析可知，地基承载力的大小受各种因素的影响，经总结如下：

①地基土性质指标：地基土的物理力学性质指标很多，对地基极限荷载有影响的主要是土的抗剪强度指标 φ、c 和密度指标 γ。土的内摩擦角 φ 值的大小，对地基极限荷载的影响最大。如 φ 越大，即 $\tan(45°+\varphi/2)$ 越大，则承载力系数 N_γ、N_c、N_q 都大；如地基土的黏聚力 c 较大，则极限荷载公式中的含 c 的一项将增大；不言而喻，凡地基土的 φ、c、γ 越大，则极限荷载 p_u 相应也越大。

②基础宽度：当基础设计宽度 b 加大时，地基极限荷载公式第一项增大，即 p_u 增大。但在饱和软土地基中，b 增大后对 p_u 几乎没有影响，这是因为饱和软土地基内摩擦角 $\varphi=0$，则承载力系数 $N_\gamma=0$，无论 b 增大多少，p_u 的第一项均为零。

③基础埋深：当基础埋深 d 加大时，则基础旁侧荷载 $q=\gamma_0 d$ 增大，即极限荷载公式第三项增加，因而 p_u 也增大。

④荷载作用方向：若荷载为倾斜荷载，偏离竖直方向的倾斜角度越大，则相应的倾斜系数 i_γ、i_c 与 i_q 就越小，因而极限荷载 p_u 也越小，反之则大；如荷载为竖直方向，即倾斜角为零，倾斜系数 $i_\gamma=i_c=i_q=1$，则极限荷载最大。

⑤荷载作用时间：若荷载作用的时间很短，如地震荷载，则极限荷载可以提高；如地基为高塑性黏土，呈可塑或软塑状态，在长时期荷载作用下，土产生蠕变，土的强度降低，即极限荷载降低。

第三节　原位测试地基的承载力

一、按载荷试验确定地基的承载力

测定地基承载力最可靠的方法是，在拟建场地进行载荷试验。载荷试验是工程地质勘察工作中的一项原位测试，分为浅层和深层平板载荷试验。深层平板载荷试验适用于深部土层及大直径桩桩端土层的承载力的测定。浅层平板载荷试验可适用于确定浅层地基承压板影响范围内土层承载力。

载荷试验测试的岩土力学性质，包括地基变形模量、地基承载力和黄土的湿陷性等。试验装置一般由加荷稳压装置、反力装置及观测装置三部分组成。加荷稳压装置包括承压板、立柱、加荷千斤顶及稳压器；反力装置包括地锚系统或堆重系统；观测装置包括百分表及固定支架等。

现行《建筑地基基础设计规范》(GB 50007—2011)规定，浅层平板载荷试验承压板的面积不应小于0.25 m^2，对软土不应小于 0.5 m^2(正方形边长为 0.707 m×0.707 m 或圆形直径为 0.798 m)。为模拟半空间地基表面的局部荷载，基坑宽度不应小于承压板宽度或直径的3 倍；应保持试验土层的原状结构和天然湿度；宜在拟试压表面用粗砂或中砂找平，其厚度不超过 20 mm；加荷等级不应少于 8 级，最大加载量不应少于荷载设计值的 2 倍。

载荷试验的观测标准：

①每级加荷后，按间隔 10 min、10 min、10 min、15 min、15 mim，以后为每隔 0.5 h 读一次沉降，当在连续 2 h 内，每小时的沉降量小于 0.1 mm 时，则认为已趋稳定，可加下一级荷载。

②当出现下列情况之一时，即可终止加载：

a. 承压板周围的土有明显的侧向挤出(砂土)或发生裂纹(黏性土或粉土)；

b. 沉降 s 急骤增大，荷载—沉降(p-s)曲线出现陡降段；

c. 在某一荷载下，24 h 内沉降速率不能达到稳定标准；

d. $s/b \geq 0.06$（b 为承压板宽度或直径）。

满足终止加载前三种情况之一者，其对应的前一级荷载定为极限荷载。

根据各级荷载及其相应的稳定沉降的观测数值，即可采用适当比例尺绘制荷载 p 与稳定沉降 s 的关系曲线（p-s 曲线），必要时还可绘制各级荷载下的沉降与时间（s-t）的关系曲线。

承载力特征值的确定：

当 p-s 曲线有比较明显的起始直线段和陡降段，可得到极限荷载 p_u，如图 5.3.1a）所示。取图中的 p_1（比例界限荷载）作为承载力特征值。当 $p_u < 2p_1$ 时，取 $p_u/2$ 作为承载力特征值。

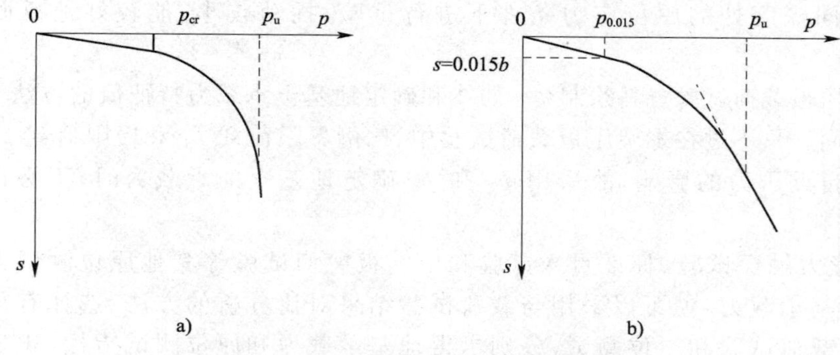

图 5.3.1　荷载—沉降（p-s）曲线

p-s 曲线无明显转折点，当压板面积为 0.25～0.50 m² 时，规定取 $s=(0.01 \sim 0.015)b$ 所对应的压力作为承载力特征值，但其值不应大于最大加载量的一半。

对同一土层，试验点数不应少于 3 个，如所得试验值的极差不超过平均值的 30%，则取该平均值作为地基承载力特征值 f_{ak}，然后再考虑实际基础的宽度 b 和埋深 d，得到修正后的地基承载力特征值 f_a。

载荷板的尺寸一般比实际基础小，影响深度较小，试验只反映这个范围内土层的承载力。如果载荷板影响深度之下存在软弱下卧层，而该层又处于基础的主要受力层内，如图 5.3.2所示的情况，此时除非采用大尺寸载荷板做试验，否则意义不大。

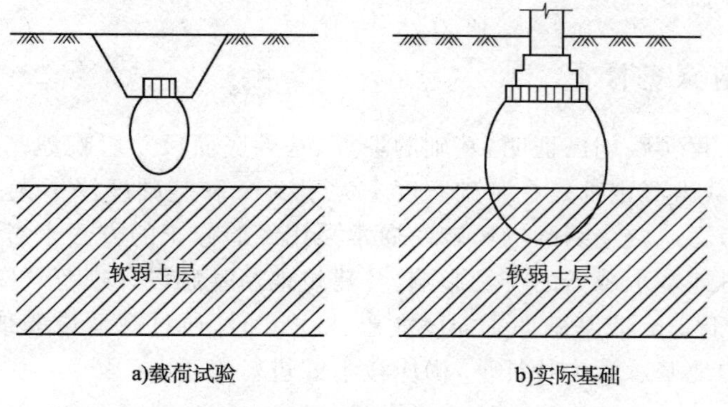

图 5.3.2　基础宽度对附加应力的影响

二、其他原位测试方法确定地基承载力

旁压试验又称横压试验，它的原理是通过旁压器，在竖直的孔内使旁压膜膨胀，并由该膜（或护套）将压力传给周围土体，使土体产生变形直至破坏，从而得到压力 p 与钻孔体积增

量 V(或径向位移)之间的关系曲线,称为 p-V 曲线(或 p-s 曲线),又称旁压曲线。

地基承载力的特征值可根据旁压曲线结合地区经验采用相应经验公式确定。旁压试验适合于黏性土、粉土、砂土、碎石土、残积土、极软岩和软岩等。

螺旋压板载荷试验是 20 世纪 70 年代初发展起来的一种原位测试技术。它是借助人力或机械力将螺旋板作为承压板旋入地下预定深度,用千斤顶通过传力杆向螺旋板施加压力,反力由螺旋地锚提供。施加的压力由位于螺旋板上端的电测传感器测定,同时量测承压板的沉降。

在某一深度的试验做完后,将螺旋板旋钻到下一个预定的试验深度,继续进行试验。螺旋压板载荷试验适用于一定深度处(特别是地下水位以下)的砂土、粉性土和黏性土层。它可以在不同深度处的原位应力条件下进行试验,扰动较小,能较好地反映地基土的性状。

由螺旋压板载荷试验资料绘制 p-s 曲线和确定地基土承载力特征值的方法与常规载荷试验基本相同。只不过在螺旋压板载荷试验中,比例界限荷载 p_1 和极限荷载 p_u 中均已包含了上覆土自重压力的影响,故采用 p_1 和 p_u 确定地基土的承载力时,不必再进行深度修正。

另外,静力触探试验、标准贯入试验和十字板剪切试验等其他原位测试方法虽不能直接测定地基承载力,但可以采用与载荷试验结果对比分析的方法,选择有代表性的土层同时进行载荷试验和原位测试,分别求得地基承载力和原位测试指标,积累一定数量的数据组,用回归统计的方法建立回归方程,间接地确定地基承载力。由于这些方法比较经济、简便、快速,能在较短的时间内获得大量承载力资料,因而在工程建设中得到大力推广。

我国幅员辽阔,土层分布的特点具有很强的地域性,各地区和各部门在使用各种测试仪器的过程中积累了很多地区性或行业性的经验,建立了许多地基承载力和原位测试指标之间的经验公式。因而,地基承载力的确定可结合当地或部门经验综合确定。

第四节 建筑地基承载力特征值的修正

一、承载力的深宽修正

理论分析和工程实践均已证明,基础的埋深、基础底面尺寸影响地基承载力。而上述原位测试中,地基承载力测定都是在基础宽度不大于 3 m 和基础埋深不大于 0.5 m 条件下进行的,因此,必须考虑这两个因素的影响。通常采用经验修正的方法来考虑实际基础的埋置深度和基础宽度对地基承载力的有利影响。《建筑地基基础设计规范》(GB 50007—2011)规定,当基础宽度大于 3 m 或基础埋置深度大于 0.5 m 时,通过载荷试验或其他原位测试、经验值等方法确定的地基承载力特征值,尚应按下式进行修正

$$f_a = f_{ak} + \eta_b \gamma (b-3) + \eta_d \gamma_m (d-0.5) \tag{5.4.1}$$

式中,f_a 为修正后的地基承载力特征值;f_{ak} 为地基承载力特征值,按前述方法确定;η_b、η_d 为基础宽度和埋深的地基承载力修正系数,按表 5.4.1 查取;γ 为基础底面以下土的重度,水位以下取浮重度;b 为基础底面宽度(m),当基宽小于 3 m 时按 3 m 取值,大于 6 m 时按 6 m 取值;γ_m 为基础底面以上土加权平均重度,水位以下取浮重度;d 为基础埋置深度

(m)，一般自室外地面标高算起；在填方整平地区，可自填土地面标高算起，但填土在上部结构施工后完成时，应从天然地面标高算起；对于地下室，如采用箱形基础或筏基时，基础埋置深度自室外地面标高算起；当采用独立基础或条形基础时，应从室内地面标高算起。

承载力修正系数 表 5.4.1

土的类别		η_b	η_d
淤泥和淤泥质土		0	1.0
人工填土 e 或 I_L 大于等于 0.85 的黏性土		0	1.0
红黏土	含水比 $\alpha_w > 0.8$	0	1.2
	含水比 $\alpha_w \leqslant 0.8$	0.15	1.4
大面积压实填土	压实系数大于 0.95、黏粒含量 $\rho_c \geqslant 10\%$ 的粉土	0	1.5
	最大干密度大于 2 100 kg/m³ 的级配砂石	0	2.0
粉土	黏粒含量 $\rho_c \geqslant 10\%$ 的粉土	0.3	1.5
	黏粒含量 $\rho_c < 10\%$ 的粉土	0.5	2.0
e 和 I_L 小于 0.85 的黏性土		0.3	1.6
粉砂、细砂(不包括很湿与饱和时的稍密状态)		2.0	3.0
中砂、粗砂、砾砂和碎石土		3.0	4.4

注：1. 强风化和全风化的岩石，可参照所风化成的相应土类取值，其他状态下的岩石不修正。
2. 地基承载力特征值按深层平板载荷试验确定时，η_d 取 0。
3. 含水比是指土的天然含水率与液限的比值。
4. 大面积填土是指填土范围大于 2 倍基础宽度的填土。

【例 5.4.1】 某场地土层分布及各项物理力学指标如图 5.4.1 所示，若在该场地拟建基础：①柱下扩展基础，底面尺寸为 2.6 m×4.8 m，基础底面设置于粉质黏土层顶面；②高层箱形基础，底面尺寸为 12 m×45 m，基础埋深为 4.2 m。试确定这两种情况下持力层承载力修正特征值。

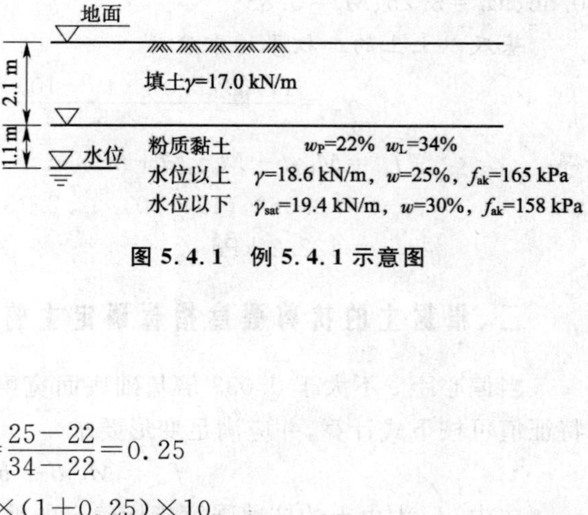

地面
2.1 m
填土γ=17.0 kN/m
1.1 m
水位
粉质黏土 w_P=22% w_L=34%
水位以上 γ=18.6 kN/m，w=25%，f_{ak}=165 kPa
水位以下 γ_{sat}=19.4 kN/m，w=30%，f_{ak}=158 kPa

图 5.4.1 例 5.4.1 示意图

【解】 (1)柱下扩展基础

b=2.6 m<3 m，按 3 m 考虑，d=2.1 m。

粉质黏土层水位以上，则

$$I_L=\frac{w-w_p}{w_L-w_p}=\frac{25-22}{34-22}=0.25$$

$$e=\frac{d_s(1+w)\gamma_w}{\gamma}-1=\frac{2.71\times(1+0.25)\times10}{18.6}-1=0.82$$

查表 2.5.2 得 $\eta_b=0.3$、$\eta_d=1.6$。

将各指标值代入式(5.4.1)中得

$$\begin{aligned} f_a &= f_{ak}+\eta_b\gamma(b-3)+\eta_d\gamma_m(d-0.5) \\ &=165+0+1.6\times17\times(2.1-0.5) \\ &=211.2\ \text{kPa} \end{aligned}$$

(2)箱形基础

$b=6$ m，按 6 m 考虑，$d=4.2$ m。

基础底面位于水位以下，则

$$I_L=\frac{w-w_p}{w_L-w_p}=\frac{30-22}{34-22}=0.67$$

$$e=\frac{d_s(1+w)\gamma_w}{\gamma_{sat}}-1=\frac{2.71\times(1+0.30)\times10}{19.4}-1=0.82$$

查表 5.4.1 得 $\eta_b=0.3$、$\eta_d=1.6$。

水位以下浮重度为

$$\gamma'=\frac{d_s-1}{1+e}\gamma_w=\frac{(2.71-1)\times10^3}{1+0.82}\ \text{kN/m}^3=9.4\ \text{kN/m}^3$$

或

$$\gamma'=\gamma_{sat}-\gamma_w=9.4\ \text{kN/m}^3$$

基底以上土的加权平均重度为

$$\gamma_m=\frac{17\times2.1+18.6\times1.1+9.4\times1}{4.2}\ \text{kN/m}^3=15.6\ \text{kN/m}^3$$

将各指标代入式(5.4.1)中得

$$\begin{aligned}f_a&=[158+0.3\times9.4\times(6-3)+1.6\times15.6\times(4.2-0.5)]\ \text{kPa}\\&=258.8\ \text{kPa}\end{aligned}$$

【例 5.4.2】 某柱下扩展基础(2.2 m×3.0 m)，承受中心荷载作用，场地土为粉土，水位在地表以下 2.0 m，基础埋深 2.5 m，水位以上土的重度为 $\gamma=17.6$ kN/m³，水位以下饱和重度为 $\gamma_{sat}=18$ kN/m³。土的抗剪强度指标为内聚力 $c_k=14$ kPa，内摩擦角 $\varphi_k=21°$，试按规范推荐的理论公式确定地基承载力特征值。

【解】 由 $\varphi_k=21°$，查《建筑地基基础设计规范》(GB 50007—2011)并作内插，得 $M_b=0.56$、$M_d=3.25$、$M_c=5.85$。

基底以上土的加权平均重度为

$$\gamma_m=\frac{17.6\times2.0+(19-10)\times0.5}{2.5}\ \text{kN/m}^3=15.9\ \text{kN/m}^3$$

得

$$\begin{aligned}f_a&=M_b\gamma b+M_d\gamma_m d+M_c c_k\\&=[0.56\times(19-10)\times2.2+3.25\times15.9\times2.5+5.85\times14]\ \text{kPa}\\&=222.2\ \text{kPa}\end{aligned}$$

二、根据土的抗剪强度指标确定土的承载力特征值

当偏心距 e 不大于 0.033 倍基础底面宽度时，根据土的抗剪强度指标确定地基承载力特征值可按下式计算，并应满足变形要求

$$f_a=M_b\gamma b+M_d\gamma_m d+M_c c_k \tag{5.4.2}$$

式中，f_a 为由土的抗剪强度指标确定的地基承载力特征值(kPa)；M_b、M_d、M_c 为承载力系数，按表 5.4.2 确定；b 为基础底面宽度(m)，大于 6 m 时按 6 m 取值，对于砂土，小于 3 m 时按 3 m 取值；c_k 为基底下一倍短边宽度的深度范围内土的黏聚力标准值(kPa)。

承载力系数 M_b、M_d、M_c 表 5.4.2

土的内摩擦角标准值 φ_k/(°)	M_b	M_d	M_c
0	0	1.00	3.14
2	0.03	1.12	3.32

续上表

土的内摩擦角标准值 φ_k/(°)	M_b	M_d	M_c
4	0.06	1.25	3.51
6	0.10	1.39	3.71
8	0.14	1.55	3.93
10	0.18	1.73	4.17
12	0.23	1.94	4.42
14	0.29	2.17	4.69
16	0.36	2.43	5.00
18	0.43	2.72	5.31
20	0.51	3.06	5.66
22	0.61	3.44	6.04
24	0.80	3.87	6.45
26	1.10	4.37	6.90
28	1.40	4.93	7.40
30	1.90	5.59	7.95
32	2.60	6.35	8.55
34	3.40	7.21	9.22
36	4.20	8.25	9.97
38	5.00	9.44	10.80
40	5.80	10.84	11.73

注：φ_k 为基底下一倍短边宽度的深度范围内土的内摩擦角标准值(°)。

三、岩石地基承载力的确定

对于完整、较完整、较破碎的岩石地基承载力特征值，可按《建筑地基基础设计规范》(GB 50007—2011)附录 H 岩石地基载荷试验方法确定；对破碎、极破碎的岩石地基承载力特征值，可根据平板载荷试验确定。对完整、较完整和较破碎的岩石地基承载力特征值，也可根据室内饱和单轴抗压强度，按下式进行计算

$$f_a = \psi_r f_{rk} \tag{5.4.3}$$

式中，f_a 为岩石地基承载力特征值(kPa)；f_{rk} 为岩石饱和单轴抗压强度标准值(kPa)，可按《建筑地基基础设计规范》(GB 50007—2011)附录 J 确定；ψ_r 为折减系数，根据岩体完整程度，以及结构面的间距、宽度、产状和组合，由地方经验确定；无经验时，对完整岩体可取 0.5，对较完整岩体可取 0.2～0.5，对较破碎岩体可取 0.1～0.2。

注：1. 上述折减系数值未考虑施工因素及建筑物使用后风化作用的持续影响。

2. 对于黏土质岩，在确保施工期及使用期不致遭水浸泡时，也可采用天然湿度的试样，不进行饱和处理。

四、岩石饱和单轴抗压强度试验要点

试样可用钻孔的岩芯或坑、槽探中采取的岩块。

岩样尺寸一般为 ϕ50 mm×100 mm，数量不应少于 6 个，进行饱和处理。

在压力机上以 500～800 kPa/s 的加载速度加荷，直到试样破坏为止，记下最大加载，做

好试验前后的试样描述。

根据参加统计的一组试样的试验值计算其平均值、标准差、变异系数，取岩石饱和单轴抗压强度的标准值为

$$f_{rk}=\psi f_{rm} \tag{5.4.4}$$

$$\psi=1-\left(\frac{1.704}{\sqrt{n}}+\frac{4.678}{n^{2}}\right)\delta \tag{5.4.5}$$

式中，f_{rm}为岩石饱和单轴抗压强度平均值(kPa)；f_{rk}为岩石饱和单轴抗压强度标准值(kPa)；ψ为统计修正系数；n为试样个数；δ为变异系数。

第五节　公路桥涵地基承载力的确定

《公路桥涵地基与基础设计规范》(JTG D63—2007)规定：桥涵地基的容许承载力，可根据地质勘测、原位测试、野外载荷试验、邻近旧桥涵调查对比，以及既有的建筑经验和理论公式的计算综合分析确定。如缺乏上述数据时，可参照下述的方法确定。对地质和结构复杂的桥涵地基的容许承载力，应经现场载荷试验确定。

一、承载力基本容许值[f_{a0}]的确定

地基承载力的验算，应以修正后的地基承载力容许值[f_a]控制。该值是在地基原位测试或本规范给出的各类岩土承载力基本容许值[f_{a0}]的基础上，经修正而得的。

①地基承载力容许值应按以下原则确定。

a.地基承载力基本容许值应首先考虑由载荷试验或其他原位测试取得，其值不应大于地基极限承载力的1/2。对中小桥、涵洞，当受现场条件限制，或载荷试验和原位测试确有困难时，也可按照下述查表法的有关规定采用。

b.地基承载力基本容许值尚应根据基底埋深、基础宽度及地基土的类别进行修正。

c.软土地基承载力容许值可按照相关规定确定。

d.其他特殊性岩土地基承载力基本容许值可参照各地区经验或相应的标准确定。

②地基承载力基本容许值[f_{a0}]可根据岩土类别、状态及其物理力学特性指标按表5.5.1～表5.5.7选用。

a.一般岩石地基可根据强度等级、节理，按表5.5.1确定承载力基本容许值[f_{a0}]。对于复杂的岩层(如溶洞、断层、软弱夹层、易溶岩石、软化岩石等)，应按各项因素综合确定。

岩石地基承载力基本容许值[f_{a0}]　　表5.5.1

坚硬程度	节理发育程度		
	节理不发育	节理发育	节理很发育
	[f_{a0}]/kPa		
坚硬岩、软硬岩	＞3 000	3 000～2 000	2 000～1 500
较软岩	3 000～1 500	1 500～1 000	1 000～800
软岩	1 200～1 000	1 000～800	800～500
极软岩	500～400	400～300	300～200

b.碎石土地基可根据其类别和密实程度，按表5.5.2确定承载力基本容许值[f_{a0}]。

第三篇　浅基础

碎石土地基承载力基本容许值[f_{a0}]　　表 5.5.2

土名	密实程度			
	密实	中密	稍密	松散
	[f_{a0}]/kPa			
卵石	1 200～1 000	1 000～650	650～500	500～300
碎石	1 000～800	800～550	550～400	400～200
圆砾	800～600	600～400	400～300	300～200
角砾	700～500	500～400	400～300	300～200

注:1. 由硬质岩组成,填充砂土者取高值;由软质岩组成,填充黏性土者取低值。

2. 半胶结的碎石土,可按密实的同类土的[f_{a0}]值提高 10%～30%。

3. 松散的碎石土在天然河床中很少遇见,需特别注意鉴定。

4. 漂石、块石的[f_{a0}]值,可参照卵石、碎石适当提高。

c. 砂土地基可根据土的密实度和水位情况,按表 5.5.3 确定承载力基本容许值[f_{a0}]。

砂土地基承载力基本容许值[f_{a0}]　　表 5.5.3

土名及水位情况		密实度			
		密实	中密	稍密	松散
		[f_{a0}]/kPa			
砾砂、粗砂	与湿度无关	550	430	370	200
中砂	与湿度无关	450	370	330	150
细砂	水上	350	270	230	100
	水下	300	210	190	—
粉砂	水上	300	210	190	—
	水下	200	110	90	—

d. 粉土地基可根据土的天然孔隙比 e 和天然含水率 w(%),按表 5.5.4 确定承载力基本容许值[f_{a0}]。

粉土地基承载力基本容许值[f_{a0}]　　表 5.5.4

e	w/(%)					
	10	15	20	25	30	35
	[f_{a0}]/kPa					
0.5	400	380	355	—	—	—
0.6	300	290	280	270	—	—
0.7	250	235	225	215	205	—
0.8	200	190	180	170	165	—
0.9	160	150	145	140	130	125

e. 老黏性土地基可根据压缩模量 E_s,按表 5.5.5 确定承载力基本容许值[f_{a0}]。

老黏性土地基承载力基本容许值[f_{a0}]　　表 5.5.5

E_s/MPa	10	15	20	25	30	35	40
[f_{a0}]/kPa	380	430	470	510	550	580	620

注:当老黏性土 E_s<10 MPa 时,承载力基本容许值[f_{a0}]按一般黏性土(表 5.5.6)确定。

f. 一般黏性土可根据液性指数 I_L 和天然孔隙比 e,按表 5.5.6 确定地基承载力基本容许值[f_{a0}]。

一般黏性土地基承载力基本容许值[f_{a0}]　　表 5.5.6

e	I_L												
	0	0.1	0.2	0.3	0.4	0.5	0.6	0.7	0.8	0.9	1.0	1.1	1.2
	[f_{a0}]/kPa												
0.5	450	440	430	420	400	380	350	310	270	240	220	—	—
0.6	420	410	400	380	360	340	310	280	250	220	200	180	—
0.7	400	370	350	330	310	290	270	240	220	190	170	160	150
0.8	380	330	300	280	260	240	230	210	180	160	150	140	130
0.9	320	280	260	240	220	210	190	180	160	140	130	120	100
1.0	250	230	220	210	190	170	160	150	140	120	110	—	—
1.1	—	—	160	150	140	130	120	110	100	90	—	—	—

注：1. 土中含有粒径大于 2 mm 的颗粒质量超过总质量 30%以上者，[f_{a0}]可适当提高。

2. 当 $e<0.5$ 时，取 $e=0.5$；当 $I_L<0$ 时，取 $I_L=0$。此外，超过表列范围的一般黏性土，$[f_{a0}]=57.22E_s^{0.57}$。

g. 新近沉积黏性土地基可根据液性指数 I_L 和天然孔隙比 e，按表 5.5.7 确定承载力基本容许值[f_{a0}]。

新近沉积黏性土地基承载力基本容许值[f_{a0}]　　表 5.5.7

e	I_L		
	≤0.25	0.75	1.25
	[f_{a0}]/kPa		
≤0.8	140	120	100
0.9	130	110	90
1.0	120	100	80
1.1	110	90	—

二、修正后的地基承载力容许值[f_a]的确定

当基础位于水中不透水地层上时，[f_a]按平均常水位至一般冲刷线的水深每米再增大 10 kPa。

$$[f_a]=[f_{a0}]+k_1\gamma_1(b-2)+k_2\gamma_2(h-3) \tag{5.5.1}$$

式中，[f_a]为修正后的地基承载力容许值(kPa)；b 为基础底面的最小边宽(m)，当 $b<2$ m时，取 $b=2$ m，当 $b>10$ m 时，取 $b=10$ m；h 为基底埋置深度(m)，自天然地面起算，有水流冲刷时自一般冲刷线起算，当 $h<3$ m 时，取 $h=3$ m，当 $h/b>4$ 时，取 $h=4b$；k_1、k_2 为基底宽度、深度修正系数，根据基底持力层土的类别按表 5.5.8 确定；γ_1 为基底持力层土的天然重度(kN/m^3)，若持力层在水面以下且为透水者，应取浮重度；γ_2 为基底以上土层的加权平均重度(kN/m^3)，换算时若持力层在水面以下，且不透水时，不论基底以上土的透水性质如何，一律取饱和重度，当透水时，水中部分土层则应取浮重度。

地基土承载力宽度、深度修正系数 k_1、k_2　　表 5.5.8

系数	土类																
	黏性土				粉土		砂土								碎石土		
	老黏性土	一般黏性土		新近沉积黏性土	—		粉砂		细砂		中砂		砾砂、粗砂		碎石、圆砾、角砾		卵石
		I_L≥0.5	I_L<0.5		—	中密	密实	中密	密实	中密	密实	中密	密实	中密	密实	中密	密实
k_1	0	0	0	0	0	1.0	1.2	1.5	2.0	2.0	3.0	3.0	4.0	3.0	4.0	3.0	4.0
k_2	2.5	1.5	2.5	1.0	1.5	2.0	2.5	3.0	4.0	4.0	5.5	5.0	6.0	5.0	6.0	6.0	10.0

注：1. 对于稍密和松散状态的砂、碎石土，k_1、k_2 值可采用表列中密值的 50%。

2. 强风化和全风化的岩石，可参照所风化成的相应土类取值，其他状态下的岩石不修正。

三、软土地基承载力容许值[f_a]的确定

①软土地基承载力基本容许值[f_{a0}]应由载荷试验或其他原位测试取得。载荷试验和原位测试确有困难时，对于中小桥、涵洞基底未经处理的软土地基，承载力容许值[f_a]可采用以下两种方法确定。

a. 根据原状土天然含水率 w，按表 5.5.9 确定软土地基承载力基本容许值[f_{a0}]，然后按下式计算修正后的地基承载力容许值[f_a]

$$[f_a]=[f_{a0}]+\gamma_2 h \tag{5.5.2}$$

式中，γ_2、h 的意义同前。

软土地基承载力基本容许值[f_{a0}]　　表 5.5.9

天然含水率 w/(%)	36	40	45	50	55	65	75
[f_{a0}]/kPa	100	90	80	70	60	50	40

b. 根据原状土强度指标，确定软土地基承载力容许值[f_a]

$$[f_a]=\frac{5.14}{m}k_p C_u+\gamma_2 h \tag{5.5.3}$$

$$k_p=\left(1+0.2\frac{b}{l}\right)\left(1-\frac{0.4H}{blC_u}\right) \tag{5.5.4}$$

式中，m 为抗力修正系数，可视软土灵敏度及基础长宽比等因素选用 1.5～2.5；C_u 为地基土不排水抗剪强度标准值(kPa)；k_p 为系数；H 为由作用(标准值)引起的水平力(kN)；b 为基础宽度(m)，有偏心作用时，取 $b-2e_b$；l 为垂直于 b 边的基础长度(m)，有偏心作用时，取 $l-2e_l$；(e_b、e_l 为偏心作用在宽度和长度方向的偏心距)；γ_2、h 的意义同前。

②经排水固结方法处理的软土地基，其承载力基本容许值[f_{a0}]应通过载荷试验或其他原位测试方法确定；经复合地基方法处理的软土地基，其承载力基本容许值应通过载荷试验确定，然后按计算修正后的软土地基地基承载力容许值[f_a]确定。

四、地基承载力容许值[f_a]的确定

地基承载力容许值[f_a]应根据地基受荷阶段及受荷情况，乘以下列规定的抗力系数 γ_R。

1. 使用阶段

①当地基承受作用短期效应组合或作用效应偶然组合时，可取 $\gamma_R=1.25$；但对承载力容许值[f_a]小于 150 kPa 的地基，应取 $\gamma_R=1.0$。

②当地基承受的作用短期效应组合仅包括结构自重、预加力、土重、土侧压力、汽车和人群效应时，应取 $\gamma_R=1.0$。

③当基础建于经多年压实未遭破坏的旧桥基(岩石旧桥基除外)上时，不论地基承受的作用情况如何，抗力系数均可取 $\gamma_R=1.5$；对[f_a]小于 150 kPa 的地基，可取 $\gamma_R=1.25$。

④基础建于岩石旧桥基上，应取 $\gamma_R=1.0$。

2. 施工阶段

①地基在施工荷载作用下，可取 $\gamma_R=1.25$。

②当墩台施工期间承受单向推力时，可取 $\gamma_R=1.5$。

第六节　铁路桥涵地基承载力确定

铁路桥涵地基承载力按《铁路桥涵地基和基础设计规范》(TB 10002.5—2005)确定。

一、地基容许承载力

①地基容许承载力[σ]是指在保证地基稳定的条件下，桥梁和涵洞基础下地基单位面积上容许承受的力。地基的基本承载力 σ_0 是指基础宽度 $b\leqslant 2$ m、埋置深度 $h\leqslant 3$ 时的地基容许承载力，可按下面第②条中诸表确定，用原位测试方法确定时，可不受上述诸表限制；对重要桥梁或地质复杂桥梁，应采用载荷试验及原位测试方法等综合确定。当 $b>2$ m或$h>3$ m 时，地基容许承载力可按下面第③条计算确定。软土地基容许承载力按下面第④条确定。

注：1. 基础宽度 b；对于矩形基础为短边宽度(m)；对于圆形或正多边形基础为$\sqrt{F}$，F 为基础的底面积(m^2)。

2. 各类岩土地基基本承载力表中的数值允许内插。

3. 原位测试方法及成果的应用，可参照国家和原铁道部有关标准的规定。

②土和岩石地基的基本承载力 σ_0 可按表 5.6.1～表 5.6.10 确定。

岩石地基的基本承载力 σ_0(单位:kPa)　　表 5.6.1

岩石类别 \ 节理发育程度 / 节理间距/cm	节理很发育	节理发育	节理不发育或较发育
	2～20	20～40	大于 40
硬质岩	1 500～2 000	2 000～3 000	大于 3 000
较软岩	800～1 000	1 000～1 500	1 500～3 000
软岩	500～800	700～1 000	900～1 200
极软岩	200～300	300～400	400～500

注：1. 对于溶洞、断层、软弱夹层、易溶岩的岩石等，应个别研究确定。

2. 裂隙张开或有泥质填充时，应取低值。

碎石类土地基的基本承载力 σ_0(单位:kPa)　　表 5.6.2

土名 \ 密实程度	松散	稍密	中密	密实
卵石土、粗圆砾土	300～500	500～650	650～1 000	1 000～1 200
碎石土、粗角砾土	200～400	400～550	550～800	800～1 000
细圆砾土	200～300	300～400	400～600	600～850
细角砾土	200～300	300～400	400～500	500～700

注：1. 半胶结的碎石类土可按密实的同类土的 σ_0 值，提高 10%～30%。

2. 由硬质岩块组成，充填砂类土者用高值；由软质岩块组成，充填黏性土者用低值。

3. 自然界中很少见松散的碎石类土，定为松散应慎重。

4. 漂石土、块石土的 σ_0 值，可参照卵石土、碎石土适当提高。

砂类土地基的基本承载力 σ_0(单位:kPa)　　表 5.6.3

土名	湿度 \ 密实程度	稍松	稍密	中密	密实
砾砂、粗砂	与湿度无关	200	370	430	550
中砂	与湿度无关	150	330	370	450
细砂	稍湿或潮湿	100	230	270	350
	饱和	—	190	210	300
粉砂	稍湿或潮湿	—	190	210	300
	饱和	—	90	110	200

粉土地基的基本承载力 σ_0(单位:kPa)　　表 5.6.4

e \ w	10	15	20	25	30	35	40
0.5	400	380	(335)				
0.6	300	290	280	(270)			
0.7	250	235	225	215	(205)		
0.8	200	190	180	170	(165)		
0.9	160	150	145	140	130	(125)	
1.0	130	125	120	115	110	105	(100)

注:1. e 为天然孔隙比,w 为天然含水率,有括号者仅供内插。

2. 在湖、塘、沟、谷与河漫滩地段及新近沉积的粉土,应根据当地经验取值。

Q_4 冲、洪积黏性土地基的基本承载力 σ_0(单位:kPa)　　表 5.6.5

孔隙比 e \ 液性指数 I_L	0	0.1	0.2	0.3	0.4	0.5	0.6	0.7	0.8	0.9	1.0	1.1	1.2
0.5	450	440	430	420	400	380	350	310	270	240	220	—	—
0.6	420	410	400	380	360	340	310	280	250	220	200	180	—
0.7	400	370	350	330	310	290	270	240	220	190	170	160	150
0.8	380	330	300	280	260	240	230	210	180	160	150	140	130
0.9	320	280	260	240	220	210	190	180	160	140	130	120	100
1.0	250	230	220	210	190	170	160	150	140	120	110	—	—
1.1	—	—	160	150	140	130	120	110	100	90	—	—	—

注:土中含有粒径大于 2 mm 的颗粒且按土重计占全重 30%以上时,σ_0 可酌予提高。

Q_3 及其以前冲、洪积黏性土地基的基本承载力 σ_0　　表 5.6.6

压缩模量 E_s/MPa	10	15	20	25	30	35	40
σ_0/kPa	380	430	470	510	550	580	620

注:1. 压缩模量 $E_s=\frac{1+e_1}{a_{1\sim2}}$。式中,$e_1$ 为压力为 0.1 MPa 时土样的孔隙比;$a_{1\sim2}$ 为对应于 0.1～0.2 MPa 压力段的压缩系数(MPa^{-1})。

2. 当 $E_s<10$ MPa 时,其基本承载力 σ_0 按表 5.6.5 确定。

残积黏性土地基的基本承载力 σ_0　　表 5.6.7

压缩模量 E_s/MPa	4	6	8	10	12	14	16	18	20
σ_0/kPa	190	220	250	270	290	310	320	330	340

注:本表适用于西南地区碳酸盐类岩层的残积红土,其他地区可参照使用。

新黄土(Q_4、Q_3)地基的基本承载力 σ_0(单位:kPa)　　表 5.6.8

液限 w_L	孔隙比 e \ 天然含水率 w	5	10	15	20	25	30	35
24	0.7	—	230	190	150	110	—	—
	0.9	240	200	160	125	85	(50)	—
	1.1	210	170	130	100	60	(20)	—
	1.3	180	140	100	70	40	—	—

续上表

液限 w_L \ 孔隙比 e \ 天然含水率 w		5	10	15	20	25	30	35
28	0.7	280	260	230	190	150	110	—
	0.9	260	240	200	160	125	85	—
	1.1	240	210	170	140	100	60	—
	1.3	220	180	140	110	70	40	—
32	0.7	—	280	260	230	180	150	—
	0.9	—	260	240	200	150	125	—
	1.1	—	240	210	170	130	100	60
	1.3	—	220	180	140	100	70	40

注:1. 非饱和 Q_3 新黄土,当 $0.85<e<0.95$ 时,σ_0 值可提高 10%。

2. 本表不适用于坡积、崩积和人工堆积等黄土。

3. 括号内数值供内插用。

老黄土(Q_2、Q_1)地基的基本承载力 σ_0(单位:kPa)　　表 5.6.9

w/w_L \ e	$e<0.7$	$0.7\leqslant e<0.8$	$0.8\leqslant e\leqslant 0.9$	$e>0.9$
<0.6	700	600	500	400
0.6~0.8	500	400	300	250
>0.8	400	300	250	200

注:1. w 为天然含水率,w_L 为液限含水率,e 为天然孔隙比。

2. 山东地区老黄土黏聚力小于 50 kPa,内摩擦角小于 25°,σ_0 应降低 20%左右。

多年冻土地基的基本承载力 σ_0(单位:kPa)　　表 5.6.10

序号	土名 \ 基础底面的月平均最高土温/℃	−0.5	−1.0	−1.5	−2.0	−2.5	−3.5
1	块石土、卵石土、碎石土、粗圆砾土、粗角砾土	800	950	1 100	1 250	1 380	1 650
2	细圆砾土、细角砾土、砾砂、粗砂、中砂	600	750	900	1 050	1 180	1 450
3	细砂、粉砂	450	550	650	750	830	1 000
4	粉土	400	450	550	650	710	850
5	粉质黏土、黏土	350	400	450	500	560	700
6	饱冰冻土	250	300	350	400	450	550

注:1. 本表序号 1~5 类的地基基本承载力,适合于少冰冻土、多冰冻土,当序号 1~5 类的地基为富冰冻土时,表列数值应降低 20%。

2. 含土冰层的承载力应实测确定。

3. 基础置于饱冰冻土的土层上时,基础底面应敷设厚度不小于 0.20~0.30 m 的砂垫层。

③当基础的宽度 b 大于 2 m 或基础底面的埋置深度 h 大于 3 m,且 $h/b\leqslant 4$ 时,地基的容许承载力可按下式计算

$$[\sigma]=\sigma_0+k_1\gamma_1(b-2)+k_2\gamma_2(h-3) \tag{5.6.1}$$

式中,$[\sigma]$为地基的容许承载力(kPa);σ_0 为地基的基本承载力(kPa);b 为基础的短边宽度(m),见第①条的注①,大于 10 m 时,按 10 m 计算;h 为基础底面的埋置深度(m),对于受

水流冲刷的墩台，由一般冲刷线算起；不受水流冲刷者，由天然地面算起；位于挖方内，由开挖后地面算起；γ_1 为基底以下持力层土的天然重度（kN/m^3），如持力层在水面以下，且为透水者，应采用浮重。γ_2 为基底以上土的天然容重的平均值（kN/m^3）；如持力层在水面以下，且为透水者，水中部分应采用浮重；如为不透水者，不论基底以上水中部分土的透水性质如何；应采用饱和容重；k_1、k_2 为宽度、深度修正系数，按持力层土确定，见表 5.6.11。

宽度、深度修正系数 表 5.6.11

系数 \ 土的类别	黏性土			残积土	粉土	黄土		砂类土								碎石类土			
	Q_4 的冲、洪积土		Q_3 及其以前的冲、洪积土			新黄土	老黄土	粉砂		细砂		中砂		砾砂、粗砂		碎石、圆砾、角砾		卵石	
	$I_L<0.5$	$I_L\geq0.5$						稍、中密	密实	稍、中密	密实	稍、中密	密实	稍、中密	密实	稍、中密	密实	稍、中密	密实
k_1	0	0	0	0	0	0	0	1	1.2	1.5	2	2	3	3	4	3	4	3	4
k_2	2.5	1.5	2.5	1.5	1.5	1.5	1.5	2	2.5	3	4	4	5.5	5	6	5	6	6	10

注：1. 节理不发育或较发育的岩石不做宽深修正，节理发育或很发育的岩石，k_1、k_2 可按碎类石土的系数，但对已风化成砂、土状者，则按砂类土、黏性土的系数。

2. 稍松状态的砂类土和松散状态的碎石类土，k_1、k_2 值可采用表列稍、中密值的 50%。

3. 冻土的 $k_1=0$、$k_2=0$。

④软土地基的容许承载力，必须同时满足稳定和变形两方面的要求，可按下列方法确定，但应同时检算基础的沉降量，并符合有关规定

$$[\sigma]=5.14C_u\frac{1}{m'}+\gamma_2 h \qquad (5.6.2)$$

对于小桥和涵洞基础，也可由下式确定软土地基容许承载力

$$[\sigma]=\sigma_0+\gamma_2(h-3) \qquad (5.6.3)$$

式中，$[\sigma]$为地基容许承载力（kPa）；m'为安全系数，可视软土灵敏度及建筑物对变形的要求等因素选1.5～2.5；C_u 为不排水剪切强度（kPa）；γ_2 和 h 同第③条；σ_0 由表 5.6.12 确定。

软土地基的基本承载力 σ_0 表 5.6.12

天然含水率 w/(%)	36	40	45	50	55	65	75
σ_0/kPa	100	90	80	70	60	50	40

二、地基承载力的提高

①墩台建在水中，基底土为不透水层，常水位高出一般冲刷线每高 1 m，容许承载力可增加 10 kPa。

②主力加附加力时，地基容许承载力$[\sigma]$可提高 20%。主力加特殊荷载（地震力除外）时，地基容许承载力$[\sigma]$可按表 5.6.13 提高。

地基容许承载力的提高系数 表 5.6.13

地基情况	提高系数
基本承载力 $\sigma_0>500$ kPa 的岩石和土	1.4
150 kPa$<\sigma_0\leq500$ kPa 的岩石和土	1.3
100 kPa$<\sigma_0\leq150$ kPa 的土	1.2

③既有桥墩台的地基土因多年运营被压密，其基本承载力可予以提高，但提高值不应超过 25%。

第七节　港口工程地基承载力确定

港口工程地基承载力按《港口工程地基规范》(JTS 147-1—2010)确定。

一、一般规定

①基础形状为条形的地基承载力验算,可按平面问题考虑。

②基础形状为条形以外的其他形状时,可按下列原则简化为相当的矩形:

a. 基础底面的重心不变;

b. 两个主轴的方向不变;

c. 面积相等;

d. 长宽比接近。

③矩形基础的地基承载力验算,可将作用于基础的水平合力分解为平行于长边和短边的分力,分别按条形基础验算。

④地基承载力验算时,强度指标选取应符合下列规定。

a. 持久状况宜采用直剪固结快剪强度指标。

b. 对饱和软黏土,短暂状况宜用十字板抗剪强度指标,有经验时可采用直剪快剪强度指标。

c. 对开挖区,宜采用卸荷条件下进行试验的抗剪强度指标。

⑤地基承载力验算时,对不计波浪力的建筑物,持久状况宜取极端低水位,短暂状况宜取设计低水位;对计入波浪力的建筑物,应取水位与波浪力作用的最不利组合。

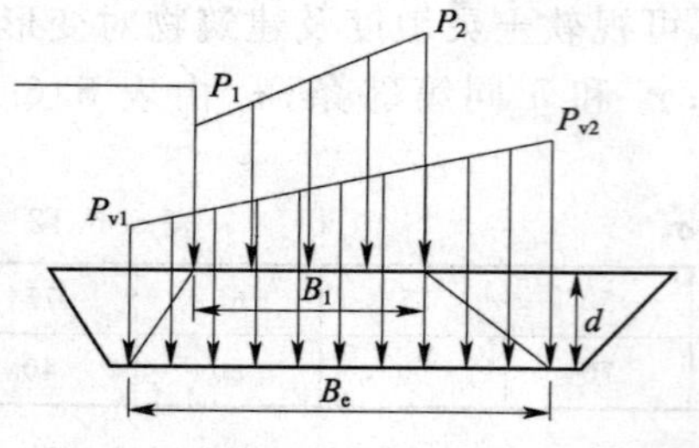

图 5.7.1　计算面应力示意图

二、作用于计算面上的应力

①验算地基承载力时,无抛石基床的港口建筑物基础应以建筑物结构底面为计算面;有抛石基床的港口建筑物基础应以抛石基床底面为计算面(图 5.7.1)。抛石基床底面的计算宽度宜按下式计算

$$B_e = B_1 + 2d \tag{5.7.1}$$

式中,B_e 为计算面宽度(m);B_1 为建筑物底面即抛石基床顶面的实际受压宽度(m),按现行行业标准《重力式码头设计与施工规范》(JTS 167-2—2009)或《防波堤设计与施工规范》(JTS 154-1—2011)等有关规定确定;d 为抛石基床厚度(m)。

②计算面的竖向应力可按线性分布考虑,其后端、前端的竖向应力可按下式确定

$$p_{v1} = \frac{B_1}{B_e} p_1 + \gamma d \tag{5.7.2}$$

$$p_{v2} = \frac{B_1}{B_e} p_2 + \gamma d \tag{5.7.3}$$

式中,p_{v1} 为计算面后端竖向应力标准值(kPa);B_1 为建筑物底面即抛石基床顶面的实际受压宽度(m),按现行行业标准《重力式码头设计与施工规范》(JTS 167-2—2009)或《防波堤设计与施工规范》(JTS 154-1—2011)等有关规定确定;B_e 为计算面宽度(m);p_1、p_2 分别

为建筑物底面后踵、前趾竖向应力标准值(kPa)，按现行行业标准《重力式码头设计与施工规范》(JTS 167-2—2009)或《防波堤设计与施工规范》(JTS 154-1—2011)等有关规定确定；γ 为抛石体的重度标准值(kN/m^3)，水下用浮重度；d 为抛石基床厚度(m)；p_{v2} 为计算面前端竖向应力标准值(kPa)。

③计算面合力的倾斜率可按下式计算

$$\tan\delta=\frac{H_k}{V_k} \tag{5.7.4}$$

式中，δ 为作用于计算面上的合力方向与竖向的夹角(°)；H_k 为作用于计算面以上的水平合力标准值(kN/m)，对重力式码头，H_k 应包括基床厚度范围内的主动土压力，对直立式防波堤，可不计土压力；V_k 为作用于计算面上的竖向合力标准值(kN/m)。

三、地基承载力验算

①地基承载力应按极限状态验算，并应结合原位测试和实践经验综合确定。对非黏性土地基且安全等级为三级的建筑物，亦可按相关规定确定。

②地基承载力应按下述极限状态设计表达式验算

$$\gamma_0' V_d \leqslant \frac{1}{\gamma_R} F_k \tag{5.7.5}$$

式中，γ_0' 为重要性系数，安全等级为一级、二级、三级的建筑物分别取 1.1、1.0、1.0；V_d 为作用于计算面上竖向合力的设计值(kN/m)；γ_R 为抗力分项系数；F_k 为计算面上地基承载力的竖向合力标准值(kN/m)。

③抗力分项系数应综合考虑强度指标的可靠性、结构安全等级和地基土情况等因素，其计算的最小值应符合表 5.7.1 的规定。

各种计算情况采用的抗剪强度指标　　表 5.7.1

设计状况	强度指标	抗力分项系数 γ_R	说明
持久状况	直剪固结快剪	2.0～3.0	—
饱和软黏土地基短暂状况	十字板剪	1.5～2.0	有经验时可采用直剪快剪

注：1. 持久状况时，安全等级为一、二级的建筑物取较高值，安全等级为三级的建筑物取较低值，以黏性土为主的地基取较高值，以砂土为主的地基取较低值，基床较厚取高值。
2. 短暂状况时，由砂土和饱和软黏土组成的非均质地基取高值，以波浪力为主导可变作用时取较高值。

④作用于计算面上竖向合力的设计值 V_d 可按下式计算

$$V_d=\gamma_s V_k \tag{5.7.6}$$

式中，V_d 为作用于计算面上竖向合力的设计值(kN/m)；γ_s 为作用综合分项系数，可取 1.0；V_k 为作用于计算面上竖向合力的标准值(kN/m)。

⑤地基承载力的竖向合力标准值可按下述方法计算：

a. 将计算宽度分成 M 个小区间$[b_{j-1},b_j]$($j=1,2,\cdots,M$)(图 5.7.2)。

$$b_j=j\Delta B \qquad (j=0,1,2,\cdots,M) \tag{5.7.7}$$

式中，b_j 为小区间分点坐标(m)，$b_0=0$；ΔB 为小区间宽度(m)，$\Delta B=B_e/M$，B_e 为计算面宽度。

b. 地基承载力竖向合力标准值按下式计算

$$F_k=\sum_{j=1}^{M}\min\{p_{zj},p_{vj}^*\}\Delta B \tag{5.7.8}$$

$$p_{vj}^*=K^* p_{vj} \tag{5.7.9}$$

第五章　地基承载力

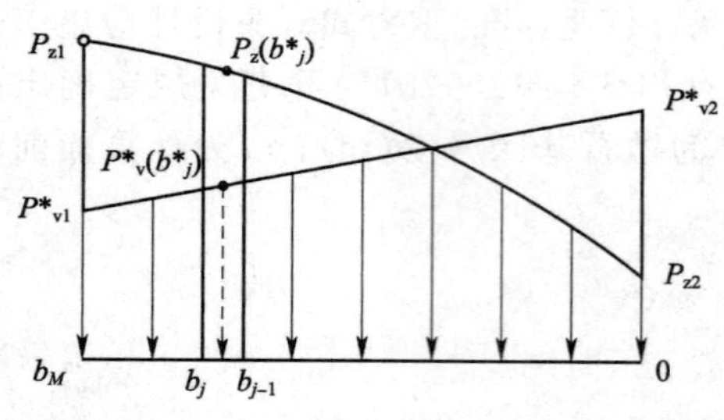

图 5.7.2 地基承载力的竖向合力计算示意图

$$K^* = P_z / V_d \tag{5.7.10}$$

$$P_z = \sum_{j=1}^{M} p_{zj} \Delta B \tag{5.7.11}$$

式中，F_k 为地基承载力的竖向合力标准值(kN/m)；p_{zj} 为$[b_{j-1}, b_j]$极限承载力竖向应力的平均值(kPa)；ΔB 为小区间宽度(m)，$\Delta B = B_e/M$，B_e 为计算面宽度；p_{vj} 为作用于$[b_{j-1}, b_j]$竖向应力的平均值(kPa)；P_z 为计算面上极限承载力竖向合力的标准值(kN/m)；V_d 为作用于计算面上竖向合力的设计值(kN/m)。

⑥均质土地基、均布边载的极限承载力竖向应力应对 $\varphi>0$ 和 $\varphi=0$ 分别计算，并应符合下列规定。

a. 当 $\varphi>0$ 时，$[b_{j-1}, b_j]$极限承载力竖向应力的平均值宜按下式计算

$$p_{zj} = 0.5\gamma_k (b_j + b_{j-1}) N_\gamma + q_k N_q + c_k N_c \qquad (j = 1, 2, \cdots, M) \tag{5.7.12}$$

$$N_c = \frac{\exp\left[\left(\frac{\pi}{2} + 2\alpha - \varphi_k\right)\tan\varphi_k\right]\tan^2\left(45° + \frac{\varphi_k}{2}\right)\frac{1+\sin\varphi_k \sin(2\alpha - \varphi_k)}{1+\sin\varphi_k} - 1}{\tan\varphi_k} \tag{5.7.13}$$

$$N_q = N_c \tan\varphi_k + 1 \tag{5.7.14}$$

$$N_\gamma = f(\lambda, \tan\varphi_k, \tan\delta') \approx 1.25\{(N_q + 0.28 + \tan\delta')\tan[\varphi_k - 0.72\delta'(0.9455 + 0.55\tan\delta')]\} \left[1 + \frac{1}{\sqrt{1 + 0.8\tan\varphi_k - 0.7(1-\tan\delta') + (\tan\varphi_k - \tan\delta')\lambda}}\right] \tag{5.7.15}$$

$$\tan\left(\alpha - \frac{\varphi_k}{2}\right) = \frac{\sqrt{1 - (\tan\delta'/\tan\varphi_k)^2} - \tan\delta'}{1 + \frac{\tan\delta'}{\sin\varphi_k}} \tag{5.7.16}$$

$$\tan\delta' = \frac{\gamma_h H_k}{V_k + B_e c_k / \tan\varphi_k} \tag{5.7.17}$$

$$\lambda = \frac{\gamma_k B_e}{c_k + q_k \tan\varphi_k} \tag{5.7.18}$$

式中，p_{zj} 为$[b_{j-1}, b_j]$极限承载力竖向应力的平均值(kPa)；γ_k 为计算面以下土的重度标准值(kN/m^3)，可取均值，水下用浮重度；b_j 为小区间分点坐标(m)，$b_0=0$；N_γ、N_q、N_c 为地基土处于极限状态下的承载力系数，可计算确定或按相关规定取值；q_k 为计算面以上边载的标准值(kPa)；c_k 为黏聚力标准值(kPa)；φ_k 为内摩擦角标准值(°)，可取均值；V_k 为作用于计算面上竖向合力的标准值(kN/m)；H_k 为作用于计算面以上的水平合力标准值(kN/m)；B_e 为计算面宽度(m)；γ_h 为水平抗力分项系数，取 1.3；α、δ'、λ 为计算参数。

b. 当 $\varphi=0$ 时，计算面内$[b_{j-1}, b_j]$极限承载力竖向应力的平均值宜按下式计算

$$p_{zj} = q_k + c_{uk} N_s \qquad (j = 1, 2, \cdots, M) \tag{5.7.19}$$

$$N_s = 0.5(\pi + 2) + 2\tan^{-1}\sqrt{\frac{1-\kappa}{1+\kappa}} + \sqrt{1-\kappa^2} \tag{5.7.20}$$

$$\kappa = \frac{\gamma_h H_k}{B_e c_{uk}} \tag{5.7.21}$$

式中，p_{zj} 为$[b_{j-1}, b_j]$极限承载力竖向应力的平均值(kPa)；q_k 为计算面以上边载的标准值(kPa)；N_s 为承载力系数；c_{uk} 为地基土的十字板抗剪强度标准值(kPa)，可取均值；B_e 为计

算面宽度(m)；H_k 为作用于计算面以上的水平合力标准值(kN/m)；γ_h 为水平抗力分项系数，取 1.3。

⑦受力层由多层土组成，各土层的抗剪强度指标相差不大且边载变化不大时，可采用加权平均的强度指标和重度，按第⑥条计算。受力层的最大深度可按下式计算

$$Z_{max}=B_e\exp(\varepsilon\tan\varphi_k)\sin\varepsilon\exp\left(-\frac{0.87\lambda^{0.75}}{4.8+\lambda^{0.75}}\right) \tag{5.7.22}$$

$$\varepsilon=\frac{\pi}{4}+\frac{\overline{\varphi_k}}{2}-\frac{\overline{\delta'}}{2}-\frac{1}{2}\sin^{-1}\left(\frac{\sin\delta'}{\sin\varphi_k}\right) \tag{5.7.23}$$

式中，Z_{max} 为受力层的最大深度(m)，计算时先假定 Z_{max}，根据假定的 Z_{max} 及各土层厚度计算加权平均 γ_k、c_k、φ_k，代入式(5.7.22)计算 Z_{max}，直至计算与假定的 Z_{max} 基本相等为止；B_e 为计算面宽度(m)；φ_k 为内摩擦角标准值(°)，可取均值；δ'、λ 为计算参数，分别按式(5.7.17)、式(5.7.18)确定；$\overline{\varphi_k}$为内摩擦角标准值(弧度)；$\overline{\delta'}$为以弧度表示的 δ'。

⑧非均质土地基计算面内$[b_{j-1},b_j]$极限承载力竖向应力可采用对数螺旋滑动面按条分法计算，计算图示见图 5.7.3，并应符合下列规定。

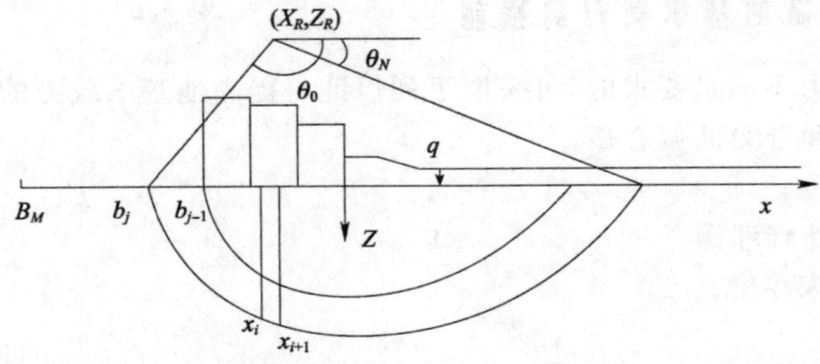

图 5.7.3 极限承载力竖向应力计算示意图

a. 采用固结快剪指标时，$[b_{j-1},b_j]$上的极限承载力竖向应力宜按下式计算

$$p_{zj}=\{\sum_i\{w_i(x_i^*-x_R)+c_{Fi}[(h_i^*-z_R)(x_i-x_{i-1})-(x_i^*-x_R)(h_i-h_{i-1})]\}+\sum_{i=1}^{j-1}(b_i^*-x_R+z_R\tan\delta)p_{zi}\Delta B\}/(x_R-b_j^*-z_R\tan\delta)/\Delta B$$

$$(j=1,2,\cdots,M) \tag{5.7.24}$$

$$b_j^*=-0.5(b_{j-1}+b_j) \tag{5.7.25}$$

$$\left.\begin{aligned}x_i^*&=0.5(x_{i+1}+x_i)\\h_i^*&=0.5(h_{i+1}+h_i)\end{aligned}\right\}\quad i=0,1,2,\cdots \tag{5.7.26}$$

$$\left.\begin{aligned}x_i-x_R&=R_i\exp(-F_{\varphi i}\theta_i)\cos\theta_i\\h_i-z_R&=R_i\exp(-F_{\varphi i}\theta_i)\sin\theta_i\\R_{i+1}&=R_i\exp[(F_{\varphi i+1}-F_{\varphi i})\theta_i]\\\theta_i&=\theta_0-i\Delta\theta\end{aligned}\right\}\quad i=0,1,2,\cdots \tag{5.7.27}$$

$$R_0=\sqrt{(x_R+b_j)^2+z_R^2}\exp(F_{\varphi 0}\theta_0) \tag{5.7.28}$$

$$\tan\theta_0=\frac{z_R}{x_R+b_j} \tag{5.7.29}$$

$$\left.\begin{aligned} c_{Fi}&=\frac{c_{ki}}{1.09+0.06\tan\delta}\\ F_{\varphi i}&=\frac{\tan\varphi_{ki}}{1.05+0.06\tan\delta}\end{aligned}\right\}\tag{5.7.30}$$

式中，p_{zj}为$[b_{j-1},b_j]$极限承载力竖向应力的平均值(kPa)；w_i 为包括边载(q_i)在内的第 i 土条重力标准值(kN/m)；x_i^*、h_i^* 为第 i 土条滑动面上中点坐标值(m)；x_R、z_R 为使 p_{zj} 为极小值的对数螺旋面极点水平、垂直坐标值(m)；x_i、h_i 为第 i 土条滑动面上的坐标值(m)，$x_0=-b_j$，$h_0=0$；b_j 为小区间分点坐标(m)，由式(5.7.7)确定；θ_i 为滑动面上第 i、$i+1$ 土条分点和螺旋面极点的连线与水平线的夹角(图 5.7.3)，以(x_R、z_R)为极点的极坐标下极角；$\Delta\theta$ 为表征第 i 土条宽度的极角增量，可根据计算精度要求适当选取；c_{ki}为第 i 土条滑动面上的黏聚力标准值(kPa)，可取均值；φ_{ki}为第 i 土条滑动面上的内摩擦角标准值(°)，可取均值；δ 为作用于计算面上的合力方向与竖向的夹角(°)。

b. 采用不排水抗剪强度指标时，$[b_{j-1},b_j]$上的极限承载力竖向应力仍按本条第 a 款计算，但相应土体的强度指标应采用十字板抗剪强度或其他总强度标准取代。

四、保证与提高地基承载力的措施

①当地基承载力不满足要求时，可采取下列保证与提高地基承载力的措施：

a. 减小水平力和合力的偏心矩；

b. 增加基础宽度；

c. 增加边载或基础埋深；

d. 增加抛石基床厚度；

e. 加固地基。

②土基开挖时应减少扰动。对开挖暴露后承载力易降低的岩基，在开挖后应立即浇筑垫层或采取其他保护措施。施工中应适当控制回填加载速率。

第六章　浅基础设计

第一节　建筑地基基础设计基本要求

本节内容参看第二篇　岩土工程设计的基本原则　第三节　设计荷载与设计状态　六、建筑地基基础设计基本要求中的内容。

第二节　浅基础的定义与分类

一、浅基础的定义与设计步骤

地基与基础是建筑物的重要组成部分，建筑物的全部荷载都由它下面的地层来承担，受建筑物影响的那一部分地层称为地基，直接承受荷载的地层是持力层，持力层以下为下卧层。基础是位于建筑物墙、柱、底梁以下，经适当尺寸扩大后，将结构所承受的各种作用传递到地基上的结构组成部分。

基础按其埋置深度可分为浅基础和深基础。通常将基础的埋置深度小于基础的宽度，且只需采用正常的施工方法(如明挖施工)就可以建造起来的基础称为浅基础。浅基础设计按通常的方法验算地基承载力和地基沉降时，不考虑基础底面以上土的抗剪强度对地基承载力的作用，也不考虑基础侧面与土之间的摩擦阻力。深基础包括桩基、沉井基础和地下连续墙等，其设计方法与浅基础不同，主要利用基础将荷载向深部土层传递，设计时需要考虑基础侧壁的摩擦阻力对基础稳定性的有利作用，施工方法和施工机具较复杂。

如果地基中上部有良好土层，可以将基础直接做在天然土层上，这种地基称为"天然地基"。基础通过底面将荷载扩散到浅层地基而成为天然地基上的浅基础。当地基上部土层较软，不适宜作天然地基时，可采用地基处理方法，加固上部土层，提高其承载力、降低其压缩性。将基础建在这种经过人工处理的土层上，形成人工地基上的浅基础。

天然地基上浅基础设计内容与步骤：

(1)根据上部结构形式、荷载大小选择基础的结构形式、材料并进行平面布置；

(2)确定基础的埋置深度；

(3)确定地基承载力特征值；

(4)根据基础顶面荷载值和持力层地基承载力，初步计算基础底面尺寸；

(5)若地基持力层下部存在软弱土层，则需验算软弱下卧层的承载力；

(6)甲级、乙级建筑物及部分丙级建筑物应进行变形验算；

(7)基础剖面及结构设计；

(8)绘制施工图，编制施工技术说明书。

第(6)步以前如有不满足要求的情况，可对基础尺寸进行调整，如改变基础埋深或加大基础底面尺寸，直至满足要求为止。

二、浅基础的分类

(一)无筋扩展基础

无筋扩展基础通常由砖、石、素混凝土、灰土和三合土等材料建成。这些材料都具有较好的抗压性能,但抗拉、抗剪强度却不高,因此,设计时必须保证基础内的拉应力和剪应力不超过材料强度的设计值。通常通过对基础构造的限制来实现这一目标,即基础的外伸宽度与基础高度的比值(图 6.2.1)小于等于无筋扩展基础台阶宽高比的允许值。这样,基础的相对高度都比较大,几乎不发生挠曲变形,所以此类基础常称为刚性基础或刚性扩展(大)基础。基础形式有墙下条形基础和柱下独立基础。

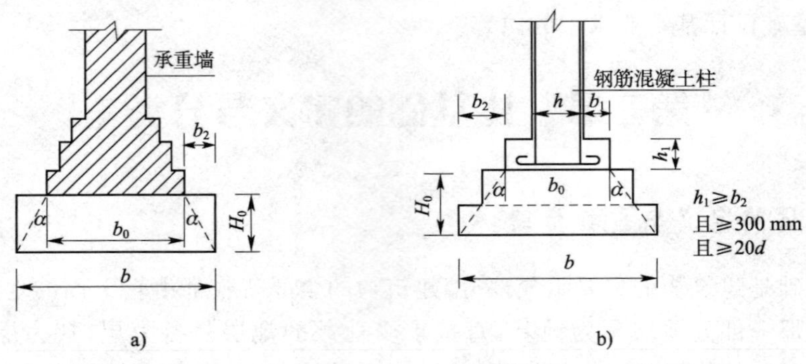

图 6.2.1　无筋扩展基础构造示意图

无筋扩展基础因材料特性不同,它们有不同的适用性。用砖、石和素混凝土砌筑的基础一般可用于 6 层及 6 层以下的民用建筑和砌体承重的厂房。在我国的华北和西北环境比较干燥的地区,灰土基础广泛用于 5 层及 5 层以下的民用房屋。在南方常用的三合土及四合土(水泥、石灰、砂、集料按 1∶1∶5∶10 或 1∶1∶6∶12 配比)基础,一般用于不超过 4 层的民用建筑。另外,由于刚性基础的稳定性好、施工简便、能承受较大的竖向荷载,只要地基能满足要求,石材及混凝土常是桥梁、涵洞和挡土墙等首选的基础材料。

(二)钢筋混凝土基础(柔性基础)

钢筋混凝土基础具有较强的抗弯、抗剪能力,适合于荷载力且有力矩荷载的情况或地下水位以下,常做成扩展基础、条形基础、筏形基础、箱形基础等形式。钢筋混凝土基础有很好的抗弯能力,能发挥钢筋的抗弯性能及混凝土抗压性能,适用范围十分广泛。

根据上部结构特点,荷载大小和地质条件不同,钢筋混凝土基础可构成如下结构形式。

1. 钢筋混凝土扩展基础

钢筋混凝土扩展基础一般指钢筋混凝土墙下条形基础和钢筋混凝土柱下独立基础。钢筋混凝土扩展基础的抗弯和抗剪性能良好,可在竖向荷载较大、地基承载力不高及承受水平力和力矩荷载等情况下使用。由于这类基础的高度不受台阶宽高比的限制,适合在需要"宽基浅埋"的场合下采用。例如当软土地基表层具有一定厚度的所谓"硬壳层",并拟采用该层作为持力层,而采用无筋扩展基础构造高度受基础埋置深度限制时,可考虑采用这类基础形式。墙下扩展条形基础的构造如图 6.2.2 所示。如地基不均匀,为增强基础的整体性和抗弯能力,可以采用有肋的墙基础[图 6.2.2b)],肋部配置足够的纵向钢筋和箍筋。柱下独立基础的构造如图 6.2.3 所示,其中图 6.2.3a)、b)是现浇柱基础,图 6.2.3c)是预制柱基础。为避免地基土变形对墙体的影响或当建筑物较轻,作用在墙上的荷载不大,基础又需要做在较深的好土层上时,做条形基础不经济,可将墙体砌筑在基础梁上,采用墙下独立基础,如

图 6.2.4所示。

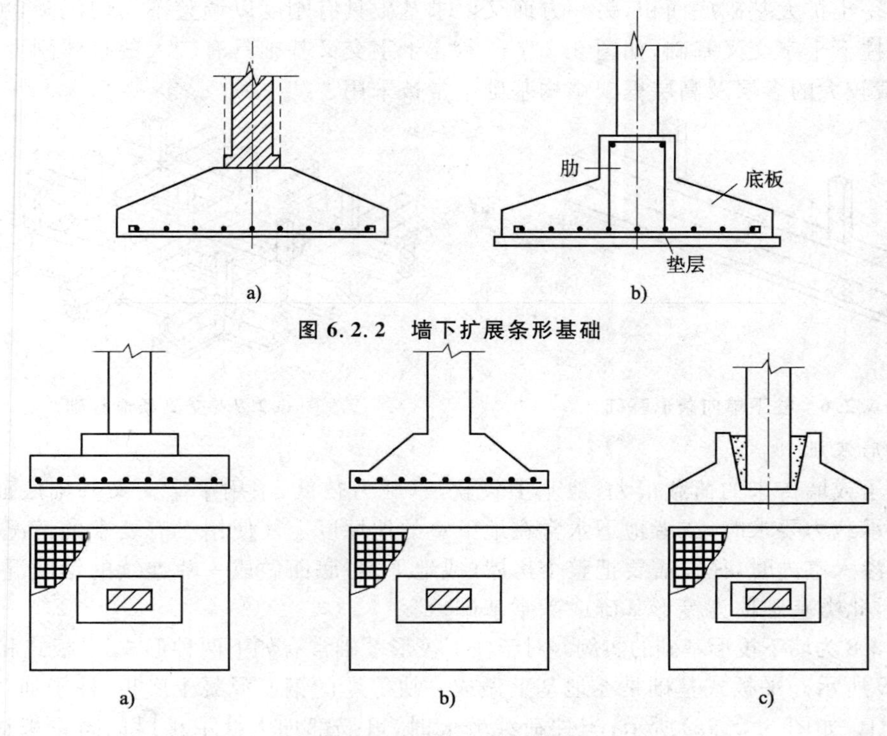

图 6.2.2 墙下扩展条形基础

图 6.2.3 柱下独立基础

2.联合基础

联合基础指同列相邻二柱公共基础，即双柱联合基础。通常在二柱分别配置扩展基础时，因其中一柱靠近建筑界线，或因二柱间距较小，而出现基底面积不足或荷载偏心过大等情况时采用，有时用于调整相邻两柱的沉降差，或防止两者之间的相向倾斜等。双肢柱简支桥梁常采用双柱联合基础，如图 6.2.5 所示。

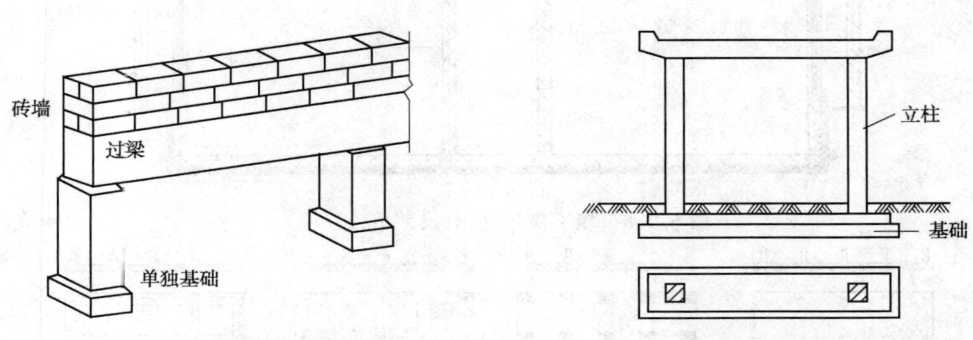

图 6.2.4 墙下独立基础

图 6.2.5 桥梁双肢柱联合基础

3.柱下条形基础和十字交叉基础

如果柱子的荷载较大而土层的承载力较低，若采用柱下独立基础，基底面积必然较大，或由于土的压缩性、柱荷载沿柱列方向分布不均匀而易引起不均匀沉降时，可将一个方向的单列柱基连成一条，构成柱下单向条形基础，其截面形式一般为倒 T 形，由肋梁和翼板组成，如图 6.2.6 所示。

如果柱网下的基础软弱，土的压缩性或柱荷载的分布沿两个柱列方向都很不均匀，一方面需要进一步扩大基础底面积，另一方面又要求基础具有刚度以调整不均匀沉降，可沿纵横柱列设置柱下十字交叉基础，如图 6.2.7 所示。十字交叉基础具有较大的整体刚度，在多层厂房、荷载较大的多层及高层框架结构基础中常被采用。

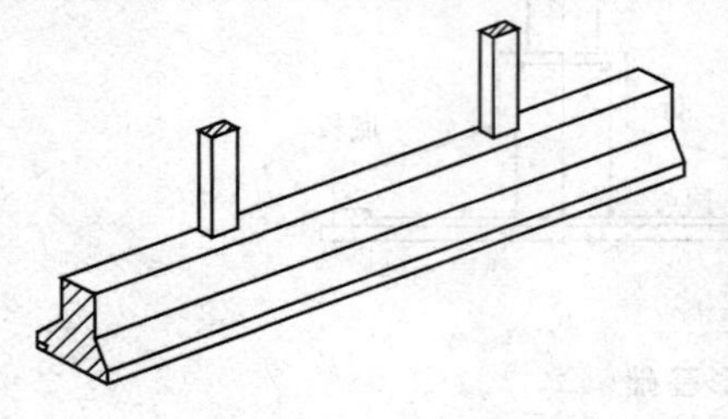

图 6.2.6　柱下单向条形基础

图 6.2.7　交叉条形基础

4. 筏形基础

当柱子或墙传来的荷载很大，地基土较软，承载力较低，采用十字交叉基础底面积不能满足地基承载力要求时，或者地下水常在地下室的地坪以上及使用上有要求的情况，为了防止地下水渗入室内时，往往需要把整个房屋(或地下室)底面做成一片连续的钢筋混凝土板，作为基础，此类基础称为筏形基础或满堂基础。

图 6.2.8 为墙下筏形基础的实例。对于柱下筏形基础常有如下两种形式：平板式和梁板式，如图 6.2.9 所示。平板式基础是在地基上做成一块等厚的钢筋混凝土底板，柱子通过柱脚支承在底板上，如图 6.2.9a) 所示；当柱荷载较大时，可局部加大柱下板厚以防止板被冲切破坏，如图 6.2.9b) 所示；当柱距较大，柱荷载相差较大时，板内将产生较大弯矩，宜采用梁板式基础，梁板式基础分下梁板式和上梁板式[图 6.2.9c)、d)]，下梁板式基础底板顶面平整，可作建筑物底层地面。

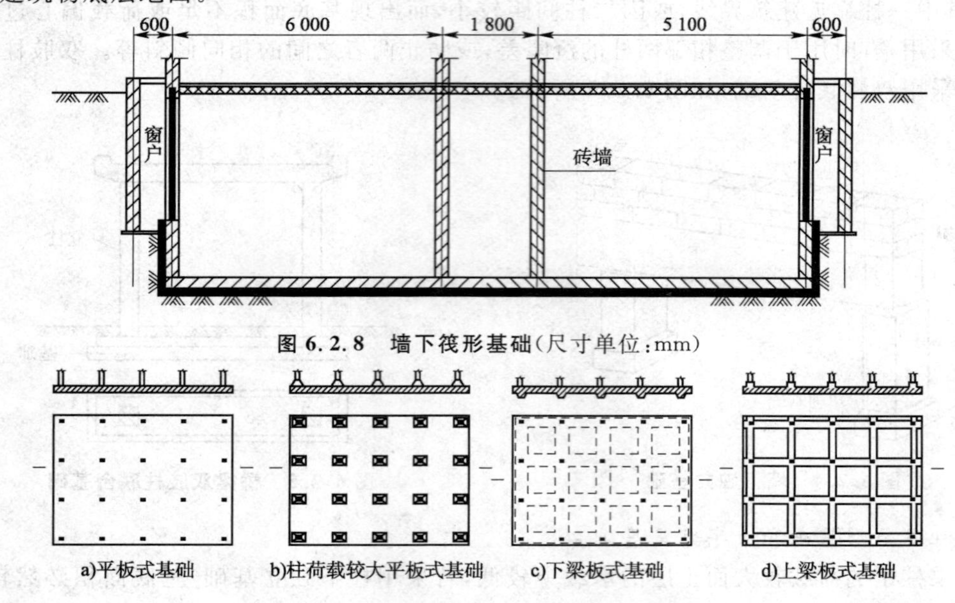

图 6.2.8　墙下筏形基础(尺寸单位：mm)

a)平板式基础　b)柱荷载较大平板式基础　c)下梁板式基础　d)上梁板式基础

图 6.2.9　柱下筏形基础

筏形基础，特别是梁板式筏形基础整体刚度较大，能很好地调整不均匀沉降。对于有地下室的房屋、高层建筑或本身需要可靠防渗底板的结构物，是理想的基础形式。

5. 箱形基础

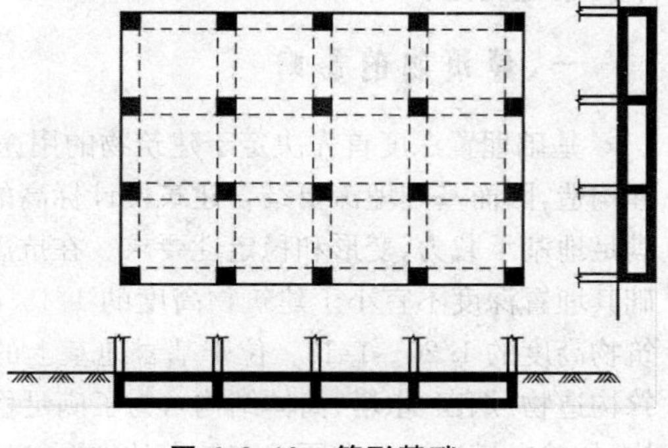

图 6.2.10 箱形基础

箱形基础是由钢筋混凝土顶板、底板、纵横隔墙构成的,有一定高度的整体性结构(图 6.2.10)。箱形基础具有较大的基础底面,较深的埋置深度和中空的结构形式,使开挖卸去的土抵偿了上部结构传来的部分荷载在地基中引起的附加应力(补偿效应),所以,与一般实体基础(扩展基础和柱下条形基础)相比,它能显著提高地基稳定性、降低基础沉降量。

由顶、底板和纵、横墙形成的结构整体性,使箱基具有比筏形基础更大的空间刚度,用以抵抗地基或荷载分布不均匀引起的差异沉降和架越不太大的地下洞穴。此外,箱基的抗震性能较好。

箱基形成的地下室可以提供多种使用功能。冷藏库和高温炉体下的箱基的隔断热传导的作用可防地基土的冻胀和干缩;高层建筑的箱基可作为商店、库房、设备层和人防使用。

(三)基础方案的比较与选用

基础设计的第一步是选取适合于工程实际条件的基础类型。选取基础类型应根据各类基础的受力特点,适用条件,综合考虑上部结构的特点,地基土的工程地质条件和水文地质条件及施工的难易程度等因素,经比较优化,确定一种经济合理的基础形式。

选择基础方案应遵循"由简单到复杂"的原则,即在简单经济的基础形式不能满足要求的情况下,再寻求更为复杂合适的基础类型。只有在不能采用浅基础的情况下,才考虑运用桩基等深基础形式,避免浪费。选择基础方案可参考表 6.2.1 选取。

浅基础类型选择　　表 6.2.1

结构类型	岩土性质与荷载条件	基础类型
多层砖混结构	土质均匀,承载力高,无软弱下卧层或有均匀软弱下卧层,地下水位以上,荷载不大	刚性基础
	土质均匀性较差,持力层承载力较低,有软弱下卧层,基础需浅埋时	墙下钢筋混凝土条基或墙下交叉钢筋混凝土条基
	土质均匀性较差,承载力低,荷载较大,采用条基面积超过建筑投影面积 50%时	墙下筏板基础
无地下室框架结构	土质均匀,承载力较高,荷载相对较小,柱网分布均匀	柱下钢筋混凝土扩展基础
	土质均匀性较差,承载力较低,荷载较大,采用柱下钢筋混凝土扩展基础不能满足要求	柱下条基或交叉基础
	土质不均匀,承载力低,荷载大,柱网分布不均匀,采用柱下条基面积超过建筑投影面积 50%时	柱下筏板基础
全剪力墙 10 层以上住宅结构	地基土质较好,荷载分布均匀	墙下钢筋混凝土条基
	当上述条件不能满足要求	墙下筏板基础或箱基
高层框架、剪力墙结构(有地下室)	可采用天然地基时	筏板基础或箱形基础

第三节　基础埋置深度的选择

基础埋置深度是指基础底面距地面的距离。在满足地基稳定和变形的条件下,基础应尽量浅埋。确定基础埋深时应综合考虑如下因素,但对一单项工程来说,往往只是其中一两个因素起决定作用。

一、建筑物的影响

基础埋置深度首先决定于建筑物的用途，有无地下室，设备基础和地下设施以及基础的形式和构造，因而基础埋深要结合建筑设计标高的要求确定；高层建筑筏形和箱形基础的埋置深度应满足地基承载力、变形和稳定性要求。在抗震设防区，除岩石地基外，天然地基上的箱形和筏形基础其埋置深度不宜小于建筑物高度的 1/15；桩箱或桩筏基础的埋置深度（不计桩长）不宜小于建筑物高度的 1/20～1/18。位于基岩地基上的高层建筑物基础埋置深度，还应满足抗滑要求。高耸构造物（烟囱、水塔、筒体结构），为了满足稳定性要求，基础要有足够埋深；对于承受上拔力的结构（如输电塔）基础，也要求有较大的埋深，以满足抗拔要求。

二、建筑物荷载的性质和大小影响

荷载较大的高层建筑和对不均匀沉降要求严格的建筑物，往往为减小沉降，而把基础埋置在较深的良好土层上，这样，基础埋置深度相应较大。此外，承受水平荷载较大的基础，应有足够大的埋深，以保证地基的稳定性。

三、工程地质条件和水文地质条件

直接支承基础的土层称为持力层，其下的各土层为下卧层。

当上层土的承载力高于下层土的承载力时宜取上层土作为持力层，特别是对于上层为“硬壳层”时，尽量做“宽基浅埋”。

对于上层土较软的地基土，视上层土厚度考虑是否挖除软土，将基础放于好土层中，或采用人工地基，或选择其他基础形式。

当土层分布明显不均匀，建筑物各部分荷载重差别较大时，同一建筑物可采用不同的埋深来调整不均匀沉降。对于持力层顶面倾斜的墙下条形基础可做成台阶状，见图 6.3.1。

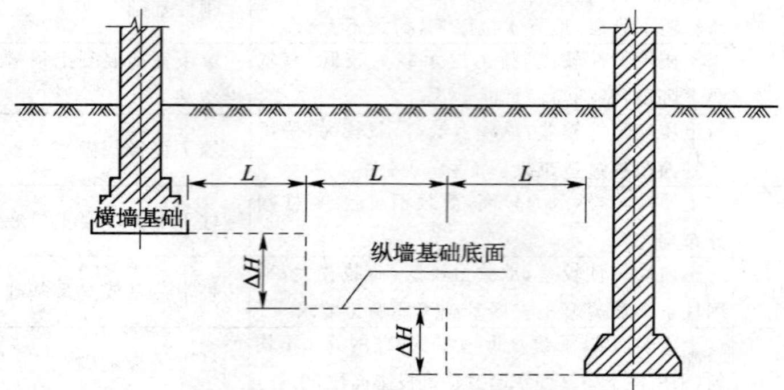

图 6.3.1　埋置深度不同的基础和墙下台阶条形基础

对修建于斜坡上的基础，基础的埋置深度和基础底面外边缘线至坡前缘的距离应满足一定要求，以保证土坡稳定。

有潜水存在时，底面应尽量埋置在潜水位以上。若基础底面必须埋置在水位以下时，除应考虑施工时的基坑排水、坑壁围护（地基土扰动）等问题，还应考虑地下水对混凝土的腐蚀性；地下室的防渗及地下水对基础底板的上浮作用。

对埋藏有承压含水层的地基，选择基础埋深时，应防止基底因挖土减压而隆起开裂（图 6.3.2）。必须控制基坑开挖深度，总覆盖压力与承压含水层顶部的静水压力宜满足下式

$$K(\gamma_1 z_1 + \gamma_2 z_2) > \gamma_w h$$

式中，K 为系数，一般取 1，对于宽基坑宜取 0.7；γ_1、γ_2 分别为各土层的重度，水位下取饱和重度。

不满足要求时应采取相应措施，以确保基坑安全。

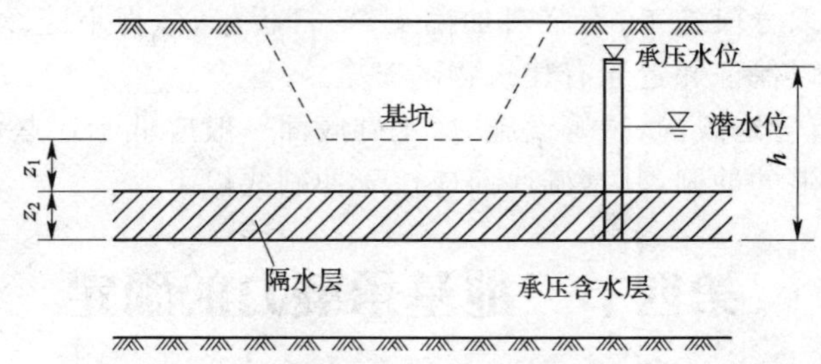

图 6.3.2　基坑下有承压水含水层

四、地基土冻胀和融陷的影响

季节性冻土是冬季冻结、天暖解冻的土层。土体中水冻结后，发生体积膨胀，而产生冻胀。位于冻胀区的基础在受到大于基底压力的冻胀力作用下，会被上抬，而冻土层解冻融解时，建筑物随之下沉。冻胀和融陷是不均匀的，往往造成建筑物的开裂损坏。因此，为避开冻胀区土层的影响，基础底宜设置在冻结线以下。《建筑地基基础设计规范》(GB 50007—2011)规定，基础的最小埋深为

$$d_{\min} = z_d - h_{\max} \tag{6.3.1}$$

式中，z_d 为设计冻深；$h_{\max}$为基底下允许残留冻土层最大厚度。

季节性冻土地区基础设计冻深由下式确定

$$z_d = z_0 \psi_{zs} \psi_{zw} \psi_{ze} \tag{6.3.2}$$

式中，z_0 为标准冻深，采用地表在平坦、裸露、城市之外的空旷场地中不少于 10 年实测最大冻深的平均值，见《建筑地基基础设计规范》(GB 50007—2011)；ψ_{zs}为土的类别对冻深的影响系数，见表6.3.1；ψ_{zw}为土的冻胀性对冻深的影响系数，见表 6.3.2；ψ_{ze}为环境对冻深的影响系数，见表 6.3.3。

土的类别对冻深的影响系数　　表 6.3.1

土的类别	黏性土	细砂、粉砂、粉土	中、粗、砾砂	碎石土
影响系数 ψ_{zs}	1.0	1.2	1.3	1.4

土的冻胀性对冻深的影响系数　　表 6.3.2

土的冻胀性	不冻胀	弱冻胀	冻胀	强冻胀	特强冻胀
影响系数 ψ_{zw}	1.00	0.95	0.90	0.85	0.80

环境对冻深的影响系数　　表 6.3.3

周围环境	村、镇、旷野	城市近郊	城市市区
影响系数 ψ_{ze}	1.00	0.95	0.90

对于冻胀土地基上的建筑物，还应采取相应的防冻害措施。

五、场地环境条件

气候变化或树木生长导致的地基土胀缩及除了生物活动有可能危害基础的安全，因而

基础底面应到达一定的深度，除岩石地基外，不宜小于 0.5 m。为了保护基础，一般要求基础顶面低于设计地面至少 0.1 m。

对靠近原有建筑物基础修建的新基础，其埋深不宜超过原有基础的底面，否则新、旧基础间应保留一定的净距，其值应根据原有基础荷载大小、基础形式和土质情况确定。不能满足上述要求时，应采取分段施工、设临时加固支撑、打板桩、做地下连续墙等施工措施，或加固原有建筑物地基，以保证邻近原有建筑物的安全。

如果基础邻近有管道或沟、坑等设施时，基础底面一般应低于这些设施的底面。临水建筑物，为防流水或波浪的冲刷，其基础底面应位于冲刷线以下。

第四节　地基承载力的确定

一、地基的破坏形式

载荷试验和模型试验成果分析说明地基破坏有三种不同类型，即整体剪切破坏、局部剪切破坏和冲切破坏(见图 6.4.1)。

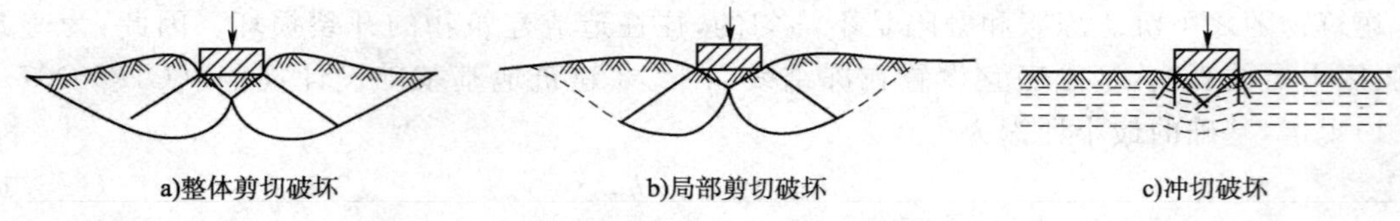

图 6.4.1　地基的破坏形式

1. 整体剪切破坏

这种破坏类型的 p-s 曲线可明显地区分出地基变形破坏的三个阶段。当荷载较小时，基底压力 p 与沉降 s 基本成直线关系，如图 6.4.2 中(1)曲线的 oa 段，属于线性变形阶段。当荷载增加到某一数值时，在基础边缘的土体开始发生，随着荷载的增大，剪切破坏区逐渐扩大，压力与沉降曲线如图 6.4.2 曲线(1)的 ab 段，属于弹塑性变形阶段。当荷载继续增加时，剪切破坏区不断扩大，地基中最终形成连续滑移面，地基土发生整体剪切破坏，滑动面伸到地面，使基础两侧有明显的隆起现象，基础急剧下降、倾斜，致使建筑物发生破坏，压力与沉降曲线如图 6.4.2(1)的 bc 段。

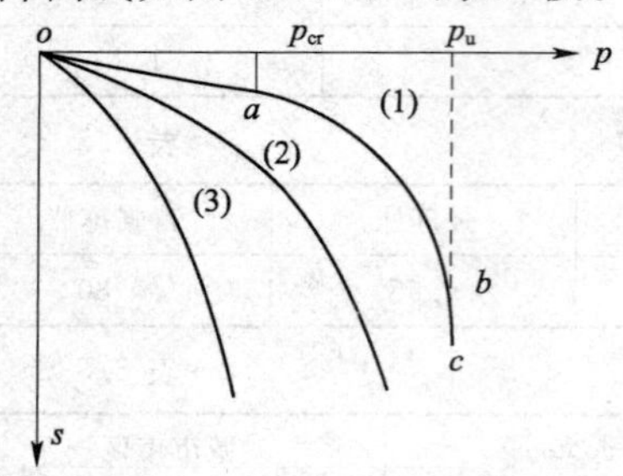

图 6.4.2　载荷试验荷载—沉降 p-s 曲线

对于压缩性较小的密实砂土或坚硬黏土，一般易发生整体剪切破坏。对于承载力较低的，相对埋深小的基础下的地基，也可能发生这种破坏。正常固结的饱和黏性土，在所施加的荷载不会引起土体积的变化时，也将发生整体剪切破坏。

2. 局部剪切破坏

这种破坏形式的 p-s 曲线光滑连续，没有明显的阶段分界点。地基中滑移面不完整，没有延伸到地面，地面可能有轻微隆起，但基础不会明显倾斜，基础沉降较大并随荷载增加而稳定下沉。对于松散砂土和松软的黏土，基础相对埋深较大的情况下会出现这种破坏形式。设计时往往以地基变形为主要控制因素。

3. 冲切破坏

这种破坏又称为刺入式剪切破坏，其特点是地基不出现明显的连续滑动面，基础四周地面也不隆起，在 p-s 曲线上无明显的转折点。地基的破坏是由于基础下面软弱土变形而沿基础周边产生竖向剪切破坏，使基础下沉。破坏时地基沉降量很大，承载力相对较小。对于压缩性很大的松砂或软土，基础相对埋深较大的情况下会出现这种破坏类型。设计时，应以地基变形作为控制因素。

目前对于地基极限承载力（特别是扩展基础的地基极限承载力）的理论公式计算，仅限于在整体剪切破坏的条件下得到，因为这种破坏模式的概念明确，有完整连续的滑移面，荷载—沉降曲线有明显的转折点，易于求解。对于局部剪切破坏及冲切破坏模式，目前尚无理论公式可循，实用上是先按整体剪切破坏模式进行计算，再做某些修正，或利用原位试验等经验方法确定。

二、地基承载力的确定

该内容参见本篇第五章 地基承载力。

第五节　建筑基础底面尺寸的确定

一、不考虑地震作用的基础底面尺寸确定

1. 基底压力计算

试验表明，基础底面接触压力的分布图形取决于下列诸因素：①地基与基础的相对刚度；②荷载的大小与分布；③基础埋置深度；④地基土的性质等。图 6.5.1 表示基底压力的不同分布形式。尽管基底压力分布沿基底为曲线变化，但为了简化计算，常将基底压力按直线分布计算。

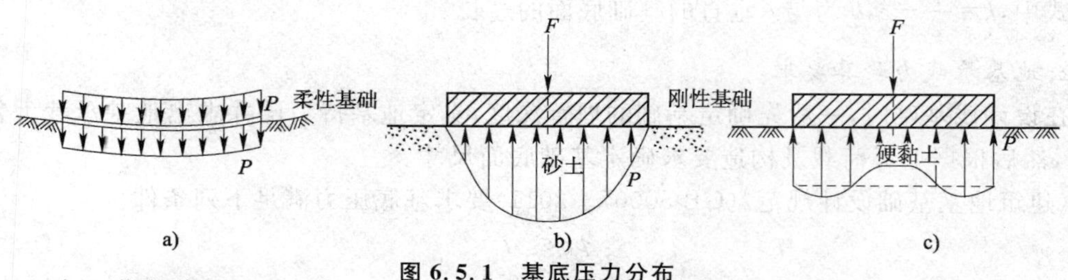

图 6.5.1　基底压力分布

（1）中心荷载作用

中心荷载作用下，基础通常对称布置，基底压力假定均匀分布[图 6.5.2a)]，按下式计算

$$p_k = \frac{F_K + G_K}{A} = \frac{F_K}{A} + \gamma_G d \tag{6.5.1}$$

式中，F_K 为相应于荷载效应标准组合时，上部结构传至基础顶面处的竖向力（kN）；G_K 为基础自重和基础台阶上土重（kN）；A 为基础底面面积（m^2）；γ_G 为基础和基础上土的平均重度，一般取 $\gamma_G = 20\ kN/m^3$；d 为基础埋深（m）。

（2）偏心荷载作用

当偏心荷载作用于基础底面的一个主轴上时[图 6.5.2b)]，基底的边缘最大压力按下式计算

$$p_{\min}^{\max}=\frac{F_K+G_K}{A}\pm\frac{M_K}{W}=\frac{F_K+G_K}{A}\left(1\pm\frac{6e}{l}\right) \tag{6.5.2}$$

$$e=\frac{M_K}{F_K+G_K} \tag{6.5.3}$$

式中，e 为偏心距(m)；M_K 为相应于荷载效应标准组合时作用于基础底面的力矩值(kN·m)；l 为偏心方向的边长(m)；W 为基础底面的抵抗矩。

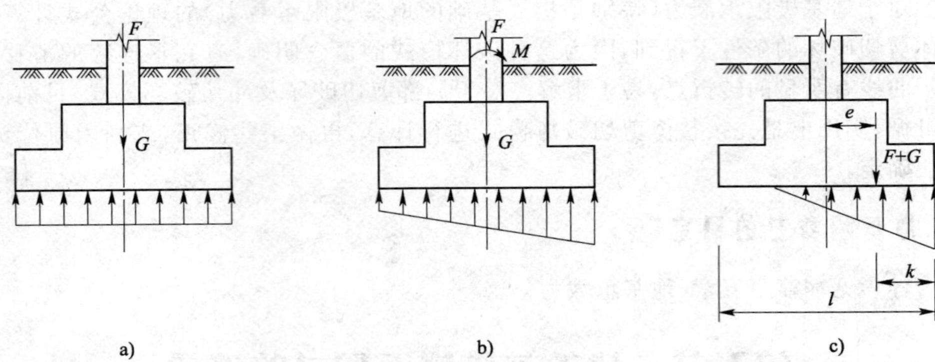

图 6.5.2　基底压力简化计算图

由式(6.5.2)可知，当 $e=0$ 时，$p_{max}=p_{min}=p$，基底压力呈均匀分布，即轴心受压情况；当 $0<e<l/6$ 时，呈梯形分布；当 $e=l/6$ 时，$p_{min}=0$，呈三角形分布；当 $e>l/6$ 时，$p_{min}<0$，由于基底与地基土之间不能承受拉力，式(6.5.2)不再适用，此时，基底与地基局部脱开，而使基底压力重新分布[图 6.5.2c)]。因此，根据荷载与基底反力合力相平衡的条件，荷载合力应通过三角形反力分布图的形心，由此可得基底边缘的最大压力为

$$p_{max}=\frac{2(F_K+G_K)}{3bk} \tag{6.5.4}$$

式中，$k=\frac{l}{2}-e$，b 为与 l 垂直的基础底面的边长。

2.地基承载力验算要求

在设计浅基础时，一般先确定基础的埋置深度，选定地基持力层并求出地基承载力特征值 f_a，然后根据上部荷载及构造要求确定基础底面尺寸。

《建筑地基基础设计规范》(GB 50007—2011)要求基底压力满足下列条件

$$p_k\leqslant f_a \tag{6.5.5}$$

$$p_{kmax}\leqslant 1.2f_a \tag{6.5.6}$$

式中，p_k 为相应于荷载效应标准组合时的基底平均压力(kPa)；p_{kmax} 为相应于荷载效应标准组合时基底边缘最大压力值(kPa)；f_a 为修正后的地基持力层承载力特征值，可按第五节介绍的方法确定。

另外，为避免基础底面由于偏心过大而与地基土翘离，箱形基础还要求基底边缘最小压力值满足下式

$$p_{kmin}\geqslant 0$$

或

$$e=\frac{M_K}{F_K+G_K}\leqslant\frac{l}{6} \tag{6.5.7}$$

筏形基础要求

第三篇　浅基础

$$e \leqslant \frac{0.1W}{A} \tag{6.5.8}$$

3.扩展基础底面尺寸确定

(1)中心荷载作用下基础底面尺寸确定

由式(6.5.5)持力层承载力的要求及基底压力式(6.5.1)可得

$$\frac{F_K}{A} + \gamma_G d \leqslant f_a$$

由此整理得

①矩形基础

$$A \geqslant \frac{F_K}{f_a - \gamma_G d} \tag{6.5.9}$$

②条形基础,沿基础长度的方向取单位长度进行计算,荷载也为单位长度上的荷载,则基础宽度

$$b \geqslant \frac{F_K}{f_a - \gamma_G d} \tag{6.5.10}$$

式(6.5.9)和式(6.5.10)中的地基承载力特征值,在基础底面未确定以前可先不考虑修正或只考虑深度修正,初步确定基底尺寸以后,若基底宽度大于 3 m 时,再将宽度修正项加上,重新确定承载力特征值,直至设计出最佳基础底面尺寸。

(2)偏心荷载作用下的基础底面尺寸确定

对于偏心荷载作用下的基础底面尺寸常采用试算法确定。计算方法如下:

①先按中心荷载作用条件,利用式(6.5.9)或式(6.5.10)初步估算基础底面尺寸;

②根据偏心程度,将基础底面积扩大 10%～40%,并以适当的比例确定矩形基础的长 l 和宽 b,一般取 $l/b=1\sim2$;

③计算基底最大压力,计算基底平均压力,并使其满足式(6.5.5)和式(6.5.6)的要求。

可能需经过几次试算,方可确定合适的基础底面尺寸。

若持力层下有相对软弱的下卧土层,还须对软弱下卧层进行强度验算。如果建筑物有变形验算要求,应进行变形验算。承受水平力较大的高层建筑和不利于稳定的地基上的结构还须进行稳定性验算。

二、地基基础抗震验算

下列建筑可不进行天然地基及基础的抗震承载力验算。

(1)《建筑抗震设计规范》(GB 50011—2010)规定可不进行上部结构抗震验算的建筑。

(2)地基主要受力层范围内不存在软弱黏性土层的下列建筑:

①一般的单层厂房和单层空旷房屋;

②砌体房屋;

③不超过 8 层且高度在 24 m 以下的一般民用框架和框架一抗震墙房屋;

④基础荷载与④项相当的多层框架厂房和多层混凝土抗震墙房屋。

注:软弱黏性土层指 7 度、8 度和 9 度时,地基承载力特征值分别小于 80 kPa、100 kPa 和120 kPa的土层。

天然地基基础抗震验算时,应采用地震作用效应标准组合,且地基抗震承载力应取地基承载力特征值乘以地基抗震承载力调整系数计算。

地基抗震承载力应按下式计算

$$f_{aE} = \xi_a f_a \tag{6.5.11}$$

式中，f_{aE}为调整后的地基抗震承载力；ξ_a 为地基抗震承载力调整系数，应按表 6.5.1 采用；f_a 为深宽修正后的地基承载力特征值，应按现行国家标准《建筑地基基础设计规范》(GB 50007—2011)采用。

地基抗震承载力调整系数 表 6.5.1

岩土名称和性状	ξ_a
岩石，密实的碎石土，密实的砾、粗、中砂，$f_{ak}\geqslant 300$ kPa 的黏性土和粉土	1.5
中密、稍密的碎石土，中密和稍密的砾、粗、中砂，密实和中密的细、粉砂，150 kPa$\leqslant f_{ak}<$300 kPa 的黏性土和粉土，坚硬黄土	1.3
稍密的细、粉砂，100 kPa$\leqslant f_{ak}<$150 kPa 的黏性土和粉土，可塑黄土	1.1
淤泥，淤泥质土，松散的砂，杂填土，新近堆积黄土以及流塑黄土	1.0

验算天然地基地震作用下的竖向承载力时，按地震作用效应标准组合的基础底面平均压力和边缘最大压力应符合下列各式要求

$$p \leqslant f_{aE} \tag{6.5.12}$$

$$p_{max} \leqslant 1.2 f_{aE} \tag{6.5.13}$$

式中，p 为地震作用效应标准组合的基础底面平均压力；p_{max}为地震作用效应标准组合的基础边缘的最大压力。

高宽比大于 4 的高层建筑，在地震作用下基础底面不宜出现脱离区(零应力区)；其他建筑，基础底面与地基土之间脱离区(零应力区)面积不应超过基础底面面积的 15%。

三、软弱下卧层承载力验算

当地基受力范围内持力层下存在承载力明显低于持力层承载力的高压缩性土，如一些软土地区，地表存在一层“硬壳层”，其下一般为很厚的软土层，其承载力明显低于上部“硬壳层”承载力。若以“硬壳层”为持力层，按持力层的承载力计算出基础底面尺寸后，还必须对软弱下卧层的承载力进行验算。要求作用在软弱下卧层顶面处的附加应力和自重应力之和不超过它顶面处的承载力特征值

$$p_z + p_{cz} \leqslant f_{az} \tag{6.5.14}$$

式中，p_z 为相应于荷载效应标准组合时软弱下卧层顶面处的附加压力值(kPa)；p_{cz}为软弱下卧层顶面处的自重压力值(kPa)；f_{az}为软弱下卧层顶面处经深度修正后的地基承载力特征值(kPa)。

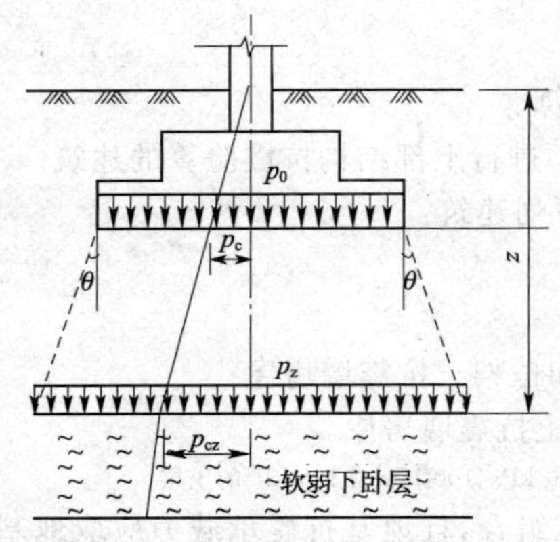

图 6.5.3 软弱下卧层顶面处的附加压力

附加压力采用应力扩散简化方法计算。当持力层与下卧层的压缩模量比值 $E_{s1}/E_{s2}\geqslant 3$ 时，对于矩形或条形基础，可按压力扩散角的概念计算，如图 6.5.3所示。假设基底附加压力($p_{0k}=p_k-p_c$)按某一角度 θ 向下传递。根据基底扩散面积上的总附加压力相等的条件，可得软弱下卧层顶面处的附加压力。

(1)矩形基础

$$p_z = \frac{lb(p_k - p_c)}{(b + 2z\tan\theta)(l + 2z\tan\theta)} \tag{6.5.15}$$

(2)条形基础仅考虑宽度方向的扩散，并沿基础纵向取单位长度为计算单元，于是可得

$$p_z = \frac{b(p_k - p_c)}{b + 2z\tan\theta} \tag{6.5.16}$$

式中，l、b 分别为矩形基础底面的长度和宽度(m)；p_c 为基础底面处土自重压力(kPa)；z 为基础底面到软弱下卧层顶的距离(m)；θ 为地基压力扩散线与垂直线的夹角，可按表 6.5.2 采用。

地基压力扩散角 θ 值 表 6.5.2

E_{s1}/E_{s2}	z/b	
	0.25	0.5
3	6°	23°
5	10°	25°
10	20°	30°

注：1. E_{s1} 为持力层压缩模量；E_{s2} 为下卧层压缩模量。

2. $z/b<0.25$ 时，取 $\theta=0°$，必要时，宜由试验确定；$z/b>0.50$ 时，θ 值不变。

第六节　地基基础的稳定性验算

根据《建筑地基基础设计规范》(GB 50007—2011)，地基稳定性可采用圆弧滑动面法进行验算。最危险的滑动面上诸力对滑动中心所产生的抗滑力矩与滑动力矩应符合下式要求

$$\frac{M_R}{M_S} \geqslant 1.2 \tag{6.6.1}$$

式中，M_S 为滑动力矩(kN·m)；M_R 为抗滑力矩(kN·m)。

位于稳定土坡坡顶上的建筑，应符合下列规定：

(1)对于条形基础或矩形基础，当垂直于坡顶边缘线的基础底面边长不大于 3 m 时，其基础底面外边缘线亖坡顶的水平距离(图 6.6.1)应符合下式要求，且不得小于 2.5 m。

条形基础

$$a \geqslant 3.5b - \frac{d}{\tan\beta} \tag{6.6.2}$$

矩形基础

$$a \geqslant 2.5b - \frac{d}{\tan\beta} \tag{6.6.3}$$

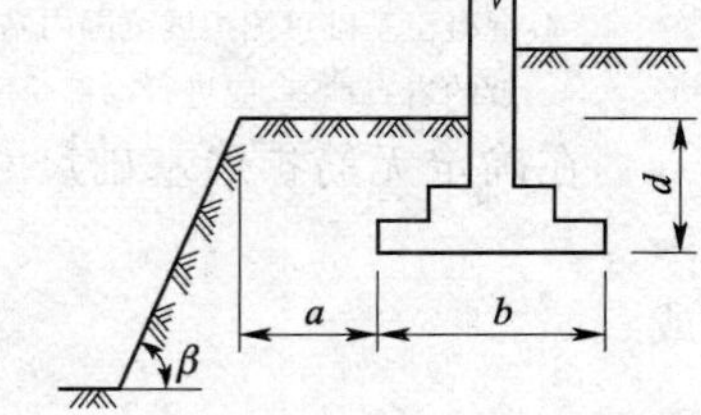

图 6.6.1　基础底面外边缘线至坡顶的水平距离示意

式中，a 为基础底面外边缘线至坡顶的水平距离(m)；b 为垂直于坡顶边缘线的基础底面边长(m)；d 为基础埋置深度(m)；β 为边坡坡角(°)。

(2)当基础底面外边缘线至顶的水平距离不满足式(6.6.2)、式(6.6.3)的要求时，可根据基底平均压力，按式(6.6.1)确定基础距坡顶边缘的距离和基础埋深。

(3)当边坡坡角大于 45°、坡高大于 8 m 时，还应按式(6.6.1)验算坡体稳定性。

建筑物基础存在浮力作用时，应进行抗浮稳定性验算，并应符合下列规定：

(1)对于简单的浮力作用情况，基础抗浮稳定性应符合下式要求

$$\frac{G_k}{N_{w,k}} \geqslant K_w \tag{6.6.4}$$

式中，G_k 为建筑物自重及压重之和(kN)；$N_{w,k}$ 为浮力作用值(kN)；K_w 为抗浮稳定安全系数，一般情况下可取 1.05。

(2)抗浮稳定性不满足设计要求时，可采用增加压重或设置抗浮构件等措施。在整体满足抗浮稳定性要求而局部不满足时，也可采用增加结构刚度的措施。

第七节　无筋扩展基础设计

刚性基础又称无筋扩展基础，可作墙下条形基础或柱下单独基础。其截面可做成台阶形式，有时也可做成梯形。确定截面尺寸，主要一点是满足刚性角要求，即基础的外伸宽度与基础高度的比值小于基础的允许宽高比(表 6.7.1)。同时还要保证经济合理，便于施工。

无筋扩展基础台阶宽高比的允许值　　表 6.7.1

基础材料	质量要求	台阶宽高比的允许值		
		$p_k \leqslant 100$	$100 < p_k \leqslant 200$	$200 < p_k \leqslant 300$
混凝土基础	C15 混凝土	1 : 1.00	1 : 1.00	1 : 1.25
毛石混凝土基础	C15 混凝土	1 : 1.00	1 : 1.25	1 : 1.50
砖基础	砖不低于 MU10、砂浆不低于 M5	1 : 1.50	1 : 1.50	1 : 1.50
毛石基础	砂浆不低于 M 5	1 : 1.25	1 : 1.50	
灰土基础	体积比为 3 : 7 或 2 : 8 的灰土，其最小干密度：粉土 1.55 t/m³、粉质黏土 1.50 t/m³、黏土 1.45 t/m³	1 : 1.25	1 : 1.50	
三合土基础	体积比为 1 : 2 : 4～1 : 3 : 6(石灰 : 砂 : 集料)，每层约 220 mm，夯至 150 mm	1 : 1.50	1 : 2.00	

注：1. p_k 为作用的标准组合时基础底面处的平均压力值(kPa)。
2. 阶梯形毛石基础的每阶伸出宽度不宜大于 200 mm。
3. 当基础由不同材料叠合组成时，应对接触部分做抗压验算。
4. 混凝土基础单侧扩展范围内基础底面处的平均压力值超过 300 kPa 时，还应进行抗剪验算；对基底反力集中于立柱附近的岩石地基，应进行局部受压承载力验算。

在确定无筋扩展基础尺寸后，应根据台阶的允许宽高比确定基础的高度，即

$$b \leqslant b_0 + 2h[\tan\alpha] \tag{6.7.1}$$

或

$$h \geqslant \frac{b-b_0}{2[\tan\alpha]} \tag{6.7.2}$$

式中，h 为基础的高度。

若不满足上式时，可增加基础高度，或选择允许宽高比值较大的材料。如仍不满足，则需改用钢筋混凝土扩展基础。在同样荷载和基础尺寸的条件下，钢筋混凝土基础构造高度较小，适宜宽基浅埋的情况。

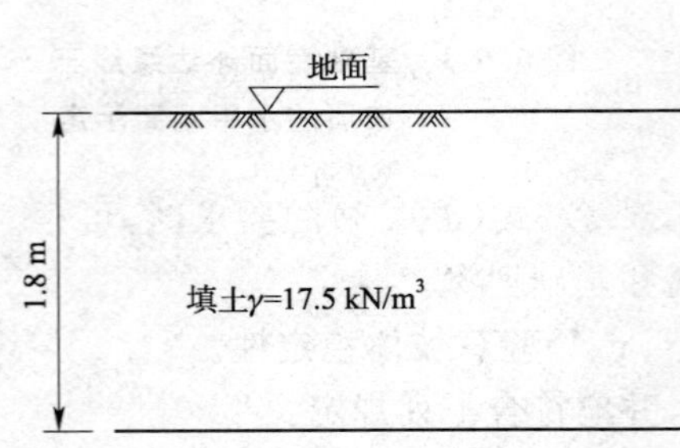

图 6.7.1　例 6.7.1 图

【例 6.7.1】 柱下无筋扩展基础设计(图 6.7.1)

某厂房柱断面 600 mm×400 mm。基础受竖向荷载标准值 F_K=780 kN，力矩标准值 M_K=120 kN·m，水平荷载标准值 H_K=40 kN，作用点位置在±0.000

处。地基土层剖面如图 6.7.1所示。基础埋置深度1.8 m,试设计柱下无筋扩展基础。

【解】

(1)持力层承载力特征值深度修正持力层为粉质黏土层

$$I_L=\frac{w-w_P}{w_L-w_P}=\frac{24-21}{30-21}=0.33$$

$$e=\frac{d_s(1+w)\gamma_w}{\gamma}-1$$

$$=\frac{2.72\times(1+0.24)\times10}{19}-1=0.775$$

查表得知 $\eta_b=0.3$、$\eta_d=1.6$,先考虑深度修正

$$f_a=f_{ak}+\eta_d\gamma_m(d-0.5)=[210+1.6\times17\times(1.8-0.5)]\ \text{kPa}=245\ \text{kPa}$$

(2)先按中心荷载作用计算

$$A_0=\frac{F_K}{f_a-\gamma_G d}=\frac{780}{245-20\times1.8}\ \text{m}^2=3.73\ \text{m}^2$$

扩大至 $A=1.3A_0=4.85\ \text{m}^2$

取 $l=1.5b$,则

$$b=\sqrt{\frac{A}{1.5}}=\sqrt{\frac{4.85}{1.5}}\ \text{m}=1.8\ \text{m}$$

$$l=2.7\ \text{m}$$

(3)地基承载力验算

基础宽度小于 3 m,不必再进行宽度修正。

基底压力平均值为

$$p_k=\frac{F_K}{lb}+\gamma_G d=\left[\frac{780}{2.7\times8}+20\times1.8\right]\text{kPa}=196\ \text{kPa}$$

基底压力最大值为

$$p_{\substack{kmax\\kmin}}=p_k\pm\frac{M_K}{W}=\left[196\pm\frac{(120+40\times1.8)\times6}{2.7^2\times1.8}\right]\text{kPa}=\frac{284}{108}\ \text{kPa}$$

$$1.2f_a=294\ \text{kPa}$$

(4) 基础剖面设计

由结果可知 $p_k<f_a$,$p_{kmax}<1.2f_a$,满足要求。

基础材料选用 C15 混凝土,查表 6.7.1 台阶宽高比允许值 1∶1.0,则基础高度 $h=(l-l_0)/2=[(2.7-0.6)/2]\text{m}=1.05\ \text{m}$,做成 3 个台阶,长度方向每阶高、宽均为 350 mm,宽度方向取每阶宽 240 mm,则宽度 $b=(240\times6+400)\ \text{mm}=1\ 840\ \text{mm}$,基础剖面尺寸见图 6.7.2。

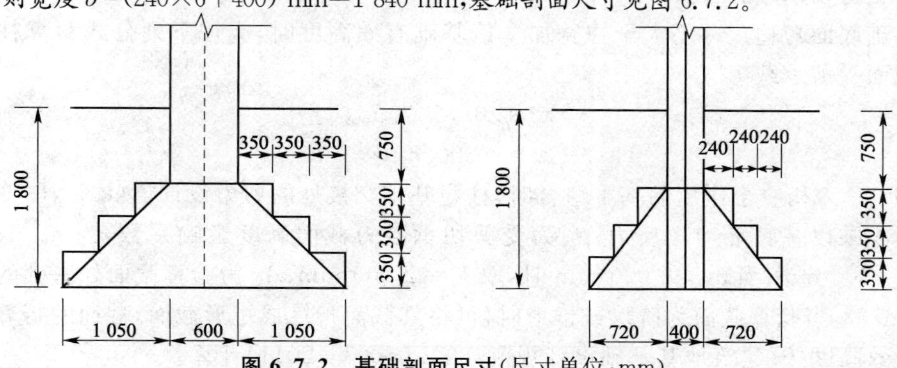

图 6.7.2 基础剖面尺寸(尺寸单位:mm)

第八节 扩展基础

扩展基础的计算应符合下列规定：

(1)对柱下独立基础，当冲切破坏锥体落在基础底面以内时，应验算柱与基础交接处及基础变阶处的受冲切承载力；

(2)对基础底面短边尺寸不大于柱宽加 2 倍基础有效高度的柱下独立基础及墙下条形基础，应验算柱(墙)与基础交接处的基础受剪切承载力；

(3)基础底板的配筋，应按抗弯计算确定；

(4)当基础的混凝土强度等级小于柱的混凝土强度等级时，还应验算柱下基础顶面的局部受压承载力。

一、柱下独立基础计算

(一)受冲切承载力计算

柱下独立基础的受冲切承载力应按下列公式验算

$$F_l \leqslant 0.7\beta_{hp} f_t a_m h_0 \tag{6.8.1}$$

$$a_m = \frac{a_t + a_b}{2} \tag{6.8.2}$$

$$F_l = p_j A_l \tag{6.8.3}$$

式中，β_{hp} 为受冲切承载力截面高度影响系数，当 h 不大于 800 mm 时，β_{hp} 取 1.0；当 h 不小于 2 000 mm 时，β_{hp} 取 0.9，其间按线性内插法取用。f_t 为混凝土轴心抗拉强度设计值(kPa)。h_0 为基础冲切破坏锥体的有效高度(m)。a_m 为冲切破坏锥体最不利一侧计算长度(m)。a_t 为冲切破坏锥体最不利一侧斜截面的上边长(m)，当计算柱与基础交接处的受冲切承载力时，取柱宽；当计算基础变阶处的受冲切承载力时，取上阶宽。a_b 为冲切破坏锥体最不利一侧斜截面在基础底面积范围内的下边长(m)，当冲切破坏锥体的底面落在基础底面以内[图 6.8.1a)、b)]，计算柱与基础交接处的受冲切承载力时，取柱宽加 2 倍基础有效高度；当计算基础变阶处的受冲切承载力时，取上阶宽加 2 倍该处的基础有效高度。p_j 为扣除基础自重及其上土重后相应于作用的基本组合时的地基土单位面积净反力(kPa)，对偏心受压基础可取基础边缘处最大地基土单位面积净反力。A_l 为冲切验算时取用的部分基底面积(m^2)[图 6.8.1a)、b)中的阴影面积 $ABCDEF$]。F_l 为相应于作用的基本组合时作用在 A_l 上的地基土净反力设计值(kPa)。

(二)受剪切承载力计算

当基础底面短边尺寸不大于柱宽加 2 倍基础有效高度时，应按下列公式验算柱与基础交接处截面受剪承载力。

$$V_s \leqslant 0.7\beta_{hs} f_t A_0 \tag{6.8.4}$$

$$\beta_{hs} = (800/h_0)^{1/4} \tag{6.8.5}$$

式中，V_s 为相应于作用的基本组合时，柱与基础交接处的剪力设计值(kN)，图 6.8.2 中的阴影面积乘以基底平均净反力；β_{hs} 为受剪切承载力截面高度影响系数，当 $h_0 < 800$ mm 时，取 $h_0 = 800$ mm；当 $h_0 > 2\,000$ mm 时，取 $h_0 = 2\,000$ mm；A_0 为验算截面处基础的有效截面面积(m^2)。当验算截面为阶形或锥形时，可将其截面折算成矩形截面，截面的折算宽度和截面的有效高度按《建筑地基基础设计规范》(GB 50007—2011)计算。

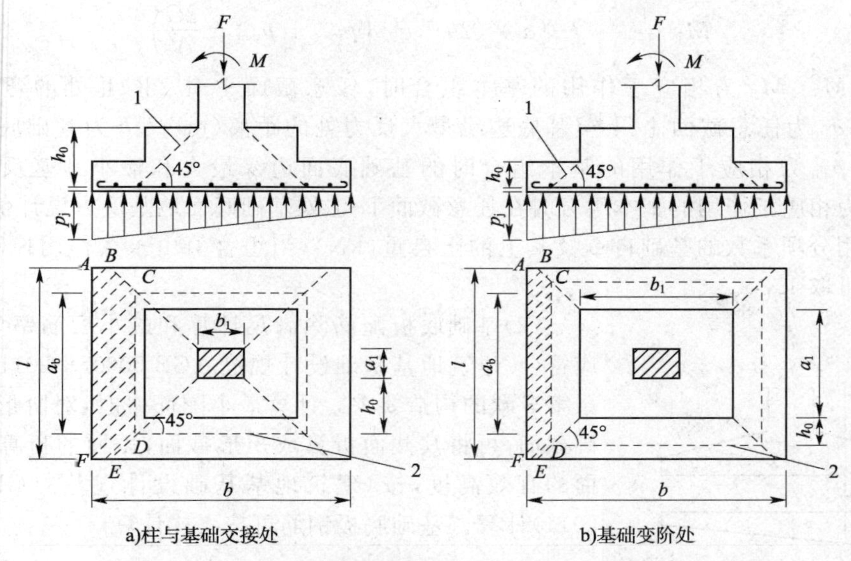

图 6.8.1　计算阶形基础的受冲切承载力截面位置

1-冲切破坏锥体最不利一侧的斜截面；2-冲切破坏锥体的底面线

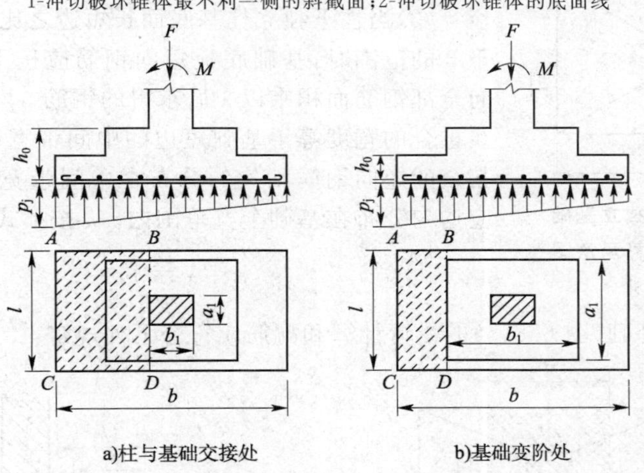

图 6.8.2　验算阶形基础受剪切承载力示意

二、墙下条形基础的计算

(一)柱与基础交接处受剪承载力验算

墙下条形基础底板应按式(6.8.4)验算墙与基础底板交接处截面受剪承载力，其中，A_0 为验算截面处基础底板的单位长度垂直截面有效面积，V_s 为墙与基础交接处由基底平均净反力产生的单位长度剪力设计值。

(二)抗弯计算

(1)在轴心荷载或单向偏心荷载作用下，当台阶的宽度比不大于 2.5 且偏心距不大于 1/6基础宽度时，柱下矩形独立基础任意截面的底板弯矩可按下列简化方法进行计算(图 6.8.3)

$$M_{\mathrm{I}} = \frac{1}{12}a_1^2\left[(2l+a')\left(p_{\max}+p-\frac{2G}{A}\right)+(p_{\max}-p)l\right] \tag{6.8.6}$$

第六章　浅基础设计

$$M_{\text{II}} = \frac{1}{48}(l-a')^2(2b+b')\left(p_{\max}+p_{\min}-\frac{2G}{A}\right) \tag{6.8.7}$$

式中，M_{I}、M_{II} 为相应于作用的基本组合时，任意截面Ⅰ-Ⅰ、Ⅱ-Ⅱ处的弯矩设计值（kN·m）；a_1 为任意截面Ⅰ-Ⅰ至基底边缘最大反力处的距离（m）；l、b 为基础底面的边长（m）；$p_{\max}$、$p_{\min}$ 为相应于作用的基本组合时的基础底面边缘最大和最小地基反力设计值（kPa）；p 为相应于作用的基本组合时在任意截面Ⅰ-Ⅰ处基础底面地基反力设计值（kPa）；G 为考虑作用分项系数的基础自重及其上的土自重（kN），当组合值由永久作用控制时，作用分项系数可取 1.35。

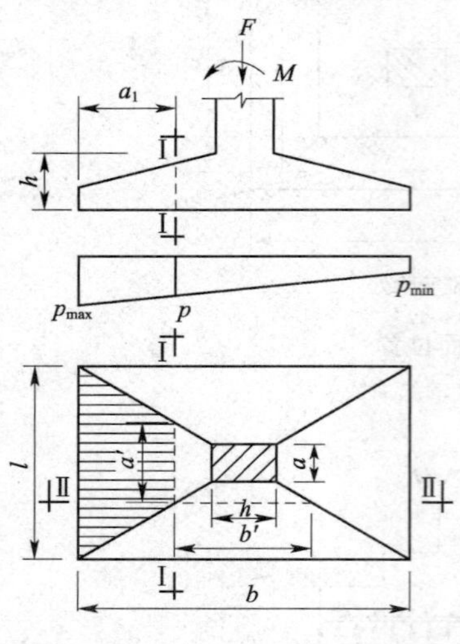

图 6.8.3　柱下矩形独立基础底板的计算示意图

（2）基础底板配筋除满足计算和最小配筋率要求外，还应符合《建筑地基基础设计规范》（GB 50007—2011）第 8.2.1 条第 3 款的构造要求。计算最小配筋率时，对阶形或锥形基础截面，可将其截面折算成矩形截面，截面的折算宽度和截面的有效高度，按《建筑地基基础设计规范》（GB 50007—2011）计算。基础底板钢筋可按下式计算

$$A_s = \frac{M}{0.9 f_y h_0} \tag{6.8.8}$$

（3）当柱下独立柱基底面长短边之比 ω 在不小于 2、不大于 3 的范围时，基础底板短向钢筋应按下述方法布置：将短向全部钢筋面积乘以 λ 后求得的钢筋，均匀分布在与柱中心线重合的宽度等于基础短边的中间带宽范围内（图 6.8.4），其余的短向钢筋则均匀分布在中间带宽的两侧。长向配筋应均匀分布在基础全宽范围内。λ 按下式计算

$$\lambda = 1 - \frac{\omega}{6} \tag{6.8.9}$$

（4）墙下条形基础（图 6.8.5）的受弯计算和配筋应符合下列规定：

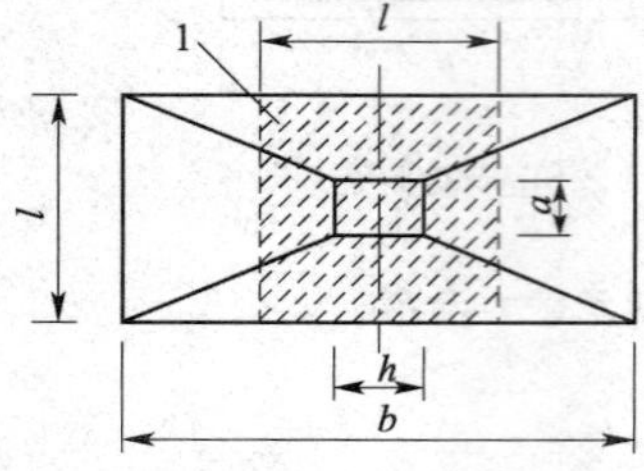

图 6.8.4　基础底板短向钢筋布置示意

1-λ 倍短向全部钢筋面积均匀配置在阴影范围内

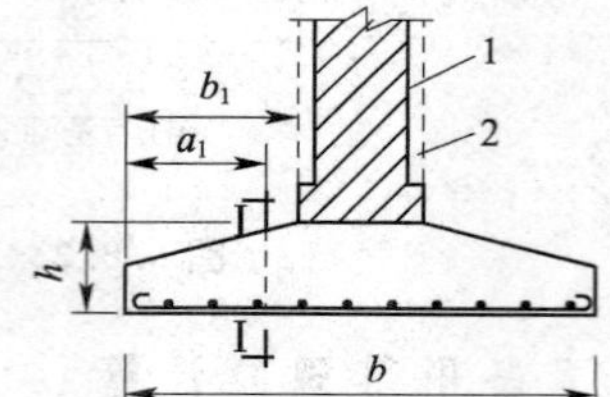

图 6.8.5　墙下条形基础的计算示意图

1-砖墙；2-混凝土墙

①任意截面每延长米宽度的弯矩，可按下式进行计算

$$M_{\text{I}} = \frac{1}{6}a_1^2\left(2p_{\max}+p-\frac{3G}{A}\right) \tag{6.8.10}$$

②其最大弯矩截面的位置，应符合下列规定：

a. 当墙体材料为混凝土时，取 $a_1 = b_1$；

b. 如为砖墙且放脚不大于 1/4 砖长时，取 $a_1 = b_1 + 1/4$ 砖长。

③墙下条形基础底板每延长米宽度的配筋除满足计算和最小配筋率要求外，还应符合规范要求。

三、钢筋混凝土扩展基础构造要求

(一)一般规定

(1)锥形基础的边缘高度,不宜小于 200 mm;阶梯形基础的每阶高度,宜为 300～500 mm。

(2)垫层的厚度不宜小于 70 mm;垫层混凝土等级应为 C10。

(3)扩展基础底板受力钢筋的最小配筋率不宜小于 0.15%,底板受力钢筋的最小直径不宜小于 10 mm,间距不宜大于 200 mm,也不宜小于 100 mm。墙下钢筋混凝土条形基础纵向分布钢筋的直径不小于 8 mm;间距不大于 300 mm;每延长米分布钢筋的面积应不小于受力钢筋面积的 15%。当有垫层时钢筋保护层的厚度不宜小于 40 mm,无垫层时不小于 70 mm。

(4)混凝土强度等级不应低于 C20。

(5)柱下钢筋混凝土独立基础的边长和墙下钢筋混凝土条形基础的宽度大于或等于2.5 m 时,底板受力钢筋的长度可取边长或宽度的 0.9 倍,并宜交错布置[图 6.8.6a)]。

(6)钢筋混凝土条形基础底板在 T 形及“十”字形交接处,底板横向受力钢筋仅沿一个主要受力方向通长布置,另一方向的横向受力钢筋可布置到主要受力方向底板宽度 1/4 处[图 6.8.6b)],在拐角处底板横向受力钢筋应沿两个方向布置[图 6.8.6c)]。

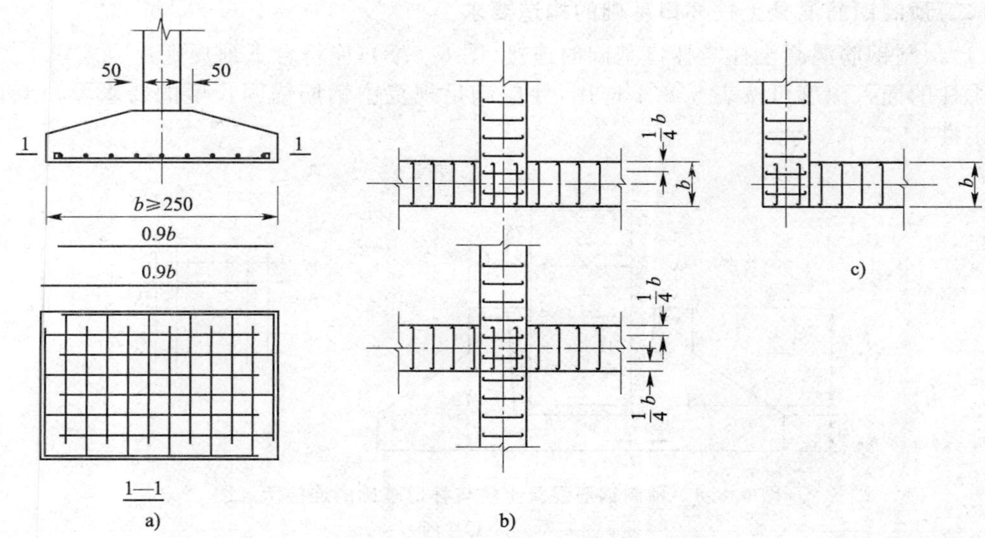

图 6.8.6　扩展基础底板受力钢筋布置示意图

钢筋混凝土柱和剪力墙纵向受力钢筋在基础内的锚固长度应符合下列规定:

(1)钢筋混凝土柱和剪力墙纵向受力钢筋在基础内的锚固长度(l_a)应根据现行国家标准《混凝土结构设计规范》(GB 50010—2010)有关规定确定;

(2)抗震设防烈度为 6 度、7 度、8 度和 9 度地区的建筑工程,纵向受力钢筋的抗震锚固长度(l_{aE})应按下列公式计算:

①一、二级抗震等级纵向受力钢筋的抗震锚固长度(l_{aE})应按下式计算

$$l_{aE} = 1.15 l_a \tag{6.8.11}$$

②三级抗震等级纵向受力钢筋的抗震锚固长度(l_{aE})应按下式计算

$$l_{aE} = 1.05l_a \tag{6.8.12}$$

③四级抗震等级纵向受力钢筋的抗震锚固长度(l_{aE})应按下式计算

$$l_{aE} = l_a \tag{6.8.13}$$

式中,l_a 为纵向受拉钢筋的锚固长度(m)。

(3)当基础高度小于 l_a(l_{aE})时,纵向受力钢筋的锚固总长度除符合上述要求外,其最小直锚段的长度不应小于 $20d$,弯折段的长度不应小于 150 mm。

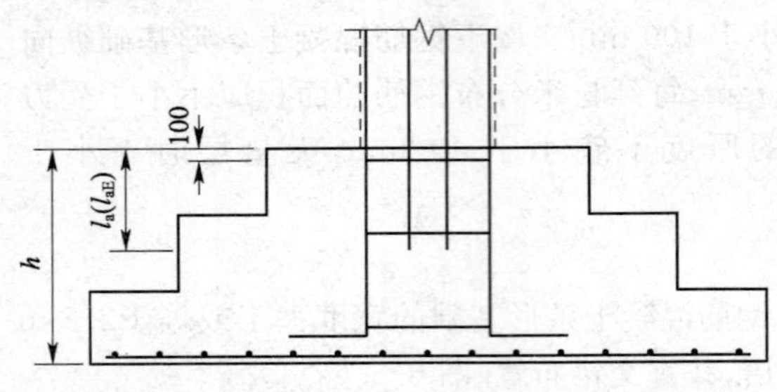

图 6.8.7 现浇柱的基础中插筋构造示意图

现浇柱的基础,其插筋的数量、直径及钢筋种类应与柱内纵向受力钢筋相同。插筋的锚固长度应满足规范的规定,插筋与柱的纵向受力钢筋的连接方法应符合现行国家标准《混凝土结构设计规范》(GB 50010—2010)的有关规定。插筋的下端宜做成直钩放在基础底板钢筋网上。当符合下列条件之一时,可仅将四角的插筋伸至底板钢筋网上,其余插筋锚固在基础顶面下 l_a 或 l_{aE}处(图 6.8.7)。

柱为轴心受压或小偏心受压,基础高度不小于 1 200 mm。

柱为大偏心受压,基础高度不小于 1 400 mm。

(二)预制钢筋混凝土柱杯口基础的构造要求

(1)预制钢筋混凝土柱与杯口基础的连接(图 6.8.8),应符合下列规定:

①柱的插入深度可按表 6.8.1 选用,并应满足规范中钢筋锚固长度的要求及吊装时柱的稳定性。

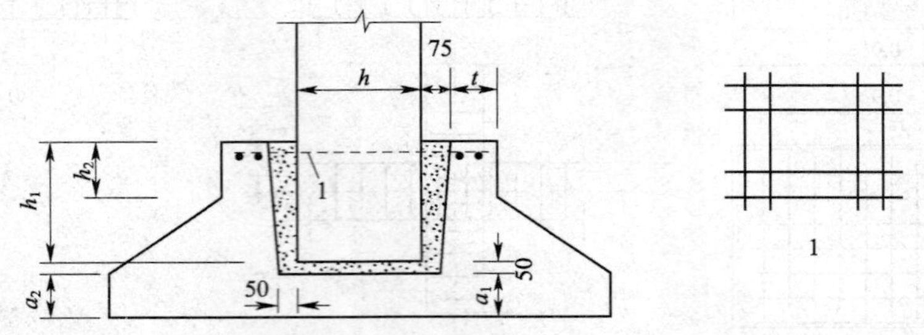

图 6.8.8 预制钢筋混凝土柱与杯口基础的连接示意图

$a_2 \geqslant a_1$;1-焊接网

柱的插入深度 h_1(单位:mm)　　表 6.8.1

矩形或"工"字形柱				双肢柱
$h<500$	$500 \leqslant h<800$	$800 \leqslant h \leqslant 1\,000$	$h>1\,000$	
$h \sim 1.2h$	h	$0.9h$ 且$\geqslant 800$	$0.8h$ 且$\geqslant 1\,000$	$(1/3 \sim 2/3)h_a$ $(1.5 \sim 1.8)h_b$

注:1. h 为柱截面长边尺寸;h_a 为双肢柱全截面长边尺寸;h_b 为双肢柱全截面短边尺寸。

2. 柱轴心受压或小偏心受压时,h_1 可适当减小;偏心距大于 $2h$ 时,h_1 应适当加大。

②基础的杯底厚度和杯壁厚度可按表 6.8.2 选用。

基础的杯底厚度和杯壁厚度(单位:mm)　　表 6.8.2

柱截面长边尺寸 h	杯底厚度 a_1	杯壁厚度 t
$h<500$	≥150	150～200
$500\leqslant h<800$	≥200	≥200
$800\leqslant h<1\,000$	≥200	≥300
$1\,000\leqslant h<1\,500$	≥250	≥350
$1\,500\leqslant h<2\,000$	≥300	≥400

注:1. 双肢柱的杯底厚度值可适当加大。

2. 当有基础梁时,基础梁下的杯壁厚度应满足其支承宽度的要求。

3. 柱子插入杯口部分的表面应凿毛,柱子与杯口之间的空隙,应用比基础混凝土强度等级高一级的细石混凝土充填密实,当达到材料设计强度的70%以上时,方可进行上部吊装。

③当柱为轴心受压或小偏心受压且 $t/h_2\geqslant0.65$ 时,或大偏心受压且 $t/h_2\geqslant0.75$ 时,杯壁可不配筋;当柱为轴心受压或小偏心受压且 $0.5\leqslant t/h_2<0.65$ 时,杯壁可按表 6.8.3 构造配筋;其他情况下,应按计算配筋。

杯壁构造配筋(单位:mm)　　表 6.8.3

柱截面长边尺寸	$h<1\,000$	$1\,000\leqslant h<1\,500$	$1\,500\leqslant h\leqslant2\,000$
钢筋直径	8～10	10～12	12～16

注:表中钢筋置于杯口顶部,每边两根(图 6.8.8)。

(2)预制钢筋混凝土柱(包括双肢柱)与高杯口基础的连接(图 6.8.9),除应符合前面的插入深度的规定外,还应符合下列规定:

①起重机的起重量不大于 750 kN,轨顶高程不大于 14 m,基本风压小于 0.5 kPa 的工业厂房,且基础短柱的高度不大于 5 m。

②起重机的起重量大于 750 kN,基本风压大于 0.5 kPa,应符合下式的规定

$$\frac{E_2J_2}{E_1J_1}\geqslant10 \tag{6.8.14}$$

式中,E_1 为预制钢筋混凝土柱的弹性模量(kPa);J_1 为预制钢筋混凝土柱对其截面短轴的惯性矩(m^4);E_2 为短柱的钢筋混凝土弹性模量(kPa);J_2 为短柱对其截面短轴的惯性矩(m^4)。

③当基础短柱的高度大于 5 m 时,应符合下式的规定

$$\frac{\Delta_2}{\Delta_1}\leqslant1.1 \tag{6.8.15}$$

式中,Δ_1 为单位水平力作用在以高杯口基础顶面为固定端的柱顶时,柱顶的水平位移(m);Δ_2 为单位水平力作用在以短柱底面为固定端的柱顶时,柱顶的水平位移(m)。

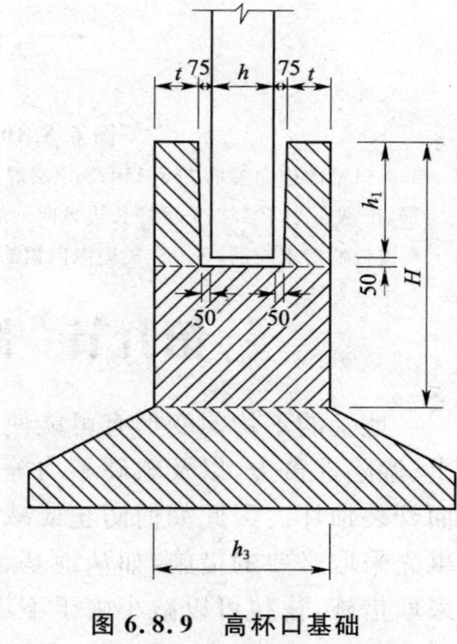

图 6.8.9　高杯口基础

H-短柱高度

④杯壁厚度应符合表 6.8.4 的规定。高杯口基础短柱的纵向钢筋,除满足计算要求外,在非地震区及抗震设防烈度低于 9 度地区,且满足①、②、③款的要求时,短柱四角纵向钢筋的直径不宜小于 20 mm,并延伸至基础底板的钢筋网上。短柱长边的纵向钢筋,当长边尺寸不大于 1 000 mm 时,其钢筋直径不应小于 12 mm,间距不应大于 300 mm;当长边尺寸大于 1 000 mm 时,其钢筋直径不应小于 16 mm,间距不应大于300 mm,每隔 1 m 左右伸下 1 根,

并做 150 mm 的直钩支承在基础底部的钢筋网上，其余钢筋锚固至基础底板顶面下 l_a 处(图 6.8.10)。短柱短边每隔 300 mm 应配置直径不小于 12 mm 的纵向钢筋，且每边的配筋率不少于 0.05%短柱的截面面积。短柱中杯口壁内横向箍筋不应小于Φ8@150；短柱中其他部位的箍筋直径不应小于 8 mm，间距不应大于 300 mm；当抗震设防烈度为 8 度和 9 度时，箍筋直径不应小于 8 mm，间距不应大于 150 mm。

高杯口基础的杯壁厚度 t 表 6.8.4

h/mm	t/mm	h/mm	t/mm
600＜h≤800	≥250	1 000＜h≤1 400	≥350
800＜h≤1 000	≥300	1 400＜h≤1 600	≥400

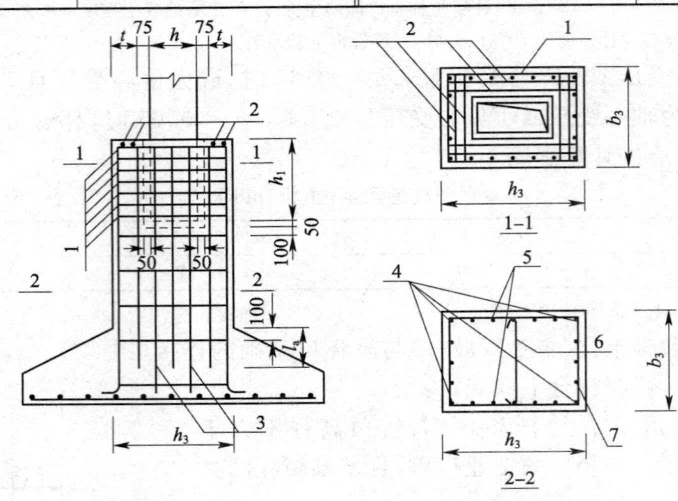

图 6.8.10 高杯口基础构造配筋(尺寸单位：mm)

1-杯口壁内横向箍筋Φ8@150；2-顶层焊接钢筋网；3-插入基础底部的纵向钢筋，不应少于每米 1 根；4-短柱四角钢筋，一般不小于Φ20；5-短柱长边纵向钢筋，当 h_3≤1 000 mm 时采用Φ12@300，当 h_3＞1 000 mm 时采用Φ16@300；6-按构造要求配筋；7-短柱短边纵向钢筋，每边不小于 0.05%b_3h_3(不小于Φ12@300)

第九节 减小不均匀沉降危害的措施

地基的不均匀变形有可能使建筑物损坏或影响其使用功能。特别是高压缩性土、膨胀土、湿陷性黄土，以及软硬不均等不良地基上的建筑物，如果考虑欠周，就更易因不均匀沉降而开裂损坏。因此如何防止或减轻不均匀沉降造成的损害，是设计中必须考虑的问题。若事先采取必要的措施，如从地基、基础、上部结构相互作用的观点，在建筑、结构或施工方面采取措施，往往可以减小由于不均匀沉降对结构产生的危害。

一、建筑措施

(一)建筑物的体型应力求简单

复杂的体型常常是削弱建筑物整体刚度和加剧不均匀沉降的重要因素。因此，地基条件不好时，在满足使用要求的条件下，应尽量采用简单的建筑体型，如长高比小的“一”字形建筑物。

平面形状复杂(如 L、T、Ⅱ、Ⅲ形等)的建筑物，纵、横单元交叉处基础密集，地基中附加应力互相重叠，必然出现比别处大的沉降。加之这类型建筑物的整体性差，各部分的刚度不对称，很容易遭受地基不均匀沉降的损害。

建筑物高低(或轻重)变化太大，地基各部分所受的荷载不同，也易出现过量的不均匀沉降。据调查，软土地基上紧接高差超过1层的砌体承重结构房屋，低者很容易开裂。因此，当地基软弱时，建筑物立面紧接高差尽可能不超过1层，或当高度差异或荷载差异较大时，可将两者隔开一定距离，当拉开距离后的两个单元必须连接时，应采取能自由沉降的连接构造。

(二)控制长高比及合理布置墙体

长高比大的砌体承重房屋，其整体刚度差，纵墙很容易因挠曲过度而开裂。根据调查认为，2层以上的砌体承重房屋，当预估的最大沉降量超过120 mm时，长高比不宜大于2.5；对于平面简单、内外墙贯通，横墙间隔较小的房屋，长高比的控制可适当放宽，但一般不大于3.0。不符合上述要求时，一般要设置沉降缝。

合理布置纵、横墙，是增强砌体承重结构房屋整体刚度的重要措施之一。一般房屋的纵向刚度较弱，故地基不均匀沉降的损害主要表现为纵墙的挠曲破坏。内、外纵墙的中断、转折，都会削弱建筑物的纵向刚度。地基不良时，应尽量使内、外纵墙都贯通。纵、横墙的联结形成了空间刚度，缩小横墙的间距，可有效地改善房屋的整体性，从而增强了调整不均匀沉降的能力。

(三)设置沉降缝

用沉降缝将建筑物(包括基础)分割为2个或多个独立的沉降单元，可有效地防止不均匀沉降发生。分割出的沉降单元，原则上要求满足体型简单、长高比小及地基比较均匀等条件。为此，沉降缝的位置通常选择在下列部件上：

(1)复杂建筑物平面转折部位；

(2)长高比过大的砌体承重结构或钢筋混凝土框架结构的适当部位；

(3)地基土的压缩性有显著变化处；

(4)建筑物的高度或荷载有很大差异处；

(5)建筑物结构或基础类型不同处；

(6)分期建造房屋的交界处。

沉降缝应有足够的宽度，以防止缝两侧的结构相向倾斜而互相挤压。缝内一般不得填塞，但寒冷地区为了防寒，可填塞松散材料。沉降缝的常用宽度为：2～3层房屋缝宽50～80 mm，4～5层房屋80～120 mm，5层以上应不小于120 mm。

(四)相邻建筑物基础间满足净距要求

由地基中附加应力分布规律可知：作用在地基上的荷载，会使土中的一定宽度和一定深度范围内产生附加应力，从而地基将发生变形。在此范围之外，荷载对相邻建筑物的影响可忽略。如果建筑物之间的距离太近，同期修建会相互影响，特别是建筑物轻重差别太大时，轻者受重者的影响；非同期修建，新建重型建筑物或高层建筑物会对原有建筑物产生影响，而使被影响建筑产生不均匀沉降而开裂。

相邻建筑物基础的净距按表6.9.1选用。由该表可见，决定相邻建筑物的净距的主要因素是建筑物的刚度(用长高比来衡量)及影响建筑的预估沉降量值。

相邻建筑物基础间的净距(单位：m)　　表6.9.1

影响建筑的预估沉降量 s/mm	被影响建筑的长高比	
	$2.0 \leq \frac{L}{H_f} < 3.0$	$3.0 \leq \frac{L}{H_f} < 5.0$
70～150	2～3	3～6
160～250	3～6	6～9
260～400	6～9	9～12
＞400	9～12	≥12

(五)调整建筑设计标高

建筑物的沉降会改变原有的设计标高，严重时将影响建筑物的使用功能。因而可能采取下列措施进行调整：

(1)根据预估的沉降量，适当提高室内地坪和地下设施的标高；

(2)将有联系的建筑物或设备中，沉降较大者的标高适当提高；

(3)建筑物与设备之间留有足够的净空；

(4)当有管道穿过建筑物时，应预留足够的尺寸的孔洞，或采用柔性管道接头等。

二、结构措施

(一)减轻建筑物的自重

在基底压力中，建筑物的自重占很大比例。据估计，工业建筑占50%左右；民用建筑占60%左右。因此，软土地基上的建筑物，常采用下列一些措施减轻自重，以减小沉降量。

(1)采用轻质材料，如各种空心砌块、多孔砖及其他轻质材料以减少墙重。

(2)选用轻型结构，如预应力钢筋混凝土结构、轻钢结构及各种轻型空间结构等。

(3)减少基础和回填的重量，可选用自重轻、回填少的基础形式；设置架空地板代替室内回填土。

(二)减少或调整基底附加压力

设置地下室或半地下室。利用挖出的土重去抵消(补偿)一部分甚至全部的建筑物重量，以达到减小沉降的目的。如果在建筑物的某一高重部分设置地下室(或半地下室)便可减少与较轻部分的沉降差。

改变基础底面尺寸，调整基底附加压力。对荷载较大建筑物可采用较大的基础底面积，减小基底附加压力，可以减小沉降量。对荷载不均匀或地基土压缩性不均匀建筑物可采用不同的基底附加压力来调整不均匀沉降。不过，应针对具体的情况，做到既有效又经济合理。

(三)设置圈梁

对于砌体承重结构，不均匀沉降的损害突出表现为墙体的开裂。因此实践中常在墙内设置圈梁来增强其承受挠曲变形的能力。这是防止出现开裂及阻止裂缝开展的一项有效措施。

圈梁的布置，在多层房屋的基础和顶层处宜各设置1道圈梁，其他各层可隔层设置，必要时可层层设置。单层工业厂房、仓库，可结合基础梁、联系梁、过梁等酌情设置。

圈梁应设置在外墙、内纵墙和主要内横墙上，并宜在平面内连成封闭系统。如在墙体转角及适当部位，设置现浇钢筋混凝土构造柱(用锚筋与墙体拉结)，与圈梁共同作用，可更有效地提高房屋的整体刚度。另外，墙体上开洞时，也宜在开洞部位配筋或采用构造柱和圈梁加强。

(四)采用连续基础

对于建筑体型复杂、荷载差异较大的框架结构，可采用箱基、桩基、筏基等加强基础整体刚度，减少不均匀沉降。

(五)采用非敏感性结构

排架、三铰拱(架)等铰结结构，支座发生相对位移时不会引起很大的附加应力，故可以避免不均匀沉降的损害。不过，这类结构形式通常只适用于单层的工业厂房、仓库和某些公共建筑。必须注意，即使采用了这些结构，严重的不均匀沉降对于屋盖系统、围护结构吊车梁及各种纵、横联系构件等还是有害的，因此，应考虑采取相应的防范措施，例如，避免用连续吊车梁及刚性屋面防水层，或墙内加设圈梁等。

三、施工措施

合理安排施工顺序对于高低、轻重悬殊的建筑部位或单体建筑，在施工进度和条件允许的情况下，一般应按照先重后轻、先高后低的顺序进行施工，或在高、重部位竣工并间歇一段时间后再修建轻、低部位。

带有地下室和群房的高层建筑，为减小高屋部位与群房间的不均匀沉降，施工时应采用后浇带断开，待高层部分主体结构完成时再连接成整体。如采用桩基，可根据沉降情况，在高层部分主体结构未全部完成时连接成整体。

在软土地基上开挖基坑时，要尽量不扰动土的原状结构，通常可在基坑底保留大约200 mm厚的原土层，待施工垫层时才临时挖除。如发现坑底软土已被扰动，可挖除扰动部分，用砂石回填处理。

在新建基础、建筑物侧边不宜堆放大量的建筑材料或弃土等重物，以免地面堆载引起建筑物产生附加沉降。

活载较大的建筑物，有条件时可先堆载预压；在使用初期应控制加载速率和加载范围，避免大量迅速、集中堆载。

注意打桩、降低地下水、基坑开挖对邻近建筑物可能产生的不利影响。

第十节　高层建筑筏形基础

一、筏形基础的一般要求

(1)筏形基础分为梁板式和平板式两种类型，其选型应根据地基土质、上部结构体系、柱距、荷载大小、使用要求及施工条件等因素确定。框架—核心筒结构和筒中筒结构宜采用平板式筏形基础。

(2)对四周与土层紧密接触带地下室外墙的整体式筏基和箱基，当地基持力层为非密实的土和岩石，场地类别为Ⅲ类和Ⅳ类，抗震设防烈度为 8 度和 9 度，结构基本自振周期处于特征周期的 1.2～5 倍范围时，按刚性地基假定计算的基底水平地震剪力、倾覆力矩可按设防烈度分别乘以 0.90 和 0.85 的折减系数。

(3)筏形基础的混凝土强度等级不应低于 C30，当有地下室时应采用防水混凝土。防水混凝土的抗渗等级应按表 6.10.1 选用。对重要建筑，宜采用自防水并设置架空排水层。

防水混凝土抗渗等级　　表 6.10.1

埋置深度 d/m	设计抗渗等级	埋置深度 d/m	设计抗渗等级
$d<10$	P6	$20\leqslant d<30$	P10
$10\leqslant d<20$	P8	$30\leqslant d$	P12

(4)采用筏形基础的地下室，钢筋混凝土外墙厚度不应小于 250 mm，内墙厚度不宜小于 200 mm。墙的截面设计除满足承载力要求外，还应考虑变形、抗裂及外墙防渗等要求。墙体内应设置双面钢筋，钢筋不宜采用光面圆钢筋，水平钢筋的直径不应小于 12 mm，竖向钢筋的直径不应小于 10 mm，间距不应大于 200 mm。

二、筏形基础底面尺寸的确定

筏形基础底面尺寸的确定应遵循天然地基上浅基础设计原则。在基础底面尺寸确定时，为了减小偏心弯矩作用，应尽可能使荷载合力重心与筏基底面形心相重合，在永久荷载与可变荷载准永久组合下，偏心距宜符合下式要求

$$e \leqslant 0.1\frac{W}{A} \tag{6.10.1}$$

式中，W 为与偏心距方向一致的基础底面边缘抵抗矩；A 为基础底面积。

基础底面尺寸除满足地基承载力条件外，对于有软弱下卧层的情况，还应满足软弱下卧层承载力要求。另外，有变形验算要求及稳定性验算要求时，还应进行相应验算。

三、筏形基础厚度确定

(一)梁板式筏基

梁板式筏基底板应计算正截面受弯承载力，其厚度还应满足受冲切承载力、受剪切承载力的要求。

梁板式筏基底板受冲切、受剪切承载力计算应符合下列规定：

(1)梁板式筏基底板受冲切承载力应按下式进行计算

$$F_l \leqslant 0.7\beta_{hp} f_t u_m h_0 \tag{6.10.2}$$

式中，F_l 为作用的基本组合时，图 6.10.1 中阴影部坠毁面积上的基底平均净反力设计值(kN)；u_m 为距基础梁边 $h_0/2$ 处冲切临界截面的周长(m)(图 6.10.1)。

(2)当底板区格为矩形双向板时，底板受冲切所需的厚度 h_0 应按下式进行计算，其底板厚度与最大双向板格的短边净跨之比不应小于 1/14，且板厚不应小于 400 mm。

$$h_0 = \frac{(l_{n1}+l_{n2})-\sqrt{(l_{n1}+l_{n2})^2-\dfrac{4p_n l_{n1} l_{n2}}{p_n+0.7\beta_{hp} f_t}}}{4} \tag{6.10.3}$$

式中，l_{n1}、l_{n2} 为计算板格的短边和长边的净长度(m)；p_n 为扣除底板及其上填土自重后，相应于作用的基本组合时的基底平均净反力设计值(kPa)。

(3)梁板式筏基双向底板斜截面受剪承载力应按下式进行计算

$$V_s \leqslant 0.7\beta_{hs} f_t (l_{n2}-2h_0)h_0 \tag{6.10.4}$$

式中，V_s 为距梁边缘 h_0 处，作用在图 6.10.2 中阴影部分面积上的基底平均净反力产生的剪力设计值(kN)。

(4)当底板板格为单向板时，其斜截面受剪承载力应按《建筑地基基础设计规范》(GB 50007—2011)第 8.2.10 条验算，其底板厚度不应小于 400 mm。

(二)平板式筏基

平板式筏基的板厚应满足受冲切承载力和受剪切承载力的要求。

平板式筏基柱下冲切验算应符合下列规定：

(1)平板式筏基柱下冲切验算时应考虑作用在冲切临界截面重心上的不平衡弯矩产生的附加剪力。对基础边柱和角柱冲切验算时，其冲切力应分别乘以 1.1 和 1.2 的增大系数。距柱边 $h_0/2$ 处冲切临界截面的最大剪应力 τ_{max} 应按下式进行计算(图 6.10.3)。板的最小厚度不应小于 500 mm。

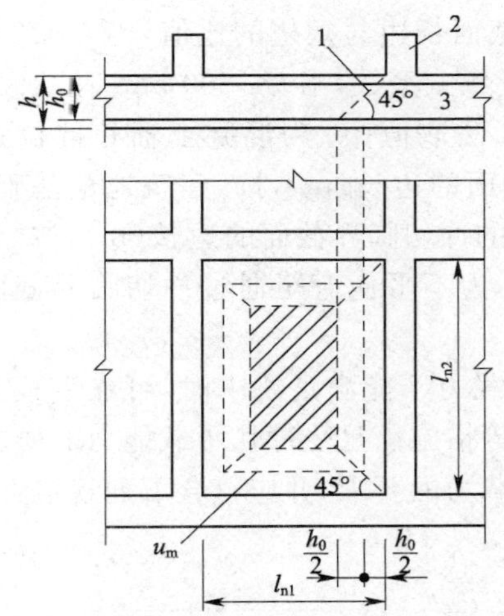

图 6.10.1　底板的冲切计算示意图

1-冲切破坏锥体的斜截面;2-梁;3-底板

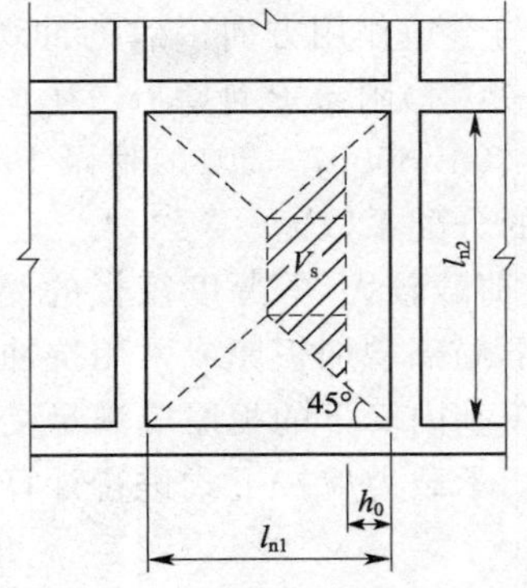

图 6.10.2　底板剪切计算示意图

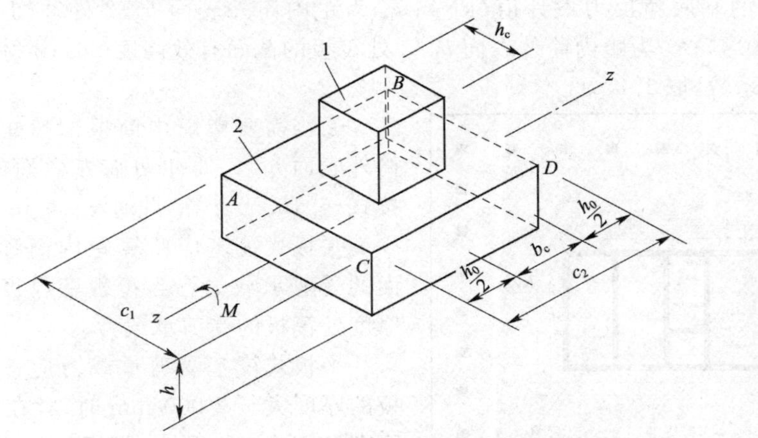

图 6.10.3　内柱冲切临界截面示意图

1-柱;2-筏板

$$\tau_{max}=\frac{F_l}{u_m h_0}+\alpha_s\frac{M_{unb}c_{AB}}{I_s} \tag{6.10.5}$$

$$\tau_{max}\leqslant 0.7\times(0.4+\frac{1.2}{\beta_s})\beta_{hp}f_t \tag{6.10.6}$$

$$\alpha_s=1-\frac{1}{1+\frac{2}{3}\sqrt{\frac{c_1}{c_2}}} \tag{6.10.7}$$

式中,F_l 为相应于作用的基本组合时的冲切力(kN),对内柱,取轴力设计值减去筏板冲切破坏锥体内的基底净反力设计值;对边柱和角柱,取轴力设计值减去筏板冲切临界截面范围内的基底净反力设计值。u_m 为距柱边缘不小于 $h_0/2$ 处冲切临界截面的最小周长(m),按《建筑地基基础设计规范》(GB 50007—2011)附录 P 计算;h_0 为筏板的有效高度(m);M_{unb} 为作用在冲切临界截面重心上的不平衡弯矩设计值(kN·m);c_{AB} 为沿弯矩作用方向,冲切临界截面重心至冲切临界截面最大剪应力点的距离(m),按《建筑地基基础设计规范》(GB 50007—2011)附录 P 计算;I_s 为冲切临界截面对其重心的极惯性矩(m^4),按《建筑地基基础设计规范》(GB 50007—2011)附录P计算；β_s 为柱截面长边与短边的比值，当 $\beta_s<2$ 时，β_s 取2；当 $\beta_s>4$ 时，β_s 取4；β_{hp} 为受冲切承载力截面高度影响系数，当 $h\leqslant800$ mm时，取 $\beta_{hp}=1.0$；当 $h\geqslant2\ 000$ mm时，取 $\beta_{hp}=0.9$，其间按线性内插法取值；f_t 为混凝土轴心抗拉强度设计值(kPa)；c_1 为与弯矩作用方向一致的冲切临界截面的边长(m)，按《建筑地基基础设计规范》(GB 50007—2011)附录P计算；c_2 为垂直于 c_1 的冲切临界截面的边长(m)，按《建筑地基基础设计规范》(GB 50007—2011)附录P计算；α_s 为不平衡弯矩通过冲切临界截面上的偏心剪力来传递的分配系数。

(2)当柱荷载较大，等厚度筏板的受冲切承载力不能满足要求时，可在筏板上面增设柱墩或在筏板下局部增加板厚或采用抗冲切钢筋等措施满足受冲切承载能力的要求。

平板式筏基内筒下的板厚应满足受冲切承载力的要求，并应符合下列规定：

①受冲切承载力应按下式进行计算

$$\frac{F_l}{u_m h_0}\leqslant\frac{0.7\beta_{hp}f_t}{\eta} \tag{6.10.8}$$

式中，F_l 为相应于作用的基本组合时，内筒所承受的轴力设计值减去内筒下筏板冲切破坏锥体内的基底净反力设计值(kN)；u_m 为距内筒外表面 $h_0/2$ 处冲切临界截面的周长(m)(图6.10.4)；h_0 为距内筒外表面 $h_0/2$ 处筏板的截面有效高度(m)；η 为内筒冲切临界截面周长影响系数，取1.25。

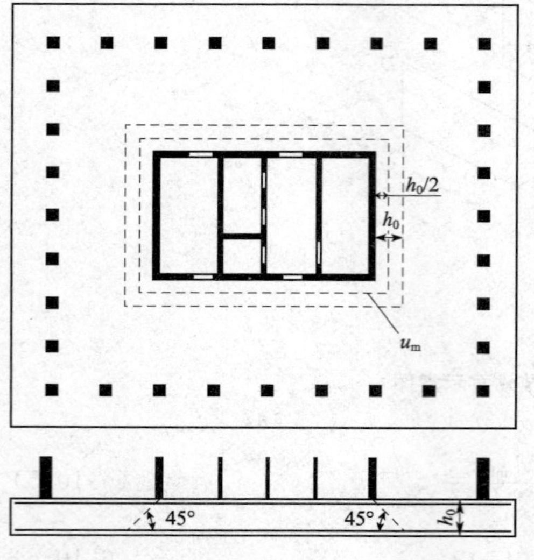

图6.10.4 筏板受力筒冲切的临界截面位置

②当需要考虑内筒根部弯矩的影响时，距内筒外表面 $h_0/2$ 处冲切临界截面的最大剪应力可按式(6.10.5)计算，此时 $\tau_{max}\leqslant0.7\beta_{hp}f_t/\eta$。

平板式筏基应验算距内筒和柱边缘 h_0 处截面的受剪承载力。当筏板变厚度时，还应验算变厚度处筏板的受剪承载力。

平板式筏基受剪承载力应按下式验算，当筏板的厚度大于2 000 mm时，宜在板厚中间部位设置直径不小于12 mm、间距不大于300 mm的双向钢筋网。

$$V_s\leqslant0.7\beta_{hs}f_t b_w h_0 \tag{6.10.9}$$

式中，V_s 为相应于作用的基本组合时，基底净反力平均值产生的距内筒或柱边缘 h_0 处筏板单位宽度的剪力设计值(kN)；b_w 为筏板计算截面单位宽度(m)；h_0 为距内筒或柱边缘 h_0 处筏板的截面有效高度(m)。

四、关于筏形基础的其他要求

筏形基础还应满足下列要求：

(1)地下室底层柱、剪力墙与梁板式筏基的基础梁连接的构造应符合下列规定：

①柱、墙的边缘至基础梁边缘的距离不应小于50 mm，如图6.10.5所示；

②当交叉基础梁的宽度小于柱截面的边长时，交叉基础梁连接处应设置八字角，柱角与八字角之间的净距不宜小于50 mm，如图6.10.5a)所示；

③单向基础梁与柱的连接，可按图6.10.5b)、c)采用；

④基础梁与剪力墙的连接，可按图 6.10.5d)采用。

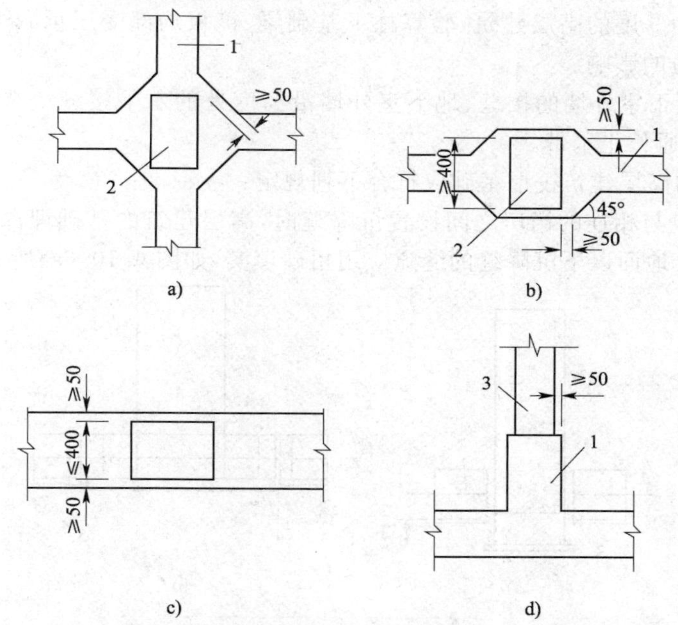

图 6.10.5 地下室底层柱或剪力墙与梁板式筏基的基础梁连接的构造要求

1-基础梁；2-柱；3-墙

(2)当地基土比较均匀，地基压缩层范围内无软弱土层或可液化土层，上部结构刚度较好，柱网和荷载较均匀，相邻柱荷载及柱间距的变化不超过 20%，且梁板式筏基梁的高跨比或平板式筏基板的厚跨比不小于 1/6 时，筏形基础可仅考虑局部弯曲作用。筏形基础的内力，可按基底反力直线分布进行计算，计算时基底反力应扣除底板自重及其上填土的自重。当不满足上述要求时，筏基内力可按弹性地基梁板方法进行分析计算。

(3)按基底反力直线分布计算的梁板式筏基，其基础梁的内力可按连续梁分析，边跨跨中弯距及第一内支座的弯矩值宜乘以 1.2 的系数。梁板式筏基的底板和基础梁的配筋除满足计算要求外，纵横方向的底部钢筋还应有不少于 1/3 贯通全跨，顶部钢筋按计算配筋全部连通，底板上下贯通钢筋的配筋率不应小于 0.15%。

(4)按基底反力直线分布计算的平板式筏基，可按柱下板带和跨中板带分别进行内力分析。柱下板带中，柱宽及其两侧各 0.5 倍板厚且不大于 1/4 板跨的有效宽度范围内，其钢筋配置量不应小于柱下板带钢筋数量的一半，且应能承受部分不平衡弯矩 $\alpha_m M_{unb}$。M_{unb} 为作用在冲切临界截面重心上的不平衡弯矩，α_m 应按下式进行计算。平板式筏基柱下板带和跨中板带的底部支座钢筋应有不少于 1/3 贯通全跨，顶部钢筋应按计算配筋全部连通，上下贯通钢筋的配筋率不应小于 0.15%。

$$\alpha_m = 1 - \alpha_s \tag{6.10.10}$$

式中，α_m 为不平衡弯矩通过弯曲来传递的分配系数；α_s 可按式(6.10.7)计算。

(5)对有抗震设防要求的结构，当地下一层结构顶板作为上部结构嵌固端时，嵌固端处的底层框架柱下端截面组合弯矩设计值应按现行国家标准《建筑抗震设计规范》(GB 50011—2010)的规定乘以与其抗震等级相对应的增大系数。当平板式筏形基础板作为上部结构的嵌固端、计算柱下板带截面组合弯矩设计值时，底层框架柱下端内力应考虑地震作用组合及相应的增大系数。

(6) 梁板式筏基基础梁和平板式筏基的顶面应满足底层柱下局部受压承载力的要求。对抗震设防烈度为 9 度的高层建筑，验算柱下基础梁、筏板局部受压承载力时，应计入竖向地震作用对柱轴力的影响。

(7) 筏板与地下室外墙的接缝、地下室外墙沿高度处的水平接缝应严格按施工缝要求施工，必要时可设通长止水带。

(8) 带裙房的高层建筑筏形基础应符合下列规定：

①当高层建筑与相连的裙房之间设置沉降缝时，高层建筑的基础埋深应大于裙房基础的埋深至少 2 m。地面以下沉降缝的缝隙应用粗砂填实，如图 6.10.6a)所示。

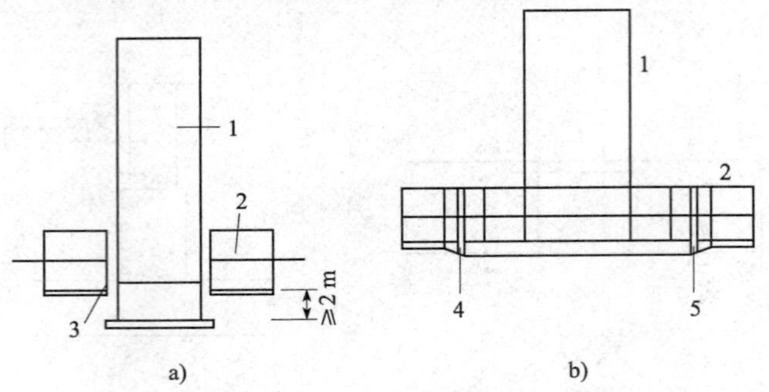

图 6.10.6　高层建筑与裙房间的沉降缝、后浇带处理示意

1-高层建筑；2-裙房及地下室；3-室外地坪以下用粗砂填实；4、5-后浇带

②当高层建筑与相连的裙房之间不设置沉降缝时，宜在裙房一侧设置用于控制沉降差的后浇带，当沉降实测值和计算确定的后期沉降差满足设计要求后，方可进行后浇带混凝土浇筑工作。当高层建筑基础面积满足地基承载力和变形要求时，后浇带宜设在与高层建筑相邻裙房的第一跨内。当需要满足高层建筑地基承载力、降低高层建筑沉降量、减小高层建筑与裙房间的沉降差而增大高层建筑基础面积时，后浇带可设在距主楼边柱的第二跨内，此时应满足以下条件：

a. 地基土质较均匀；

b. 裙房结构刚度较好，且基础以上的地下室和裙房结构层数不少于 2 层；

c. 后浇带一侧与主楼连接的裙房基础底板厚度与高层建筑的基础底板厚度相同，如图 6.10.6b)所示。

③当高层建筑与相连的裙房之间不设沉降缝和后浇带时，高层建筑及与其紧邻一跨裙房的筏板应采用相同厚度，裙房筏板的厚度宜从第二跨裙房开始逐渐变化，应同时满足主、裙楼基础整体性和基础板的变形要求；应进行地基变形和基础内力的验算，验算时应分析地基与结构间变形的相互影响，并采取有效措施防止产生有不利影响的差异沉降。

(9)在同一大面积整体筏形基础上建有多幢高层和低层建筑时，筏板厚度和配筋宜按上部结构、基础与地基土共同作用的基础变形和基底反力计算确定。

(10)带裙房的高层建筑下的整体筏形基础，其主楼下筏板的整体挠度值不宜大于 0.05%，主楼与相邻的裙房柱的差异沉降不应大于其跨度的 0.1%。

(11)采用大面积整体筏形基础时，与主楼连接的外扩地下室的角隅处的楼板板角，除配置两个垂直方向的上部钢筋外，还应布置斜向上部构造钢筋，钢筋直径不应小于 10 mm，间距不应大于 200 mm，该钢筋伸入板内的长度不宜小于 1/4 的短边跨度；与基础整体弯曲方向一致的垂直于外墙的楼板上部钢筋及主裙楼交界处的楼板上部钢筋，钢筋直径不应小于 10 mm，间距不应大于 200 mm，且钢筋的面积不应小于现行国家标准《混凝土结构设计规范》(GB 50010—2010)中受弯构件的最小配筋率,钢筋的锚固长度不应小于 $30d$。

(12)筏形基础地下室施工完毕后,应及时进行基坑回填。填土应按设计要求选料,回填时应先清除基坑中的杂物,在相对的两侧或四周同时回填并分层夯实,回填土的压实系数不应小于 0.94。

(13)采用筏形基础带地下室的高层和低层建筑,地下室四周外墙与土层紧密接触且土层为非松散填土、松散粉细砂土、软塑流塑黏性土,上部结构为框架、框剪或框架—核心筒结构,当地下一层结构顶板作为上部结构嵌固部位时,应符合下列规定:

①地下一层的结构侧向刚度不小于与其相连的上部结构底层楼层侧向刚度的 1.5 倍。

②地下一层结构顶板应采用梁板式楼盖,板厚不应小于 180 mm,其混凝土强度等级不宜小于 C30;楼面应采用双层双向配筋,且每层每个方向的配筋率不宜小于 0.25%。

③地下室外墙和内墙边缘的板面不应有大洞口,以保证将上部结构的地震作用或水平力传递到地下室抗侧力构件中。

④当地下室内、外墙与主体结构墙体之间的距离符合表 6.10.2 的要求时,该范围内的地下室内、外墙可计入地下一层的结构侧向刚度,但此范围内的侧向刚度不能重叠用于相邻建筑。当不符合上述要求时,建筑物的嵌固部位可设在筏形基础的顶面,此时宜考虑基侧土和基底土对地下室的抗力。

地下室墙与主体结构墙体之间的最大间距 d 表 6.10.2

抗震设防烈度 7 度、8 度	抗震设防烈度 9 度
$d \leqslant 30$ m	$d \leqslant 20$ m

(14)地下室的抗震等级、构件的截面设计及抗震构造措施应符合现行国家标准《建筑抗震设计规范》(GB 50011—2010)的有关规定。剪力墙底部加强部位的高度应从地下室顶板算起;当结构嵌固在基础顶面时,剪力墙底部加强部位的范围还应延伸至基础顶面。

第四篇

深　基　础

考试大纲

(一)桩的类型、选型与布置

了解桩的类型及各类桩的适用条件;熟悉桩的设计选型应考虑的因素;掌握布桩设计原则。

(二)单桩竖向承载力

了解单桩在竖向荷载作用下的荷载传递和破坏机理;熟悉单桩竖向承载力的确定方法;掌握桩身承载力的验算方法。

(三)群桩的竖向承载力

了解竖向荷载作用下的群桩效应;掌握群桩竖向承载力计算方法。

(四)负摩阻力

了解负摩阻力的发生条件;掌握负摩阻力的确定方法。

(五)桩的抗拔承载力

了解抗拔桩基的适用条件;掌握单桩及群桩的抗拔承载力计算方法。

(六)桩基沉降计算

熟悉桩基沉降计算的基本假定和计算模式;掌握桩基沉降计算方法。

(七)桩基水平承载力和水平位移

了解桩基在水平荷载作用下的荷载传递和破坏机理;熟悉桩基水平承载力的确定方法;了解桩基在水平荷载作用下的位移计算方法。

(八)承台设计

熟悉承台形式的确定方法;掌握承台的受弯、受冲切和受剪承载力计算方法。

(九)桩基施工

了解灌注桩、预制桩和钢桩的主要施工方法及其适用条件;了解桩基施工中容易发生的问题及预防措施。

(十)沉井基础

了解沉井基础的应用条件;掌握沉井设计方法;了解沉井下沉施工方法和主要工序;了解沉井施工中常见的问题与处理方法。

第一章　桩的类型、选型与布置

第一节　桩的类型

一、按承载性状分类

单桩的荷载传递机理，简单而概念性地可如图 1.1.1 所示。桩在竖向荷载作用下，桩顶荷载由桩侧阻力和端阻力共同承受，而桩侧阻力、端阻力的大小和分担荷载比例，主要由桩侧、桩端地基土的物理力学性质，桩的尺寸和施工工艺所决定。《建筑桩基技术规范》(JGJ 94—2008)按竖向荷载下桩土相互作用特点，桩侧阻力与桩端阻力的发挥程度和分担荷载比，将桩分为摩擦型桩和端承型桩两大类和四个亚类，见表 1.1.1。

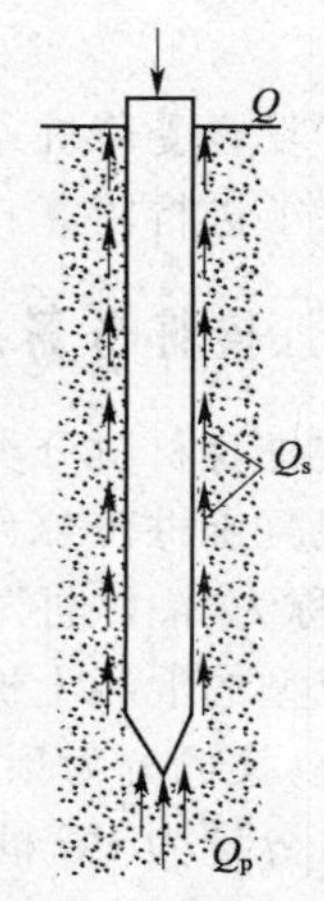

图 1.1.1　单桩的荷载传递

桩按荷载机理分类　　表 1.1.1

桩的类型	摩擦桩	端承摩擦桩	摩擦端承桩	端承桩
Q_{su}/Q_u	100%～95%	95%～50%	50%～5%	5%～0%
Q_{pu}/Q_u	0%～5%	5%～50%	50%～95%	95%～100%

注：Q_u为极限荷载；Q_{su}为桩侧极限阻力；Q_{pu}为桩端极限阻力。

(一)摩擦型桩

摩擦型桩是指在竖向极限荷载作用下，桩顶荷载全部或主要由桩侧阻力承受。根据桩侧阻力分担荷载的大小，摩擦型桩分为摩擦桩和端承摩擦桩两类。

在深厚的软弱土层中，无较硬的土层作为桩端持力层，或桩端持力层虽然较坚硬但桩的长径比 l/d 很大，传递到桩端的轴力很小，以至在极限荷载作用下，桩顶荷载绝大部分由桩侧阻力承受，桩端阻力很小、可忽略不计的桩，称为“摩擦桩”。

当桩的 l/d 不是很大，桩端持力层为较坚硬的黏性土、粉土和砂类土时，除桩侧阻力外，还有一定的桩端阻力。桩顶荷载由桩侧阻力和桩端阻力共同承担，但大部分由桩侧阻力承受的桩，称为“端承摩擦桩”。这类桩所占比例很大。

(二)端承型桩

端承型桩是指在竖向极限荷载作用下，桩顶荷载全部或主要由桩端阻力承受，桩侧阻力相对桩端阻力而言较小，或可忽略不计的桩。根据桩端阻力发挥的程度和分担荷载的比例，又可分为摩擦端承桩和端承桩两类。桩端进入中密以上的砂土、碎石类土或中、微风化岩层，桩顶极限荷载由桩侧阻力和桩端阻力共同承担，而主要由桩端阻力承受，称为“摩擦端承桩”。

当桩的 l/d 较小(一般小于 10)，桩身穿越软弱土层，桩端设置在密度砂层，碎石类土层中、微风化岩层中，桩顶荷载绝大部分由桩端阻力承受，桩侧阻力很小可忽略不计时，称为“端承桩”。

对于嵌岩桩，桩侧与桩端荷载分担比与孔底沉渣及进入基岩深度有关，桩的长径比 l/d 不是制约荷载分担比的唯一因素。

二、按桩的使用功能分类

按桩的使用功能分类是指桩在使用状态下，按桩的抗力性能和工作机理进行分类。不同使用功能的桩基，有不同的构造要求和不同的计算内容。

①竖向抗压桩：主要承受竖向下压荷载(简称"竖向荷载")的桩，应进行竖向承载力计算，必要时，还需计算桩基沉降，验算软弱下卧层的承载力及负摩阻力产生的下拉荷载。

②竖向抗拔桩：主要承受竖向上拔荷载的桩，应进行桩身强度和抗裂计算及抗拔承载力验算。

③水平受荷桩：主要承受水平荷载的桩，应进行桩身强度和抗裂验算及水平承载力和位移验算。

④复合受荷桩：承受竖向、水平荷载均较大的桩，应按竖向抗压(或抗拔)桩及水平受荷桩的要求进行验算。

三、按桩身材料分类

按桩身材料分类包括混凝土桩和钢桩。

混凝土桩可分为灌注桩和预制桩两类。在现场采用机械或人工成孔，就地灌注混凝土成桩，称为"灌注桩"。灌注桩可在桩内设置钢筋笼，也可不配钢筋；预制桩是在工厂或现场预制成型的混凝土桩，有实心(或空心)方桩、管桩。为提高其抗裂性和节约钢材，可做成预应力桩(又可分为预应力混凝土管桩、预应力高强混凝土管桩和预应力混凝土薄壁管桩，三者代号分别为 PC 桩、PHC 桩和 PTC 桩)。为减小沉桩挤土效应可做成敞口预应力管桩。钢桩主要有钢管桩、H 型钢桩、使用量较小的钢轨桩和组合材料桩。组合材料桩，是指用两种材料组合的桩，例如钢管桩内填充混凝土，或上部为钢管桩下部为混凝土等形式的组合桩。

四、按成桩方法分类

按成桩方法分类包括非挤土桩：干作业法、泥浆护壁法、套管护壁法；部分挤土桩：部分挤土灌注桩、埋入式桩、打入式敞口桩；挤土桩：挤土灌注桩、挤土预制桩(打入或静压)。

大量工程实践表明，成桩挤土效应对桩的承载力、成桩质量控制及环境等有很大影响，因此，根据成桩方法和成桩过程的挤土效应，将桩分为非挤土桩、部分挤土桩和挤土桩三大类。

在饱和软土中设置挤土桩，如设计和施工不当，就会产生明显的挤土效应，导致未初凝土灌注桩桩身缩小乃至断裂，桩上涌和移位，地面隆起，从而降低桩的承载力；有时还会损坏邻边建筑物；桩基施工后，还可能因饱和软土中孔隙水压力消散，土层产生再固结沉降，使桩产生摩阻力，降低桩基承载力，增大桩基沉降。挤土桩若设计和施工得当，可收到良好的技术经济效果。在非饱和松散土中采用挤土桩，其承载力明显高于非挤土桩。因此，正确地选择成桩方法和工艺是桩基设计中的重要环节。

《公路桥涵地基与基础设计规范》(JTG D63—2007)指出，管桩适用于深水、有潮汐影响和岩面起伏不平的河床。管桩的直径较大，强度和稳定性都较高，适用于承载力要求较高的基础，适用于各种土层，施工时没有坍孔之患。

五、按桩径大小分类

按桩径大小分类:小桩,$d \leqslant 250$ mm(d为桩身设计直径);中等直径桩,250 mm$<d<$800 mm;大直径桩,$d \geqslant 800$ mm。

小桩由于桩径小,施工机械、施工场地和施工方法一般较为简单,多用于基础加桩(树根桩或静压锚杆托换桩)和复合桩基础。

中等直径桩长期以来在工业与民用建筑物中大量使用,成桩的方法和工艺繁杂。

大直径桩近20年来发展较快,范围逐渐增多。因为桩径大且桩端还可扩大,因此,单桩桩载力较高。此类桩除大直径钢管桩外,多数为钻、冲、挖孔灌注桩,通常用于高重型建(构)筑物基础,并可实现柱下单桩的结构形式。因此,这决定了大直径桩施工质量的重要性。

第二节　桩型与工艺选择

一、桩型选择的基础原则

①因荷载制宜,即上部结构传递给基础的荷载大小是控制单桩承载力要求的主要因素。

②因土层制宜,即根据建筑物场地的工程地质条件、地下水位状况和桩端持力层深度来比较各种不同方案桩结构的承载力和技术经济指标,选择桩的类型。

③因机械制宜,即考虑本地区桩基施工单位现有的桩工机械设备;如确实需要从其他地区引进桩工机械时,则需考虑其经济合理性。

④因环境制宜,即考虑成桩过程中对环境的影响。例如打入式预制桩和打入式灌注桩的场合,就要考虑振动、噪声和油污对周围环境的影响;泥浆护壁钻孔桩和埋入式桩就要考虑泥水、泥土的处理,否则会对环境造成不良影响。

⑤因造价制宜,即采用的桩型,其造价应比较低廉。

⑥因工期制宜,当工期紧迫而环境又允许,可采用打入式预制桩,其施工速度快;如施工条件合适,也可采用人工挖孔桩,因该桩型施工作业面可增多,施工进程也较快。

总之,在选择桩型和工艺时,应对建筑物的特征(建筑结构类型、荷载性质、桩的使用功能和建筑物的安全等级等)、地形、工程地质条件(穿越土层、桩端持力层岩土特性)、水文地质条件(地下水类别、地下水位标高)、施工机械设备、施工环境、施工经验、各种桩施工法的特征、制桩材料供应条件、造价和工期等进行综合性研究分析后,并进行技术经济分析比较,最后选择经济合理、安全适用的桩型和成桩工艺。

需要引起注意的是:任何一种桩型都不是万能的,都有其适用范围,关键在于找到切入点,扬长避短;再好的桩型,只要施工中不注意质量或超过其适用范围,就会出现质量问题甚至造成重大事故及经济损失。

二、桩基几何尺寸的选择

(一)桩径与桩长

1.确定桩长的参考标准

决定桩长应根据土层的竖向分布特征,选择地基土持力层(包括摩擦持力层和桩端持力层),对于按实体基础考虑的群桩,还应考虑桩端压缩层深度。

一般应选择较硬土层作为桩端持力层。桩端全断面进入持力层的深度，对于黏性土、粉土不宜小于 $2d$，砂土不宜小于 $1.5d$，碎石类土不宜小于 $1d$。当存在软弱下卧层时，桩基以下硬持力层厚度不宜小于 $4d$。

当硬持力层较厚且施工条件许可时，桩端全断面进入持力层的深度宜达到桩端阻力的临界深度。

强风化岩的力学性质一般与碎石类土相似，用它作为桩端持力层时，桩进入该层的深度不宜小于 $1d$。

岩溶地区的灌注桩基，当岩面较为平整且上覆土层较厚时，嵌入微风化或中等风化岩体的深度，宜采用 $0.2d$ 或不小于 0.2 m。嵌岩灌注桩周边嵌入完整和较完整的未风化、微风化、中风化硬质岩体的最小深度，不宜小于 0.5 m。

桩长的选择，应考虑在基础附近已埋入地下的建(构)筑物等。

群桩桩长的选择还要考虑土的扩散角，避免应力重叠。

承受水平荷载的桩，其入土长度应大于有效桩长，即对水平荷载发挥有效抗力的那部分长度。

对于挤土桩，尚应考虑贯穿硬夹层深度的可能性。

2. 确定桩径的参考标准

首先应考虑各种桩成型的最小直径要求(不包括微型桩，即 JM 桩)。例如：打入式预制桩不小于 25 cm；干作业钻孔桩不小于 30 cm；泥浆护壁钻孔桩和冲孔桩不小于 50 cm；人工挖孔桩不小于 80 cm 等。

其次，要充分利用桩身材料强度来确定桩截面。例如，当作用在桩上的外力小于桩在土中的承载力时，一般应采用小截面桩。

下述情况，应扩大桩截面：①有较大的集中荷载和桩端在密实土中时；②当有较大的水平荷载或上拔荷载作用时；③为了穿过较厚的软弱土层而增大侧表面时；④长度不大时。

对于排架柱或框架柱下的桩基，当建筑场地埋藏有基岩、砂卵石等坚硬持力层时，可采用一柱一桩，以节省承台用料。但此时必须确保桩的施工质量。

3. 选择长径比(l/d)的参考标准

对于摩擦桩和端承摩擦桩，由于其大部分桩身轴向压力通过桩侧摩阻力向下和向四周传布，使轴向压力随深度递减，事实上不存在桩身压屈失稳问题。因此，其长径比可不作限制，宜采用细长桩。对于摩擦端承桩和端承桩，在其桩端持力层强度低于桩身材料强度的情况下，一般宜优先考虑采用扩底灌注桩。

按不出现压屈失稳条件来确定桩的长径比，一般来说，仅当高承台桩露出地面的长度较大，或桩侧土为可液化土、超软土的情况下，才需考虑这一问题。对于一般土中的桩，其压屈临界荷载值很高，远大于由土体强度控制的极限承载力。因此，主要根据施工因素适当考虑桩身稳定问题，来确定最大长径比。

按施工垂直度偏差控制桩长径比，主要是考虑不至于出现桩端交会而降低桩端阻力。若考虑桩的设计最小中心距一般为 $2.5d$，桩的允许水平偏差为 $d/4$，垂直度允许偏差为 1%，由此可得保证相邻桩端不交会的条件是 $l/d \leqslant 60$。对于穿越可液化土、超软土、自重湿陷性黄土的端承摩擦桩，考虑其桩侧土的水平反力系数很低，此时 $l/d \leqslant 40$。

(二)桩的中心距

群桩基础中心距的确定需考虑许多因素。

1. 考虑挤土桩成桩过程的挤土效应

对于打入桩、压入桩、沉管灌注桩等挤土桩，其成桩过程的挤土效应，是确定这类桩最小中心距的主导因素。

对于沉管灌注桩，要考虑成桩过程中桩间土体不至于因桩距过小而发生过大的隆起，或对邻桩产生过大的侧向挤压力，而造成颈缩或断桩。对于饱和土中的预制桩，沉桩过程中会产生较大的超静水孔压，土体出现隆起和侧移，如果桩中心距过小，会对已入土的桩产生上拔力和水平推力，使其向上抬起和倾斜，导致桩端阻力降低，桩身拉断和折断；当预制桩接头焊接质量差，桩距过小，沉桩的挤土效应会造成接头拉断并脱离。粉土和砂土中的挤土桩，当桩距过小，由于挤土效应可能使沉桩阻力逐步增大，以致无法沉至设计标高，在地面上形成高低不等的“柱林”。为此对挤土的最小中心距应严加限制。

我国《建筑桩基技术规范》(JGJ 94—2008)规定的桩最小中心距见表 1.2.1。

基桩的最小中心距　　表 1.2.1

土类与成桩工艺		排数不少于 3 排且桩数不少于 9 根的摩擦型桩桩基	其他情况
非挤土灌注桩		3.0d	3.0d
部分挤土桩	非饱和土、饱和非黏性土	3.5d	3.0d
部分挤土桩	饱和黏性土	4.0d	3.5d
挤土桩	非饱和土、饱和非黏性土	4.0d	3.5d
挤土桩	饱和黏性土	4.5d	4.0d
钻、挖孔扩底桩		2D 或 D+2.0 m (当 D>2 m 时)	1.5D 或 D+1.5 m (当 D>2 m 时)
沉管夯扩、钻孔挤扩桩	非饱和土、饱和非黏性土	2.2D 且 4.0d	2.0D 且 3.5d
沉管夯扩、钻孔挤扩桩	饱和黏性土	2.5D 且 4.5d	2.2D 且 4.0d

注：1. d 为圆桩设计直径或方桩设计边长，D 为扩大端设计直径。
2. 当纵横向桩距不相等时，其最小中心距应满足“其他情况”一栏的规定。
3. 当为端承桩时，非挤土灌注桩的“其他情况”一栏可减小至 2.5d。

①基桩的最小中心距应符合表 1.2.1 的规定；当施工中采取减小挤土效应的可靠措施时，可根据当地经验适当减小。

②排列基桩时，宜使桩群承载力合力点与竖向永久荷载合力作用点重合，并使基桩受水平力和力矩较大方向有较大抗弯截面模量。

③对于桩箱基础、剪力墙结构桩筏(含平板和梁板式承台)基础，宜将桩布置于墙下。

④对于框架—核心筒结构桩筏基础应按荷载分布考虑相互影响，将桩相对集中布置于核心筒和柱下；外围框架柱宜采用复合桩基，有合适桩端持力层时，桩长宜减小。

⑤应选择较硬土层作为桩端持力层。桩端全断面进入持力层的深度，对于黏性土、粉土不宜小于 2d，砂土不宜小于 1.5d，碎石类土不宜小于 1d。当存在软弱下卧层时，桩端以下硬持力层厚度不宜小于 3d。

⑥对于嵌岩桩，嵌岩深度应综合荷载、上覆土层、基岩、桩径、桩长诸因素确定。对于嵌入倾斜的完整和较完整岩的全断面深度不宜小于 0.4d，且不小于 0.5 m；倾斜度大于 30%

的中风化岩，宜根据倾斜度及岩石完整性适当加大嵌岩深度。对于嵌入平整、完整的坚硬岩和较硬岩的深度不宜小于0.2d，且不应小于0.2 m。

2.考虑群桩效应

一般来说，群桩由"整体破坏"转变为"刺入破坏"的桩距界限值，从承载能力和经济效果综合来后，可以认为是最优的设计桩距。对于软弱地基中的群桩基础，增大桩距和桩长，是提高单桩承载力取值的手段。

3.考虑邻桩干扰效应

对于在黏性土、粉土和密砂中的摩擦桩和端承摩擦桩，要考虑不至于因桩距过小产生过大的邻桩干扰效应，而降低承载力。

4.考虑确定的桩距

确定桩距时，应考虑承台分担荷载的作用。

第三节　桩的布置

桩的布置需符合标准要求。

①桩的最小中心距应符合表1.2.1的规定。

为了避免桩基施工可能引起的土的松弛效应和挤土效应对相邻基桩的不利影响，以及桩群效应对基桩承载力的不利影响，布桩时应该根据土类和成桩工艺及排列确定桩的最小中心距。一般情况下，穿越饱和软土的挤土桩，要求桩中心距最大，部分挤土桩或穿越非饱和土的挤土桩次之，非挤土桩最小；对于面积的桩群，桩的最小中心距宜适当加大。对于桩的排数为1～2排，桩数小于9根的其他情况的摩擦型桩基，桩的最小中心距可适当减小。

扩底灌注桩为保证桩侧阻力得到有效发挥且避免扩大端相串，除桩的最小中心距应符合表1.2.1中要求外，尚宜满足有关的规定。

经验证明，桩的合理布置对发挥桩的承载力，减少建筑物的沉降，特别是不均匀沉降是至关重要的。

②排列基桩时，宜使桩群承载力合力点与长期荷载重心重合，并使桩基受水平力和力矩较大方向有较大的截面模量。

③对于桩箱基础，宜将桩布置于墙下；对于带梁(肋)桩筏基础，宜将桩布置于梁(肋)下；对于大直径桩宜采用一柱一桩。

④同一结构单元宜避免采用不同类型的桩。

⑤桩端持力层深度的选择应符合本章第二节中二、(一)1.的规定。

桩端持力层的选择原则和桩端进入持力层的最小深度，主要是考虑在各类持力层中成桩的可能性和尽量提高桩端阻力的要求。对于薄持力层，且桩端持力层有下卧软弱土层时，当桩端进入持力层过深，反而会降低桩的承载力。当硬持力层较厚且施工条件许可时，桩端进入持力层的深度宜尽可能达到该土层桩端阻力的临界深度。桩端阻力的临界深度是指桩端阻力随桩端进入持力层的深度增加而增大的一个界限深度值。当桩端进入持力层的深度超过该土层的临界深度后，桩端阻力则不再有显著增加或不再增加。因此，将桩端设置在土层的临界深度处，有利于充分发挥桩的承载力。砂与碎石类土的临界深度为(3～10)d，随密度提高而增大；粉土、黏性土的临界深度为(2～6)d，随土的孔隙比和液性指数的减小而增大。

第四节　我国现有的桩型体系

由于我国地域辽阔，各地自然地质条件差别极大，东西部地区经济发展水平很不平衡，施工技术水平也有很大差异，因此在桩基设计与施工上极为多元化，几乎所有的桩型都在使用。在有些地区已经否定的方法可能在别的地区还在使用，先进的现代化工艺设备和传统的比较陈旧的工艺设备并存，大直径桩与中小直径桩并存，预制桩与灌注桩并存，挤土桩与非挤土桩并存，锤击、振动与静压的沉桩方法并存，钻孔、冲孔与人工挖孔的成孔方法并存。在我国各种桩型几乎都可以有它适合的土质、环境和需求，都有其应有的价值与地位。桩型上的这种特点主要由两个原因造成的：一是经济上的考虑，二是技术发展的不同。要在全国推行一种或几种桩型是不可能的，因地制宜，从实际出发选择桩型是桩基设计的重要指导思想。

我国在各类工程中所应用的主要桩型如表 1.4.1 所示。

我国应用的主要桩型　　表 1.4.1

<table>
<tr><th>成桩方法</th><th>制桩材料</th><th colspan="2">桩身与桩尖形状</th><th colspan="2">施工工艺</th></tr>
<tr><td rowspan="7">预制桩</td><td rowspan="5">钢筋混凝土</td><td>方桩</td><td>传统桩尖
桩端型钢加强</td><td rowspan="2">现场浇筑
工厂预制</td><td rowspan="7">锤击沉桩
振动沉桩
静力压桩</td></tr>
<tr><td colspan="2">三角形桩</td></tr>
<tr><td>空心方桩</td><td>传统桩尖</td><td rowspan="3">工厂预制</td></tr>
<tr><td>管桩</td><td>平底</td></tr>
<tr><td>预应力管桩</td><td>尖底
平底</td></tr>
<tr><td rowspan="2">钢材</td><td>钢管桩</td><td>开口
闭口</td><td>工厂生产焊接无缝钢管</td></tr>
<tr><td colspan="2">H形钢桩</td><td>工厂生产</td></tr>
<tr><td rowspan="5">灌注桩</td><td rowspan="4">沉管灌注桩</td><td colspan="3">直桩身—预制锥形桩尖</td><td rowspan="4"></td></tr>
<tr><td rowspan="3">扩　底</td><td colspan="2">内击式扩底</td></tr>
<tr><td colspan="2">无桩靴夯扩</td></tr>
<tr><td colspan="2">预制平底大头扩底</td></tr>
<tr><td>钻(冲、挖)孔灌注桩</td><td colspan="2">直身桩
扩底桩
多分支承力盘桩
嵌岩桩</td><td>钻孔
冲孔
人工挖孔</td><td>压浆
不压浆</td></tr>
</table>

近年来，我国海洋石油平台、超高层建筑和大跨度桥梁的建造，对桩基的设计与施工提出了很高的要求，在这些工程建设中桩基工程得到了迅速的发展，我国主要桩型的实际应用范围见表 1.4.2。

我国主要桩型实际应用范围　　表 1.4.2

桩　型	适用建筑物层数	桥梁	码头	塔架	基坑围护/m	最大桩深/m	最大桩径/mm
钢管桩	23～90					83	1 300
预制混凝土桩	8～40				6～9	75	600
预应力管桩	8～40					40	1 300
钻(冲)孔桩	18～45				6～18	104	4 000
人工挖孔桩	18～52				3～14	53	4 000
沉管灌注桩	5～15				4～7	35	700

表 1.4.2 中的数字是我国实际应用的范围，但并不是最大的极限值，也不是最佳值。由于各地地质条件差别很大，在某一地方可以用的方案，并不说明在其他地方也一定可以采用，这需要具体分析。

《建筑桩基技术规范》(JGJ 94－2008)中推荐的桩型与成桩工艺选择。

桩型与成桩工艺应根据建筑结构类型、荷载性质、桩的使用功能、穿越土层、桩端持力层、地下水位、施工设备、施工环境、施工经验、制桩材料供应等条件选择，可按表 1.4.3 进行。

桩型与成桩工艺选择 表 1.4.3

桩类			桩径		最大桩长/m	穿越土层											桩端进入持力层				地下水位		对环境影响		孔底有无挤密
			桩身/mm	扩底端/mm		一般黏性土及其填土	淤泥和淤泥质土	粉土	砂土	碎石土	季节性冻土膨胀土	黄土：非自重湿陷性黄土	黄土：自重湿陷性黄土	中间有硬夹层	中间有砂夹层	中间有砾石夹层	硬黏性土	密实砂土	碎石土	软质岩石和风化岩石	以上	以下	振动和噪声	排浆	
非挤土成桩	干作业法	长螺旋钻孔灌注桩	300～800	—	28	○	×	○	△	×	○	○	△	×	△	×	○	○	△	△	○	×	无	无	无
非挤土成桩	干作业法	短螺旋钻孔灌注桩	300～800	—	20	○	×	○	△	×	○	○	×	×	△	×	○	○	×	×	○	×	无	无	无
非挤土成桩	干作业法	钻孔扩底灌注桩	300～600	800～1 200	30	○	×	○	×	×	○	○	△	×	△	×	○	○	△	△	○	×	无	无	无
非挤土成桩	干作业法	机动洛阳铲成孔灌注桩	300～500	—	20	○	×	△	×	×	○	○	△	△	×	△	○	○	×	×	○	×	无	无	无
非挤土成桩	干作业法	人工挖孔扩底灌注桩	800～2 000	1 600～3 000	30	○	×	△	△	△	○	○	○	○	△	△	○	△	△	○	○	△	无	无	无
非挤土成桩	泥浆护壁法	潜水钻成孔灌注桩	500～800	—	50	○	○	○	△	×	△	△	×	×	△	×	○	○	△	×	○	○	无	有	无
非挤土成桩	泥浆护壁法	反循环钻成孔灌注桩	600～1 200	—	80	○	○	○	△	△	△	○	○	○	○	△	○	○	△	○	○	○	无	有	无
非挤土成桩	泥浆护壁法	正循环钻成孔灌注桩	600～1 200	—	80	○	○	○	△	△	△	○	○	○	○	△	○	○	△	○	○	○	无	有	无
非挤土成桩	泥浆护壁法	旋挖成孔灌注桩	600～1 200	—	60	○	△	○	△	△	△	○	○	○	△	△	○	○	○	○	○	○	无	有	无
非挤土成桩	泥浆护壁法	钻孔扩底灌注桩	600～1 200	1 000～1 600	30	○	○	○	△	△	△	○	○	○	○	△	○	△	△	△	○	○	无	有	无
非挤土成桩	套管护壁	贝诺托灌注桩	800～1 600	—	50	○	○	○	○	○	△	○	△	○	○	○	○	○	○	○	○	○	无	无	无
非挤土成桩	套管护壁	短螺旋钻孔灌注桩	300～800	—	20	○	○	○	○	×	△	○	△	△	△	△	○	○	△	△	○	○	无	无	无

续上表

桩类			桩径		最大桩长/m	穿越土层											桩端进入持力层				地下水位		对环境影响		孔底有无挤密
			桩身/mm	扩底端/mm		一般黏性土及其填土	淤泥和淤泥质土	粉土	砂土	碎石土	季节性冻土膨胀土	黄土：非自重湿陷性黄土	黄土：自重湿陷性黄土	中间有硬夹层	中间有砂夹层	中间有砾石夹层	硬黏性土	密实砂土	碎石土	软质岩石和风化岩石	以上	以下	振动和噪声	排浆	
部分挤土成桩	灌注桩	冲击成孔灌注桩	600～1 200	—	50	○	△	△	△	○	△	×	×	○	○	○	○	○	○	○	○	○	有	有	无
部分挤土成桩	灌注桩	长螺旋钻孔灌注桩	300～800	—	25	○	△	○	○	△	○	○	○	△	△	△	○	○	△	△	○	△	无	无	无
部分挤土成桩	灌注桩	钻孔挤扩多支盘桩	700～900	1 200～1 600	40	○	○	○	△	△	△	○	○	○	○	△	○	○	△	×	○	○	无	有	无
部分挤土成桩	预制桩	预钻孔打入式预制桩	500	—	50	○	○	○	△	×	○	○	○	○	○	△	○	○	△	△	○	○	有	无	有
部分挤土成桩	预制桩	静压混凝土（预应力混凝土）敞口管桩	800	—	60	○	○	○	△	×	△	○	○	△	△	△	○	○	○	△	○	○	无	无	有
部分挤土成桩	预制桩	H形钢桩	规格	—	80	○	○	○	○	○	△	△	△	○	○	○	○	○	○	○	○	○	有	无	无
部分挤土成桩	预制桩	敞口钢管桩	600～900	—	80	○	○	○	○	△	△	○	○	○	○	○	○	○	○	○	○	○	有	无	有
挤土成桩	灌注桩	内夯沉管灌注桩	325，377	460～700	25	○	○	○	△	△	○	○	○	×	△	×	○	△	△	×	○	○	有	无	有
挤土成桩	预制桩	打入式混凝土预制桩、闭口钢管桩、混凝土管桩	500、500～1 000	—	60	○	○	○	△	△	△	○	○	○	○	△	○	○	△	△	○	○	有	无	有
挤土成桩	预制桩	静压桩	1 000	—	60	○	○	△	△	△	△	○	△	△	△	×	○	○	△	×	○	○	无	无	有

注：表中符号○表示比较合适；△表示有可能采用；×表示不宜采用。

第五节　我国桩基工程发展的特点

我国桩基工程的实践和理论研究具有很高的水平，主要在于：①我国的地质条件极其多样，不同的地质条件，地基基础的工程问题不同，解决的方法和手段也不相同，给桩基工程的发展提供了非常大的空间；②我国建设的规模极其巨大，高层建筑、大桥、高耸塔架、海洋平台、地下铁道、高速公路等基础设施大量兴建，对基础工程提出了各种不同的要求，为桩基工程的发展提供了极其广阔的前景。

与国际上桩基工程的发展水平相比，我国桩基工程的发展具有非常明显的特点。

①发展的桩型多。新的施工工艺、新的桩型不断出现，经过工程实践的筛选，保留了许多具有经济效益和社会效益的新桩型和新的施工方法。

②现场模型试验和原位试验研究的规模大，测试项目齐全，涉及的领域广泛，在竖向承压桩方面积累的资料最丰富，在抗拔承载力、水平承载力方面也进行过颇有代表性的大型模型试验和原型试验，取得了宝贵的数据，在现场试验中还做了许多桩身内力、桩身变形的量测，为机理研究提供了大量的数据。

③单桩承载力确定方法的研究与推广应用广泛，如用静力触探预估单桩承载力的方法，用经验公式确定单桩承载力的桩侧摩阻力和桩端阻力的系数表等都已进入全国规范和部分地方规范。

④桩的模型试验和理论研究的深入将工程经验提高到新的设计方法和新的工法的水平，在理论和实践两方面都有不少的建树。在桩的荷载传递机理的研究、桩土共同作用的研究、群桩的变形计算与变形控制理论及计算方法等方面都取得了很多的成果。

第二章　单桩竖向承载力

第一节　单桩在竖向荷载作用下的荷载传递机理和破坏机理

单桩工作性能的研究是单桩承载力分析理论的基础。通过桩土相互作用分析，了解桩土间的传力途径和单桩承载力的构成及其发展过程，以及单桩的破坏机理等，对正确评价单桩承载力设计值具有一定的指导意义。

桩顶荷载一般包括轴向力、水平力和力矩。为简化起见，在研究桩的受力性能和计算桩的承载力时，往往对竖向受力情况单独进行研究。本节主要讨论竖向荷载下单桩的受力性能。

一、桩的荷载传递

在竖向荷载作用下，桩身材料将发生弹性压缩变形，桩与桩侧土体发生相对位移，因而桩侧土对桩身产生向上的桩侧摩阻力。如果桩侧摩阻力不足以抵抗竖向荷载，一部分竖向荷载将传递到桩底，桩底持力层也将产生压缩变形，故桩底土也会对桩端产生阻力。桩通过桩侧阻力和桩端阻力将荷载传递给土体。或者说，土对桩的支承力由桩侧阻力和桩端阻力两部分组成。

如图 2.1.1 所示，桩顶在竖向荷载 Q 的作用下，桩身任一深度 z 处横截面上所引起的轴力 N_z 将使该截面向下位移 δ_2，桩端下沉 δ_1，从而导致桩身侧面与桩周土之间相对滑移，其大小制约着土对桩侧向上作用的摩阻力 τ_z 的发挥程度。由深度 z 处桩段微元 dz 上力的平衡条件

$$N_z-\tau_z u_p dz-(N_z+dN_z)=0 \tag{2.1.1}$$

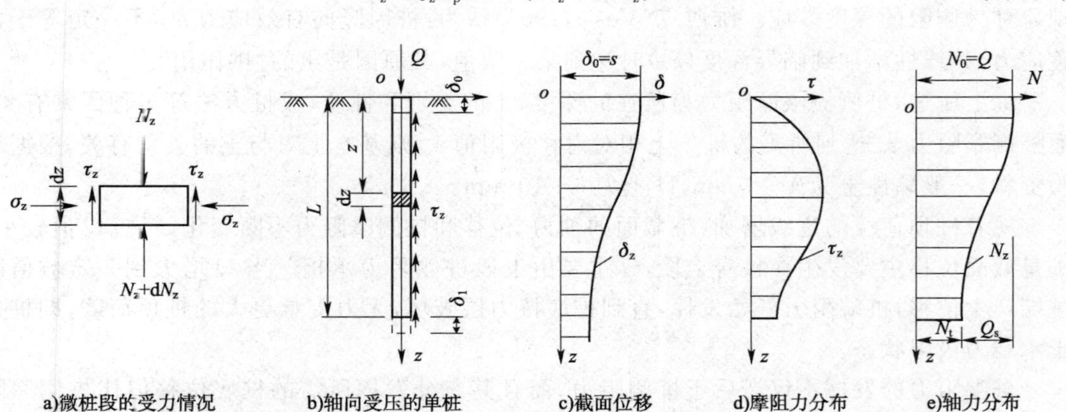

a)微桩段的受力情况　b)轴向受压的单桩　c)截面位移　d)摩阻力分布　e)轴力分布

图 2.1.1　单桩轴向荷载传递

可得桩侧摩阻力 τ_z 与桩身轴力 N_z 的关系为

$$\tau_z = -\frac{1}{u_p}\frac{dN_z}{dz} \tag{2.1.2}$$

式中，τ_z 为桩侧单位面积上的荷载传递量；u_p 为桩的周长。

桩顶轴力等于桩顶竖向荷载，即 $N_0=Q$；桩端轴力 N_t 等于总桩端阻（$N_t=Q_p$），故桩侧总阻力 $Q_s=Q-Q_p$。

由于桩身截面位移 δ_z 应为桩顶位移 $\delta_0=s$ 与 z 深度范围内的桩身压缩量之差，其公式为

$$\delta_z = s-\frac{1}{A_p E_p}\int_0^z N_z dz \tag{2.1.3}$$

式中，A_p、E_p 分别为桩身横截面面积和弹性模量。

若取 $z=l$，则上式变为桩端位移（即桩的刚体位移）表达式。

单桩静载荷试验时，除了测定桩顶荷载 Q 作用下的桩顶沉降 s 外，若通过沿桩身若干截面预先埋设的应力量测元件（传感器），获得桩身轴力 N_z 分布图，则可利用式(2.1.2)和式(2.1.3)做出摩阻力 τ_z 和截面位移 δ_z 的分布图(图 2.1.1)。

二、桩侧摩阻力和桩端阻力

桩侧摩阻力 τ 是桩截面对桩周土相对位移 δ 的函数，如图 2.1.2 中曲线 OCD 所示，但通常可简化为折线 OAB。其极限值 τ_u 可用类似于土的抗剪强度的库仑公式表达

$$\tau_u = c_z+\sigma_x \tan\varphi_z \tag{2.1.4}$$

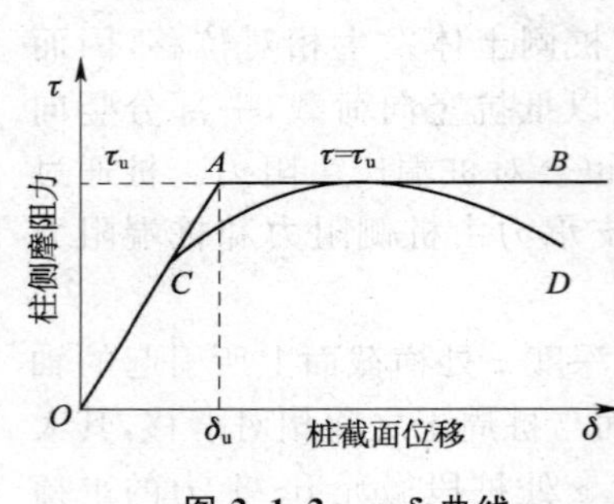

图 2.1.2　τ-δ 曲线

式中，c_z、φ_z 分别为桩侧表面与土之间的附着力和摩擦角；σ_x 为深度 z 处作用于桩侧表面的法向压力，它与桩侧土的竖向有效应力 σ_v' 成正比例，即

$$\sigma_x = K_s \sigma_v' \tag{2.1.5}$$

式中，K_s 为桩侧土的侧压力系数，对挤土桩 $K_0<K_s<K_p$；对非挤土桩，因桩孔中土被清除，而使 $k_a<K_s<K_0$。其中，k_a、K_0、K_p 分别为主动、静止和被动土压力系数。

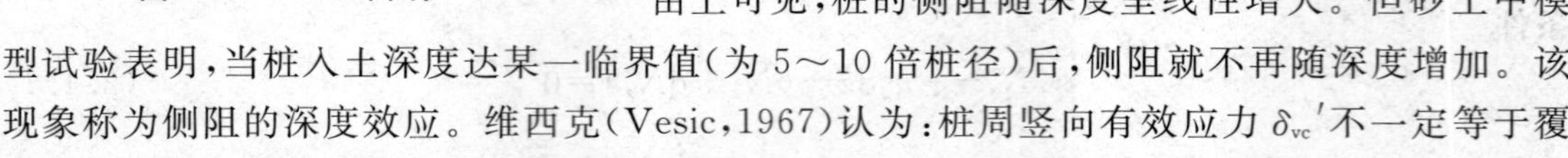

由上可见，桩的侧阻随深度呈线性增大。但砂土中模型试验表明，当桩入土深度达某一临界值(为 5～10 倍桩径)后，侧阻就不再随深度增加。该现象称为侧阻的深度效应。维西克(Vesic,1967)认为：桩周竖向有效应力 δ_{vc}' 不一定等于覆盖应力，其线性增加到临界深度(z_c)时达到某一限值，其原因是土的“拱作用”。

综上所述，桩侧极限摩阻力与所在的深度、土的类别和性质、成桩方法等多种因素有关。而桩侧摩阻力 τ_u 达到所需的桩—土相对滑移极限值 δ_u 则基本上只与土的类别有关，根据试验资料，一般黏性土为 4～6 mm，砂土为 6～10 mm。

随着桩顶荷载的逐级增加，桩截面的轴力、位移和桩侧摩阻力不断变化，起初 Q 值较小，桩身截面位移主要发生在桩身上段，Q 主要由上段桩侧阻力承担。当 Q 增大到一定数值时桩端产生位移，桩端阻力开始发挥，直到桩底持力层破坏，无力支承更大的桩顶荷载，即桩处于承载力极限状态。

桩端阻力的发挥不仅滞后于桩侧阻力，而且其充分发挥所需的桩底位移值比桩侧摩阻力到达极限所需的桩身截面位移值大得多。根据小型桩试验结果，砂类土的桩底极限位移为(0.08～0.1)d，一般黏性土为 0.25d；硬黏土为 0.1d。因此，在工作状态下，单桩桩端阻力的安全储备一般大于桩侧阻力的安全储备。

模型和原型桩试验研究均表明，与侧阻的深度效应类似，当桩端入土深度小于某一临界深度时，极限端阻随深度线性增加，而大于该深度后则保持恒值不变。不同资料表明，侧阻与端阻的临界深度之比为0.3～1.0。关于侧阻和端阻的深度效应问题有待进一步研究。

此外，桩长对荷载的传递也有着重要的影响。当桩长较大(例如 $l/d>25$)时，因桩身压缩变形大，桩端反力尚未发挥，桩顶位移已超过实用所要求的范围，此时传递到桩端的荷载极为微小。因此，很长的桩实际上总是摩擦桩，用扩大桩端直径来提高承载力是徒劳的。

三、单桩的破坏模式

单桩在轴向荷载作用下，其破坏模式主要取决于桩周土的抗剪强度、桩端支承情况、桩的尺寸及桩的类型等条件。图2.1.3给出了轴向荷载下可能的基桩破坏模式简图。

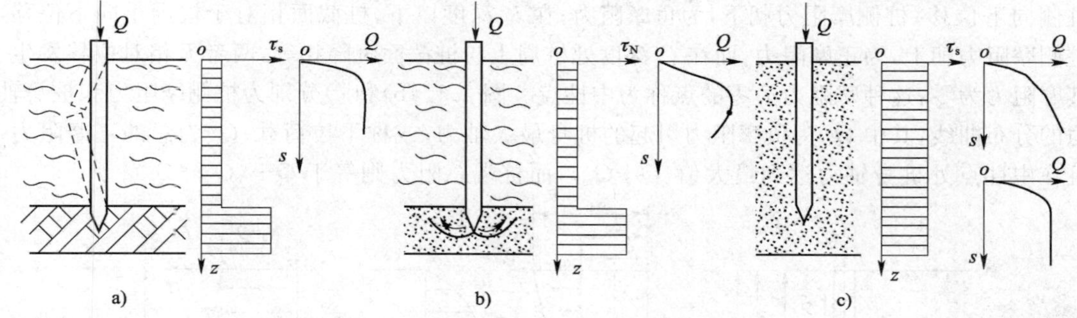

图2.1.3 轴向荷载下基桩的破坏模式

(一)屈曲破坏

当桩底支承在坚硬的土层或岩层上，桩周土层极为软弱，桩身无约束或侧向抵抗力。桩在轴向荷载作用下，如同一细长压杆出现纵向挠曲破坏，荷载-沉降(Q-s)关系曲线为“急剧破坏”的陡降型，其沉降量很小，具有明确的破坏荷载[图2.1.3a)]。桩的承载力取决于桩身的材料强度。如穿越深厚淤泥质土层中的小直径端承桩或嵌岩桩，细长的木桩等多属于此种破坏。

(二)整体剪切破坏

当具有足够强度的桩穿过抗剪强度较低的土层，达到强度较高的土层，且桩的长度不大时，桩在轴向荷载作用下，由于桩底上部土层不能阻止滑动土楔的形成，桩底土体形成滑动面而出现整体剪切破坏。此时桩的沉降量较小，桩侧摩阻力难以充分发挥，主要荷载由桩端阻力承受，Q-s 曲线也为陡降型，呈现明确的破坏荷载[图2.1.3b)]。桩的承载力主要取决于桩端土的支承力。一般打入式短桩、钻扩短桩等均属于此种破坏。

(三)刺入破坏

当桩的入土深度较大或桩周土层抗剪强度较均匀时，桩在轴向荷载作用下将出现刺入破坏，如图2.1.3c)所示。此时桩顶荷载主要由桩侧摩阻力承受，桩端阻力极微，桩的沉降量较大。一般当桩周土质较欠弱时，Q-s 曲线为“渐进破坏”的缓变型，无明显拐点，极限荷载难以判断，桩的承载力主要由上部结构所能承受的极限沉降 s_u 确定；当桩周土的抗剪强度较高时，Q-s 曲线可能为陡降型，有明显拐点，桩的承载力主要取决于桩周土的强度。一般情况下的钻孔灌注桩多属于此种情况。

四、桩侧负摩阻力

桩土之间相对位移的方向决定了桩侧摩阻力的方向，当桩周土层相对于桩侧向下位移时，桩侧摩阻力方向向下，称为负摩阻力。通常，在下列情况下应考虑桩侧负摩阻力作用：

①在软土地区，大范围地下水位下降，使桩周土中有效应力增大，导致桩侧土层沉降；

②桩侧地面承受局部较大的长期荷载，或地面大面积堆载（包括填土）时；

③桩穿越较厚松散填土、自重湿陷性黄土、欠固结土层进入相对较硬土层时；

④冻土地区，由于温度升高而引起桩侧土的缺陷。

必须指出，引起桩侧负摩阻力的条件是，桩侧土体下沉必须大于桩的下沉。

要确定桩侧负摩阻力的大小，首先就得确定产生负摩阻力的深度及其强度大小。桩身负摩阻力并不一定发生于整个软弱压缩土层中，而是在桩周土相对于桩产生下沉的范围内，它与桩周土的压缩、固结、桩身压缩及桩底沉降等直接有关。图 2.1.4 给出了穿过软弱压缩土层而达到坚硬土层的竖向荷载桩的荷载传递情况。由图可见，在 l_u 深度内桩周土相对于桩侧向下位移，桩侧摩阻力朝下，为负摩阻力；在 l_u 深度以下，桩截面相对于桩周土向下位移，桩侧摩阻力朝上，为正摩阻力；而在 l_u 深度处桩周土与桩截面沉降相等，两者无相对位移发生，其摩阻力为零，这种摩阻力为零的点称为中性点。图 2.1.4b）和 c）分别为桩侧摩阻力和桩身轴力的分布曲线，其中 Q_n 为负摩阻力引起的桩身最大轴力，或称下拉荷载；Q_s 为总的正摩阻力。且在中性点处桩身轴力达到最大值（$Q+Q_n$），而桩端总阻力则等于 $Q+(Q_n-Q_s)$。

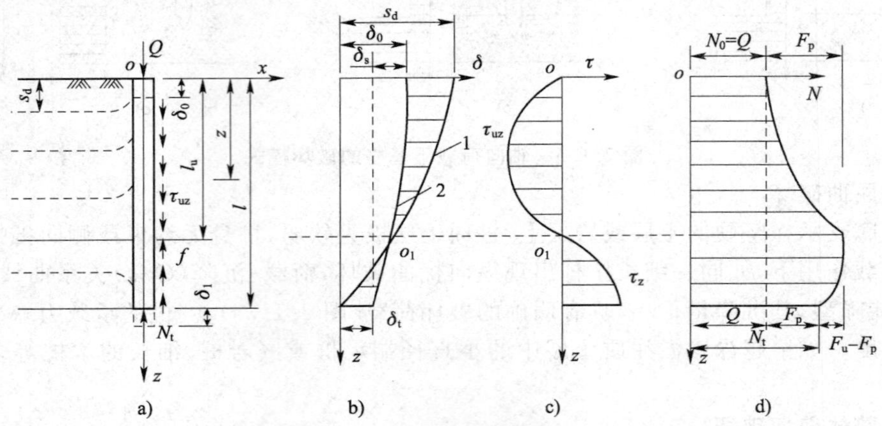

图 2.1.4　单桩在产生负摩阻力时的荷载传递

桩侧土层的固结随时间而变化，故土层的竖向位移和桩身截面位移都是时间的函数。因此，在桩顶荷载作用下，中性点位置、摩阻力及轴力等也都相应发生变化。当桩截面位移在桩顶荷载作用下稳定后，土层固结程度和速率是影响 Q_n 大小和分布的主要因素。固结程度高、地面沉降大，则中性点往下移；固结速率大，则 Q_n 增长快。但 Q_n 的增长需经过一定的时间才能达到极限值。在此过程中，桩身在 Q_n 作用下产生压缩，随着 Q_n 的产生和增大，桩端处轴力增加，沉降也相应增大，由此导致桩土相对位移减小，Q_n 降低而逐渐达到稳定状态。

第二节　单桩竖向静载荷试验

单桩竖向静载荷试验是确定单桩竖向承载力的最基本的一种方法。试验时对桩逐级施加竖向荷载，测定桩在各级荷载作用下不同时刻的桩顶位移，求得桩的荷载—位移—时间关系，用以分析确定单桩的极限承载力。单桩竖向静载荷试验不仅可以测定单桩在荷载作用下的桩顶变形性状曲线，还可以测定桩的轴向力随深度的变化，根据试验结果能进行单桩荷载传递的分析、单桩破坏机理的分析和单桩承载力的分析。工程试桩分为两种，一种是用以确定单桩承载力，另一种是校核设计用的单桩承载力。前者一般用于重大工程，在设计以前进行一种规格或若干种规格桩的载荷试验，以确定设计所用的单桩承载力。每一种规格的桩通常要做若干根，以了解场地单桩承载力的变异性，避免试桩数量过少的偶然性。由于试验时尚未进行设计，因此试验桩不可能用作工程桩。而后者常用于校核实际的单桩承载力是否满足设计的要求，设计采用的承载力通常用规范经验参数法、静力触探法估算。由于此时已进行了桩的设计，故常用工程桩作试桩，以节省费用，一般工程大多采用后者。但如试验结果与设计采用的承载力有较大的出入，处理就比较麻烦。如试验求得的单桩承载力远大于设计承载力就会造成浪费；如试验结果偏小，则必须进行补桩。

一、单桩竖向静载荷试验装置与试验方法

1. 试验装置

试验装置包括加荷系统与位移观测系统。

加荷系统主要有锚桩反力梁式与载荷平台式两类，如图 2.2.1 所示。锚桩反力梁式加荷系统通过反力梁将反力传给锚桩，反力梁装置所能提供的反力应不小于预估最大试验荷载的 1.2～1.5 倍。锚桩应尽可能利用工程桩以降低造价，锚桩数量不得少于 4 根，并应对试验过程中锚柱的上拔量进行监测。载荷平台式加荷系统由堆放在平台上的压重铁块平衡反力，压重应在试验开始前全部加上，压重不得少于预估最大试验荷载的 1.2 倍。加荷设备通常为配有稳压装置的液压千斤顶，试验前需对千斤顶进行标定，荷载可用放置于千斤顶上的量力环或应变式压力传感器测定。

位移观测系统的支架由基准桩和架于其上的基准架组成。基准桩必须远离试桩和锚桩，至少不小于 $4d$（桩径）或 2 m；基准梁必须具有足够的刚度，使之在自重和风力和地面振动作用下不产生明显的挠曲变形或振动。位移观测仪器通常采用具有足够灵敏度和精确度的长标距百分表或电感位移计，对于大直径桩应在其 2 个正交直径方向对称安置 4 个测读仪表，对于中等直径和小直径桩可采用 2 个或 3 个测读仪表。

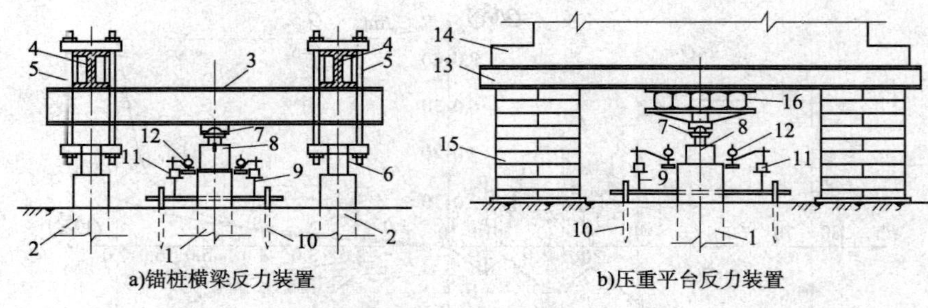

图 2.2.1 单桩静荷载试验的装置

1-试桩；2-锚桩；3-主梁；4-次梁；5-拉杆；6-锚筋；7-球座；8-千斤顶；9-基准梁；10-基准桩；11-磁性表座；12-位移计；13-载荷平台；14-压载；15-支墩；16-托梁

试桩、锚桩和基准桩之间的中心距离应符合表 2.2.1 的规定。

试桩、锚桩和基准桩之间的中心距离　　表 2.2.1

反力系统	试桩与锚桩（或压重平台支墩边）	试桩与基准桩	基准桩与锚桩（或压重平台支墩边）
锚桩横梁反力装置 压重平台反力装置	≥4d 且≥2 m	≥4d 且≥2 m	≥4d 且≥2 m

注：d 为试桩或锚桩的设计直径，且取较大者（如试桩或锚桩为扩底桩时，试桩与锚桩的中心距不应小于 2 倍扩大端直径）。

2. 试验方法

单桩静荷载试验的试验方法包括加载分级、测读时间、沉降相对稳定标准和破坏标准，分述如下。

加载分级。每级加载为预估极限承载力的 1/15～1/10，第一级可按 2 倍分级荷载加载。

沉降观测测读时间。每级加载后间隔 5 min、10 min、15 min 各测读一次，以后每隔 15 min 测读一次，累计1 h后每隔 30 min 测计一次，每次测读值记入试验记录表。

沉降相对稳定标准。满足下列沉降相对稳定标准时可以施加下一级荷载：持力层为黏性土时，沉降速率不大于 0.1 mm/h；持力层为砂土时，沉降速率不大于 0.5 mm/h。按照这一稳定标准的试验称为慢速维持荷载法试验；快速维持荷载试验法则规定，每级荷载（维持不变）下观测沉降 1 h 即可施加下一级荷载。

破坏标准。当出现下列任何一种情况时，即认为试桩已达到破坏并可中止加载。

①桩发生急剧的、不停滞的下沉。

②该级荷载下的沉降大于其前一级沉降的 5 倍。

③该级沉降大于其前一级沉降的 2 倍，且在 24 h 内不能稳定。

④试桩的总沉降超过 $100+(L-40)$，沉降以"mm"计；L 为桩长，以"m"计。

中止加载后进行卸载，每级卸载量为加载量的 2 倍。每级卸载后隔 15 min 测计一次残余沉降，读两次后，隔 30 min 再测读一次，即可卸下一级荷载，全部卸载后，隔 3～4 h 再测读一次。

二、成果资料的整理

常规试验可根据观测资料绘制如图 2.2.2 所示的试桩的荷载—沉降（Q-S）曲线、锚桩的上拔力—位移（N-Δ）曲线和试桩的沉降—时间（S-t）或（S-$\lg t$）曲线等；若为循环载荷试验，还可绘制荷载—弹性沉降（Q-S_e）曲线和荷载-塑性沉降（Q-S_p）曲线。根据这些曲线可以确定单桩极限承载力和其他的参数。

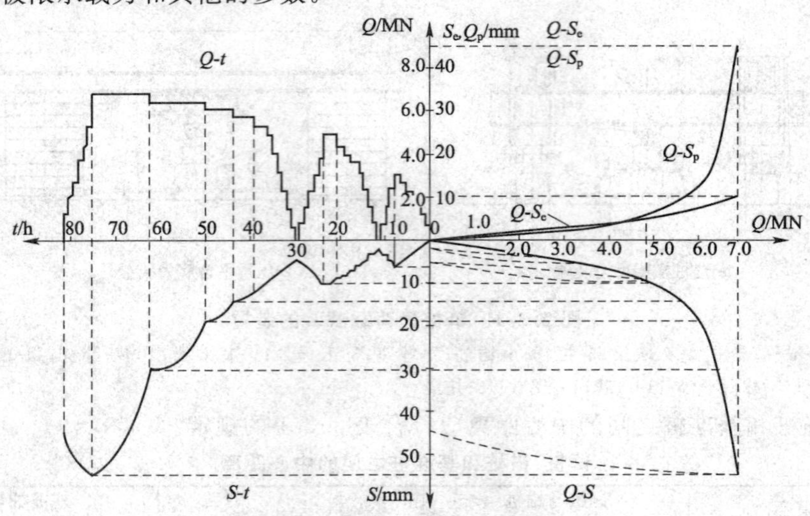

图 2.2.2 桩的静载荷试验成果

三、极限承载力的判定

极限承载力是单桩最大的承载能力，桩周地基土（包括桩的四周和桩端的地基土）对桩的支承是构成单桩承载力的主要因素，当桩周地基土不能承受过大荷载而破坏时，桩身便急剧下沉。出现桩周土破坏的前提条件：桩身结构强度必须是，传递如此大的轴力，如果桩身强度不足，则桩身必然先于地基土破坏，此时桩身可能发生折断或压曲破坏。上述两种可能的破坏都会在试桩曲线上表现出来，因此可以从单桩竖向承载力的静载荷试验曲线判定单桩的极限承载力。当桩顶荷载达到极限承载力时，不同情况的试验曲线具有不同的特征，可以采用下列不同的方法判定单桩的极限承载力。

(一)Q-S 曲线明显转折点法

对于具有明显转折点的 Q-S 曲线通常可划分为三段：基本上呈直线的初始段、曲率逐渐增大的曲线段和斜率很大(乃至竖直)的末段直线。三段曲线的分界点分别称为第一拐点与第二拐点。三段曲线反映了桩的承载性状变化的三个阶段：从加荷至第一拐点 A 为线性变形阶段，此时桩周土的变形处于弹性状态；第一拐点后，桩周土逐渐出现塑性变形，沉降速率开始逐渐增大，直至第二拐点 B，此为弹塑性变形阶段；在第二拐点以后，沉降急剧增大以至无法停止，标志桩已进入破坏阶段，可能是桩周土的塑性破坏，也可能是桩身强度破坏。不同的破坏机理，曲线的形态不同，桩身强度破坏时曲线呈脆性破坏特征，而桩周土的破坏可能是延性的。试桩曲线上的第一拐点所对应的荷载称为临界(屈服)荷载，记为 Q_l；第二拐点对应的荷载称为极限荷载，记为 Q_u。如图 2.2.3 所示。

(二)沉降速率法(S-lg$t$ 法)

当荷载较小时，各级荷载下的 S-lg$t$ 关系呈一条条平坦的直线；超过屈服荷载，S-lg$t$ 的斜率逐级增大；超过极限荷载后，S-lg$t$ 的斜率急剧增大，且随着时间而向下曲折，表明桩的沉降速率在随着时间而增加，这标志着桩已处于破坏状态。因此，斜率急剧增大且向下曲折的曲线所对应的荷载应为破坏荷载，其前一级荷载即为极限荷载。如图 2.2.4 中曲线 g 所对应的是破坏荷载，其前一级曲线 f 对应的即为极限荷载 Q_u。

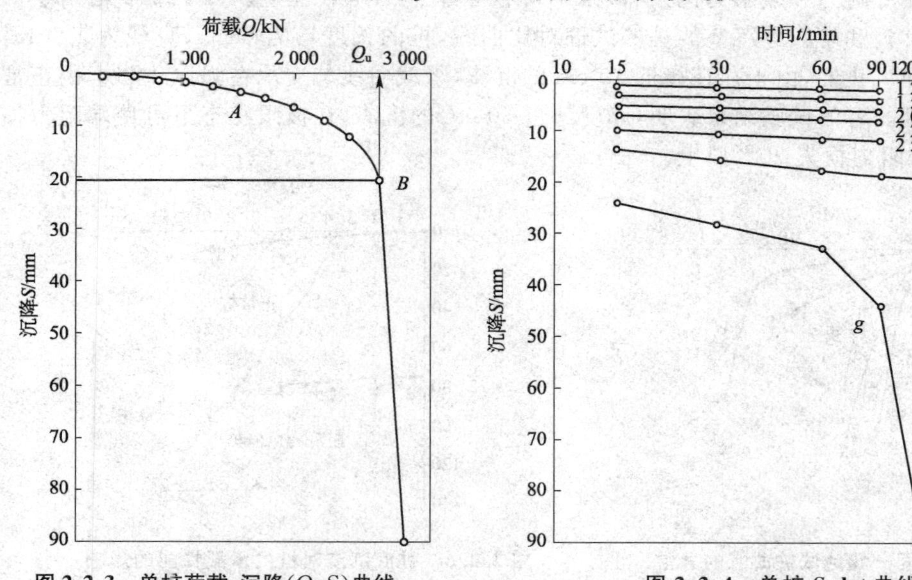

图 2.2.3 单桩荷载-沉降(Q-S)曲线　　**图 2.2.4 单桩 S-lg$t$ 曲线**

(三)相对变形标准

当 Q-S 曲线没有明显转折点时，表明该桩的破坏模式属于刺入型。这一类试桩的极限荷载的判定通常参照变形标准。

四、单桩竖向静载荷试验结果异常情况的分析与处理

前面所讨论的对试验结果的分析都是针对正常的试验结果。但有时试验结果会出现一些异常的情况，需要加以综合的分析判断，才能正确地评价场地的单桩承载力。

异常情况一般是指在试验过程中，当试验荷载远小于试验的预计最大荷载时就出现破坏的迹象，在 Q-S 曲线上出现明显的陡降，或沉降速率不能满足稳定的要求：有时在同一场地的试桩中仅个别桩出现这种异常现象，有时可能许多桩都出现异常情况。

分析异常情况时需要掌握场地的工程地质条件和施工工艺及施工顺序，调阅有关施工记录和施工质量验收的文件，也需要查阅桩身材料的质量保证单。在调查研究的基础上，根据试桩的具体性状分析其原因，判断对工程质量的影响程度，从而提出处理的意见。

试验时出现异常情况的原因可能是多方面的，包括试验装备失灵、地层划分有误、选择桩端持力层不当、桩身材料强度不足，以及桩身质量问题等。

出现异常情况时，一般应首先检查试桩的设备是否处于正常工作的条件，加荷装置和荷载的量测仪表是否异常，是否与标定时的状态一致。在排除了试验装备问题以后，可以检查勘察报告的地层划分和持力层的选择是否有问题，如果没有发现问题，则进一步检查施工中可能产生的问题。

不同的桩型，不同的成桩方法，不同的施工流程，可能产生的异常是不同的，可以根据试桩时出现的现象判定。

图 2.2.5 中 S_3 和 S_4 是同一场地两根桩长为 80 m、桩径为 800 mm 的钻孔灌注桩，桩端持力层均为中密～密实的粉细砂，但试桩曲线却出现了十分明显的差异，S_3 号桩的承载力远小于 S_4 号桩。施工记录表明，S_3 号桩在施工过程中发生了钢筋笼落入钻孔的事故，因打捞钢筋笼，在钻孔完毕后 5 d 才浇灌混凝土，造成孔壁严重软化、塌孔，桩底沉渣过厚，这些因素都会影响侧摩阻力和端阻力的发挥，从而降低了单桩的承载性能。图 2.2.6 给出了另一个地区的正常桩和有较厚沉渣的桩的试桩对比曲线，桩的长度均为 62 m，直径为 1.0 m，桩端持力层为强风化岩，由于存在接近 40 cm 的沉渣，承载曲线与支承在强风化岩上的正常桩有明显的差别。有的试验结果表明，厚度超过 30 cm 的沉渣，在极限状态下可使端阻力损失 90%，使侧摩阻力损失 70%以上。

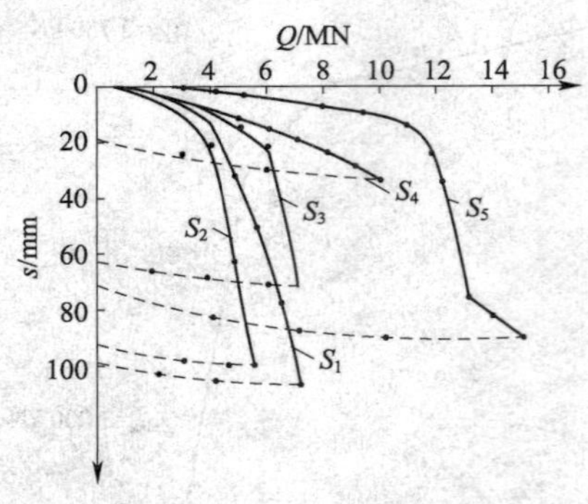

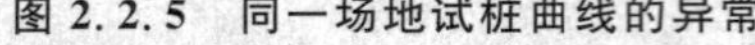
图 2.2.5　同一场地试桩曲线的异常

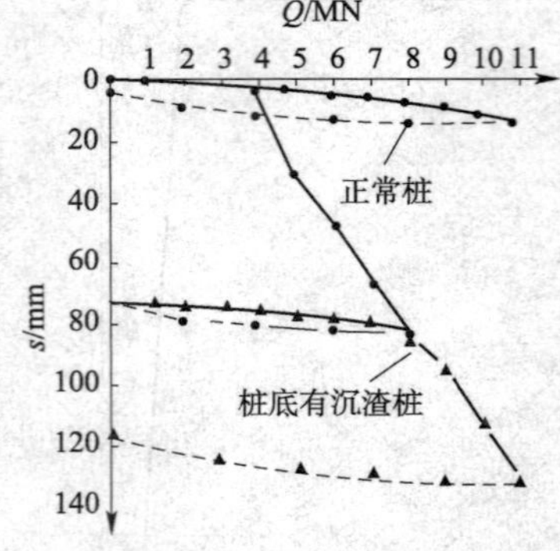

图 2.2.6　桩底沉渣对桩的承载性能的影响

用泥浆护壁的钻孔灌注桩施工时，泥浆沉淀于桩浆形成泥皮，如泥浆的密度过高，会形成很厚的泥皮，泥皮硬化不充分，影响侧摩阻力的发挥，就会使单桩承载力大幅度降低，图 2.2.7给出了不同泥皮厚度时桩侧摩阻力发挥的曲线。图中①号桩为反循环成孔，泥皮较薄的正常桩；②为正循环成孔，泥皮较厚的桩；③为正循环成孔，泥皮较厚且桩底存在较厚

沉渣的桩。

为了分析产生异常的原因，在出现陡降段或沉降速率不能稳定的情况，符合终止试验条件而停止试验时，在可能的条件下，用千斤顶继续补油使桩继续下沉，并量测其下沉量，其目的是检查是否因为沉渣或桩身断裂而导致承载力过低。如在下沉一定距离后沉降发展减慢，甚至出现可以继续加荷的情况。如图 2.2.5 中的 S_5 号桩是桩长 80 m，桩径 1.0 m 的钻孔灌注桩，在试验曲线上出现急剧沉降以后又能继续加载，出现了一个平缓的承载阶段。图 2.2.8a)是 51 m 长的钻孔灌注桩，成桩后 28 d 进行试桩，当荷载加至 4 200 kN时，桩顶沉降 70 mm，Q-s 曲线表现为陡降型，但在第 40 天进行第 2 次试桩时，由于沉渣已经压实，极限荷载达 7 800 kN，桩顶沉降仅 19 mm，Q-s 曲线表现为缓变型。图 2.2.8b)是预制桩的试桩曲线，桩的截面尺寸为 500 mm×500 mm，桩长为17.5 m，在荷载不大的情况下就出现急剧的沉降，但在继续加载时也出现了平缓段。预制桩出现这种现象的原因与钻孔灌注桩不同，是由于桩的接头可能已经脱开，压入了 60 mm，在将上段桩与下段桩接触以后，接头可以继续传递压力，下段桩的摩阻力与端阻力得到了发挥，承载能力就又有所提高。

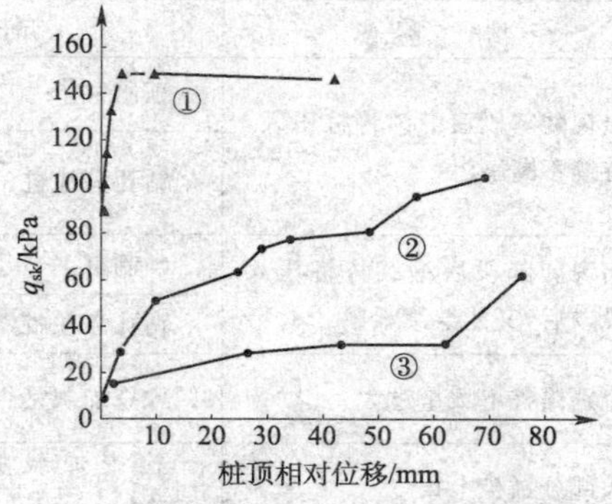

图 2.2.7 泥皮厚度对桩侧摩阻力发挥的影响

①-反循环成孔泥皮较薄的正常桩；②-正循环成孔泥皮较厚的桩；③-正循环成孔泥皮和沉渣都较厚的桩

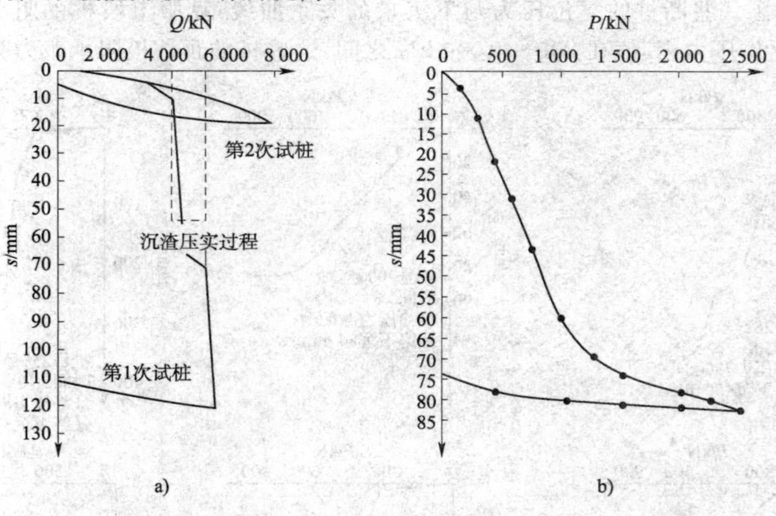

图 2.2.8 预制桩的异常曲线

表 2.2.2 给出了试桩异常情况的特征及其可能原因的分析。

试桩异常情况分析 表 2.2.2

现　　象	条　　件	可能原因
仅个别桩出现沉降过大，或者承载力远低于预估值	地质条件复杂	可能是地层局部异常未探明
	地质条件正常	很可能是这根桩的施工有问题
成批的桩出现承载力远低于预估值	排除了试验装备的问题	比较可能是地层划分不当或承载力估计过高；或者由于成桩后的龄期或休止期不够，桩侧摩阻力没有得到足够的恢复；或者是施工中存在系统的问题

现　　象	条　　件	可能原因
出现陡降段后继续将桩压入，桩持续不断下沉	预制桩	桩刺入持力层，或者桩严重地断裂错位
	钻孔灌注桩	泥浆密度过大致使泥皮过厚，且沉渣过厚，地基对桩的支承能力不足
出现陡降段后继续将桩压入一段以后，又能继续承载	预制桩	接头的焊接可能被拉断、脱开
	钻孔灌注桩	桩身可能已经断裂，或沉渣较厚
个别锚桩上拔量过大	检查加载是否偏心	可能是锚桩拉断，或者个别地段土质松软
大部分锚桩上拔	检查加载量是否正确	抗拔摩阻力不够，锚桩数量少了

发现异常情况后要及时作出判断并提出处理措施。处理要对症下药，有的放矢，根据实际情况，在下列措施中选用：

①如判断为地质资料不充分，应进行补充勘察以获取必要的分析依据。

②如判断为个别桩的问题，则应再补做几组试桩，以增加试桩的代表性，对试桩结果提出合理的评价。

③如发现断桩，则需分析造成断桩的原因及其影响桩数的多少，据以分析对整个工程影响的严重程度，决定采取何种工程措施。

④如预制桩接头断开的桩数比较多，则需采取复打或复压的方法将拉开的接头复位。图 2.2.9给出了一些断桩的复位压力与下沉量的关系曲线，克服上段桩的阻力使上段桩下沉的力即为复位压力，其值在 800～1 000 kN 之间，这些桩的预估极限承载力为 1 500 kN。

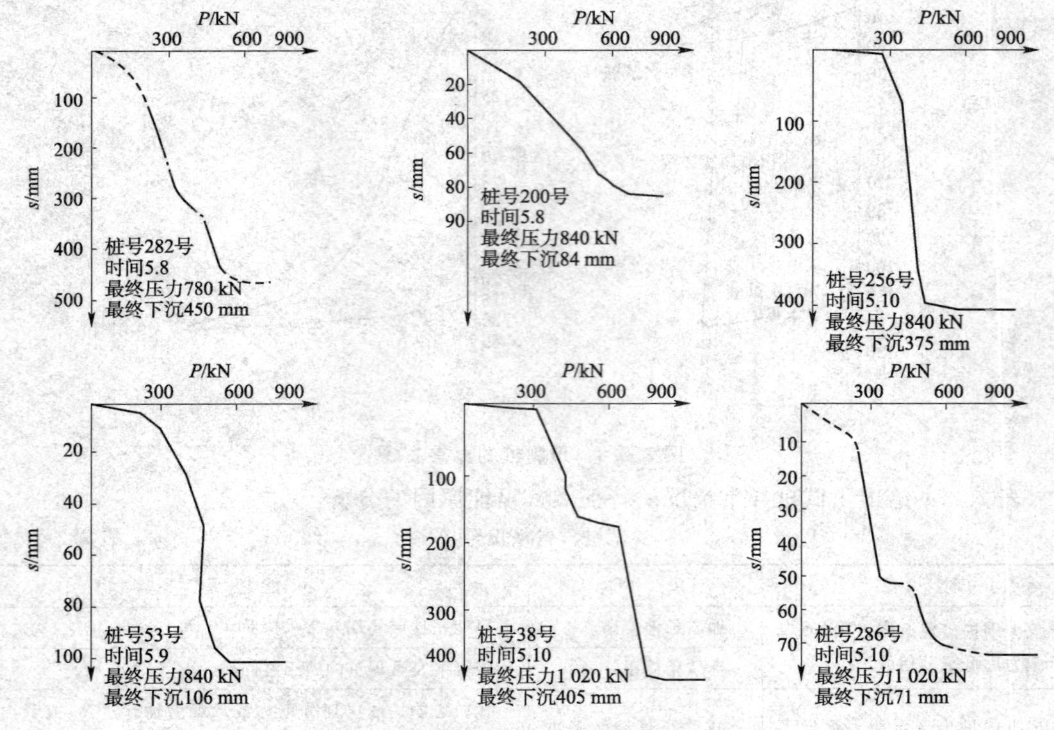

图 2.2.9　部分预制桩断桩的复位曲线

⑤如因桩侧摩阻力不足而承载力过低，可采用注浆补强的措施以增强桩侧的摩阻力。

⑥如为高灵敏度土，成桩时扰动的土体结构尚未恢复的原因，可在较长的休止期后再进行试桩，以获得较高的单桩承载力。

⑦对判断为个别原因引起的异常，可采取个别补桩，或者采取其他结构措施加强。

第三节 《建筑桩基技术规范》(JGJ 94—2008) 关于单桩竖向承载力的有关规定

一、单桩竖向极限承载力

建筑桩基采用以概率理论为基础的极限状态设计法，以可靠指标度量桩基的可靠度，采用以分项系数表达的极限状态设计表达式进行计算。

桩基极限状态分为下列两类：承载能力极限状态和正常使用极限状态。

1. 承载能力极限状态

承载能力极限状态对应于桩基达到最大承载能力或整体失稳或发生不适于继续承载的变形。

桩基承载能力极限状态，以竖向受压桩基为例，由下述三种状态之一确定。

①桩基达到最大承载力，超出该最大承载力即发生破坏。就竖向受荷单桩而言，其荷载一沉降曲线大体表现为陡降型 A 和缓变型 B 两类(图 2.3.1)。Q-s曲线是破坏模式与特征的宏观反映，陡降型属于“急进破坏”，缓变型属“渐进破坏”。前者破坏特征点明显，一旦荷载超过极限承载力，沉降便急剧增大，即发生破坏，只有减小荷载才能恢复继续承受荷载的能力。后者破坏特征点不明显，常常是通过多种分析方法判定其极限承载力。该极限承载力并非真正的最大承载力，因为继续增加荷载，沉降仍能趋于稳定，不过是塑性区开展范围扩大、塑性沉降量增加而已。对于大直径桩群桩基础尤其是低承台群桩，其荷载一沉降曲线变化更为平缓，渐进破坏特征更明显。由此可见，对于两类破坏形态的桩基，其承载力失效后果是不同的。

②桩基发生不适于继续承载的变形。如前所述，对于大部分大直径单桩基础、低承台群桩基础，其荷载一沉降呈缓变型，属渐进破坏，判定其极限承载力比较困难，还有任意性，且物理意义不甚明确。因此，为充分发挥其承载潜力，宜按结构物所有承受的最大变形 s_u 确定其极限承载力(如图 2.3.1 所示，取对应于 s_u 的荷载为极限承载 Q_u)。该承载能力极限状态由不适于继续承载的变形所制约。在桩基规范附录 C 单桩竖向抗压静载试验有关极限承载力判定部分作了相应规定。

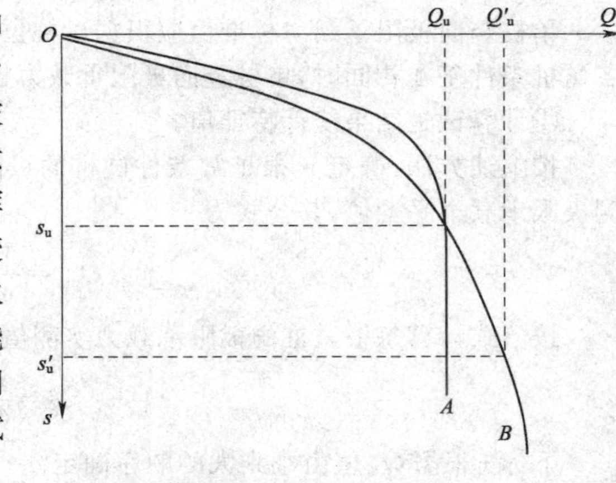

图 2.3.1 荷载一沉降曲线

③桩基发生整体失稳。位于岸边、斜坡的桩基、浅埋桩基、存在软弱下卧层的桩基，在竖向荷载作用下，有发生整体失稳的可能。因此，其承载力极限状态除由上述两种状态之一制约外，尚应验算桩基的整体失稳。

对于承受水平荷载、上拔荷载的桩基，其承载能力极限状态同样由上述三种状态之一制约。

对于桩身和承台，其承载能力极限状态的具体含义包括受压、受拉、受弯、受剪、受冲切极限承载力。

2. 正常使用极限状态

正常使用极限状态对应于桩基达到建筑物正常使用所规定的变形限值或达到耐久性要求的某项限值。某项限值，具体指：

①桩基的变形。竖向荷载引起的沉降和水平荷载引起的水平变位，可能导致建筑物标高的过大变化，差异沉降和水平位移使建筑物倾斜过大、开裂、装修受损、设备不能正常运转、人们心理不能承受等，从而影响建筑物的正常使用功能。

②桩身和承台的耐久性。对处于腐蚀介质环境中的桩身和承台，要进行混凝土的抗裂验算和钢桩的耐腐蚀验算；对于使用上需限制混凝土裂缝宽度[按《混凝土结构设计规范》(GB 50010—2010)的规定]的桩基，应验算桩身和承台的裂缝宽度。这些验算的总目的是为了满足桩基的耐久性，保持建筑物的正常使用功能。

3. 根据静载试验结果确定单桩竖向极限承载力

详见本章第二节的相关内容。

4. 单桩竖向承载力标准值的确定

(1)单桩竖向极限承载力确定

单桩竖向极限承载力可按下列方法综合分析确定：

①根据沉降随荷载的变化特征确定极限承载力：对于陡降型 Q-s 曲线取该曲线发生明显陡降的起始点。

②根据沉降量确定极限承载力：对于缓变型 Q-s 曲线一般可取 $s=40\sim60$ mm 对应的荷载，对于大直径桩可取 $s=0.03\sim0.06D$(D 为桩端直径，大桩径取低值，小桩径取高值)所对应的荷载值；对于细长桩($l/d>80$)可取 $s=60\sim80$ mm 对应的荷载。

③根据沉降随时间的变化特征确定极限承载力：取 s-lg$t$ 曲线尾部出现明显向下弯曲的前一级荷载值。

(2)单桩竖向极限承载力标准值确定

单桩竖向极限承载力标准值应根据试桩位置、实际地质条件、施工情况等综合确定。当各试桩条件基本相同时，单桩竖向极限承载力标准值可按如下步骤与方法确定。

①计算试桩结果统计特征值。

按上述方法，确定 n 根正常条件试桩的极限承载力实测值 Q_{ui}；按下式计算 n 根试桩实测极限承载力平均值；其公式为

$$Q_{um}=\frac{1}{n}\sum_{i=1}^{n}Q_{ui} \tag{2.3.1}$$

按下式计算每根试桩的极限承载力实测值与平均值之比

$$\alpha_i=\frac{Q_{ui}}{Q_{um}} \tag{2.3.2}$$

下标 i 根据 Q_{ui} 值由小到大的顺序确定。

按下式计算 α_i 的标准差

$$S_n=\sqrt{\sum_{i=1}^{n}(\alpha_i-1)^2/(n-1)} \tag{2.3.3}$$

②确定单桩竖向极限承载力标准值 Q_{uk}。

当 $S_n\leqslant0.15$ 时，$Q_{uk}=Q_{um}$；

当 $S_n > 0.15$ 时，$Q_{uk} = \lambda Q_{um}$。

③单桩竖向极限承载力标准值折减系数 λ，根据变量 α_i 的分布，按下列方法确定。

当试桩数 $n=2$ 时，按表 2.3.1 确定。

折减系数 $\lambda(n=2)$ 表 2.3.1

$\alpha_2-\alpha_1$	0.21	0.24	0.27	0.30	0.33	0.36	0.39	0.42	0.45	0.48	0.51
λ	1.00	0.99	0.97	0.96	0.94	0.93	0.91	0.90	0.88	0.87	0.85

当试桩数 $n=3$ 时，按表 2.3.2 确定。

折减系数 $\lambda(n=3)$ 表 2.3.2

α_2	$\alpha_3-\alpha_1$							
	0.30	0.33	0.36	0.39	0.42	0.45	0.48	0.51
0.84							0.93	0.92
0.92	0.99	0.98	0.98	0.97	0.96	0.95	0.94	0.93
1.00	1.00	0.99	0.98	0.97	0.96	0.95	0.93	0.92
1.08	0.98	0.97	0.95	0.94	0.93	0.91	0.90	0.88
1.16							0.86	0.84

当试桩数 $n \geqslant 4$ 时，按下式计算

$$A_0 + A_1\lambda + A_2\lambda^2 + A_3\lambda^3 + A_4\lambda^4 = 0 \tag{2.3.4}$$

式中，$A_0 = \sum_{i=1}^{n-m}\alpha_i^2 + \frac{1}{m}(\sum_{i=1}^{n-m}\alpha_i)^2$；$A_1 = -\frac{2n}{m}\sum_{i=1}^{n-m}\alpha_i$；$A_2 = 0.127 - 1.127n + \frac{n^2}{m}$；$A_3 = 0.147(n-1)$；$A_4 = -0.042(n-1)$；取 $m=1,2,\cdots$ 满足上式的 λ 值即为所求。

二、《建筑桩基技术规范》(JGJ 94—2008)中关于单桩竖向极限承载力的规定

1. 一般规定

①设计采用的单桩竖向极限承载力标准值应符合下列规定：

a. 设计等级为甲级的建筑桩基，应通过单桩静载试验确定。

b. 设计等级为乙级的建筑桩基，当地质条件简单时，可参照地质条件相同的试桩资料，结合静力触探等原位测试和经验参数综合确定；其余均应通过单桩静载试验确定。

c. 设计等级为丙级的建筑桩基，可根据原位测试和经验参数确定。

②单桩竖向极限承载力标准值、极限侧阻力标准值和极限端阻力标准值应按下列规定确定：

a. 单桩竖向静载试验应按现行行业标准《建筑基桩检测技术规范》(JGJ 106—2014)执行。

b. 对于大直径端承型桩，也可通过深层平板(平板直径应与孔径一致)载荷试验确定极限端阻力。

c. 对于嵌岩桩，可通过直径为 0.3 m 岩基平板载荷试验确定极限端阻力标准值，也可通过直径为 0.3 m 嵌岩短墩载荷试验确定极限侧阻力标准值和极限端阻力标准值。

d. 桩的极限侧阻力标准值和极限端阻力标准值宜通过埋设桩身轴力测试元件由静载试验确定，并通过测试结果建立极限侧阻力标准值和极限端阻力标准值与土层物理指标、岩石饱和单轴抗压强度，以及与静力触探等土的原位测试指标间的经验关系，以经验参数法确定单桩竖向极限承载力。

2. 原位测试法

当根据单桥探头静力触探资料确定混凝土预制桩单桩竖向极限承载力标准值时，如无

当地经验，可按下式计算

$$Q_{uk}=Q_{sk}+Q_{pk}=u\sum q_{sik}l_i+\alpha p_{sk}A_p \tag{2.3.5}$$

当 $p_{sk1}\leqslant p_{sk2}$ 时

$$p_{sk}=\frac{1}{2}(p_{sk1}+\beta p_{sk2}) \tag{2.3.6}$$

当 $p_{sk1}>p_{sk2}$ 时

$$p_{sk}=p_{sk2} \tag{2.3.7}$$

式中，Q_{sk}、Q_{pk} 分别为总极限侧阻力标准值和总极限端阻力标准值；u 为桩身周长；q_{sik} 为用静力触探比贯入阻力值估算的桩周第 i 层土的极限侧阻力；l_i 为桩周第 i 层土的厚度；α 为桩端阻力修正系数，可按表 2.3.3 取值；p_{sk} 为桩端附近的静力触探比贯入阻力标准值(平均值)；A_p 为桩端面积；p_{sk1} 为桩端全截面以上 8 倍桩径范围内的比贯入阻力平均值；p_{sk2} 为桩端全截面以下 4 倍桩径范围内的比贯入阻力平均值，如桩端持力层为密实的砂土层，其比贯入阻力平均值超过 20 MPa 时，则需乘以表 2.3.4 中系数 C 予以折减后，再计算 p_{sk}；β 为折减系数，按表 2.3.5 选用。

注：1. q_{sik} 值应结合土工试验资料，依据土的类别、埋藏深度、排列次序，按图 2.3.2 折线取值；图 2.3.2 中，直线Ⓐ(线段 gh)适用于地表下 6 m 范围内的土层，折线Ⓑ(线段 $oabc$)适用于粉土及砂土土层以上(或无粉土及砂土土层地区)的黏性土，折线Ⓒ(线段 $odef$)适用于粉土及砂土土层以下的黏性土，折线Ⓓ(线段 oef)适用于粉土、粉砂、细砂及中砂。

2. p_{sk} 为桩端穿过的中密至密实砂土、粉土的比贯入阻力平均值；p_{sl} 为砂土、粉土的下卧软土层的比贯入阻力平均值。

3. 采用的单桥探头，圆锥底面积为 15 cm^2，底部带 7 cm 高滑套，锥角为 60°。

4. 当桩端穿过粉土、粉砂、细砂及中砂层底面时，折线Ⓓ估算的 q_{sik} 值需乘以表 2.3.6 中系数 η_s 值。

桩端阻力修正系数 α 值 表 2.3.3

桩长/m	$l<15$	$15\leqslant l\leqslant 30$	$30<l\leqslant 60$
α	0.75	0.75～0.90	0.90

注：桩长 15 m$\leqslant l\leqslant$30 m，α 值按 l 值直线内插；l 为桩长(不包括桩尖高度)。

系 数 C 表 2.3.4

p_{sk}/MPa	20～30	35	>40
系数 C	5/6	2/3	1/2

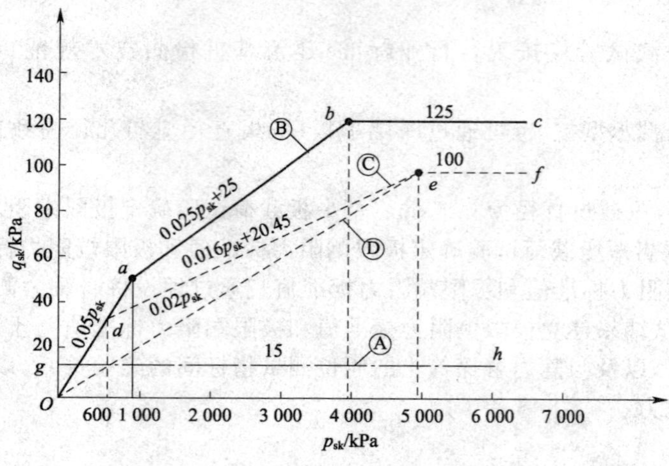

图 2.3.2 q_{sk}-p_{sk} 曲线

折减系数 β 表 2.3.5

p_{sk2}/p_{sk1}	≤5	7.5	12.5	≥15
β	1	5/6	2/3	1/2

注:表 2.3.4、表 2.3.5 可内插取值。

系数 η_s 值 表 2.3.6

p_{sk}/p_{sl}	≤5	7.5	≥10
η_s	1.00	0.50	0.33

当根据双桥探头静力触探资料确定混凝土预制桩单桩竖向极限承载力标准值时,对于黏性土、粉土和砂土,如无当地经验时可按下式计算

$$Q_{uk}=Q_{sk}+Q_{pk}=u\sum l_i\beta_i f_{si}+\alpha q_c A_p \tag{2.3.8}$$

式中,f_{si}为第i层土的探头平均侧阻力(kPa);q_c为桩端平面上、下探头阻力,取桩端平面以上$4d$(d为桩的直径或边长)范围内按土层厚度的探头阻力加权平均值(kPa),然后再与桩端平面以下$1d$范围内的探头阻力进行平均;α为桩端阻力修正系数,对于黏性土、粉土取2/3,饱和砂土取1/2;β_i为第i层土桩侧阻力综合修正系数,黏性土、粉土为$\beta_i=10.04(f_{si})^{-0.55}$,砂土为$\beta_i=5.05(f_{si})^{-0.45}$。

注:双桥探头的圆锥底面积为 15 cm²,锥角为 60°,摩擦套筒高 21.85 cm,侧面积为 300 cm²。

3.经验参数法

当根据土的物理指标与承载力参数之间的经验关系确定单桩竖向极限承载力标准值时,宜按下式估算

$$Q_{uk}=Q_{sk}+Q_{pk}=u\sum q_{sik}l_i+q_{pk}A_p \tag{2.3.9}$$

式中,q_{sik}为桩侧第i层土的极限侧阻力标准值,如无当地经验时,可按表 2.3.7 取值;q_{pk}为极限端阻力标准值,如无当地经验时,可按表 2.3.8 取值。

桩的极限侧阻力标准值 q_{sik}(单位:kPa) 表 2.3.7

土的名称	土的状态		混凝土预制桩	泥浆护壁钻(冲)孔桩	干作业钻孔桩
填土	—		22~30	20~28	20~28
淤泥	—		14~20	12~18	12~18
淤泥质土	—		22~30	20~28	20~28
黏性土	流塑	$I_L>1$	20~40	21~38	21~38
	软塑	$0.75<I_L\leq1$	40~55	38~53	38~53
	可塑	$0.50<I_L\leq0.75$	55~70	53~68	53~66
	硬可塑	$0.25<I_L\leq0.50$	70~86	68~84	66~82
	硬塑	$0<I_L\leq0.25$	86~98	84~96	82~94
	坚硬	$I_L\leq0$	98~105	96~102	94~104
红黏土	$0.7<a_w\leq1$		13~32	12~30	12~30
	$0.5<a_w\leq0.7$		32~74	30~70	30~70
粉土	稍密	$e>0.9$	26~46	24~42	24~42
	中密	$0.75\leq e\leq0.9$	46~66	42~62	42~62
	密实	$e<0.75$	66~88	62~82	62~82
粉细砂	稍密	$10<N\leq15$	24~48	22~46	22~46
	中密	$15<N\leq30$	48~66	46~64	46~64
	密实	$N>30$	66~88	64~86	64~86

续上表

土的名称	土的状态		混凝土预制桩	泥浆护壁钻(冲)孔桩	干作业钻孔桩
中砂	中密	$15<N\leqslant30$	54～74	53～72	53～72
	密实	$N>30$	74～95	72～94	72～94
粗砂	中密	$15<N\leqslant30$	74～95	74～95	76～98
	密实	$N>30$	95～116	95～116	98～120
砾砂	稍密	$5<N_{63.5}\leqslant15$	70～110	50～90	60～100
	中密(密实)		116～138	116～130	112～130
圆砾、角砾	中密、密实	$N_{63.5}>10$	160～200	135～150	135～150
碎石、卵石	中密、密实	$N_{63.5}>10$	200～300	140～170	150～170
全风化软质岩	—	$30<N\leqslant50$	100～120	80～100	80～100
全风化硬质岩	—	$30<N\leqslant50$	140～160	120～140	120～150
强风化软质岩	—	$N_{63.5}>10$	160～240	140～200	140～220
强风化硬质岩	—	$N_{63.5}>10$	220～300	160～240	160～260

注:1. 对于尚未完成自重固结的填土和以生活垃圾为主的杂填土,不计算其侧阻力。

2. a_w 为含水比,$a_w=w/w_L$,w 为土的天然含水率,w_L 为土的液限。

3. N 为标准贯入击数,$N_{63.5}$ 为重型圆锥动力触探击数。

4. 全风化、强风化软质岩和全风化、强风化硬质岩系指其母岩分别为 $f_{rk}\leqslant15$ MPa、$f_{rk}>30$ MPa 的岩石。

桩的极限端阻力标准值 q_{pk}(单位:kPa) 表 2.3.8

土名称	土的状态		桩型											
			混凝土预制桩桩长 l/m				泥浆护壁钻(冲)孔桩桩长 l/m				干作业钻孔桩桩长 l/m		
			$l\leqslant9$	$9<l\leqslant16$	$16<l\leqslant30$	$l>30$	$5\leqslant l<10$	$10\leqslant l<15$	$15\leqslant l<30$	$30\leqslant l$	$5\leqslant l<10$	$10\leqslant l<15$	$15\leqslant l$
黏性土	软塑	$0.75<I_L\leqslant1$	210～850	650～1 400	1 200～1 800	1 300～1 900	150～250	250～300	300～450	300～450	200～400	400～700	700～950
	可塑	$0.50<I_L\leqslant0.75$	850～1 700	1 400～2 200	1 900～2 800	2 300～3 600	350～450	450～600	600～750	750～800	500～700	800～1 100	1 000～1 600
	硬可塑	$0.25<I_L\leqslant0.50$	1 500～2 300	2 300～3 300	2 700～3 600	3 600～4 400	800～900	900～1 000	1 000～1 200	1 200～1 400	850～1 100	1 500～1 700	1 700～1 900
	硬塑	$0<I_L\leqslant0.25$	2 500～3 800	3 800～5 500	5 500～6 000	6 000～6 800	1 100～1 200	1 200～1 400	1 400～1 600	1 600～1 800	1 600～1 800	2 200～2 400	2 600～2 800
粉土	中密	$0.75\leqslant e\leqslant0.9$	950～1 700	1 400～2 100	1 900～2 700	2 500～3 400	300～500	500～650	650～750	750～850	800～1 200	1 200～1 400	1 400～1 600
	密实	$e<0.75$	1 500～2 600	2 100～3 000	2 700～3 600	3 600～4 400	650～900	750～950	900～1 100	1 100～1 200	1 200～1 700	1 400～1 900	1 600～2 100
粉砂	稍密	$10<N\leqslant15$	1 000～1 600	1 500～2 300	1 900～2 700	2 100～3 000	350～500	450～600	600～700	650～750	500～950	1 300～1 600	1 500～1 700
	中密、密实	$N>15$	1 400～2 200	2 100～3 000	3 000～4 500	3 800～5 500	600～750	750～900	900～1 100	1 100～1 200	900～1 000	1 700～1 900	1 700～1 900
细砂	中密、密实	$N>15$	2 500～4 00	3 600～5 000	4 400～6 000	5 300～7 000	650～850	900～1 200	1 200～1 500	1 500～1 800	1 200～1 600	2 000～2 400	2 400～2 700
中砂			4 000～6 000	5 500～7 000	6 500～8 000	7 500～9 000	850～1 050	1 100～1 500	1 500～1 900	1 900～2 100	1 800～2 400	2 800～3 800	3 600～4 400
粗砂			5 700～7 500	7 500～8 500	8 500～10 000	9 500～11 000	1 500～1 800	2 100～2 400	2 400～2 600	2 600～2 800	2 900～3 600	4 000～4 600	4 600～5 200

续上表

土名称	土的状态		桩型										
			混凝土预制桩桩长 l/m				泥浆护壁钻(冲)孔桩桩长 l/m				干作业钻孔桩桩长 l/m		
			$l\leqslant 9$	$9<l\leqslant 16$	$16<l\leqslant 30$	$l>30$	$5\leqslant l<10$	$10\leqslant l<15$	$15\leqslant l<30$	$30\leqslant l$	$5\leqslant l<10$	$10\leqslant l<15$	$15\leqslant l$
砾砂	中密、密实	$N>15$	6 000～9 500		9 000～10 500		1 400～2 000		2 000～3 200		3 500～5 000		
角砾、圆砾		$N_{63.5}>10$	7 000～10 000		9 500～11 500		1 800～2 200		2 200～3 600		4 000～5 500		
碎石、卵石		$N_{63.5}>10$	8 000～11 000		10 500～13 000		2 000～3 000		3 000～4 000		4 500～6 500		
全风化软质岩		$30<N\leqslant 50$	4 000～6 000				1 000～1 600				1 200～2 000		
全风化硬质岩		$30<N\leqslant 50$	5 000～8 000				1 200～2 000				1 400～2 400		
强风化软质岩		$N_{63.5}>10$	6 000～9 000				1 400～2 200				1 600～2 600		
强风化硬质岩		$N_{63.5}>10$	7 000～11 000				1 800～2 800				2 000～3 000		

注：1. 砂土和碎石类土中桩的极限端阻力取值，宜综合考虑土的密实度，桩端进入持力层的深径比 h_b/d，土越密实，h_b/d 越大，取值越高。

2. 预制桩的岩石极限端阻力指桩端支承于中、微风化基岩表面或进入强风化岩、软质岩一定深度条件下极限端阻力。

3. 全风化、强风化软质岩和全风化、强风化硬质岩指其母岩分别为 $f_{rk}\leqslant 15$ MPa、$f_{rk}>30$ MPa 的岩石。

根据土的物理指标与承载力参数之间的经验关系，确定大直径桩单桩极限承载力标准值时，可按下式计算

$$Q_{uk}=Q_{sk}+Q_{pk}=u\sum\psi_{si}q_{sik}l_i+\psi_p q_{pk}A_p \tag{2.3.10}$$

式中，q_{sik} 为桩侧第 i 层土极限侧阻力标准值，如无当地经验值时，可按表 2.3.7 取值，对于扩底桩变截面以上 $2d$ 长度范围不计侧阻力；q_{pk} 为桩径为 800 mm 的极限端阻力标准值，对于干作业挖孔（清底干净）可采用深层载荷板试验确定，当不能进行深层载荷板试验时，可按表 2.3.9 取值；ψ_{si}、ψ_p 分别为大直径桩侧阻力效应系数、端阻力尺寸效应系数，按表 2.3.10取值；u 为桩身周长，当人工挖孔桩桩周护壁为振捣密实的混凝土时，桩身周长可按护壁外直径计算。

干作业挖孔桩（清底干净，D＝800 mm）**极限端阻力标准值 q_{pk}**（单位：kPa）　表 2.3.9

土名称	状态		
黏性土	$0.25<I_L\leqslant 0.75$	$0<I_L\leqslant 0.25$	$I_L\leqslant 0$
	800～1 800	1 800～2 400	2 400～3 000
粉土	—	$0.75\leqslant e\leqslant 0.9$	$e<0.75$
	—	1 000～1 500	1 500～2 000

续上表

土名称		状态		
		稍密	中密	密实
砂土、碎石类土	粉砂	500～700	800～1 100	1 200～2 000
	细砂	700～1 100	1 200～1 800	2 000～2 500
	中砂	1 000～2 000	2 200～3 200	3 500～5 000
	粗砂	1 200～2 200	2 500～3 500	4 000～5 500
	砾砂	1 400～2 400	2 600～4 000	5 000～7 000
	圆砾、角砾	1 600～3 000	3 200～5 000	6 000～9 000
	卵石、碎石	2 000～3 000	3 300～5 000	7 000～11 000

注：1. 当桩进入持力层的深度 h_b 分别为 $h_b \leqslant D$、$D < h_b \leqslant 4D$、$h_b > 4D$ 时，q_{pk} 可相应取低、中、高值。

2. 砂土密实度可根据标贯击数判定，$N \leqslant 10$ 为松散，$10 < N \leqslant 15$ 为稍密，$15 < N \leqslant 30$ 为中密，$N > 30$ 为密实。

3. 当桩的长径比 $l/d \leqslant 8$ 时，q_{pk} 宜取较低值。

4. 当对沉降要求不严时，q_{pk} 可取高值。

大直径灌注桩侧阻力尺寸效应系数 ψ_{si}、端阻力尺寸效应系数 ψ_p 表 2.3.10

土类型	黏性土、粉土	砂土、碎石类土
ψ_{si}	$(0.8/d)^{1/5}$	$(0.8/d)^{1/3}$
ψ_p	$(0.8/D)^{1/4}$	$(0.8/D)^{1/3}$

注：当为等直径桩时，表中 $D=d$。

4. 钢管桩

当根据土的物理指标与承载力参数之间的经验关系确定钢管桩单桩竖向极限承载力标准值时，可按下列公式计算

$$Q_{uk}=Q_{sk}+Q_{pk}=u\sum q_{sik}l_i+\lambda_p q_{pk}A_p \tag{2.3.11}$$

当 $h_b/d<5$ 时

$$\lambda_p=0.16h_b/d \tag{2.3.12}$$

当 $h_b/d \geqslant 5$ 时

$$\lambda_p=0.8 \tag{2.3.13}$$

式中，q_{sik}、q_{pk} 分别为按表 2.3.7、表 2.3.8 取与混凝土预制桩相同值；λ_p 为桩端土塞效应系数，对于闭口钢管桩 $\lambda_p=1$，对于敞口钢管桩按式(2.3.12)、式(2.3.13)取值；h_b 为桩端进入持力层深度；d 为钢管桩外径。

对于带隔板的半敞口钢管桩，应以等效直径 d_e 代替 d 确定 λ_p；$d_e=d/\sqrt{n}$；其中 n 为桩端隔板分割数(见图 2.3.3)。

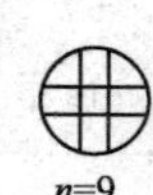

图 2.3.3 隔板分割数

闭口钢管桩的承载变形机理与混凝土预制桩是相同的。钢管桩表面性质与混凝土预制桩虽有所不同，但大量试验结果表明，两者的极限侧阻力是可视为相等的，因为除坚硬黏性土外，侧阻剪切破坏面是发生于靠近桩表面的土体中，而不是发生于桩土界面。因此，闭口钢管桩承载力的计算可采用与混凝土预制桩相同的模式和承载力参数。

敞口钢管桩的承载机理和承载力随有关因素的变化远比闭口钢管桩复杂。这是由于沉桩过程中，桩端土的一部分将进入管内形成“土塞”。土塞在沉桩过程受到管内壁摩阻力作

用而产生一定压缩。土塞的高度和闭塞效果随土性、管径、壁厚、桩入土深度和进入持力层的深度等诸多因素变化。桩端土的闭塞程度直接影响桩的承载力性状，称此为闭塞效应。管内土芯侧阻力的发挥性状不同于管外侧阻力。后者随桩顶受荷沉降自上而下逐步发挥，前者则只有当荷载传递到桩端沉降才开始由下而上逐渐发挥。土塞的模量越低，土塞的高度越大，全部充分发挥土塞侧阻所需沉降越大。

敞口钢管桩端阻的破坏以两种形式之一出现：①土塞沿管内向上挤出，或由于土塞的压缩量大且高度大，虽未全长向上挤出，但桩端土已大量拥入；②桩端地基土如同闭口桩一样破坏。对于第一种情况，桩端土处于未完全闭塞状态，其闭塞程度主要随桩进入持力层的深度增大而增大，随桩管内径增大而降低。对于第二种情况，桩端土处于完全闭塞状态，其端阻力发挥值与闭口桩相同。为简化计算，《建筑桩基技术规范》(JGJ 94—2008)规定以桩端闭塞效应系数 λ_p 表征极限端阻力的闭塞效应。闭塞效应系数 λ_p 根据桩端进入持力层的相对深度 h_b/d_s、桩外径 d_s 和 λ_s 确定。

敞口钢管桩沉桩过程一部分土进入管内形成土塞，一部分被挤向桩周，因此其挤土效应不同于闭口桩。桩侧阻力的性状受挤土效应影响，因而也受桩端闭塞情况的影响。对于敞口(开口)桩，由于挤土密度低，其侧阻 q_{su} 低于挤土密度大的桩。而挤土密度又随桩径增大而减小，故侧阻挤土效应系数 λ_s 也随敞口桩内径增大而减小。

对于带隔板的半敞口钢管桩，以等效直径 d_e 代替 d_s 确定 λ_s、λ_p，$d_e=d_s/\sqrt{n}$，其中 n 为桩端隔板分割数。

5.混凝土空心桩

当根据土的物理指标与承载力参数之间的经验关系，确定敞口预应力混凝土空心桩单桩竖向极限承载力标准值时，可按下式计算

$$Q_{uk}=Q_{sk}+Q_{pk}=u\sum q_{sik}l_i+q_{pk}(A_j+\lambda_p A_{pl}) \tag{2.3.14}$$

当 $h_b/d<5$ 时

$$\lambda_p=0.16h_b/d \tag{2.3.15}$$

当 $h_b/d\geqslant 5$ 时

$$\lambda_p=0.8 \tag{2.3.16}$$

式中，q_{sik}、q_{pk} 分别为按表 2.3.7、表 2.3.8 取与混凝土预制桩相同值；A_j 为空心桩桩端净面积[管桩：$A_j=\pi/4(d^2-d_1^2)$，空心方桩：$A_j=b^2-\pi/4d_1^2$]；A_{pl} 为空心桩敞口面积，$A_{pl}=\pi/4d_1^2$；λ_p 为桩端土塞效应系数；d、b 分别为空心桩外径、边长；d_1 为空心桩内径。

6.嵌岩桩

桩端置于完整、较完整基岩的嵌岩桩单桩竖向极限承载力，由桩周土总极限侧阻力和嵌岩段总极限阻力组成。当根据岩石单轴抗压强度确定单桩竖向极限承载力标准值时，可按下式计算

$$Q_{uk}=Q_{sk}+Q_{rk} \tag{2.3.17}$$

$$Q_{sk}=u\sum q_{sik}l_i \tag{2.3.18}$$

$$Q_{rk}=\zeta_r f_{rk}A_p \tag{2.3.19}$$

式中，Q_{sk}、Q_{rk} 分别为土的总极限侧阻力标准值、嵌岩段总极限阻力标准值；q_{sik} 为桩周第 i 土层的极限侧阻力，无当地经验时，可根据成桩工艺按表 2.3.7 取值；f_{rk} 为岩石饱和单轴抗压强度标准值，黏土岩取天然湿度单轴抗压强度标准值；ζ_r 为桩嵌岩段侧阻和端阻综合系数，与嵌岩深径比 h_r/d、岩石软硬程度和成桩工艺有关，可按表 2.3.11 采用；表中数值适用于泥浆护壁成桩，对于干作业成桩(清底干净)和泥浆护壁成桩后注浆，ζ_r 应取表列数值的 1.2 倍。

桩嵌岩段侧阻和端阻综合系数 ζ_r　　表 2.3.11

嵌岩深径比 h_r/d	0	0.5	1.0	2.0	3.0	4.0	5.0	6.0	7.0	8.0
极软岩、软岩	0.60	0.80	0.95	1.18	1.35	1.48	1.57	1.63	1.66	1.70
较硬岩、坚硬岩	0.45	0.65	0.81	0.90	1.00	1.04	—	—	—	—

注：1. 极软岩、软岩指 $f_{rk}\leqslant 15$ MPa，较硬岩、坚硬岩指 $f_{rk}>30$ MPa，介于二者之间可内插取值。

2. h_r 为桩身嵌岩深度，当岩面倾斜时，以坡下方嵌岩深度为准；当 h_r/d 为非表列值时，ζ_r 可内插取值。

7. *后注浆灌注桩*

后注浆灌注桩的单桩极限承载力，应通过静载试验确定。在符合《建筑桩基技术规范》(JGJ 94—2008)第 6.7 节后注浆技术实施规定的条件下，其后注浆单桩极限承载力标准值可按下式估算

$$Q_{uk}=Q_{sk}+Q_{gsk}+Q_{gpk}=u\sum q_{sjk}l_j+u\sum\beta_{si}q_{sik}l_{gi}+\beta_p q_{pk}A_p \tag{2.3.20}$$

式中，Q_{sk} 为后注浆非竖向增强段的总极限侧阻力标准值；Q_{gsk} 为后注浆竖向增强段的总极限侧阻力标准值；Q_{gpk} 为后注浆总极限端阻力标准值；u 为桩身周长；l_j 为后注浆非竖向增强段第 j 层土厚度；l_{gi} 为后注浆竖向增强段内第 i 层土厚度：对于泥浆护壁成孔灌注桩，当为单一桩端后注浆时，竖向增强段为桩端以上 12 m；当为桩端、桩侧复式注浆时，竖向增强段为桩端以上 12 m 及各桩侧注浆断面以上 12 m，重叠部分应扣除；对于干作业灌注桩，竖向增强段为桩端以上、桩侧注浆断面上下各 6 m；q_{sik}、q_{sjk}、q_{pk} 分别为后注浆竖向增强段第 i 土层初始极限侧阻力标准值、非竖向增强段第 j 土层初始极限侧阻力标准值、初始极限端阻力标准值；根据“3. 经验参数法”规定，β_{si}、β_p 分别为后注浆侧阻力、端阻力增强系数，无当地经验时，可按表 2.3.12 取值；对于桩径大于 800 mm 的桩，应按表 2.3.10 进行侧阻和端阻尺寸效应修正。

后注浆侧阻力增强系数 β_{si}，端阻力增强系数 β_p　　表 2.3.12

土层名称	淤泥 淤泥质土	黏性土 粉土	粉砂 细砂	中砂	粗砂 砾砂	砾石 卵石	全风化岩 强风化岩
β_{si}	1.2～1.3	1.4～1.8	1.6～2.0	1.7～2.1	2.0～2.5	2.4～3.0	1.4～1.8
β_p	—	2.2～2.5	2.4～2.8	2.6～3.0	3.0～3.5	3.2～4.0	2.0～2.4

注：干作业钻、挖孔桩，β_p 按表列值乘以小于 1.0 的折减系数。当桩端持力层为黏性土或粉土时，折减系数取 0.6；为砂土或碎石土时，取 0.8。

后注浆钢导管注浆后可替代等截面、等强度的纵向主筋。

8. *液化效应*

对于桩身周围有液化土层的低承台桩基，当承台底面上、下分别有厚度不小于 1.5 m、1.0 m 的非液化土或非软弱土层时，可将液化土层极限侧阻力乘以土层液化影响折减系数，计算单桩极限承载力标准值。土层液化影响折减系数 ψ_l 可按表 2.3.13 确定。

土层液化影响折减系数 ψ_l　　表 2.3.13

$\lambda_N=\dfrac{N}{N_{cr}}$	自地面算起的液化土层深度 d_L/m	ψ_l
$\lambda_N\leqslant 0.6$	$d_L\leqslant 10$	0
	$10<d_L\leqslant 20$	1/3
$0.6<\lambda_N\leqslant 0.8$	$d_L\leqslant 10$	1/3
	$10<d_L\leqslant 20$	2/3
$0.8<\lambda_N\leqslant 1.0$	$d_L\leqslant 10$	2/3
	$10<d_L\leqslant 20$	1.0

注：1. N 为饱和土标贯击数实测值，N_{cr} 为液化判别标贯击数临界值。

2. 对于挤土桩，当桩距不大于 $4d$，且桩的排数不少于 5 排、总桩数不少于 25 根时，土层液体影响折减系数可按表列值提高一档取值；桩间土标贯击数达到 N_{cr} 时，取 $\psi_l=1$。

当承台底面上、下非液化土层厚度小于以上规定时，土层液化影响折减系数 ψ_1 取 0。

第四节 《建筑地基基础设计规范》(GB 50007—2011)关于单桩竖向承载力的有关规定

一、单桩竖向承载力

1.规范规定

《建筑地基基础设计规范》(GB 50007—2011)规定，按单桩承载力确定桩数时，传至基础或承台底面上的荷载效应应按正常使用极限状态下荷载效应的标准组合。相应的抗力应采用单桩承载力特征值。

《建筑地基基础设计规范》(GB 50007—2011)采用"特征值"一词，用以表示正常使用极限状态计算时采用单桩承载力的值，其含义即为在发挥正常使用功能时所允许采用的抗力设计值，以避免过去一律提"标准值"时所带来的混淆。特征值的确定可以是统计得出，也可以是传统经验值或某一物理量限定的值。

2.单桩承载力计算应符合下列表达式

轴心竖向力作用下

$$Q_k \leqslant R_a \tag{2.4.1}$$

偏心竖向力作用下，除满足式(2.4.1)外，还应满足下式要求

$$Q_{ik\max} \leqslant 1.2R_a \tag{2.4.2}$$

式中，R_a 为单桩竖向承载力特征值；Q_k 为相应于荷载效应标准组合轴心竖向力作用下任一面的竖向力；$Q_{ik\max}$ 为相应于荷载效应标准组合偏心竖向力作用下第 i 根桩的最大竖向力。

3.单桩竖向承载力特征值的确定应符合下列规定

①单桩竖向承载力特征值应通过单桩竖向静载荷试验确定。在同一条件下的试桩数量，不宜少于总桩数的 1%，且不应少于 3 根。单桩的静载荷试验，应按《建筑地基基础设计规范》(GB 500C7—2011)进行。

当桩端持力层为密实砂卵石或其他承载力类似的土层时，对单桩承载力很高的大直径端承型桩，可采用深层平板载荷试验确定桩端土的承载力特征值，试验方法应按《建筑地基基础设计规范》(GB 50007—2011)的规定执行。

②地基基础设计等级为丙级的建筑物，可采用静力触探及标准贯入试验参数确定 R_a 值。

③初步设计时单桩竖向承载力特征值可按下式估算

$$R_a = q_{pa}A_p + u_p\sum q_{sia}l_i \tag{2.4.3}$$

式中，R_a 为单桩竖向承载力特征值；q_{pa}、q_{sia} 为桩端端阻力、桩侧阻力特征值，由当地静载荷试验结果统计分析算得；A_p 为桩底端横截面面积；u_p 为桩身周边长度；l_i 为第 i 层岩土的厚度。

当桩端嵌入完整及较完整的硬质岩中时，可按下式估算单桩竖向承载力特征值

$$R_a = q_{pa}A_p \tag{2.4.4}$$

式中，q_{pa} 为桩端岩石承载力特征值。

④嵌岩灌注桩桩端以下 3 倍桩径范围内应无软弱夹层、断裂破碎带和洞穴分布，并应在

桩底应力扩散范围内无岩体临空面。桩端岩石承载力特征值，当桩端无沉渣时，应根据岩石饱和单轴抗压强度标准值按《建筑地基基础设计规范》(GB 50007—2011)确定，或按《建筑地基基础设计规范》(GB 50007—2011)用岩基载荷试验确定。

二、单桩竖向静载荷试验要点

①单桩竖向静载荷试验的加载方式，应按慢速维持荷载法。

②加载反力装置宜采用锚桩，当采用堆载时应遵守以下规定：

a. 堆载加于地基的压应力不宜超过地基承载力特征值；

b. 堆载的限值可根据其对试桩和对基准桩的影响确定；

c. 堆载量大时，宜利用桩(可利用工程桩)作为堆载的支点；

d. 试验反力装置的最大抗拔或承重能力应满足试验加载的要求。

③试桩、锚桩(压重平台支座)和基准桩之间的中心距离应符合表 2.4.1 的规定。

试桩、锚桩和基准桩之间的中心距离 表 2.4.1

反力系统	试桩与锚桩 (或压重平台支座墩边)	试桩与基准桩	基准桩与锚桩 (或压重平台支座墩边)
锚桩横梁反力装置 压重平台反力装置	≥4d 且 2.0 m	≥4d 且 2.0 m	≥4d 且 2.0 m

注：d 为试桩或锚桩的设计直径，取其较大者(如试桩或锚桩为扩底桩时，试桩与锚桩的中心距尚不应小于 2 倍扩大端直径)。

④开始试验的时间：预制桩在砂土中入土 7 d 后；黏性土不得少于 15 d；对于饱和软黏土不得少于 25 d。灌注桩应在桩身混凝土达到设计强度后才能进行。

⑤加荷分级不应小于 8 级，每级加载量宜为预估极限荷数的 1/10～1/8。

⑥测读桩沉降量的间隔时间：每级加载后，第 5 分钟、第 10 分钟、第 15 分钟时各测读一次，以后每隔 15 min 读一次，累计 1 h 后每隔半小时读一次。

⑦在每级荷载作用下，桩的沉降量连续两次在每小时内小于 0.1 mm 时可视为稳定。

⑧符合下列条件之一时可终止加载。

a. 当荷载—沉降(Q-s)曲线上有可判定极限承载力的陡降段，且桩顶点沉降量超过 40 mm。

b. $\frac{\Delta s_{n+1}}{\Delta s_n}\geqslant 2$，且经 24 h 尚未达到稳定。

c. 25 m 以上的非嵌岩桩，Q-s 曲线呈缓变型时，桩顶总沉降量大于 60～80 mm。

d. 在特殊条件下，可根据具体要求加载至桩顶总沉降量大于 100 mm。

需要指出的是 Δs_n 为第 n 级荷载的沉降增量；Δs_{n+1} 为第 $n+1$ 级荷载的沉降增量；桩底支承在坚硬岩(土)层上，桩的沉降量很小时，最大加载量不应小于设计荷载的 2 倍。

⑨卸载观测：每级卸载值为加载值的 2 倍。卸载后隔 15 min 测读一次，读两次后，隔半小时再读一次，即可卸下一级荷载。全部卸载后，隔 3～4 h 再测读一次。

⑩单桩竖向极限承载力应按下列方法确定。

a. 作荷载—沉降(Q-s)曲线和其他辅助分析所需的曲线。

b. 当陡降段明显时，取相应于陡降起点的荷载值。

c. 当出现《建筑地基基础设计规范》(GB 50007—2011)附录 Q. 0. 8 第二款的情况时，取前一级荷载值。

d. Q-s 曲线呈缓变型时，取桩顶总沉降量 $s=40$ mm 所对应的荷载值，当桩长大于40 m

时，宜考虑桩身的弹性压缩。

e.按上述方法判断有困难时，可结合其他辅助分析方法综合判定。对桩基沉降有特殊要求者，应根据具体情况选取。

f.参加统计的试桩，当满足其极差不超过平均值的30%时，可取其平均值为单桩竖向极限承载力。极差超过平均值的30%时，宜增加试桩数量并分析离差过大的原因，结合工程具体情况确定极限承载力。

注：对桩数为3根及3根以下的柱下桩台，取最小值。

g.将单桩竖向极限承载力除以安全系数2，为单桩竖向承载力特征值 R_a。

三、桩身混凝土强度应满足桩的承载力设计要求

计算中应按桩的类型和成桩工艺的不同将混凝土的轴心抗压强度设计值乘以工作条件系数 ψ_c，桩身强度应符合下式要求

桩轴心受压时

$$Q\leqslant A_p f_c \psi_c \tag{2.4.5}$$

式中，f_c 为混凝土轴心抗压强度设计值，按现行《混凝土结构设计规范》(GB 50010—2010)取值；Q 为相应于荷载效应基本组合时的单桩竖向力设计值；A_p 为桩身横截面面积；ψ_c 为工作条件系数，预制桩取0.75，灌注桩取0.6～0.7(水下灌注桩或长桩时用低值)。

第五节 《公路桥涵地基与基础设计规范》(JTG D63—2007)关于单桩竖向承载力的有关规定

一、桩的计算

桩的计算，可按下列规定进行：

①承台底面以上的荷载假定全部由桩承受。

②桥台土压力可自填土前的原地面起算。

在软土和软弱地基土层较厚、持力层较好的地基中，桩基计算应考虑路基填土荷载或地下水位下降等因素所引起的负摩阻力的影响。

二、摩擦桩单桩轴向受压承载力容许值$[R_a]$的计算

摩擦桩单桩轴向受压承载力容许值$[R_a]$，可按下列公式计算。

1.钻(挖)孔灌注桩的承载力容许值

$$[R_a]=\frac{1}{2}u\sum_{i=1}^{n}q_{ik}l_i+A_p q_r \tag{2.5.1}$$

$$q_r=m_0\lambda[[f_{a0}]+k_2\gamma_2(h-3)] \tag{2.5.2}$$

式中，$[R_a]$为单桩轴向受压承载力容许值(kN)，桩身自重与置换土重(当自重计入浮力时，置换土重也计处浮力)的差值作为荷载考虑；u 为桩身周长(m)；A_p 为桩端截面面积(m^2)，对于扩底桩，取扩底截面面积；n 为土的层数；l_i 为承台底面或局部冲刷线以下各土层的厚度(m)，扩孔部分不计；q_{ik}为与 l_i 对应的各土层与桩侧的摩阻力标准值(kPa)，宜采用单桩摩阻力试验确定，当无试验条件时按表2.5.1选用；q_r 为桩端处土的承载力容许值(kPa)，当持力层为砂土、碎石土时，若计算值超过下列值，宜按下列值采用：粉砂1 000 kPa，细砂

1 150 kPa，中砂、粗砂、砾砂 1 450 kPa，碎石土 2 750 kPa；$[f_{a0}]$为桩端处土的承载力基本容许值(kPa)，按《建筑桩基技术规范》(JGJ 94－2008)中第 3.3.3 条确定；h 为桩端的埋置深度(m)，对于有冲刷的桩基，埋深由一般冲刷线起算；对无冲刷的桩基，埋深由天然地面线或实际开挖后的地面线起算；h 的计算值不大于 40 m，当大于 40 m时，按 40 m 计算；k_2 容许承载力随深度的修正系数，根据桩端处持力层土类按《建筑桩基技术规范》(JGJ 94－2008)中表 3.3.4 选用；γ_2 为桩端以上各土层的加权平均重度(kN/m^3)，若持力层在水位以下且不透水时，不论桩端以上土层的透水性如何，一律取饱和重度；当持力层透水时，则水中部分土层取浮重度；λ 为修正系数，按表 2.5.2 选用；m_0 为清底系数，按表 2.5.3 选用。

钻孔桩桩侧土的摩阻力标准值 q_{ik}　　表 2.5.1

土类		q_{ik}/kPa
中密炉渣、粉煤灰		40～60
黏性土	流塑 $I_L>1$	20～30
	软塑 $0.75<I_L\leqslant1$	30～50
	可塑、硬塑 $0<I_L\leqslant0.75$	50～80
	坚硬 $I_L\leqslant0$	80～120
粉土	中密	30～55
	密实	55～80
粉砂、细砂	中密	35～55
	密实	55～70
中砂	中密	45～60
	密实	60～80
粗砂、砾砂	中密	60～90
	密实	90～140
圆砾、角砾	中密	120～150
	密实	150～180
碎石、卵石	中密	160～220
	密实	220～400
漂石、块石	—	400～600

注：挖孔桩的摩阻力标准值可参照本表采用。

修正系数 λ 值　　表 2.5.2

桩端土情况	l/d		
	4～20	20～25	>25
透水性土	0.70	0.70～0.85	0.85
不透水性土	0.65	0.65～0.72	0.72

2.沉桩的承载力容许值

$$[R_a]=\frac{1}{2}(u\sum_{i=1}^{n}\alpha_i l_i q_{ik}+\alpha_r A_p q_{rk}) \tag{2.5.3}$$

式中，$[R_a]$为单桩轴向受压承载力容许值(kN)，桩身自重与置换土重(当自重计入浮力时，置换土重也计入浮力)的差值作为荷载考虑；u 为桩身周长(m)；n 为土的层数；l_i 为承台

第四篇 深基础

底面或局部冲刷线以下各土层的厚度(m);q_{ik}为与l_i对应的各土层与桩侧的摩阻力标准值(kPa),宜采用单桩摩阻力试验确定或通过静力触探试验测定,当无试验条件时按表 2.5.4 选用;q_{rk}为桩端处土的承载力标准值(kPa),宜采用单桩试验确定或通过静力触探试验测定,当无试验条件时按表 2.5.5 选用;α_i、α_r分别为振动沉桩对各土层桩侧摩阻力和桩端承载力的影响系数,按表 2.5.6 采用,对于锤击、静压沉桩其值均取为 1.0。

清底系数 m_0 值 表 2.5.3

t/d	0.3~0.1
m_0	0.7~1.0

注:1. t、d分别为桩端沉渣厚度和桩的直径。
2. $d \leqslant 1.5$ m 时,$t \leqslant 300$ mm;$d > 1.5$ m 时,$t \leqslant 500$ mm,且 $0.1 < t/d < 0.3$。

沉桩桩侧土的摩阻力标准值 q_{ik} 表 2.5.4

土类	状态	摩阻力标准值 q_{ik}/kPa
黏性土	$1.5 \geqslant I_L \geqslant 1$	15~30
	$1 > I_L \geqslant 0.75$	30~45
	$0.75 > I_L \geqslant 0.5$	45~60
	$0.5 > I_L \geqslant 0.25$	60~75
	$0.25 > I_L \geqslant 0$	75~85
	$0 > I_L$	85~95
粉土	稍密	20~35
	中密	35~65
	密实	65~80
粉、细砂	稍密	20~35
	中密	35~65
	密实	65~80
中砂	中密	55~75
	密实	75~90
粗砂	中密	70~90
	密实	90~105

注:表中土的液性指数 I_L,系按 76 g 平衡锥测定的数值。

沉桩桩端处土的承载力标准值 q_{rk} 表 2.5.5

土类	状态	桩端承载力标准值 q_{rk}/kPa		
黏性土	$I_L \geqslant 1$	1 000		
	$1 > I_L \geqslant 0.65$	1 600		
	$0.65 > I_L \geqslant 0.35$	2 200		
	$0.35 > I_L$	3 000		
土类	状态	桩尖进入持力层的相对深度		
		$1 > \frac{h_c}{d}$	$4 > \frac{h_c}{d} \geqslant 1$	$\frac{h_c}{d} \geqslant 4$
粉土	中密	1 700	2 000	2 300
	密实	2 500	3 000	3 500
粉砂	中密	2 500	3 000	3 500
	密实	5 000	6 000	7 000

续上表

土　类	状　态	桩端承载力标准值 q_{rk}/kPa		
细砂	中密	3 000	3 500	4 000
	密实	5 500	6 500	7 500
中、粗砂	中密	3 500	4 000	4 500
	密实	6 000	7 000	8 000
圆砾石	中密	4 000	4 500	5 000
	密实	7 000	8 000	9 000

注：表中 h_c 为桩端进入持力层的深度（不包括桩靴）；d 为桩的直径或边长。

系 数 α_i、α_r 值　　表 2.5.6

桩径或边长 d/m	土　类			
	黏土	粉质黏土	粉土	砂土
	系数 α_i、α_r			
$0.8 \geqslant d$	0.6	0.7	0.9	1.1
$2.0 \geqslant d > 0.8$	0.6	0.7	0.9	1.0
$d > 2.0$	0.5	0.6	0.7	0.9

当采用静力触探试验测定时，沉桩承载力容许值计算中的 q_{ik} 和 q_{rk} 取为

$$q_{ik} = \beta_i \overline{q}_i \tag{2.5.4}$$

$$q_{rk} = \beta_r \overline{q}_r \tag{2.5.5}$$

式中，$\overline{q}_i$ 为桩侧第 i 层土由静力触探测得的局部侧摩阻力的平均值（kPa），当 $\overline{q}_i$ 小于 5 kPa 时，采用 5 kPa；$\overline{q}_r$ 为桩端（不包括桩靴）标高以上和以下各 $4d$（d 为桩的直径或边长）范围内静力触探端阻的平均值（kPa）；若桩端标高以上 $4d$ 范围内端阻的平均值大于桩端标高以下 $4d$ 的端阻平均值时，则取桩端以下 $4d$ 范围内端阻的平均值；β_i、β_r 分别为侧摩阻和端阻的综合修正系数，其值按下面判别标准选用相应的计算公式；当土层的 $\overline{q}_r$ 大于 2 000 kPa，且 $\overline{q}_i/\overline{q}_r$ 小于或等于 0.014 时

$$\beta_i = 5.067(\overline{q}_i)^{-0.45}$$

$$\beta_r = 3.975(\overline{q}_r)^{-0.25}$$

如不满足上述 $\overline{q}_r$ 和 $\overline{q}_i/\overline{q}_r$ 条件时

$$\beta_i = 10.045(\overline{q}_i)^{-0.55}$$

$$\beta_r = 12.064(\overline{q}_r)^{-0.35}$$

上列综合修正系数计算公式不适合城市杂填土条件下的短桩；综合修正系数用于黄土地区时，应做试桩校核。

三、钻孔桩、沉桩的单桩轴向受压承载力容许值$[R_a]$的计算

支承在基岩上或嵌入基岩内的钻（挖）孔桩、沉桩的单桩轴向受压承载力容许值$[R_a]$，可按下式计算

$$[R_a] = c_1 A_p f_{rk} + u\sum_{i=1}^{m} c_{2i} h_i f_{rki} + \frac{1}{2}\zeta_s u \sum_{i=1}^{n} l_i q_{ik} \tag{2.5.6}$$

式中，$[R_a]$为单桩轴向受压承载力容许值（kN），桩身自重与置换土重（当自重计入浮力时，置换土重也计入浮力）的差值作为荷载考虑；c_1 为根据清孔情况、岩石破碎程度等因素而

定的端阻发挥系数，按表 2.5.7 采用；A_p 为桩端截面面积(m^2)，对于扩底桩，取扩底截面面积；f_{rk}为桩端岩石饱和单轴抗压强度标准值(kPa)，黏土质岩取天然湿度单轴抗压强度标准值，当 f_{rk}小于 2 MPa 时按摩擦桩计算(f_{rki}为第 i 层的 f_{rk}值)；c_{2i}为根据清孔情况、岩石破碎程度等因素而定的第 i 层岩层的侧阻发挥系数，按表 2.5.7 采用；u 为各土层或各岩层部分的桩身周长(m)；h_i 为桩嵌入各岩层部分的厚度(m)，不包括强风化层和全风化层；m 为岩层的层数，不包括强风化层和全风化层；ζ_s 为覆盖层土的侧阻力发挥系数(根据桩端 f_{rk}确定：当 2 MPa≤f_{rk}<15 MPa 时，ζ_s=0.8；当 15 MPa≤f_{rk}<30 MPa 时，ζ_s=0.5；当 f_{rk}>30 MPa 时，ζ_s=0.2)；l_i 为各土层的厚度(m)；q_{ik}为桩侧第 i 层土的侧阻力标准值(kPa)，宜采用单桩摩阻力试验值。当无试验条件时，对于钻(挖)孔桩按本规范表 2.5.1 选用，对于沉桩按表 2.5.4选用；n 为土层的层数，强风化和全风化岩层按土层考虑。

系 数 c_1、c_2 值 表 2.5.7

岩石层情况	c_1	c_2
完整、较完整	0.6	0.05
较破碎	0.5	0.04
破碎、极破碎	0.4	0.03

注：1. 当入岩深度小于或等于 0.5 m 时，c_1 乘以 0.75 的折减系数，c_2=0。

2. 对于钻孔桩，系数 c_1、c_2 值应降低 20%采用；桩端沉渣厚度 t 应满足以下要求：d≤1.5 m 时，t≤50 mm；d>1.5 m 时，t≤100 mm。

3. 对于中风化层作为持力层的情况，c_1、c_2 应分别乘以 0.75 的折减系数。

四、桩基嵌入基岩中深度的计算

当河床岩层有冲刷时，桩基须嵌入基岩，嵌岩桩按桩底嵌固设计。其应嵌入基岩中的深度，可按下列公式计算

①圆形桩

$$h=\sqrt{\frac{M_H}{0.0655\beta f_{rk}d}} \tag{2.5.7}$$

②矩形桩

$$h=\sqrt{\frac{M_H}{0.0833\beta f_{rk}b}} \tag{2.5.8}$$

式中，h 为桩嵌入基岩中(不计强风化层和全风化层)的有效深度(m)，不应小于 0.5 m；M_H 为在基岩顶面处的弯矩(kN·m)；f_{rk}为岩石饱和单轴抗压强度标准值(kPa)，黏土质岩取天然湿度单轴抗压强度标准值；β 为系数，β=0.5～1.0，根据岩层侧面构造而定，节理发育的取小值，节理不发育的取大值；d 为桩身直径(m)；b 为垂直于弯矩作用平面桩的边长(m)。

五、后压浆单桩轴向受压承载力容许值的计算

桩端后压浆灌注桩单桩轴向受压承载力容许值，应通过静载试验确定。在符合本规范后压浆技术规定的条件下，后压浆单桩轴向受压承载力容许值可按下式计算

$$[R_a]=\frac{1}{2}u\sum_{i=1}^{n}\beta_{si}q_{ik}l_i+\beta_p A_p q_r \tag{2.5.9}$$

式中，$[R_a]$为桩端后压浆灌注桩的单桩轴向受压承载力容许值(kN)，桩身自重与置换土重(当自重计入浮力时，置换土重也计入浮力)的差值作为荷载考虑；β_{si}为第 i 层土的侧阻

力增强系数，可按表 2.5.8 取值(当在饱和土层中压浆时，仅对桩端以上 8.0～12.0 m 范围的桩侧阻力进行增强修正；当在非饱和土层中压浆时，仅对桩端以上 4.0～5.0 m 的桩侧阻力进行增强修正；对于非增强影响范围，$\beta_{si}=1$；β_p 为端阻力增强系数，可按表 2.5.8 取值)；其他符号同式(2.5.1)。

桩端后压浆侧阻力增强系数 β_s、端阻力增强系数 β_p 表 2.5.8

土层名称	黏性土、粉土	粉砂	细砂	中砂	粗砂	砾砂	碎石土
β_s	1.3～1.4	1.5～1.6	1.5～1.7	1.6～1.8	1.5～1.8	1.6～2.0	1.5～1.6
β_p	1.5～1.8	1.8～2.0	1.8～2.1	2.0～2.3	2.2～2.4	2.2～2.4	2.2～2.5

按以上方法计算的单桩轴向受压承载力容许值$[R_a]$，应根据桩的受荷阶段和受荷情况乘以表 2.5.9 规定的抗力系数。

单桩轴向受压承载力的抗力系数 表 2.5.9

受荷阶段	作用效应组合		抗力系数
使用阶段	短期效应组合	永久作用与可变作用组合	1.25
		结构自重、预加力、土重、土侧压力和汽车、人群组合	1.00
	作用效应偶然组合(不含地震作用)		1.25
施工阶段	施工荷载效应组合		1.25

六、摩擦桩单桩轴向受拉承载力容许值的计算

摩擦桩应根据桩承受作用的情况决定是否允许出现拉力。当桩的轴向力由结构自重、预加力、土重、土侧压力、汽车荷载和人群荷载短期效应组合所引起时，桩不允许受拉；当桩的轴向力由上述荷载并与其他作用组成的短期效应组合或荷载效应的偶然组合(地震作用除外)所引起时，则桩允许受拉。摩擦桩单桩轴向受拉承载力容许值按下式计算

$$[R_t]=0.3u\sum_{i=1}^{n}\alpha_i l_i q_{ik} \tag{2.5.10}$$

式中，$[R_t]$为单桩轴向受拉承载力容许值(kN)；u 为桩身周长(m)[对于等直径桩，$u=\pi d$；对于扩底桩，自桩端起算的长度$\sum l_i\leqslant 5d$ 时，取 $u=\pi D$，其余长度均取 $u=\pi D$(其中 D 为桩的扩底直径，d 为桩身直径)]；α_i 为振动沉桩对各土层桩侧摩阻力的影响系数(按表 2.5.6 采用，对于锤击、静压沉桩和钻孔桩，$\alpha_i=1$)。

计算作用于承台底面由外荷载引起的轴向力时，应扣除桩身自重值。

第六节 按《铁路桥涵地基和基础设计规范》(TB 10002.5—2005)确定单桩承载力

按岩土的阻力确定的单桩容许承载力可按下列各式计算。

1.摩擦桩轴向受压的容许承载力

①打入、震动下沉和桩尖爆扩桩的容许承载力

$$[P]=\frac{1}{2}(U\sum a_i f_i l_i+\lambda ARa) \tag{2.6.1}$$

式中，$[P]$为桩的容许承载力(kN)；U 为桩身截面周长(m)；l_i 为各土层厚度(m)；A 为桩底支承面积(m^2)；a_i、a 分别为震动沉桩对各土层桩周摩阻力和柱底承压力的影响系数

(表 2.6.1),对于打入桩其值为 1.0;λ 为系数(表 2.6.2)。

震动下沉桩系数 a_i、a 表 2.6.1

桩径或边宽	砂类土	粉土	粉质黏土	黏土
$d \leqslant 0.8$ m	1.1	0.9	0.7	0.6
0.8 m$<d \leqslant 2.0$ m	1.0	0.9	0.7	0.6
$d>2.0$ m	0.9	0.7	0.6	0.5

系数 λ 表 2.6.2

D_p/d	桩尖爆扩体处土的种类			
	砂类土	粉土	粉质黏土 $I_L=0.5$	黏土 $I_L=0.5$
1.0	1.0	1.0	1.0	1.0
1.5	0.95	0.85	0.75	0.70
2.0	0.90	0.80	0.65	0.50
2.5	0.85	0.75	0.50	0.40
3.0	0.80	0.60	0.40	0.30

注:d 为桩身直径,D_p 为爆扩桩的爆扩体直径。

f_i 和 R 分别为桩周土的极限摩阻力(以 kPa 计)和桩尖土的极限承载力(以 kPa 计),可根据土的物理性质查表 2.6.3 和表 2.6.4 确定,或采用静力触探试验测定,此时

$$f_i=\beta_i\overline{f}_{si} \quad \text{和} \quad R=\beta\overline{q}_c$$

式中,$\overline{f}_{si}$ 为桩侧第 i 层土经静力触探测得的平均侧摩阻力(kPa),当 $\overline{f}_{si}<5$ kPa 时,可采用 5 kPa;$\overline{q}_c$ 为桩尖(不包括桩靴)高程以上和以下各 $4d$(d 为桩的直径或边长)范围内静力触探平均端力 $\overline{q}_{c1}$ 和 $\overline{q}_{c2}$(均以 kPa 计)的平均值,但当 $\overline{q}_{c1}>\overline{q}_{c2}$ 时,则 $\overline{q}_c$ 取 $\overline{q}_{c2}$ 的值;β_i 和 β 分别为侧摩阻和端阻的综合修正系数,其值按下列判别标准选用相应的计算公式。

桩周土的极限摩阻力 f_i(单位:kPa) 表 2.6.3

土类	状态	极限摩阻力 f_i
黏性土	$1 \leqslant I_L<1.5$	15～30
	$0.75 \leqslant I_L<1$	30～45
	$0.5 \leqslant I_L<0.75$	45～60
	$0.25 \leqslant I_L<0.5$	60～75
	$0 \leqslant I_L<0.25$	75～85
	$I_L<0$	85～95
粉土	稍密	20～35
	中密	35～65
	密实	65～80
粉、细砂	稍松	20～35
	稍、中密	35～65
	密实	65～80
中砂	稍、中密	55～75
	密实	75～90
粗砂	稍、中密	70～90
	密实	90～105

桩尖土的极限承载力 ***R***(单位:kPa)　　表 2.6.4

土类	状态	桩尖极限承载力		
黏性土	$1 \leqslant I_L$	1 000		
	$0.65 \leqslant I_L < 1$	1 600		
	$0.35 \leqslant I_L < 0.65$	2 200		
	$I_L < 0.35$	3 000		
土类	状态	桩尖进入持力层的相对深度		
		$\frac{h'}{d} < 1$	$1 \leqslant \frac{h'}{d} < 4$	$4 \leqslant \frac{h'}{d}$
粉土	中密	1 700	2 000	2 300
	密实	2 500	3 000	3 500
粉砂	中密	2 500	3 000	3 500
	密实	5 000	6 000	7 000
细砂	中密	3 000	3 500	4 000
	密实	5 500	6 500	7 500
中、粗砂	中密	3 500	4 000	4 500
	密实	6 000	7 000	8 000
圆砾土	中密	4 000	4 500	5 000
	密实	7 000	8 000	9 000

注:表中 h' 为桩尖进入持力层的深度(不包括桩靴),d 为桩的直径或边长。

当桩侧第 i 层土的 $\bar{q}_{ci} > 2\ 000$ kPa,且 $\bar{f}_{si}/\bar{q}_{ci} \leqslant 0.014$ 时(式中的 $\bar{f}_{si}$ 和 $\bar{q}_{ci}$ 均以kPa计)。

$$\beta_{\rm i} = 5.067(\bar{f}_{si})^{-0.45}$$

当不满足上述 $\bar{q}_{ci}$ 和 $\bar{f}_{si}/\bar{q}_{ci}$ 条件时,则

$$\beta_i = 10.045(\bar{f}_{si})^{-0.55}$$

当桩底土的 $\bar{q}_{c2} > 2\ 000$ kPa,且 $\bar{f}_{s2}/\bar{q}_{c2} \leqslant 0.014$ 时(式中的 $\bar{q}_{s2}$ 和 $\bar{q}_{c2}$ 均以 kPa 计)

$$\beta = 3.975(\bar{q}_c)^{-0.25}$$

当不满足上述 $\bar{q}_{c2}$ 和 $\bar{f}_{s2}/\bar{q}_{c2}$ 条件时,则

$$\beta = 12.064(\bar{q}_c)^{-0.35}$$

式中,$\bar{q}_{ci}$ 为相应于 $\bar{f}_{si}$ 土层中桩侧触探平均端阻;$\bar{f}_{s2}$ 为相应于 $\bar{q}_{c2}$ 土层中桩底触探平均侧阻。

上列综合修正系数计算公式不适用于以城市杂填土为主的短桩。综合修正系数用于黄土地区时,应做试桩校核。

②钻(挖)孔灌注桩的容许承载力

$$[P] = \frac{1}{2}U\sum f_i l_i + m_0 A[\sigma] \tag{2.6.2}$$

式中,$[P]$ 为桩的容许承载力(kN);U 为桩身截面周长(m),按成孔桩径计算,通常钻孔桩的成孔桩径按钻头类型分别比设计桩径(即钻头直径)增大下列数值:旋转锥为 30～50 mm,冲锥为 50～100 mm,冲抓锥为 100～150 mm;f_i 为各土层的极限摩阻力(kPa),按表 2.6.5 采用;l_i 为各土层的厚度(m);A 为桩底支承面积(m²),按设计桩径计算;$[\sigma]$ 为桩底地基土的容许承载力(kPa),当 $h \leqslant 4d$ 时,$[\sigma] = \sigma_0 + k_2\gamma_2(h-3)$;当 $4d < h \leqslant 10d$ 时,$[\sigma] = \sigma_0 + k_2\gamma_2(4d-3) + k'_2\gamma_2(h-4d)$;当 $h > 10d$ 时,$[\sigma] = \sigma_0 + k_2\gamma_2(4d-3) + k'_2\gamma_2(6d)$,其中 d

为桩径或桩的宽度(m);k_2 采用《建筑桩基技术规范》(JGJ 94－2008)表4.1.3中的数值;k_2' 对于黏性土、粉土和黄土为1.0;对于其他土,k_2' 为《建筑桩基技术规范》(JGJ 94－2008)表4.1.3中的 k_2 值之半;σ_0、γ_2 和 h 的意义与《建筑桩基技术规范》(JGJ 94－2008)第4.1.3条相同;m_0 为桩底支承力折减系数,钻孔灌注桩桩底支承力折减系数可按表2.6.6采用;挖孔灌注桩桩底支承力折减系数可根据具体情况确定,一般可取 $m_0=1.0$。

钻孔灌注桩桩周极限摩阻力 f_i(单位:kPa) 表2.6.5

土的名称	土性状态	极限摩阻力
软土		12～22
黏性土	流塑	20～35
	软塑	35～55
	硬塑	55～75
粉土	中密	30～55
	密实	55～70
粉砂、细砂	中密	30～55
	密实	55～70
中砂	中密	45～70
	密实	70～90
粗砂、砾砂	中密	70～90
	密实	90～150
圆砾土、角砾土	中密	90～150
	密实	150～220
碎石土、卵石土	中密	150～220
	密实	220～420

注:1.漂石土、块石土极限摩阻力可采用400～600 kPa。
2.孔灌注桩的极限摩阻力可参照本表采用。

钻孔灌注桩桩底支承力折减系数 m_0 表2.6.6

土质及清底情况	m_0		
	$5d<h\leqslant 10d$	$10d<h\leqslant 25d$	$25d<h\leqslant 50d$
土质较好,不易坍塌,清底良好	0.9～0.7	0.7～0.5	0.5～0.4
土质较差,易坍塌,清底稍差	0.7～0.5	0.5～0.4	0.4～0.3
土质差,难以清底	0.5～0.4	0.4～0.3	0.3～0.1

注:h 为地面线或局部冲刷线以下桩长,d 为桩的直径,均以m计。

2.柱桩轴向受压的容许承载力

①支承于岩石层上的打入桩、震动下沉桩(包括管柱)的容许承载力

$$[P]=CRA \tag{2.6.3}$$

式中,$[P]$为桩的容许承载力(kN);R 为岩石单轴抗压强度(kPa);C 为系数,匀质无裂缝的岩石层采用 $C=0.45$,有严重裂缝的、风化的或易软化的岩石层采用 $C=0.30$;A 为桩底面积(m^2)。

②支承于岩石层上与嵌入岩石层内的钻(挖)孔灌注桩及管桩的容许承载力

$$[P]=R(C_1A+C_2Uh) \tag{2.6.4}$$

式中,$[P]$为桩及管柱的容许承载力(kN);U 为嵌入岩石层内的桩和管柱的钻孔周长(m);h 为自新鲜岩石面(平均高程)算起的嵌入深度(m);C_1、C_2 为系数,根据岩石层破碎程度和清底情况决定,按表2.6.7采用;其余符号意义同前。

系 数 C_1、C_2 表 2.6.7

岩石层和清底情况	C_1	C_2
良好	0.5	0.04
一般	0.4	0.03
较差	0.3	0.02

注:当 $h\leqslant 0.5$ m 时,C_1 应乘以 0.7,C_2 采取为 0。

3.摩擦桩轴向受拉的容许承载力

摩擦桩轴向受拉的容许承载力按下式计算

$$[P']=0.30U\sum a_i l_i f_i \tag{2.6.5}$$

式中,$[P']$为摩擦桩轴向受拉的容许承载力(kN);其余符号意义同前。

第三章　群桩竖向承载力

第一节　基本概念

桩基础:由基桩和连接于桩顶的承台共同组成;由深入土层具有一定强度的长柱形构件(桩)或构件群与连接其顶的构件(承台)组成的深基础,共同承受上部结构物荷载。

低承台桩基:桩身全部埋于土中,承台底面与土体接触的桩基础。

高承台桩基:桩身上部露出地面,承台底面位于地面以上的桩基础。

单桩基础:单独一根桩(常为大直径桩)以承受和传递上部结构(通常为柱)荷载的独立基础。

群桩基础:由两根或多于两根基桩组成的桩基础。

基桩:群桩基础中的单桩。

复合桩基:由桩和承台底地基土共同承受荷载的桩基。

复合基桩:包含承台底土阻力的基桩。

在实际工程中,除少量大直径桩基础外,一般都是群桩基础。竖向荷载下的群桩基础,各桩的承载力发挥和沉降性状往往与相同情况下的单桩有显著差别;承台底产生的土反力也将分担部分荷载,因此,在设计时必须综合考虑群桩的工作特点,以确定群桩的承载能力。

一、群桩的工作特点

对于群桩基础,作用于承台上的荷载实际上是由桩和地基土共同承担的,由于承台、桩、地基土的相互作用情况不同,使桩端、桩侧阻力和地基土的阻力因桩基类型而异。

(一)端承型群桩基础

由于端承型桩基持力层坚硬,桩顶沉降较小,桩侧摩阻力不易发挥,桩顶荷载基本上通过桩身直接传到桩端处土层上。而桩端处承压面积很小,各桩端的压力彼此互不影响(图 3.1.1),因此可近似认为端承型群桩基础中各基桩的工作性状与单桩基本一致;同时,由于桩的变形很小,桩间土基本不承受荷载,群桩基础的承载力就等于各单桩的承载力之和;群桩的沉降量也与单桩基本相同,即群桩效应关系数 $\eta=1$。

(二)摩擦型群桩基础

摩擦型群桩主要通过每根桩侧的摩擦阻力将上部荷载传递到桩周和桩端土层中。且一般假定桩侧摩阻力在土中引起的附加应力 σ_z 按某一角度,沿桩长向下扩散分布,至桩端平面处,压力分布如图3.1.2中阴影部分所示。当桩数少,桩中心距 s_a 较大时,例如 $s_a>6d$,桩端平面处各桩传来的压力互不重叠或重叠不多[图 3.1.2a)],此时群桩中各桩的工作情况与单桩的一致,故群桩的承载力等于各单桩承载力之和。但当桩数较多,桩距较小时,例如常用桩距 $s_a=(3\sim4)d$ 时,桩端处地基中各桩传来的压力将相互重叠[图 3.1.2b)]。桩端处压力比单桩时大得多,桩端以下压缩土层的厚度也比单桩要深,此时群桩中各桩的工作状态与单桩的迥然不同,其承载力小于各单桩承载力之总和,沉降量则大于单桩的沉降量,即所谓群桩效应。显然，若限制群桩的沉降量与单桩沉降量相同，则群桩中每一根桩的平均承载力就比单桩时要低，即群桩效应系数 $\eta<1$。

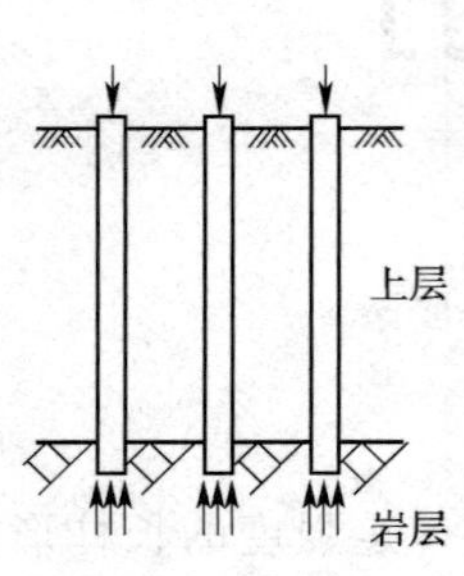

图 3.1.1　端承型群桩基础

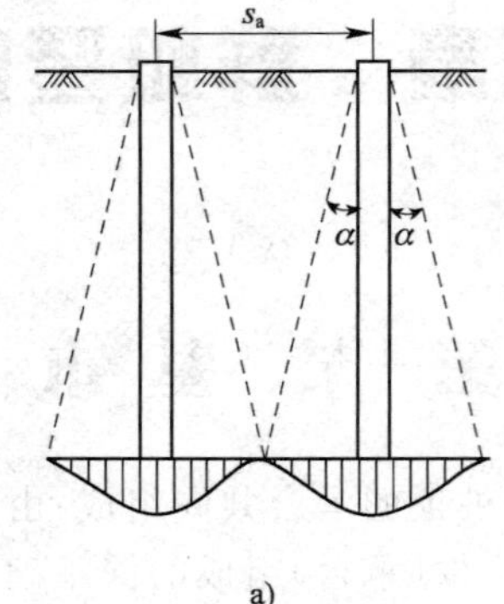

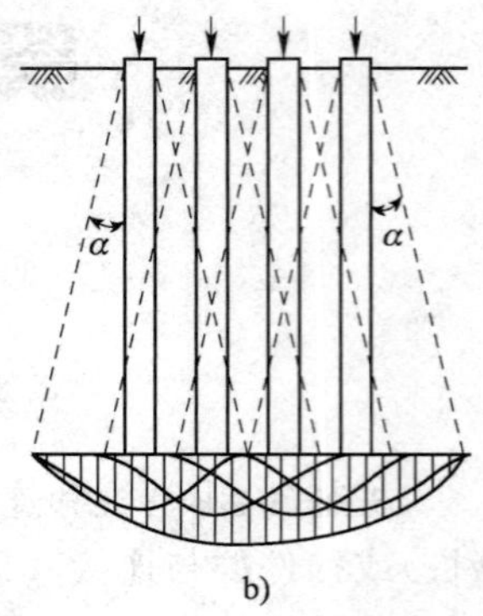

图 3.1.2　摩擦型群桩桩端平面上的压力分布

但是国内外大量工程实践和试验研究结果表明，采用单一的群桩效应系数不能正确反映群桩基础的工作状况，低估了群桩基础的承载能力。其原因是：群桩基础的沉降量只需满足建筑物桩基变形允许值的要求，无需按单桩的沉降量控制；群桩基础中的一根桩与单桩的工作条件不同，其极限承载力也不一样。由于群桩基础成桩时桩侧土体受挤密的程度高，潜在的侧阻大，桩间土的竖向变形量比单桩时大，故桩与土的相对位移减小，影响侧阻力的发挥。通常，砂土和粉土中的桩基，群桩效应使桩的侧阻力提高，而黏性土中的桩基，在常见桩距下，群桩效应往往使侧阻力降低。考虑群桩产应后，桩端平面处压应力增加较多，极限桩端阻力相应提高。因此，群桩基础中桩的极限承载力确定极为复杂，其与桩的间距、土质、桩数、桩径、入土深度及桩的类型和排列方式等因素有关。

目前工程上考虑群桩效应的方法有两种：一种是以概率极限设计为指导，通过实测资料的统计分析，对群桩内每根桩的侧阻力和端阻力分别乘以群桩效应系数，称群桩分项效应系数法；另一种是把承台、桩和桩间土视为一假想的实体基础，进行基础下地基承载力和变形验算，称实体基础法。

二、承台下土对荷载的分担作用

桩基在荷载作用下，由桩和承台底地基土共同承担荷载，构成复合桩基（图 3.1.3）。复合桩基中基桩的承载力含有承台底的土阻力，故称为复合基桩。承台底分担荷载的作用随桩群相对于基土向下位移幅度的加大而增强。为了保证台底与土保持接触而不脱开，并提供足够的土阻力，则桩端必须贯入持力层，促使群桩整体下沉。此外，桩身受荷压缩，产生桩—土相对滑移，也使底反力增加。

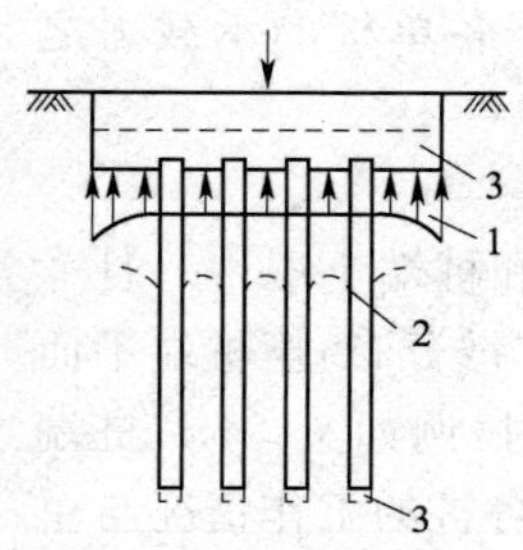

图 3.1.3　复合桩基

1-台底土反力；2-上层土位移；3-桩端贯入、桩基整体下沉

研究表明，承台底土反力比平板基础底面下的土反力要低（由于桩侧土因桩的竖向位移而发生剪切变形所致），其大小和分布形式，随桩顶荷载水平、桩径桩长比、台底和桩端土质、承台刚度和桩群的几何特征等因素而变化。通常，台底分担荷载的比例可从百分之十几直至百分之五十以上。

刚性承台底面土反力呈马鞍形分布（图 3.1.3）。若以桩群外围包络线为界，将台底面积分为内、外两区，则内区反力比外区小而且比较均匀，桩距增大时内、外区反力差明显降低。台底分担的荷载总值增加时，反力的塑性重分布不显著而保持反力图式基本不变。利用台底反力分布的上述特征，可以通过加大外区与内区的面积比来提高承台分担荷载的份额。

设计复合桩基时应注意：承台分担荷载是以桩基的整体下沉为前提的，故只有在桩基沉降不会危及建筑物的安全和正常使用，且台底不与软土直接接触时，才宜于开发利用承台底土反力的潜力。因此，在下列情况下，通常不能考虑承台的荷载分担效应：①承受经常出现的动力作用，如铁路桥梁桩基；②承台下存在可能产生负摩擦力的土层，如湿陷性黄土、欠固结土、新填土、高灵敏度软土和可液化土，或由于降水地基土固结而与承台脱开；③在饱和软土中沉入密集桩群，引起超静孔隙水压力和土体隆起，随着时间推移，桩间土逐渐固结下沉而与承台脱离等。

第二节　按《建筑桩基技术规范》(JGJ 94—2008)确定桩基承载力特征值

一、桩顶作用效应计算

对于一般建筑物和受水平力（包括力矩与水平剪力）较小的高层建筑群桩基础，应按下列公式计算柱、墙、核心筒群桩中基桩或复合基桩的桩顶作用效应。

①竖向力

a. 轴心竖向力作用下

$$N_k=\frac{F_k+G_k}{n} \tag{3.2.1}$$

b. 偏心竖向力作用下

$$N_{ik}=\frac{F_k+G_k}{n}\pm\frac{M_{xk}y_i}{\sum y_j^2}\pm\frac{M_{yk}x_i}{\sum x_j^2} \tag{3.2.2}$$

②水平力

$$H_{ik}=\frac{H_k}{n} \tag{3.2.3}$$

式中，F_k 为荷载效应标准组合下，作用于承台顶面的竖向力；G_k 为桩基承台和承台上土自重标准值，对稳定的地下水位以下部分应扣除水的浮力；N_k 为荷载效应标准组合轴心竖向力作用下，基桩或复合基桩的平均竖向力；N_{ik} 为荷载效应标准组合偏心竖向力作用下，第 i 基桩或复合基桩的竖向力；M_{xk}、M_{yk} 为荷载效应标准组合下，作用于承台底面，绕通过桩群形心的 x、y 主轴的力矩；x_i、x_j、y_i、y_j 分别为第 i、j 基桩或复合基桩至 y、x 轴的距离；H_k 为荷载效应标准组合下，作用于桩基承台底面的水平力；H_{ik} 为荷载效应标准组合下，作用于第 i 基桩或复合基桩的水平力；n 为桩基中的桩数。

对于主要承受竖向荷载的抗震设防区低承台桩基，在同时满足下列条件时，桩顶作用效应计算可不考虑地震作用：

①按现行国家标准《建筑抗震设计规范》(GB 50011—2010)规定可不进行桩基抗震承载力验算的建筑物；

②建筑场地位于建筑抗震的有利地段。

属于下列情况之一的桩基，计算各基桩的作用效应、桩身内力和位移时，宜考虑承台(包

括地下墙体)与基桩协同工作和土的弹性抗力作用,其计算方法可按《建筑桩基技术规范》(JGJ 94—2008)附录C进行:

①位于8度和8度以上抗震设防区的建筑,当其桩基承台刚度较大或由于上部结构与承台协同作用能增强承台的刚度时;

②其他受较大水平力的桩基。

二、桩基竖向承载力计算

1. 桩基竖向承载力计算的要求

(1)荷载效应标准组合

轴心竖向力作用下

$$N_k \leqslant R \tag{3.2.4}$$

偏心竖向力作用下,除满足上式外,尚应满足下式的要求:

$$N_{kmax} \leqslant 1.2R \tag{3.2.5}$$

(2)地震作用效应和荷载效应标准组合

轴心竖向力作用下

$$N_{Ek} \leqslant 1.25R \tag{3.2.6}$$

偏心竖向力作用下,除满足上式外,尚应满足下式的要求:

$$N_{Ekmax} \leqslant 1.5R \tag{3.2.7}$$

式中,N_k 为荷载效应标准组合轴心竖向力作用下,基桩或复合基桩的平均竖向力;N_{kmax} 为荷载效应标准组合偏心竖向力作用下,桩顶最大竖向力;N_{Ek} 为地震作用效应和荷载效应标准组合下,基桩或复合基桩的平均竖向力;N_{Ekmax} 地震作用效应和荷载效应标准组合下,基桩或复合基桩的最大竖向力;R 为基桩或复合基桩竖向承载力特征值。

2. 单桩竖向承载力特征值 R_a

单桩竖向承载力特征值 R_a 应按下式确定

$$R_a = \frac{1}{K} Q_{uk} \tag{3.2.8}$$

式中,Q_{uk} 为单桩竖向极限承载力标准值;K 为安全系数,取 $K=2$。

3. 承台效应的复合基桩竖向承载力特征值

对于端承型桩基、桩数少于4根的摩擦型柱下独立桩基,或由于地层土性、使用条件等因素不宜考虑承台效应时,基桩竖向承载力特征值应取单桩竖向承载力特征值。

对于符合下列条件之一的摩擦型桩基,宜考虑承台效应确定其复合基桩的竖向承载力特征值:

①上部结构整体刚度较好、体型简单的建(构)筑物;

②对差异沉降适应性较强的排架结构和柔性构筑物;

③按变刚度调平原则设计的桩基刚度相对弱化区;

④软土地基的减沉复合疏桩基础。

考虑承台效应的复合基桩竖向承载力特征值可按下式确定。

a. 不考虑地震作用时

$$R = R_a + \eta_c f_{ak} A_c \tag{3.2.9}$$

b. 考虑地震作用时

$$R = R_a + \frac{\zeta_a}{1.25} \eta_c f_{ak} A_c \tag{3.2.10}$$

$$A_c=(A-nA_{ps})/n \tag{3.2.11}$$

式中，η_c 为承台效应系数，可按表3.2.1取值；f_{ak} 为承台下1/2承台宽度且不超过5 m深度范围内各层土的地基承载力特征值按厚度加权的平均值；A_c 为计算基桩所对应的承台底净面积；A_{ps} 为桩身截面面积；A 为承台计算域面积（对于柱下独立桩基，A 为承台总面积；对于桩筏基础，A 为柱、墙筏板的1/2跨距和悬臂边2.5倍筏板厚度所围成的面积）；桩集中布置于单片墙下的桩筏基础，取墙两边各1/2跨距围成的面积，按条形承台计算 η_c；ζ_a 为地基抗震承载力调整系数，应按现行国家标准《建筑抗震设计规范》（GB 50011—2010）采用。

承台效应系数 η_c 表3.2.1

B_c/l	s_a/d				
	3	4	5	6	＞6
≤0.4	0.06～0.08	0.14～0.17	0.22～0.26	0.32～0.38	0.50～0.80
0.4～0.8	0.08～0.10	0.17～0.20	0.26～0.30	0.38～0.44	
＞0.8	0.10～0.12	0.20～0.22	0.30～0.34	0.44～0.50	
单排桩条形承台	0.15～0.18	0.25～0.30	0.38～0.45	0.50～0.60	

注：1. 表中 s_a/d 为桩中心距与桩径之比；B_c/l 为承台宽度与桩长之比。当计算基桩为非正方形排列时，$s_a=\sqrt{A/n}$，A 为承台计算域面积，n 为总桩数。

2. 对于桩布置于墙下的箱、筏承台，η_c 可按单排桩条形承台取值。

3. 对于单排桩条形承台，当承台宽度小于1.5d 时，η_c 按非条形承台取值。

4. 对于采用后注浆灌注桩的承台，η_c 宜取低值。

5. 对于饱和黏性土中的挤土桩基、软土地基上的桩基承台，η_c 宜取低值的0.8倍。

当承台底为可液化土、湿陷性土、高灵敏度软土、欠固结土、新填土时，沉桩引起超孔隙水压力和土体隆起时，不考虑承台效应，取 $\eta_c=0$。

第三节　其他标准关于群桩竖向承载力的计算

1. 群桩竖向承载力计算表达式

（1）《建筑地基基础设计规范》（GB 50007—2011）

在正常使用极限状态下荷载效应标准组合，任一单桩应满足下列要求。

①无地震荷载组合。

轴心竖向力作用下，应满足

$$Q_k\leqslant R_a \tag{3.3.1}$$

偏心竖向力作用下，除满足式（3.3.1）外，还应满足

$$Q_{ik\,\max}\leqslant 1.2R_a \tag{3.3.2}$$

式中，Q_k 为荷载效应标准组合轴心竖向力作用下，任一单桩的竖向力（kN）；$Q_{ik\,\max}$ 为荷载效应标准组合偏心竖向力作用下，第 i 根桩的竖向力最大值（kN）；R_a 为单桩竖向承载力特征值（kN）。

②有地震荷载组合［《建筑抗震设计规范》（GB 50011—2010）］。

轴心竖向力作用下，应满足

$$Q_k\leqslant 1.25R_a \tag{3.3.3}$$

偏心竖向力作用下，除满足式（3.3.3）外，还应满足

$$Q_{ik\,\max}\leqslant 1.5R_a \tag{3.3.4}$$

式中，Q_k 为荷载效应标准组合（包括地震作用的组合）轴心竖向力作用下，任一单桩的

竖向力(kN)；$Q_{ik\,max}$为荷载效应标准组合(包括地震作用的组合)偏心竖向力作用下，第 i 根桩的竖向力量大值(kN)；R_a 为单桩竖向承载力特征值(kN)。

(2)《公路桥涵地基与基础设计规范》(JTG D63—2007)

按允许应力法的设计原则，并假定承台底面以上的竖向荷载全部由基桩承受。单桩承载力应满足下列要求。

①无地震荷载组合。

基桩应满足

$$P \leqslant [P] \tag{3.3.5}$$

$$P_j \leqslant 1.25[P] \tag{3.3.6}$$

式中，P 为荷载组合Ⅰ作用时单桩的竖向力(kN)；P_j 为荷载组合Ⅱ、组合Ⅲ、组合Ⅳ、组合Ⅴ作用(包括地震荷载作用)时，(或荷载组合Ⅰ中包含有收缩、徐变、水浮力的作用效应)单桩的竖向力(kN)；[P]为单桩轴向受压允许承载力(kN)。

②有地震荷载组合[《公路桥梁抗震设计细则》(JTG/T B02-01—2008)]。

有地震荷载作用参与组合时，基桩应满足

$$P \leqslant [P] \tag{3.3.7}$$

$$P_j \leqslant 1.25[P] \tag{3.3.8}$$

式中，P 为荷载组合Ⅰ作用(包括地震荷载作用)时单桩的竖向力(kN)；P_j 为荷载组合Ⅱ、组合Ⅲ、组合Ⅳ、组合Ⅴ作用(包括地震荷载作用)时，(或荷载组合Ⅰ中包含有收缩、徐变、水浮力的作用效应)单桩的竖向力(kN)；[P]为单桩轴向受压允许承载力(kN)。

值得注意的是：单桩的竖向力除组合荷载外，还包括冲刷线以上桩身自重及冲刷线以下桩身自重的一半。

2. 基桩桩顶作用的竖向力

分别按不同规范计算。

(1)《建筑地基基础设计规范》(GB 50007—2011)

轴心竖向力作用下

$$Q_k = \frac{F_k + G_k}{n} \tag{3.3.9}$$

偏心竖向力作用下

$$Q_{ik} = \frac{F_k + G_k}{n} \pm \frac{M_{xk} y_i}{\sum y_i^2} \pm \frac{M_{yk} x_i}{\sum x_i^2} \tag{3.3.10}$$

式中，Q_k 为相应于荷载效应标准组合轴心竖向力作用下任一单桩的竖向力(kN)；Q_{ik} 为相应于荷载效应标准组合偏心竖向力作用下第 i 根桩的竖向力(kN)；F_k 为相应于荷载效应标准组合时，作用于桩基承台顶面的竖向力(kN)；G_k 为桩基承台自重和承台上土自重标准值(kN)；对地下水位以下部分扣除水的浮力；M_{xk}、M_{yk}分别为相应于荷载效应标准组合作用下承台底面通过桩群形心的 x、y 轴的力矩(kN・m)；x_i、y_i 分别为桩 i 至桩群形心的 y、x 轴线的距离(m)；n 为桩基中的桩数。

$$Q_{ik\,max} = \max |Q_{ik}| \tag{3.3.11}$$

式中，$Q_{ik\,max}$为相应于荷载效应标准组合偏心竖向力作用下，本承台下所有桩的竖向力最大值(kN)。

(2)《公路桥涵地基与基础设计规范》(JTG D63—2007)

轴心竖向力作用

$$P=\frac{F+G}{n} \tag{3.3.12}$$

偏心竖向力作用下

$$P_i=\frac{F+G}{n}\pm\frac{M_x y_i}{\sum y_i^2}\pm\frac{M_y x_i}{\sum x_i^2} \tag{3.3.13}$$

式中，P 为轴心竖向力作用下任一单桩的竖向力(kN)；P_i 为偏心竖向力作用下第 i 根桩的竖向力(kN)；F 为作用于承台顶面的竖向力(kN)；G 为桩基承台和承台上土自重(kN)；对地下水位以下部分扣除水的浮力；M_x、M_y 分别为作用于承台底面通过桩群形心的 x、y 轴的弯矩(kN·m)；x_i、y_i 分别为第 i 根基桩形心至 y、x 轴的距离(m)；n 桩基中的桩数。其公式为

$$P_{max}=\max|P_j| \tag{3.3.14}$$

式中，P_{max} 为偏心竖向力作用下，基桩竖向力的最大值(kN)。

3. 群桩中任一基桩竖向承载力计算

①《建筑地基基础设计规范》(GB 50007—2011)只原则性地提出，桩基设计时，应结合地区经验考虑桩、土、承台的共同工作。

②《公路桥涵地基与基础设计规范》(JTG D63—2007)对群桩中的单桩竖向承载力不考虑群桩效应的影响。

4. 群桩整体计算

①《建筑地基基础设计规范》(GB 50007—2011)对此没有具体要求。

②《公路桥涵地基与基础设计规范》(JTG D63—2007)第 4.3.9 条规定："摩擦桩群桩的桩尖平面内桩距小于 6 倍桩径时，桩群应作为整体基础验算桩尖平面处土的承载力，验算方法按附录七进行。"简化图见图 3.3.1～图 3.3.3。

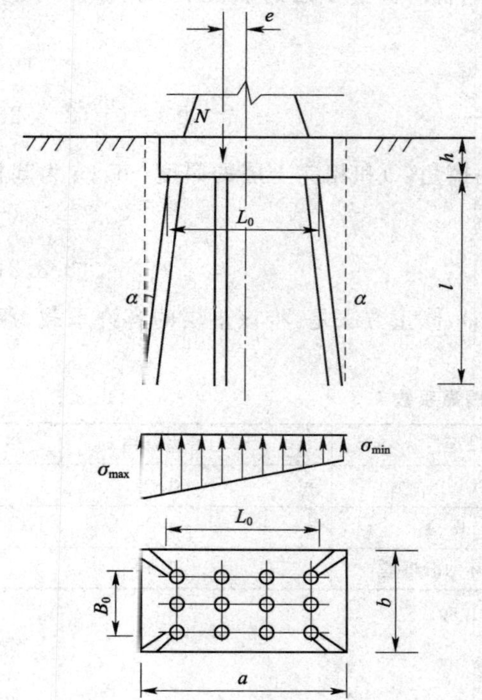

图 3.3.1　斜桩桩尖处基底压力计算图

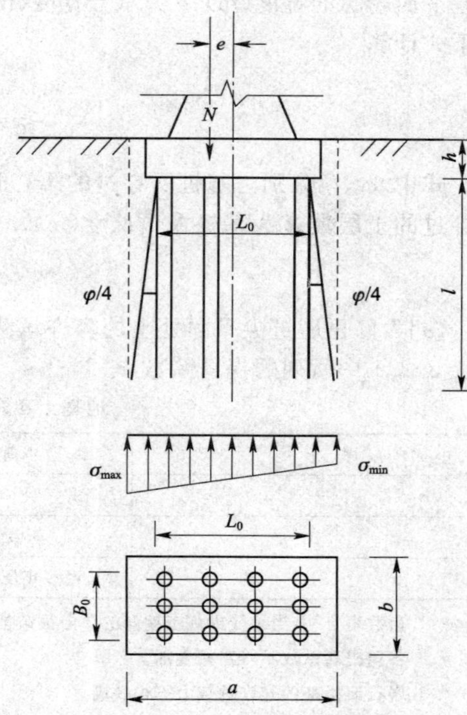

图 3.3.2　直桩桩尖处基底压力计算图(低桩承台)

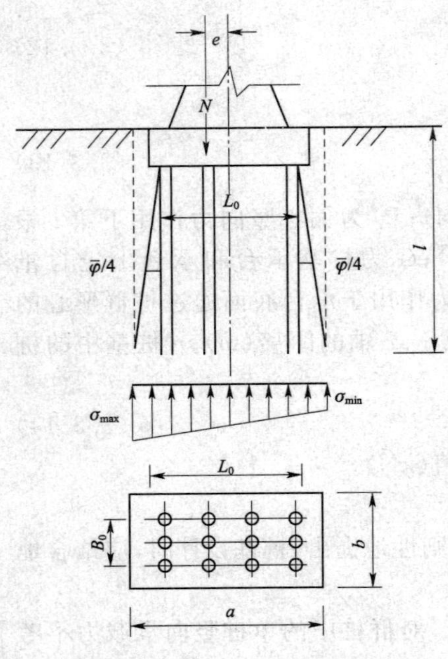

图 3.3.3 直桩桩尖处基底压力计算图
（高桩承台）

桩尖平面处最大压应力计算

$$\sigma_{max}=\overline{\gamma}l+\gamma h-\frac{BL\gamma h}{A}+\frac{N}{A}\left(1+\frac{eA}{W}\right)\leqslant[\sigma] \quad (3.3.15)$$

式中，σ_{max}为桩尖平面处的最大压应力(kPa)；$\overline{\gamma}$为承台底面至桩尖平面土的平均容重，包括桩的重力在内(kN/m^3)；γ为承台底面以上土的容重(kN/m^3)；N为作用于承台底面合力的垂直分力(kN)；e为作用于承台底面合力的垂直分力对桩尖平面处计算面积重心轴的偏心距(m)；A为假想的实体基础在桩尖平面处的计算面积(m^2)[$A=ab$，a为假想的实体基础在桩尖平面处计算面积的计算长度(m)；b为假想的实体基础在桩尖平面处计算面积的计算宽度(m)]。

其中a、b按下式计算：

对于斜桩桩基中斜桩的倾角$\alpha>\overline{\varphi}/4$

$$a=L_0+2l\tan\alpha \quad (3.3.16)$$

$$b=B_0+2l\tan\alpha \quad (3.3.17)$$

对于斜桩桩基中斜桩的倾角$\alpha\leqslant\overline{\varphi}/4$，或直桩桩基

$$a=L_0+2l\tan(\overline{\varphi}/4) \quad (3.3.18)$$

$$b=B_0+2l\tan(\overline{\varphi}/4) \quad (3.3.19)$$

式中，L_0为承台底面处桩基平面轮廓的长度(m)；a为承台长度(m)；B_0为承台底面处桩基平面轮廓的宽度(m)；b为承台宽度(m)；$\overline{\varphi}$为基桩所穿过土层的加权平均内摩擦角(°)，按下式计算

$$\overline{\varphi}=\frac{\sum_{i=1}^{n}(\varphi_i l_i)}{l} \quad (3.3.20)$$

式中，φ_i、l_i分别为基桩所穿过的第i土层的内擦角(°)和相应土层的厚度(m)；n为基桩所穿过的土层数；l为基桩入土长度(m)。

$$l=\sum_{i=1}^{n}l_i \quad (3.3.21)$$

$[\sigma]$为修正后桩尖平面处土的容许承载力(kPa)，修正方法是：将该土层的容许承载力乘以表 3.3.1 中所列的提高系数k。

地基土容许承载力提高系数 k 表 3.3.1

序号	荷数与使用情况	提高系数 k
一	荷载组合Ⅰ	1.00
二	荷载组合Ⅱ、Ⅲ、Ⅳ、Ⅴ	1.25
三	经多年压实未受破坏的旧桥基	1.50

注：1. 荷载组合Ⅴ，当承受拱施工期间的单向恒载推力时，$k=1.50$。

2. 各项提高系数不得互相叠加。

3. 岩石旧桥基的容许承载力不得提高。

4. 容许承载力小于 150 kPa 的地基，对于表列第二项情况，$k=1.00$，而对于表列第三项和注 1 情况，$k=1.25$。

5. 表中荷载组合Ⅰ如包括由混凝土收缩和徐变或水浮力引起的荷载效应，则与荷载组合Ⅱ相同对待。

对于地震荷载组合下，地基土的抗震容许承载力按下式计算

$$[\sigma_e]=K[\sigma] \tag{3.3.22}$$

式中，$[\sigma_e]$为地基土抗震容许承载力(kPa)；$[\sigma]$为地基土修正后的容许承载力(kPa)；K为地基土抗震容许承载力提高系数，按表 3.3.2 取用。

地基土抗震容许承载力提高系数 K 表 3.3.2

地　基　土	K
岩石，密实的碎石土，密实的砾、粗、中砂、老黏性土，$[\sigma_0]\geqslant 300$ kPa 的一般黏性土	1.5
中密的碎石土，中密的砾、粗、中砂，200 kPa$\leqslant[\sigma_0]\leqslant$300 kPa 的一般黏性土	1.3
密、中密的细砂、粉砂，100 kPa$\leqslant[\sigma_0]<$200 kPa 的一般黏性土	1.1
新近沉积的黏性土，软土，松散的砂，填土，$[\sigma_0]<$100 kPa 的一般黏性土	1.0

注：$[\sigma_0]$为地基土容许承载力；柱桩的抗震容许承载力提高系数可取 1.5；摩擦桩的抗震容许承载力提高系数，可根据地基土类别按表 3.3.2 取值。

第三章　群桩竖向承载力

第四章　特殊条件下基桩竖向承载力验算

第一节　考虑负摩阻力桩基竖向承载力计算
[《建筑桩基技术规范》(JGJ 94—2008)]

(一)产生负摩阻力的条件

当桩周的土体相对桩身有向下的位移时(桩周土层产生的沉降超过基桩的沉降),在桩周就产生负摩擦力。一般归纳为以下三类情况:

①桩周土在自重作用下固结沉降或浸水导致土体结构破坏强度降低而固结(湿陷);

②外界荷载作用导致桩周土固结沉降;

③因降水导致有效应力增大而固结。

(二)计算负摩阻力的条件

在实际计算过程中,具有下列条件之一,就考虑桩侧的负摩阻力:桩穿越较厚的松散填土、自重湿陷性土(黄土)、欠固结土层进入相对较硬土层时;桩周存在较弱土层,邻近桩侧地面承受局部较大的长期荷载,或地面大面积堆载(包括填土)时;由于降低地下水位,使桩周土中有效应力增大,并产生显著压缩沉降时。

1. 竖向承载力要求

负摩阻力对于桩基承载力和沉降的影响随侧阻力与端阻力分担荷载比、建筑物各桩基周围土层沉降的均匀性、建筑物对不均匀沉降的敏感程度而异。因此,对于考虑负摩阻力验算承载力和沉降也应有所区别。

①对于摩擦型桩基,当出现摩阻力对基桩施加下拉荷载时,由于持力层压缩性较大,随之引起沉降。桩基沉降一出现,土对桩的相对位移便减小,负摩阻力便降低,直至转化为零。因此,一般情况下对于摩擦型桩基,可近似视中性点(理论中性点为桩身与土层竖向位移相等的点)以上侧阻力为零,计算桩基承载力。

②对于端承型桩基,由于其桩端持力层较坚硬,受负摩阻力引起下拉荷载后不致产生沉降或沉降量较小,此时负摩阻力将长期作用于桩身中性点以上侧表面。因此,应计算中性点以上负摩阻力形成的下拉荷载 Q_n,并以下拉荷载作为外荷载的一部分验算其承载力。

③如上所述,负摩阻力作用必然加大桩基沉降。当建筑物各桩基周围土层的沉降均匀,且建筑物对不均匀沉降不敏感时,负摩阻力引起的沉降不致危害建筑物的正常使用,因此可不必验算沉降。但对于各桩基周围受到不均匀堆载、不均匀降水或土层自身不均时,将出现不均匀沉降,各桩基因负摩阻力产生的下拉荷载和沉降也会是不均匀的,因此需考虑负摩阻力验算桩基沉降。

2. 中性点深度 l_n 的计算

当桩穿越厚度为 l_0 的可压缩土层,桩端设置于较坚硬的持力层时,在桩的某一深度 l_n 以上,土的沉降大于桩的沉降,在该段桩长内,桩侧产生负摩阻力;l_n 深度以下的可压缩层内,土的沉降小于桩的沉降,土对桩产生正摩阻力,在 l_n 深度处,桩土相对位移为零,既没有负摩阻力，又没有正摩阻力，习惯上称该点为中心性。中性点截面桩身的轴力最大(图 4.1.1)。

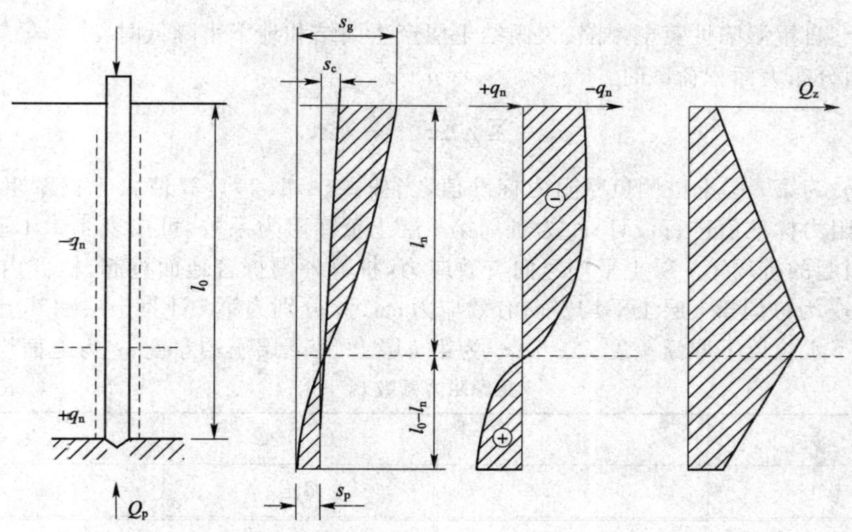

图 4.1.1　桩的负摩阻力中性点示意

s_g-地表沉降量；s_p-桩端沉降量；l_0-压缩土层厚度；

l_n-中性点深度；s_c-桩顶沉降量；Q_z-桩身轴向力

一般来说，中性点的位置，在初期多少是有变化的，它是随着桩的沉降增加而向上移动，当沉降趋于稳定，中性点也将稳定在某一固定的深度 l_n 处。

工程实测表明，在可压缩土层 l_0 的范围内，负摩阻力的作用长度，即中性点的稳定深度 l_n，是随桩端持力土层的强度和刚度的增大而增加的，一般其深度比 l_n/l_0 的经验值参见相关规定。

①符合下列条件之一的桩基，当桩周土层产生的沉降超过基桩的沉降时，在计算基桩承载力时应计入桩侧负摩阻力：

a. 桩穿越较厚松散填土、自重湿陷性黄土、欠固结土、液化土层进入相对较硬土层时；

b. 桩周存在软弱土层，邻近桩侧地面承受局部较大的长期荷载，或地面大面积堆载(包括填土)时；

c. 由于降低地下水位，使桩周土有效应力增大，并产生显著压缩沉降时。

②桩周土沉降可能引起桩侧负摩阻力时，应根据工程具体情况考虑负摩阻力对桩基承载力和沉降的影响；当缺乏可参照的工程经验时，可按下列规定验算。

a. 对于摩擦型基桩可取桩身计算中性点以上侧阻力为零，并可按下式验算基桩承载力

$$N_k \leqslant R_a \tag{4.1.1}$$

b. 对于端承型基桩除应满足上式要求外，尚应考虑负摩阻力引起基桩的下拉荷载 Q_g^n，并可按下式验算基桩承载力

$$N_k + Q_g^n \leqslant R_a \tag{4.1.2}$$

c. 当土层不均匀或建筑物对不均匀沉降较敏感时，还应将负摩阻力引起的下拉荷载计算附加荷载验算桩基沉降。

注：本条中基桩的竖向承载力特征值 R_a 只计中性点以下部分侧阻值及端阻值。

③桩侧负摩阻力及其引起的下拉荷载，当无实测资料时可按下列规定计算。

a. 中性点以上单桩桩周第 i 层土负摩阻力标准值，可按下列公式计算

$$q_{si}^{n}=\xi_{ni}\sigma_{i}' \tag{4.1.3}$$

当填土、自重湿陷性黄土湿陷、欠固结土层产生固结和地下水降低时：$\sigma_{i}'=\sigma_{\gamma i}'$

当地面分布大面积荷载时： $\sigma_{i}'=p+\sigma_{\gamma i}'$

$$\sigma_{\gamma i}'=\sum_{e=1}^{i-1}\gamma_{e}\Delta z_{e}+\frac{1}{2}\gamma_{i}\Delta z_{i} \tag{4.1.4}$$

式中，q_{si}^{n} 为第 i 层土桩侧负摩阻力标准值，当按式(4.1.3)计算值大于正摩阻力标准值时，取正摩阻力标准值进行设计；ξ_{ni} 为桩周第 i 层土负摩阻力系数，可按表 4.1.1 取值；$\sigma_{\gamma i}'$ 为由土自重引起的桩周第 i 层土平均竖向有效应力，桩群外围桩自地面算起，桩群内部桩自承台底算起；σ_{i}' 为桩周第 i 层土平均竖向有效应力；γ_{i}、γ_{e} 分别为第 i 计算土层和其上第 e 土层的重度，地下水位以下取浮重度；Δz_{i}、Δz_{e} 为第 i 层土、第 e 层土的厚度；p 为地面均布荷载。

负摩阻力系数 ξ_{n} 表 4.1.1

土　　类	ξ_{n}	土　　类	ξ_{n}
饱和软土	0.15～0.25	砂土	0.35～0.50
黏性土、粉土	0.25～0.40	自重湿陷性黄土	0.20～0.35

注：1. 在同一类土中，对于挤土桩，取表中较大值，对于非挤土桩，取表中较小值。

2. 填土按其组成取表中同类土的较大值。

b. 考虑群桩效应的基桩下拉荷载可按下式计算

$$Q_{g}^{n}=\eta_{n}u\sum_{i=1}^{n}q_{si}^{n}l_{i} \tag{4.1.5}$$

$$\eta_{n}=\frac{s_{ax}s_{ay}}{\pi d\left(\dfrac{q_{s}^{n}}{\gamma_{m}}+\dfrac{d}{4}\right)} \tag{4.1.6}$$

式中，n 为中性点以上土层数；l_{i} 为中性点以上第 i 土层的厚度；η_{n} 为负摩阻力群桩效应系数；s_{ax}、s_{ay} 分别为纵、横向桩的中心距；q_{s}^{n} 为中性点以上桩周土层厚度加权平均负摩阻力标准值；γ_{m} 为中性点以上桩周土层厚度加权平均重度(地下水位以下取浮重度)。

对于单桩基础或按式(4.1.6)计算的群桩效应系数 $\eta_{n}>1$ 时，取 $\eta_{n}=1$。

c. 中性点深度 l_{n} 应按桩周土层沉降与桩沉降相等的条件计算确定，也可参照表 4.1.2 确定。

中 性 点 深 度 l_{n} 表 4.1.2

持力层性质	黏性土、粉土	中密以上砂	砾石、卵石	基岩
中性点深度比 l_{n}/l_{0}	0.5～0.6	0.7～0.8	0.9	1.0

注：1. l_{n}、l_{0} 分别为自桩顶算起的中性点深度和桩周软弱土层下限深度。

2. 桩穿过自重湿陷性黄土层时，l_{n} 可按表列值增大 10%(持力层为基岩除外)。

3. 当桩周土层固结与桩基固结沉降同时完成时，取 $l_{n}=0$。

4. 当桩周土层计算沉降量小于 20 mm 时，l_{n} 应按表列值乘以 0.4～0.8 折减。

第二节　按《建筑桩基技术规范》(JGJ 94—2008)进行抗拔桩基承载力验算

承受拔力的桩基，应按下式同时验算群桩基础呈整体破坏和呈非整体破坏时基桩的抗

拔承载力

$$N_k \leqslant T_{gk}/2+G_{gp} \tag{4.2.1}$$

$$N_k \leqslant T_{uk}/2+G_p \tag{4.2.2}$$

式中，N_k 为按荷载效应标准组合计算的基桩拔力；T_{gk} 为群桩呈整体破坏时基桩的抗拔极限承载力标准值，可按相关规范确定；T_{uk} 为群桩呈非整体破坏时基桩的抗拔极限承载力标准值，可按相关规范确定；G_{gp} 为群桩基础所包围体积的桩土总自重除以总桩数，地下水位以下取浮重度；G_p 为基桩自重，地下水位以下取浮重度，对于扩底桩应按表 4.2.1 确定桩、土柱体周长，计算桩、土自重。

扩底桩破坏表面周长 u_i 表 4.2.1

自桩底起算的长度 l_i	$\leqslant(4\sim10)d$	$>(4\sim10)d$
u_i	πD	πd

注：l_i 对于软土取低值，对于卵石、砾石取高值；l_i 取值按内摩擦角增大而增加。

群桩基础及其基桩的抗拔极限承载力的确定应符合下列规定。

①对于设计等级为甲级和乙级建筑桩基，基桩的抗拔极限承载力应通过现场单桩上拔静载荷试验确定。单桩上拔静载荷试验及抗拔极限承载力标准值取值可按现行行业标准《建筑基桩检测技术规范》(JGJ 106—2014)进行。

②如无当地经验时，群桩基础及设计等级为丙级建筑桩基，基桩的抗拔极限载力取值可按下列规定计算。

a. 群桩呈非整体破坏时，基桩的抗拔极限承载力标准值可按下式计算

$$T_{uk}=\sum\lambda_i q_{sik} u_i l_i \tag{4.2.3}$$

式中，T_{uk} 为基桩抗拔极限承载力标准值；u_i 为桩身周长，对于等直径桩取 $u=\pi d$；对于扩底桩按表 4.2.1 取值；q_{sik} 桩侧表面第 i 层土的抗压极限侧阻力标准值，可按相关规范取值；λ_i 为抗拔系数，可按表 4.2.2 取值。

抗 拔 系 数 λ 表 4.2.2

土　类	λ　值	土　类	λ　值
砂土	0.50～0.70	黏性土、粉土	0.70～0.80

注：桩长 l 与桩径 d 之比小于 20 时，λ 取小值。

b. 群桩呈整体破坏时，基桩的抗拔极限承载力标准值可按下式计算

$$T_{gk}=\frac{1}{n}u_l\sum\lambda_i q_{sik} l_i \tag{4.2.4}$$

式中，u_l 为桩群外围周长。

③季节性冻土上轻型建筑的短桩基础，应按下式验算其抗冻拔稳定性

$$\eta_f q_f u z_0 \leqslant T_{gk}/2+N_G+G_{gp} \tag{4.2.5}$$

$$\eta_f q_f u z_0 \leqslant T_{uk}/2+N_G+G_p \tag{4.2.6}$$

式中，η_f 为冻深影响系数，按表 4.2.3 采用；q_f 为切向冻胀力，按表 4.2.4 采用；z_0 为季节性冻土的标准冻深；T_{gk} 为标准冻深线以下群桩呈整体破坏时基桩抗拔极限承载力标准值，可按相关规范确定；T_{uk} 为标准冻深线以下单桩抗拔极限承载力标准值，可按相关规范确定；N_G 为基桩承受的桩承台底面以上建筑物自重、承台及其上土重标准值。

冻深影响系数 η_f 值　　表 4.2.3

标准冻深/m	$z_0 \leqslant 2.0$	$2.0 < z_0 \leqslant 3.0$	$z_0 > 3.0$
η_f	1.0	0.9	0.8

切向冻胀力 q_f 值(单位:kPa)　　表 4.2.4

土　类	冻胀性分类			
	弱冻胀	冻胀	强冻胀	特强冻胀
黏性土、粉土	30～60	60～80	80～120	120～150
砂土、砾(碎)石 (黏、粉粒含量>15%)	<10	20～30	40～80	90～200

注:1. 表面粗糙的灌注桩,表中数值应乘以系数 1.1～1.3。

2. 本表不适用于含盐量大于 5%的冻土。

④膨胀土上轻型建筑的短桩基础,应按下式验算群桩基础呈整体破坏和非整体破坏的抗拔稳定性

$$u\sum q_{ei}l_{ei} \leqslant T_{gk}/2 + N_G + G_{gp} \tag{4.2.7}$$

$$u\sum q_{ei}l_{ei} \leqslant T_{uk}/2 + N_G + G_p \tag{4.2.8}$$

式中,T_{gk} 为群桩呈整体破坏时,大气影响急剧层下稳定土层中基桩抗拔极限承载力标准值,可按相关规范计算;T_{uk} 为群桩呈非整体破坏时,大气影响急剧层下稳定土层中基桩抗拔极限承载力标准值,可按相关规范计算;q_{ei} 为大气影响急剧层中第 i 层土的极限胀切力,由现场浸水试验确定;l_{ei} 为大气影响急剧层中第 i 层土的厚度。

第三节　软弱下卧层验算

对于桩距不超过 $6d$ 的群桩基础,桩端持力层下存在承载力低于桩端持力层承载的 1/3 的软弱下卧层时,可按下式验算软弱下卧层的承载力(见图 4.3.1)。

$$\sigma_z + \gamma_m z \leqslant f_{az} \tag{4.3.1}$$

$$\sigma_z = \frac{(F_k + G_k) - 3/2(A_0 + B_0)\sum q_{sik} l_i}{(A_0 + 2t\tan\theta)(B_0 + 2t\tan\theta)} \tag{4.3.2}$$

式中,σ_z 为作用于软弱下卧层顶面的附加应力;γ_m 为软弱层顶面以上各土层重度(地下水位以下取浮重度)按厚度加权平均值;t 为硬持力层厚度;f_{az} 为软弱下卧层经深度 z 修正的地基承载力特征值;A_0、B_0 分别为桩群外缘矩形底面的长、短边边长;q_{sik} 为桩周第 i 层土的极限侧阻力标准值,无当地经验时,可根据成桩工艺按相关规范取值;θ 为桩端硬持力层压力扩散角,按表 4.3.1 取值。

桩端硬持力层压力扩散角 θ　　表 4.3.1

E_{s1}/E_{s2}	$t=0.25B_0$	$t \geqslant 0.50B_0$
1	4°	12°
3	6°	23°
5	10°	25°
10	20°	30°

注:1. E_{s1}、E_{s2} 为硬持力层、软弱下卧层的压缩模量。

2. 当 $t<0.25B_0$ 时,取 $\theta=0°$,必要时,宜通过试验确定;当 $0.25B_0<t<0.50B_0$ 时,可内插取值。

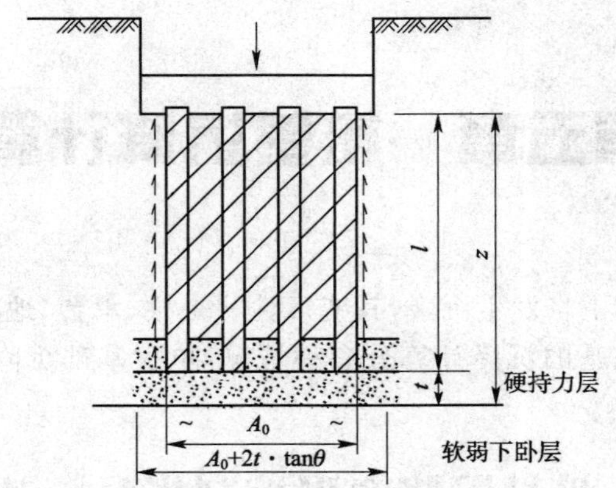

图 4.3.1 软弱下卧层承载力验算

第四节 其他标准关于特殊地质条件下桩基竖向承载力的规定

1.《建筑地基基础设计规范》(GB 50007—2011)

GB 50007—2011 规定:"应按有关规范的规定考虑特殊土对桩基的影响。应考虑岩溶等场地的特殊性,并在桩基设计中采取有效措施。抗震设防区的桩基按现行《建筑抗震设计规范》(GB 50011—2010)有关规定执行。""软土地区的桩基应考虑桩周土自重固结、蠕变、大面积堆载及施工中挤土对桩基的影响;在深厚软土中不宜采用大片密集有挤土效应的桩基。"

2.《公路桥涵地基与基础设计规范》(JTG D63—2007)

JTG D63—2007 规定:"在软土层较厚、持力层较好的地基中,桩基计算应考虑路基填土荷载或地下水位下降所引起的负摩阻力的影响。"

第五章　桩基沉降计算

桩基础在外荷载作用下将发生沉降，其变形性状是桩、承台、地基土之间相互影响的综合结果。一般情况下将桩基的沉降计算分三种情况：单桩基础沉降计算；多桩基础沉降计算；疏桩基础沉降计算。

第一节　桩基沉降变形控制指标[《建筑桩基技术规范》(JGJ 94—2008)]

①建筑桩基沉降变形计算值不应大于桩基沉降变形允许值。桩基沉降变形可用下列指标表示。

a. 沉降量。

b. 沉降差。

c. 整体倾斜：建筑物桩基础倾斜方向两端点的沉降差与其距离之比值。

d. 局部倾斜：墙下条形承台沿纵向某一长度范围内桩基础两点的沉降差与其距离之比值。

②计算桩基沉降变形时，桩基变形指标应按下列规定选用。

a. 由于土层厚度与性质不均匀、荷载差异、体形复杂、相互影响等因素引起的地基沉降变形，对于砌体承重结构应由局部倾斜控制。

b. 对于多层或高层建筑和高耸结构应由整体倾斜值控制。

c. 当其结构为框架、框架—剪力墙、框架—核心筒结构时，还应控制柱(墙)之间的差异沉降。

③建筑桩基沉降变形允许值，应按表 5.1.1 中的规定采用。

建筑桩基沉降变形允许值　　表 5.1.1

变形特征		允许值
砌体承重结构基础的局部倾斜		0.002
各类建筑相邻柱(墙)基的沉降差		
①框架、框架—剪力墙、框架—核心筒结构		$0.002l_0$
②砌体墙填充的边排性		$0.0007l_0$
③当基础不均匀沉降时不产生附加应力的结构		$0.005l_0$
单层排架结构(柱距为 6 m)桩基的沉降量/mm		120
桥式吊车轨面的倾斜(按不调整轨道考虑)		
纵向		0.004
横向		0.003
多层和高层建筑的整体倾斜	$H_g\leqslant24$	0.004
	$24<H_g\leqslant60$	0.003
	$60<H_g\leqslant100$	0.0025
	$H_g>100$	0.002

变形特征		允许值
高耸结构桩基的整体倾斜	$H_g \leqslant 20$	0.008
	$20 < H_g \leqslant 50$	0.006
	$50 < H_g \leqslant 100$	0.005
	$100 < H_g \leqslant 150$	0.004
	$150 < H_g \leqslant 200$	0.003
	$200 < H_g \leqslant 250$	0.002
高耸结构基础的沉降量/mm	$H_g \leqslant 100$	350
	$100 < H_g \leqslant 200$	250
	$200 < H_g \leqslant 250$	150
体型简单的剪力墙结构 高层建筑桩基最大沉降量/mm	—	200

注：l_0 为相邻柱（墙）二测点间距离，H_g 为自室外地面算起的建筑物高度(m)。

④对于表 5.1.1 中未包括的建筑桩基沉降变形允许值，应根据上部结构对桩基沉降变形的适应能力和使用要求进行确定。

第二节 按《建筑桩基技术规范》(JGJ 94—2008)进行桩中心距不大于 6 倍桩径的桩基沉降计算

①对于桩中心距不大于 6 倍桩径的桩基，其最终沉降量计算可采用等效作用分层总和法。等效作用面位于桩端平面，等效作用面积为桩承台投影面积，等效作用附加压力近似取承台底平均附加压力。等效作用面以下的应力分布采用各向同性均质直线变形体理论。计算模式如图 5.2.1 所示，桩基任一点最终沉降量可用角点法按下式计算

$$s=\psi\psi_e s'=\psi\psi_e\sum_{j=1}^{m}p_{0j}\sum_{i=1}^{n}\frac{z_{ij}\bar{\alpha}_{ij}-z_{(i-1)j}\bar{\alpha}_{(i-1)j}}{E_{si}} \tag{5.2.1}$$

式中，s 为桩基最终沉降量(mm)；s' 为采用布辛奈斯克(Boussinesq)解，按实体深基础分层总和法计算出的桩基沉降量(mm)；ψ 为桩基沉降计算经验系数，当无当地可靠经验时，可按《建筑桩基技术规范》(JGJ 94－2008，以下简称《规范》)第 5.5.11条确定；ψ_e 为桩基等效沉降系数，可按《规范》第 5.5.9 条确定；m 为角点法计算点对应的矩形荷载分块数；p_{0j} 为第 j 块矩形底面在荷载效应准永久组合下的附加压力(kPa)；n 为桩基沉降计算深度范围内所划分的土层数；E_{si} 为等效作用面以下第 i 层土的压缩模量(MPa)，采用地基土在自重压力至自重压力加附加压力作用时的压缩模量；z_{ij}、$z_{(i-1)j}$ 分别为桩端平面第 j 块荷载作用面至第 i 土层、第 $i-1$ 土层底面的距离(m)；$\bar{\alpha}_{ij}$、$\bar{\alpha}_{(i-1)j}$ 分别为桩端平面第 j 块荷载计算点至第 i 土层、第 $i-1$ 土层底面深度范围内平均附加应力系数，可按《规范》中的附录 D 选用。

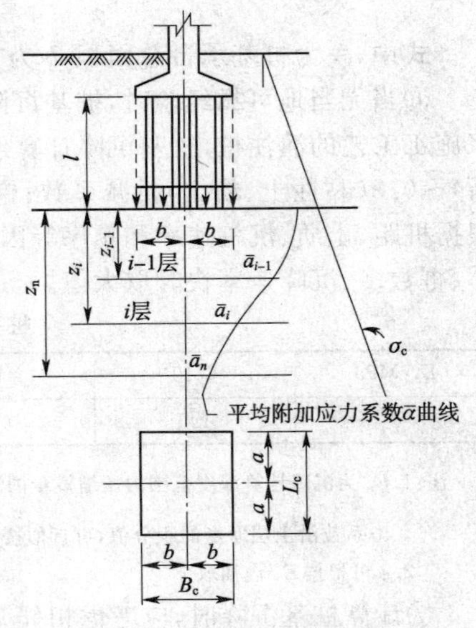

图 5.2.1 桩基沉降计算示意

②计算矩形桩基中点沉降时，桩基沉降量可按下式简化计算

$$s=\psi\psi_e s'=4\psi\psi_e p_0\sum_{i=1}^{n}\frac{z_i\bar{\alpha}_i-z_{i-1}\bar{\alpha}_{i-1}}{E_{si}} \tag{5.2.2}$$

式中，p_0 为在荷载效应准永久组合下承台底的平均附加压力；$\bar{\alpha}_i$、$\bar{\alpha}_{i-1}$ 分别为平均附加应力系数，根据矩形长宽比 a/b 及深宽比 $\frac{z_i}{b}=\frac{2z_i}{B_c}$，$\frac{z_{i-1}}{b}=\frac{2z_{i-1}}{B_c}$，可按《规范》中的附录 D 选用。

③桩基沉降计算深度 z_n 应按应力比法确定，即计算深度处的附加应力 σ_z 与土的自重应力 σ_c 应符合下式要求

$$\sigma_z\leqslant 0.2\sigma_c \tag{5.2.3}$$

$$\sigma_z=\sum_{j=1}^{m}a_j p_{0j} \tag{5.2.4}$$

式中，a_j 为附加应力系数，可根据角点法划分的矩形长宽比和深度比按《规范》中的附录 D 选用。

④桩基等效沉降系数 ψ_e 可按下式简化计算

$$\psi_e=C_0+\frac{n_b-1}{C_1(n_b-1)+C_2} \tag{5.2.5}$$

$$n_b=\sqrt{\frac{nB_c}{L_c}} \tag{5.2.6}$$

式中，n_b 为矩形布桩时的短边布桩数，当布桩不规则时可按式(5.2.6)近似计算，$n_b>1$；$n_b=1$ 时，可按《规范》中的式(5.5.14)计算；C_0、C_1、C_2 为根据群桩矩径比 s_a/d、长径比 l/d 及基础长宽比 L_c/B_c，按《规范》中附录 E 确定；L_c、B_c、n 分别为矩形承台的长、宽和总桩数。

⑤当布桩不规则时，等效矩径比可按下式近似计算

a. 圆形桩

$$\frac{s_a}{d}=\frac{\sqrt{A}}{\sqrt{n}d} \tag{5.2.7}$$

b. 方形桩

$$\frac{s_a}{d}=\frac{0.886\sqrt{A}}{\sqrt{n}b} \tag{5.2.8}$$

式中，A 为桩基承台总面积；b 为方形桩截面边长。

⑥当无当地可靠经验时，桩基沉降计算经验系数 ψ 可按表 5.2.1 选用。对于采用后注浆施工工艺的灌注桩，桩基沉降计算经验系数应根据桩端持力土层类别，乘以 0.7(砂、砾、卵石)～0.8(黏性土、粉土)折减系数；饱和土中采用预制桩(不含复打、复压、打孔沉桩)时，应根据桩距、土质、沉桩速率和顺序等因素，乘以 1.3～1.8 挤土效应系数，土的渗透性低、桩距小、桩数多、沉降速率快时取大值。

桩基沉降计算经验系数 ψ 表 5.2.1

$\bar{E}_s$/MPa	≤10	15	20	35	≥50
ψ	1.2	0.9	0.65	0.50	0.40

注：1. $\bar{E}_s$ 为沉降计算深度范围内压缩模量的当量值，可按下式计算：$\bar{E}_s=\sum A_i/\sum\frac{A_i}{E_{si}}$，式中 A_i 为第 i 层土附加压力系数沿土层厚度的积分值，可近似按分块面积计算。

2. ψ 可根据 $\bar{E}_s$ 内插取值。

⑦计算桩基沉降时，应考虑相邻基础的影响，采用叠加原理计算；桩基等效沉降系数可按独立基础计算。

⑧当桩基形状不规则时，可采用等效矩形面积计算桩基等效沉降系数，等效矩形的长宽比可根据承台实际尺寸和形状确定。

第三节　按《建筑桩基技术规范》(JGJ 94—2008)进行单桩、单排桩、疏桩基础沉降计算

对于单桩、单排桩、桩中心距大于6倍桩径的疏桩基础的沉降计算应符合下列规定。

①承台底地基土不分担荷载的桩基。桩端平面以下地基中由基桩引起的附加应力，按考虑桩径影响的明德林(Mindlin)解本规范附录F计算确定。将沉降计算点水平面影响范围内各基桩对应力计算点产生的附加应力叠加，采用单向压缩分层总和法计算土层的沉降，并计入桩身压缩 s_e。桩基的最终沉降量可按下式计算

$$s=\psi\sum_{i=1}^{n}\frac{\sigma_{zi}}{E_{si}}\Delta z_i+s_e \tag{5.3.1}$$

$$\sigma_{zi}=\sum_{j=1}^{m}\frac{Q_j}{l_j^2}[\alpha_j I_{p,ij}+(1-\alpha_j)I_{s,ij}] \tag{5.3.2}$$

$$s_e=\xi_e\frac{Q_j l_j}{E_c A_{ps}} \tag{5.3.3}$$

②承台底地基土分担荷载的复合桩基。将承台底土压力对地基中某点产生的附加应力按Boussinesq解本规范附录D计算，与基桩产生的附加应力叠加，采用与本条第1款相同方法计算沉降。其最终沉降量可按式计算

$$s=\psi\sum_{i=1}^{n}\frac{\sigma_{zi}+\sigma_{zci}}{E_{si}}\Delta z_i+s_e \tag{5.3.4}$$

$$\sigma_{zci}=\sum_{k=1}^{u}\alpha_{ki}p_{c,k} \tag{5.3.5}$$

以上式中：m 为以沉降计算点为圆心，0.6倍桩长为半径的水平面影响范围内的基桩数；n 为沉降计算深度范围内土层的计算分层数，分层数应结合土层性质，分层厚度不应超过计算深度的0.3倍；σ_{zi} 为水平面影响范围内各基桩对应力计算点桩端平面以下第 i 层土1/2厚度处产生的附加竖向应力之和，应力计算点应取与沉降计算点最近的桩中心点；σ_{zci} 为承台压力对应力计算点桩端平面以下第 i 计算土层1/2厚度处产生的应力，可将承台板划分为 u 个矩形块，可按本规范附录D采用角点法计算；Δz_i 为第 i 计算土层厚度(m)；E_{si} 为第 i 计算土层的压缩模量(MPa)，采用土的自重压力至土的自重压力加附加压力作用时的压缩模量；Q_j 为第 j 桩在荷载效应准永久组合作用下(对于复合桩基应扣除承台底土分担荷载)，桩顶的附加荷载(kN)；当地下室埋深超过5 m时，取荷载效应准永久组合作用下的总荷载为考虑回弹再压缩的等代附加荷载；l_j 为第 j 桩桩长(m)；A_{ps} 为桩身截面面积；α_j 为第 j 桩总桩端阻力与桩顶荷载之比，近似取极限总端阻力与单桩极限承载力之比；$I_{p,ij}$、$I_{s,ij}$ 分别为第 j 桩的桩端阻力和桩侧阻力对计算轴线第 i 计算土层1/2厚度处的应力影响系数，可按本规范附录F确定；E_c 为桩身混凝土的弹性模量；$p_{c,k}$ 为第 k 块承台底均布压力，可按 $p_{c,k}=\eta_{c,k}f_{ak}$ 取值，其中 $\eta_{c,k}$ 为第 k 块承台底板的承台效应系数，按本规范表5.2.5确定；f_{ak} 为承台底地基承载力特征值；α_{ki} 为第 k 块承台底角点处，桩端平面以下第 i 计算土层1/2厚度处的附加应力系数，可按本规范附录D确定；s_e 为计算桩身压缩；ξ_e 为桩身压缩系数。

其中端承型桩，取 $\xi_e=1.0$；摩擦型桩，当 $l/d=30$ 时，取 $\xi_e=2/3$；当 $l/d\geqslant50$ 时，取 $\xi_e=$

1/2；介于两者之间可线性插值；ψ 为沉降计算经验系数，无当地经验时，可取 1.0。

③对于单桩、单排桩、疏桩复合桩基础的最终沉降计算沉度 Z_n，可按应力比法确定，即 Z_n 处由桩引起的附加应力 σ_z、由承台上压力引起的附加应力 σ_{zc} 与土的自重应力 σ_c 应符合下式要求

$$\sigma_z+\sigma_{zc}=0.2\sigma_c \tag{5.3.6}$$

第四节　按《建筑桩基技术规范》(JGJ 94—2008)进行减沉复合疏桩基础沉降计算

①当软土地基上多层建筑，地基承载力基本满足要求（以底层平面面积计算）时，可设置穿过软土层进入相对较好土层的疏布摩擦型桩，由桩和桩间土共同分担荷载。该种减沉复合疏桩基础，可按下式确定承台面积和桩数

$$A_c=\xi\frac{F_k+G_k}{f_{ak}} \tag{5.4.1}$$

$$n\geqslant\frac{F_k+G_k-\eta_c f_{ak}A_c}{R_a} \tag{5.4.2}$$

式中，A_c 为桩基承台总净面积；f_{ak} 为承台底地基承载力特征值；ξ 为承台面积控制系数，$\xi\geqslant0.60$；n 为基桩数；η_c 为桩基承台效应系数，可按本规范表 5.2.5 取值。

②减沉复合疏桩基础中点沉降可按下式计算

$$s=\psi(s_s+s_{sp}) \tag{5.4.3}$$

$$s_s=4p_0\sum_{i=1}^{m}\frac{z_i\bar{\alpha}_i-z_{(i-1)}\bar{\alpha}_{(i-1)}}{E_{si}} \tag{5.4.4}$$

$$s_{sp}=280\frac{\bar{q}_{su}}{\bar{E}_s}\frac{d}{(s_a/d)^2} \tag{5.4.5}$$

$$p_0=\eta_p\frac{F-nR_a}{A_c} \tag{5.4.6}$$

式中，s 为桩基中心点沉降量；s_s 由承台底地基土附加压力作用下产生的中点沉降（图 5.4.1）；s_{sp} 为由桩土相互作用产生的沉降；p_0 为按荷载效应准永久值组合计算的假想天然地基平均附加压力(kPa)；E_{si} 为承台底以下第 i 层土的压缩模量，应取自重压力至自重压力与附加压力段的模量值；m 为地基沉降计算深度范围的土层数；沉降计算深度按 $\sigma_z=0.1\sigma_c$ 确定，σ_z 可按本规范第 5.5.8 条确定；$\bar{q}_{su}$、$\bar{E}_s$ 分别为桩身范围内按厚度加权的平均桩侧极限摩阻力、平均压缩模量；d 为桩身直径，当为方形桩时，$d=1.27b$（b 为方形桩截面边长）；s_a/d 为等效矩径比，可按本规范第 5.5.10条执行；z_i、z_{i-1} 分别为承台底至第 i 层、第$i-1$层土底面的距离；$\bar{\alpha}_i$、$\bar{\alpha}_{i-1}$ 分别为承台底至第 i 层、第 $i-1$ 层土层底范围内的角点平均附加应力系数；根据承台等效面积的计算分块矩形长宽比 a/b 和深宽比 $z_i/b=2z_iB_c$，由本规范附录 D 确定，其中承台等效宽度 $B_c=B\sqrt{A_c}/L$，B、L 分别为建筑物基础外缘平面的宽度和长度；F 为荷载效应准永

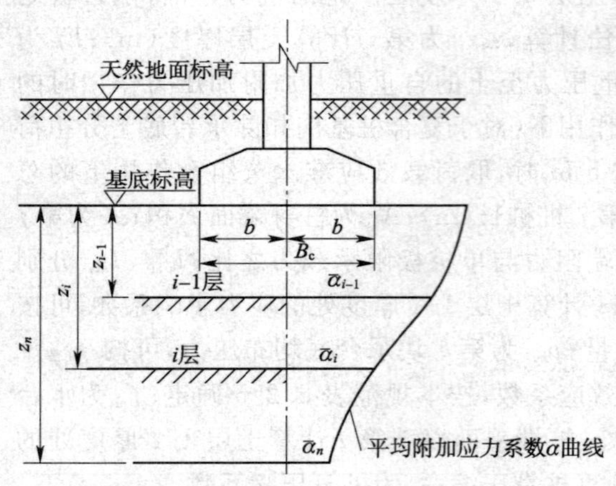

图 5.4.1　复合疏桩基础沉降计算的分层示意

第四篇　深基础

久值组合下，作用于承台底的总附加荷载(kN)；η_p 为基桩刺入变形影响系数，按桩端持力层土质确定，砂土为 1.0，粉土为 1.15，黏性土为 1.30；ψ 为沉降计算经验系数，无当地经验时，可取 1.0。

第五节 其他标准中桩基础的沉降计算

(一)《建筑地基基础设计规范》(GB 50007—2011)

桩基最终沉降按单向压缩分层总和法计算。

假定地基内的应力分布满足各向同性均质线性变形体理论。具体计算分为两种：①实体深基础方法(适用于桩距不大于 $6d$，d 为桩径)；②其他方法，包括明德林应力公式方法。

1. 建筑物的地基变形允许值(表 5.5.1)

建筑物的地基变形允许值 表 5.5.1

变形特征	地基土类别	
	中、低压缩性土	高压缩性土
砌体承重结构基础的局部倾斜	0.002	0.003
工业与民用建筑相邻柱基的沉降差		
①框架结构	$0.002l$	$0.003l$
②砌体墙填充的边排柱	$0.0007l$	$0.001l$
③当基础不均匀沉降时不产生附加应力的结构	$0.005l$	0.005
单层排架结构(柱距为 6 m)柱基的沉降量/mm	(120)	200
桥式吊车轨面的倾斜(按不调整轨道考虑)		
纵向	0.004	
横向	0.003	
多层和高层建筑的整体倾斜		
$H_g \leqslant 24$	0.004	
$24 < H_g \leqslant 60$	0.003	
$60 < H_g \leqslant 100$	0.0025	
$H_g > 100$	0.002	
体型简单的高层建筑基础的平均沉降量/mm	200	
高耸结构基础的倾斜		
$H_g \leqslant 20$	0.008	
$20 < H_g \leqslant 50$	0.006	
$50 < H_g \leqslant 100$	0.005	
$100 < H_g \leqslant 150$	0.004	
$150 < H_g \leqslant 200$	0.003	
$200 < H_g \leqslant 250$	0.002	
高耸结构基础的沉降量/mm		
$H_g \leqslant 100$	400	
$100 < H_g \leqslant 200$	300	
$200 < H_g \leqslant 250$	200	

注：1. 本表数值为建筑物地基实际最终变形允许值，有括号者仅适用于中压缩性土。
2. l 为相邻柱基的中心距离(mm)，H_g 为自室外地面起算的建筑物高度(m)。
3. 倾斜指基础倾斜方向两端点的沉降差与其距离的比值。
4. 局部倾斜指砌体承重结构沿纵向 6～10 m 内基础两点的沉降差与其距离的比值。
5. 对表中未包括的建筑物，其他地基变形允许值应根据上部结构对地基变形的适应能力和使用上的要求确定。

2. 实体深基础沉降计算方法

$$s=\psi_p \psi_s s'=\psi_p \psi_s \sum_{i=1}^{n} p_0 \frac{z_i\overline{\alpha_i}-z_{i-1}\overline{\alpha_{i-1}}}{E_{si}} \tag{5.5.1}$$

式中，s 为桩基最终沉降量(mm)；s'为按分层总和法计算出的桩基沉降量(mm)；ψ_p 为桩基沉降计算经验系数(根据当地经验确定，如无当地可靠经验时，可按表 5.5.2 选用)；n 为桩基沉降计算深度范围内所划分的土层数；E_{si} 为等效作用底面以下第 i 层土的压缩模量(MPa)；z_i、z_{i-1}分别为桩端底面至第 i 层土、第 $i-1$ 层土底面的距离(m)；$\overline{\alpha_i}$、$\overline{\alpha_{i-1}}$分别为桩端底面计算点至第 i 层土、第 $i-1$ 层土底面深度范围内平均附加应力系数，按《建筑地基基础设计规范》(GB 50007—2011)采用；p_0 为对应于荷载效应准永久组合时桩端底面处的附加压力(kPa)；ψ_s 为沉降计算经验系数，根据当地沉降观测资料和经验确定，无地区经验可按表 5.5.3选用。

实体深基础计算桩基沉降经验系数 ψ_p 　　表 5.5.2

$\overline{E_s}$/MPa	$\overline{E_s}<15$	$15\leqslant\overline{E_s}<30$	$30\leqslant\overline{E_s}<40$
ψ_p	0.5	0.4	0.3

注：本表仅适用按实体深基础计算桩基沉降；本表引自《建筑地基基础设计规范》(GB 50007—2011)。

沉降计算经验系数 ψ_s 　　表 5.5.3

基底附加压力 p_0/kPa	$\overline{E_s}$/MPa				
	2.5	4.0	7.0	15.0	20.0
$p_0\geqslant f_{ak}$	1.4	1.3	1.0	0.4	0.2
$p_0\geqslant 0.75f_{ak}$	1.1	1.0	0.7	0.4	0.2

注：1. 本表引自《建筑地基基础设计规范》(GB 50007—2011)。

2. 表中$\overline{E_s}$为变形计算深度范围内压缩模量的当量值，应按下式计算

$$\overline{E_s}=\frac{\sum A_i}{\sum \frac{A_i}{E_{si}}} \tag{5.5.2}$$

式中，A_i 为第 i 层土附加应力系数沿土层厚度的积分值(附加应力系数曲线围成的面积)。

p_0 的计算方法如下。

①按扩散角计算 p_0，见图 5.5.1a)。

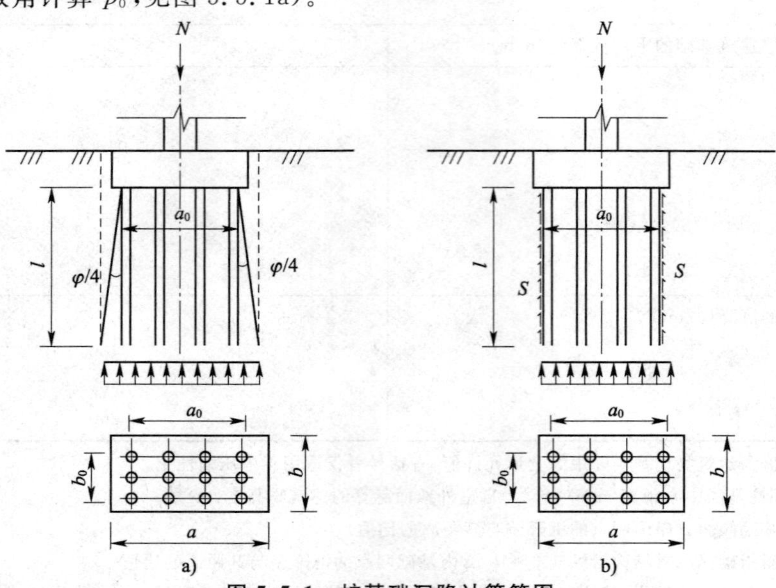

图 5.5.1　桩基础沉降计算简图

第四篇 深基础

$$p_0=\frac{P_{01}ab}{[a_0+2l\tan(\overline{\varphi}/4)][b_0+2l\tan(\overline{\varphi}/4)]} \tag{5.5.3}$$

式中，a 为桩基承台底面的长度(m)；b 为桩基承台底面的宽度(m)；a_0 为桩基承台底面桩轮廓形成矩形的长度(m)；b_0 为桩基承台底面桩外轮廓形成矩形的宽度(m)；P_{01} 为对应于荷载效应准永久组合时桩承台底面处的附加压力(kPa)；l 为桩入土长度(m)；$\overline{\varphi}$ 为桩入土长度范围内，土层内摩擦角的加权平均值(°)。

$$\overline{\varphi}=\frac{\sum\varphi_i l_i}{l} \tag{5.5.4}$$

式中，φ_i、l_i 分别为桩入土长度范围内，第 i 土层内摩擦角(°)及厚度(m)。

②考虑桩侧摩阻力计算 p_0，见图 5.5.1b)。

$$p_0=\frac{P_{01}ab-S}{a_0b_0} \tag{5.5.5}$$

$$S=2(a_0+b_0)\sum_{i=1}^{n}q_{sia}l_i \tag{5.5.6}$$

式中，S 为基桩外轮廓形成矩形的全部摩阻力(kN)；q_{sia} 为桩入土长度范围内，第 i 土层桩侧壁摩阻力特征值(kPa)；其他符号同前。

3. 桩基沉降计算深度 z_n

z_n 满足下式

$$\Delta s'_n\leqslant 0.025\sum_{i=1}^{n}\Delta s'_i \tag{5.5.7}$$

式中，$\Delta s'_i$ 为在计算深度范围内，第 i 层土的计算变形值(mm)；$\Delta s'_n$ 为在由计算深度向上取厚度为 Δz 的土层计算变形值(mm)，Δz 按表 5.5.4 选取；n 为桩基沉降计算深度范围内所划分的土层数。

Δz 值　　表 5.5.4

b/m	$b\leqslant 2$	$2<b\leqslant 4$	$4<b\leqslant 8$	$b>8$
Δz/m	0.2	0.6	0.8	1.0

注：本表引自《建筑地基基础设计规范》(GB 50007—2011)；如计算深度下部仍有较软土层，应继续计算。

(二)《公路桥涵地基与基础设计规范》(JTG D63—2007)

《公路桥涵地基与基础设计规范》(JTG D63—2007)规定：当桩基为柱桩或在桩尖平面内桩的中距大于桩径(或边长)的 6 倍时，桩基的总沉降量可采用单桩静载试验的沉降量。

在其他情况下，对于外超静定桥梁的墩台，或建于不良地质处的外静定桥梁的墩台，将桩群视为实体基础，按《公路桥涵地基与基础设计规范》(JTG D63—2007)的规定计算桩群的沉降量。

墩台的沉降不得超过下列数值：

墩台均匀总沉降值(不包括施工中的沉降)$2\sqrt{L}$；

相邻墩台均匀总沉降差值(不包括施工中的沉降)$\sqrt{L}$；L 为相邻墩台间最小跨径长度(m)，跨径小于 25 m 时仍以 25 m 计算。

1. 沉降计算

按结构重力及土重采用(单向)分层总和法计算

$$S=m_s\sum_{i=1}^{n}\frac{\sigma_{zi}}{E_{si}}h_i \tag{5.5.8}$$

$$S=m_s\sum_{i=1}^{n}\frac{e_{1i}-e_{2i}}{1+e_{1i}}h_i \tag{5.5.9}$$

式中，S 为桩基最终沉降量(cm)；σ_{zi} 为第 i 层土顶面上底面附加应力的平均值(MPa)；h_i 为第 i 层土的厚度(cm)，土的分层厚度不宜大于基础宽度(短边或直径)的 0.4 倍；n 为地基压缩范围内所划分的土层数；m_s 为沉降计算经验系数(按地区建筑经验确定，如缺乏资料时，可按表 5.5.5 取值)。E_{si} 为第 i 层土的压缩模量(MPa)，其计算式为

$$E_{si}=\frac{1+e_{1i}}{a_i} \tag{5.5.10}$$

式中，a_i 为第 i 层土受到平均自重应力(q_{zi})和平均最终应力($q_{zi}+\sigma_{zi}$)时的压缩系数(1/MPa)，其计算式为

$$a_i=\frac{e_{1i}-e_{2i}}{\sigma_{zi}} \tag{5.5.11}$$

式中，e_{1i}、e_{2i} 分别为第 i 层土受到平均自重应力(q_{zi})和平均最终应力($q_{zi}+\sigma_{zi}$)压缩稳定时土的孔隙比；q_{zi} 为第 i 层土受到平均自重应力(MPa)。

沉降计算经验系数 m_s 表 5.5.5

压缩模量 E_s/MPa	1.0～4.0	4.0～7.0	7.0～15.0	15.0～20.0	>20.0
m_s	1.8～1.1	1.1～0.8	0.8～0.4	0.4～0.2	0.2

注：1. E_s 为地基压缩层范围内土的压缩模量(MPa)。当压缩层由多层土组成时，E_s 可按厚度的加权平均值($\overline{E_s}$)采用。$\overline{E_s}=\frac{\sum E_s h_i}{\sum h_i}$，式中 h_i 为地基压缩层范围内第 i 层土的厚度(m)；E_{si} 为第 i 层土的压缩模量(MPa)。

2. 表中 E_s 与 m_s 给出的区间值，采用时应对应取值。

3. 本表引自《公路桥涵地基与基础设计规范》(JTG D63—2007)。

2. 地基压缩层的计算深度 z_n

z_n 应满足下式的要求

$$\Delta s'_n=0.025\sum_{i=1}^{n}\Delta s'_i \tag{5.5.12}$$

式中，$\Delta s'_i$ 为在计算深度 z_n 处范围内，第 i 层土的计算压缩量(cm)；$\Delta s'_n$ 在深度 z_n 时，向上取计算层为 1 m 的(土层)压缩量(cm)；n 为桩基沉降计算深度范围内所划分的土层数。

注：如计算深度下部有较软土层，还应继续计算。

第六章 桩基水平承载力

第一节 《建筑桩基技术规范》(JGJ 94—2008)关于桩基水平承载力的有关规定

一、单桩水平静载试验方法及根据静载试验结果确定临界荷载和极限荷载

1. 试验目的

采用接近于水平受力桩的实际工作条件的试验方法确定单桩的水平承载力和地基土的水平抗力系数或对工程桩的水平承载力进行检验和评价;当埋设有桩身应力测量元件时,可测定出桩身应力变化,并由此求得桩身弯矩分布。

2. 试验设备与仪表装置(图 6.1.1)

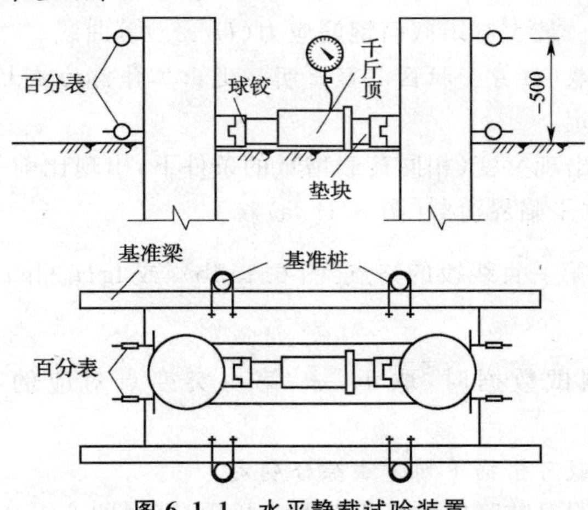

图 6.1.1 水平静载试验装置

①采用千斤顶施加水平力,水平力作用线应通过地面标高处(地面标高应与实际工程桩基承台底面标高一致)。在千斤顶与试桩接触处宜安置一球形铰座,以保证千斤顶作用力能水平通过桩身轴线。

②桩的水平位移宜采用大量程百分表测量。每一试桩在力的作用水平面上和在该平面以上 50 cm 左右各安装 1 只或 2 只百分表(下表测量桩身在地面处的水平位移,上表测量桩顶水平位移,根据两表位移差与两表距离的比值求得地面以上桩身的转角)。如果桩身露出地面较短,可只在力的作用水平面上安装百分表测量水平位移。

③固定百分表的基准桩宜打设在试桩侧面靠位移的反方向,与试桩的净距不少于 1 倍试桩直径。

④基准梁应两端固定安装在基准桩上,并要防止基准梁直接受阳光和风雨等影响。

3. 试验加载方法

宜采用单向多循环加卸载法,对于个别受长期水平荷载的桩基也可采用慢速维持加载

法(稳定标准可参照竖向静载试验)进行试验。

4. 多循环加卸载试验法按下列规定进行加卸载和位移观测

①荷载分级:取预估水平极限承载力的 1/15～1/10 作为每级荷载的加载增量。根据桩径大小并适当考虑土层软硬,对于直径 300～1 000 mm 的桩,每级荷载增量可取 2.5～20 kN。

②加载程序与位移观测:每级荷载施加后,恒载 4 min 测读水平位移,然后卸载至零,停 2 min 测读残余水平位移,至此完成一个加卸载循环,如此循环 5 次便完成一级荷载的试验观测。加载时间应尽量缩短,测量位移的间隔时间应严格准确,试验不得中途停歇。

③终止试验的条件:当桩身折断或水平位移超过 30～40 mm(软土取 40 mm)时,可终止试验。

5. 单桩水平静载试验报告内容和资料整理

①单桩水平静载试验概况。整理成表格形式,对成桩和试验过程发生的异常现象应作补充说明。

②单桩水平静载试验记录表。

③绘制有关试验成果曲线。一般应绘制水平力—时间—位移(H_0-t-x_0)、水平力—位移梯度$\left(H_0\text{-}\dfrac{\Delta x_0}{\Delta H_0}\right)$或水平力—位移双对数($\lg H_0$-$\lg x_0$)曲线,当测量桩身应力时,尚应绘制应力沿桩身分布和水平力—最大弯矩截面钢筋应力(H_0-σ_g)等曲线。

6. 单桩水平临界荷载(桩身受拉区混凝土明显退出工作前的最大荷载)

按下列方法综合确定:

①取 H_0-t-x_0 曲线出现突变(相同荷载增量的条件下,出现比前一级明显增大的位移增量)点的前一级荷载为水平临界荷载[图 6.1.2a)]。

②取 $H_0\text{-}\dfrac{\Delta x_0}{\Delta H_0}$曲线第一直线段的终点[图 6.1.2b)]或 $\lg H_0$-$\lg x_0$ 曲线拐点所对应的荷载为水平临界荷载。

③当有钢筋应力测试数据时,取 H_0-σ_g 第一突变点对应的荷载为水平临界荷载[图 6.1.2c)]。

7. 单桩水平极限荷载可根据下列方法综合确定

①取 H_0-t-x_0 曲线明显陡降的前一级荷载为极限荷载[图 6.1.2a)]。

②取 $H_0\text{-}\dfrac{\Delta x_0}{\Delta H_0}$曲线第二直线段的终点对应的荷载为极限荷载[图 6.1.2b)]。

③取桩身折断或钢筋应力达到流限的前一级荷载为极限荷载[图 6.1.2c)]。

有条件时,可模拟实际荷载情况、进行桩顶同时施加轴向压力的水平静载试验。

8. 地基土水平抗力系数的比例系数

地基土水平抗力系数的比例系数 m 可根据试验结果按下式确定

$$m=\frac{\left(\dfrac{H_{cr}}{x_{cr}}\nu_x\right)^{5/3}}{b_0(EI)^{2/3}} \tag{6.1.1}$$

式中,m 为地基土水平抗力系数的比例系数(MN/m^4),该数值为地面以下 $2(d+1)$ m 深度内各土层的综合值;H_{cr} 为单桩水平临界荷载(kN);x_{cr} 为单桩水平临界荷载对应的位移;ν_x 为桩顶位移系数,可按表 6.1.1 采用(先假定 m,试算 α);b_0 为桩身计算宽度(m)。

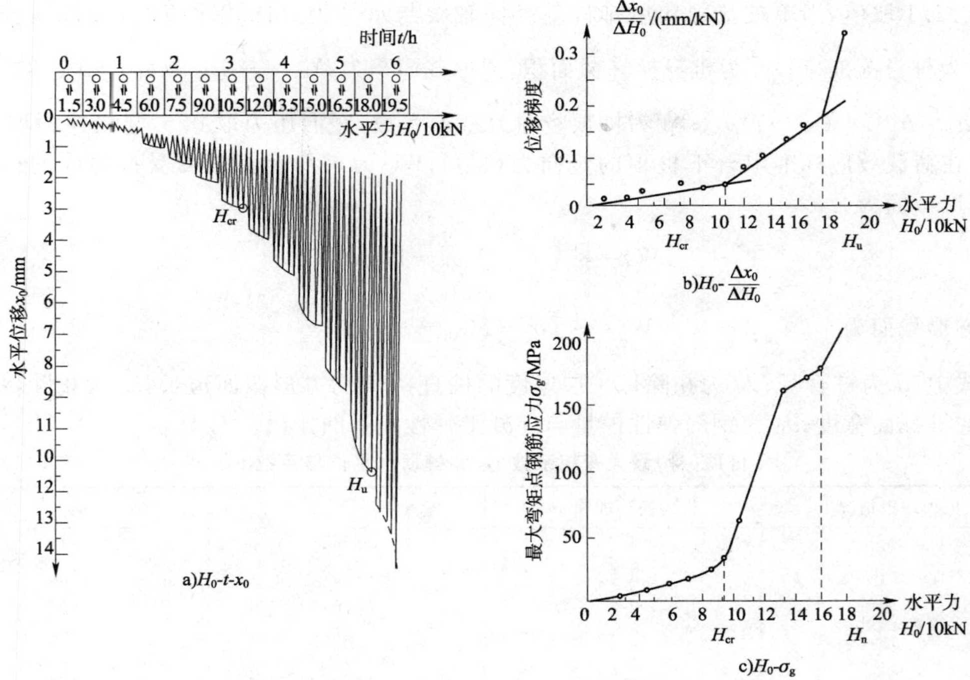

a) H_0-t-x_0 b) H_0-$\frac{\Delta x_0}{\Delta H_0}$ c) H_0-σ_g

图 6.1.2 单桩水平静载试验成果曲线

二、单桩基础水平承载力

①受水平荷载的一般建筑物和水平荷载较小的高大建筑物，单桩基础和群桩中基桩应满足下式要求

$$H_{ik} \leqslant R_h \tag{6.1.2}$$

式中，H_{ik}为在荷载效应标准组合下，作用于基桩 i 桩顶处的水平力；R_h 为单桩基础或群桩中基桩的水平承载力特征值，对于单桩基础，可取单桩的水平承载力特征值 R_{ha}。

②单桩的水平承载力特征值的确定应符合下列规定：

a. 对于受水平荷载较大的设计等级为甲级、乙级的建筑桩基，单桩水平承载力特征值应通过单桩水平静载试验确定，试验方法可按现行行业标准《建筑基桩检测技术规范》(JGJ 106—2014)执行。

b. 对于钢筋混凝土预制桩、钢桩、桩身配筋率不小于 0.65％的灌注桩，可根据静载试验结果取地面处水平位移为 10 mm(对于水平位移敏感的建筑物取水平位移 6 mm)所对应的荷载的 75％为单桩水平承载力特征值。

c. 对于桩身配筋率小于 0.65％的灌注桩，可取单桩水平静载试验的临界荷载的 75％为单桩水平承载力特征值。

d. 当减少单桩水平静载试验资料时，可按下式估算桩身配筋率小于 0.65％的灌注桩的单桩水平承载力特征值

$$R_{ha} = \frac{0.75\alpha\gamma_m f_t W_0}{\nu_M}(1.25 + 22\rho_g)\left(1 \pm \frac{\zeta_N N_k}{\gamma_m f_t A_n}\right) \tag{6.1.3}$$

式中，α 为桩的水平变形系数，按本规范相关条款确定；R_{ha}为单桩水平承载力特征值，$\pm$号根据桩顶竖向力性质确定，压力取“＋”，拉力取“－”；γ_m 为桩截面模量塑性系数，圆形截面 $\gamma_m = 2$，矩形截面 $\gamma_m = 1.75$；f_t 为桩身混凝土抗拉强度设计值；ν_M 为桩身最大弯矩系数，

按表 6.1.1 取值，当单桩基础和单排桩基纵向轴线与水平力方向相垂直时，按桩顶铰接考虑；ρ_g 为桩身配筋率；A_n 为桩身换算截面积，圆形截面积为 $A_n=\frac{\pi d^2}{4}[1+(\alpha_E-1)\rho_g]$，方形截面为 $A_n=b^2[1+(\alpha_E-1)\rho_g]$；$\zeta_N$ 为桩顶竖向力影响系数，竖向压力取 0.5，竖向拉力取 1.0；N_k 为在荷载效应标准组合下桩顶的竖向力(kN)；W_0 为桩身换算截面受拉边缘的截面模量，圆形截面为

$$W_0=\frac{\pi d}{32}[d^2+2(\alpha_E-1)\rho_g d_0^2]$$

方形截面为

$$W_0=\frac{b}{6}[b^2+2(\alpha_E-1)\rho_g b_0^2]$$

式中，d 为桩直径；d_0 为扣除保护层厚度的桩直径；b 为方形截面边长；b_0 为扣除保护层厚度的桩截面宽度；α_E 为钢筋弹性模量与混凝土弹性模量的比值。

桩顶(身)最大弯矩系数 ν_M 和桩顶水平位移系数 ν_x 表 6.1.1

桩顶约束情况	桩的换算埋深 αh	ν_M	ν_x
铰接、自由	4.0	0.768	2.441
	3.5	0.750	2.502
	3.0	0.703	2.727
	2.8	0.675	2.905
	2.6	0.639	3.163
	2.4	0.601	3.526
固接	4.0	0.926	0.940
	3.5	0.934	0.970
	3.0	0.967	1.028
	2.8	0.990	1.055
	2.6	1.018	1.079
	2.4	1.045	1.095

注：1. 铰接(自由)的 ν_M 系桩身的最大弯矩系数，固接的 ν_M 系桩顶的最大弯矩系数。

2. 当 $\alpha h>4$ 时取 $\alpha h=4.0$。

e. 对于混凝土护壁的挖孔桩，计算单桩水平承载力时，其设计桩径取护壁内直径。

f. 当桩的水平承载力由水平位移控制，且缺少单桩水平静载试验资料时，可按下式估算预制桩、钢桩、桩身配筋率不小于 0.65% 的灌注桩单桩水平承载力特征值

$$R_{ha}=0.75\frac{\alpha^3 EI}{\nu_x}\chi_{0a} \tag{6.1.4}$$

式中，EI 为桩身抗弯刚度，对于钢筋混凝土桩($EI=0.85E_cI_0$，其中 E_c 为混凝土弹性模量，I_0 为桩身换算截面惯性矩：圆形截面为 $I_0=W_0d_0/2$，矩形截面为 $I_0=W_0b_0/2$)；χ_{0a} 为桩顶允许水平位移；ν_x 为桩顶水平位移系数，按表 6.1.1 取值，取值方法同 ν_M。

g. 验算永久荷载控制的桩基的水平承载力时，应将上述 a～e 项方法确定的单桩水平承载力特征值乘以调整系数 0.80；验算地震作用桩基的水平承载力时，应将按上述 a～e 项方法确定的单桩水平承载力特征值乘以调整系数 1.25。

三、群桩基础水平承载力

①群桩基础(不含水平力垂直于单排桩基纵向轴线和力矩较大的情况)的基桩水平承载力特征值，应考虑由承台、桩群、土相互作用产生的群桩效应，可按下列公式确定

$$R_h=\eta_h R_{ha} \tag{6.1.5}$$

考虑地震作用且 $s_a/d \leqslant 6$ 时

$$\eta_h=\eta_i\eta_r+\eta_l \tag{6.1.6}$$

$$\eta_i=\frac{\left(\frac{s_a}{d}\right)^{0.015n_2+0.45}}{0.15n_1+0.10n_2+1.9} \tag{6.1.7}$$

$$\eta_l=\frac{m\chi_{0a}B'_c h_c^2}{2n_1 n_2 R_{ha}} \tag{6.1.8}$$

$$\chi_{0a}=\frac{R_{ha}\nu_x}{\alpha^3 EI} \tag{6.1.9}$$

其他情况时

$$\eta_h=\eta_i\eta_r+\eta_l+\eta_b \tag{6.1.10}$$

$$\eta_b=\frac{\mu P_c}{n_1 n_2 R_h} \tag{6.1.11}$$

$$B'_c=B_c+1 \tag{6.1.12}$$

$$P_c=\eta_c f_{ak}(A-nA_{ps}) \tag{6.1.13}$$

式中，η_h 为群桩效应综合系数；η_i 为桩的相互影响效应系数；η_r 为桩顶约束效应系数（桩顶嵌入承台长度 50～100 mm 时），按表 6.1.2 取值；η_l 为承台侧向土水平抗力效应系数（承台外围回填土为松散状态时取 $\eta_l=0$）；η_b 为承台底摩阻效应系数；s_a/d 为沿水平荷载方向的距径比；n_1、n_2 分别为沿水平荷载方向与垂直水平荷载方向每排桩中的桩数；m 为承台侧向土水平抗力系数的比例系数，当无试验资料时可按本规范表 6.1.4 取值；χ_{0a} 为桩顶（承台）的水平位移允许值[当以位移控制时，可取 $\chi_{0a}=10$ mm（对水平位移敏感的结构物取 $\chi_{0a}=6$ mm）；当以桩身强度控制（低配筋率灌注桩）时，可近似按式（6.1.9）确定]；B'_c 为承台受侧向土抗力一边的计算宽度（m）；B_c 为承台宽度（m）；h_c 为承台高度（m）；μ 为承台底与地基土间的摩擦系数，可按表 6.1.3 取值；P_c 为承台底地基土分担的竖向总荷载标准值；η_c 为按本规范相关条款确定；A 为承台总面积；A_{ps} 为桩身截面面积。

桩顶约束效应系数 η_r　　表 6.1.2

换算深度 αh	2.4	2.6	2.8	3.0	3.5	≥4.0
位移控制	2.58	2.34	2.20	2.13	2.07	2.05
强度控制	1.44	1.57	1.71	1.82	2.00	2.07

注：$\alpha=\sqrt[5]{\frac{mb_0}{EI}}$，$h$ 为桩的入土长度。

承台底与地基土间的摩擦系数 μ　　表 6.1.3

土的类别		摩擦系数 μ
黏性土	可塑	0.25～0.30
	硬塑	0.30～0.35
	坚硬	0.35～0.45
粉土	密实、中密（稍湿）	0.30～0.40
中砂、粗砂、砾砂		0.40～0.50
碎石土		0.40～0.60
软岩、软质岩		0.40～0.60
表面粗糙的较硬岩、坚硬岩		0.65～0.75

②计算水平荷载较大和水平地震作用、风载作用的带地下室的高大建筑物桩基的水平位移时，可考虑地下室侧墙、承台、桩群、土共同作用，按《建筑桩基技术规范》(JGJ 94—2008)附录C的方法计算基桩内力和变位，与水平外力作用平面相垂直的单排桩基础可按《建筑桩基技术规范》(JGJ 94—2008)附录C中表C.0.3-1计算。

③桩的水平变形系数和地基水平抗力系数的比例系数 m 可按下列规定确定。

a. 桩的水平变形系数 $\alpha(1/m)$

$$\alpha=\sqrt[5]{\frac{mb_0}{EI}} \tag{6.1.14}$$

式中，m 为桩侧土水平抗力系数的比例系数；EI 为桩身抗弯刚度，按《建筑桩基技术规范》(JGJ 94—2008)第5.7.2条的规定计算；b_0 为桩身的计算宽度(m)。

圆形桩：当直径 $d\leqslant1$ m 时　　$b_0=0.9(1.5d+0.5)$

　　　　当直径 $d>1$ 时　　$b_0=0.9(d+1)$

方形桩：当边宽 $b\leqslant1$ m 时　　$b_0=1.5b+0.5$

　　　　当边宽 $b>1$ m 时　　$b_0=b+1$

b. 地基土水平抗力系数的比例系数 m，宜通过单桩水平静载试验确定，当无静载试验资料时，可按表6.1.4取值。

地基土水平抗力系数的比例系数 m 值　　表6.1.4

序号	地基土类别	预制桩、钢桩		灌注桩	
		m/(MN/m^4)	相应单桩在地面处水平位移/mm	m/(MN/m^4)	相应单桩在地面处水平位移/mm
1	淤泥；淤泥质土；饱和湿陷性黄土	2～4.5	10	2.5～6	6～12
2	流塑($I_L>1$)、软塑($0.75<I_L\leqslant1$)状黏性土；$e>0.9$粉土；松散粉细砂；松散、稍密填土	4.5～6.0	10	6～14	4～8
3	可塑($0.25<I_L\leqslant0.75$)状黏性土、湿陷性黄土；$e=0.75\sim0.9$粉土；中密填土；稍密细砂	6.0～10	10	14～35	3～6
4	硬塑($0<I_L\leqslant0.25$)、坚硬($I_L\leqslant0$)状黏性土、湿陷性黄土；$e<0.75$粉土；中密的中粗砂；密实老填土	10～22	10	35～100	2～5
5	中密、密实的砾砂、碎石类土	—	—	100～300	1.5～3

注：1. 当桩顶水平位移大于表列数值或灌注桩配筋率较高(≥0.65%)时，m 值应适当降低；当预制桩的水平向位移小于10 mm时，m 值可适当提高。

2. 当水平荷载为长期或经常出现的荷载时，应将表列数值乘以0.4降低采用。

3. 当地基为可液化土层时，应将表列数值乘以本规范表5.3.12中相应的系数 ψ_l。

第二节　《建筑地基基础设计规范》(GB 50007—2011)关于桩基水平承载力的有关规定

国内外关于水平荷载下桩的理论分析方法有几十种，我国多采用线弹性地基反力法。

该法将土体视为弹性体，用梁的弯曲理论来求解桩的水平抗力 σ_x，并假设 σ_x 与桩的水平位移 x 成正比，且不计桩土之间的摩阻力及邻桩对水平抗力的影响，即

$$\sigma_x = k_h x \tag{6.2.1}$$

式中，k_h 为地基水平抗力系数，$k_h = hz^n$。

根据对 n 的假定不同，又可分为多种方法，采用较多的是图 6.2.1 中所示的几种方法，其分别如下。

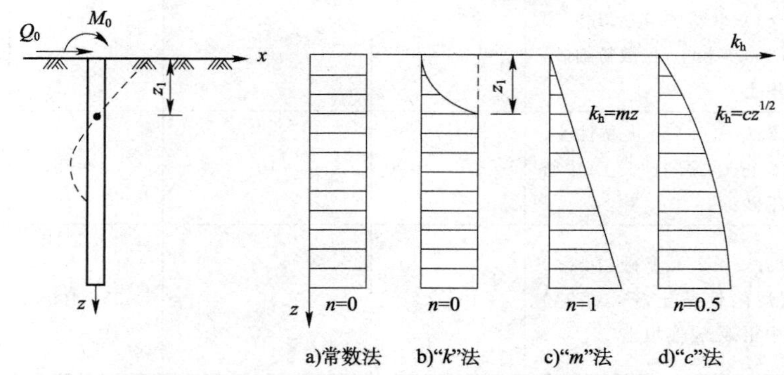

图 6.2.1　地基水平抗力系数的分布图式

①常数法：假定地基水平抗力系数沿深度均匀分布，即 $n=0$。该法为我国学者张有龄先生于 1937 年提出，在日本和美国应用较多。

②"k"法：假定地基水平抗力系数在第一弹性零点 t 以上按抛物线变化，以下保持为常数。该法由前苏联学者盖尔斯基于 1937 年提出，曾在我国广泛采用。

③"m"法：假定地基水平抗力系数随深度呈线性增加，即 $n=1$，该法始见于 1939 年，И. в. урбан 用于计算板桩墙，1962 年 K. C. Завриев 等人用于管柱计算，目前在我国应用最广。

④"c"法：假定地基水平抗力系数随深度呈抛物线增加，即 $n=0.5$。1964 年由日本久保浩一提出。在我国多用于公路部门。

实测资料表明，桩的水平位移较大时，"m"法计算结果较接近实际；当桩的水平位移较小时，"c"法比较接近实际。我国陕西省交通科研所在分析了若干桩基的实测结果后，认为地基系数随深度按0.1～0.6 次方增大。由于目前我国各规范均推荐使用"m"法，故下面仅简单介绍"m"法。

一、计算参数

单桩在水平荷载作用下所引起的桩周土的抗力不仅分布于荷载作用平面内，而且受桩截面形状的影响。计算时简化为平面受力，故取桩的截面计算宽度 b_1 为

$$b_1 = \begin{cases} k_f(d+1) & d>1\ \text{m} \\ k_f(1.5d+0.5) & d\leqslant 1\ \text{m} \end{cases} \tag{6.2.2}$$

式中，k_f 为曲桩的形状系数，方形截面桩 $k_f=1.0$，圆形截面桩 $k_f=0.9$；d 为桩的直径，方形截面时为桩的边长 b。

计算桩身抗变刚度 EI 时，对于钢筋混凝土桩，可取 $EI=0.85E_cI_0$，其中 E_c 为混凝土的弹性模量，I_0 为桩身换算截面惯性矩。

如无试验资料时，地基水平抗力系数的比例系数 m 值可参见表 6.2.1 选取。此外，若桩侧为多层土，可按主要影响深度 $h_m=2(d+1)$ 范围内的 m 值加权平均，具体可参见有关规范。

地基土横向抗力系数的比例系数 m 值 表 6.2.1

序号	地基土类别	预制桩、钢桩		灌注桩	
		m/(MN/m^4)	相应单桩在地面处水平位移/mm	m/(MN/m^4)	相应单桩在地面处水平位移/mm
1	淤泥，淤泥质土，饱和湿陷性黄土	2～4.5	10	2.5～6	6～12
2	流塑（$I_L>1$）、软塑（$0.75<I_L\leqslant1$）状黏性土、$c>0.9$ 粉土，松散粉细砂，松散、稍密填土	4.5～6.0	10	6～14	4～8
3	可塑（$0.26I_L\leqslant0.75$）状黏性土、$e=0.7\sim0.9$ 粉土，湿陷性黄土、中密填土，稍密细砂	6.0～10	10	14～35	3～6
4	硬塑（$0<I_L\leqslant0.25$）、坚硬（$I_L\leqslant0$）状黏性土、湿陷性黄土，$e<0.75$ 粉土、中密的中粗砂、密实填土	10～22	10	35～100	2～5
5	中密、密实的砾砂、碎石类土	—	—	100～300	1.5～3

注：1. 当桩顶横向位移大于表列数值或灌注桩配筋率较高（≥0.65%）时，m 值应适当降低；当预制桩的横向位移小于 10 mm 时，m 值可适当提高。

2. 当横向荷载为长期或经常出现的荷载时，应将表列数值乘以 0.4 降低采用。

3. 当地基为可液化土层时，表列式中应乘以相应的土层液化折减系数。

二、单桩挠曲微分方程及解答

设单桩在桩顶竖向荷载 N_0，水平荷载 H_0，弯矩 M_0 和地基水平抗力 $p(z)=b_1\sigma_x$ 作用下产生挠曲，其弹性挠曲微分方程为

$$EI\frac{d^4x}{dz^4}+N_0\frac{d^2x}{dz^2}=-p(z) \tag{6.2.3}$$

通常，竖向荷载 N_0 的影响很小可忽略不计，并将式(6.2.1)代入，可得桩的挠曲微分方程式为

$$\frac{d^4x}{dz^4}+\alpha^5zx=0 \tag{6.2.4}$$

其中

$$\alpha=\sqrt[5]{\frac{mb_1}{EI}} \tag{6.2.5}$$

式中，α 为桩的水平变形系数(1/m)。

采用幂级数对式(6.2.4)求解可得沿桩最深度 z 处的内力及位移的简捷算法表达式为

$$\left.\begin{aligned}&\text{位移} && x_z=\frac{H_0}{\alpha^3EI}A_x+\frac{M_0}{\alpha^2EI}B_x\\&\text{转角} && \varphi_z=\frac{H_0}{\alpha^2EI}A_\varphi+\frac{M_0}{\alpha EI}B_\varphi\\&\text{弯矩} && x_z=\frac{H_0}{\alpha}A_M+M_0B_M\\&\text{剪力} && V_z=H_0A_Q+\alpha M_0B_Q\end{aligned}\right\} \tag{6.2.6}$$

式中系数 A_x、B_x、A_φ、B_φ、A_M、B_M、A_Q、B_Q 均要查表 6.2.2 得到。按上式可作出单桩的水平抗力、内力、变位随深度的变化曲线，如图 6.2.2 所示，由此即可进行桩的设计与验算。

长桩的内力和变形计算系数 表 6.2.2

αz	A_x	B_x	A_φ	B_φ	A_M	B_M	A_Q	B_Q
0.0	2.440 7	1.621 0	−1.621 0	−1.750 6	0.000 0	1.000 0	1.000 0	0.000 0
0.1	2.278 7	1.450 9	−1.616 0	−1.650 7	0.099 6	0.099 7	0.988 3	−0.007 5
0.2	2.117 8	1.290 9	−1.601 2	−1.550 7	0.197 0	0.998 1	0.955 5	−0.028 0
0.3	1.958 8	1.140 8	−1.576 8	−1.451 1	0.290 1	0.993 8	0.904 7	−0.058 2
0.4	1.802 7	1.000 6	−1.543 3	−1.352 0	0.377 4	0.986 2	0.839 0	−0.095 5
0.5	1.650 4	0.870 4	−1.501 5	−1.253 9	0.457 5	0.974 6	0.761 5	−0.137 5
0.6	1.502 7	0.749 8	−1.460 1	−1.157 3	0.529 4	0.958 6	0.674 9	−0.181 9
0.7	1.360 2	0.638 9	−1.395 9	−1.062 4	0.592 3	0.938 2	0.582 0	−0.226 9
0.8	1.223 7	0.537 3	−1.334 0	−0.969 8	0.646 5	0.913 2	0.485 2	−0.270 9
0.9	1.093 6	0.444 8	−1.267 1	−0.879 9	0.689 3	0.884 1	0.386 9	−0.312 5
1.0	0.970 4	0.361 2	−1.196 5	−0.793 1	0.723 1	0.850 9	0.289 0	−0.350 6
1.1	0.854 4	0.286 1	−1.122 8	−0.709 8	0.747 1	0.814 1	0.193 9	−0.384 4
1.2	0.745 9	0.219 1	−1.047 3	−0.630 4	0.761 8	0.774 2	0.101 5	−0.413 4
1.3	0.645 0	0.159 9	−0.978 0	−0.555 1	0.767 6	0.731 6	0.014 8	−0.436 9
1.4	0.551 8	0.107 9	−0.894 1	−0.484 1	0.765 0	0.686 9	−0.065 9	−0.454 9
1.5	0.466 1	0.062 9	−0.818 0	−0.417 7	0.754 7	0.640 8	−0.139 5	−0.467 2
1.6	0.388 1	0.024 2	−0.743 4	−0.356 0	0.737 3	0.593 7	−0.205 6	−0.473 8
1.8	0.259 3	−0.035 7	−0.600 8	−0.246 7	0.684 9	0.498 9	−0.313 5	−0.471 0
2.0	0.147 0	−0.075 7	−0.470 6	−0.156 2	0.614 1	0.406 6	−0.388 4	−0.449 1
2.2	0.064 6	−0.099 4	−0.355 9	−0.083 7	0.531 6	0.320 3	−0.431 7	−0.411 8
2.6	−0.039 9	−0.111 4	−0.178 5	−0.014 2	0.354 6	0.175 5	−0.436 5	−0.307 3
3.0	−0.087 4	−0.094 7	−0.069 9	−0.063 0	0.193 1	0.076 0	−0.360 7	−0.190 5
3.5	−0.105 0	−0.057 0	−0.012 1	−0.082 9	0.050 8	0.013 5	−0.199 8	−0.016 7
4.0	−0.107 9	−0.014 9	−0.003 4	−0.085 1	0.000 1	0.000 1	0.000 0	−0.000 5

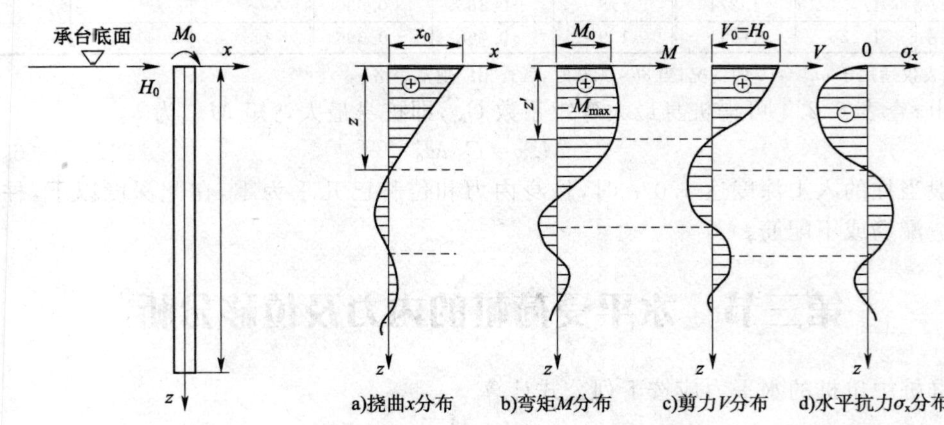

图 6.2.2 单桩内力与变位曲线

三、桩顶水平位移

桩顶水平位移是控制基桩水平承载力的主要因素，且桩的无量纲深度不同，桩端约束条件不同，其水平荷载下的工作性状也不同。表 6.2.3 给出了基桩不同无量纲深度及桩端约束条件下的位移系数 A_x 和 B_x，将其代入式(6.2.6)即可求出桩顶的水平位移。

各类桩的桩顶水平位移系数　表 6.2.3

αh	桩端置于土中		桩端嵌固在基岩中	
	A_x	B_x	A_x	B_x
2.4	3.526	2.327	2.240	1.584
2.6	3.163	2.048	2.330	1.586
2.8	2.905	1.869	2.371	1.593
3.0	2.727	1.758	2.385	1.586
3.5	2.502	1.641	2.389	1.584
≥4.0	2.441	1.621	2.401	1.600

四、桩身最大弯矩及其位置

要设计桩截面配筋，最关键的是求出桩身最大弯矩值 M_{max} 及其相应的截面位置 z_0，根据最大弯矩截面剪应力为零的条件，可导得其无量纲法计算过程如下：

①由 $C_D=\alpha M_0/H_0$ 查表 6.2.4 得相应的换算深度 $\bar{z}(=\alpha z)$，则最大弯矩截面的深度 z_0 为

$$z_0=\frac{\bar{z}}{\alpha} \tag{6.2.7}$$

确定桩身最大弯矩截面系数 C_D 和最大弯矩系数 C_M　表 6.2.4

$\bar{z}=\alpha z$	C_D	C_M	$\bar{z}=\alpha z$	C_D	C_M	$\bar{z}=\alpha z$	C_D	C_M
0.0	∞	1.000	1.0	0.824	1.728	2.0	−0.865	−0.304
0.1	131.252	1.001	1.1	0.503	2.299	2.2	−1.048	−0.187
0.2	34.186	1.004	1.2	0.246	3.876	2.4	−1.230	−0.118
0.3	15.544	1.012	1.3	0.034	23.438	2.6	−1.420	−0.074
0.4	8.781	1.029	1.4	−0.145	−4.596	2.8	−1.635	−0.045
0.5	5.539	1.057	1.5	−0.299	−1.876	3.0	−1.893	−0.026
0.6	3.710	1.101	1.6	−0.434	−1.128	3.5	−2.994	−0.003
0.7	2.566	1.169	1.7	−0.555	−0.740	4.0	−0.045	−0.011
0.8	1.791	1.274	1.8	−0.665	−0.530			
0.9	1.238	1.441	1.9	−0.768	−0.396			

注：此表仅适用于 $\alpha h\geqslant 4.0$ 的情况；当 $\alpha h<4.0$ 时，可查相应规范表格。

②由 $\bar{z}$ 查表 6.2.4 可得桩身最大弯矩系数 C_M，即桩身最大弯矩 M_{max} 为

$$M_{max}=C_M M_0 \tag{6.2.8}$$

一般当柱的入土深度达 $4.0/\alpha$ 时，柱身内力和位移已几乎为零，在此深度以下，柱峰只需按构造配筋或不配筋。

第三节　水平受荷桩的内力及位移分析

①群桩中单桩的水平力应按下列公式计算

$$H_{ik}=\frac{H_k}{n} \tag{6.3.1}$$

式中，H_k 为相应于荷载效应标准组合时，作用于承台底面的水平力；H_{ik} 为相应于荷载效应标准组合时，作用于任一单桩的水平力；n 为桩基中的桩数。

②在水平荷载作用下，单桩承载力计算应符合下列表达式

$$H_{ik}\leqslant R_{Ha} \tag{6.3.2}$$

式中，R_{Ha} 为单桩水平承载力特征值。

③单桩水平承载力特征值取决于桩的材料强度、截面刚度、入土深度、土质条件、桩顶水平位移允许值和柱顶嵌固情况等因素，应通过现场水平载荷试验确定。必要时可进行带承台桩的载荷试验，试验宜采用慢速维持荷载法。

④当作用于柱基上的外力主要为水平力时，应根据使用要求对桩顶变位的限制，对桩基的水平承载力进行验算。当外力作用面的桩距较大时，桩基的水平承载力可视为各单桩的水平承载力的总和。当承台侧面的土未经扰动或回填密实时，应计算土抗力的作用。当水平推力较大时，宜设置斜桩。

⑤受水平荷载和弯矩较大的桩，配筋长度应通过计算确定。

第七章　承台设计计算

承台设计计算过程包括：根据承台上作用的荷载估算桩数，根据桩的数量确定承台的形式、承台抗弯计算、承台抗冲切计算、承台抗剪计算、局压验算、承台的构造及配筋要求等。

第一节　承台及布桩形式

1.桩承台类型

桩基承台分为四种：即箱形承台、筏形承台、条形承台、独立承台（包括一柱一桩承台）。

总的要求：桩尽可能布置在直接传递荷载的构件处，如柱子、墙、梁下面。使传力途径最短，受力最合理。一般情况下，使群桩的形心与承台上荷载的重心重合为宜。

2.桩数量估算

桩数量估算

$$n \geqslant (1.0 \sim 1.1)\gamma_0 \frac{N+G}{R} \tag{7.1.1}$$

$$n \geqslant (0.9 \sim 1.4)\gamma_0 \frac{N}{R} \tag{7.1.2}$$

式中，n 为预估桩数；γ_0 为建筑桩基重要性系数；建筑桩基安全等级为一、二、三时，γ_0 分别取 1.1、1.0、0.9；N 为作用桩基承台顶面的竖向力设计值(kN)；G 为桩基承台和承台上土自重设计值（自重荷载分项系数，当其效应对结构不利时取 1.2，有利时取 1.0）(kN)；对地下水位以下部分扣除水的浮力；R 为桩基中复合基桩或基桩的竖向承载力设计值(kN)。

3.布桩形式

①箱形、筏形承台布桩。分均匀布桩及非均匀布桩。非均匀布桩宜将桩主要布置在柱下、墙下及梁下。

②条形承台布桩。分均匀布桩及非均匀布桩。均匀布桩一般分成 1～3（或更多）纵排；非均匀布桩宜将桩布置在墙及梁下。

③独立承台布桩。独立承台下的桩数常为 1～20 根。图 7.1.1～图 7.1.15 是常用的 1～16根桩独立承台桩布置图。

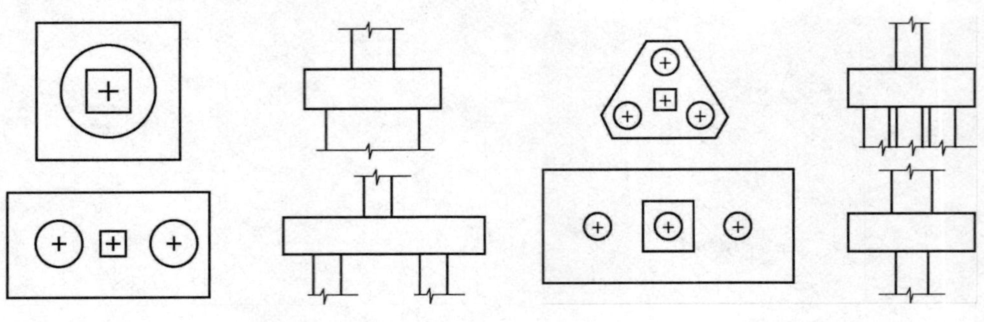

图 7.1.1　一桩、两桩布置　　　　图 7.1.2　三桩布置

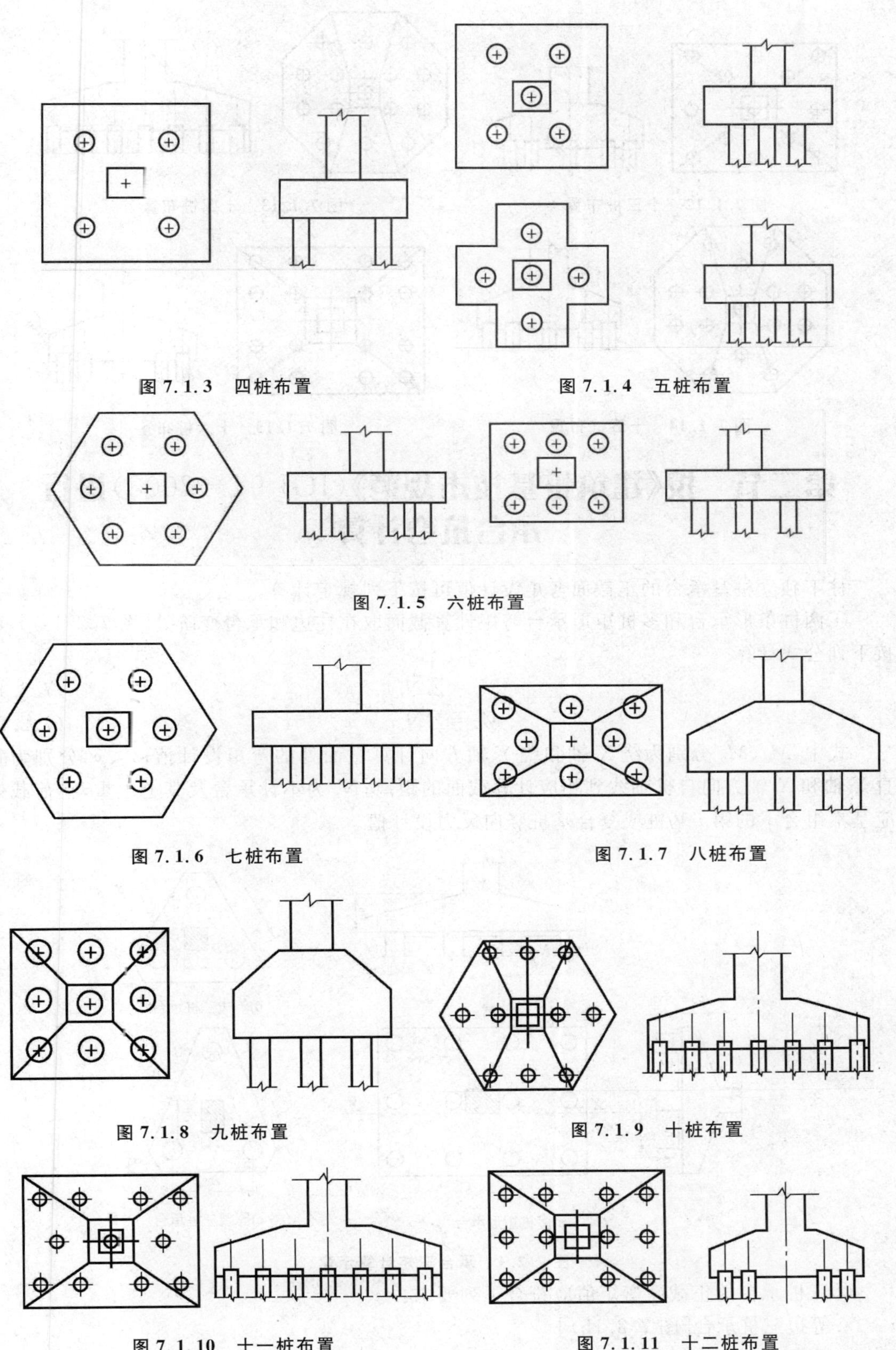
图 7.1.3　四桩布置

图 7.1.4　五桩布置

图 7.1.5　六桩布置

图 7.1.6　七桩布置

图 7.1.7　八桩布置

图 7.1.8　九桩布置

图 7.1.9　十桩布置

图 7.1.10　十一桩布置

图 7.1.11　十二桩布置

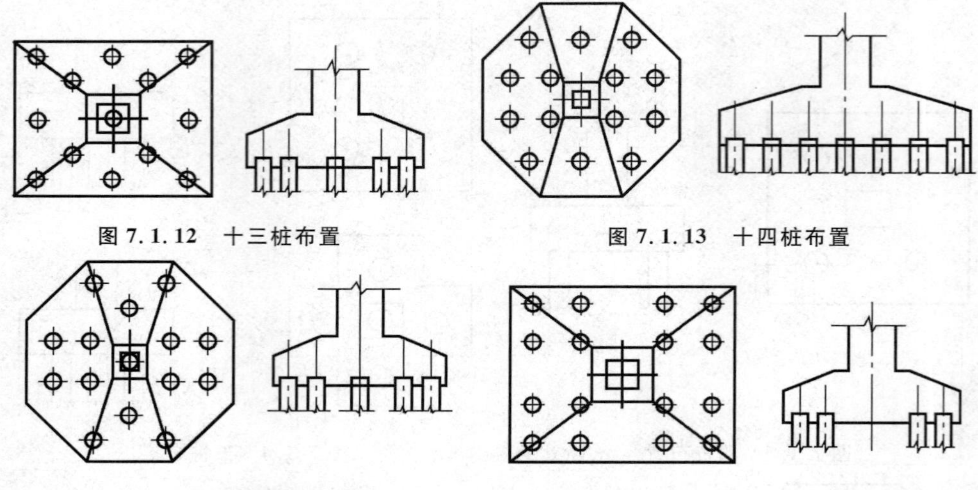

图 7.1.12　十三桩布置　　　　图 7.1.13　十四桩布置

图 7.1.14　十五桩布置　　　　图 7.1.15　十六桩布置

第二节　按《建筑桩基技术规范》(JGJ 94－2008)进行承台抗弯计算

柱下独立桩基承台的正截面弯矩设计值可按下列规定计算。

①两桩条形承台和多桩矩形承台弯矩计算截面取在柱边和承台变阶处[图 7.2.1a)],可按下列公式计算

$$M_x = \sum N_i y_i \tag{7.2.1}$$

$$M_y = \sum N_i x_i \tag{7.2.2}$$

式中,M_x、M_y 分别为绕 X 轴和绕 Y 轴方向计算截面处的弯矩设计值;x_i、y_i 分别为垂直 Y 轴和 X 轴方向自桩轴线到相应计算截面的距离;N_i 为不计承台及其上土重,在荷载效应基本组合下的第 i 基桩或复合基桩竖向反力设计值。

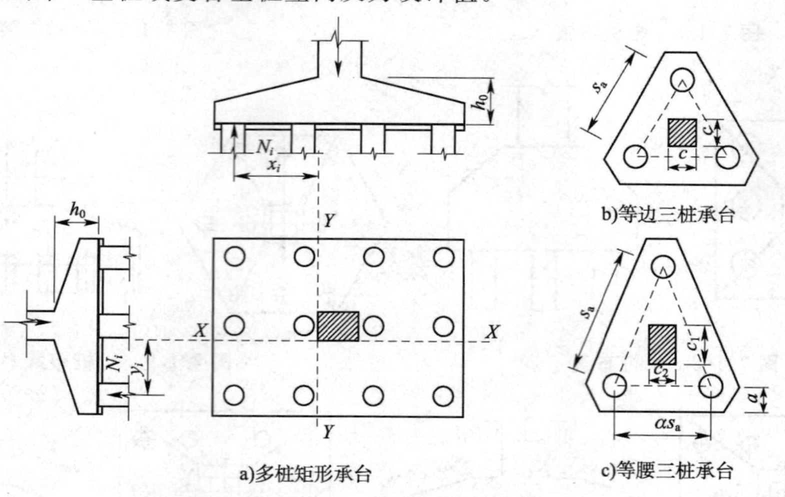

图 7.2.1　承台弯矩计算示意

②三桩承台的正截面弯矩值应符合下列要求:

a. 等边三桩承台[图 7.2.1b)]

$$M=\frac{N_{\max}}{3}\left(s_{a}-\frac{\sqrt{3}}{4}c\right) \tag{7.2.3}$$

式中，M 为通过承台形心至各边边缘正交截面范围内板带的弯矩设计值；$N_{\max}$ 为不计承台及其上土重，在荷载效应基本组合下三桩中最大基桩或复合基桩竖向反力设计值；s_a 为桩中心距；c 为方柱边长，圆柱时 $c=0.8d$（d 为圆柱直径）。

b. 等腰三桩承台［图 7.2.1c)］

$$M_{1}=\frac{N_{\max}}{3}\left(s_{a}-\frac{0.75}{\sqrt{4-\alpha^{2}}}c_{1}\right) \tag{7.2.4}$$

$$M_{2}=\frac{N_{\max}}{3}\left(\alpha s_{a}-\frac{0.75}{\sqrt{4-\alpha^{2}}}c_{2}\right) \tag{7.2.5}$$

式中，M_1、M_2 分别为通过承台形心至两腰边缘和底边边缘正交截面范围内板带的弯矩设计值；s_a 为长向桩中心距；α 为短向桩中心距与长向桩中心距之比，当 α 小于 0.5 时，应按变截面的两桩承台设计；c_1、c_2 分别为垂直于、平行于承台底边的柱截面边长。

③箱形承台和筏形承台的弯矩可按下列规定计算。

a. 箱形承台和筏形承台的弯矩宜考虑地基土层性质、基桩分布、承台和上部结构类型和刚度，按地基—桩—承台—上部结构共同作用原理分析计算。

b. 对于箱形承台，当桩端持力层为基岩、密实的碎石类土、砂土且深厚均匀时；或当上部结构为剪力墙；或当上部结构为框架－核心筒结构且按变刚度调平原则布桩时，箱形承台底板可仅按局部弯矩作用进行计算。

c. 对于筏形承台，当桩端持力层深厚坚硬、上部结构刚度较好，且柱荷载和柱间距的变化不超过 20%时；或当上部结构为框架－核心筒结构且按变刚度调平原则布桩时，可仅按局部弯矩作用进行计算。

④柱下条形承台梁的弯矩可按下列规定计算。

a. 可按弹性地基梁（地基计算模型应根据地基土层特性选取）进行分析计算。

b. 当桩端持力层深厚坚硬且桩柱轴线不重合时，可视桩为不动铰支座，按连续梁计算。

第三节　按《建筑桩基技术规范》(JGJ 94—2008) 进行承台抗冲切计算

桩基承台厚度应满足柱（墙）对承台的冲切和基桩对承台的冲切承载力要求。

一、柱冲切计算

轴心竖向力作用下桩基承台受柱（墙）的冲切，可按下列规定计算。

①冲切破坏锥体应采用自柱（墙）边或承台变阶处至相应桩顶边缘连线所构成的锥体，锥体斜面与承台底面之夹角不应小于 45°（图 7.3.1）。

②受柱（墙）冲切承载力可按下列公式计算

$$F_{l}\leqslant\beta_{hp}\beta_{0}u_{m}f_{t}h_{0} \tag{7.3.1}$$

$$F_{l}=F-\sum Q_{i} \tag{7.3.2}$$

$$\beta_{0}=\frac{0.84}{\lambda+0.2} \tag{7.3.3}$$

式中，F 为不计承台及其上土重，在荷载效应基本组合下作用于冲切破坏锥体上的冲切力设计值；f_t 为承台混凝土抗拉强度设计值；β_{hp}为承台受冲切承载力截面高度影响系数，当 $h \leqslant 800$ mm 时，β_{hp}取 1.0，$h \geqslant 2\ 000$ mm 时，β_{hp}取 0.9，其间按线性内插法取值；u_m 为承台冲切破坏锥体一半有效高度处的周长；h_0 为承台冲切破坏锥体的有效高度；β_0 为柱（墙）冲切系数；λ 为冲跨比，$\lambda = a_0/h_0$，a_0 为柱（墙）边或承台变阶处到桩边水平距离；当 $\lambda < 0.25$，取 $\lambda = 0.25$；当 $\lambda > 1.0$ 时，取 $\lambda = 1.0$；F 为不计承台及其上土重，在荷载效应基本组合作用下柱（墙）底的竖向荷载设计值；$\sum Q_i$ 为不计承台及其上土重，在荷载效应基本组合下冲切破坏锥体内各基桩或复合基桩的反力设计值之和。

③对于柱下矩形独立承台受柱冲切的承载力可按下列公式计算（图 7.3.1）

$$F_l \leqslant 2[\beta_{0x}(b_c + a_{0y}) + \beta_{0y}(h_c + a_{0x})]\beta_{hp} f_t h_0 \tag{7.3.4}$$

式中，β_{0x}、β_{0y}为由式（7.3.3）求得，$\lambda_{0x} = a_{0x}/h_0$，$\lambda_{0y} = a_{0y}/h_0$；$\lambda_{0x}$、$\lambda_{0y}$均应满足 0.25～1.0 的要求；$h_c$、$b_c$ 分别为 x、y 方向的柱截面的边长；a_{0x}、a_{0y}分别为 x、y 方向柱边至最近桩边的水平距离。

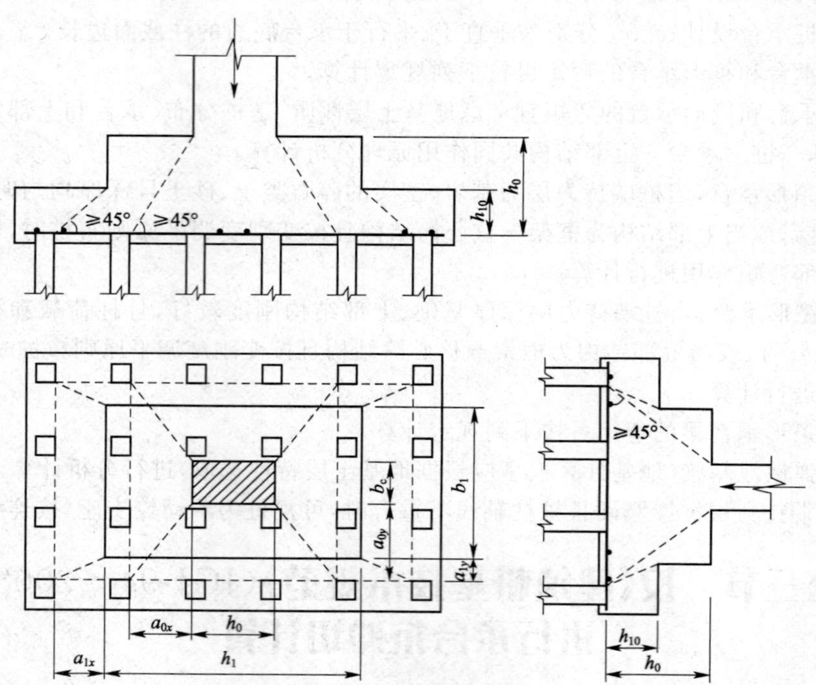

图 7.3.1　柱对承台的冲切计算示意

④对于柱下矩形独立阶形承台受上阶冲切的承载力可按下列公式计算（图 7.3.1）

$$F_l \leqslant 2[\beta_{1x}(b_1 + a_{1y}) + \beta_{1y}(h_1 + a_{1x})]\beta_{hp} f_t h_{10} \tag{7.3.5}$$

式中，β_{1x}、β_{1y}为由式（7.3.3）求得，$\lambda_{1x} = a_{1x}/h_{10}$，$\lambda_{1y} = a_{1y}/h_{10}$；$\lambda_{1x}$、$\lambda_{1y}$均应满足 0.25～1.0 的要求；$h_1$、$b_1$ 分别为 x、y 方向承台上阶的边长；a_{1x}、a_{1y}分别为 x、y 方向承台上阶边至最近桩边的水平距离。

对于圆柱及圆桩，计算时应将其截面换算成方柱和方桩，即取换算柱截面边长 $b_c = 0.8d_c$（d_c 为圆柱直径），换算桩截面边长 $b_p = 0.8d$（d 为圆桩直径）。

对于柱下两桩承台，宜按深受弯构件（$l_0/h < 5.0$，$l_0 = 1.15l_n$，l_n 为两桩净距）计算受弯、受剪承载力，不需要进行受冲切承载力计算。

二、角冲切计算

对位于柱(墙)冲切破坏锥体以外的基桩,可按下列规定计算承台受基桩冲切的承载力。

①四桩以上(含四桩)承台受角桩冲切的承载力可按下列公式计算(图 7.3.2)

$$N_l \leqslant [\beta_{1x}(c_2 + a_{1y}/2) + \beta_{1y}(c_1 + a_{1x})/2]\beta_{hp} f_t h_0 \tag{7.3.6}$$

$$\beta_{1x} = \frac{0.56}{\lambda_{1x} + 0.2} \tag{7.3.7}$$

$$\beta_{1y} = \frac{0.56}{\lambda_{1y} + 0.2} \tag{7.3.8}$$

式中,N_l 为不计承台及其上土重,在荷载效应基本组合作用下角桩(含复合基桩)反力设计值;β_{1x}、β_{1y} 为角桩冲切系数;a_{1x}、a_{1y} 为从承台底角桩顶内边缘引 45°冲切线与承台顶面相交点至角桩内边缘的水平距离;当柱(墙)边或承台变阶处位于该 45°线以内时,则取由柱(墙)边或承台变阶处与桩内边缘连线为冲切锥体的锥线(图 7.3.2);h_0 为承台外边缘的有效高度;λ_{1x}、λ_{1y} 为角桩冲跨比,$\lambda_{1x}=a_{1x}/h_0$,$\lambda_{1y}=a_{1y}/h_0$,其值均应满足 0.25~1.0 的要求。

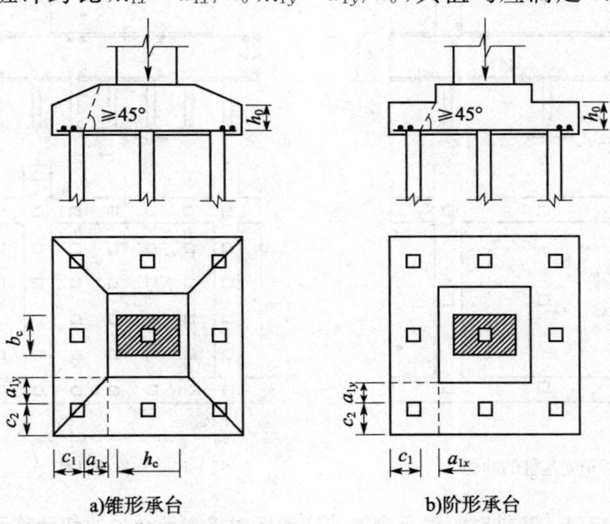

图 7.3.2　四桩以上(含四桩)承台角桩冲切计算示意

②对于三桩三角形承台可按下列公式计算受角桩冲切的承载力(图 7.3.3)。

底部角桩

$$N_l \leqslant \beta_{11}(2c_1 + a_{11})\beta_{hp}\tan\frac{\theta_1}{2} f_t h_0 \tag{7.3.9}$$

$$\beta_{11} = \frac{0.56}{\lambda_{11} + 0.2} \tag{7.3.10}$$

顶部角桩:

$$N_l \leqslant \beta_{12}(2c_2 + a_{12})\beta_{hp}\tan\frac{\theta_2}{2} f_t h_0 \tag{7.3.11}$$

$$\beta_{12} = \frac{0.56}{\lambda_{12} + 0.2} \tag{7.3.12}$$

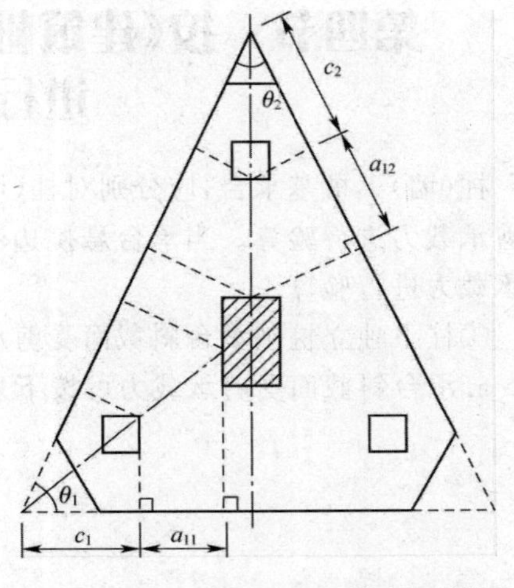

图 7.3.3　三桩三角形承台角桩冲切计算示意

式中,λ_{11}、λ_{12} 为角桩冲跨比,$\lambda_{11}=a_{11}/h_0$,$\lambda_{12}=a_{12}/h_0$,其值均应满足 0.25~1.0 的要求;a_{11}、

a_{12}为从承台底角桩顶内边缘引 45°冲切线与承台顶面相交点至角桩内边缘的水平距离；当柱（墙）边或承台变阶处位于该 45°线以内时，则取由柱（墙）边或承台变阶处与桩内边缘连线为冲切锥体的锥线。

③对于箱形、筏形承台，可按下列公式计算承台受内部基桩的冲切承载力。

a. 应按下式计算受基桩的冲切承载力，如图 7.3.4a）所示

$$N_l \leqslant 2.8(b_p + h_0)\beta_{hp} f_t h_0 \tag{7.3.13}$$

b. 应按下式计算受桩群的冲切承载力，如图 7.3.4 所示

$$\sum N_{li} \leqslant 2[\beta_{0x}(b_y + a_{0y}) + \beta_{0y}(b_x + a_{0x})]\beta_{hp} f_t h_0 \tag{7.3.14}$$

式中，β_{0x}、β_{0y}为由式(7.3.3)求得，其中 $\lambda_{0x} = a_{0x}/h_0$，$\lambda_{0y} = a_{0y}/h_0$，$\lambda_{0x}$、$\lambda_{0y}$均应满足 0.25～1.0 的要求；$N_l$、$\sum N_{li}$为不计承台和其上土重，在荷载效应基本组合下，基桩或复合基桩的净反力设计值、冲切锥体内各基桩或复合基桩反力设计值之和。

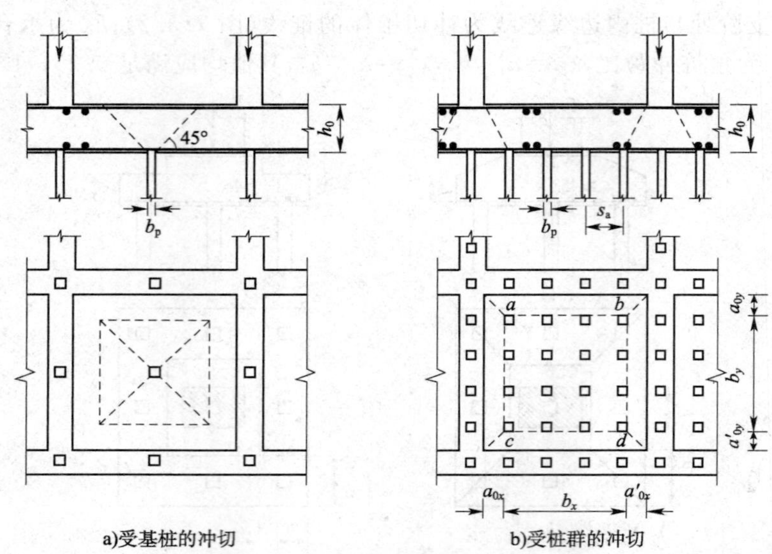

图 7.3.4　基桩对筏形承台的冲切和墙对筏形承台的冲切计算示意

第四节　按《建筑桩基技术规范》(JGJ 94—2008)进行承台受剪计算

柱（墙）下桩基承台，应分别对柱（墙）边、变阶处和桩边连线形成的贯通承台的斜截面的受剪承载力进行验算。当承台悬挑边有多排基桩形成多个斜截面时，应对每个斜截面的受剪承载力进行验算。

①柱下独立桩基承台斜截面受剪承载力应按下列规定计算。

a. 承台斜截面受剪承载力可按下列公式计算（图 7.4.1）

$$V \leqslant \beta_{hs} \alpha f_t b_0 h_0 \tag{7.4.1}$$

$$\alpha = \frac{1.75}{\lambda + 1} \tag{7.4.2}$$

$$\beta_{hs} = \left(\frac{800}{h_0}\right)^{1/4} \tag{7.4.3}$$

式中，V 为不计承台及其上土自重，在荷载效应基本组合下，斜截面的最大剪力设计值；f_t 为混凝土轴心抗拉强度设计值；b_0 为承台计算截面处的计算宽度；h_0 为承台计算截面处的有效高度；α 为承台剪切系数；按式(7.4.2)确定；λ 为计算截面的剪跨比，$\lambda_x=a_x/h_0$，$\lambda_y=a_y/h_0$，此处，a_x、a_y 为柱边(墙边)或承台变阶处至 y、x 方向计算一排桩的桩边的水平距离，当 $\lambda<0.25$ 时，取 $\lambda=0.25$；当 $\lambda>3$ 时，取 $\lambda=3$；β_{hs} 为受剪切承载力截面高度影响系数；当 $h_0<800$ mm 时，取 $h_0=800$ mm；当 $h_0>2\ 000$ mm 时，取 $h_0=2\ 000$ mm；其间按线性内插法取值。

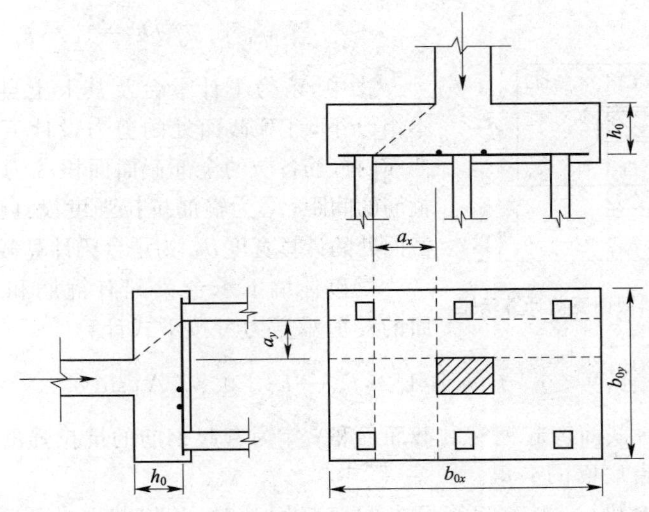

图 7.4.1　承台斜截面受剪计算示意

b. 对于阶梯形承台应分别在变阶处(A_1-A_1，B_1-B_1)和柱边处(A_2-A_2，B_2-B_2)进行斜截面受剪承载力计算(图 7.4.2)。

计算变阶处截面(A_1-A_1，B_1-B_1)的斜截面受剪承载力时，其截面有效高度均为 h_{10}，截面计算宽度分别为 b_{y1} 和 b_{x1}。

计算柱边截面(A_2-A_2，B_2-B_2)的斜截面受剪承载力时，其截面有效高度均为 $h_{10}+h_{20}$，截面计算宽度分别为

对 A_2-A_2

$$b_{y0}=\frac{b_{y1}h_{10}+b_{y2}h_{20}}{h_{10}+h_{20}} \tag{7.4.4}$$

对 B_2-B_2

$$b_{x0}=\frac{b_{x1}h_{10}+b_{x2}h_{20}}{h_{10}+h_{20}} \tag{7.4.5}$$

c. 对于锥形承台应对变阶处和柱边处(A-A 和 B-B)两个截面进行受剪承载力计算(图 7.4.3)，截面有效高度均为 h_0，截面的计算宽度分别为

对 A-A

$$b_{y0}=\left[1-0.5\frac{h_{20}}{h_0}\left(1-\frac{b_{y2}}{b_{y1}}\right)\right]b_{y1} \tag{7.4.6}$$

对 B-B

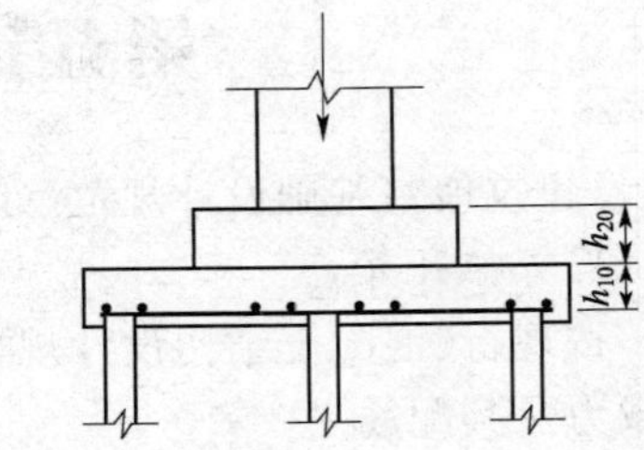

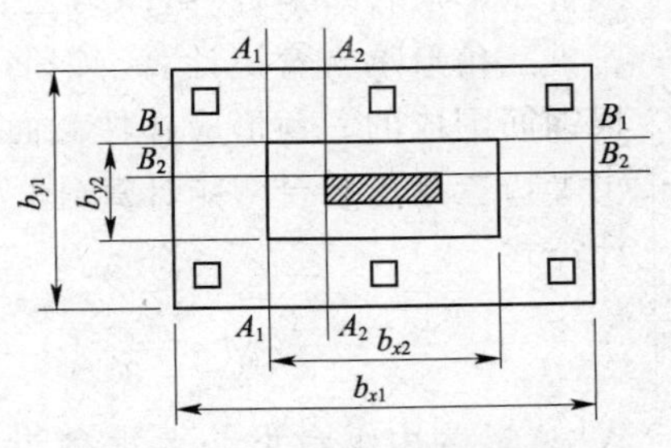

图 7.4.2　阶梯形承台斜截面受剪计算示意

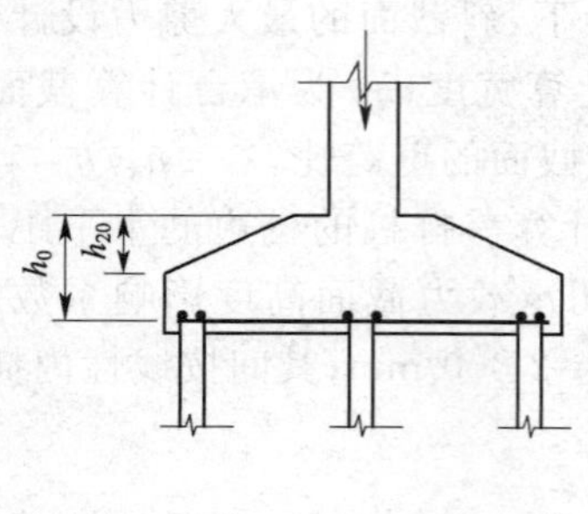

$$b_{x0}=\left[1-0.5\frac{h_{20}}{h_0}\left(1-\frac{b_{x2}}{b_{x1}}\right)\right]b_{x1} \qquad (7.4.7)$$

d.梁板式筏形承台的梁的受剪承载力可按现行国家标准《混凝土结构设计规范》(GB 50010—2010)计算。

②砌体墙下条形承台梁配有箍筋,但未配弯起钢筋时,斜截面的受剪承载力可按下式计算

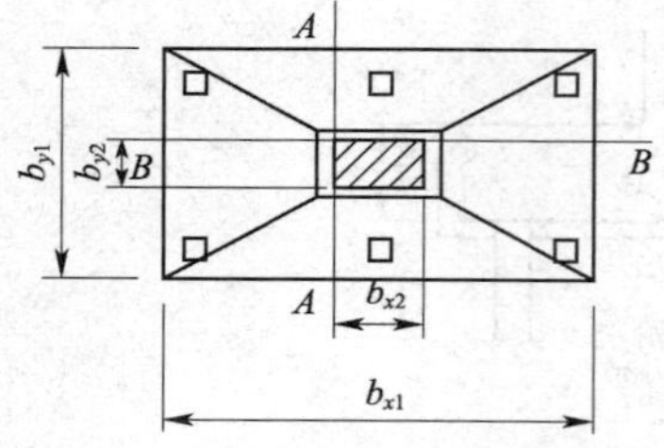

图 7.4.3　锥形承台斜截面受剪计算示意

$$V\leqslant 0.7f_tbh_0+1.25f_{yv}\frac{A_{sv}}{s}h_0 \qquad (7.4.8)$$

式中,V 为不计承台及其上土自重,在荷载效应基本组合下,计算截面处的剪力设计值;A_{sv} 为配置在同一截面内箍筋各肢的全部截面面积;s 为沿计算斜截面方向箍筋的间距;f_{yv} 为箍筋抗拉强度设计值;b 为承台梁计算截面处的计算宽度;h_0 为承台梁计算截面处的有效高度。

③砌体墙下承台梁配有箍筋和弯起钢筋时,斜截面的受剪承载力可按下式计算

$$V\leqslant 0.7f_tbh_0+1.25f_y\frac{A_{sv}}{s}h_0+0.8f_yA_{sb}\sin\alpha_s \qquad (7.4.9)$$

式中,A_{sb} 为同一截面弯起钢筋的截面面积;f_y 为弯起钢筋的抗拉强度设计值;α_s 为斜截面上弯起钢筋与承台底面的夹角。

④柱下条形承台梁,当配有箍筋但未配弯起钢筋时,其斜截面的受剪承载力可按下式计算

$$V\leqslant\frac{1.75}{\lambda+1}f_tbh_0+f_y\frac{A_{sv}}{s}h_0 \qquad (7.4.10)$$

式中,λ 为计算截面的剪跨比,$\lambda=a/h_0$,a 为柱边至桩边的水平距离;当 $\lambda<1.5$ 时,取 $\lambda=1.5$;当 $\lambda>3$ 时,取 $\lambda=3$。

第五节　其他标准的承台计算

《建筑地基基础设计规范》(GB 50007—2011)的有关规定。

1. 弯矩计算

按现行《混凝土结构设计规范》(GB 50010—2010)计算其抗弯承载力及其配筋。

多桩矩形承台弯矩计算,同第二节①。

三桩三角形承台弯矩计算。钢筋按三向板带均匀布置,最里面的 3 根钢筋围成的三角形应在柱截面范围内。

①等边三角形承台弯矩计算(图 7.5.1)。

计算式

$$M=\frac{N_{max}}{3}\left(s-\frac{\sqrt{3}}{4}c\right) \qquad (7.5.1)$$

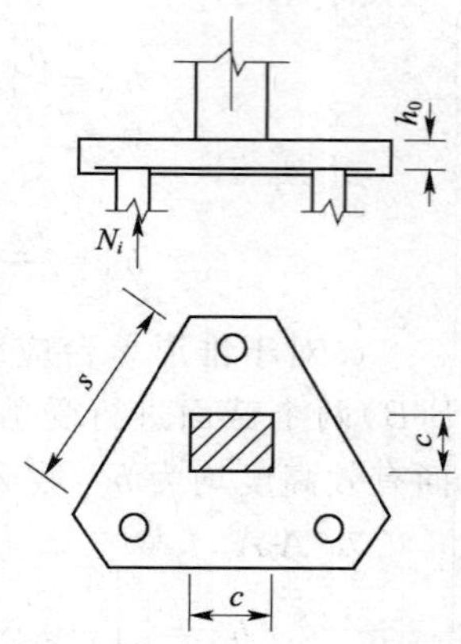

图 7.5.1　等边三角形承台弯矩计算简图

式中,M 为由承台形心至承台边缘距离范围内板带的弯矩设计值(kN·m);N_{max} 为扣除承台和其上填土自重后的三桩中相应

于荷载效应基本组合时的最大单桩竖向力设计值(kN)；s 为桩距(m)；c 为方桩边长(m)，圆柱时 $c=0.866d$(d 为圆柱直径)。

②等腰三角形承台弯矩计算(图 7.5.2)。

计算式为

$$M_1=\frac{N_{\max}}{3}\left(s-\frac{0.75}{\sqrt{4-\alpha^2}}c_1\right) \tag{7.5.2}$$

$$M_2=\frac{N_{\max}}{3}\left(s_1-\frac{0.75}{\sqrt{4-\alpha^2}}c_2\right) \tag{7.5.3}$$

式中，M_1、M_2 分别为由承台形心至承台两腰和底边的距离范围内板带的弯矩设计值(kN·m)；$N_{\max}$ 为扣除承台和其上填土自重后的三桩中相应于荷载效应基本组合时的最大单桩竖向力设计值(kN)；s、s_1 分别为承台的长向桩距、短向桩距(m)；c_1、c_2 分别为垂直于、平行于承台底边的桩截面边长(m)；α 为短向桩距与长向桩距之比，当 α 小于 0.5 时，应按变截面的两桩承台设计。

$$\alpha=\frac{s_1}{s} \tag{7.5.4}$$

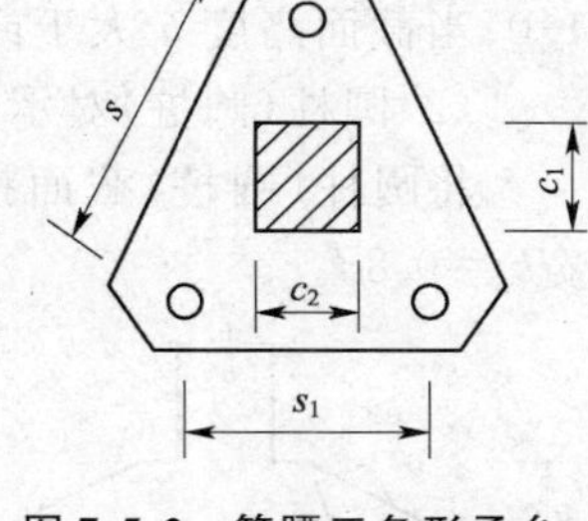

图 7.5.2　等腰三角形承台弯矩计算简图

2.承台抗冲切计算

(1)柱下矩形独立承台受柱冲切的承载力计算

柱下矩形独立承台受柱冲切的承载力计算见图 7.5.3。

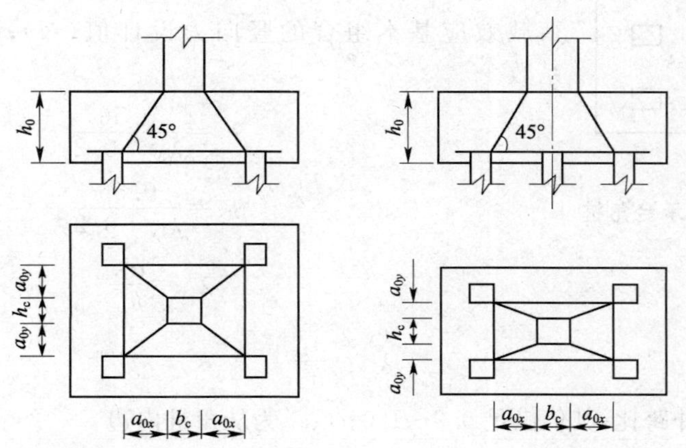

图 7.5.3　柱对承台冲切承载力的验算简图

计算公式

$$F_l\leqslant 2[\beta_{0x}(b_c+a_{0y})+\beta_{0y}(h_c+a_{0x})]\beta_{hp}f_t h_0 \tag{7.5.5}$$

$$F_l=F-\sum N_i \tag{7.5.6}$$

$$\beta_{0x}=\frac{0.84}{\lambda_{0x}+0.2} \tag{7.5.7}$$

$$\beta_{0y}=\frac{0.84}{\lambda_{0y}+0.2}$$

式中，F_l 为扣除承台和其上填土自重，作用在冲切破坏锥体上相应于荷载效应基本组合的冲切力设计值(N)，冲切破坏锥体应采用自柱边或承台变阶处至相应桩顶边缘连线构成的锥体，锥体与承台底面的夹角不小于 45°；F 为柱根部轴力设计值(N)；$\sum N_i$ 为冲切破坏锥体范围内各桩的净反力设计值之和(N);f_t 为承台混凝土抗拉强度设计值(N/mm^2);β_{0x}、β_{0y}为冲切系数;λ_{0x}、λ_{0y}为冲跨比,其值满足 0.2~1.0。

$$\lambda_{0x}=\frac{a_{0x}}{h_0} \tag{7.5.8}$$

$$\lambda_{0y}=\frac{a_{0y}}{h_0} \tag{7.5.9}$$

a_{0x}、a_{0y}分别为桩边、承台变阶处到桩边的水平距离(mm)[当 $a_{0x}(a_{0y})<0.2h_0$ 时,取 $a_{0x}(a_{0y})=0.2h_0$;当 $a_{0x}(a_{0y})>h_0$ 时,取 $a_{0x}(a_{0y})=h_0$];h_0 为承台冲切破坏锥体的有效高度(mm);β_{hp}为受冲切承载力截面高度影响系数(当截面高度 h 不大于 800 mm 时,取 $\beta_{hp}=1.0$;当截面高度 h 大于或等于2 000 mm时,取 $\beta_{hp}=0.9$;其间按线性内插法取用)。

(2)圆柱(圆桩)对承台的冲切承载力计算

将圆柱(圆桩)截面换算成方柱(方桩),换算后柱截面边宽$b_c=0.8d_c$,换算后桩截面边宽$b_p=0.8d$。

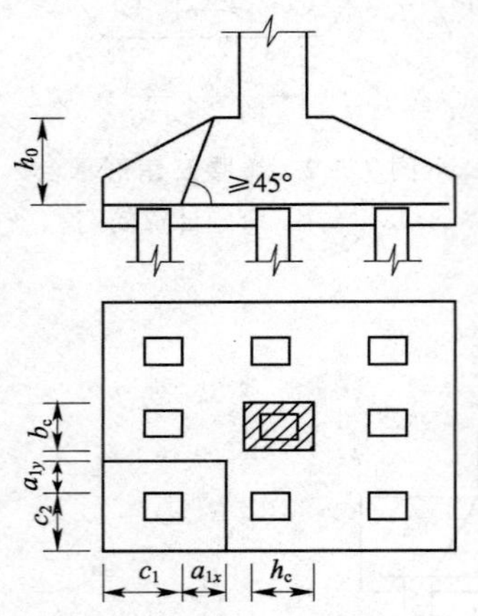

图 7.5.4 四桩以上承台角桩验算简图

(3)角桩对承台冲切的承载力验算

角桩对承台冲切的承载力验算见图 7.5.4。

①多桩矩形承台。

按下式计算

$$N_l\leqslant\left[\beta_{1x}\left(c_2+\frac{a_{1y}}{2}\right)+\beta_{1y}\left(c_1+\frac{a_{1x}}{2}\right)\right]\beta_{hp}f_t h_0 \tag{7.5.10}$$

式中,N_l 为扣除承台和其上填土自重后,角桩桩顶相应于荷载效应基本组合的竖向力设计值(N);β_{1x}、β_{1y}为角桩冲切系数。

$$\beta_{1x}=\frac{0.56}{\lambda_{1x}+0.2} \tag{7.5.11}$$

$$\beta_{1y}=\frac{0.56}{\lambda_{1y}+0.2} \tag{7.5.12}$$

$$\lambda_{1x}=\frac{a_{1x}}{h_0} \tag{7.5.13}$$

$$\lambda_{1y}=\frac{a_{1y}}{h_0} \tag{7.5.14}$$

λ_{1x}、λ_{1y}为角桩冲跨比,其值满足 0.2~1.0;c_1、c_2 为从角桩内边缘至承台外边缘的距离(mm);a_{1x}、a_{1y}为从承台底角桩内边缘引45°冲切线与承台顶面相交点至角桩内边缘的水平距离(mm)[当柱位于该45°线以内时,则取由桩边与桩内边缘连线为冲切锥体的锥线;当 $a_{1x}(a_{1y})<0.2h_0$时,取 $a_{1x}(a_{1y})=0.2h_0$;当 $a_{1x}(a_{1y})>h_0$ 时,取 $a_{1x}(a_{1y})=h_0$];h_0 为承台外边缘的有效高度(mm)。

②三桩三角形承台(图 7.5.5)。

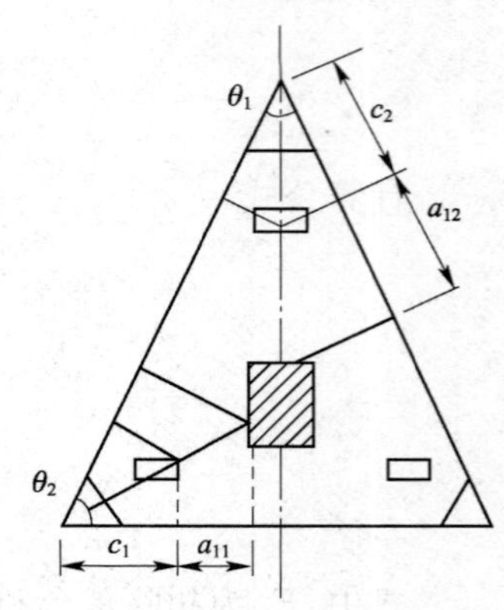

图 7.5.5 三桩三角形承台角桩冲切验算简图

底部角桩

$$N_l\leqslant\beta_{11}(2c_1+a_{11})\tan\frac{\theta_1}{2}\beta_{hp}f_t h_0 \tag{7.5.15}$$

顶部角桩

$$N_l\leqslant\beta_{12}(2c_2+a_{12})\tan\frac{\theta_2}{2}\beta_{hp}f_t h_0 \tag{7.5.16}$$

第四篇 深基础

式中，β_{11}、β_{12}为角桩冲切系数。

$$\beta_{11}=\frac{0.56}{\lambda_{11}+0.2} \tag{7.5.17}$$

$$\beta_{12}=\frac{0.56}{\lambda_{12}+0.2} \tag{7.5.18}$$

λ_{11}、λ_{12}为角桩冲跨比，其值满足 0.2～1.0。

$$\lambda_{11}=\frac{a_{11}}{h_0} \tag{7.5.19}$$

$$\lambda_{12}=\frac{a_{12}}{h_0} \tag{7.5.20}$$

a_{11}、a_{12}为从承台底角桩内边缘向相邻承台边引 45°冲切线与承台顶面相交点至角桩内边缘的水平距离(mm)[当柱位于该 45°线以内时，则取柱边与桩内边缘连线为冲切锥体的锥线；当 $a_{11}(a_{12})<0.2h_0$ 时，取 $a_{11}(a_{12})=0.2h_0$；当 $a_{11}(a_{12})>h_0$ 时，取 $a_{11}(a_{12})=h_0$]；h_0 为承台外边缘的有效高度(mm)；c_1、c_2 为从角桩内边缘至对应承台角端的距离(mm)。

第八章　桩基工程施工

桩基础是一种特殊的基础，其结构类型、传力特点与施工方法有着密切的关系，施工质量又直接影响桩基础的承载性状，因而研究基础的施工对于桩基础的设计也有重要的意义。

在这一章里主要讨论桩基施工的几个技术关键问题，例如灌注桩成孔机具的选用，泥浆护壁技术的应用，成孔质量的控制，钢筋笼的制作，水下混凝土的浇筑，预制桩的制作，沉桩方法及其对环境的影响，以及承台的施工等。

第一节　桩基工程施工的准备工作

在施工开始以前应根据设计图样、工程地质水文地质条件、地形地貌、施工设备条件等资料认真编制切实可行的施工方案，其内容应包括施工方法、需用机具、沉桩顺序和进度、施工平面布置、预制桩的制作、建筑材料和预制桩的运输与堆放、保证质量和安全技术措施、劳动组织，以及材料和水电供应计划等。

清除现场妨碍施工的高空和地下障碍物，如地下管线、旧有基础、地上电杆、电线、树木等。

整平施工范围内的场地，周围作好排水沟，修建现场临时道路。

对预制桩施工要设置防治措施，对灌注桩施工要设置泥浆池和防止泥浆污染环境的措施。

做好测量控制网、水准基点，按平面放线定位。

对于水上桩基础的施工，要考虑河流水位的可能变化（如潮汐、洪水）和地质条件，选用合适的水上施工作业平台方案，例如采用筑岛方法造成可以施工的水中陆地，也可采用钢平台加钢围堰的方法造成稳定的作业平台和安全可靠的浇筑承台的空间。

第二节　灌注桩施工

灌注桩又称为就地灌注桩，英文名称为Cast in situ pile或Bored pile。按成孔方法可以分为机械成孔和人工挖孔两大类。

一、灌注桩的机械成孔方法

灌注桩的机械成孔方法分为泥浆护壁成孔灌注桩、干作业成孔灌注桩、套管成孔灌注桩和爆扩成孔灌注桩等四种，其适用范围见表8.2.1。

成孔的控制深度按不同桩型采用不同标准控制。

对摩擦型桩，以设计桩长控制成孔深度；端承摩擦桩必须保证设计桩长及桩端进入持力层深度；当采用锤击沉管法成孔时，桩管入土深度控制以标高为主，贯入度控制为辅。

灌注桩成孔方法的适用范围 表 8.2.1

序号	成孔方法		适用土类
1	泥浆护壁成孔	冲抓 冲击 回转钻	碎石土、砂土、黏性土及风化岩
		潜水钻	黏性土、淤泥、淤泥质土及砂土
2	干作业成孔	螺旋钻	地下水位以上的黏性土、砂土及人工填土
		钻孔扩底	地下水位以上的坚硬、硬塑的黏性土及中密以上砂土
		机动洛阳铲	地下水位以上的黏性土、黄土及人工填土
3	套管成孔	锤击振动	可塑、软塑、流塑的黏性土、稍密及松散的砂土
4	爆扩成孔		地下水位以上的黏性土、黄土、碎石土及风化岩

对端承型桩，当采用钻（冲）、挖掘成孔时，必须保证桩孔进入设计持力层的深度；当采用锤击沉管法成孔时，沉管深度控制以贯入度为主，设计持力层标高为辅。

成孔机具根据土质条件按表 8.2.2 的适用范围选用。

成孔机具的适用范围 表 8.2.2

成孔机具	适用范围
潜水钻	黏性土、粉土、淤泥、淤泥质土、砂土、强风化岩、软质岩
回转钻（正、反循环）	碎石类土、砂土、黏性土、粉土、强风化岩、软质岩与硬质岩
冲抓钻	碎石类土、砂土、砂卵石、黏性土、粉土、强风化岩
冲击钻	适用于各类土层化岩、软质岩

灌注桩的平面位置和垂直度应按《建筑地基基础工程施工质量验收规范》(GB 50202—2002)规定的如表 8.2.3 所示的要求验收。

灌注桩的平面位置和垂直度的允许偏差 表 8.2.3

成孔方法		桩径偏差/mm	垂直度允许偏差/（%）	桩位允许偏差/mm	
				1～3 根、单排桩基垂直于中心线方向和群桩基础的边桩	条形桩基沿中心线方向和群桩基础中间桩
泥浆护壁冲（钻）孔桩	$d \leqslant 1\ 000$ mm	±50	<1	$d/6$ 且不大于 100	$d/4$ 且不大于 150
	$d > 1\ 000$ mm	±50		$100+0.01H$	$150+0.01H$
锤击振动、振动冲击沉管	$d \leqslant 500$ mm	−20	<1	70	150
	$d > 500$ mm			100	150
螺旋钻、机动洛阳铲钻孔扩底		−20	<1	70	150
人工挖孔桩	混凝土护壁	+50	<0.5	50	150
	钢套管护壁	+50	<1	100	200

注：1. 桩径允许偏差的负值是指个别断面。

2. 采用复打、反插法施工的桩径允许偏差不受本表限制。

3. H 为施工现场地面标高与桩顶间的距离，d 为设计桩径。

二、钢筋笼的制作

《建筑地基基础工程施工质量验收规范》(GB 50202—2002)规定的钢筋笼制作的质量验收标准见表 8.2.4。主筋净距必须大于混凝土粗骨粒径 3 倍以上，粗骨料可选用卵石或碎石，其最大粒径对于沉管灌注桩不宜大于 50 mm，且不得大于钢筋间最小净距的 1/3；对于素混凝土桩，不得大于桩径的 1/4，且不宜大于 40 mm。

钢筋笼质量验收标准 表 8.2.4

项目		允许偏差/mm	检查方法
钢筋材料质量检验①		满足设计要求	抽样送检
主筋间距①		±10	尺量
箍筋间距或螺旋筋螺距		±20	尺量
钢筋笼直径		±10	尺量
钢筋笼长度①		±100	尺量
主筋保护层	水下浇筑混凝土桩	50±10	尺量
	非水下浇筑混凝土桩	30±5	尺量
钢筋笼安装深度		±100	尺量

注：①项为主控项目。

三、泥浆护壁成孔灌注桩

(一)泥浆的制备和处理

除能自行造浆的土层外，均应制备泥浆。

泥浆制备应选用高塑性黏土或膨润土。拌制泥浆应根据施工机械、工艺和穿越的土层要求进行配合比设计，泥浆性能指标应符合表 8.2.5 的要求。

制备泥浆的性能指标 表 8.2.5

项次	项目	性能指标	检验方法
1	密度	1.1～1.15 g/cm³	泥浆比重计
2	黏度	10～25 s	漏斗法
3	含砂率	＜6％	—
4	胶体率	＞95％	量杯法
5	失水量	＜30 mL/30 min	失水量仪
6	泥皮厚度	1～3 mm/30 min	失水量仪
7	静切力	1 min 20～30 mg/cm² 10 min 50～100 mg/cm²	静切力计
8	稳定性	＜0.03 g/cm²	—
9	pH	7～9	pH 试纸

(二)泥浆护壁的规定

采用泥浆护壁应按照下列规定操作。

①施工期间护筒内的泥浆面应高出地下水位 1.0 m 以上，在受水位涨落影响时，泥浆面应高出最高水位 1.5 m 以上，在水中桩基施工时，泥浆面应高出河流最高水位 1.5～2 m。

②在清孔过程中，应不断置换泥浆，直至浇筑水下混凝土。

③浇筑混凝土前，孔底 500 mm 以内的泥浆比重应小于 1.25，含砂率不大于 8％，黏度不大于28 Pa·s。

④在容易产生泥浆渗漏的土层中，应采取维持孔壁稳定的措施。

⑤废弃的泥浆、渣应按环境保护的有关规定处理。

(三)护筒的设置

在孔口设置的护筒是一项保证质量的重要施工措施,必须认真做好。

①护筒的作用是固定钻孔位置,保护孔口,提高孔内水位,防止地面水流入,增加孔内静水压力以维护孔壁稳定,并兼作钻进导向。

②护筒一般用 4~8 mm 钢板制成,水上桩基施工时应根据护筒长度增加钢钣的厚度,其内径应大于钻头直径,当用回转钻时,宜大于 100 mm;当用冲击钻和潜水电钻时,宜大于 200 mm,在护筒上部开设 1~2 个溢浆孔。

③护筒埋设深度根据土质和地下水位而定,在黏性土中不宜小于 1.0 m,在砂土中不宜小于1.5 m,其高度尚应满足孔内泥浆面高度的要求。

④埋设护筒时,在桩位打入或挖坑埋入,一般宜高出地面 300~400 mm,或高出地下水位 1.5 m 以上,使孔内泥浆面高于孔外水位或地面。在水上施工时,护筒顶面的标高应满足在施工最高水位时泥浆面高度要求,并使孔内水头经常稳定,以利护壁。

⑤护筒埋设应准确、稳定,护筒中心与桩位中心的偏差不得大于 50 mm;护筒的垂直度,尤其是水上施工的长护筒,更为重要。

(四)正反循环钻孔法成孔

泥浆护壁钻孔灌注桩的成孔方法可分为冲击机成孔、冲抓锤成孔和潜水钻成孔。

1.冲击机成孔

通过卷扬机悬吊冲锤的冲击力把坚硬土或岩层破碎成孔,泥渣部分挤入孔壁,大部分用掏渣筒掏出。冲孔方法的优点是设备简单,操纵方便,适应范围较广,对于有孤石的砂卵石层、坚硬土层、岩层等均有效,对流沙层也能克服,而且孔壁比较坚硬,可以避免塌方。

2.冲抓锤成孔

松开卷筒刹车下落冲抓锤时,钻头张开抓片,自由下落,冲入土中,再开动卷扬机提起钻头,抓片闭合、抓土,钻头整体提升至地面卸土。

3.潜水钻成孔

潜水钻成孔排渣有正循环排渣法和反循环排渣法两种方法。

①正循环排渣法系用泥浆泵将泥浆水或清水向钻机中心送水管或钻机侧壁的分支管射向钻头,然后徐徐下放钻杆,破土钻进,泥浆带着碎渣从钻孔中反出地面,钻至设计标高后,停止钻头转动,泥浆泵继续运转排渣,直至泥浆比值降低至 1.10~1.15,方可停泵提升钻头。

②反循环排渣法可分为压缩空气反循环法、泵举反循环法和泵吸反循环法,以前两种方法使用较多。反循环法利用一定静水压力保护孔壁,泥浆护壁成孔灌注桩施工常遇问题和处理方法见表 8.2.6。

泥浆护壁成孔灌注桩施工常遇问题 表 8.2.6

常遇问题	原因分析	预防措施与处理方法
坍孔壁(在冲孔过程中孔壁的土不同程度坍塌)	①提升、下落冲锤、掏渣筒和放钢筋笼时碰撞孔壁。 ②护筒周围未用黏土封紧密而漏水或埋置太浅。 ③未及时向孔内加清水或泥浆,孔内泥浆面低于孔外水位,或泥浆比重偏低。 ④遇流沙、淤泥、松散砂层而钻进太快	①提升或下落冲锤、掏渣筒和放钢筋笼时保持垂直上下。 ②用冲孔机时,开孔阶段保持低锤密击,造成坚固孔壁后再正常冲击。 ③清孔完毕立即浇筑混凝土时,如轻度坍孔可加大泥浆比重;如严重坍孔,用黏土、泥膏投入,待孔壁稳定后用低速重新钻进

续上表

常遇问题	原因分析	预防措施与处理方法
钻孔偏移倾斜(在成孔过程中中心孔位偏移或孔身倾斜)	①钻架不稳,钻杆导架不垂直,钻机磨损,部件松动。 ②土层软硬不均。 ③冲孔机成孔时未处理探头石或基岩倾斜等问题	①将桩架重新安装牢固,并对导架进行水平和垂直校正,检修钻孔设备。 ②如有探头石,宜用钻机钻透,用冲孔机时应低锤密击,把石击碎,基岩倾斜时,投入块石填平,用锤密打;倾斜过大时投入黏土石子,重新钻进,控制转速,慢速提升下降往复扫孔纠正
吊脚桩(孔底残留石渣过多:孔底涌进泥沙或坍壁泥土落在孔底)	①清孔后泥浆比重过小,孔壁坍塌或未浇筑混凝土。 ②清渣未净,残留石渣过多。 ③吊放钢筋笼、导管等物碰撞孔壁,使泥土坍落孔底	①做好清孔工作,达到要求时立即灌注混凝土。 ②注意泥浆浓度,使孔内水文经常高于孔外水位。 ③保护孔壁,不让重物碰撞
夹泥(在桩身混凝土内混进泥土或夹层)	灌注混凝土时,孔壁泥土坍下,落在混凝土内	①浇筑混凝土时,避免碰撞孔壁。 ②控制孔内水位高于孔外水位。 ③如泥土坍塌在桩内混凝土上时,应将泥土清除干净后,再继续浇筑混凝土
梅花孔(冲孔时孔形不圆,成梅花瓣状)	①冲孔机转向环失灵,冲锤不能自由转动。 ②泥浆太稠,阻力太大。 ③提锤太低,冲锤得不到转动时间,换不了方位	①经常检查吊环,保持灵活。 ②勤掏渣,适当降低泥浆稠度。 ③保持适当的提锤高度,必要时辅以人工转动
卡锤(冲孔时,冲锤在孔内卡住提不出来)	①冲锤在孔内遇到大的探头石(称"上卡")。 ②冲锤磨损过甚,孔径成梅形,提锤时,锤的大径被孔的小径卡住(称"下卡")。 ③石头落在孔内,夹在锤与孔壁之间	①上卡时,用一个半截冲锤冲打几下,使锤脱离卡点,掉落孔底,然后吊出。 ②下卡时,可用小钢轨焊成"T"字形钩,将锤一侧拉紧后吊起。 ③被石头卡住时,可用上法提出冲锤
流沙(冲孔时大量流沙涌塞桩底)	孔外水压力比孔内大,孔壁松散使大量流沙涌塞桩底	流沙严重时,可抛入碎砖石、黏土,用锤冲入流沙层,做成泥浆结块,使成坚厚孔壁,阻止流沙涌入
不进尺(钻进时,钻机不下落或进展极慢)	①钻头周围堆积土块。 ②钻头合金刀具安装角度不适当,刀具切土过浅,泥浆比重过大,钻头配重过轻	①加强排渣,降低泥浆比重。 ②重新安排刀具角度、形状、排列方向,加大配重

四、沉管灌注桩

沉管灌注桩也称为套管成孔灌注桩,这种方法采用振动、静压或锤击的办法将钢管沉入土层中,然后边浇筑混凝土边拔管而成,称为振动沉管灌注桩、静压沉管灌注桩锤击沉管灌注桩。

沉管灌注桩在成孔时有挤土作用，由于有钢管护壁，孔壁不会坍塌；但在灌注混凝土的同时拔起钢管，钢管和混凝土之间具有一定的摩擦力影响混凝土的成型，在钢管已拔出的部分土体挤向尚未结硬的混凝土；这些过程如处理不当，会影响桩身质量，造成工程事故。因此，施工时应注意下列问题：

①沉管时，应“密锤低击”，抽管时更应注意“密锤慢抽”或“密振慢抽”。抽管过急易将混凝土拉断，引起桩身质量事故。

②在持力层以上的土层如为饱和的黏性土或黏质粉土，由于桩周土的回挤，灌注混凝土时桩身可能发生严重缩颈，甚至出现断桩。

③沉管应连续进行，不宜停歇过久，以免摩阻力增大，导致下沉困难。如持力层以下有中密的粉细砂、砂质粉土等硬层，其厚度在 1 m 以上时，可能发生沉管时间过长或穿不过，这时管内就会涌进砂土，影响质量，桩机又易损坏。施工时采取预钻孔的方法，也可在桩周射水助沉。

④在桩端附近，将桩管上下翻插，使混凝土向四周挤压，但施工时应注意操作，防止泥浆混入桩内，造成夹泥桩。

⑤根据土质条件确定打桩程序是跳打还是连打。跳打法的打桩程序是打一根桩空出邻近一根进行，空出的桩须待已完成的邻桩混凝土达到设计强度的 50%以后方可施工，以免被挤断，或者采用在混凝土终凝以前用连打方法打完一定范围内的桩。

⑥在地下水位以下的砂土层中施工时，应在钢管底部预落 0.1 m^3 砂浆或混凝土封底，以免砂、水涌进钢管影响施工质量。

⑦复打扩大桩时，应注意将钢管外壁上黏的淤泥清除干净，防止复打时带入桩内。

⑧沉管灌注桩施工时常遇问题和处理方法见表 8.2.7。

沉管灌注桩常遇问题和处理方法　　表 8.2.7

常遇问题	原因分析	预防措施和处理方法
桩中部悬空有泥	①桩管径小。 ②混凝土骨料粒径过大。 ③拔管速度过快，复打时套管外壁泥浆未刮除干净	①严格控制混凝土坍落度不小于6～8 cm，骨料粒径不大于 30 mm。 ②拔管时密锤慢击，控制拔管速度不大于 1 m/min（淤泥中不大于0.8 mm/min）。 ③复打时将套管外壁泥土清除干净，混凝土桩探测发现有隔层时，采用复打法处理
断桩（裂缝呈水平或略有倾斜，一般均贯通全截面，常位于地面下 1～3 m 深度处不同软硬土层交界处）	①桩心距过近，打桩时受水平力及抽管上拔力挤压断裂。 ②混凝土终凝不久，强度不足时受振动和外力扰动	①控制桩的中心距大于 3.5 倍桩的直径。 ②混凝土终凝不久，强度还低时，尽量避免振动和外力扰动。 ③有些土层可以采用跳打施工，以减轻对邻桩的挤压力
缩颈（部分桩径缩小，面积不符合要求）	①在饱和软黏土层中沉桩时，土受挤压扰动，产生孔隙水压力，套管拔出后，土挤向新浇筑的混凝土，使部分桩径缩小。 ②拔管过快，管内混凝土量少，和易性差，出管时混凝土的扩散性差。 ③桩的间距过小，相邻桩沉管挤压缩颈。 ④因上、下土层条件不同，混凝土的凝固时间也不同，在上下段界面处引起缩颈	①施工中控制拔管速度，采用“慢抽密振”或“慢抽密击”方法拔管。 ②管内混凝土必须略高于地面，保持有足够的自重压力，使混凝土出管扩散。 ③应派专人经常测定混凝土下落情况（可用浮标法测定），发现问题及时纠正，一般可用复打法或翻插法处理

续上表

常遇问题	原因分析	预防措施和处理方法
夹泥桩(混凝土内有泥夹层,截面积缩小,强度减弱,影响承载力)	①同缩颈的第①点。 ②施工过程中采用的翻插法不适用于饱和软黏土,不但效果不好,而且常出现夹泥现象,又上下抽插,也会影响邻桩质量	①拔管时要轻捶密击或密振,均匀慢抽:在通过特别软弱的土层时,可适当地停抽密击或停抽密振;但不要停得过久,以免混凝土堵塞管内。 ②在淤泥或淤泥质土层,抽管速度不宜超过0.8 mm/min
吊脚桩(桩底的混凝土隔空,或混进泥土隔空,或混进泥沙形成软弱底层)	①预制桩尖的混凝土质量差,强度不足,被锤冲破挤入管内,初拔管时振动不够,桩尖未压出来,拔至一定高度时,桩尖才落下来,但被硬土层卡住,不到底而形成吊脚桩。 ②预制混凝土桩尖被打破缩进桩管内,泥沙与水挤入管中,混凝土不能灌注至桩底。 ③桩尖活瓣因被土压住或黏住,抽管时活瓣不张开,至一定高度才张开,混凝土下落不密实,造成空隙	①严格检查混凝土的强度和规格,防止桩尖被压入桩管。 ②为防止活瓣不张开,可采用"密振慢抽"办法,开始拔管50 cm范围内,可将桩管翻插几下,然后再正常拔管。 ③沉管时用吊坨检查桩尖是否缩入管内,如发现有,应及时拔出纠正,或将孔用砂回填后重新沉管。 ④沉管时用吊坨检查活瓣是否张开,如抽管离脚而混凝土没有下落,应停止抽管,采用密振或密击的方法使混凝土落下

五、混凝土的灌注

灌柱桩的混凝土一般是在水下浇筑的,因此对混凝土配合比的要求、浇灌的方法等都有其特点。

(一)混凝土配合比的特点

混凝土的配合比除了满足设计强度要求外,还应考虑采用导管法在泥浆中浇灌混凝土的施工特点,和这种施工方法对混凝土强度的影响。混凝土的强度应比设计强度提高5 MPa,并要求混凝土的和易性好,流动度大且缓凝。水泥应采用32.5级或42.5级或普通水泥或矿渣水泥;石料宜用卵石,最大粒径不大于导管内径的1/6和钢筋最小间距的1/4,且不宜大于40 cm;使用碎石的粒径宜为0.5～20 cm;砂宜用中、粗砂;水灰比不大于0.6;单位水泥用量不大于370 kg/m^3;含砂率宜为40%～50%;混凝土的坍落度宜为18～20 cm,并有一定的流动保持率,坍落度降低至15 cm的时间不宜小于1 h,扩散度宜为34～38 cm。混凝土初凝时间应满足浇灌和间接施工工艺的要求,一般为3～4 h,如运输距离过远,一般宜在混凝土中掺加木钙减水剂,可减小水灰比,增大流动度,减少离析,防止导管堵塞,并延缓初凝时间,降低浇灌强度。

(二)导管法与初灌量计算

通常采用履带吊车起吊混凝土料斗,通过下料漏斗和导管在稀泥浆中浇灌混凝土。导管内径一般选用150～300 mm,用2～3 mm的厚钢板卷焊而成,每节长2～2.5 m,并配几节1～1.5 m的调节长度用的短管,接头处用橡胶垫圈密封防水,接头外部应光滑,使之在钢筋笼内移动时不会挂住钢筋。

开导管方法采用球胆或圆柱形隔水塞。在整个浇灌过程中,混凝土导管应埋入混凝土中2～4 m,最小埋入深度不得小于1.5 m,否则会把混凝土上升面附近的浮浆卷入混凝土内;也不能大于6 m,埋入太深将会影响混凝土的充分流动。导管随浇灌随提升,避免提升过快而造成混凝土脱空现象;提升过慢则会造成埋管而拔不出来。浇灌时,利用不停浇灌及导管出口混凝土的压力差,使混凝土不断从导管内挤出,混凝土面逐渐均匀上升,孔内的泥浆逐渐被混凝土置换而排出孔外，流入泥浆池内。

开导管时，料斗必须储存的混凝土量要经过计算确定，以保证完全排出导管内的泥浆，并使导管出口埋深在不小于 0.8 m 的流态混凝土中，防止泥浆卷入混凝土中。

开导管首批混凝土量可按下式计算

$$V=h_1\frac{\pi d^2}{4}+H_cA$$

式中，d 为导管直径(m)；H_c 为首批混凝土要求浇灌深度(m)；A 为钻孔的横截面(m^2)；h_1 为孔内混凝土达到 H_c 时，导管内混凝土柱与导管外水压平衡所需要的高度(m)。

$$h_1=\frac{H_W\gamma_W}{\gamma_c}$$

式中，H_W 为预计浇灌混凝土顶面至钻孔口的高差(m)；γ_W 为孔内泥浆的重度，取 1.2 kN/m^3；γ_c 为混凝土拌和物的重度，取 2.4 kN/m^3。

在浇灌混凝土的最后阶段，导管内混凝土柱要求的高度 h_c 按下式计算

$$h_c=\frac{p+H_W\gamma_W}{\gamma_c}$$

式中，p 为超压力，在浇灌混凝土高度小于 4 m 时，不宜小于 80 kN/m^3；H_W 为漏斗顶高出水(或泥浆)面的高度(m)，$H_A=H_c-H_W$。

(三)混凝土浇灌

混凝土浇灌时要注意如下问题：

①混凝土浇灌要一气呵成，不得中断，并控制在 4～6 h 内浇完，以保证混凝土的均匀性。间歇时间一般应控制在 15 min 内，任何情况下不得超过 30 min。

②浇灌时要保持孔内混凝土面均匀上升，且保持上升速度不大于 2 m/h。浇灌速度一般为 30～35 m^3/h；导管提升速度应与混凝土的上升速度相适应，始终保持导管在混凝土中的插入深度不小于 1.5 m，也不能使混凝土溢出漏斗或流进孔内。

③在混凝土浇灌过程中，要随时用探锤测量混凝土面的实际标高(至少 3 处，取平均值)，计算混凝土上升高度，导管下口与混凝土的相对位置，统计混凝土浇灌量，及时做好记录。

④拌和好的混凝土应在 1.5 h 内浇筑完毕，夏季应在 1.0 h 内浇筑完毕，否则应掺加缓凝剂；混凝土浇灌到顶部 3 m 时，可在孔内放水适当稀释泥浆，或将导管埋深减为 1 m，或适当放慢浇灌速度，以减少混凝土排除泥浆的阻力。

⑤混凝土应浇灌到设计桩顶标高以上规定的高度时才能停止浇灌，以保证设计桩顶标高以下混凝土的质量。

(四)混凝土灌注桩质量检验标准

混凝土灌注桩的质量检验标准包括成孔质量、钢筋笼质量和整体质量 3 个方面，分阶段验收。《建筑地基基础工程施工质量验收规范》(GB 50202—2002)分别规定了验收标准，成孔质量验收标准见表 8.2.3，钢筋笼质量验收标准见表 8.2.4，整体质量验收标准见表 8.2.8。

混凝土灌注桩质量检验标准 表 8.2.8

检查项目	允许偏差或允许值		检查方法
	单位	数值	
沉渣厚度(支承桩)[①]	mm	<50	用沉渣仪或重锤测量
沉渣厚度(摩擦桩)[①]	mm	<150	

续上表

检查项目	允许偏差或允许值		检查方法
	单位	数值	
孔深	mm	−0 ＋300	只深不浅，用重锤测，或测钻杆、套管长度，嵌岩桩应确保进入设计要求的嵌岩深度
泥浆比重（黏土或砂性土中）		1.15～1.20	用比重计测，清孔后在距孔底 50 cm 处取样
泥浆面标高（高于地下水位）	m	0.5～1.0	目测
混凝土坍落度（水下灌注） （干施工）	mm mm	160～220 70～100	坍落度仪
导管插入混凝土中深度	m	2～4	测导管长度
套管拔管制度	m/min	0.8～1.2	目估
混凝土充盈关系	＞1		检查每根桩的实际灌注量
桩顶标高	mm	＋150 −50	水准仪，需扣除桩顶劣质混凝土 1.0～2.0 mm
混凝土强度①	满足设计要求		试块报告或钻芯取样送检
桩体完整性检验①	满足设计要求		低应变动测法检测
荷载试验①	满足设计要求		单桩静载试验

注：①项为主控项目。

六、特殊施工方法的灌注桩

为了提高灌注桩的桩身质量和承载能力，发展了各种特殊施工方法的灌注桩，如夯扩桩、嵌岩桩、压浆成桩和葫芦形桩等。这些特殊类型桩都采用特殊的施工机具和特殊的施工工艺，设计计算方法与一般桩也有差别。

（一）夯扩桩

夯扩桩是一种用锤夯击的方法扩大桩端截面的灌注桩，目的是为了提高桩的承载能力。成孔的方法根据当地地质条件和施工条件选择，可以采用钻孔、沉管或人工挖孔的方法，成孔后在孔中灌注一定量的混凝土，用重锤夯实至规定的高度使桩的端部扩大至规定的直径。

夯扩桩适用于下列条件：

①桩端持力层属于可塑－硬塑的粉质黏土、施工时不产生液化的粉土或砂土，且埋藏深度不大于 14 m，厚度不小于 4 m；

②桩基所承受的荷载主要是竖向力；

③建筑物属于二级或三级安全等级。

（二）嵌岩桩

在基岩地区，灌注桩穿过覆盖层嵌入基岩以获得稳定的桩端阻力，并具有良好的抗水平荷载的能力，与其他类型的桩相比，嵌岩桩具有如下的优点：

①嵌岩部分可以充分利用基岩的承载能力，单桩承载力高；

②以压缩性极低的基岩作为桩端持力层，建筑物的沉降很小；

③以嵌岩桩为基础的建筑物在地震过程中所产生的地震效应弱，抗震性能好。

嵌岩桩的嵌岩深度直接影响单桩承载力的大小，是设计时必须妥善处理的问题。确定嵌岩深度的方法，可根据是否取出岩样分为直接判断法和间接判断法。

直接判断法是将取出的岩芯或岩屑与勘察钻孔的标准岩芯进行比较，判断是否已经嵌入设计要求的风化岩石的类别；直接判断法又可分为根据岩芯采样验证确定和根据返出的屑确定的方法；由于钻孔灌注桩直径大，直接取芯困难，一般在钻进至预计基岩顶面标高时可提钻换小直径取芯钻头取芯采样；如果拟建场地基岩面起伏变化不大，可按总桩数的适当比例或按质检部门要求进行取芯验证；如果基岩面起伏大，且又是一柱一桩的重要基础时，没有对每桩布孔勘察的情况应每桩取芯验证。

(三)钻孔压浆成桩

钻孔压浆成桩是一种新的成桩工艺，成孔采用长臂螺旋钻机，钻孔至预定深度后在提钻时通过设置的钻头的喷嘴向孔内喷注水泥浆，至浆液达到没有塌孔危险的位置为止；起钻后在孔内放置钢筋笼，投放粒料至孔口，然后向孔内二次补浆，直至浆液达到孔口。这种工艺保留了长臂螺旋钻孔灌注桩的优点，又克服了它的不足，是一种无噪声、无振动、无泥浆护壁排污，又可以在流沙、塌孔等复杂地质条件下成桩的方法。其适用桩径为300～1 000 mm，深50 m左右。钻孔压浆成桩法具有下列特点：

①可以在复杂的水文地质工程地质条件下施工；

②无压浆护壁、无排污施工，有利于环境保护；

③重复高压灌浆形成了十分致密的桩体，对周围土层具有一定的加固作用，解决了断桩、缩径、夹泥等一般灌注桩的常见问题，提高了桩身质量和单桩承载力；

④提高了施工速度；

⑤造价降低 10％～15％。

(四)桩底灌浆工艺

由于泥浆护壁钻孔灌注桩施工时无挤土作用，桩侧摩阻力明显地小于预制桩；由于孔底沉渣无法排除干净，使桩端阻力不能充分地发挥。对于这种情况可以采取桩底灌浆的方法，能有助地提高单桩承载力。

在成孔灌注混凝土以前，先向孔底投放碎石，厚度约 0.5 m，其作用是在灌浆时作为浆液通道，结硬时和砂浆形成桩头；同时在投放重力的冲击下，将孔底沉积的软土翻起，以利于在灌注混凝土时排出孔外；在桩身混凝土强度达到75％后，即可实施灌浆。先注入清水冲洗管道并清除碎石间歇中的泥浆杂物，形成灌浆通道，待溢浆管冒水表明通道已经形成，即可注入浆液，随后溢浆管由冒混水逐渐变成冒泥浆，最后溢出新的泥浆时表明孔底沉渣已大部分被置换，即可停止灌浆。

表 8.2.9 给出了孔底灌浆与不灌浆的钻孔灌注桩单桩静载荷试验的结果，说明孔底灌浆对于提高单桩承载力具有非常明显的效果。试验桩的直径为 0.7 m，桩长 14.5 m，采用C18 混凝土。

孔底灌浆效果对比试验结果 表 8.2.9

桩号	孔桩处理情况	桩限承载力/kN					容许承载力判定	
		Q-s	*s*lg*Q*	*s*-lg*Q*	按 20 mm 下沉量	判定值	容许值	相应下沉量/mm
1	灌浆	168	161	161	161	161	80～84	3.77
2	未灌浆	84	70	77	77	77	35～42	2.7～4.19
3	灌浆	168	168	168	161	168	84～90	3.93

(五)人工挖孔灌注桩

大直径人工挖孔灌注桩(包括扩底桩)具有承载能力高，造价低廉等优点，适宜于在地层稳定、不易塌方，无地下水或含水较弱的地区采用。

1. 挖掘成孔

人工挖孔桩成孔过程中，要根据桩身范围内体制情况，采用无支护开挖或有支护开挖。在开挖深度不大于 6 m 的硬黏性土中，可采用无支护的空壁开挖法；对于其他情况都应做好孔壁的支护，支护分为砖护壁、钢套筒护圈或混凝土护壁。

钢套筒护圈法适于深度不大于 8 m，孔径小于 1.2 m 的桩。护圈一般由 3 mm 厚度的钢板焊接，做成分段组合式，以便于施工时安装拆卸、下放或提升。

混凝土护壁适用于砂土层，每节高度以 1 m 为宜，在易坍塌的砂层中，每节高度宜减为 0.5 m。为便于浇筑混凝土和严密接茬，护壁可做成上厚下薄，护壁的平均厚度不宜小于 100 mm，两节护壁的搭接长度不得小于 50 mm，并用钢筋拉结。扩大端斜面应以竖向钢筋拉结。护壁模板用二至四块弧形钢板拼装而成。护壁用 C15 细石混凝土现场浇筑，坍落度不小于 150 mm。

2. 浇筑混凝土

挖孔完毕并检查合格后应立即浇筑混凝土。有扩大端的先浇筑扩大端部分的混凝土，桩身混凝土应连续浇筑，分段振捣，每端高度不宜大于 1 m。浇筑时必须采用溜槽和串筒，不能直接从孔口倒入混凝土。

3. 安全措施

人工挖孔桩成孔工作的劳动条件比较差，施工时必须采取严格的安全措施，以防止发生安全事故。包括以下几个方面：

①要了解孔内是否存在有害气体，深度超过 10 m 的孔应用通风设施，风量应大于 25 L/s；

②供施工人员上下的井道电葫芦、吊篮等应有自动卡紧保险装置，不得用单绳徒手蹬井帮上下，孔内必须设置应急软梯；

③随时检查提升设备的完好情况；

④暂时停止施工的孔口应加盖板并设护栏，挖出的土方应及时运走，不得堆放在孔口附近；

⑤严守用电规程，各孔用电必须分闸，孔内电线必须有防潮湿、防折断的保护措施。

4. 不良地质条件下人工挖孔灌注桩的施工

人工挖孔灌注桩的施工受地质条件的制约很大，在不良地质条件下，如不采取必要的措施，不仅影响桩的质量，而且可能造成工程事故。下面主要讨论三种不良地质条件。

①涌水量较大时的混凝土护壁施工。当地下水位较高且土层透水性较好时，往往涌水量比较大，护壁隔水难以成功，造成施工困难，严重威胁桩孔安全，混凝土的浇筑质量明显下降。

单孔涌水量在每小时 1 t 以下时，对施工影响不大，在工作面上人工排水或潜水泵间断排水即可；当涌水量每小时超过 5 t 时，不宜采用人工挖孔灌注桩；对于涌水量每小时 1～5 t 的情况可采用抽水井集中降水法或钢管导水法施工。前者工期较长，造价较高，但降水后施工条件比较好，质量比较有保证，使用时应注意降水对邻近建筑物和市政设施的影响；后者在浇筑护壁混凝土时预埋导水钢管，将水引至吊桶中再用潜水泵将水抽走，此法比较简单，但水量不能太大。

②淤泥层较厚时混凝土护壁施工。淤泥层的厚度大小是能否进行人工挖孔灌注桩施工的控制因素，一般认为，当淤泥层的厚度超过一节护壁高度时便不能采用人工挖孔灌注桩。

当淤泥层的厚度较厚时，可以缩短护壁的高度，在护壁内增加箍筋和插筋以增加护壁的整体性，对于厚度在 3 m 以内的软塑至流塑的淤泥也可采用钢套筒护圈的方法。

③有较厚含水砂砾石层的施工。含水砂砾石层的渗透系数比较大，涌水量大，且易垮孔。一般认为含水砂砾石层的厚度超过 2 节护壁厚度时不宜采用人工挖孔灌注桩。

当工程量巨大，桩身混凝土灌注量在 4 000 m^3 以上时，可采用抽水井大面积降低地下水位的方法，以降低水压力，减少坍孔的危险性。

第三节 预制桩施工

预制桩包括预制混凝土方桩、预应力混凝土管桩和钢桩，英文名词为 Precast pile。预制桩的沉桩方法主要有锤击沉桩和静压沉桩。

一、混凝土预制桩的制作

1. 预制桩的制作程序

现场布置→场地整平与处理→场地地坪混凝土浇筑→支模→绑扎钢筋、安装吊环→浇筑混凝土→养护至 30%强度拆摸，再支上层模，涂刷隔离层→重叠生产浇筑第二层桩混凝土→养护至 100%混凝土→起吊、运输、堆放→沉桩。

2. 桩的制作

钢筋混凝土方桩可在工厂或施工现场预制。工厂预制利用成组拉模生产，用不小于桩截面高度的槽钢安装在一起组成。现场预制宜采用工具式木模或钢模板，支在坚实、平整的混凝土地坪上，用间隔重叠的方法生产，重叠层数不宜超过 4 层。

混凝土空心管桩采用成套钢管胎模在工厂用离心法生产。

预制桩制作允许偏差符合表 8.3.1 的规定。

预制桩制作允许偏差　　表 8.3.1

桩　型	项　目	允许偏差/mm
钢筋混凝土实心桩	①横截面边长	±5
	②桩顶对角线之差	10
	③保护层厚度	±5
	④桩身弯曲矢高	不大于 1‰桩长且不大于 20
	⑤桩尖中心线	10
	⑥桩顶平面对桩中心线的倾斜	≤3
	⑦锚筋预留孔深	0～+20
	⑧浆锚预留孔位置	5
	⑨浆锚预留孔径	±5
	⑩锚筋孔的垂直度	≤1%
钢筋混凝土管桩	①直径	±5
	②管壁厚度	−5
	③轴心圆孔中心线对桩中心线	5
	④桩尖中心线	10
	⑤下节或上节桩的法兰对中心线的倾斜	2
	⑥中节桩两个法兰对桩中心线倾斜之和	3

3. 钢筋设置

桩内设纵向钢筋或预应力钢筋(丝)和横向钢箍,以承受桩在运输、起吊和沉桩过程中产生的弯曲应力和冲击应力。钢筋骨架的主筋连接宜用对焊或电弧焊,对于受拉钢筋,同一截面内的主筋接头数量不得超过50%。相邻两根主筋接头截面的距离应大于35倍主筋直径,并不小于50 mm。《建筑地基基础工程施工质量验收规范》(GB 50202—2002)规定预制桩钢筋骨架的施工质量符合表8.3.2的标准。

预制桩钢筋骨架的质量检验标准　　表8.3.2

项　　目	允许偏差或允许值/mm	检查方法
主筋间距①	±5	尺量
桩尖中心线	10	尺量
箍筋间距或螺旋的螺距	±20	尺量
吊环沿纵轴线方向	±20	尺量
吊环垂直到纵轴线方向	±20	尺量
吊环露出桩表面的高度	±10	尺量
主筋距桩顶距离	±10	尺量
桩顶箍筋网片位置	±10	尺量
多节桩锚固箍筋长度(胶泥接桩用)	±10	尺量
多节桩锚固箍筋位置①(胶泥接桩用)	5	尺量
多节桩顶埋铁件①	±3	尺量
主筋保护层厚度①	±5	尺量

注:①项为主控项目。

二、混凝土预制桩的接桩

混凝土预制桩的接桩方法有焊接、法兰接及硫黄胶泥锚接三种。前面两种可用于各种土类,硫黄胶泥锚接适用于软土层,且对一级建筑桩基或承受拔力的桩宜慎重。

焊接接桩时,钢板宜用低碳钢,焊条宜选用E43;法兰接桩时,钢板和螺栓宜用低碳钢;硫黄胶泥锚接时,硫黄胶泥配合比应通过试验确定,其物理力学性能应符合表8.3.3的规定。

硫黄胶泥的主要物理力学性能指标　　表8.3.3

物理性能	①热变性:60 ℃内强度无明显变化:120 ℃变液态:140~145 ℃密度最大且和易性最好;170 ℃开始沸腾:超过180 ℃开始焦化,且遇明火即燃烧 ②密度:2.28~2.32 g/cm³ ③吸水率:0.12%~0.24% ④弹性模量:5×10^5 kPa ⑤耐酸性:常温下能耐盐酸、硫酸、磷酸、40%以下的硝酸、25%以下的铬酸、中等浓度乳酸和醋酸
力学性能	①抗拉强度:4×10^3 kPa ②抗压强度:4×10^3 kPa ③握裹强度:与螺纹钢筋为1.1×10^4 kPa;与螺纹孔混凝土为4×10^3 kPa ④疲劳强度:对照混凝土的试验方法,当疲劳应力比值P为0.38时,疲劳修正系数$r>0.8$

第四篇 深基础

为保证硫黄胶泥锚接桩质量，施工时应做到：

①锚筋应刷清并调直；

②锚筋孔内应有完好螺纹，无积水、杂物和油污；

③接桩时，接点的平面和锚筋孔内应灌满胶泥；

④灌注时间不得超过 2 min；

⑤灌注后的停歇时间应符合表 8.3.4 的规定；

⑥胶泥试块每班不得少于 1 组。

硫黄胶泥灌注后的停歇时间 表 8.3.4

项次	桩截面/mm	不同气温下的停歇时间/min									
		0～10 ℃		10～20 ℃		20～30 ℃		30～40 ℃		40～50 ℃	
		打桩	打桩	打桩	打桩	打桩	打桩	打桩	打桩	打桩	打桩
1	400×400	6	4	8	5	10	7	13	9	17	12
2	450×450	10	6	12	7	14	9	17	11	21	14
3	500×500	13	—	15	—	18	—	21	—	24	—

三、混凝土预制桩的沉桩

(一)锤击沉桩

桩锤的选用应考虑地质条件、桩型、布桩的密集程度、单桩竖向承载力和施工条件等因素，参考表 8.3.5 选择。

锤重选择表 表 8.3.5

锤型			柴油锤					
			20	25	35	45	60	72
锤的动力性能	冲击部分重/t		2.0	2.5	3.5	4.5	6.0	7.2
	总重/t		4.5	6.5	7.2	9.6	15.0	18.0
	冲击力/kN		2 000	2 000～2 500	2 500～4 000	4 000～5 000	5 000～7 000	7 000～10 000
	常用冲程/m		1.8～2.3					
桩的截面尺寸	预制方桩、预应力管桩的边长或直径/cm		25～35	35～40	40～45	45～40	50～55	55～60
	钢管桩直径/cm			ϕ40		ϕ60	ϕ90	ϕ90～ϕ100
持力层	黏性土、粉土	一般进入深度/m	1～2	1.5～2.5	2～3	2.5～3.5	3～4	3～5
		静力触探比贯入阻力 P_s 的平均值/MPa	3	4	5	>5	>5	>5
	砂土	一般进入深度/m	0.5～1	0.5～1.5	1～2	1.5～2.5	2～3	2.5～3.5
		标准贯入击数 N(未修正)	15～25	20～30	30～40	40～45	45～50	50
锤的常用控制贯入度/(cm/10 击)				2～3		3～5	4～8	
设计单桩极限承载力/kN			400～1 200	800～1 600	2 500～40 000	3 000～5 000	5 000～7 000	7 000～10 000

注：1. 本表仅用于选锤用。

2. 本表适用于 20～60 m 长钢筋混凝土预制桩及 40～60 m 长钢管桩，且桩尖进入硬土层有一定深度。

桩打入时应符合下列规定：

①桩帽或送桩帽与桩周围的间隙应为 5～10 mm；

②锤与桩帽，桩帽与桩之间应加设弹性衬垫，如硬木、麻袋、草垫等；

③桩锤、桩帽或送桩应和桩身在同一中心线上；

④桩插入时的垂直度偏差不得超过 0.5%；

⑤按标高控制的桩，桩顶标高的允许偏差为－50～＋100 mm；

⑥斜桩倾斜的偏差，不得大于倾斜角（指桩纵向中心线与铅垂线的夹角）正切值的 15%；

⑦桩位允许偏差应符合表 8.3.6 的规定。

预制桩（钢桩）位置的允许偏差 表 8.3.6

序号	项　　目	允许偏差/mm
1	单排或双排桩条形基础： ①垂直于条形桩基纵轴方向； ②平行于条形桩基纵轴方向	 $100+0.01H$ $150+0.01H$
2	桩数为 1～3 根桩基中的桩	100
3	桩数为 4～16 根桩基中的桩	1/3 桩径或边长
4	桩数大于 16 根桩基中的桩： ①最外边的桩； ②中间桩	 1/3 桩径或 1/3 边长 1/2 桩径或 1/2 边长

注：由于降水、基坑开挖和送桩超过 2 m 等原因产生的位移偏差不在此表内。

钢筋混凝土预制桩锤击沉桩期的安全度问题。

钢筋混凝土预制桩在沉桩期间应满足强度和抗裂度的要求，特别对于高桩承台的预制桩，由于桩的自由长度比较大，还应考虑桩的压曲稳定性问题。在实际工程中，沉桩时的桩的断裂时有发生，有时还非常严重，表 8.3.7 给出了断裂桩的调查统计资料。

断 裂 桩 的 资 料 表 8.3.7

工 程 名 称	总桩数	纵 身 断 裂	横 向 断 裂	断 裂 桩 数	断裂率/(%)
仪征化纤总厂码头	481	168	13	181	37.6
九四二四工程	106	13		13	12.3
高港磷矿码头	63	19		19	30.2
九五工程	692	52		52	7.5
澄西船厂	1 428	130	100	230	16.1
南通粮食码头	82		19	19	23.2
船山石灰石矿	30	29		29	96.7
南通姚港码头	70		13	13	18.6
合计	2 952	411	145	556	18.8

产生上述桩的断裂现象的主要原因是在下沉过程中进入密实砂层时，锤击次数过多，锤击能过大所致。

为了防止沉桩时桩的断裂，需要研究锤击沉桩时桩身的锤击应力，桩身配筋时应使桩身强度足以抵抗沉桩时的锤击应力。国内一些地区曾经做过桩的锤击应力的试验实测工作，实测的结果见表8.3.8。

预应力混凝土桩实测锤击应力值(单位:MPa)　　表 8.3.8

试验地点	沿桩身锤击拉应力最大值			沿桩身锤击压应力最大值		
	最大值	平均值	最小值	最大值	平均值	最小值
上海地区	13.64	11.00	7.79	15.43	12.80	10.92
天津二港	9.28	6.96	5.53	13.40	9.50	7.65
天津三港	7.20	6.00	4.90	20.00	15.80	11.70
浙江镇海	11.40	9.37	8.26	25.30	20.70	16.10

(二)静力压桩法沉桩

静力压桩法是以设备本身自重(包括配重)作反力,液压驱动,用静压力将桩压入地基土中的一种沉桩工艺。这种施工工艺具有无振动、无噪声、无污染、无冲击力和施工应力小等特点。有利于减小沉桩振动对邻近建筑物和精密设备的影响,避免对桩头的冲击损坏,降低用钢量。在沉桩过程中还可以测定沉桩阻力,为设计和施工提供参数,预估和验证单桩极限承载力,检验桩的工程质量。

近年来,由于大吨位压桩机的出现,提高了静力压桩法施工的适用范围,能将长桩压入砂层,可适用于对单桩极限承载力设计要求超过 5 000 kN 的超高层建筑。例如在上海地区,曾使用 800 t 压桩机,将 0.50 m×0.50 m×38.5 m 的预制方桩压进中密砂层(此层的静力触探比贯入阻力为 12.5 MPa)2.4 m,至设计标高时的压桩阻力为 4 778～5 868 kN,静载荷试验测定的单桩极限承载力为 6 750 kN。

由于静力压桩法的施工应力小,混凝土的强度等级可小于锤击法施工,钢筋用量少于锤击桩,因而静力压桩的综合造价低于锤击法沉桩。对于采用 0.45 m×0.45 m×36 m 的预制桩,桩数 1 000 根的一个工程,分析了两种方法钢筋用量对比(表 8.3.9),静力压桩的制桩费用比锤击法节省 116 万元,施工费节省 34 万元,总费用节省 150 万元,折合每立方米桩体节省造价 206 元。同时由于静力压桩施工无振动、无噪声,可以昼夜施工,施工速度为锤击沉桩的 1.5 倍,总工期可缩短 1/3。

钢筋用量对比　　表 8.3.9

桩类	桩的型号	主筋型号和用量	箍筋型号和用量	钢帽类型和用量
静力压桩	JZH b-245-1818 B	8ϕ18 50 kg	2ϕ6 144 kg	乙帽 115 kg
锤击沉桩	JZH b-245-1818 C	8ϕ18 735 kg	2ϕ8 256 kg	甲帽 143 kg

(三)钢筋混凝土桩的质量检测标准

《建筑地基基础工程施工质量验收规范》(GB 50202—2002)规定的钢筋混凝土预制桩质量验收标准见表 8.3.10。

钢筋混凝土桩的质量检验标准　　表 8.3.10

检查项目	允许偏差或允许值		检查方法
	单位	数值	
砂、石、水泥、钢材等原材料	符合设计要求		抽样送检
混凝土配合比及强度	符合设计要求		检查称量及查试块记录
成品桩外形	表面平静,颜色均匀,掉角深度小于 10 mm,蜂窝面积小于总面积的 0.5%		直观
成品桩裂缝(收缩裂缝或起吊、装运、堆放引起的裂缝)	深度小于 20 mm,宽度小于 0.25 mm,横向裂缝不超过边长的一半		裂缝测定仪,该项在地下水有侵蚀地区和锤击数超过500 击的长桩不适用

续上表

检查项目	允许偏差或允许值		检查方法
	单位	数值	
成品桩尺寸	见表 8.2.9		
电焊接桩：焊缝质量 电焊结束后停歇时间 上、下节平面偏差 节点歪曲矢高	 min mm	 >1.0<1.0 <1/1 000 H	 秒表测定　尺量 尺量
硫黄胶泥浇筑时间 接桩：浇筑后停歇时间	min min	<2 >7	秒表测定 秒表测定
桩顶偏差①	见表 8.3.6		尺量
桩顶标高	mm	±50	水准仪
贯入度	满足设计要求		尺量或查沉桩记录
低应变动测验①	满足设计要求		按规定的低应变试验法
荷载试验①	满足设计要求		

注：①表示主控项目。

四、钢桩的制作

钢桩(钢管桩、H 型钢桩及其他异型钢桩)的制作应符合下列要求：

①制作钢桩的材料应符合设计要求，并有出厂合格证和试验报告；

②现场制作钢桩应有平整的场地和防雨挡风的设施；

③钢桩的分段长度不宜大于 15 m；

④用于地下水有侵蚀性的地区或腐蚀性土层的钢桩应按设计要求做防腐处理；

⑤钢桩制作的允许偏差应满足表 8.3.11 的规定。

成品钢桩质量检验标准　　表 8.3.11

检查项目		允许偏差或允许值		检查方法
		单位	数值	
外径或断面尺寸①	桩端部	±0.5%外径或边长		尺量
	桩身	±1%外径或边长		尺量
长度		mm	+10	尺量
矢高①		≤1/1 000 桩长		尺量
端部平整度			≤2(H 形桩≤1)	水平尺量
端部平面与桩中心线的倾斜值		mm	≤2	水平尺量
钢桩的方正度 h >300 <300		mm mm	$T+T'\leq 8$ $T+T'\leq 6$	T, h, T', $\frac{b}{2}=E$, b
端部平面桩中心线的倾斜值		mm	≤2	水平尺量

注：①表示主控项目。

五、钢桩的焊接、运输与堆放

钢桩的焊接应符合下列规定：

①端部的浮锈、油污等必须清除并保持干燥，下端桩顶经锤击后的变形部分应割除；

②上下节桩焊接时应校正垂直度，对口的间隙为 2～3 mm；

③焊接应对称进行；

④焊接应用多层焊，钢管桩各层焊缝的接头应错开，焊渣应清除；

⑤H 型钢桩或其他异型薄壁钢桩的接桩处应加连接板，可按等强度设计；

⑥焊接质量应符合国家钢结构施工与验收规范和建筑钢结构焊接规程，每个接头除应符合表8.3.12规定的外观允许偏差外，还应按接头总数的 5% 做超声检查或按 2% 做 X 光片检查，在同一工程内，探伤检查不得少于 3 个接头。

钢桩的运输和堆存：

钢桩应按规格、材质分别堆放，堆放层数不宜太高；对钢管桩 ϕ 900 mm 直径的桩放置 3 层；ϕ 600 mm 直径的桩放置 4 层，ϕ 400 mm 直径的桩放置 5 层，对 H 型钢桩最多放置 6 层。

六、钢桩的沉桩

沉桩常遇问题的分析和处理见表 8.3.12。

沉桩常遇问题的分析和处理 表 8.3.12

常遇问题	主要原因	防止措施和处理方法
桩头打坏	桩头强度低，配筋不当，保护层过厚，桩顶不平，锤与桩不垂直，有偏心；锤过轻，落锤过高，锤击过久，桩头所受冲击力不均匀；桩帽顶板变形过大，凹凸不平	加桩垫，垫平桩头，低锤慢击或垂直度纠正等措施
桩身扭转或位移	桩不对称，桩身不正直	可用棍撬，慢锤低击纠正，偏差不大可不处理
桩身倾斜或位移	桩尖不正，桩头不平，遇横向障碍物压边，土层有陡的倾斜角，桩端与桩身不在同一直线上，桩距太近，邻桩打桩时土体挤压	偏差过大应拔出移位再打，或作补桩；入土不深，偏差不大时，可用木架顶正，再慢锤打入纠正，障碍物不深时，可挖除回填后再打或作补桩处理
桩身破裂	桩质量不符合设计要求，遇硬土层时锤击过度	加钢夹箍用螺栓扭紧后焊固补强。如已符合贯入度要求，可不处理
桩涌起	软土中相邻桩沉桩挤土作用	将涌起最大的桩重新打入，经静载荷试验不合格时需复打或重打
桩急剧下沉	遇软土层、土洞，接头破裂或桩尖劈裂，桩身弯曲或有严重的横向裂缝，落锤过高，接桩不垂直	将桩拔起检查改正重打，或在靠近原柱位补桩处理，加强沉桩前的检查
桩不易沉入或达不到设计标高	遇地下障碍物、坚硬土夹层或砂夹层，停打时间过长，定错桩位	用钻机钻透硬土层或障碍物，或边射水边打入，根据地质条件正确选择桩长
桩身跳动，桩锤回弹	桩尖遇树根或坚硬土层，桩身过曲，接桩过长，落锤过高	采取措施穿过或避开障碍物，换桩重打，如入土不深，应拔起换位重打
接桩处松脱开裂	接桩处表面清理不干净，有杂质、油污，接桩铁件或法兰不平，有较大间隙，焊接不牢或螺栓拧不紧，硫黄胶泥配比不当，未按规定操纵	清理连接平面，校正铁件平面，焊接或螺栓拧紧后锤击检查是否合格，硫黄胶泥配比应进行试验检查

七、钢桩施工质量检验标准

钢桩施工前，应对进入现场的成品钢桩，电焊条作质量检验；施工中应检查钢桩的垂直度、沉入过程情况、电焊连接质量、电焊后的停歇时间、桩顶锤击后的完整状况。电焊质量除作常规检查外，应作10%的焊缝探伤检查。施工结束后应作承载力检验，小应变完整性检验按需要确定。《建筑地基基础工程施工质量验收规范》(GB 50202—2002)规定的钢桩施工质量检验标准见表8.3.13。

钢桩施工质量检验标准　　表8.3.13

检查项目	允许偏差或允许值	检查方法
电焊质量	满足设计要求	查出厂质保书或抽样送检
电焊接桩焊缝：		
上下节端部错口(外径≥700 mm)	≤3 mm	
(外径＜700 mm)	≤2 mm	
焊缝咬边深度	≤0.5 mm	尺量　焊缝检查仪
焊缝加强层高度	2 mm	焊缝检查仪
焊缝加强层宽度	2 mm	焊缝检查仪
焊缝电焊质量外观	无气孔，无焊瘤，无裂缝满足设计要求	直观
焊缝X光拍片检验		焊缝拍片机
电焊结束后停歇时间①	＞1.0 min	秒表测定
节点弯曲矢高	＜1/1 000H	尺量(H为两节桩长)
桩位偏差①	见表8.3.6	尺量
桩顶标高	±50 mm	水准仪
贯入度	满足设计要求	尺量或沉桩记录
载荷试验①	满足设计要求	查试桩资料或参与试桩

注：①项为主控项目。

第四节　预应力混凝土管桩

预应力混凝土管桩是采用先张法预应力、掺加高效减水剂、高速离心蒸汽养护工艺的空心圆筒体细长的预制桩，包括预应力混凝土管桩(代号PC)、预应力混凝土薄壁管桩(代号PTC)和预应力高强混凝土管桩(代号PHC)三大类。预应力混凝土管桩是指混凝土强度等级低于C80，且不低于C60的桩.预应力高强混凝土管桩是指混凝土强度等级不低于C80的桩。

管桩的预应力施加于轴向钢筋，并由螺旋形钢箍与主筋点焊成钢筋笼。每一节桩两端的端板既是预应力钢筋的锚板，也是管节之间的连接板，端板外缘一周的坡口供接桩时焊接用，与端板相连的钢裙板既有保护桩头的作用，又有电焊接装时起散热的作用。

我国丰台桥梁厂于20世纪60年代率先生产混凝土离心管桩以来，混凝土管桩的生产和应用不断发展。尤其是20世纪80年代后期至90年代，先张法预应力混凝土管桩作为建设部全国重点推广应用的科技成果，在我国的广东、上海、宁波、连云港等地大量地应用于建筑、港口、道路、桥梁、电力等工程建设中，取得了明显的经济效益和社会效益。

预应力管桩的产品标准为国家标准《先张法预应力混凝土管桩》(GB 13476—2009)，广东省颁布了地方标准《锤击式预应力混凝土管桩基础技术规程》(DBJ/T 15—22—2008)，企业根据国家标准还制订了有关的企业标准。

一、管桩的特点与使用条件

管桩与预制方桩和钢桩相比较，具有下列明显的特点：

①与一般预制方桩比，管桩的混凝土强度高，因而其结构承载力高，抗锤击性能好。

②材料用量少，钢筋用量比一般方桩节省50%左右，混凝土用量节省30%左右，因而自重轻，又便于运输和施工。

③适应性强，桩长可根据不同工程的需要进行拼接；桩尖可以根据设计要求配置；对锤击、挖空、压入、水中和锤抓等不同的沉桩工艺都能适应。

④成本低，其价格仅为钢桩的1/3～1/2，使用成本也比钢柱低，且其结构刚度也优于钢桩。

⑤使用开口桩时挤土量比方桩小，且可贯入性好，施工速度快。

⑥结构定型化、工艺标准化、生产自动化、机械化，因而产品质量可靠，有利于商品化生产，有利于建筑工业化的发展。

预应力混凝土管桩适用于桩端持力层为较厚的强风化或全风化岩层，坚硬黏性土，密实碎石土、砂土、粉土层的场地。不适宜用于土层中含有较多的孤石、障碍物，或含有不适宜作为持力层且管桩又难以贯穿的坚硬夹层；在石灰岩地区，大多数基岩表面就是新鲜岩面，且存在溶洞、溶沟和溶槽等，其上覆土层一般不宜作为持力层，打桩过程中，管桩一接触岩面就容易出现桩身断裂或桩尖滑动。据统计，在石灰岩地区打桩，桩的破损率高达20%～50%，成桩倾斜超过规范允许值的桩数很多，而且单桩承载力比较低，所以石灰岩地区一般不宜采用管桩基础。

二、管桩的规格和技术性能

各企业生产的预应力混凝土管桩的规格和性能因其适用条件不同而有差异，表8.4.1、表8.4.2是不同规格的混凝土管桩的性能。从表8.4.1可见，PTC桩的壁厚仅为PC桩的60%左右，重量轻，节省材料，适用于抗震设防烈度小于7度的地区。比较表8.4.1中的PHC桩和PC桩可以看出，在相同型号的条件下，高强度预应力管桩的单桩承载力比PC桩高出40%以上，可以满足对单桩承载力有较高要求的工程需要。按有效预应力的大小，预应力管桩分为A、AB、B和C四种型号，随着有效预应力的增大，桩的抗裂弯矩相应提高。

预应力混凝土管桩的规格与技术性能 表8.4.1

<table>
<tr><th>外径/mm</th><th>代号</th><th>壁厚/mm</th><th>型号</th><th>预应力配筋</th><th>混凝土有效预应力/MPa</th><th>抗裂弯矩/(kN·m)</th><th>极限弯矩/(kN·m)</th><th>极限承载力设计值/kN</th><th>极限承载力标准值/kN</th><th>计算重量/(kg/m)</th></tr>
<tr><td rowspan="3">400</td><td rowspan="2">PC</td><td rowspan="2">95</td><td>A</td><td>7ϕ9.0</td><td>3.79</td><td>52</td><td>77</td><td rowspan="2">600</td><td rowspan="2">2 500</td><td rowspan="2">236</td></tr>
<tr><td>AB</td><td>7ϕ10.7</td><td>5.19</td><td>63</td><td>104</td></tr>
<tr><td>PTC</td><td>55</td><td></td><td>7ϕ7.1</td><td>4.01</td><td>35</td><td>35</td><td>900</td><td>1 500</td><td>155</td></tr>
<tr><td rowspan="5">500</td><td rowspan="2">PC</td><td rowspan="2">100</td><td>A</td><td>9ϕ9.0</td><td>3.77</td><td>99</td><td>148</td><td rowspan="2">2 100</td><td rowspan="2">3 300</td><td rowspan="2">326</td></tr>
<tr><td>AB</td><td>9ϕ10.7</td><td>3.77</td><td>99</td><td>148</td></tr>
<tr><td rowspan="2">PHC</td><td rowspan="2">100</td><td>A</td><td>9ϕ9.0</td><td>5.25</td><td>121</td><td>200</td><td rowspan="2">2 800</td><td rowspan="2">4 800</td><td rowspan="2">326</td></tr>
<tr><td>AB</td><td>9ϕ10.7</td><td>5.25</td><td>121</td><td>200</td></tr>
<tr><td>PTC</td><td>60</td><td></td><td>9ϕ7.1</td><td>3.71</td><td>55</td><td>90</td><td>1 260</td><td>2 100</td><td>215</td></tr>
<tr><td rowspan="5">600</td><td rowspan="2">PC</td><td rowspan="2">110</td><td>A</td><td>Z12ϕ9.0</td><td>3.88</td><td>164</td><td>246</td><td rowspan="2">2 900</td><td rowspan="2">4 500</td><td rowspan="2">440</td></tr>
<tr><td>AB</td><td>12ϕ10.7</td><td>5.42</td><td>201</td><td>332</td></tr>
<tr><td rowspan="2">PHC</td><td rowspan="2">110</td><td>A</td><td>Z12ϕ9.0</td><td>3.88</td><td>164</td><td>246</td><td rowspan="2">3 800</td><td rowspan="2">6 500</td><td rowspan="2">440</td></tr>
<tr><td>AB</td><td>12ϕ10.7</td><td>5.42</td><td>201</td><td>332</td></tr>
<tr><td>PTC</td><td>70</td><td></td><td>9ϕ9.0</td><td>4.2</td><td>100</td><td>180</td><td>1 860</td><td>3 100</td><td>303</td></tr>
</table>

预应力高强混凝土管桩的规格和技术性能 表 8.4.2

外径/mm	型号	壁厚/mm	主筋			混凝土有效预压应力/MPa	极限开裂弯矩/(kN·m)	单位重量/(t/m)	主筋含钢率/(%)	结构承载力/kN	单节长度/m
			直径/mm	数量/根	D_p/mm						
400	B	97	9.2	10	297	5.10	73.5	0.240	0.69	1 650	9～11
500	A	100	9.2	10	416	3.90	103.0	0.327	0.51	2 300	9～12
	AB_1	110	9.2	15	416	5.50	123.6	0.350	0.67	2 450	9～12
	AB_2	125	9.2	15	416	4.61	123.6	0.383	0.61	2 700	9～12
600	A	100	9.2	12	510	3.75	166.7	0.408	0.49	2 900	10～15
	AB_1	110	9.2	18	510	4.79	200.0	0.440	0.64	3 100	10～15
	AB_2	120	9.2	18	510	4.51	200.0	0.499	0.70	3 450	10～15
	AB_3	130	11	15	510	5.24	200.0	0.499	0.70	3 450	10～15
	B	110	11	18	510	6.88	245.2	0.440	0.96	300	10～15
800	A	110	9.2	20	690	4.08	392.3	0.620	0.57	4 400	10～15
	AB	110	11	20	690	5.57	470.8	0.620	0.75	4 300	10～15
	B	110	11	30	690	7.94	539.4	0.620	1.13	4 150	10～15
	C	110	13	30	690	10.40	637.4	0.620	1.57	4 000	10～15
1 000	A	130	9.2	32	880	4.73	735.5	0.924	0.58	6 500	9～12
	AB	130	11	32	880	5.94	882.6	0.924	0.81	6 350	9～12
	B	130	13	32	880	7.90	1 029.7	0.924	1.13	6 200	9～12

注：1. 高压蒸养混凝土强度为 78.4 MPa。

2. 表中的 D_p 为主筋位置直径。

三、预应力混凝土管桩的构造要求与外观质量要求

预应力混凝土管桩的构造要求和外观质量要求分别见表 8.4.3、表 8.4.4。预应力混凝土管桩的桩尖有“十”字形桩尖、圆锥形桩尖和开口形桩尖三种不同的形式，其构造尺寸见图 8.4.1 和表 8.4.5～表 8.4.7。各种桩尖分别适用于不同的地质条件和设计要求。开口形桩尖穿越砂层的能力比较强，挤土效应比其他桩尖形式低，但价格较高，一般用于桩径较大，桩长较长且布桩较密的场地。“十”字形和圆锥形的桩尖均为封口桩尖，成桩后管桩内不进土，可通过低压照明用直观法检查成桩质量。圆锥形桩尖穿越砂层的能力也比较强，且加工容易，价格便宜，在我国广东地区，90％以上的管桩工程采用圆锥形桩尖。

预应力混凝土管桩的构造要求(单位：mm) 表 8.4.3

外径	最小壁厚	螺旋筋				混凝土保护层	端头板		钢裙板		
		直径	桩端加密区		非加密区		板厚	坡口(高×宽)	板厚	高	外径
			间距	长度	间距						
300	70	3.4～4.0	40～50	1 200	100～110	≥25	16	4×10	≥1.5	≥140	299
400	90	≥4.5	40～50	1 500	100～110	≥25	18	4.5×11	≥1.5	≥140	399
500	100	≥5.0	40～50	1 500	100～110	≥25	18	4.5×11	≥1.5	≥140	499
550	100	≥5.0	40～50	1 500	100～110	≥25	20	4.5×11	≥1.5	≥140	549
600	105	≥5.0	40～50	1 500	100～110	≥25	20	(4.5～5)×(11～12)	≥1.5	≥140	599

<table>
<caption>预应力混凝土管桩外观质量要求　　表 8.4.4</caption>
<tr><th colspan="2">项　　目</th><th>质量要求</th></tr>
<tr><td colspan="2">粘皮和麻面</td><td>局部粘皮和麻面累计面积不大于桩身总面积的 5%，其深度不得大于 10 mm；允许做有效的修补</td></tr>
<tr><td colspan="2">桩身合缝漏浆</td><td>合缝漏浆深度小于主筋保护层厚度，每处漏浆长度不大于 300 mm，累计长度不大于管桩长度的 10%，或对称漏浆的搭接长度不大于 100 mm，允许做有效的修补</td></tr>
<tr><td colspan="2">局部磕损</td><td>磕损深度不大于 10 mm，每处面积不大于 50 cm²，允许做有效修补</td></tr>
<tr><td colspan="2">内外表面露筋</td><td>不允许</td></tr>
<tr><td colspan="2">表面裂缝</td><td>不允许出现环向或纵向裂缝，但龟裂、水纹及浮浆层裂纹不在此限</td></tr>
<tr><td colspan="2">端面平整度</td><td>管桩端面混凝土及主筋头不得高出端板平面</td></tr>
<tr><td colspan="2">断头、脱头</td><td>不允许。但当预应力主筋采用钢丝且其断丝数量不大于钢丝总数的 3%时，允许使用</td></tr>
<tr><td colspan="2">钢裙板凹陷</td><td>凹陷深度不得大于 10 mm，每处面积不大于 50 cm²</td></tr>
<tr><td colspan="2">内表面混凝土脱落</td><td>不允许</td></tr>
<tr><td rowspan="2">桩接头及钢裙板与混凝土结合处</td><td>漏浆</td><td>漏浆深度小于主筋保护层厚度，漏浆长度不大于周长的 1/4，允许做有效修补</td></tr>
<tr><td>空洞和蜂窝</td><td>不允许</td></tr>
<tr><td colspan="2">其他</td><td>离心成型后废浆液应倒清</td></tr>
</table>

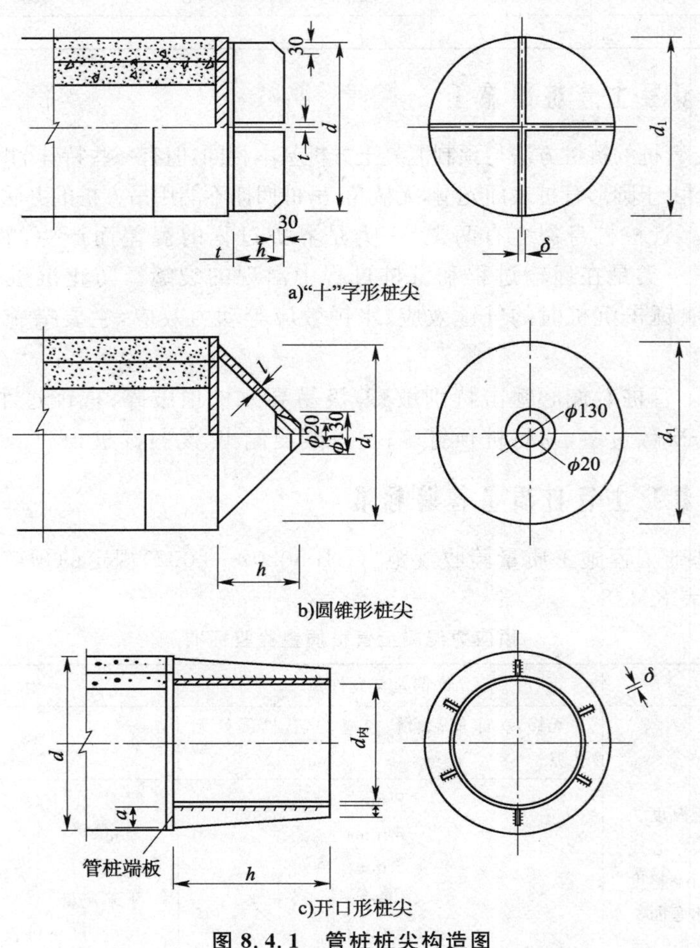

图 8.4.1　管桩桩尖构造图

"十"字形桩尖构造尺寸(单位:mm)　　表 8.4.5

桩　径	d_1	h	δ	t
300	270	≥100	≥18	≥10
400	368	≥110	≥18	≥10
500	468	≥125	≥19	≥12
550	518	≥125	≥19	≥12
600	568	≥125	≥19	≥12

圆锥形桩尖构造尺寸(单位:mm)　　表 8.4.6

桩　径	d_1	h	t
300	247	120	≥12
400	347	170	≥12
500	447	220	≥12
550	500	246	≥12
600	547	270	≥14

开口形桩尖构造尺寸(单位:mm)　　表 8.4.7

桩径	$d_{内}$	t	h	a	b	δ
500	300	≥10	400	60	40	16
550	350	≥12	400	60	40	16
600	400	≥12	400	60	40	16

四、预应力混凝土管桩的施工

预应力混凝土管桩的沉桩方法与预制混凝土方桩基本相同,但有一些特殊的问题需要注意:

①吊桩损坏。由于圆形管桩表面光滑,无棱角,吊桩捆抓不能用吊方桩的办法,必须注意防滑。

②桩身裂缝。管桩桩身裂缝有两类:一类是养护过程的温差而产生的小于 0.2 mm 的浅表温度裂缝;另一类是在运输过程和沉桩过程中出现的裂缝。防止沉桩过程中出现结构裂缝的要点是解决锤击沉桩时的气锤效应、水锤效应等动力效应,主要措施是使管桩内腔的空气与大气连通。

③桩身破碎。管桩对偏心锤击特别敏感,极易导致桩顶破碎;桩锤过小,锤击能量易集中在桩顶,且锤击次数过多,易将桩顶打碎;送桩刚度偏小,易打碎桩顶。

五、预应力混凝土管桩质量检验标准

《建筑地基基础工程施工质量验收规范》(GB 50202—2002)规定的预应力混凝土管桩的质量验收标准见表 8.4.8。

预应力混凝土管桩质量检验标准　　表 8.4.8

检 查 项 目	允许偏差与允许值	检 查 方 法
成品桩质量[①]:外观	无蜂窝、露筋、裂缝;色感均匀,桩顶处无孔隙	直观
桩径	±5 mm	尺量
管壁厚度	−5 mm	尺量
桩尖中心线	<2 mm	尺量
顶面平整度	10 mm	水平尺量
桩体弯曲	<1/1 000H	尺量(H 为桩长)

续上表

检查项目	允许偏差与允许值	检查方法
接桩：焊缝质量	见表 8.3.13	
电焊结束后停歇时间	＞1.0 min	秒表测定
上下节平面偏差	＜10 mm	尺量
节点弯矩矢高	＜1/1 000H	尺量（H为两节桩长）
桩位偏差①	见表 8.3.5	尺量
桩顶标高	±50 mm	水准仪
贯入度①	满足设计要求	尺量或查沉桩记录
低应变整体性检验①	满足设计要求	按规定的低应变试验法
载荷试验①	满足设计要求	查试桩资料或参与试桩

注：①表示主控项目。

第五节　预制桩沉桩对环境的影响分析及防治措施

预制桩属二挤土桩，沉桩时土体中产生很高的孔隙水压力，土体发生侧向挤出和向上隆起，使周围建筑物和市政管线产生变形，严重时发生开裂、倾斜等事故，对预制桩事故应采取合理的施工方法和必要的防治措施，同时必须进行周围建筑物和市政管线的变形监测，以控制施工速度和改进施工方法。

一、沉桩对环境的影响

预制桩沉桩对环境会产生不利影响，主要有以下方面。

①沉桩的挤土效应使土体产生隆起和水平向的挤压，引起相邻建筑物和市政设施的不均匀变形以致损坏；挤土效应所引起的环境影响以混凝土预制方桩和闭口钢桩为最甚，开口钢桩和混凝土管桩次之；锤击沉桩和静压沉桩都有挤土的不良效应。

②锤击沉桩时的振动波对环境也有不良影响，使邻近建筑物产生剧烈的振动，门窗晃动，给居民带来不安全的恐惧感；会影响精密设备和精密仪器的工作精度，甚至损坏设备；振动主要是由锤击沉桩引起的，静压沉桩不会产生剧烈的振动影响。

③锤则沉桩时的噪声对环境的污染相当严重，波及范围相当广，对居民生活造成不良的影响。

二、沉桩对环境影响的分析与评价

1.群桩施工的影响范围

根据某工程实测资料，单桩沉桩时，引起地面隆起和邻近桩上抬的影响范围如表 8.5.1 所示。

沉桩影响半径与桩长的关系　　表 8.5.1

工程名称	影响半径 R/m	桩长 L/m	R/L	工程名称	影响半径 R/m	桩长 L/m	R/L
设计院综合楼	10.5	13.7	0.77	机械学校	15.0	25.0	0.60
白鹤二村	11.0	18.0	0.78	科技大厦	12.0	18.5	0.65
白鹤一村	11.0	18.0	0.78				

2. 桩顶上抬量

因相邻桩的沉桩而引起桩的上抬量是施工质量控制的一个重要指标，但目前尚无理论计算的方法。根据实测资料，可以用叠加的方法进行近似估算，其步骤如下：

①施工时观察沉桩引起相邻的上抬量，得到邻桩上抬量与施工桩距离的关系；

②按桩长和桩径确定单桩的影响半径；

③由桩位图确定对计算桩影响区内的桩数及其与计算桩间的距离；

④根据步骤①得到的上抬量与距离的关系确定计算桩引起各桩的上抬量；

⑤影响区内尚未施工的各桩的估算上抬量与实测上抬量的比较，由于施工时影响桩顶上抬量的因素很多，所提的估算方法能达到这种精度还是相当满意的(表 8.5.2)。

上抬量估算值与实测值的比较 表 8.5.2

工程名称	估算上抬量/mm	实测上抬量/mm	相对误差/(%)	工程名称	估算上抬量/mm	实测上抬量/mm	相对误差/(%)
设计院综合楼	317	244	29.9	机械学校	339	301	12.6
白鹤二村	136	129	5.4	科技大厦	237	242	2.1

3. 地面上抬量

沉桩时，周围土体上抬，从而引起相邻建筑物和市政管线的非静压变形。研究地面上抬量与施工速度的关系，有助于控制施工，避免发生工程事故。施工速度即一天的沉桩数量。沉桩的数量越多，土体的体积变化越大，地面上抬量也越多；施工桩位距控制点的距离越近，地面上抬量也越大。

根据实测数据可以绘制如图 8.5.1 所示的散点图，纵坐标为地面上抬量，横坐标为 V/L，V 为沉桩的体积，L 为沉桩区中心与控制点之间的距离。如已知沉桩区中心与控制点的距离和允许上抬量，由图可以求得每天允许的沉桩数量。

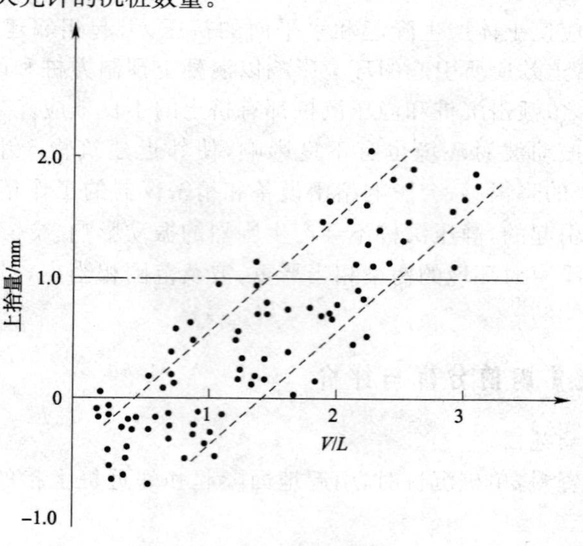

图 8.5.1 上抬量与 V/L 的散点

三、防治与控制措施

1. 制订合理的沉桩施工组织计划

合理安排沉桩顺序，控制沉桩速度是降低挤土效应、防止出现事故的主要措施。沉桩顺

第四篇 深基础

序因背离保护对象由近向远处沉桩，在场地空旷的条件下，宜采取先中央后四周、由里及外的顺序沉桩。每天的沉桩数量不宜过多，使挤土引起的孔隙水压力能有足够的时间消散，可以有效地减少挤土效应。

2. 布置监测系统

在沉桩影响范围内，应布置对被影响建筑物的监测。上海市地基基础设计规范规定了表8.5.3所示的沉桩影响的范围。

沉桩影响范围 表8.5.3

被监测的建筑物类型	影响距离 L
陈旧的3层以下砌体结构房屋	$(1.0\sim1.5)l$
3～5层砌体结构房屋、简易工房、砖砌人防、采用脆性材料的管道和接头	l
5层以上采用浅基础的建筑物	$0.5l$

注：L 为保护对象至沉桩区近侧边缘的距离；l 为桩的入土深度。

3. 采取防护措施

为了防止沉桩的不利影响，可以采取下列的防护措施：

①设置竖向排水通道，如塑料排水板、袋装砂井等，以便及时排水，使孔隙水压力得以迅速消散。

②在桩位或沉桩区外钻取土，在桩位取土是预钻措施，以减少挤土量，减少挤土效应；在沉桩区外钻孔的目的是消除从沉桩区传向被保护建筑物的挤土压力。

③在地下管线附近设置防挤沟或隔振沟。

第九章　沉井基础及其他深基础

第一节　概　　述

一、沉井的作用及适用条件

沉井是一种利用人工或机械方法清除井内土石，并借助自重或添加压重等措施克服井壁摩阻力逐节下沉至设计标高，再浇筑混凝土封底并填塞井孔，成为建筑物的基础的井筒状构造物(图 9.1.1)。

沉井的特点是埋深较大，整体性强，稳定性好，具有较大的承载面积，能承受较大的垂直和水平荷载。此外，沉井既是基础，又是施工时的挡土和挡水围堰结构物，其施工工艺简便，技术稳妥可靠，无需特殊专业设备，并可做成补偿性基础，避免过大沉降，在深基础或地下结构中应用较为广泛，如桥梁墩台基础、地下泵房、水池、油库、矿用竖井，以及大型设备基础、高层和超高层建筑物基础等。但沉井基础施工工期较长，对粉砂、细砂类土在井内抽水时易发生流沙现象，造成沉井倾斜；沉井下沉过程中遇到的大孤石、树土或井底岩层表面倾斜过大，也将给施工带来一定的困难。

沉井最宜用于不太透水的土层，易于控制下沉方向。一般下列情况可考虑采用沉井基础：

①上部结构荷载较大，表层地基土承载力不足，而在一定深度下有较好的持力层，与其他基础方案相比较最为经济合理；

②虽土质较好但冲刷大的山区河流，或河中有较大卵石不便于桩基础施工；

③岩层表面较平坦且覆盖层较薄，但河水较深，采用扩大基础施工围堰有困难。

二、沉井的分类

(1)按施工方法分

根据不同的施工方法可将沉井分为一般沉井和浮运沉井。一般沉井指直接在基础设计的位置上制造，然后挖土，依靠井壁自重下沉(图 9.1.1)。若基础位于水中，则先人工筑岛，再在岛上筑井下沉。浮运沉井指先在岸边预制，再浮运就位下沉的沉井。通常在深水地区(如水深大于 10 m)，或水流流速大，有通航要求，人工筑岛困难或不经济时采用。

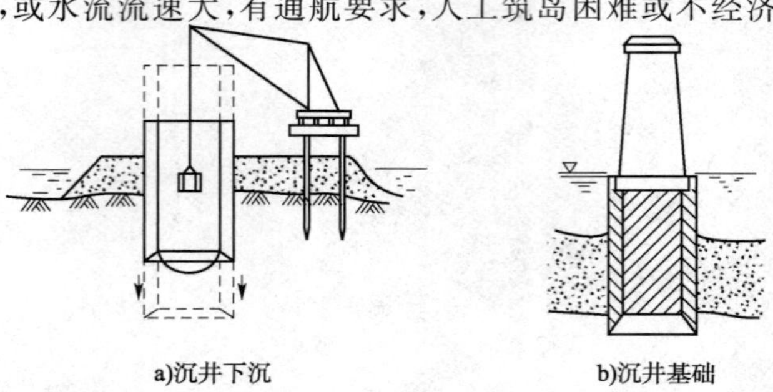

图 9.1.1　沉井基础示意

(2)按井壁材料分

根据不同的井壁材料可将沉井分为混凝土沉井、钢筋混凝土沉井、竹筋混凝土沉井和钢沉井。混凝土沉井因抗压强度高，对拉强度低，多做成圆形，且仅适用于下沉深度不大(4～7 m)的松软土层。钢筋混凝土沉井抗压抗拉强度高，下沉深度大，可做成重型或就地制造下沉的薄壁沉井，也可做成薄壁浮运沉井及钢丝网水泥沉井等，在工程中应用最广。沉井主要在下沉阶段过程中承受拉力，因此在盛产竹材的南方，也可采用耐久性差而抗拉力好的竹筋代替部分钢筋，做成竹筋混凝土沉井。钢沉井由钢材制作，强度高、质量轻、易于拼装、适于制造空心浮运沉井，但用钢量大，国内应用较少。此外，根据工程条件也可选用木沉井和砌石圬工沉井等。

(3)按平面形状分

根据沉井的平面形状可分为圆形、矩形和圆端形三种基本类型，按井孔的布置方式，又可分为单孔、双孔和多孔沉井(图 9.1.2)。

圆形沉井在下沉过程中易于控制方向，若采用抓泥斗挖土，可比其他沉井更能保证其刃脚均匀地支承在土层上；在侧压力作用下，井壁仅受轴向应力作用，即使侧压力分布不均匀，弯曲应力也不大，能充分利用混凝土抗压强度大的特点，多用于斜交桥或水流方向不定的桥墩基础。

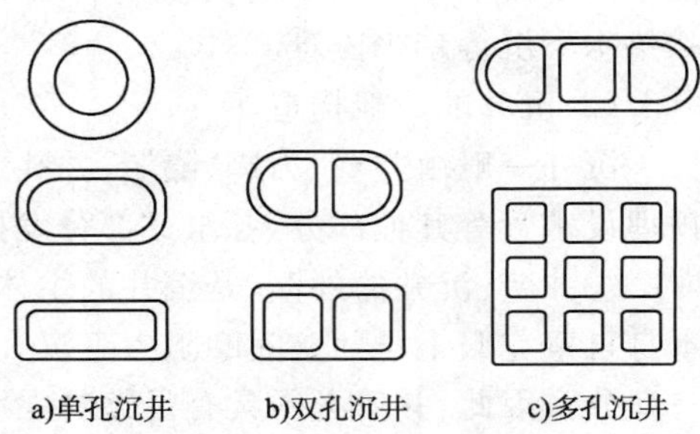

图 9.1.2 沉井的平面形状

矩形沉井制造方便，受力有利，能充分利用地基承载力。沉井四角一般为圆角，以减少井壁摩阻力和除土清孔的困难。在侧压力作用下，井壁受较大的挠曲力矩；且流水中阻水系数较大，冲刷较严重。

圆端形沉井控制下沉、受力条件、阻水冲刷均较矩形者有利，但施工较为复杂。

对平面尺寸较大的沉井，可在沉井中设隔墙，构成双孔或多孔沉井，以改善井壁受力条件及均匀取土下沉。

(4)按剖面形状分

根据沉井的剖面形状可分为柱形、阶梯形和锥形沉井(图 9.1.3)。柱形沉井井壁受力较均衡，下沉过程中不易发生倾斜，接长简单，模板可重复利用，但井壁侧阻力较大，若土体密实、下沉深度较大时，易下部悬空，造成井壁拉裂。一般多用于入土不深或土质较松软的情况。阶梯形沉井和锥形沉井井壁侧阻力较小，抵抗侧压力性能较合理，但施工较复杂，模板消耗多，沉井下沉过程中易发生倾斜，多用于土质较密实、沉井下沉深度大、自重较小的情况。通常锥形沉井井壁坡度为 1/20～1/40，阶梯形井壁的台阶宽为 100～200 mm。

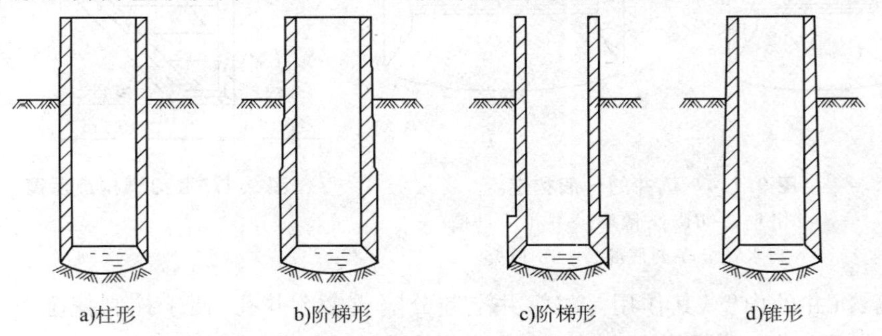

图 9.1.3 沉井的立面形状

三、沉井基础的构造

(1)沉井的轮廓尺寸

沉井的平面形状常取决于结构物底部的形状。为保证下沉的稳定性,沉井的截面长短边之比不宜大于3。若结构物的长宽比较接近,可采用方形或圆形沉井。沉井顶面尺寸为结构物底部尺寸加襟边宽度。襟边宽度宜不小于0.2 m,且不小于$H/50$(H为沉井全高),浮运沉井不小于0.4 m,如沉井顶面需设置围堰,其襟边宽度根据围堰构造还需加大。结构物边缘应尽可能支承于井壁或顶板支承面上,对井孔内不填充混凝土的空心沉井不允许结构物边缘全部置于井孔位置上。

沉井的入土深度应根据上部结构、水文地质条件及各土层的承载力等确定。若沉井入土深度较大应分节制造和下沉,每节高度不宜大于5 m;底节沉井在松软土层中下沉时,还应不大于0.8 B(B为沉井宽度);若底节沉井过高,沉井过重,将给制模、筑岛时岛面处理、抽除垫木下沉等带来困难。

(2)沉井的一般构造

沉井一般由井壁、刃脚、隔墙、井孔、凹槽、封底和顶板等组成(图9.1.4)。有时井壁中还预埋设水管等其他部分,各组成部分发挥的作用如下。

①井壁:沉井的外壁,是沉井的主体部分,其作用是在沉井下没过程中挡土、挡水及利用本身自重克服土与井壁间摩阻力下沉,沉井施工完毕后,作为传递上部荷载的基础或基础的一部分。因此,井壁必须具有足够的强度和一定的厚度,并根据施工过程中的受力情况配置竖向及水平向钢筋。一般壁厚为0.80～1.50 m。最薄不宜小于0.4 m,混凝土强度等级不小于C15。

②刃脚:井壁下端形如楔状部分称为刃脚,其作用是利于沉井切土下沉。刃脚底面(踏面)宽度一般不大于150 mm,软土可适当放宽。若下沉深度大,土质较硬,刃脚底面应以型钢(角钢或槽钢)加强(图9.1.5),以防刃脚损坏。刃脚内侧斜面与水平面夹角宜大于45°,其高度视井壁厚度、便于抽除垫木而定,一般大于1.0 m,混凝土强度等级宜大于C20。

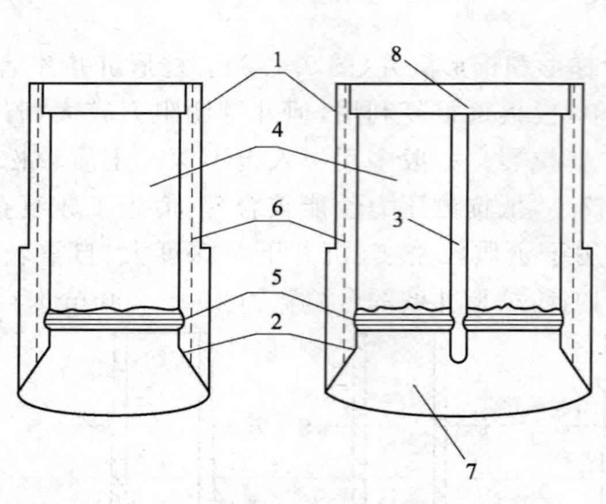

图9.1.4　沉井的一般构造

1-井壁;2-刃脚;3-隔墙;4-井孔;5-凹槽;6-射水管组;7-封底混凝土;8-顶板

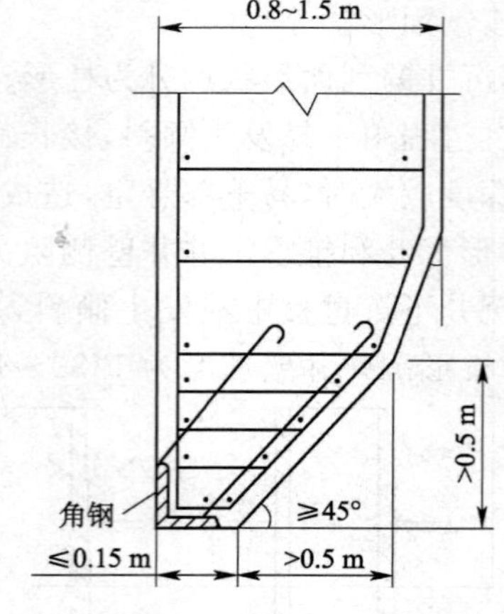

图9.1.5　刃脚构造示意

③隔墙:沉井的内壁,其作用是将沉井空腔分隔成多个井孔,便于控制挖土下沉,防止或纠正倾斜和偏移,并加强沉井的刚度,减小井壁挠曲应力。隔墙厚度一般小于井壁,为0.5～

1.0 m。隔墙底面应高出刃脚底面 0.5 m 以上,避免被土硌住而妨碍下沉。当人工挖土时,在隔墙下设置过人孔,以便工作人员在井孔间往来。

④井孔:挖土排土的工作场所和通道。其尺寸应满足施工要求,最小边长不宜小于3 m。井孔应对称布置,以便对称挖土,保证沉井下沉均匀。

⑤凹槽:位于刃脚内侧上方,沉井封底时利用井壁与封底混凝土的良好结合,使封底混凝土底面反力更好地传给井壁。凹槽高约 1.0 m,深度一般为 150~300 mm。

⑥射水管:若沉井下沉较深,土阻力较大而下沉困难,可在井壁中预埋设水管组。射水管应均匀布置,以便控制水压和水量,调整下沉方向。一般水压大于或等于 600 kPa,若使用泥浆润滑套施工,应有预埋的压射泥浆管路。

⑦封底:沉井达到设计标高进行清基后,应在刃脚踏面以上至凹槽处浇筑混凝土形成封底,以承受地基土和水的反力,防止地下水涌入井内。封底混凝土顶面应高出凹槽 0.5 m,其厚度可由应力验算决定,根据经验也可取不小于井孔最小边长的 1.5 倍。一般混凝土强度等级不小于 C15,井孔内的填充混凝土强度等级不小于 C10。

⑧顶板:沉井封底后,若条件允许,为节省圬工量,减轻基础自重,可做成空心沉井基础,或仅填以砂石。此时井顶须设置钢筋混凝土顶板,以承托上部结构的全部荷载。顶板厚度一般为 1.5~2.0 m,钢筋配置由计算确定。

(3)浮运沉井的构造

浮运沉井可分为不带气筒和带气筒两种。不带气筒的浮运沉井多用钢、木、钢丝网水泥等材料制作,薄壁空心。其构造简单、施工方便、节省钢材,适用于水不太深、流速不大、河床较平、冲刷较小的自然条件。为增加水中自浮能力,还可做成带临时性井底的浮运沉井,当浮运就位后,灌水下沉,同时接筑井壁,达河床后,再打开临时性井底,按一般沉井施工。若水深流急、沉井较大时,可采用带钢气筒的浮运沉井(图 9.1.6),其主要由双壁的沉井底节、单壁钢壳、钢气筒等组成。双壁钢沉井底节为一可自浮于水中的壳体结构,底节以上井壁为单壁钢壳,用于防水和兼作接高时灌注沉井外圈混凝土的模板,钢气筒为沉井提供浮力,并可通过充放气调节沉井的上浮、下沉或校正偏斜,沉井达河床后,切除气筒即为取土井孔。

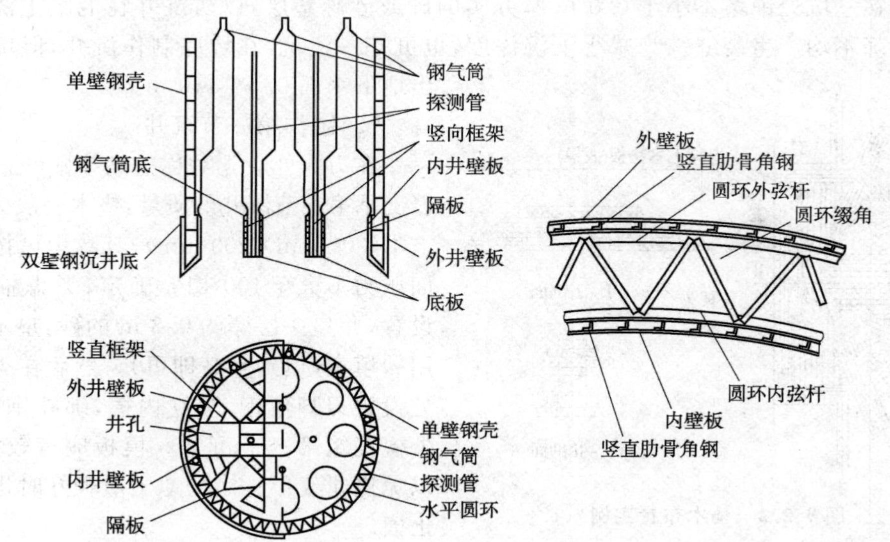

图 9.1.6 带钢气筒的浮运沉井

第九章 沉井基础及其他深基础

(4)组合式沉井

当采用低承台桩基施工困难，而采用沉井基础则岩层倾斜较大或地基土软硬不均且水深较大时，可采用沉井一桩基的组合式沉井基础。即先将沉井下沉至下标高，浇筑封底混凝土和承台，再在井内预留孔位钻孔灌注成桩。该沉井结构既可围水挡土，又可作为钻孔桩的护筒和桩基的承台。

第二节　沉井的施工

沉井基础施工通常有旱地施工、水中筑岛及浮运沉井三种方法。施工前应详细了解场地的地质、水文和气象资料，做好河流汛期、河床冲刷、通航及漂流物等的调查研究，应充分利用枯水季节，制订出详细的施工计划及必要的措施，确保施工安全。

一、旱地沉井施工

旱地沉井施工程序如图 9.2.1 所示，其一般工序如下。

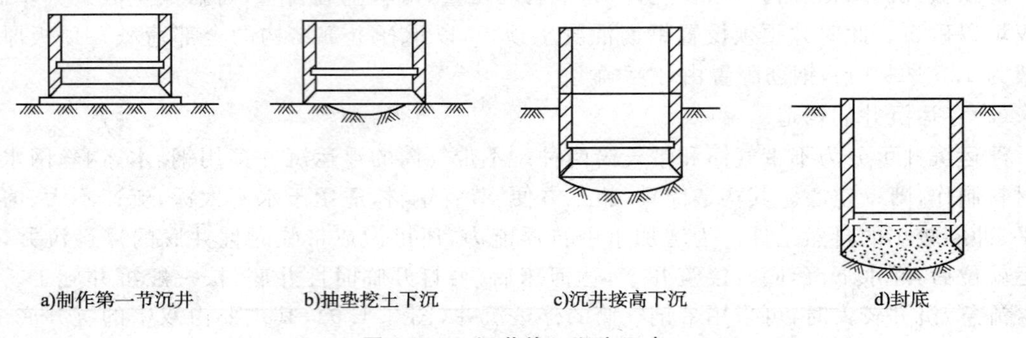

图 9.2.1　沉井施工顺序示意

(1)清整场地

要求施工场地平整干净。一般只需将地表杂物清净并整平，但若天然地面土质较差，尚应换土或在基坑处铺填不小于 0.5 m 厚夯实的砂或砂砾垫层，以防沉井在混凝土浇筑之初因地面沉降不均产生裂缝。为减小下沉深度，也可挖一浅坑，在坑底制作沉井，但坑底应高出地下水面 0.5～1.0 m。

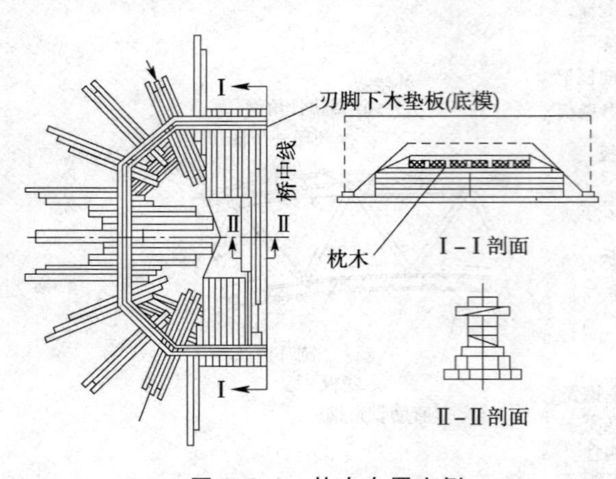

图 9.2.2　垫木布置实例

(2)制作第一节沉井

在刃脚处应先对称铺满垫木(图 9.2.2)，以支承第一节沉井的质量，垫木一般为枕木或方木(200 mm×200 mm)，其数量可按垫木底面压力不大于100 kPa 确定，考虑抽垫方便设置，并垫一层厚约 0.3 m 的砂，垫木间间隙用砂填实(填到半高即可)。然后在刃脚位置处设置刃脚角钢，竖立内模，绑扎钢筋，再立外模浇筑第一节沉井。模板应有较大刚度，以免挠曲变形。当场地土质较好时也可采用土模。

(3)拆模和抽垫

当沉井混凝土强度达设计强度 70%时可拆除模板，达设计强度后方可抽撤垫木。抽垫应分区、依次、对称、同步地将垫木向沉井外抽出。其顺序为：先内壁下，再短边，最后长边。长边下垫木隔一根抽一根，以固定垫木为中心，由远而近对称地抽，最后抽除固定垫木，并随抽随用砂土回填捣实，以免沉井开裂、移动或偏斜。

(4)除土下沉

沉井宜采用不排水除土下沉，在稳定的土层中，也可采用排水除土下沉。排水下沉常用人工除土，可使沉井均匀下沉和易于清除井内障碍物，但需有安全措施；不排水下沉多用空气吸泥机、抓土斗、水力吸石筒、水力吸泥机等除土。若遇黏土、胶结层，可采用高压射水辅助下沉。此外，正常情况下自沉井中间向刃脚处均匀对称除土，排水下沉时应严格控制设计支承点土的排除，并随时注意沉井正位，保持竖直下沉，无特殊情况不宜采用爆破施工。

(5)接高沉井

当第一节沉井下沉至一定深度(井顶露出地面 0.5 m 以上或露出水面 1.5 m 以上)时，停止挖土，接筑下节沉井。接筑前刃脚不得掏空，并应尽量纠正上节沉井的倾斜，凿毛顶面，立模，然后对称均匀地浇筑混凝土，待强度达设计要求后再拆模继续下沉。

(6)设置井顶防水围堰

沉井顶面低于地面或水面时，应在井顶接筑临时性防水围堰，围堰的平面尺寸略小于沉井，其下端与井顶上预埋锚杆相连。常见的围堰有土围堰、砖围堰和钢板桩围堰。若水深流急，围堰高度大于5.0 m时，宜采用钢板桩围堰。

(7)基底检验和处理

沉井达设计标高后，应对基底土质进行检验。若采用不排水下沉应进行水下检验，必要时可用钻机取样检验。当基底达设计要求后，还应对地基进行必要的处理。砂性土或黏性土地基，一般可在井底铺砾石或碎石至刃脚底面以上 200 mm；未风化岩石地基，应凿除风化岩层，若岩层倾斜，还应凿成阶梯形。要确保井底浮土、软土清除干净，封底混凝土、沉井与地基结合紧密。

(8)沉井封底

基底检验合格后应及时封底。若采用排水下沉，渗水量上升速度不大于 6 mm/min，可采用普通混凝土封底；否则宜用水下混凝土封底。若沉井面积大，可采用多导管先外后内、先低后高依次浇筑。封底一般为素混凝土，但必须与地基紧密结合，不得存在有害的夹层、夹缝。

(9)井孔填充和顶板浇筑

封底混凝土达设计强度后，排干井孔中水，填充井内圬工。如井孔中不填料或仅填砾石，则井顶应浇筑钢筋混凝土顶板，以支承上部结构，且应保持无水施工。然后砌筑井上构筑物，并随后拆除临时性的井顶围堰。井孔是否填充，应根据受力或稳定要求确定，在严寒地区，低于冻结线 0.25 m 以上部分，必须用混凝土或圬工填实。

二、水中沉井施工

(1)水中筑岛

若水深小于 3 m，流速不大于 1.5 m/s，可采用砂或砾石在水中筑岛[图 9.2.3a)]；若水深或流速加大，可围堤防护[图 9.2.3b)]；当水深再加大(通常小于 15 m)或流速更大时，宜采用钢板桩围堰筑岛[图 9.2.3c)]。岛面应高出最高施工水位 0.5m 以上，围堰距井壁外缘距离 $b \geqslant H\tan(45° - \varphi/2)$，且≥2 m($H$ 为筑岛高度，φ 为水中砂的内摩擦角)。其余施工方法与旱地沉井施工相同。

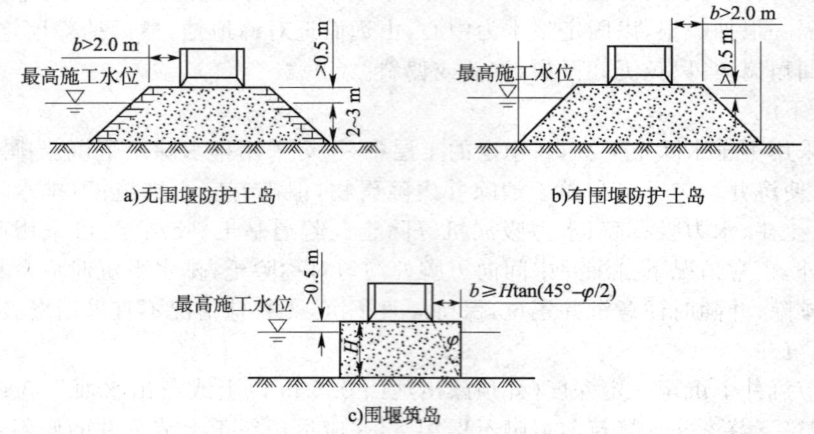

图 9.2.3 水中筑岛下沉沉井

(2)浮运沉井

若因水太深(如大于 10 m)而人工筑岛困难或不经济,可采用浮运法施工。即先在岸边将沉井做成空体结构,或采用其他措施(如带钢气筒等)使其浮于水上,再利用在岸边铺成的滑道滑入水中(图 9.2.4),然后用强索牵引至设计位置。在悬浮状态下,逐步将水或混凝土注入空体中,使沉井徐徐下沉至河底。若沉井较高,则分段制造,在悬浮状态下逐节接长下沉至河底,但整个过程应保证沉井本身稳定。当刃脚切入河床一定深度后,即可按一般沉井下沉方法施工。

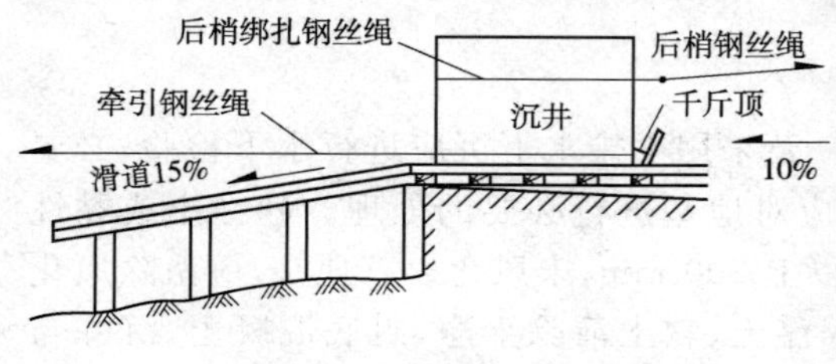

图 9.2.4 浮运沉井下示意

三、泥浆套和空气幕下沉沉井施工简介

当沉井深度很大,井侧土质较好时,井壁侧阻很大,采用增加井壁厚度或压重等办法受限时,通常可设置泥浆润滑套和空气幕来减小井壁的侧阻。

(1)泥浆套辅助下沉法

该法借助泥泵和输送管道将特制的泥浆压入沉井外壁与土层之间,在沉井外围形成一定厚度的泥浆层,将土与井壁隔开,并起润滑作用,从而大大降低沉井下沉中的侧阻力(可降至 3~5 kPa,一般黏性土为 25~50 kPa),减少井壁圬工数量,加速沉井下沉,并具有良好的稳定性,但不宜用于卵石、砾石土层。

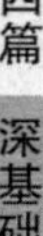

泥浆通常由膨润土、水和碳酸钠分散剂配置而成,具有良好的固壁性、触变性和胶体稳定性。泥浆润滑套的构造主要包括射口挡板、地表围圈及压浆管。

射口挡板可用角钢或钢板弯制,固定于泥浆射出口处的井壁台阶上[图 9.2.5a)],其作用是防止压浆管射出的泥浆直冲土壁,防止局部坍落堵塞射浆口。地表围圈用木板或钢板制成,埋设于沉井周围。用于防止沉井下沉时土壁坍落,为沉井下沉过程中新造成的空隙补充泥浆,及调整各压浆管出浆的不均衡。其宽度与沉井台阶相同,高 1.5~2.0 m,顶面高出地面或岛面 0.5 m,圈顶面宜加盖。

压浆管可分为内管法(厚壁沉井)和外管法(薄壁沉井)两种[图 9.2.5b)],通常由ϕ38~

$\phi 50$ 的钢管制成，沿井周边每 3～4 m 布置 1 根。

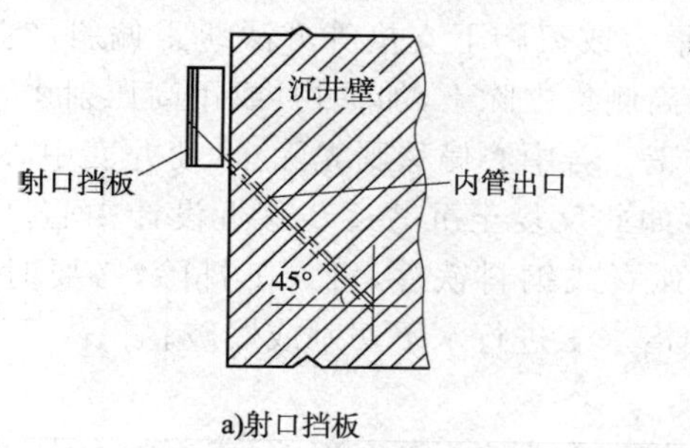

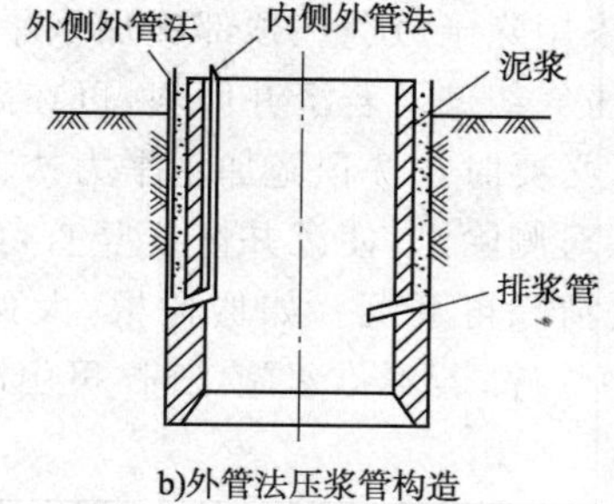

图 9.2.5　射口挡板与压浆管构造

(2)空气幕辅助下沉法

用空气幕辅助下沉是一种减少井壁侧阻的有效方法。它通过向沿井壁四周预埋的气管中压入高压气流，气流沿喷气孔射出再沿沉井外壁上升，在沉井周围形成空气"帷幕"(即空气幕)，使井壁周围土松动或液化，摩阻力减小，促进沉井下沉。其适应于砂类土、粉质土和黏质土地层，对于卵石土、砾类土及风化岩等地层不宜使用。

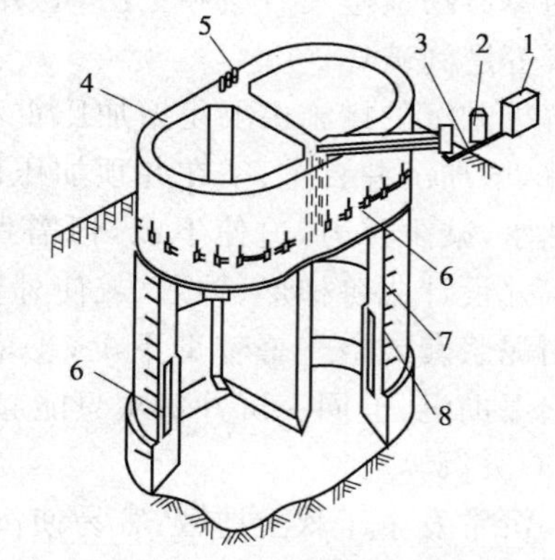

图 9.2.6　空气幕沉井压气系统构造

1-压缩空气机；2-储气筒；3-输气管路；4-沉井；5-竖管；6-水平喷气管；7-气斗；8-喷气孔

如图 9.2.6 所示，空气幕沉井在构造上增加了一套压气系统，该系统由气斗、井壁中的气管、压缩空气机、储气筒及输气管等组成。

气斗是沉井外壁上凹槽及槽中的喷气孔，凹槽的作用是保护喷气孔，使喷出的高压气流有一扩散空间，然后再较均匀地沿井壁上升，形成气幕。气斗应布设简单、不易堵塞、便于喷气，目前多用棱锥形(150 mm×150 mm)，其数量根据每个气斗所作用的有效面积确定。喷气孔直径 1 mm，可按等距离分布，上下交错排列布置。

气管有不平喷气管和竖管两种，可采用内径 25 mm 的硬质聚氯乙烯管。水平管连接各层气斗，每 1/4 或 1/2 周设 1 根，以便纠偏；每根竖管连接 2 根水平管，并伸出井顶。

压缩空气机输出的压缩空气应先输入储气筒，再由地面输气管送至沉井，以防止压气时压力骤然降低而影响压气效果。

沉井下沉时，应先在井内除土，消除刃脚下土的抗力后再压气(但不得过分除土而不压气)，一般除土面低于刃脚 0.5～1.0 m 时就应压气下沉，压气时间一般不超过 5 min/次。压气顺序应先上后下，以形成沿沉井外壁上喷的气流。气压不应小于喷气孔最深处理论水压的 1.4～1.6 倍，并尽可能使用风压机的最大值。停气时应先停下部气斗，依次向上，并缓缓减压。不得将高压空气突然停止，造成瞬时负压，使喷气孔内吸入泥沙而被堵塞。

四、沉井下沉过程中遇到的问题及处理

(1)偏斜

沉井偏斜大多发生在下沉不深时。导致偏斜的主要原因有：①土层表面松软，或制作场地、河底高低不平，软硬不均；②刃脚制作质量差，井壁与刃脚中线不重合；③抽垫方法欠妥，回填不及时；④除土不均匀对称，下沉时有突沉和停沉现象；⑤刃脚遇障碍物顶住而未及时

发现,排土堆放不合理,或单侧受水流冲击掏空等导致沉井受力不对称。

通常可采用除土、压重、顶部施加水平力或刃脚下支垫等方法纠正偏斜,空气幕下沉也可采用单侧压气纠偏。若沉井倾斜,可在高侧集中除土,加重物,或用高压射水冲松土层,低侧回填砂石,必要时在井顶施加水平力扶正。若中心偏移则先除土,使井底中心向设计中心倾斜,然后在对侧除土,使沉井恢复竖直,如此反复至沉井逐步移近设计中心。当刃脚遇障碍物时,须先清除再下沉。如遇树根、大孤石或钢料铁件,可人工排除,必要时用少量炸药(少于 200 g)炸碎;若不排水施工时,可由潜水工进行水下切割或爆破。

(2)难沉

即沉井下沉过慢或停沉。其主要原因有:①开挖面深度不够,正面阻力大;②偏斜,或刃脚下遇障碍物或坚硬岩层和土层;③井壁侧阻大于沉井自重;④井壁无减阻措施或泥浆套、空气幕等遭到破坏。

解决难沉的措施主要是增加压重和减少井壁侧阻。增加压重的方法有:①提前接筑下节沉井,增加沉井自重;②在井顶加压沙袋、钢轨等重物迫使沉井下沉;③不排水下沉时,可井内抽水,减少浮力,迫使下沉,但需保证土体不发生流沙现象。减小井壁侧阻的方法有:①将沉井设计成阶梯形、钟形,或使外壁光滑;②井壁内埋设高压射水管组,射水辅助下沉;③利用泥浆套或空气幕辅助下沉;④增大开挖范围和深度。必要时还可采用 0.1～0.2 kg 炸药起爆助沉,但同一沉井每次只能起爆 1 次,且需适当控制爆振次数。

(3)突沉

突沉常发生于软土地区,容易使沉井产生较大的倾斜或超沉。引起突沉的主要原因是井壁侧阻较小,当刃脚下土被挖除时,沉井支承削弱,或排水过多、挖土太深、出现流塑等。防止突沉的措施一般是控制均匀挖土,在刃脚处挖土不宜过深,此外,在设计时可采用增大刃脚踏面宽度或增设底梁的措施提高刃脚阻力。

(4)流沙

在粉、细砂层中下沉沉井,易出现流沙现象,若不采取适当措施将造成沉井严重倾斜。产生流沙的主要原因是土中动水压力的水头梯度大于临界值。故防止流沙的措施有:①排水下沉发生流沙时可向井内灌水,采取不排水除土,减小水头梯度;②采用井点降水、深井降水和深井泵降水,降低井外水位,改变水头梯度方向使土层稳定,防止流沙发生。

第三节 沉井的设计与计算

沉井的设计计算需包括沉井作为整体深基础的计算和施工过程中的结构计算两大部分。

设计计算前必须掌握如下有关资料:①上部或下部结构尺寸要求,基础设计荷载;②水文和地质资料(如设计水位、施工水位、冲刷线或地下水位标高,土的物理力学性质,施工过程是否会遇障碍物等);③拟采用的施工方法(排水或不排水下沉,筑岛或防水围堰的标高等)。

一、沉井作为整体深基础的计算

沉井作为整体深基础设计,主要是根据上部结构特点、荷载大小及水文和地质情况,结合沉井的构造要求及施工方法,拟定出沉井埋深、高度和分节及平面形状和尺寸,井孔大小及布置，井壁厚度和尺寸，封底混凝土和顶板厚度等，然后进行沉井基础的计算。

当沉井埋深较浅时可不考虑井侧土体横向抗力的影响，按浅基础计算；当埋深较大时，井侧土体的约束作用不可忽视，此时在验算地基应力、变形及沉井的稳定性时，应考虑井侧土体弹性抗力的影响，按刚性桩（$\alpha h<2.5$）计算内力和土抗力。

一般要求沉井基础下沉到坚实的土层或岩层上，其作为地下结构物，荷载较小，地基的强度和变形通常不会存在问题。作为整体深基础，一般要求地基强度应满足

$$F+G\leqslant R_j+R_f \tag{9.3.1}$$

式中，F 为沉井顶面处作用的荷载（kN）；G 为沉井的自重（kN）；R_j 为沉井底部地基土的总反力（kN）；R_f 为沉井侧面的总侧阻力（kN）。

沉井底部地基土的总反力 R_j 等于该处土的承载力特征值 f_a 与支承面积 A 的乘积，即

$$R_j=f_aA \tag{9.3.2}$$

可假定井壁侧阻沿深度呈梯形分布，距离地面 5 m 范围内按三角形分布，5 m 以下为常数（图9.3.1），故总侧阻力为

$$R_f=U(h-2.5)q \tag{9.3.3}$$

式中，U 为沉井的周长（m）；h 为沉井的入土深度（m）；q 为单位面积侧阻加权平均值，$q=\sum q_ih_i/\sum h_i$（kPa）；h_i 为各土层厚度（m）；q_i 为 i 土层井壁单位面积侧阻，根据实际资料或查表 9.3.1 选用。

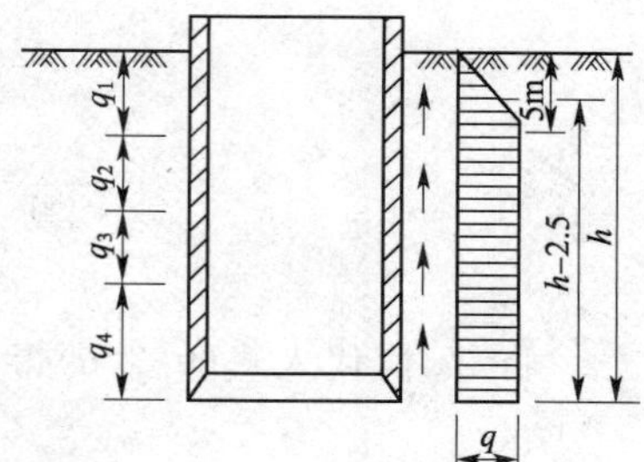

图 9.3.1　井侧摩阻力分布假定

考虑井侧土体弹性抗力时，通常可作如下基本假定：

①地基土为弹性变形介质，水平向地基系数随深度成正比例增加（即“m”法）；

②不考虑基础与土之间的黏着力和摩阻力；

③沉井刚度与土的刚度之比视为无限大，横向力作用下只能发生转动而无挠曲变形。

土与井壁侧阻经验值　　表 9.3.1

土的名称	土与井壁的侧阻力 q/kPa	土的名称	土与井壁的侧阻力 q/kPa
砂卵石	18～30	软塑及可塑黏性土、粉土	12～25
砂砾石	15～20	硬塑黏性土、粉土	25～50
砂土	12～25	泥浆套	3～5
流塑黏性土、粉土	10～12		

注：本表适用于深度不超过 30 m 的沉井。

根据基础底面的地质情况，可分为两种情况计算。

（1）非岩石地基（包括沉井立于风化岩层内和岩面上）

当沉井基础受到水平力 F_H 和偏心竖向力 $F_V(=F+G)$ 共同作用［图 9.3.2a)］时，可将其等效为距离底作用高度为 λ 的水平力 F_H［图 9.3.2b)］，即

$$\lambda=\frac{F_Ve+F_Hl}{F_H}=\frac{\sum M}{F_H} \tag{9.3.4}$$

式中，$\sum M$ 为对井底各力矩之和。

在水平力作用下，沉井将围绕位于地面下深度 z_0 处点 A 转动一 ω 角［图 9.3.2b)］，地面下深度 z 处沉井基础产生的水平位移 Δx 和土的横向抗力 σ_{zx} 分别为

$$\Delta x=(z_0-z)\tan\omega \tag{9.3.5}$$

$$\sigma_{zx}=\Delta x C_z=C_z(z_0-z)\tan\omega \tag{9.3.6}$$

式中，z_0 为转动中心 A 离地面的距离；C_z 为深度 z 处水平向的地基系数（kN/m^3），$C_z=mz$，其中 m 为地基土的比例系数（kN/m^4）。

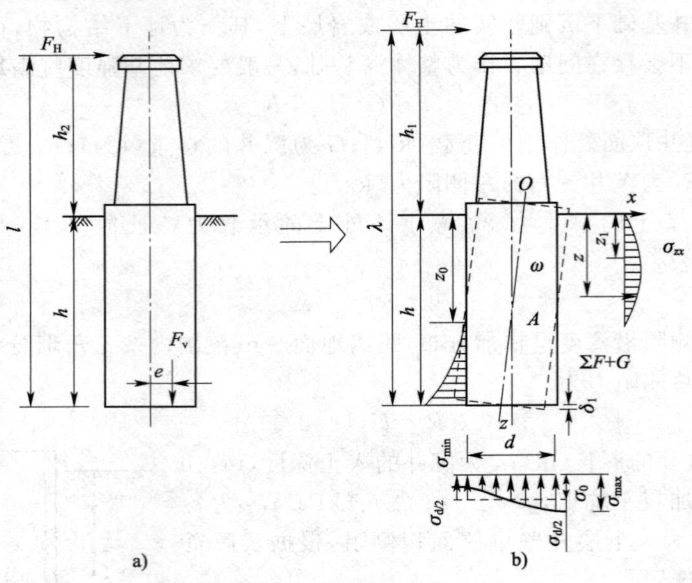

图 9.3.2　非岩石地基计算示意

将 C_z 值代入式（9.3.6）得

$$\sigma_{zx}=mz(z_0-z)\tan\omega \tag{9.3.7}$$

即井侧水平压应力沿深度为二次抛物线变化。若考虑到基础底面处竖向地基系数 C_0 不变，则基底压应力图形与基础竖向位移图相似。故

$$\sigma_{d/2}=C_0\delta_1=C_0\ \frac{d}{2}\tan\omega \tag{9.3.8}$$

式中，$C_0=m_0h$，且 $\geqslant 10m_0$；d 为基底宽底或直径；m_0 为基底处竖向地基比例系数（kN/m^4）。

上述各式中 z_0 和 ω 为两个未知数，根据图 9.3.2 可建立两个平衡方程式，即

$$\sum X=0\quad F_H-\int_0^h\sigma_{zx}b_1\,\mathrm{d}z=F_H-b_1m\tan\omega\int_0^h z(z_0-z)\,\mathrm{d}z=0 \tag{9.3.9}$$

$$\sum M=0\quad F_Hh_1+\int_0^h\sigma_{zx}b_1z\,\mathrm{d}z-\sigma_{d/2}W_0=0 \tag{9.3.10}$$

式中，b_1 为沉井的计算宽度按桩计算；W_0 为基底的截面模量。

联立求解可得

$$z_0=\frac{\beta b_1h_2(4\lambda-h)+6dW_0}{2\beta b_1h(3\lambda-h)} \tag{9.3.11}$$

$$\tan\omega=\frac{6F_H}{Amh} \tag{9.3.12}$$

其中，$A=\dfrac{\beta b_1h^3+18W_0d}{2\beta(3\lambda-h)}$，$\beta=\dfrac{C_h}{C_0}=\dfrac{mh}{m_0h}$，$\beta$ 为深度 h 处井侧水平地基系数与井底竖向地基系数的比值。

将此代入上述各式可得

井侧水平压应力为

$$\sigma_{zx}=\frac{6F_{\mathrm{H}}}{Ah}z(z_0-z) \tag{9.3.13}$$

基底边缘处压应力为

$$\sigma_{\min}^{\max}=\frac{F_{\mathrm{V}}}{A_0}\pm\frac{3F_{\mathrm{H}}d}{A\beta} \tag{9.3.14}$$

式中，A_0 为基底面积。

离地面或最大冲刷线以下深度 z 处基础截面上的弯矩(图 9.3.2)为

$$M_z=F_{\mathrm{H}}(\lambda-h+z)-\int_0^z\sigma_{zx}b_1(z-z_1)\mathrm{d}z_1=F_{\mathrm{H}}(\lambda-h+z)-\frac{F_{\mathrm{H}}b_1z^3}{2hA}(2z_0-z) \tag{9.3.15}$$

(2)岩石地基(基底嵌入基岩内)

基底嵌入基岩内，在水平力和竖直偏心荷载作用下，可假定基底不产生水平位移，其旋转中心 A 与基底中心重合，即 $z_0=h$(图 9.3.3)，但在基底嵌入处将存在一水平阻力 P，若该阻力对 A 点的力矩忽略不计，取弯矩平衡可导得转角 $\tan\omega$ 为

$$\tan\omega=\frac{F_{\mathrm{H}}}{mhD} \tag{9.3.16}$$

式中，$D=\dfrac{b_1\beta h^3+3Wd}{12\lambda\beta}$。

横向抗力

$$\sigma_{zx}=(h-z)z\frac{F_{\mathrm{H}}}{\mathrm{D_h}} \tag{9.3.17}$$

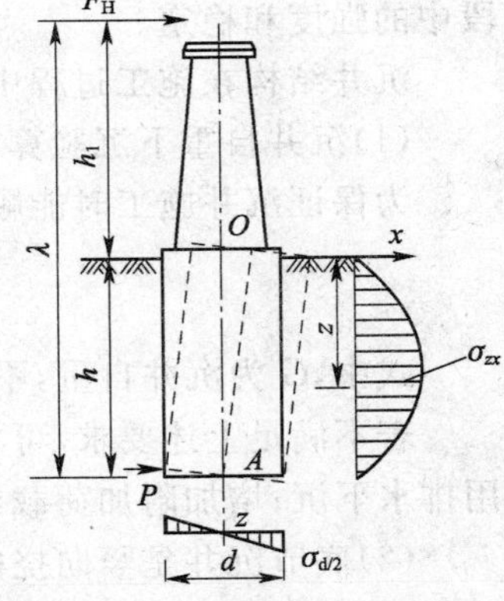

图 9.3.3　基底嵌入基岩内计算

基底边缘处压应力

$$\sigma_{\min}^{\max}=\frac{F_{\mathrm{V}}}{A_0}\pm\frac{F_{\mathrm{H}}d}{2\beta D} \tag{9.3.18}$$

由 $\sum x=0$ 可得嵌入处未知水平阻力 F_{R} 为

$$F_{\mathrm{R}}=\int_0^h b_1\sigma_{zx}\mathrm{d}z-F_{\mathrm{H}}=F_{\mathrm{H}}\left(\frac{b_1h_2}{6D}-1\right) \tag{9.3.19}$$

地面以下深度 z 处基础截面上的弯矩为

$$M_z=F_{\mathrm{H}}(\gamma-h+z)-\frac{b_1F_{\mathrm{H}}z^3}{12Dh}(2h-z) \tag{9.3.20}$$

尚需注意，当基础仅受偏心竖向力 F_{V} 作用时，$\lambda\to\infty$，上述分式均不能应用。此外，应以 $M=F_{\mathrm{V}}e$ 代替式(9.3.10)中的 $F_{\mathrm{H}}h_1$，同理可导得上述两种情况下相应的计算公式，此不赘述，可详见《公路桥涵地基与基础设计规范》(JTG D63—2007)。

(3)验算

①基底应力要求基底最大压应力不应超过沉井底面处土的承载力特征值 f_{ah}，即

$$\sigma_{\max}\leqslant f_{\mathrm{ah}} \tag{9.3.21}$$

②井侧水平压应力验算。要求井侧水平压应力 σ_{zx} 应小于沉井周围土的极限抗力$[\sigma_{zx}]$。计算时可认为沉井在外力作用下产生位移时，深度 z 处沉井一侧产生主动土压力 E_{a}，而另一侧受到被动土压力 E_{p} 作用，故井侧水平压应力应满足

$$\sigma_{zx}\leqslant[\sigma_{zx}]=E_{\mathrm{p}}-E_{\mathrm{a}} \tag{9.3.22}$$

由朗肯土压力理论可导得

$$\sigma_{zx} \leqslant \frac{4}{\cos\varphi}(\gamma z\tan\varphi + c) \tag{9.3.23}$$

式中，γ 为土的重度；φ、c 为分别为土的内摩擦角和黏聚力。

考虑到桥梁结构性质和荷载情况，且经验表明最大的横向抗力大致在 $z=h/3$ 和 $z=h$ 处，以此代入式(9.3.23)可得

$$\sigma\frac{h}{3}x \leqslant \eta_1\eta_2\frac{4}{\cos\varphi}\left(\frac{\gamma h}{3}\tan\varphi + c\right) \tag{9.3.24}$$

$$\sigma_{hx} \leqslant \eta_1\eta_2\frac{4}{\cos\varphi}(\gamma h\tan\varphi + c\sigma_{hx}) \tag{9.3.25}$$

式中，$\sigma\frac{h}{3}x$、σ_{hx} 相当于 $z=\frac{h}{3}$ 和 $z=h$ 深度处土的水平压应力；η_1 为取决于上部结构形式的系数，一般取 1，对于超静定推力拱桥可取 0.7；η_2 为考虑恒载产生的弯矩 M_g 对总弯矩 M 的影响系数，$\eta_2=1-0.8\frac{M_g}{M}$。

此外，根据需要还需验算结构顶部的水平位移和施工容许偏差的影响。

二、沉井施工过程中的结构强度计算

沉井受力随整个施工和营运过程的不同而不同。因此，必须掌握沉井在各个施工阶段中各自的最不利受力状态，进行相应的设计计算和必要的配筋，以保证井体结构在施工各阶段中的强度和稳定。

沉井结构在施工过程中主要需进行下列验算。

(1)沉井自重下沉验算

为保证沉井施工时能顺利下沉达设计标高，一般要求沉井下沉系数 K 满足

$$K=\frac{G}{R_f} \geqslant 1.15 \sim 1.25 \tag{9.3.26}$$

式中，G 为沉井自重，不排水下沉时应扣除浮力；R_f 为沉井侧面的总侧阻力。

若不满足上述要求，可加大井壁厚度或调整取土井尺寸；当不排水下沉达一定深度后改用排水下沉；增加附加荷载或射水助沉；或采取泥浆套或空气幕等措施。

(2)底节沉井是竖向挠曲验算

由于施工方法不同，底节沉井在抽垫及除土下沉过程中刃脚下支承亦不同，沉井自重将导致井壁产生较大的竖向挠曲应力，因此应根据不同的支承情况进行井壁的强度验算。若挠曲应力大于沉井材料纵向抗拉强度，应增加底节沉井高度或在井壁内设置水平向钢筋，防止沉井竖向开裂。其支承情况根据施工方法不同可按如下考虑。

①排水除土下沉：将沉井视为支承于四个固定支点上的梁，支点控制在最有利位置处，即支点和跨中所产生的弯矩大致相等。对矩形和圆端形沉井，若沉井长宽比大于 1.5，支点可设在长边[图 9.3.4a)]；圆形沉井的四个支点可布置在两相互垂直线上的端点处。

②不排水除土下沉：机械挖土时刃脚下支点很难控制，沉井下沉过程中可能出现最不利支承：矩形和圆端形沉井可能支承于四角[图 9.3.4b)]成为一简支梁，跨中弯矩最大，沉井下部竖向开裂；也可能因孤石等障碍物而支承于壁中[图 9.3.4c)]形成悬臂梁，支点处沉井顶部产生竖向开裂；圆形沉井则可能出现支承于直径上的两个支点。

若底节沉井隔墙跨度较大，还需验算隔墙的抗拉强度。其最不利受力情况是下部土已挖

空，上节沉井刚浇筑而未凝固，此时隔墙成为两端支承于井壁上的梁，承受两节沉井隔墙和模板等重力。若底节隔墙强度不够，可布置水平向钢筋，或在隔墙下夯填粗砂以承受荷载。

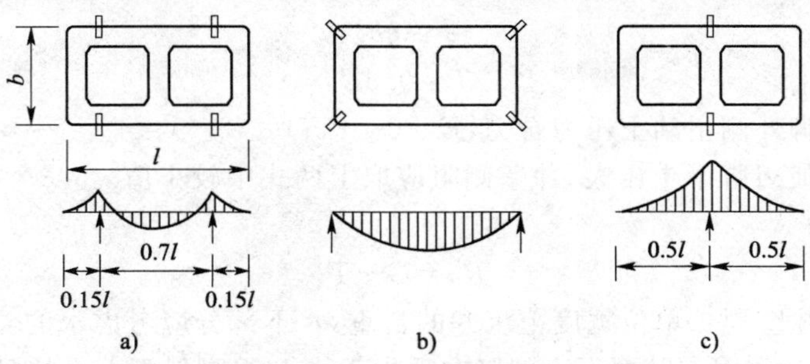

图 9.3.4 底节沉井支点布置示意

(3)沉井刃脚受力计算

沉井在下沉过程中刃脚受力较为复杂，为简化起见，一般可按竖向和水平向分别计算。竖向分析时，近似地将刃脚视为固定于刃脚根部井壁处的悬臂梁(图 9.3.5)，根据刃脚内外侧作用力的不同可能向外或向内挠曲；在水平面上则视为一封闭的框架(图 9.3.5)，在水、土压力作用下在水平面内发生弯曲变形。根据悬臂及水平框架两者的变位关系及其相应的假定分别可导得刃脚悬臂分配系数 α 和水平框架分配系数 β 为

$$\alpha=\frac{0.1L_1^4}{h_k^4+0.05L_1^4}\leqslant 1.0 \tag{9.3.27}$$

$$\beta=\frac{0.1h_k^4}{h_k^4+0.05L_2^4} \tag{9.3.28}$$

式中，L_1、L_2 为支承于隔墙间的井壁最大和最小计算跨度；h_k 为刃脚斜面部分的高度。

上述分配系数仅适用于内隔墙底面高出刃脚底不超过 0.5 m 的情况。否则 $\alpha=1.0$，刃脚不起水平框架作用，但需按构造配置水平钢筋，以承受一定的正、负弯矩。

外力经上述分配，即可将刃脚受力情况分别按竖、横两个方向计算。

①刃脚竖向受力分析。一般可取单位宽度井壁，将刃脚视为固定在井壁上的悬臂梁，分别按刃脚向内和向外挠曲两种最不利情况分析。

当沉井下沉过程中刃脚内侧切入土中深约1.0 m，并刚接筑完上节沉井，井顶露出地面或水面约一节沉井高度时处于最不利位置。此时，沉井因自重将导致刃脚斜面土体抵抗刃脚而向外挠曲(图9.3.5)，作用在刃脚高度范围内的外力有

外侧的土、水压力合力

$$p_{e+w}=\frac{p_{e_2+w_2}+p_{e_3+w_3}}{2}h_k \tag{9.3.29}$$

式中，$p_{e_2+w_2}$ 为作用于刃脚根部处的土、水压力强度之和，其公式为 $p_{e_2+w_2}=e_2+w_2$；$p_{e_2+w_3}$ 为刃脚底面处土、水压力强度之和，其公式为 $p_{e_3+w_3}=e_3+w_3$。

p_{e+w}的作用点位置(离刃脚根部距离 y)为

$$y=\frac{h_k}{3}\frac{2p_{e_3+w_3}+p_{e_2+w_2}}{p_{e_3+w_3}+p_{e_2+w_2}}$$

地面下深度 h_y 处刃脚承受的土压力 e_y 可按朗肯土压力公式计算，水压力应根据施工情况和土质条件计算，为安全起见，一般规定式(9.3.29)计算所得刃

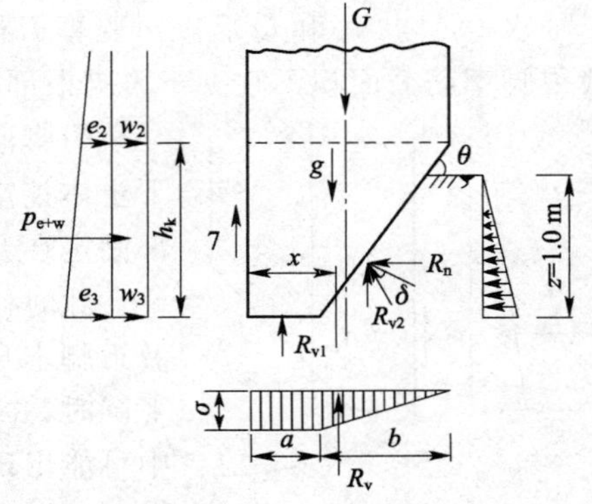

图 9.3.5 刃脚向外挠曲受力示意

脚外侧土、水压力合力不得大于静水压力的70%，否则按静水压力的70%计算。

刃脚外侧阻力

$$T=qh_k \tag{9.3.30}$$

$$T=0.5E \tag{9.3.31}$$

式中，E 为刃脚外侧主动土压力合力，$E=(e_2+e_3)h_k/2$。

为偏于安全，使刃脚下土压大，井壁侧阻应取上两式中较小值。

土的竖向反力

$$R_V=G-T \tag{9.3.32}$$

式中，G 为沿井壁周长单位宽度上沉井的自重，水下部分应考虑水的浮力。

若将 R_V 分解为作用在踏面下土的竖向反力 R_{V1} 和刃脚斜面下土的竖向反力 R_{V2}，且假定 R_{V1} 为均布强度 σ 的合力，R_{V2} 为三角形分布部分的合力(图 9.3.5)，水平反力 R_H 亦呈三角形分布，则根据力的平衡条件可得

$$R_{V1}=\frac{2a}{2a+b}R_V \tag{9.3.33}$$

$$R_{V2}=\frac{b}{2a+b}R_V \tag{9.3.34}$$

$$R_H=R_{V2}\tan(\theta-\delta) \tag{9.3.35}$$

式中，a 为刃脚踏面宽度；b 为切入土中部分刃脚斜面的水平投影长度；θ 为刃脚斜面的倾角；δ 为土与刃脚斜面间的外摩擦角，一般可取 $\delta=\varphi$。

刃脚单位宽度自重 g

$$g=\frac{t+a}{2}h_k\gamma_k \tag{9.3.36}$$

式中，t 为井壁厚度；γ_k 为钢筋混凝土刃脚的重度，不排水施工时应扣除浮力。

求出上述各力的数值、方向及作用点后，根据图 9.3.5 几何关系可求得各力对刃脚根部中心轴的力臂，从而求得总弯矩 M_0、竖向力 N_0 和剪力 Q，即

$$M_0=M_{e+w}+M_T+M_{RV}+M_{RH}+M_g \tag{9.3.37}$$

$$N_0=R_V+T+g \tag{9.3.38}$$

$$Q=p_{e+w}+R_H \tag{9.3.39}$$

其中，M_{e+w}、M_T、M_{RV}、M_{RH} 和 M_g 分别为土水压力合力 p_{e+w}、刃脚底部外侧阻 T、反力 R_V，横向反力 R_H 和刃脚自重 g 等对刃脚根部中心轴的弯矩，且刃脚部分各水平力均应考虑分配系数 α。

求得 M_0、N_0 和 Q 后就可验算刃脚根部应力，并计算出刃脚内侧所需竖向钢筋用量。一般刃脚钢筋截面积不宜少于刃脚根部截面积的0.1%，且竖向钢筋应伸入根部以上 $0.5L_1$。

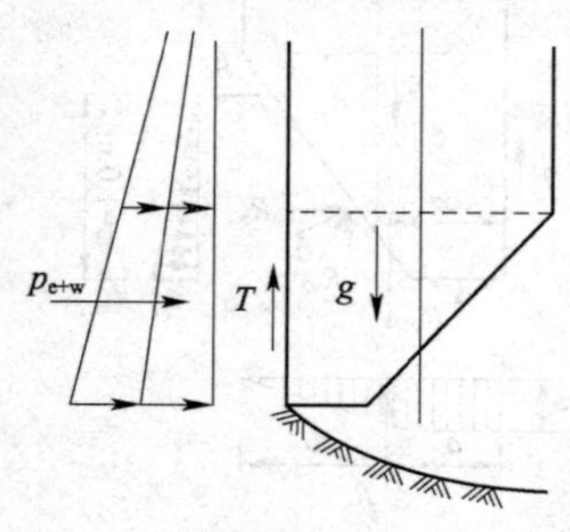

图 9.3.6　刃脚内挠受力分析

刃脚向内挠曲时最不利位置是沉井已下沉至设计标高，刃脚下土体挖空而尚未浇筑封底混凝土(图 9.3.6)，此时刃脚可按根部固定在井壁上的悬臂梁计算。

此时作用在刃脚上的力有：刃脚外侧土压力、水压力、侧阻力及刃脚本身的重力，其计算方法同前。但为偏于安全，当不排水下沉时，井壁外侧水压力以100%计算，井内取50%，也可按施工中可能出现的水头差计算；若排水下沉，不透水土取静水压力的70%，透水土按100%计算。

同样各水平外力应考虑分配系数 α。再由外力计算出对刃脚根部中心轴的弯矩、竖向力及剪力，并求出刃脚外壁钢筋用量，其配筋构造要求与向外挠曲相同。

②刃脚水平受力计算。

当沉井达设计标高，刃脚下土已挖空但未浇筑封底混凝土时，刃脚所受水平压力最大，处于最不利状态。此时可将刃脚观为水平框架(图 9.3.7)，作用于刃脚上的外力与计算刃脚向内挠曲时一样，但所有水平力应乘以分配系数 β，以此求得水平框架的控制内力，再配置框架所需水平钢筋。

框架的内力可按一般结构力学方法计算，具体可根据不同沉井平面形式查阅有关文献。

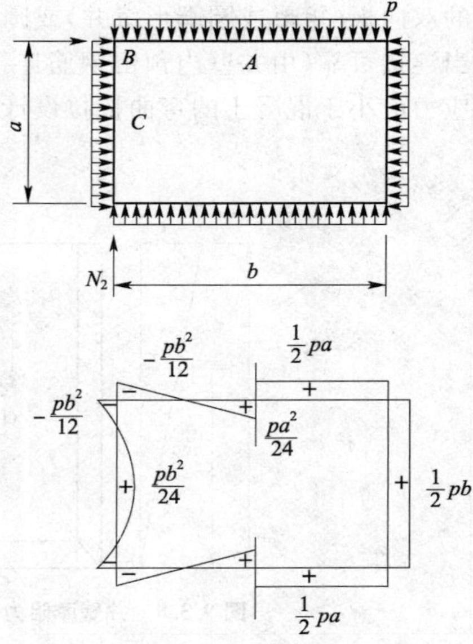

图 9.3.7 单孔矩形框架受力

(4)井壁受力计算

①井壁竖向拉应力验算：沉井下沉过程中，若上部井壁侧阻较大，当刃脚下土挖空时可能将沉井箍住，使井壁产生因自亘引起的竖向拉应力。若假定作用于井壁的侧阻呈倒三角形分布(图 9.3.8)，沉井自重为 G，入土深度为 h，则距刃脚底面 x 深处断面上的拉力 S_x 为

$$S_x=\frac{Gx}{h}-\frac{Gx^2}{h^2} \tag{9.3.40}$$

并可导得井壁内最大拉力 $S_{\max}$ 为

$$S_{\max}=\frac{G}{4} \tag{9.3.41}$$

其位置在 $x=h/2$ 的断面上。

若沉井很高，各节沉井接缝处混凝土的拉应力可由接缝钢筋承受，并按接缝钢筋所在位置发生的拉应力设置。钢筋的应力应小于 0.75 倍钢筋强度标准值，并须验算钢筋的锚固长度。而采用泥浆套下沉的沉井则不会因自重而产生拉应力。

②井壁横向受力计算：当沉井达设计标高，刃脚下土已挖空而未封底时井壁承受的水、土压力最大，此时应按水平框架分析内力，验算井壁材料强度，其计算方法与刃脚框架计算相同。

刃脚根部以上约井壁厚度高的一段井壁(图 9.3.9)，除承受作用于该段的土、水压力外，还受有刃脚悬臂作用传来的水平剪力(即刃脚内挠时受到的水平外力乘以分配系数 α)。此外，还能验算每节沉井最下端处单位高度井壁作为水平框架的强度，并以此控制该节沉井的设计，但作用于井壁框架上的水平外力，仅土压力和水压力，且不需乘以分配系数 β。

采用泥浆套下沉的沉井，若台阶以上泥浆压力大于上述土、水压力之和，则井壁压力应按泥浆压力计算。

(5)混凝土封底和顶板计算

①封底混凝土计算：封底混凝土厚度取决于基底承受的反力，该竖向反力由封底后封底混凝土需承受的基底水和地基土的向上反力组成。封底混凝土厚度一般比较大，可按受弯和受剪计算确定。

按受弯计算时将封底混凝土视为支承在凹槽或隔墙底面和刃脚上的底板，按周边支承的双向板(矩形或圆端形沉井)或圆板(圆形沉井)计算,底板与井壁的连接一般按简支考虑,当连接可靠(由井壁内预留钢筋连接等)时,也可按弹性固定考虑。要求计算所得的弯曲拉应力应小于混凝土的弯曲抗拉设计强度,具体计算可参考有关设计手册。

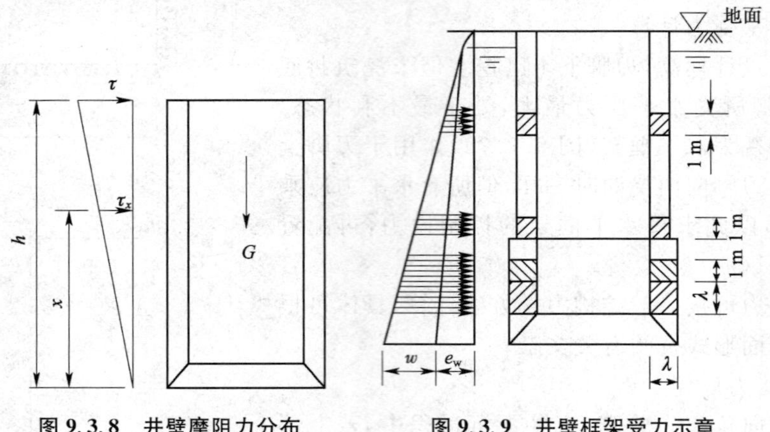

图 9.3.8 井壁摩阻力分布　　图 9.3.9 井壁框架受力示意

按受剪计算时需考虑封底混凝土承受基底反力后是否存在沿井孔周边剪断的可能性,若剪应力超过其抗剪强度则应加大封底混凝土的抗剪面积。

②钢筋混凝土顶板计算:空心或井孔内填以砾砂石的沉井,井顶必须浇筑钢筋混凝土顶板,用以支承上部结构荷载。顶板厚度一般预先拟定再进行配筋计算,计算时按承受最不利均布荷载的双向板考虑。

当上部结构平面全部位于井孔内时,还应验算顶板的剪应力和井壁支承压力;若部分支承于井壁上则不需进行顶板的剪力验算,但需进行井壁的压力验算。

三、浮运沉井计算要点

沉井在浮运过程中需有一定的吃水深度,使重心低而不易倾覆,保证浮运时稳定;同时还必须具有足够高的出水度,使沉井不会因风浪等而沉没。因此,除前述计算外,还应考虑沉井浮运过程中的受力情况,进行浮体稳定性和井壁露出水面高度等的验算。

(1)浮运沉井稳定性验算

将沉井视为一悬浮于水中的浮体,控制计算其浮心、重心及定倾半径,现以带临时性底板的浮运沉井为例进行稳定性验算如下:

①浮心位置计算:根据沉井质量等于沉井排开水的质量,则沉井吃水深 h_0(从底板算起,见图 9.3.10)为

$$h_0=\frac{V_0}{A_0} \tag{9.3.42}$$

式中,A_0 为沉井吃水截面积;V_0 为沉井底板以上部分的排水体积。

故浮心位置 O_1(以刃脚底面起算)为 h_3+Y_1,且

$$Y_1=\frac{M_1}{V}-h_3 \tag{9.3.43}$$

其中,M_1 为各排水体积(底板以上部分 V_0、刃脚 V_1、底板下隔墙 V_2)对刃脚底板的力矩(M_0、M_1、M_2)之和,即

$$M_1=M_0+M_1+M_2 \tag{9.3.44}$$

其中，$M_0=V_0(h_1+h_0/2)$，$M_1=V_1\dfrac{h_1}{3}\dfrac{2t'+a}{t'+a}$，$M_2=V_2\left(\dfrac{h_4}{3}\dfrac{2t_1+a_1}{t_1+a_1}+h_3\right)$。

式中，h_1、h_2 为底板底面和顶面至刃脚踏面的距离；h_3 为隔墙底距刃脚踏面的距离；h_4 为底板下的隔墙高度；t_1、t' 为隔墙和底板下井壁的厚度；a_1、a 为隔墙底面和刃脚踏面的宽度。

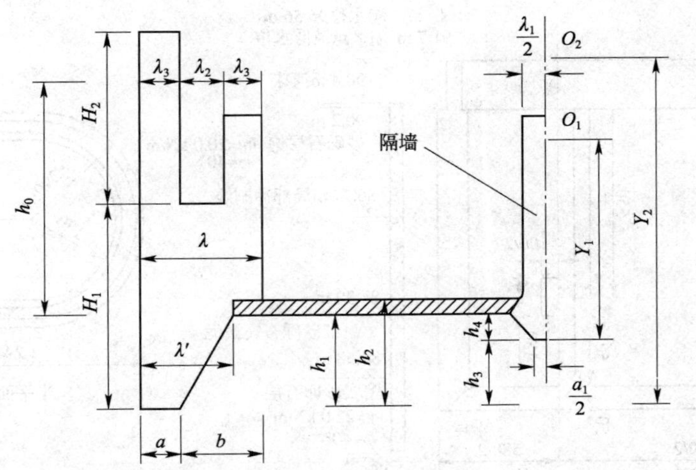

图 9.3.10　浮心位置计算示意

②重心位置计算。设重心位置 O_2 离刃脚底面的距离为 Y_2，则

$$Y_2=\frac{M_1}{V} \tag{9.3.45}$$

式中，M_1 为沉井各部分体积中心对刃脚底面距离的乘积，并假定沉井圬工单位重相同。

设重心与浮心的高差为 Y，则

$$Y=Y_2-(h_2+U_1) \tag{9.3.46}$$

③定倾半径验算：定倾半径 ρ 为定倾中心至浮心的距离，可由下式计算

$$\rho=\frac{I_{X-X}}{V_0} \tag{9.3.47}$$

式中，I_{X-X} 为吃水截面积的惯性矩。

浮运沉井的稳定性应满足重心至浮心的距离小于定倾中心至浮心的距离，即

$$\rho>Y \tag{9.3.48}$$

(2)浮运沉井最小出水高度

沉井在浮运过程中因牵引力、风力等作用，不免产生一定的倾斜，故一般要求沉井顶高出水面以不小于 1.0 m 为宜，以保证沉井在托运过程中的安全。

由拖引力及风力等对浮心产生弯矩 M 而引起的沉井旋转角度 θ 为

$$\theta=\arctan\frac{M}{\gamma_w V(\rho-Y)}\leqslant 6° \tag{9.3.49}$$

式中，γ_w 为水中的重度，可取 10 kN/m³。

若假定由于弯矩作用使沉井没入水中的深度为计算值的 2 倍(考虑沉井倾斜边水面存在波浪，波峰高于无波水面)，可得沉井浮运时最小出水高度 h 为

$$h=H-h_0-h_1-d\tan\theta\geqslant f \tag{9.3.50}$$

式中，H 为浮运时沉井的高度；f 为浮运沉井发生最大倾斜时顶面露出水面的安全距离，其值为 1.0 m。

第四节 沉井基础算例

某公路桥墩基础，上部构造为等跨等截面悬链线双曲拱桥，下部构造为重力式墩及圆端形沉井基础，平面和剖面尺寸如图 9.4.1 所示，浮运法施工（浮运方法及浮运稳定性等验算从略）。

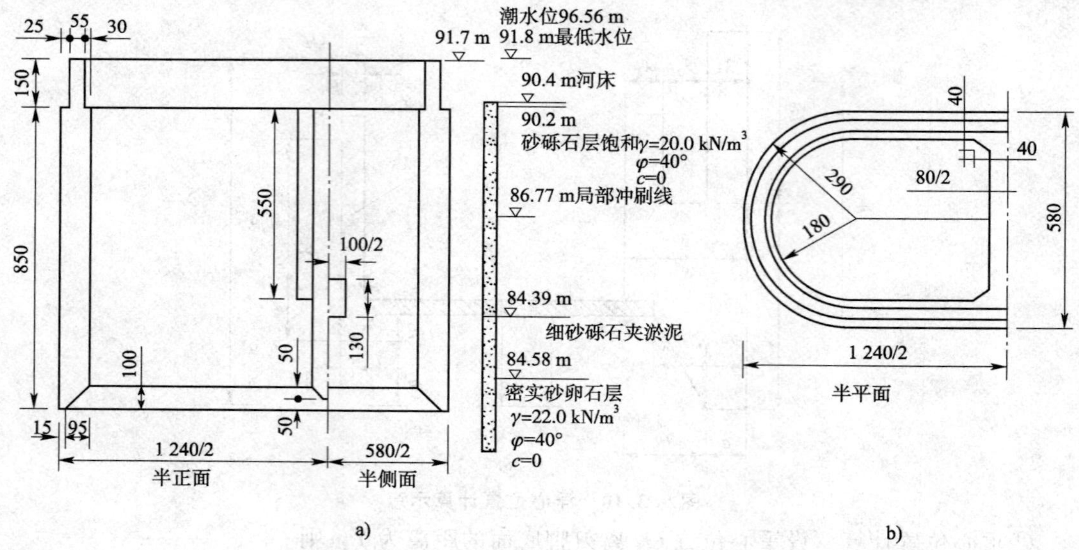

图 9.4.1 圆端形沉井计算实例（单位尺寸：mm）

一、设计资料

土质及水位情况如图 9.4.1 所示，传给沉井的恒载及活载分别见表 9.4.1 及表 9.4.2。

沉井混凝土等级为 C20，Q275 号钢筋。按《公路桥涵地基与基础设计规范》（JTG D63—2007）设计计算。

二、沉井高度及各部分尺寸

（1）沉井高度 H

按水文条件，最大冲刷深度 $h_m=(90.40-86.77)\ \text{m}=3.63\ \text{m}$，大、中桥基础埋深应不小于 2.0 m，故

$$H=[(91.7-90.4)+3.63+2.0]\ \text{m}=6.93\ \text{m}$$

但井底较近于细砂砾石夹淤泥层。

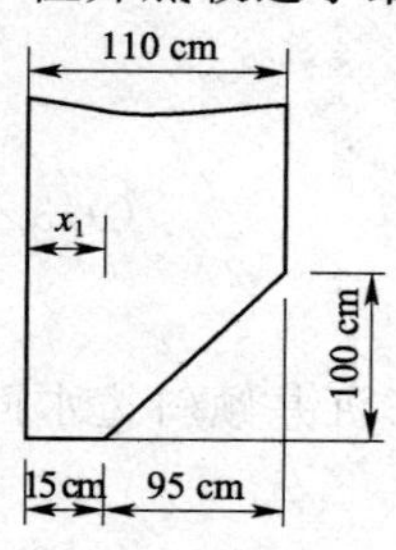

图 9.4.2

按土质条件，井底应进入密实的砂卵石层并考虑 2.0m 的安全厚度，则

$$H=(91.70-81.58)\ \text{m}=10.12\ \text{m}$$

按地基承载力，沉井底面位于密实的砂卵石层为宜。

据此，拟取沉井高度 $H=10$ m，井顶标高 91.700 m，井底标高 81.700m。因潮水位高，第一节沉井高度不宜太小，故取 8.5 m，第二节高 1.5 m，第一节井顶标高 90.200 m。

（2）沉井平面尺寸

与桥墩一致，采用圆端形沉井。圆端外半径 2.9 m，矩形长边6.6 m，宽 5.8 m，第一节井

壁厚 $t=1.1$ m,第二节厚 0.55 m。隔墙厚 $\delta=0.8$ m。其他尺寸如图 9.4.1 所示。

刃脚踏面宽度 $a=0.15$ m,刃脚高 $h_k=1.0$ m(图 9.4.2),则侧倾角

$$\tan\theta=\frac{1.0}{1.1-0.15}=1.0526,\theta=46°28'>45°$$

三、荷载计算

沉井自重计算如表 9.4.1 所示,各力汇总于表 9.4.2。

沉井自重力计算汇总　　表 9.4.1

沉井部位	重度/(kN/m³)	体积/m³	重力/kN	形心至井壁外侧距离/m
刃脚	25.00	18.18	454.50	0.372
第一节沉井井壁	24.50	230.72	5 652.64	
底节沉井隔墙	24.50	24.22	593.39	
第二节沉井井壁	24.50	23.20	568.40	
钢筋混凝土盖板	24.50	62.36	1 527.82	
井孔填砂卵石	20.00	150.62	3 012.40	
封底混凝土	24.00	126.26	3 030.24	
沉井总重力			14 839.39	

各力汇总表　　表 9.4.2

力的名称	力值/kN	对沉井底面形心轴的力臂/m	弯矩/(kN·m)
二孔上部结构恒载及墩身 一孔活载(竖向力)	$P_1=25\,691.00$ $P_k=650.00$	1.15	747.50
由制动力产生的竖向力 沉井自重力 沉井浮力	$P_T=32.40$ $G=14\,839.39$ $G'=-6\,355.23$	1.15	37.26
合计	$\sum P=34\,857.62$		784.76
一孔活载(水平力)	$F_{Hg}=815.10$	18.806	−15 328.77
制动力	$F_{HT}=75.00$	18.806	−1 410.45
合计	$\sum F_H=890.10$		−167 39.22

注:1. 低水位时沉井浮力 $G'=(549.96+3.1416\times2.65^2\times1.5+6.6\times5.3\times1.5)\times10.00$ kN $=6\,355.23$ kN。

2. 上表仅列了单孔荷载作用情况,双孔荷载时 $\sum M=-15\,954.46$ kN·m。

四、基底应力验算

沉井井底埋深 $h=(86.77-81.70)$ m $=5.07$ m,井宽 $d=5.8$ m,井底面积 $A_0=(3.1416\times2.9^2+6.6\times5.8)$ m² $=64.7$ m²,井底抵抗矩 $W=\frac{\pi d^3}{32}+\frac{1}{6}a^2b=56.12$ m²;竖向荷载 $F_V=\sum P=34\,857.62$ kN,水平荷载 $\sum F_H=890.10$ kN,弯矩 $\sum M=15\,954.46$ kN·m。又 $h<10$ m,故取 $C_0=10$ m,即 $\beta=C_h/C_0=mh/(10\,m_0)=0.5$,$b_1=(1-0.4a/b)(b+1)=12.77$ m,$\lambda=M/h=17.92$ m,故

$$A=\frac{b_1\beta h^3+18dW}{2\beta(3\lambda-h)}=\frac{12.77\times0.5\times5.07^3+18\times5.8\times56.12}{2\times0.5\times(3\times17.92-5.07)}\text{ m}^2=137.42\text{ m}^2$$

$$\sigma_{\min}^{\max}=\frac{N}{A_0}\pm\frac{3Hd}{A\beta}=\left(\frac{34\ 857.62}{64.70}\pm\frac{3\times890.10\times5.8}{137.42\times0.5}\right)\text{ kPa}=\begin{cases}764.71\\313.35\end{cases}\text{kPa}$$

井底地基土为中等密实砂、卵石类土层，可取$[\sigma_0]=600$ kPa，$K_1=4$，$K_2=6$，土重度$\gamma_1=\gamma_2=12.00$ kN/m^2（考虑浮力后的近似值），并考虑附加组合，承载力提高25%，故基底土容许承载力为

$$\begin{aligned}[\sigma]&=1.25\times\{[\sigma_0]+K_1\gamma_1(b-2)+K_2\gamma_2(h-3)\}\\&=1.25\times\{600+4\times12.0\times(5.8-2)+6\times12.0\times(5.07-3)\}\text{ kPa}\\&=1\ 164.30\text{ kPa}>764.7\text{ kPa}\end{aligned}$$

均满足要求。

五、横向抗力验算

将以上计算参数代入式(9.3.11)得井身转动中心A离地面的距离为

$$z_0=\frac{0.5\times12.77\times5.07^2\times(4\times17.92-5.07)+6\times5.8\times56.12}{2\times0.5\times12.77\times5.07\times(3\times17.92-5.07)}\text{ m}=4.09\text{ m}$$

根据式(9.3.13)可得基础侧向水平压应力为

$$\sigma_{\frac{h}{3}x}=\frac{6\times890.10}{137.42\times5.07}\times\frac{5.07}{3}\times\left(4.09-\frac{5.07}{3}\right)\text{ kPa}=31.06\text{ kPa}$$

$$\sigma_{hx}=\frac{6\times890.10\times5.07}{137.42\times5.07}\times(4.09-5.07)\text{ kPa}=-38.17\text{ kPa}$$

若取土体抗剪强度指标$\varphi=40°$，$c=0$；系数$\eta_1=0.7$，$\eta_2=1.0$（因$M_g=0$），则根据式(9.3.24)及式(9.3.25)可得土体极限横向抗力为

$z=\frac{h}{3}$时，

$$\begin{aligned}[\sigma_{zx}]&=\left[0.7\times1.0\times\frac{4}{\cos40°}\times\left(\frac{12.00\times5.07}{3}\times\tan40°\right)\right]\text{kPa}\\&=62.21\text{ kPa}>\sigma_{\frac{h}{3}x}(31.06\text{ kPa})\end{aligned}$$

$z=h$时，

$$\begin{aligned}[\sigma_{zx}]&=\left[0.7\times1.0\times\frac{4}{\cos40°}\times\left(\frac{12.00\times5.07}{3}\times\tan40°\right)\right]\text{kPa}\\&=186.64\text{ kPa}>\sigma_{\frac{h}{3}x}(38.17\text{ kPa})\end{aligned}$$

均满足要求，因此计算时可以考虑井侧土体弹性抗力。

六、沉井自重下沉验算

沉井自重　G＝刃脚重＋底节沉井重＋底节隔墙重＋顶节沉井重

$$=(454.50+5\ 652.64+593.39+568.40)\text{ kN}=7\ 268.93\text{ kN}$$

沉井浮力$G'=[(18.18+230.72+24.22+23.22)\times10.00]\text{kN}=2\ 963.40\text{ kN}$

土与井壁间平均单位侧阻强度

$$T_m=\frac{20.0\times1.9+12.0\times0.8+18.0\times6.0}{8.7}\text{ kN/m}^2=17.89\text{ kN/m}^2$$

总侧阻力

$$\begin{aligned}T&=\{[(\pi\times5.3+2\times6.6)\times0.2+(\pi\times5.8+2\times6.6)\times8.5]\times17.89\}\text{kN}\\&=4\ 883.26\text{ kN}\end{aligned}$$

排水下沉时$G>T$；不排水下沉时，预估井底围堰重（高出潮水位）600 kN，则

$$\frac{7\ 268.93+600-2\ 963.40}{4\ 883.26}=1.01\text{，即}\frac{G}{T}=1.01$$

沉井自重稍大于井侧阻力，可采取部分排水方法，也可采取加压重或其他措施。

七、刃脚受力验算

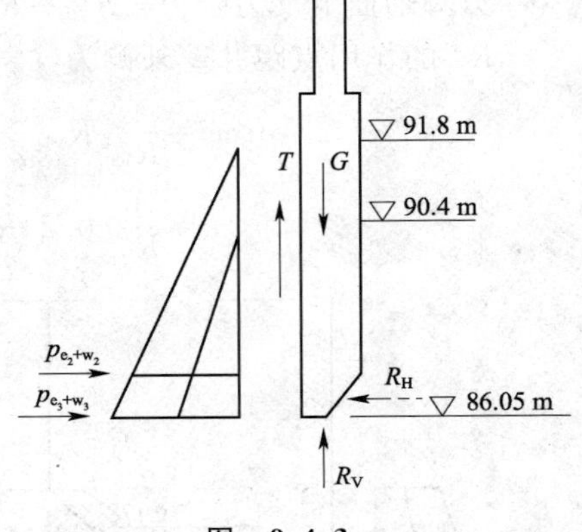

图 9.4.3

(1)刃脚向外挠曲

经试算分析，最不利位置为刃脚下沉到标高(90.4－8.7＋4.35) m＝86.05 m处，刃脚切入土中1 m，第二节沉井已接上，如图9.4.3所示，其悬臂作用分配系数为

$$\alpha=\frac{0.1L^4}{h_k^4+0.05L_1}=\frac{0.1\times4.7^4}{1.0^4+0.05\times4.7^4}=1.92>1.0$$

取 $\alpha=1.0$。刃脚侧土为砂卵石层，$\tau=18.00$ kPa，$\varphi=40°$，则

①作用于刃脚的力(按低水位取单位宽度计算)

$w_2=[(91.8-87.05)\times10]$ kN/m＝47.50 kN/m

$w_3=[(91.8-86.05)\times10]$ kN/m＝57.50 kN/m

$e_2=[12.0\times(90.4-87.05)\times\tan^2(45°-40°/2)]$ kN/m＝8.70 kN/m

$e_3=[12.0\times(90.4-86.05)\times\tan^2(45°-40°/2)]$ kN/m＝11.30 kN/m

若从安全考虑，刃脚外侧水压力取50%，则

$$p_{e_2+w_2}=(47.50\times0.5+8.7)\text{ kN/m}=32.45\text{ kN/m}$$

$$p_{e_3+w_3}=(57.50\times0.5+11.3)\text{ kN/m}=40.05\text{ kN/m}$$

$$p_{e+w}=\frac{1}{2}\times(p_{e_2+w_2}+p_{e_3+w_3})h_k=\left[\frac{1}{2}\times(32.45+40.05)\times1.0\right]\text{kN}=36.25\text{ kN}$$

若以静水压力的70%计算，则

$$0.70\gamma_w hh_k=(0.7\times10.00\times5.25\times1)\text{kN}=36.75\text{ kN}>p_{e+w}$$

故取 $p_{e+w}=36.25$ kN。

刃脚侧阻力　$T_1=0.5E=[0.5\times(8.7+11.3)/2\times1\times1]$kN＝5.00 kN

或

$$T_1=\tau h_k\times1=18.00\text{ kN}$$

因此取刃脚侧阻力为5.00 kN(取小值)。

单位宽沉井自重(不计沉井浮力和隔墙自重)

$$G_1=\left(\frac{0.15+1.10}{2}\times1.0\times1.0\times25.0+7.5\times1.1\times1.0\times24.5+0.825\times24.5\right)\text{ kN}$$
$$=237.96\text{ kN}$$

刃脚踏面竖向反力为

$$R_V=\left(237.96-11.30\times\frac{1}{2}\times4.35\times0.5\right)\text{ kN}=225.67\text{ kN}$$

刃脚斜面横向力(取 $\delta_2=\varphi=40°$)

$$R_H=\frac{bR_V}{2a+b}\tan(\theta-\delta_2)=\left[\frac{225.67\times0.95}{2\times0.15+0.95}\times\tan(46°28'-40°)\right]\text{kN}=19.38\text{ kN}$$

井壁自重 q 的作用点至刃脚根部中心轴距离为

$$x_1=\frac{\lambda^2+a\lambda-2a^2}{6(\lambda+a)}=\frac{(1.1)^2+0.15\times1.1-2\times(0.15)^2}{6\times(1.1+0.15)}\text{ m}=0.178\text{ m}$$

刃脚踏面下反力合力　$R_{V1}=\dfrac{2a}{2a+b}R_V=\dfrac{0.15\times2}{0.15\times2+0.95}R_V=0.24\ R_V$

刃脚踏面上反力合力　$R_{V2}=R_V-0.24R_V=0.76\ R_V$

R_V 的作用点距井壁外侧为

$$x=\frac{1}{R_V}\left[R_{V1}\frac{a}{2}+R_{V2}\left(a+\frac{b}{3}\right)\right]$$

$$=\frac{1}{R_V}\left[0.24R_V\times\frac{0.15}{2}+0.76R_V\times\left(0.15+\frac{0.95}{3}\right)\right]=0.38$$

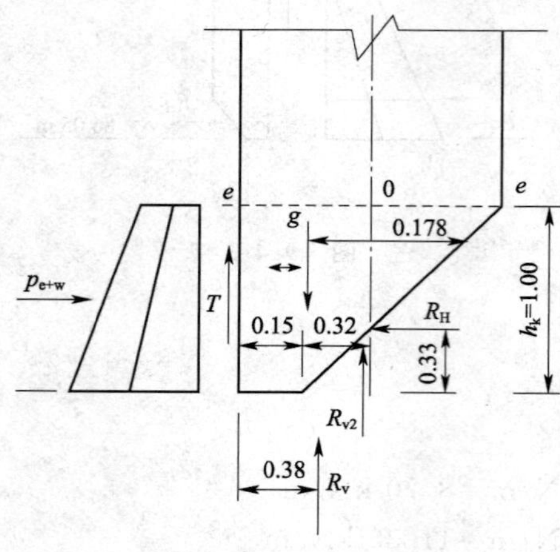

图　9.4.4　（尺寸单位：m）

②各力对刃脚根部界面中心的弯矩（图 9.4.4）

水平水压力及土压力引起的弯矩

$$M_{e+w}=\left(36.25\times\frac{1}{3}\times\frac{2\times40.05+32.45}{40.05+32.45}\times1.0\right)\text{kN}\cdot\text{m}$$

$$=18.73\ \text{kN}\cdot\text{m}$$

刃脚侧面摩阻力引起的弯矩

$$M_T=(5.00\times1.1/2)\ \text{kN}\cdot\text{m}=2.75\ \text{kN}\cdot\text{m}$$

反力 R_V 引起的弯矩

$$M_{R_V}=\left[225.67\times\left(\frac{1.1}{2}-0.38\right)\right]\text{kN}\cdot\text{m}=38.36\ \text{kN}\cdot\text{m}$$

刃脚斜面不平反力引起的弯矩

$$N_{R_H}=[19.38\times(1-0.33)]\ \text{kN}\cdot\text{m}=12.98\ \text{kN}\cdot\text{m}$$

刃脚自重引起的弯矩

$$M_g=[0.625\times1\times25.00\times0.178]\ \text{kN}\cdot\text{m}=2.78\ \text{kN}\cdot\text{m}$$

故总弯矩为

$$M_0=\sum M=(12.98+38.36+2.75-18.73-2.78)\ \text{kN}\cdot\text{m}=32.58\ \text{kN}\cdot\text{m}$$

③刃脚根部处的应力验算

刃脚根部轴力 $N_0=(225.67-0.625\times25.00)$ kN$=210.04$ kN，面积 $A=1.1\ \text{m}^2$，抵抗矩 $W=0.2\ \text{m}^3$，故

$$\sigma_h=\frac{N_0}{A}\pm\frac{M_0}{W}=\left(\frac{210.04}{1.1}\pm\frac{32.58}{0.2}\right)\text{kPa}=\begin{cases}353.58\\28.05\end{cases}\text{kPa}$$

因水平剪力较小，验算时未予考虑。压应力小于 $R_a^j/\gamma_m=14\,000/2.31=6\,060$ kPa，按受力条件不需设置钢筋，可按构造要求设置。

(2)刃脚向内挠曲（图 9.4.5）

①作用于刃脚的力

可求得作用于刃脚外侧的土、水压力（按潮水位计算）$\omega_2=138.60$ kN/m，$\omega_3=148.60$ kN/m，$e_2=20.10$ kN/m，$e_3=22.60$ kN/m，故总土、水压力为 $P=164.95$ kN。

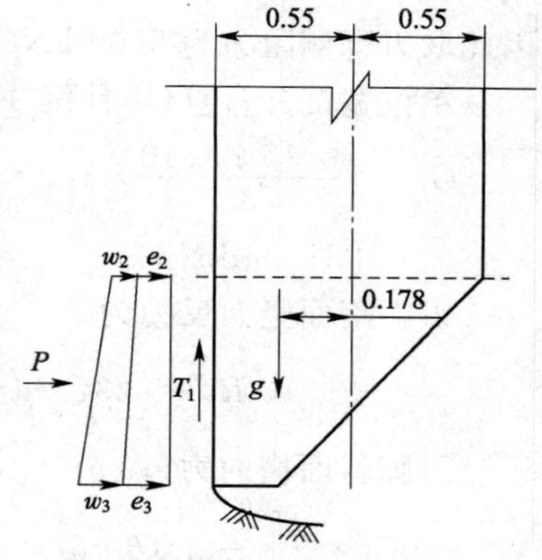

图　9.4.5　（尺寸单位：m）

p_{e+w}对刃脚根部形心轴的弯矩为

$$M_{e+w}=\left[164.95\times\frac{1}{3}\times\frac{2\times(148.60+22.60)+138.60+20.10}{148.50+22.60+138.60+20.10}\right]\text{kN}\cdot\text{m}$$

$$=83.52\ \text{kN}\cdot\text{m}$$

此时刃脚侧阻 $T_1=10.68$ kN（$\tau h_k=20.00$ kN>10.68 kN），其产生的弯矩为

第四篇 深基础

$$M_T=(-10.68\times0.55)\ \text{kN}\cdot\text{m}=-5.87\ \text{kN}\cdot\text{m}$$

刃脚自重 $g=(0.625\times25.00)$ kN=15.63 kN,所产生的弯矩为

$$M_g=(15.63\times0.178)\ \text{kN}\cdot\text{m}=2.78\ \text{kN}\cdot\text{m}$$

所有各力对刃脚根部的弯矩 M、轴向力 N 和剪力 Q 为

$$M=M_{e+w}+M_T+M_g=(83.52-5.87+2.78)\ \text{kN}\cdot\text{m}=80.43\ \text{kN}\cdot\text{m}$$

$$N=T_1-g=(10.68-15.63)\ \text{kN}=-4.95\ \text{kN}$$

$$Q=P=164.95\ \text{kN}$$

②刃脚根截面应力验算

弯曲应力

$$\sigma=\frac{N}{A}\pm\frac{M}{W}=\left(\frac{-4.95}{1.1}\pm\frac{80.43}{0.20}\right)\ \text{kPa}=\begin{cases}397.65\ \text{kPa}<606\ \text{kPa}\\-406.65\ \text{kPa}<[R_l^j/\gamma_m](2\,500/2.31=1\,082)\end{cases}$$

剪应力 $\sigma_j=\dfrac{164.95}{1.1}\ \text{kPa}=149.96\ \text{kPa}<[R_l^j/\gamma_m](3\,300/2.31\ \text{kPa}=1\,428)$

计算结果表明,刃脚外侧也仅需按构造要求配筋。

(3)刃脚框架计算

由于 $\alpha=1.0$,刃脚作为水平框架承受的水平力很小,故不需验算,可按构造布置钢筋。如需验算,则与井壁水平框架计算方法相同,此处略。

八、井壁受力验算

(1)沉井井壁竖向拉力验算

$$S_{max}=\frac{1}{4}(Q_1+Q_2+Q_2+Q_4)=1\,817.23\ \text{kN}(未考虑浮力)$$

井壁受拉面积为

$$A_1=\left[\frac{3.141\,6}{4}\times(5.8^2-3.6^2)+6.6\times5.8-2.9\times3.6\times2\right]\ \text{m}^2=33.64\ \text{m}^2$$

混凝土所受到的拉应力为

$$\sigma_h=\frac{S_{max}}{A_1}=\frac{1\,817.23}{33.64}\ \text{kPa}=54.02\ \text{kPa}<0.8R_e^b=(1\,600\times0.8)\ \text{kPa}=1\,208\ \text{kPa}$$

井壁内可按构造布置竖向钢筋。实际上根据土质情况井壁不可能产生大的拉应力。

(2)井壁横向受力计算

沉井达设计标高时,刃脚根部以上一段井壁承受的外力最大,其承受有本身范围内的水平力和刃脚作为悬臂传来的剪力而处于最不利状态。

考虑潮水位时单位宽度井壁上的土压力(图 9.4.6)为

$w_1=127.60\ \text{kN/m}^2$,$w_2=138.60\ \text{kN/m}^2$,$w_3=148.60\ \text{kN/m}^2$

单位宽度井壁上的土压力为

$$e_1=17.19\ \text{kPa},e_2=20.10\ \text{kPa},e_3=22.60\ \text{kPa}$$

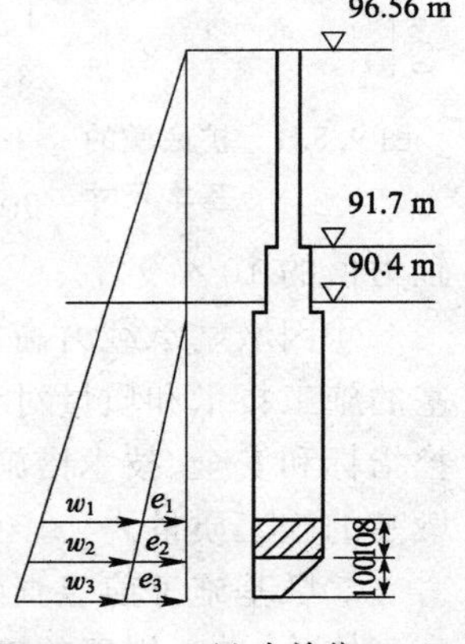

图 9.4.6 (尺寸单位:cm)

刃脚及刃脚根部以上 1.1 m 井壁范围的外力

$P=[0.5\times(17.19+22.60\times1+127.60+148.6\times1)\times2.1]$ kN/m

$=331.79$ kN/m($a=1$)

沉井各部分所受内力、底节沉井竖向挠曲、封底混凝土及盖板等结构强度验算从略。

第五节　其他深基础简介

深基础种类很多，除桩基、沉井基础外，墩基、地下连续墙和沉箱等都属于深基础。其主要特点是需采用特殊的施工方法，解决基坑开挖、排水等问题，减小对邻近建筑物的影响。

一、墩基础

墩是一种利用机械或人工在地基中开挖成孔后灌注混凝土形成的长径比较小的大直径桩基础，由于其直径粗大如墩（一般直径 $d>1\ 800$ mm），故称为墩基础。

墩基础功能与桩相似，工程中多用扩底墩，墩底直径最大已达 7.5 m，深度一般为 20～40 m，最大可达 60～80 m。支承在硬土层中的墩基础，竖向承载力可达 10～40 MN；而支承于基岩上的扩底墩，竖向承载力可达 60～70 MN，且沉降量极小。

墩基能较好地适应复杂的地质条件，常用于高层建筑中柱基础。墩身可穿越浅部不良地基达到深部基岩或坚实土层，并可通过扩底工艺获得很高的单墩承载力。但其混凝土用量大，施工时有一定难度，故不宜用于荷载较小、地下水位较高、水量较大的小型工程及相当深度内无坚硬持力层的地区。

墩基设计时要详细掌握工程地质和水文地质资料，根据施工设备及技术条件，论证其经济合理和技术可行性，并综合考虑如下因素：

①墩基承载力高，原则上应采用一柱一墩。墩深一般不宜超过 30 m，扩底墩的中心距不宜小于 1.5 d_b（图 9.5.1），d_b/d 宜≤3.0，扩大斗斜面高宽比 h/b 不宜小于 1.5，具体数值应根据持力层土体稳定条件确定。

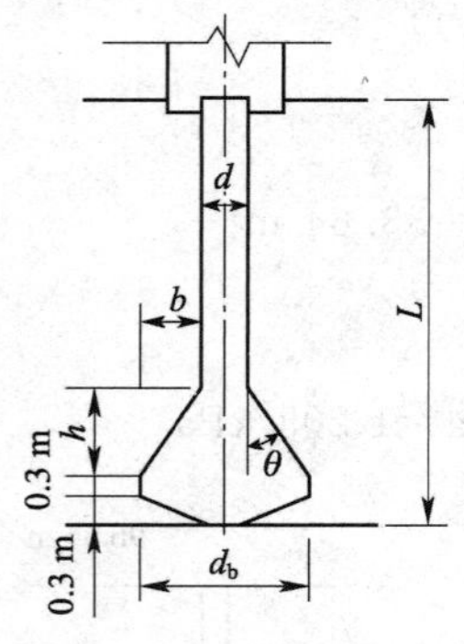

图 9.5.1　扩底墩的基本尺寸

②墩基持力层必须承载力较高且具有一定厚度，其厚度不得小于（1.5～2.0）d_b，并保证土层在扩底施工时具有足够的稳定性。墩底一般可做成锅底状，进入持力层深度不宜小于 0.5 m。当持力层为基岩时，应嵌入岩体一定深度，当岩面倾斜时宜做成台阶形，并进行稳定性验算，以防止滑动失稳。

③墩基的混凝土强度等级一般≥C20，钢筋不小于 ϕ10＠200，最小配筋率当受压时应≥0.2％，受弯时≥0.4％。箍筋不小于 ϕ10＠300，墩顶 1.5 m 范围内应加密至＠100，并设置 ϕ14＠200加劲筋。主筋保护层厚度不小于 35 mm，水下浇注混凝土时不小于50 mm。墩顶应嵌入承台不小于 100 mm，承台厚度大于或等于 300 mm，墩边至承台边的距离不小于 200 mm。此外，还宜在墩的双向设置拉梁，拉梁配筋可按所连接柱子轴力值的 10％设置。

④因墩基承载力高，多为一柱一墩，一旦发生质量问题，其后果严重且难以处理。故墩基的施工技术和质量对工程结果起主要作用，设计时必须明确规定施工和质检方案，提出监控指标和安全、技术措施，并预计到可能出现的不利变化及人为因素等造成的影响，以确保墩基的施工质量。

⑤墩基施工前应查明土层的渗透性，地下水的类型、流量及补给条件，地下土层中的有害气体等，进行周密的施工组织设计，并考虑施工过程中可能遇到的各种问题，如坍孔、缩颈、地下水条件的可能变化、施工时对周围建筑物和环境的影响等。

墩基的竖向承载力宜通过静载荷试验确定。扩底墩承载机理分析表明，墩基变形是其承载力的主要控制因素，综合国内外各有关规定，一般取墩顶沉降量 10～25 mm 所对应的压力作为墩基的竖向承载力。此外，也可根据地区经验，按类似于嵌岩桩的经验公式计算，但需考虑墩侧阻力和墩底面积的修正，具体计算方法可参见有关文献。

二、地下连续墙

地下连续墙是 20 世纪 50 年代由意大利米兰 ICOS 公司首先开发成功的一种新的支护形式。它是在泥浆护壁条件下，使用专门的成槽机械，在地面开挖一条狭长的深槽，然后在槽内设置钢筋笼，浇筑混凝土，逐步形成一道连续的地下钢筋混凝土连续墙。用以作为基坑开挖时防渗、截水、挡土、抗滑、防爆和对邻近建筑物基础的支护以及直接成为承受上部结构荷载的基础的一部分。

地下连续墙的优点是无需放坡，土方量小；全盘机械化施工，工效高，速度快，施工期短；混凝土浇筑无须支模和养护，成本低；可在沉井作业、板桩支护等方法难以实施的环境中进行无噪声、无振动施工；可穿过各种土层进入基岩，无须采取降低地下水的措施，因此可在密集建筑群中施工；尤其是用于 2 层以上地下室的建筑物，可配合“逆筑法”施工（从地面逐层而下修筑建筑物地下部分的一种施工技术），而更显出其独特的作用。目前，地下连续墙已发展有后张预应力、预制装配和现浇预制等多种形式，其使用日益广泛。目前在泵房、桥台、地下室、箱基、地下车库、地铁车站、码头、高架道路基础、水处理设施，甚至深埋的下水道等，都有成功应用的实例。

地下连续墙的成墙深度由使用要求决定，大都在 50 m 以内，墙宽与墙体的深度和受力情况有关，目前常用 600 mm 和 800 mm 两种，特殊情况下也有 400 mm 的薄型和1 200 mm 的厚型地下连续墙。地下连续墙的施工工序如下：

①修筑导墙。沿设计轴线两侧开挖导沟，修筑钢筋混凝土（钢、木）导墙，以供成槽机械钻进导向、维护表土和保持泥浆稳定液面。导墙内壁面之间的净空应比地下连续墙设计厚度加宽 40～60 mm，埋深一般为1～2 m，墙厚 0.1～0.2 m。

②制备泥浆。泥浆以膨润土或细粒土在现场加水搅拌制成，用以平衡侧向地下水压力和土压力，泥浆压力使泥浆渗入土体孔隙，在墙壁表面形成一层组织致密、透水性很小的泥皮，保护槽壁稳定而不致坍塌，并起到携渣、防渗等作用。泥浆液面应保持高出地下水位 0.5～1.0 m，比重（1.05～1.10）应大于地下水的比重。其浓度、黏度、pH、含水率、泥皮厚度和胶体率等多项指标应严格控制并随时测定、调整，以保证其稳定性。

③成槽。成槽是地下连续墙施工中最主要的工序，对于不同土质条件和槽壁深度应采用不同的成槽机具开挖槽段。例如，大卵石或孤石等复杂地层可用冲击钻；切削一般土层，特别是软弱土，常用导板抓斗、铲斗或回转钻头抓铲。采用多头钻机开槽，每段槽孔长度可取 6～8 m，采用抓斗或冲击钻机成槽，每段长度可更大。墙体深度可达几十米。

④槽段的连接。地下连续墙各单元槽段之间靠接头连接。接头通常要满足受力和防渗要求，并施工简单。国内目前使用最多的接头形式是用接头管连接的非刚性接头。在单元槽段内土体被挖除后，在槽段的一端先吊放接头管，再吊入钢筋笼，浇筑混凝土，然后逐渐将接头管拔出，形成半圆形接头，如图 9.5.2 所示。

地下连续墙既是地下工程施工时的围护结构，又是永久性建筑物的地下部分。因此，设计时应针对墙体施工和使用阶段的不同受力和支承条件下的内力进行简化计算；或采用能考虑土的非线性力学性状，以及墙与土的相互作用的计算模型，以有限单元法进行分析。

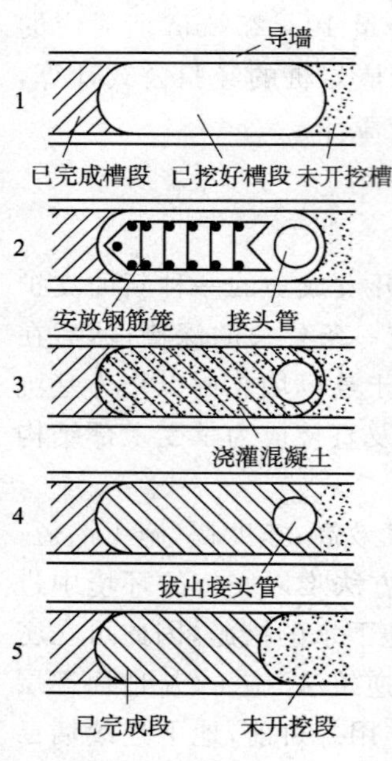

图 9.5.2 槽段的连接

三、基坑工程的概念及特点

建筑基坑是指为进行建筑物(包括构筑物)基础与地下室的施工所开挖的地面以下空间。为保证基坑施工、主体地下结构的安全和周围环境不受损害,需对基坑进行包括土体、降水和开挖在内的一系列勘察、设计、施工和检测等工作。这项综合性的工程就称为基坑工程。

基坑工程是一个综合性的岩土工程问题,既涉及土力学中典型的强度、稳定与变形问题,又涉及土与支护结构共同作用和工程、水文地质等问题,同时还与计算技术、测试技术、施工设备和技术等密切相关。因此,基坑工程具有以下特点:

①支护结构通常都是临时性的结构,一般情况下安全储备相对较小,风险性较大。

②由于场地的工程水文地质条件、岩土的工程性质和周边环境条件的差异性,基坑工程往往具有很强的地域性特征,因此,它的设计和施工,必须因地制宜,切忌生搬硬套。

③是一项综合性很强的系统工程。它不仅涉及结构、岩土、工程地质和环境等多门学科,而且勘察、设计、施工、检测等工作环环相扣,紧密相连。

④具有较强的时空效应。支护结构所受荷载(如土压力)及其产生的应力和变形在时间上和空间上具有较强的变异性,在软黏土和复杂体型基坑工程中尤为突出。

⑤对周边环境会产生较大影响。基坑开挖、降水势必引起周边场地土的应力和地下水位发生改变,使土体产生变形,对相邻建(构)筑物和地下管线等产生影响,严重者将危及它们的安全的正常使用。大量土方运输也将对交通和环境卫生产生影响。

四、基坑支护结构的类型及适用条件

基坑支护结构的基本类型及适用条件如下。

(1)放坡开挖和简易支护

放坡开挖是指选择合理的坡比进行开挖,适用于地基土质较好、开挖深度不大和施工现场有足够放坡场所的工程。放坡开挖施工简便、费用低,但挖土及回填土方量大。有时为了增加边坡稳定性和减少土方量,常采用简易支护(图 9.5.3)。

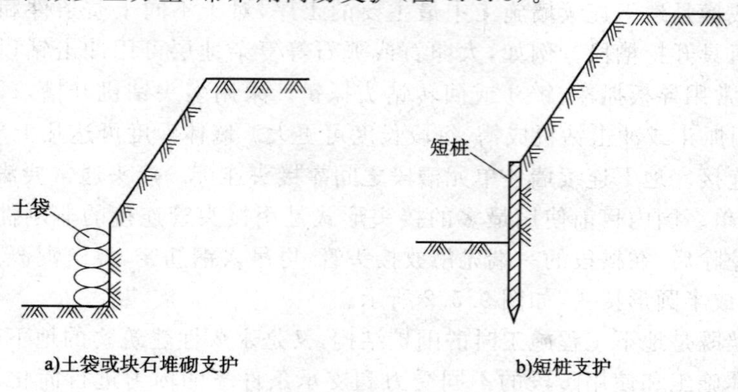

图 9.5.3 基坑简易支护

(2)悬臂式支护结构

广义上讲，一切设有支撑和锚杆的支护结构均可归属悬臂式支护结构，但这里仅指没有内撑和锚拉的板桩墙、排桩墙和地下连续墙支护结构。悬臂式支护结构依靠足够的入土深度和结构的抗弯能力来维持基坑壁的稳定和结构的安全。由于悬臂式支护结构上端的水平位移是开挖深度的五次方函数，所以它对开挖深度很敏感，容易产生较大的变形，只适用于土质较好、开挖深度较浅的基坑工程。

(3)水泥土桩墙支护结构

利用水泥作为固化剂，通过特制的深层搅拌机械在地层深部将水泥和软土强制拌和，让水泥和软土之间产生一系列的物理－化学反应，硬结成具有整体性、水稳定性和一定强度的水泥土桩。水泥土桩墙中的桩与桩或排与排之间可相互咬合紧密排列，也可按网格式排列。水泥土桩墙适合于淤泥、淤泥质土等软土。